측량학

예문사

책머리에...

측량학은 인간활동이 미치는 모든 범위, 즉 지상, 지하, 해양, 우주 등의 제점 상호 간에 위치를 결정하고 그 특성을 해석하는 학문으로 최근 측량기기와 컴퓨터의 발달로 인해 원격탐측, GPS, GSIS 등을 이용하여 여러 분야에서 광범위하게 활용되고 있다.

이러한 측량기술은 발전을 거듭하여 컴퓨터와 IT기술의 급속한 발전과 함께 항공사진측량, 인공위성에 의한 거리측정, GIS/LIS, 지하자원 탐사 등에 이르는 현대적 최첨단 정보기술로 거듭나고 있다.

이에 본서는 20여 년 측량실무분야에 종사하면서 얻은 실무지식과 대학 강의 시 정리한 교안을 기초로 하여 측량학을 처음 접하는 모든 이들과 국가기술자격시험을 준비하는 수험생들이 좀 더 쉽게 이해할 수 있도록 각 단원마다 핵심내용을 요약·정리하였다. 또한 단원별 예상문제를 실어 숙지한 내용들을 다시 한 번 확인하고 이해하도록 구성하였다.

처음 공부하는 수험생도 쉽게 이해할 수 있도록 하는 데 집필의 중점을 두면서, 기출문제 풀이를 통하여 학습능률을 최대한 높이고자 여러 모로 애를 썼으나 미흡한 부분이 있으리라 생각된다. 이러한 부분은 독자들의 애정 어린 충고를 바탕으로 계속 수정·보완해 나갈 것이다.

끝으로 본서의 집필이 가능하도록 물심양면으로 배려해 주신 도서출판 예문사의 정용수 대표님, 장충상 전무님, 직원 여러분에게도 진심으로 감사를 드리며 이 책을 탐독하는 모든 이들이 좋은 결실을 맺을 수 있기를 기원한다.

저자 일동

CONTENTS

제1편 측량학

제1장 총론 ·········· 3
- 1.1 측량의 정의 및 분류 ·········· 3
- 1.2 측지학 ·········· 6
- 1.3 지구의 형상 ·········· 7
- 1.4 경도와 위도 ·········· 10
- 1.5 구면삼각형과 구과량 ·········· 11
- 1.6 시(時) ·········· 12
- 1.7 측량의 기준 ·········· 16
- 1.8 측량의 원점 ·········· 18
- 1.9 좌표계 ·········· 21
- 1.10 측량기준점(제7조) ·········· 25
- 1.11 측량의 요소 및 국제단위계 ·········· 26
- 1.12 지자기 측량 ·········· 28
- 1.13 탄성파 측량 ·········· 29
- 1.14 중력 측량 ·········· 31
- ◆ 예상 및 기출문제 ·········· 35

제2장 거리측량 ·········· 52
- 2.1 거리측량의 정의 ·········· 52
- 2.2 거리측량의 분류 ·········· 53
- 2.3 거리측량의 방법 ·········· 56
- 2.4 거리측정의 오차 ·········· 58
- 2.5 부정오차 전파법칙 ·········· 62
- 2.6 실제거리, 도상거리, 축척, 면적의 관계 ·········· 63
- ◆ 예상 및 기출문제 ·········· 64

제3장 각측량 · 89

- 3.1 정의 · 89
- 3.2 각의 종류 · 89
- 3.3 각의 단위 · 90
- 3.4 트랜싯의 구조 · 93
- 3.5 트랜싯의 6조정 · 94
- 3.6 기계(정)오차의 원인과 처리방법 · 95
- 3.7 수평각측정 방법 · 95
- 3.8 각관측의 오차 · 97
- ◆ 예상 및 기출문제 · 98

제4장 트래버스측량 · 112

- 4.1 트래버스 다각측량의 특징 · 112
- 4.2 트래버스의 종류 · 113
- 4.3 트래버스측량의 측각법 · 113
- 4.4 측각오차의 조정 · 114
- 4.5 방위각 및 방위 계산 · 116
- 4.6 위거 및 경거 계산 · 117
- 4.7 폐합오차와 폐합비 · 118
- 4.8 트래버스의 조정 · 119
- 4.9 합위거(X좌표) 및 합경거(Y좌표)의 계산 · 119
- 4.10 면적계산 · 120
- ◆ 예상 및 기출문제 · 124

제5장 삼각측량 · 139

- 5.1 삼각측량의 정의 및 특징 · 139
- 5.2 삼각점 및 삼각망 · 140
- 5.3 삼각측량의 순서 · 141
- 5.4 편심(귀심) 계산 · 142
- 5.5 삼각측량의 조정 · 142
- 5.6 삼각측량의 오차 · 143

  5.7 삼변측량(Trilateration) ·· 143
  5.8 삼각측량의 성과표 ·· 144
  5.9 삼각 및 삼변측량의 특징 ·· 144
  ◆ 예상 및 기출문제 ·· 145

제6장 수준측량 ··· 162
  6.1 수준측량의 정의 및 용어 ·· 162
  6.2 수준측량의 분류 ·· 164
  6.3 직접수준측량 ·· 165
  6.4 간접수준측량 ·· 168
  6.5 삼각수준측량 ·· 170
  6.6 레벨의 구조 ·· 172
  6.7 수준측량의 오차와 정밀도 ·· 173
  ◆ 예상 및 기출문제 ·· 177

제7장 평판측량 ··· 202
  7.1 평판측량의 정의 ·· 202
  7.2 평판측량의 장단점 ·· 202
  7.3 평판측량에 사용되는 기구 ·· 202
  7.4 평판측량의 3요소 ·· 203
  7.5 평판측량방법 ·· 203
  7.6 평판측량의 응용 ·· 206
  7.7 평판측량의 오차 ·· 207
  7.8 평판측량의 정밀도 및 오차의 조정 ······································ 209
  ◆ 예상 및 기출문제 ·· 210

제8장 지형측량 ··· 222
  8.1 개요 ··· 222
  8.2 지형의 표시법 ·· 223
  8.3 등고선(Contour Line) ·· 225
  8.4 등고선의 측정방법 및 지형도의 이용 ·································· 229

  8.5 등고선의 오차 ·· 230
  8.5.1 적당한 등고선 간격 ··· 230
  ◆ 예상 및 기출문제 ··· 231

제9장 노선측량 · 252

  9.1 정의 ·· 252
  9.2 작업과정 ·· 252
  9.3 작업과정 및 방법 ··· 252
  9.4 분류 ·· 255
  9.5 순서 ·· 255
  9.6 단곡선의 각부 명칭 및 공식 ··· 256
  9.7 단곡선(Simple curve) 설치방법 ·· 258
  9.8 완화곡선(Transition Curve) ··· 264
  9.9 클로소이드(Clothoid) 곡선 ·· 265
  9.10 종단곡선(수직곡선) ·· 267
  ◆ 예상 및 기출문제 ··· 268

제10장 하천측량 · 303

  10.1 정의 ··· 303
  10.2 순서 ··· 303
  10.3 평면측량(平面測量) ·· 303
  10.4 수준(고저)측량 ··· 305
  10.5 수위 관측 ·· 307
  10.6 평균 유속 관측 ·· 308
  10.7 유량 관측 ·· 310
  ◆ 예상 및 기출문제 ··· 311

제11장 면적 및 체적측량 · 336

  11.1 경계선이 직선으로 된 경우의 면적 계산 ································· 336
  11.2 경계선이 곡선으로 된 경우의 면적 계산 ································· 338
  11.3 구적기(Planimeter)에 의한 면적 계산 ··································· 340

11.4 축척과 단위면적의 관계 ··· 341
11.5 횡단면적 측정법 ··· 341
11.6 면적 분할법 ··· 342
11.7 체적측량 ·· 343
11.8 관측면적 및 체적의 정확도 ································· 347
11.9 유토곡선(流土曲線 : Mass Curve) ························ 347
◆ 예상 및 기출문제 ··· 350

제12장 사진측량 ·· 382

12.1 정의 ·· 382
12.2 사진측량의 장단점 ··· 382
12.3 사진측량의 분류 ·· 383
12.4 사진의 일반성 ·· 385
12.5 사진촬영 계획 ·· 388
12.6 사진촬영 ·· 392
12.7 사진의 특성 ··· 393
12.8 입체 사진 측량 ·· 395
12.9 표정 ·· 397
12.10 사진판독 ·· 400
12.11 편위수정과 사진지도 ·· 401
12.12 수치사진측량 ··· 403
12.13 지상사진측량 ··· 409
12.14 원격탐측(Remote sensing) ······························· 410
◆ 예상 및 기출문제 ··· 417

제13장 Global Positioning System ···························· 456

13.1 GPS의 개요 ··· 456
13.2 GPS의 오차 ··· 464
13.3 GPS의 활용 ··· 465
13.4 측량에 이용되는 위성측위시스템 ························ 466
◆ 예상 및 기출문제 ··· 469

제2편 과년도 문제해설

측량학(2012년 1회 토목기사) ··· 499
측량학(2012년 1회 토목산업기사) ··· 504
측량학(2012년 2회 토목기사) ··· 508
측량학(2012년 2회 토목산업기사) ··· 513
측량학(2012년 3회 토목기사) ··· 518
측량학(2012년 3회 토목산업기사) ··· 523

측량학(2013년 1회 토목기사) ··· 527
측량학(2013년 1회 토목산업기사) ··· 533
측량학(2013년 2회 토목기사) ··· 537
측량학(2013년 2회 토목산업기사) ··· 543
측량학(2013년 3회 토목기사) ··· 548
측량학(2013년 3회 토목산업기사) ··· 554

측량학(2014년 1회 토목기사) ··· 559
측량학(2014년 1회 토목산업기사) ··· 563
측량학(2014년 2회 토목기사) ··· 567
측량학(2014년 2회 토목산업기사) ··· 572
측량학(2014년 3회 토목기사) ··· 577
측량학(2014년 3회 토목산업기사) ··· 583

측량학(2015년 1회 토목기사) ··· 588
측량학(2015년 1회 토목산업기사) ··· 593
측량학(2015년 2회 토목기사) ··· 597
측량학(2015년 2회 토목산업기사) ··· 603
측량학(2015년 3회 토목기사) ··· 609
측량학(2015년 3회 토목산업기사) ··· 614

측량학(2016년 1회 토목기사) ··· 620
측량학(2016년 1회 토목산업기사) ··· 625
측량학(2016년 2회 토목기사) ··· 630
측량학(2016년 2회 토목산업기사) ··· 636
측량학(2016년 3회 토목기사) ··· 641
측량학(2016년 3회 토목산업기사) ··· 647

측량학(2017년 1회 토목기사) ·· 652
측량학(2017년 1회 토목산업기사) ·· 657
측량학(2017년 2회 토목기사) ·· 662
측량학(2017년 2회 토목산업기사) ·· 667
측량학(2017년 3회 토목기사) ·· 672
측량학(2017년 3회 토목산업기사) ·· 678

측량학(2018년 1회 토목기사) ·· 684
측량학(2018년 1회 토목산업기사) ·· 690
측량학(2018년 2회 토목기사) ·· 696
측량학(2018년 2회 토목산업기사) ·· 701
측량학(2018년 3회 토목기사) ·· 706
측량학(2018년 3회 토목산업기사) ·· 711

측량학(2019년 1회 토목기사) ·· 716
측량학(2019년 1회 토목산업기사) ·· 722
측량학(2019년 2회 토목기사) ·· 727
측량학(2019년 2회 토목산업기사) ·· 732
측량학(2019년 3회 토목기사) ·· 737
측량학(2019년 3회 토목산업기사) ·· 743

측량학(2020년 통합 1·2회 토목기사) ·· 747
측량학(2020년 통합 1·2회 토목산업기사) ·· 753
측량학(2020년 3회 토목기사) ·· 758
측량학(2020년 3회 토목산업기사) ·· 764
측량학(2020년 4회 토목기사) ·· 770

측량학(2021년 1회 토목기사) ·· 776
측량학(2021년 2회 토목기사) ·· 782
측량학(2021년 3회 토목기사) ·· 787

측량학(2022년 1회 토목기사) ·· 792
측량학(2022년 2회 토목기사) ·· 797
측량학(2022년 3회 토목기사) ·· 803

측량학(2023년 1회 토목기사) ·· 808
측량학(2023년 2회 토목기사) ·· 814
측량학(2023년 3회 토목기사) ·· 819

측량학(2024년 1회 토목기사) ··· 824
측량학(2024년 2회 토목기사) ··· 829
측량학(2024년 3회 토목기사) ··· 834

※ 토목산업기사는 2020년 4회 시험부터 CBT(Computer-Based Test)로 전면 시행되었습니다.

제1편 측량학

朱子曰 勿謂今日不學而有來日하며 勿謂今年不學而有來年하라 日月逝矣나 歲不我延이니 嗚呼老矣라 是誰之愆고

주자가 말씀하기를
오늘 해야 될 공부를 내일로 미루지 말고, 금년에 배울 공부를 내년으로 미루지 마라.
세월은 나를 기다려 주지 않고 흘러간다. 세월이 흘러간 뒤 후회해도 소용없다. 내 탓이다.

제1장 총론

1.1 측량의 정의 및 분류

1.1.1 정의

측량은 원래 생명의 근원인 광대한 우주와 우리들 삶의 터전인 지구를 관측하고 그 이치를 헤아리는 측천양지의 기술과 원리를 다루는 지혜의 학문이다.

측량이란 측천양지의 준말로서 하늘을 재고 땅을 헤아린다는 뜻이다. 즉, 땅의 위치를 별자리에 의하여 정하고 그 정해진 위치에 의하여 땅의 크기를 결정한다는 뜻이다.

측량	측량법상 측량의 정의는 공간상에 존재하는 일정한 점들의 위치를 측정하고 그 특성을 조사하여 도면 및 수치로 표현하거나 도면상의 위치를 현지(現地)에 재현하는 것을 말하며, 측량용 사진의 촬영, 지도의 제작 및 각종 건설사업에서 요구하는 도면작성 등을 포함한다.
측량학	지구 및 우주공간에 존재하는 제점 간의 상호위치관계와 그 특성을 해석하는 것으로서 위치결정, 도면화와 도형해석, 생활공간의 개발과 유지관리에 필요한 자료제공, 정보체계의 정량화, 자연환경 친화를 위한 경관의 관측 및 평가 등을 통하여 쾌적한 생활 환경의 창출에 기여하는 학문이다.
측지학 (Geodesy)	지구 내부의 특성, 지구의 형상 및 운동을 결정하는 측량과 지구표면상에 있는 모든 점들 간의 상호위치관계를 산정하는 측량의 가장 기본적인 학문이다. 측지학에는 수평위치결정, 높이의 결정 등을 수행하는 기하학적 측지학, 지구의 형상해석, 중력, 지자기측량 등의 측량을 수행하는 물리학적 측지학으로 대별된다. 영어의 Geodesy의 Geo는 지구 또는 대지, Desy는 분할을 의미한다.
지적측량	토지를 지적공부에 등록하거나 지적공부에 등록된 경계점을 지상에 복원하기 위하여 제21호에 따른 필지의 경계 또는 좌표와 면적을 정하는 측량을 말하며, 지적확정측량 및 지적재조사 측량을 포함한다. (제21호. "필지"란 대통령령으로 정하는 바에 따라 구획되는 토지의 등록 단위를 말한다.)

지적확정 측량	제86조 제1항(「도시개발법」에 따른 도시개발사업, 「농어촌정비법」에 따른 농어촌정비사업, 그 밖에 대통령령으로 정하는 토지개발사업)에 따른 사업이 끝나 토지의 표시를 새로 정하기 위하여 실시하는 지적측량을 말한다.
지적재조사 측량	「지적재조사에 관한 특별법」에 따른 지적재조사사업에 따라 토지의 표시를 새로 정하기 위하여 실시하는 지적측량을 말한다.
수로측량	해양의 수심·지구자기(地球磁氣)·중력·지형·지질의 측량과 해안선 및 이에 딸린 토지의 측량을 말한다. 〈삭제 2020.2.18.〉
공간정보의 구축 및 관리에 관한 법의 목적	이 법은 측량의 기준 및 절차와 지적공부(地籍公簿), 부동산종합공부(不動産綜合公簿)의 작성 및 관리 등에 관한 사항을 규정함으로써 국토의 효율적 관리와 해상교통의 안전 및 소유권 보호에 기여함을 목적으로 한다.

- 측량의 3요소 : 거리, 방향, 높이
- 측량의 4요소 : 거리, 방향(각), 높이, 시간

1.1.2 측량의 분류

가. 공간정보의 구축 및 관리에 관한 법의 목적에 관한 법의 분류

기본측량	"기본측량"이란 모든 측량의 기초가 되는 공간정보를 제공하기 위하여 국토교통부장관이 실시한 측량을 말한다.
공공측량	① 국가, 지방자치단체, 그 밖의 대통령령으로 정하는 기관이 관계 법령에 따른 사업 등을 시행하기 위하여 기본측량을 기초로 실시하는 측량 ② ①목 외의 자가 시행하는 측량 중 공공의 이해 또는 안전과 밀접한 관련이 있는 측량으로서 대통령령으로 정하는 측량
지적측량	"지적측량"이란 토지를 지적공부에 등록하거나 지적공부에 등록된 경계점을 지상에 복원하기 위하여 제21호에 따른 필지의 경계 또는 좌표와 면적을 정하는 측량을 말하며, 지적확정측량 및 지적재조사측량을 포함한다. ① "지적확정측량"이란 「도시개발법」에 따른 도시개발사업, 「농어촌정비법」에 따른 농어촌정비사업, 그 밖에 대통령령으로 정하는 토지개발사업의 시행자는 대통령령으로 정하는 바에 따라 그 사업의 착수·변경 완료 사실을 지적소관청에 신고하여야 한다.)에 따른 사업이 끝나 토지의 표시를 새로 정하기 위하여 실시하는 지적측량을 말한다.

	② "지적재조사측량"이란 「지적재조사에 관한 특별법」에 따른 지적재조사사업에 따라 토지의 표시를 새로 정하기 위하여 실시하는 지적측량을 말한다.
수로측량	"수로측량"이란 해양의 수심·지구자기(地球磁氣)·중력·지형·지질의 측량과 해안선 및 이에 딸린 토지의 측량을 말한다. 〈삭제 2020.2.18.〉
일반측량	"일반측량"이란 기본측량, 공공측량, 지적측량 외의 측량을 말한다.

나. 측량구역의 면적에 따른 분류

측지측량 (Geodetic Surveying)	지구의 곡률을 고려하여 지표면을 곡면으로 보고 행하는 측량이며 범위는 100만분의 1의 허용 정밀도를 측량한 경우 반경 11km 이상 또는 면적 약 400km² 이상의 넓은 지역에 해당하는 정밀측량으로서 대지측량(Large Area Surveying)이라고도 한다.
평면측량 (Plane Surveying)	지구의 곡률을 고려하지 않는 측량으로 거리측량의 허용 정밀도가 100만분의 1 이하일 경우 반경 11km 이내의 지역을 평면으로 취급하여 소지측량(Small Area Surveying)이라고도 한다.

1) 평면측량의 한계

정도	$\dfrac{d-D}{D} = \dfrac{1}{12}\left(\dfrac{D}{R}\right)^2 = \dfrac{1}{m} = M$
거리오차	$d-D = \dfrac{D^3}{12R^2}$
평면거리	$D = \sqrt{\dfrac{12 \cdot R^2}{m}}$

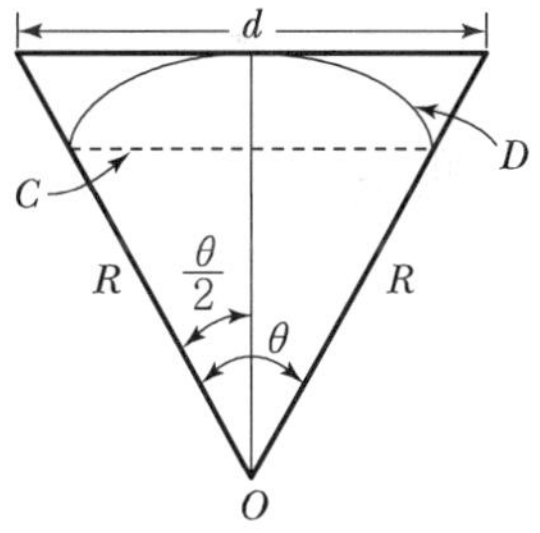

여기서, d : 지평선(평면거리)
D : 수평선(구면거리)
R : 지구의 반경
$\dfrac{1}{M}$: 정밀도
C : 현 길이

제1편 측량학

예제

지구의 반경 $R=6,370$km라 하고 거리의 허용오차가 $\frac{1}{10^6}$이면 반경 몇 km까지 평면으로 볼 수 있는가?

➡ $\frac{d-D}{D} = \frac{1}{12}\left(\frac{D}{R}\right)^2 = \frac{1}{10^6}$ 에서

1) 평면으로 볼 수 있는 거리
$$D = \sqrt{\frac{12R^2}{m}} = \sqrt{\frac{12 \times 6,370^2}{10^6}} = 22.1\text{km}$$
∴ 반경$\left(\frac{D}{2}\right) = \frac{22.1}{2} ≒ 11$km이다.

2) 거리오차($d-D$)
$$d-D = \frac{D^3}{12R^2} = \frac{22.1^3}{12 \times 6,370^2} = 0.000022\text{km} = 22\text{mm}$$

예를 들면 지구의 반경 $R=6,370$km, $\frac{d-D}{D}$에 의한 허용오차가 $\frac{1}{10^6}$이라 하면 정도 $\left(\frac{d-D}{D}\right) \leq \frac{1}{1,000,000}$이고 평면거리($D$) = 약 22km이다.

따라서 $\frac{1}{10^6}$ 정밀도의 측량을 할 때 직경 22km(반경 11km)에 대한 거리오차($d-D$)의 제한은 약 22mm(2.2cm)이며 면적은 약 400km²의 범위를 평면으로 볼 수 있다.

REFERENCE

- 지평선(Horizon)
  - 평평한 대지의 끝과 하늘이 맞닿아 보이는 경계선
  - 지상의 어떤 장소의 연직선에 직교하는 평면의 천구와 서로 접하여 이루는 큰 원
- 수평선
  - 바다 위에 있어서 물과 하늘이 맞닿은 경계선
  - 지구 위에서 중력의 방향에 수직이 되는 직선
  - 수평면 위의 직선

1.2 측지학

1.2.1 정의

지구 내부의 특성, 지구의 형상 및 운동을 결정하는 측량과 지구표면상에 있는 모든 점들 간의 상호위치관계를 산정하는 측량의 가장 기본적인 학문이다.

1.2.2 분류 〈암기〉 ㉠㉰해서 ㉡㉱㉯어라 ㉤㉢㉸㉭㉩를 ㉧㉲㉰㉺㉶㉾은 ㉰㉻㉰㉳

기하학적 측지학	물리학적 측지학
지구 및 천체에 대한 점들의 상호위치관계를 조사	지구의 형상해석 및 지구의 내부특성을 조사
① 측㉰학적 3차원 위치결정(경도, 위도, 높이)	① 지구의 ㉧상 해석
② 길이 및 ㉱간의 결정	② 지구의 ㉲운동과 자전운동
③ 수평위치 ㉯정	③ ㉰각의 변동 및 균형
④ 높이 결㉱	④ 지구의 ㉳ 측정
⑤ ㉰도제작	⑤ ㉺륙의 부동
⑥ ㉤적·체적측량	⑥ 해㉶의 조류
⑦ ㉢문측량	⑦ ㉰구조석측량
⑧ ㉸성측량	⑧ ㉾력측량
⑨ ㉭양측량	⑨ ㉰자기측량
⑩ ㉩진측량	⑩ ㉻성파측량

1.3 지구의 형상

지구의 형상은 물리적 지표면, 구, 타원체, 지오이드, 수학적 형상으로 대별되며 타원체는 회전, 지구, 준거, 국제타원체로 분류된다. 타원체는 지구를 표현하는 수학적 방법으로서 타원체면의 장축 또는 단축을 중심축으로 회전시켜 얻을 수 있는 모형이며 좌표를 표현하는 데 있어서 수학적 기준이 되는 모델이다.

1.3.1 타원체

가. 타원체의 종류 〈암기〉 ㉣㉰㉷㉱

㉣전타원체	한 타원의 지축을 중심으로 회전하여 생기는 입체 타원체
㉰구타원체	부피와 모양이 실제의 지구와 가장 가까운 회전타원체를 지구의 형으로 규정한 타원체
㉷거타원체	어느 지역의 대지측량계의 기준이 되는 지구 타원체
㉱제타원체	전세계적으로 대지측량계의 통일을 위해 IUGG(International Association of Geodesy : 국제측지학 및 지구물리학연합)에서 제정한 지구타원체

나. 타원체의 특징 〈암기〉 ㉮㉣㉭㉺는 ㉠㉮㉤㉫㉳㉣㉥ ㉣㉭㉲㉣㉪㉱베라
① ㉮하학적 ㉭원체이므로 ㉰곡이 없는 ㉺끈한 면이다.
② 지구의 ㉠경, ㉡적, ㉤면적, ㉣피, ㉳각측량, ㉣위도 결정, ㉥도제작 등의 기준
③ ㉣원체의 크기는 ㉳각측량 등의 실측이나 ㉲력측정값을 ㉱레로 정리로 이용
④ 지구타원체의 크기는 세계 각 나라별로 다르며 ㉤리나라에는 종래에는 Ⓑessel의 타원체를 사용하였으나 최근 공간정보의 구축 및 관리 등에 관한 법 6조의 개정에 따라 GRS80 타원체로 그 값이 변경되었다.
⑤ 지구의 형태는 극을 연결하는 직경이 적도방향의 직경보다 약 42.6km가 짧은 회전 타원체로 되어 있다.
⑥ 지구타원체는 지구를 표현하는 수학적 방법으로서 타원체면의 장축 또는 단축을 중심으로 회전시켜 얻을 수 있는 모형이다.

다. 제성질
① 편심률(이심률, e) $= \sqrt{\dfrac{a^2 - b^2}{a^2}}$

② 편평률(P) $= \dfrac{a-b}{a} = 1 - \sqrt{1-e^2}$

③ 자오선곡률반경(M) $= \dfrac{a(1-e)}{W^3}$

여기서, $W = \sqrt{1 - e^2 \sin^2 \phi}$

④ 횡곡률반경(N) $= \dfrac{a}{W} = \dfrac{a}{\sqrt{1 - e^2 \sin^2 \phi}}$

⑤ 평균곡률반경(R) $= \sqrt{MN}$

1.3.2 지오이드 〈암기〉 ㉦㉥ ㉣㉣ ㉧㉳면 ㉥㉦㉡①㉧이요 ㉢㉦선 ㉤㉨는 ㉯㉣㉭㉡㉣㉰이라

가. 정의
정지된 해수면을 육지까지 연장하여 지구 전체를 둘러쌌다고 가상한 곡면을 지오이드(Geoid)라 한다. 지구타원체는 기하학적으로 정의한 데 비하여 지오이드는 중력장 이론에 따라 물리학적으로 정의한다.

나. 특징
① ㉦오이드면은 ㉳균해수면과 일치하는 등포텐셜면으로 일종의 수면이다.
② 지오이드면은 ㉣륙에서는 지각의 인력 때문에 지구타원체보다 높㉢ ㉧양에서는 ㉯다.

③ ㉠저측량은 ㉨오이드㉮을 표고 ⓪으로 하여 관㉥한다.
④ 타원체의 법선과 지오이드 연직선의 불일치로 ㉡㉤㉯ ㉰㉱가 생긴다.
⑤ 지형의 영향 또는 지각㉲㉳밀도의 불균일로 인하여 타원체에 비하여 다소의 기복이 있는 불규칙한 면이다.
⑥ 지오이드는 어느점에서나 표면을 통과하는 연직선은 ㉴㉵방향에 수직이다.
⑦ 지오이드는 ㉶원체면에 대하여 다소 기복이 있는 ㉷규칙한 면을 갖는다.
⑧ 높이가 0이므로 위치에너지도 0이다.

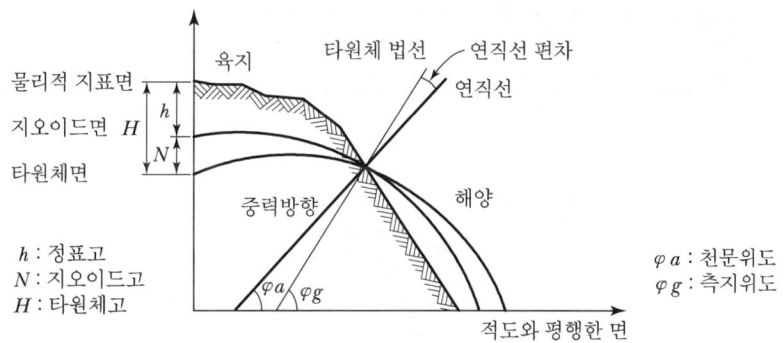

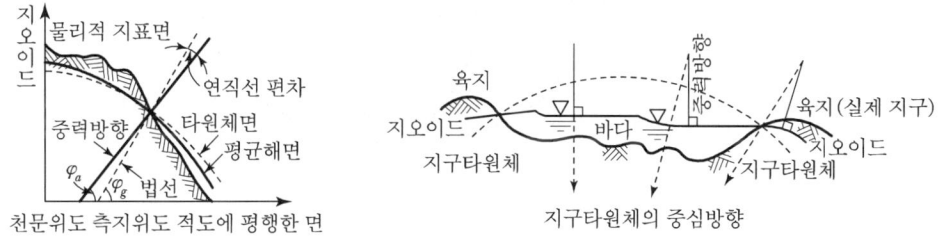

[타원체와 지오이드]

 지평대 고해저면 0측이고
연직선 편차는 내부아미타불이다

1.4 경도와 위도

1.4.1 경도 〈암기〉 측천

가. 정의

경도는 본초자오선과 적도의 교점을 원점(0, 0)으로 한다. 경도는 본초자오선으로부터 적도를 따라 그 지점의 자오선까지 잰 최소 각거리로 동서쪽으로 0°~180°까지 나타내며, 측지경도와 천문경도로 구분한다.

나. 종류

측지경도	본초자오선과 타원체상의 임의 자오선이 이루는 적도상 각거리를 말한다.
천문경도	본초자오선과 지오이드상의 임의 자오선이 이루는 적도상 각거리를 말한다.

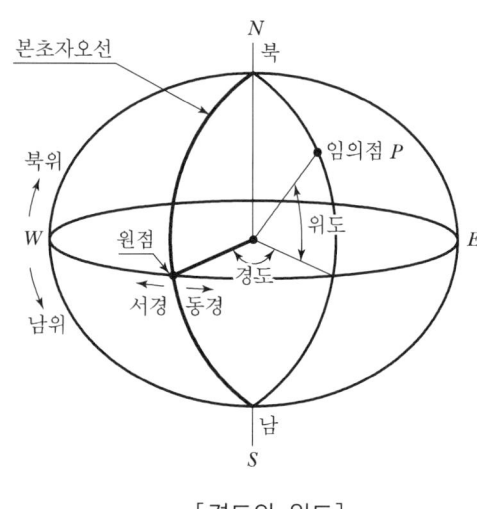

[경도와 위도]

1.4.2 위도 〈암기〉 측천지화

가. 정의

위도(ϕ)란 지표면상의 한점에서 세운 법선이 적도면을 0°로 하여 이루는 각으로서 남북위 0°~90°로 표시한다. 위도는 자오선을 따라 적도에서 어느 지점까지 관측한 최소 각거리로서 어느 지점의 연직선 또는 타원체의 법선이 적도면과 이루는 각으로 정의되고, 0°~90°까지 관측하며, 천문위도, 측지위도, 지심위도, 화성위도로 구분된다. 경도 1°에 대한 적도상 거리, 즉 위도 0°의 거리는 약 111km, 1′은 1.85km, 1″는 30.88m이다.

나. 종류

㉥지위도	지구상 한점에서 회전타원체의 법선이 적도면과 이루는 각으로 측지분야에서 많이 사용한다.
㉦문위도	지구상 한점에서 지오이드의 연직선(중력방향선)이 적도면과 이루는 각을 말한다.
㉨심위도	지구상 한점과 지구중심을 맺는 직선이 적도면과 이루는 각을 말한다.
㉩성위도	지구중심으로부터 장반경(a)을 반경으로 하는 원과 지구상 한점을 지나는 종선의 연장선과 지구중심을 연결한 직선이 적도면과 이루는 각을 말한다.

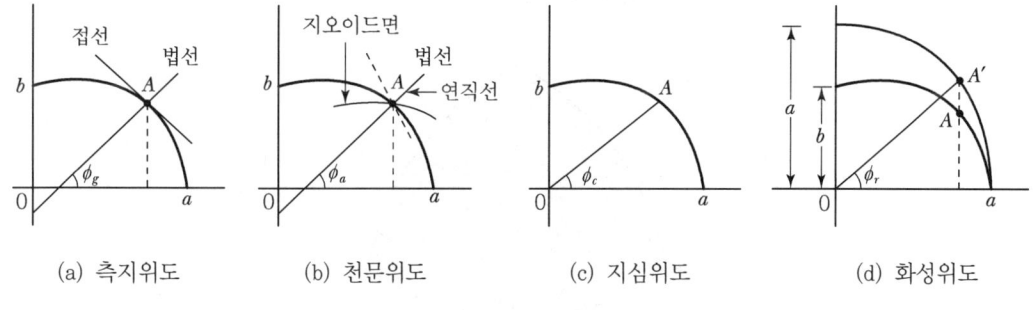

(a) 측지위도　　(b) 천문위도　　(c) 지심위도　　(d) 화성위도

[위도의 종류]

1.5 구면삼각형과 구과량

1.5.1 구면삼각형

가. 정의

세 변이 대원의 호로 된 삼각형을 구면삼각형이라 하고 구면삼각형의 내각의 합은 180°보다 크다.

나. 특징

① 대규모지역의 측량의 경우 곡면각의 성질이 필요하다.
② 세 변이 대원의 호로 된 삼각형을 구면삼각형이라 한다.
③ 구면삼각형의 세 변의 길이는 대원호의 중심각과 같은 각거리이다.

1.5.2 구과량

가. 정의

구면삼각형 내각의 합은 180°보다 크며 이를 구과량, 또는 구면과량이라 한다. 구면삼각형의 3변과 길이가 같은 평면삼각형을 가상하여 그 면적을 E라 하면 구과량(ε'')은 다음과 같다.

즉, $\varepsilon = (A + B + C) - 180°$

$$\varepsilon'' = \frac{F}{\gamma^2} \rho''$$

여기서, ε : 구과량, F : 삼각형의 면적, γ : 구반경
ρ'' : 1rad = 206265″

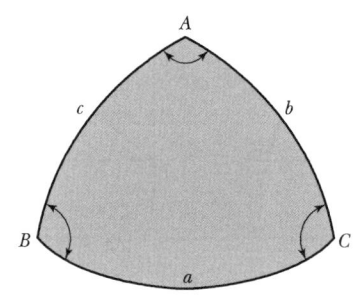

[구면삼각형]

나. 특징

① 구과량은 구면삼각형의 면적 F에 비례하고 구의 반경 R의 제곱에 반비례한다.
② 구면삼각형 한 정점을 지나는 변은 대원이다.
③ 일반측량에서 구과량은 미소하여 평면 삼각형 면적을 사용해도 지장이 없다.
④ 소규모 지역에서는 르장드르의 정리를, 대규모 지역에서는 슈라이버 정리를 이용한다.
⑤ 구과량 $\varepsilon = A + B + C - 180°$

1.6 시(時)

1.6.1 정의

시(時)는 지구의 자전 및 공전운동 때문에 관측자의 지구상 절대적 위치가 주기적으로 변화함을 표시하는 것으로 원래 하루의 길이는 지구의 자전, 1년은 지구의 공전, 주나 한 달은 달의 공전으로부터 정의된다. 시와 경도 사이에는 1시간은 15도의 관계가 있다.

1.6.2 시의 종류

가. 항성시(Local Sidereal Time ; LST)

항성일은 춘분점이 연속해서 같은 자오선을 두 번 통과하는 데 걸리는 시간이다(23시간 56분 4초). 이 항성일을 24등분하면 항성시가 된다. 즉 춘분점을 기준으로 관측된 시간을 항성시라 한다.

$$LST = H_v = a + H$$

항성시 = 춘분점의 시간각 = 적경 + 시간각

적경이 $3^h30^m20^s$인 천체의 시간각이 $30°15'30''$일 때 이 천체의 항성시는?

➡ 항성시 = 적경 + 천체의 시간각
- 1시간 = 15도
- 1분 = 15분
- 1초 = 15초

∴ $30°15'30'' = 2$시간 1분 2초

항성시 = $3^h30^m20^s + 2^h1^m2^s = 5^h31^m22^s$

나. 태양시(Solar Time)

지구에서의 시간법은 태양의 위치를 기준으로 한다.

1) 시태양시

춘분점 대신 시태양을 사용한 항성시이며 태양의 시간각에 12시간을 더한 것으로 하루의 기점은 자정이 된다.

시태양시 = 태양의 시간각 + 12시간

2) 평균태양시

시태양시의 불편을 없애기 위하여 천구적도 상을 1년간 일정한 평균각속도로 동쪽으로 운행하는 가상적인 태양, 즉 평균태양의 시간각으로 평균태양시를 정의하며 이것이 우리가 쓰는 상용시이다.

평균태양시 = 평균태양의 시간각 + 12시간

3) 균시차

① 시태양시와 평균태양시 사이의 차를 균시차라 한다.

균시차 = 시태양시 − 평균태양시

제1편 측량학

② 균시차가 생기는 이유

- 태양이 황도상을 이동하는 속도가 일정치 않아 공전속도의 변동에 의한 것이다.
- 지구의 공전궤도가 타원이다.
- 천구의 적도면이 황도면에 대해서 약 23.5도 경사져 있기 때문이다.

다. 세계시(Universal Time : UT)
  1) 표준시
  지방시를 직접 사용하면 불편하므로 이러한 곤란을 해결하기 위하여 경도 15도 간격으로 전 세계에 24개의 시간대를 정하고 각 경도대 내의 모든 지점을 동일한 시간을 사용하도록 하는데 이를 표준시라 한다.
  우리나라의 표준시는 동경 135도를 기준으로 하고 있다.

  2) 세계시
  표준시의 세계적인 표준시간대는 경도 0도인 영국의 그리니치를 중심으로 하며 그리니치 자오선에 대한 평균태양시를 세계시라 한다.(서경)

  $UT = LST - a_{m.s} + \lambda + 12^h$
  세계시 = 지방시 - 평균태양시적경 + 관측점의 경도 + 12시간

  한편 지구의 자전운동은 극운동과 계절적 변화의 영향으로 항상 균일한 것은 아니다. 이러한 영향을 고려하지 않는 세계시를 UT0으로 정의한다.

  - UT0 : 이러한 영향을 고려하지 않는 세계시. 전 세계가 같은 시간이다.
  - UT1 : 극운동을 고려한 세계시. 전 세계가 다른 시간이다.
  - UT2 : UT1에 계절변화를 고려한 것으로 전 세계가 다른 시각이다.
  - UT2 = UT1 + $\triangle_S$ = UT0 + $\triangle \lambda$ + $\triangle_S$

 예제

동경 127° 지점에서 지방시가 5시 20분 40초이면 평균태양의 적경이 2시 25분 30초일 때 세계시는?

▶ $UT = LST - a_{m.s} + \lambda + 12^h$
  서경(λ) = 360° - 127° = 233°,   233°/15° = $15^h 32^m 00^s$
  $UT = 15^h 20^m 40^s - 2^h 25^m 30^s + 15^h 32^m 00^s + 12^h = 30^h 27^m 10^s$
  하루는 24시간이므로 $30^h 27^m 10^s - 24^h = 6^h 27^m 10^s$

라. 역표시(Ephemeris Time ; ET)
지구는 자전운동뿐만 아니라 공전운동도 불균일하므로 이러한 영향 ⊿T를 고려하여 균일하게 만들어 사용한 것을 역표시라 한다.

$$ET = UT2 + \varDelta T$$

중력포텐셜	중력장 내의 임의의 한 점에서 단위질량을 어떤 점까지 옮겨오는 데 필요한 일
등포텐셜	중력포텐셜이 일정한 값을 갖는 면

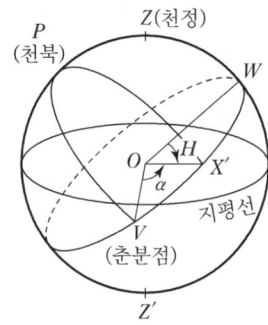

항성시(LST) = 춘분점의 시간각(H_v)
LST = H_v = 적경(α) + 시간각(H)

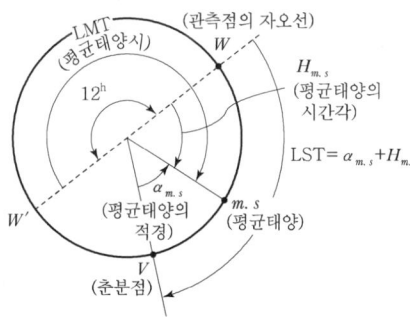 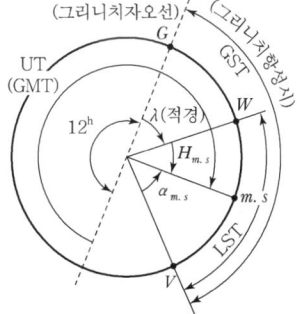

LST(지방시)와 LMT(평균태양시)
LMT = $H_{m.s} + 12^h$
LST = $\alpha_{m.s} + H_{m.s}$

UT(세계시)와 LST(지방시)
UT = LST $- \alpha_{m.s} + \lambda + 12^h$

1.7 측량의 기준

1.7.1 높이의 종류

표고(Elevation)	지오이드면, 즉 정지된 평균해수면과 물리적 지표면 사이의 고저차
정표고(Orthometric Height)	물리적 지표면에서 지오이드까지의 고저차
지오이드고(Geoidal Height)	타원체와 지오이드와 사이의 고저차
타원체고(Ellipsoidal Height)	준거 타원체상에서 물리적 지표면까지의 고저차를 말하며 지구를 이상적인 타원체로 가정한 타원체면으로부터 관측지점까지의 거리이다. 실제 지구표면은 울퉁불퉁한 기복을 가지므로 실제높이(표고)는 타원체고가 아닌 평균해수면(지오이드)으로부터 연직선 거리이다.

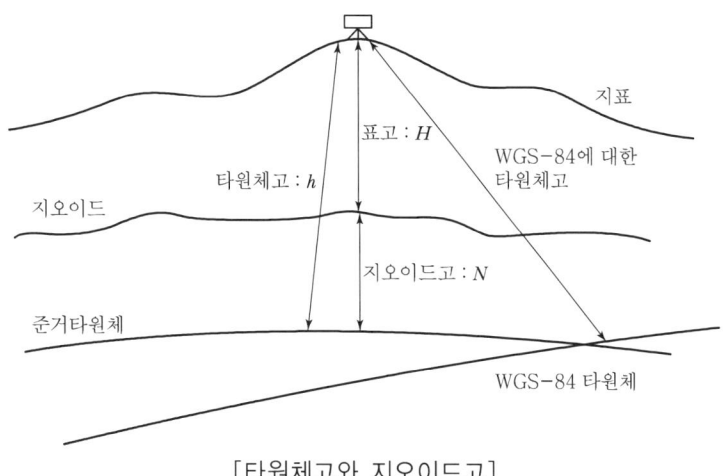

[타원체고와 지오이드고]

1.7.2 높이의 기준

위치	세계측지계(世界測地系)에 따라 측정한 지리학적 경위도와 높이(평균해수면으로부터의 높이를 말한다. 이하 이 항에서 같다.)로 표시한다. 다만 지도제작 등을 위하여 필요한 경우에는 직각좌표와 높이, 극좌표와 높이, 지구중심 직교좌표 및 그 밖의 다른 좌표로 표시할 수 있다.
측량의 원점	대한민국 경위도원점(經緯度原點) 및 수준원점(水準原點)으로 한다. 다만, 섬 등 대통령령으로 정하는 지역에 대하여는 국토교통부장관이 따로 정하여 고시하는 원점을 사용할 수 있다.
간출지(干出地)의 높이와 수심	수로조사에서 간출지(干出地)의 높이와 수심은 기본수준면(일정 기간 조석을 관측하여 분석한 결과 가장 낮은 해수면)을 기준으로 측량한다. 〈삭제 2020.2.18.〉
해안선	해수면이 약최고고조면(略最高高潮面 : 일정 기간 조석을 관측하여 분석한 결과 가장 높은 해수면)에 이르렀을 때의 육지와 해수면과의 경계로 표시한다. 〈삭제 2020.2.18.〉

① 국토교통부장관은 수로조사와 관련된 평균해수면, 기본수준면 및 약최고고조면에 관한 사항을 정하여 고시하여야 한다. 〈삭제 2020.2.18.〉
② 제1항에 따른 세계측지계, 측량의 원점 값의 결정 및 직각좌표의 기준 등에 필요한 사항은 대통령령으로 정한다.
③ 제1항에 따른 세계측지계, 측량의 원점 값의 결정 및 직각좌표의 기준 등에 필요한 사항은 대통령령으로 정한다.

> 법 제6조 제1항 제2호 단서에서 "섬 등 대통령령으로 정하는 지역"이란 다음 각 호의 지역을 말한다. 〈개정 2013.3.23.〉
> 1. 제주도   2. 울릉도   3. 독도
> 4. 그 밖에 대한민국 경위도원점 및 수준원점으로부터 원거리에 위치하여 대한민국 경위도원점 및 수준원점을 적용하여 측량하기 곤란하다고 인정되어 국토교통부장관이 고시한 지역

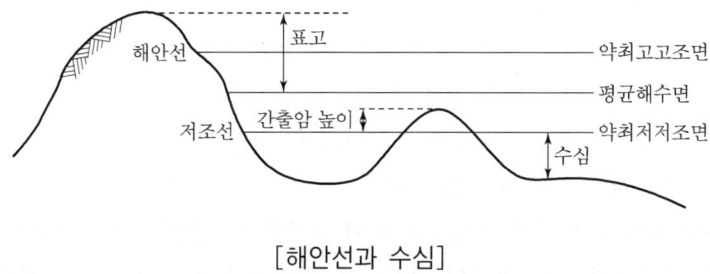

[해안선과 수심]

1.8 측량의 원점

1.8.1 경·위도 원점

① 1981~1985년까지 정밀천문측량 실시
② 1985년 12월 17일 발표
③ 수원국립지리원 구내 위치
④ 우리나라의 최근에 설치된 경위도 원점은 2002년 1월 1일 관측하여 2003년 1월 1일 고시하였으며 대한민국 경위도원점의 변경 전·후 성과는 아래 표와 같다.
⑤ 원 방위각은 진북을 기준하여 우회로 측정한 원방위 기준점에 이르는 방위각이다.

구분	동경	북위	원방위각	원방위각 위치
변경 전	127°03′05.1453″ ±0.0950″	37°16′31.9031″ ±0.063″	170°58′18.190″ ±0.148″	동학산 2등삼각점
현재	127°03′14″.8913	37°16′33″.3659	165°03′44.538	원점으로부터 진북을 기준으로 오른쪽 방향으로 측정함(우주측지관측센터에 있는 위성기준점 안테나 참조점 중앙)
원점 소재지	국토지리정보원내(수원시 팔달구 원천동 11번지)			

1.8.2 수준원점

① 높이의 기준으로 평균해수면을 알기 위하여 토지조사 당시 검조장 설치(1911년)
② 검조장 설치위치 : 청진, 원산, 목포, 진남포, 인천(5개소)
③ 1963년 일등수준점을 신설하여 현재 사용
④ 위치 : 인천광역시 남구 용현동 253번지(인하대학교 교정)
⑤ 표고 : 인천만의 평균해수면으로부터 26.6871m

1.8.3 평면직각좌표원점

① 지도상 제 점 간의 위치관계를 용이하게 결정
② 모든 삼각점 (x, y) 좌표의 기준
③ 원점은 1910년의 토지 조사령에 의거 실시한 토지조사사업에 의하여 설정된 것으로 실제 존재하지 않는 가상의 원점이다. 원점은 동해, 동부, 중부, 서부원점이 있으며 그 위치는 다음과 같다.

[별표 2]

직각좌표의 기준(제7조제3항 관련)

1. 직각좌표계 원점

명칭	원점의 경위도	투영원점의 가산(加算)수치	원점축척계수	적용 구역
서부좌표계	경도 : 동경 125°00′ 위도 : 북위 38°00′	X(N) 600,000m Y(E) 200,000m	1.0000	동경 124°~126°
중부좌표계	경도 : 동경 127°00′ 위도 : 북위 38°00′	X(N) 600,000m Y(E) 200,000m	1.0000	동경 126°~128°
동부좌표계	경도 : 동경 129°00′ 위도 : 북위 38°00′	X(N) 600,000m Y(E) 200,000m	1.0000	동경 128°~130°
동해좌표계	경도 : 동경 131°00′ 위도 : 북위 38°00′	X(N) 600,000m Y(E) 200,000m	1.0000	동경 130°~132°

〈비고〉

가. 각 좌표계에서의 직각좌표는 다음의 조건에 따라 T·M(Transverse Mercator, 횡단 머케이터) 방법으로 표시한다.
   1) X축은 좌표계 원점의 자오선에 일치하여야 하고, 진북방향을 정(+)으로 표시하며, Y축은 X축에 직교하는 축으로서 진동방향을 정(+)으로 한다.
   2) 세계측지계에 따르지 아니하는 지적측량의 경우에는 가우스상사이중투영법으로 표시하되, 직각좌표계 투영원점의 가산(加算)수치를 각각 X(N) 500,000미터(제주도 지역 550,000미터), Y(E) 200,000m로 하여 사용할 수 있다.

나. 국토교통부장관은 지리정보의 위치측정을 위하여 필요하다고 인정할 때에는 직각좌표의 기준을 따로 정할 수 있다. 이 경우 국토교통부장관은 그 내용을 고시하여야 한다.

2. 지적측량에 사용되는 구소삼각지역의 직각좌표계 원점 〈암기〉 망계조가등고 율현구금소

명칭	원점의 경위도	
㉱산원점(間)	경도 : 동경 126°22′24″.596 위도 : 북위 37°43′07″.060	경기(강화)
㉮양원점(間)	경도 : 동경 126°42′49″.685 위도 : 북위 37°33′01″.124	경기(부천, 김포, 인천)
㉵본원점(m)	경도 : 동경 127°14′07″.397 위도 : 북위 37°26′35″.262	경기(성남, 광주)

㉮리원점(間)	경도 : 동경 126°51′59″.430 위도 : 북위 37°25′30″.532	경기(안양, 인천, 시흥)
㉲경원점(間)	경도 : 동경 126°51′32″.845 위도 : 북위 37°11′52″.885	경기(수원, 화성, 평택)
㉠초원점(m)	경도 : 동경 127°14′41″.585 위도 : 북위 37°09′03″.530	경기(용인, 안성)
㉻곡원점(m)	경도 : 동경 128°57′30″.916 위도 : 북위 35°57′21″.322	경북(영천, 경산)
㉴창원점(m)	경도 : 동경 128°46′03″.947 위도 : 북위 35°51′46″.967	경북(경산, 대구)
㉵암원점(間)	경도 : 동경 128°35′46″.186 위도 : 북위 35°51′30″.878	경북(대구, 달성)
㉶산원점(間)	경도 : 동경 128°17′26″.070 위도 : 북위 35°43′46″.532	경북(고령)
㉷라원점(m)	경도 : 동경 128°43′36″.841 위도 : 북위 35°39′58″.199	경북(청도)

〈비고〉

가. ㉳본원점 · ㉠초원점 · ㉻곡원점 · ㉴창원점 및 ㉷라원점의 평면직각종횡선수치의 단위는 ㉱(E)로 하고, ㉶산원점 · ㉸양원점 · ㉮리원점 · ㉲경원점 · ㉵암원점 및 ㉶산원점의 평면직각종횡선수치의 단위는 ㉯(間)으로 한다. 이 경우 각각의 원점에 대한 평면직각종횡선수치는 0으로 한다.

나. 특별소삼각측량지역[전주, 강경, 마산, 진주, 광주(光州), 나주(羅州), 목포, 군산, 울릉도 등]에 분포된 소삼각측량지역은 별도의 원점을 사용할 수 있다.

REFERENCE 우리나라는 북위 33°~43°, 동경 124°~132°에 위치하고 있다.

1.9 좌표계

1.9.1 지구좌표계

가. 경·위도좌표

① 지구상 절대적 위치를 표시하는 데 가장 널리 쓰인다.
② 경도(λ)와 위도(ϕ)에 의한 좌표(λ, ϕ)로 수평위치를 나타낸다.
③ 3차원 위치표시를 위해서는 타원체면으로부터의 높이, 즉 표고를 이용한다.
④ 경도는 동·서쪽으로 0~180°로 관측하며 천문경도와 측지경도로 구분한다.
⑤ 위도는 남·북쪽으로 0~90°로 관측하며 천문위도, 측지위도, 지심위도, 화성위도로 구분된다.
⑥ 경도 1°에 대한 적도상 거리는 약 111km, 1′는 1.85km, 1″는 0.88m가 된다.

나. 평면직교좌표

① 측량범위가 크지 않은 일반측량에 사용된다.
② 직교좌표값(x, y)으로 표시된다.
③ 자오선을 X축, 동서방향을 Y축으로 한다.
④ 원점에서 동서로 멀어질수록 자오선과 원점을 지나는 X_n(진북)과 평행한 X_n(도북)이 서로 일치하지 않아 자오선수차(r)가 발생한다.

다. UTM좌표

UTM좌표는 국제횡메르카토르 투영법에 의하여 표현되는 좌표계이다. 적도를 횡축, 자오선을 종축으로 한다. 투영방식, 좌표변환식은 TM과 동일하나 원점에서 축척계수를 0.9996으로 하여 적용범위를 넓혔다.

종대	① 지구 전체를 경도 6°씩 60개 구역으로 나누고, 각 종대의 중앙자오선과 적도의 교점을 원점으로 하여 원통도법인 횡메르카토르 투영법으로 등각투영한다. ② 각 종대는 180°W 자오선에서 동쪽으로 6° 간격으로 1~60까지 번호를 붙인다. ③ 중앙자오선에서의 축척계수는 0.9996m이다. (축척계수 : $\dfrac{평면거리}{구면거리} = \dfrac{s}{S} = 0.9996$)
횡대	① 종대에서 위도는 남북 80°까지만 포함시킨다. ② 횡대는 8°씩 20개 구역으로 나누어 C(80°S~72°S)~X(72°N~80°N)까지(단 I, O는 제외) 20개의 알파벳 문자로 표현한다. ③ 결국 종대 및 횡대는 경도 6°×위도 8°의 구형 구역으로 구분된다. ④ 경도의 원점은 중앙자오선, 위도의 원점은 적도상에 있다. ⑤ 길이의 단위는 m이다. ⑥ 우리나라는 51~52 종대, S~T 횡대에 속한다.

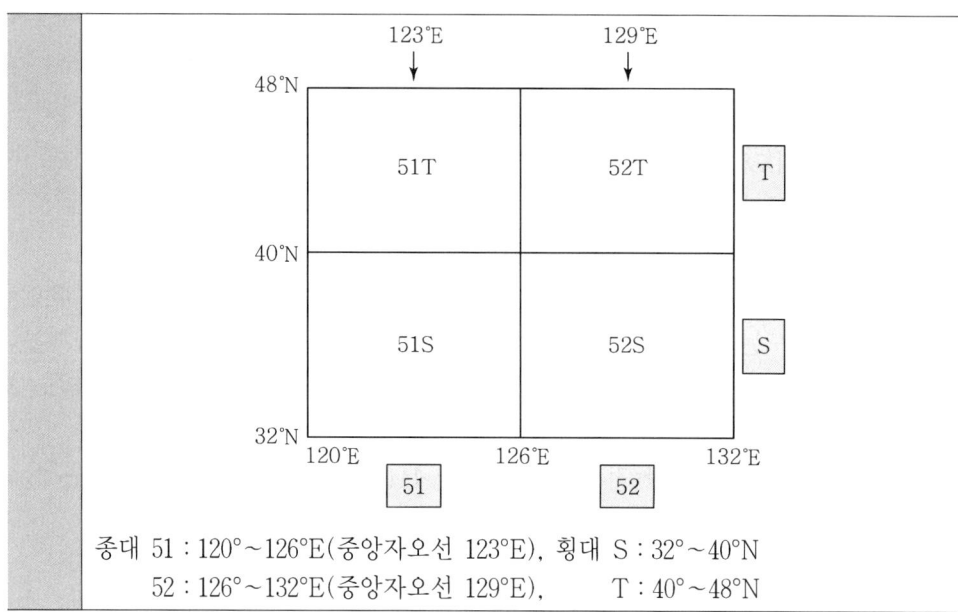

종대 51 : 120°~126°E(중앙자오선 123°E), 횡대 S : 32°~40°N
52 : 126°~132°E(중앙자오선 129°E),   T : 40°~48°N

라. UPS 좌표

① 위도 80° 이상의 양극지역의 좌표를 표시하는 데 이용한다.

② UPS 좌표는 극심입체투영법에 의한 것이며 UTM 좌표의 상사투영법과 같은 특징을 지닌다.

③ 특징

  ㉠ 양극을 원점으로 평면직각좌표계를 사용하며 거리좌표는 m로 표시한다.

  ㉡ 종축은 경도 0° 및 180°인 자오선, 횡축은 90°E인 자오선이다.

  ㉢ 원점의 좌푯값은 (2,000,000mN, 2,000,000mN)이다.

  ㉣ 도북은 북극을 지나는 180° 자오선(남극에서는 0° 자오선)과 일치한다.

마. WGS 84 좌표

WGS 84는 여러 관측장비를 가지고 전 세계적으로 측정해온 중력 측량으로 중력장과 지구형상을 근거로 만들어진 지심좌표계이다.

① 지구의 질량중심에 위치한 좌표원점과 X, Y, Z 축으로 정의되는 좌표계이다.

② Z축은 1984년 BIH(국제시보국)에서 채택한 지구 자전축과 평행하다.

③ X축은 BIH에서 정의한 본초자오선과 평행한 평면이 지구 적도선과 교차하는 선이다.

④ Y축은 X축과 Z축이 이루는 평면에 동쪽으로 수직인 방향이다.

⑤ WGS 84 좌표계의 원점과 축은 WGS 84 타원체의 기하학적 중심과 X, Y, Z축으로 쓰인다.

1.9.2 천문좌표계 〈암기〉 ㉛㉠㉢㉣

㉛평좌표 (방위각 – 고저각 좌표계)	① 관측자를 중심으로 천체의 위치를 가장 간략하게 표시하는 좌표계이다. ② 관측자의 위치에 따라 방위각(A), 고저각(h)이 변하는 단점이 있다.
㉠도좌표계	① 천구상 위치를 천구 도면을 기준으로 적경(α)과 적위(δ) 또는 시간각(H)과 적위(δ)로 나타내는 좌표계이다. ② 시간과 장소에 관계없이 좌표값이 일정하고, 정확도가 높아 가장 널리 이용된다. ③ 특별한 시설이 없으면 천체를 나타내지 못하는 단점이 있다.
㉡도좌표계	① 태양계 내의 천체의 운동을 설명하는 데 편리하다. ② 이는 태양계의 모든 천체의 궤도면이 지구의 궤도면과 거의 일치하며 천구상에서 황도 가까운 곳에 나타나기 때문이다(황도를 기준으로 함).
㉢하좌표	① 은하계의 중간 평면을 은하 적도로 하여 은경, 은위로 위치를 표현한다. ② 은하 적도는 천구 적도에 비해 63° 기울어져 있다. ③ 은하계 내의 천구 위치나 은하계와 연관 있는 현상을 설명할 때 편리하다.

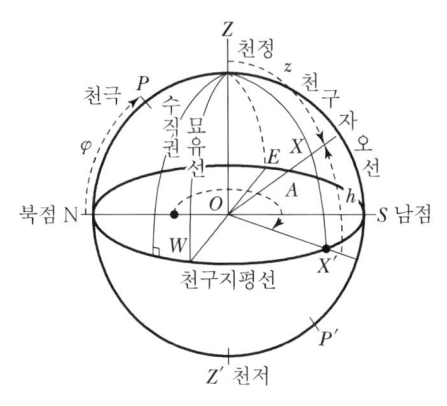

[지평좌표계]

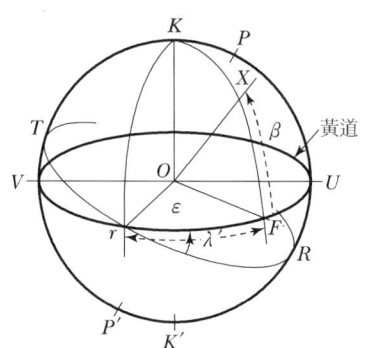

[황도좌표계]

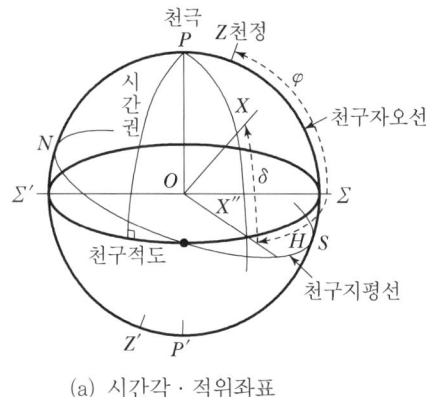

(a) 시간각 · 적위좌표

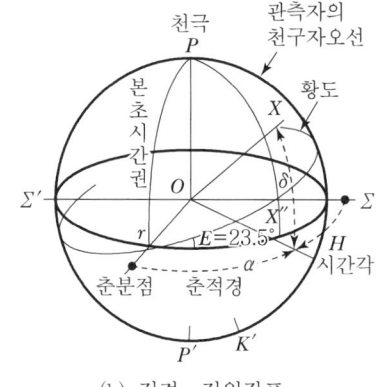

(b) 적경 · 적위좌표

[적도좌표계]

1.10 측량기준점(제7조) 〈암기〉 ㉤리가 ㉮㉫이 심하면 ㉲㉨를 모아 ㉮㉱을 ㉮㉱번 해라

① 측량기준점은 다음 각 호의 구분에 따른다.

국가기준점	측량의 정확도를 확보하고 효율성을 높이기 위하여 국토교통부장관이 전국토를 대상으로 주요 지점마다 정한 측량의 기본이 되는 측량기준점
공공기준점	제17조제2항에 따른 공공측량시행자가 공공측량을 정확하고 효율적으로 시행하기 위하여 국가기준점을 기준으로 하여 따로 정하는 측량기준점
지적기준점	특별시장·광역시장·도지사 또는 특별자치도지사(이하 "시·도지사"라 한다)나 지적소관청이 지적측량을 정확하고 효율적으로 시행하기 위하여 국가기준점을 기준으로 하여 따로 정하는 측량기준점

② 제1항에 따른 측량기준점의 구분에 관한 세부 사항은 대통령령으로 정한다.

제8조 (측량기준점의 구분) ① 법 제7조제1항에 따른 측량기준점은 다음 각 호의 구분에 따른다.

국가 기준점	㉤주측지기준점	국각측지기준계를 정립하기위하여 전 세계 초장거리간섭계와 연결하여 정한 기준점
	㉮성기준점	지리학적 경위도, 직각좌표 및 지구 중심 직교좌표의 측정 기준으로 사용하기 위하여 대한민국 경위도원점을 기초로 정한 기준점
	㉫합기준점	지리학적 경위도, 직각좌표, 지구중심 직교좌표, 높이 및 중력 측정의 기준으로 사용하기 위하여 위성기준점, 수준점 및 중력점을 기초로 정한 기준점
	㉲력점	중력 측정의 기준으로 사용하기 위하여 정한 기준점
	㉨자기점 (地磁氣點)	지구자기 측정의 기준으로 사용하기 위하여 정한 기준점
	㉮준점	높이 측정의 기준으로 사용하기 위하여 대한민국 수준원점을 기초로 정한 기준점
	㉱해기준점	우리나라의 영해를 획정(劃定)하기 위하여 정한 기준점 〈삭제 2021.2.9〉
	㉮로기준점	수로조사 시 해양에서의 수평위치와 높이, 수심 측정 및 해안선 결정 기준으로 사용하기 위하여 위성기준점과 법 제6조제1항제3호의 기본수준면을 기초로 정한 기준점으로서 수로측량기준점, 기본수준점, 해안선기준점으로 구분한다. 〈삭제 2021.2.9〉
	㉱각점	지리학적 경위도, 직각좌표 및 지구중심 직교좌표 측정의 기준으로 사용하기 위하여 위성기준점 및 통합기준점을 기초로 정한 기준점

공공 기준점	공공삼각점	공공측량 시 수평위치의 기준으로 사용하기 위하여 국가기준점을 기초로 하여 정한 기준점
	공공수준점	공공측량 시 높이의 기준으로 사용하기 위하여 국가기준점을 기초로 하여 정한 기준점
지적 기준점	지적삼각점 (地籍三角點)	지적측량 시 수평위치 측량의 기준으로 사용하기 위하여 국가기준점을 기준으로 하여 정한 기준점
	지적삼각보조점	지적측량 시 수평위치 측량의 기준으로 사용하기 위하여 국가기준점과 지적삼각점을 기준으로 하여 정한 기준점
	지적도근점 (地籍圖根點)	지적측량 시 필지에 대한 수평위치 측량 기준으로 사용하기 위하여 국가기준점, 지적삼각점, 지적삼각보조점 및 다른 지적도근점을 기초로 하여 정한 기준점

> **REFERENCE** 우위통 중지 수영 수십

1.11 측량의 요소 및 국제단위계

1.11.1 국제단위계

국제관측단위계(SI)는 일반적으로 미터법으로 불리며 과학기술계에서 MKSA단위라고 불리는 관측 단위체계의 최신 형태이다. 미터법 단위계는 1875년 파리에서 체결된 미터조약에 의하여 제정된 이래 전 세계에서 보급되어 제반 분야에서 널리 이용되고 있으며 측량 분야에서도 중요하게 사용된다.

가. 기본단위

1967년 온도의 단위가 캘빈(K)으로 바뀌고 1971년에 7번째 기본단위로서 물량단위인 몰(mole)이 추가되어 현재의 SI의 기초가 되었다.

구분	관측단위	기호
길이의 단위	미터(Meter)	m
질량의 단위	킬로그램(Kilogram)	kg
시간의 단위	초(Second)	s
전류의 단위	암페어(Ampere)	A
열 역학적 온도 단위	켈빈(Kelvin)	K
물량의 단위	몰(Mol)	mol
광도의 단위	칸델라(Candela)	cd

나. 보조단위

① 보조단위는 추가 단위라고도 하며, 평면각의 SI 단위인 라디안과 공간각의 SI 단위인 스테라디안이 있다.
② 평면각은 두 길이의 비율로, 공간각은 넓이와 길이의 제곱과의 비율로 표현되므로 두 가지 모두 기하학적이고 무차원량이다.

구분	라디안(평면 SI 단위계)	스테라디안(공간 SI 단위계)
표시	$1\text{rad} = \dfrac{1\text{m}(\text{호의 길이})}{1\text{m}(\text{반경})} = \dfrac{1\text{m}}{1\text{m}}$	$1\text{sr} = \dfrac{1\text{m}^2(\text{구의 일부표면적})}{1\text{m}^2(\text{구의 반경의 제곱})} = \dfrac{1\text{m}^2}{1\text{m}^2}$
이용분야	각속도(rad/s) 각 가속도(rad/s²)	복사휘도(ω/m²) 광속도(cd/sr)

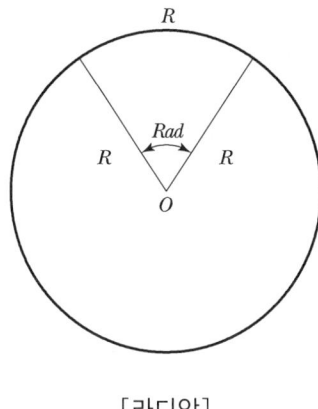
[라디안]

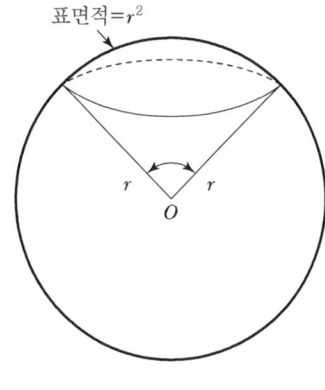
[스테라디안]

• SI단위

구분	단위	이름	기호
기본단위	길이의 단위	미터(Meter)	m
	질량의 단위	킬로그램(Kilogram)	kg
	시간의 단위	초(Second)	s
	전류의 단위	암페어(Ampere)	A
	열 역학적 온도 단위	켈빈(Kelvin)	K
	물량의 단위	몰(Mol)	mol
	광도의 단위	칸델라(Candela)	cd

보조단위	평면각	라디안(Radian)	rad
	입체각	스테라디안(Steradian)	sr
유도단위	면적	제곱미터(Squaremeter)	m²
	부피	세제곱미터(Cubic meter)	m³
	속도·속력	매 초당 미터(Meter per sec)	m/s
	가속도	매 제곱 초당 미터 (Meter per square second)	m/s²
	밀도	매 세제곱 미터당 킬로미터 (Kilogram per cubic meter)	kg/m³

- 보조단위 접두어

이름	기호	크기	이름	기호	크기
yotta	Y	10^{24}	deca	d	10^{-1}
zetta	Z	10^{21}	centi	c	10^{-2}
exa	E	10^{18}	milli	m	10^{-3}
peta	P	10^{15}	micro	μ	10^{-6}
tera	T	10^{12}	nano	n	10^{-9}
giga	G	10^{9}	pico	p	10^{-12}
mega	M	10^{6}	femto	f	10^{-15}
kilo	K		atto	a	10^{-18}
hecto	h	10^{2}	zepto	z	10^{-21}
deca	da	10^{2}	yocto	y	10^{-24}

1.12 지자기 측량

1.12.1 정의

지자기는 방향과 크기를 가진 양으로 벡타량이며 그 방향과 크기를 구함으로써 정해진다. 지자기는 지구가 가지고 있는 자기와 그 자장에서 일어나는 여러 현상이며, 지구 각 지점의 자장은 편각, 복각, 수평분력 등 지자기 3요소에 의해 결정된다.

1.12.2 지자기의 3요소

편각 (Declination)	수평분력 H가 진북과 이루는 각
복각 (Inclination)	전자장 F와 수평분력 H가 이루는 각
수평분력 (Horizontal Intensity)	① 전자장 F의 수평분력 ② 전자장 F로부터 수평분력 H와 연직분력 Z로 나누어진다. ③ 수평분력은 진북방향성분 X와 동서방향성분 Y로 나누어진다.

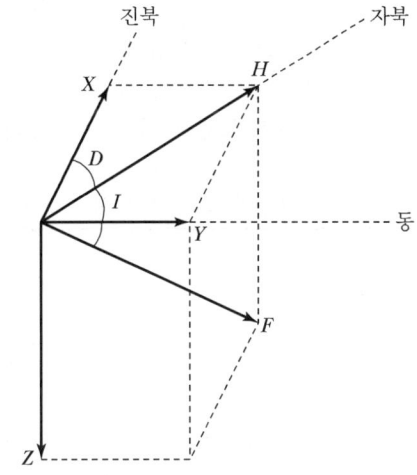

여기서, F : 전자장, H : 수평분력(X : 진북방향성분, Y : 동서방향성분), Z : 연직분력, D : 편각, I : 복각

[지자기 3요소]

1.13 탄성파 측량

1.13.1 정의

물체에 외력을 가했다가 외력을 제거했을 때 원상태로 돌아올 수 있는 상태에서 변형의 비율은 외력에 비례한다(Hook의 법칙). Hook의 법칙이 적용되는 고체를 탄성체라 하며 탄성체에 충격을 주어 급격한 변형을 일으키면 변형은 파장이 되어 주위로 전파되는데 이 파를 탄성파라 한다.

1.13.2 탄성파의 종류

P파(종파)	① 파의 진행에 의해 압축력이 생기므로 압축파, 조밀파, 쌍용파, P파(Primary wave)라고도 한다. ② 종파는 매질밀도의 증감에 의한 입자운동에 의해 발생되는 파로 입자의 진동방향이 파의 진행방향과 일치하고 도달시간은 0분이며, 속도는 7~8km/sec이고, 모든 물체에 전파하는 성질을 가지고 있으며, 아주 작은 폭으로 발생한다.
S파(횡파)	① 변형이 전단변형을 가져오므로 전단파라고도 한다. ② 횡파는 파의 진동방향이 진행방향에 직교를 이루는 파로서 도달시간은 8분, 속도는 3~4km/sec이고, 고체 내에서만 전파하는 성질을 가지고 있으며 보통 폭으로 발생한다.
L파(표면파)	① 표면파는 탄성체의 표면 부근으로 전달되는 파로, P파, S파에 비해 느리지만 진폭이 커서 지진에 의한 피해는 대부분 이 표면파에 의한 것이며 표면파에는 Rayleigh파와 Love파가 있다. ② 진동방향은 수평 및 수직으로 일어나며 속도는 3km/sec 이하이고, 지표면에 진동하는 성질을 가지고 있으며 아주 큰 폭으로 발생한다.

1.13.3 탄성파의 특징

① 탄성파(지진파)측정은 자연지진이나 인공지진(화약에 의한 폭발로 발생)의 지진파로 지하구조를 탐사하는 것으로 굴절법과 반사법이 있다.
② 굴절법(Refraction) : 지표면으로부터 낮은 곳의 측정
③ 반사법(Reflection) : 지표면으로부터 깊은 곳의 측정
④ 지진이 일어났을 때 지진계에 기록되는 순서는 종파(P파) - 횡파(S파) - 표면파(L파)이다.

종류	진동방향	속도 및 도달시간	특징
종파(P파)	진행방향과 일치	• 속도 7~8km/sec • 도달시간 0분	• 모든 물체에 전파 • 아주 작은 폭
횡파(S파)	진행방향과 직각	• 속도 3~4km/sec • 도달시간 8분	• 고체 내에서만 전파 • 보통폭
표면파(L파)	수평 및 수직	속도 3km/sec	• 지표면에 진동 • 아주 큰폭

1.14 중력 측량

1.14.1 정의

지구의 표면에서 존재하는 것으로 가장 쉽게 느낄 수 있는 힘의 중력이며, 지구상의 모든 물체는 중력에 의해 지구 중심방향으로 끌리고 있다. 중력은 만유인력법칙에 의해 지구표면으로 낙하하는 물체의 낙하속도의 증가율로서 중력가속도를 말하며 이 중력이 미치는 범위를 중력장이라 한다. 중력측량은 지구를 타원체로 가정한 이론적인 값과 실측한 값의 차이를 구하여 지구의 형태를 연구하는 측지학적 분야, 지하구조 및 자원탐사에 이용되는 지질학적 분야, 태양계의 역학적 관계를 규명하는 천문학 분야 등에 중요역할을 한다.

1.14.2 중력보정의 종류 〈암기〉 ㉠㉢㉤ ㉛㉥를 ㉝㉪㉺

중력보정(Gravity Correction)이란 실측된 중력값을 기준면(지오이드 또는 평균해수면)상의 중력값으로 보정하는 것을 말한다.

㉠도보정	관측점 사이의 고도차가 중력에 미치는 영향을 제거하는 것
프리에어 보정 (Free-air Correction)	물질의 인력을 고려하지 않고 고도차만을 고려하여 보정, 즉 관측값으로부터 기준면 사이에 질량을 무시하고 기준면으로부터 높이(또는 깊이)의 영향을 고려하는 보정 관측된 중력값+고도차=프리에어보정
부게보정 (Bouguer Correction)	관측점들의 고도차가 존재하는 물질의 인력이 중력에 미치는 영향을 보정하는 것, 즉 물질의 인력을 고려하는 보정. 측정점과 지오이드면 사이에 존재하는 물질이 중력에 미치는 영향에 대한 보정을 말한다. 관측된 중력값+고도차+물질의 인력=부게보정
㉤형보정 (Topographic 또는 Terrain Correction)	지형보정은 관측점과 기준면 사이에 일정한 밀도의 물질이 무한히 퍼져 있는 것으로 가정하여 보정하는 것이지만 실제지형은 능선이나 계곡 등의 불규칙한 형태를 이루고 있으므로 이러한 지형의 영향을 고려한 보정을 지형보정이라 한다. 지형보정은 측점 주위의 높음과 낮음에 관계없이 보정값을 관측값에 항상 +해주어야 한다. 관측된 중력값+고도차+물질의 인력+실제지형=지형보정

㉮토베스보정 (Eotvos Correction)	선박이나 항공기 등의 이동체에서 중력을 관측하는 경우에 이동체 속도의 동, 서 방향성분은 지구 자전축에 대한 자전각속도의 상대적인 증감효과를 일으켜서 원심가속도의 변화를 가져오므로, 지구에 대한 이동체의 상대운동의 영향에 의한 중력효과를 보정하는 것
㉯석보정 (Earth Tide Correction)	달과 태양의 인력에 의하여 지구 자체가 주기적으로 변형하는 지구 조석현상은 중력값에도 영향을 주게 되므로 이것을 보정하는 것
㉰도보정 (Latitude Correction)	지구의 적도반경과 극반경 차이에 의하여 적도에서 극으로 갈수록 중력이 커지므로 위도차에 의한 영향을 제거하는 것
㉱기보정 (Airmass Correction)	대기에 의한 중력의 영향을 보정하는 것
지각균형㉲정 (Isostatic Correction)	지각균형설에 의하면 밀도는 일정하지 않기 때문에 이를 보정하는 것 관측된 중력값+고도차+물질의 인력+실제지형+지각균형설 =지각균형보정
㉳기보정 (Drift Correction)	스프링의 크리프 현상으로 생기는 중력의 시간에 따른 변화를 보정하는 것

1.14.3 중력이상의 종류 〈암기〉 ㊊㊋㊌

중력이상(重力異常, Gravity Anomaly)이란 중력보정을 통하여 기준면에서의 중력값으로 보정된 중력값에서 표준중력값을 뺀 값이다. 즉 실제 관측중력값에서 표준중력식에 의해 계산한 중력값을 뺀 것이다. 중력이상의 주원인은 지하의 지질밀도가 고르게 분포되어 있지 않기 때문이다.

㊊리에어 이상 (Free-air Anomaly)	• 관측된 중력값으로부터 위도보정과 프리에어보정을 실시한 중력값에서 기준점에서의 표준중력값을 뺀 값이다. (프리에어보정+위도보정)−표준중력값=Free−air Anomaly • 프리에어이상은 관측점과 지오이드 사이의 물질에 대한 영향을 고려하지 않았기 때문에 고도가 높은 점일수록 (+)로 증가한다.
㊋게이상 (Bouguer Anomaly)	• 중력관측점과 지오이드면 사이의 질량을 고려한 중력이상이다. • 부게이상은 지하의 물질 및 질량분포를 구하는 데 목적이 있다. • 프리에어이상에 부게보정 및 지형보정을 더하여 얻는 이상이다.

	• 프리에어이상+부게보정=Simple Bouguer Anomaly • 프리에어이상+부게보정+지형보정=Bouguer Anomaly • 고도가 높을수록 (−)로 감소한다.
㉔각균형 이상 (地殼均衡異常)	• 지질광물의 분포상태에 따른 밀도차의 영향을 고려한 이상이다. • 부게이상에 지각균형보정을 더하여 얻는 이상이다. 부게이상+지각균형보정=Isostatic Anomaly

중력이상	• 실측중력값−표준(이론)중력값 • 중력이상(+) : 질량이 여유 있는 지역으로 무거운 물질이 있다는 것을 의미한다. • 중력이상(−) : 질량이 부족한 지역으로 가벼운 물질이 있다는 것을 의미한다.
중력이상의 특성	• 주원인은 지하의 지질밀도가 고르게 분포되어 있지 않기 때문이다. • 밀도가 큰 물질이 지표 가까이 있을 때는 (+)값, 반대인 경우는 (−)값을 갖는다. • 중력이상에 의해 지표 밑의 상태를 측정할 수 있다.

1.14.4 중력보정과 중력이상의 종류 비교

중력보정(Gravity Correction)	중력이상(Gravity Anomaly)
관측된 중력값+기준면상 값으로 보정 =중력보정	관측된 중력값−표준중력값 =Gravity Anomaly
관측된 중력값+고도차=프리에어보정	(프리에어보정+위도보정)−표준중력값 =Free−air Anomaly
관측된 중력값+고도차+물질의 인력 =부게보정	프리에어이상+부게보정 =Simple Bouguer Anomaly
관측된 중력값+고도차+물질의 인력+실제 지형=지형보정	프리에어이상+부게보정+지형보정 =Bouguer Anomaly
관측된 중력값+고도차+물질의 인력+실제 지형+지각균형설=지각균형보정	부게이상+지각균형보정 =Isostatic Anomaly

1.14.5 중력 측량의 특징

① 중력이상 = 중력실측값 − 이론실측값
② 중력이상(+) = 질량이 여유 있는 지역
③ 중력이상(−) = 질량이 부족한 지역
④ 중력 = 만유인력 + 지구 자체의 원심력
⑤ 단위 : gel, cm/sec^2
⑥ 기준점 : 동독 포츠담, 981,247gel

예상 및 기출문제   01

1. 다음 중 측량의 목적에 따른 분류가 아닌 것은 어느 것인가?
  ㉮ 천문측량   ㉯ 거리측량
  ㉰ 수준측량   ㉱ 지적측량

  해설 ① 측량의 목적에 따른 분류 : 토지측량, 지형측량, 노선측량, 하해측량, 지적측량, 터널측량, 수준측량, 건축측량, 천체측량 등
  ② 측량기계에 따른 분류 : 거리측량, 평판측량, 컴퍼스측량, 트랜싯측량, 레벨측량, 사진측량 등

2. 다음 중 지적 관련 법률에 따른 측량기준에서 회전타원체의 편평률로 옳은 것은?
  ㉮ 약 $\dfrac{1}{6,378}$ ㉯ 약 $\dfrac{1}{2,500}$
  ㉰ 약 $\dfrac{1}{500}$ ㉱ 약 $\dfrac{1}{299}$

  해설 지구의 편평률
  $$f = \dfrac{\text{장반경}(a) - \text{단반경}(b)}{\text{장반경}(a)}$$
  $$= \dfrac{6,377.397 - 6,356.079}{6,377.397}$$
  $$= \dfrac{1}{299.15}$$

3. 다음의 사항 중 옳은 것은 어느 것인가?
  ㉮ 우리나라의 수준면은 1911년 인천의 중등해수면값을 기준으로 하였다.
  ㉯ 일반적인 측량에 많이 사용되는 좌표는 극좌표이다.
  ㉰ 지각변동의 측정, 긴 하천 또는 항로의 측량은 평면측량으로 행한다.
  ㉱ 위도는 어떤 지점에서 준거타원체의 법선이 적도면과 이루는 각으로 표시한다.

  해설 ① 중등해수면 → 평균해수면
  ② 극좌표 → 평면직각좌표
  ③ 평면측량 → 대지측량

해답 1. ㉯ 2. ㉱ 3. ㉱

제1편 측량학

4. 다음 중 측량 기준에 대한 설명으로 옳지 않은 것은?

㉮ 세계측지계에 따르지 아니하는 지적측량의 경우에는 가우스상사이중투영법으로 좌표를 표시한다.
㉯ 지적측량에서 거리와 면적은 지평면상의 값으로 한다.
㉰ 측량의 원점은 대한민국 경위도원점 및 수준원점으로 한다.
㉱ 위치는 세계측지계에 따라 측정한 지리학적 경위도와 평균해수면으로부터의 높이로 표시한다.

🔍 **해설** (측량기준) ① 제6조제1항에도 불구하고 지도·측량용 사진 등을 이용하는 자의 편익을 위하여 종전의 「측량법」(2001년 12월 19일 법률 제6532호로 개정되기 전의 것을 말한다)에 따른 측량기준을 사용하는 것이 불가피하다고 인정하여 국토교통부장관이 지정하여 고시한 경우에는 2009년 12월 31일까지 다음 각 호에 따른 종전의 측량기준을 사용할 수 있다.
1. 지구의 형상과 크기는 베셀(Bessel)값에 따른다.
2. 위치는 지리학상의 경도 및 위도와 평균해면으로부터의 높이로 표시한다. 다만, 필요한 경우에는 직각좌표 또는 극좌표로 표시할 수 있다.
3. 거리와 면적은 수평면상의 값으로 표시한다.
4. 측량의 원점은 대한민국 경위도원점 및 수준원점으로 한다.

공간정보구축 및 관리에 관한 법률 시행령 제7조(세계측지계 등) ① 측량의 기준은 다음 각 호와 같다.
1. 위치는 세계측지계(世界測地系)에 따라 측정한 지리학적 경위도와 높이(평균해수면으로부터의 높이를 말한다. 이하 이 항에서 같다)로 표시한다. 다만, 지도 제작 등을 위하여 필요한 경우에는 직각좌표와 높이, 극좌표와 높이, 지구중심 직교좌표 및 그 밖의 다른 좌표로 표시할 수 있다.
2. 측량의 원점은 대한민국 경위도원점(經緯度原點) 및 수준원점(水準原點)으로 한다. 다만, 섬 등 대통령령으로 정하는 지역에 대하여는 국토교통부장관이 따로 정하여 고시하는 원점을 사용할 수 있다.
3. 수로조사에서 간출지(干出地)의 높이와 수심은 기본수준면(일정 기간 조석을 관측하여 분석한 결과 가장 낮은 해수면)을 기준으로 측량한다. 〈삭제 2020.2.18.〉
4. 해안선은 해수면이 약최고고조면(略最高高潮面 : 일정 기간 조석을 관측하여 분석한 결과 가장 높은 해수면)에 이르렀을 때의 육지와 해수면과의 경계로 표시한다. 〈삭제 2020.2.18.〉
② 국토교통부장관은 수로조사와 관련된 평균해수면, 기본수준면 및 약최고고조면에 관한 사항을 정하여 고시하여야 한다. 〈삭제 2020.2.18.〉
③ 제1항에 따른 세계측지계, 측량의 원점 값의 결정 및 직각좌표의 기준 등에 필요한 사항은 대통령령으로 정한다.

[별표 2] 직각좌표의 기준(제7조제3항 관련)
1. 직각좌표계 원점

명칭	원점의 경위도	투영원점의 가산(加算)수치	원점축척계수	적용 구역
서부 좌표계	경도 : 동경 125°00′ 위도 : 북위 38°00′	X(N) 600,000m Y(E) 200,000m	1.0000	동경 124°~126°
중부 좌표계	경도 : 동경 127°00′ 위도 : 북위 38°00′	X(N) 600,000m Y(E) 200,000m	1.0000	동경 126°~128°

해답 4. ㉯

동부 좌표계	경도 : 동경 129°00′ 위도 : 북위 38°00′	X(N) 600,000m Y(E) 200,000m	1.0000	동경 128°~130°
동해 좌표계	경도 : 동경 131°00′ 위도 : 북위 38°00′	X(N) 600,000m Y(E) 200,000m	1.0000	동경 130°~132°

[비고]
㉮ 각 좌표계에서의 직각좌표는 다음의 조건에 따라 T·M(Transverse Mercator, 횡단 머케이터) 방법으로 표시한다.
  1) X축은 좌표계 원점의 자오선에 일치하여야 하고, 진북방향을 정(+)으로 표시하며, Y축은 X축에 직교하는 축으로서 진동방향을 정(+)으로 한다.
  2) 세계측지계에 따르지 아니하는 지적측량의 경우에는 가우스상사이중투영법으로 표시하되, 직각좌표계 투영원점의 가산(加算)수치를 각각 X(N) 500,000미터(제주도지역 550,000미터), Y(E) 200,000m로 하여 사용할 수 있다.
㉯ 국토교통부장관은 지리정보의 위치측정을 위하여 필요하다고 인정할 때에는 직각좌표의 기준을 따로 정할 수 있다. 이 경우 국토교통부장관은 그 내용을 고시하여야 한다.

5. 지구곡률을 고려 시 대지측량을 해야 하는 범위는?
  ㉮ 반경 11Km, 넓이 200km² 이상인 지역
  ㉯ 반경 11Km, 넓이 300km² 이상인 지역
  ㉰ 반경 11Km, 넓이 400km² 이상인 지역
  ㉱ 반경 11Km, 넓이 500km² 이상인 지역

  해설 $\frac{\Delta l}{l} = \frac{l^2}{12R^2}$ 에서

  $\frac{1}{1,000,000} = \frac{l^2}{12 \times 6,370^2}$ 이므로

  $l = 22$km
  ∴ 반경 : 11km,
     면적 : 400km²

6. 지구의 곡률로부터 생기는 길이의 오차를 1/2,000,000까지 허용하면 반지름 몇 km 이내를 평면으로 보는 것이 옳은가?(단, 지구의 곡률반지름은 6,370km로 한다.)
  ㉮ 22.00km   ㉯ 7.80km
  ㉰ 10.20km   ㉱ 15.60km

  해설 $\frac{\Delta l}{l} = \frac{l^2}{12R^2}$ 에서

  $\frac{1}{2,000,000} = \frac{l^2}{12 \times 6,370^2}$ 이므로

  $l = 15.60$km
  ∴ 반경 7.8km

해답 5. ㉰ 6. ㉯

7. 지구상의 50km 떨어진 두 점의 거리를 측량하면서 지구를 평면으로 간주하였다면 거리오차는 얼마인가?(단, 지구의 반경은 6,370km이다.)

㉮ 0.257m ㉯ 0.138m ㉰ 0.069m ㉱ 0.005m

해설 $\dfrac{\Delta l}{l} = \dfrac{l^2}{12R^2}$ 에서

$\Delta l = \dfrac{l^3}{12R^2}$ 이므로

$\Delta l = \dfrac{50^3}{12 \times 6,370^2} = 0.000257 \text{km} = 0.257 \text{m}$

8. 다음 관계 중 옳은 것은?(단, N : 지구의 횡곡률반경, M : 지구의 자오선곡률반경, a : 타원지구의 적도반경, b : 타원지구의 극반경)

㉮ 측량의 원점에서의 평균곡률반경은 $\dfrac{a+2b}{3}$ 이다.

㉯ 타원에 대한 지구의 곡률반경은 $\dfrac{a-b}{a}$ 로 표시된다.

㉰ 지구의 편평률은 $\sqrt{N \cdot M}$ 로 표시된다.

㉱ 지구의 편심률(이심률)은 $\sqrt{\dfrac{a^2-b^2}{a^2}}$ 으로 표시된다.

해설 ① 산술평균에 의한 평균반경$(R) = \dfrac{2a+b}{3} = a\left(1-\dfrac{f}{3}\right)$

② 측량원점에서의 평균곡률반경$(R) = \sqrt{M \cdot N}$
   M : 자오선곡률반경
   N : 모유선곡률반경

③ 편평률$(f) = \dfrac{a-b}{a} = 1 - \sqrt{1-e^2}$

9. 기하학적 측지학의 3차원 위치결정에 맞는 것은 어느 것인가?

㉮ 위도, 경도, 진북방위각   ㉯ 위도, 경도, 자오선수차
㉰ 위도, 경도, 높이   ㉱ 위도, 경도, 방향각

해설 측지학의 3차원 위치결정
위도, 경도, 높이

10. 지구의 기하학적 성질을 설명한 것 중 잘못된 것은?

㉮ 지구상의 자오선은 양극을 지나는 대원의 북극과 남극 사이의 절반이다.
㉯ 측지선은 지표상 두 점 간의 최단거리선이다.
㉰ 항정선은 자오선과 일정한 각도를 유지하며, 그 선 내각점에서 북으로 갈수록 방위각이 커진다.
㉱ 지표상 모유선은 지구타원체상 한 점의 법선을 포함한다.

해답 7. ㉮ 8. ㉱ 9. ㉰ 10. ㉰

해설 항정선
　자오선과 일정한 각도를 유지하며 그 선 내의 각 점에서 방위각이 일정한 곡선이 된다.

11. 다음 설명 중 잘못된 것은?
㉮ 측지선은 지표상 두 점 간의 최단거리의 선이다.
㉯ 항정선은 자오선과 항상 일정한 각도를 유지하는 지표의 선이다.
㉰ 라플라스점은 중력측정을 실시하기 위한 점이다.
㉱ 실제 지구와 가장 가까운 회전타원체를 지구타원체라 한다.

해설 라플라스점은 방위각과 경도를 측정하여 삼각망을 바로잡는 점이다.

12. 지구의 적도반경 6,378km, 극반경 6.356km라 할 때 지구타원체의 편평률(f)과 이심률(e)은 얼마인가?

㉮ $f=\dfrac{1}{289.9}$　　$e=0.0069$　　　㉯ $f=\dfrac{1}{289.9}$　　$e=0.0830$

㉰ $f=\dfrac{1}{299.9}$　　$e=0.0069$　　　㉱ $f=\dfrac{1}{299.9}$　　$e=0.0077$

해설 ① $f=\dfrac{a-b}{a}=\dfrac{6.378-6.356}{6.378}=\dfrac{1}{289.9}$

② $e=\sqrt{\dfrac{a^2-b^2}{a^2}}=\sqrt{\dfrac{6.378^2-6.358^2}{6.378}}=0.083$

13. 측지위도 38°에서 자오선의 곡률반경값으로 가장 가까운 것은?(단, 장반경=6,377,397.15m, 단반경=6,356,078.96m)

㉮ 6,358,479.3m　　　　　　　　　㉯ 6,375,076.9m
㉰ 6,358,947.5m　　　　　　　　　㉱ 6,354,373.4m

해설 $M=\dfrac{a(1-e^2)}{W^3}$ 에서

① 이심률(e)=$\sqrt{\dfrac{a^2-b^2}{a^2}}=\sqrt{\dfrac{6,377,397.15^2-6,356,078.96^2}{6,377,397.15^2}}=0.081696823$

② $W=\sqrt{1-e^2\sin^2\phi}=\sqrt{1-0.081696823^2\cdot\sin^2 38°}=0.998734275$

∴ 자오선의 곡률반경 $(M)=\dfrac{a(1-e^2)}{W^3}$ 이므로 6,358,947.524m

14. 중력이상의 주된 원인은?
㉮ 지하물질의 밀도가 고르게 분포되어 있지 않다.
㉯ 지하물질의 밀도가 고르게 분포되어 있다.
㉰ 태양과 달의 인력 때문이다.
㉱ 화살폭발이 원인이다.

해답 11. ㉰　12. ㉯　13. ㉰　14. ㉮

제1편 측량학

해설 중력이상이란 실측중력값과 표준중력값의 차이를 말하며, 중력이상이 생기는 원인은 지하의 물질밀도가 고르게 분포되어 있지 않기 때문이다.

15. 변의 길이가 40km인 정삼각형 ABC의 내각을 오차없이 실측하였을 때, 내각의 합은?(단, R=6,370km)

㉮ 180°−0.000034   ㉯ 180°−0.000017
㉰ 180°+0.000009   ㉱ 180°+0.000017

해설 구과량 $\varepsilon'' = \dfrac{F}{R^2}\rho''$ 에서

$F = \dfrac{1}{2}ab\sin\theta = \dfrac{1}{2}\times 40\times 40\times \sin 60° = 692.82\text{m}^2$

∴ $\varepsilon = \dfrac{692.82}{6,370^2}\rho'' = 0.000017\cdot\rho''$

∴ 내각의 합 = 180°+0.000017

16. 지구의 곡률반경이 6,370km이며 삼각형의 구과량이 2.0″일 때 구면삼각형의 면적은?

㉮ 193.4km²   ㉯ 293.4km²
㉰ 393.4km²   ㉱ 493.4km²

해설 $\varepsilon'' = \dfrac{F}{R^2}\rho''$ 에서

$F = \dfrac{\varepsilon''\cdot R^2}{\rho''} = \dfrac{2''\times 6,370^2}{206,265''} = 393.44\text{km}^2$

17. 지구의 경도 180°에서 경도를 6° 간격으로 동쪽을 행하여 구분하고 그 중앙의 경도와 적도의 교점을 원점으로 하는 좌표는?

㉮ 평면직각좌표   ㉯ 극좌표
㉰ 적도좌표   ㉱ UTM좌표

 **UTM좌표**
좌표계의 간격은 경도 6°마다 60지대(1~60번 180°W 자오선부터 동쪽으로 시작), 위도 8°마다 20지대(C~X까지 알파벳으로 표시, 단 I, O 제외)로 나누고 각 지대의 중앙자오선에 대하여 횡메르카토르 도법으로 투영
① 경도의 원점은 중앙자오선이다.
② 위도의 원점은 적도상에 있다.
③ 길이의 단위는 m이다.
④ 중앙자오선에서의 축척계수는 0.9996m이다.
⑤ 우리나라는 51~52종대, S~T횡대에 속한다.

18. 우리나라에 설치된 수준점의 표고에 대한 설명으로 옳은 것은?

㉮ 평균 해수면으로부터의 높이를 나타낸다.
㉯ 도로의 시점을 기준으로 나타낸다.
㉰ 만조면으로부터의 높이를 나타낸다.
㉱ 삼각점으로부터의 높이를 나타낸다.

해설 높이의 종류와 높이의 기준
지구상의 위치는 지리학적 경도·위도 및 평균해면으로부터의 높이로 표시한다. 표고는 타원체고와 정표고 및 지오이드고로 구분할 수 있는데 점의 위치에서 평면위치는 기준면의 기준 타원체에 근거해 결정되고, 높이는 타원체를 근거하여 결정되는 것이 곤란하므로 종래 평균해수면을 기준으로 높이를 결정하였다.
1. 높이의 종류
   1) 표고(Elevation : 표고) : 지오이드면, 즉 정지된 평균해수면과 물리적 지표면 사이의 고저차
   2) 정표고(Orthometric Height ; 정표고) : 물리적 지표면에서 지오이드까지의 고저차
   3) 지오이드고(Geoidal Height) : 타원체와 지오이드와 사이의 고저차를 말한다.
   4) 타원체고(Ellipsoidal Height ; 타원체고) : 준거 타원체상에서 물리적 지표면까지의 고저차를 말하며 지구를 이상적인 타원체로 가정한 타원체면으로부터 관측지점까지의 거리이며 실제 지구표면은 울퉁불퉁한 기복을 가지므로 실제높이(표고)는 타원체고가 아닌 평균해수면(지오이드)으로부터 연직선 거리이다.
2. 표고의 기준
   1) 육지표고기준 : 평균해수면(중등조위면, Mean Sea Level ; MSL)
   2) 해저수심, 간출암의 높이, 저조선 : 평균최저간조면(Mean Lowest Low Level ; MLLW)
   3) 해안선 : 해면이 평균 최고고조면(Mean Highest High Water Level ; MHHW)에 달하였을 때 육지와 해면의 경계로 표시한다.

19. 다음 중 실측된 중력값을 기준면의 값으로 보정하는 중력보정에 해당되지 않는 사항은?

㉮ 지형보정   ㉯ 이상보정
㉰ 고도보정   ㉱ 아이소스타시보정

해설 1. 중력보정의 종류
① 고도보정(高度補正) : 관측점 사이의 고도차가 중력에 미치는 영향을 제거하는 보정
  • 프리-에어보정(Free air correction)
    관측점 사이에 존재하는 물질의 인력을 고려하지 않고 고도차만을 고려하는 보정
  • 부게보정(Bouger correction)
    관측점들의 고도차가 존재하는 물질의 인력이 중력에 미치는 영향을 보정하는 것
② 지형보정(Topographic 또는 Terrain correction, 地形補正)
  실제지형은 능선이나 계곡 등의 불규칙한 형태를 이루고 있으므로 이러한 지형영향을 고려한 보정을 지형보정이라 한다.
③ 에트베스보정(Eotvos correction)
  지구에 대한 동체의 상대운동의 영향에 의한 중력효과를 보정하는 것을 에토베스보정이라 한다.

해답 18. ㉮ 19. ㉯

④ 조석보정(Earth tide correction, 潮汐補正)
달과 태양의 인력에 의하여 지구 자체가 주기적으로 변형하는 지구 조석현상은 중력값에도 영향을 주게 되는데 이 중력효과를 보정하는 것을 조석보정이라 한다.
⑤ 위도보정(Latitude correction, 緯度補正)
위도차에 의한 영향을 제거하는 것을 위도보정이라 한다.
⑥ 대기보정(Airmass correction, 大氣補正)
측점의 고도변화에 따른 대기질량의 효과를 고려하여야 하는데 이를 대기보정이라 한다.
⑦ 지각균형보정(Isostatic correction, 地殼均衡補正)
지각 균형설에 의하면 밀도는 일정하지 않기 때문에 이에 대한 보정이 필요하며 이것을 지각균형보정이라 한다.
⑧ 계기보정(Drift correction, 計器補正)
스프링 크립현상으로 생기는 중력의 시간에 따른 변화를 보정하는 것을 계기보정이라 한다.
2. 지각균형보정(Isostatic correction, 地殼均衡補正)
표준중력식은 지표면으로부터 같은 거리에 있는 지표면하의 밀도는 균일하다는 가정 아래 계산된 것이지만 지각균형설에 의하면 밀도는 일정하지 않기 때문에 이에 대한 보정이 필요하며 이것을 지각균형보정이라 한다.

20. 다음 중 지자기측량에서 필요한 보정이 아닌 것은?
㉮ 일변화 및 기계오차에 의한 시간적 변화 보정
㉯ 기준점 보정
㉰ 온도 보정
㉱ 태양 고도각 보정

해설 지자기보정은 지자기장의 위치변화에 따른 보정과 지자기장의 일변화 및 기계오차의 의한 시간적 변화에 따른 보정 및 기준점 보정, 온도 보정 등이 있다.
① 지자기장의 위치에 따른 보정
위도보정으로서 수학적인 표현은 복잡하기 때문에 전 세계적으로 관측된 지자기장의 표준값을 등자기선으로 표시한 자기분포도를 사용한다.
② 관측시간에 따른 보정
관측 장소 부근의 일변화곡선을 작성하여 보정하는 것
③ 기준점 보정
관측 장비에 충격을 가하든가 하면 자침의 평행위치는 쉽게 변하므로 관측구역 부근에 기준점을 설정하고 1일 수회 기준점에 돌아와 동일한 관측값을 얻는지 확인하여 보정을 하여야 한다.

21. 평탄한 표고 700.0m인 지역에 설치한 기선의 측정치가 800.0m였다. 이 기선의 평균해면상 거리는?(단, 지구의 반지름은 6370.0km로 가정)
㉮ 795.7m ㉯ 799.9m
㉰ 803.3m ㉱ 805.1m

해설 표고보정 $= -\dfrac{H}{R}L$

$= -\dfrac{700 \times 800}{6,370 \times 1,000} = 0.09\text{m}$

$≒ 0.1\text{m}$

∴ 평균해면상길이 = 800 − 0.1 = 799.9m

22. 지구 표면의 거리 100km까지를 평면으로 간주했다면 허용 정밀도는 약 얼마인가?(단, 지구의 반경은 6,370km이다.)

㉮ 1/50,000 ㉯ 1/100,000
㉰ 1/500,000 ㉱ 1/1,000,000

해설  $\dfrac{d-D}{D} = \dfrac{1}{12}\left(\dfrac{D}{R}\right)^2$ 에서

∴ $\dfrac{d-D}{D} = \dfrac{1}{50,000}$

23. 지구상의 어떤 한 점에서 지오이드에 대한 연직선이 천구의 적도면과 이루는 각을 말하는 것은?

㉮ 지심위도 ㉯ 천문위도
㉰ 측지위도 ㉱ 화성위도

해설 위도(Latitude)

위도(φ)란 지표면상의 한 점에서 세운 법선이 적도면을 0°로 하여 이루는 각으로서 남북위 0°~90°로 표시한다. 위도는 자오선을 따라 적도에서 어느 지점까지 관측한 최소 각거리로서 어느 지점의 연직선 또는 타원체의 법선이 적도면과 이루는 각으로 정의되고, 0°~90°까지 관측하며, 천문위도, 측지위도, 지심위도, 화성위도로 구분된다. 경도 1°에 대한 적도상 거리, 즉 위도 0°의 거리는 약 111km, 1′은 1.85km, 1″는 30.88m이다.

① 측지위도(φg)
지구상 한 점에서 회전타원체의 법선이 적도면과 이루는 각으로 측지분야에서 많이 사용한다.
② 천문위도(φa)
지구상 한 점에서 지오이드의 연직선(중력방향선)이 적도면과 이루는 각을 말한다.
③ 지심위도(φc)
지구상 한 점과 지구중심을 맺는 직선이 적도면과 이루는 각을 말한다.
④ 화성위도(φr)
지구중심으로부터 장반경(a)을 반경으로 하는 원과 지구상 한점을 지나는 종선의 연장선과 지구중심을 연결한 직선이 적도면과 이루는 각을 말한다.

24. 중력측정을 하여 지질구조를 찾을 때 설명으로 옳은 것은?

㉮ 측정중력을 평균 해수면에서의 중력치로 보정해야 한다.
㉯ 측정중력을 위도에 따른 표면장력으로 환산하여야 한다.
㉰ 측정중력을 보정할 필요 없이 그대로 사용한다.
㉱ 측정중력은 지표면 상태를 고려해야 한다.

해답 22. ㉮ 23. ㉯ 24. ㉮

해설 중력은 높이의 함수이므로 서로 다른 고도 및 위도의 중력값을 직접 비교할 수 없으며, 중력의 지리적 분포를 구하기 위해서는 실측된 중력값을 기준면(평균해수면)의 값으로 보정하여야 한다. 지구의 표면에서 존재하는 것으로 가장 쉽게 느낄 수 있는 힘의 중력이며, 지구상의 모든 물체는 중력에 의해 지구 중심방향으로 끌리고 있다. 중력은 만유인력법칙에 의해 지구표면으로 낙하하는 물체의 낙하속도의 증가율로서 중력가속도를 말하며 이 중력이 미치는 범위를 중력장이라 한다. 중력측량은 지구를 타원체로 가정한 이론적인 값과 실측한 값의 차이를 구하여 지구의 형태를 연구하는 측지학적 분야, 지하구조 및 자원탐사에 이용되는 지질학적 분야, 태양계의 역학적 관계를 규명하는 천문학분야 등에 중요역할을 한다.

25. 넓은 지역의 지도제작 시 측량지역의 지오이드에 가장 가까운 타원체를 선정한다. 이때 그 지역의 측지계의 기준이 되는 지구 타원체는?

㉮ 준거타원체 ㉯ 회전타원체
㉰ 지구타원체 ㉱ 국제타원체

해설 타원체의 종류
① 회전타원체 : 한 타원의 지축을 중심으로 회전하여 생기는 입체 타원체
② 지구타원체 : 부피와 모양이 실제의 지구와 가장 가까운 회전타원체를 지구의 형으로 규정한 타원체
③ 준거타원체 : 어느 지역의 대지측량계의 기준이 되는 타원체
④ 국제타원체 : 전 세계적으로 대지측량계의 통일을 위해 IUGG에서 제정한 지구 타원체

26. 지구의 적도반경이 6,377km, 극반경이 6,356km일 때 타원체의 이심률은?

㉮ 0.910 ㉯ 0.191 ㉰ 0.081 ㉱ 0.018

해설
$e = \sqrt{\dfrac{a^2 - b^2}{a^2}}$
$= \sqrt{\dfrac{6,377^2 - 6,356^2}{6,377^2}}$
$= 0.081$

27. 구면삼각형 ABC의 세 내각이 다음과 같을 때 면적은?(단, 지구반경은 6,370km임)

$A = 50°20'$, $B = 66°75'$, $C = 64°35'$

㉮ 1,222,663km² ㉯ 1,362,788km²
㉰ 1,433,456km² ㉱ 1,534,433km²

해설 구과량$(\varepsilon) = (A + B + C) - 180°$
$= 2°10'' = 7,800''$
$A = \dfrac{r^2 \varepsilon}{\rho''} = \dfrac{6,370^2 \times 7,800''}{206,265''}$
$= 1,543,433 \text{km}^2$

28. 지구상의 어느 한 점에서 타원체의 법선과 지오이드의 법선은 일치하지 않게 되는데 이 두 법선의 차이를 무엇이라 하는가?
  ㉮ 중력편차
  ㉯ 지오이드 편차
  ㉰ 중력이상
  ㉱ 연직선 편차

> **해설** 연직선편차란 지구타원체 상의 점 Q에 대한 수직선과 이를 통과하는 연직선사이의 각을 말한다. 수직선 편차와 연직선 편차의 차이는 실용상 무시할 수 있을 만큼 작다.

29. 평균 해수면(지오이드면)으로부터 어느 지점까지의 연직거리는?
  ㉮ 정표고(Orthometric Height)
  ㉯ 역표고(Dynamic Height)
  ㉰ 타원체고(Ellipsoidal Height)
  ㉱ 지오이드고(Geoidal Height)

> **해설** 높이의 종류와 높이의 기준
> 지구상의 위치는 지리학적 경도·위도 및 평균해면으로부터의 높이로 표시한다. 표고는 타원체고와 정표고 및 지오이드고로 구분할 수 있는데 점의 위치에서 평면위치는 기준면의 기준 타원체에 근거해 결정되고, 높이는 타원체를 근거하여 결정되는 것이 곤란하므로 종래 평균해수면을 기준으로 높이를 결정하였다.
> 1. 높이의 종류
>   1) 標高(Elevation : 고도) : 지오이드면, 즉 정지된 평균해수면과 물리적 지표면 사이의 고저차
>   2) 正標高(Orthometric Height : 정표고) : 물리적 지표면에서 지오이드까지의 고저차
>   3) 지오이드고(Geoidal Height) : 타원체와 지오이드와 사이의 고저차를 말한다.
>   4) 楕圓體高(Ellipsoidal Height : 타원체고) : 준거 타원체상에서 물리적 지표면까지의 고저차를 말하며 지구를 이상적인 타원체로 가정한 타원체면으로부터 관측지점까지의 거리이며 실제 지구표면은 울퉁불퉁한 기복을 가지므로 실제높이(표고)는 타원체고가 아닌 평균해수면(지오이드)으로부터의 연직선 거리이다.

30. 임의 지점에서 GPS 관측을 수행하여 WGS84 타원체고(h) 57.234m를 획득하였다. 그 지점의 지구중력장 모델로부터 산정한 지오이드고(N)가 25.578m라 한다면 정표고(H)는 얼마인가?
  ㉮ −31.656m
  ㉯ 25.578m
  ㉰ 31.656m
  ㉱ 82.812m

> **해설** 정표고(H) = 타원체고(g) − 지오이드고(N)
> = 57.234 − 25.578
> = 31.656(m)

31. 높이를 표시하는 용어 중에서 타원체로부터 지오이드까지의 거리를 의미하는 것은?
  ㉮ 정규표고
  ㉯ 타원체고
  ㉰ 지오이드고
  ㉱ 중력포텐셜계수

> **해설** 29번 문제 해설 참조

해답 28. ㉱ 29. ㉮ 30. ㉰ 31. ㉰

32. 우리나라 평면좌표계 원점은 서부, 중부, 동부 원점을 사용하고 있다. 하지만, 울릉도는 예외의 원점을 사용한다. 이 원점은?

㉮ 38°N 131°E ㉯ 38°N 130°E
㉰ 38°N 129°E ㉱ 38°N 125°E

해설 평면직각좌표원점

명칭	경도	위도
동해원점	동경 131°00′00″	북위 38°
동부도원점	동경 129°00′00″	북위 38°
중부도원점	동경 127°00′00″	북위 38°
서부도원점	동경 125°00′00″	북위 38°

33. 연직선 편차란 무엇인가?

㉮ 타원체의 법선과 지오이드의 법선이 이루는 차이
㉯ 연직선과 지오이드면이 이루는 차이
㉰ 천문위도와 천문경도가 이루는 차이
㉱ 연직선과 중력이상이 이루는 차이

해설 연직선 편차
지구상의 어느 한 점에서 타원체 법선과 지오이드 법선의 차이가 발생하는데 이를 타원체 기준으로 한 것을 연직선 편차라 하고 수직선 편차와 연직선 편차의 차이는 실용상 무시할 수 있을 만큼 작다.

34. 지오이드에 대한 다음 설명 중 틀린 것은?

㉮ 평균해수면을 육지까지 연장하여 지구를 덮는 곡면을 상상하여 이 곡면이 이루는 모양을 지오이드라 한다.
㉯ 지오이드면은 등포텐셜면으로 항상 중력방향에 수직이다.
㉰ 지오이드면은 대체로 실제 지구형상과 지구 타원체 사이를 지닌다.
㉱ 지오이드면은 대륙에서는 지구타원체보다 낮으며 해양에서는 지구타원체보다 높다.

해설 지오이드의 특징
① 지오이드는 평균해수면과 일치하는 등포텐셜면으로 일종의 수면이다.
② 지오이드는 대륙에서는 지각의 인력 때문에 지구타원체보다 높고 해양에서는 낮다.
③ 고저측량은 지오이드면을 표고 0으로 하여 관측한다.

35. 다음에서 천체의 위치를 나타내는 데 유용한 적도좌표계를 나타내는 요소로 짝지어진 것은?

㉮ 적경, 적위 ㉯ 방위각, 고도
㉰ 경도, 위도 ㉱ 적경, 고도

해설 천문좌계

좌표계	위치요소
지평	방위각, 고저각
적도	적경, 적위, 시간각 적위
황도	황경, 황위
은하	은경, 은위

36. 우리가 일상적으로 사용하는 평균 태양시 단위로 1항성시는?

㉮ 22시간 46분 5초이다.　　㉯ 34시간 48분 26.4이다.
㉰ 23시간 56분 4.09초이다.　㉱ 24시간 3분 5.06초이다.

해설 1항성일은 춘분점이 연속해서 같은 자오선을 두 번 통과하는 데 걸리는 시간이다(23시간 56분 4초). 1항성일을 24등분하면 항성시가 된다.

37. 다음 설명 중 옳지 않은 것은?

㉮ 측지학이란 지구내부의 특성, 지구의 형상 및 운동을 결정하는 특성과 지구표면상 점 간의 상호위치관계를 결정하는 학문이다.
㉯ 지각변동의 조사, 항로 등의 측량은 평면측량으로 실시한다.
㉰ 측지측량은 지구의 곡률을 고려한 정밀한 측량이다.
㉱ 측지학은 지구의 특성 결정을 위한 물리측지학과 위치결정을 위한 기하측지학으로 나눌 수 있다.

해설 ① 기하학적 측지학
지구 및 천체에 대한 제 점 간의 상호 위치 관계를 결정하는 것으로 그 대상은 다음과 같다. 측지학적 3차원 위치결정, 길이 및 시의 결정, 수평위치의 결정, 높이의 결정, 천문측량, 위성측량, 하해측량, 면적 및 체적의 산정, 도면화, 사진측량 등이다.
② 물리학적 측지학
지구 내부의 특성과 지구의 형태 및 지구 운동을 해석하는 것으로서 그 대상은 다음과 같다. 지구의 형상결정, 중력 측정, 지자기 측정, 탄성파 측정, 지구의 극운동과 자전운동, 지각변동 및 균형, 지구의 열, 대륙의 부동, 해양의 조류, 지구 조석 등이다.

38. 다음 중에서 지자기의 전자장을 결정하는 3요소가 아닌 것은?

㉮ 편각　　　　㉯ 앙각
㉰ 복각　　　　㉱ 수평분력

해설 지자기의 3요소
편각, 복각, 수평분력

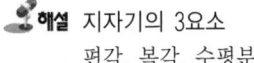 36. ㉰　37. ㉯　38. ㉯

39. 측지학에 대한 설명으로 옳지 않은 것은?

㉮ 지구곡률을 고려한 반경 11km 이상인 지역의 측량에는 측지학의 지식을 필요로 한다.
㉯ 지구표면상의 길이, 각 및 높이의 관측에 의한 3차원 좌표 결정을 위한 측량만을 의미한다.
㉰ 지구표면상의 상호 위치관계를 규명하는 것을 기하학적 측지학이라 한다.
㉱ 지구 내부의 특성, 형상 및 크기에 관한 것을 물리학적 측지학이라 한다.

🎙️**해설** 측지학은 지구 내부의 특성, 지구의 형상 및 운동을 결정하는 측량과 지구표면상에 있는 모든 점들 간의 상호위치관계를 산정하는 가장 기본적인 학문이다.

40. 지표면상 어느 한 지점에서 진북과 도북 간의 차이를 무엇이라 하는가?

㉮ 자오선 수차
㉯ 구면수차
㉰ 자침편차
㉱ 연직선편차

🎙️**해설** 어느 한 지점에서 진북과 도북간의 차를 자오선수차 또는 진북방향각이라 한다.

41. 전자파 거리 측량기를 전파거리측량기와 광파거리측량기로 구분할 때 다음 설명 중 틀린 것은?

㉮ 일반 건설 현장에서는 주로 광파거리측량기가 사용된다.
㉯ 광파거리측량기는 가시광선, 적외선, 레이저광 등을 이용한다.
㉰ 전파거리측량기는 안개나 구름에 의한 영향을 크게 받는다.
㉱ 전파거리측량기는 광파거리 측정기보다 주로 장거리 측정용으로 사용된다.

🎙️**해설** 전파거리측량기는 광파거리측량기에 비해 기상의 영향을 받지 않는다.

42. 거리 200km를 직선으로 측정하였을 때 지구 곡률에 따른 오차는?(단, 지구의 반경은 6,370km이다.)

㉮ 14.43m
㉯ 15.43m
㉰ 16.43m
㉱ 17.43m

🎙️**해설** $\frac{d-D}{D} = \frac{1}{12}\left(\frac{D}{\gamma}\right)^2$

$d - D = \frac{D^3}{12\gamma^2} = \frac{200^3}{12 \times 6,370^2}$

$\fallingdotseq 16.43m$

43. 다음의 지오이드(Geoid)에 관한 설명 중 틀린 것은?

㉮ 중력장 이론에 의해 물리학적으로 정의한 것이다.
㉯ 평균해수면을 육지까지 연장하여 지구 전체를 둘러싼 곡면이다.
㉰ 지오이드면은 등포텐셜면으로 중력방향은 이면은 수직이다.
㉱ 지오이드면은 대륙에서는 지구타원체보다 낮고 해양에서는 높다.

🎙️**해설** 지오이드는 육지에서는 회전타원체면 위에 존재하고, 바다에서는 회전타원체면 아래에 존재한다.

해답 39. ㉯ 40. ㉮ 41. ㉰ 42. ㉰ 43. ㉱

44. 다음 중 지자기의 3요소가 옳게 짝지어진 것은?

㉮ 편각, 수평각, 방향분력
㉯ 편각, 연직각, 수직분력
㉰ 편각, 복각, 수평분력
㉱ 편각, 경사각, 연직분력

해설 지자기는 방향과 크기를 가진 벡타로서 지자기의 크기 및 방향을 구하는 측량을 말한다.
① 지자기 3요소 : 편각, 복각, 수평분력
② 단위 : 가우스(Gauss)

45. 평면측량(국지측량)에 대한 정의로 가장 적합한 것은?

㉮ 대지측량을 제외한 모든 측량
㉯ 측량법에 의하여 측량한 결과가 작성된 성과
㉰ 측량할 구역을 평면으로 간주할 수 있는 국지적 범위의 측량
㉱ 대지측량에 비하여 비교적 좁은 구역의 측량

해설 평면측량(Plane Surveying)
지구의 곡률을 고려하지 않은 평면 거리를 적용시켜 수행하는 측량을 말하며, 국지측량 또는 소지측량이라고도 한다.

46. 다음 설명 중 옳지 않은 것은?

㉮ UPS 좌표계는 UTM 좌표로 표시하지 못하는 두 개의 극 지방을 표시하기 위한 독립된 좌표계이다.
㉯ 가우스 이중투영은 타원체에서 구체로 등각투영하고, 이 구체로부터 평면으로 등각 횡원통투영을 하는 방법이다.
㉰ UTM은 지구를 회전타원체로 보고 80°N~80°S의 투영 범위를 위도 6°, 경도 8°씩 나누어 투영한다.
㉱ 가우스-크뤼거도법은 회전타원체로부터 직접 평면으로 횡축 등각 원통도법에 의해 투영하는 방법이다.

해설 UTM 좌표(Universal Transverse Mercator Coordinate)
① 지구를 회전타원체로 보고 경도 6도씩 60개, 위도를 북위 80도~남위 80도까지 8도 간격으로 20개 지역으로 분할하여 나타낸 2차원 좌표계로 지형도, 인공위성 영상, 군사, GIS 분야에 적용된다.
② 경도 방향은 1에서부터 60으로 명칭을 붙이며, 위도 방향은 알파벳으로 명칭을 붙인다.
③ 이와 같은 UTM 좌표계는 제2차 세계대전 중 각국이 서로 다른 도법을 사용한 데 기인한 작전상의 불편을 경험하여 1950년대 초 북대서양조약기구(NATO)의 가맹국들 사이에 통일된 지도를 작성하기로 약속함으로써 이루어졌다.
④ 투영방식 및 좌표변환은 가우스크뤼거도법(TM)과 동일하나 원점에서 축척계수를 0.9996으로 하여 적용범위를 넓혔다.

해답 44. ㉰ 45. ㉰ 46. ㉰

47. 지구의 적도반지름이 6,370km이고 편평률이 1/299라고 하면 적도반지름과 극반지름의 차이는 얼마인가?

㉮ 21.3km ㉯ 31.0km ㉰ 40.0km ㉱ 42.6km

해설 (장반경 − 단반경) = 편평률×반경 = $\frac{1}{299} \times 6,370 = 21.3 \text{km}$

48. 지구의 반경 R=6,370km 이고 거리측정 정도를 $1/10^5$까지 허용하면 평면측량의 한계는 반경(km) 얼마인가?

㉮ 35km ㉯ 70km ㉰ 140km ㉱ 22km

해설 $\frac{d-D}{D} = \frac{1}{12}\left(\frac{D}{R}\right)^2$

$\frac{1}{10^5} = \frac{1}{12}\left(\frac{D}{6,370}\right)^2$

$D ≒ 70\text{km}$, 반경(r) ≒ 35km

49. 1등 삼각망내 어떤 삼각형의 구과량이 10″일 때 그 구면삼각형의 대략적인 면적은 얼마인가? (단, 지구의 평균곡률반경은 6,370km임)

㉮ 1,000km² ㉯ 1,500km² ㉰ 2,000km² ㉱ 2,500km²

해설 $\varepsilon'' = \frac{A}{r^2}\rho''$ 에서

$A = \frac{r^2 \varepsilon''}{\rho''} = \frac{6,370^2 \times 10''}{206,265''} = 1,967 \text{km}^2 ≒ 2,000 \text{km}^2$

50. 지도 작성 측량 시 해안선의 기준이 되는 것은?

㉮ 측정 당시 수면 ㉯ 평균 해수면 ㉰ 최고 저조면 ㉱ 최고 고조면

해설 표고의 기준
① 육지표고기준 : 평균해수면(중등조위면, Mean Sea Level ; MSL)
② 해저수심(海底水深), 간출암(干出岩)의 높이, 저조선(低潮線) : 평균최저간조면(Mean Lowest Low Water Level ; MLLW)
③ 해안선(海岸線) : 해면이 평균 최고고조면(Mean Highest High Water Level ; MHHW)에 달하였을 때 육지와 해면의 경계로 표시한다.

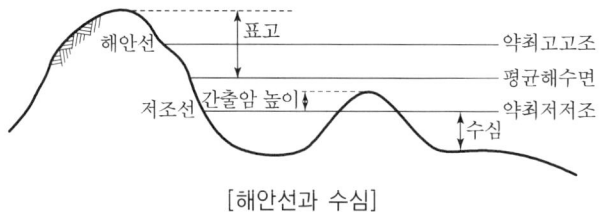

[해안선과 수심]

51. 다음 중 물리학적 측지학에 해당되지 않는 것은?
- ㉮ 중력 측정
- ㉯ 천체의 고도 측정
- ㉰ 지자기 측정
- ㉱ 조석 측정

 해설

기하학적 측지학	물리학적 측지학
측㉮학적 3차원 위치결정(경도, 위도, 높이)	지구의 ㉳상 해석
길이 및 ㉯간의 결정	지구의 ㉰운동과 자전운동
수평위치 ㉱정	㉮각의 변동 및 균형
높이 ㉱정	지구의 ㉯ 측정
㉮도제작	㉰륙의 부동
㉱적·체적측량	해㉲의 조류
㉳문측량	㉮구조석측량
㉴성측량	㉵력측량
㉶양측량	㉮자기측량
㉷진측량	㉸성파측량

해답 51. ㉯

제2장 거리측량

2.1 거리측량의 정의

거리측량은 두 점 간의 거리를 직접 또는 간접으로 측량하는 것을 말한다. 측량에서 사용되는 거리는 수평거리(D), 연직거리(H), 경사거리(L)로 구분된다. 일반적으로 측량에서 관측한 거리는 수평거리이므로 기준면(평균표고)에 대한 수평거리로 환산하여 사용한다.

2.1.1 경사거리를 수평거리로 환산하는 방법

경사면이 일정할 경우 거리를 측정하여 수평거리로 환산하는 방법이다.

$$D = L \cos \theta = L - \frac{H^2}{2L}$$

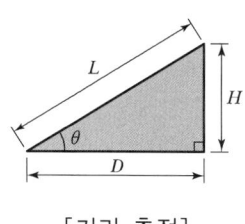

[거리 측정]

> REFERENCE
> • 측량의 3요소 : 거리, 각, 높이
> • 측량의 4요소 : 거리, 각, 높이, 시간

2.1.2 지도에 표현하기까지 거리 환산

경사거리	그림상의 (a)의 거리
↓	• 경사보정 $C_g = -\dfrac{h^2}{2L}$ (고저차 관측시) $C_g = -2L \sin^2 \dfrac{\theta}{2}$ (경사각 관측시) 여기서, C_g : 경사보정량, h : 고저차 L : 경사거리, θ : 경사각

수평거리	그림상의 (b)의 거리
↓	• 표고보정 $$C_n = -\frac{DH}{R}$$ 여기서, C_n : 표고보정량, H : 평균표고 R : 지구반경, D : 임의 지역의 수평거리
기준면상 거리	그림상의 (c)의 거리
↓	• 축척계수 $s = xS$ 여기서, s : 투영면상거리(d), S : 기준면상거리(c) x : 선확대율(축척계수)
지도투영면상 거리	그림상의 (d)의 거리

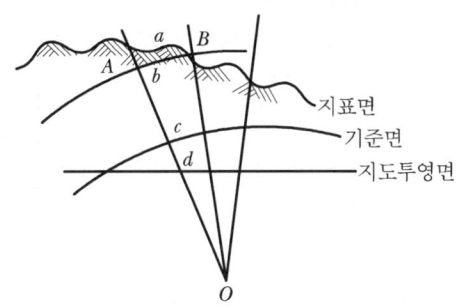

[거리의 환산]

2.2 거리측량의 분류

2.2.1 직접 거리측량

Chain, Tape, Invar tape 등을 사용하여 직접 거리를 측량하는 방법으로 삼각구분법, 수선구분법, 계선법 등이 있다.

2.2.2 간접 거리측량

가. EDM(전자기파 거리 측정기)

가시광선, 적외선, 레이저광선 및 극초단파 등의 전자기파를 이용하여 거리를 관측하는 방법이다.

1) Geodimeter와 Tellurrometer의 비교

구분	광파거리 측량기	전파거리 측량기
정의	측점에서 세운 기계로부터 빛을 발사하여 이것을 목표점의 반사경에 반사하여 돌아오는 반사파의 위상을 이용하여 거리를 구하는 기계	측점에 세운 주국에서 극초단파를 발사하고 목표점의 종국에서는 이를 수신하여 변조고주파로 반사하여 각각의 위상차이로 거리를 구하는 기계
정확도	±(5mm+5ppm)	±(15mm+5ppm)
대표기종	Geodimeter	Tellurometer
장점	① 정확도가 높다. ② 데오돌라이트나 트랜시트에 부착하여 사용 가능하며, 무게가 가볍고 조작이 간편하고 신속하다. ③ 움직이는 장애물의 영향을 받지 않는다.	① 안개, 비, 눈 등의 기상조건에 대한 영향을 받지 않는다. ② 장거리 측정에 적합하다.
단점	① 안개, 비, 눈 등의 기상조건에 대한 영향을 받는다.	① 단거리 관측시 정확도가 비교적 낮다. ② 움직이는 장애물, 지면의 반사파 등의 영향을 받는다.
최소조작인원	1명(목표점에 반사경을 설치했을 경우)	2명(주국, 종국 각 1명)
관측가능거리	• 단거리용 : 5km 이내 • 중거리용 : 60km 이내	장거리용 : 30~150km
조작시간	한변 10~20분	한변 20~30분

2) 전자파거리 측량기 오차

거리에 비례하는 오차	광속도의 오차, 광변조 주파수의 오차, 굴절률의 오차
거리에 비례하지 않는 오차	위상차 관측 오차, 기계정수 및 반사경 정수의 오차

나. VLBI(Very Long Base Interferometer, 초장기선간섭계)

지구상에서 1,000~10,000km 정도 떨어진 1조의 전파간섭계를 설치하여 전파원으로부터 나온 전파를 수신하여 2개의 간섭계에 도달한 시간차를 관측하여 거리를 측정한다. 시간차로 인한 오차는 30cm 이하이며, 10,000km 긴 기선의 경우는 관측소의 위치로 인한 오차 15cm 이내가 가능하다.

다. Total Station

Total Station은 관측된 데이터를 직접 휴대용 컴퓨터기기(전자평판)에 저장하고 처리할 수 있으며 3차원 지형정보 획득 및 데이터 베이스의 구축 및 지형도 제작까지 일괄적으로 처리할 수 있는 측량기계이다.

1) Total Station의 특징

① 거리, 수평각 및 연직각을 동시에 관측할 수 있다.
② 관측된 데이터가 전자평판에 자동 저장되고 직접처리가 가능하다.
③ 시간과 비용을 줄일 수 있고 정확도를 높일 수 있다.
④ 지형도 제작이 가능하다.
⑤ 수치데이터를 얻을 수 있으므로 관측자료 계산 및 다양한 분야에 활용할 수 있다.

라. GPS(Global Positioning System, 범지구적 위치결정체계)

인공위성을 이용하여 정확하게 위치를 알고 있는 위성에서 발사한 전파를 수신하여 관측점 까지의 소요시간을 관측함으로써 정확한 위치를 결정하는 위치결정 시스템이다.

1) GPS의 특징

장점	단점
① 기후의 영향을 받지 않는다. ② 야간관측도 가능하다. ③ 고밀도측량이 가능하다. ④ 장거리측량에 이용된다. ⑤ 관측점 간의 시통이 필요치 않다. ⑥ GPS 관측은 수신기에서 전산처리되므로 관측이 용이하다.	① 위성의 궤도정보가 필요하다. ② 전리층 및 대류권의 영향에 대한 정보가 필요하다. ③ 좌표변환을 하여야 한다. ④ 전파를 수신받지 못하는 곳에서는 측량이 불가능하다.

마. 수평표척

수직표척의 눈금이 잘 보이지 않을 경우 또는 거리가 멀어지면 측각의 정밀도가 크게 떨어지므로 정밀 관측에서는 거의 사용하지 않는다.

$$\tan \frac{\theta}{2} = \frac{\frac{H}{2}}{D} \text{ 에서 } D = \frac{\frac{H}{2}}{\tan \frac{\theta}{2}}$$

$$\therefore D = \frac{H}{2} \cdot \cot \frac{\theta}{2}$$

여기서, D : 수평거리(m)
H : 수평표척의 길이(m)
θ : 양끝을 시준한 사이각(m)

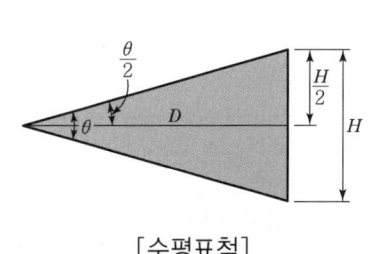

[수평표척]

1) 정밀도에 영향을 주는 인자
    ① 트랜싯의 각 관측의 정도
    ② 표척과 관측거리 방향의 직교성의 정도
    ③ 표척길이의 정도

2.3 거리측량의 방법

2.3.1 측량의 순서
계획 → 답사 → 선점 → 조표 → 골격측량 → 세부측량 → 계산

2.3.2 선점 시 주의사항
① 측점 간의 거리는 100m 이내가 적당하며 측점수는 되도록 적게 한다.
② 측점 간의 시준이 잘 되어야 한다.
③ 장애물이나 교통에 방해 받지 않아야 한다.
④ 세부측량에 가장 편리하게 이용되는 곳이 좋다.

2.3.3 골격측량
측점과 측점 사이의 관계위치를 정하는 작업

구분	특징	관측방법
방사법	측량 구역 내에 장애물이 없고 한 측점에서 각 측점의 위치를 결정하는 방법이며 좁은 지역의 측량에 이용	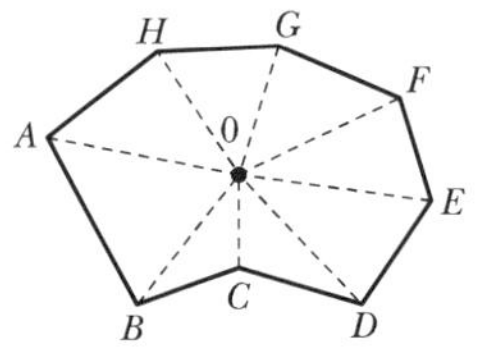
삼각구분법	측량 구역에 장애물이 없고 투시가 잘 되며 소규모지역에 이용	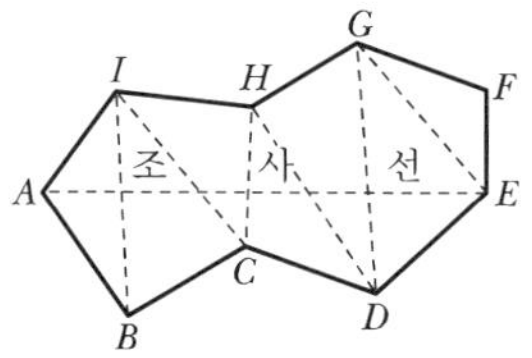
수선구분법	측량구역의 경계선상에 장애물이 있을 때 이용하는 방법	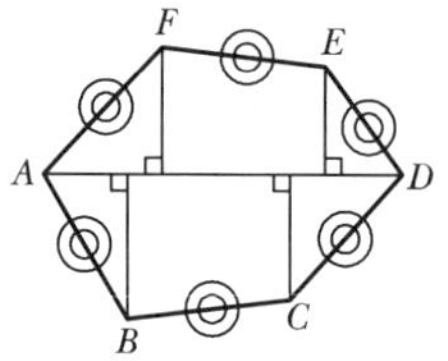

계선법 (전진법)	측량구역의 면적이 넓고 중앙에 장애물이 있을 때 적당하며 대각선 투시가 곤란할 때 이용하는 방법이다. 계선은 길수록 좋으며 각은 예각으로 삼각형은 되도록 정삼각형으로 한다.	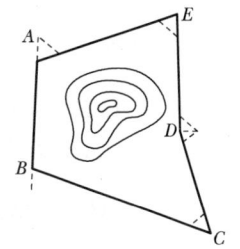

2.3.4 세부측량

가. 지거측량(Offesetting method)

측정하려고 하는 어떤 한 점에서 측선에 내린 수선의 길이를 지거(支距)라 한다.

① 지거는 되도록 짧아야 한다.
② 정밀을 요하는 경우는 사지거를 측정해 둔다.
③ 오차가 발생하므로 테이프보다 긴 지거는 좋지 않다.

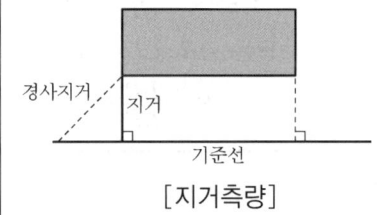

[지거측량]

2.3.5 장애물이 있는 경우의 측정방법

두 측점에 접근할 수 없는 경우	
△ABC∽△CDE에서 $AB : DE = BC : CD$ ∴ $AB = \dfrac{BC}{CD} \times DE$ 또는 $AB : DE = AC : CE$ ∴ $AB = \dfrac{AC}{CE} \times DE$	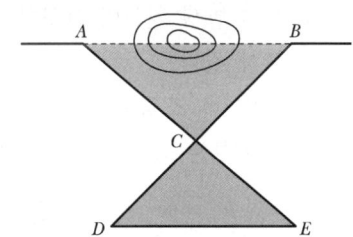

두 측점 중 한 측점에만 접근이 가능한 경우	
△ABC∽△CDE에서 $AB : CD = BE : CE$ ∴ $AB = \dfrac{BE}{CE} \times CD$	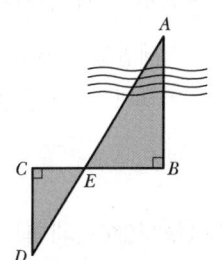

$\triangle ABC \propto \triangle BCD$이므로

또는 $AB : BC = BC : BD$

$\therefore AB = \dfrac{BC^2}{BD}$

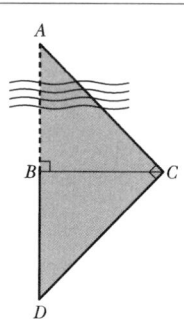

두 측점에 접근이 곤란한 경우

$AB : CD = AP : CP$에서

$\therefore AB = \dfrac{AP}{CP} \times CD$

또는 $AB : CD = BP : DP$이므로

$\therefore AB = \dfrac{BP}{DP} \times CD$

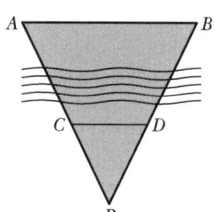

2.4 거리측정의 오차

2.4.1 오차의 종류

가. 정오차 또는 누차(Constant Error : 누적오차, 누차, 고정오차)
① 오차 발생 원인이 확실하여 일정한 크기와 일정한 방향으로 생기는 오차로서 부호는 항상 같다.
② 측량 후 조정이 가능하다.
③ 정오차는 측정횟수에 비례한다.

$$E_1 = n \cdot \delta \quad (E_1 : 정오차, \quad \delta : 1회 측정시 누적오차, \quad n : 측정(관측)횟수)$$

나. 우연오차(Accidental Error : 부정오차, 상차, 우차)
① 오차의 발생 원인이 명확하지 않아 소거방법이 어렵다.
② 최소제곱법의 원리로 오차를 배분하며 오차론에서 다루는 오차를 우연오차라 한다.
③ 우연오차는 측정 횟수의 제곱근에 비례한다.

$$E_2 = \pm \delta \sqrt{n} \quad (E_2 : 우연오차, \quad \delta : 1회 관측 시, \quad n : 측정(관측)횟수)$$

다. 착오(Mistake : 과실)
① 관측자의 부주의에 의해서 발생하는 오차

② 예 : 기록 및 계산의 착오, 눈금 읽기의 잘못, 숙련부족 등

2.4.2 오차법칙
① 큰 오차가 생길 확률은 작은 오차가 생길 확률보다 매우 작다.
② 같은 크기의 정(+)오차와 부(-)오차가 생길 확률은 거의 같다.
③ 매우 큰 오차는 거의 발생하지 않는다.

2.4.3 정오차의 보정

정오차의 보정	보정량	정확한 길이 (실제길이)	기호 설명
줄자의 길이가 표준 길이와 다를 경우(테이프의 특성값)	$C_u = \pm L \times \dfrac{\Delta l}{l}$	$L_o = L \pm C_u$ $= L \pm \left(L \times \dfrac{\Delta l}{l}\right)$	L : 관측길이 l : Tape의 길이 Δl : Tape의 특성값 (Tape의 늘음(+)과 줄음(-)량)
온도에 대한 보정	$C_t = L \cdot a(t - t_o)$	$L_o = L \pm C_t$	L : 관측길이 a : Tape의 팽창계수 t_o : 표준온도(15℃) t : 관측시의 온도
경사에 대한 보정	$C_i = -\dfrac{h^2}{2L}$	$L_o = L \pm C_i$ $= L - \dfrac{h^2}{2L}$	L : 관측길이 h : 고저차
평균해수면에 대한 보정(표고 보정)	$C_k = -\dfrac{L \cdot H}{R}$	$L_o = L - C_k$	R : 지구의 곡률반경 H : 표고 L : 관측길이
장력에 대한 보정	$C_p = \pm \dfrac{L}{A \cdot E}(P - P_o)$	$L_o = L \pm C_p$	L : 관측길이 A : 테이프단면적(cm²) P : 관측시의 장력 P_o : 표준장력(10kg) E : 탄성계수(kg/cm²)
처짐에 대한 보정	$C_s = -\dfrac{L}{24}\left(\dfrac{wl}{P}\right)^2$	$L_o = L - C_s$	L : 관측길이 W : 테이프의 자중(cm²) P : 장력(kg) l : 등간격 길이

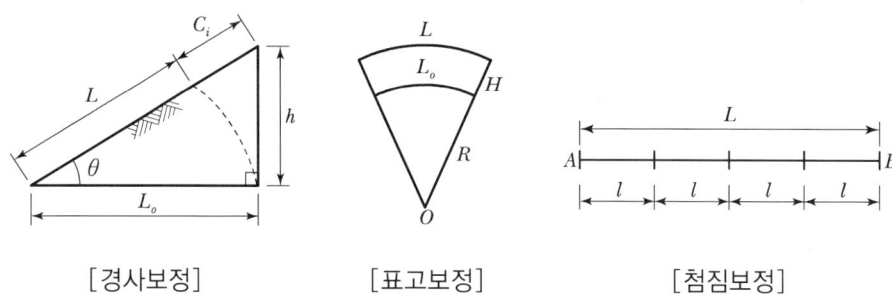

[경사보정]　　　　　[표고보정]　　　　　[첨끝보정]

2.4.4 관측값 처리

가. 최확값

측량을 반복하여 참값(정확치)에 도달하는 값을 말한다.

나. 평균제곱근 오차(표준오차, 중등오차)

잔차의 제곱을 산술평균한 값의 제곱근을 평균제곱근 오차(R.M.S.E)라 하며 밀도함수 전체의 68.26%인 범위가 곧 평균제곱근 오차가 된다.

다. 확률오차(Porbable Error)

밀도함수 전체의 50% 범위를 나타내는 오차로서 표준오차의 승수가 0.6745인 오차이다. 즉, 확률오차는 표준오차의 67.45%를 나타낸다.

라. 경중률(무게 : P)

경중률이란 관측값의 신뢰정도를 표시하는 값으로 관측방법, 관측횟수, 관측거리 등에 따른 가중치를 말한다.

① 경중률은 관측횟수(n)에 비례한다.

$$(P_1 : P_2 : P_3 = n_1 : n_2 : n_3)$$

② 경중률은 평균제곱오차(m)의 제곱에 반비례한다.

$$(P_1 : P_2 : P_3 = \frac{1}{m_1^2} : \frac{1}{m_2^2} : \frac{1}{m_3^2})$$

③ 경중률은 정밀도(R)의 제곱에 비례한다.

$$(P_1 : P_2 : P_3 = R_1^2 : R_2^2 : R_3^2)$$

④ 직접수준측량에서 오차는 노선거리(S)의 제곱근($\sqrt{S}$)에 비례한다.

$$(m_1 : m_2 : m_3 = \sqrt{S_1} : \sqrt{S_2} : \sqrt{S_3})$$

⑤ 직접수준측량에서 경중률은 노선거리(S)에 반비례한다.

$$(P_1:P_2:P_3 = \frac{1}{S_1}:\frac{1}{S_2}:\frac{1}{S_3})$$

⑥ 간접수준측량에서 오차는 노선거리(S)에 비례한다.

$$(m_1:m_2:m_3 = S_1:S_2:S_3)$$

⑦ 간접수준측량에서 경중률은 노선거리(S)의 제곱에 반비례한다.

$$(P_1:P_2:P_3 = \frac{1}{S_1^2}:\frac{1}{S_2^2}:\frac{1}{S_3^2})$$

마. 최확값, 평균제곱근 오차, 확률오차, 정밀도 산정

항목 \ 구분	경중률(P)이 일정한 경우 (경중률을 고려하지 않은 경우)	경중률(P)이 다른 경우 (경중률을 고려한 경우)
최확값(L_0)	$L_0 = \dfrac{l_1+l_2+\cdots+l_n}{n}$ $= \dfrac{[l]}{n}$	$L_0 = \dfrac{P_1l_1+P_2l_2+\cdots+P_nl_n}{P_1+P_2+\cdots+P_n}$ $= \dfrac{[Pl]}{[P]}$
평균제곱근오 차, 중등(표준) 오차(m_0)	① 1회 관측(개개의 관측값)에 대한 $m_0 = \pm\sqrt{\dfrac{VV}{n-1}}$ ② n개의 관측값(최확값)에 대한 $m_0 = \pm\sqrt{\dfrac{VV}{n(n-1)}}$	① 1회 관측(개개의 관측값)에 대한 $m_0 = \pm\sqrt{\dfrac{PVV}{n-1}}$ ② n개의 관측값(최확값)에 대한 $m_0 = \pm\sqrt{\dfrac{PVV}{[P](n-1)}}$
확률오차(r_0)	① 1회 관측(개개의 관측값)에 대한 $r_0 = \pm 0.6745 \cdot m_0$ ② n개의 관측값(최확값)에 대한 $r_0 = \pm 0.6745 \cdot m_0$	① 1회 관측(개개의 관측값)에 대한 $r_0 = \pm 0.6745 \cdot m_0$ ② n개의 관측값(최확값)에 대한 $r_0 = \pm 0.6745 \cdot m_0$
정밀도(R)	① 1회 관측(개개의 관측값)에 대한 $R = \dfrac{m_0}{l}$ or $\dfrac{r_0}{l}$ ② n개의 관측값(최확값)에 대한 $R = \dfrac{m_0}{L_0}$ or $\dfrac{r_0}{L_0}$	① 1회 관측(개개의 관측값)에 대한 $R = \dfrac{m_0}{l}$ or $\dfrac{r_0}{l}$ ② n개의 관측값(최확값)에 대한 $R = \dfrac{m_0}{L_0}$ or $\dfrac{r_0}{L_0}$

2.5 부정오차 전파법칙

2.5.1 각 구간거리가 다르고 평균제곱근 오차가 다른 경우

$$l = l_1 + l_2 + l_3 + \cdots + l_n$$
$$M = \pm \sqrt{m_1^2 + m_2^2 + m_3^2 + \cdots + m_n^2}$$

여기서, $l = l_1, l_2, l_3, \cdots l_n$: 구간 최확값
$m_1, m_2, m_3 \cdots m_n$: 구간 평균 제곱 오차
l : 전 구간 최확길이
M : 최확값의 평균제곱근 오차

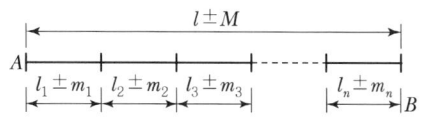

2.5.2 평균제곱근 오차가 일정한 경우

$$M = \pm \sqrt{m_1^2 + m_2^2 + m_3^2 + \cdots + m_n^2}$$
$$= \pm m \sqrt{n}$$

여기서, m : 한 구간 평균제곱근 오차
n : 관측횟수

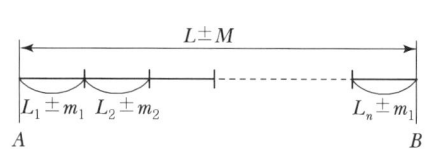

2.5.3 면적 관측시 최확치 및 평균제곱근 오차의 합

$$A = x \cdot y$$
$$M = \pm \sqrt{(y \cdot m_1)^2 + (x \cdot m_2)^2}$$

여기서, x, y : 구간 최확치
m_1, m_2 : 구간 평균제곱근 오차

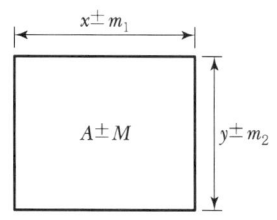

2.6 실제거리, 도상거리, 축척, 면적의 관계

축척과 거리와의 관계	$\dfrac{1}{M} = \dfrac{\text{도상거리}}{\text{실제거리}}$ 또는 $\dfrac{1}{M} = \dfrac{1}{L}$
축척과 면적과의 관계	$\left(\dfrac{1}{m}\right)^2 = \left(\dfrac{\text{도상거리}}{\text{실제거리}}\right)^2 = \dfrac{\text{도상면적}}{\text{실제면적}}$ $\therefore$ 도상면적 $= \dfrac{\text{실제면적}}{m^2}$ $\therefore$ 실제면적 $=$ 도상면적 $\times m^2$
부정길이로 측정한 면적과 실제면적과의 관계	실제면적 $= \dfrac{(\text{부정길이})^2}{(\text{표준길이})^2} \times$ 관측면적 $A_0 = \dfrac{(L + \varDelta l)^2}{L^2} \times A$
면적이 줄었을 때	실제면적 $=$ 측정면적 $\times (1 + \varepsilon)^2$ ε : 신축된 양
면적이 늘었을 때	실제면적 $=$ 측정면적 $\times (1 - \varepsilon)^2$
축척과 정도	① 대축척 : 축척의 분모수가 작은 것 ② 소축척 : 축척의 분모수가 큰 것 ③ 정도가 좋다. : 축척의 분모수가 큰 것 ④ 정도가 나쁘다. : 축척의 분모수가 작은 것

예상 및 기출문제

1. 표준장 100m에 대하여 테이프(Tape)의 길이가 100m인 강제권척을 검사한 바 +0.052m였을 때, 이 테이프의 보정계수는 얼마인가?

㉮ 0.00052　　㉯ 0.99948　　㉰ 1.00052　　㉱ 1.99948

해설 100m의 강제권척을 검사한 결과 100.052가 나왔다.

보정계수는 $1 \pm \dfrac{\triangle l}{l} = 1 \pm \dfrac{0.052}{100} = 1.00052$

2. 지적측량을 위한 거리의 측정 시 동일거리를 2회 측정한 결과가 150.25m, 150.30m였을 때 거리측정의 정도는 약 얼마인가?

㉮ 1/1,500　　㉯ 1/2,000　　㉰ 1/2,500　　㉱ 1/3,000

해설 거리측정 정도 $= \dfrac{\text{거리측정오차}}{\text{평균거리}} = \dfrac{0.05}{150.275} = \dfrac{1}{3,005.5} \fallingdotseq \dfrac{1}{3,000}$

3. 아래 그림에서 ∠BAD = ∠BCE = 90도이고 AD = 35m, AC = 25m, CE = 44m일 때 AB의 거리는 얼마인가?

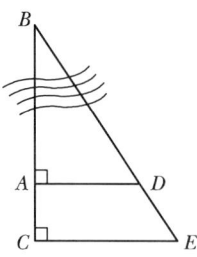

㉮ 65.50m　　㉯ 75.50m　　㉰ 87.20m　　㉱ 97.20m

해설 $x : 35 = 25 : (44 - 35)$

$AB = \dfrac{AC \times AD}{CE - AD}$

$AB = \dfrac{25 \times 35}{44 - 35} = \dfrac{875}{9} = 97.222\,\text{m}$

$AB = 97.20\,\text{m}$

4. 표준치보다 0.075m가 짧은 60m짜리 줄자로 거리를 측정한 값이 140m였을 때 실제거리는?

㉮ 139.075m ㉯ 139.825m ㉰ 140.075m ㉱ 140.175m

 해설 실제거리 = $\dfrac{\text{부정거리}}{\text{실제거리}} \times \text{관측거리} = \dfrac{(60-0.075)}{60} \times 140 = 139.825\,\text{m}$

[별해] 보정량(C_u) = $\pm L \times \dfrac{\Delta l}{l} = \pm 140 \times \dfrac{0.075}{60} = -0.175$

정확한 거리(실제거리) $L_o = L \pm C_u = 140 - 0.175 = 139.825\,\text{m}$

5. 점간거리 200m를 축척 1/500인 도상에 등록한 경우 점간거리의 도상길이는 얼마인가?

㉮ 20cm ㉯ 40cm ㉰ 50cm ㉱ 80cm

 해설 축척 = $\dfrac{\text{실거리}}{\text{도상거리}}$

따라서, 도상거리 = $\dfrac{\text{실거리}}{\text{축척}} = \dfrac{200}{500} = 0.4\,\text{m} = 40\,\text{cm}$

6. 다음 그림과 같이 A점과 B점 사이에 장애물이 있을 때, AB의 거리는 얼마인가?(단, AC=170m, CD=25m, DE=30m, AB//DE)

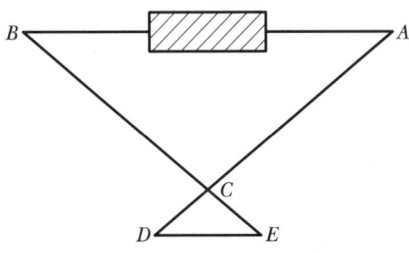

㉮ 102m ㉯ 120m ㉰ 204m ㉱ 360m

 해설 비례식으로 DE : BA = DC : CA

30 : X = 25 : 170

$X = \dfrac{170 \times 30}{25} = 204\,\text{m}$

7. 30m용 줄자가 5cm 늘어난 상태로 두 점의 거리를 측정한 값이 75.45m일 때, 실제거리는 얼마인가?

㉮ 75.53m ㉯ 75.58m ㉰ 76.53m ㉱ 76.58m

 해설 ① 75.45÷30=2.515, 2.515×0.05=0.12575m

신가축감에 의하여 75.45+0.12575=75.57575m

② $L_0 = L\left(1 + \dfrac{\Delta \ell}{\ell}\right)$

$= 75.45\left(1 + \dfrac{0.05}{30}\right) = 75.57575$

8. AB 두 점 간의 사거리 30m에 대한 수평거리의 보정값이 −2mm였다면 두 점 간의 고저차는 얼마인가?

㉮ 0.06m ㉯ 0.12m ㉰ 0.25m ㉱ 0.35m

해설 $C_h = -\dfrac{h^2}{2L}$ 에서 $h^2 = 2 \times 30 \times 0.002$

$h = 0.35\text{m}$

9. 기선의 길이 500m를 측정한 지반의 평균표고가 18.5m이다. 이 기선을 평균 해면상의 길이로 환산한 보정량은 얼마인가?(단, 지구의 곡률반경은 6,370km이다.)

㉮ +0.35cm ㉯ −0.35cm ㉰ +0.15cm ㉱ −0.15cm

해설 평균해수면 보정(C)

$C = -\dfrac{L}{R}H$ 이므로 $= -\dfrac{500}{6,370,000} \times 18.5 = -0.0015\text{m} = -0.15\text{cm}$

10. 강철테이프로 경사면 65m의 거리를 측정한 결과, 경사보정량이 1cm였다면 양끝의 고저차는 얼마인가?

㉮ 1.14m ㉯ 1.27m ㉰ 1.32m ㉱ 1.58m

해설 $C_h = \dfrac{h^2}{2L}$ 에서 $h^2 = 2L \cdot C_h$

∴ $h = \sqrt{2 \times 65 \times 0.01} = 1.14\text{m}$

11. 30m 테이프로 측정한 거리는 300m였다. 이때 테이프의 길이와 표준길이의 오차가 −2cm였을 경우 이 거리의 정확한 값은?

㉮ 299.80m ㉯ 300.20m
㉰ 330.20m ㉱ 328.80m

해설 ① 30 → 300 = 100회
  1회 측정시 → 2cm
  10회 측정시 → 20cm
  ∴ $L_0 = 300 - 0.2 = 299.8\text{m}$

② $L_0 = L\left(1 \pm \dfrac{\Delta l}{l}\right)$ 에서 $= 300\left(1 - \dfrac{0.02}{30}\right) = 299.8\text{m}$

③ 실제거리 $= \dfrac{\text{보정거리}}{\text{표준거리}} \times \text{관측거리} = \dfrac{29.98}{30} \times 300 = 299.8\text{m}$

12. 특성치가 50m+0.005m인 쇠줄자를 사용하여 어떤 구간을 관측한 결과 200m를 얻었다. 이 구간의 고저차가 8m였다고 하면 표준척에 대한 보정과 경사보정을 한 거리는?

㉮ 200.18m ㉯ 200.14m ㉰ 199.86m ㉱ 199.82m

해답 8. ㉱ 9. ㉱ 10. ㉮ 11. ㉮ 12. ㉰

해설 ① 표준척에 대한 보정

$$C_0 = L \times \frac{\Delta l}{l} = 200 \times \frac{0.005}{50} = 0.02\text{m}$$

② 경사보정

$$C_h = -\frac{h^2}{2L} = -\frac{8^2}{2 \times 200} = -0.16\text{m}$$

$$\therefore L_0 = 200 + 0.02 - 0.16 = 199.86\text{m}$$

13. 거리를 측정할 때 정오차가 발생할 수 있는 원인으로 거리가 먼 것은?

㉮ 온도보정을 하지 않은 때 ㉯ 장력보정을 하지 않은 때
㉰ 처짐보정을 하지 않은 때 ㉱ 표고보정을 하지 않은 때

해설
- 권척을 수평으로 당기지 않고 측정했을 때
- 권척이 표준장보다 늘어났을 때
- 경사지를 측정하였을 때
- 온도가 기준온도보다 높을 때

14. 다음 중 표준줄자와 비교하여 3.4cm가 짧은 50m 줄자를 이용하여 측정한 거리가 355m인 경우 실제거리로 옳은 것은?

㉮ 354.76m   ㉯ 354.98m   ㉰ 355.12m   ㉱ 355.24m

해설 1. 실제거리 = 관측거리 × $\frac{\text{부정거리}}{\text{표준거리}}$

$$= 355 \times \frac{50 - 0.034}{50} = 354.7586\text{m}$$

2. 측정횟수 = $\frac{\text{측정거리}}{\text{줄자길이}}$

$\frac{355\text{m}}{50\text{m}} = 7.1$회,

7.1회 × 34mm = 241.4mm = 0.24m

신가축감에 의해 355m − 0.24m = 354.76m

15. 30m 표준자보다 3cm가 짧은 자를 사용하여 측정한 값이 300m일 때 실제 거리는?

㉮ 303.0m   ㉯ 300.3m   ㉰ 297.0m   ㉱ 299.7m

해설 실제길이 = $\frac{\text{부정길이} \times \text{관측길이}}{\text{표준길이}}$

$$= \frac{29.97 \times 300}{30} = 299.7\text{m}$$

16. 거리측량에서 정밀도가 ±(5mm+3mm/km)인 전파거리측량기(EDM)로 3.8km의 거리를 측정할 때 예측되는 총 오차는?

㉮ ±10.25mm ㉯ ±12.45mm ㉰ ±14.75mm ㉱ ±16.40mm

해설 $E = \pm\sqrt{5^2 + (3.8 \times 3)^2} = \pm 12.45\text{mm}$

17. 거리측정에서 줄자로 1회 측정시 확률오차가 ±0.03m이면 30m 줄자로 270m를 측정할 때 확률오차는?

㉮ ±0.03m ㉯ ±0.09m ㉰ ±0.27m ㉱ ±0.30m

해설 $n = \dfrac{270}{30} = 9$회

$M = \pm m\sqrt{n} = \pm 0.03\sqrt{9} = \pm 0.09\text{m}$

18. 표준줄자와 비교하여 7.5mm가 긴 30m 줄자로 경사면을 잰 결과 150m였다. 경사 보정량이 1cm일 때 양 지점의 고저차는?

㉮ 2.01m ㉯ 1.73m ㉰ 1.84m ㉱ 2.65m

해설 $C_i = -\dfrac{h^2}{2L}$ 에서

$h = \sqrt{C_i \times 2L} = \sqrt{0.01 \times 2 \times 149.963} = 1.73\text{m}$

※ $L = \Delta l \times$ 횟수 $= (30 - 0.0075) \times 5 ≒ 149.963\text{m}$

19. Steel Tape를 사용하여 경사면을 따라 50m의 거리를 측정한 경우 수평거리를 유지하기 위하여 실시한 보정량이 4cm일 때의 양단 고저차는?

㉮ 1.0m ㉯ 1.40m ㉰ 1.73m ㉱ 2.00m

해설 $C_i = -\dfrac{h^2}{2L}$ 에서

$0.04 = -\dfrac{h^2}{2 \times 50}$ ∴ $h = 2.0\text{m}$

20. 축척 1/25,000의 지형도상에서 A점의 표고가 22m, B점의 표고가 122m일 때 A, B 간의 도상거리가 10cm이면 AB의 경사도는 얼마인가?

㉮ $\dfrac{1}{25}$ ㉯ $\dfrac{1}{100}$ ㉰ $\dfrac{1}{144}$ ㉱ $\dfrac{1}{200}$

해설 경사도$(i) = \dfrac{H}{D} = \dfrac{100}{2,500} = \dfrac{1}{25}$

※ $H = 122 - 22 = 100\text{m}$

$D = 25,000 \times 0.1 = 2,500\text{m}$

21. 방향각이 5″ 틀리는 위치오차에서 4km의 목표물을 시준할 때 위치오차는?

㉮ 8.1cm ㉯ 9.7cm ㉰ 11.5cm ㉱ 15.3cm

해설 $\dfrac{\Delta h}{D} = \dfrac{\theta''}{\rho''}$ 에서

$$\Delta h = \dfrac{\theta'' D}{\rho''} = \dfrac{5'' \times 4,000}{206,265''} = 0.097\text{m} = 9.7\text{cm}$$

22. 전 길이를 n구간으로 나누어 1구간 측정시 3mm의 정오차와 ±3mm의 우연오차가 발생했을 때 정오차와 우연오차를 고려한 전 길이의 오차는?

㉮ $3\sqrt{n}$ mm ㉯ $3\sqrt{n^2+n}$ mm
㉰ $3\sqrt{n^3}$ mm ㉱ $3n\sqrt{2}$ mm

해설 $M = \sqrt{(n\Delta l)^2 + (\pm m\sqrt{n})^2}$
$= \sqrt{(3n)^2 + (\pm 3\sqrt{n})^2} = \sqrt{9n^2 + 9n} = 3\sqrt{n^2+n}$ mm

23. 어떤 측선의 길이를 관측하여 다음과 같은 값을 얻었을 때 최확값은?

구 분	측정값(m)	측정횟수
A	150.186m	4
B	150.250m	3
C	150.224m	5

㉮ 150.118m ㉯ 150.218m
㉰ 150.228m ㉱ 150.238m

해설 $P_1 : P_2 : P_3 = 4 : 3 : 5$

$$L_0 = \dfrac{P_1 l_1 + P_2 l_2 + P_3 l_3}{P_1 + P_2 + P_3}$$
$$= 150 + \dfrac{0.186 \times 4 + 0.250 \times 3 + 0.224 \times 5}{4+3+5}$$
$$= 150.218\text{m}$$

24. 표고 h=326.42m인 지역에 설치한 기선의 길이가 500m일 때 평균 해면상의 길이로 보정한 값은?(단, R=6,367km임)

㉮ 499.854m ㉯ 499.974m
㉰ 500.256m ㉱ 500.456m

해설 $C_h = -\dfrac{HL}{R}$

$$= -\dfrac{326.42 \times 500}{6,367 \times 1,000} = -0.026\text{m}$$

∴ 평균 해면상의 길이 = 500 − 0.026 = 499.974m

해답 21. ㉯ 22. ㉯ 23. ㉯ 24. ㉯

제1편 측량학

25. 보정전자파 에너지의 속도가 299,712.9km/sec, 변조주파수가 24.5MHz일 때 광파거리 측량기의 변조파장은?
  ㉮ 8.17449m
  ㉯ 12.23318m
  ㉰ 16.344898m
  ㉱ 24.46636m

  해설 $\lambda = \dfrac{v}{f}$
  (λ : 파장, v : 광속도, f : 주파수)에서 km/sec → m/sec, MHz → Hz 단위로 환산하여 계산하면
  $\lambda = \dfrac{v}{f} = \dfrac{299,712.9 \times 10^3}{24.5 \times 10^6}$
  $= 12.23318\text{m}$

26. 거리측량의 정확도가 $\dfrac{1}{n}$일 때 이에 따라 구해진 면적에 예상되는 정확도는?
  ㉮ $\dfrac{1}{n}$
  ㉯ $\dfrac{1}{n^2}$
  ㉰ $\dfrac{2}{n^2}$
  ㉱ $\dfrac{2}{n}$

  해설 $\dfrac{dA}{A} = \dfrac{dl_1}{l_1} + \dfrac{dl_2}{l_2}$ 에서 $\dfrac{dA}{A} = \dfrac{1}{n} + \dfrac{1}{n} = \dfrac{2}{n}$

27. 다음의 축척에 대한 도상거리 중 실거리가 가장 짧은 것은?
  ㉮ 축척이 1/500일 때의 도상거리 3cm
  ㉯ 축척이 1/200일 때의 도상거리 8cm
  ㉰ 축척이 1/1,000일 때의 도상거리 2cm
  ㉱ 축척이 1/300일 때의 도상거리 4cm

  해설 $\dfrac{1}{m} = \dfrac{\text{도상거리}}{\text{실제거리}}$ 에서
  실제거리 = m · 도상거리
  ㉮ 0.03×500 = 15m   ㉯ 0.08×200 = 16m
  ㉰ 0.02×1,000 = 20m   ㉱ 0.04×300 = 12m

28. 테이프로 거리측정 시 생기는 오차 중에서 정오차가 아닌 것은?
  ㉮ 테이프의 길이가 표준길이보다 길거나 짧았다.
  ㉯ 측점 간의 거리가 멀어서 테이프가 자중에 의해 처짐이 발생하였다.
  ㉰ 측정시 테이프에 가해진 장력이 표준 장력과 다르다.
  ㉱ 측정 중에 바람의 방향이 변화하였다.

  해설 거리측량 시 발생하는 정오차의 종류
  ① 표준줄자보정   ② 경사보정
  ③ 표고보정   ④ 온도보정
  ⑤ 처짐보정   ⑥ 장력보정
  ⑦ 굴절보정

해답 25. ㉯ 26. ㉱ 27. ㉱ 28. ㉱

29. 전자파 거리 측량기에 대한 설명으로 옳지 않은 것은?

㉮ 전파거리 측량기는 광파거리 측량기보다 안개나 비 등의 기후에 비교적 영향을 받지 않는다.
㉯ 전파거리 측량기는 광파거리 측량기보다 장거리용으로 주로 사용된다.
㉰ 광파거리 측량기는 전파거리 측량기보다 1변 관측의 조작시간이 길다.
㉱ 전파거리 측량기의 최소 조작인원은 2명이며 광파거리측량기는 1명으로도 가능하다.

해설 광파거리 측량기와 전파거리 측량기의 비교

항목	광파거리 측량기	전파거리 측량기
정확도	±(5mm+5ppm)	±(15mm+5ppm)
최소 조작인원	1명(목표점에 반사경 설치)	2명(주국, 종국 각 1명)
기상조건	안개, 비, 눈 등 기후의 영향을 많이 받는다.	기후의 영향을 받지 않는다.
방해물	두 점 간의 시준만 되면 가능	장애물(송전선, 자동차, 고압선 부근은 좋지 않다.)
관측가능거리	짧다.(1m~4km)	길다.(100m~60km)
한변조작시간	10~20분	20~30분
대표 기종	Geodimeter	Tellurometer

30. 50m 줄자로 250m를 관측한 경우 줄자에 의한 거리관측 오차를 50m마다 ±1cm로 가정하면 전체길이의 거리측량에서 발생하는 오차는 얼마인가?

㉮ ±2.2cm ㉯ ±3.8cm ㉰ 1±4.8cm ㉱ ±5.2cm

해설 부정오차
$$M = \pm m\sqrt{n}$$

$$= \pm 1\sqrt{5} = \pm 2.23\text{cm}$$
$$n = 250\text{m} \div 50\text{m} = 5$$

31. 축척 1:500 도면에서 구적기를 이용하여 면적을 측정하니 2,500m²였다. 도면이 종횡으로 각 1%씩 줄어 있었다면 실제면적은?

㉮ 2,450m² ㉯ 2,480m² ㉰ 2,550m² ㉱ 2,580m²

해설 실제면적 $= A(1+\varepsilon)^2$
$$= 2,500(1+0.01)^2 = 2,550\text{m}^2$$

32. 표고 45.2m인 해변에서 눈높이 1.7m인 사람이 바라볼 수 있는 수평선까지의 거리는?(단, 지구 반지름 : 6,370km, 빛의 굴절계수 : 0.14)

㉮ 12.4km ㉯ 26.4km ㉰ 42.8km ㉱ 62.4km

해설 $h = \dfrac{S^2}{2R}(1-k)$ 에서

$$S = \sqrt{\dfrac{2Rh}{1-k}} = \sqrt{\dfrac{2 \times 6{,}370 \times 1{,}000 \times (45.2+1.7)}{1-0.14}}$$

$= 26{,}358.5\,\text{m} = 26.4\,\text{km}$

33. 그림과 같이 △P_1P_2C는 동일 평면상에서 $a_1 = 62°8'$, $a_2 = 56°27'$, $B = 95.00$m이고 연직각 $v_1 = 20°46'$일 때 C로부터 P까지의 높이 H는?

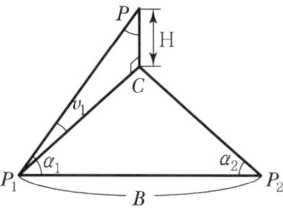

㉮ 30.014m ㉯ 31.940m ㉰ 33.904m ㉱ 34.189m

해설 ① $\overline{P_1C}$ 거리 계산

$$\dfrac{\overline{P_1C}}{\sin 56°27'} = \dfrac{95}{\sin(180-(62°8'+56°27'))}$$

$\therefore \overline{P_1C} = \dfrac{\sin 56°27'}{\sin 61°25'} \times 95 = 90.16\,\text{m}$

② H 계산

$H = \overline{P_1C} \tan v_1 = 90.16 \times \tan 20°46'$

$= 34.189\,\text{m}$

34. 어떤 측선의 길이를 3인(A, B, C)이 관측하여 아래와 같은 결과를 얻었을 때 최확값은?

- A : 100.287m(5회 관측)
- B : 100.376m(3회 관측)
- C : 100.432m(2회 관측)

㉮ 100.298m ㉯ 100.312m
㉰ 100.343m ㉱ 100.376m

해설 $L_o = \dfrac{p_1 l_1 + p_2 l_2 + p_3 l_3}{p_1 + p_2 + p_3}$

$= 100 + \dfrac{5 \times 0.287 + 3 \times 0.376 + 2 \times 0.432}{5+3+2}$

$= 100.343\,\text{m}$

예상 및 기출문제

35. 직사각형의 두 변의 길이를 $\frac{1}{1,000}$ 정밀도로 관측하여 면적을 산출할 경우 산출된 면적의 정밀도는?

㉮ $\frac{1}{500}$ ㉯ $\frac{1}{1,000}$ ㉰ $\frac{1}{2,000}$ ㉱ $\frac{1}{3,000}$

해설 $\frac{dA}{A} = 2\frac{dl}{l} = 2 \times \frac{1}{1,000} = \frac{1}{500}$

36. 직사각형의 두 변 길이를 $\frac{1}{200}$ 정확도로 관측하여 면적을 산출할 때 산출된 면적의 정확도는?

㉮ $\frac{1}{50}$ ㉯ $\frac{1}{100}$ ㉰ $\frac{1}{200}$ ㉱ $\frac{1}{300}$

해설 $\frac{dA}{A} = 2\frac{dl}{l} = 2 \times \frac{1}{200} = \frac{1}{100}$

37. 한 변의 길이가 10m인 정방형 토지를 축척 1 : 600 도상에서 측정한 결과, 도상의 변측정오차가 0.2mm 발생하였다. 이때 실제 면적의 면적측정오차는 몇 %가 발생하는가?

㉮ 1.2% ㉯ 2.4% ㉰ 4.8% ㉱ 6.0%

해설 ① $\frac{dA}{A} = 2\frac{dl}{l}$ 에서

$dA = \frac{A2dl}{l} = \frac{100 \times 2 \div 0.0002}{10} = 0.004$

∴ $0.004 \times 600 = 2.4\%$

② $A = 10 \times 10 = 100$
$l = 10$
$dl = 0.0002\text{m}$

38. A, B, C, D 네 사람이 각각 거리 8km, 12.5km, 18km, 24.5km의 구간을 수준측량을 실시하여 왕복관측하여 폐합차를 7mm, 8mm, 10mm, 12mm 얻었다면 4명 중에서 가장 정확한 측량을 실시한 사람은?

㉮ A ㉯ B ㉰ C ㉱ D

해설 $E = \delta\sqrt{L}$ 에서

A : $\delta = \frac{7}{\sqrt{8 \times 2}} = 1.75\text{mm}$

B : $\delta = \frac{8}{\sqrt{12.5 \times 2}} = 1.6\text{mm}$

C : $\delta = \frac{10}{\sqrt{18 \times 2}} = 1.67\text{mm}$

A : $\delta = \frac{12}{\sqrt{24.5 \times 2}} = 1.71\text{mm}$

∴ 작은 값이 정확도가 좋다. 그러므로 B가 가장 정확하게 측량을 실시하였다.

39. 지표상 P점에서 5km 떨어진 Q점을 관측할 때 Q점에 세워야 할 측표의 최소 높이는 약 얼마인가?(단, 지구 반지름 R=6,370km이고, P, Q점은 수평면상에 존재한다.)

㉮ 4m ㉯ 2m ㉰ 1m ㉱ 0.5m

해설 구차(h) $= \dfrac{S^2}{2R} = \dfrac{5^2}{2 \times 6,370} = 0.00196 \text{km} \fallingdotseq 2\text{m}$

40. 지구 표면의 거리 100km까지를 평면으로 간주했다면 허용정밀도는 약 얼마인가?(단, 지구의 반경은 6,370km이다.)

㉮ 1/50,000 ㉯ 1/100,000 ㉰ 1/500,000 ㉱ 1/1,000,000

해설 $R = \dfrac{d-D}{D} = \dfrac{D^2}{12R^2}$
$= \dfrac{100^2}{12 \times 6,370^2} = \dfrac{1}{50,000}$

41. 축척 1 : 25,000 지형도상에서 거리가 6.73cm인 두 점 사이의 거리를 다른 축척의 지형도에서 측정한 결과 11.21cm였다면 이 지형도의 축척은 약 얼마인가?

㉮ 1 : 20,000 ㉯ 1 : 18,000 ㉰ 1 : 15,000 ㉱ 1 : 13,000

해설 ① $\dfrac{1}{m} = \dfrac{도상거리}{실제거리}$
 실제거리 = 도상거리 × m
    = 0.0673 × 25,000 = 1,682.5m
② $\dfrac{1}{m} = \dfrac{도상거리}{실제거리}$
$\dfrac{1}{m} = \dfrac{0.1121}{1,682.50} = \dfrac{1}{15,000}$

42. 측량지역의 대소에 의한 측량의 분류에 있어서 지구의 곡률로부터 거리오차에 따른 정화도를 $\dfrac{1}{10^7}$까지 허용한다면 반지름 몇 km 이내를 평면으로 간주하여 측량할 수 있는가?(단, 지구의 곡률반경은 6,370km이다.)

㉮ 3.5km ㉯ 7.0km ㉰ 11km ㉱ 22km

해설 정도 $= \dfrac{d-D}{D} = \dfrac{1}{12}\left(\dfrac{D^2}{R^2}\right)$
평면거리(D) $= \sqrt{\dfrac{12R^2}{m}}$
$= \sqrt{\dfrac{12 \times 6,370^2}{10^7}} = 7\text{km}$
∴ 반경은 $\dfrac{7}{2} = 3.5\text{km}$

예상 및 기출문제

43. 평균해발 732.22m인 곳에서 수평거리를 측정하였더니 17,690.819m였다. 지구반지름 6,372.160km의 구라고 가정할 때 평균 해면상의 수평거리는?

㉮ 17,554.688m ㉯ 17,677.880m
㉰ 17,688.786m ㉱ 17,770.688m

해설 $L_o = L + C_h = L + \left(-\dfrac{L}{R}H\right)$

$= 17,690.819 - \dfrac{17,690.819}{6,372.160} \times 732.22$

$= 17,688.786\text{m}$

44. 두 지점의 거리($\overline{AB}$)를 관측하는데, 갑은 4회 관측하고, 을은 5회 관측한 후 경중률을 고려하여 최확값을 계산할 때, 갑과 을의 경중률 비(갑 : 을)는?

㉮ 4 : 5 ㉯ 5 : 4 ㉰ 16 : 25 ㉱ 25 : 16

해설 경중률은 관측횟수에 비례한다.

$P_A : P_B = 4 : 5$

따라서 갑과 을의 경중률 비는 4 : 5이다.

45. 90m의 측선을 10m 줄자로 관측하였다. 이때 1회의 관측에 +5mm의 누적오차와 ±5mm의 우연오차가 있다면 실제거리로 옳은 것은?

㉮ 90.045±0.015m ㉯ 90.45±0.05m
㉰ 90±0.015m ㉱ 90±0.5m

해설 정오차 $= n\delta = \dfrac{90}{10} \times 0.005 = 0.045\text{m}$

우연오차 $= \pm\delta\sqrt{n} = \pm 0.005\sqrt{9} = 0.015\text{m}$

실제거리 $= 90.045 \pm 0.015\text{m}$

46. 30m에 대하여 3mm 늘어나 있는 줄자로써 정사각형의 지역을 측정한 결과 62,500m²였다면 실제의 면적은?

㉮ 62,512.5m² ㉯ 62,524.3m²
㉰ 62,535.5m² ㉱ 62,550.3m²

해설 면적의 정도

$\dfrac{dA}{A} = 2\dfrac{dl}{l}$ 에서

$dA = \dfrac{2dl}{l}A = \dfrac{2 \times 0.003}{30} \times 62,500 = 12.5$

∴ 실제면적(A) $= 62,500 + 12.5 = 62,512.5\text{m}^2$

해답 43. ㉰ 44. ㉮ 45. ㉮ 46. ㉮

47. 경사가 일정한 두 지점을 앨리데이드와 줄자를 이용하여 관측할 경우, 경사각이 14.2눈금, 경사거리가 50.5m였다면 수평거리는?(단, 관측값의 오차는 없다고 가정한다.)

㉮ 50m　　㉯ 48m　　㉰ 46m　　㉱ 44m

해설 $100 : n = D : h$에서

$$D = \frac{100h}{n} = \frac{100 \times 7.1}{14.2} = 50\text{m}$$

여기서, $100 : 14.2 = 50.5 : h$

$$h = \frac{14.2 \times 50.5}{100} = 7.1\text{m}$$

48. 표고가 200m인 평탄지에서 2.5km 거리를 평균 해수면상의 값으로 고치려고 한다. 표고에 의한 보정량은?(단, 지구의 곡률반지름은 6,370km로 가정한다.)

㉮ −78.5mm　　㉯ −7.85mm
㉰ +7.85mm　　㉱ +78.5mm

해설 표고보정량 $= -\dfrac{LH}{R}$

$$= -\frac{200 \times 2,500}{6,370 \times 10^3} = -0.0785\text{m} = -78.5\text{mm}$$

49. 20m 줄자로 거리를 관측한 결과가 80m였다. 이때 1회 관측에 +5mm의 누적오차와 ±5mm의 우연오차가 발생하였다면 실제거리는?

㉮ 79.98 ±0.01m　　㉯ 80.02 ±0.01m
㉰ 79.98 ±0.02m　　㉱ 80.02 ±0.02m

해설 정오차 $= n\delta = \dfrac{80}{20} \times 0.005 = 0.02$

우연오차 $= \pm \delta\sqrt{n} = \pm 0.005\sqrt{4} = 0.01\text{m}$

실제거리 = 관측거리 + 정오차 ± 부정오차

$$= 80 + (0.005 \times 4) \pm 0.005\sqrt{4}$$
$$= 80.02 \pm 0.01\text{m}$$

50. 거리관측의 정밀도와 각관측의 정밀도가 같다고 할 때 거리관측의 허용오차를 1/5,000로 하면 각관측의 허용오차는?

㉮ 41.05″　　㉯ 41.25″　　㉰ 82.15″　　㉱ 82.50″

해설 $\dfrac{\triangle l}{l} = \dfrac{\theta''}{\rho''}$

$$\frac{1}{5,000} = \frac{\theta}{206,265''}$$

$$\therefore \theta'' = \frac{206,265''}{5,000} = 41.25''$$

해답 47. ㉮　48. ㉮　49. ㉯　50. ㉯

51. 근접할 수 없는 P, Q 두 점 간의 거리를 구하기 위하여 그림과 같이 관측하였을 때 PQ의 거리는?

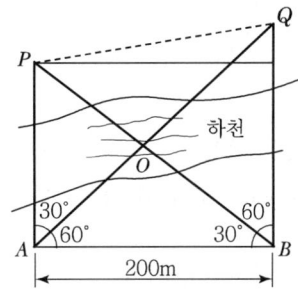

㉮ 150m ㉯ 200m ㉰ 250m ㉱ 305m

해설 ① $\dfrac{AP}{\sin 30°} = \dfrac{200}{\sin 60°}$ 에서 $AP = 115.47$

② $\dfrac{AQ}{\sin 90°} = \dfrac{200}{\sin 30°}$ 에서 $AQ = 400$

③ $\overline{PQ}$

$a^2 = b^2 + c^2 + 2bc \cdot \cos a$

$= \sqrt{b^2 + c^2 + 2bc \cdot \cos a}$

$= \sqrt{115.47^2 + 400^2 - 2(115.47 \times 400 \times \cos 30°)}$

$= 305$m

52. 한 변의 길이가 10m인 정방형 토지를 축척 1 : 600 도상에서 측정한 결과, 도상의 변측정오차가 0.2mm 발생하였다. 이때 실제 면적의 면적측정오차는 몇 %가 발생하는가?

㉮ 1.2% ㉯ 2.4% ㉰ 4.8% ㉱ 6.0%

해설 ① $\dfrac{dA}{A} = 2\dfrac{dl}{l}$ 에서

$dA = \dfrac{A2dl}{l} = \dfrac{100 \times 2 \div 0.0002}{10} = 0.004$

∴ $0.004 \times 600 = 2.4\%$

② $A = 10 \times 10 = 100$

$l = 10$

$dl = 0.0002$m

53. 거리와 각을 동일한 정밀도로 관측하여 다각측량을 하려고 한다. 이때 각 측량기의 정밀도가 10″라면 거리측량기의 정밀도는 약 얼마 정도이어야 하는가?

㉮ $\dfrac{1}{15,000}$ ㉯ $\dfrac{1}{18,000}$

㉰ $\dfrac{1}{21,000}$ ㉱ $\dfrac{1}{25,000}$

해답 51. ㉱ 52. ㉯ 53. ㉰

해설 정밀도$(R) = \frac{l}{D} = \frac{a''}{\rho''}$ 에서

$$\frac{10}{206,265} = \frac{1}{20,626} ≒ \frac{1}{21,000}$$

54. DEM에 대한 설명으로 옳지 않은 것은?

㉮ Digital Elevation Model(수치표고모델)의 약어이다.

㉯ 균일한 간격의 격자점(X, Y)에 대해 높이값 Z를 가지고 있는 데이터이다.

㉰ DEM을 이용하여 등고선을 제작하기도 한다.

㉱ DEM에는 건물의 3차원 모델이 포함된다.

해설 DEM : 수치도고(표고)모형

수치표고모형(Digital Elevation Model : DEM)은 표고데이터의 집합일 뿐만 아니라 임의의 위치에서 표고를 보간할 수 있는 모델을 말한다. 공간상에 나타난 불규칙한 지형의 변화를 수치적으로 표현하는 방법을 수치표고모형이라 한다. DEM은 DTM 중에서 표고를 특화한 모델이다.

55. 100m²의 정사각형 토지의 면적을 0.1m²까지 정확하게 구하기 위해 필요하고도 충분한 한 변의 측정거리 오차는?

㉮ 3mm ㉯ 4mm ㉰ 5mm ㉱ 6mm

해설 $\frac{dA}{A} = 2\frac{dl}{l}$ 에서

$dl = \frac{dA}{A} \times \frac{l}{2} = \frac{0.1}{100} \times \frac{10}{2}$

$= 0.005\text{m} = 5\text{mm}$

$l = \sqrt{A} = \sqrt{100} = 10$

56. 어떤 거리를 같은 조건으로 5회 측정하여 다음과 같은 결과를 얻었다. 이 관측값의 최확값은 얼마인가?

[관측값] 121.573m, 121.575m, 121.572m, 121.574m, 121.571m

㉮ 121.572m ㉯ 121.573m ㉰ 121.574m ㉱ 121.575m

해설 $L_0 = 121.57 + \frac{0.003 + 0.005 + 0.002 + 0.004 + 0.001}{5}$

$= 121.573\text{m}$

57. 직사각형 토지의 가로, 세로 길이를 측정하여 60.50m와 48.50m를 얻었다. 길이의 측정값에 ±1cm의 오차가 있었다면 면적에서의 오차는 얼마인가?

㉮ ±0.6m² ㉯ ±0.8m² ㉰ ±1.0m² ㉱ ±1.2m²

78 **해답** 54. ㉱ 55. ㉰ 56. ㉯ 57. ㉯

해설 $M = \pm\sqrt{(ym_1)^2 + (xm_2)^2}$ 에서
$M = \pm\sqrt{(48.5 \times 0.01)^2 + (60.5 \times 0.01)^2}$
$= \pm 0.8 \text{m}^2$

58. 그림과 같이 삼각점 A, B의 경사거리 L과 고저각 θ를 관측하여 다음과 같은 결과를 얻었다. $L = 2,000 \pm 5\text{cm}$, $\theta = 30° \pm 30$의 결과값을 이용하여 수평거리 L_0를 구할 경우의 오차는?

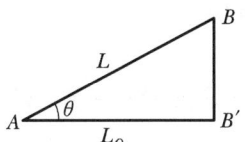

㉮ ±10cm   ㉯ ±15cm   ㉰ ±20cm   ㉱ ±25cm

해설 $X = L\cos\theta$
$\triangle X = L\cos\theta = L(-\sin a)\dfrac{da}{\rho''}$
$= 2,000 \times (-\sin 30°) \times \dfrac{30''}{206,265''}$
$= \pm 0.015\text{m} = 15\text{cm}$

59. 수평 및 수직 거리를 동일한 정확도로 관측하여 육면체의 체적을 2,000m³로 구하였다. 체적계산의 오차를 0.5m³ 이내로 하기 위해서는 수평 및 수직거리 관측의 최대 허용 정확도를 얼마로 해야 하는가?

㉮ $\dfrac{1}{12,000}$ ㉯ $\dfrac{1}{8,000}$
㉰ $\dfrac{1}{110}$ ㉱ $\dfrac{1}{35}$

해설 $\dfrac{dV}{V} = 3\dfrac{dl}{l}$
$\dfrac{\Delta l}{l} = \dfrac{dV}{V} \times \dfrac{1}{3} = \dfrac{0.5}{2,000} \times \dfrac{1}{3} = \dfrac{1}{12,000}$

60. 1,600m²의 정사각형 토지 면적을 0.5m²까지 정확하게 구하기 위해서 필요한 변 길이의 최대 허용오차는?

㉮ 6mm   ㉯ 8mm   ㉰ 10mm   ㉱ 12mm

해설 $\dfrac{dA}{A} = 2\dfrac{dl}{l}$ $dl = \dfrac{dA}{A} \times \dfrac{l}{2} = \dfrac{0.5}{1,600} \times \dfrac{40}{2} = 0.006\text{m} = 6\text{mm}$
$l^2 = A$에서 $l = \sqrt{A} = \sqrt{1,600} = 40\text{m}$

해답 58. ㉯ 59. ㉮ 60. ㉮

61. 80m의 측선을 20m 줄자로 관측하였다. 만약 1회의 관측에 +4mm의 정오차와 ±3mm의 부정오차가 있었다면 이 측선의 거리는?

㉮ 80.006±0.006m ㉯ 80.006±0.016m
㉰ 80.016±0.006m ㉱ 80.016±0.016m

해설 ① 정오차 = $\delta \cdot n = 4 \times 4 = 16$mm
② 우연오차 = $\pm\delta\sqrt{n} = \pm3\sqrt{4} = \pm6$mm
③ 정확한 거리 = 80.016±0.006m

62. 거리의 정확도를 10^{-6}에서 10^{-5}으로 변화를 주었다면 평면으로 고려할 수 있는 면적 기준의 측량범위의 변화는?

㉮ $\dfrac{1}{\sqrt{10}}$로 감소한다. ㉯ $\sqrt{10}$배 증가한다.
㉰ 10배 증가한다. ㉱ 100배 증가한다.

해설 ① $\dfrac{1}{1,000,000} = \dfrac{l^2}{12 \times 6,370^2}$
∴ $l = \sqrt{1,000,000 \times 12 \times 6,370^2} = 22.07$km
면적 = $22.07 \times 22.07 = 487.08$km²

② $\dfrac{1}{100,000} = \dfrac{l^2}{12 \times 6,370^2}$
∴ $l = \sqrt{100,000 \times 12 \times 6,370^2} = 69.78$km
면적 = $69.78 \times 69.78 = 4,869.25$km²

③ ∴ $\dfrac{4,869.25}{487.08} = 9.99 = 10$배

정도 = $\dfrac{d-D}{D} = \dfrac{D^2}{12R^2} = \dfrac{1}{m}$

63. 그림과 같은 삼각형의 정점 A, B, C의 좌표가 A(50, 20), B(20, 50), C(70, 70)일 때, 정점 A를 지나며 △ABC의 넓이를 3 : 2로 분할하는 P점의 좌표는?(단, 좌표의 단위는 m이다.)

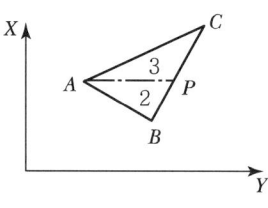

㉮ (40, 58) ㉯ (50, 62)
㉰ (50, 63) ㉱ (50, 65)

예상 및 기출문제

해설 ① △ABC면적은

	x	y	$(x_{i-1}-x_{i+1})y_i$
A	50	20	$(70-20)20 = 1,000$
B	20	50	$(50-70)50 = -1,000$
C	70	70	$(20-50)40 = -2,100$

② 3 : 2 분할 좌표 P는

ⅰ)

	x	y	$(x_{i-1}-x_{i+1})y_i$
A	50	20	$(x-70)20 = 20x-1,400$
C	70	70	$(50-x)70 = 3,500-70x$
P	x	y	$(70-50)y = 20y$

$-50x + 2100 + 20y = 1260$

$-50x + 20y = -840$ … ①식

ⅱ)

	x	y	$(x_{i-1}-x_{i+1})y_i$
A	50	20	$(20-x)20 = 400-20x$
P	x	y	$(50-20)y = 30y$
B	20	50	$(x-50) = 50x-2,500$

$30x + 30y - 2,100 = 840$

$30x + 30y = 2,940$ … ②식

①식과 ②식을 연립방정식으로 풀면

$-50x + 20y = -840$ … ①식 ×3

$30x + 30y = 2,940$ … ②식 ×5

$-150x + 60y = -2,520$

$150x + 150y = 14,700$

∴ $x = 40$, $y = 58$

[별해] 내분점 공식

$$P = \left(\frac{m \cdot x_2 + n \cdot x_1}{m+n}, \frac{m \cdot y_2 + n \cdot y_1}{m+n} \right)$$

$$= \left(\frac{3 \times 20 + 2 \times 70}{3+2}, \frac{3 \times 50 + 2 \times 70}{3+2} \right)$$

$$= 40, \ 58$$

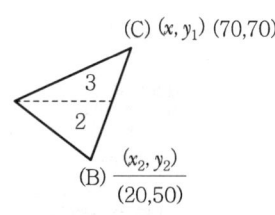

64. 그림과 같이 B점의 좌표를 구하기 위하여 기지점 A로부터 방향각 T와 거리 S를 측량하였다. B점의 좌표는?(단, A점의 좌표(100, 200), 방향각 T는58°30′00″, 거리 S는 200m이고 좌표의 단위는 m이다.)

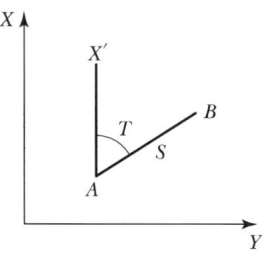

㉮ (104.5, 170.5) ㉯ (170.5, 104.5)
㉰ (370.5, 204.5) ㉱ (204.5, 370.5)

해설 $X_B = X_A + \overline{AB}\cos\alpha$
$= 100 + 200 \times \cos 58°30' = 204.5$
$Y_B = Y_A + \overline{AB}\sin\alpha$
$= 200 + 200 \times \sin 58°30' = 370.5$

65. 범세계적 위치결정체계(GPS)에 대한 설명 중 옳지 않은 것은?
㉮ 기상에 관계없이 위치결정이 가능하다.
㉯ NNSS의 발전형으로 관측소요시간 및 정확도를 향상시킨 체계이다.
㉰ 우주부문, 제어부문, 사용자부문으로 구성되어 있다.
㉱ 사용되는 좌표계는 WGS72이다.

해설 GPS측량의 특징

위치측정원리	전파의 도달시간, 3차원 후방교회법
궤도방식	위도 60°의 6개 궤도면을 도는 37개 위성이 운행 중에 있으며, 궤도방식은 원궤도이다.
고도 및 주기	20,183km, 12시간(0.5항성일) 주기
신호	L_1파 : 1,575.422MHz L_2파 : 1,227.60MHz
궤도경사각	55°
사용좌표계	WGS84

66. 축척 1 : 1,000에서 면적을 측정하였더니 도상면적이 3cm²였다. 그런데 이 도면 전체가 가로, 세로 모두 1%씩 수축되어 있었다면 실제면적은 얼마인가?

㉮ 306m² ㉯ 294m² ㉰ 30.6m² ㉱ 29.4m²

해설 ① $\left(\dfrac{1}{m}\right)^2 = \dfrac{\text{도상면적}}{\text{실제면적}}$ 이므로

실제면적 = 도상면적 × m² = 3 × 1,000²
= 3,000,000 = 300m²

가로세로 1%씩 수축되어 있으므로
$A_0 = A(1+\varepsilon)^2 = 300(1+0.01)^2 = 306 \text{m}^2$

67. 전자파거리측량기로 거리를 관측할 때 발생하는 관측오차에 대한 설명으로 옳은 것은?

㉮ 모든 관측오차는 관측거리에 비례한다.
㉯ 관측거리에 비례하는 오차와 비례하지 않는 오차가 있다.
㉰ 모든 관측오차는 관측거리에 무관하다.
㉱ 관측거리가 어떤 길이 이상이 되면 관측오차가 상쇄되어 길이에 미치는 영향이 없어진다.

해설 EDM오차

거리에 비례하는 오차	거리에 반비례하는 오차
1. 광속도 오차 2. 광변조 주파수오차 3. 굴절률 오차	1. 위상차 관측오차 2. 영점오차 3. 편심오차

68. 거리측정에 생기는 오차 중 정오차가 아닌 것은?

㉮ 테이프의 처짐에 의한 오차
㉯ 표준장력과의 장력차로 생기는 오차
㉰ 테이프 길이와 표준길이의 차에 의한 오차
㉱ 눈금을 잘못 읽음으로 생기는 오차

해설 거리측량 시 우연오차의 원인
① 정확한 잣눈을 읽지 못하거나 위치를 정확하게 표시하지 못했을 때
② 측정 중 온도나 습도가 때때로 변했을 때
③ 측정 중 일정한 장력을 확보하기 곤란할 때
④ 한 잣눈의 끝수를 정확하게 읽기 곤란할 때

69. A, B, C 3명이 동일 조건에서 어떤 거리를 측정하여 다음의 결과를 얻었다면 최확값은 얼마인가?

> [결과]
> - A=100.521m±0.030m
> - B=100.526m±0.015m
> - C=100.532m±0.045m

㉮ 100.521m ㉯ 100.526m
㉰ 100.531m ㉱ 100.533m

해설 ① 경중률 계산(동일조건에서 거리를 측정했을 때 경중률은 평균제곱오차의 자승에 반비례)

$$P_A : P_B : P_C = \frac{1}{0.030^2} : \frac{1}{0.015^2} : \frac{1}{0.045^2}$$
$$= 1,111 : 4,444 : 494$$

② 최확값
$$L_o = 100 + \frac{0.521 \times 1,111 + 0.526 \times 4,444 + 0.532 \times 494}{1,111 + 4,444 + 494}$$
$$= 100 + 0.5256 = 100.526m$$

70. A점의 표고 118m, B점의 표고 145m, A점과 B점의 수평거리가 250m이며 등경사일 때 A점으로부터 130m 등고선이 통하는 점까지의 수평거리는?

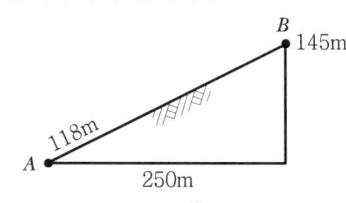

㉮ 19m ㉯ 111m
㉰ 139m ㉱ 311m

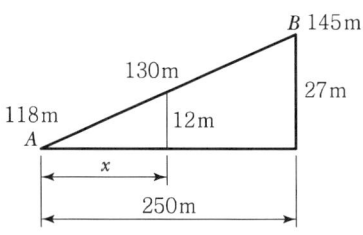

$250 : 27 = x : 12$

$\therefore x = \frac{250 \times 12}{27} = 111m$

해답 69. ㉯ 70. ㉯

예상 및 기출문제

71. 거리의 정확도 1/10,000을 요구하는 100m 거리측량에서 사거리를 측정해도 수평거리로 허용되는 두 점 간의 고저차 한계는 얼마인가?

㉮ 0.707m ㉯ 1.414m ㉰ 2.121m ㉱ 2.828m

해설 경사보정량 $C_g = -\dfrac{h^2}{2L}$

$h = \sqrt{2L \times C_g}$
$= \sqrt{2 \times 100 \times 0.01} = 1.414\text{m}$

경사보정량 $= \dfrac{100}{10,000} = 0.01$

72. 50m에 대하여 35mm의 오차를 갖고 있는 줄자로 450.000m를 측량하였다. 450.000m에 대한 오차의 크기는 얼마인가?

㉮ 0.035m ㉯ 0.070m ㉰ 0.315m ㉱ 0.324m

해설 정오차 $= n \cdot \delta$ (정오차는 측정 횟수에 비례한다.)

$= 0.035 \times \dfrac{450}{50} = 0.315\text{m}$

73. 표고 500m인 평탄지에서의 거리 1,000m를 평균 해수면상의 값으로 환산할 때의 표고 보정값은?(단, 지구의 곡률반경은 6,370km로 가정한다.)

㉮ -0.078m ㉯ -0.0098m ㉰ 0.088m ㉱ 0.118m

해설 표고보정(C_h) $= -\dfrac{L}{R}H$

$= -\dfrac{1,000}{6,370,000} \times 500$
$= -0.078\text{m}$

74. 기울기 25%의 도로면에서 경사거리가 20m일 때 수평거리는?

㉮ 197.79m ㉯ 194.87m ㉰ 19.40m ㉱ 4.85m

해설 ① $\tan \theta = \dfrac{25}{100}$

$\therefore \theta = \tan^{-1}\dfrac{25}{100} = 14°2'10.5''$

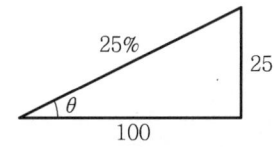

② 수평거리(D) $= 20 \times \cos 14°2'10.5''$
$= 19.40\text{m}$

해답 71. ㉯ 72. ㉰ 73. ㉮ 74. ㉰

75. 직사각형 토지의 가로, 세로 거리를 줄자로 측정하여 각각 37.8m, 28.9m를 얻었다. 이때 줄자 30m에 대하여 +4.5cm의 오차가 있었다면 이 토지 면적의 최대 오차는 약 얼마인가?

㉮ 3.10m² ㉯ 3.28m² ㉰ 3.48m² ㉱ 10.01m²

해설 ① 면적 = 37.8×28.9 = 1,092.42m²
② L_o(가로) = 37.8 $\left(1 + \dfrac{0.045}{30}\right)$ = 37.857m
　L_o(세로) = 28.9 $\left(1 + \dfrac{0.045}{30}\right)$ = 28.943m
∴ 실제면적 A_o = 가로 × 세로 = 1,095.695m²
③ 면적 최대 오차 = 1,095.695 − 1092.42
　　　　　　　 = 3.275m²

76. 표준자보다 35mm가 짧은 50m 테이프로 측정한 거리가 450.000m일 때 실제거리는 얼마인가?

㉮ 449.685m ㉯ 449.895m ㉰ 450.105m ㉱ 450.315m

해설 $L_o = L\left(1 ± \dfrac{\Delta l}{l}\right) = 450 × \left(1 - \dfrac{0.035}{50}\right) = 449.685$m

or) 실제거리 = $\dfrac{부정거리}{표준거리}$ × 관측거리 = $\dfrac{50 - 0.035}{50}$ × 450 = 449.685m

77. 1,600m²의 정사각형 토지면적을 0.5m²까지 정확하게 구하기 위해서 필요한 변 길이의 최대 허용오차는?

㉮ 6mm ㉯ 8mm ㉰ 10mm ㉱ 12mm

해설 $\dfrac{dA}{A} = 2\dfrac{dl}{l}$ (면적의 정도는 거리 정도의 2배)에서

$dl = \dfrac{dA}{A} × \dfrac{l}{2} = \dfrac{0.5}{1,600} × \dfrac{40}{2}$

$dl = 0.00625$m = 6mm

78. 120m의 측선을 30m 줄자로 관측하였다. 1회 관측에 따른 정오차는 +3mm, 우연오차는 ±3mm였다면, 이 줄자를 이용한 관측거리는?

㉮ 120.000±0.006m ㉯ 120.006±0.006m
㉰ 120.012±0.006m ㉱ 120.012±0.012m

해설 ① 정오차 = $\delta · n = 3 × \dfrac{120}{30} = 12$mm = 0.012m
② 우연오차 = $±\delta\sqrt{n} = ±3\sqrt{4} = ±6$mm
　　　　　 = ±0.006m
③ 관측거리 = 120.012±0.006m

79. 두 점 간 거리 D=2,000m이고 방위각은 45°±5″이다. 좌표 계산에 있어서 B점의 X좌표값에 대한 오차는 얼마인가?(단, 거리관측값 오차는 무시한다.)

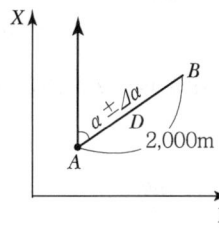

㉮ ±1.2cm   ㉯ ±2.3cm   ㉰ ±3.4cm   ㉱ ±4.5cm

해설 $X=D\cos\alpha$에서 미분하면

$$\Delta X = D' \cdot \cos\alpha + D \cdot \cos'\alpha$$
$$= 0 + D \cdot (-\sin\alpha)\frac{\Delta\alpha}{\rho''}$$
$$= 2,000(-\sin 45°) \cdot \frac{\pm 5''}{206,265''}$$
$$= \pm 0.0343\text{m} = \pm 3.43\text{cm}$$

$(\sin x)' = \cos x$
$(\cos x)' = -\sin x$
$(\tan x)' = \sec^2 x$

80. 표고가 500m인 관측점에서 표고가 700m인 목표점까지의 경사거리를 측정한 결과가 2,545m였다면 평균해면상의 거리는?(단, 지구의 곡선반지름=6,370km)

㉮ 2,537.14m   ㉯ 2,466.26m   ㉰ 2,466.06m   ㉱ 2,536.94m

해설 ① 경사보정한 거리

$$L_0 = L - \frac{h^2}{2L}$$
$$= 2,545 - \frac{(700-500)^2}{2\times 2,545}$$
$$= 2,537.14\text{m}$$

② 평균해면상의 거리

$$L_o = L - \frac{LH}{R}$$
$$= 2,537.14 - \frac{2,537.14}{6,370,000}\times 500$$
$$= 2,536.94\text{m}$$

해답 79. ㉰ 80. ㉱

81. 거리와 고도각으로부터 H를 H=S tan α로 구할 때, 거리 S에 오차가 없고 고도각 α에 ±5″의 오차가 있다면 H에 얼마의 오차가 생기겠는가?(단, S=1,000m, α=30°)

㉮ 14.5cm   ㉯ 8.4cm   ㉰ 5.6cm   ㉱ 3.2cm

해설 H=S.tan α에서 H와 α에 대해 미분해서 H에 의한 오차를 구하면

$$\frac{dH}{d\alpha} = S \cdot \sec^2\alpha \text{에서}$$

$$dH = S\sec^2\alpha \cdot d\alpha = S \cdot \sec^2\alpha \cdot \frac{d\alpha''}{\rho''}$$

$$dH = 1,000 \times \sec^2 30° \left(\frac{5''}{206,265''}\right)$$

$$= 1,000 \times \frac{1}{\cos^2 30°}\left(\frac{5''}{206,265''}\right)$$

$$= 0.032\text{m} = 3.2\text{cm}$$

82. 전 길이 n구간으로 나누어 1구간 측정 시 3mm의 정오차와 ±3mm의 우연오차가 있을 때 정오차와 우연오차를 고려한 전 길이의 확률오차는?

㉮ $3\sqrt{n}$(mm)   ㉯ $3\sqrt{n^3}$(mm)   ㉰ $3n\sqrt{2}$(mm)   ㉱ $3\sqrt{n^2+n}$(mm)

해설
$e = \pm\sqrt{(정오차)^2+(우연오차)^2}$
$= \pm\sqrt{(3n)^2+(3\sqrt{n})^2}$
$= \sqrt{(9n^2+9n)} = \pm 3\sqrt{n^2+n}$

83. 전자파 거리측량기의 위상차 관측방법이 아닌 것은?

㉮ 위상지연방법   ㉯ 위상변위방법   ㉰ 진폭변조방법   ㉱ 디지털 측정법

해설 위상차 측정

송신기에서 송신된 반송파가 반사경에 의하여 반사되어 되돌아온 반사파와 원래의 송신된 반송파 사이에는 일정한 위상차가 발생하고 측정된 위상차는 두 점간의 거리 계산에 가장 기본이 되며 위상차 측정방법은 기계장치의 설계에 따라 위상차 지연방법(Phase Deley), 위상변위방법(Phase Shife), 디지털 측정법(Digital Method) 등을 사용한다.

위상차 지연방법 (Phase Deley)	초기 EDM인 지오디미터에서 사용한 방법으로서 송신된 반송파와 수신된 반사파 사이에 발생하는 위상차를 검출하고 송신회로와 수신회로 사이에 장치된 소위 지연장치(Deley Line)라는 것을 사용하여 측정하는 방법이다.
위상변위방법 (Phase Shife)	송신된 반송파와 되돌아온 반사파 사이의 위상변위에 해당하는 고정자(Stator)와 회전자(Rotor)로 구성된 분류기(Resolver)에 의한 방법으로서 2세대의 지오디미터 또는 텔루로미터를 사용하는 대부분의 EDM에서 사용된다.
디지털 측정법 (Digital Method)	최근에 개발된 가장 발전된 방법으로서 헬륨·네온 레이저 또는 적외선을 사용하는 모든 광파거리 측정기에서 사용한다.

제3장 각측량

3.1 정의

각측량이란 어떤 점에서 시준한 두 방향선의 방향의 차이를 각이라 하며, 그 사이각을 여러 가지 방법으로 구하는 측량을 각측량이라 한다. 공간을 기준으로 할 때 평면각, 공간각, 곡면각으로 구분하고 면을 기준으로 할 때 수직각, 수평각으로 구분할 수 있다. 수평각 관측법에는 단각법, 배각법, 방향관측법, 조합각관측법이 있다.

3.2 각의 종류

평면각	넓지 않은 지역에서의 위치결정을 위한 평면측량에 널리 사용되며 평면삼각법을 기초로 함
곡면각	넓은 지역의 곡률을 고려한 각으로 지구를 구 또는 타원체로 가정할 때의 각
공간각	스테라디안을 사용하는 각으로 천문측량, 해양측량, 사진측량, 원격탐측에서 사용

3.2.1 평면각

중력방향과 직교하는 수평면 내에서 관측되는 수평각과 중력방향면 내에서 관측되는 연직각으로 구분된다.

	교각	전 측선과 그 측선이 이루는 각
	편각	각 측선이 그 앞 측선의 연장선과 이루는 각
	방향각	도북방향을 기준으로 어느 측선까지 시계방향으로 잰 각
수평각	방위각	① 자오선을 기준으로 어느 측선까지 시계방향으로 잰 각 ② 방위각도 일종의 방향각 ③ 자북방위각, 역방위각
	진북방향각 (자오선수차)	① 도북을 기준으로 한 도북과 자북의 사이각 ② 진북방향각은 삼각점의 원점으로부터 동쪽에 위치시(−), 서쪽에 위치시(+)를 나타낸다. ③ 좌표원점에서 동서로 멀어질수록 진북방향각이 커진다.

수평각	진북방향각 (자오선수차)	④ 방향각, 방위각, 진북방향각의 관계 방위각(a) = 방향각(T) - 자오선수차($\pm \Delta a$)
연직각	천정각	연직선 위쪽을 기준으로 목표점까지 내려 잰 각
	고저각	수평선을 기준으로 목표점까지 올려서 잰 각을 상향각(앙각), 내려 잰 각을 하향각(부각) - 천문측량의 지평좌표계
	천저각	연직선 아래쪽을 기준으로 목표점까지 올려서 잰 각 - 항공사 진측량

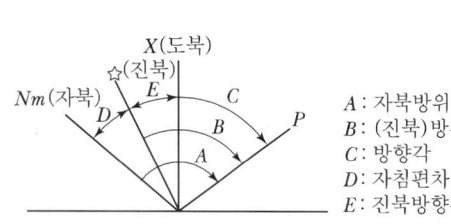

[수평각의 종류] [연직각]

3.3 각의 단위

3.3.1 각의 단위

60진법	원주를 360등분할 때 그 한 호에 대한 중심각을 1도라 하며, 도, 분, 초로 표시 1전원 = 360°, 1° = 60′, 1′ = 60″
100진법 (그레이드법)	원주를 400등분할 때 그 한 호에 대한 중심각을 1그레이드(Grade)로 하며 그레이드, 센티그레이드, 센티센티그레이드(혹은 밀리곤)로 표시 • 1전원 = 400gon(또는 grade) • 1grade = 100cgon(또는 cgrade) • 1cgrade = 10mgon(또는 mgrade)

호도법 (라디안법)	원의 반경과 같은 호에 대한 중심각을 1라디안(Radian)으로 표시 • 1전원 = $2\pi rad = 360° = 400\text{grade}(g)$ • 1직각 = $\frac{\pi}{2} rad = 90° = 100\text{grade}(g)$ • $1° = \frac{\pi}{180} rad = 1.74532925 \times 10^{-2} rad$ • $1\text{grade} = \frac{\pi}{200} rad = 1.57079633 \times 10^{-2} rad$ 여기서, π는 원주율(3.141592...) 3월 14일은 파이(π)의 날 : π를 기념하기 위한 날

3.3.2 각의 상호관계

가. 도와 그레이드(Grade)

$\alpha° : \beta^g = 90 : 100$

$\alpha° = \frac{9}{10}\beta^g$ 또는 $\beta^g = \frac{10}{9}\alpha°$

∴ $1g = 0.9°$, $1^c = 0.540'$, $1^{cc} = 0.324''$

$1g = 100\text{centi grade}$
$= \frac{90°}{100} = 0.9° = 5.4' = 3,240''$

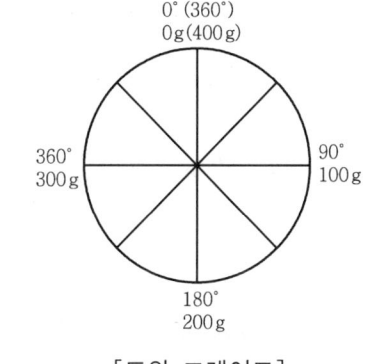

[도와 그레이드]

그레이드 눈금은 1직각(90°)을 100g으로 하는 각도의 단위인데 이때 1센티그레이드(Centi grade)는 몇 초인가?

▶ $360° = 400g$
  $1g = 0.9°$
  $1g = 100^C$
  ∴ $1^C = \frac{0.9°}{100} = 0.009° \times 60' \times 60'' = 32.4''$

나. 호도와 각도

① 1개의 원에 있어서 중심각과 그것에 대한 호의 길이는 서로 비례하므로 반경 R과 같은 길이의 호 $\widehat{AB}$를 잡고 이것에 대한 중심각을 ρ로 잡으면 아래와 같이 ρ는 반경 R에 정수에 의해서만 결정되므로 이것을 각의 단위로 하여 라디안(호도)이라 부른다.

$$\frac{R}{2\pi R} = \frac{\rho°}{360°} \qquad \therefore \rho° = \frac{180°}{\pi}$$

$$\rho° = \frac{180°}{\pi} = 57.29578°$$

$$\rho' = 60' \times \rho° = 3,437.7468'$$

$$\rho'' = 60'' \times \rho' = 206,264.806''$$

[호도와 각도]

② 반경 R인 원에 있어서 호의 길이 L에 대한 중심각 θ는

$\theta = \dfrac{L}{R}(Radian)$ 이것을 도, 분, 초로 고치면

$$\theta° = \frac{L}{R}\rho°, \quad \theta' = \frac{L}{R}\rho', \quad \theta'' = \frac{L}{R}\rho''$$

$$R : L = \rho'' : \theta''$$

$$L = \frac{\theta''}{\rho''} \times R$$

$$\theta'' = \frac{L}{R}\rho''$$

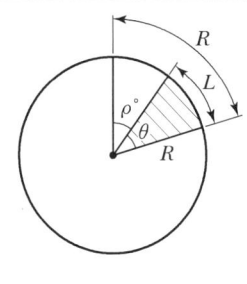

∴ θ가 미소각인 경우에 L이 R에 비하여 현저하게 작아지므로

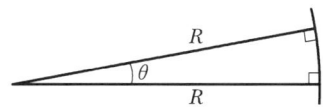 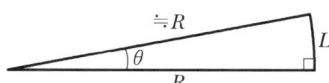

$$\therefore \theta'' = \frac{L}{R}\rho''$$

여기서, R 대신 S, L 대신 ℓ, θ 대신 a로 하면 각오차를 구할 수 있다.

$$a'' = \frac{\ell}{S}\rho''$$

여기서, a'' : 각오차, S : 수평거리
ℓ : 위치오차, ρ'' : 206265''

도로측량에서 연장거리가 200m, 측점에서 2cm의 오차가 있을 경우 측각오차는 얼마인가?

▶ $R : \ell = \rho'' : \theta''$ 에서

$\theta'' = \dfrac{\ell}{R} \rho'' = \dfrac{0.02}{200} \times 206,265'' = 20.6''$

지름이 3cm인 측량용 포올을 100m 떨어진 점에 세웠을 때 포올에 낀 각도는 몇 도인가?

▶ $s : d = \rho'' : \theta''$ 에서

$\theta'' = \dfrac{d}{s} \rho'' = \dfrac{0.03}{100} \times 206,265'' = 61.9''$

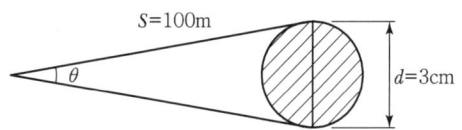

3.4 트랜싯의 구조

3.4.1 구조

수평축	수평축은 망원경의 중앙에서 직각으로 고정되어 지주 위에서 회전축의 구실을 하며 연직축과 수평축은 반드시 직교한다.
연직축	망원경은 연직축을 중심으로 회전한다.
분도원	트랜싯에는 연직축에 직각으로 장치된 수평각을 측정하는 수평분도원과 망원경의 수평축에 직각으로 장치된 연직각측정에 사용되는 연직분도원이 있다.
버니어(유표)	① 순아들자 : 어미자 ($n-1$) 눈금의 길이를 아들자로 n등분하는 것이며 보통기계에 사용된다. $(n-1)S = nV$ $\therefore V = \dfrac{n-1}{n} \cdot S$ $\therefore C = S - V = S - \dfrac{n-1}{n} S = \dfrac{1}{n} \cdot S$ 여기서, S : 어미자 1눈금의 크기 V : 아들자 1눈금의 크기 n : 아들자의 등분수 C : S와 V의 차(최소눈금)

버니어(유표)	② 역아들자(역버니어) : 역아들자는 어미자(주척)($n+1$) 눈금을 n등분한 것이다. $(n+1)S = nV$, $V = \dfrac{n+1}{n} \cdot S$ $\therefore C = S - V = \left(1 - \dfrac{n+1}{n}\right)S = \dfrac{1}{n} \cdot S$

3.4.2 트랜싯의 조정(구비)조건

① 기포관축과 연직축은 직교해야 한다.($L \perp V$) : 1조정(연직축오차 : 평반기포관의 조정)

② 시준선과 수평축은 직교해야 한다.($C \perp H$) : 2조정(시준축오차 : 십자종선의 조정)

③ 수평축과 연직축은 직교해야 한다.($H \perp V$) : 3조정(수평축오차 : 수평축의 조정)

※ 트랜싯의 3축 : 연직축, 수평축, 시준축

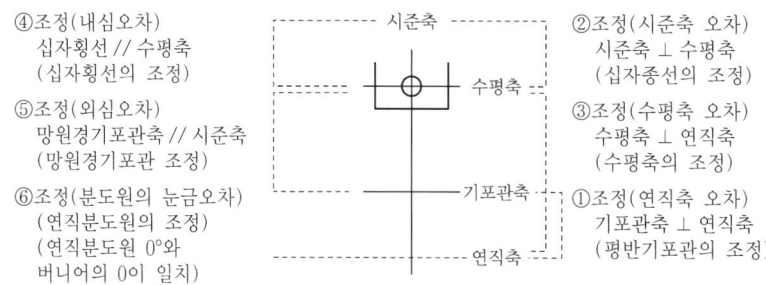

[연직각 측정]　　　　　[수평각 측정]

3.5 트랜싯의 6조정

수평각 측정	① 제1조정 : 평반기포관의 조정(평반기포관축⊥연직축) : 연직축 오차	
	② 제2조정 : 십자종선의 조정(십자종선⊥수평축) : 시준축 오차	
	③ 제3조정 : 수평축(지주)의 조정(수평축⊥연직축) : 수평축 오차	
연직각 측정	④ 제4조정 : 십자횡선의 조정(십자횡선//수평축) : 내심 오차	
	⑤ 제5조정 : 망원경 기포관의 조정(만원경 기포관축//시준선) : 외심 오차	
	⑥ 제6조정 : 연직분도원의 조정(망원경 기포관축의 기포가 중앙에 있을 때 연직분도원 0°와 버니어의 0은 일치해야 한다.) : 분도원의 눈금 오차	

3.6 기계(정)오차의 원인과 처리방법

3.6.1 조정이 완전하지 않기 때문에 생기는 오차

오차의 종류	원인	처리방법
시준축 오차	시준축과 수평축이 직교하지 않기 때문에 생기는 오차	망원경을 정·반위로 관측하여 평균을 취한다.
수평축 오차	수평축이 연직축에 직교하지 않기 때문에 생기는 오차	망원경을 정·반위로 관측하여 평균을 취한다.
연직축 오차	연직축이 연직되지 않기 때문에 생기는 오차	소거불능

3.6.2 기계의 구조상 결점에 따른 오차

오차의 종류	원인	처리방법
회전축의 편심오차 (내심오차)	기계의 수평회전축과 수평분도원의 중심이 불일치	180° 차이가 있는 2개(A, B)의 버니어의 읽음값을 평균한다.
시준선의 편심오차 (외심오차)	시준선이 기계의 중심을 통과하지 않기 때문에 생기는 오차	망원경을 정·반위로 관측하여 평균을 취한다.
분도원의 눈금오차	눈금 간격이 균일하지 않기 때문에 생기는 오차	버니어의 0의 위치를 $\frac{180°}{n}$ 씩 옮겨가면서 대회관측을 한다.

3.7 수평각측정 방법

단측법	1개의 각을 1회 관측하는 방법으로 수평각측정법 중 가장 간단하며 관측결과가 좋지 않다. ① 방법 　　$\angle AOB = a_n - a_0$ 　　여기서, a_n : 나중 읽음값 　　　　　a_0 : 처음 읽음값 ② 정확도 　1방향 부정오차 $M = \pm\sqrt{a^2 + \beta^2}$ 　단각점부정오차 $M = \pm\sqrt{2(a^2 + \beta^2)}$ 　　여기서, a : 시준오차, β : 읽음오차	[단측법]

배각법	하나의 각을 2회 이상 반복 관측하여 누적된 값을 평균하는 방법으로 이중축을 가진 트랜싯의 연직축오차를 소거하는 데 좋고 아들자의 최소눈금 이하로 정밀하게 읽을 수 있다. 1) 방법 　1개의 각을 2회 이상 관측하여 관측횟수로 나누어 구한다. 　　$\angle AOB = \dfrac{a_n - a_0}{n}$ 　　여기서, a_n : 나중 읽음값 　　　　　 a_0 : 처음 읽음값 　　　　　 n : 관측횟수 2) 정확도 　① n배각의 관측에 있어서 1각에 포함되는 시준오차(m_1) 　　$m_1 = \pm\sqrt{\dfrac{2a^2}{n}}$ 　② n배각의 관측에 있어서 1각에 포함되는 읽음오차(m_2) 　　$m_2 = \pm\sqrt{\dfrac{2\beta^2}{n}}$ 　　여기서, a : 시준오차, β : 읽음오차 　③ 1각에 생기는 배각법의 오차(M) 　　$M = \pm\sqrt{m_1^2 + m_2^2} = \pm\sqrt{\dfrac{2}{n}\left(a^2 + \dfrac{\beta^2}{n}\right)}$	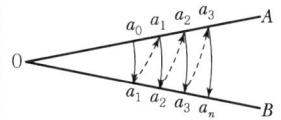 [배각(반복)법]
방향각법	어떤 시준방향을 기준으로 하여 각 시준방향에 이르는 각을 차례로 관측하는 방법으로 배각법에 비해 시간이 절약되고 3등삼각측량에 이용된다. 1) 1점에서 많은 각을 잴 때 이용한다. 2) 각 관측의 정도 　① 1방향에 생기는 오차 $m_1 = \pm\sqrt{a^2 + \beta^2}$ 　② 각관측(2방향의 차)의 오차 　　$m_2 = \pm\sqrt{2(a^2 + \beta^2)}$ 　③ n회 관측한 평균값에 있어서의 오차 　　$m = \pm\sqrt{\dfrac{2}{n}(a^2 + \beta^2)}$ 　　여기서, a : 시준오차, β : 읽음오차, n : 관측횟수	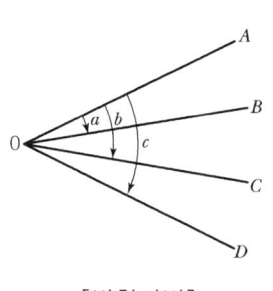 [방향각법]

조합각관 측법	수평각 관측방법 중 가장 정확한 방법으로 1등삼각측량에 이용된다. 1) 방법 　여러 개의 방향선의 각을 차례로 방향각법으로 관측하여 얻어진 여러 개의 각을 최소제곱법에 의해 최확값을 결정한다. 2) 측각 총수, 조건식 총수 　① 측각 총수 $= \dfrac{1}{2}N(N-1)$ 　② 조건식 총수 $= \dfrac{1}{2}(N-1)(N-2)$ 　　여기서, N : 방향수	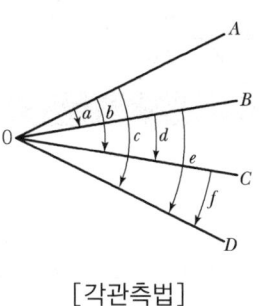 [각관측법]

3.8 각관측의 오차

3.8.1 일정한 각관측의 최확값(L_0)

관측횟수(N)를 같게 하였을 경우	$\therefore L_0 = \dfrac{[a]}{n}$ 여기서, n : 측각횟수, $[a] : a_1 + a_2 + \cdots a_n$
관측횟수(N)를 다르게 하였을 경우	경중률은 관측횟수(N)에 비례한다. $P_1 : P_2 : P_3 = N_1 : N_2 : N_3$ $\therefore L_0 = \dfrac{P_1 l_1 + P_2 l_2 + P_3 l_3}{P_1 + P_2 + P_3}$

3.8.2 조건부관측의 최확값

관측횟수(N)를 같게 하였을 경우	$\angle a_1 + \angle a_2 = \angle a_3$가 되어야 하므로 조건부의 최확값이다. $[(a_1+a_2)-a_3 = \omega(각오차)]$ $\angle a_1 + \angle a_2 = \angle a_3$를 비교하여 큰 쪽에서 조경량($d$)만큼 빼($-$)주고 작은 쪽에는 더해($+$)주면 된다. $\therefore$ 조경량(d) $= \dfrac{\omega}{n} = \dfrac{\omega}{3}$
관측횟수(N)를 다르게 하였을 경우	경중률(P)은 관측횟수(N)에 반비례($\dfrac{1}{N}$)하므로 $P_1 : P_2 : P_3 = \dfrac{1}{N_1} : \dfrac{1}{N_2} : \dfrac{1}{N_3}$ $\therefore$ 조경량(d) $= \dfrac{오차}{경중률의 합} \times$ 조정할 각의 경중률

 # 예상 및 기출문제

1. 다음 중 데오돌라이트의 3축의 조건으로 옳지 않은 것은?

㉮ 시준축 = 수평축 ㉯ 수평축 ⊥ 수직축
㉰ 수직축 ⊥ 시준축 ㉱ 시준축 ⊥ 수평축

해설 ① 트랜싯 3축의 조건
1조정 : 연직축 ⊥ 기포관축
2조정 : 시준축 ⊥ 수평축
3조정 : 수평축 ⊥ 연직축
② 레벨조건
시준축 // 기포관축
기포관축 ⊥ 연직축

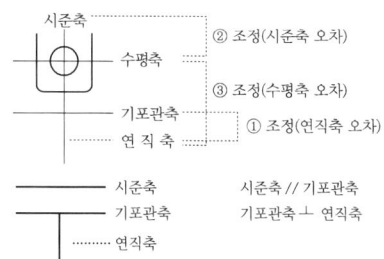

2. 90g(그레이드)는 몇 도(°)인가?

㉮ 81° ㉯ 91° ㉰ 100° ㉱ 123°

해설 $1° : 1^g = 90 : 100$
$1^g = 0.9°$ 이므로
$1^g : 0.9° = 90^g : x°$
$x° = 81°$

3. 측선 AB의 방위가 N 50° E일 때 측선 BC의 방위는?(단, ∠ABC = 120°이다.)

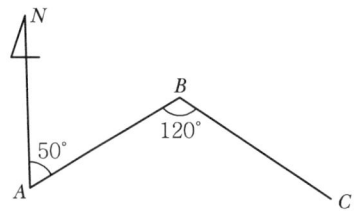

㉮ N 70° E ㉯ S 70° E ㉰ S 60° W ㉱ N 60° W

해설 BC의 방위각은 $50° + 180° - 120° = 110°$
그러므로 BC의 방위는 2상한 $180° - 110° = $ S 70°E

4. 다음 중 데오돌라이트의 3축 조건으로 옳지 않은 것은?

㉮ 시준축 ⊥ 수평축   ㉯ 수평축 ⊥ 수직축
㉰ 수직축 ⊥ 기포관축   ㉱ 수평축 // 수직축

 3축의 조건
- 2조정 : 시준축⊥수평축
- 3조정 : 수평축⊥연직축
- 1조정 : 연직축⊥기포관축

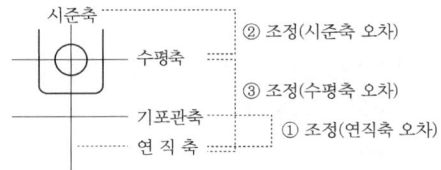

5. 다음 중 수평각을 정·반으로 관측하는 이유로 가장 타당한 것은?

㉮ 관측 시의 편리함을 위하여
㉯ 우연오차를 소거하기 위하여
㉰ 기계오차를 소거하기 위하여
㉱ 수평분도원의 눈금오차를 소거하기 위하여

 ① 수평각을 정·반 관측으로 소거할 수 있는 오차는 시준축의 편심오차
② A, B 유표 평균으로 소거할 수 있는 오차는 분도원의 외심오차
③ 반복관측으로 소거할 수 있는 오차는 수평분도원의 눈금오차

각오차 처리방법	시준축오차	망원경을 정·반으로 취하여 평균값
	수평축오차	망원경을 정·반으로 취하여 평균값
	외심오차	망원경을 정·반으로 취하여 평균값
	연직축오차	연직축과 수평기포축과의 직교조정(정·반으로 불가)
	내심오차	180도의 차이가 있는 2개의 버니어를 읽어 평균
	분도원 눈금오차	분도원의 위치변화를 무수히 한다.
	측점 또는 시준축 편심에 의한 오차	편심 보정

6. A점에서 3km 떨어져 있는 B점을 측량하였더니 25″의 각관측 오차가 발생하였다면, B점의 위치에 얼마의 오차가 있는가?

㉮ 약 10cm   ㉯ 약 20cm
㉰ 약 36cm   ㉱ 약 42cm

해설 $e = \dfrac{l \cdot \theta''}{\rho''} = \dfrac{300,000 \times 25''}{206,265''} = 36.36 cm$

7. 거리관측의 오차가 200m에 대하여 4mm인 경우, 이것에 상응하는 적당한 각관측의 오차는 얼마인가?

㉮ 10″   ㉯ 8″   ㉰ 1″   ㉱ 4″

해답 4. ㉱ 5. ㉰ 6. ㉰ 7. ㉱

해설 $\dfrac{\Delta l}{l} = \dfrac{\theta''}{\rho''}$ 에서

$$\dfrac{0.004}{200} = \dfrac{\theta}{206.265''}$$

$$\therefore \theta'' = 4''$$

8. 다각측량에서 측선 AB의 거리가 2,068m이고 A점에서 20″의 각관측오차가 생겼다고 할 때 B점에서의 거리오차는 얼마인가?

㉮ 0.1m ㉯ 0.2m ㉰ 0.3m ㉱ 0.4m

해설 $\dfrac{\Delta l}{l} = \dfrac{\theta''}{\rho''}$ 에서

$$\dfrac{\Delta l}{2,068} = \dfrac{20''}{206,265''}$$

$$\therefore \Delta l = 0.2\text{m}$$

9. 다음 그림에서 측선 CD의 방위가 옳은 것은?

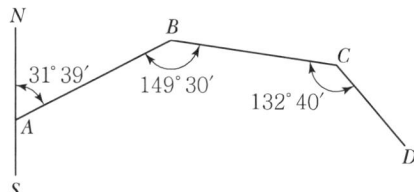

㉮ E 70°19′ S ㉯ S 70°31′ E
㉰ N 30°19′ W ㉱ W 70°41′ N

해설 AB 방위각 = 31°19′
BC 방위각 = 31°19′ + 180° − 149°30′ = 62°09′
CD 방위각 = 62°09′ + 180° − 132°40′ = 109°29′
따라서 180° − 109°29′ = S 70°31′ E

10. 다음 그림에서 AP의 방위각(V_A^P)이 31°54′13″, ∠P(γ)가 58°34′46″일 때 BP의 방위각(V_B^P)은 얼마인가?

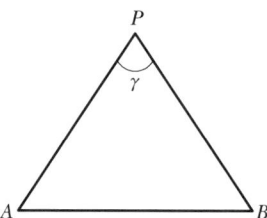

㉮ 333°19′27″ ㉯ 153°19′27″
㉰ 211°54′13″ ㉱ 320°54′13″

해설 AP 방위각 = 31°54′13″
PB 방위각 = 31°54′13″+180°−58°34′46″
= 153°19′27″
따라서 BP의 방위각은
= 153°19′27″−180° = −26°40′33″ (PB의 역방위각이므로 −180)
= −26°40′33″+360° = 333°19′27″ (−이므로 +360)

11. 수평각의 관측 시 윤곽도를 달리하여 망원경을 정·반으로 관측하는 이유로 가장 적합한 것은?

㉮ 기계 눈금 오차를 제거하기 위함이다.
㉯ 각 관측의 편의를 위함이다.
㉰ 과대오차를 제거하기 위함이다.
㉱ 관측값의 계산을 용이하게 하기 위함이다.

해설 수평각 관측 시 윤곽도를 달리하는 이유는 기계오차를 소거하기 위해서이다.

12. 측선의 방위각이 120°일 때, 다음 중 그 측선의 방위 표시로 옳은 것은?

㉮ S 60° E   ㉯ N 60° E
㉰ N 60° W   ㉱ S 60° W

해설 방위는 N과 S를 기준으로 나타낸다.
- 1상한 : θ
- 2상한 : $180-\theta$
- 3상한 : $180+\theta$
- 4상한 : $360-\theta$

13. 각의 측량에 있어 A는 1회 관측으로 60°20′38″, B는 4회 관측으로 60°20′21″, C는 9회 관측으로 60°20′30″의 측정결과를 얻었을 때 최확값으로 옳은 것은?(단, 경중률이 일정한 경우이다.)

㉮ 60°20′20″   ㉯ 60°20′24″
㉰ 60°20′28″   ㉱ 60°20′32″

해설 ① 1회 관측으로 60°20′38″
4회 관측으로 60°20′21″
9회 관측으로 60°20′30″

$p_1 p_2 p_3 = N_1 N_2 N_3$

최확값 $= \dfrac{p_1 a_1 + p_2 a_2 + p_3 a_3}{p_1 p_2 p_3}$

$= \dfrac{(38″×1)+(21″×4)+(30″×9)}{1+4+9} = 00°00′28″$

② 경중률이 일정한 경우
$M = \dfrac{p_1 L_1 + p_2 L_2 + \cdots p_n L_n}{p_1 + p_2 + \cdots p_n} = \dfrac{(38″×1)+(21″×4)+(30″×9)}{38+21+30} = 28″$

(M=최확값, p=경중률, n=측정횟수, L=측정값)

 11. ㉮ 12. ㉮ 13. ㉰

14. 두 점의 좌표가 아래와 같을 때 방위각 $V_A{}^B$의 크기는 얼마인가?

점명	종선좌표(m)	횡선좌표(m)
A	395,674.32	192,899.25
B	397,845.01	190,256.39

㉮ 50°36′08″ ㉯ 61°36′08″
㉰ 309°23′52″ ㉱ 328°23′52″

해설 종선차($\Delta X = X_b - X_a$), 횡선차($\Delta Y = Y_b - Y_a$)
종선차 397,845.01 − 395,674.32 = 2,170.69
횡선차 190,256.39 − 192,899.25 = −2,642.86
거리계산 : $\sqrt{\Delta X^2 + \Delta Y^2} = 3,420.029833$
방위 : $\tan^{-1} \Delta Y / \Delta X = 50°36′8.37″$
방위각 : 4상한이므로 360° − 50°36′8.37″ = 309°23′51.6″

15. 좌표의 종선차(Δ_x)의 부호가 (+), 횡선차의 부호(Δ_y)가 (−)일 때 방위각은 몇 상한에 위치하는가?

㉮ 1상한   ㉯ 2상한   ㉰ 3상한   ㉱ 4상한

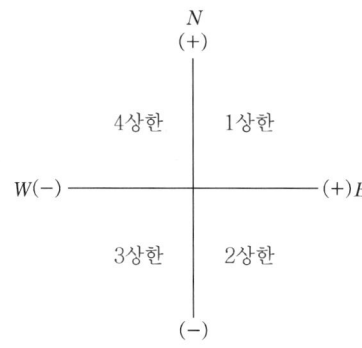

1상한($\Delta X=+$, $\Delta Y=+$), 2상한($\Delta X=-$, $\Delta Y=+$)
3상한($\Delta X=-$, $\Delta Y=+$), 4상한($\Delta X=+$, $\Delta Y=-$)

16. 트랜싯을 측점 A에 설치하여 거리 60m인 전방의 B점을 시준하였을 때 AB 측선에 대하여 각방향으로 1cm가 떨어져 있다. 이것에 의한 방향의 오차(θ'')는?

㉮ 28.4″   ㉯ 30.4″   ㉰ 32.4″   ㉱ 34.4″

해설 $\dfrac{\Delta l}{l} = \dfrac{\theta''}{\rho''}$

$\dfrac{0.01}{60} = \dfrac{\theta''}{206,265''}$

$\theta'' = 34.3''$

17. 거리와 방향을 측정하여 평면위치를 구하는 경우 700m의 거리측정에서 방향에 15″의 오차가 있다고 할 때 발생되는 위치오차는?

㉮ 0.051m ㉯ 0.049m ㉰ 0.038m ㉱ 0.027m

해설 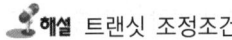 에서

$$\Delta h = \frac{D\theta''}{\rho''} = \frac{700 \times 15''}{206,265} = 0.051 \text{m}$$

18. 트랜싯을 보정할 때 고려해야 할 사항이 아닌 것은?

㉮ 수준기축이 연직축에 수직이 되어야 한다.
㉯ 수평축과 연직축은 평행이 되어야 한다.
㉰ 시준선이 수평할 때 망원경 수준기의 기포가 중앙에 위치해야 한다.
㉱ 시준선이 수평하고, 망원경 수준기의 기초가 중앙에 있을 때 연직분도원의 유표가 0으로 표시되어야 한다.

해설 트랜싯 조정조건
① 기포관과 연직축은 직교해야 한다.(L⊥V)
② 시준선과 수평축은 직교해야 한다.(C⊥H)
③ 수평축과 연직축은 직교해야 한다.(H⊥V)

19. 수평각 관측에서 수평축과 시준축이 직교하지 않음으로써 일어나는 각 오차는 어떻게 소거하는가?

㉮ 정·반위관측 ㉯ 반복법관측
㉰ 방향각법 관측 ㉱ 조합각관측법

해설 망원경 정·반 관측 시 소거되는 오차
① 수평축오차
② 망원경 편심오차(외심오차)
③ 시준축오차

20. 동일한 정밀도로 각을 관측하여 $\alpha = 39°19'40''$, $\beta = 52°25'29''$, $\gamma = 91°45'00''$를 얻었다. γ의 최확치(γ)는?

㉮ 91°44′57″ ㉯ 91°44′59″
㉰ 91°45′01″ ㉱ 91°45′03″

해설 $\alpha + \beta = \gamma$ 조건에서 $(\alpha + \beta) - \gamma = 9''$

조정량 $= \frac{9''}{3} = 3''$

α, β에는 조정량만큼(−) 해주고, γ에는 (+) 해준다.

∴ $\gamma = 91°45'00'' + 3'' = 91°45'03''$

21. 그림과 같이 0점에서 같은 정확도의 각 x_1, x_2, x_3를 관측하여 $x_3-(x_1+x_2)=+30''$의 결과를 얻었다면 보정값으로 옳은 것은?

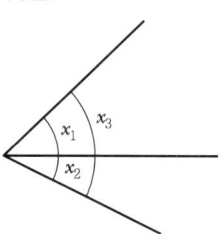

㉮ $x_1=+10'', x_2=+10'', x_3=+10''$
㉯ $x_1=+10'', x_2=+10'', x_3=-10''$
㉰ $x_1=-10'', x_2=-10'', x_3=+10''$
㉱ $x_1=-10'', x_2=-10'', x_3=-10''$

해설 ① $x_3-(x_1+x_2)=+30''$
② $x_1=+10'', x_2=+10'', x_3=-10''$

22. 평면직교 좌표의 원점에서 동쪽에 있는 P1점에서 P2점 방향의 자북방위각을 관측한 결과 80°9′20″이었다. P1점에서 자오선 수차가 0°1′20″, 자침편차가 5°W일 때 진북방위각은?

㉮ 75°7′40″ ㉯ 75°9′20″
㉰ 85°7′40″ ㉱ 85°9′20″

해설 진북방위각 = 자북방위각 - 자침편차
= 80°9′20″ - 5°
= 75°09′20″

23. 두 측점 간의 위거와 경거의 차가 △위거 = -156.145m, △경거 = 449.152m일 경우 방위각은?

㉮ 9°10′11″ ㉯ 70°49′49″
㉰ 109°10′11″ ㉱ 289°10′11″

해설 방위(θ) = $\tan^{-1}\dfrac{449.152}{156.145}$ = 70°49′49.08″ (2상환)
방위각 = 180° - 70°49′49.08″ = 109°10′10.9″

24. 수평각관측법 중 가장 정확한 값을 얻을 수 있는 방법으로 1등 삼각측량에 이용되는 방법은?

㉮ 조합각관측법 ㉯ 방향각법
㉰ 배각법 ㉱ 단각법

해설 각관측법(조합각관측법)
여러 개의 방향선의 각을 차례로 방향각법으로 관측하는 방법으로 수평각관측법 중 가장 정확도가 높아 1등 삼각측량에 이용된다.

해답 21. ㉯ 22. ㉯ 23. ㉰ 24. ㉮

25. 수평각 관측방법에서 그림과 같이 각을 관측하는 방법은?

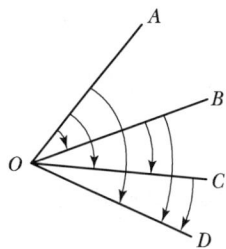

㉮ 방향각관측법 ㉯ 반복관측법
㉰ 배각관측법 ㉱ 조합각관측법

해설 각관측법(조합각관측법)
수평각 관측방법 중 가장 정확한 값을 얻을 수 있으며, 1등 삼각측량에 이용된다.

26. 어떤 1개의 각을 구하기 위하여 2개의 서로 다른 기계를 사용하여 다음과 같은 관측 결과를 얻었다면 최확값은?

| • 갑 : 24°13′36″±3.0″ | • 을 : 24°13′24″±12.0″ |

㉮ 24°13′24.7″ ㉯ 24°13′26.4″
㉰ 24°13′33.6″ ㉱ 24°13′35.3″

해설 $a_o = \dfrac{P_1 a_1 + P_2 a_2}{P_1 + P_2}$

① 경중률 계산
$P_1 : P_2 = \dfrac{1}{3^2} : \dfrac{1}{12^2} = 16 : 1$

② 최확값 계산
$a_o = 24°13′ + \dfrac{16 \times 36 + 1 \times 24}{16 + 1} = 24°13′35.3″$

27. 다음 중 $\overline{AB}$의 관측거리가 100m일 때, B점의 X(N) 좌표값이 가장 큰 것은?(단, A의 좌표 $X_A = 0\text{m}$, $Y_A = 0\text{m}$)

㉮ $\overline{AB}$의 방위각(a)=30° ㉯ $\overline{AB}$의 방위각(a)=60°
㉰ $\overline{AB}$의 방위각(a)=90° ㉱ $\overline{AB}$의 방위각(a)=120°

해설 ㉮ $X_B = 100 \times \cos 30° = +86.6\text{m}$
㉯ $X_B = 100 \times \cos 60° = +50\text{m}$
㉰ $X_B = 100 \times \cos 90° = 0\text{m}$
㉱ $X_B = 100 \times \cos 120° = -50\text{m}$
∴ $a = 30°$일 때 X_B가 가장 큰 값을 갖는다.

28. 4회 관측하여 최확값을 얻었다. 최확값의 정확도를 2배 높이려면 몇 회 관측하여야 하는가?

㉮ 32회 ㉯ 16회 ㉰ 8회 ㉱ 2회

> **해설** 4회 관측하여 최확값을 얻은 경우 최확값의 정확도를 2배 높이려면 $4^2=16$배, 즉 16회 관측하여야 한다.

29. 삼각점에서 3점(1, 2, 3)의 사이각을 관측하여 $X_1=X_2+X_3-15''$의 결과가 나왔다. 이때 오차에 대한 보정값 배분으로 옳은 것은?

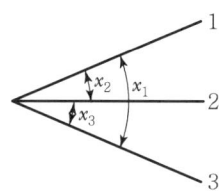

㉮ $X_1=-5''$, $X_2=-5''$, $X_3=-5''$
㉯ $X_1=+5''$, $X_2=-5''$, $X_3=-5''$
㉰ $X_1=-5''$, $X_2=+5''$, $X_3=+5''$
㉱ $X_1=+5''$, $X_2=+5''$, $X_3=+5''$

> **해설** 각오차 = $X_1=X_2+X_3-15''$
> 조정량 $\dfrac{15}{3}=5''$씩 보정
> 큰 각은 (−), 작은 각은 (+)
> $X_1=+5''$, $X_2=-5''$, $X_3=-5''$ 보정한다.

30. 직선 AB의 방위각이 128°30′30″이었다면 직선 BA의 방위각은?

㉮ 128°30′30″ ㉯ 51°29′30″
㉰ 308°30′30″ ㉱ 358°29′30″

> **해설** $\overline{BA}$ 방위각 = 128°30′30″ + 180°
> = 308°30′30″

31. 각측량 시 방향각에 6″의 오차가 발생한다면 3km 떨어진 측점의 거리오차는 얼마인가?

㉮ 5.6cm ㉯ 8.7cm
㉰ 10.8cm ㉱ 12.6cm

> **해설** $\dfrac{l}{S}=\dfrac{a''}{\rho''}$ 에서
> $l=\dfrac{a''}{\rho''}\times S=\dfrac{6}{206,265}\times 3,000$
> $=0.087\text{m}=8.7\text{cm}$

예상 및 기출문제

32. 그림과 같은 측량 결과에서 $\overline{BC}$의 방위각은?

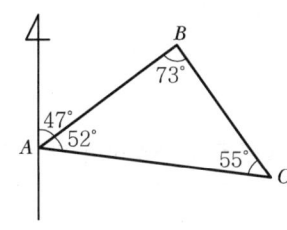

㉮ 154° ㉯ 137° ㉰ 128° ㉱ 121°

해설 $\overline{BC}$의 방위각 $= 47° + 180° - 73° = 154°$

33. 다음과 같은 관측값을 보정한 ∠AOC의 최확값은?

∠AOB = 23°45′30″(1회 관측)
∠BOC = 46°33′20″(2회 관측)
∠AOC = 70°19′11″(4회 관측)

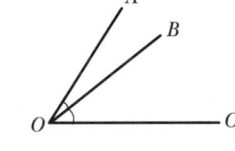

㉮ 70°19′04″ ㉯ 70°19′08″ ㉰ 70°19′11″ ㉱ 70°19′18″

해설 ① ∠AOB + ∠BOC = ∠AOC이므로
(23°45′30″ + 46°33′20″) − 70°19′11″
= −0°0′21″

② 오차배부 $\angle AOC = \dfrac{1}{4+2+1} \times 21 = -3''$

최확값 ∠AOC = 70°19′11″ − 3″
= 70°19′08″

34. 평면직각좌표에서 A점의 좌표 $x_A = 74.544$m, $y_A = 36.654$m이고, B점의 좌표 $x_B = -52.271$m, $y_B = -81.265$m일 때 AB선의 방위각은?

㉮ 42°55′06″ ㉯ 47°04′54″
㉰ 222°55′06″ ㉱ 227°04′54″

해설 AB 방위$(\theta) = \tan^{-1}\left(\dfrac{-81.265 - 36.654}{-52.271 - 74.544}\right)$
$= 42°55'06''$ (3상한)

∴ AB 방위각은
$180° + 42°55'06'' = 222°55'06''$

35. 거리와 각도의 조합을 통해 위치를 구하는 다각측량에서 거리의 정밀도가 1/10,000일 때, 이와 같은 정도의 정밀도를 위한 각관측 오차는 약 얼마인가?

㉮ 10″ ㉯ 21″ ㉰ 41″ ㉱ 100″

해답 32. ㉮ 33. ㉯ 34. ㉰ 35. ㉯

해설 정밀도 $= \dfrac{l}{S} = \dfrac{a''}{\rho''} = \dfrac{1}{m}$ 에서

$$a'' = \dfrac{1}{10,000} \times 206,265'' = 20.6 = 21''$$

36. 삼각형의 내각을 다른 경중률 P로써 관측하여 다음 결과를 얻었다. 각 A의 최확값은?

[결과]
- 관측값 : ∠A=40°31′25″, ∠B=72°15′36″, ∠C=67°13′23″
- 경중률 : $P_A : P_B : P_C = 0.5 : 1 : 0.2$

㉮ 40°31′17″ ㉯ 40°31′18″ ㉰ 48°31′22″ ㉱ 40°31′25″

해설 각오차
$= (40°31′25″ + 72°15′36″ + 67°13′23″) - 180°$
$= 24''$

∠A의 조정량 $= \dfrac{\text{오차}}{\text{경중률의 합}} \times \text{그 각의 경중률}$

$= \dfrac{24}{0.5 + 1 + 0.2} \times 0.5 = 7''$

∴ ∠A의 최확값 $= 40°31′25″ - 7''$
$= 40°31′18″$

37. A, B, C 세 사람이 같은 조건에서 한 각을 측정하였다. A는 1회 측정에 45°20′37″, B는 4회 측정하여 평균 45°20′32″, C는 8회 측정하여 평균 45°20′33″를 얻었다. 이 각의 최확값은?

㉮ 45°20′38″ ㉯ 45°20′37″ ㉰ 45°20′33″ ㉱ 45°20′30″

해설 ① 경중률(P) = 1 : 4 : 8
② 최확값

$L_o = 45°20′ + \dfrac{1 \times 37'' + 4 \times 32'' + 8 \times 33''}{1 + 4 + 8}$
$= 45°20′ + 33'' = 45°20′33''$

38. 측량성과표에 측점 A의 진북방향각은 0°06′17″이고, 측점 A에서 측점 B에 대한 평균방향각은 263°38′26″로 되어 있을 때 측점 A에서 측점 B에 대한 역방위각은?

㉮ 83°32′09″ ㉯ 263°32′09″ ㉰ 83°44′43″ ㉱ 263°44′43″

해설 ① AB방위각 = 263°38′26″ − 0°06′17″
$= 263°32′9''$
② AB역방위각 = 263°32′09″ + 180°
$= 443°32′9'' - 360°$
$= 83°32′09''$

39. 어떤 1개의 각을 구하기 위하여 2개의 서로 다른 기계를 사용하여 다음과 같은 관측 결과를 얻었다면 최확값은?

- 갑 : 24°13′36″±3.0″
- 을 : 24°13′24″±12.0″

㉮ 24°13′24.7″   ㉯ 24°13′26.4″
㉰ 24°13′33.6″   ㉱ 24°13′35.3″

해설 $a_o = \dfrac{P_1 a_1 + P_2 a_2}{P_1 + P_2}$

① 경중률 계산

$P_1 : P_2 = \dfrac{1}{3^2} : \dfrac{1}{12^2} = 16 : 1$

② 최확값 계산

$a_o = 24°13′ + \dfrac{16 \times 36 + 1 \times 24}{16 + 1} = 24°13′35.3″$

40. 배각법에 의한 각관측방법에 대한 설명 중 잘못된 것은?

㉮ 방향각법에 비해 읽기오차의 영향이 적다.
㉯ 많은 방향이 있는 경우에는 적합하지 않다.
㉰ 눈금의 불량에 의한 오차를 최소로 하기 위하여 n회의 반복결과가 360°에 가깝게 해야 한다.
㉱ 내축과 외축의 연직선에 대한 불일치에 의한 오차가 자동소거된다.

해설 배각법은 내축과 외축을 이용하므로 내축과 외축의 연직선에 대한 불일치에 의한 오차가 발생하는 경우가 있다.

41. 각측량 시 방향각에 6″의 오차가 발생한다면 3km 떨어진 측점의 거리오차는 얼마인가?

㉮ 5.6cm   ㉯ 8.7cm   ㉰ 10.8cm   ㉱ 12.6cm

해설 $a″ = \dfrac{l}{S} \rho″$ 에서

$l = \dfrac{a″}{\rho″} S = \dfrac{6″}{206,265″} \times 3,000$
$= 0.087\text{m} = 8.7\text{cm}$

42. 삼각형 ABC의 각을 동일한 정확도로 관측하여 다음과 같은 결과를 얻었다. ∠C의 보정각은?

∠A = 41°37′44″   ∠B = 61°18′13″   ∠C = 77°03′53″

㉮ 77°03′51″   ㉯ 77°03′53″
㉰ 77°03′55″   ㉱ 77°03′57″

해설 ① 오차
$$e = 180 - (41°37'44'' + 61°18'13'' + 77°03'53'') = 10''$$
② 보정량 $= \dfrac{10''}{3} = 3.33''$
③ ∠C의 보정량
$$\angle C = 77°03'53'' + 3.33'' = 77°03'56.33''$$

43. 각관측에서 시준오차가 ±10″이고 읽기오차가 ±5″인 경우 단각법에 의해 하나의 각을 관측하는 데 발생하는 각관측오차는 얼마인가?

㉮ ±11″ ㉯ ±15″ ㉰ ±16″ ㉱ ±23″

해설 $M = \pm\sqrt{2(\alpha^2 + \beta^2)} = \pm\sqrt{2(10^2 + 5^2)} = \pm15.8''$

44. 수평각 측정 시 트랜싯의 조정 불완전에서 발생되는 오차를 줄일 수 있는 방법으로 가장 적합한 것은?

㉮ 반복 관측하여 최소값을 취한다.
㉯ 2회 관측하여 평균한다.
㉰ 방향 관측점으로 관측한다.
㉱ 망원경 정·반의 위치에서 관측하여 그 평균을 취한다.

해설 망원경 정·반 관측 시 소거가능 오차
① 시준축 오차 : 시준축과 수평축이 직교하지 않기 때문에 생기는 오차
② 수평축 오차 : 수평축이 연직축에 직교하지 않기 때문에 생기는 오차
③ 시준선 편심오차(외심오차) : 시준선이 기계의 중심을 통하지 않기 때문에 생기는 오차
※ 연직축 오차 : 연직축이 연직하지 않기 때문에 생기는 오차는 소거 불가능하다. 시준할 두 점의 고저차가 연직각으로 5° 이하일 때에는 큰 오차가 발생하지 않는다.

45. 그림과 같이 O점에서 같은 정확도로 각을 관측하여 오차를 계산한 결과 $X_3 - (X_1 + X_2) = +45''$의 식을 얻었을 때 관측값 X_1, X_2, X_3에 대한 보정값 V_1, V_2, V_3는 얼마인가?

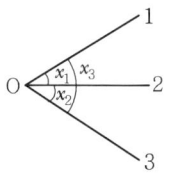

㉮ $V_1 = -22.5''$, $V_2 = -22.5''$, $V_3 = +22.5''$ ㉯ $V_1 = -15''$, $V_2 = -15''$, $V_3 = +15''$
㉰ $V_1 = +22.5''$, $V_2 = +22.5''$, $V_3 = -22.5''$ ㉱ $V_1 = +15''$, $V_2 = +15''$, $V_3 = -15''$

해설 $X_3 - (X_1 + X_2) = +45''$이므로 보정량 $\dfrac{45}{3} = 15''$ 큰 각에는 ⊖보정, 작은 각에는 ⊕보정을 한다.
∴ $V_1 = +15''$, $V_2 = +15''$, $V_3 = -15''$

46. 어느 각을 관측한 결과 다음과 같다. 최확값은?(단, 괄호 안의 숫자는 경중률을 표시함)

① 73°40′12″(2), ② 73°40′15″(3), ③ 73°40′09″(1),
④ 73°40′14″(4), ⑤ 73°40′10″(1), ⑥ 73°40′18″(1),
⑦ 73°40′16″(2), ⑧ 73°40′13″(3)

㉠ 73°40′10.2″   ㉡ 73°40′11.6″
㉢ 73°40′13.7″   ㉣ 73°40′15.1″

해설 $L_0 = 73°40′ + \dfrac{2 \times 12″ + 3 \times 15″ + 1 \times 9″ + 4 \times 14″ + 1 \times 10″ + 1 \times 18″ + 2 \times 16″ + 3 \times 13″}{2+3+1+4+1+1+2+3}$
$= 73°40′13.7″$

47. 수평각 관측법 중, 가장 정확한 조합각관측법으로 측량하려고 한다. 한 점에서 관측할 방향의 수가 5라면 총 관측각 수와 조건식 수는?

㉠ 총 관측각 수 : 6, 조건식 수 : 4
㉡ 총 관측각 수 : 6, 조건식 수 : 6
㉢ 총 관측각 수 : 10, 조건식 수 : 4
㉣ 총 관측각 수 : 10, 조건식 수 : 6

해설 각의 총 수 = $\dfrac{1}{2}S(S-1) = \dfrac{1}{2} \times 5(5-1) = 10$

조건식 총 수 = $\dfrac{1}{2}(S-1)(S-2) = \dfrac{1}{2}(5-1)(5-2) = 6$

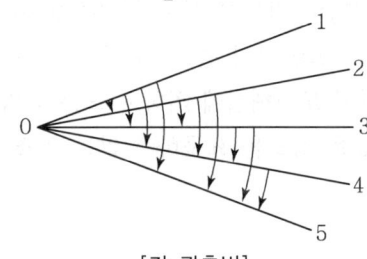

[각 관측법]

제4장 트래버스측량

4.1 트래버스 다각측량의 특징

4.1.1 정의
여러 개의 측점을 연결하여 생긴 다각형의 각 변의 길이와 방위각을 순차로 측정하고, 그 결과에서 각 변의 위거, 경거를 계산하여 이 점들의 좌표를 결정하여 도상 기준점의 위치를 결정하는 측량을 말한다.

4.1.2 트래버스측량의 특징
① 삼각점이 멀리 배치되어 있어 좁은 지역에 세부측량의 기준이 되는 점을 추가 설치할 경우에 편리하다.
② 복잡한 시가지나 지형의 기복이 심하여 시준이 어려운 지역의 측량에 적합하다.
③ 선로(도로, 하천, 철도)와 같이 좁고 긴 곳의 측량에 적합하다.
④ 거리와 각을 관측하여 도식해법에 의하여 모든 점의 위치를 결정할 경우 편리하다.
⑤ 삼각측량과 같이 높은 정도를 요구하지 않는 골조측량에 이용한다.

4.1.3 선점시 주의사항
① 시준이 편리하고 지반이 견고할 거
② 세부측량에 편리할 것
③ 측선거리는 되도록 동일하게 하고 큰 고저차가 없을 것
④ 측선의 거리는 될 수 있는 대로 길게 하고 측점 수는 적게 하는 것이 좋다.
⑤ 측선의 거리는 30~200m 정도로 한다.
⑥ 측점은 찾기 쉽고 안전하게 보존될 수 있는 장소로 한다.

4.1.4 트래버스측량의 순서
가. 외업
계획 → 답사 → 선점 → 조표 → 거리관측 → 각관측 → 거리와 각관측 정확도의 균형 → 계산 및 측정의 전개

나. 내업

방위각 계산 → 위거 및 경거 계산 → 결합오차조정 → 좌표계산

4.2 트래버스의 종류

결합트래버스	기지점에서 출발하여 다른 기지점으로 결합시키는 방법으로 대규모 지역의 정확성을 요하는 측량에 이용한다.	
폐합트래버스	기지점에서 출발하여 원래의 기지점으로 폐합시키는 트래버스로 측량결과가 검토는 되나 결합다각형보다 정확도가 낮아 소규모 지역의 측량에 좋다.	
개방트래버스	임의의 점에서 임의의 점으로 끝나는 트래버스로 측량결과의 점검이 안 되어 노선측량의 답사에는 편리한 방법이다. 시작되는 점과 끝나는 점 간의 아무런 조건이 없다.	

4.3 트래버스측량의 측각법

교각법	어떤 측선이 그 앞의 측선과 이루는 각을 관측하는 방법	[교각법]
편각법	각 측선이 그 앞 측선의 연장과 이루는 각을 관측하는 방법	[편각법]
방위각법 (전원법)	각 측선이 일정한 기준선인 자오선과 이루는 각을 우회로 관측하는 방법으로 반전법과 역방위법이 있다.	[방위각법(반전법)] [역방위각법]

4.4 측각오차의 조정

4.4.1 폐합트래버스 경우

내각측정시	다각형의 내각의 합은 $180°(n-2)$이므로 $\therefore E = [a] - 180(n-2)$	
외각측정시	다각형에서 외각은 $(360° - $내각$)$이므로 외각의 합은 $(360° \times n - $내각의 합$)$ 즉, $360° \times n - 180°(n-2) = 180°(n+2)$이 된다. $\therefore E = [a] - 180(n+2)$	[내각, 외각, 편각의 관계]
편각측정시	편각은 $(180° - $내각$)$이므로 편각의 합은 $180° \times n - 180°(n-2) = 360°$ $\therefore E = [a] - 360°$ 여기서, E : 폐합트래버스 오차 $[a]$: 각의 총합 n : 각의 수	

4.4.2 결합트래버스 경우

가. $E = W_a - W_b + [a] - 180°(n+1)$

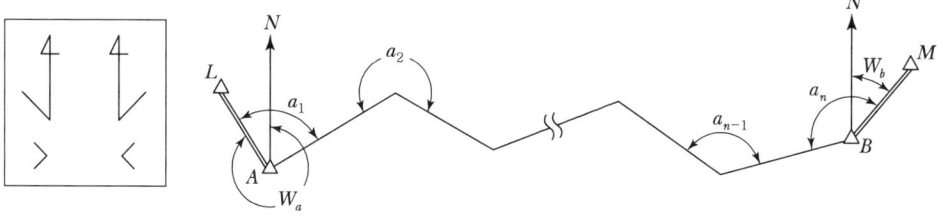

나. $E = W_a - W_b + [a] - 180°(n-1)$

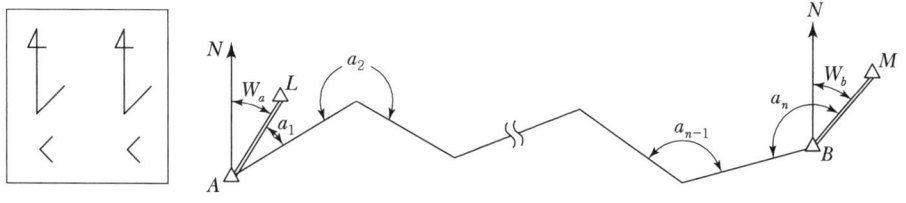

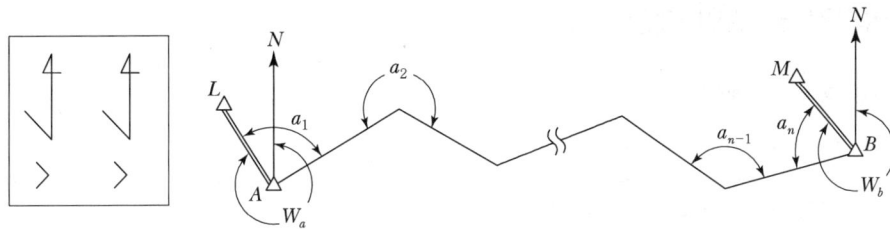

다. $E = W_a - W_b + [a] - 180°(n-3)$

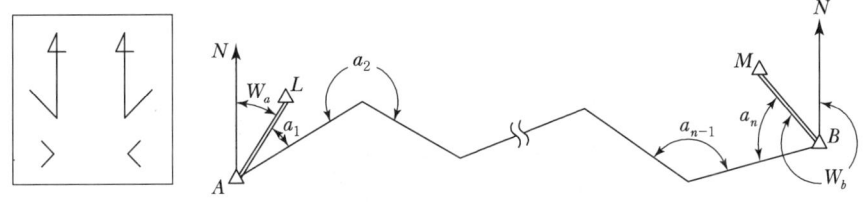

4.4.3 측각오차의 허용범위

임야지 또는 복잡한 경사지	$1.5'\sqrt{n}(분) = 90''\sqrt{n}(초)$
완만한 경사지 또는 평탄지	$0.5'\sqrt{n} \sim 1'\sqrt{n}(분) = 30''\sqrt{n} \sim 60''\sqrt{n}(초)$
시가지	$0.3'\sqrt{n} \sim 0.5'\sqrt{n}(분) = 20''\sqrt{n} \sim 30''\sqrt{n}(초)$ 여기서 n : 트래버스의 변의 수

4.4.4 측각오차의 조정

$$E_a = \pm \varepsilon_a \sqrt{n}$$

여기서, E_a : n개 각의 각 오차
 ε_a : 1개 각의 각 오차
 n : 측각 수

4.5 방위각 및 방위 계산

4.5.1 방위각 계산

가. 교각법에 의한 방위각 계산

교각을 시계방향으로 측정할 때 (진행방향의 우측각)	방위각=하나 앞 측선의 방위각+180°−그 측선의 교각 ∴ $V = a + 180° - a_2$
교각을 반시계방향으로 측정할 때 (진행방향의 좌측각)	방위각=하나 앞 측선의 방위각+180°+그 측선의 교각 ∴ $V = a + 180° + a_2$

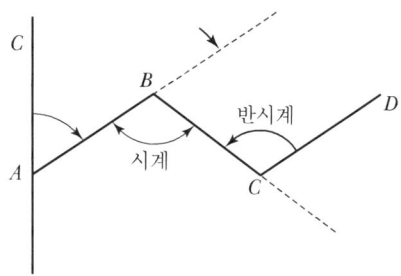

나. 편각을 측정한 경우의 방위각 계산

방위각=하나 앞 측선의 방위각 ± 그 측선의 편각[우편각(+), 좌편각(−)]

다. 역방위각 계산

역방위각 = 방위각 + 180°

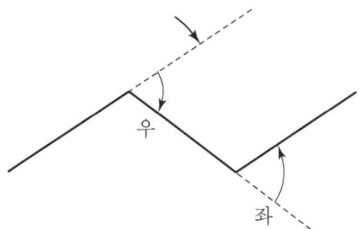

4.5.2 방위 계산

상환	방위	방위각	위거	경거
I	$N\ \theta_1\ E$	$a = \theta_1$	+	+
II	$S\ \theta_2\ E$	$a = 180° - \theta_2$	−	+
III	$S\ \theta_3\ W$	$a = 180° + \theta_3$	−	−
IV	$N\ \theta_4\ W$	$a = 360° - \theta_4$	+	−

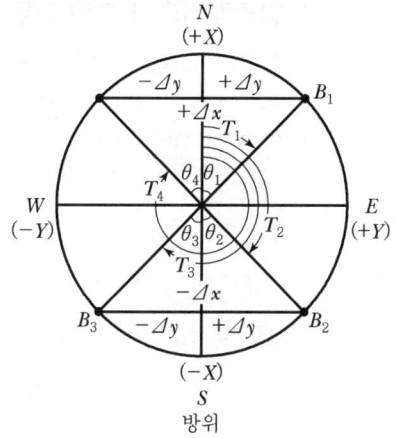

방위

4.6 위거 및 경거 계산

위거(Latitude)	측선에서 NS선의 차이 $L_{AB} = l \cdot \cos\theta$		
경거(Departure)	측선에서 EW선의 차이 $D_{AB} = l \cdot \sin\theta$		
AB의 거리	$AB = \sqrt{(X_B - X_A)^2 + (Y_B - Y_A)^2}$		
방위	$\tan\theta = \dfrac{\triangle Y}{\triangle X} = \dfrac{Y_B - Y_A}{X_B - X_A}$ $\theta = \tan^{-1}\dfrac{\triangle Y}{\triangle X}$ (? 상환)		
방위각	1상환	$a = \theta_1$	
	2상환	$a = 180° - \theta_2$	
	3상환	$a = 180° + \theta_3$	
	4상환	$a = 360° - \theta_4$	

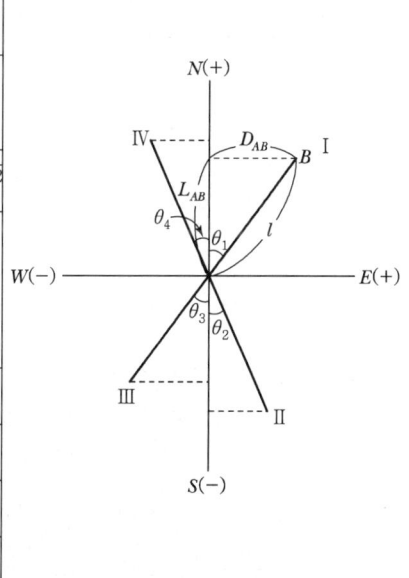

4.7 폐합오차와 폐합비

4.7.1 폐합트래버스의 폐합오차

폐합오차(E)는 다각측량에서 거리와 각을 관측하여 출발점에 돌아왔을 때 거리와 각의 오차로 위거의 대수합(ΣL)과 경거의 대수합(ΣD)이 0이 안 된다. 이때 오차를 말한다.

폐합오차	$E = \sqrt{(\triangle L)^2 + (\triangle D)^2}$
폐합비(정도)	$\dfrac{1}{M} = \dfrac{\text{폐합오차}}{\text{총길이}}$ $= \dfrac{\sqrt{(\triangle L)^2 + (\triangle D)^2}}{\Sigma l}$ 여기서, $\triangle l$: 위거오차 $\triangle D$: 경거오차

[폐합오차]

4.7.2 결합트래버스의 폐합오차

시점 A의 좌표가 (X_A, Y_A), 종점 B의 좌표가 (X_B, Y_B)라 할 때 위거·경거의 오차는 다음 식으로 구한다.

위거오차 경거오차	$\triangle l = (X_A + \Sigma L) - X_B$ $\triangle d = (Y_A + \Sigma D) - Y_B$ 여기서, $\triangle l$: 위거의 오차 $\triangle d$: 경거의 오차 ΣL : 위거의 합 ΣD : 경거의 합

[결합트래버스의 폐합오차]

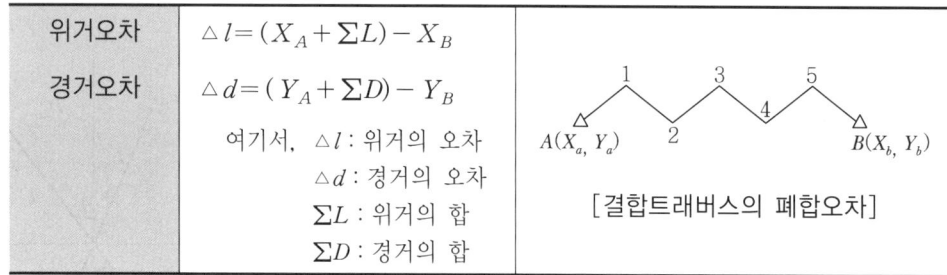

4.7.3 폐합비의 허용범위

시가지	$\dfrac{1}{5,000} \sim \dfrac{1}{10,000}$
평지	$\dfrac{1}{1,000} \sim \dfrac{1}{2,000}$
산지 및 임야지	$\dfrac{1}{500} \sim \dfrac{1}{1,000}$
산악지 및 복잡한 지형	$\dfrac{1}{300} \sim \dfrac{1}{1,000}$

4.8 트래버스의 조정

4.8.1 폐합오차의 조정

폐합오차를 합리적으로 배분하여 트래버스를 폐합시키는 오차의 배분방법에는 다음 두 가지가 있다.

가. 컴퍼스법칙

각관측과 거리관측의 정밀도가 같을 때 조정하는 방법으로 각측선길이에 비례하여 폐합오차를 배분한다.

나. 트랜싯법칙

각관측의 정밀도가 거리관측의 정밀도보다 높을 때 조정하는 방법으로 위거, 경거의 크기에 비례하여 폐합오차를 배분한다.

컴퍼스법칙	위거조정량 = $\dfrac{\text{그 측선거리(보정할 측선거리)}}{\text{전 측선거리의 합}} \times$ 위거오차	$= \dfrac{L}{\sum L} \times E_L$
	경거조정량 = $\dfrac{\text{그 측선거리}}{\text{전 측선거리의 합}} \times$ 경거오차	$= \dfrac{D}{\sum L} \times E_D$
트랜싯법칙	위거조정량 = $\dfrac{\text{그 측선의 위거}}{\text{위거절대치의 합}} \times$ 위거오차	$= \dfrac{L}{\sum |L|} \times E_L$
	경거조정량 = $\dfrac{\text{그 측선의 경거}}{\text{경거절대치의 합}} \times$ 경거오차	$= \dfrac{D}{\sum |D|} \times E_D$

4.9 합위거(X좌표) 및 합경거(Y좌표)의 계산

트래버스측량의 좌표는 합위거 및 합경거를 의미하며 트래버스 측량의 목적은 점(X, Y)좌표를 구하는 데 있다. 이때 위거는 X, 경거는 Y를 의미한다.

좌표계산	① 최초의 측점을 원점으로 한다.
	② 임의 측선의 합위(경)거 = 앞 측선의 합위(경)거 + 그 측선의 조정 위(경)거
	③ 마지막 측선의 합위(경)거 = 그 측선의 조정 위(경)거와 같고 부호가 반대

A점 좌표	$x_A = x_a$ $y_A = y_a$
B점 좌표	$x_B = x_a + L_1$ $y_B = y_a + D_1$
C점 좌표	$x_C = x_a + L_1 + L_2$ $y_C = y_a + D_1 + D_2$

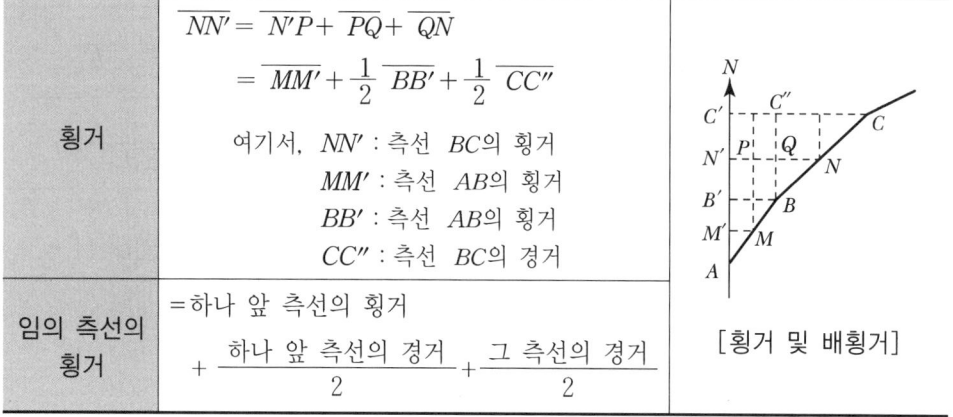

4.10 면적계산

4.10.1 횡거

어떤 측선의 중심에서 어떤 시준선에 내린 수선의 길이를 횡거라 한다.

횡거	$\overline{NN'} = \overline{N'P} + \overline{PQ} + \overline{QN}$ $= \overline{MM'} + \frac{1}{2}\overline{BB'} + \frac{1}{2}\overline{CC''}$ 여기서, NN' : 측선 BC의 횡거 MM' : 측선 AB의 횡거 BB' : 측선 AB의 횡거 CC'' : 측선 BC의 경거
임의 측선의 횡거	= 하나 앞 측선의 횡거 $+ \dfrac{\text{하나 앞 측선의 경거}}{2} + \dfrac{\text{그 측선의 경거}}{2}$

[횡거 및 배횡거]

4.10.2 배횡거

면적을 계산할 때 횡거를 그대로 사용하면 분수가 생겨서 불편하므로 계산의 편리상 횡거를 2배 하는데, 이를 배횡거라 한다.

제1측선의 배횡거	그 측선의 경거
임의 측선의 배횡거	앞 측선의 배횡거 + 앞 측선의 경거 + 그 측선의 경거
마지막 측선의 배횡거	그 측선의 경거(부호는 반대)

4.10.3 면적

① 배면적 = 배횡거 × 위거

② 면적 = $\dfrac{배면적}{2}$

다음 트래버스 측량을 한 결과를 이용하여 배횡거법(D.M.D)으로 면적을 계산하시오.

측선	위거(m)		경거(m)		배횡거	배면적(m²)	
	+	−	+	−		+	−
AB	54.0		0.0				
BC	27.0		87.4				
CD	84.0		78.7				
DE		126.0		47.0			
EF		62.0	17.0				
FG		29.0		52.7			
GA	52.0			83.4			
	217.0	217.0	183.1	183.1			

측선	위거(m)		경거(m)		배횡거	배면적(m²)	
	+	−	+	−		+	−
AB	54.0		0.0		0.0	0.0	
BC	27.0		87.4		87.4	2359.8	
CD	84.0		78.7		253.5	21294.0	
DE		126.0		47.0	285.2		35935.2
EF		62.0	17.0		255.2		15822.4
FG		29.0		52.7	219.5		6365.5
GA	52.0			83.4	83.4	4336.8	
	217.0	217.0	183.1	183.1		27990.6	58123.1

1. 배횡거 계산

측선	배횡거
AB	0.0
BC	0.0 + 0.0 + 87.4 = 87.4
CD	87.4 + 87.4 + 78.7 = 253.5
DE	253.5 + 78.7 − 47.0 = 285.2
EF	285.2 − 47.0 + 17.0 = 255.2
FG	255.2 + 17.0 − 52.7 = 219.5
GA	219.5 − 52.7 − 83.4 = 83.4

2. 배면적(배횡거×위거)

측선	배횡거
AB	54.0×0.0 = 0.0
BC	27.0×87.4 = 2359.8
CD	84.0×253.5 = 21294.0
DE	−126.0×285.2 = −35935.2
EF	−62.0×255.2 = −15822.4
FG	−29.0×219.5 = −6365.5
GA	52.0×83.4 = 4336.8
	$\Sigma 2A = 30132.5\,\text{m}^2$
	$A = 30132.5/2 = 15066.3\,\text{m}^2$

4.10.4 좌표법에 의한 면적계산

$$A = \frac{1}{2}\{y_1(x_n - x_2) + y_2(x_1 - x_3) + y_3(x_2 - x_4) + \cdots$$
$$y_n(x_{n-1} - x_1)\}$$
$$= \frac{1}{2}\{y_n(x_{n-1} - x_{n+1})\}$$

$$A = \frac{1}{2}\{x_1(y_n - y_2) + x_2(y_1 - y_3) + x_3(y_2 - y_4) + \cdots$$
$$y_x(y_{n-1} - y_1)\}$$
$$= \frac{1}{2}\{x_n(y_{n-1} - y_{n+1})\}$$

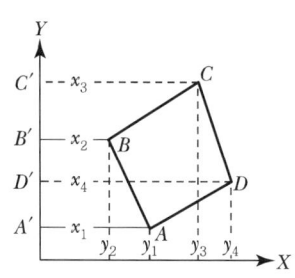

[좌표법에 의한 면적계산]

ABCD의 좌표값을 가지고 사각형의 면적을 구하라?

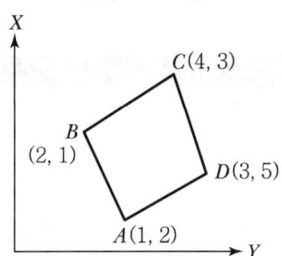

	A	B	C	D	A
X좌표	1	2	4	3	1
Y좌표	2	1	3	5	2

$\sum \searrow = (1+6+20+6) = 33$

$\sum \nearrow = (4+4+9+5) = 22$

∴ $33 - 22 = 11\text{m}^2$ (배면적)

면적 $= \dfrac{11}{2} = 5.5\text{m}^2$

예상 및 기출문제

1. 다음 중 전체 측선의 길이가 900m인 다각망의 정밀도를 1/2,600으로 하기 위한 위거 및 경거의 폐합오차로 알맞은 것은?

㉮ 위거오차 : 0.24m, 경거오차 : 0.25m
㉯ 위거오차 : 0.26m, 경거오차 : 0.27m
㉰ 위거오차 : 0.28m, 경거오차 : 0.29m
㉱ 위거오차 : 0.30m, 경거오차 : 0.30m

해설 폐합오차$(E) = \sqrt{(위거오차)^2 + (경거오차)^2}$
$= \sqrt{(\triangle l)^2 + (\triangle d)^2}$
$= \sqrt{0.24^2 + 0.25^2} = 0.347$

폐합비$(R) = \dfrac{E}{\Sigma L}$

$\dfrac{1}{2,600} = \dfrac{E}{900}$

$E = \dfrac{900}{2,600} = 0.346\text{m}$

2. 두 측점 간의 위거와 경거의 차가 △위거 = -156.145m, △경거 = 449.152m일 경우 방위각은?

㉮ 9°10′11″ ㉯ 70°49′49″ ㉰ 109°10′11″ ㉱ 289°10′11″

해설 방위$(\theta) = \tan^{-1}\dfrac{449.152}{156.145} = 70°49′49.08″$ (2상환)

방위각 $= 180° - 70°49′49.08″ = 109°10′10.9″$

3. 트래버스측량에서 거리관측의 허용오차를 1/10,000으로 할 때, 이와 같은 정확도로 각 관측에 허용되는 오차는?

㉮ 5″ ㉯ 10″ ㉰ 20″ ㉱ 30″

해설 $\dfrac{\triangle l}{l} = \dfrac{\theta''}{\rho''}$ 에서

$\dfrac{1}{10,000} = \dfrac{\theta''}{206,265''}$

$\theta'' = \dfrac{206,265}{10,000} = 20.6''$

해답 1. ㉮ 2. ㉰ 3. ㉰

예상 및 기출문제

4. 4km의 노선에서 결합트래버스 측량을 했을 때 폐합비가 1/6,250이었다면 실제 지형상의 폐합오차는?

㉮ 0.76m ㉯ 0.64m
㉰ 0.52m ㉱ 0.48m

해설 폐합비 $= \dfrac{1}{m} = \dfrac{E}{\sum L}$

$= \dfrac{1}{6,250} = \dfrac{E}{4,000}$

$E = \dfrac{4,000}{6,250} = 0.64\text{m}$

5. 측선길이가 100m, 방위각이 240° 일 때 위거와 경거는?

㉮ 위거 : 80.6m, 경거 : 50.0m
㉯ 위거 : 50.0m, 경거 : 86.6m
㉰ 위거 : -86.6m, 경거 : -50.5m
㉱ 위거 : -50.0m, 경거 : -86.6m

해설 ① 위거=거리 $\times \cos\alpha = 100 \times \cos 240° = -50\text{m}$
② 경거=거리 $\times \sin\alpha = 100 \times \sin 240° = -86.6\text{m}$

6. 폐합트래버스의 경·위거 계산에서 CD측선의 배횡거는?

측선	위거	경거
AB	+65.39	+83.57
BC	-34.57	+19.68
CD	-65.43	-40.60
DA	+34.61	-62.65

㉮ 62.65m ㉯ 103.25m
㉰ 125.30m ㉱ 165.90m

해설

측선	위거	경거	배횡거
AB	+65.39	+83.57	83.57
BC	-34.57	+19.68	83.57+83.57+19.68=186.82
CD	-65.43	-40.60	186.82+19.68-40.60=165.9
DA	+34.61	-62.65	165.9-40.60-62.65=62.65

해답 4. ㉯ 5. ㉱ 6. ㉱

7. 산지에서 동일한 각관측의 정확도로 폐합트래버스를 관측한 결과 관측점 수가 11개이고, 측각오차는 1′15″였다면 어떻게 처리해야 하는가?

㉮ 오차가 1′ 이상이므로 재측해야 한다.　㉯ 각 측점 간 거리에 반비례하여 배분한다.
㉰ 각 측점 간 거리에 비례하여 배분한다.　㉱ 각 관측점의 각에 등분하여 배분한다.

해설 산지에서의 측각오차의 허용범위 : $90\sqrt{n}$초　허용범위 = $90\sqrt{11} = 298″ > 75″$　따라서 허용범위 이내이므로 각 관측점의 각에 등분하여 배분한다.

8. 결합트래버스에서 시점 A와 종점 B의 위치가 확정되었다. A점의 좌표 $X_A = 75.13$m, $Y_A = 128.37$m, B점의 좌표 $X_B = 160.27$m, $Y_B = 642.15$m, A에서 B까지의 합위거가 +84.82m, 합경거가 +513.62m일 때의 결합오차(폐합오차)는?

㉮ 0.36m　　㉯ 0.40m　　㉰ 0.42m　　㉱ 0.44m

해설 ① 합위거의 차
$= X_B - X_A = 160.27 - 75.13 = 85.14$m
② 합경거의 차
$= Y_B - Y_A = 642.15 - 128.37 = 513.78$m
③ 결합오차
$= \sqrt{(\triangle X)^2 + (\triangle Y)^2}$
$= \sqrt{(85.14 - 84.82)^2 + (513.78 - 513.62)^2} = 0.36$

9. 다음 중 폐합트래버스 측량에서 편각을 측정했을 때 측각오차를 구하는 식은?(단, n : 변수, $[a]$: 측정교각의 합)

㉮ $[a] - 180°(n+2)$　　㉯ $[a] - 180°(n-2)$
㉰ $[a] - 90°(n+4)$　　㉱ $[a] - 360°$

해설 ① 내각 관측시 = $[a] - 180°(n-2)$
② 외각 관측시 = $[a] - 180°(n+2)$
③ 편각 관측시 = $[a] - 360°$

10. 다각측량을 하여 3점의 성과를 얻었다. 이 3점으로 이루어진 다각형의 면적은?

측점	합위거(m)	합경거(m)
A	0	0
B	23.29	38.82
C	−31.05	15.53

㉮ 693.2m²　　㉯ 783.5m²
㉰ 1,386.3m²　　㉱ 1,567.1m²

해답 7. ㉱　8. ㉮　9. ㉱　10. ㉯

측점	합위거(m)	합경거(m)	$(X_{i-1}-X_{i+1})Y_i$
A	0	0	$(-31.05-23.29)\times 0=0$
B	23.29	38.82	$(0+31.05)\times 38.82=1,205.36$
C	-31.05	15.53	$(23.29-0)\times 15.53=361.69$

$2A=1,567.05\text{m}^2$

$\therefore A=783.5\text{m}^2$

11. 트래버스의 전체 연장이 1.7km이고 위거오차가 +0.40m, 경거오차가 -0.34m였다면 폐합비는?

㉮ $\dfrac{1}{3,186}$ ㉯ $\dfrac{1}{4,156}$ ㉰ $\dfrac{1}{3,238}$ ㉱ $\dfrac{1}{6,168}$

 폐합비

$$\dfrac{E}{\sum l}=\dfrac{\sqrt{(\triangle l)^2+(\triangle d)^2}}{\sum L}=\dfrac{\sqrt{0.4^2+0.34^2}}{1,700}$$
$$=\dfrac{1}{3,238}$$

12. 트래버스 측량의 종류 중 가장 정확도가 높은 방법은?

㉮ 폐합트래버스 ㉯ 개방트래버스
㉰ 결합트래버스 ㉱ 정확도는 모두 같다.

해설 ① 폐합트래버스
기지점에서 출발하여 원래의 기지점으로 폐합시키는 트래버스로 측량결과가 검토는 되나 결합다각형보다 정확도가 낮아 소규모 지역의 측량에 좋다.
② 개방트래버스
임의의 점에서 임의의 점으로 끝나는 트래버스로 측량결과의 점검이 안 되어 노선측량의 답사에는 편리한 방법이다. 시작되는 점과 끝나는 점 간의 아무런 조건이 없다.
③ 결합트래버스
기지점에서 출발하여 다른 기지점으로 결합시키는 방법으로 대규모 지역의 정확성을 요하는 측량에 이용한다.

13. 수평각 관측법 중 트래버스 측량과 같이 한 측점에서 1개의 각을 높은 정밀도로 측정할 때 사용하며, 시준할 때의 오차를 줄일 수 있고 최소눈금 미만의 정밀한 관측값을 얻을 수 있는 것은?

㉮ 단측법 ㉯ 배각법
㉰ 방향각법 ㉱ 조합각 관측법

해답 11. ㉰ 12. ㉰ 13. ㉯

해설 수평각의 관측
  ① 단측법 : 1개의 각을 1회 관측하는 방법으로 수평각 측정법 중 가장 간단한 관측방법인데 관측결과는 좋지 않다.
  ② 배각법(반복법) : 1개의 각을 2회 이상 관측하여 관측횟수로 나누어서 구하는 방법이다. 배각법은 방향각법과 비교하여 읽기오차의 영향을 작게 받는다.
  ③ 방향각법 : 어떤 시준방향을 기준으로 한 측점 주위에 여러개의 각이 있을 때 측정하는 방법. 반복법에 비하여 시간이 절약되며 3등 이하의 삼각측량에 이용된다.
  ④ 각관측법 : 수평각 관측방법 중 가장 정확한 값을 얻을 수 있으며, 1등 삼각측량에 이용된다.

14. 시가지에서 5개의 측점으로 폐합트래버스를 구성하여 내각을 측정한 결과, 각관측 오차가 30″이었다. 각관측의 경중률이 동일할 때 각오차의 처리방법은?
  ㉮ 재측량한다.
  ㉯ 각의 크기에 관계없이 등배분한다.
  ㉰ 각의 크기에 비례하여 배분한다.
  ㉱ 각의 크기에 반비례하여 배분한다.

해설 시가지 허용오차
  $= 20''\sqrt{n} \sim 30''\sqrt{n} = 20''\sqrt{5} \sim 30''\sqrt{5} = 44.7'' \sim 67.08''$
  각관측오차가 30″ 허용오차이내이므로 각의 크기에 관계 없이 등배분한다.

15. 트래버스 측점 A의 좌표 x, y가 (200m, 200m)이고 AB측선의 길이가 100m일 때 B점의 좌표는?(단, AB측선의 방위각은 195°이다.)
  ㉮ (98.5m, 106.7m)
  ㉯ (103.4m, 174.1m)
  ㉰ (−86.1m, 145.8m)
  ㉱ (92.4m, −108.9m)

해설 $X_B = X_A + l \cos\theta = X_A + AB$의 위거
  $= 200 + 100 \times \cos 195° = 103.4\text{m}$
  $Y_B = Y_A + l \sin\theta = Y_A + AB$의 경거
  $= 200 + 100 \times \sin 195° = 174.1\text{m}$

16. 그림과 같은 트래버스에서 AL의 방위각이 19°48′26″, BM의 방위각이 310°36′43″, 관측한 교각의 총합이 1,190°47′22″일 때 측각오차의 크기는?

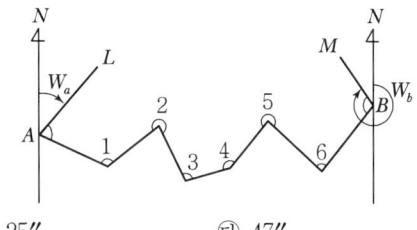

  ㉮ 15″   ㉯ 25″   ㉰ 47″   ㉱ 55″

해설 $E = W_a - W_b + [a] - 180(n-3)$
  $= 19°48′26″ - 310°36′43″ + 1,190°47′22″ - 180(8-3) = -55″$

17. 기지점 A로부터 기지점 B에 결합하는 트래버스 측량을 실시하였다. X좌표의 결합차 +0.15m, Y좌표의 결합차 +0.20m를 얻었다면 이 측량의 결합비는?(단, 전체 노선 거리는 2,750m이다.)

㉮ 1/11,000　㉯ 1/14,000　㉰ 1/16,000　㉱ 1/18,000

해설 ① 폐합오차(E) = $\sqrt{0.15^2 + 0.20^2}$ = 0.25m

② 폐합비 = $\dfrac{1}{m}$ = $\dfrac{\sqrt{(\triangle l)^2 + (\triangle d)^2}}{\Sigma L}$

= $\dfrac{\sqrt{0.15^2 + 0.2^2}}{2,750}$ = $\dfrac{1}{11,000}$

18. 트래버스(Traverse) 측량 결과에서 결측된 BC의 거리를 구한 값은?(단, 오차는 없는 것으로 가정한다.)

측선	위거(m)		경거(m)	
	+	−	+	−
AB	65.4		83.8	
BC				
CD		50.3		40.5
DA	33.9			62.1

㉮ 26.68m　㉯ 35.58m　㉰ 43.58m　㉱ 52.48m

해설 BC의 위거 = 50.3 − (65.4+33.9) = −49.0
BC의 경거 = (40.5+62.1) − 83.8 = +18.8
$\overline{BC} = \sqrt{L^2 + D^2}$
= $\sqrt{(-49)^2 + 18.8^2}$ = 52.48m

19. 다각측량의 폐합오차 조정방법 중 트랜싯법칙에 대한 설명으로 옳은 것은?

㉮ 각과 거리의 정밀도가 비슷할 때 실시하는 방법이다.
㉯ 각 측선의 길이에 비례하여 폐합오차를 배분한다.
㉰ 각 측선의 길이에 반비례하여 폐합오차를 배분한다.
㉱ 거리보다는 각의 정밀도가 높을 때 활용하는 방법이다.

해설 다각측량에서 폐합오차 조정방법
① 컴퍼스법칙 : 각관측과 거리관측의 정밀도가 같을 때 조정하는 방법으로 각 측선 길이에 비례하여 폐합오차를 배분한다.
② 트랜싯법칙 : 각관측의 정밀도가 거리관측의 정밀도보다 높을 때 조정하는 방법으로 위거, 경거의 크기에 비례하여 폐합오차를 배분한다.

20. 결합트래버스 측량에서 그림과 같은 형태의 각관측 시 각관측 오차(E_a) 식은?(단, W_a, W_b는 A, B에서의 방위각, $[a]$는 교각의 합, n은 관측한 교각의 수)

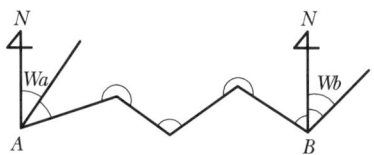

㉮ $E_a = W_a - W_b + [a] - 180(n+3)$ ㉯ $E_a = W_a - W_b + [a] - 180(n-3)$

㉰ $E_a = W_a - W_b + [a] - 180(n+1)$ ㉱ $E_a = W_a - W_b + [a] - 180(n-1)$

해설 결합트래버스

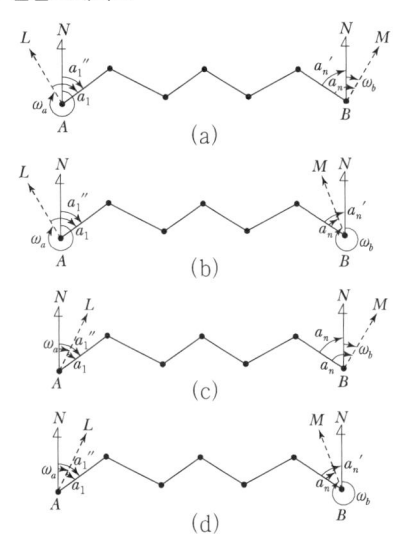

(a)의 경우
$E_a = \omega_a - \omega_b + [a] - 180°(n+1)$

(b), (c)의 경우
$E_a = \omega_a - \omega_b + [a] - 180°(n-1)$

(d)의 경우
$E_a = \omega_a - \omega_b + [a] - 180°(n-3)$

21. 그림과 같은 결합측량 결과에서 측각오차는?(단, $A_1 = 293°12'35''$, $a_1 = 130°14'06''$, $a_2 = 261°01'33''$, $a_3 = 138°03'54''$, $a_4 = 114°20'23''$, $A_n = 36°52'11''$)

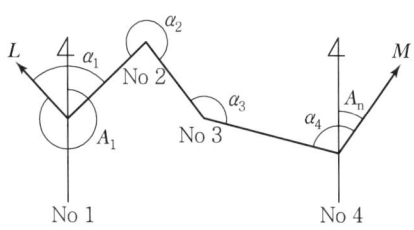

㉮ 5″   ㉯ 10″   ㉰ 15″   ㉱ 20″

해설 $E = A_1 - A_n + \sum a - 180(n+1)$
$= 293°12'35'' - 36°52'11'' + 643°39'56'' - 180(4+1) = 20''$

22. 트래버스측량에서 선점 시 주의하여야 할 사항이 아닌 것은?

㉮ 트래버스의 노선은 가능한 폐합 또는 결합이 되게 한다.
㉯ 결합트래버스의 출발점과 결합점 간의 거리는 가능한 단거리로 한다.
㉰ 거리측량과 각측량의 정확도가 균형을 이루게 한다.
㉱ 측점 간 거리는 다양하게 선점하여 부정오차를 소거한다.

해설 측점 간 거리는 같을수록 좋고 측점수는 되도록 적게 한다.

23. 트래버스측량에 의해 다음과 같은 결과를 얻었다. 측선 34의 횡거는?

측선	위거(m)	경거(m)	배횡거
12	123.50	61.44	61.44
23	−118.66	66.38	
34	34.21	−51.26	

㉮ 102.19m
㉯ 189.26m
㉰ 204.38m
㉱ 361.850m

해설 ① 임의의 측선의 배횡거=전측선의 배횡거+전측선의 경거+그 측선의 경거
② $\overline{23}$ 배횡거=61.44+61.44+66.38=189.26m
③ $\overline{34}$ 배횡거=189.26+66.38−51.26=204.38m
∴ 횡거=$\frac{배횡거}{2}=\frac{204.38}{2}=102.19$m

24. 폐합트래버스 측량의 내업을 하기 위하여 각 측선의 경거, 위거를 계산한 결과 측선 34의 자료가 없었다. 측선 34의 방위각은?(단, 폐합오차는 없는 것으로 가정한다.)

측선	위거(m)		경거(m)	
	N	S	E	W
12		2.33		8.55
23	17.87			7.03
34				
41		20.19	5.97	

㉮ 64°10′44″
㉯ 15°49′14″
㉰ 244°10′44″
㉱ 115°49′14″

해답 22. ㉱ 23. ㉮ 24. ㉮

제1편 측량학

해설

측선	위거(m)		경거(m)	
	N	S	E	W
12		2.33		8.55
23	17.87			7.03
34	(①)		(②)	
41		20.19	5.97	

① $\sum S - \sum N = (2.33 + 20.19) - 17.87 = 4.65$

② $\sum W - \sum E = (8.55 - 7.03) - 5.97 = 9.61$

(위거, 경거의 합이 0이 되어야 오차가 없다)

③ $\overline{34}$ 방위각

$$\theta = \tan^{-1}\left(\frac{경거}{위거}\right) = \tan^{-1}\left(\frac{9.61}{4.65}\right)$$
$$= 64°10'44''(1상환)$$

25. 총 측점수가 18개인 폐합트래버스의 외각을 측정한 경우 총합은?

㉮ 2,700°   ㉯ 2,880°
㉰ 3,420°   ㉱ 3,600°

해설 ① 외각의 총합 $= 180(n+2)$
$= 180(18+2) = 3,600°$
② 내각의 총합 $= 180(n-2)$

26. 다음 중 A좌표가 $X_A = 520,425.865$m, $Y_A = 231,494.018$m, AB의 길이는 60m, AB의 방위각은 86°4'22''일 때 B점의 좌표는?

㉮ $X_B = 520,430.974$m $Y_B = 231,553.877$m
㉯ $X_B = 520,430.974$m $Y_B = 231,498.127$m
㉰ $X_B = 520,486.724$m $Y_B = 231,553.877$m
㉱ $X_B = 520,486.724$m $Y_B = 231,498.127$m

해설 ① $X_B = X_A + l\cos\alpha$
$= 520,425.865 + 60 \times \cos 86°4'22''$
$= 520,430.974$m
② $Y_B = Y_A + l\sin\alpha$
$= 231,494.018 + 60 \times \sin 86°4'22''$
$= 231,553.877$m

해답 25. ㉱ 26. ㉮

27. 폐합트래버스에서 위거오차가 −0.35m이고, 경거오차가 +0.45m이며, 전측선거리의 합이 456m일 때 폐합비는 얼마인가?

㉮ $\dfrac{1}{204}$　　㉯ $\dfrac{1}{456}$　　㉰ $\dfrac{1}{800}$　　㉱ $\dfrac{1}{1,600}$

해설 폐합비 $=\dfrac{1}{m}=\dfrac{E}{\sum L}$

$=\dfrac{\sqrt{(\triangle l)^2+(\triangle d)^2}}{\sum l}$

$=\dfrac{\sqrt{0.35^2+0.45^2}}{456}=\dfrac{1}{800}$

28. 그림과 같이 다각측량으로 터널의 중심선측량을 실시할 경우 측선 AB의 길이는 얼마인가?

측선	방위각	거리
A1	45°00′00″	30m
12	90°00′00″	20m
2B	135°00′00″	10m

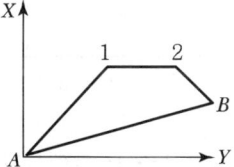

㉮ AB=36.95m　　㉯ AB=44.33m
㉰ AB=45.95m　　㉱ AB=50.31m

해설

측선	방위각	거리	위거	경거
A1	45°00′00″	30m	21.21	21.21
12	90°00′00″	20m	0	20.00
2B	135°00′00″	10m	−7.07	7.07
BA			14.14	48.28

$\therefore \overline{BA}=\sqrt{(\triangle l)^2+(\triangle d)^2}$
$=\sqrt{14.14^2+48.28^2}=50.31\text{m}$

29. 폐합 트래버스측량에서 전체 측선길이의 합이 900m일 때 폐합비를 1/5,000로 하기 위해서는 축척 1/600의 도면에서 폐합오차는 얼마까지 허용되는가?

㉮ 0.2mm　　㉯ 0.25mm
㉰ 0.3mm　　㉱ 0.35mm

해설 ① 정도$(R)=\dfrac{E}{\sum L}$에서 $\dfrac{1}{5,000}=\dfrac{E}{900}$

$\therefore E=0.18\text{m}=180\text{mm}$

② $\dfrac{1}{m}=\dfrac{\text{도상거리}}{\text{실제거리}}$에서 $\dfrac{1}{600}=\dfrac{x}{180}$

$\therefore x=0.3\text{mm}$

해답 27. ㉰　28. ㉱　29. ㉰

30. A점에서 관측을 시작하여 A점으로 폐합시킨 폐합트래버스 측량에서 다음과 같은 측량 결과를 얻었다. 이때 측선 BC의 배횡거는?

측선	위거(m)	경거(m)
AB	15.5	25.6
BC	−35.8	32.2
CA	20.3	−57.8

㉮ 0m ㉯ 25.6m ㉰ 57.8m ㉱ 83.4m

 해설

측선	위거(m)	경거(m)	배횡거
AB	15.5	25.6	25.6
BC	−35.8	32.2	25.6+25.6+32.2=83.4
CA	20.3	−57.8	83.4+32.2−57.8=57.8

임의측선의 배횡거=전 측선의 배횡거+전 측선의 경거+그 측선의 경거

31. 폐합다각측량에서 트랜싯과 광파기에 의한 관측을 통해 거리관측보다 각관측 정밀도가 높을 때 오차를 배분하는 방법으로 옳은 것은?

㉮ 해당 측선길이에 비례하여 배분한다.
㉯ 해당 측선길이에 반비례하여 배분한다.
㉰ 해당 측선의 위·경거의 크기에 비례하여 배분한다.
㉱ 해당 측선의 위·경거의 크기에 반비례하여 배분한다.

해설 거리의 정밀도보다 각의 정밀도가 높을 때 트랜싯법칙을 이용한다.

① 위거조정량 = $\dfrac{각측선의 위거}{|위거의 절대치 합|} \times$ 위거오차

② 경거조정량 = $\dfrac{각측선의 경거}{|경거의 절대치 합|} \times$ 경거오차

32. 다음 측선 $\overline{12}$의 방위각은?(단, A(50m, 50m), B(250m, 250m), ∠A=72°13′48″, ∠1=112° 09′ 12″이다.)

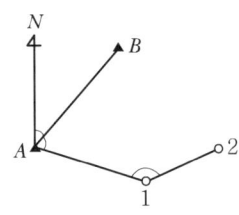

㉮ 47°37′ ㉯ 43°23′ ㉰ 46°37′ ㉱ 49°23′

해답 30. ㉱ 31. ㉰ 32. ㉱

해설 $\theta = \tan^{-1}\frac{\Delta y}{\Delta x} = \tan^{-1}\frac{200}{200} = 45°(1상환)$

$\overline{AB}$의 방위각 = 45°

① $\overline{A1}$ 방위각 = 45° + 72°13′48″ = 117°13′48″

② $\overline{12}$ 방위각 = 117°13′48″ − 180° + 112°09′12″ = 49°23′

33. 다각측량에서 200m에 대한 거리관측의 오차가 ±2mm였을 때 이와 같은 정밀도의 각관측 오차는?

㉮ ±2″　　㉯ ±4″　　㉰ ±6″　　㉱ ±8″

해설 $\frac{\Delta l}{l} = \frac{a''}{\rho''}$ 에서

$a'' = \frac{\Delta l}{l} \times \rho'' = \frac{0.002}{200} \div 206,265'' = ±2''$

34. 다각측량을 한 결과가 다음과 같을 때 다각형의 면적은?

측점	합위거(m)	합경거(m)
A	0.00	0.00
B	20.31	40.36
C	−14.51	20.57

㉮ 약 467m²　　㉯ 약 494m²　　㉰ 약 502m²　　㉱ 약 536m²

해설

측점	X	Y	$(X_{i-1} - X_{i+1}) \times Y_i$ = 배면적
A	−0.00	0.00	(−14.51 − 20.31)×0 = 0
B	−20.31	40.36	(0 − (−14.51))×40.36 = 585.62
C	14.51	20.57	(20.31 − 0)×20.57 = 417.78
합계			1,003.4

면적(A) = $\frac{배면적}{2} = \frac{1,003.4}{2} = 501.7 m^2$

35. 다음 표는 폐합트래버스 위거, 경거의 계산 결과이다. 면적을 구하기 위한 CD 측선의 배횡거는 얼마인가?

측선	위거(m)	경거(m)	측선	위거(m)	경거(m)
AB	+67.21	+89.35	CD	−69.11	−45.22
BC	−42.12	+23.45	DA	+44.02	−67.58

㉮ 180.38m　　㉯ 202.15m　　㉰ 311.23m　　㉱ 360.15m

해답 33. ㉮　34. ㉰　35. ㉮

해설 ① AB 측선의 배횡거=89.35m
② BC 측선의 배횡거=89.35+89.35+23.45
                =202.15m
③ CD 측선의 배횡거=202.5+23.45-45.22
                =180.38m
배횡거=하나 앞 측선의 배횡거+하나 앞 측선의 경거+그 측선의 경거

36. 한 점 A에서 다각측량을 실시하여 A점에 돌아왔더니 위거오차 30cm, 경거오차 40cm였다. 다각측량의 전 길이가 500m일 때 이 다각형의 폐합오차와 폐합비는?

㉮ 폐합오차 0.05m, 폐합비 1/100
㉯ 폐합오차 0.5m, 폐합비 1/1,000
㉰ 폐합오차 0.05m, 폐합비 1/1,000
㉱ 폐합오차 0.5m, 폐합비 1/100

해설 ① 폐합오차(E)
$$E = \sqrt{위거오차^2 + 경거오차^2}$$
$$= \sqrt{0.3^2 + 0.4^2} = 0.5m$$
② 폐합비
$$\frac{1}{m} = \frac{E}{\Sigma l} = \frac{0.5}{500} = \frac{1}{1,000}$$

37. 다각측량을 수행하여 다음과 같은 결과를 얻었다. D점의 합경거는 얼마인가?

측선	거리(m)	방위각	경거(m) +	경거(m) −	측점	합경거(m)
OA		00°00′			A	100
AB	63.58	330°00′		31.79	B	
BC	100.00	60°00′	86.60		C	
CD	98.42	315°00′		69.59	D	

㉮ 148.50m   ㉯ 150.75m
㉰ 85.22m   ㉱ 80.32m

 ① A점 합경거=100m
② B점 합경거=100-31.79=68.21m
③ C점 합경거=68.21+86.60=154.81m
④ D점 합경거=154.81-69.59=85.22m

38. 그림과 같은 트래버스에서 AL의 방위각이 29°40′15″, BM의 방위각이 320°27′12″, 내각 총합이 1,190°47′32″일 때 각측각 오차는?

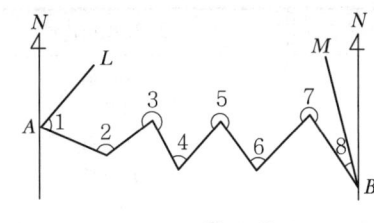

㉮ 45″   ㉯ 35″   ㉰ 25″   ㉱ 15″

해설 $E = AL + \Sigma a - 180(n-3) - BM$
$= 29°40′15″ + 1,190°47′32″ - 180(8-3)$
$\quad - 320°27′12″$
$= 35″$

39. 다음 그림에서 $\overline{DC}$의 방위는?

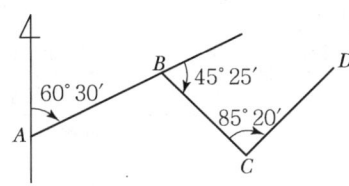

㉮ N11°15′E   ㉯ S11°15′W
㉰ N20°35′E   ㉱ S20°35′W

해설 ① $\overline{AB}$방위각 $= 60°30′$
② $\overline{BC}$방위각 $= 60°30′ + 45°25′ = 105°55′$
③ $\overline{CD}$방위각 $= 105°55′ - 180° + 85°20′ = 11°15′$
④ $\overline{DC}$방위각 $= 11°15′ + 180° = 191°15′$
∴ 3상환이므로 방위 S11°15′W

40. 다음 그림과 같은 결합트래버스에서 A점 및 B점에서 각각 AL 및 BM의 방위각이 기지일 때 측각오차를 표시하는 식은 어느 것인가?

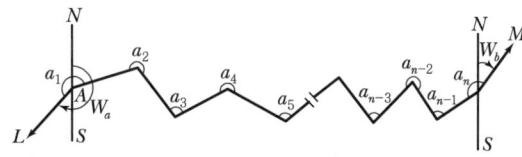

㉮ $\Delta a = W_a + \Sigma a - 180°(n-3) - W_b$ ㉯ $\Delta a = W_a + \Sigma a - 180°(n+2) - W_b$
㉰ $\Delta a = W_a + \Sigma a - 180°(n+1) - W_b$ ㉱ $\Delta a = W_a + \Sigma a - 180°(n-1) - W_b$

해설 측각오차(Δa) $= W_a + \Sigma a - 180°(n+1) - W_b$

해답 38. ㉯ 39. ㉯ 40. ㉰

41. 다음은 다각측량 결과 얻어진 좌표의 값이다. 합위거, 합경거의 방법으로 면적을 계산하면 얼마인가?(단, 단위는 m임)

측점	합위거(m)	합경거(m)
1	0.000	0.000
2	21.267	16.498
3	6.168	36.720
4	−19.694	36.537
5	−23.678	12.315

㉠ 441.23m² ㉡ 882.46m²
㉢ 1125.14m² ㉣ 2250.28m²

해설

측점	합위거(m)	합경거(m)	배면적 $= (X_{i-1} - X_{i+1}) \times Y$
1	0.000	0.000	$(-23.678 - 21.267) \times 0 = 0$
2	21.267	16.498	$(0 - 6.168) \times 16.498 = -101.76$
3	6.168	36.720	$(21.267 - (-19.694)) \times 36.720 = 1504.09$
4	−19.694	36.537	$(6.168 - (-23.678)) \times 36.537 = 1090.48$
5	−23.678	12.315	$(-19.694 - 0) \times 12.315 = -242.53$
			배면적 = 2250.28
			면적 $= \dfrac{배면적}{2} = \dfrac{2250.28}{2} = 1,125.14 \text{m}^2$

42. 트래버스측량에서 측선의 전장=2,500m, 위거의 오차=0.30m, 경거의 오차=0.40m일 때에 폐합비는?

㉠ 1/4,500 ㉡ 1/5,000
㉢ 1/5,500 ㉣ 1/6,000

해설 폐합오차 $= \sqrt{(\triangle l)^2 + (\triangle d)^2}$
$= \sqrt{0.3^2 + 0.4^2} = 0.5$

폐합비$(R) = \dfrac{E}{\sum L} = \dfrac{0.5}{2,500} = \dfrac{1}{5,000}$

해답 41. ㉢ 42. ㉡

제5장 삼각측량

5.1 삼각측량의 정의 및 특징

5.1.1 정의

삼각측량은 측량지역을 삼각형으로 된 망의 형태로 만들고 삼각형의 꼭짓점에서 내각과 한 변의 길이를 정밀하게 측정하여 나머지 변의 길이는 삼각함수(sin법칙)에 의하여 계산하고 각점의 위치를 정하게 된다. 이때 삼각형의 꼭지점을 삼각점(Triangulation station), 삼각형들로 만들어진 형태를 삼각망(Triangulation net), 직접 측정한 변을 기선(Base line)이라 하며, 삼각형의 길이를 계산해 나가다가 그 계산값이 실제의 길이와 일치하는 가를 검사하기 위하여 보통 15~20개의 삼각형마다 그중 한 변을 실측하는데 이 변을 검기선(Check base)이라 한다.

5.1.2 삼각측량의 구분

측지 삼각측량 (Geodetic triangulation)	지구의 곡률을 고려하여 지상 삼각측량과 천체 관측에 의하여 위도, 경도를 구하고 지구 표면의 여러 점 사이의 지리적 위치와 지구의 형상 및 크기 등을 계산하는 데 이용된다.
평면 삼각측량 (Plane triangulation)	지구의 표면을 평면으로 간주하고 실시하는 측량으로 거리측량의 정밀도를 100만분의 1로 할 때 면적 400km²(반경 약 11km) 이내의 측량이다.

5.1.3 삼각측량의 원리

한 변(a)과 세 각을 알고 sin법칙을 이용하면 다음과 같다.

$$\frac{a}{\sin \alpha} = \frac{b}{\sin \beta} = \frac{c}{\sin \gamma}$$

$$b = \frac{\sin \beta}{\sin \alpha} \cdot a$$

$$c = \frac{\sin \gamma}{\sin \alpha} \cdot a$$

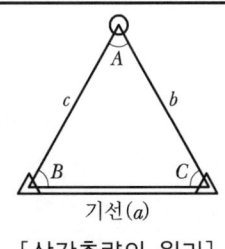

[삼각측량의 원리]

5.2 삼각점 및 삼각망

5.1.1 삼각점(측량 정도의 높은 순서를 정하기 위해)

삼각점	평균변장	내각
대삼각본점(1등 삼각점)	30km	약 60°
대삼각보점(2등 삼각점)	10km	30~120°
소삼각 1등점(3등 삼각점)	5km	25~130°
소삼각 2등점(4등 삼각점)	2.5km	15° 이상

5.1.2 삼각망의 종류

단열 삼각쇄(망) (Single chain of tringles)	① 폭이 좁고 길이가 긴 지역에 적합하다. ② 노선·하천·터널 측량 등에 이용한다. ③ 거리에 비해 관측 수가 적다. ④ 측량이 신속하고 경비가 적게 든다. ⑤ 조건식의 수가 적어 정도가 낮다.	[단열 삼각망]
유심 삼각쇄(망) (Chain of central points)	① 동일 측점에 비해 포함면적이 가장 넓다. ② 넓은 지역에 적합하다. ③ 농지측량 및 평탄한 지역에 사용된다. ④ 정도는 단열삼각망보다 좋으나 사변형보다 적다.	[유심 삼각망]
사변형 삼각쇄(망) (Chain of quadrilaterals)	① 조건식의 수가 가장 많아 정밀도가 가장 높다. ② 기선삼각망에 이용된다. ③ 삼각점 수가 많아 측량시간이 많이 소요되며 계산과 조정이 복잡하다.	[사변형 삼각망]

5.3 삼각측량의 순서 〈암기〉 ㉑㉓㉔㉕㉖㉗

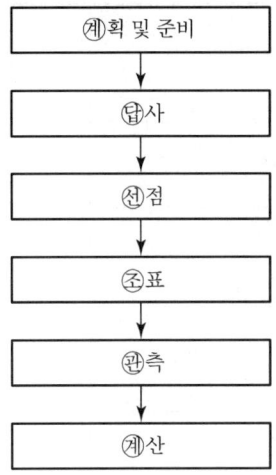

〈기선 및 삼각점 선점 시 유의사항〉

기선	① 되도록 평탄한 장소를 택할 것. 그렇지 않으면 경사가 $\frac{1}{25}$ 이하이어야 한다. ② 기선의 양끝이 서로 잘 보이고 기선 위의 모든 점이 잘 보일 것 ③ 부근의 삼각점에 연결하는데 편리할 것 ④ 기선장은 평균 변장의 $\frac{1}{10}$ 정도로 한다. ⑤ 기선의 길이는 삼각망의 변장과 거의 같아야 하므로 만일 이러한 길이를 쉽게 얻을 수 없는 경우는 기선을 증대시키는데 적당할 것 ⑥ 기선의 1회 확대는 기선길이의 3배 이내, 2회는 8배 이내이고 10배 이상되지 않도록 하여 확대 횟수도 3회 이내로 한다. ⑦ 오차를 검사하기 위하여 삼각망의 다른 끝이나 삼각형 수의 15~20개 마다 기선을 설치한다. 이것을 검기선이라 한다. ⑧ 우리나라는 1등 삼각망의 검기선을 200km 마다 설치한다.
삼각점 선점	① 각 점이 서로 잘 보일 것 ② 삼각형의 내각은 60°에 가깝게 하는 것이 좋으나 1개의 내각은 30~120° 이내로 한다. ③ 표지와 기계가 움직이지 않을 견고한 지점일 것 ④ 가능한 측점수가 적고 세부측량에 이용가치가 커야 한다. ⑤ 벌목을 많이 하거나 높은 시준탑을 세우지 않아도 관측할 수 있는 점일 것

5.4 편심(귀심) 계산

$\Delta P_1 CB$에서 sin 법칙 $\dfrac{e}{\sin x_1} = \dfrac{S_1'}{\sin(360-\phi)}$ $\therefore x_1 = \dfrac{e}{S_1'}\sin(360-\phi)\rho''$	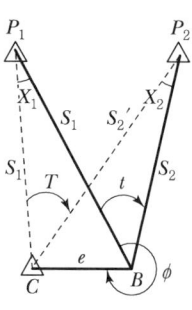 [편심관측]
$\Delta P_2 CB$에서 sin 법칙 $\dfrac{e}{\sin x_2} = \dfrac{S_2'}{\sin(360-\phi+t)}$ $\therefore x_2 = \dfrac{e}{S_2'}\sin(360-\phi+t)\rho''$	
$\therefore T+x_1 = t+x_2$ $T = t+x_2-x_1$	

5.5 삼각측량의 조정

5.5.1 관측각의 조정

각조건	삼각형의 내각의 합은 $180°$가 되어야 한다. 즉, 다각형의 내각의 합은 $180°(n-2)$이어야 한다.
점조건	한 측점 주위에 있는 모든 각의 합은 반드시 $360°$가 되어야 한다.
변조건	삼각망 중에서 임의의 한 변의 길이는 계산 순서에 관계없이 항상 일정하여야 한다.

5.5.2 조건식의 수

각 조건식	$S-P+1=$ 변의 총수 $-$ 삼각점의 수 $+1$
변 조건식	$B-S-2P+2=$ 기선 수 $-$ 변의 총수 $-(2\times$삼각점의 수$)+2$
점 조건식	$w-l+1=$ 한 점 주위의 각 수 $-$ 한 측점에서 나간 변의 수 $+1$
조건식의 총수	$B+a-2P+3=$ 기선 수 $+$ 관측각의 총수 $-(2\times$삼각점의 수$)+3$

여기서, w : 한 점 주위의 각 수 l : 한 측점에서 나간 변의 수
        a : 관측각의 총수 B : 기선 수
        S : 변의 총수 P : 삼각점의 수

5.6 삼각측량의 오차

구차 (h_1)	지구의 곡률에 의한 오차이며, 이 오차만큼 높게 조정한다.	$h_1 = +\dfrac{S^2}{2R}$
기차 (h_2)	지표면에 가까울수록 대기의 밀도가 커지면서 생기는 오차(굴절오차)를 말하며, 이 오차만큼 낮게 조정한다.	$h_2 = -\dfrac{KS^2}{2R}$
양차	구차와 기차의 합을 말하며 연직각 관측값에서 이 양차를 보정하여 연직각을 구한다.	$양차 = \dfrac{S^2}{2R} + \left(-\dfrac{KS^2}{2R}\right)$ $= \dfrac{S^2}{2R}(1-K)$

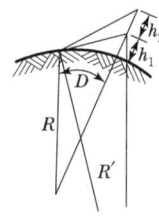

여기서, R : 지구의 곡률반경
S : 수평거리
K : 굴절계수
 (0.12~0.14)

[구차와 기차]

예제

키가 1.80m인 사람이 바닷가의 해수면 상에서 해수면을 바라볼 수 있는 수평선의 거리는 약 얼마인가?(단, 지구의 곡률반경=6,370km, 공기의 굴절계수=0.14)

▶ $\Delta E = \dfrac{S^2}{2R}(1-K)$

$S = \sqrt{\dfrac{2R \cdot \Delta E}{(1-K)}} = \sqrt{\dfrac{2 \times 6,370,000 \times 1.8}{1-0.14}} = 5,160\text{m}$

5.7 삼변측량(Trilateration)

5.7.1 정의

삼각측량은 삼각형의 세 각을 측정하고 측정된 각을 사용하여 세 변의 길이를 구하지만 삼변측량은 세 변을 먼저 측정하고 세 각은 코사인 제2법칙 또는 반각법칙에 의해 삼각점의 위치를 결정하는 측량방법이다.

5.7.2 수평각의 계산

코사인 제2법칙	$\cos A = \dfrac{b^2 + C^2 - a^2}{2bc}$ $\cos B = \dfrac{c^2 - a^2 - b^2}{2ca}$ $\cos C = \dfrac{a^2 + b^2 + c^2}{2ab}$	[삼변측량]
반각공식	$\sin \dfrac{A}{2} = \sqrt{\dfrac{(s-b)(s-c)}{bc}}$ $\cos \dfrac{A}{2} = \sqrt{\dfrac{s(s-a)}{bc}}$ $\tan \dfrac{A}{2} = \sqrt{\dfrac{(s-b)(s-c)}{s(s-a)}}$	

5.8 삼각측량의 성과표

삼각측량 성과표의 내용은 다음과 같다.
① 삼각점의 등급과 내용
② 방위각
③ 평균거리의 대수
④ 측점 및 시준점의 명칭
⑤ 자북 방향각
⑥ 평면 직각좌표
⑦ 위도, 경도
⑧ 삼각점의 표고

5.9 삼각 및 삼변측량의 특징

삼각측량	삼변측량
① 넓은 지역에 동일한 정확도로 기준점을 배치하는 것이 편리하다. ② 삼각측량은 넓은 지역의 측량에 적합하다. ③ 삼각점은 서로 시통이 잘 되어야 한다. ④ 조건식이 많아 계산 및 조정방법이 복잡하다. ⑤ 각 단계에서 정밀도를 점검할 수 있다.	① 삼변을 측정해서 감각점의 위치를 결정한다. ② 기선장을 실측하므로 기선확대가 필요없다. ③ 관측값에 비하여 조건식이 적은 것이 단점이다. ④ 좌표계산이 편리하다. ⑤ 조정방법은 조건방정식에 의한 조정과 관측방정식에 의한 조정이 있다.

예상 및 기출문제 05

1. 삼각측량을 위한 삼각점의 위치선정에 있어서 피해야 할 장소로 가장 거리가 먼 것은?
- ㉮ 나무의 벌목면적이 큰 곳
- ㉯ 습지 또는 하상인 곳
- ㉰ 측표를 높게 설치해야 되는 곳
- ㉱ 편심관측을 해야 되는 곳

해설 삼각점 선점
① 되도록 측점 수가 적고 세부측량에 이용가치가 커야 한다.
② 삼각형은 정삼각형에 가까울수록 좋으나 1개의 내각은 30°~120° 이내로 한다.
③ 삼각점의 위치는 다른 삼각점과 시준이 잘 되어야 한다.
④ 많은 나무의 벌채를 요하거나 높은 측표를 요하는 기점을 가능한 한 피한다.
⑤ 미지점은 최소 3개, 최대 5개의 기지점에서 정·반 양방향으로 시통이 되도록 한다.
⑥ 지반이 견고하여 이동이나 침하가 되지 않는 곳
편심관측을 해야 되는 곳은 편심관측을 하면 되므로 삼각점 위치 선정에 있어 피해야 할 장소와 가장 거리가 멀다.

2. 삼각측량을 위한 삼각망 중에서 유심다각망에 대한 설명으로 틀린 것은?
- ㉮ 농지측량에 많이 사용된다.
- ㉯ 삼각망 중에서 정확도가 가장 높다.
- ㉰ 방대한 지역의 측량에 적합하다.
- ㉱ 동일측점 수에 비하여 포함면적이 가장 넓다.

해설 삼각망의 종류
① 단열삼각망 : 폭이 좁고 먼 거리의 두 점간 위치 결정 또는 하천 측량이나 노선측량에 적당하나, 조건수가 적어 정도가 낮다.
② 유심삼각망 : 넓은 지역(농지측량)에 적당. 동일 측점 수에 비해 표면적이 넓고, 단열 삼각망 보다는 정도가 높으나 사변형보다는 낮다.
③ 사변형망 : 기선삼각망과 시가지와 같은 정밀성을 요하는 골격 측량에 사용. 조정이 복잡하고 포함면적이 적으며, 시간과 비용이 많이 든다. 정밀도가 가장 높다.

3. 삼각망의 조정계산에 있어 조건에 따른 설명이 틀린 것은?
- ㉮ 어느 한 측점 주위에 형성된 모든 각의 합은 360°이어야 한다.
- ㉯ 삼각망의 각 삼각형의 내각의 합은 180° 이어야 한다.
- ㉰ 한 측점에서 측정한 여러 각의 합은 그 전체를 한 각으로 관측한 각과 같다.

해답 1. ㉱ 2. ㉯ 3. ㉱

㉱ 한 개 이상의 독립된 다른 경로에 따라 계산된 삼각형의 어느 한 변의 길이는 그 계산경로에 따라 달라야 한다.

해설 삼각망 중에서 임의 한 변의 길이는 계산 순서에 관계없이 동일해야 한다.

4. 조정이 복잡하고 포괄면적이 적으며 시간과 비용이 많이 요하는 것이 결점이나 정도가 가장 높은 삼각망은?

㉮ 단열 삼각망   ㉯ 유심 삼각망
㉰ 사변형 삼각망   ㉱ 결합 삼각망

해설 삼각망의 종류
① 단열삼각망 : 폭이 좁고 거리가 먼 지역에 적합, 조건수가 적어 정도가 낮다.
② 유심삼각망 : 동일 측점 수에 비해 표면적이 넓고, 단열보다는 정도가 높으나 사변형보다는 낮다.
③ 사변형 삼각망 : 기선삼각망에 이용, 조정이 복잡하고 포함 면적이 적으며, 시간과 비용이 많이 든다.

5. 삼각점의 선정시 주의하여야 할 사항으로 옳지 않은 것은?

㉮ 견고한 지반에 설치하여 이동, 침하 등이 없도록 한다.
㉯ 삼각점 상호 간에 시준이 잘 되어야 한다.
㉰ 삼각형은 가능한 정삼각형에 가깝도록 하는 것이 좋다.
㉱ 가능한 한 측점 수를 많게 하여 후속 측량의 활용도를 높인다.

해설 가능한 한 측점 수가 적고, 세부측량에 이용가치가 커야 한다.

6. 삼각측량에서 인접한 변의 길이가 32km, 28km이고 사이각이 42°50′20″일 때 구과량은?(단, 지구 곡률반경은 6,370km)

㉮ 1.3″   ㉯ 1.5″   ㉰ 1.7″   ㉱ 1.9″

해설 $\varepsilon'' = \dfrac{A}{\gamma^2}\rho''$

$A = \dfrac{1}{2}ab\sin\alpha$
$= \dfrac{1}{2} \times 32,000 \times 28,000 \times \sin 42°50′20″$
$= 304,612,743.2$

$\varepsilon'' = \dfrac{304,612,743.2}{6,370,000^2} \times 206,265″$
$= 1.5″$

해답 4. ㉰ 5. ㉱ 6. ㉯

예상 및 기출문제

7. 비교적 폭이 좁고 거리가 긴 지역에 적합하여 하천측량, 노선측량, 터널측량 등에 이용되는 삼각망은?

㉮ 단열삼각망 ㉯ 유심다각망
㉰ 사변형망 ㉱ 격자삼각망

해설 단열삼각망은 폭이 좁고 거리가 먼 지역에 적합하다. 또한 선형지역(하천, 노선) 측량의 골조측량에 주로 활용된다.

8. 평탄한 지형의 A점에서 10km 떨어진 B점을 삼각측량하려고 할 때 B점에 설치할 표척의 최소 높이는?(단, A점의 기계고, 표고 및 기차는 무시하며, 지구곡률반경은 6,370km이다.)

㉮ 1.36m ㉯ 4.38m
㉰ 7.85m ㉱ 10.62m

해설 구차 $= \dfrac{S^2}{2R} = \dfrac{10^2}{2 \times 6,370} = 0.007849 \text{km} = 7.85\text{m}$

9. 1등 삼각측량을 하고자 할 때에 어떤 측각법이 가장 적당한가?

㉮ 조합각 관측법 ㉯ 방향각법
㉰ 배각법 ㉱ 단각법

해설 삼각측량의 각 관측방법 중 가장 정도가 높은 관측법은 최소제곱법을 이용한 각관측방법(조합각 관측방법)이다.

10. 다음의 삼변측량에 관한 설명 중 옳지 않은 것은?

㉮ 삼각점의 위치를 변장측량법을 이용하면 대삼각망의 기선장을 간접측량하기 때문에 기선 삼각망의 확대가 필수적이다.
㉯ 변장만을 측정하여 삼각망(삼변측량)을 구성할 수 있다.
㉰ 수평각을 대신하여 삼각형의 변장을 직접 관측하여 삼각점의 위치를 정하는 측량이다.
㉱ 관측요소가 변장뿐이므로 수학적 계산으로 변으로부터 각을 구하고, 이 각과 변에 의해 수평위치를 구한다.

해설 기선길이를 직접 측정하므로 기선망의 확대를 할 필요가 없다.

11. 삼각수준측량의 관측값에서 대기의 굴절오차(기차)와 지구의 곡률오차(구차)의 조정방법 중 옳은 것은?

㉮ 기차는 높게, 구차는 낮게 조정한다.
㉯ 기차는 낮게, 구차는 높게 조정한다.
㉰ 기차와 구차를 함께 높게 조정한다.
㉱ 기차와 구차를 함께 낮게 조정한다.

해답 7. ㉮ 8. ㉰ 9. ㉮ 10. ㉮ 11. ㉯

해설 구차 $= \dfrac{S^2}{2R}$, 기차 $= -\dfrac{KS^2}{2R}$

양차 = 구차+기차

$= \dfrac{S^2}{2R} - \dfrac{KS^2}{2R} = \dfrac{S^2(1-K)}{2R}$

12. 평지에서 8km 떨어진 두 삼각점 사이를 관측하기 위하여 세워야 되는 측표의 최소높이는? (단, 지구의 반경=6,370km)

㉮ 2.1m ㉯ 5.1m
㉰ 7.1m ㉱ 9.1m

해설 구차 $= \dfrac{S^2}{2R} = \dfrac{8^2}{2 \times 6,370} = 0.00502\text{km} = 5.02\text{m}$

13. 지구의 곡률로 인하여 발생하는 오차는?

㉮ 구차 ㉯ 기차
㉰ 양차 ㉱ 우차

해설 ㉮ 구차 : 지구가 회전타원체인 것에 기인된 오차
㉯ 기차 : 지구공간에 대기가 지표면에 가까울수록 밀도가 커지므로 생기는 오차
㉰ 양차 : 구차와 기차의 합

14. 양차 0.01m가 되기 위한 수평거리는 얼마인가?(단, k=0.14, 지구곡률반지름(R)=6,370km)

㉮ 400m ㉯ 395m
㉰ 390m ㉱ 385m

해설 $h = \dfrac{(1-k)S^2}{2R}$ 에서

$S = \sqrt{\dfrac{2Rk}{1-K}} = \sqrt{\dfrac{2 \times 6,370 \times 1,000 \times 0.01}{1-0.14}} = 385\text{m}$

15. 기차 및 구차에 대한 설명 중 옳지 않은 것은?

㉮ 삼각형 상호간의 고저차를 구하고자 할 때와 같이 거리가 상당히 떨어져 있을 때 지구의 표면이 구상이므로 일어나는 오차를 구차라 한다.
㉯ 구차는 시준거리의 제곱에 비례한다.
㉰ 공기의 온도, 기압 등에 의하여 시준선에 생기는 오차를 기차라 하며 대략 구차의 1/7정도 이다.
㉱ 기차 $= \dfrac{L^2}{2R}$, 구차 $= K\dfrac{L^2}{2R}$ 의 식으로 구할 수 있다.(여기서 L : 2점 간의 거리, R : 지구의 반경(6,370km), K : 굴절계수)

해답 12. ㉯ 13. ㉮ 14. ㉱ 15. ㉱

해설 ① 구차 $= \dfrac{L^2}{2R}$

② 기차 $= -\dfrac{KL^2}{2R}$

16. 각이 A, B, C이고 대응변이 a, b, c인 삼각형에서 ∠A=22°00′56″, ∠C=80°21′54″, b=310.95m 일 때 변 a의 길이는?

㉮ 119.34m ㉯ 310.95m
㉰ 313.86m ㉱ 526.09m

해설 ∠B = 180° − ∠A + ∠C
= 180° − 102°22′50″
= 77°37′10″

$\dfrac{a}{\sin 22°00′56″} = \dfrac{310.95}{\sin 77°37′10″}$

$a = \dfrac{310.95 \times \sin 22°00′56″}{\sin 77°37′10″} ≒ 119.34\text{m}$

17. 삼각망에 대한 특징을 잘못 설명한 것은?

㉮ 단열삼각망은 같은 거리에 대하여 측점 수가 가장 적으므로 측량은 간단하여 경제적이나 조건식의 수가 적어서 정밀도가 낮다.
㉯ 사변형삼각망은 조건식의 수가 많아서 다른 삼각망에 비해 정밀도가 높다.
㉰ 유심삼각망은 면적이 넓고 광대한 지역의 측량에 좋다.
㉱ 사변형삼각망은 폭이 좁고 길이가 긴 도로, 하천, 철도 등의 측량을 시행할 경우에 주로 사용된다.

해설 사변형 삼각망
① 기선 삼각망에 이용
② 조건식의 수가 많아 정밀도가 가장 높다.
③ 조정이 복잡하고 포함면적이 적다.
④ 시간과 비용이 많이 든다.

18. 삼각측량에서 대표적인 삼각망의 종류가 아닌 것은?

㉮ 단열삼각망 ㉯ 귀심삼각망
㉰ 사변형삼각망 ㉱ 유심삼각망

해설 삼각망의 종류
① 사변형삼각망
② 유심삼각망
③ 단열삼각망

해답 16. ㉮ 17. ㉱ 18. ㉯

19. ∠CAB를 측정함에 있어, B점의 중심을 시준하지 못하여 B'점을 시준한 때에 수평각 점표귀심을 계산하기 위한 시준점의 편심관측 보정량(x)은?(단, BE=1.5m, D=2km)

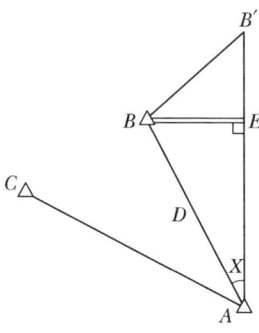

㉮ 1′10″ ㉯ 2′35″ ㉰ 3′58″ ㉱ 4′40″

해설 $\dfrac{BE}{\sin x} = \dfrac{D}{\sin 90}$ 에서

$\sin x = \dfrac{BE \times \sin 90}{D}$

$x = \sin^{-1} \dfrac{1.5}{2,000} \times \sin 90° = 0°02'34.7''$

20. 그림과 같은 단열삼각망의 조정각이 $\alpha_1=40°$, $\beta_1=60°$, $\gamma_1=80°$, $\alpha_2=50°$, $\beta_2=30°$, $\gamma_2=100°$일 때 $\overline{CD}$의 길이는?(단, $\overline{AB}$기선 길이는 500m임)

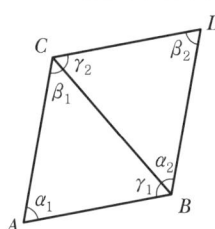

㉮ 212.5m ㉯ 323.4m ㉰ 400.7m ㉱ 568.6m

해설 ① $\dfrac{500}{\sin 60°} = \dfrac{CB}{\sin 40°}$

∴ $CB = 371.11$m

② $\dfrac{371.11}{\sin 30°} = \dfrac{CD}{\sin 50°}$

∴ $CB = 568.6$m

21. 삼변측량에서 변의 길이로부터 각을 계산하는 식은?

㉮ $\cos B = \dfrac{a^2+b^2+c^2}{2ca}$ ㉯ $\cos B = \dfrac{a^2+b^2-c^2}{2ca}$

㉰ $\cos B = \dfrac{b^2-c^2-a^2}{2ca}$ ㉱ $\cos B = \dfrac{c^2+a^2-b^2}{2ca}$

해설 cosine 제2법칙

$$\cos B = \frac{c^2 + a^2 - b^2}{2ca}$$

22. 다음 중 삼각망 조정에서 조정 조건에 대한 설명으로 옳지 않은 것은?
㉮ 1점 주위에 있는 각의 합은 180°이다.
㉯ 검기선의 측정한 방위각과 계산된 방위각이 동일하다.
㉰ 임의 한 변의 길이는 계산 경로가 달라도 일치한다.
㉱ 검기선의 측정한 길이와 계산된 길이가 동일하다.

해설 각 관측 3조건
① 각 조건 : 삼각망 중 3각형의 내각의 합은 180°가 될 것
② 변 조건 : 삼각망 중 한 변의 길이는 계산 순서에 관계없이 동일해야 한다.
③ 측점조건 : 한 측점의 둘레에 있는 모든 각을 합한 것은 360°이다.

23. 삼각수준측량 거리가 10km일 때 지구곡률로 인한 오차는?(단, 지구 반지름은 6,370km이다.)
㉮ 4.5m ㉯ 5.8m
㉰ 6.5m ㉱ 7.8m

해설 구차 $= \dfrac{S^2}{2R} = \dfrac{10^2}{2 \times 6,370}$
$= 7.8 \times 10^{-3} \text{km} = 7.8\text{m}$

24. 삼각망을 조정한 결과 다음과 같은 결과를 얻었다면 B점의 좌표는?

∠A = 60°20′20″,	∠B = 59°40′30″
∠C = 59°59′10″,	AC측선의 거리 = 120.730m
AB측선의 방위각 = 30,	A점의 좌표(1,000m, 100m)

㉮ (1,104.886m, 1,060.556m) ㉯ (1,060.556m, 1,104.886m)
㉰ (1,104.225m, 1,040.175m) ㉱ (1,060.175m, 1,104.225m)

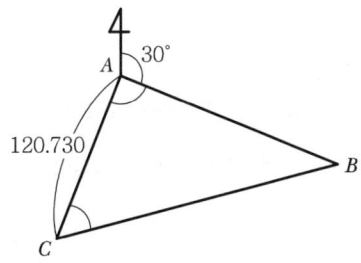

해답 22. ㉮ 23. ㉱ 24. ㉮

① $Xb = Xa + \overline{AB}\cos 30° = 1,000 + 121.11\cos 30°$
   $= 1,104.886$
② $Yb = Ya + \overline{AB}\sin 30° = 1,000 + 121.11\sin 30°$
   $= 1,060.556$

25. 다음 그림과 같은 편심조정계산에서 T값은?(단, $\varPhi = 300°$, $S_1 = 3$km, $S_2 = 2$km, $e = 0.5$m, $t = 45°30'$, $S_1 ≒ S_1'$, $S_2 ≒ S_2'$로 가정할 수 있음)

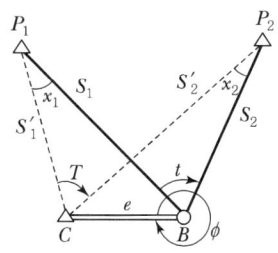

㉮ 45°29′40″
㉯ 45°30′05″
㉰ 45°30′20″
㉱ 45°31′05″

해설 $T = t + x_2 - x_1$ 에서

$$\frac{e}{\sin x_1} = \frac{S_1 = S_1'}{\sin(360° - \varphi)}$$

① x_1 계산

$$x_1 = \frac{e}{S_1}\sin(360°D - \varphi)\rho'' = 30''$$

② x_2 계산

$$\frac{e}{\sin x_2} = \frac{S_2}{\sin(360° - \varphi + t)}$$

$$x_2 = \frac{e}{S_2}\sin(360° - \varphi + t)\rho'' = 50''$$

③ T 계산

$T = 45°30' + 50'' - 30'' = 45°30'20''$

26. 삼각측량에 대한 설명 중 옳지 않은 것은?

㉮ 정밀도가 큰 것이 1등 삼각망이다.
㉯ 조건식이 많아 계산 및 조정 방법이 복잡하다.
㉰ 삼각망 계산에서 기준이 되는 최초의 변장은 검기선이다.
㉱ 삼각점을 선정할 때 계속해서 연결되는 작업에 편리하도록 선점에 고려해야 한다.

해설 삼각망 계산에서 기준이 되는 최초의 변장은 검기선이 아니고 기선이다.

예상 및 기출문제

27. 삼각측량에서 삼각망을 구성하는 형상으로 가장 이상적인 것은?
　㉮ 직각삼각형　　　　　　　　　㉯ 이등변삼각형
　㉰ 정삼각형　　　　　　　　　　㉱ 둔각삼각형

　해설 삼각측량에서 삼각망을 구성하는 형상으로 가장 이상적인 것은 정삼각형이다.

28. 삼각망 조정에 관한 설명 중 잘못된 것은?
　㉮ 1점 주위에 있는 각의 합은 360°이다.
　㉯ 삼각형의 내각의 합은 180°이다.
　㉰ 임의 한 변의 길이는 계산 경로가 달라지면 일치하지 않는다.
　㉱ 검기선은 측정한 길이와 계산된 길이가 동일하다.

　해설 ① 각 조건 : 삼각망 중 3각형의 내각의 합은 180°가 될 것
　　　　② 변 조건 : 삼각망 중 한 변의 길이는 계산 순서에 관계없이 동일할 것
　　　　③ 측점 조건 : 한 측점의 둘레에 있는 모든 각을 합한 것은 360°일 것

29. 삼변측량에 대한 설명으로 잘못된 것은?
　㉮ 전자파거리측량기(E.D.M)의 출현으로 그 이용이 활성화되었다.
　㉯ 관측값의 수에 비해 조건식이 많은 것이 장점이다.
　㉰ 코사인 제2법칙과 반각공식을 이용하여 각을 구한다.
　㉱ 조정방법에는 조건방정식에 의한 조정과 관측방정식에 의한 조정방법이 있다.

　해설 삼변측량은 관측값의 수에 비해 조건식이 적고 관측값의 기상보정이 난해하다.

30. 삼각점 간의 평균거리가 약 2km의 삼각측량을 하였을 때 관측한 수평각의 평균을 ±0.1′까지 구한다면 관측점 및 시준점의 편심을 고려하지 않아도 되는 한도는?
　㉮ ±5.8cm　　　　㉯ ±4.2cm　　　　㉰ ±3.1cm　　　　㉱ ±1.2cm

　해설 $\dfrac{l}{S} = \dfrac{a''}{\rho''}$

　　　$l = \dfrac{a''}{\rho''} \times S = \dfrac{6''}{206,265''} \times 2,000$
　　　　$= \pm 0.058\text{m} = \pm 5.8\text{cm}$

31. 삼각측량의 주된 목적은 무엇인가?
　㉮ 삼각점의 위치 결정　　　　　㉯ 변장의 산출
　㉰ 삼각점의 면적 결정　　　　　㉱ 각 관측 오차 점검

　해설 삼각측량의 주된 목적은 각종 측량의 골격이 되는 삼각점의 위치를 결정하기 위해서이다.

해답 27. ㉰　28. ㉰　29. ㉯　30. ㉮　31. ㉮

32. 그림과 같은 4변형 삼각망에서 조건식의 총수(K_1), 각조건식의 수(K_2), 변조건식의 수(K_3)로 옳은 것은?

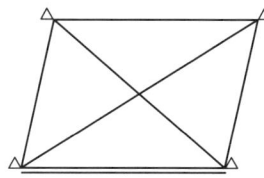

㉮ $K_1=8$, $K_2=4$, $K_3=4$ ㉯ $K_1=8$, $K_2=2$, $K_3=6$
㉰ $K_1=4$, $K_2=3$, $K_3=1$ ㉱ $K_1=4$, $K_2=2$, $K_3=2$

① 각조건 수 = S − P + 1 = 6 − 4 + 1 = 3개
② 변조건 수 = B + S − 2P + 2 = 1 + 6 − 2×4 + 2 = 1개
③ 조건식 총수 = B + a − 2P + 3 = 1 + 8 − 2×4 + 3 = 4개

33. 기지의 삼각점을 이용하여 새로운 삼각점들을 부설하고자 할 때 삼각측량의 순서로 옳은 것은?

① 도상계획	② 답사 및 선점
③ 조표	④ 기선 측량
⑤ 각 관측	⑥ 계산 및 성과표 작성

㉮ ① → ② → ③ → ④ → ⑤ → ⑥   ㉯ ① → ③ → ② → ⑤ → ④ → ⑥
㉰ ① → ② → ④ → ③ → ⑤ → ⑥   ㉱ ① → ③ → ⑤ → ② → ④ → ⑥

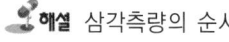 삼각측량의 순서
도상계획 → 답사 및 선점 → 조표 → 기선관측 → 각관측 → 계산 및 성과표 작성

34. 지표상 P점에서 5km 떨어진 Q점을 관측할 때 Q점에 세워야 할 측표의 최소 높이는 약 얼마인가? (단, 지구 반지름 R = 6,370km이고, P, Q점은 수평면상에 존재한다.)

㉮ 4m   ㉯ 2m   ㉰ 1m   ㉱ 0.5m

해설 구차(h) = $\dfrac{S^2}{2R}$
= $\dfrac{5^2}{2 \times 6,370}$ = 0.00196km ≒ 2m

35. 삼각망의 조정에서 하나의 삼각형 3점에서 같은 정밀도로 측량하여 생긴 폐합오차는 어떻게 처리 하는가?

㉮ 각의 크기에 관계없이 등배분한다.   ㉯ 대변의 크기에 비례하여 배분한다.
㉰ 각의 크기에 반비례하여 배분한다.   ㉱ 각의 크기에 비례하여 배분한다.

해설 각관측의 정도가 같을 때는 오차를 각의 크기에 관계없이 동일하게 배분한다.

해답 32. ㉰ 33. ㉮ 34. ㉯ 35. ㉮

예상 및 기출문제

36. 삼각측량의 특징에 대한 설명으로 옳지 않은 것은?

㉮ 넓은 면적의 측량에 적합하다.
㉯ 각 단계에서 정확도를 점검할 수 있다.
㉰ 삼각점 간의 거리를 비교적 길게 취할 수 있다.
㉱ 산지 등 기복이 많은 곳보다는 평야지대와 산림지역에 적합하다.

해설 삼각측량은 산림지역에는 부적합하다.

37. 삼각측량 시 노선측량, 하천측량, 철도측량 등에 많이 사용하며 동일한 도달거리에 대하여 측점 수가 가장 적으므로 측량이 간단하고 경제적이나 정확도가 낮은 삼각망은?

㉮ 사변형 삼각망 ㉯ 유심 삼각망
㉰ 기선 삼각망 ㉱ 단열 삼각망

해설 삼각망의 종류
① 단열 삼각망 : 폭이 좁고 먼 거리의 두 점 간 위치 결정 또는 하천측량이나 노선측량에 적당하나, 조건수가 적어 정도가 낮다.
② 유심 삼각망 : 넓은 지역(농지측량)에 적당. 동일 측점 수에 비해 표면적이 넓고, 단열 삼각망보다는 정도가 높으나 사변형보다는 낮다.
③ 사변형 삼각망 : 기선삼각망에 이용, 시가지와 같은 정밀을 요하는 골격측량에 사용. 조정이 복잡하고 포함면적이 적으며, 시간과 비용이 많이 든다. 정밀도가 가장 높다.

38. 일반적으로 단열 삼각망으로 구성하기에 가장 적합한 것은?

㉮ 시가지와 같이 정밀을 요하는 골조측량 ㉯ 복잡한 지형의 골조측량
㉰ 광대한 지역의 지형측량 ㉱ 하천조사를 위한 골조측량

해설 단열 삼각망
① 폭이 좁고 긴 지역에 적합하다.
② 노선, 하천, 터널측량 등에 이용된다.
③ 조건식의 수가 적어 정도가 낮다.
④ 측량이 신속하고 경비가 적게 든다.
⑤ 거리에 비해 관측 수가 적다.

39. 표고 45.2m인 해변에서 눈높이 1.7m인 사람이 바라볼 수 있는 수평선까지의 거리는?(단, 지구 반지름 : 6,370km, 빛의 굴절계수 : 0.14)

㉮ 12.4km ㉯ 26.4km
㉰ 42.8km ㉱ 62.4km

해설 $h = \dfrac{S^2}{2R}(1-k)$에서

$S = \sqrt{\dfrac{2Rh}{1-k}} = \sqrt{\dfrac{2 \times 6,370 \times 1,000 \times (45.2+1.7)}{1-0.14}}$

$= 26,358.5\text{m} = 26.4\text{km}$

해답 36. ㉱ 37. ㉱ 38. ㉱ 39. ㉯

40. 삼각형 내각을 관측할 때에 1각의 표준오차가 ±10″인 데오돌라이트를 사용한다면 삼각형 내각합의 표준오차는 얼마인가?

㉮ ±10.3″ ㉯ ±12.6″ ㉰ ±15.4″ ㉱ ±17.3″

해설 $M = \pm\sqrt{m_1^2 + m_2^2 + m_3^2}$
$= \pm\sqrt{10^2 + 10^2 + 10^2}$
$= \pm 17.3″$

41. 그림과 같은 유심삼각망에서 만족하여야 할 조건식이 아닌 것은?

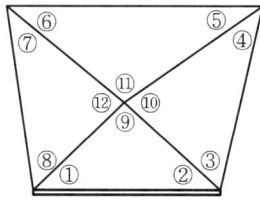

㉮ ①+②+⑨-180°=0
㉯ [①+②]-[⑤+⑥]=0
㉰ ⑨+⑩+⑪+⑫-360°=0
㉱ ①+②+③+④+⑤+⑥+⑦+⑧-360°=0

해설 ㉮ 각조건 → ①+②+⑨-180°=0
㉰ 점조건 → ⑨+⑩+⑪+⑫-360°=0
㉱ 각조건 → ①+②+③+④+⑤+⑥+⑦+⑧-360°=0
㉯ 사변형의 변조건 → [①+②]-[⑤+⑥]=0

42. 기선 D=20m, 수평각 α=80°, β=70°, 연직각 V=40°를 측정하였다. 높이 H는?(단, A, B, C점은 동일한 평면이다.)

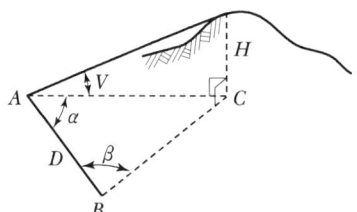

㉮ 31.54m ㉯ 32.42m ㉰ 32.63m ㉱ 33.05m

해설 ① $\overline{AC}$ 거리
$$\frac{D}{\sin C} = \frac{AC}{\sin \beta}$$
$$AC = \frac{\sin 70°}{\sin 30°} \times 20$$
∴ $\overline{AC} = 37.59\text{m}$
② $H = \overline{AC}\tan V = 37.59 \times \tan 40° = 31.54\text{m}$

해답 40. ㉱ 41. ㉯ 42. ㉮

43. 측선 AB를 기선으로 삼각측량을 실시하였다. 측선 AC의 방위각은?(단, A의 좌표(200m, 224.210m), B의 좌표(100m, 100m), ∠A=37°51′41″, ∠B=41°41′38″, ∠C=100°26′41″)

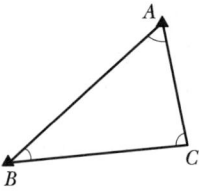

㉮ 0°58′33″
㉯ 76°41′55″
㉰ 180°58′33″
㉱ 193°18′05″

해설 ① AB측선의 방위각
$$\theta = \tan^{-1}\frac{Y_B - Y_A}{X_B - X_A} = \tan^{-1}\frac{100 - 224.210}{100 - 200}$$
∴ $\theta = 51°9′46″$ (3상한)
∴ $\overline{AB}$ 방위각 = 231°9′46″
② $\overline{AC}$ 방위각 = 231°9′46″ − 37°51′41″
    = 193°18′05″

44. 삼각측량과 삼변측량에 대한 설명으로 틀린 것은?

㉮ 삼변측량은 변 길이를 관측하여 삼각점의 위치를 구하는 측량이다.
㉯ 삼각측량의 삼각망 중 가장 정확도가 높은 망은 사변형 삼각망이다.
㉰ 삼각점의 선점시 기계나 측표가 동요할 수 있는 습지나 하상은 피한다.
㉱ 삼각점의 등급을 정하는 주된 목적은 표석 설치를 편리하게 하기 위함이다.

해설 삼각점의 등급을 정하는 목적은 정밀도의 순서에 따라 정해진다.

45. 키가 1.80m인 사람이 바닷가의 해수면 상에서 해수면을 바라볼 수 있는 수평선의 거리는 약 얼마인가?(단, 지구의 곡률반경=6,370 km, 공기의 굴절계수=0.14)

㉮ 3,160m
㉯ 5,160m
㉰ 7,160m
㉱ 9,160m

해설 $\Delta E = \frac{S^2}{2R}(1-K)$

$S = \sqrt{\frac{2R \cdot \Delta E}{(1-K)}}$

$= \sqrt{\frac{2 \times 6,370,000 \times 1.8}{1-0.14}} = 5,160\text{m}$

해답 43. ㉱ 44. ㉱ 45. ㉯

46. 우리나라 기본측량에 있어서 삼각 및 삼변측량을 실시하는 최종 목적은 무엇인가?

㉮ 각 변의 길이를 산출하기 위한 것이다.
㉯ 삼각형의 면적을 산출하기 위한 것이다.
㉰ 기준점의 위치를 결정하기 위한 것이다.
㉱ 삼각형의 내각을 산출하기 위한 것이다.

해설 삼각 및 삼변 측량을 실시하는 목적은 기지점을 이용하여 기준점의 위치를 결정하기 위함이다.

47. 유심다각망 조정에서 고려해야 할 조정조건이 아닌 것은?

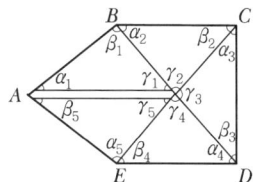

㉮ $a_2 + \beta_2 + \gamma_2 = 180°$

㉯ $\dfrac{a_2 + \beta_2}{a_3 + \beta_3} = 1$

㉰ $\gamma_1 + \gamma_2 + \gamma_3 + \gamma_4 + \gamma_5 = 360°$

㉱ $\dfrac{\sin a_1 \cdot \sin a_2 \cdot \sin a_3 \cdot \sin a_4 \cdot \sin a_5}{\sin \beta_1 \cdot \sin \beta_2 \cdot \sin \beta_3 \cdot \sin \beta_4 \cdot \sin \beta_5} = 1$

해설 ① $a_2 + \beta_2 + \gamma_2 = 180°$ → 각조건식
② $\gamma_1 + \gamma_2 + \gamma_3 + \gamma_4 + \gamma_5 = 360°$ → 점조건식
③ $\dfrac{\sin a_1 \cdot \sin a_2 \cdot \sin a_3 \cdot \sin a_4 \cdot \sin a_5}{\sin \beta_1 \cdot \sin \beta_2 \cdot \sin \beta_3 \cdot \sin \beta_4 \cdot \sin \beta_5} = 1$ → 변조건식

48. 그림과 같이 삼각점 A에 기계를 설치하여 삼각점 B가 시준되지 않아 점 P를 관측하여 T′ = 60°32′15″를 얻었다면 각 T는?(단, $\overline{AP}$ = 1.3km, e = 5m, ϕ = 315°)

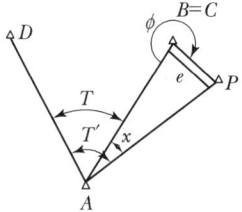

㉮ 60°32′23″　　　　　㉯ 60°22′54″
㉰ 60°21′09″　　　　　㉱ 60°17′09″

해설 $T = T' - x$
$\quad = 60°32'15'' - 0°9'20.97''$
$\quad = 60°22'54''$

$\dfrac{e}{\sin x} = \dfrac{S}{\sin(360° - \phi)}$

$\sin x = \dfrac{e}{S}\sin(360° - 315°)$

$x = \sin^{-1}\left(\dfrac{5 \times \sin(360° - 315°)}{1,300}\right)$
$\quad = 0°9'20.97''$

49. 삼각측량 성과표에 나타나는 삼각점 간의 거리는?

㉮ 기준 회전타원체면상에 투영한 거리   ㉯ 지표면을 따라 측정한 거리
㉰ 2점 간의 직선거리   ㉱ 2점의 위도차에 상응하는 자오선상의 거리

해설 삼각점 성과표에 등록되는 삼각점 간의 거리는 기준 회전타원체면상에 투영한 거리이다.

50. 삼각측량을 하여 $\alpha = 54°25'32''$, $\beta = 68°43'23''$, $\gamma = 56°51'14''$를 얻었다. β 각의 각조건에 의한 조정량은 몇 초인가?

㉮ $-4''$ ㉯ $-3''$ ㉰ $+4''$ ㉱ $+3''$

해설 ① 각조정
  오차 = $(\alpha + \beta + \gamma) - 180° = 09''$
② 조정량$(e) = -\dfrac{9}{3} = -3''$

51. 삼각측량에서 내각을 60°에 가깝도록 정하는 것을 원칙으로 하는 이유로 가장 타당한 것은?

㉮ 시각적으로 보기 좋게 배열하기 위하여
㉯ 각 점이 잘 보이도록 하기 위해
㉰ 측각의 오차가 변장에 미치는 영향을 최소화하기 위하여
㉱ 선점 작업의 효율성을 위하여

해설 삼각측량에서 내각을 60°에 가깝도록 정하는 것은 측각의 갖는 오차가 변장에 미치는 영향을 최소화하기 위해서이다.

52. 삼각측량에서 B점의 좌표 $X_B = 50.000\text{m}$, $Y_B = 200.000\text{m}$, BC의 길이 25.478m, BC의 방위각 77°11'56''일 때 C점의 좌표는?

㉮ $X_C = 26.165\text{m}$, $Y_C = 205.645\text{m}$ ㉯ $X_C = 55.645\text{m}$, $Y_C = 224.845\text{m}$
㉰ $X_C = 74.165\text{m}$, $Y_C = 194.355\text{m}$ ㉱ $X_C = 74.845\text{m}$, $Y_C = 205.645\text{m}$

해답 49. ㉮ 50. ㉯ 51. ㉰ 52. ㉯

해설 $X_C = X_A + l \cos \theta$
$= 50 + 25.478 \times \cos 77°11'56''$
$= 55.645\text{m}$
$Y_C = Y_A + l \sin \theta$
$= 200 + 25.478 \times \sin 77°11'56''$
$= 224.845\text{m}$

53. 삼각점 C에 기계를 세울 수 없어서 2.5m 편심하여 B에 기계를 설치하고 $T' = 31°15'40''$를 얻었다. 이때 T는?(단, $p = 300°20'$, $S_1 = 2\text{km}$, $S_2 = 3\text{km}$)

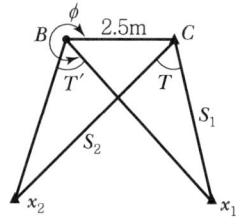

㉮ $31°14'49''$ ㉯ $31°15'18''$
㉰ $31°15'29''$ ㉱ $31°15'41''$

해설 $T + x_1 = T' + x_2$에서
① x_1 계산
$$\frac{2.5}{\sin x_1} = \frac{2,000}{\sin(360 - 300°20')}$$
$x_1 = 0°3'42.53''$
② x_2 계산
$$\frac{2.5}{\sin x_2} = \frac{3,000}{\sin(360 - 300°20' + 31°15'40'')}$$
$x_2 = 0°2'51.86''$
∴ $T = T' + x_2 - x_1$
$= 31°15'40'' + 0°2'51.86'' - 0°3'42.53''$
$= 31°14'49''$

54. 다음은 삼변측량에 대한 설명이다. 틀린 것은?

㉮ 삼각측량에서 수평각을 관측하는 대신에 세 변의 길이를 관측하여 삼각점의 위치를 구하는 측량이다.
㉯ 삼각측량에 비하여 조건식 수가 적다.
㉰ 전자파, 광파를 이용한 거리측량기의 발달로 높은 정밀도의 장거리를 측량할 수 있게 됨으로써 세 변 측량법이 발달되었다.
㉱ 삼변측량에서 변장 측정값에는 오차가 없는 것으로 가정한다.

해설 삼변측량의 특징

삼각측량은 삼각형의 변과 각을 측정하여 삼각법의 이론에 의하여 제점의 평면위치를 결정하는 측량이며, 삼변측량은 수평각을 관측하는 대신 3변의 길이를 관측하여 삼각점의 위치를 결정하는 측량으로 최근에는 거리 측정기기가 발달하여 높은 정밀도의 삼변측량이 많이 이용되고 있다.
① 대삼각망의 기선장을 기선삼각망에 의한 기선확대 없이 직접 관측한다.
② 각과 변장을 관측하여 삼각망을 형성한다.
③ 변장만으로 삼각망을 형성한다.

55. 삼각측량의 각 삼각점에 있어 모든 각의 관측 시 만족되어야 하는 조건이 아닌 것은?

㉮ 하나의 측점을 둘러싸고 있는 각의 합은 360°가 되도록 한다.
㉯ 삼각망 중에서 임의의 한 변의 길이는 계산의 순서에 관계없이 동일하도록 한다.
㉰ 삼각망 중 각각 삼각형 내각의 합은 180°가 되도록 한다.
㉱ 모든 삼각점의 포함면적은 각각 일정해야 한다.

해설 삼각망 조정 시 조건
① 각조건 : 삼각망 중 각각 삼각형 내각의 합은 180°가 되도록 한다.
② 점조건 : 하나의 측점을 둘러싸고 있는 각의 합은 360°가 되도록 한다.
③ 변조건 : 삼각망 중에서 임의의 한 변의 길이는 계산의 순서에 관계없이 동일하도록 한다.

해답 55. ㉱

제6장 수준측량

6.1 수준측량의 정의 및 용어

6.1.1 정의

수준측량(Leveling)이란 지구상에 있는 여러 점들 사이의 고저차를 관측하는 것으로 고저측량이라고도 한다.

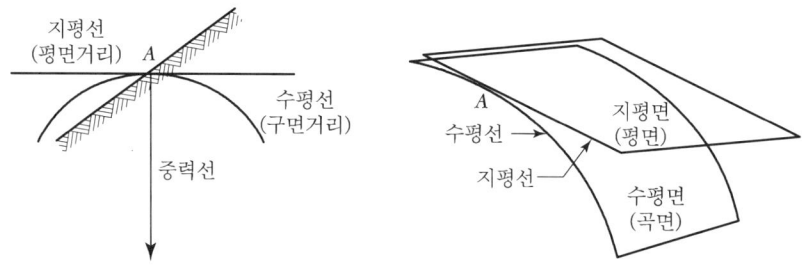

6.1.2 용어설명

수준면 (Level Surface)	각 점들이 중력방향에 직각으로 이루어진 곡면(지오이드면, 정수면)으로서 일반적으로 구면, 회전타원체면으로 가정하나 소규모 측량에서는 평면으로 가정한다.
수준선(Level line)	지구중심을 포함한 평면과 수준면이 교차하는 선
수직선 (Vertical line)	지표 위 어느 점으로부터 지구의 중심에 이르는 선 즉, 타원체면에 수직한 선으로 삼각(트래버스)측량에 이용된다.
연직선 (Plumb line)	천체 측량에 의한 측지좌표의 결정은 지오이드면에 수직한 연직선을 기준으로 하여 얻어진다. 추를 실로 매어 늘어뜨릴 때 그 실이 이루는 선. 즉 지평선과 직각을 이루는 중직선
수평면 (Level surface)	모든 점에서 연직방향과 수직인 면으로 수평면은 곡면이며 회전타원체와 유사하다. 정지하고 있는 해수면 또는 지오이드면은 수평면의 좋은 예이다.
수평선(Level line)	수평면 안에 있는 하나의 선으로 곡선을 이룬다. 바다 위에 있어서 물과 하늘이 맞닿은 경계선

제6장 수준측량

용어	설명
지평면 (Horizontal plane)	어느 점에서 수평면에 접하는 평면 또는 연직선에 직교하는 평면
지평선 (Horizontal Line)	지평면 위에 있는 한 선을 말하며 지평선은 어느 한 점에서 수평선과 접하는 직선이며 연직선과 직교한다. 편평한 대지의 끝과 하늘이 맞닿아 경계를 이루는 선
기준면(Datum)	표고의 기준이 되는 수평면을 기준면이라 하며 표고는 0으로 정한다. 기준면은 계산을 위한 가상면이며 평균해면을 기준면으로 한다.
평균해면 (Mean sea level)	여러 해 동안 관측한 해수면의 평균값
지오이드(Geoid)	평균해수면으로 전 지구를 덮었다고 가정한 곡면
수준원점(Original Bench Mark, OBM)	수준측량의 기준이 되는 기준면으로부터 정확한 높이를 측정하여 기준이 되는 점
수준점 (Bench Mark, BM)	수준원점을 기점으로 하여 전국 주요지점에 수준표석을 설치한 점 ① 1등 수준점 : 4km마다 설치 ② 2등 수준점 : 2km마다 설치
표고(Elevation)	국가 수준기준면으로부터 그 점까지의 연직거리
전시(Fore sight)	표고를 알고자 하는 점(미지점)에 세운 표척의 읽음 값
후시(Back sight)	표고를 알고 있는 점(기지점)에 세운 표척의 읽음 값
기계고 (Instrument height)	기준면에서 망원경 시준선까지의 높이
지반고 (Ground Level)	기준면으로부터 측점까지의 연직거리
이기점(Turning point)	기계를 옮길 때 한 점에서 전시와 후시를 함께 취하는 점
중간점 (Intermediate point)	표척을 세운 점의 표고만을 구하고자 전시만 취하는 점

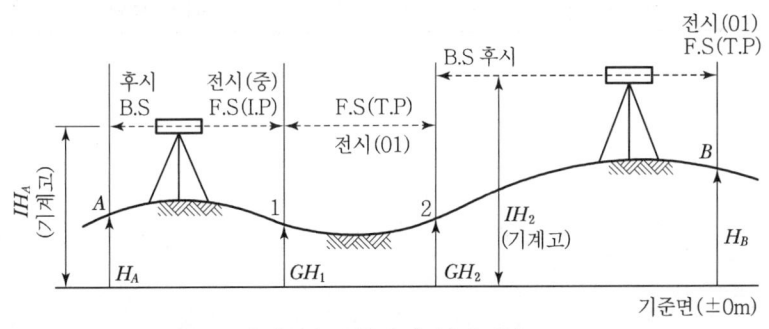

[직접수준측량의 원리 ①]

6.2 수준측량의 분류

6.2.1 측량방법에 의한 분류

직접수준측량(Direct leveling)		Level을 사용하여 두 점에 세운 표척의 눈금차로부터 직접고저차를 구하는 측량
간접수준측량 (Indirect leveling)	삼각수준측량 (Trigonometrical leveling)	두 점 간의 연직각과 수평거리 또는 경사거리를 측정하여 삼각법에 의하여 고저차를 구하는 측량
	스타디아수준측량 (Stadia leveling)	스타디아측량으로 고저차를 구하는 방법
	기압수준측량 (Barometric leveling)	기압계나 그 외의 물리적 방법으로 기압차에 따라 고저차를 구하는 방법
	공중사진수준측량 (Aerial photographic leveling)	공중사진의 실체시에 의하여 고저차를 구하는 방법
교호수준측량(Reciprocal leveling)		하천이나 장애물 등이 있을 때 두 점 간의 고저차를 직접 또는 간접으로 구하는 방법
약 수준측량(Approximate leveling)		간단한 기구로서 고저차를 구하는 방법

6.2.2 목적에 의한 분류

고저수준측량(Differential leveling)	두 점 간의 표고차를 직접 수준측량에 의하여 구한다.
종단수준측량(Profile leveling)	도로, 철도 등의 중심선 측량과 같이 노선의 중심에 따라 각 측점의 표고차를 측정하여 종단면에 대한 지형의 형태를 알고자 하는 측량
횡단수준측량(Cross leveling)	종단선의 직각 방향으로 고저차를 측량하여 횡단면도를 작성하기 위한 측량

6.3 직접수준측량

6.3.1 수준측량 방법

기계고(IH)		IH = GH + BS
지반고(GH)		GH = IH − FS
고저차(H)	고차식	$H = \Sigma BS - \Sigma FS$
	기고식 승강식	$H = \Sigma BS - \Sigma TP$

[직접수준측량의 원리 ②]

6.3.2 야장기입방법

고차식	가장 간단한 방법으로 B.S와 F.S만 있으면 된다.
기고식	가장 많이 사용하며, 중간점이 많을 경우 편리하나 완전한 검산을 할 수 없는 것이 결점이다.
승강식	완전한 검사로 정밀 측량에 적당하나, 중간점이 많으면 계산이 복잡하고, 시간과 비용이 많이 소요된다.

가. 고차식 야장기입법

이 야장기입법은 가장 간단한 것으로서 2단식이라고도 하며 후시(B.S)와 전시(F.S)의 난만 있으면 되기 때문에 고차 수준측량에 이용되며 측정이 끝난 다음에 후시의 합계와 전시의 합계의 차로서 고저차를 산출한다.

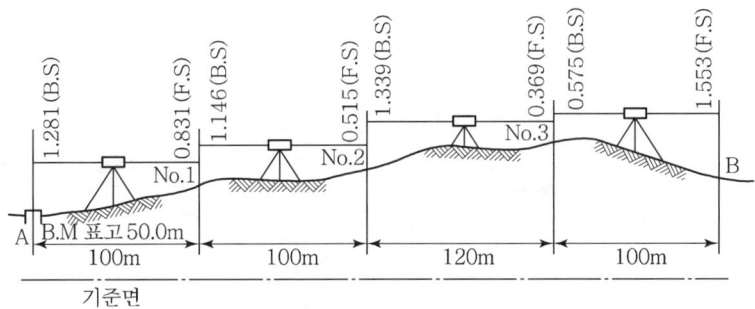

[고차식 야장기입법]

측점	후시(B.S)	전시(F.S)	지반고(G.H)
A	1.281		50.0000
No.1	1.146	0.831	$50+1.281-0.831=50.45$
No.2	1.339	0.515	$50.45+1.146-0.515=51.081$
No.3	0.575	0.369	$51.081+1.339-0.369=52.051$
B		1.553	$51.073=52.051+0.575-1.553$
계	4.341	3.268	

[검산]

$\Sigma B.S - \Sigma F.S =$ 지반고차

$\Delta H = \Sigma B.S - \Sigma F.S = 4.341 - 3.268 = 1.073$

$\Delta H = 50.000 - 51.073 = 1.073 \quad \therefore O.K.$

나. 기고식 야장기입법

이 방법은 기지점의 표고에 그 점의 후시(B.S)를 더한 기계고(I.H)를 얻고 여기에서 표고를 알고자 하는 점의 전시(F.S)를 빼서 그 점의 표고를 얻는다. 단, 수준측량과 같이 중간점이 많은 경우에 편리하다.

① 후시가 있으면 그 측점에 기계고가 있다.
② 이기점(T.P)이 있으면 그 측점에 후시(B.S)가 있다.
③ 기계고(I.H) = G.H + B.S
④ 지반고(G.H) = I.H - F.S

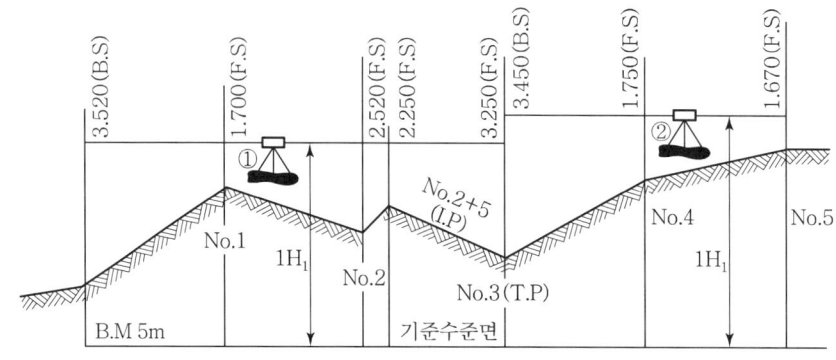

[기고식 야장기입법]

측점	거리 D(m)	후시 (B.S)	기계고 (I.H)	전시(F.S) T.P	전시(F.S) I.P	지반고 (G.H)	비고
BM		3.520	8.520			5.000	B.M=5m
No.1	20				1.700	6.820	
No.2	20				2.520	6.000	
No.2+5	5				2.250	6.270	
No.3	15	3.450	8.720	3.250		5.270	
No.4	20				1.750	6.970	
No.5	20				1.670	7.050	
계	100	6.970		4.920			

[검산]

$\Sigma B.S - \Sigma F.S(T.P) =$ 지반고차

$\Delta H = 6.970 - 4.920 = 2.05$

$\Delta H = 5.000 - 7.050 = 2.05$ ∴ O.K.

다. 승강식 야장기입법

전시에서 후시를 뺀 값이 고저차가 되므로 승, 강의 난을 따로 만들어 B.S>F.S이면 +(승), B.S<F.S이면 -(강)난에 차를 기입한다.

승, 강의 총합을 구하면 전, 후시의 읽음수의 차와 비교하여 계산 결과를 검사할 수 있고 임의의 점의 표고를 구하기에 편리하나 중간점이 많을 때에는 계산이 복잡해진다.

측점	거리 D(m)	후시 (B.S)	전시 (F.Ss)	승(+)	강(−)	지반고 (G.H)	비고
BM.A	20	1.281				50.000	
No.1	20	1.146	0.831	0.450		50.450	
No.2	20	1.339	0.515	0.631		51.081	
No.3	20	0.575	0.369	0.970		52.051	
B	20		1.553		0.978	51.073	
계		4.341	3.268	2.051	0.978		

[검산]

$\Sigma B.S - \Sigma F.S(T.P) =$ 지반고차 $= 4.341 - 3.268 = 1.073$

Σ승$(T.P) - \Sigma$강 $=$ 지반고차 $= 2.051 - 0.978 = 1.073$ ∴ O.K.

6.3.3 전시와 후시의 거리를 같게 함으로써 제거되는 오차

① 레벨의 조정이 불완전(시준선이 기포관축과 평행하지 않을 때)할 때 발생하는 오차를 제거한다.(시준축오차 : 오차가 가장 크다.)
② 지구의 곡률오차(구차)와 빛의 굴절오차(기차)를 제거한다.
③ 초점나사를 움직이는 오차가 없으므로 그로 인해 생기는 오차를 제거한다.

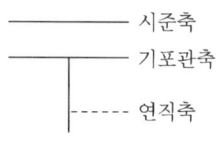

시준선//기포관측
(시준축 오차)

6.3.4 직접수준측량의 주의사항

① 수준측량은 반드시 왕복측량을 원칙으로 하며, 노선은 다르게 한다.
② 정확도를 높이기 위하여 전시와 후시의 거리는 같게 한다.
③ 이기점(T. P)은 1mm까지 그 밖의 점에서는 5mm 또는 1cm 단위까지 읽는 것이 보통이다.
④ 직접수준측량의 시준거리
   ㉠ 적당한 시준거리 : 40~60m(60m가 표준)
   ㉡ 최단거리는 3m이며, 최장거리는 100~180m 정도이다.
⑤ 눈금오차(영점오차) 발생시 소거방법
   ㉠ 기계를 세운 표척이 짝수가 되도록 한다.
   ㉡ 이기점(T. P)이 홀수가 되도록 한다.
   ㉢ 출발점에 세운 표척을 도착점에 세운다.

6.4 간접수준측량

6.4.1 앨리데이드에 의한 수준측량

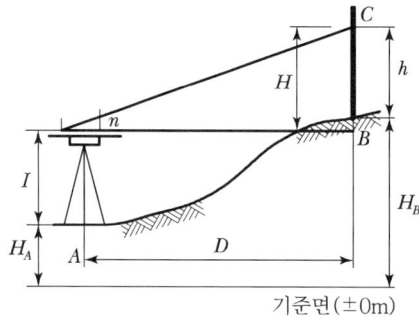

H_A : A점의 표고
H_B : B점의 표고
$H : \dfrac{n}{100} D = D : H = 100 : n$
I : 기계고
h : 시준고

[앨리데이드에 의한 수준측량]

① $H_B = H_A + I + H - h$(전시인 경우)
② 두 지점의 고저차 $(H_B - H_A) = I + H - h$(전시인 경우)

6.4.2 교호수준측량

전시와 후시를 같게 취하는 것이 원칙이나 2점 간에 강·호수·하천 등이 있으면 중앙에 기계를 세울 수 없을 때 양 지점에 세운 표척을 읽어 고저차를 2회 산출하여 평균하며 높은 정밀도를 필요로 할 경우에 이용된다.

가. 교호 수준측량을 할 경우 소거되는 오차

교호 수준측량을 할 경우 소거되는 오차	① 레벨의 기계오차(시준축 오차) 시준선//기포관측 ② 관측자의 읽기오차 ③ 지구의 곡률에 의한 오차(구차) ④ 광선의 굴절에 의한 오차(기차)

나. 두 점의 고저차

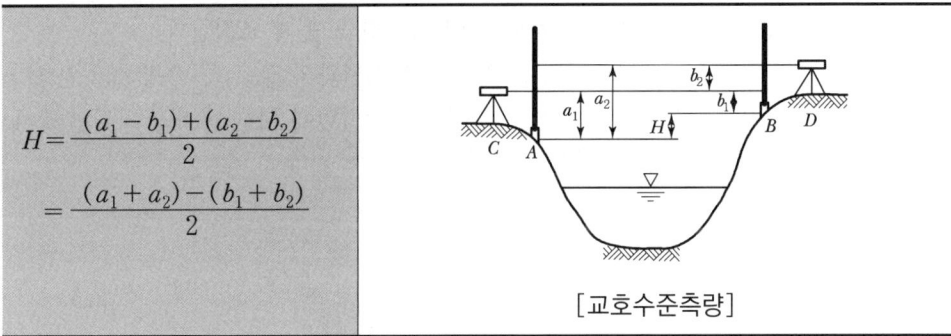

$$H = \frac{(a_1 - b_1) + (a_2 - b_2)}{2}$$
$$= \frac{(a_1 + a_2) - (b_1 + b_2)}{2}$$

[교호수준측량]

다. 임의점(B점)의 지반고

$H_B = H_A \pm H$

6.5 삼각수준측량

삼각수준측량은 트랜싯 등을 사용하여 두 점 사이의 연직각을 측정하여 삼각법을 이용하여 고저차를 구하는 것으로 보통 삼각측량에 속하게 된다. 직접수준측량에 비하여 비용 및 시간이 절약되지만 정확도는 떨어진다. 이것은 주로 대기 중에서 광선의 굴절, 기온, 기압 등 기상이 지역 및 시간에 따라 다르기 때문이다. 따라서 연직각의 측정은 낮이나 밤이 좋으며 아침, 저녁에는 광선의 굴절이 심하기 때문에 좋지 않다.

6.5.1 양차

수평거리 S, 고도각이 α인 점의 높이 h는 $S\tan\alpha$로서 구해지지만 거리가 멀어지면 지표면은 구면이라고 생각되며 또한 대기의 굴절도 고려하여야만 된다. 전자를 구차, 후자를 기차라고 말하며 이것을 합하여 양차라고 말한다.

$$\Delta E = \frac{(1-K)S^2}{2R}$$

6.5.2 구차(Correction of Curvature)

① 지구의 곡률에 의한 오차로서 이 오차만큼 높게 조절한다.
② 지구표면은 구면이므로 지구표면과 연직면과의 교선 즉 수평선은 원호라고 생각할 수가 있다. 그러므로 넓은 지역에서는 수평면에 대한 높이와 지평면에 대한 높이가 다르다. 이 차를 구차라고 말한다.

$$Ec \fallingdotseq +\frac{S^2}{2R}$$

6.5.3 기차(Correction of Refraction)

① 지표면에 가까울수록 대기의 밀도가 커지므로 생기는 오차(굴절오차)로서 이 오차만큼 낮게 조정한다.
② 지구를 둘러싸고 있는 공기의 층은 위로 올라갈수록 밀도가 희박해지고 대기 중을 통과하는 광선은 직진하지 않고 구부러진다.
③ 지구상의 대기의 밀도는 지표면에 가까울수록 커지고 멀어질수록 작아진다. 따라서 이를 통과하는 광선은 공기 밀도차로 인하여 굴절하는데 그 크기를 기차라 한다. 이는 굴절오차라고도 하며, 수준측량에 영향을 미친다.

제6장 수준측량

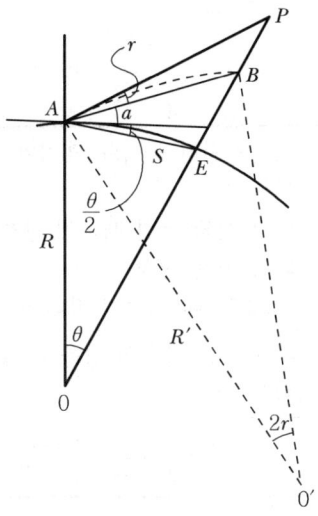

[구차와 기차]

$$E_\gamma = -\frac{KS^2}{2R}$$

여기서, E_c : 구차, E_γ : 기차
ΔE : 양차, R : 지구반경
S : 수평거리(바닷가에서 바라볼 수 있는 수평선거리)
K : 빛의 굴절계수(0.12~0.14)

예제 양차의 실례

키가 1.8m인 사람이 바닷가의 해수면 상에서 해수면을 바라볼 수 있는 수평선의 거리는 약 얼마인가?(단, 지구의 곡률반경=6,370km, 공기의 굴절계수=0.14)

▶ $\Delta E = \dfrac{(1-K)}{2R} S^2$ 에서

$S = \sqrt{\dfrac{2R \cdot \Delta E}{(1-K)}} = \sqrt{\dfrac{2 \times 6,370,000 \times 1.8}{1 - 0.14}} = 5,163.8\text{m} = 5.16\text{km}$

즉, 1.8m인 사람이 해수면을 바라볼 수 있는 수평선 거리는 대략 5.2km 정도이다.

6.6 레벨의 구조

6.6.1 망원경

대물렌즈	목표물의 상은 망원경 통속에 맺어야 하고, 합성렌즈를 사용하여 구면수차와 색수차를 제거 ① 구면수차 : 광선의 굴절 때문에 광선이 한 점에서 만나지 않아 상이 선명하게 되지 않는 현상 ② 색수차 : 조준할 때 조정에 따라 여러 색(청색, 적색)이 나타나는 현상
접안렌즈	십자선 위에 와 있는 물체의 상을 확대하여 측정자의 눈에 선명하게 보이게 하는 역할을 한다.
망원경 배율	배율(확대율) = $\dfrac{\text{대물렌즈의 초점거리}}{\text{접안렌즈의 초점거리}}$ (망원경의 배율은 20~30배)

6.6.2 기포관

기포관의 구조	알코올이나 에테르와 같은 액체를 넣어서 기포를 남기고 양단을 막은 것
기포관의 감도	감도란 기포 한 눈금(2mm)이 움직이는 데 대한 중심각을 말하며, 중심각이 작을수록 감도는 좋다.
기포관이 구비해야 할 조건	① 곡률반지름이 클 것 ② 관의 곡률이 일정해야 하고, 관의 내면이 매끈해야 함 ③ 액체의 점성 및 표면장력이 작을 것 ④ 기포의 길이가 클 것

가. 감도 측정

$$\theta'' = \dfrac{l}{nD}\rho''$$

$$l = \dfrac{\theta'' nD}{\rho''}$$

$$R = \dfrac{d}{\theta''}\rho''$$

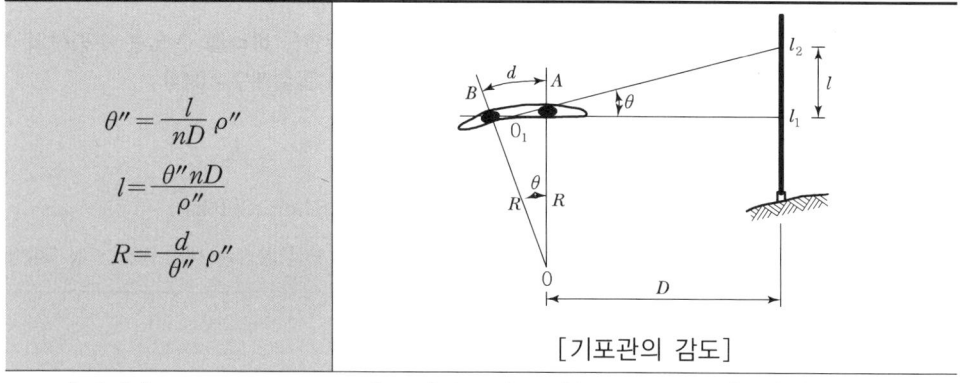

[기포관의 감도]

D : 수평거리 d : 기포 한 눈금의 크기(2mm) R : 기포관의 곡률반경
ρ'' : 1라디안초수(206265″) θ'' : 감도(측각오차) l : 위치오차($l_2 - l_1$)
n : 기포의 이동눈금수 m : 축척의 분모수

6.6.3 레벨의 조정

가. 가장 엄밀해야 할 것(가장 중요시해야 할 것)
   ① 기포관축//시준선
   ② 기포관축⊥시준선=시준축오차(전시와 후시의 거리를 같게 취함으로써 소거)

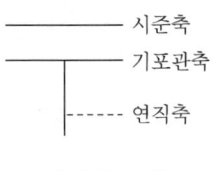

[레벨조건]

나. 기포관을 조정해야 하는 이유
   기포관축을 연직축에 직각으로 할 것(기포관측⊥연직축)

다. 항정법(레벨의 조정량)
   기포관이 중앙에 있을 때 시준선을 수평으로 하는 것(시준선//기포관축)
   $(b_1 - q_1) \neq (b_2 - q_2)$일 경우 조정한다.

조정량(d)
$= \dfrac{D+e}{D}(a_1 - b_1) - (a_2 - b_2)$

정확한 읽음값
$= b_2 \pm d$

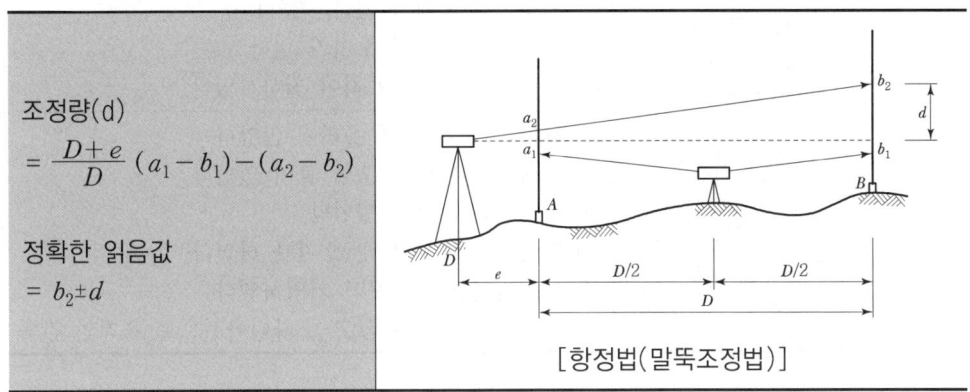

[항정법(말뚝조정법)]

6.7 수준측량의 오차와 정밀도

6.7.1 오차의 분류

정오차	부정오차
① 표척눈금부정에 의한 오차	① 레벨 조정 불완전(표척의 읽음 오차)
② 지구곡률에 의한 오차(구차)	② 시차에 의한 오차
③ 광선굴절에 의한 오차(기차)	③ 기상 변화에 의한 오차
④ 레벨 및 표척의 침하에 의한 오차	④ 기포관의 둔감
⑤ 표척의 영눈금(0점) 오차	⑤ 기포관의 곡률의 부등
⑥ 온도 변화에 대한 표척의 신축	⑥ 진동, 지진에 의한 오차
⑦ 표척의 기울기에 의한 오차	⑦ 대물경의 출입에 의한 오차

6.7.2 원인에 의한 분류

기계적 원인	① 기포의 감도가 낮다. ② 기포관 곡률이 균일하지 못하다. ③ 레벨의 조정이 불완전하다. ④ 표척 눈금이 불완전하다. ⑤ 표척 이음매 부분이 정확하지 않다. ⑥ 표척 바닥의 0 눈금이 맞지 않는다.
개인적 원인	① 조준의 불완전 즉 시차가 있다. ② 표척을 정확히 수직으로 세우지 않았다. ③ 시준할 때 기포가 정중앙에 있지 않았다.
자연적 원인	① 지구곡률 오차가 있다.(구차) ② 지구굴절 오차가 있다.(기차) ③ 기상변화에 의한 오차가 있다. ④ 관측 중 레벨과 표척이 침하하였다.
착오	① 표척을 정확히 빼 올리지 않았다. ② 표척의 밑바닥에 흙이 붙어 있었다. ③ 측정값의 오독이 있었다. ④ 기입사항을 누락 및 오기를 하였다. ⑤ 야장기입란을 바꾸어 기입하였다. ⑥ 십자선으로 읽지 않고 스타디아선으로 표척의 값을 읽었다.

6.7.3 우리나라 기본 수준측량의 오차 허용범위

구분	1등 수준측량	2등 수준측량	비고
왕복차	$2.5\text{mm}\sqrt{L}$	$5.0\text{mm}\sqrt{L}$	왕복했을 때 L은 편도 노선거리(km)
환폐합차	$2.0\text{mm}\sqrt{L}$	$5.0\text{mm}\sqrt{L}$	

6.7.3 하천측량

4km에 대한 오차허용범위	유조부 : 10mm
	무조부 : 15mm
	급류부 : 20mm

6.7.4 정밀도

오차는 노선거리의 제곱근에 비례한다.

$$E = C\sqrt{L}$$

$$C = \frac{E}{\sqrt{L}}$$

여기서, E : 수준측량 오차의 합, C : 1km에 대한 오차, L : 노선거리(km)

6.7.5 직접수준측량의 오차조정

가. 동일 기지점의 왕복관측 또는 다른 표고기준점에 폐합한 경우

① 각 측점 간의 거리에 비례하여 배분한다.
② 각 측점의 조정량 :
 $= \dfrac{\text{조정할 측면까지의 추가거리}}{\text{총거리}(\Sigma L)} \times \text{폐합오차}$
③ 각 측점의 최확값 = 각 측점의 관측값 ± 조정량

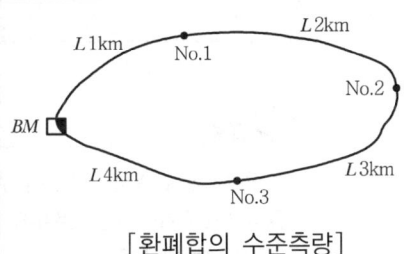

[환폐합의 수준측량]

 예제

그림과 같은 수준망에서 성과가 가장 나쁘므로 수준 측량을 다시 해야 할 노선은?(단, 수준점의 거리는 Ⅰ=4km, Ⅱ=3km, Ⅲ=2.4km, ① +3.600m, ② +1.385m, ③ -5.023m, ④ +1.105m, ⑤ +2.523m, ⑥ -3.912m)

㉮ ②
㉯ ③
㉰ ①
㉱ ④

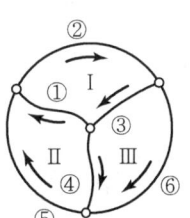

➡ (Ⅰ)노선 = +3.600 + 1.385 - 5.023 = -0.038
(Ⅱ)노선 = +1.105 + 2.523 - 3.600 = +0.028
(Ⅲ)노선 = +1.105 + 3.912 - 5.023 = -0.006
1km당 오차를 계산하면

$$C = \frac{E}{\sqrt{L}} = \frac{0.037}{\sqrt{4}} : \frac{0.028}{\sqrt{3}} : \frac{0.006}{\sqrt{2.4}} = 0.0185 : 0.016 : 0.004$$

폐합결과 : (Ⅰ)노선과 (Ⅱ)노선의 성과가 나쁘게 나타나므로 (Ⅰ), (Ⅱ)노선에 공통으로 포함된 ①을 재측한다.

나. 두 점 간의 직접수준측량의 오차조정 → 거리측량 참조

두 점 간의 거리를 2개 이상의 다른 노선을 따라 측량한 경우에는 경중률을 고려한 최확값을 산정한다.

① 경중률(P)을 거리에 반비례한다.	$P_1 : P_2 : P_3 = \dfrac{1}{S_1} : \dfrac{1}{S_2} : \dfrac{1}{S_3}$
② P점 표고의 최확값 $(L_o) = \dfrac{P_1 H_1 + P_2 H_2 + P_3 H_3}{P_1 + P_2 + P_3} = \dfrac{\Sigma P \cdot H}{\Sigma P}$	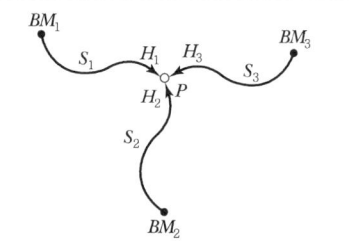

A, B, C 세 수준점으로부터 수준 측량을 하여 P점의 표고를 결정한 값이, A점으로부터 AP = 2km, 216.786m, B점으로부터 BP = 3km, 216.732m, C점으로부터 CP = 4km, 216.758m이었다면 P점의 최확치는?

㉮ 216.779m
㉯ 216.780m
㉰ 216.778m
㉱ 216.763m

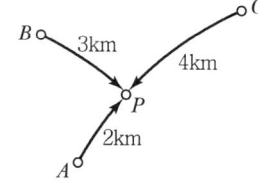

① 경중률 계산($P\alpha\dfrac{1}{S}$)

$P_1 : P_2 : P_3 = \dfrac{1}{S_1} : \dfrac{1}{S_2} : \dfrac{1}{S_3} = \dfrac{1}{2} : \dfrac{1}{3} : \dfrac{1}{4} = 6 : 4 : 3$

② 최확치(L_0)

$L_0 = \dfrac{P_1 H_1 + P_2 H_2 + P_3 H_3}{P_1 + P_2 + P_3} = \dfrac{216.786 \times 6 + 216.732 \times 4 + 216.758 \times 3}{6 + 4 + 3} = 216.763 \, \text{m}$

예상 및 기출문제

1. A, B 두 지점 간 지반고의 차를 구하기 위하여 왕복 측정한 결과 그림과 같은 측정값을 얻었을 때 최확값은?

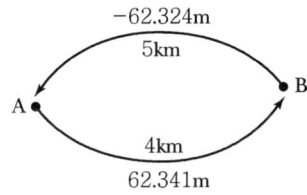

㉮ 62.324m   ㉯ 62.330m   ㉰ 62.333m   ㉱ 62.341m

해설 $P_1 : P_2 = \dfrac{1}{S_1} : \dfrac{2}{S_2}$

$= \dfrac{1}{5} : \dfrac{1}{4} = 4 : 5$

최확값 (H_B) $= \dfrac{P_1 h_1 + P_2 h_2}{P_1 + P_2}$

$= \dfrac{4 \times 62.324 + 5 \times 62.341}{4+5} = 62.333$m

2. 다음 중 삼각점 사이의 고저차를 측정할 때 생기는 구차(球差)가 가장 큰 경우는?

㉮ 삼각점 간 거리가 1km 미만으로 가까울 때
㉯ 삼각점 간 거리가 약 4km 정도일 때
㉰ 삼각점 간 거리가 11km가 넘을 때
㉱ 삼각점 간 거리와 무관하게 오전에 관측할 때

해설 ① 구차 : 지구가 회전타원체인 것에 기인된 오차

구차 $E_C = + \dfrac{S^2}{2R}$

② 기차 : 지구공간에 대기가 지표면에 가까울수록 밀도가 커지므로 생기는 오차

기차 $E_R = - \dfrac{kS^2}{2R}$

③ 양차 : 구차와 기차의 합

양차 $K = \dfrac{(1-k)}{2R} S^2$

해답 1. ㉰   2. ㉰

제1편 측량학

3. 수준측량에 사용되는 용어로 거리가 먼 것은?

㉮ 수준점 ㉯ 지반고 ㉰ 도근점 ㉱ 이기점

해설 도근점은 지적측량 시 기준점으로 사용하는 기준점이다.

4. 수준측량의 오차에 대한 설명으로 옳은 것은?

㉮ 정오차는 발생하나 부정오차는 발생하지 않는다.
㉯ 주로 기상의 영향으로 발생한다.
㉰ 오차는 노선거리의 제곱근에 비례한다.
㉱ 오차배분 시 경중률은 노선길이의 제곱근에 반비례한다.

해설 직접수준측량에서 오차는 노선거리(S)의 제곱근 $\sqrt{S}$에 비례한다. 직접수준측량에서 경중률은 노선거리(S)에 반비례한다.

5. 수준측량 시 레벨의 불완전 조정에 의한 오차를 제거하는 데 가장 적합한 방법은?

㉮ 왕복 2회 측정하여 평균을 취한다.
㉯ 시준거리를 짧게 한다.
㉰ 관측 시 기포가 항상 중앙에 오게 한다.
㉱ 전시와 후시의 거리를 같게 취한다.

해설 전시와 후시의 거리를 같게 함으로써 제거되는 오차
① 시준축오차 : 시준선이 기포관축과 평행하지 않을 때
② 구차 : 지구의 곡률오차
③ 기차 : 빛의 굴절오차
④ 초점나사를 움직이는 오차가 없음으로 인해 생기는 오차를 제거

6. 기포관의 감도가 20초인 레벨에서 기계로부터 50m 떨어진 곳에 세운 표척을 시준할 때 기포관에서 2눈금의 오차가 있었다면 수준오차는?

㉮ 1.2mm ㉯ 2.4mm ㉰ 4.8mm ㉱ 9.7mm

해설 감도 $\theta'' = \dfrac{l}{nD} \times \rho''$

따라서 $l = \dfrac{n\theta''D}{\rho''}$ (여기서, l : 오차, n : 눈금수, D : 거리)

$l = \dfrac{2 \times 20'' \times 50}{206265''} \fallingdotseq 0.00969\text{m} = 9.7\text{mm}$

7. A, B 두 점의 표고가 각각 120m, 144m이고, 두 점 간의 경사가 1 : 2인 경우 표고가 130m 되는 지점을 C라 할 때, A점과 C점과의 경사거리는?

㉮ 20.38m ㉯ 21.76m ㉰ 22.36m ㉱ 23.76m

해답 3. ㉰ 4. ㉰ 5. ㉱ 6. ㉱ 7. ㉰

해설 경사가 1 : 2이므로
144 − 120 = 24m
24m에 대한 수평거리는 48m
130 − 120 = 10m
10m에 대한 수평거리는 20m
따라서 AC의 경사거리는
$\sqrt{10^2 + 20^2} = 22.36m$

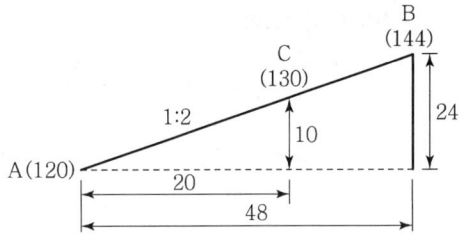

8. 수준측량에서 굴절오차와 거리의 관계를 설명한 것으로 옳은 것은?

㉮ 거리의 제곱근에 비례한다. ㉯ 거리의 제곱에 비례한다.
㉰ 거리의 제곱에 반비례한다. ㉱ 거리의 제곱근에 반비례한다.

해설 굴절오차
광선이 대기 중을 진행할 때는 밀도가 다른 공기층을 통과하면서 일종의 곡선을 그린다. 그러므로 물체는 이 곡선의 접선방향에 서서 보면 이 시준방향과 진방향과는 다소 다르게 되는 것을 알 수 있다. 이 차를 굴절오차라 말하며 굴절오차는 거리의 제곱에 비례한다.

9. 수준기의 감도가 30도인 레벨로 80m 전방의 표척을 시준하였더니 기포관의 눈금이 1개 이동되었다. 이때 생기는 위치 오차는?

㉮ 0.012m ㉯ 0.014m ㉰ 0.016m ㉱ 0.020m

해설 감도 $\theta'' = \dfrac{l}{nD} \times \rho''m$

$l = \dfrac{n\theta''D}{\rho''}$ (여기서, l : 오차, n : 눈금수, D : 거리)

$l = \dfrac{1 \times 30'' \times 80}{206265''} ≒ 0.0116\,m = 0.012\,m$

10. 수준측량 시 등시준거리에 의해 소거되지 않는 것은?

㉮ 레벨 조정 불완전오차 ㉯ 지구의 곡률오차
㉰ 빛의 굴절오차 ㉱ 시차에 의한 오차

해설 전시와 후시의 거리를 같게 함으로써 제거되는 오차
① 레벨의 조정이 불완전(시준선이 기포관축과 평행하지 않을 때)할 때(시준축의 오차 : 오차가 가장 크다.)
② 지구의 곡률오차(구차)와 빛의 굴절오차(기차)를 제거

11. 수준측량 야장기입법 중 중간점이 많은 경우에 편리한 방법은?

㉮ 고차식 ㉯ 기고식
㉰ 승강식 ㉱ 약도식

해설 야장기입법
① 고차식 : 전시와 후시만 있는 경우에 사용하는 야장기입법으로 2점의 높이를 구하는 것이 목적이고 도중에 있는 측점의 지반고는 구할 필요가 없다.
② 기고식 : 중간점이 많을 때 사용하는 야장기입법으로 완전한 검산을 할 수 없는 단점이 있다.
③ 승강식 : 완전한 검산을 할 수 있어 정밀한 측량에 적합하나 중간점이 많을 때에는 불편한 단점이 있다.

12. 폭이 120m이고 양안의 고저차가 1.5m 정도인 하천을 횡단하여 정밀하게 고저측량을 실시할 때 양안의 고저차를 관측하는 방법으로 가장 적합한 것은?
㉮ 교호고저측량 ㉯ 직접고저측량
㉰ 간접고저측량 ㉱ 약고저측량

해설 교호수준측량은 강 또는 바다 등으로 인하여 접근이 곤란한 2점 간의 고저차를 직접 또는 간접수준측량에 의하여 구하는 방법으로 높은 정밀도를 필요로 할 경우에는 양안의 고저차를 관측한다.

13. 수준측량 용어로 이 점의 오차는 다른 점에 영향을 주지 않으며 이 점만의 표고를 관측하기 위한 관측점을 의미하는 것은?
㉮ 기준점 ㉯ 측점
㉰ 이기점 ㉱ 중간점

해설 ① 수평면 : 정지된 해수면이나 해수면 위에서 중력방향에 수직한 곡면, 즉 지구표면이 물로 덮여 있을 때 만들어지는 형상의 표면
② 수평선 : 지구의 중심을 포함한 평평한 수평선이 교차하는 곡선, 즉 모든 점에서 중력방향에 직각이 되는 선
③ 지평면 : 수평면상의 한 점에서 접하는 평면
④ 지평선 : 수평선의 한 점에서 접하는 접선
⑤ 기준면 : 높이의 기준이 되는 수평면으로 일반적으로 평균해수면을 말하며 ±0으로 정한다.
⑥ 후시 : 표고를 알고 있는 점에 세운 표척의 읽음
⑦ 전시 : 구하려는 점에 세운 표척의 읽음
⑧ 기계고 : 기준면에서 시준선까지의 높이, 즉 지반고+측점의 후시측정값
⑨ 지반고 : 표척을 세운 점의 표고
⑩ 이기점 : 레벨 거치를 변경하기 위하여 전시, 후시를 함께 취하는 점으로서 이 점에 대한 관측오차는 이후의 측량 전체에 영향을 미치는 중요한 점이다.
⑪ 중간점 : 어느 점의 지반고만을 구하기 위해 전시만 측정한 표척의 읽음값으로 다른 점에 오차를 미치지 않는다.

14. 수준기의 감도가 5″인 레벨(Level)을 사용하여 50m 떨어진 표척을 시준할 때 발생하는 시준값의 차이는?
㉮ ±0.5mm ㉯ ±1.2mm
㉰ ±7.3mm ㉱ ±10.5mm

해설 감도 $\theta'' = \dfrac{l}{nD}\rho''$ 에서

$$l = \dfrac{\theta'' nD}{\rho''}$$
$$= \dfrac{5 \times 50}{206265} = 0.0012 = 1.2mm$$

15. 수준측량 오차 중 레벨(Level)을 양 표척의 중앙에 세우고 관측함으로써 그 영향을 줄일 수 있는 것은?

㉮ 레벨의 시준선 오차　　　　　　㉯ 레벨의 정치(整置) 불완전에 의한 오차
㉰ 지반침하에 의한 오차　　　　　㉱ 표척의 경사로 인한 오차

해설 전·후시의 거리를 같게 하여 제거되는 오차
① 레벨의 조정이 불완전하여 시준선이 기포관축과 평행하지 않을 때 발생하는 오차를 제거
② 지구의 곡률오차와 빛의 굴절오차를 제거
③ 초점나사를 움직일 필요가 없으므로 그로 인해 생기는 오차를 제거

16. B점에 기계를 세우고 표고가 61.5m인 P점을 시준하여 0.85m를 관측하였을 때 표고 60m에 세운 A점을 시준한 표척의 관측값으로 옳은 것은?

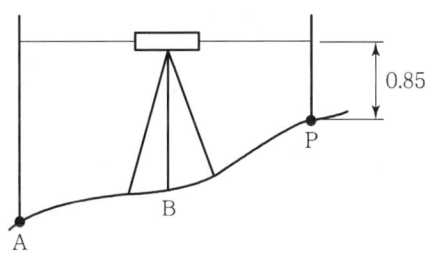

㉮ 1.53m　　　　㉯ 1.75m　　　　㉰ 2.35m　　　　㉱ 2.53m

해설 A점의 관측값＝A점의 지반고＋전시－후시＝61.5m
전시＝60＋전시－0.85＝61.5m
전시＝61.5＋0.85－60＝2.35m

17. 측량목적에 따라 수준측량을 분류한 것은?

㉮ 교호수준측량　　　　　　㉯ 공공수준측량
㉰ 정밀수준측량　　　　　　㉱ 단면수준측량

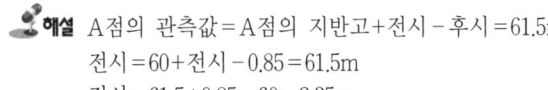
해설 1. 측량방법에 의한 분류
① 직접고저측량
② 간접고저측량

③ 교호고저측량
④ 약고저측량
2. 측량목적에 의한 분류
① 고저측량
② 단면고저측량

18. 수준측량의 기고식과 관계있는 것은?

㉮ 기계적 고도수정   ㉯ 기압수준측량
㉰ 간접수준측량   ㉱ 야장기입계산

해설 야장기입법
① 고차식 야장기입법
  ㉠ 가장 간단한 것으로 2단식이라고도 하며, 후시와 전시 칸만 있으면 된다.
  ㉡ 측정이 끝난 다음 후시의 합계와 전시의 합계의 차로 고저차를 산출한다.
② 기고식 야장기입법
  ㉠ 기지점의 표고에 그 점의 후시를 더한 기계고를 얻고 표고를 알고자 하는 점의 전시를 빼서 표고를 얻는다.
  ㉡ 단, 수준측량과 같이 중간점이 많은 경우에 편리하다.
③ 승강식 야장기입법
  ㉠ 전시에서 후시를 뺀 값이 고저차가 되므로 승, 강의 난을 따로 만들어 후시가 크면(승), 전시가 크면 (강)란에 차를 기입한다.
  ㉡ 승, 강의 총합을 구하면 전, 후시의 읽음수의 차와 비교하여 계산 결과를 검사할 수 있다.
  ㉢ 임의의 점의 표고를 구하기에 편리하나 중간점이 많을 때에는 계산이 복잡하다.

19. 현장에서 수준측량을 정확하게 수행하기 위해서 고려해야 할 사항이 아닌 것은?

㉮ 전시와 후시의 거리를 동일하게 한다.
㉯ 기포가 중앙에 있을 때 읽는다.
㉰ 표척이 연직으로 세워졌는지 확인한다.
㉱ 레벨의 설치 횟수는 홀수회로 끝나도록 한다.

해설 표척을 세울 때 주의사항
① 연직방향으로 세울 것
② 조금씩 앞뒤로 움직여 가장 낮은 수준값을 읽음
③ 연약지반 조심, 밑바닥 흙먼지, 이음새로 인한 오차 주의

20. 레벨의 기포는 중앙에 있으며 수평방향으로 90m 떨어진 지점의 표척 읽음값이 2.894m이었고, 기포를 6눈금 이동한 때의 읽음값이 2.935m이었다. 이때 기포관의 1눈금 간격을 2mm라 하면 이 기포관의 곡률반경은 얼마가 되겠는가?

㉮ 24.7m   ㉯ 26.3m   ㉰ 28.1m   ㉱ 29.4m

해설 $R = \dfrac{n \times d \times L}{\Delta h}$

$= \dfrac{6 \times 0.002 \times 90}{0.041} = 26.341$

여기서, n : 눈금 이동수, d : 기포관 눈금길이
L : 거리, Δh : 표척의 차(2.935 − 2.894 = 0.041m)

21. 수준측량에서 발생할 수 있는 정오차인 것은?

㉮ 전시와 후시를 바꿔 기입하는 오차 ㉯ 관측자의 습관에 따른 수평 조정 오차
㉰ 표척 눈금이 정확하지 않을 때의 오차 ㉱ 관측 중 기상상태 변화에 의한 오차

해설 수준측량에서의 정오차
① 표척의 눈금이 잘못되어 일어나는 오차
② 지구의 곡률에 의한 오차
③ 십자선의 굵기에 의한 오차

22. 삼각수준측량에서 연직각 $\alpha = 15°$, 두 점 사이의 수평거리가 D = 500m, 기계높이 I = 1.60m, 표척의 높이 Z = 2.30m이면 두 점 간의 고저차는?(단, 대기오차와 지구곡률오차는 고려하지 않는다.)

㉮ 128.71m ㉯ 130.11m ㉰ 131.67m ㉱ 133.27m

해설 $D \times \tan\alpha + I - Z = 500 \times \tan 15 + 1.60 - 2.30$
$= 133.2745m$

23. 수준측량 야장에서 측점 5의 기계고와 지반고는?(단, 표의 단위는 m이다.)

측점	B.S	F.S		I.H	G.H
		T.P	I.P		
A	1.14				80
1	2.41	1.16			
2	1.64	2.68			
3			0.11		
4			1.23		
5	0.33	0.40			
B		0.65			

㉮ 79.71m, 80.95m ㉯ 79.91m, 80.63m
㉰ 81.28m, 80.95m ㉱ 82.39m, 80.63m

해답 21. ㉰ 22. ㉱ 23. ㉰

해설
- 기계고＝지반고＋후시
- 지반고＝기계고－전시
- A측점의 기계고＝80＋1.14＝81.14m
- 1측점의 지반고＝81.14－1.16＝79.98m
- 1측점의 기계고＝79.98＋2.41＝82.39m
- 2측점의 지반고＝82.39－2.68＝79.71m
- 2측점의 기계고＝79.71＋1.64＝81.35m
- 3측점의 지반고＝81.35－0.11＝81.24m
- 4측점의 지반고＝81.35－1.23＝80.12m
- 5측점의 지반고＝81.35－0.40＝80.95m
- 5측점의 기계고＝80.95＋0.33＝81.28m

24. 거리 80m 되는 곳에 표척을 세워 기포가 중앙에 있을 때와 기포관의 눈금이 5눈금 이동했을 때 표척 읽음값의 차이가 0.09m이었다면 이 기포관의 곡률반경은?(단, 기포관 한 눈금의 간격은 2mm이다.)

㉮ 8.97m　　㉯ 9.07m　　㉰ 9.37m　　㉱ 9.57m

해설 $a'' = \dfrac{l}{n \cdot d} \rho'' = \dfrac{0.09}{5 \times 80} \times 206,265'' = 46''$

$R = d \dfrac{\rho''}{a''} = 2 \times \dfrac{206,265''}{46''} = 8,968 \text{mm} = 8.97 \text{m}$

25. Bm에서 출발하여 No.2까지 레벨 측량한 야장이 다음과 같다. No.2는 Bm보다 얼마나 높은가?

측점	후시(m)	전시(m)
Bm	0.760	
No.1	1.295	1.324
No.2		0.381

㉮ －1.462m　　㉯ ＋1.462m　　㉰ ＋0.35m　　㉱ －0.35m

해설 고저차(h)＝후시(B.S)의 총합－전시(F.S)의 총합
　　　　＝2.055－1.705＝0.35

26. 레벨(Level)의 중심에서 50m 떨어진 지점에 표척을 세우고 기포가 중앙에 있을 때 1.248m, 기포가 2눈금 움직였을 때 1.223m를 각각 읽은 경우 이 레벨의 기포관 곡률반지름은?(단, 기포관 1눈금 간격은 2mm이다.)

㉮ 8m　　㉯ 12m　　㉰ 16m　　㉱ 20m

해설 $R = \dfrac{n \times d \times L}{\Delta h} = \dfrac{2 \times 0.002 \times 50}{0.025} = 8\text{m}$

여기서, n : 눈금 이동수, d : 기포관 눈금길이
　　　　L : 거리, Δh : 표척의 차

27. 수준측량의 용어 설명 중 틀린 것은?

㉮ 이기점 : 전시와 후시를 모두 관측하여 앞뒤 수준측량 결과를 연결시키는 점이다.
㉯ 중간점 : 후시만 취하는 점으로 표고를 알고 있는 점이다.
㉰ 지평선 : 연직선에 직교하는 직선이다.
㉱ 기준면 : 높이의 기준이 되는 면으로 평균해수면을 말한다.

해설 ① 수평면 : 정지된 해수면이나 해수면 위에서 중력방향에 수직한 곡면, 즉 지구표면이 물로 덮여 있을 때 만들어지는 형상의 표면
② 수평선 : 지구의 중심을 포함한 평평한 수평선이 교차하는 곡선, 즉 모든 점에서 중력방향에 직각이 되는 선
③ 지평면 : 수평면상의 한 점에서 접하는 평면
④ 지평선 : 수평선의 한 점에서 접하는 접선
⑤ 기준면 : 높이의 기준이 되는 수평면으로 일반적으로 평균해수면을 말하며 ±0으로 정한다.
⑥ 후시 : 표고를 알고 있는 점에 세운 표척의 읽음
⑦ 전시 : 구하려는 점에 세운 표척의 읽음
⑧ 기계고 : 기준면에서 시준선까지의 높이, 즉 지반고+측점의 후시측정값
⑨ 지반고 : 표척을 세운 점의 표고
⑩ 이기점 : 레벨 거치를 변경하기 위하여 전시, 후시를 함께 취하는 점으로서 이 점에 대한 관측오차는 이후의 측량 전체에 영향을 미치는 중요한 점이다.
⑪ 중간점 : 어느 점의 지반고만을 구하기 위해 전시만 측정한 표척의 읽음값으로 다른 점에 오차를 미치지 않는다.

28. 각 점들이 중력방향에 직각으로 이루어진 곡면을 뜻하는 용어로 옳은 것은?

㉮ 지평면(Horizontal plane)   ㉯ 수준면(Level surface)
㉰ 연직면(Plumb plane)   ㉱ 특별기준면(Special datum plane)

 해설 ㉮ 지평면 : 지구 위의 어떤 지점에서 연직선에 수직인 평면
㉯ 수준면 : 각 점들이 중력방향에 직각으로 이루어진 곡면
㉰ 연직면 : 수직면이라 하고 어떠한 평면이나 직선과 수직 이루는 면
㉱ 특별기준면 : 육지에서 멀리 떨어져 있는 섬에는 기준면을 연결할 수 없으므로 그 섬 특유의 기준면을 사용한다. 또 하천 및 항만공사는 전국의 기준면을 사용하는 것보다 그 하천 및 항만의 계획에 편리하도록 각자의 기준면을 가진 것도 있다. 이것을 특별기준면이라 한다.

29. A, B 두 개의 수준점에서 P점을 관측한 결과가 다음과 같을 때 P점의 최확값은?

• A → P 표고=80.158m, A → P 거리=4km
• A → P 표고=80.118m, B → P 거리=3km

㉮ 80.158m   ㉯ 80.118m   ㉰ 80.135m   ㉱ 80.038m

해설 경중률 $= \dfrac{1}{4} : \dfrac{1}{3} = 3 : 4$

$$\dfrac{(80.158 \times 3) + (80.118 \times 4)}{3+4} = 80.135\mathrm{m}$$

해답 27. ㉯ 28. ㉯ 29. ㉰

30. 지반고 55.16m인 기지점에서의 후시는 3.55m, 구하고자 하는 점의 전시는 2.35m를 읽었을 때 구하고자 하는 점의 지반고는?

㉮ 61.06m   ㉯ 58.26m   ㉰ 56.36m   ㉱ 53.96m

해설 한 점의 지반고+후시−전시=구하고자 하는 점의 지반고
55.16+3.55−2.35=56.36m

31. 레벨의 기포를 중앙에 오게 하고 수평방향으로부터 50m 떨어진 지점의 표척 관측값이 1.750m 이었다. 기포를 4눈금 이동한 때의 관측값이 1.789m이었다면 기포관 한 눈금이 2mm일 때 기포관의 감도는?

㉮ 20초   ㉯ 30초   ㉰ 40초   ㉱ 50초

해설 $\alpha = \dfrac{l}{nD} \cdot \rho'' = \dfrac{(1.789-1.750)}{4 \times 50} \times 206,265 = 40.22''$

32. 직접수준측량에 따른 오차 중 시준거리의 제곱에 비례하는 성질을 갖는 것은?

㉮ 기포관축과 시준선이 평행하지 않음으로 인한 오차
㉯ 표척의 길이가 표준길이와 다름으로 인한 오차
㉰ 지구의 곡률 및 대기 중 광선의 굴절로 인한 오차
㉱ 망원경의 시도 불명으로 인한 표척의 독취 오차

해설
• 구차 : $E_c = +\dfrac{S^2}{2R}$

• 기차 : $E_r = -\dfrac{KS^2}{2R}$

• 양차 : $\Delta E = \dfrac{(1-K)S^2}{2R}$

여기서, S : 수평거리, K : 굴절계수, R : 지구곡률반경

33. 교호수준측량의 장점으로 옳은 것은?

㉮ 작업속도가 더 빠르다.
㉯ 전시, 후시의 거리차가 일정하다.
㉰ 소규모 측량의 경우에 경제적이다.
㉱ 구차 및 기차의 오차를 제거할 수 있다.

해설 교호수준측량을 할 경우 소거되는 오차
• 레벨의 기계오차(시준축오차)
• 관측자의 읽기오차
• 지구곡률에 의한 오차(구차)
• 광선굴절에 의한 오차(기차)

해답 30. ㉰ 31. ㉰ 32. ㉰ 33. ㉱

예상 및 기출문제

34. 수준측량에서 사용하는 용어의 설명 중 틀린 것은?

㉮ I.P(중간점) : 어떤 지점의 표고를 알기 위해 표척을 세워 전시를 취한 점
㉯ B.S(후시) : 측량해 나가는 방향을 기준으로 기계의 후방을 시준한 값
㉰ T.P(이기점) : 기계를 옮기기 위해 어떤 점에서 전시와 후시를 취한 점
㉱ F.S(전시) : 표고를 알고자 하는 곳에 세운 표척의 시준값

해설 B.S(후시) : 알고 있는 점(기지점)에 표척을 세워 읽는 값

35. 수준측량에서 시준거리를 일정하게 하여 동일 조건하에서 측량하면 그 오차는 이론적으로 무엇에 비례하게 되는가?

㉮ 관측횟수의 역수
㉯ 관측점수의 제곱
㉰ 관측값의 2배수
㉱ 관측거리의 제곱근

해설 오차는 관측횟수, 관측거리의 제곱근에 비례한다.
$E = C\sqrt{L}$ 여기서, E : 수준측량 오차의 합, C : 1km에 대한 오차, L : 노선거리(km)

36. 출발점에 세운 표척과 도착점에 세운 표척을 같게 하는 이유는?

㉮ 표척의 상태(마모 등)로 인한 오차를 소거한다.
㉯ 정준의 불량으로 인한 오차를 소거한다.
㉰ 수직축의 기울어짐으로 인한 오차를 제거한다.
㉱ 기포관의 강도불량으로 인한 오차를 제거한다.

해설 표척의 영눈금 오차는 오랜 기간 동안 사용하였기 때문에 표척의 밑부분이 마모하여 제로선이 올바르게 제로로 표시하지 않으므로 관측결과에 의해 생기는 오차이다. 이 영눈금의 오차는 레벨의 거치를 짝수화하여 출발점에 세운 표척을 도착점에 세우면 소거할 수 있다.

37. 레벨의 중심에서 100m 떨어진 곳에 표척을 세워 1.921m를 관측하고 기포가 4눈금 이동 후에 1.995m를 관측하였다면 이 기포관의 1눈금 이동에 대한 경사각(감도)은?

㉮ 약 40″   ㉯ 약 30″   ㉰ 약 20″   ㉱ 약 10″

해설 $206265″ \times 1.995 - 1.921 / 4 \times 100 = 38.159″$

38. 간접 수준 측량으로 터널 천정에 설치된 AB 측점 간을 연직각 +5°로 관측하여 사거리가 50m, 후시(A점)의 관측값이 1.60m, 전시(B점)의 관측값이 1.50m이었다. AB 고저차는?

㉮ 3.55m   ㉯ 3.75m   ㉰ 4.26m   ㉱ 4.45m

해설 고저차 = 사거리 × sin 연직각 + 전시 − 후시
$h = 50 \times \sin 5° + 1.5 - 1.6 = 4.26m$

해답 34. ㉯   35. ㉱   36. ㉮   37. ㉮   38. ㉰

39. 수준측량에서 우리나라가 채택하고 있는 기준면으로 옳은 것은?

㉮ 평균해수면 ㉯ 평균고조면 ㉰ 최저조위면 ㉱ 최고조위면

해설 우리나라의 수준측량의 기준은 인천 앞바다의 평균해수면을 0으로 수준원점 26.6871m로 한다.

40. 간접수준측량에서 지구의 평균반경을 6370km로 하고, 수평거리가 2km일 때 지구곡률오차는?

㉮ 0.314m ㉯ 0.491m ㉰ 0.981m ㉱ 1.962m

해설 $\theta = \tan^{-1} \cdot \dfrac{2}{6,370} = 0°01'4.76''$

$X = \dfrac{6,370}{\cos 0°01'4.76''} = 6,370.000314$

지구의 곡률오차는
$6,370.000314 - 6,370 = 0.000314 \text{km}$
$= 0.314 \text{m}$

41. 기포관의 감도는 무엇으로 표시하는가?

㉮ 기포관의 길이에 대한 곡선의 중심각 ㉯ 기포관의 눈금의 양단에 대한 곡선의 중심각
㉰ 기포관의 한 눈금에 대한 곡선의 중심각 ㉱ 기포관의 반 눈금에 대한 곡선의 중심각

해설 기포관의 감도는 기포가 1눈금 움직일 때 수준기축이 경사되는 각도로서 기포관 한 눈금 사이에 낀 각을 말하며, 주로 수준기의 곡률반경에 좌우되고 곡률반경이 클수록 감도는 좋다.

42. 수준측량의 용어 설명 중 틀린 것은?

㉮ F.S(전시) : 표고를 구하려는 점에 세운 표척의 읽음값
㉯ B.S(후시) : 기지점에 세운 표척의 읽음값
㉰ T.P(이기점) : 전시와 후시를 같이 취할 수 있는 점
㉱ I.P(중간점) : 후시만을 취하는 점으로 오차가 발생하여도 측량결과에 전혀 영향을 주지 않는 점

해설 중간점
어느 점의 지반고만을 구하기 위해 전시만 측정한 표척의 읽음값으로 다른 점에 오차를 미치지 않는다.

43. 지오이드에서의 위치에너지값은 얼마인가?

㉮ 0 ㉯ 1 ㉰ 10 ㉱ 100

해설 지오이드의 특징
1. 지오이드면은 평균해수면을 나타낸다.
2. 고저측량은 지오이드면을 표고 0으로 하여 측정한다.
3. 지오이드면은 해발고도가 0m인 기준면으로 위치에너지가 0이다.

예상 및 기출문제

44. 고저차를 구하는 방법으로 사용하는 것이 아닌 것은?

㉮ 시거법(스타디아 측량)   ㉯ 중력에 의한 방법
㉰ 평판의 앨리데이드에 의한 방법   ㉱ 수평표척에 의한 방법

해설 측량방법에 의한 분류
1. 직접수준측량 : 레벨과 표척을 사용하여 두 점 사이의 고저차를 구하는 방법
2. 간접수준측량 : 두 점 간의 연직각과 수평거리 또는 경사거리로서 삼각법에 의한 방법, 공중사진의 입체시에 의한 방법, 기압에 의한 방법, 스타디아수준측량에 의한 방법 등이 있다.
3. 교호수준측량 : 하천 등의 양쪽에 있는 2점 간의 고저차를 직접 또는 간접으로 구한다.
4. 평판의 앨리데이드에 의한 방법
5. 나반에 의한 방법
6. 기압수준측량
7. 중력에 의한 방법
8. 사진측정에 의한 방법
※ 수평표척에 의한 방법은 간접적으로 거리를 측정할 수 있는 방법이다.

45. 두 점 간의 거리가 2,100m이고 곡률반지름(R)이 6,370km, 빛의 굴절계수(k)가 0.14일 경우에 양차는?

㉮ 0.25m   ㉯ 0.30m   ㉰ 0.32m   ㉱ 0.41m

해설
$$\Delta E = \frac{(1-K)}{2R} S^2$$
$$= \frac{(1-0.14)}{2 \times 6,370} \times 2.1^2$$
$$= 0.0002977 \, km$$
$$= 0.298 \, m$$

46. 다음 표는 갱 내에서 수준측량을 실시한 결과이다. A점의 지반고가 224.590m일 경우 D점의 지반고는?

(단위 : m)

측점	후시	전시	지반고
A	+1.815		224.590
B	+1.346	+0.408	
C	-0.642	-1.833	
D	+1.721	+0.614	
E	-0.942	-1.155	
F		+1.547	

㉮ 221.260m   ㉯ 227.920m
㉰ 228.019m   ㉱ 229.641m

해답 44. ㉱   45. ㉯   46. ㉯

해설 • A점의 지반고는 224.590m이며, 지반고=기계고(지반고+후시)−전시이다.
 • B점의 지반고=224.590+1.815−0.408=225.997m
 • C점의 지반고=225.997+1.346−(−1.833)=229.176m
 • D점의 지반고=229.176+(−0.642)−0.614=227.920m
 • E점의 지반고=227.920+1.721−(−1.155)=230.796m
 • F점의 지반고=230.796+(−0.942)−1.547=228.307m

47. 수준측량에서 전·후시의 측량을 연결하기 위하여 전시, 후시를 함께 취하는 점은?
㉮ 중간점 ㉯ 수준점 ㉰ 이기점 ㉱ 기계점

해설 ① 중간점 : 어느 점의 지반고만을 구하기 위해 전시만 측정한 표척의 읽음값
② 후시 : 표고를 알고 있는 점에 세운 표척의 읽음값
③ 전시 : 구하려는 점에 세운 표척의 읽음값
④ 이기점(Turning Point) : 전시와 후시의 연결점

48. 우리나라의 고저기준점에 대한 설명으로 맞는 것은?
㉮ 해수면의 최고수위를 기준으로 높이를 구하여 놓은 점
㉯ 기준수준면으로부터의 높이를 구하여 놓은 점
㉰ 기준타원체면으로부터의 높이를 구하여 놓은 점
㉱ 지표면으로부터의 높이를 구하여 놓은 점

해설 고저의 기준점은 지오이드로 정지된 평균해수면을 육지까지 연장하여 지구 전체를 둘러싼다고 가상한 곡면으로 지오이드의 특징은 다음과 같다.
① 지오이드면은 평균해수면을 나타낸다.
② 어느 점에서나 표면을 통과하는 연직선은 중력의 방향이 같다.
③ 지각 내부의 밀도분포에 따라 굴곡을 달리한다.
④ 지각 밀도의 불균일로 타원체면에 대하여 다소의 기복이 있는 불규칙한 면이다.
⑤ 고저측량은 지오이드면을 표고 "0"으로 하여 측정한다.
⑥ 해발고도가 0m인 기준면으로 위치에너지가 0이다.
⑦ 지각의 인력으로 대륙에서 지구타원체보다 높으며 해양에서 지구타원체보다 낮다.
⑧ 타원체의 법선과 지오이드의 법선은 일치하지 않게 되며 두 법선의 차, 즉 연직선 편차가 생긴다.

49. 300m 떨어진 곳에 표척을 세우고 기포가 중앙에 있을 때와 기포가 4눈금 이동했을 때의 양쪽을 읽어 그의 차를 0.08m라 할 때 이 기포관의 감도는?
㉮ 12″ ㉯ 14″ ㉰ 16″ ㉱ 18″

해설 $a'' = \rho'' \times \dfrac{h}{nD}$ (ρ'' : 206.265″, h=눈금차, n=이동된 눈금 수, D=거리)
 =206.265″×0.08/1200 =0.0038197 =0°0′12.75″

예상 및 기출문제

50. 수준측량에서 전·후시 거리를 같게 함으로써 제거되지 않는 오차는?

㉮ 지구의 곡률오차 ㉯ 표척눈금 부정에 의한 오차
㉰ 광선의 굴절오차 ㉱ 시준축 오차

> **해설** 표척의 눈금오차는 기계의 정치횟수를 짝수로 하면 제거할 수 있다.
>
> 전·후시 거리를 같게 하여 제거되는 오차
> - 레벨의 조정이 불완전하여 시준선이 기포관축과 평행하지 않을 때 발생하는 오차 제거
> - 지구의 곡률오차와 빛의 굴절오차를 제거
> - 초점나사를 움직일 필요가 없으므로 그로 인해 생기는 오차 제거

51. 도로의 중심선을 따라 20m 간격의 종단측량을 하여 다음과 같은 결과를 얻었다. 측점 1과 측점 5의 지반고를 연결하여 도로계획선을 설정한다면 이 계획선의 경사는?

측점	지반고(m)	측점	지반고(m)
No.1	53.63	No.4	70.65
No.2	52.32	No.5	50.83
No.3	60.67		

㉮ −2.8% ㉯ −3.5%
㉰ +3.5% ㉱ +2.8%

> **해설** 측점 1과 측점 5의 높이차(h)는 53.63−50.83=2.8m
>
> 경사 $= \dfrac{높이}{수평거리} = \dfrac{2.8}{80} = 0.035$
>
> ∴ 3.5%, 측점 1보다 측점 5 지반이 낮으므로 경사는 −3.5%

52. 수준측량에서 n회 기계를 설치하여 높이를 측정할 때 1회 기계 설치에 따른 표준오차가 δ_r이면 전체 높이에 대한 오차는?

㉮ $n\delta_r$ ㉯ $\dfrac{\sqrt{\delta_r}}{n}$
㉰ δ_r ㉱ $\sqrt{n} \cdot \delta_r$

> **해설** $e = \pm \sigma_r \sqrt{n}$

53. 수준측량에서 전시(F.S)의 정의로 옳은 것은?

㉮ 측량 진행방향에 대한 표척의 읽음
㉯ 수준점에 세운 표척의 읽음
㉰ 지반고를 알고 있는 기지점에 세운 표척의 읽음
㉱ 지반고를 알기 위한 미지점에 세운 표척의 읽음

해답 50. ㉯ 51. ㉯ 52. ㉱ 53. ㉱

해설 ① 수준점 : 수준원점을 출발하여 국도 및 중요한 도로를 따라 적당한 간격으로 표석을 매설하여 놓은 점이다.
② 표고 : 기준면에서 그 점까지의 연직거리를 말한다.
③ 후시 : 표고를 알고 있는 점에 세운 표척의 읽음값을 말한다.
④ 전시 : 구하려는 점에 세운 표척의 읽음값을 말한다.
⑤ 기계고 : 기준면에서 시준선까지의 높이, 즉 지반고+측점의 후시측정값을 말한다.

54. 직접수준측량을 통해 중간점의 고저차에 대한 결과 없이 A점으로부터 2km 떨어진 B점의 표고차만을 구하려고 할 때 가장 적합한 야장기입방법은?
㉮ 종횡단식 야장   ㉯ 승강식 야장
㉰ 고차식 야장   ㉱ 기고식 야장

해설 ① 고차식 : 이 야장기입법은 가장 간단한 것으로서 2단식이라고도 한다. 후시와 전시의 난만 있으면 되기 때문에 고저수준측량에 이용되며 측정이 끝난 다음에 후시의 합과 전시의 합의 차로서 고저차를 산출한다.
② 기고식 : 이 방법은 기지점의 표고에 그 점의 후시를 더한 기계고를 얻고 여기에서 표고를 알고자 하는 점의 전시를 빼서 그 점의 표고를 얻는다. 단, 수준측량과 같이 중간점이 많은 경우에 편리하다.

55. 측점 1에서 측점 5까지 직접 고저 횡단 측량을 실시하여 측점 1의 후시가 0.571m, 측점 5의 전시가 1.542m, 후시의 총합이 2.274m, 전시의 총합이 6.246m이었다면 측점 5의 표고는 측점 1에 비하여 어떤 위치에 있는가?
㉮ 0.971m 높다.   ㉯ 0.971m 낮다.
㉰ 3.972m 높다.   ㉱ 3.972m 낮다.

해설 고차식 야장기입법에 의해 전시의 총합 6.246m − 후시의 총합 2.274m = 3.972m이므로 전시의 합이 후시의 합보다 커 측점 5의 지반고는 그 차이만큼 낮아지게 된다.

56. 직접수준측량에서 2km를 왕복하는 데 오차가 4mm 발생하였다면 이와 같은 정밀도로 하여 4.5km를 왕복했을 때의 오차는?
㉮ 5.0mm   ㉯ 5.5mm   ㉰ 6.0mm   ㉱ 6.5mm

해설 $\sqrt{2\text{km}} : 4\text{mm} = \sqrt{4.5\text{km}} : x$ 에서 $x = 6\text{mm}$

57. 수준측량에서 기포관의 눈금이 3눈금 움직였을 때 60m 전방에 세운 표척의 읽음차가 2.5cm인 경우 기포관의 감도는?
㉮ 26″   ㉯ 29″   ㉰ 32″   ㉱ 35″

해설 $a'' = \dfrac{\rho''l}{nD} = \dfrac{0.025 \times 206265''}{3 \times 60} = 0°0'28.65''$

여기서 a : 기포관의 감도, ρ : 206265'', n : 이동눈금수, D : 수평거리

58. 수준측량에서 시준거리를 일정하게 하여 동일 조건하에서 측량하면 그 오차는 이론적으로 무엇에 비례하게 되는가?
㉮ 관측횟수의 역수 ㉯ 관측점수의 제곱
㉰ 관측값의 2배수 ㉱ 관측거리의 제곱근

해설 수준측량에서 시준거리를 일정하게 하여 동일 조건하에서 측량하면 그 오차는 이론적으로 노선 거리의 제곱근에 비례한다.

59. 두 점 간의 고저차를 구하는 방법에 해당하지 않는 것은?
㉮ 직접수준측량 ㉯ 기압수준측량
㉰ 항공사진측량 ㉱ 지거수준측량

해설 두 점 간의 고저차를 구하는 수준측량의 측량방법에는 직접수준측량, 간접수준측량, 교호수준측량, 약수준측량, 기압수준측량 등이 있으며, 항공사진을 이용하여 고저차를 구할 수 있다.

60. 레벨의 시준축이 기포관축과 평행하지 않으므로 인한 오차는 다음 중 어떤 방법으로 소거될 수 있는가?
㉮ 후시한 후 곧바로 전시한다. ㉯ 표척을 정확히 수직으로 세운다.
㉰ 전시와 후시의 거리를 같게 한다. ㉱ 표척을 시준선의 좌우로 약간 기울인다.

해설 레벨의 조정이 불완전하여 시준축이 기포관축과 평행하지 않아 발생하는 오차는 전시와 후시의 거리를 같게 함으로써 소거된다.

61. 수평각 관측에서 축각오차 중 망원경을 정·반으로 관측하여 소거할 수 있는 오차가 아닌 것은?
㉮ 시준축 오차 ㉯ 수평축 오차 ㉰ 연직축 오차 ㉱ 편심 오차

해설 망원경의 정·반 관측을 평균하여도 연직축 오차는 소거되지 않는다.

62. 직접수준측량 시 주의사항에 대한 설명으로 틀린 것은?
㉮ 작업 전에 기기 및 표척을 점검 및 조정한다.
㉯ 전후의 표척거리를 등거리로 하는 것이 좋다.
㉰ 표척을 세우고 나서는 표척을 움직여서는 안 된다.
㉱ 기포관의 기포는 똑바로 중앙에 오도록 한 후 관측을 한다.

해설 직접수준측량 시 표척은 기계수가 앞뒤 방향으로 천천히 움직여 주어야 하며, 움직임을 관측하여 가장 작은 눈금값을 읽어야 한다.

해답 58. ㉱ 59. ㉱ 60. ㉰ 61. ㉰ 62. ㉰

63. 레벨(Level) 수준의 기포관의 곡률반경을 알기 위하여 10m 떨어진 곳의 표척(Staff)을 수평으로 시준하고, 기포를 2눈금 이동시켜서 다시 표척을 시준하니 4cm의 이동이 있었다면 이때 기포관의 곡률반경은 얼마인가?(단, 기포관 1눈금=2mm)

㉮ 1.0m ㉯ 1.5m ㉰ 2.0m ㉱ 2.3m

해설 $R:S=D:L$
(R : 기포관의 곡률반경, D : 표척이동거리, L : 시준거리, S : 눈금이동거리)
$R=\dfrac{0.004\times10}{0.04}=1\text{m}$

64. 직접 등고선 관측으로 표고 175.26m인 기준점에 표척을 세워 레벨로 측정한 값이 1.27m이다. 175m의 등고선을 측정하려 할 때 레벨이 시준해야 할 표척의 시준높이로 맞는 것은?

㉮ 1.35m ㉯ 1.45m ㉰ 1.49m ㉱ 1.53m

해설 기계고=지반고+후시, 지반고=기계고-전시
$175.26+1.27=176.53\text{m}$, $176.53-175=1.53\text{m}$

65. 다음 중 가장 정확한 표고 측정의 기준이 되는 점은 어느 것인가?

㉮ 삼각점 ㉯ 수준원점 ㉰ 중간점 ㉱ 이기점

해설 기준면으로부터 정확하게 표고를 측정해서 표시해 둔 점을 수준점(B.M)이라 한다. 기준이 되는 수준원점은 인하대학교 교정에 설치되어 있으며 높이는 26.6871m이다.

66. 장거리 고저차 측량에는 지구 곡률에 의한 구차가 적용되는데 이 구차에 대한 설명으로 맞는 것은?

㉮ 구차는 거리제곱에 반비례한다. ㉯ 구차는 곡률반경의 제곱에 비례한다.
㉰ 구차는 곡률반경에 비례한다. ㉱ 구차는 거리제곱에 비례한다.

해설 지구표면은 구면이므로 지구표면과 연직면과의 교선, 즉 수평선은 원호라고 생각할 수가 있다. 따라서 넓은 지역에서는 수평면에 대한 높이와 지평면에 대한 높이의 차를 구차라고 하며, 식은 $\dfrac{S^2}{2R}$로 표현되므로 거리제곱에 비례한다.

67. 다음 중 폭이 100m이고 양안(兩岸)의 고저차가 1m 되는 하천을 횡단하여 정밀히 수준측량을 실시할 때 양안의 고저차를 측정하는 방법으로 가장 적합한 것은?

㉮ 교호수준측량으로 구한다. ㉯ 시거측량으로 구한다.
㉰ 간접수준측량으로 구한다. ㉱ 양안의 수면으로부터의 높이로 구한다.

해설 교호수준측량은 강 또는 바다 등으로 인하여 접근이 곤란한 2점 간의 고저차를 직접 또는 간접수준측량에 의하여 구하는 방법으로 높은 정밀도를 필요로 할 경우에는 양안의 고저차를 관측한다.

해답 63. ㉮ 64. ㉱ 65. ㉯ 66. ㉱ 67. ㉮

68. 계산과정에서 완전한 검산을 할 수 있어 정밀한 측량에 이용되나 중간점이 많을 때는 계산이 복잡한 야장기입법은?

㉮ 고차식   ㉯ 기고식   ㉰ 횡단식   ㉱ 승강식

해설 야장기입법
① 고차식 : 전시와 후시만 있는 경우에 사용하는 야장기입법으로 2점의 높이를 구하는 것이 목적이고 도중에 있는 측점의 지반고는 구할 필요가 없다.
② 기고식 : 중간점이 많을 때 사용하는 야장기입법으로 완전한 검산을 할 수 없는 단점이 있다.
③ 승강식 : 완전한 검산을 할 수 있어 정밀한 측량에 적합하나 중간점이 많을 때에는 불편한 단점이 있다.

69. 그림과 같이 약 200m의 하천이 있어서 P 및 Q에 레벨을 세우고 교호 수준측량을 하였다. A점으로부터 D점까지의 각 측점에서 전후 표척의 포고차가 각각 다음과 같을 때 D점의 표고는?(단, A점의 표고는 2.545m, $A \to B = -0.512$m, 레벨 P에서 $B \to C = -0.229$m, 레벨 Q에서 $C \to B = +0.267$m, $C \to D = +0.636$m)

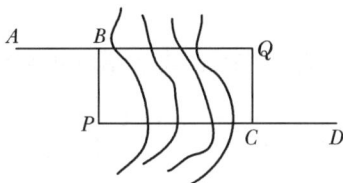

㉮ 2.041m   ㉯ 2.411m   ㉰ 2.421m   ㉱ 2.431m

해설 $H_B = H_A + h = 2.545 - 0.512 = 2.033\,\text{m}$
BC간의 고저차 $= -\dfrac{1}{2}(0.229 + 0.267) = -0.248\,\text{m}$
$H_C = H_B + h = 2.033 - 0.248 = 1.785\,\text{m}$
$H_D = H_C + h = 1.785 + 0.636 = 2.421\,\text{m}$

70. 수준측량에서 5m 표척 상단이 후방으로 30cm 기울어져 있다. 표척의 읽음값이 4m이었다면 이 관측값에 대한 오차는?

㉮ 약 0.7cm   ㉯ 약 1.5cm   ㉰ 약 3.0cm   ㉱ 약 6.0cm

해설 ① 비례법에 의해 거리 x를 구하면
$5 : 0.3 = 4 : x$
$\therefore x = \dfrac{4}{5} \times 0.3 = 0.24\,\text{m}$
② 피타고라스 정리에 의하여 OB'를 구하면
$OB' = \sqrt{OB^2 + x^2} = \sqrt{4^2 + 0.24^2} = 4.007\,\text{m}$
③ 4m를 읽는 경우 거리오차는
$OB' - OB = 4.007 - 4 = 0.007\,\text{m} = 0.7\,\text{cm}$

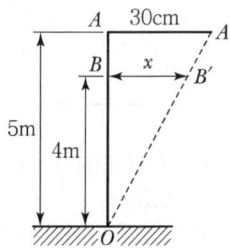

71. 경사된 표척의 3m 위치가 바른 위치(수직)보다 20cm 뒤로 떨어져있다. 레벨이 이 표척을 시준하여 2m를 읽는 경우 관측결과에 미치는 오차는?

㉮ 1mm ㉯ 2mm ㉰ 3mm ㉱ 4mm

해설 1) ① 비례법에 의해 거리 x를 구하면
$3 : 0.2 = 2 : x$
$\therefore x = \dfrac{0.2 \times 2}{3} = 0.13\text{m}$
② 피타고라스 정리에 의하여 OB'를 구하면
$OB' = \sqrt{OB^2 + x^2} = \sqrt{2^2 + 0.13^2} = 2.004\text{m}$
③ 2m를 읽는 경우의 거리오차는
$OB' - OB = 2.004 - 2.000 = 0.004\text{m} = 4\text{mm}$

2) $C_i = \dfrac{h^2}{2L} = \dfrac{0.13^2}{2 \times 2} ≒ 4\text{mm}$
여기서, h는 $3 : 0.2 = 2 : h$
$\therefore h = \dfrac{0.2 \times 2}{3} = 0.13\text{m}$

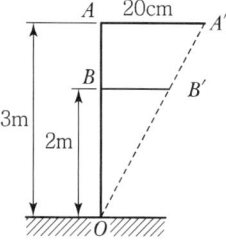

72. 기포관의 감도가 30″인 레벨로 거리가 100m 떨어진 표척을 관측할 때 기포관의 눈금 1/2에 의한 수준오차는?

㉮ 7.3mm ㉯ 8.0mm ㉰ 9.4mm ㉱ 14.2mm

해설 $\theta'' = \dfrac{l}{nD} \times \rho$ 에서

수준오차(l) $= \dfrac{nD}{\rho''} \times \theta'' = \dfrac{0.5 \times 100}{206265''} \times 30'' = 0.0073\text{m} = 7.3\text{mm}$

73. 삼각수준측량에서 연직각 $\alpha = 20°$, 두 점 사이의 수평거리 $D = 400\text{m}$, 기계 높이 $i = 1.70\text{m}$, 표척의 높이 $Z = 2.50\text{m}$이면 두 점 간의 고저차는? (단, 대기오차와 지구의 곡률 오차는 고려하지 않는다.)

㉮ 130.11m ㉯ 140.25m ㉰ 144.79m ㉱ 146.39m

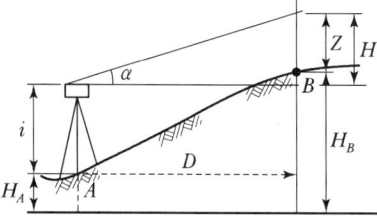

$H = i + D \cdot \tan\alpha = 1.70 + 400 \times \tan 20° = 147.29\text{m}$
$Z = 2.50\text{m}$
$\therefore$ 두 점의 고저차(h) $= H - Z = 147.29 - 2.50 = 144.79\text{m}$

74. 그림과 같이 교호수준측량을 실시하여 구한 B점의 표고는?(단, H_A=20m이다.)

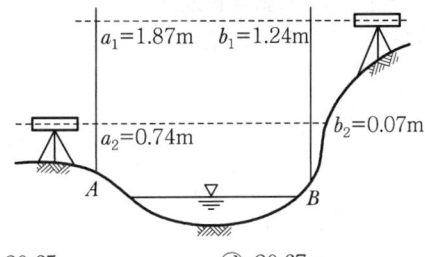

㉮ 19.34m ㉯ 20.65m ㉰ 20.67m ㉱ 20.75m

해설 $H_B = H_A + h$
$= 20 + \dfrac{(1.87+0.74)-(1.24+0.07)}{2}$
$= 20 + 0.65 = 20.65\,\text{m}$

75. 다음 레벨의 조정에서 조정값 d는?(단, d는 C점의 기계점으로부터 B점의 표척을 시준하여 수평으로 읽을 때의 값이다.)

㉮ 2.252m
㉯ 2.698m
㉰ 2.802m
㉱ 3.798m

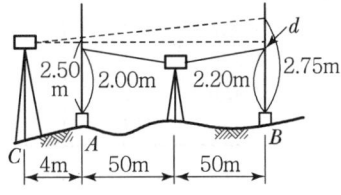

해설 ① 조정량 $d = \dfrac{D+e}{D}\{(a_1-b_1)-(a_2-b_2)\}$
$= \dfrac{104}{100}\{(2.0-2.2)-(2.5-2.75)\} = 0.052\,\text{m}$

② B점의 표척값 = 2.75 − 0.052 = 2.698m

76. 다음 그림과 같이 M점의 표고를 구하기 위하여 수준점(A, B, C)들로부터 고저 측량을 실시하여 아래표와 같은 결과를 얻었다. 이때 M점의 평균 표고는 얼마인가?

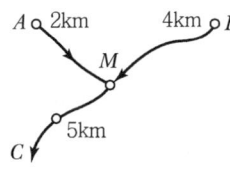

측점	표고(m)	측정 방향	고저차(m)
A	10.03	A→M	+2.10
B	12.60	B→M	−0.50
C	10.64	M→C	−1.45

㉮ 12.07m ㉯ 12.09m ㉰ 12.11m ㉱ 12.13m

해설 ① 평균 표고 계산(H_0) = $H \pm h$
$H_A \Rightarrow A \to M = 10.03 + 2.10 = 12.13$

해답 74. ㉯ 75. ㉯ 76. ㉰

$H_B \Rightarrow B \rightarrow M = 12.60 - 0.50 = 12.1$

$H_C \Rightarrow M \rightarrow C = 10.64 + 1.45 = 12.09$

(반대 방향이므로 부호가 바뀐다.)

② 경중률 계산 $\left(P \propto \dfrac{1}{노선\ 거리(S)}\right)$

$P_A : P_B : P_C = \dfrac{1}{S_A} : \dfrac{1}{S_B} : \dfrac{1}{S_C} = \dfrac{1}{2} : \dfrac{1}{4} : \dfrac{1}{5} = 0.5 : 0.25 : 0.2$

③ 최확치 $(L_0) = \dfrac{P_A H_A + P_B H_B + P_C H_C}{P_A + P_B + P_C}$

$= \dfrac{(0.5 \times 12.13) + (0.25 \times 12.1) + (0.2 \times 12.09)}{0.5 + 0.25 + 0.2} = 12.11\ \text{m}$

77. 수준망을 각각의 환에 따라 폐합차를 구한 결과 다음과 같다. 폐합차의 한계를 $1.0\sqrt{S}\text{cm}$로 할 때 우선적으로 재측할 필요가 있는 노선은?(단, S : 거리(km))

노선	거리	노선	거리	환	폐합차
①	4.1km	②	2.2km	I	−0.017m
③	2.4km	④	6.0km	II	0.019m
⑤	3.6km	⑥	4.0km	III	−0.116m
⑦	2.2km	⑧	2.3km	IV	−0.083m
⑨	3.5km			외주	−0.031m

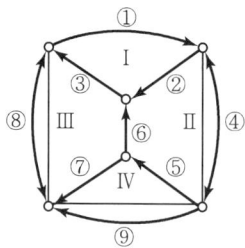

㉮ ② 노선 ㉯ ⑤ 노선
㉰ ⑦ 노선 ㉱ ⑨ 노선

해설 각 환의 거리 S_i를 구하고 폐합차의 제한 조건을 계산하면,

I. $S_I = 4.1 + 2.2 + 2.4 = 8.7\text{km}$ 폐합차의 한계
$1.0\sqrt{S}\text{cm} = 1.0\sqrt{8.7} ≒ 2.9\text{cm}$

II. $S_{II} = 2.2 + 6.0 + 3.6 + 4.0 = 15.8\text{km}$ 폐합차의 한계
$1.0\sqrt{S}\text{cm} = 1.0\sqrt{15.8} ≒ 4.0\text{cm}$

III. $S_{III} = 2.4 + 4.0 + 2.2 + 2.3 = 10.9\text{km}$ 폐합차의 한계
$1.0\sqrt{S}\text{cm} = 1.0\sqrt{10.9} ≒ 3.3\text{cm}$

IV. $S_{IV} = 3.6 + 2.2 + 3.5 = 9.3\text{km}$ 폐합차의 한계
$1.0\sqrt{S}\text{cm} = 1.0\sqrt{9.3} ≒ 3.0\text{cm}$

외주. $S_v = 4.1 + 6.0 + 3.5 + 2.3 = 15.9\text{km}$ 폐합차의 한계
$1.0\sqrt{S}\text{cm} = 1.0\sqrt{15.9} ≒ 4.0\text{cm}$

∴ 재측을 요구하는 구간은 III과 IV환의 공통 부분인 ⑦구간이다.

78. 그림과 같은 수준망의 관측 결과 다음과 같은 폐합 오차를 얻었다. 정확도가 가장 높은 구간은?

구간	총 거리(km)	폐합 오차(mm)
I	20	20
II	16	18
III	12	15
IV	8	13

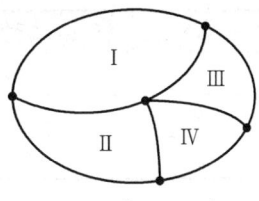

㉮ I구간　　㉯ II구간　　㉰ III구간　　㉱ IV구간

해설 $E = C\sqrt{L}$ 에서

I. $C = \dfrac{E}{\sqrt{L}} = \dfrac{20}{20 \times 2} = 3.16$

II. $C = \dfrac{E}{\sqrt{L}} = \dfrac{18}{16 \times 2} = 3.18$

III. $C = \dfrac{E}{\sqrt{L}} = \dfrac{15}{12 \times 2} = 3.06$

IV. $C = \dfrac{E}{\sqrt{L}} = \dfrac{13}{8 \times 2} = 3.25$

I~IV 중 가장 작은 값이 정확도가 가장 좋다.

79. A, B점간의 고저차를 구하기 위해 그림과 같이 (1), (2), (3) 노선을 직접 수준측량을 실시하여 표와 같은 결과를 얻었다면 최확값은?

구분	관측결과	노선길이
(1)	32.234m	2km
(2)	32.245m	1km
(3)	32.240m	1km

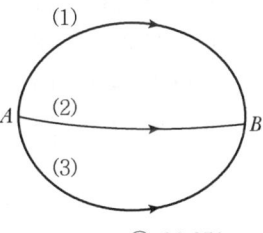

㉮ 32.256m　　㉯ 32.246m　　㉰ 32.241m　　㉱ 32.250m

해설
풀이

$P_1 : P_2 : P_3 = \dfrac{1}{S_1} : \dfrac{1}{S_2} : \dfrac{1}{S_3} = \dfrac{1}{2} : \dfrac{1}{1} : \dfrac{1}{1} = 1 : 2 : 2$

최확값 $(H_B) = \dfrac{P_1 h_1 + P_2 h_2 + P_3 h_3}{P_1 + P_2 + P_3} = \dfrac{1 \times 32.234 + 2 \times 32.245 + 2 \times 32.240}{1 + 2 + 2} = 32.241\text{m}$

80. A로부터 B에 이르는 수준 측량의 결과가 표와 같을 때 B의 표고는?

코스	측정값	거리
1	32.42m	2km
2	32.43m	4km
3	32.40m	5km

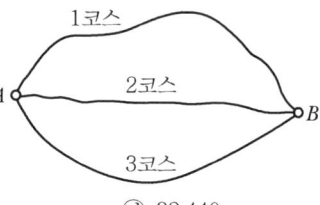

㉮ 32.418m ㉯ 32.420m ㉰ 32.432m ㉱ 32.440m

해설 $P_1 : P_2 : P_3 = \dfrac{1}{2} : \dfrac{1}{4} : \dfrac{1}{5} = 10 : 5 : 4$

$L_0 = 32 + \dfrac{0.42 \times 10 + 0.43 \times 5 + 0.40 \times 4}{10 + 5 + 4} = 32.418\text{m}$

81. 수준점 A, B, C에서 수준측량을 한 결과가 표와 같을 때 P점의 최확값은?

수준점	표고(m)	고저차 관측값(m)		노선거리(km)
A	19.332	A → P	+1.533	2
B	20.933	B → P	−0.074	4
C	18.852	C → P	+1.986	3

㉮ 20.839m ㉯ 20.842m ㉰ 20.855m ㉱ 20.869m

해설 $P_A = 19.332 + 1.533 = 20.865$
$P_B = 20.933 - 0.074 = 20.859$
$P_C = 18.852 + 1.986 = 20.838$
경중률은 노선거리에 반비례한다.
$P_A : P_B : P_C = \dfrac{1}{2} : \dfrac{1}{4} : \dfrac{1}{3} = 6 : 3 : 4$
$H_P = 20 + \dfrac{6 \times 0.865 + 3 \times 0.859 + 4 \times 0.838}{6 + 3 + 4} = 20.855\text{m}$

82. A, B, C, D 세 그룹이 기선측량을 한 결과 다음과 같다면 최확값은?

- A : 82.346m±20mm
- B : 82.351m±10mm
- C : 82.360m±40mm

㉮ 82.347m ㉯ 82.350m ㉰ 82.353m ㉱ 82.356m

해설 $P_1 : P_2 : P_3 = \dfrac{1}{20^2} : \dfrac{1}{10^2} : \dfrac{1}{40^2} = 4 : 16 : 1$

최확값(H_B) $= \dfrac{P_1 h_1 + P_2 h_2 + P_3 h_3}{P_1 + P_2 + P_3} = \dfrac{4 \times 82.346 + 16 \times 82.351 + 1 \times 82.360}{4 + 16 + 1} = 82.350\text{m}$

83. 수준측량에 있어서 AB 두 점 간의 표고차를 구하기 위하여 (a), (b), (c) 코스로 측량한 결과가 표와 같다면 두 점 간의 표고차는?

구분	관측표고차(m)	거리(km)
(a)	18.584	4
(b)	18.588	2
(c)	18.582	4

㉮ 18.582m
㉯ 18.584m
㉰ 18.586m
㉱ 18.588m

해설 직접수준측량에서 경중률은 노선거리에 반비례한다.

$$P_1 : P_2 : P_3 = \frac{1}{4} : \frac{1}{2} : \frac{1}{4} = 1 : 2 : 1$$

$$최확값 = \frac{P_1 H_1 + P_2 H_2 + P_3 H_3}{P_1 + P_2 + P_3} = \frac{18.584 \times 1 + 18.588 \times 2 + 18.582 \times 1}{1 + 2 + 1} = 18.586\text{m}$$

제7장 평판측량

7.1 평판측량의 정의

평판측량(Plane table survey)은 평판측량기를 사용하여 현장에서 방향과 지물까지의 거리를 직접 측량하여 현황도를 작성하는 측량이다.

7.2 평판측량의 장단점

장점	단점
① 현장에서 직접 측량결과를 제도함으로써 필요한 사항을 결측하는 일이 없다. ② 내업이 적으므로 작업을 빠르게 할 수 있다. ③ 측량기구가 간단하여 측량방법 및 취급이 편리하다. ④ 오측 시 현장에서 발견이 용이하다.	① 외업이 많으므로 기후(비, 눈, 바람 등)의 영향을 많이 받는다. ② 기계의 부품이 많아 휴대하기 곤란하고 분실하기 쉽다. ③ 도지에 신축이 생기므로 정밀도에 영향이 크다. ④ 높은 정도를 기대할 수 없다.

7.3 평판측량에 사용되는 기구

7.3.1 도판(평판) : 두께 1.5~3cm 정도의 전나무나 베니어판

가. 종류

① 대형 평판 : 60×75(cm)
② 중형 평판 : 40×50(cm)
③ 소형 평판 : 30×40(cm)

[평판]

7.3.2 앨리데이드

가. 보통 앨리데이드

① 기포관의 곡률반지름 : 1.0~1.5m
② 전시준판 : 직경 0.2mm의 말총 시준사
③ 후시준판 : 직경 0.5mm의 시준공 상·중·하 3개
④ 전 시준판에는 시준판 간격의 $\frac{1}{100}$ 로 눈금이 새겨져 있다.

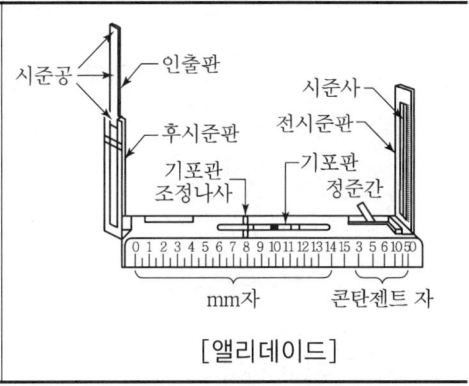

[앨리데이드]

7.4 평판측량의 3요소

정준(Leveling up)	평판을 수평으로 맞추는 작업(수평 맞추기)
구심(Centering)	평판 상의 측점과 지상의 측점을 일치시키는 작업(중심 맞추기)
표정(Orientation)	평판을 일정한 방향으로 고정시키는 작업으로 평판측량의 오차 중 가장 크다.(방향 맞추기)

7.5 평판측량방법

방사법(Method of Radiation : 사출법)	측량 구역 안에 장애물이 없고 비교적 좁은 구역에 적합하며 한 측점에 평판을 세워 그점 주위에 목표점의 방향과 거리를 측정하는 방법(60m 이내)	[방사법]
전진법(Method of Traversing : 도선법, 절측법)	측량구역에 장애물이 중앙에 있어 시준이 곤란할 때 사용하는 방법으로 측량구역이 길고 좁을 때 측점마다 평판을 세워가며 측량하는 방법	[전진법]

교회법(Method of intersection)	전방 교회법	전방에 장애물이 있어 직접 거리를 측정할 수 없을 때 편리하며, 알고 있는 기지점에 평판을 세워서 미지점을 구하는 방법	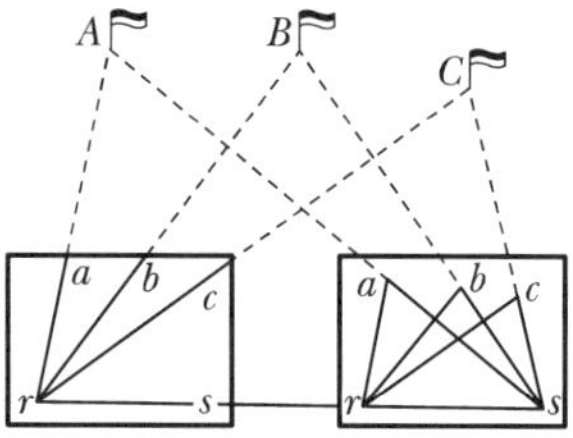 ![전방 교회법]
	측방 교회법	기지의 2점 중 한 점에 접근이 곤란한 경우 기지의 두 점을 이용하여 미지의 한 점을 구하는 방법으로 도로 및 하천변의 여러 점의 위치를 측정할 때 편리하다.	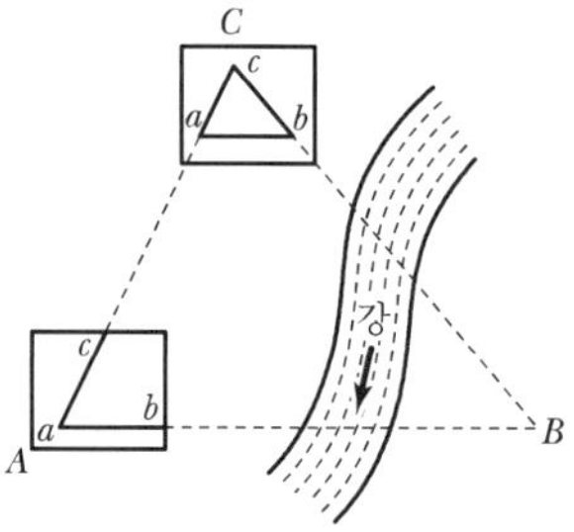 [측방 교회법]
	후방 교회법	도면상에 기재되어 있지 않은 미지점에 평판을 세워 기지의 2점 또는 3점을 이용하여 현재 평판이 세워져 있는 평판의 위치(미지점)를 도면상에서 구하는 방법	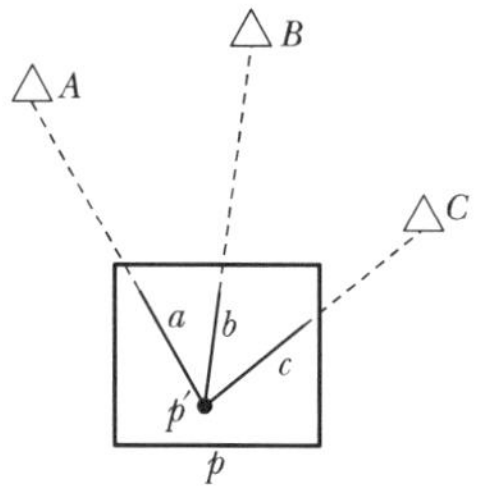 [후방 교회법]

Help Tip

- 교회법
  - 전방교회법
  - 측방교회법
  - 후방교회법
    - 후시에 의한 방법
    - 자침에 의한 방법
    - 2점 문제
    - 3점 문제
      - 레만에 의한 방법
      - 베셀에 의한 방법
      - 투사지에 의한 방법

7.5.1 후방교회법에서 3점문제 처리방법

아래 그림에서 a, b, c를 기전 3점의 평판상의 점이라 하고 a, b, c를 지나는 원을 그리면 후방교회법에 의하여 정해지는 구점은 다음과 같다.

레만법	경험만 있으면 신속하게 작업할 수 있어서 많이 이용되는 방법 ① 구하려는 점이 △abc 내부에 있을 때 한 점의 위치는 시오삼각형 안에 있다.(1) ② 구하려는 점이 △abc 밖에 있고 a, b, c를 지나는 외접원 안에 있을 경우 그 점은 중앙 방향선을 기준으로 시오삼각형의 반대쪽에 있다.(2) ③ 구하려는 점이 외접원 밖에 있고 ∠mcm 안에 있을 경우 그 점은 중앙 방향선을 기준으로 시오삼각형의 반대쪽에 있다.(3) ④ 구하려는 점이 외접원 밖에 있고 삼각형의 한 변에 대할 때에는 그 점은 중앙 방향선을 기준으로 시오삼각형의 같은 쪽에 있다.(4) ⑤ 구하려는 점이 원주 위(외접원상)에 있을 때 평판의 표정 오차가 발생하여도 시오삼각형은 생기지 않는다.
베셀법	원의 기하학적 성질을 이용하는 방법으로 경험이 없어도 할 수 있으나 시간이 많이 걸리며 정확하나 그리 많이 이용되지 않는다.
투사지법	가장 간단한 방법으로 현장에서 주로 사용하며, 정도는 낮다.

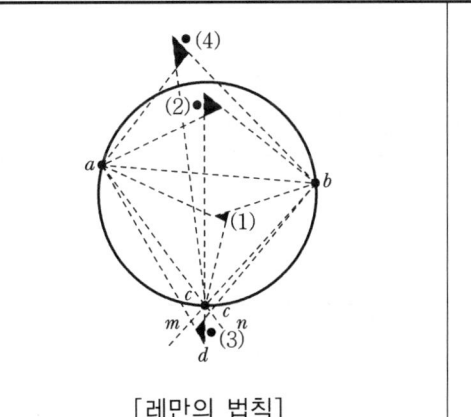

[레만의 법칙]

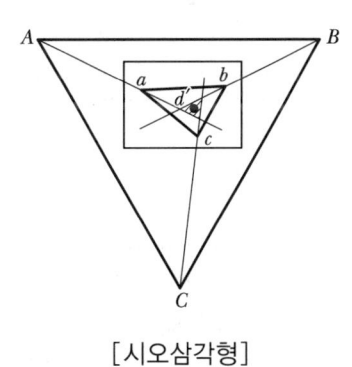

[시오삼각형]

7.5.2 교회법의 주의사항

① 교각은 30°~150° 사이에 있도록 한다.(90°일 때가 가장 이상적인 교각이다.)
② 시오삼각형의 내접원 직경은 도상에서 5mm 이내가 되도록 한다.
③ 방향선의 길이는 도상 10cm 이내, 망원경 앨리데이드인 경우 17cm 이내가 되도록 한다.

④ 방향선의 수는 3방향 이상이 되도록 한다.
⑤ 시오삼각형 내접원의 지름이 0.3~0.5mm(0.4mm)이면 그 중심이 정확한 위치(구점)가 된다.(시오삼각형 무시)

7.6 평판측량의 응용

7.6.1 수평거리의 관측

가. 시준판의 눈금과 폴의 높이를 측정했을 경우

$$D : H = 100 : n$$
$$\therefore D = \frac{100}{n} \cdot H = \frac{100}{n_1 - n_2} \cdot H$$

여기서, D : 수평거리
$n = n_1 - n_2$: 시준판의 눈금(경사분획수)
H : 상하측표의 간격(폴의 길이)

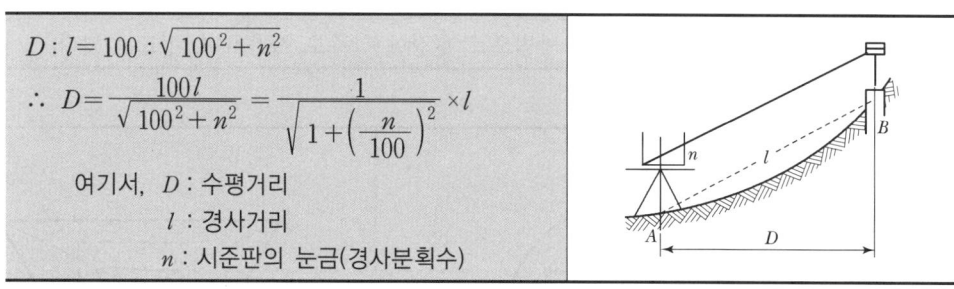

나. 경사거리 l을 재고 수평거리를 구하는 방법

$$D : l = 100 : \sqrt{100^2 + n^2}$$
$$\therefore D = \frac{100 l}{\sqrt{100^2 + n^2}} = \frac{1}{\sqrt{1 + \left(\frac{n}{100}\right)^2}} \times l$$

여기서, D : 수평거리
l : 경사거리
n : 시준판의 눈금(경사분획수)

7.6.2 높이의 관측(고저측량)

가. 전시의 경우

$$\therefore H_B = H_A + I + H - h$$

여기서, H_A : A점의 표고
H_B : B점의 표고
I : 기계높이
H : $\frac{n}{100} D$(평판, 수준측량)
 ($\because D : H = 100 : n$)
n : 시준판의 눈금(경사분획수)
h : 시준고

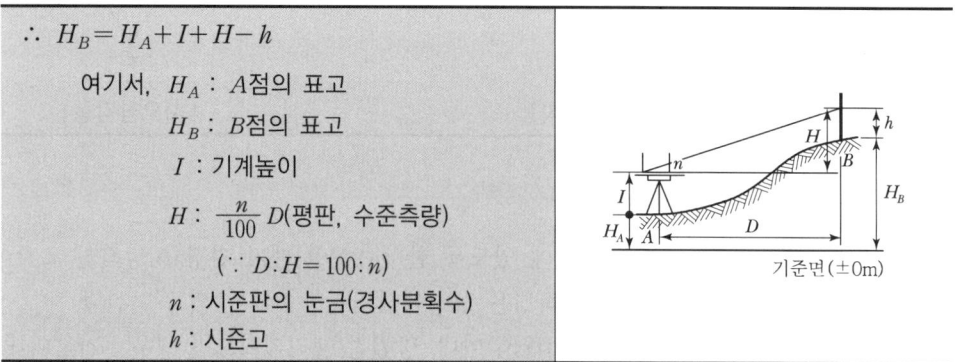

나. 후시의 경우

$$\therefore H_B = H_A + h - H - I$$

7.7 평판측량의 오차

7.7.1 기계오차

앨리데이드의 외심오차	앨리데이드의 자와 시준선의 간격은 약 25~30mm이며 이때 생기는 오차	$q = \dfrac{e}{M}$
앨리데이드의 시준오차	시준공의 크기, 시준사의 굵기에 의하여 발생하는 시준선의 방향오차	$q = \dfrac{\sqrt{d^2+t^2}}{2l} \cdot L$
자침오차	자침의 바늘이 정확히 일치하지 않아 생기는 오차	$q = \dfrac{0.2}{S} \cdot L$

여기서, q : 도상(제도)허용오차, M : 축척분모수, e : 외심오차, t : 시준사의 지름,
d : 시준공의 지름, l : 양 시준판의 간격, L : 방향선(도상)의 길이,
S : 자침의 중심에서 첨단까지의 길이(자침길이의 $\dfrac{1}{2}$)

 예제

자침의 길이가 7cm인 평판용 자침판을 사용하여 평판을 표정할 때 ±0.2mm의 표정 오차가 생겼다고 하면 평판상에 옮긴 방향선의 오차가 최대 0.2mm되게 할 때 도상 방향선의 제한 길이는?

▶ $q = \dfrac{0.2}{S} L$

$L = \dfrac{q \cdot S}{0.2} = \dfrac{0.2 \times 3.5}{0.2} = 3.5 \, \text{cm}$

여기서, S는 자침의 중심에서 첨단까지의 길이
※ 주의 : 자침의 중심에서 첨단까지의 길이인 경우는
정답이 7cm이 된다.

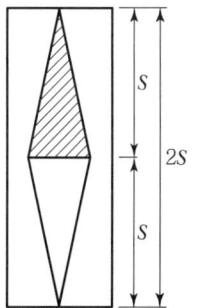

7.7.2 표정(정치)오차

평판의 경사(기울기)에 의한 오차	① $q = \dfrac{b}{r} \cdot \dfrac{n}{100} \cdot L$
구심(치심) 오차	$q = \dfrac{2e}{M}$　　　$e = \dfrac{qM}{2}$

여기서, q : 도상(제도)허용오차, b : 기포의 이동량, r : 기포관의 곡률반경,
　　　$\dfrac{n}{100}$: 평판의 경사, L : 방향선의 길이, e : 구심오차(치심오차),
　　　M : 축척의 분모수

7.7.3 측량오차

방사법에 의한 오차	각 측점을 개별시준하므로 시준오차(m_1)와, 거리축척(m_2)에 의한 오차의 합으로 표시 $S = \pm\sqrt{m_1^2 + m_2^2} = \pm\sqrt{0.2^2 + 0.2^2} = \pm 0.3\text{mm}$
전진법에 의한 오차	방사법과 마찬가지로 시준과 거리의 오차를 합한 것과 측선 수(n)의 제곱근의 곱으로 표시 $S = \pm\sqrt{n(m_1^2 + m_2^2)}$ 　 $= \sqrt{n(0.2^2 + 0.2^2)}$ 　 $= \pm 0.3\sqrt{n}\text{mm}$
교회법에 의한 오차	점의 위치가 2개의 방향선을 그은 교점에 의해 결정되고, 이 방향선이 변위될 때 발생하는 오차 $S = \pm\sqrt{2} \cdot \dfrac{0.2}{\sin\theta}\text{ mm}$

여기서, m_1 : 시준오차, m_2 : 거리 및 축척오차, n : 측선 수(변 수), θ : 교각
　　　m_1, m_2를 0.2mm로 할 때

7.8 평판측량의 정밀도 및 오차의 조정

7.8.1 평판측량의 정도

폐합비	폐합비$(R) = \dfrac{E}{\Sigma L}$ 여기서, ΣL : 전 측선의 길이 E : 폐합오차
폐합비의 정도	① 평탄지 : $\dfrac{1}{1,000}$ 이하 ② 완경사지 : $\dfrac{1}{600} \sim \dfrac{1}{800}$ ③ 산지 또는 복잡한 지형 : $\dfrac{1}{300} \sim \dfrac{1}{500}$

7.8.2 폐합오차의 조정

① 허용 정도 이내일 경우에는 거리에 비례하여 분배한다.
② 허용 정도 이상일 경우에는 재측량을 한다.
③ 조정량(d) = $\dfrac{\text{폐합오차}(E)}{\text{측선길이의 총합}(\Sigma L)} \times$ 출발점에서 조정할 측점까지의 거리

$$(d) = \dfrac{E}{\Sigma L} \cdot l$$

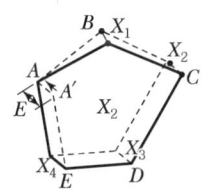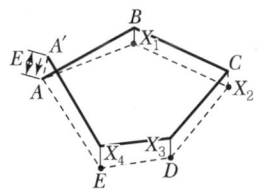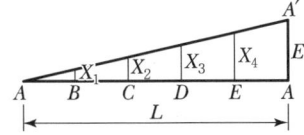

[폐합오차의 조정]

예상 및 기출문제

1. 평판측량방법으로 거리를 측정하여 도곽선이 줄어든 경우 실측거리의 보정방법으로 옳은 것은?

㉮ 실측거리에서 보정량을 더한다.
㉯ 실측거리에서 보정량을 뺀다.
㉰ 실측거리에서 보정량을 곱한다.
㉱ 실측거리에서 보정량을 나눈다.

해설 지적측량시행규칙 제18조(세부측량의 기준 및 방법 등) ⑥ 평판측량방법으로 거리를 측정하는 경우 도곽선의 신축량이 0.5밀리미터 이상일 때에는 다음의 계산식에 따른 보정량을 산출하여 도곽선이 늘어난 경우에는 실측거리에 보정량을 더하고, 줄어든 경우에는 실측거리에서 보정량을 뺀다.

$$보정량 = \frac{신축량(지상) \times 4}{도곽선길이합계(지상)} \times 실측거리$$

2. 평판측량방법에 있어서 도상에 영향을 미치지 아니하는 지상거리의 축척별 허용범위 기준으로 옳은 것은?

㉮ $\frac{M}{5}$ mm ㉯ $\frac{M}{10}$ mm ㉰ $\frac{M}{20}$ mm ㉱ $\frac{M}{30}$ mm

해설 지적측량시행규칙 제18조(세부측량의 기준 및 방법 등) ⑧ 평판측량방법에 있어서 도상에 영향을 미치지 아니하는 지상거리의 축척별 허용범위는 $\frac{M}{10}$ 밀리미터로 한다. 이 경우 M은 축척분모를 말한다.

3. 평판측량방법에 따른 세부측량에서 지적도를 갖춰 두는 지역에서의 거리측정단위는 얼마로 하여야 하는가?

㉮ 1cm ㉯ 5cm ㉰ 10cm ㉱ 50cm

해설 지적측량시행규칙 제18조(세부측량의 기준 및 방법 등) ① 평판측량방법에 따른 세부측량은 다음 각 호의 기준에 따른다.
1. 거리측정단위는 지적도를 갖춰 두는 지역에서는 5센티미터로 하고, 임야도를 갖춰 두는 지역에서는 50센티미터로 할 것
2. 측량결과도는 그 토지가 등록된 도면과 동일한 축척으로 작성할 것

해답 1. ㉯ 2. ㉯ 3. ㉯

예상 및 기출문제

3. 세부측량의 기준이 되는 위성기준점, 통합기준점, 삼각점, 지적삼각점, 지적삼각보조점, 지적도근점 및 기지점이 부족한 경우에는 측량상 필요한 위치에 보조점을 설치하여 활용할 것
4. 경계점은 기지점을 기준으로 하여 지상경계선과 도상경계선의 부합 여부를 현형법(現形法)·도상원호(圖上圓弧)교회법·지상원호(地上圓弧)교회법 또는 거리비교확인법 등으로 확인하여 정할 것

4. 평판측량의 장점으로 옳지 않은 것은?
㉮ 내업이 적어 작업이 신속하다.
㉯ 고저 측량이 용이하게 이루어진다.
㉰ 측량장비가 간편하고 사용이 편리하다.
㉱ 측량 결과를 현장에서 즉시 작도(作圖)할 수 있다.

해설 평판측량의 장점
① 현지에서 직접 측량결과를 제도하므로 필요한 사항을 관측하는 중에 빠뜨리는 일이 없다.
② 측량의 과실을 발견하기 쉽다.
③ 측량방법이 간단하며 계산이나 제도 등의 내업이 적으므로 작업이 신속히 행하여진다.

5. 평판측량방법으로 세부측량을 할 때에 지적도에 따라 측량준비 파일에 포함하여야 할 사항이 아닌 것은?
㉮ 인근 토지의 지번 및 지목   ㉯ 측량대상 토지의 경계선
㉰ 도곽선과 그 수치   ㉱ 경계점 간 계산거리

해설 지적측량시행규칙 제17조(측량준비 파일의 작성) ① 제18조제1항에 따라 평판측량방법으로 세부측량을 할 때에는 지적도, 임야도에 따라 다음 각 호의 사항을 포함한 측량준비 파일을 작성하여야 한다.
1. 측량대상 토지의 경계선·지번 및 지목
2. 인근 토지의 경계선·지번 및 지목
3. 임야도를 갖춰 두는 지역에서 인근 지적도의 축척으로 측량을 할 때에는 임야도에 표시된 경계점의 좌표를 구하여 지적도에 전개(展開)한 경계선. 다만, 임야도에 표시된 경계점의 좌표를 구할 수 없거나 그 좌표에 따라 확대하여 그리는 것이 부적당한 경우에는 축척비율에 따라 확대한 경계선을 말한다.
4. 행정구역선과 그 명칭
5. 지적기준점 및 그 번호와 지적기준점 간의 거리, 지적기준점의 좌표, 그 밖에 측량의 기점이 될 수 있는 기지점
6. 도곽선(圖廓線)과 그 수치
7. 도곽선의 신축이 0.5밀리미터 이상일 때에는 그 신축량 및 보정(補正) 계수
8. 그 밖에 국토교통부장관이 정하는 사항

6. 다음 중 평판측량방법에 따라 측정한 경사거리가 95m일 때 수평거리로 옳은 것은?(단, 조준의의 경사분획은 18이다.)
㉮ 92.45m   ㉯ 92.50m
㉰ 93.45m   ㉱ 93.50m

해답 4. ㉯ 5. ㉱ 6. ㉱

211

해설 $\theta = \tan^{-1}\theta = \tan^{-1}\dfrac{18}{100}$
$= 10°12'14.31''$
수평거리 $= 95 \times \cos 10°12'14.31'' = 93.497$

7. 다음 중 축척이 600분의 1인 지역에서, 평판측량 방법에 있어서 도상에 영향을 미치지 아니하는 지상거리의 허용범위는 얼마인가?

㉮ 60mm 이내   ㉯ 100mm 이내
㉰ 120mm 이내   ㉱ 240mm 이내

해설 제18조(세부측량의 기준 및 방법 등) ⑧ 평판측량방법에 있어서 도상에 영향을 미치지 아니하는 지상거리의 축척별 허용범위는 $\dfrac{M}{10}$ 밀리미터로 한다. 이 경우 M은 축척분모를 말한다.

8. 평판측량방법에 따라 측정한 경사거리가 23.6m이고, 조준의의 경사분획이 20이었다면 수평거리는 얼마인가?

㉮ 23.0m   ㉯ 23.1m   ㉰ 23.3m   ㉱ 23.5m

해설 $\theta = \tan^{-1}\dfrac{20}{100} = 11°18'36''$
수평거리 $=$ 거리 $\times \cos\theta$
$= 23.6 \times \cos 11°18'36''$
$= 23.1\text{m}$

[별해] 경사거리 l을 재고 수평거리를 구하는 방법
$$D = \dfrac{100l}{\sqrt{100^2 + n^2}} = \dfrac{l}{\sqrt{1 + \left(\dfrac{n}{100}\right)^2}}$$
$$= \dfrac{23.6}{\sqrt{1 + \left(\dfrac{20}{100}\right)^2}} = 23.1\text{m}$$

9. 다음 중 임야도를 갖춰 두는 지역의 세부측량에 있어서 지적기준점에 따라 측량하지 아니하고 지적도의 축척으로 측량한 후 그 성과에 따라 임야측량결과도를 작성할 수 있는 경우는?

㉮ 임야도에 도곽선이 없는 경우
㉯ 경계점의 좌표를 구할 수 없는 경우
㉰ 지적도근점이 설치되어 있지 않은 경우
㉱ 지적도에 기지점은 없지만 지적도를 갖춰 두는 지역에 인접한 경우

해설 지적측량시행규칙 제21조(임야도를 갖춰 두는 지역의 세부측량) ① 임야도를 갖춰 두는 지역의 세부측량은 위성기준점, 통합기준점, 삼각점, 지적삼각점, 지적삼각보조점 및 지적도근점에 따른다. 다만, 다음 각 호의 어느 하나에 해당하는 경우에는 위성기준점, 통합기준점, 삼각점, 지적삼각점, 지적삼각보조점 및 지적도근점에 따라 측량하지 아니하고 지적도의 축척으로 측량한 후 그

성과에 따라 임야측량결과도를 작성할 수 있다.
1. 측량대상토지가 지적도를 갖춰 두는 지역에 인접하여 있고 지적도의 기지점이 정확하다고 인정되는 경우
2. 임야도에 도곽선이 없는 경우

② 제1항 단서에 따라 측량할 때에는 임야도상의 경계는 제17조제1항제3호의 경계에 따라야 하며, 지적도의 축척에 따른 측량성과를 임야도의 축척으로 측량결과도에 표시할 때에는 지적도의 축척에 따른 측량결과도에 표시된 경계점의 좌표를 구하여 임야측량결과도에 전개하여야 한다. 다만, 다음 각 호의 어느 하나에 해당하는 경우에는 축척비율에 따라 줄여서 임야측량결과도를 작성한다.
1. 경계점의 좌표를 구할 수 없는 경우
2. 경계점의 좌표에 따라 줄여서 그리는 것이 부적당한 경우

10. 기지점 A를 측점으로 하고 전방교회법의 요령으로 다른 기지에 의하여 측판을 표정하는 측량방법은?

㉮ 방향선법 ㉯ 원호교회법
㉰ 후방교회법 ㉱ 측방교회법

해설 ㉯ 원호교회법 : 도상점의 지상위치를 결정하는 방법으로서 기지 3점과 구점과의 도상거리를 지상거리화하여 이를 반경으로 각 기지점(지상)을 중심으로 하여 지상에 원호를 그려 그들의 교회점을 지상위치로 하는 방법이다. 실지에서는 지상에 원호를 그리기가 곤란하므로 기지점에서 지상점이라고 인정되는 위치를 향하여 권척을 당겨 도상거리에 상응하는 점에 권척과 직각으로 표척을 놓으면 곧 원호의 일부로 간주할 수 있다. 원호의 교각 등은 교회법에 준한다.
㉰ 후방교회법 : 도상의 모든 점의 평면위치를 평판을 사용하여 방향선만으로 도해적으로 구하는 방법으로 구하려는 점에 평판을 거치하고 기지의 3점에서 방향선 1점에서 만나도록 한다. 방법으로는 베셀법, 레만법, 투사지법 등이 있다.
㉱ 측방교회법 : 측량의 한 방법으로 어떠한 측정점을 구하기 위하여 기준점에 대하여 지점의 위치를 모르는 곳에서 관측하는 측량의 한 방법으로 3개의 기지점 중의 1점과 미지점에 의하여 점의 위치를 구하는 측량방법

11. 다음 중 축척 1/1,200인 지역에서 평판측량방법에 있어 도상에 영향을 미치지 아니하는 지상거리의 허용범위는 최대 얼마 이하로 하여야 하는가?

㉮ 60mm ㉯ 100mm
㉰ 120mm ㉱ 150mm

해설 지적측량 도표 참조
① 경계위치는 기지점을 기준으로 하여 지상경계선과 도상경계선의 부합 여부 확인
  ⇨ 방법 : 현행법, 도상원호교회법, 지상원호교회법, 거리비교확인법 등
② 도상에 영향을 받지 않는 지상거리의 축척법 한계 : $\frac{1}{10}M$mm(M은 축척분모)

12. 평판측량방법에 따른 세부측량을 교회법으로 하여 시오삼각형이 생긴 경우 내접원의 지름이 최대 얼마 이하일 때에는 그 중심을 점의 위치로 하는가?

㉮ 0.5mm 이하 ㉯ 1mm 이하
㉰ 1.5mm 이하 ㉱ 2mm 이하

해설 지적측량 시행규칙 제18조(세부측량의 기준 및 방법 등) ③ 평판측량 방법에 따른 세부측량을 교회법으로 하는 경우에는 다음 각 호의 기준에 따른다.
　　5. 측량결과 시오삼각형이 생긴 경우 내접원의 지름이 1밀리미터 이하인 때에는 그 중심을 점의 위치로 할 것

13. 평판측량방법에 따른 세부측량을 시행하는 경우 기지점을 기준으로 하여 지상경계선과 도상경계선의 부합 여부를 확인하는 방법에 해당하지 않는 것은?

㉮ 현형법 ㉯ 도상원호교회법
㉰ 거리비교확인법 ㉱ 방사법

해설 경계점은 기지점을 기준으로 하여 지상경계선과 도상경계선의 부합 여부를 현형법(現形法)·도상원호(圖上圓弧)교회법·지상원호(地上圓弧)교회법 또는 거리비교확인법 등으로 확인하여 정할 것

14. 평판측량방법에 따라 조준의를 사용하여 측정한 경사거리가 100m이고, 경사분획이 15일 때 수평거리는 얼마인가?

㉮ 95.1m   ㉯ 98.9m   ㉰ 103.5m   ㉱ 120.7m

해설 $\theta = \tan^{-1}\theta$
$\tan^{-1}\dfrac{15}{100} = 8°31'50.76''$
수평거리 : $100 \times \cos 8°31'50.76'' = 98.8936$

15. 평판측량방법에 따라 조준의를 사용하여 경사거리를 측정한 결과가 다음과 같은 경우 수평거리로 옳은 것은?(단, 경사거리는 82.1m, 경사분획은 6.5이다.)

㉮ 79.9m   ㉯ 80.9m   ㉰ 81.9m   ㉱ 82.9m

해설 ① $\theta = \tan^{-1}$
$\theta = \tan^{-1} 6.5/100$
$\theta = 34°38'38''$
수평거리는 $82.1 \times \cos 34°38'38'' = 81.927$
② 측량·수로조사 및 지적에 관한 시행규칙 제18조 7항
$D = l \dfrac{1}{\sqrt{1+\left(\dfrac{n}{100}\right)^2}} = 82.1 \times \dfrac{1}{\sqrt{1+\left(\dfrac{6.5}{100}\right)^2}} = 81.9\text{m}$
(D는 수평거리, l는 경사거리, n은 경사분획)

해답 12. ㉯ 13. ㉱ 14. ㉯ 15. ㉰

16. 평판 측량방법에 따라 조준의를 사용하여 측정한 경사거리가 75m일 때, 수평거리는 얼마인가?(단, 조준의의 경사분획은 22이다.)

㉮ 70.5m ㉯ 72.5m ㉰ 73.2m ㉱ 75.3m

해설 $\theta = \tan^{-1}\theta$
$\theta = 22/100 = 12°24'26.71''$
수평거리 : $75 \times \cos 12°24'26.71'' = 73.24$

17. 평판측량에 의해 축척 1/1,000의 도면을 작성할 때 중심 맞추기오차(편심거리)는 어느 정도까지 허용할 수 있는가?(단, 도상에서 허용제도오차는 0.2mm로 함)

㉮ 5cm 이내 ㉯ 10cm 이내 ㉰ 20cm 이내 ㉱ 50cm 이내

해설 $q = \dfrac{2e}{M}$ 에서 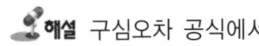 $e = \dfrac{q \cdot M}{2} = \dfrac{0.0002 \times 1,000}{2} = 0.1\text{m}$

18. 도상에서 제도 허용오차가 0.3mm일 때 중심 맞추기 오차(편심거리)를 300mm까지 허용할 수 있는 축척은?

㉮ 1/100 ㉯ 1/500
㉰ 1/1,000 ㉱ 1/2,000

해설 구심오차 공식에서
$q = \dfrac{2e}{M}, \quad \dfrac{1}{M} = \dfrac{q}{2 \cdot e} = \dfrac{0.3}{2 \times 300} = \dfrac{1}{2,000}$

19. 평판측량에서 전진법에 의한 변의 수가 25일 때 허용되는 최대 폐합오차는?(단, 하나의 측점에서 허용되는 오차는 ±0.3mm로 함)

㉮ ±0.3mm ㉯ ±0.9mm
㉰ ±1.2mm ㉱ ±1.5mm

해설 $M = ±0.3\sqrt{n} = 0.3\sqrt{25} = ±1.5\text{mm}$

20. 평판측량에서 축척 1/1,200의 도면을 작성할 때 도상의 점 위치의 허용 오차를 0.2mm라 하면 측점의 중심맞추기 허용오차는?

㉮ 120mm ㉯ 150mm
㉰ 200mm ㉱ 250mm

해설 $q = \dfrac{2e}{M}$
$e = \dfrac{qM}{2} = \dfrac{0.2 \times 1,200}{2} = 120\text{mm}$

21. 다음 중 평판측량에서의 오차원인으로 기계적인 오차에 해당되는 것은?

㉮ 구심에 의한 오차   ㉯ 평판의 경사로 인한 오차
㉰ 방향선을 그을 때 생기는 오차   ㉱ 시준선이 기울어져서 생기는 오차

해설 평판측량 오차
1. 기계오차
   ① 앨리데이드 외심오차
   ② 시준오차
2. 정치오차
   ① 평판의 기울기오차
   ② 구심오차
   ③ 자침오차

22. 평판측량에서 중심맞추기 오차(편심거리)를 30mm, 도상위치 오차를 0.2mm로 할 때 축척한계는?

㉮ 1/100   ㉯ 1/150   ㉰ 1/300   ㉱ 1/600

해설 $q = \dfrac{2e}{M}$

$\dfrac{1}{M} = \dfrac{q}{2e} = \dfrac{0.2}{2 \times 30} = \dfrac{1}{300}$

23. 평판측량에 관한 다음 사항 중 옳지 않은 것은?

㉮ 평판측량은 보통 방사법, 전진법, 교회법 등의 방법을 병용하는 것이 능률적이다.
㉯ 폐합오차의 허용 범위는 도면 위에서 $\pm 0.3\sqrt{n}$ mm 이내이다.(n : 트래버스변의 수)
㉰ 평판측량에서 결과에 가장 영향을 주는 오차는 중심맞추기 오차(구심오차)이다.
㉱ 오차는 거리에 비례하여 배분한다.

해설 평판측량에서 결과에 가장 영향을 주는 오차는 방향맞추기(표정)이다.

24. 평판측량에서 평판 세우기 오차 중 측량 결과에 가장 큰 영향을 주므로 특히 주의해야 할 것은?

㉮ 수평맞추기 오차   ㉯ 중심맞추기 오차
㉰ 방향맞추기 오차   ㉱ 앨리데이드의 수진기에 따른 오차

해설 평판측량의 3요소
1. 정준(Leveling up)
   평판을 수평으로 맞추는 작업(수평맞추기)
2. 구심, 치심(Centering)
   평판상(도상)의 측점과 지상의 측점을 일치시키는 작업(중심맞추기)
3. 표정(Orientation)
   평판을 일정한 방향으로 고정시키는 작업을 말하며, 평판측량의 오차 중 가장 큰 영향을 끼친다.

25. 평판측량에서 중심맞추기 오차가 6cm까지 허용된다면 이때의 도상축척의 한계는?(단, 도상오차는 0.2mm로 한다.)

㉮ $\dfrac{1}{200}$ ㉯ $\dfrac{1}{400}$

㉰ $\dfrac{1}{500}$ ㉱ $\dfrac{1}{600}$

해설 구심오차(e) $= \dfrac{\text{도상허용오차} \times \text{축척분모}}{2} = \dfrac{qM}{2}$ 에서

$M = \dfrac{2e}{q} = \dfrac{2 \times 60}{0.2} = 600$

26. 평판측량의 후방교회법을 설명한 것으로 옳은 것은?

㉮ 어느 한 점에서 출발하여 측점의 방향과 거리를 측정하고 다음 측점으로 평판을 옮겨 차례로 측정하는 방법
㉯ 임의의 지점에 평판을 세우고 방향과 거리를 측정하여 도상의 위치를 결정하는 방법
㉰ 2개 이상의 기지점에 평판을 세우고 방향선만으로 구하려고 하는 점의 도상 위치를 결정하는 방법
㉱ 구하려고 하는 점에 평판을 세워서 기지점을 시준하여 도상의 위치를 결정하는 방법

해설 후방교회법이란 미지점에 평판을 세워 기지의 2점 또는 3점을 이용하여 현재 평판이 세워져 있는 평판의 위치(미지점)를 도면상에서 구하는 방법이다.

27. 축척 1 : 300으로 평판측량을 할 때 제도오차를 0.2mm로 한다면 허용되는 구심오차의 크기는?

㉮ 1.5cm ㉯ 3.0cm
㉰ 6.0cm ㉱ 10.0cm

해설 구심오차(e) $= \dfrac{qM}{2}$ 이므로

$e = \dfrac{0.2 \times 300}{2} = 30\text{mm} = 3\text{cm}$

28. 허용정밀도(폐합비)가 1 : 1,000인 평탄지에서 전진법으로 평판측량을 할 때 현장에서의 전체 측선길이의 합이 400m이었다. 이 경우 폐합오차는 최대 얼마 이내로 하여야 하는가?

㉮ 10cm ㉯ 20cm
㉰ 30cm ㉱ 40cm

해설 정밀도(R) $= \dfrac{E}{\sum L} = \dfrac{1}{m}$

$E = \dfrac{\sum L}{m} = \dfrac{400}{1,000} = 0.4\text{m} = 40\text{cm}$

해답 25. ㉱ 26. ㉱ 27. ㉯ 28. ㉱

29. 평판측량의 전진법으로 측점 A를 출발하여, B, C, D, E, F를 지나 A점에 폐합시켰을 때 도상오차가 0.7mm로 나타났다면 측점 E의 오차배분량은?(단, 측선의 거리는 AB=40m, BC=50m, CD=55m, DE=35m, EF=45m, FA=55m)

㉮ 0.45mm　　㉯ 0.54mm　　㉰ 0.64mm　　㉱ 0.76mm

 해설

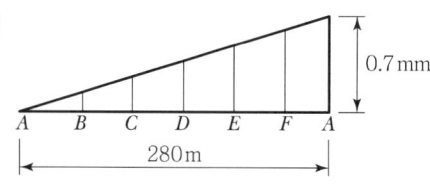

$280 : 0.7 = 180 : x$

∴ $x = 0.45$mm

30. 축척 1:1,000으로 평판측량을 할 때 도상에서 제도의 허용오차가 0.3mm라면, 중심맞추기 오차(편심거리)는 몇 cm까지 허용할 수 있는가?

㉮ 5cm　　㉯ 10cm　　㉰ 15cm　　㉱ 20cm

해설 구심오차$(e) = \dfrac{q \cdot M}{2} = \dfrac{0.3 \times 1,000}{2}$
$= 150$mm $= 15$cm

31. 축척 1:600으로 평판측량할 때 앨리데이드의 외심 거리에 의하여 생기는 외심오차는?(단, 외심거리는 24mm)

㉮ 0.04mm　　㉯ 0.08mm　　㉰ 0.4mm　　㉱ 0.8mm

해설 외심오차$(e) = q \cdot M$에서
$q = \dfrac{e}{M} = \dfrac{24}{600} = 0.04$mm

32. 평판측량에 있어서 평판상에 도시되어 있는 2~3개의 기지점에 평판을 세우고 방향선만으로 다른 미지점의 위치를 결정하는 방법은?

㉮ 전방교회법　　㉯ 도해전진법
㉰ 후방교회법　　㉱ 측방전진법

해설　㉮ 전방교회법 : 알고 있는 기지점에 평판을 세워서 미지점을 구하는 방법으로 전방에 장애물이 있어 직접 거리를 측정할 수 없을 때 편리하다.
　　　㉰ 후방교회법 : 미지점에 평판을 세워 기지의 2점 또는 3점을 이용하여 현재 평판이 세워져 있는 평판의 위치(미지점)를 도면상에서 구하는 방법이다.
　　　㉱ 측방전진법 : 기지의 두 점을 이용하여 미지의 한 점을 구하는 방법으로 도로 및 하천변의 여러 점의 위치를 측정할 때 편리한 방법이다.

33. 기지점 A에 평판을 세우고 B점에 수직으로 표척을 세워 시준하여 눈금 12.4와 9.3을 얻었다. 표척 실제의 상하 간격이 2m일 때 AB 두 지점의 거리는?

㉮ 32.2m   ㉯ 64.5m   ㉰ 96.8m   ㉱ 21.5m

해설 $D : H = 100 : (n_1 - n_2)$

$$D = \frac{100H}{(n_1 - n_2)} = \frac{100 \times 2}{(12.4 - 9.3)}$$

$$= 64.5\text{m}$$

34. 축척 1 : 500의 평판측량에서 제도허용오차가 0.2mm일 때 중심맞추기 오차(편심거리)의 허용범위에 대한 설명으로 옳은 것은?

㉮ 오차가 허용되지 않으므로 말뚝중앙에 정확히 맞추어야 한다.
㉯ 말뚝중앙에서 10cm까지 오차가 허용된다.
㉰ 말뚝중앙에서 5cm까지 오차가 허용된다.
㉱ 말뚝이 평판 밑에 있으면 된다.

해설 구심오차$(e) = \dfrac{q \cdot m}{2} = \dfrac{0.2 \times 500}{2} = 5\text{cm}$

∴ 말뚝중앙에서 5cm까지 오차가 허용된다.

35. 평판의 중심맞추기 오차(편심거리)가 30cm, 도상에서의 제도허용오차를 0.25mm라 할 때 이 중심맞추기 오차를 무시할 수 있는 축척의 한계는?

㉮ 1 : 1,200   ㉯ 1 : 2,400   ㉰ 1 : 3,600   ㉱ 1 : 4,800

해설 구심오차$(e) = \dfrac{q \cdot M}{2}$

$$M = \frac{2 \cdot e}{q} = \frac{2 \times 300}{0.25} = 2,400$$

$$\therefore \frac{1}{M} = \frac{1}{2,400}$$

36. 외심오차가 0.2mm일 때 앨리데이드 자의 가장자리와 시준선 사이의 간격이 20mm이고 제도오차가 0.2mm 허용된다면 평판의 중심맞추기 오차(편심거리)는 최대 얼마까지 허용할 수 있는가?

㉮ 1cm   ㉯ 2cm   ㉰ 3cm   ㉱ 4cm

해설 ① 외심오차$(e) = q \cdot M$에서

$0.2 = 20 \times M$

∴ $M = 100$

② 구심오차$(e) = \dfrac{q \cdot M}{2} = \dfrac{0.2 \times 100}{2}$

$= 10\text{mm} = 1\text{cm}$

37. A점에서 전진법에 의한 평판측량으로 측량한 결과 폐합오차가 도선상에 0.3mm의 결과를 얻었다. D점에서의 오차 조정량은 얼마인가?(단, 축척 1 : 1,000, 측선의 길이가 AB=76.7m, BC=87.3m, CD=69.5m, DA=79.5m)

㉮ 16cm ㉯ 19cm ㉰ 22cm ㉱ 25cm

 해설

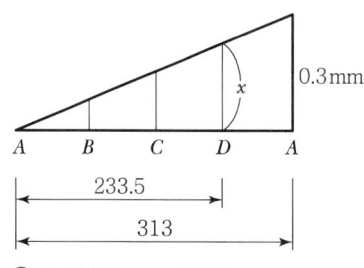

① $0.3 : 313 = x : 233.5$
∴ $x = 0.22$mm
② 조정량
$d = 0.22 \times 1,000 = 220$mm $= 22$cm

[별해]
분배량 $= \dfrac{\text{출발점에서 조정할 측점까지의 거리}}{\text{측선길이의 총합}} \times$ 폐합오차

$= \dfrac{233.5}{313} \times (0.3 \times 1,000) = 223$mm $= 22.3$cm

38. 평판측량의 후방교회법을 옳게 설명한 것은?
㉮ 하나의 구하려고 하는 점에 평판을 세워 2개 이상의 기지점을 이용하여 그 점의 위치를 결정하는 방법
㉯ 하나의 기지점과 하나의 구하려고 하는 점에 평판을 세워 그 점의 위치를 결정하는 방법
㉰ 두 개의 기지점에 평판을 세워 하나의 구하려고 하는 점의 위치를 결정하는 방법
㉱ 세 개의 기지점에 평판을 세워 구하려고 하는 점의 위치를 결정하는 방법

해설 ① 전방교회법 : 알고 있는 기지점에 평판을 세워서 미지점을 구하는 방법으로 전방에 장애물이 있어 직접 거리를 측정할 수 없을 때 편리하다.
② 측방교회법 : 기지의 두 점을 이용하여 미지의 한 점을 구하는 방법으로 도로 및 하천변의 여러 점의 위치를 측정할 때 편리한 방법이다.
③ 후방교회법 : 미지점에 평판을 세워 기지의 2점 또는 3점을 이용하여 현재 평판이 세워져 있는 평판의 위치(미지점)를 도면상에서 구하는 방법이다.

39. 평판의 설치에 있어서 고려하지 않아도 되는 것은?
㉮ 수평맞추기 ㉯ 방향맞추기
㉰ 구심맞추기 ㉱ 외심맞추기

> **해설**
> 평판의 3요소 ┬ 정준(수평맞추기)
>   ├ 구심(중심맞추기)
>   └ 표정(방향맞추기)

40. 평판의 중심으로부터 측점까지의 사거리가 35m이고, 이때 읽은 앨리데이드의 경사분획이 15라고 한다면 두 점 간의 수평거리는?

㉮ 34.613m   ㉯ 33.613m
㉰ 32.613m   ㉱ 31.613m

> **해설**
> $$D = \frac{l}{\sqrt{1+\left(\frac{n}{100}\right)^2}}$$
> $$= \frac{35}{\sqrt{1+\left(\frac{15}{100}\right)^2}} = 34.613\text{m}$$

해답 40. ㉮

제8장 지형측량

8.1 개요

8.1.1 정의

지형측량(Topographic Surverying)은 지표면상의 자연 및 인공적인 지물·지모의 형태와 수평, 수직의 위치관계를 측정하여 일정한 축척과 도식으로 표현한 지도를 지형도(Topographic map)라 하며 지형도를 작성하기 위한 측량을 말한다.

8.1.2 지형의 구분

지물(地物)	지표면 위의 인공적인 시설물. 즉, 교량, 도로, 철도, 하천, 호수, 건축물 등
지모(地貌)	지표면 위의 자연적인 토지의 기복상태. 즉, 산정, 구릉, 계곡, 평야 등

8.1.3 지도의 종류

일반도 (General map)	인문·자연·사회 사항을 정확하고 상세하게 표현한 지도 ① 국토기본도 : 1/5,000, 1/10,000, 1/25,000, 1/50,000 　우리나라의 대표적인 국토기본도는 1/50,000(위도차 15′, 경도차 15′) ② 토지이용도 : 1/25,000 ③ 지세도 : 1/250,000 ④ 대한민국전도 : 1/1,000,000
주제도 (Thematic map)	① 어느 특정한 주제를 강조하여 표현한 지도로서 일반도를 기초로 한다. ② 도시계획도, 토지이용도, 지질도, 토양도, 산림도, 관광도, 교통도, 통계도, 국토개발 계획도 등이 있다.
특수도 (Specifc map)	특수한 목적에 사용되는 지도 ① 지도표현 방법에 의한 분류 : 사진지도, 입체모형지도, 지적도, 대권항법도, 항공도, 해도, 천기도 등이 있다. ② 지도 제작 방법에 따른 분류 : 실측도, 편집도, 집성도로 구분

> **Help Tip**
> 측량·수로조사 및 지적에 관한 법률 제2조 및 시행령 제4조
>
> | 지도
(地圖) | 측량 결과에 따라 공간상의 위치와 지형 및 지명 등 여러 공간정보를 일정한 축척에 따라 기호나 문자 등으로 표시한 것을 말한다. 정보처리시스템을 이용하여 분석, 편집 및 입력·출력할 수 있도록 제작된 수치지형도[항공기나 인공위성 등을 통하여 얻은 영상정보를 이용하여 제작하는 정사영상지도(正射映像地圖)를 포함한다]와 이를 이용하여 특정한 주제에 관하여 제작된 지하시설물도·토지이용현황도 등 대통령령으로 정하는 수치주제도(數値主題圖)를 포함한다. ||||
> |---|---|---|---|---|
> | 수치주제도
(數値主題圖) | 토지이용현황도 | 지하시설물도 | 도시계획도 | |
> | | 국토이용계획도 | 토지적성도 | 도로망도 | |
> | | 지하수맥도 | 하천현황도 | 수계도 | 산림이용기본도 |
> | | 자연공원현황도 | 생태·자연도 | 지질도 | |
> | | 관광지도 | 풍수해보험관리지도 | 재해지도 | 행정구역도 |
> | | 토양도 | 임상도 | 토지피복지도 | 식생도 |
> | | 제1호부터 제21호까지에 규정된 것과 유사한 수치주제도 중 관련 법령상 정보유통 및 활용을 위하여 정확도의 확보가 필수적이거나 공공목적상 정확도의 확보가 필수적인 것으로서 국토교통부장관이 정하여 고시하는 수치주제도 ||||

8.2 지형의 표시법

8.2.1 지형도에 의한 지형표시법

자연적 도법	영선법 (우모법, Hachuring)	"게바"라 하는 단선상(短線上)의 선으로 지표의 기본을 나타내는 것으로 게바의 사이, 굵기, 방향 등에 의하여 지표를 표시하는 방법
	음영법 (명암법, Shading)	태양광선이 서북쪽에서 45°로 비친다고 가정하여 지표의 기복을 도상에서 2~3색 이상으로 채색하여 지형을 표시하는 방법으로 지형의 입체감이 가장 잘 나타남

부호적 도법	점고법 (Spot height system)	지표면상의 표고 또는 수심을 숫자에 의하여 지표를 나타내는 방법으로 하천, 항만, 해양 등에 주로 이용
	등고선법 (Contour System)	동일표고의 점을 연결한 것으로 등고선에 의하여 지표를 표시하는 방법으로 토목공사용으로 가장 널리 사용
	채색법 (Layer System)	같은 등고선의 지대를 같은 색으로 채색하여 높을수록 진하게 낮을수록 연하게 칠하여 높이의 변화를 나타내며 지리관계의 지도에 주로 사용

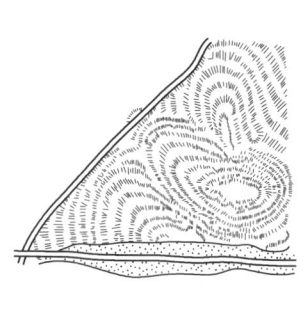

[영선법(우모법)]

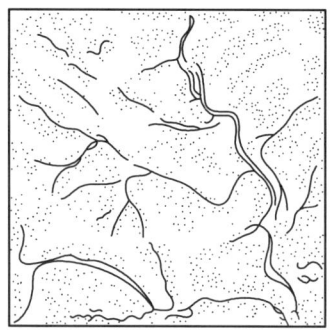

[음영법(명암법)]

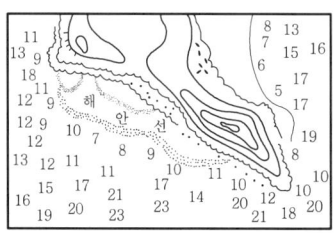

[점고법]

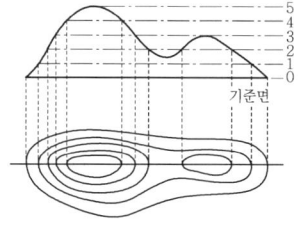

[등고선법]

8.3 등고선(Contour Line)

8.3.1 등고선의 종류와 성질

가. 등고선의 종류

주곡선	지형을 표시하는 데 가장 기본이 되는 곡선으로 가는 실선으로 표시
간곡선	주곡선 간격의 $\frac{1}{2}$ 간격으로 그리는 곡선으로 완경사지나 주곡선만으로 지모를 명시하기 곤란한 장소에 가는 파선으로 표시
조곡선	간곡선 간격의 $\frac{1}{2}$ 간격으로 그리는 곡선으로 불규칙한 지형을 표시 (주곡선 간격의 $\frac{1}{4}$ 간격으로 그리는 곡선)
계곡선	주곡선 5개마다 1개씩 그리는 곡선으로 표고의 읽음을 쉽게 하고 지모의 상태를 명시하기 위해 굵은 실선으로 표시

나. 등고선의 간격 〈암기〉 ㈜㈎㈢㈖

축척 등고선 종류	기호	1/5,000	1/10,000	1/25,000	1/50,000
㈜곡선	가는 실선	5	5	10	20
㈎곡선	가는 파선	2.5	2.5	5	10
㈢곡선 (보조곡선)	가는 점선	1.25	1.25	2.5	5
㈖곡선	굵은 실선	25	25	50	100

8.3.2 등고선의 성질

① 동일 등고선 상에 있는 모든 점은 같은 높이이다.
② 등고선은 반드시 도면 안이나 밖에서 서로 폐합한다.[그림 (a)]
③ 지도의 도면 내에서 폐합되면 가장 가운데 부분이 산꼭대기(산정) 또는 凹지(요지)가 된다.[그림 (b)]
④ 등고선은 도중에 없어지거나, 엇갈리거나[그림 (c)], 합쳐지거나[그림 (d)], 갈라지지 않는다.[그림 (e)]
⑤ 높이가 다른 두 등고선은 동굴이나 절벽의 지형이 아닌 곳에서는 교차하지 않는다.
⑥ 등고선은 경사가 급한 곳에서는 간격이 좁고 완만한 경사에서는 넓다.[그림 (g)]
⑦ 최대경사의 방향은 등고선과 직각으로 교차한다.[그림 (h)]

⑧ 분수선(능선)과 곡선(유하선)은 등고선과 직각으로 만난다.
⑨ 2쌍의 등고선의 볼록부가 상대할 때는 볼록부를 나타낸다.
⑩ 동등한 경사의 지표에서 양 등고선의 수평거리는 같다.
⑪ 같은 경사의 평면일 때는 나란한 직선이 된다.
⑫ 등고선이 능선을 직각방향으로 횡단한 다음 능선 다른 쪽을 따라 거슬러 올라간다.
⑬ 등고선의 수평거리는 산꼭대기 및 산 밑에서는 크고 산중턱에서는 작다.

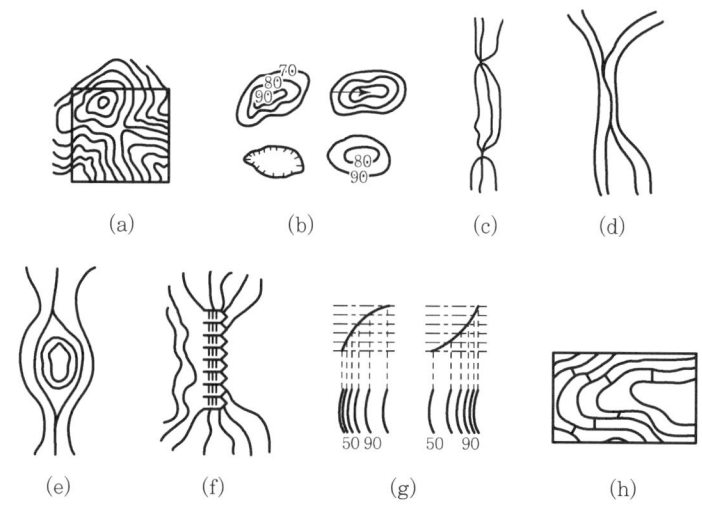

[등고선의 성질]

8.3.3 등고선도의 이용

① 노선의 도상선정　② 성토, 절토의 범위결정
③ 집수면적의 측정　④ 산의 체적
⑤ 댐의 유수량　　　⑥ 지형의 경사

8.3.4 지성선(Topographical Line)

지표는 많은 凸선, 凹선, 경사변환선, 최대경사선으로 이루어졌다고 생각할 때 이 평면의 접합부, 즉 접선을 말하며 지세선이라고도 한다.

철선, 능선(凸선), 분수선	지표면의 높은 곳을 연결한 선으로 빗물이 이것을 경계로 좌우로 흐르게 되므로 분수선 또는 능선이라 한다.
요선, 계곡선(凹선), 합수선	지표면이 낮거나 움푹 패인 점을 연결한 선으로 합수선 또는 합곡선이라 한다.

경사변환선	동일 방향의 경사면에서 경사의 크기가 다른 두 면의 접합선(평면교선)을 경사변환선이라 한다.(등고선 수평간격이 뚜렷하게 달라지는 경계선)
최대경사선 (유하선)	지표의 임의의 한 점에 있어서 그 경사가 최대로 되는 방향을 표시한 선으로 등고선에 직각으로 교차하며 물이 흐르는 방향이라는 의미에서 유하선이라고도 한다.

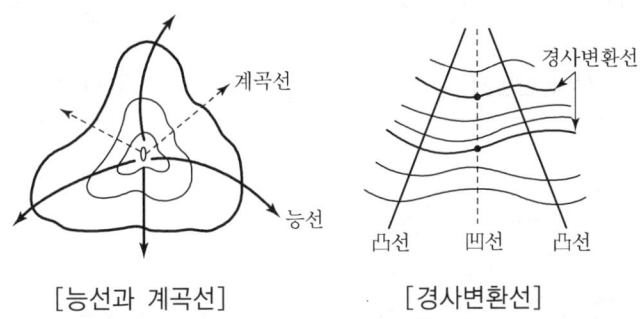

[능선과 계곡선]   [경사변환선]

8.3.4 등고선에 의한 지형도 식별

산배(山背)·산능(山稜)	산꼭대기와 산꼭대기 사이의 제일 높은 점을 이은 선으로 미근(尾根)이라 한다.
안부(鞍部)	서로 인접한 두 개의 산꼭대기가 서로 만나는 곳으로 좋은 교통로가 되는 고개부분을 말한다.
계곡(溪谷)	계곡은 凹(요)선(곡선)으로 표시되며 계곡의 종단면은 상류가 급하고 하류가 완만하게 되므로 상류가 좁고 하류가 넓게 된다.
凹(요)지와 산정(山頂)	최대경사선의 방향에 화살표를 붙여서 표시한다.
대지(臺地)	대지에서 산꼭대기는 평탄하고 사면의 경사는 급하게 되므로 등고선 간격은 상부에서는 넓고 하부에선 좁다.
선상지(扇狀地)	산간부로부터 흐른 아래의 하천이 평지에 나타나면 급한 하천 경사가 완만하게 되며 그곳에 모래를 많이 쌓아두며 원추상(圓錘狀)의 경사지(傾斜地), 즉 삼각주를 구성하는 것을 말한다.
산급(山級)	산꼭대기 부근이나 凸선(능선)상에서 표시한 바와 같이 대지상(臺地狀)으로 되어 있는 것을 말하며 산급은 지형상의 요소로 기준선을 설치하기에 적당하다.
단구(段丘)	하안단구, 해안단구와 같이 계단상을 이룬 좁은 평지의 부분에서는 등고선 간격이 크게 된다. 단구는 여러 단으로 되어 있으나 급경사면과의 경계를 밝혀 식별되도록 등고선을 그린다.

[산배(산능)]	[산배선과 곡선]
[안부]	[계곡]
[요지와 산정]	[대지]
[선상지]	[산급]	[단구]

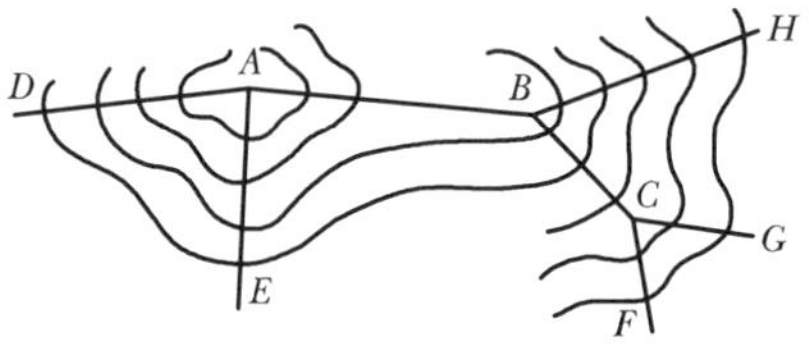

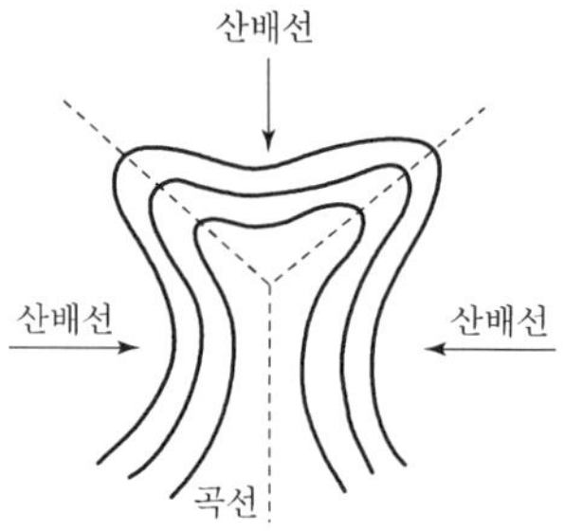

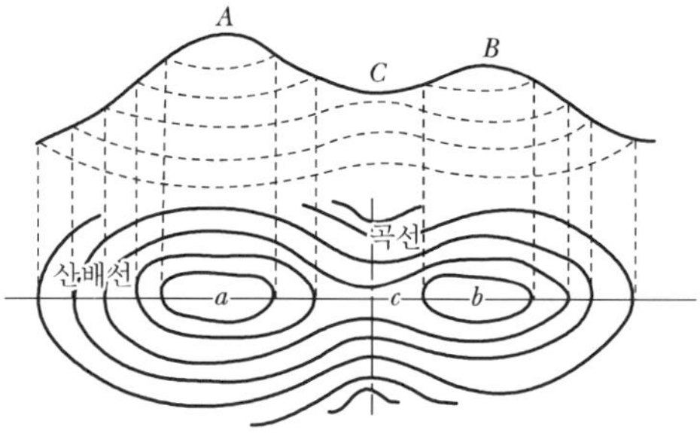

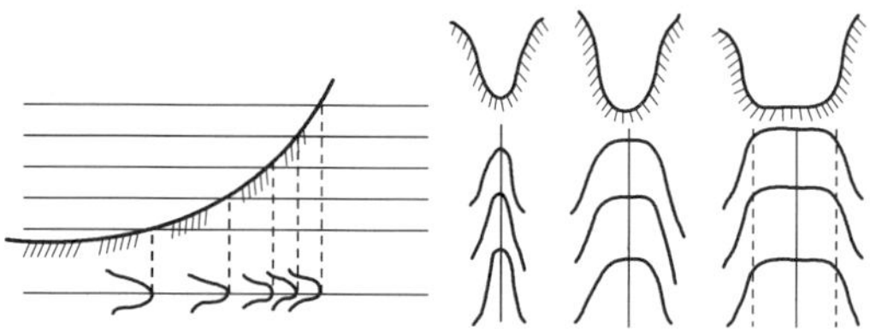

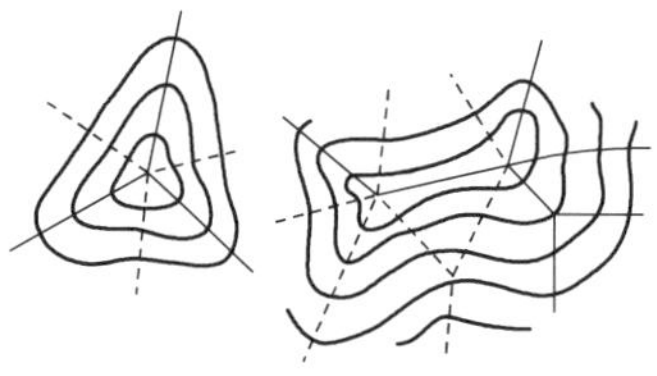

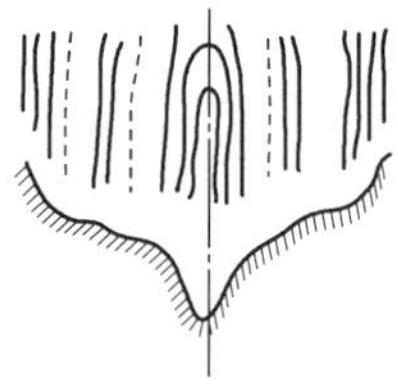

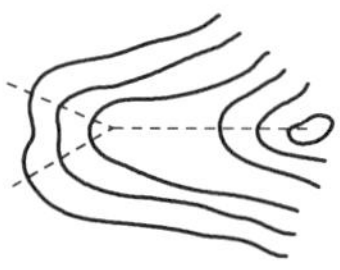

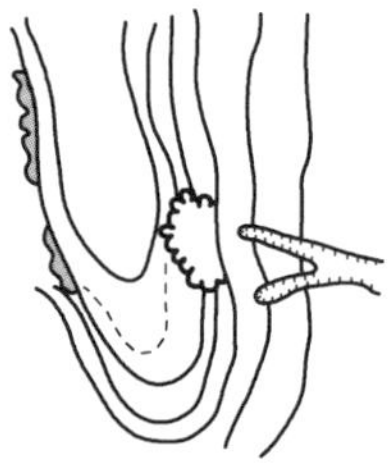

8.4 등고선의 측정방법 및 지형도의 이용

8.4.1 지형측량의 작업순서

측량계획 → 답사 및 선점 → 기준점(골조) 측량 → 세부측량(지물측량) → 측량원도 (지형도) 작성 → 지도편집

8.4.2 측량계획, 답사 및 선점시 유의사항

① 측량범위, 축척, 도식 등을 결정한다.
② 지형도 작성을 위해서 가능한 자료를 수집한다.
③ 작업의 용이성, 시간, 비용, 정밀도 등을 고려하여 선점한다.
④ 날씨 등의 외적 조건의 변화를 고려하여 여유 있는 작업 일지를 취한다.
⑤ 측량의 순서, 측량 지역의 배분 및 연결방법 등에 대해 작업원 상호의 사전조정을 한다.
⑥ 가능한 한 초기에 오차를 발견할 수 있는 작업방법과 계산방법을 택한다.

8.4.3 등고선의 측정방법

가. 기지점의 표고를 이용한 계산법

기지점의 표고를 이용한 계산법	$D:H=d_1:h_1$ $\therefore d_1 = \dfrac{D}{H} \times h_1$ $D:H=d_2:h_2$ $\therefore d_2 = \dfrac{D}{H} \times h_2$ $D:H=d_3:h_3$ $\therefore d_3 = \dfrac{D}{H} \times h_3$
목측에 의한 방법	현장에서 목측에 의해 점의 위치를 대충 결정하여 그리는 방법으로, 1/10,000 이하의 소축척의 지형 측량에 이용되며 많은 경험이 필요하다.
방안법 (좌표점고법)	각 교점의 표고를 측정하고 그 결과로부터 등고선을 그리는 방법으로, 지형이 복잡한 곳에 이용한다.
종단점법	지형상 중요한 지성선 위의 여러 개의 측선에 대하여 거리와 표고를 측정하여 등고선을 그리는 방법으로, 비교적 소축척의 산지 등의 측량에 이용한다.
횡단점법	노선측량의 평면도에 등고선을 삽입할 경우에 이용되며 횡단측량의 결과를 이용하여 등고선을 그리는 방법이다.

8.4.4 지형도의 이용 〈암기〉 ⑱⑭㉳㉠⑭⑭㉳

① ⑱향 결정
② ⑭치 결정
③ ㉳사 결정(구배계산)

  ㉠ 경사 $(i) = \dfrac{H}{D} \times 100\,(\%)$

  ㉡ 경사각 $(\theta) = \tan^{-1}\dfrac{H}{D}$

④ ㉠리 결정
⑤ ⑭면도제작
⑥ ⑭적 계산
⑦ ㉳적계산(토공량 산정)

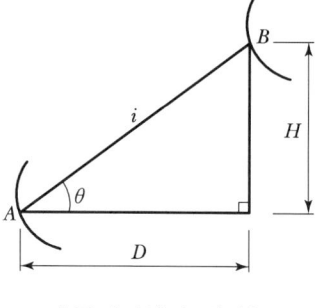

[등경사선의 계산]

8.5 등고선의 오차

최대수직위치오차	$\Delta H = dh + dl \cdot \tan\theta$
최대수평위치오차	$\Delta D = dh \cdot \cot an\,\theta + dl$

[등고선의 오차]

8.5.1 적당한 등고선 간격

거리(dl) 및 높이(dh) 오차가 클 경우 인접하는 등고선이 서로 겹치게 되므로 이를 방지하기 위하여 도상에서 관측한 표고오차의 최대값은 등고선 간격의 1/2을 초과하지 않도록 규정한다.

적당한 등고선 간격	$H \geq 2(dh + dl \cdot \tan\theta)$ 여기서, dh : 높이관측오차 　　　　dl : 수평위치오차(도상위치오차×m) 　　　　θ : 토지의 경사
등고선의 최소간격	$d = 0.25M\,(\text{mm})$

예상 및 기출문제 08

1. 축척 1/50,000 지형도에서 등고선 간격을 20m로 할 때 도상에서 표시될 수 있는 최소 간격을 0.45mm로 할 경우 등고선으로 표현할 수 있는 최대 경사각은?

㉮ 40.1°   ㉯ 41.6°   ㉰ 44.6°   ㉱ 46.1°

 실제거리 $= 50,000 \times 0.00045 = 22.5$m

경사각 $= \tan^{-1} \dfrac{20}{22.5} = 41.6°$

2. 우리나라 1 : 50,000 지형도의 간곡선 간격으로 옳은 것은?

㉮ 5m   ㉯ 10m   ㉰ 20m   ㉱ 25m

구분	1 : 10,000	1 : 25,000	1 : 50,000
주곡선	5m	10m	20m
간곡선	2.5m	5m	10m
조곡선	1.25m	2.5m	5m
계곡선	25m	50m	100m

3. 지형의 표시방법 중 태양 광선이 서북쪽에서 경사 45도의 각도로 비춘다고 가정하여 지표의 기복에 대하여 그 명암을 2~3색 이상으로 도면에 채색해 기복의 모양을 표시하는 방법은?

㉮ 음영법   ㉯ 점고법   ㉰ 등고선법   ㉱ 채색법

해설 지형의 표시법

자연적 도법	영선법(우모법)(Hachuring)	"게바"라 하는 단선상(短線上)의 선으로 지표의 기본을 나타내는 것으로 게바의 사이, 굵기, 방향 등에 의하여 지표를 표시하는 방법
	음영법(명암법)(Shading)	태양광선이 서북쪽에서 45°로 비친다고 가정하여 지표의 기복을 도상에서 2~3색 이상으로 채색하여 지형을 표시하는 방법으로 지형의 입체감이 가장 잘 나타남

해답 1. ㉯ 2. ㉯ 3. ㉮

부호적 도법	점고법 (Spot height system)	지표면 상의 표고 또는 수심을 숫자에 의하여 지표를 나타내는 방법으로 하천, 항만, 해양 등에 주로 이용
	등고선법 (Contour System)	동일 표고의 점을 연결한 것으로 등고선에 의하여 지표를 표시하는 방법으로 토목공사용으로 가장 널리 사용
	채색법 (Layer System)	같은 등고선의 지대를 같은색으로 채색하여 높을수록 진하게 낮을수록 연하게 칠하여 높이의 변화를 나타내며 지리관계의 지도에 주로 사용

4. 다음 중 지형측량의 지성선에 해당되지 않는 것은?

㉮ 계곡선(합수선)   ㉯ 능선(분수선)
㉰ 경사변환선   ㉱ 주곡선

해설 지성선은 지표면이 다수의 평면으로 이루어졌다고 생각할 때 이 평면의 접합부, 즉 접선을 말하며 지세선이라고도 한다. 능선(분수선), 합수선(합곡선), 경사변환선, 최대경사선으로 나뉘며 최대경사선(유하선)은 지표의 임의의 한 점에 있어서 그 경사가 최대로 되는 방향을 표시한 선을 말하며, 등고선에 직각으로 교차한다.

5. 지형을 표시하는 일반적인 방법으로 옳지 않은 것은?

㉮ 음영법   ㉯ 영선법   ㉰ 등고선법   ㉱ 조감도법

해설 지형의 표시방법
① 자연도법 : 영선법(형선법), 음영법
② 부호적 도법 : 점고법, 등고선법, 채색법
③ 등고선의 간접측량방법에는 종단점법, 횡단점법, 정방형 분할법, 지형상 주요한 점을 취하는 방법이 있다.
  ㉠ 종단점법 : 기지점으로부터 몇 개의 측선을 설정하고 그 선상의 지반고와 거리를 재고 등고선을 삽입하는 방법
  ㉡ 횡단점법 : 노선측량에서 많이 사용되는 방법으로 중심선을 설치하고 이를 기준으로 좌우에 직각방향으로 측정하여 등고선을 삽입하는 방법
  ㉢ 방안법 : 한 측정구역을 정방형 또는 구형으로 나누어 각 교점의 위치를 결정하고 등고선을 삽입하는 방법
  ㉣ 방사절측법 : 트랜싯을 사용하여 경사가 변화하는 점을 측정하고 그 사이에 등간격으로 등고선을 삽입하는 방법
  ㉤ 목측법 : 지성선을 이용하여 등고선의 성질에 의해 2점 간의 등고선이 지나는 위치를 목측에 의해 정하고 이를 연결하여 등고선을 삽입하는 방법. 1/10000 이하의 소축척의 측량에 많이 이용된다.

6. 지형의 표시방법에 해당되지 않는 것은?

㉮ 영선법   ㉯ 등고선법   ㉰ 독립모델법   ㉱ 점고법

해설 5번 문제 해설 참조

7. 그림과 같은 지형표시법을 무엇이라고 하는가?

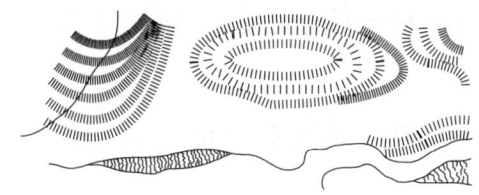

㉮ 영선법 ㉯ 음영법 ㉰ 채색법 ㉱ 등고선법

해설 지형의 표시방법
① 자연적인 도법
  ㉠ 영선법(게바법 : 우모법) : 게바라고 하는 선을 이용하여 지표의 기복을 표시하는 방법으로 기복의 판별은 좋으나 정확도가 낮다.
  ㉡ 음영법(명암법)
   • 태양광선이 서북쪽에서 경사 45°로 비춘다고 가정하여 지표의 기복을 도상에 2~3색 이상으로 지형의 기복을 표시하는 방법
   • 지형의 입체감이 가장 잘 나타나는 방법
   • 고저차가 크고 경사가 급한 곳에 주로 사용한다.
② 부호적인 도법
  ㉠ 점고법 : 지표면상에 있는 임의의 점의 표고를 도상에 숫자로 표시해 지표를 나타내는 방법. 하천, 항만, 해양 등의 심천을 나타내는 경우에 주로 사용한다.
  ㉡ 등고선법 : 등고선은 동일 표고의 점을 연결한 것으로 등고선에 의하여 지표를 표시. 정확성을 요하는 지도에 사용함을 원칙으로 하며 토목공사용으로 가장 널리 사용한다.
  ㉢ 채색법 : 같은 등고선의 지대를 같은 색으로 칠하여 표시하는 방법이다. 지리관계의 지도나 소축척의 지형도에 사용되며 높을수록 진하게 낮을수록 연하게 칠한다.

8. 지형의 표시방법과 등고선에 관한 설명으로 옳지 않은 것은?

㉮ 등고선간격이 20m라 함은 수직방향 거리를 의미한다.
㉯ 지형표시 방법에는 음영법, 영선법, 등고선법 등이 있다.
㉰ 등고선은 폐합되지 않는다.
㉱ 동일 등고선상의 모든 점은 높이가 같다.

해설 등고선은 한 도곽 내에서 반드시 폐합한다.

9. 등고선의 간격이 2m인 지형도에서 100m 등고선상의 a점과 140m 등고선상의 B점 간을 일정 기울기 7%의 도로로 만들면 AB 간 도로의 실제 경사거리는?

㉮ 572.83m ㉯ 515.53m
㉰ 472.83m ㉱ 415.53m

해답 7. ㉮ 8. ㉰ 9. ㉮

해설 고저차 $= 140 - 100 = 40$

수평거리 $\Rightarrow \dfrac{7}{100} = \dfrac{40}{\text{수평거리}}$

$\qquad = \dfrac{100}{7} \times 40 = 571.429$

경사거리 $= \sqrt{571.429^2 + 40^2} = 572.83\text{m}$

10. 축척이 1/5000인 지형도에서 경사가 10%일 때 도상 등고선 간 수평거리는 얼마인가?(단, 등고선 간격은 5m이다.)

㉮ 1cm   ㉯ 2cm   ㉰ 5cm   ㉱ 10cm

해설 구배 $= \dfrac{\text{높이}}{\text{수평거리}}$, 거리 $= 5 \times \dfrac{100}{10} = 50\text{m}$

따라서 도상거리 $= \dfrac{50 \times 1,000}{5,000} = 10\text{mm}$

[별해] 경사도(구배) $= \dfrac{\text{높이}(H)}{\text{거리}(D)} = \dfrac{10\%}{100} = \dfrac{1}{10}$

$\therefore\ D = 10 \times H$

여기서, $H = 5\text{m}$이므로 실제거리는 $10 \times 5 = 50\text{m}$

도상거리는 $\dfrac{1}{m} = \dfrac{\text{도상거리}}{\text{실제거리}}$

$\dfrac{1}{5,000} = \dfrac{x}{50}$

$x = \dfrac{50}{5,000} = 0.01\text{m} = 1\text{cm}$

11. 몇 개의 등고선이 저위부에 밀집하고 고위부에서 떨어지는 경우의 지형은?

㉮ 등경사면   ㉯ 凹형 사면
㉰ 凸형 사면   ㉱ 계단상 사면

해설 사면의 5가지 유형
① 등경사면 : 등고선 상호의 거리가 같은 사면
② 철형(凸)사면 : 상부에서는 등고선 간의 거리가 넓고 하부에서는 좁은 사면
③ 요형(凹)사면 : 상부에서는 등고선 간의 거리가 좁고 하부에서는 넓은 사면
④ 요철사면 : 등고선 상호거리에 광협이 있는 사면경사변환점
⑤ 계단상 사면 : 그 형상이 계단상인 사면·평탄부의 상황을 표시하기 위해 필요에 따라서 간곡선, 조곡선 등을 사용하며 하안단구 등에서 볼 수 있는 지형

12. 경사거리가 500m이고 고저차가 100m인 지표상 두 점을 축척 1/25,000 지형도에 제도하려면 이 두 점 간의 도상거리는 약 얼마인가?

㉮ 1cm   ㉯ 2cm   ㉰ 3cm   ㉱ 4cm

해답 10. ㉮ 11. ㉰ 12. ㉯

해설 수평거리 $D = \sqrt{L^2 - h^2}$
$= \sqrt{500^2 - 100^2}$
$= 489.89 = 490$

도상거리 $= \dfrac{490}{25,000} = 0.0196\text{m} = 2\text{cm}$

13. 지형도상에 등고선을 기입하는 방법이 아닌 것은?

㉮ 종단점법 ㉯ 방안법
㉰ 횡단측량법 ㉱ 영선법

해설 지형의 표시방법
① 자연도법 : 영선법(형선법), 음영법
② 부호적 도법 : 점고법, 등고선법, 채색법
③ 등고선의 간접측량방법에는 종단점법, 횡단점법, 정방형 분할법, 지형상 주요한 점을 취하는 방법이 있다
  ㉠ 종단점법 : 기지점으로부터 몇 개의 측선을 설정하고 그 선상의 지반고와 거리를 재고 등고선을 삽입하는 방법
  ㉡ 횡단점법 : 노선측량에서 많이 사용되는 방법으로 중심선을 설치하고 이를 기준으로 좌우에 직각방향으로 측정하여 등고선을 삽입하는 방법
  ㉢ 방안법 : 한 측정구역을 정방형 또는 구형으로 나누어 각 교점의 위치를 결정하고 등고선을 삽입하는 방법
  ㉣ 방사절측법 : 트랜싯을 사용하여 경사가 변화하는 점을 측정하고 그 사이에 등간격으로 등고선을 삽입하는 방법
  ㉤ 목측법 : 지성선을 이용하여 등고선의 성질에 의해 2점 간의 등고선이 지나는 위치를 목측에 의해 정하고 이를 연결하여 등고선을 삽입하는 방법. 1/10000 이하의 소축척의 측량에 많이 이용된다.

14. 1/25,000의 지형도에서 등고선으로 나타낼 수 있는 최대의 경사각은 얼마인가?(단, 등고선의 위치오차는 0.25mm이고 등고선 간격은 10m이다.)

㉮ 57°59′41″ ㉯ 43°30′41″
㉰ 38°39′41″ ㉱ 24°30′41″

해설 먼저 수평거리를 구하면 실제거리 = 축척×도상거리
$= 25000 \times 0.0025 = 6.25\text{m}$

경사각은 $\theta = \tan^{-1} \dfrac{10}{6.25} = 57°59′40.62″$

15. A점의 표고가 128m, B점의 표고가 155m인 등경사지형에서 A점으로부터 표고 130m 등고선까지의 거리는?(단, AB의 거리는 250m이다.)

㉮ 2.00m ㉯ 18.52m
㉰ 111.11m ㉱ 203.70m

해답 13. ㉰ 14. ㉮ 15. ㉯

해설 A점 표고 =128m
B점 표고 =155m
B점 표고 − A점의 표고 =27m
A점으로부터의 130 등고선의 표고 =130m − 128m =2m
비례식으로 풀면 27 : 250 = 2 : x
$$x = \frac{250 \times 2}{27} = 18.518\text{m}$$

16. 지형도의 도식과 기호가 만족하여야 할 조건에 대한 설명으로 옳지 않은 것은?
㉮ 간단하면서도 그리기 용이해야 한다.
㉯ 지물의 종류가 기호로써 명확히 판별될 수 있어야 한다.
㉰ 지도가 깨끗이 만들어지며 도식의 의미를 잘 알 수 있어야 한다.
㉱ 지도의 사용목적과 축척의 크기에 관계없이 모두 동일한 모양과 크기로 빠짐 없이 표시하여야 한다.

해설 ① 지형도 : 지면상의 자연 및 인공적인 지물, 지모 등을 일정한 축척과 도식으로 표현한 지도를 말한다.
② 도식 : 지도를 제작하는 데 있어서 모든 지형지물의 표시를 위한 기호 및 규정 등 일체를 통틀어서 도식이라 하고, 이 도식을 규정화한 것이 도식규정이다.

17. 우리나라의 1/25,000 지형도에서 계곡선의 간격은?
㉮ 10m   ㉯ 20m   ㉰ 50m   ㉱ 100m

해설

등고선의 종류	등고선 간격		
	1/10,000	1/25,000	1/50,000
계곡선	25m	50m	100m
주곡선	5m	10m	20m
간곡선	2.5m	5m	10m
조곡선	1.25m	2.5m	5m

18. 태양광선이 서북쪽에서 비친다고 가정하고, 지표의 기복에 대해 명암으로 입체감을 주는 지형 표시방법은?
㉮ 음영법   ㉯ 단채법   ㉰ 점고법   ㉱ 등고선법

해설 음영법
① 태양광선이 서북쪽에서 경사 45°로 비친다고 가정하여 지표의 기복을 도상에 2~3색 이상으로 지형의 기복을 표시하는 방법
② 지형의 입체감이 가장 잘 나타나는 방법
③ 고저차가 크고 경사가 급한 곳에 주로 사용

해답 16. ㉱   17. ㉰   18. ㉮

19. 지형측량에서 산지의 형상, 토지의 기복 등 지형을 표시하는 방법이 아닌 것은?

㉮ 등고선법 ㉯ 방사법 ㉰ 음영법 ㉱ 영선법

해설 지형의 표시방법
① 자연적인 도법
  ㉠ 영선법(게바법 : 우모법) : 게바라고 하는 선을 이용하여 지표의 기복을 표시하는 방법으로 기복의 판별은 좋으나 정확도가 낮다.
  ㉡ 음영법(명암법)
    • 태양광선이 서북쪽에서 경사 45°로 비친다고 가정하여 지표의 기복을 도상에 2~3색 이상으로 지형의 기복을 표시하는 방법
    • 지형의 입체감이 가장 잘 나타나는 방법
    • 고저차가 크고 경사가 급한 곳에 주로 사용한다.
② 부호적인 도법
  ㉠ 점고법 : 지표면상에 있는 임의의 점의 표고를 도상에 숫자로 표시해 지표를 나타내는 방법. 하천, 항만, 해양 등의 심천을 나타내는 경우에 주로 사용
  ㉡ 등고선법 : 등고선은 동일 표고의 점을 연결한 것으로 등고선에 의하여 지표를 표시. 정확성을 요하는 지도에 사용함을 원칙으로 하며 토목공사용으로 가장 널리 사용
  ㉢ 채색법 : 같은 등고선의 지대를 같은 색으로 칠하여 표시하는 방법이다. 지리관계의 지도나 소축척의 지형도에 사용되며 높을수록 진하게 낮을수록 연하게 칠한다.

20. 지형도의 이용과 가장 거리가 먼 것은?

㉮ 종단면도 및 횡단면도의 작성 ㉯ 도로, 철도, 수로 등의 도상 선정
㉰ 집수면적의 측정 ㉱ 간접적인 지적도 작성

 해설 지형도의 이용
① 종단면도 및 횡단면도 작성 : 지형도를 이용하여 기준점이 되는 종단점을 정하여 종단면도를 만들고 종단면도에 의해 횡단면도를 작업하여 토량산정에 의해 절토, 성토량을 구하여 공사에 필요한 자료를 근사적으로 얻을 수 있다.
② 저수량의 결정
③ 하천의 유역면적 산정
④ 토공량 산정(성토 및 절토 범위 관측)
⑤ 노선의 도상 선정

21. 축척 1 : 5,000 지형도에 등재하는 등고선 중 조곡선의 간격은?

㉮ 10m ㉯ 5m ㉰ 2.5m ㉱ 1.25m

해설

구분	1 : 5,000	1 : 10,000	1 : 25,000	1 : 50,000
주곡선	5	5	10	20
간곡선	2.5	2.5	5	10
조곡선	1.25	1.25	2.5	5
계곡선	25	25	50	100

22. 지형도에서 A점은 200m 등고선 위에 있고 B점은 220m 등고선 위에 있다. 두 점 사이의 경사가 20%이면 두 점 사이의 수평거리는?

㉮ 100m ㉯ 120m ㉰ 150m ㉱ 200m

해설 비례식에 의하여 $100 : 20 = x : 20$
$$x = \frac{100}{20} \times 20 = 100\text{m}$$

23. 미소지역의 관측용으로 측량좌표계, 해도, 항공도 등에 주로 이용되는 투영법은?

㉮ 심사도법 ㉯ 등적도법
㉰ 등각도법 ㉱ 등거리도법

해설 도법의 분류

투영면의 성질에 의해 분류하면 다음과 같다.
1. 등각도법(Conformal Projection)
   1) 지도상의 어느 곳에서나 각의 크기가 동일하게 표현되도록 하는 투영법(지도상의 경·위선의 교차각이 지구본에서와 동일)
   2) 등각성(等角性)을 유지하기 위해서는 경선과 위선이 등각으로 교차해야 하며, 한 지점에서 모든 방향으로의 축척이 동일해야 한다.
   3) 소지역에서 바른 형상을 유지한다.
   4) 두 점 간의 거리는 다르게 나타나고 지역이 커질수록 형상이 부정확하다.
   5) 대표적인 등각도법 : Marcator도법(수학적인 투영체계로 남-북 방향의 축척변화와 동일하게 동-서 방향의 축척을 변화시킴으로써 어떤 지점에서도 모든 방향으로의 축척이 동일하게 되어 등각성이 유지되는 투영법이다.)
2. 등적도법(Equal-area Projection)
   1) 지구상의 면적과 지도상의 면적이 동일하게 유지되도록 하는 투영법 → 등적성(等積性)을 유지하기 위해서는 경선과 위선을 따라 축척을 조정해야 한다.(즉, 어떤 지점에서 동-서 방향으로 확대되었다면 남-북 방향으로 축소시켜서 SF=1.0이 되도록 해야 한다.)
   2) 경선과 위선이 등각으로 교차하지 않으며, 형상이 압축되거나 늘어나며 휘어지는 등의 왜곡이 발생한다. 왜곡도는 지도의 주변부로 갈수록 심화된다.
   3) 통계지도나 지도첩을 제작할 때 적합하다.

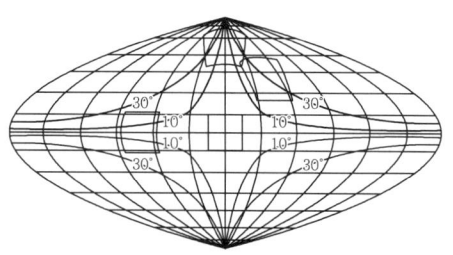

[등적투영에서의 형상변화]

3. 등거리도법(Equidistant Projection)
   1) 하나의 중앙점으로부터 다른 한 지점까지의 거리를 같게 나타내는 투영법으로 원점으로부터 동심원의 길이가 같게 표현된다.
   2) 등거리성(等距離性)을 유지하게 위해서는 대원상의 두 점 간 호거리가 지도상에서의 두 점 간 직선거리와 동일하도록 해야 한다.
   3) 등거리도법의 대표적인 예 : 방위등거리도법→모든 지점은 투영의 중심으로부터 등거리성을 유지하며 또한, 중심으로부터 모든 지점까지의 방향도 정방위를 나타낸다.
   (예 : 미국 Wisconsin의 Madison을 중심으로 한 방위등거리도법⇒매디슨을 중심으로 같은 거리에 있는 지역을 도시)

24. 하천, 호수, 항만 등의 수심을 나타내기에 가장 적합한 지형표시방법은?

㉮ 단채법　　　　　　　　　　㉯ 점고법
㉰ 영선법　　　　　　　　　　㉱ 등고선법

해설 ① 영선법
　　• 지면의 최대 경사방향에 단선상의 선을 그어 급경사는 굵고 짧게, 완경사는 가늘고 길게 표시하는 방법
　　• 수치적인 고저를 표시할 경우나 제도 등이 곤란
② 음영법
　　• 태양광선이 서북쪽에서 경사 45도의 각도로 비친다고 가정하고 지표의 기복에 대하여 그 명암을 채색하여 표시하는 방법
　　• 지리학, 지질학 등에 널리 사용되며 등고선과 영선법을 병용하는 경우도 있다
③ 채색법 : 등고선 간 대상의 부분을 색으로 채색하여 높이의 변화를 나타낸다.
④ 점고법 : 지표면 또는 수면상에 일정한 간격으로 점의 표고 또는 수심을 도상에 숫자로 기입하는 방법
　　• 하천, 항만 등에 사용
⑤ 등고선법
　　• 등고선은 지표면에서 동일한 같은 높이의 점을 연결한 선을 말하며 수평곡선이라고도 한다.
　　• 고저차뿐 아니라 지표경사의 완급 및 임의 방향의 경사를 구하기가 용이하므로 토목공사용으로 많이 사용된다.

25. 지상의 A 점의 표고가 300m, B점의 표고가 800m이며, AB의 경사가 25%일 때 두 지점의 1 : 50,000 지형도상 거리는?

㉮ 2cm　　　　　㉯ 4cm　　　　　㉰ 6cm　　　　　㉱ 8cm

해설 경사 = $\dfrac{고저차}{수평거리}$ 이므로, $800 - 300 = \dfrac{500}{0.25} = 2,000$

$4\text{cm} \times 5,000 = \dfrac{200,000}{100} = 2,000$

따라서 $\dfrac{2,000}{50,000} = 0.04\text{m} = 4\text{cm}$

해답　24. ㉯　25. ㉯

26. 짧은 선의 간격, 굵기, 길이 및 방향 등으로 지표의 기복을 나타내는 것으로 우모법이라고도 하는 지형 표시 방법은?

㉮ 점고법　　㉯ 등고선법　　㉰ 영선법　　㉱ 채색법

해설 지형의 표시방법
1. 자연도법
   - 영선법 : 급경사는 선이 굵고, 완만하면 선이 가늘며 길게 된 새털모양으로 표시한다.
   - 음영법 : 태양광선이 서북쪽에서 경사 45도의 각도로 비친다고 가정하고 지표의 기복에 대하여 그 명암을 채색하여 표시하는 방법
2. 부호적 도법
   - 점고법 : 지표면상의 어떠한 점들의 표고를 도면상에 숫자로 표시하는 방법으로, 해도, 하천, 항만 등에 이용
   - 등고선법 : 동일한 높이의 점을 곡선으로 연결하여 표시하는 방법. 등고선에 의하여 지표를 표시하므로 비교적 정확한 지표의 표현방법이다.
   - 채색법 : 지표의 기복에 대해 그 명암을 도상에 2~3색 이상으로 채색하여 지형을 표시하는 방법

27. 지형도에 표시하는 주곡선의 기호로 옳은 것은?

㉮ 굵은 실선　　㉯ 가는 실선　　㉰ 가는 파선　　㉱ 가는 점선

해설 등고선의 종류
- 주곡선 : 기본선으로 가는 실선으로 표현
- 간곡선 : 가는 파선으로 표현
- 조곡선 : 가는 점선으로 표현
- 계곡선 : 주곡선 5개마다 굵은 실선으로 표현

28. 축척 1 : 3,000의 지형도 편찬을 하는데 축척 1 : 500 지형도를 이용하였다면 1 : 3,000 지형도의 1도면에 1 : 500 지형도가 몇 매 필요한가?

㉮ 36매　　㉯ 25매　　㉰ 6매　　㉱ 5매

해설 축척비=3,000/500=6매, 면적비=6×6=36매

29. 지형도를 활용하여 작성할 수 있는 자료와 가장 거리가 먼 것은?

㉮ 등경사선의 관측　　㉯ 토지경계의 결정
㉰ 성토 범위의 결정　　㉱ 유역면적의 계산

해설 지형도 이용
① 방향 결정　② 위치 결정　③ 경사 결정
④ 거리 결정　⑤ 단면도 작성　⑥ 면적 계산
⑦ 체적 계산

해답 26. ㉰　27. ㉯　28. ㉮　29. ㉯

30. 지형측량을 하려면 기본삼각점 만으로는 기준점이 부족하므로 삼각점을 기준으로 하여 지형측량에 필요한 측점을 설치하는데 이 점을 무엇이라고 하는가?
㉮ 이기점 ㉯ 방향변환점
㉰ 도근점 ㉱ 경사변환점

- 도근점 : 지형도를 만들 때 필요한 측량을 하기 위한 측점
- 경사변환점 : 경사변환선과 분수선과 함수선의 교점

31. 건설현장 중 부지의 정지 작업을 위한 토량 산정 또는 저수지의 용량 등을 측정하는데 주로 사용되는 방법은?
㉮ 영선법 ㉯ 음영법
㉰ 채색법 ㉱ 등고선법

해설 ① 영선법
- 지면의 최대 경사방향에 단선상의 선을 그어 급경사는 굵고 짧게, 완경사는 가늘고 길게 표시하는 방법
- 수치적인 고저를 표시할 경우나 제도 등이 곤란
② 음영법
- 태양광선이 서북쪽에서 경사 45도의 각도로 비친다고 가정하고 지표의 기복에 대하여 그 명암을 채색하여 표시하는 방법
- 지리학, 지질학 등에 널리 사용되며 등고선과 영선법을 병용하는 경우도 있다.
③ 채색법 : 등고선 간 대상의 부분을 색으로 채색하여 높이의 변화를 나타낸다.
④ 점고법 : 지표면 또는 수면상에 일정한 간격으로 점의 표고 또는 수심을 도상에 숫자로 기입하는 방법
- 하천, 항만 등에 사용
⑤ 등고선법
- 등고선은 지표면에서 동일한 같은 높이의 점을 연결한 선을 말하며 수평곡선이라고도 한다.
- 고저차뿐 아니라 지표경사의 완급 및 임의 방향의 경사를 구하기가 용이하므로 토목공사용으로 많이 사용된다.

32. 축척 1 : 2,500, 등고선 간격 2m, 경사 5%일 때 등고선 간의 수평거리 L의 도상길이는?
㉮ 1.4cm ㉯ 1.6cm ㉰ 1.8cm ㉱ 2.0cm

해설 2/0.05=0.016m×100=1.6cm

33. 축척 1 : 500 지형도를 기초로 하여 같은 크기의 축척 1 : 2,500의 지형도를 작성하려 한다. 1 : 2,500 지형도의 한 도면을 작성하기 위해서 필요한 1 : 500 지형도의 매수는?
㉮ 5매 ㉯ 10매 ㉰ 15매 ㉱ 25매

해답 30. ㉰ 31. ㉱ 32. ㉯ 33. ㉱

해설 ① 축척비=2,500/500=5배, 면적비=가로×세로=5×5=25매

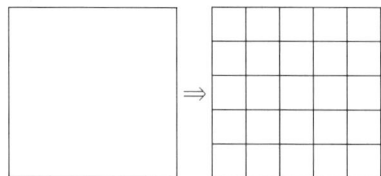

∴ 총 25매가 필요하다.

② $\left(\dfrac{1}{500}\right)^2 : \left(\dfrac{1}{2,500}\right)^2 = \dfrac{\left(\dfrac{1}{500}\right)^2}{\left(\dfrac{1}{2,500}\right)^2} = \dfrac{2,500^2}{500^2} = 25$

34. 지성선 중에서 빗물이 이것을 따라 좌우로 흐르게 되는 선으로 지표면이 높은 곳의 꼭대기 점을 연결한 선은?

㉮ 합수선(계곡선)　　　　　　　　㉯ 분수선(능선)
㉰ 경사변환선　　　　　　　　　　㉱ 최대경사선

 지성선 중 분수선은 계곡선으로 지표면이 낮거나 움푹 패인 점을 연결한 선으로 합수선, 곡선 또는 합곡선이라고 한다.
- 계곡선 : 등고선을 읽기 쉽게 일정한 수의 등고선(주곡선)에 1개씩 굵게 나타낸 선
- 경사변환선 : 지표경사가 바뀌는 경계선
- 최대경사선 : 산비탈에서 경사각이 최대가 되는 선

35. 지형도의 지형 표시방법과 거리가 먼 것은?

㉮ 모형도법　　　　　　　　　　　㉯ 영선법
㉰ 채색법　　　　　　　　　　　　㉱ 점고법

해설 자연도법
1. 영선법
   - 지면의 최대 경사방향에 단선상의 선을 그어 급경사는 굵고 짧게, 완경사는 가늘고 길게 표시하는 방법
   - 경사가 급하면 선이 굵고 완만하면 선이 가늘며 길게 된 새털모양으로 표시
2. 음영법(명암법)
   - 고저차가 크고 경사가 급한 곳에 주로 사용
   - 빛이 지표에 비치면 지표기복의 형상에 따라서 명암이 생기는 원리를 이용한 것

부호적 도법
1. 점고법
   - 하천, 항만, 해양 등의 심천을 나타내는 경우에 사용
   - 지표면 또는 수면상에 일정한 간격으로 점의 표고 또는 수심을 도상에 숫자로 기입하는 방법
2. 등고선법 : 등고선에 의하여 지표를 표시하는 방법

36. 1 : 25,000 지형도에서 산 정상으로부터 산 밑까지의 도상 수평거리가 6cm일 때, 산 정상의 표고가 928m, 산 밑의 표고가 628m라 하면, 사면의 경사는?

㉮ 1/3 ㉯ 1/5
㉰ 1/7 ㉱ 1/9

해설 실거리 = 6cm×25,000 = 150,000 = 1,500m
높이차 = 928 − 628 = 300
∴ 300/1,500

37. A점의 지반고가 15.4m, B점의 지반고가 18.9m일 때 A점으로부터 지반고가 17m인 지점까지의 수평거리는?(단, AB 간의 수평거리는 40m이고, 등경사 지형이다.)

㉮ 20.3m ㉯ 19.3m
㉰ 18.3m ㉱ 17.3m

해설 $H = 18.9 - 15.4 = 3.5$
$H = 17.0 - 15.4 = 1.6$
그러므로 $40 : 3.5 = x : 1.6$
$x = 40/3.5 × 1.6 = 18.3m$

38. 지형의 표시 방법 중 자연적 도법에 해당되는 것으로 우모법이라고도 하는 것은?

㉮ 영선법 ㉯ 등고선법
㉰ 점고법 ㉱ 채색법

해설 게바라고 하는 선을 이용하여 지표의 기복을 표시하는 방법으로 기복의 판별은 좋으나 정확도가 낮다.

39. 다음 중 1/50,000 지형도에서 등고선의 간격이 5m로 표시되는 것은?

㉮ 조곡선 ㉯ 간곡선
㉰ 계곡선 ㉱ 주곡선

해설

구 분	$\frac{1}{10,000}$	$\frac{1}{25,000}$	$\frac{1}{50,000}$
주곡선	5m	10m	20m
간곡선	2.5	5	10
조곡선	1.25	2.5	5
계곡선	25	50	100

해답 36. ㉯ 37. ㉰ 38. ㉮ 39. ㉮

제1편 측량학

40. 우리나라 1 : 5,000 지형도에서 1,001m과 1,101m 사이에 계곡선은 몇 개 들어 있는가?
㉮ 2   ㉯ 4   ㉰ 10   ㉱ 20

해설

등고선의 간격	1/10,000	1/25,000	1/50,000
주곡선	5(m)	10(m)	20(m)
간곡선	2.5	5	10
조곡선	1.25	2.5	5
계곡선	25	50	100

$\frac{1,100-1,025}{25}+1=4$개

41. 지성선 중 지표면이 낮거나 움푹 패인 점을 연결한 선으로 합수선이라고도 하는 것은?
㉮ 능선   ㉯ 계곡선   ㉰ 경사변환선   ㉱ 최대경사선

해설 ① 계곡선은 지표가 낮거나 움푹 패인 점을 연결한 선으로 합수선이라고도 한다.
② 경사변환선은 같은 방향으로 비탈지고 있으나 경사가 틀린 두 면의 접합선이다.

42. 지형도로서 활용할 수 없는 것은?
㉮ 면적의 계산   ㉯ 토량의 계산
㉰ 토지의 기복상태의 조사   ㉱ 지적도의 복원

해설 지형측량이란 지구표면상의 자연 및 인위적인 지물·모양, 즉 도로, 철도, 하천 또는 산정, 구릉, 계곡, 평야의 상호 관계위치를 측정하여 일정한 축척과 도식에 의하여 지형도를 작성하는 것

43. 등고선의 간접 측량방법이 아닌 것은?
㉮ 사각형 분할법(좌표점법)   ㉯ 기준점법(종단점법)
㉰ 원곡선법   ㉱ 횡단점법

해설 지형측량에서 등고선의 측정방법에는 직접측정방법과 간접측정방법이 있다. 직접측정방법에는 레벨 또는 핸드레벨에 의한 방법과 평판에 의한 방법이 있으며, 간접측정방법에서는 방사절측법, 목측에 의한 방법, 방안법(좌표점고법, 모눈종이법), 기준점법(종단점법), 횡단점법이 있다.

44. 축척 1 : 25,000인 지형도에서 A점의 표고는 80m이고, B점의 표고는 140m이며 두 점 간의 거리가 도상에서 15.7cm일 때 경사는?
㉮ 1/63.2   ㉯ 1/65.0   ㉰ 1/65.2   ㉱ 1/65.4

해설 먼저 수평거리를 구하면 실제거리=축척×도상거리=25,000×0.157=3,925m, 이므로 경사는 높이/수평거리=60/3,925=0.01529=1/65.4

해답 40. ㉯ 41. ㉯ 42. ㉱ 43. ㉰ 44. ㉱

45. 지형도에 표현되는 지형을 지모와 지물로 구분할 때 지물에 해당되는 것은?

㉮ 도로　　　㉯ 계곡　　　㉰ 평야　　　㉱ 산정

해설 지형측량에서 지물은 도로, 철도, 시가지, 촌락, 하천, 해안을 말한다.

46. 지상 1km²의 면적이 지도상에서 16cm²로 표시되는 축척으로 옳은 것은?

㉮ 1/20,000　　　㉯ 1/25,000
㉰ 1/50,000　　　㉱ 1/100,000

해설 축척 = 16cm²/1km²
= 4cm × 4cm/1,000 × 1,000
= 0.04/1,000
= 1/25,000

47. 우리나라 1:5,000 기본도에 사용하는 지형(높이)의 표시방법은?

㉮ 음영법　　　㉯ 영선법
㉰ 단채법　　　㉱ 등고선법

해설 지형표시방법
① 영선법
  • 지면의 최대 경사방향에 단선상의 선을 그어 급경사는 굵고 짧게 완경사는 가늘고 길게 표시하는 방법
  • 수치적인 고저를 표시할 경우나 제도 등이 곤란
② 음영법
  • 태양광선이 서북쪽에서 경사 45°의 각도로 비친다고 가정하고 지표의 기복에 대하여 그 명암을 채색하여 표시하는 방법
  • 지리학, 지질학 등에 널리 사용되며 등고선과 영선법을 병용하는 경우도 있다.
③ 단채법: 등고선 간 대상의 부분을 색으로 채색하여 높이의 변화를 나타낸다.
④ 점고법
  • 지표면 또는 수면상에 일정한 간격으로 점의 표고 또는 수심을 도상에 숫자로 기입하는 방법
  • 하천, 항만 등에 사용
⑤ 등고선법
  • 등고선은 지표면에서 동일한 같은 높이의 점을 연결한 선을 말하며 수평곡선이라고도 한다.
  • 고저차뿐 아니라 지표경사의 완급 및 임의 방향의 경사를 구하기 용이하므로 토목공사용으로 많이 사용된다.

48. 지도의 사용목적별 분류가 아닌 것은?

㉮ 일반도　　　㉯ 주제도
㉰ 특수도　　　㉱ 편집도

해설 지도의 사용목적별 분류 : 일반도, 주제도(특수도)

해답 45. ㉮　46. ㉯　47. ㉱　48. ㉱

49. 비교적 소축척으로 산지 등의 측량에 이용되는 등고선 측정방법으로 지성선 간의 중요점의 위치와 표고를 측정하고 이 점으로부터 등고선을 삽입하는 방법은?

㉮ 점고법 ㉯ 방안법(사각형분할법)
㉰ 횡단점법 ㉱ 종단점법(기준점법)

해설 ㉮ 점고법 : 하천·항만·해양 등의 심천을 나타내는 데 측점에 숫자로 기입하여 고저를 표시하는 방법이다.
㉯ 방안법 : 각 교점의 표고를 관측하고 그 결과로부터 등고선을 그리는 방법. 지형이 복잡한 곳에 이용한다.
㉰ 횡단점법 : 수준측량, 노선측량에서 중심 말뚝의 표고와 횡단측량결과를 이용하여 등고선을 그리는 방법이며, 노선측량의 평면도에 등고선을 삽입할 경우에 이용한다.
㉱ 종단점법 : 지성선 상의 중요점의 위치와 표고를 측정하여, 이 점들을 기준으로 하여 등고선을 삽입하는 등고선 측정방법으로 비교적 소축척으로 산지 등의 측량에 이용되며 지성선 간의 중요점의 위치와 표고를 측정하고 이 점으로부터 등고선을 삽입하는 방법이다.

50. 다음 중 지성선에 대한 설명으로 옳지 않은 것은?

㉮ 능선은 지표면의 가장 높은 곳을 연결한 선으로 분수선이라고도 한다.
㉯ 함수선은 지표면의 가장 낮은 곳을 연결한 선으로 계곡선이라고도 한다.
㉰ 경사변환선은 동일 방향의 경사면에서 경사의 크기가 다른 두 면의 교선을 말한다.
㉱ 최대경사선은 지표상 임의의 한 점에 있어서 그 경사가 최대로 되는 방향을 표시한 선을 말하며 등고선과 수평을 유지한다.

해설 지성선은 지표면이 다수의 평면으로 이루어졌다고 생각할 때 이 평면의 접합부, 즉 접선을 말하며 지세선이라고도 한다. 능선(분수선), 합수선(합곡선), 경사변환선, 최대경사선으로 나뉘며 최대경사선(유하선)은 지표의 임의의 한 점에 있어서 그 경사가 최대로 되는 방향을 표시한 선을 말하며, 등고선에 직각으로 교차한다.

51. 축척 1 : 50,000 지형도로 표시되어 있는 해당지역을 축척 1 : 5,000의 지형도로 확대 제작할 경우 몇 매가 필요한가?

㉮ 10매 ㉯ 20매
㉰ 50매 ㉱ 100매

해설 축척비율이 10배이므로 가로 10×세로 10=100매의 지형도가 필요하다.

52. 지형의 조합 중 지물만으로 짝지어진 것은?

㉮ 산정, 도로, 평야 ㉯ 철도, 하천, 촌락
㉰ 구릉, 계곡, 하천 ㉱ 철도, 경지, 산정

해설 지형측량의 지물 : 도로, 철도, 시가지, 촌락, 하천, 해안

53. 지형도를 이용하여 작성할 수 있는 자료에 해당되지 않는 것은?
㉮ 종·횡단면도 작성
㉯ 표고에 의한 평균유속 측정
㉰ 절토 및 성토범위의 결정
㉱ 등고선에 의한 체적 계산

해설 표고에 의한 평균유속 측정은 지형도를 이용하여 작성할 수 없다.

54. 1/25,000 지형도상에서 두 점 간의 거리를 측정하니 4cm였다. 축척이 다른 지형도의 동일한 두 점 간의 거리가 10cm일 때 이 지형도의 축척은?
㉮ 1/5,000
㉯ 1/10,000
㉰ 1/15,000
㉱ 1/30,000

해설 먼저 1/25,000에서의 실제거리를 구하면
$$\frac{1}{축척(M)} = \frac{도상거리}{지상의\ 거리}$$
→ 지상의 거리 = 축척×도상거리 = 1,000m
∴ $\frac{0.1}{1,000} = 1/10,000$

55. 축척 1/10,000 지형도상에서 계곡으로 표현된 지역에서 등고선 간의 최소거리는 그 지표면의 무엇을 표시하는 것인가?
㉮ 최소 경사방향
㉯ 최대 경사방향
㉰ 상향 경사방향
㉱ 하향 경사방향

해설 등고선의 간격은 등고선 사이의 연직(수직)거리로 경사가 지표의 임의의 1점에서 최대가 되는 방향을 나타내고, 등고선에 직각으로 교차하는 선을 최대 경사선이라 하며, 등고선의 간격이 좁은 곳은 경사가 급한 곳이다.

56. 지형도를 이용하여 작성할 수 있는 자료에 해당되지 않는 것은?
㉮ 종·횡단면도 작성
㉯ 표고에 의한 평균유속 측정
㉰ 절토 및 성토범위의 결정
㉱ 등고선에 의한 체적 계산

해설 표고에 의한 평균유속 측정은 지형도를 이용하여 작성할 수 없다.
지형도의 이용
① 저수량, 토공량 산정
② 노선의 도면상 선정
③ 면적의 도상 측정
④ 연직단면의 작성

해답 53. ㉯ 54. ㉯ 55. ㉯ 56. ㉯

57. 축척 1 : 25,000 지형도 상의 인접한 두 주곡선 사이의 수평거리가 8mm이었다면 두 지점간의 기울기는?

㉮ 5%   ㉯ 8%   ㉰ 10%   ㉱ 20%

해설 25,000에서 주곡선의 간격이 10m이므로

$$i(\%) = \frac{h}{D} \times 100\% \text{에서} \quad \frac{10 \times 100}{0.008} = 125,000\text{m}$$

따라서, 도상거리 $= \frac{125,000}{25,000} = 5\%$

별해) $\frac{1}{m} = \frac{\text{도상거리}}{\text{실제거리}}$ 에서 $\frac{1}{25,000} = \frac{8}{\text{실제거리}}$

실제거리 $= 25,000 \times 8 = 200,000$mm $= 200$m

경사$(i) = \frac{H}{D} \times 100\% = \frac{10}{200} \times 100 = 5\%$

58. 1 : 25,000 지형도 1도엽의 면적은 1 : 5,000 지형도 몇 도엽의 면적에 해당하는가?

㉮ 5도엽   ㉯ 15도엽   ㉰ 20도엽   ㉱ 25도엽

해설 25,000÷5,000=5배
5×5=25
∴ 총 25도엽이 필요하다.

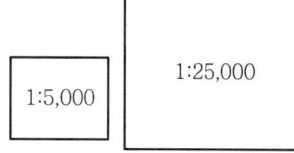

59. A, B의 표고가 각각 802m, 826m이고 A, B의 도상수평거리가 30mm일 때 A점으로부터 820m 등고선까지의 도상거리는?

㉮ 20.6mm   ㉯ 22.5mm   ㉰ 24.0mm   ㉱ 26.4mm

해설

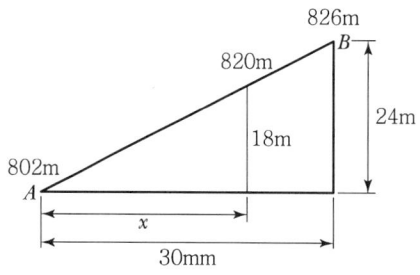

$24 : 30 = 18 : x$

$x = \frac{30 \times 18}{24} = 22.5$mm

60. 1 : 50,000지형도에서 4% 경사의 노선을 선정하려한다. 주곡선 사이에 취해야 할 도상거리는?

㉮ 100mm ㉯ 50mm ㉰ 10mm ㉱ 5mm

 해설

종류	1 : 5,000	1 : 10,000	1 : 25,000	1 : 50,000
주곡선	5	5	10	20
간곡선	2.5	2.5	5	10
조곡선	1.25	1.25	2.5	5
계곡선	25	25	50	100

경사 $(i) = \dfrac{h}{D}$ 에서

$D = \dfrac{h}{i} = \dfrac{20}{0.04} = 500\text{m}$

$\dfrac{1}{m} = \dfrac{\text{도상거리}}{\text{실제거리}}$

도상거리 $= \dfrac{\text{실제거리}}{m} = \dfrac{500}{50,000} = 0.01\text{m} = 10\text{mm}$

61. 등경사선 지형에서 축척 1 : 1,000, 등고선간격 1m, 제한경사를 5%로 할 때, 각 등고선간의 도상거리는?

㉮ 1cm ㉯ 2cm ㉰ 5cm ㉱ 10cm

해설 경사 $(i) = \dfrac{h}{D}$ 에서

$D = \dfrac{h}{i} = \dfrac{1}{0.05} = 20\text{m}$

$\dfrac{1}{m} = \dfrac{\text{도상거리}}{\text{실제거리}}$

도상거리 $= \dfrac{\text{실제거리}}{m} = \dfrac{20}{1,000} = 0.02\text{m} = 2\text{cm}$

62. 축척 1 : 25,000 지형도 상의 어느 산정에서 산 밑까지 거리를 관측하여 4cm이었다. 이 산정의 표고가 750m, 산 밑의 표고는 500m라면 산 밑에서 산정까지 등경사지라고 할 때, 두 지점의 사면거리는?

㉮ 1,030.78m ㉯ 1,125.46m ㉰ 1,236.87m ㉱ 1,363.78m

해설

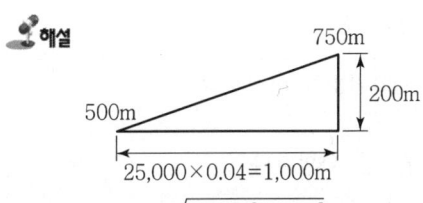

사거리 $= \sqrt{1,000^2 + 250^2} = 1,030.78\text{m}$

63. 1 : 25,000 지형도상에서 표고가 480m, 210m인 2점 사이에 케이블카를 설치하고자 한다. 도상의 2점간 거리가 4cm이었다. 처짐을 고려하지 않는다면 케이블의 길이는?

㉮ 0.963km   ㉯ 1.036km   ㉰ 1.723km   ㉱ 2.026km

 해설

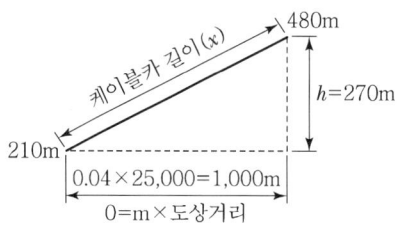

$$x = \sqrt{1{,}000^2 + 270^2} = 1{,}035.8\text{m} = 1.0358\text{km}$$

64. 1 : 50,000 지도상에서 어느 산정으로부터 산기슭까지의 수평거리를 관측하니 46mm이었다. 산정의 표고가 454m, 산기슭의 표고가 12m일 때 이 사면의 경사는?

㉮ $\dfrac{1}{2.7}$ ㉯ $\dfrac{1}{4.0}$ ㉰ $\dfrac{1}{5.2}$ ㉱ $\dfrac{1}{9.2}$

해설 $\dfrac{1}{m} = \dfrac{\text{도상거리}}{\text{실제거리}} \Rightarrow \dfrac{1}{50{,}000} = \dfrac{0.046}{L}$
$L = 50{,}000 \times 0.046 = 2{,}300\text{m}$
경사도 $= \dfrac{\text{높이}}{\text{수평거리}} = \dfrac{454 - 12}{2{,}300} = \dfrac{1}{5.2}$

65. 축척 1 : 50,000 지형도의 주곡선 간격이 20m이다. 이때 5%의 기울기로 노선을 선정하려면 주곡선 사이의 도상거리는 얼마인가?

㉮ 4mm   ㉯ 8mm   ㉰ 12mm   ㉱ 25mm

해설 $i(\%) = \dfrac{h}{D} \times 100$에서 $D = \dfrac{100}{i}h = \dfrac{100}{5} \times 20 = 400\text{m}$
따라서, 도상거리는 $\dfrac{400}{50{,}000} = 0.008 = 8\text{mm}$

66. 1 : 50,000 지형도를 보면 도엽번호가 표기되어 있다. 다음 도엽번호에 대한 설명으로 틀린 것은?

NJ 52 - 11 - 18

① 1 : 250,000 도엽을 28등분한 것 중 18번째 도엽번호를 의미한다.
② N은 북반구를 의미한다.
③ J는 적도면에서부터 알파벳으로 붙인 위도구역을 의미한다.
④ 52는 국가 고유 코드를 의미한다.

해설 1:250,000 지세도 도식적용규정 제142조(도엽번호)
① 도엽번호는 외도곽 좌측상부에 표시한다.
② 도엽번호는 NJ 52-13 등으로 표시한다.

N	북반구에 위치함을 표시한 기호
J	적도로부터 매 4°씩의 위도대에 붙인 알파벳순서의 기호
52	경도 180°의 경선으로부터 동으로 매 6°씩의 경도대에 붙인 번호
11	위도 4°경도 6°씩으로 구획한 경위도대에 포함되는 1:250,000 지형도 도엽으로 좌상단에서부터 차례로 붙인 일련번호
18	1:250,000 도엽을 28등분한 것 중 18번째 도엽번호를 의미한다.

67. 1:5,000 지형도의 주곡선 간격은 축척분모의 얼마로 하고 있는가?

㉮ 1/1,000　　㉯ 1/2,000　　㉰ 1/2,500　　㉱ 1/3,000

해설 일반적으로 등고선 간격은 축척분모수의 $\dfrac{1}{2,000}$ 로 한다.

해답 67. ㉯

제9장 노선측량

9.1 정의

도로, 철도, 운하 등의 교통로의 측량, 수력발전의 도수로 측량, 상하수도의 도수관의 부설에 따른 측량 등 폭이 좁고 길이가 긴 구역의 측량을 말한다. 그러므로 노선의 목적과 종류에 따라 측량도 약간 다르게 된다. 삼각측량 또는 다각측량에 의하여 골조를 정하고 이를 기본으로 지형도를 작성하고 종횡단면도 작성, 토량 등도 계산하게 되는 것이다.

9.2 작업과정

도상계획	지형도상에서 한 두 개의 계획노선을 선정한다.
형장답사	도상계획노선에 따라 현장 답사를 한다.
예측	답사에 의하여 유망한 노선이 결정되면 그 노선을 더욱 자세히 조사하기 위하여 트래버스측량과 주변에 대한 측량을 실시한다.
도상선정	예측이 끝나면 노선의 기울기, 곡선, 토공량, 터널과 같은 구조물의 위치와 크기, 공사비 등을 고려하여 가장 바람직한 노선을 지형도 위에 기입하는 단계이다.
현장실측	도상에서 선정된 최저노선을 지상에 측설하는 것이다.

9.3 작업과정 및 방법

노선선정 (路線選定)	도상선정	국토지리정보원 밟행의 1/50,000 지형도(또는 1/25,000 지형도, 필요에 따라 1/200,000 지형도)를 사용하여, 생각하는 노선은 전부 취하여 검토하고, 여러 개의 노선을 선정한다.
	종단면도 작성	도상선정의 노선에 관하여 지형도에서부터 종단면도(축척 종 1/2,000, 횡단 1/25,000)를 작성한다.
	현지답사	이상의 노선에 대하여 현지답사를 하여 수정할 개소는 수정하고 비교 검토하여 개략의 노선(route)을 결정한다.

계획조사측량 (計劃調査測量)	지형도 작성	계획선의 중심에서, 폭 약 300m(비교선이 어느 정도 떨어져 있는 경우는 필요에 따라 폭을 넓힌다.)에 대하여, 항공사진의 도화(축척 1/5,000 또는 1/2,500)를 한다.
	비교노선의 선정	1/5,000의 지형도상에 비교노선을 기입하고, 평면선형을 검토한다. 관측점의 간격은 100m로 한다.
	종단면도 작성	지형도에서 종단면도(축척 종 1/500, 횡 1/5,000 또는 종 1/250, 횡 1/2,500)를 작성한다.
	횡단면도 작성	비교선의 각 관측점의 횡단면도(축척 1/200)를 지형도에서 작성한다.
	개략노선의 결정	이상의 결과를 현지답사에 의하여 수정하여, 개산공사비를 산출해서 비교검토하고 계획중심선을 결정한다.
실시설계측량 (實施設計測量)	지형도 작성	계획선의 중심에서 폭 약 100m(필요에 따라 폭을 넓힐 수 있다)에 대하여 항공사진의 도화(1/1,000)를 한다.
	중심선의 선정	중심선이 결정되지 않은 경우에는 1/1,000의 지형도상에 비교선을 기입하여, 종횡단면도를 작성하고, 필요하면 현지답사를 실시하여 중심선을 결정한다.
	중심선 설치(도상)	1/1,000의 지형도상에서, 다각형의 관측점의 위치를 결정하여 교각을 관측하고, 곡선표, 크로소이드표 등을 이용하여 도해법으로 중심선을 정하여, 보조말뚝 및 20m마다의 중심말뚝 위치를 지형도에 기입한다.
	다각측량	용지폭말뚝의 위치를 지적측량의 정확도로 얻기 위하여, 각 관측점 위치의 좌표를 정확히 구하여 측량의 정확도 향상과 신속히 하기 위하여 IP(교점, Intersection Point)점을 연결한 다각측량 혹은 노선을 따라서 다각측량을 실시한다. IP점간에서 시준이 되지 않을 때는 적당한 중간에 절점을 설치한다.
	중심선 설치(현지)	다각측량의 결과 IP점에 있어서의 교각과 IP점간의 거리가 직접 혹은 간접으로 정확히 구해지므로, 이것을 기초로 하여 완화곡선과 단곡선의 계산을 하여 직접 지형도에 기입하고, 다시 현지에 중심말뚝을 설치한다.
	고저측량	고저측량	중심선을 따라서 고저측량을 실시한다. 고저기준점(BM, Bench Mark)의 간격은 500~1,000m로 하고, 노선에서 약간 떨어진 곳에 설치한다.
		종단면도 작성	중심선을 따라서 종단측량과 횡단측량을 실시하여, 종단면도(축척 종1/100, 횡 1/1,000)와 횡단면도(축척 1/100 또는 1/200)를 작성한다.

세부측량 (細部測量)	구조물의 장소에 대해서, 지형도(축척 중 1/500~1/100)와 종횡단면도(축적 중 1/100, 횡 1/500~1/100)를 작성한다.	
용지측량 (用地測量)	횡단면도에 계획단면을 기입하여 용지 폭을 정하고, 축척 1/500 또는 1/600로 용지도를 작성한다. 용지폭말뚝을 설치할 때는 중심선에 직각인 방향을 구하는 것에 주의해야 한다. 구점의 요구 정확도에 따라 직각기 혹은 트랜시트, 레벨(수평분도원이 부착된 것)을 이용하여 방향을 구하고, 관측에는 천줄자 또는 쇠줄자 등을 이용하든가, 시거측량이나 관측봉을 이용하는 방법을 취한다.	
공사측량 (工事測量)	검사관측	중심말뚝의 검사관측, TBM(가고저기준점, Temporary Bench Mark)과 중심 말뚝의 높이의 검사관측을 실시한다.
	가인조점 등의 설치	필요하면 TBM을 500m 이내에 1개 정도로 설치한다. 또 중요한 보조말뚝의 외측에 인조점을 설치하고, 토공의 기준틀, 콘크리트 구조물의 형간의 위치측량 등을 실시한다.

9.3.1 노선조건

① 가능한 직선으로 할 것
② 가능한 한 경사가 완만할 것
③ 토공량이 적고 절토와 성토가 짧은 구간에서 균형을 이룰 것
④ 절토의 운반거리가 짧을 것
⑤ 배수가 완전할 것

9.3.2 노선측량

가. 종단측량

종단측량은 중심선에 설치된 관측점 및 변화점에 박은 중심말뚝, 추가말뚝 및 보조말뚝을 기준으로 하여 중심선의 지반고를 측량하고 연직으로 토지를 절단하여 종단면도를 만드는 측량이다.

1) 종단면도 작성

외업이 끝나면 종단면도를 작성한다. 수직축척은 일반적으로 수평축척보다 크게 잡으며 고저차를 명확히 알아볼 수 있도록 한다.

2) 종단면도 기재사항
① 관측점 위치
② 관측점간의 수평거리
③ 각 관측점의 기점에서의 누가거리

④ 각 관측점의 지반고 및 고저기준점(BM)의 높이
⑤ 관측점에서의 계획고
⑥ 지반고와 계획고의 차(성토 절토 별)
⑦ 계획선의 경사

나. 횡단측량

횡단측량에서는 중심말뚝이 설치되어 있는 지점에서 중심선의 접선에 대하여 직각방향(법선방향)의 지표면을 절단한 면을 얻어야 하는데 이때 중심말뚝을 기준으로 하여 좌우의 지반고가 변화하고 있는 점의 고저 및 중심말뚝에서의 거리를 관측하는 측량이 횡단측량이다.

9.4 분류

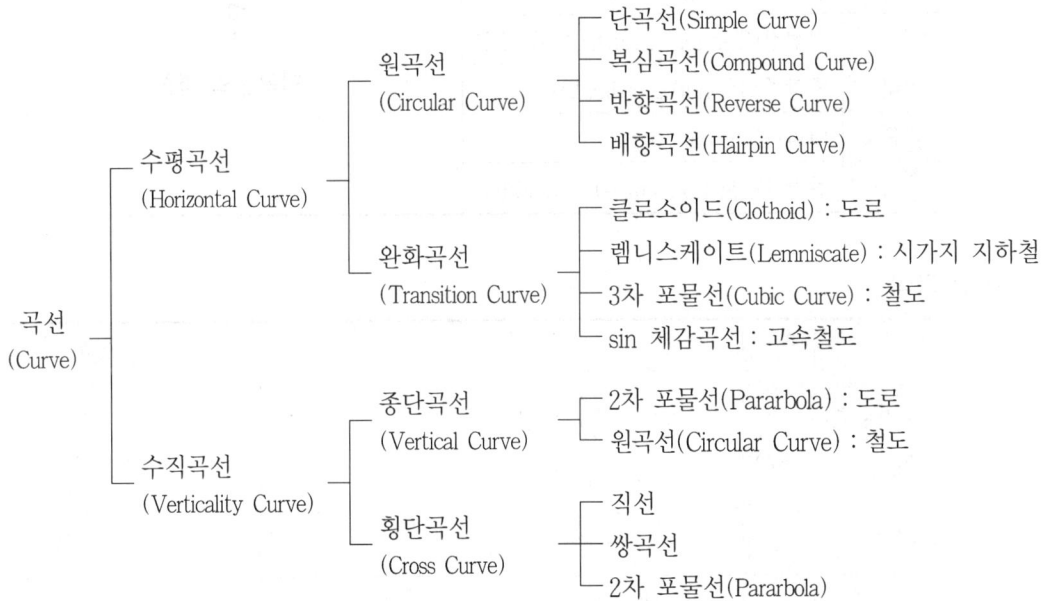

9.5 순서

① 지형측량　　② 중심선측량
③ 종단측량　　④ 횡단측량
⑤ 용지측량　　⑥ 시공측량

9.6 단곡선의 각부 명칭 및 공식

9.6.1 단곡선의 각부 명칭

B.C	곡선시점(Beginning of curve)	
E.C	곡선종점(End of curve)	
S.P	곡선중점(Secant Point)	
I.P	교점(Intersection Point)	
I	교각(Intersection angle)	
∠AOB	중심각(Central angl) : I	
R	곡선반경(Radius of curve)	
$\stackrel{\frown}{AB}$	곡선장(Curve length) : C.L	
$\overline{AB}$	현장(Long chord) : C	
T.L	접선장(Tangent length) : AD, BD	
M	중앙종거(Middle ordinate)	
E	외할(External secant)	
δ	편각(Deflection angle) : ∠VAG	

[단곡선의 명칭]

9.6.2 공식

접선장 (Tangent length)	$\tan\dfrac{I}{2} = \dfrac{TL}{R}$ 에서 $TL = R \cdot \tan\dfrac{I}{2}$	
곡선장 (Curve length)	• 원둘레 : $2\pi R$ • 중심각 1°에 대한 원둘레의 길이 : $\dfrac{2\pi R}{360°}$ • $2\pi R : CL = 360° : I$ $\therefore CL = \dfrac{\pi}{180°} \cdot R \cdot I$ $\quad = 0.017453\,3RI$	

외할 (External secant)	$\sec\dfrac{I}{2}=\dfrac{l}{R}$ 에서 $l=R\cdot\sec\dfrac{I}{2}$ $E=l-R$ $=R\cdot\sec\dfrac{I}{2}-R$ $=R\left(\sec\dfrac{I}{2}-1\right)$	
중앙종거 (Middle ordinate)	$\cos\dfrac{I}{2}=\dfrac{x}{R}$ 에서 $x=R\cdot\cos\dfrac{I}{2}$ $M=R-x$ $=R-R\cdot\cos\dfrac{I}{2}$ $=R\left(1-\cos\dfrac{I}{2}\right)$	
현장 (Long chord)	$\sin\dfrac{I}{2}=\dfrac{\frac{C}{2}}{R}=\dfrac{C}{2R}$ $\therefore\ C=2R\cdot\sin\dfrac{I}{2}$	
편각 (Deflection angle)	$\delta=\dfrac{l}{2R}\times\dfrac{180°}{\pi}=\dfrac{l}{R}\times\dfrac{90°}{\pi}=1718.87'\cdot\dfrac{l}{R}$	
곡선시점	$B.C=I.P-T.L$	
곡선종점	$E.C=B.C+C.L$	
시단현	$l_1=B.C$ 점부터 $B.C$ 다음 말뚝까지의 거리	
종단현	$l_2=E.C$ 점부터 $E.C$ 바로 앞 말뚝까지의 거리	
호길이(C)와 현길이(l)의 차	$l=C-\dfrac{C^3}{24R^2},\ \ C-l=\dfrac{C^3}{24R^2}$	
중앙종거(M)와 곡률반경(R)의 관계	$R^2-\left(\dfrac{L}{2}\right)^2=(R-M)^2$ $R=\dfrac{L^2}{8M}+\dfrac{M}{2}$ (여기서, $\dfrac{M}{2}$은 M의 값이 L의 값에 비해 작으면 미세하여 무시해도 됨)	

9.7 단곡선(Simple curve) 설치방법

9.7.1 편각 설치법

철도, 도로 등의 곡선 설치에 가장 일반적인 방법이며, 다른 방법에 비해 정확하나 반경이 적을 때 오차가 많이 발생한다.

시단현 편각
$$\delta_1 = \frac{l_1}{R} \times \frac{90°}{\pi} = 1718.87' \times \frac{l_1}{R}$$

종단현 편각
$$\delta_2 = \frac{l_2}{R} \times \frac{90°}{\pi} = 1718.87' \times \frac{l_2}{R}$$

말뚝간격에 대한 편각
$$\delta = \frac{l}{R} \times \frac{90°}{\pi} = 1718.87' \times \frac{l}{R}$$

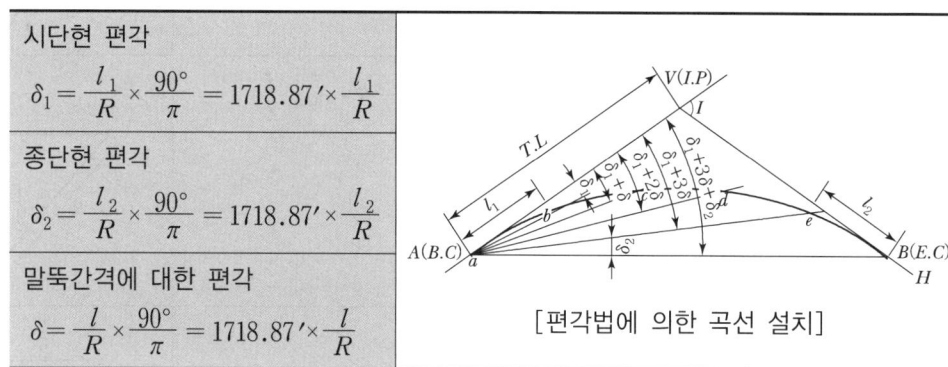

[편각법에 의한 곡선 설치]

9.7.2 중앙종거법

곡선반경이 작은 도심지 곡선설치에 유리하며 기설곡선의 검사나 정정에 편리하다. 일반적으로 1/4법이라고도 한다.

$$M_1 = R\left(1 - \cos\frac{I}{2}\right)$$
$$M_2 = R\left(1 - \cos\frac{I}{4}\right)$$
$$M_3 = R\left(1 - \cos\frac{I}{8}\right)$$
$$M_4 = R\left(1 - \cos\frac{I}{16}\right)$$
$$\therefore M_1 = 4M_2$$

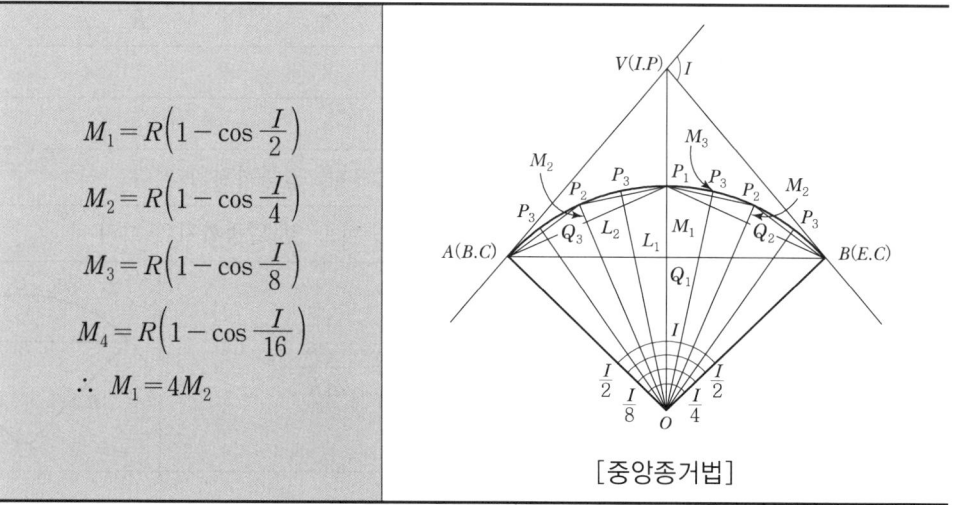

[중앙종거법]

 예제 1

반경 150m인 원곡선을 설치하려고 한다. 도로의 시점으로부터 740.25m에 있는 교점 IP점에 장애물이 있어 그림과 같이 ∠A, ∠B를 관측하였을 때 다음 요소들을 계산하시오.

1) 교각
2) TL(접선장)
3) CL(곡선장)
4) C(장현)
5) M(중앙종거)
6) BC의 측점번호, EC의 측점번호
7) 시단현, 종단현 길이
8) 시단현 편각, 종단현 편각

➡ 1) 교각
　① ∠A = 180 − 157°10′ = 22°50′
　② ∠B = 180 − 145°20′ = 34°40′
　③ 교각(I) = 22°50′ + 34°40′ = 57°30′

2) $TL = R \cdot \tan \dfrac{I}{2} = 150 \cdot \tan \dfrac{57°30′}{2} = 82.3\text{m}$

3) $CL = 0.01745R \cdot I = 0.01745 \times 150 \times 57°30′ = 150.51\text{m}$

4) $C = 2R \cdot \sin \dfrac{I}{2} = 2 \times 150 \times \sin \dfrac{57°30′}{2} = 144.30\text{m}$

5) $M = R\left(1 - \cos \dfrac{I}{2}\right) = 150\left(1 - \cos \dfrac{57°30′}{2}\right) = 18.49$

6) BC의 측점번호, EC의 측점번호
　$BC = IP - TL = 740.25 - 82.3 = 657.95\text{m}$
　$NO 32 + 17.96 = 17.95\text{m}$
　$EC = BC + CL = 657.95 + 150.51 = 808.46\text{m}$
　$NO 40 + 8.49 = 8.46\text{m}$

7) 시단현, 종단현 길이
　$L_1 = 660 - 657.95 = 2.05\text{m}$
　$L_2 = 808.46 - 800 = 8.46$

8) 시단현편각, 종단현 편각
　① 20m에 대한 편각　$\delta = 1718.87″ \times \dfrac{20}{150} = 3°49′11″$
　② 시단현에 대한 편각　$\delta_1 = 1718.87″ \times \dfrac{2.05}{150} = 0°23′29.47″$
　③ 종단현에 대한 편각　$\delta_2 = 1718.87″ \times \dfrac{8.46}{150} = 1°36′56.66″$

예제 2

다음과 같은 단곡선에서 AC 및 BD 사이의 거리를 편각법을 설치하고자 한다. 그러나 중간에 장애물이 있어 CD의 거리 및 α, β를 측정하여 $CD=200$m, $\alpha=50°$, $\beta=40°$를 얻었다. C점의 위치가 도로 시점(No.0)으로부터 150.40m이고 C를 곡선의 시점으로 할 때 다음 요소들을 구하시오(단, 거리는 소수 첫째 자리, 각은 1″단위 계산)

1) 접선장(TL) 2) 곡선반경(R)
3) 곡선장(CL) 4) 중앙종거(M)
5) 외할(E)
6) 도로시점(BC)에서 곡선종점까지 추가거리
7) 시단현, 종단현 길이 8) 편각(δ_1, δ_2)

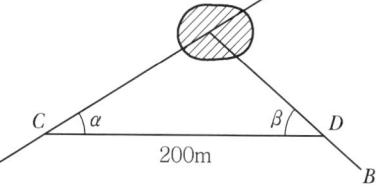

➡ 1) 접선장(TL)

$$TL = \frac{TL}{\sin 40} = \frac{200}{\sin 90}$$

$$TL = \frac{\sin 40 \times 200}{\sin 90} = 128.56 = 128.6\text{m}$$

2) 곡선반경(R)

$$TL = R \cdot \tan \frac{I}{2}$$

$$128.6 = R \cdot \tan \frac{90°}{2}$$

$$R = 128.6\text{m}$$

3) 곡선장(CL)

$$CL = 0.01745 R \cdot I = 0.01745 \times 128.6 \times 90° = 202.0$$

4) 중앙종거(M)

$$M = R\left(1 - \cos \frac{I}{2}\right) = 128.6\left(1 - \cos \frac{90°}{2}\right) = 37.7\text{m}$$

5) 외할(E)

$$E = R\left(\sec \frac{I}{2} - 1\right) = 128.6\left(\sec \frac{90°}{2} - 1\right) = 53.3\text{m}$$

6) 도로시점(BC)에서 곡선종점까지 추가거리

$$EC = BC + CL = 150.40 + 202.0 = 352.4\text{m}$$

7) 시단현, 종단현 길이

① $l_1 = 160 - 150.40 = 9.6$m

② $l_2 = 352.4 - 340 = 12.4$m

8) 시단현 편각(δ_1), 종단현 편각(δ_2) 길이

① $\delta_1 = 1718.87' \dfrac{l_1}{R} = 1718.87' \times \dfrac{9.6}{128.6} = 2°8'18''$

② $\delta_2 = 1718.87' \dfrac{l_2}{R} = 1718.87' \times \dfrac{12.4}{128.6} = 2°45'44''$

예제 3

다음의 그림과 같이 A와 B노선 사이에 노선을 계획할 때 P점에 장애물이 있어 C와 D점에서 $\angle C$, $\angle D$ 및 CD의 거리를 측정하여 아래의 조건으로 단곡선을 설치하고자 한다. 다음 요소들을 계산하시오.(곡선반경 $R=100$m, $\overline{CD}=100$m, $\angle C=30°$, $\angle D=80°$, $\overline{AC}$의 거리는 453.02m이고 중심말뚝 간격은 20m 소수 첫째 자리, 각은 초단위)

1) 접선장(TL) 2) 곡선반경(R)
3) 곡선장(CL) 4) 중앙종거(M)
5) 외할(E)
6) 도로시점(BC)에서 곡선종점까지 추가거리
7) 시단현, 종단현 길이 8) 편각(δ_1, δ_2)

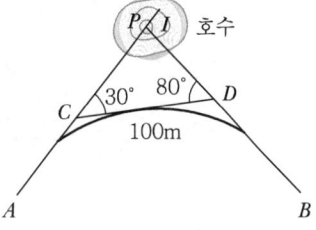

▶ 1) 교각(I)
   $\angle C + \angle D = 30° + 80° = 110°$
2) 접선장(TL)
   $TL = R \cdot \tan\dfrac{I}{2} = 100 \cdot \tan\dfrac{110°}{2} = 142.8$m
3) 곡선장(CL)
   $CL = 0.01745 R \cdot I = 0.01745 \times 100 \times 110° = 192.0$m
4) 곡선부시점(BC) 곡선부 종점(EC)
   ① $\overline{CP}$ 거리 $=\dfrac{100}{\sin\angle P} = \dfrac{\overline{CP}}{\sin\angle D}$
   $\overline{CP} = \dfrac{100 \times \sin 80°}{\sin 70°} = 104.80$m
   ② BC계산
   총거리 $- TL = (453.02 + 104.80) - 142.8 = 415.02$m
   (NO20 + 15.02m)
   ③ EC계산
   $BC + CL = 415.02 + 192.0 = 607.02$m
   (NO30 + 7.02m)
5) 시단현, 종단현 길이
   $L_1 = 20 - 15.02 = 4.98$m
   $L_2 = ($NO30$)600 + 7.02 = 7.02$m
6) 시단편각, 종단편각
   ① 시단현에 대한 편각 : $\delta_1 = 1,718.87' \times \dfrac{4.98}{100} = 1°25'35.98''$
   ② 종단현에 대한 편각 : $\delta_2 = 1,718.87' \times \dfrac{7.02}{100} = 2°0'40''$
7) 20m에 대한 편각
   $\delta = 1,718.87' \times \dfrac{20}{100} = 5°43'46''$

9.7.3 접선편거 및 현편거법

트랜싯을 사용하지 못할 때 폴과 테이프로 설치하는 방법으로 지방도로에 이용되며 정밀도는 다른 방법에 비해 낮다.

현편거(d) $$d = \frac{l^2}{R}$$	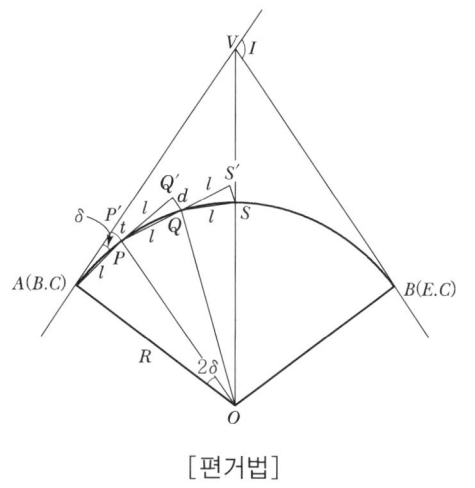
접선편거(t) $$t = \frac{d}{2} = \frac{l^2}{2R}$$	
접선횡거(AP') $$AP' = \sqrt{l^2 - t^2}$$ $$= \frac{l}{2R}\sqrt{(2R+l)(2R-l)}$$	[편거법]

9.7.4 접선에서 지거를 이용하는 방법

양접선에 지거를 내려 곡선을 설치하는 방법으로 터널 내의 곡선설치와 산림지에서 벌채량을 줄일 경우에 적당한 방법이다.

① 편각 $\delta = \dfrac{l}{R} \times \dfrac{90°}{\pi} = \dfrac{l}{R} \times 1718.87'$

② 현장 $l = 2R\sin\delta$ (≒ 호장 l)

③ $x = l\cos\delta = 2R\sin\delta\cos\delta = R\sin 2\delta$

④ $y = l\sin\delta = 2R\sin^2\delta = R(1-\cos 2\delta)$

[접선에서의 지거법]

9.7.5 복심곡선 및 반향곡선 · 배향곡선

복심곡선 (Compound curve)	반경이 다른 2개의 원곡선이 1개의 공통접선을 갖고 접선의 같은 쪽에서 연결하는 곡선을 말한다. 복심곡선을 사용하면 그 접속점에서 곡률이 급격히 변화하므로 될 수 있는 한 피하는 것이 좋다.
반향곡선 (Reverse curve)	반경이 같지 않은 2개의 원곡선이 1개의 공통접선의 양쪽에 서로 곡선중심을 가지고 연결한 곡선이다. 반향곡선을 사용하면 접속점에서 핸들의 급격한 회전이 생기므로 가급적 피하는 것이 좋다.
배향곡선 (Hairpin curve)	반향곡선을 연속시켜 머리핀 같은 형태의 곡선으로 된 것을 말한다. 산지에서 기울기를 낮추기 위해 쓰이므로 철도에서 Switch Back에 적합하여 산허리를 누비듯이 나아가는 노선에 적용한다.

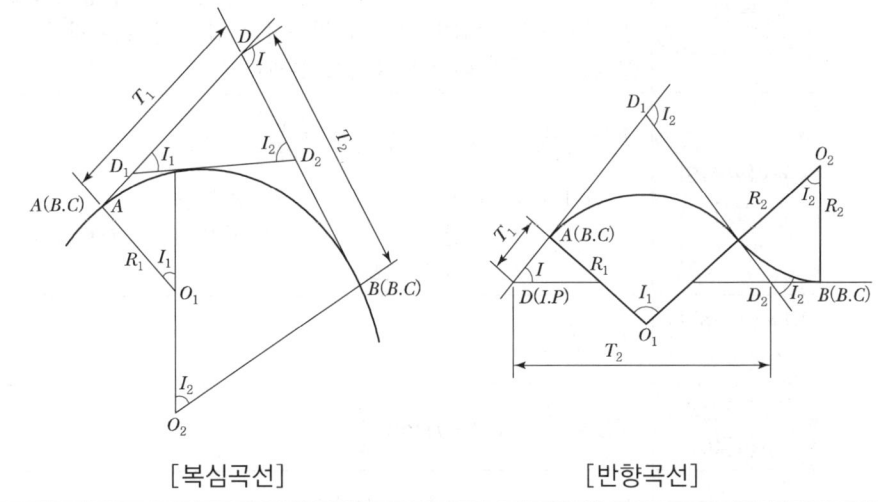

[복심곡선]　　　　　　　[반향곡선]

9.8 완화곡선(Transition Curve)

완화곡선(Transition Curve)은 차량의 급격한 회전시 원심력에 의한 횡방향 힘의 작용으로 인해 발생하는 차량운행의 불안정과 승객의 불쾌감을 줄이는 목적으로 곡률을 0에서 조금씩 증가시켜 일정한 값에 이르게 하기 위해 직선부와 곡선부 사이에 넣는 매끄러운 곡선을 말한다.

9.8.1 완화곡선의 성질

완화곡선의 특징	① 곡선반경은 완화곡선의 시점에서 무한대, 종점에서 원곡선 R로 된다. ② 완화곡선의 접선은 시점에서 직선에, 종점에서 원호에 접한다. ③ 완화곡선에 연한 곡선반경의 감소율은 캔트의 증가율과 같다. ④ 완화곡선 종점의 캔트와 원곡선 시점의 캔트는 같다. ⑤ 완화곡선은 이정의 중앙을 통과한다.
완화곡선의 길이	$L = \dfrac{N}{1,000} \cdot C = \dfrac{N}{1,000} \cdot \dfrac{SV^2}{gR}$ 여기서, C : Cant g : 중력가속도 S : 궤간 거리 N : 완화곡선과 캔트의 비 V : 열차의 속도
이동량(Shift) 이정(f)	$f = \dfrac{L^2}{24R}$
완화곡선의 접선길이	$TL = \dfrac{L}{2} + (R+f)\tan\dfrac{I}{2}$
완화곡선의 종류	① 클로소이드 : 고속도로에 많이 사용된다. ② 렘니스케이트 : 시가지 철도(지하철)에 많이 사용된다. ③ 3차 포물선 : 철도에 많이 사용된다. ④ 반파장 sine 체감곡선 : 고속철도에 많이 사용된다. [완화곡선의 종류]

- **移程量(Shift)**
  클로소이드곡선이 삽입될 경우 클로소이드 곡선의 중심에서 내린 수선의 길이와 접속되는 원곡선의 반지름과의 차이

9.8.2 캔트(Cant)와 확폭(Slack)

가. 캔트
곡선부를 통과하는 차량이 원심력이 발생하여 접선 방향으로 탈선하려는 것을 방지하기 위해 바깥쪽 노면을 안쪽 노면보다 높이는 정도를 말하며 편경사라고 한다.

나. 슬랙
차량과 레일이 꼭 끼어서 서로 힘을 입게 되면 때로는 탈선의 위험도 생긴다. 이러한 위험을 막기 위해서 레일 안쪽을 움직여 곡선부에서는 궤간을 넓힐 필요가 있다. 이 넓힌 치수를 말한다. 확폭이라고도 한다.

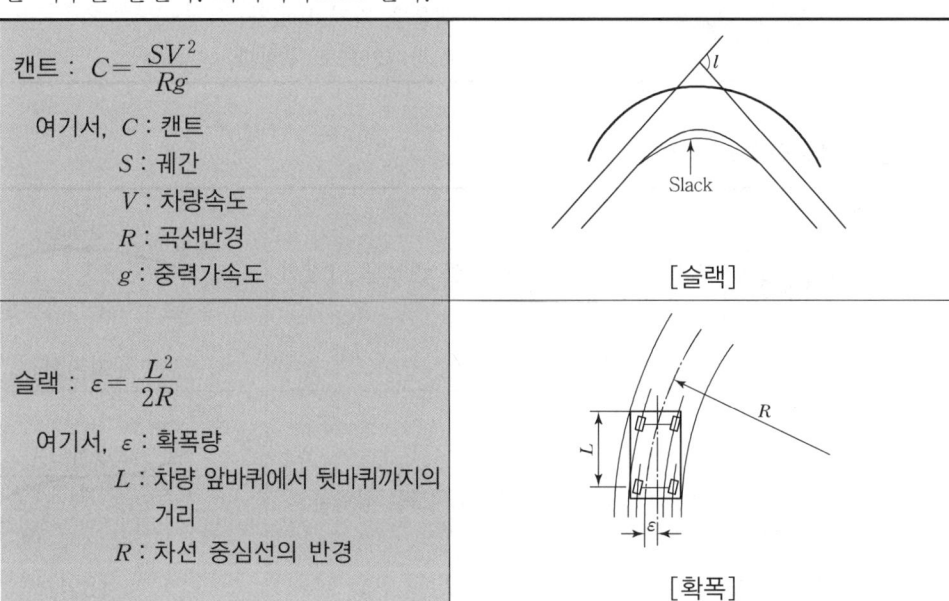

캔트 : $C = \dfrac{SV^2}{Rg}$

여기서, C : 캔트
S : 궤간
V : 차량속도
R : 곡선반경
g : 중력가속도

[슬랙]

슬랙 : $\varepsilon = \dfrac{L^2}{2R}$

여기서, ε : 확폭량
L : 차량 앞바퀴에서 뒷바퀴까지의 거리
R : 차선 중심선의 반경

[확폭]

9.9 클로소이드(Clothoid) 곡선

곡률이 곡선장에 비례하는 곡선을 클로소이드 곡선이라 한다.

9.9.1 클로소이드 공식

매개변수(A)	$A = \sqrt{RL} = l \cdot R = L \cdot r = \dfrac{L}{\sqrt{2\tau}} = \sqrt{2\tau} \cdot R,\ A^2 = RL = \dfrac{L^2}{2\tau} = 2\tau R^2$
곡률반경(R)	$R = \dfrac{A^2}{L} = \dfrac{A}{l} = \dfrac{L}{2\tau} = \dfrac{A}{2\tau}$
곡선장(L)	$L = \dfrac{A^2}{R} = \dfrac{A}{r} = 2\tau R = A\sqrt{2\tau}$

접선각(τ)	$\tau = \dfrac{L}{2R} = \dfrac{L^2}{2A^2} = \dfrac{A^2}{2R^2}$

9.9.2 클로소이드 성질

클로소이드 성질	① 클로소이드는 나선의 일종이다. ② 모든 클로소이드는 닮은꼴이다.(상사성이다.) ③ 단위가 있는 것도 있고 없는 것도 있다. ④ τ는 30°가 적당하다. ⑤ 확대율을 가지고 있다. ⑥ τ는 라디안으로 구한다.

9.9.3 클로소이드 형식

기본형	직선, 클로소이드, 원곡선 순으로 나란히 설치되어 있는 것	
S형	반향곡선의 사이에 클로소이드를 삽입한 것	
난형	복심곡선의 사이에 클로소이드를 삽입한 것	
凸형	같은 방향으로 구부러진 2개 이상의 클로소이드를 직선적으로 삽입한 것	
복합형	같은 방향으로 구부러진 2개 이상의 클로소이드를 이은 것으로 모든 접합부에서 곡률은 같다.	

9.9.4 클로소이드 설치법

클로소이드 설치법	직각좌표에 의한 방법	• 주접선에서 직각좌표에 의한 설치법 • 현에서 직각좌표에 의한 설치법 • 접선으로부터 직각좌표에 의한 설치법
	극좌표에 의한 방법	• 극각 동경법에 의한 설치법 • 극각 현장법에 의한 설치법 • 현각 현장법에 의한 설치법
	기타에 의한 방법	• 2/8법에 의한 설치법 • 현다각으로부터의 설치법

9.10 종단곡선(수직곡선)

노선의 종단구배가 변하는 곳에 충격을 완화하고 충분한 시거를 확보해 줄 목적으로 적당한 곡선을 설치하여 차량이 원활하게 주행할 수 있도록 설치한 곡선을 말한다.

9.10.1 원곡선 및 2차 포물선에 의한 종단곡선

곡선 길이 (L)	도로		$L = \dfrac{(m-n)}{360} V^2$
	철도	원곡선	$l = \dfrac{R}{2}(m-n) = \dfrac{R}{2}\left(\dfrac{m}{1,000} - \dfrac{n}{1,000}\right)$ $L = l_1 + l_2 = R(m \pm n)$
		포물선	$L = 4(m-n) = 4\left(\dfrac{m}{1,000} - \dfrac{n}{1,000}\right)$
종거 (y)	도로		$y = \dfrac{(m-(-n))}{2L} x^2$
	철도		$y = \dfrac{x^2}{2R}$
구배선 계획고(H')			$H' = H_0 + \dfrac{m}{100} \cdot x$
종곡선 계획고(H)			$H = H' - y = H_0 + \left(\dfrac{M}{100} \cdot x\right) - y$

여기서, L : 종곡선 길이, R : 곡선반경
      m과 n : 구배(상향+, 하향-)
      y : 종거길이
      x : 곡선시점에서 종거까지의 거리
      H' : 구배선 계획고, H : 종곡선 계획고
      H_0 : A점의 표고, V : 속도(km/h)

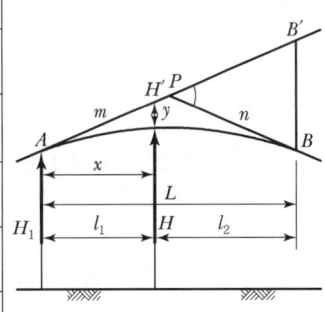

예상 및 기출문제

1. 도로에 사용되는 곡선 중 수평곡선에 사용되지 않는 것은?

㉮ 단곡선 ㉯ 복심곡선 ㉰ 반향곡선 ㉱ 2차 포물선

해설

곡선 ─┬─ 수평곡선 ─┬─ 원곡선(단곡선, 복심곡선, 반향곡선, 배향곡선)
　　　│　　　　　　└─ 완화곡선(클로소이드, 렘니스케이트, 3차 포물선, 사인체감곡선)
　　　└─ 종곡선(원곡선, 2차 포물선)

2. 원곡선에서 교각 $I=60°$, 곡선반지름 $R=200m$, 곡선시점 $B.C=No.8+15m$일 때 노선기점에서부터 곡선종점 E.C까지의 거리는?(단, 중심말뚝 간격은 20m이다.)

㉮ 209.4m ㉯ 275.4m ㉰ 309.4m ㉱ 384.4m

해설 곡선종점 E.C까지의 거리 = 곡선종점의 위치(B.C의 추가거리) + (C.L)
중심말뚝 간격이 20m이므로 B.C = 175m + C.L
　　　　　　　　　　　　　　　 = 175 + (0.01745×200×60°)
　　　　　　　　　　　　　　　 = 384.4m

3. 중앙종거법에 의해 곡선을 설치하고자 한다. 장현(L)에 대한 중앙종거를 M_1이라 할 때, M_4의 값은?(단, 교각은 56°20'이고, 곡선반지름은 500m이다.)

㉮ 0.794m ㉯ 0.845m ㉰ 0.897m ㉱ 0.944m

해설 중앙종거에 의한 방법(일명 1/4법)

곡선의 반경 또는 곡선의 길이가 작은 시가지의 곡선설치와 철도, 도로 등의 기설 곡선의 검사 또는 개정 시 편리하다.

$$M_1 = R\left(1-\cos\frac{I}{2}\right)$$

$$M_2 = R\left(1-\cos\frac{I}{4}\right)$$

$$M_3 = R\left(1-\cos\frac{I}{8}\right)$$

$$M_4 = R\left(1-\cos\frac{I}{16}\right)$$

따라서 $M_4 = 500\left(1-\cos\frac{56°20'}{16}\right) = 0.944m$

해답 1. ㉱ 2. ㉱ 3. ㉱

4. 곡선반지름 R=80m, 클로소이드 곡선길이 L=20m일 때 클로소이드의 파라미터 A의 값은?

㉮ 1600m ㉯ 120m ㉰ 80m ㉱ 40m

해설 $A = \sqrt{R \cdot L}$
$= \sqrt{80 \times 20} = 40m$

5. 철도, 도로 등의 단곡선 설치에서 접선과 현이 이루는 각을 이용하여 곡선을 설치하는 방법은?

㉮ 편각법 ㉯ 중앙종거법 ㉰ 접선편거법 ㉱ 접선지거법

해설 단곡선 설치방법
① 편각법 : 가장 널리 이용. 다른 방법에 비해 정밀하므로 도로 및 철도에 사용
② 중앙종거법 : 1/4법, 반경이 작은 도심지곡선 설치 및 기설 곡선 검정에 이용
③ 지거법 : 터널 내의 곡선설치 및 산림지역의 채벌량을 줄일 경우 적당
④ 접선편거 및 현편거 : 신속·간편하나 정도가 낮다. 폴과 줄자만으로 곡선 설치, 지방도 및 수로, 농로의 곡선 설치에 이용

6. 캔트를 계산하여 C를 얻었다. 같은 조건에서 곡선반지름을 4배로 할 때 변화된 캔트(C′)는?

㉮ C/4 ㉯ C/2 ㉰ 2C ㉱ 4C

해설 완화곡선에서 곡선반경의 증가율은 캔트의 감소율과 동률(다른 부호)이므로 반지름이 4배가 되면 캔트는 1/4배가 된다.

$$C = \frac{SV^2}{gR} \qquad E = \frac{L^2}{2R}$$

여기서, S : 궤간, V : 차량속도, R : 곡선반경, g : 중력가속도,
L : 차량 앞바퀴에서 뒷바퀴까지의 거리, C : 캔트, E : 확폭

7. 고속차량이 직선부에서 곡선부로 주행할 경우, 안전하고 원활히 통과할 수 있게 설치하는 것은?

㉮ 단곡선 ㉯ 접선 ㉰ 절선 ㉱ 완화곡선

해설 곡률이 무한대인 직선과 곡률이 작은 곡선 사이에 완충작용을 하도록 삽입하는 곡선으로 3차포물선, 렘니스케이트, 클로소이드 등이 사용된다.

8. 곡선의 반지름이 200m, 교각 80도 20분의 원곡선을 설치하려고 한다. 시단현에 대한 편각이 2도 10분이라면 시단현의 길이는?

㉮ 13.96m ㉯ 15.13m ㉰ 16.29m ㉱ 17.76m

해설 • 시단현의 편각(σ) $= 1,718.87' \frac{l}{R} = 1,718.87' \frac{l}{200} = 2°10'00''$

• 시단현의 길이(l) $= \frac{200 \times 2°10'00''}{1,718.87'} = 15.126m$
$= 15.13m$

해답 4. ㉱ 5. ㉮ 6. ㉮ 7. ㉱ 8. ㉯

9. 축척 1/50,000의 지형도에서 A의 표고가 235m이고, B의 표고가 563m일 때 지형도상에 주곡선의 간격으로 등고선을 몇 개 삽입할 수 있는가?

㉮ 13 ㉯ 15 ㉰ 17 ㉱ 19

해설 등고선의 간격 중 축척 1/50,000, 주곡선 간격은 20m이므로 두 점의 표고차는
563m - 235m = 328m이다.
$\frac{328}{20} = 16.4$개

10. 곡선반지름 R=2500m, 캔트(Cant) 80mm인 철도 선로를 설계할 때, 적합한 설계 속도는 약 몇 m/s인가?(단, 레일 간격은 1m로 가정한다.)

㉮ 44 ㉯ 50 ㉰ 55 ㉱ 60

해설
$c = \frac{S \cdot V^2}{g \cdot R}$

$V = \sqrt{\frac{c \cdot g \cdot R}{S}}$

$= \sqrt{\frac{0.08 \times 9.8 \times 2,500}{1}}$

$= 44 \text{m/sec}$

11. 다음 중 원곡선의 종류가 아닌 것은?

㉮ 반향곡선 ㉯ 단곡선
㉰ 렘니스케이트 곡선 ㉱ 복심곡선

해설
① 복심곡선 : 반경이 다른 2개의 단곡선이 그 접속점에서 공통 접선을 갖고 곡선의 중심이 공통 접선과 같은 방향에 있을 때 이것을 복곡선이라 한다.
② 반향곡선 : 반경이 같지 않은 2개의 단곡선이 공통 접선을 갖고 곡선의 중심이 공통 곡선의 반대쪽에 있는 곡선
③ 곡선의 종류
  ㉠ 원곡선 : 단곡선, 복심곡선, 반향곡선, 배향곡선
  ㉡ 완화곡선 : 클로소이드, 3차 포물선, 렘니스케이트, sine체감곡선
  ㉢ 수직곡선 : 종곡선(원곡선, 2차 포물선), 횡단곡선

12. 완화곡선에 대한 설명으로 틀린 것은?

㉮ 반지름은 그 시작점에서 무한대이고, 종점에서는 원곡선의 반지름과 같다.
㉯ 접선은 시점에서는 직선에, 종점에서는 원호에 접한다.
㉰ 완화곡선 중 클로소이드 곡선은 철도에 주로 이용된다.
㉱ 완화곡선에 연한 곡선반지름의 감소율은 캔트의 증가율과 같다.

해설 완화곡선의 특징
① 곡선반경은 완화곡선의 시점에서 무한대, 종점에서 원곡선의 반지름과 같다.
② 완화곡선의 접선은 시점에서 직선에, 종점에서 원호에 접한다.
③ 완화곡선에 연한 곡선반경의 감소율은 캔트의 증가율과 같다.
④ 완화곡선의 종점의 캔트와 원곡선 시점의 캔트는 같다.

곡선(Curve)	수평곡선(Horizontal curve)	원곡선(Circular curve)	• 단곡선(Simple curve) • 복심곡선(Compound curve) • 반향곡선(Reverse curve) • 배향곡선(Hairpin curve)
		완화곡선(Transition curve)	• 클로소이드(Clothoid) : 도로 • 렘니스케이트(Lemniscate) : 시가지 지하철 • 3차 포물선(Cubic curve) : 철도 • sin 체감곡선 : 고속철도
	종곡선(Vertical curve)		• 원곡선(Circular curve) : 철도 • 2차 포물선(Parabola) : 도로

13. 등고선의 종류에 대한 설명으로 옳지 않은 것은?
㉮ 지형을 표시하는 데 기본이 되는 곡선을 주곡선이라 한다.
㉯ 간곡선은 주곡선 간격의 1/2의 간격으로 표시한다.
㉰ 조곡선은 간곡선 간격의 1/2의 간격으로 표시한다.
㉱ 계곡선은 주곡선 간격의 1/2의 간격으로 표시한다.

해설 축척별 등고선의 간격   (단위 : m)

등고선 간격 기호	1/10,000	1/25,000	1/50,000
주곡선 – 가는 실선	5	10	20
간곡선 – 가는 파선	2.5	5	10
조곡선 – 가는 점선	1.25	2.5	5
계곡선 – 굵은 실선	25	50	100

14. 노선측량의 일반적인 작업순서로 옳은 것은?

(1) 지형측량	(2) 중심선측량	(3) 공사측량	(4) 노선선정

㉮ (4)→(1)→(2)→(3)   ㉯ (1)→(3)→(2)→(4)
㉰ (4)→(3)→(2)→(1)   ㉱ (2)→(1)→(3)→(4)

해설 노선측량의 순서
노선선정 – 지형측량 – 중심선측량 – 공사측량

해답 13. ㉱ 14. ㉮

15. 단곡선에서 교각 I = 36°20′, 반지름 R = 500m 노선의 기점에서 교점(IP)까지의 거리는 6500m이다. 20m 간격으로 중심말뚝을 설치할 때 종단현의 길이(l_2)는?

㉮ 7m ㉯ 10m ㉰ 13m ㉱ 16m

해설 노선측량에서 곡선종점(E.C)까지의 거리는 곡선시점(B.C)+곡선길이(C.L)이고, 곡선시점(B.C)=교점(I.P)−접선장(T.L)이므로, 먼저 B.C를 구하기 위해서는 T.L을 알아야 한다.

$T.L = R\tan\dfrac{I}{2} = 500\tan 18°10′ = 164.06\text{m}$

∴ $B.C = 6,500 - 164 = 6,336\text{m}$

다음으로 곡선길이(C.L)를 구하면
$C.L = 0.01745RI = 0.01745 \times 500 \times 36°20′ = 317\text{m}$
$E.C = 6336 + 317 = 6653\text{m}$

∴ 노선출발점에서 곡선종점까지의 체인당 거리는
$E.C = 6653 \div 20 = \text{No.}332 + 13$

∴ 종단현의 길이 (l_2) = 13m

16. 등고선의 성질에 대한 설명으로 옳지 않은 것은?

㉮ 동일 등고선상의 모든 점들은 같은 높이에 있다.
㉯ 경사가 급하면 간격이 넓고 경사가 완만하면 간격이 좁다.
㉰ 능선 또는 계곡선과 직각으로 만난다.
㉱ 도면 내외에서 폐합하는 폐곡선이다.

해설 등고선의 성질
① 동일 등고선에 있는 모든 점은 같은 높이다.
② 등고선은 도면 내, 외에서 폐합하는 폐곡선이다.
③ 지도의 도면 내에서 폐합하는 경우 등고선의 내부에 산정 또는 분지가 있다.
④ 두 쌍의 등고선의 볼록부가 상대할 때는 볼록부를 나타낸다.
⑤ 높이가 다른 두 등고선은 동굴이나 절벽의 지형이 아닌 곳에서는 교차하지 않으며, 동굴이나 절벽은 반드시 두 점에서 교차한다.
⑥ 등고선은 경사가 급한 곳에서는 등고선의 간격이 좁아지고 완만한 곳에서는 넓어진다.

17. 완화곡선의 성질에 대한 설명으로 옳지 않은 것은?

㉮ 완화곡선의 반지름은 시점에서 무한대이다.
㉯ 완화곡선의 반지름은 종점에서 원곡선의 반지름과 같다.
㉰ 완화곡선의 접선은 시점과 종점에서 직선에 접한다.
㉱ 곡선반경의 감소율은 캔트의 증가율과 같다.

해설 완화곡선의 특징
① 곡선반경은 완화곡선의 시점에서 무한대, 종점에서 원곡선의 반지름과 같다.
② 완화곡선의 접선은 시점에서 직선에, 종점에서 원호에 접한다.
③ 완화곡선에 연한 곡선반경의 감소율은 캔트의 증가율과 같다.
④ 완화곡선의 종점의 캔트와 원곡선 시점의 캔트는 같다.

예상 및 기출문제

18. 그림과 같이 2개의 산꼭대기가 서로 만나는 곳으로 좋은 교통로가 되는 고개부분을 무엇이라 하는가?

㉮ 요지
㉯ 능선
㉰ 안부
㉱ 경사변환점

해설 안부란 산악능선이 낮아져서 말안장 모양으로 된 곳을 말하며 곡두침식이 양쪽에서 일어나 능선이 낮아진 데서 생긴다. 산을 넘는 교통로는 대체로 이 부분을 이용하며 "고개"라고 부른다.

19. 노선측량에서 단곡선의 설치방법 중 접선과 현이 이루는 각을 이용하여 곡선을 설치하는 방법은?

㉮ 편각법　㉯ 중앙종거법　㉰ 장현지거법　㉱ 좌표에 의한 설치법

해설 편각의 성질
① 단곡선에서 접선과 현이 이루는 각이다.
② 도로 및 철도에 널리 사용한다.
③ 곡선반경이 작으면 오차가 따른다.

20. 그림과 같이 단곡선을 설치할 경우 곡률반지름을 R, 교각을 I라고 할 때 장현의 길이 AB를 계산하는 식으로 옳은 것은?

㉮ $AB = 2R \cdot \cos \dfrac{I}{2}$

㉯ $AB = R \cdot \sin \dfrac{I}{2}$

㉰ $AB = 2R \cdot \tan \dfrac{I}{2}$

㉱ $AB = 2R \cdot \sin \dfrac{I}{2}$

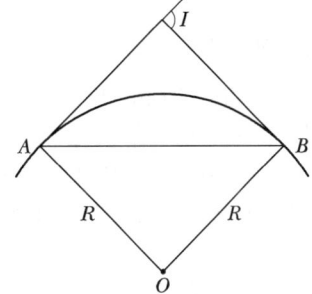

해설 • 곡선장 : $C.L = R \cdot I(\text{rad}) = R \cdot I \cdot \dfrac{\pi}{180°} = 0.01745 RI$

• 장현 : $L = 2R \cdot \sin \dfrac{I}{2}$

• 중앙종거 : $M = R\left(1 - \cos \dfrac{I}{2}\right)$

21. 완화곡선(緩和曲線)에 대한 설명으로 옳지 않은 것은?

㉮ 완화곡선의 반지름은 무한대부터 시작하여 점차 감소하여 원의 반지름이 된다.
㉯ 우리나라 도로에서는 완화곡선으로 클로소이드 곡선을 주로 사용한다.
㉰ 완화곡선의 곡률은 일정한 값부터 점차 감소하여 0이 된다.
㉱ 완화곡선의 접선은 시점에서 직선에 접한다.

해답　18. ㉰　19. ㉮　20. ㉱　21. ㉰

해설 완화곡선의 특징
① 곡선반경은 완화곡선의 시점에서 무한대, 종점에서 원곡선의 반지름과 같다.
② 완화곡선의 접선은 시점에서 직선에, 종점에서 원호에 접한다.
③ 완화곡선에 연한 곡선반경의 감소율은 캔트의 증가율과 같다.
④ 완화곡선의 종점의 캔트와 원곡선 시점의 캔트는 같다.

22. 원곡선에서 교각(I)이 90°일 때, 외할(E)이 25m라고 하면 곡선반지름은?

㉮ 35.6m   ㉯ 46.2m   ㉰ 60.4m   ㉱ 93.7m

해설 $E = R(\sec\frac{I}{2} - 1)$ 에서

$$R = \frac{E}{\sec\frac{I}{2} - 1} = \frac{25}{\sec 45° - 1}$$

$$= \frac{25}{\frac{1}{\cos 45°} - 1} = 60.38 \text{ m}$$

$\sin A = \dfrac{1}{\operatorname{cosec} A}$

$\cos A = \dfrac{1}{\sec A}$

$\tan A = \dfrac{1}{\cot A}$

23. 등고선에 대한 설명으로 옳지 않은 것은?

㉮ 계곡선 간격이 100m이면 주곡선 간격은 20m이다.
㉯ 계곡선은 주곡선보다 굵은 실선으로 그린다.
㉰ 주곡선 간격이 10m이면 1 : 10000 지형도이다.
㉱ 간곡선 간격이 2.5m이면 주곡선 간격은 5m이다.

해설 1. 축척별 등고선의 간격   (단위 : m)

등고선	기호	1/10,000	1/25,000	1/50,000
주곡선	가는 실선	5	10	20
간곡선	가는 파선	2.5	5	10
조곡선	가는 점선	1.25	2.5	5
계곡선	굵은 실선	25	50	100

2. 등고선의 성질
① 동일 등고선상에 있는 모든 점은 같은 높이이다.
② 등고선은 도면 내, 외에서 폐합하는 폐곡선이다.
③ 지도의 도면 내에서 폐합하는 경우 등고선의 내부에 산정 또는 분지가 있다.
④ 두 쌍의 등고선의 볼록부가 상대할 때는 볼록부를 나타낸다.
⑤ 높이가 다른 두 등고선은 동굴이나 절벽의 지형이 아닌 곳에서는 교차하지 않으며, 동굴이나 절벽은 반드시 두 점에서 교차한다.

24. 교각 I=80°, 곡선반지름 R=140m인 단곡선의 교점(I.P.)의 추가거리가 1427.25m일 때 곡선 시점(B.C.)의 추가거리는?

㉮ 633.27m ㉯ 982.87m ㉰ 1309.78m ㉱ 1567.25m

해설 $B.C = I.P - T.L = 1,427.25 - 140 \times \tan\frac{80°}{2} = 1,309.78m$

25. 곡선반지름 150m인 원곡선의 현장 20m에 대한 편각은?

㉮ 3°37′51″ ㉯ 3°39′11″ ㉰ 3°47′51″ ㉱ 3°49′11″

해설 $\delta = 1,718.9' \frac{l}{R} = 1,718.9' \frac{20}{150} \fallingdotseq 3°49'10.96''$

26. 축척이 m인 지형도에서 주곡선의 간격을 L이라 할 때, 간곡선의 간격은?

㉮ L/2 ㉯ 2L ㉰ m/4 ㉱ 2m

해설 23번 문제 해설 참조

27. 상향경사 2%, 하향경사 2%인 종단곡선 길이(l) 50m인 종단곡선상에서 종단곡선 끝단의 종거(y)는?(단, 종거 $y = \frac{i}{2l}x^2$)

㉮ 0.5m ㉯ 1m ㉰ 1.5m ㉱ 2m

해설 $y = \frac{(m-n)}{200l}x^2$
$= \frac{(2-(-2))}{200 \times 50} \times 50^2 = 1m$
[별해] $= \frac{\left(\frac{2}{100}\right) - \left(-\frac{2}{100}\right)}{2 \times 50} \times 50^2 = 1m$

28. 노선측량에서 종단면도에 기입되는 사항이 아닌 것은?

㉮ 관측점에서의 계획고 ㉯ 절토, 성토량
㉰ 계획선의 경사 ㉱ 추가거리와 지반고

해설 종단면도 기재사항으로는 거리, 지반고, 곡선, 구배, 절토고, 성토고 등이 있다.

29. 상향기울기 7.5/1000와 하향기울기 45/1000가 반지름 2500m의 곡선 중에서 만날 경우에 곡선 시점에서 25m 떨어져 있는 점의 종거 y값은 약 얼마인가?

㉮ 0.1 ㉯ 0.3 ㉰ 0.4 ㉱ 0.5

해답 24. ㉰ 25. ㉱ 26. ㉮ 27. ㉯ 28. ㉯ 29. ㉮

해설 곡선시점에서 x만큼 떨어져 있을 때

종거(y)의 계산 $= \dfrac{x^2}{2R} = \dfrac{25^2}{2 \times 2500} = 0.125 ≒ 0.1$

30. 단곡선 설치에서 교각 I = 60°, 반지름 R = 100m일 때 중앙종거법에 의한 원곡선을 측정할 때 8등분점의 중앙종거는?

㉮ 0.86 ㉯ 1.71 ㉰ 2.71 ㉱ 3.27

해설 $M_n = R\left(1 - \cos \dfrac{I}{2^n}\right)$에서 종거는 곡선을 2등분하면 M_1, 4등분하면 M_2, 8등분하면 M_3가 된다.

$M_3 = R\left(1 - \cos \dfrac{I}{2^3}\right)$
$= 100\left(1 - \cos \dfrac{60}{8}\right) ≒ 0.8555$

31. 노선측량에서 중심선을 선정하고 설치(도상 및 현지)하는 단계의 측량은?

㉮ 계획조사측량 ㉯ 실시설계측량
㉰ 세부측량   ㉱ 노선설정

해설 노선측량의 순서 및 방법
① 노선선정
　㉠ 도상선정
　㉡ 현지답사
② 계획조사측량
　㉠ 지형도 작성
　㉡ 비교선의 선정
　㉢ 종단면도 작성
　㉣ 횡단면도 작성
　㉤ 개략적 노선의 결정
③ 실시설계측량 : 지형도 작성, 중심선 선정, 중심선 설치(도상), 다각측량, 중심선 설치(현장), 고저측량 순서에 의한다.
④ 용지측량 : 횡단면도에 계획단면을 기입하여 용지 폭 결정 후 용지도 작성
⑤ 공사측량 : 현지에 고저기준점과 중심말뚝의 검측을 실시 후 측량진행

32. 편각법에 의하여 단곡선을 설치하고자 할 때 편각 σ값을 구하는 공식으로 옳은 것은?

㉮ $1718.87' \times \dfrac{l}{2R}$ ㉯ $1718.87' \times \dfrac{l}{R}$
㉰ $1718.87'' \times \dfrac{l}{2R}$ ㉱ $1718.87'' \times \dfrac{l}{R}$

해설 $2\delta = \dfrac{l}{R}$, $\delta = \dfrac{l}{2R}$ 라디안, 따라서 $1718.9' \dfrac{l}{R}$

편각 $\delta = \dfrac{l}{R} \times \dfrac{90°}{\pi} = 1718.87' \dfrac{l}{R}$

33. 원곡선에서 교각 I=40°, 반지름 R=150m, 곡선시점 B.C=No.32+4.0m일 때, 도로 기점으로부터 곡선종점 E.C까지의 거리는?(단, 중심말뚝 간격은 20m)

㉮ 104.7m ㉯ 138.2m ㉰ 744.7m ㉱ 748.7m

해설 C.L=0.01745×R×I
=0.01745×150×40°
=104.7
따라서 E.C=B.C+C.L
32×20+4=644
644+104.7=748.7

34. 캔트 계산에 있어서 속도와 곡선 반경을 각각 4배로 하면 캔트는 몇 배로 되는가?

㉮ 2배 ㉯ 3배 ㉰ 4배 ㉱ 16배

해설 캔트(c) $= \dfrac{Sv^2}{gR}$, 슬랙(ε) $= \dfrac{L^2}{2R}$
여기서, S : 궤간, R : 곡선반경, v : 차량속도, g : 중력가속도
L : 차량 앞바퀴에서 뒷바퀴까지 거리

35. 클로소이드 곡선에 대한 설명으로 옳지 않은 것은?

㉮ 클로소이드 형식에는 기본형, 복합형, S형 등이 있다.
㉯ 단위 클로소이드란 클로소이드의 매개변수 A에 있어서 A=1, 즉 R·L=1의 관계에 있는 것을 말한다.
㉰ 클로소이드 곡선이란 곡률이 곡선 길이에 반비례하는 것을 말한다.
㉱ 클로소이드 곡선 설치법에는 주접선에서 직교좌표에 의해 설치하는 방법이 있다.

해설 ① 클로소이드는 곡률이 곡선의 길이에 비례한다.
② 모든 클로소이드는 닮은꼴이다.
③ 클로소이드의 요소에는 길이의 단위를 갖는 것과 단위가 없는 것이 있다.
④ 매개변수(A)에 의해 클로소이드의 크기가 정해진다.
⑤ 캔트와 확폭의 연결부분을 합리적으로 할 수 있다.

36. 원심력에 의한 곡선부와 차량탈선을 방지하기 위하여 곡선부의 횡단 노면 외측부를 높여주는 것은?

㉮ 확폭 ㉯ 캔트 ㉰ 종거 ㉱ 완화구간

해설 ① 캔트 : 곡선부를 통과하는 차량이 원심력의 발생으로 접선 방향으로 탈선하려는 것을 방지하기 위해 바깥쪽 노면을 안쪽 노면보다 높이는 정도를 말하며 편경사라고도 한다.
② 슬랙 : 곡선부분에서 차의 앞바퀴와 뒷바퀴가 항상 안쪽을 지나므로 내측을 넓게 하는 것을 슬랙이라고 하며 확폭이라고도 한다.

37. 복곡선에 대한 설명으로 옳지 않은 것은?

㉮ 반지름이 다른 2개의 단곡선이 그 접속점에서 공통접선을 갖는다.
㉯ 철도 및 도로에서 복곡선 사용은 승객에게 불쾌감을 줄 수 있다.
㉰ 반지름의 중심은 공통접선과 서로 다른 방향에 있다.
㉱ 산지의 특수한 도로나 산길 등에서 설치하는 경우가 많다.

해설 ① 복심곡선 : 반경이 다른 2개의 단곡선이 그 접속점에서 공통 접선을 갖고 곡선의 중심이 공통 접선과 같은 방향에 있을 때 이것을 복곡선이라 한다.
② 반향곡선 : 반경이 같지 않은 2개의 단곡선이 공통 접선을 갖고 곡선의 중심이 공통 곡선의 반대쪽에 있는 곡선
③ 곡선의 종류
  ㉠ 원곡선 : 단곡선, 복심곡선, 반향곡선, 배향곡선
  ㉡ 완화곡선 : 클로소이드, 3차 포물선, 렘니스케이트, sine체감곡선
  ㉢ 수직곡선 : 종곡선(원곡선, 2차 포물선), 횡단곡선

38. 원곡선 설치 시 교각이 60°, 반지름이 100m, B.C=No.5+8m일 때 곡선의 E.C까지의 거리는? (단, 중심 말뚝간격은 20m이다.)

㉮ 152.7mm ㉯ 162.7mm
㉰ 212.7mm ㉱ 272.5mm

해설 C.L=0.01745×R×I
=0.01745×100×60°=104.7m
E.C=B.C+C.L=108+104.7=212.7m

39. 다음 중 완화곡선에 대한 설명으로 옳지 않은 것은?

㉮ 곡선반지름은 완화곡선의 시점에서 무한대, 종점에서 원곡선의 반지름으로 된다.
㉯ 완화곡선의 접선은 시점에서 원호에, 종점에서 직선에 접한다.
㉰ 완화곡선에 연한 곡선반지름의 감소율은 캔트의 증가율과 동률로 된다.
㉱ 종점에 있는 캔트는 원곡선의 캔트와 같게 된다.

해설 완화곡선
차량의 급격한 회전 시 원심력에 의한 횡방향 힘의 작용으로 인해 발생하는 차량운행의 불안정과 승객의 불쾌감을 줄이는 목적으로 곡률을 0에서 조금씩 증가시켜 일정한 값에 이르게 하기 위해 직선부와 곡선부 사이에 넣는 매끄러운 곡선을 말한다.
① 완화곡선의 특징
  ㉠ 곡선반경은 완화곡선의 시점에서 무한대, 종점에서 원곡선의 반지름과 같다.
  ㉡ 완화곡선의 접선은 시점에서 직선에, 종점에서 원호에 접한다.
  ㉢ 완화곡선에 연한 곡선반경의 감소율은 캔트의 증가율과 같다.
  ㉣ 완화곡선의 종점의 캔트와 원곡선 시점의 캔트는 같다.

예상 및 기출문제

40. 교각(I)과 반지름(R)을 알고 있는 원곡선의 외선장(E)을 구하는 공식은?

㉮ $E = R \times \tan \frac{I}{2}$ ㉯ $E = 2R \times \sin \frac{I}{2}$

㉰ $E = R\left(1 - \cos \frac{I}{2}\right)$ ㉱ $E = R\left(\sec \frac{I}{2} - 1\right)$

해설
- 곡선장 : $C.L = R \cdot I(\text{rad})$
- 현장 : $L = 2R \cdot \sin \frac{I}{2}$
- 중앙종거 : $M = R\left(1 - \cos \frac{I}{2}\right)$

41. 반지름(R) 130m인 원곡선을 편각법으로 설치하려 할 때 중심말뚝 간격 20m에 대한 편각(δ)은?

㉮ 4°24′26″ ㉯ 5°18′26″
㉰ 8°48′26″ ㉱ 9°36′26″

해설 $\delta = 1,718.9' \frac{l}{R} = 1,718.9' \frac{20}{130}$
$\fallingdotseq 4°24'26.77''$

42. 도로에 사용하는 클로소이드(Clothoid)곡선에 대한 설명으로 틀린 것은?

㉮ 완화곡선의 일종이다.
㉯ 일종의 유선형 곡선으로 종단곡선에 주로 사용된다.
㉰ 곡선길이에 반비례하여 곡률반지름이 감소하는 곡선이다.
㉱ 차가 일정한 속도로 달리고 그 앞바퀴의 회전속도를 일정하게 유지할 경우의 운동궤적과 같다.

해설 클로소이드의 성질
① 원점부터 곡선장 임의의 점에 이르는 현장이 그 점에서의 곡률반경에 반비례하는 곡선
② 곡률이 곡선장에 비례하는 곡선
③ 클로소이드는 완화곡선의 일종이다.
④ 고속도로의 곡선 설계에 적합하다.
⑤ 매개변수 A가 정해지면 클로소이드의 크기가 정해진다.
⑥ 모든 클로소이드는 닮은꼴이다.
⑦ 클로소이드의 요소에는 길이의 단위를 갖는 것과 단위가 없는 것이 있다.

43. 곡선반경 500m 되는 원곡선상을 60km/h로 주행하려면 편경사는?(단, 궤간은 1,067mm이다.)

㉮ 6.05mm ㉯ 7.84.mm
㉰ 60.5mm ㉱ 78.4mm

해답 40. ㉱ 41. ㉮ 42. ㉯ 43. ㉰

해설 $C = \dfrac{SV^2}{gR}$

여기서, C : 캔트, S : 노선의 폭(철도의 궤간), V : 주행속도,
g : 중력가속도(9.81m/sec), R : 곡률반경

$V = \dfrac{60 \text{km}}{3600} = 16.67 \text{m/sec}$

$C = \dfrac{1.067 \times 16.67^2}{9.81 \times 500} = 0.060450 \text{m} ≒ 60.5 \text{mm}$

44. 노선측량의 완화곡선 중 차가 일정 속도로 달리고, 그 앞바퀴의 회전 속도를 일정하게 유지할 경우, 이 차가 그리는 주행 궤적을 의미하는 완화곡선으로 고속도로의 곡선설치에 많이 이용되는 곡선은?

㉮ 3차포물선　　㉯ sin체감곡선　　㉰ 클로소이드　　㉱ 렘니스케이트

해설 차량이 직선부에서 곡선부분으로 방향을 바꾸면 반지름이 달라지기 때문에 완화곡선을 설치하게 되며, 클로소이드 곡선은 곡률이 곡선장에 비례하는 곡선으로 특히 고속도로 등 차가 일정한 속도로 달리고 그 앞바퀴의 회전속도를 일정하게 유지할 경우 이 차가 그리는 운동궤적은 클로소이드가 된다.

45. 노선에서 기본적인 횡단기울기를 설치하는 가장 큰 목적은?

㉮ 차량의 회전을 원활히 하기 위하여
㉯ 노면배수가 잘 되도록 하기 위하여
㉰ 급격한 노선변화에 대비하기 위하여
㉱ 주행에 따른 노면 침하를 사전에 방지하기 위하여

해설 횡단경사
직선부에서는 노면의 배수를 위하여 중심선에 대칭되도록 횡단경사를 주며 곡선부에서는 편경사를 적용한다.

46. 완화곡선의 성질에 대한 설명으로 옳은 것은?

㉮ 완화곡선의 반지름은 종점에서 무한대가 된다.
㉯ 완화곡선은 원곡선이 연속되는 경우에 설치되는 것으로 원곡선과 원곡선 사이에 설치하는 곡선이다.
㉰ 완화곡선의 접선은 종점에서 직선에 접한다.
㉱ 완화곡선의 종점에 있는 캔트는 원곡선의 캔트와 같게 된다.

해설 완화곡선의 특징
① 곡선반경은 완화곡선의 시점에서 무한대, 종점에서 원곡선의 반지름과 같다.
② 완화곡선의 접선은 시점에서 직선에, 종점에서 원호에 접한다.
③ 완화곡선에 연한 곡선반경의 감소율은 캔트의 증가율과 같다.
④ 완화곡선의 종점의 캔트와 원곡선 시점의 캔트는 같다.

해답 44. ㉰　45. ㉯　46. ㉱

47. 등고선의 성질에 대한 설명으로 옳은 것은?

㉮ 등고선상에 있는 모든 점은 각각의 다른 표고를 갖고 있다.
㉯ 동굴과 낭떠러지에서는 교차한다.
㉰ 등고선은 한 도곽 내에서 반드시 폐합한다.
㉱ 등고선은 경사가 급한 곳에서는 간격이 넓다.

해설 높이가 다른 경우 등고선은 절벽이나 동굴을 제외하고는 교차하지 않는다.

48. 단곡선에서 반지름 R=200m, 교각 I=60°일 때, 곡선길이(C.L.)는 얼마인가?

㉮ 200.10m   ㉯ 205.44m
㉰ 209.44m   ㉱ 211.55m

해설 $C.L = 0.01745\,RI$
$= 0.01745 \times 200 \times 60°$
$= 209.4\text{m}$

49. 터널 내의 곡선설치 방법으로 적합하지 않은 것은?

㉮ 현편거법   ㉯ 내접 다각형법
㉰ 외접 다각형법   ㉱ 중앙종거법

해설 터널 내의 곡선설치법은 현편거법, 내접 다각형법, 외접 다각형법이 있다.

50. 곡선반지름이 3km인 종단곡선을 설치함에 있어 상향기울기 5/1000, 하향기울기 35/1000일 때 종단곡선 길이(L)은?

㉮ 30m   ㉯ 60m
㉰ 90m   ㉱ 120m

해설 • 접선길이$(l) = \dfrac{R}{2}(m-n) = \dfrac{3000}{2}\left[\dfrac{5}{1000} - \left(-\dfrac{35}{1000}\right)\right] = 60\text{m}$

• 종곡선길이$(L) = R(m-n) = 3{,}000\left[\dfrac{5}{1{,}000} - \left(-\dfrac{35}{1{,}000}\right)\right] = 120\text{m}$

51. 클로소이드의 일반적인 특성에 대한 설명으로 틀린 것은?(단, 클로소이드의 반지름 : R, 곡선 길이 : L, 매개변수 : A)

㉮ 클로소이드는 나선의 일종이다.
㉯ 모든 클로소이드는 닮은꼴이다.
㉰ R=L=A인 특성점에서 접선각 τ는 45°가 된다.
㉱ 클로소이드의 요소에는 단위가 있는 것도 있고, 단위가 없는 것도 있다.

해설 ① 클로소이드는 나선의 일종이다.
② 모든 클로소이드는 닮은꼴이다.(상사성이다.)
③ 단위가 있는 것도 있고 없는 것도 있다.
④ 클로소이드 특성점의 접선각 $\tau = 30°$가 적당하다.(클로소이드로 $R = L = A$인 점은 클로소이드의 특성점이라 하며 $\tau = 30°$이다.)
⑤ 도로에서 특성점은 $\tau = 45°$ 이하가 되게 한다.
⑥ 곡선 길이가 일정할 때 곡률반경이 크면 접선각은 작아진다.
⑦ 원점부터 곡선장 임의의 점에 이르는 현장이 그 점에서의 곡률반경에 반비례하는 곡선

52. 축척 1 : 25000 지형도상의 표고 368m인 A점과 표고 282m인 B점 사이의 주곡선 간격의 등고선 개수는?

㉮ 3개　　㉯ 4개　　㉰ 7개　　㉱ 8개

해설 368 − 282 = 86, 1/25000 지형도상 주곡선의 간격은 10m이므로 8.6개, 즉 8개가 된다.

53. 중앙종거법으로 곡선설치를 하려고 한다. 현의 길이 40.00m, 중앙종거 1.0m일 때 원곡선의 반지름은?

㉮ 40.10m　　㉯ 80.50m　　㉰ 160.10m　　㉱ 200.50m

해설 원곡선반경 $R = \dfrac{C^2}{8M} + \dfrac{M}{2}$
$= \dfrac{40^2}{8 \times 1} + \dfrac{1}{2} = 200.5\text{m}$

54. 노선측량에서 철도를 개설하기 위한 측량의 순서로 옳은 것은?

㉮ 노선선정 − 실측 − 예측 − 세부측량 − 공사측량
㉯ 노선선정 − 예측 − 실측 − 세부측량 − 공사측량
㉰ 노선선정 − 실측 − 세부측량 − 예측 − 공사측량
㉱ 노선선정 − 예측 − 공사측량 − 실측 − 세부측량

해설 노선측량은 크게 나누어 답사, 예측, 실측의 순서로 행한다.
① 답사 : 노선통과 예정지 실지 현장에서 조사 − 종합적으로 검토하여 조사
② 예측 : 가장 좋은 노선을 결정
③ 실측 : 각 측점마다 중심항을 설치, 중심선이 변화는 곳은 곡선설치, 종단면도, 횡단면도 작성
④ 노선선정 − 계획조사측량 − 실시설계측량 − 세부측량 − 용지측량 − 공사측량

55. 다음 중 완화곡선에 해당하는 것은?

㉮ 반향곡선　　㉯ 머리핀곡선
㉰ 단곡선　　㉱ 렘니스케이트

해답 52. ㉱　53. ㉱　54. ㉯　55. ㉱

해설 완화곡선
곡률이 무한대인 직선과 곡률이 작은 곡선 사이에 완충작용을 하도록 삽입하는 곡선으로 3차 포물선, 렘니스케이트, 클로소이드 등이 사용된다.

56. 곡선반경 300m의 단곡선을 시속 80km/h로 주행할 때, 캔트는 얼마로 해야 하는가?(단, 궤도 간격=1.067mm, g=9.8m/sec²)

㉮ 12cm   ㉯ 15cm   ㉰ 18cm   ㉱ 21cm

해설 $C = bV^2/gR$ (C : 캔트, b : 차도간격, V : 주행속도, g : 중력가속도, R : 곡률반경)
$V = 80000/3600 = 22.22$m/sec
$C = 1.067 \times 22.222/9.8 \times 300 = 0.179186$m $= 17.9$cm

57. 다음 노선측량의 작업과정 중 몇 개의 후보노선 가운데서 가장 좋은 1개의 노선을 결정하고 공사비를 개산(槪算)할 목적으로 실시하는 것은?

㉮ 답사   ㉯ 예측   ㉰ 실측   ㉱ 공사측량

해설
- 답사 : 노선통과 예정지를 실지 현장에서 조사하는 것
- 예측 : 노선이 통과하는 지형을 결정하고 가장 좋은 노선을 결정하기 위한 자료취득이 목적이며, 예정된 노선이 2~3개일 경우 이들 노선을 비교 검토하여 가장 좋은 노선을 결정해야 한다.
- 실측 : 예측에서 선정한 노선에 대하여 각 측점마다 중심항을 설치하고 노선의 중심선이 변화되는 곳에서 삽입해야 한다. 또한 각 측점마다 고저차를 측정하여 종단면도를 작성하고 중심선의 양 직각 방향에 횡단면도를 작성한다.

58. 철도, 도로 등의 단곡선 설치에서 접선과 현이 이루는 각을 이용하여 곡선을 설치하는 방법은?

㉮ 편각법   ㉯ 중앙종거법
㉰ 접선편거법   ㉱ 접선지거법

해설 편각의 성질
- 단곡선에서 접선과 현이 이루는 각이다.
- 도로 및 철도에 널리 사용한다.
- 곡선반경이 작으면 오차가 따른다.

59. "완화곡선의 접선은 시점에서는 (A)에, 종점에서는 (B)에 접한다."에서 (A, B)로 알맞은 것은?

㉮ 원호, 직선   ㉯ 원호, 원호
㉰ 직선, 원호   ㉱ 직선, 직선

해설 완화곡선의 접선은 시점에서 직선에, 종점에서는 원호에 접한다.

해답 56. ㉰ 57. ㉯ 58. ㉮ 59. ㉰

60. 원곡선에서 곡선길이가 150.39m이고 곡선반경이 200m일 때 교각은?

㉮ 30°12′ ㉯ 43°05′ ㉰ 45°25′ ㉱ 53°35′

해설 곡선장 $CL = RI\dfrac{\pi}{180}$

$150.39 = 200 \times I \times 0.01743$

$200 \times 0.01743 = 3.49$

따라서 $\dfrac{150.39}{3.49} = 43.0916854 = 43°05′30.39″$

61. 곡선 반지름 100m인 원곡선을 편각법에 의하여 설치할 때 노선의 중심말뚝 간격을 40m라 하면 이에 대한 편각은?

㉮ 5°44′ ㉯ 10°20′ ㉰ 11°28′ ㉱ 13°44′

해설 편각 = 현길이 / $R \times 90°/ \pi$
 = $40/100 \times 90°/3.141592654$
 = $0.4 \times 28°38′52.4″$
 = $11°27′32.96″$

62. 클로소이드의 형식 중 반향곡선 사이에 2개의 클로소이드를 삽입하는 것은?

㉮ 복합형 ㉯ S형 ㉰ 철형 ㉱ 난형

해설 클로소이드의 형식
- 기본형 : 직선 – 클로소이드 – 원곡선
- S형 : 반향곡선 사이에 2개의 클로소이드 삽입
- 난형 : 복심곡선 사이에 클로소이드 삽입
- 철형 : 같은 방향으로 구부러진 2개의 클로소이드를 직선적으로 삽입
- 복합형 : 같은 방향으로 구부러진 2개의 클로소이드를 이은 것

63. 노선 측량에서 곡선시점에 대한 접선길이(T.L)가 50m, 교각이 40°일 때 원곡선의 곡선길이는?

㉮ 41.600m ㉯ 95.905m ㉰ 102.578m ㉱ 137.374m

해설 R이 없으므로 곡률반경을 먼저 구해야 한다.

접선길이(T.L) = $R \times \tan\dfrac{I}{2}$

$50 = R \times \dfrac{\tan 40°}{2}$

$R = \dfrac{50}{\tan 20°}$

$R = 137.373871$

곡선길이는 $CL = RI\,0.01745\,(\pi/180)$

$CL = 137.373871 \times 40 \times 0.017453292$

$CL = 95.905$

64. 원곡선에서 교각 I=38°20′이고, 곡선 반지름이 300m인 원곡선을 편각법으로 설치할 경우 시단현의 편각은?(단, 노선의 기점으로부터 교점까지의 거리는 500m이고, 중심말뚝 간격은 20m이다.)

㉮ 0°12′15″ ㉯ 0°24′29″
㉰ 1°00′15″ ㉱ 1°30′06″

해설 $BC = IP - TL = 500 - R\tan\dfrac{I}{2}$

$= 500 - 300 \times \tan\dfrac{38°20′}{2} = 395.72$

$l_1 = 400 - 395.72 = 4.3$

$\delta_1 = \dfrac{l_1}{R} \times \dfrac{90}{\pi} = \dfrac{4.3}{300} \times \dfrac{90}{\pi} = 0°24′29″$

65. 노선 중 완화곡선을 넣는 장소는?

㉮ 직선과 직선 사이   ㉯ 원곡선과 직선 사이
㉰ 반향곡선과 원곡선 사이 ㉱ 종단곡선과 직선 사이

해설 노선의 직선부와 원곡선부 사이

66. 단곡선 설치에 있어서 접선과 현이 이루는 각을 이용하여 곡선을 설치하는 방법으로 가장 널리 사용되는 방법은?

㉮ 편각설치법 ㉯ 지거설치법
㉰ 중앙종거법 ㉱ 현편거법

해설 노선측량의 단곡선 설치에서 가장 일반적으로 이용되고 있는 방법은 편각설치법이다. 이는 장애물로 인하여 접선과 현이 만드는 각을 이용하여 곡선을 설치하는 방법이다.

67. 도로의 시작점부터 1234.30m 지점에 교점(I.P)이 있고 반경(R)은 150m, 교각(I)은 60°일 경우 접선장(T.L)과 곡선장(C.L)은?

㉮ T.L = 157.08m, C.L = 86.60m   ㉯ T.L = 157.08m, C.L = 157.08m
㉰ T.L = 86.60m, C.L = 157.08m   ㉱ T.L = 86.60m, C.L = 86.60m

해설 $T.L = R\tan I/2$
$= 150\tan 60°/2$
$= 86.6025$
$C.L = 0.01745 \times R \times I$
$= 0.01745 \times 150 \times 60°$
$= 157.08$

해답 64. ㉯ 65. ㉯ 66. ㉮ 67. ㉰

68. 곡률반경이 현의 길이에 반비례하는 곡선으로 시가지철도 및 지하철 등에 주로 사용되는 완화곡선은?

㉮ 3차 포물선　　　　　　　　　㉯ 반파장 체감곡선
㉰ 렘니스케이트　　　　　　　　㉱ 클로소이드

해설
- 3차 포물선 : 일반적으로 철도 및 도로에 널리 이용
- 클로소이드 : 고속도로에 주로 이용
- 렘니스케이트 : 시가지 도로 및 시가지 철도에 많이 이용

69. 클로소이드 곡선에 대한 설명으로 옳지 않은 것은?

㉮ 클로소이드 형식에는 기본형, S형, 나선형, 복합형 등이 있다.
㉯ 모든 클로소이드는 닮은꼴이다.
㉰ 단위 클로소이드의 모든 요소들은 단위가 없다.
㉱ 매개변수(A)에 의해 클로소이드의 크기가 정해진다.

해설
- 클로소이드는 곡률이 곡선의 길이에 비례한다.
- 모든 클로소이드는 닮은꼴이다.
- 클로소이드의 요소에는 길이의 단위를 갖는 것과 단위가 없는 것이 있다.
- 매개변수(A)에 의해 클로소이드의 크기가 정해진다.
- 캔트와 확폭의 연결부분을 합리적으로 할 수 있다.

70. 도로의 직선부와 원곡선을 원활하게 연결하기 위하여 설치하는 곡선은?

㉮ 완화곡선　　　㉯ 증감곡선　　　㉰ 반향곡선　　　㉱ 복심곡선

해설 도로의 직선부와 원곡선을 원활하게 연결하기 위하여 설치하는 곡선은 완화곡선이다.
완화곡선 : 클로소이드, 3차 포물선, 렘니스케이트 곡선, Sine체감곡선

71. 등고선에 관한 설명 중 틀린 것은?

㉮ 주곡선은 등고선 간격의 기준이 되는 선이다.
㉯ 간곡선은 주곡선 간격의 1/2마다 표시한다.
㉰ 조곡선은 간곡선 간격의 1/4마다 표시한다.
㉱ 계곡선은 주곡선 5개마다 굵게 표시한다.

해설 조곡선은 간곡선 간격의 1/2마다 표시한다.

등고선 간격 기호	1/10,000	1/25,000	1/50,000
주곡선 – 가는 실선	5	10	20
간곡선 – 가는 파선	2.5	5	10
조곡선 – 가는 점선	1.25	2.5	5
계곡선 – 굵은 실선	25	50	100

72. 토적곡선(Mass Curve)을 작성하는 목적과 거리가 먼 것은?
㉮ 시공 방법 결정 ㉯ 토공기계의 선정
㉰ 토량의 운반거리 산출 ㉱ 노선의 교통량 산정

해설 노선의 교통량 산정은 기종점 조사를 통해 노선의 적합성을 검토하는 단계이며, 교통량의 해소를 위해 노선이 선정된다.
토적곡선은 유토곡선이라고도 하며, 토량 이동에 따른 공사방법 및 순서 결정, 평균 운반거리 산출, 운반거리에 의한 토공 기계를 선정, 토량 배분을 위해 작성된다.

73. 노선측량에 사용되는 노선 중 주요 용도가 다른 것은?
㉮ 클로소이드 곡선 ㉯ 2차 곡선
㉰ 3차 포물선 ㉱ 렘니스케이트 곡선

해설 완화곡선
곡률이 무한대인 직선과 곡률이 작은 곡선 사이에 완충작용을 하도록 삽입하는 곡선으로 sin체감곡선, 3차 포물선, 렘니스케이트, 클로소이드 등이 사용된다.

74. 캔트의 계산에 있어서 곡선반지름을 반으로 줄이면 캔트는 어떻게 되는가?
㉮ 1/2 ㉯ 1배 ㉰ 2배 ㉱ 4배

해설 캔트 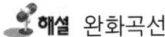 $c = \dfrac{sv^2}{gr}$
캔트는 곡선반지름에 반비례하므로 R(반경)을 $\dfrac{1}{2}$배로 하면 c(캔트)는 2배가 된다.

75. 교각(I) 32°15′, 곡선반지름(R) 600m, 노선의 기점으로부터 교점(I.P)까지 거리가 895.205m 경우에 시단현의 편각은?(단, 중심말뚝은 20m 단위로 설치한다.)
㉮ 0°0′00″ ㉯ 0°52′25″ ㉰ 0°57′18″ ㉱ 1°49′36″

해설 $BC = IP - TL = 895.20 - R\tan\dfrac{I}{2}$
$= 895.20 - 600 \times \tan\dfrac{32°15′}{2}$
$= 721.7$
$l_1 = 740 - 721.7 = 18.3$
$\delta_1 = \dfrac{l_1}{R} \times \dfrac{90°}{\pi} = \dfrac{18.3}{600} \times \dfrac{90°}{\pi} = 0°52′25″$

76. 1.5km 노선 길이의 결합 트래버스 측량에서 폐합비의 제한을 1/3000로 하고자 할 때 최대 폐합오차는?
㉮ 0.3m ㉯ 0.4m ㉰ 0.5m ㉱ 0.6m

> **해설** 폐합비(정도)
> $$\frac{1}{M} = \frac{\text{폐합비오차}}{\text{총길이}}$$
> 폐합오차 $= \frac{\text{총길이}}{M} = \frac{1500}{3000} = 0.5\text{m}$

77. 완화곡선의 설치 시 캔트(Cant)의 계산과 관계없는 것은?

㉮ 주행속도　　㉯ 곡률반경　　㉰ 교각　　㉱ 궤간

> **해설** 캔트(c) $= \dfrac{SV^2}{gR}$
> 여기서, V : 주행속도, R : 곡률반경, S : 궤간, g : 중력가속도

78. 노선측량에서 단곡선을 설치할 때 교각(I) = 49°31′, 반지름 = 130m인 경우 옳은 것은?

㉮ 접선길이 = 57.95m　　㉯ 중앙종거 = 11.95m
㉰ 곡선길이 = 114.33m　　㉱ 장현길이 = 109.89m

> **해설** 노선측량에서
> • 접선길이(TL) = $R\tan I/2$ = 130tan24°45′30″ = 59.95m
> • 곡선길이(CL) = 0.01745 RI = 0.01745×130×49°31′ = 112.33m
> • 중앙종거(M) = $R(1-\cos I/2)$ = 130(1-cos24°45′30) = 11.95m

79. 편각법으로 원곡선을 설치할 때 기점으로부터 교점까지의 거리 = 123.45, 교각(I) = 40°20′, 곡선반경(R) = 100m일 때 시단현의 길이는?(단, 중심 말뚝의 간격은 20m이다.)

㉮ 13.28m　　㉯ 15.28m　　㉰ 9.72m　　㉱ 6.72m

> **해설** 노선측량에서 TL = $R\tan I/2$ = 100tan20°10′ = 36.73
> 노선출발점에서 곡선시점까지의 거리는 BC = IP - TL = 123.45 - 36.73 = 86.72m
> ∴ 노선출발점에서 곡선시점까지의 Chain당 거리는 BC = 86.72÷20 = No.4+6.72m
> 시단현의 길이(l) 1Chain당 거리 - 6.72m = 13.28m

80. 곡률반지름 R인 원곡선의 곡선거리 l에 대한 편각은?(단, 단위 : 라디안)

㉮ $l/2R$　　㉯ $2 l/R$　　㉰ $l^2/2R$　　㉱ $2 l/R^2$

> **해설** 원곡선에서 곡선거리에 대한 편각은 $l/2R$이다.

81. 노선의 곡률반경 R = 230m, 곡선장 L = 18m일 때 클로소이드의 매개변수 A의 값은?

㉮ 12.78m　　㉯ 25.56m　　㉰ 51.12m　　㉱ 64.34m

> **해설** 클로소이드 파라미터(매개변수) $A = \sqrt{RL} = \sqrt{230\times18} = 64.34$

해답 77. ㉰　78. ㉯　79. ㉮　80. ㉮　81. ㉱

예상 및 기출문제

82. 다음 중 노선공사의 시공측량에 포함되지 않는 것은?
㉮ 용지 측량
㉯ 중요한 점의 인조점 측량
㉰ 시공 기준틀 설치공사
㉱ 준공검사 측량

🎤해설 노선측량 순서
① 노선선정 – 계획조사측량 – 실시설계측량 – 세부측량 – 용지측량 – 공사측량
② 공사측량(시공측량)에 해당되는 것은 중심말뚝의 검측, 가인조점 등의 설치, 주요말뚝의 외측에 인조점을 설치, 토공의 기준틀, 콘크리트 구조물의 형간 위치측량, 준공검사측량 등이 있다.

83. 곡선설치법 중 1/4법이라고도 하며, 이미 설치된 중심 말뚝 사이에 다시 세밀하게 설치하는데 편리하다. 시가지에서의 곡선 설치나 보도 설치 및 기설 곡선의 검사 또는 수정에 주로 사용되는 방법은?
㉮ 중앙종거법
㉯ 접선편거법
㉰ 접선지거법
㉱ 편각현장법

🎤해설 노선측량에서 중앙종거(M)는 곡선을 설치하는 방법이며, 곡선의 반경 또는 곡선 길이가 작은 시가지의 곡선설치나 철도, 도로 등의 기설 곡선의 검사 또는 개정에 편리한 방법으로 근사적으로 1/4이 되기 때문에 일명 1/4법이라 한다.

84. 축척 1 : 50,000 지형도에서 810m와 910m 사이에 표시되는 주곡선 수는?
㉮ 10개
㉯ 9개
㉰ 5개
㉱ 2개

🎤해설 등고선의 간격 중 축척 1/50000 주곡선 간격은 20m이므로 두 점의 표고차는 910m – 810m = 100m이다. 표고의 간격이 100m인 주곡선으로부터 910m의 주곡선까지 5개가 삽입된다.

85. 종단곡선에서 상향기울기 $\frac{4.5}{1,000}$, 하향기울기 $\frac{35}{1,000}$인 두 노선이 반지름 2,000m의 원곡선상에서 교차할 때 곡선길이(L)는?
㉮ 49.5m
㉯ 44.5m
㉰ 39.5m
㉱ 34.5m

🎤해설 $L = \frac{R}{2}\left(\frac{m}{1,000} - \frac{n}{1,000}\right) = \frac{2,000}{2}\left(\frac{4.5}{1,000} - \frac{-35}{1,000}\right) = 39.5$

86. 노선측량에서 고속도로에 많이 사용되는 완화곡선은?
㉮ 3차포물선
㉯ 2차포물선
㉰ 렘니스케이트 곡선
㉱ 클로소이드 곡선

🎤해설 우리나라 고속도로에는 클로소이드 곡선이 완화곡선으로 주로 사용된다.

해답 82. ㉮ 83. ㉮ 84. ㉰ 85. ㉰ 86. ㉱

87. 철도, 도로, 수로 등과 같이 폭이 좁고 길이가 긴 시설물을 현지에 설치하기 위한 노선측량에서 원곡선을 설치할 때에 대한 설명으로 옳지 않은 것은?

㉮ 철도, 도로 등에는 차량의 운전에 편리하도록 단곡선보다는 복심곡선을 많이 설치하는 것이 좋다.
㉯ 교통안전상의 관점에서 반향곡선은 가능하면 사용하지 않는 것이 좋고 불가피한 경우에는 양곡선 간에 충분한 길이의 완화곡선을 설치한다.
㉰ 두 원의 중심이 같은 쪽에 있고 반지름이 각기 다른 두 개의 원곡선을 설치하는 경우에는 완화곡선을 넣어 곡선이 점차로 변하도록 해야 한다.
㉱ 고속주행하는 차량의 통과를 위하여 직선부와 원곡선 사이나 큰 원과 작은 원 사이에는 곡률반경이 점차 변화하는 곡선부를 설치하는 것이 좋다.

해설 철도, 도로 등에는 차량의 운전에 편리하도록 단곡선을 많이 설치하는 것이 좋다.

88. 교각 60°, 곡선반지름 100m인 원곡선의 시점을 움직이지 않고 교각을 90°로 할 경우 교점까지의 접선길이와 곡선시점(B.C)이 동일한 새로운 원곡선의 반지름은?

㉮ 57.7m ㉯ 73.2m ㉰ 100.00m ㉱ 173.2m

해설 접선길이 $T.L = R\tan\dfrac{I}{2}$ 에서 $R = \dfrac{57.735}{\tan 45°} \fallingdotseq 57.7\text{m}$

89. 클로소이드 완화곡선의 매개 변수를 2배 늘리면 동일 곡선반경에서 완화곡선 길이는 몇 배가 되는가?

㉮ 4 ㉯ 2.5 ㉰ 2 ㉱ 1.5

해설 클로소이드 완화곡선의 매개 변수를 2배 늘리면 동일 곡선반경에서 완화곡선 길이는 4배가 된다.
$A^2 = R \cdot L \rightarrow L = 2^2 = 4$배

90. 원곡선에 있어서 교각(I)이 60°, 반지름(R)이 200m, B.C=No.5+5m일 때 곡선의 종점(E.C)의 기점에서부터의 추가거리는?(단, 중심말뚝의 간격은 20m이다.)

㉮ 214.4m ㉯ 309.4m ㉰ 209.4m ㉱ 314.4m

해설
1. C.L = 0.01745 RI = 0.01745×200×60° = 209.4m, B.C = (20×5)+5m = 105m
2. 곡선종점(E.C)까지의 거리 = B.C+C.L = 105m+209.4m = 314.4m

91. 등고선의 간격이 가장 큰 것부터 바르게 연결된 것은?

㉮ 주곡선-조곡선-간곡선-계곡선 ㉯ 계곡선-주곡선-조곡선-간곡선
㉰ 주곡선-간곡선-조곡선-계곡선 ㉱ 계곡선-주곡선-간곡선-조곡선

해설 등고선은 계곡선-주곡선-간곡선-조곡선 순서로 간격이 크다.

92. 클로소이드 설치방법이 아닌 것은?
㉮ 직각좌표에 의한 방법 ㉯ 극좌표에 의한 방법
㉰ 2/8법에 의한 방법 ㉱ 편각에 의한 방법

해설 클로소이드 설치방법
① 직각좌표에 의한 방법
② 극좌표에 의한 중간점 설치법
③ 2/8법에 의한 방법
④ 현다각으로부터의 설치방법

93. 반경이 다른 2개의 단곡선이 그 접속점에서 공통접선을 갖고 그것들의 중심이 공통접선과 같은 방향에 있는 곡선은?
㉮ 반향곡선 ㉯ 머리핀곡선
㉰ 복심곡선 ㉱ 종단곡선

해설 원곡선에는 단곡선, 복심곡선, 반향곡선, 머리핀곡선이 있다. 여기서 복심곡선은 반경이 다른 2개의 원곡선이 1개의 공통접선을 갖고 접선의 같은 쪽에서 연결하는 곡선을 말한다.

94. 원곡선에서 현의 길이가 45m이고 중앙종거가 5m이면 곡률반경은 약 얼마인가?
㉮ 43m ㉯ 45m ㉰ 53m ㉱ 55m

해설 곡률반경 $(R) = \dfrac{C^2}{8M} + \dfrac{M}{2} = \dfrac{45^2}{8 \times 5} + \dfrac{5}{2} = 53.125 \text{m}$

95. 등고선 측량방법 중 표고를 알고 있는 기지점에서 중요한 지성선을 따라 측선을 설치하고, 측선을 따라 여러 점의 표고와 거리를 측량하여 등고선을 측량하는 방법은?
㉮ 방안법 ㉯ 횡단점법
㉰ 반향곡선 ㉱ 종단점법

해설 ① 방안법 : 측량구역을 정사각 또는 직사각으로 나누어 각 교점의 표고를 관측하고, 그 결과로부터 등고선을 구하는 것으로 지형이 복잡한 곳은 세분하면 좋고, 표고는 직접 레벨 등으로 관측한다.
② 종단점법 : 지성선의 방향이나 주요한 방향의 여러 개의 관측선에 대하여 기준점으로부터 필요한 점까지의 거리와 높이를 관측하여 등고선을 그리는 방법으로 비교적 소축척으로 산지 등의 측량에도 이용된다.
③ 횡단측량의 결과를 이용하는 경우 : 노선측량이나 고저측량에서 중심말뚝의 표고와 횡단선상의 횡단측량 결과를 이용하여 등고선을 그리는 방법으로 노선측량의 평면도에 등고선을 삽입할 경우 자주 이용된다.

해답 92. ㉱ 93. ㉰ 94. ㉰ 95. ㉱

96. 단곡선 설치에 있어 도로기점으로부터 교점(I.P)까지의 거리가 515.32m, 곡선반지름이 300m, 교각이 31° 00'일 때 시단현에 대한 편각은?(단, 중심말뚝의 간격은 20m이다.)

㉮ 30′ 03″   ㉯ 38′ 43″   ㉰ 45′ 08″   ㉱ 48′ 01″

해설 $T.L = R \tan \dfrac{I}{2} = 300 \times \tan \dfrac{31°00'}{2} = 83.20\text{m}$

$B.C$ = 총연장 $- T.L = 515.32 - 83.20 = 432.12\text{m} =$ No 21 + 12.12m

시단현의 길이 = $20 - 12.12 = 7.88\text{m}$

시단현 편각 = $\dfrac{l_1}{2R}$(라디안) = $\dfrac{7.88}{2 \times 300} \times 206265' = 00°45'8.95''$

97. 그림과 같이 $R = 150\text{m}$, $I = 85°$인 원곡선의 곡선시점 A와 교각의 크기를 유지($I = I'$)한 상태에서 교점(P')을 접선 AP를 따라 20m 이동하여 노선을 변경하고자 할 때, 새로운 원곡선의 반지름 R'은?

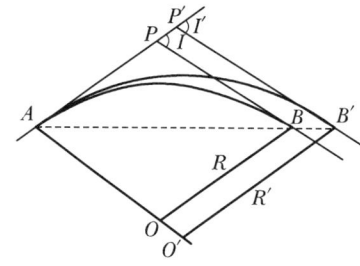

㉮ 171.9m   ㉯ 200.4m
㉰ 226.1m   ㉱ 232.3m

해설 1. 접선길이

$T.L = R \tan \dfrac{I}{2} = 150 \times \tan \dfrac{85°}{2} = 137.45\text{m}$에서

신접선장 $TL = R' \tan \dfrac{I'}{2}$

$R' = \dfrac{137.45 + 20}{\tan 42.5°} = 171.83\text{m}$

98. 상향기울기 $\dfrac{25}{1,000}$, 하향기울기 $-\dfrac{50}{1,000}$일 때 곡선반지름이 1,000m이면 원곡선에 의한 종곡선장은?

㉮ 85m   ㉯ 75m   ㉰ 65m   ㉱ 55m

해설 종곡선장

$L = l_1 + l_2 = R\left(\dfrac{m}{1,000} - \dfrac{n}{1,000}\right) = 1,000\left(\dfrac{25}{1,000} - \dfrac{-50}{1,000}\right) = 1,000 \times \dfrac{75}{1,000} = 75\text{m}$

99. 그림과 같이 두 직선의 교점에 장애물이 있어 C, D측점에서 방향각(a)을 관측하였다. 교각(I)은?(단, $a_{CA} = 228°30'$, $a_{CD} = 82°00'$, $a_{DB} = 136°30'$)

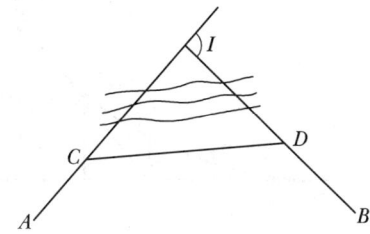

㉮ 54도 30분 ㉯ 88도 00분 ㉰ 92도 00분 ㉱ 146도 30분

해설 $\angle C = a_{CD} - (a_{CA} - 180°) = 33°30'$
$\angle D' = (a_{CD} + 180°) - a_{DB} = 125°30'$
$\therefore \angle D = 180° - 125°30' = 54°30'$
교각(I') $= 180° - (\angle C + \angle D) = 92°$
$\therefore$ 교각(I) $= 180° - 92° = 88°00'$

100. 교점(I.P)의 위치가 공사 기점으로부터 325.00m, 곡선반지름(R) 200m, 교각(I) 45°인 단곡선을 편각법으로 설계할 때 시단현의 편각은?

㉮ 2°33'21" ㉯ 1°56'11" ㉰ 1°22'28" ㉱ 0°37'05"

해설 $TL = R\tan\dfrac{I}{2} = 200 \times \tan\dfrac{45°}{2} = 82.843\text{m}$
$BC = $ 총연장 $- TL = 325.00\text{m} - 82.843\text{m} = 242.157\text{m}$
$N_0\ 12 + 2.157\text{m}$
시단현 길이 (l_1) $= 20 - 2.157 = 17.843\text{m}$
시단현 편각 (δ) $= 1,718.87' \times \dfrac{l_1}{R} = 1,718.87' \times \dfrac{17.843}{200} = 2°33'20.94''$

101. 설계속도 100km/h의 도로건설에 있어서 직선부와 원곡선부 사이에 완화곡선 설치여부를 이정량의 크기에 의해 판단하고자 한다. 이정량이 0.2m 이하일 때 완화곡선을 생략할 수 있다면 원곡선의 최소 반지름은?(단, 완화곡선은 클로소이드 곡선으로 설치하고, 완화곡선 길이는 설계속도로 2초간 주행하는 거리로 가정한다.)

㉮ 315m ㉯ 417m ㉰ 643m ㉱ 920m

해설 이정(f) $= \dfrac{L^2}{24R}$ 에서 $R = \dfrac{L^2}{24f} = \dfrac{55.5556^2}{24 \times 0.2} = 643\text{m}$
곡선길이(L)는 설계속도 2초간 주행하는 거리니까
초당거리 $= \dfrac{100 \times 10^3}{60 \times 60} = 27.7777$
2초는 $27.777 \times 2 = 55.5556$

102. 그림과 같이 원곡선으로 종단곡선을 설치할 때, $i_1 = 0\%$, $i_2 = 7\%$, $A = $ No.25 + 8.5m, $B = $ No.27 + 8.5m, $C = $ No.26 + 8.5m이라고 하면 No.27에서의 종거 y_3의 값은?(단, 측점간 거리는 20m로 한다.)

㉮ 0.116m
㉯ 0.35m
㉰ 0.868m
㉱ 1.40m

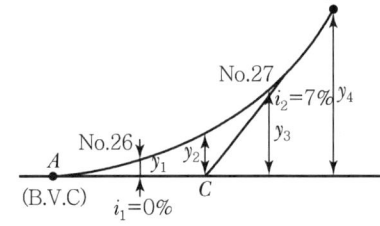

해설 $y = \dfrac{ix^2}{200l}$ 에서 $= \dfrac{7.0 \times 31.5^2}{200 \times 40} = 0.868$m

103. 3차포물선 형상의 완화곡선에서 교각 $I = 90°$, 원곡선의 곡선반지름 $R = 500$m, 완화곡선의 횡거 $X = 160$m일 경우 완화곡선 종점에서의 접선각은?

㉮ 9°10′19″ ㉯ 16°48′05″ ㉰ 20°48′05″ ㉱ 21°48′05″

해설 매개변수(A^2) $= RL = \dfrac{L^2}{2\tau}$ 에서

접선각(τ) $= \dfrac{L^2}{2RL} = \dfrac{L}{2R} = \dfrac{160}{2 \times 500} = 0.16 Rad$

라디안을 각으로 환산하면

$\dfrac{0.16R}{2\pi R} = \dfrac{x°}{360°}$

$\therefore x = \dfrac{360}{2\pi} \times 0.16 = 9°10′19″$

104. 원곡선으로 곡선을 설치할 때 교각 60°, 반지름 200m, 곡선시점의 위치 No.20 + 12.5m일 때 곡선종점의 위치는?(단, 중심말뚝 간의 거리는 20m이다.)

㉮ 821.9m ㉯ 621.9m ㉰ 521.9m ㉱ 421.9m

해설 C.L = 0.01745RI = 0.01745×200×60° = 209.4m
곡선종점의 위치 = 209.4 + 412.5 = 621.9m

105. 도로시점으로부터(I·P)까지의 거리가 850m이고 접선장(T·L)이 185m인 원곡선의 시단현 길이는?

㉮ 20m ㉯ 15m ㉰ 10m ㉱ 5m

해설 B·C 위치 = 총연장 − T.L = 850 − 185 = 665(m)
No.33 + 5(m)
시단현의 길이(l_1) = 20 − 5 = 15(m)

106. 클로소이드 매개변수 $A=120m$, 곡선 반지름 $R=200m$일 때, 곡선 길이는?

㉮ 50m　　㉯ 72m　　㉰ 100m　　㉱ 150m

해설 $A^2 = RL$에서

$$L = \frac{A^2}{R} = \frac{120^2}{200} = 72m$$

107. 원곡선에서 현의 길이가 100m이고, 이 현의 길이에 대한 중심각이 1°라고 할 때, 이 원곡선의 반지름은 약 얼마인가?

㉮ 5,730m　　㉯ 5,440m　　㉰ 4,865m　　㉱ 4,500m

해설 $L = 2R\sin\frac{I}{2}$에서

$$R = \frac{L}{2\sin\frac{I}{2}} = \frac{100}{2\sin\frac{1}{2}} = 5,729.7m$$

108. 캔트가 C인 노선의 곡선부에서 속도와 반지름을 모두 2배로 할 때 변화된 캔트는?

㉮ C　　㉯ 2C　　㉰ C/2　　㉱ C/4

해설 $C = \frac{S \cdot V^2}{g \cdot R} = \frac{S \cdot (2V)^2}{g \cdot (2R)} = \frac{4SV^2}{2gR} = 2\frac{SV^2}{gR}$

여기서, C : 캔트, S : 제간, V : 차량속도, R : 곡선반경, g : 중력가속도

∴ 2배로 증가된다.

109. 그림과 같이 교각 $I=60°$, 곡선 반지름 $R=100m$의 원곡선에서 제1접선(AP)을 움직이지 아니하고 교점(P)를 중심으로 30°만큼 더 회전하여 접선길이(AP)와 곡선시점(A)을 같이 하는 새로운 원곡선의 반지름은?

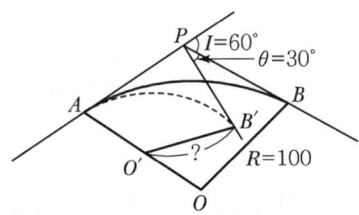

㉮ 47.75m　　㉯ 57.74m　　㉰ 74.57m　　㉱ 77.45m

해설 $TL = R\tan\frac{I}{2} = 100 \cdot \tan\frac{60}{2} = 57.74m$

$57.74 = R \cdot \tan\frac{I}{2} = R \cdot \tan\frac{90}{2}$

∴ $R = \frac{57.74}{\tan 45} = 57.74m$

해답 106. ㉯　107. ㉮　108. ㉯　109. ㉯

110. 교각 $I=60°$, 곡선반지름 $R=80m$인 단곡선의 교점(I.P)의 추가거리가 1,152.52m일 때 곡선의 종점(E.C)의 추가거리는?

㉮ 750.35m   ㉯ 1,106.34m
㉰ 1,190.11m ㉱ 1,415.34m

해설 $TL = R\tan\dfrac{I}{2} = 80 \times \tan\dfrac{60}{2} = 46.188m$

$1,152.52 - 46.188 = 1,106.332m$

$CL = 0.01745RI = 0.01745 \times 80 \times 60 = 83.76m$

∴ $EC = 1,106.332 + 83.76 = 1,190.092m$

111. 곡선반지름이 500m인 원곡선을 70km/h로 주행하려면 캔트(Cant)는?(단, 궤간(b)은 1,067mm이다.)

㉮ 82.3mm   ㉯ 106.3mm
㉰ 107.3mm ㉱ 110.0mm

해설 $C = \dfrac{SV^2}{gR} = \dfrac{\left(70 \times \dfrac{1,000}{3,600}\right)^2 \times 1,067}{9.8 \times 500} = 82.3mm$

112. 교각 $I=90°$, 곡선반지름 $R=300m$인 원곡선을 설치하고자 할 때 장현에 대한 중앙종거(M)은?

㉮ 512.132m ㉯ 87.868m
㉰ 22.836m   ㉱ 5.764m

해설 $M = R\left(1 - \cos\dfrac{I}{2}\right) = 300\left(1 - \cos\dfrac{90}{2}\right) = 87.868m$

113. 교각이 60°일 때 교점(I.P)으로부터 원곡선의 중점까지 거리(E)를 30m로 하는 곡선의 곡선반지름은?

㉮ 115.7m   ㉯ 70.6m
㉰ 193.9m   ㉱ 94.1m

해설 외할(E) $= R \cdot \left(\sec\dfrac{I}{2} - 1\right)$에서

$R = \dfrac{E}{\sec\dfrac{I}{2} - 1} = \dfrac{30}{\sec 30° - 1} = \dfrac{30}{\dfrac{1}{\cos 30°} - 1} = 193.92m$

114. 현편거법에 의하여 터널 내 곡선설치를 할 때 SQ의 크기는?

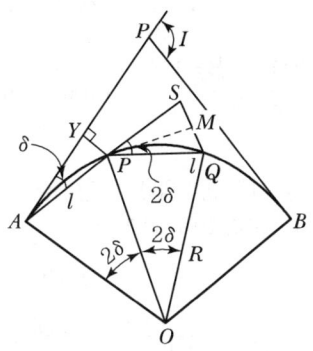

㉮ $\dfrac{2l^2}{R}$ ㉯ $\dfrac{l^2}{R}$ ㉰ $\dfrac{l^2}{2R}$ ㉱ $\dfrac{l}{R}$

해설 1. 절선횡거(AY) $=\sqrt{l^2-t^2}$에서 $=\dfrac{l}{2R}\sqrt{(2R+l)(2R-l)}$

2. 절선편거(YP) $=\dfrac{l^2}{2R}$

3. 현편거(SQ) $=\dfrac{l^2}{R}$

115. 교각이 50° 30′이고 곡선반지름이 300m일 때 단곡선을 중앙종거에 의하여 설치하고자 한다. 세 번째 중앙종거 M_3는?

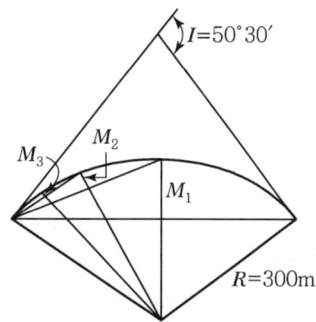

㉮ 28.663m ㉯ 7.254m ㉰ 1.819m ㉱ 0.456m

해설 $M_1=R\left(1-\cos\dfrac{I}{2}\right)$ $M_2=R\left(1-\cos\dfrac{I}{4}\right)$ $M_3=R\left(1-\cos\dfrac{I}{8}\right)$

∴ $M_1=4M_2$

$M_3=R\left(1-\cos\dfrac{I}{8}\right)=300\times\left(1-\cos\dfrac{50°30′}{8}\right)=1.8189$m

116. 설계속도 65km/h, 곡선반지름 550m인 곡선을 설계할 때, 필요한 편경사는?

㉮ 6%   ㉯ 5%   ㉰ 4%   ㉱ 3%

해설 $C = \dfrac{V^2 S}{gR} = \dfrac{\left(65 \times 1,000 \times \dfrac{1}{3,600}\right)^2 S}{9.8 \times 550} = 0.00604 = 6\%$

117. 종단곡선의 설치에서 상향기울기가 5/1,000, 하향기울기가 30/1,000, 반지름 2,000m인 원곡선을 설치할 때 교점에서 곡선시점까지의 거리는?

㉮ 35m   ㉯ 55m   ㉰ 60m   ㉱ 65m

해설 $l = \dfrac{R}{2}(m-n) = \dfrac{R}{2}\left(\dfrac{m}{1,000} - \dfrac{n}{1,000}\right) = \dfrac{2,000}{2}\left(\dfrac{5}{1,000} - \dfrac{-30}{1,000}\right) = 35\text{m}$

118. $A = 100$m의 클로소이드곡선에서 곡선길이(L) 50m일 때, 곡선반지름(R)은?

㉮ 20m   ㉯ 100m   ㉰ 150m   ㉱ 200m

해설 $A^2 = R \cdot L$에서
$(100)^2 = R \cdot 50$
$R = \dfrac{100^2}{50} = 200\text{m}$

119. 단곡선을 설치하기 위한 조건 중 곡선시점(B.C)의 좌표가 $X_{BC} = 1,000.500$m, $Y_{BC} = 200.400$m 이고, 곡선반지름(R)이 300m, 교각(I)이 70°일 때, 곡선시점(B.C)으로부터 교점(I.P)에 이르는 방위각이 123° 13′ 12″일 경우 원곡선 종점(E.C)의 좌표는?

㉮ $X_{EC} = 680.921$m, $Y_{EC} = 328.093$m
㉯ $X_{EC} = 328.093$m, $Y_{EC} = 828.093$m
㉰ $X_{EC} = 1233.966$m, $Y_{EC} = 433.766$m
㉱ $X_{EC} = 1344.666$m, $Y_{EC} = 544.546$m

해설 $TL = R\tan\dfrac{I}{2} = 300 \cdot \tan\dfrac{70}{2} = 210.06$
$X_{IP} = 1,000.5 + 210.06 \times \cos 123°13′12″ = 885.42$
$Y_{IP} = 200.4 + 210.06 \times \sin 123°13′12″ = 376.13$
∴ $X_{EC} = 885.42 + 210.06 \times \cos 193°13′12″ = 680.93$m
$Y_{EC} = 376.13 + 210.06 \times \sin 193°13′12″ = 328.09$m

120. 도로 설계에서 클로소이드곡선의 매개변수(A)를 2배 늘리면 같은 곡선반지름에서 클로소이드곡선의 길이는 몇 배가 늘어나겠는가?

㉮ 2배   ㉯ 4배   ㉰ 6배   ㉱ 8배

해설 $A^2 = RL$에서 $2^2 = RL$ ∴ 4배

해답 116. ㉮ 117. ㉮ 118. ㉱ 119. ㉮ 120. ㉯

121. 교점의 위치가 기점으로부터 330.543m, 곡선반지름 $R=250$m, 교각 $I=43°\,25'\,30''$인 단곡선을 편각법으로 측설하고자 할 때 시단현에 대한 편각은?(단, 중심말뚝의 간격=20m)

㉮ $1°\,10'\,26''$　　㉯ $1°\,0'\,52''$　　㉰ $1°\,1'\,56''$　　㉱ $1°\,15'\,35''$

해설 $T.L = R\tan\dfrac{I}{2} = 250\times\tan\dfrac{43°25'30''}{2} = 99.55$

$BC = 330.543 - 99.55 = 230.993$

$No11 + 10.993$

시단현의 길이 $= 20 - 10.993 = 9.007 ≒ 9.01$

시단현 편각(l_1) $= 1,718.87' \times \dfrac{9.01}{250} = 1°1'56.88''$

122. 단곡선 설치에서 교각(I)을 측정하지 못하여 그림과 같이 $\angle a$, $\angle b$를 관측하여, $\angle a = 100°$, $\angle b = 130°$이었다면 교각(I)는?

㉮ $50°$
㉯ $100°$
㉰ $130°$
㉱ $230°$

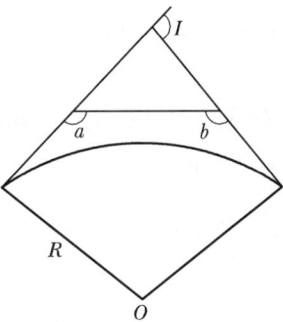

해설 교각(I) $= (180° - 100°) + (180° - 130°) = 130°$

123. 그림과 같이 단곡선의 첫 번째 측점 P를 측설하기 위하여 E,C에서 관측할 각도($\delta°$)는?(단, 교각 $I = 60°$, 곡선 반지름 $R = 100$m, 중심말뚝간격 = 20m, 시단현의 거리 = 13.96m)

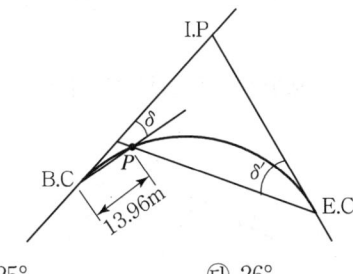

㉮ $24°$　　㉯ $25°$　　㉰ $26°$　　㉱ $27°$

해설 $CL = 0.01745RI = 0.01745 \times 100 \times 60 = 104.7$m

$104.7 - 13.96 = 90.74$

$\therefore$ 종단현(δ_2) $= \dfrac{l_2}{R} \times \dfrac{90°}{\pi} = \dfrac{90.74}{100} \times 1,718.87' = 25°59'42.16''$

124. 노선의 중심점간 길이가 20m이고 단곡선의 반지름 $R=100$m일 때 1체인(20m)에 대한 편각은?

㉮ 5° 40′   ㉯ 5° 20′   ㉰ 5° 44′   ㉱ 5° 54′

해설 $\delta = \dfrac{l}{R} \times \dfrac{90°}{\pi} = \dfrac{20}{100} \times 1,718.87' = 5°43'46.44''$

125. 편각법으로 원곡선을 설치할 때 기점으로부터 교점까지의 거리 $=123.45$m, 교각(I)$=40°\ 20'$, 곡선반지름(R)$=100$m일 때 시단현의 길이는?(단, 중심말뚝의 간격은 20m이다.)

㉮ 4.18m   ㉯ 6.72m   ㉰ 14.18m   ㉱ 13.28m

해설 $TL = R\tan\dfrac{I}{2} = 100 \times \tan\dfrac{40°20'}{2} = 36.73$
 $BC = 123.45 - 36.73 = 86.72$
 $\text{No}4 + 6.72$
 시단현의 길이 $= 20 - 6.72 = 13.28$m

126. 단곡선 측량에서 교각 $I=50°$, 반지름 $R=250$m인 경우에 외선장 E는?

㉮ 10.12m   ㉯ 15.84m   ㉰ 20.84m   ㉱ 25.84m

해설 $E = R\left(\sec\dfrac{I}{2} - 1\right) = 250\left(\sec\dfrac{50°}{2} - 1\right) = 250\left(\dfrac{1}{\cos 25°} - 1\right) = 25.84$m

127. 원곡선 설치에 있어서 곡선 반지름 $R=250$m, 교각 $A=130°$일 때, 중앙종거(M)와 곡선 길이 (CL)는?

㉮ M=144.35m, C L=567.23m   ㉯ M=144.35m, C L=570.25m
㉰ M=143.55m, C L=570.25m   ㉱ M=143.55m, C L=567.23m

해설 중앙종거(M) $= R\left(1 - \cos\dfrac{I}{2}\right) = 144.345$m
 곡선장($C.L$) $= 0.01745RI = 0.0174533 \times 250 \times 130 = 567.23$m

128. 그림과 같은 종단곡선을 2차 포물선으로 설치하고자 할 때, B점의 계획고는?(단, A점의 계획고는 78.63m이다.)

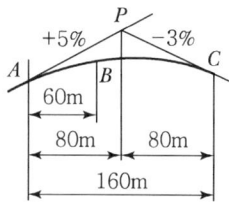

㉮ 81.63m   ㉯ 80.73m   ㉰ 79.33m   ㉱ 78.23m

해설 $y = \dfrac{m \pm n}{2L} x^2 = \dfrac{0.05 + 0.03}{2 \times 160} \times 60^2 = 0.9\text{m}$

$78.63 + \dfrac{5}{100} \times 60 = 81.63 - 0.9 = 80.73\text{m}$

129. 원곡선의 반지름이 100m일 때 중심말뚝간격 20m에 대한 현의 길이와 호의 길이의 차는?

㉮ 3.3cm　　㉯ 5.5cm　　㉰ 6.7cm　　㉱ 9.2cm

해설 호와 현길이의 차 $= C - l ≒ \dfrac{C^3}{24R^2} = \dfrac{20^3}{24 \times 100^2} = \dfrac{8,000}{240,000} = 0.0333\text{m} = 3.3\text{cm}$

130. 원곡선을 편각법으로 설치할 때, 교각 $I = 44°$, 곡선장(C.L)이 120m인 경우, 30m에 대한 편각은?

㉮ 3°40′　　㉯ 5°30′　　㉰ 6°30′　　㉱ 7°9′

해설 $C.L = 0.0174533 \times X \times 44° = 120$

$X = \dfrac{120}{0.0174533 \times 44} = 156.26$

$X = R = 153.26$

$\sigma = 1,718.87' \dfrac{i}{R} = 1,718.87' \dfrac{30}{156.26} = 5°30'0.12''$

131. 곡선반지름이 200m인 원곡선을 설치하고자 한다. 도로의 지점에서 교점까지의 거리는 324.5m이며 교점부근에 장애물이 있어 아래 그림과 같이 A, B에서의 각을 관측하였을 때, 도로시점으로부터 원곡선 시점까지의 거리는?

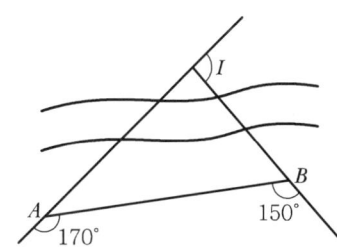

㉮ 184.3m　　㉯ 251.7m　　㉰ 157.8m　　㉱ 286.4m

해설 $I = \angle A + \angle B = 10 + 30 = 40°$

$TL = R \tan \dfrac{I}{2} = 200 \times \tan \dfrac{40}{2} = 72.8\text{m}$

$EC = $ 총거리 $- TL = 324.5 - 72.8 = 251.7\text{m}$

132. 단곡선 설치에서 곡선반지름이 100m이고 교각이 60°이다. 곡선시점의 말뚝위치가 No10+2m일 때 곡선의 종점 위치까지의 거리는?(단, 중심 말뚝 간격은 20m이다.)

㉮ 104.72m ㉯ 157.08m ㉰ 306.72m ㉱ 359.08m

해설 $C.L = 0.01745RI = 0.01745 \times 100 \times 60 = 104.72$m
말뚝위치 $No10+2 = 202$m
따라서 $104.72 + 202 = 306.72$m

133. 그림과 같이 중앙종거(M)가 20m, 곡선반지름(R)이 100m일 때, 원곡선의 교각은 얼마인가?

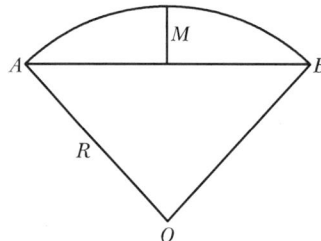

㉮ 36° 52′ 12″ ㉯ 73° 44′ 23″ ㉰ 110° 36′ 35″ ㉱ 147° 28′ 46″

해설 중앙종거(M) = $R\left(1 - \cos\dfrac{I}{2}\right)$

$20 = 100 \times \left(1 - \cos\dfrac{I}{2}\right)$

$\cos\dfrac{I}{2} = 1 - \dfrac{20}{100}$

$\cos\dfrac{I}{2} = 0.8$

$I = 2 \times \cos^{-1} 0.8$

$I = 73°44′23.26″$

제10장 하천측량

10.1 정의

하천측량은 하천의 형상, 수위, 단면 구배 등을 관측하여 하천의 평면도, 종횡단면도를 작성함과 동시에 유속, 유량 기타 구조물을 조사하여 각종 수공설계 및 시공에 필요한 자료를 얻기 위하여 실시하는 측량을 하천측량(河川測量)이라고 한다.

10.2 순서

도상조사	유로상황, 지역면적, 지형지물, 토지이용현황, 교통·통신시설 상황조사 등
자료조사	홍수피해, 수리권문제, 물의 이용상황 등 제반자료를 모아 조사
현지조사	도상·자료조사를 기초로 하여 실시하는 측량으로, 답사 및 선점을 말함
평면측량	다각·삼각측량에 의해 세부측량의 기준이 되는 골조측량을 실시하고 전자평판측량에 의해 세부측량을 실시하여 평면도를 제작
수준측량	거리표를 이용하여 종·횡단면도를 실시하고, 유수부(流水部)는 심천측량에 의해 종·횡단면도를 제작
유량측량	각 관측점에서 수위·유속·심천측량에 의해 유량 및 유량곡선을 제작
기타측량	필요에 따라서 강우량측량 및 하천구조물 조사를 실시

10.3 평면측량(平面測量)

10.3.1 평면측량 범위

유제부	제외지 범위 전부와 제내지의 300m 이내
무제부	홍수가 영향을 주는 구역보다 약간 넓게 측량한다. (홍수 시에 물이 흐르는 맨 옆에서 100m까지)
홍수방지공사가 목적인 하천공사	하구에서부터 상류의 홍수피해가 미치는 지점까지

사방공사	수원지까지
선박운행을 위한 하천 계수가 목적일 때	하류는 하구까지

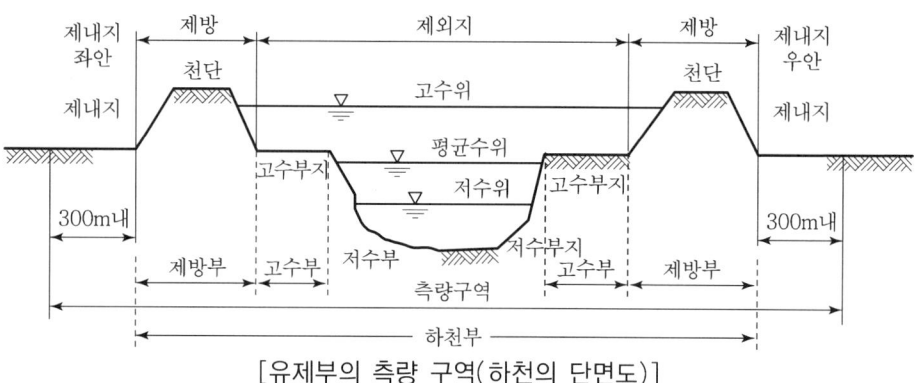

[유제부의 측량 구역(하천의 단면도)]

10.3.2 측량방법

가. 골조측량

삼각측량	① 삼각점은 기본 삼각점을 이용하여 2~3km마다 설치하며, 삼각망은 단열삼각망을 이용한다. ② 측각은 배각(반복)법으로 관측한다. ③ 협각은 40~100°(대삼각), 30~120°(소삼각)로 한다.
트래버스(다각)측량	① 결합다각형의 폐합차는 3′ 이내로 한다. ② 폐합비는 $\dfrac{1}{1,000}$ 이내로 한다.

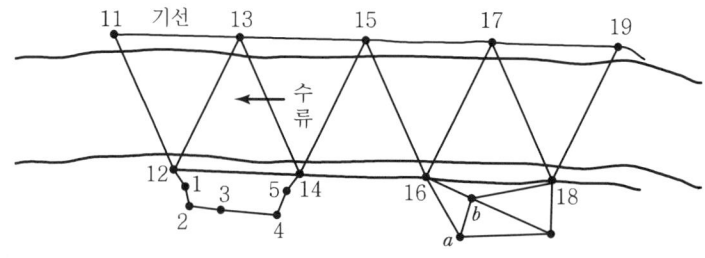

[하천 골조측량]

나. 세부측량

하천유역에 있는 모든 것(하천의 형태, 제방, 방파제, 행정구획상 경계, 하천공사물, 양수표, 각종측량표)을 측량한다.

수애선(水涯線)측량	① 수애선은 수면과 하안과의 경계선이다. ② 수애선은 하천수위의 변화에 따라 변동하는 것으로 평수위에 의해 정해진다. (※ 평수위 : 어떤 기간 계속하여 관측한 수위 가운데 $\frac{1}{2}$은 그 수위보다 높고 다른 $\frac{1}{2}$은 낮은 수위이다.
평면도의 축척	① 하폭 50m 이하일 때 표준 : $\frac{1}{1,000}$ ② 기본도 : $\frac{1}{2,500}$ 또는 $\frac{1}{10,000}$ ③ 국부적인 상세도 : $\frac{1}{500} \sim \frac{1}{1,000}$

10.4 수준(고저)측량

하천측량에서 고저측량은 거리표 설치, 종·횡단측량, 심천측량을 총칭하여 말한다.

거리표 (距離標) 설치	① 하천의 중심에서 직각방향으로 설치한다. 거리표는 하구 또는 하천의 합류점에서의 위치를 표시하는 것이다. ② 하천의 한쪽 하안에 따라 하구 또는 하천의 합류점으로부터 100 또는 200m마다 설치한다. ③ 표석은 1km마다 매립한다.
종단측량 (縱斷測量)	① 수준기표 : 5km마다 암반에 설치한다. ② 허용오차 : 4km 왕복에서 유조부 10mm, 무조부 15mm, 급류부 20mm ③ 축척 : 종(높이) $\frac{1}{100}$, 횡(거리) $\frac{1}{1,000}$
횡단측량 (橫斷測量)	① 200m마다의 거리표를 기준으로 하며, 간격은 소하천은 5m, 대하천은 10~20m마다 좌안을 기준으로 측량을 실시한다. ② 축척 : 종(높이) $\frac{1}{100}$, 횡(폭) $\frac{1}{1,000}$ ③ 좌안 : 물이 흐르는 방향에서 볼 때 좌측
심천측량 (深淺測量)	하천의 수심 및 유수부분의 하저 상황을 조사하고 횡단면도를 제작하는 측량을 심천측량이라 한다.

심천측량 (深淺測量)	사용되는 기계·기구	① 로드(Rod, 측간, 測深棒) : 수심이 얕은(5m 이내) 곳에서 사용(1~2m의 경우에 효과적)한다. ② 레드(Lead, 측추, 測深錘) : 유속이 그리 크지 않은 곳에서 사용하며 로프 끝부분에 3~5kg(최대 13kg)의 은 등의 추를 붙여서 사용하고, 5m 이상 시 사용한다. ③ 음향측심기(수압측심기) : 수심이 깊고, 유속이 빠른 장소로 보통 30m 되는 곳에서 사용하며, 오차는 0.5% 정도 생긴다. 레드(측추)로 관측이 불가능한 경우에 사용하며 최근 전자기술의 발달에 의하여 아주 높은 정확도를 얻을 수 있다. ④ 배(측량선) : 하천폭이 넓고, 수심이 깊은 경우에 사용한다.
	하천의 심천측량	① 하천폭이 넓고 수심이 얕은 경우 양안 거리표를 시준한 선상에 수면말뚝을 박고 와이어로 길이 5~10m마다 수심을 관측한다. ② 하천폭이 넓고 수심이 깊은 경우 ▶ B점에서 트랜싯으로 관측한 경우(전방교회법) $\overline{AP_1} = AB \cdot \tan \alpha_1$, $\overline{AP_2} = AB \cdot \tan \alpha_2$ ▶ P(배)에서 육분의(Sextant)로 관측한 경우(후방교회법) $AP_1 = AB \cdot \cot \beta_1$, $AP_2 = AB \cdot \cot \beta_2$

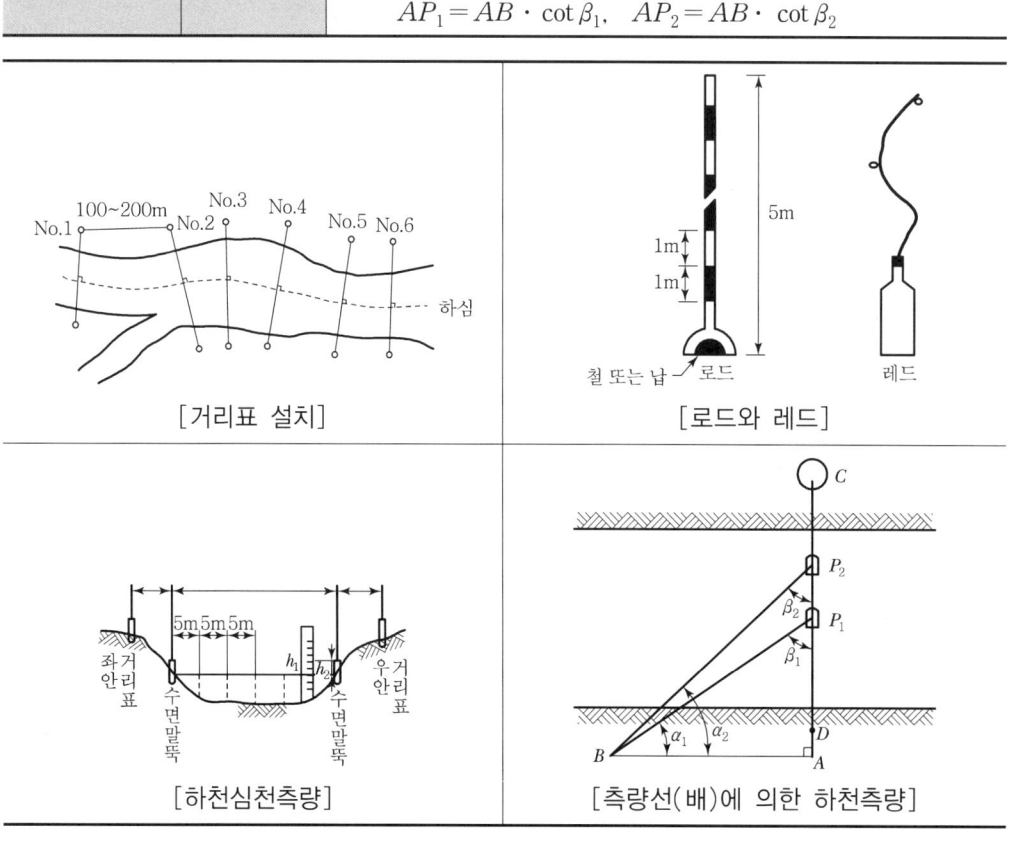

[거리표 설치]   [로드와 레드]

[하천심천측량]   [측량선(배)에 의한 하천측량]

10.5 수위 관측

10.5.1 하천의 수위

최고수위(HWL), 최저수위(LWL)	어떤 기간에 있어서의 최고, 최저수위로 연단위 혹은 월단위의 최고, 최저로 구한다.
평균최고수위(NHWL), 평균최저수위(NLWL)	연과 월에 있어서의 최고, 최저의 평균수위로, 평균최고수위는 제방, 교량, 배수 등의 치수 목적에 사용하며 평균최저수위는 수운, 선항, 수력발전의 이수(利水) 목적에 사용한다.
평균수위(MWL)	어떤 기간의 관측수위의 총합을 관측횟수로 나누어 평균치를 구한 수위
평균고수위(MHWL), 평균저수위(MLWL)	어떤 기간에 있어서의 평균수위 이상의 수위의 평균수위 또는 어떤 기간에 있어서의 평균수위 이하의 수위로부터 구한 평균수위
최다수위 (Most Frequent Water Level)	일정기간 중 제일 많이 발생한 수위
평수위(OWL)	어느 기간의 수위 중 이것보다 높은 수위와 낮은 수위의 관측수가 똑같은 수위로 일반적으로 평균수위보다 약간 낮은 수위. 1년을 통해 185일은 이보다 저하하지 않는 수위
저수위	1년을 통해 275일은 이보다 저하하지 않는 수위
갈수위	1년을 통해 355일은 이보다 저하하지 않는 수위
고수위	2~3회 이상 이보다 적어지지 않는 수위
지정수위	홍수 시에 매시 관측하는 수위
통보수위	지정된 통보를 개시하는 수위
경계수위	수방(水防)요원의 출동을 필요로 하는 수위

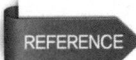

- 치수(治水) : 물을 통제하고 조절하는 일. 물을 다스린다는 뜻으로 강과 하천에 물길을 내고, 제방을 쌓고, 댐을 건설하는 등 홍수와 가뭄 따위의 피해를 막고 물을 효과적으로 이용하는 일
- 이수(利水) : 물을 이용하는 일

10.5.2 수위 관측소와 양수표 설치 장소

수위 관측소 및 (水位觀測所) 양수표 (量水標 : Water guage) 설치 장소	① 하안(河岸)과 하상(河床)이 안전하고 세굴이나 퇴적이 되지 않은 장소 ② 상하류의 길이 약 100m 정도의 직선일 것 ③ 유속의 변화가 크지 않을 것 ④ 수위가 교각이나 기타 구조물에 영향을 받지 않는 장소 ⑤ 홍수 시 관측소가 유실, 이동 및 파손될 염려가 없는 장소 ⑥ 평시는 홍수 때보다 수위표를 쉽게 읽을 수 있는 장소 ⑦ 지천의 합류점 및 분류점으로 수위의 변화가 생기지 않은 장소 ⑧ 양수표의 영점위치는 최저수위 밑에 있고, 양수표 눈금의 최고위는 최고홍수위보다 높은 장소 ⑨ 양수표는 평균해수면의 표고를 측정 ⑩ 어떠한 갈수 시에도 양수표가 노출되지 않는 장소 ⑪ 수위가 급변하지 않는 장소 ⑫ 양수표는 하천에 연하여 5~10km마다 배치

10.6 평균 유속 관측

유속 관측에는 유속계(Current Meter)와 부자(Float) 등이 가장 많이 이용된다. 유속을 직접 관측할 수 없을 때는 하천구배를 관측하여 평균유속을 구하는 방법을 이용한다.

10.6.1 부자에 의한 방법

표면부자	① 나무, 코르크, 병, 죽통 등을 이용하여 가운데에 작은 돌이나 모래를 넣은 후 이를 추로 하여 부자고 0.8~0.9를 흘수선(吃水線)으로 한다. ② 주로 홍수 시 사용되며 투하지점은 10m 이상, $\dfrac{B}{3}$ 이상, 20초 이상 (약 30초)으로 한다.(여기서, B : 하폭) ③ $V_m = (0.8 \sim 0.9)v$ 　여기서, V_m : 평균유속 　　　　　v : 유속 　　　　　0.8 : 작은 하천에서의 부자고 　　　　　0.9 : 큰 하천에서의 부자고

이중부자	① 표면부자에 실이나 가는 쇠줄을 수중부자와 연결하여 만든 부자 ② 수중부자는 수면에서 수심의 $\frac{3}{5}$인 곳에 수중부자를 가라앉혀서 직접평균유속을 구할 때 사용한다. ③ 아주 정확한 값은 얻을 수 없다.
막대(봉)부자	죽통(竹筒)이나 파이프(관)의 하단에 추를 넣고 연직으로 세워 하천에 흘러 보내 평균유속을 직접 구하는 방법으로 종평균유속 측정에 사용한다.

부자의
유하거리
	① 하천 폭의 2~3배로서 1~2분 흐를 수 있는 거리
	② 제1단면과 제2단면의 간격
	  • 큰 하천 : 100~200m
	  • 작은 하천 : 20~50m
	③ 부자에 의한 평균유속 : $V_m = \dfrac{L}{t}$
	  여기서, L : 거리, t : 부자가 유하한 시간

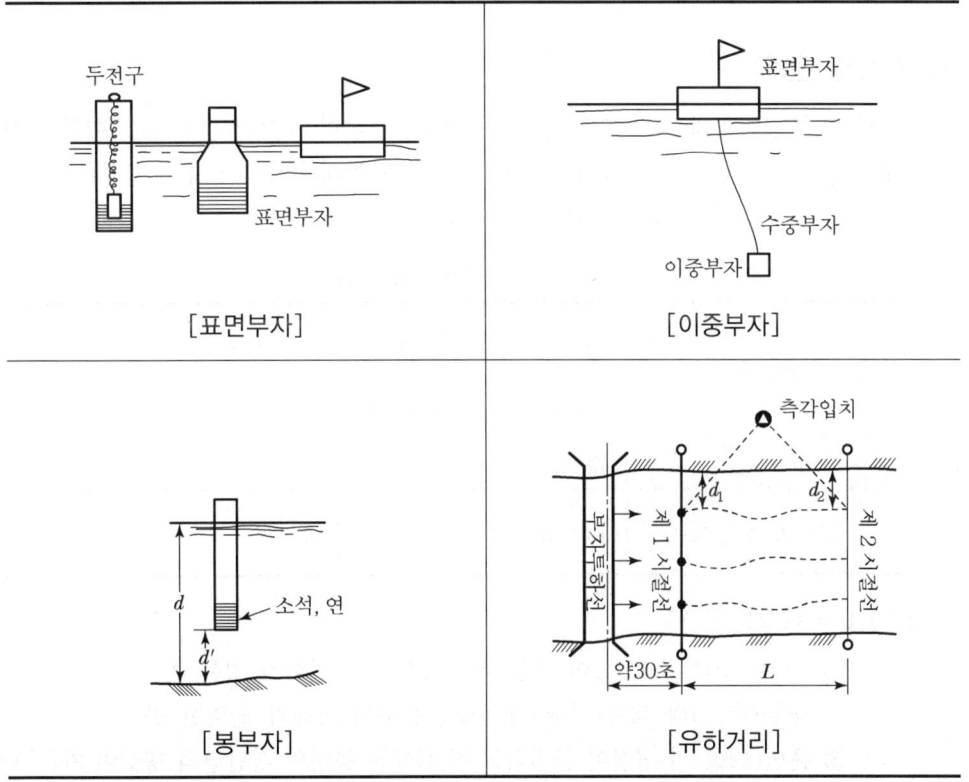

[표면부자]   [이중부자]

[봉부자]   [유하거리]

10.6.2 평균 유속을 구하는 방법

1점법	수면으로부터 수심 0.6H 되는 곳의 유속 $V_m = V_{0.6}$	
2점법	수심 0.2H, 0.8H 되는 곳의 유속 $V_m = \frac{1}{2}(V_{0.2} + V_{0.8})$	
3점법	수심 0.2H, 0.6H, 0.8H 되는 곳의 유속 $V_m = \frac{1}{4}(V_{0.2} + 2V_{0.6} + V_{0.8})$	
4점법	수심 1.0m 내외의 장소에서 적당하다. $V_m = \frac{1}{5}\left\{(V_{0.2} + V_{0.4} + V_{0.6} + V_{0.8}) + \frac{1}{2}\left(V_{0.2} + \frac{V_{0.8}}{2}\right)\right\}$	

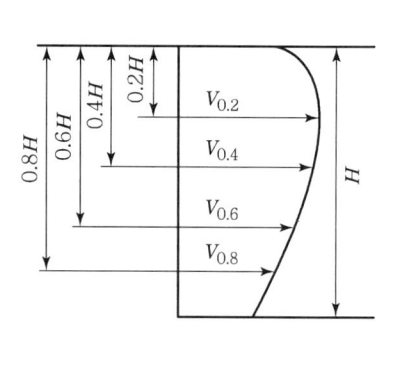

10.7 유량 관측

유량 관측은 하천과 기타 수로의 각종 수위에 대하여 유속을 관측하고, 이것에 기인하여 각 수위에 대한 유량을 계산하며 수위와 유량과의 관계를 정리하여 하천계획과 Dam 기타 계획 등 기초자료를 작성하는 데 목적이 있다.

〈유량의 계산〉

Chezy 공식	$Q = A \cdot V$, $V = C\sqrt{RS}$, $C = \frac{1}{n}R^{\frac{1}{6}}$ 여기서, C : 유속계수, R : 유로의 경심, S : 단면의 구배
Kutter 공식	$Q = A \cdot V$
Manning 공식	$Q = A \cdot V$ $V = \frac{1}{n}R^{\frac{2}{3}}I^{\frac{1}{2}}$

10.7.1 유량측정장소

① 측수작업(測水作業)이 쉽고 하저(河底)의 변화가 없는 곳
② 잠류(潛流)와 역류(逆流)가 없고, 유수의 상태가 균일한 곳
③ 윤변(潤邊)의 성질이 균일하고 상,하류를 통하여 횡단면의 형상이 차(差)가 없는 곳
④ 유수방향이 최다방향과 일정한 곳
⑤ 비교적 유신(流身)이 직선이고 갈수류(渴水流)가 없는 곳

예상 및 기출문제 10

1. 다음 중 유량을 측정할 때 좋은 장소 선정에 대한 설명으로 옳지 않은 것은?

㉮ 작업하기 쉽고 하저의 변화가 없는 곳
㉯ 유선이 직선이고 균일한 단면으로 되어 있는 곳
㉰ 와류, 역류가 없고 유수의 상태가 균일한 곳
㉱ 상·하류 횡단면의 형상이 차이가 있는 곳

해설 유량측정 장소
① 측수작업(測水作業)이 쉽고 하저(河底)의 변화가 없는 곳
② 잠류(潛流)와 역류(逆流)가 없고, 유수의 상태가 균일한 곳
③ 윤변(潤邊)의 성질이 균일하고 상,하류를 통하여 횡단면의 형상이 차(差)가 없는 곳
④ 유수방향이 최다방향과 일정한 곳
⑤ 비교적 유신(流身)이 직선이고 갈수류(渴水流)가 없는 곳

2. 다음 중 하천측량에서의 고저측량에 포함되는 내용이 아닌 것은?

㉮ 골조측량   ㉯ 거리표 설치   ㉰ 종횡단 측량   ㉱ 심천측량

해설 하천측량에서 고저측량 순서
수준기표 설치 → 거리표설치 → 종단측량 → 횡단측량 → 수심측량

하천측량의 수준측량
① 수준기표(Bench Mark) 설치 : 견고한 장소 선정하여 양안 5Km마다 설치
② 거리표(Distance Mark) 설치 : 하천 중심에 직각으로 설치, 하구나 하천 합류점 100~200m마다 설치
③ 종·횡단 측량
④ 수심측량 : 5m 구간으로 나누어 실시

3. 하천측량에서 수위에 관련한 다음 용어 중 잘못된 것은?

㉮ 최고수위(H.W.L) : 어떤 기간에 있어서 최고의 수위
㉯ 평균수위(M.W.L) : 어떤 기간의 관측수위를 합계하여 관측횟수로 나누어 평균값을 구한 수위
㉰ 평수위 : 어떤 기간의 수위 중 이것보다 높은 수위와 낮은 수위의 관측횟수가 똑같은 수위
㉱ 경계수위 : 지정된 통보를 개시하는 수위

해답 1. ㉱ 2. ㉮ 3. ㉱

해설 ① 최고수위(H.W.L) 최저수위(L.W.L) : 어떤 기간에 있어서 최고·최저의 수위로 연단위나 월 단위의 최고·최저로 구분한다.
② 평균최고수위(N.H.W.L) 및 평균최저수위(N.L.W.L) : 연과 월에 있어서의 최고·최저의 평균을 나타낸다. 최고는 제방, 교량 배수 등의 치수목적 등에 이용되고 최저는 수운, 선항, 수력발전 등 하천의 수리목적에 이용된다.
③ 평균수위(M.W.L) : 어떤 기간의 관측수위를 합계하여 관측횟수로 나누어 평균치를 구한다.
④ 평균고수위(M.H.W.L), 평균저수위(M.L.W.L) : 어떤 기간에 있어서의 평균수위 이상, 평균수위 이하의 수위를 평균한 것
⑤ 평수위(O.W.L) : 어느 기간의 수위 중 이것보다 높은 수위와 낮은 수위의 관측횟수가 똑 같은 수위로 일반적으로 평수위 보다 약간 낮은 수위(1년을 통하여 185일은 이것보다 내려가지 않는 수위)
⑥ 저수위 : 1년을 통하여 275일은 이것보다 내려가지 않는 수위
⑦ 갈수위 : 1년을 통하여 355일은 이것보다 내려가지 않는 수위
⑧ 고수위 : 2~3회 이상 이보다 적어지지 않는 수위
⑨ 최다수위(Most Frequent Water Level) : 일정기간 중 제일 많이 증가한 수위
⑩ 지정수위 : 홍수시에 매시 수위를 관측하는 수위
⑪ 경계수위 : 수방(水防)요원의 출동을 요하는 수위
⑫ 통보수위 : 지정된 통보를 개시하는 수위

4. 다음 중 하천측량의 일반적인 작업 순서로서 옳은 것은?
㉮ 자료조사 → 현지조사 → 평면측량 → 수준측량 → 유량측량
㉯ 자료조사 → 수준측량 → 평면측량 → 현지조사 → 유량측량
㉰ 현지조사 → 유량측량 → 자료조사 → 평면측량 → 수준측량
㉱ 현지조사 → 자료조사 → 유량측량 → 수준측량 → 평면측량

해설

작업순서	조사 및 측량내용
도상조사	유로상황, 지역면적, 지형지물, 토지이용현황, 교통·통신시설 상황조사 등
자료조사	홍수피해, 수리권문제, 물의 이용상황 등 제반자료를 모아 조사
현지조사	도상·자료조사를 기초로 하여 실시하는 측량으로, 답사 및 선점을 말함
평면측량	다각·삼각측량에 의해 세부측량의 기준이 되는 골조측량을 실시하고 평판측량에 의해 세부측량을 실시하여 평면도를 제작
수준측량	거리표를 이용하여 종·횡단면도를 실시하고, 유수부(流水部)는 심천측량에 의해 종·횡단면도를 제작
유량측량	각 관측점에서 수위·유속·심천 측량에 의해 유량 및 유량곡선을 제작
기타측량	필요에 따라서 강우량측량 및 하천구조물의 조사를 실시

5. 다음의 하천측량에 대한 설명 중 옳지 않은 것은?

㉮ 평면측량의 범위는 유제부에서 제외지의 30m 정도와 홍수가 영향을 주는 구역보다 약간 넓게 측량한다.
㉯ 1점법에 의한 평균유속은 수면으로부터 수심의 0.6H 되는 곳의 유속을 말하며, 5% 정도의 오차가 발생한다.
㉰ 수심이 깊고 유속이 빠른 장소에는 음향측심기와 수압측심기를 사용하며, 음향측심기는 30m의 깊이를 0.5% 정도의 오차로 측정이 가능하다.
㉱ 하천측량의 목적은 하천공작물의 계획, 설계, 시공에 필요한 자료를 얻기 위함이다.

> **해설** 하천측량에서의 범위
> ① 무제부 : 홍수가 영향을 주는 구역보다 넓게, 즉 홍수시에 물이 흐르는 맨 옆에서 100m까지 측량한다.
> ② 유제부 : 제외지의 전부와 제내지의 300m 이내를 측량한다.
> ③ 하천공사의 경우 : 하구에서 상류의 홍수 피해가 미치는 지점까지 측량한다.
> ④ 사방공사의 경우 : 수원지까지 측량한다.
> ⑤ 해운을 위한 하천개수공사 : 하구까지 측량한다.

6. 하천측량에서 수면으로부터 수심(H)의 0.2H, 0.6H, 0.8H 되는 곳의 유속이 각각 0.55m/sec, 0.66m/sec, 0.37m/sec였다. 다음 중 2점법(V_2) 및 3점법(V_3)에 의하여 산출한 평균 유속이 맞는 것은?

㉮ $V_2 = 0.46$ m/sec, $V_3 = 0.65$ m/sec
㉯ $V_2 = 0.46$ m/sec, $V_3 = 0.56$ m/sec
㉰ $V_2 = 0.48$ m/sec, $V_3 = 0.65$ m/sec
㉱ $V_2 = 0.48$ m/sec c, $V_3 = 0.56$ m/sec

> **해설** ① 1점법(V_m) : 수면으로부터 수심 0.6H
> ② 2점법(V_m) : $\dfrac{V_{0.2} + V_{0.8}}{2}$
> ③ 3점법(V_m) : $\dfrac{V_{0.2} + 2V_{0.6} + V_{0.8}}{4}$
> ④ 4점법(V_m) : $\dfrac{1}{5}\left\{V_{0.2} + V_{0.4} + V_{0.6} + V_{0.8} + \dfrac{1}{2}\left(V_{0.2} + \dfrac{1}{2}V_{0.8}\right)\right\}$
>
> • 2점법(V_2) $= \dfrac{V_{0.2} + V_{0.8}}{2} = \dfrac{0.55 + 0.37}{2} = 0.46$ m/sec
>
> • 3점법(V_3) $= \dfrac{V_{0.2} + 2V_{0.6} + V_{0.8}}{4}$
> $= \dfrac{0.55 + (2 \times 0.66) + 0.37}{4}$
> $= 0.56$ m/sec

해답 5. ㉮ 6. ㉯

제1편 측량학

7. 하천측량에서 가장 많이 사용하는 삼각망의 형태는?

㉮ 사변형망 ㉯ 단열삼각망
㉰ 유심삼각망 ㉱ 복합삼각망

해설 ① 단열삼각망 : 폭이 좁고 긴 지역에 적합하다.(도로, 하천, 철도 등)
② 유심삼각망 : 측점수에 비해 포함 면적이 넓어 평야지에 많이 이용된다.
③ 사변형 삼각망 : 조건수식이 많아 높은 정확도를 얻을 수 있다.(기선삼각망에 이용)

8. 수심 H인 하천의 유속측정에서 수면으로부터 0.2H, 0.6H, 0.8H에서 유속이 각각 0.5m/sec, 0.45m/sec, 0.3m/sec일 때 3점법에 의한 평균유속은?

㉮ 0.425m/sec ㉯ 0.525m/sec
㉰ 0.625m/sec ㉱ 0.725m/sec

해설 평균유속 구하는 방법

① 1점법(V_m) : 수면으로부터 수심 0.6H

② 2점법(V_m) : $\dfrac{V_{0.2}+V_{0.8}}{2}$

③ 3점법(V_m) : $\dfrac{V_{0.2}+2V_{0.6}+V_{0.8}}{4}$

④ 4점법(V_m) : $\dfrac{1}{5}\left\{V_{0.2}+V_{0.4}+V_{0.6}+V_{0.8}+\dfrac{1}{2}\left(V_{0.2}+\dfrac{1}{2}V_{0.8}\right)\right\}$

$V_m = \dfrac{(V_{0.2}+2V_{0.6}+V_{0.8})}{4}$

$= \dfrac{0.5+2\times0.45+0.3}{4}$

$= 0.425\text{m/sec}$

9. 하천수위의 갈수위에 대한 설명으로 옳은 것은?

㉮ 1년을 통하여 275일간은 이것보다 내려가지 않는 수위
㉯ 1년을 통하여 355일간은 이것보다 내려가지 않는 수위
㉰ 1년을 통하여 185일간은 이것보다 내려가지 않는 수위
㉱ 1년을 통하여 125일간은 이것보다 내려가지 않는 수위

해설 하천수위
① 평수위 : 1년을 통하여 185일은 이보다 저하하지 않는 수위
② 저수위 : 1년을 통하여 275일은 이보다 저하하지 않는 수위
③ 갈수위 : 1년을 통하여 355일은 이보다 저하하지 않는 수위
④ 지정수위 : 홍수시에 매시 수위를 관측하는 수위
⑤ 최다수위 : 어떤 기간에 있어서 가장 많이 증가한 수위

해답 7. ㉯ 8. ㉮ 9. ㉯

10. 하천측량에서 수위관측소의 설치장소에 대한 조건으로 옳지 않은 것은?

㉮ 하상과 하안이 안전하고 세굴이나 퇴적이 생기지 않는 장소일 것
㉯ 상·하류 약 100m 정도의 직선의 장소일 것
㉰ 하저의 변화가 뚜렷한 장소일 것
㉱ 와류 및 역류가 없는 장소일 것

> **해설** 수위관측소 설치 장소
> ① 하상과 하안이 세굴, 퇴적이 안 되는 곳
> ② 상·하류가 100m 가량 직선인 곳
> ③ 수위가 교각등 구조물의 영향을 받지 않는 곳
> ④ 홍수 때에도 쉽게 양수표를 읽을 수 있는 곳
> ⑤ 홍수 때 관측소가 유실, 파손될 염려가 없는 곳
> ⑥ 지천의 합류점과 같이 불규칙한 변화가 없는 곳
> ⑦ 양수표 : 5~10km마다 배치

11. 하천의 수면구배를 정하기 위해 100m의 간격으로 동시 수위를 측정하여 다음과 같은 결과를 얻었다. 이 결과로부터 구한 이 구간의 평균 수면구배는?

측 점	수면의 표고(m)
1	73.63
2	73.45
3	73.23
4	73.02
5	72.83

㉮ 1/500 ㉯ 1/750 ㉰ 1/1,000 ㉱ 1/1,250

> **해설** ① 각 측점 간 높이 차
> $1-2 = 73.63 - 73.45 = 0.18$
> $2-3 = 73.45 - 73.23 = 0.22$
> $3-4 = 73.23 - 73.02 = 0.21$
> $4-5 = 73.02 - 73.83 = 0.19$
> ② 평균 표고
> $$\frac{0.18 + 0.22 + 0.21 + 0.19}{4} = 0.2$$
> ③ 평균 구배
> $$\frac{높이}{수평거리} = \frac{0.2}{100} = \frac{1}{500}$$

해답 10. ㉰ 11. ㉮

12. 다음 중 하천 수위의 변화에 따라 변동하는 것으로 평수위에 의해 결정되는 것은?

㉮ 수애선 ㉯ 지평선
㉰ 수평선 ㉱ 평균수위(M.W.L)

해설 수애선은 수면과 하안과의 경계선을 말하며, 평수위에 의해 정해진다.

13. 하천측량에서 평균유속을 구하는 식으로 3점법을 사용할 때의 공식은?(단, V_m = 평균유속, $V_{0.2}, V_{0.4}, V_{0.6}, V_{0.8}$ = 수면에서 수심의 20%, 40%, 60%, 80% 되는 곳의 유속)

㉮ $V_m = \dfrac{V_{0.2}+V_{0.6}+V_{0.8}}{3}$ ㉯ $V_m = \dfrac{V_{0.2}+V_{0.4}+V_{0.8}}{3}$

㉰ $V_m = \dfrac{V_{0.2}+2V_{0.6}+V_{0.8}}{4}$ ㉱ $V_m = \dfrac{V_{0.4}+2V_{0.6}+V_{0.8}}{4}$

해설 평균유속 구하는 방법
① 1점법(V_m) : 수면으로부터 수심 0.6H
② 2점법(V_m) : $\dfrac{V_{0.2}+V_{0.8}}{2}$
③ 3점법(V_m) : $\dfrac{V_{0.2}+2V_{0.6}+V_{0.8}}{4}$
④ 4점법(V_m) : $\dfrac{1}{5}\left\{V_{0.2}+V_{0.4}+V_{0.6}+V_{0.8}+\dfrac{1}{2}\left(V_{0.2}+\dfrac{1}{2}V_{0.8}\right)\right\}$

14. 하천의 평균유속을 구하기 위하여 두 점을 사용할 경우 수면으로 수심(h) 어느 지점의 유속을 측정하여 평균하여야 하는가?

㉮ 0.4h와 0.6h ㉯ 0.3h와 0.7h
㉰ 0.2h와 0.8h ㉱ 0.1h와 0.9h

해설 13번 문제 해설 참조

15. 하천의 고저측량 시 설치하는 거리표의 간격 표준으로 가장 적합한 것은?

㉮ 100m ㉯ 200m
㉰ 300m ㉱ 400m

해설 수준측량
① 거리표 설치 : 하천의 합류점에서 100~200m마다 설치
② 종단측량
  • 수준기점은 양안 5km마다 설치
  • 삼각점 2~3km
  • 표석 : 1km마다 매립
  • 종단 축척은 종 : $\dfrac{1}{100}$, 횡 : $\dfrac{1}{1,000}$

해답 12. ㉮ 13. ㉰ 14. ㉰ 15. ㉯

③ 심천측량의 기계기구
- 로드 : 수심이 얕은 곳(5m 이하)
- 음향깊이 관측기 : 수심이 깊고 유속이 큰 장소(정확도가 높음)
- 배(측량선) : 하천폭이 넓고 수심이 깊은 경우

④ 하천심천측량
- $BP = AB \tan\alpha$
- sin 법칙 이용

16. 하천의 유속측정에서 수면으로 다음 깊이의 유속을 측정하였을 때 평균유속은?(단, 수심 2/10에서의 유속이 0.687m/sec, 수심 6/10에서의 유속이 0.528m/sec, 수심 8/10에서의 유속이 0.382m/sec이다.)

㉮ 0.63m/sec　　㉯ 0.53m/sec　　㉰ 0.43m/sec　　㉱ 0.33m/sec

해설 평균유속 구하는 방법

① 1점법(V_m) : 수면으로부터 수심 0.6H

② 2점법(V_m) : $\dfrac{V_{0.2} + V_{0.8}}{2}$

③ 3점법(V_m) : $\dfrac{V_{0.2} + 2V_{0.6} + V_{0.8}}{4}$

④ 4점법(V_m) : $\dfrac{1}{5}\left\{V_{0.2} + V_{0.4} + V_{0.6} + V_{0.8} + \dfrac{1}{2}\left(V_{0.2} + \dfrac{1}{2}V_{0.8}\right)\right\}$

$V_m = \dfrac{V_{0.2} + 2V_{0.6} + V_{0.8}}{4}$
$= \dfrac{0.687 + 2 \times 0.528 + 0.382}{4} = 0.53\text{m/sec}$

17. 다음 중 하천측량에서 수준측량작업과 거리가 먼 것은?

㉮ 거리표설치　　㉯ 종단 및 횡단측량
㉰ 심천측량　　㉱ 유속측량

해설 하천측량의 수준측량
① 수준기표(Bench Mark) 설치 : 견고한 장소 선정하여 양안 5Km마다 설치
② 거리표(Distance Mark) 설치 : 하천중심에 직각으로 설치, 하구나 하천 합류점 100~200m마다 설치
③ 종·횡단 측량
④ 수심측량 : 5m 구간으로 나누어 실시

18. 부자에 의한 유속관측을 하고 있다. 부자를 띄운 뒤 1분 후에 하류 120m 지점에서 관측되었다면 이때의 표면유속은?

㉮ 1m/sec　　㉯ 2m/sec　　㉰ 3m/sec　　㉱ 4m/sec

해설 $V_s = \dfrac{l}{t} = \dfrac{120\text{m}}{60\text{sec}} = 2\text{m/sec}$

19. 하천의 유속측정에 있어서 최소유속, 최대유속, 평균유속, 표면유속의 4가지 유속은 크기가 다르게 나타난다. 이 4가지 유속을 하천의 표면에서부터 하저에 이르기까지 일반적으로 나타나는 순서대로 옳게 열거한 것은?

㉮ 표면유속 – 최대유속 – 최소유속 – 평균유속
㉯ 표면유속 – 평균유속 – 최대유속 – 최소유속
㉰ 표면유속 – 최대유속 – 평균유속 – 최소유속
㉱ 표면유속 – 최소유속 – 평균유속 – 최대유속

해설 표면에서부터 하저로 나타나는 순서
표면유속 – 최대유속 – 평균유속 – 최소유속
- 표면유속 : 수표면에서의 유속
- 평균유속 : 일정한 물길에서, 서로 다른 크기의 단면으로 된 곳들에서의 유속을 평균한 속도

20. 하천측량에서 관측한 수위에 대한 설명으로 옳지 않은 것은?

㉮ 최고수위는 어떤 기간에 있어서 가장 높은 쉬위를 말한다.
㉯ 평균수위는 어떤 기간의 관측수위를 합계하여 관측횟수로 나눈 것을 말한다.
㉰ 갈수위는 하천의 수위 중에서 1년을 통하여 355일간 이보다 내려가지 않는 수위를 말한다.
㉱ 평수위는 어떤 기간에 있어서의 관측수위가 일정하게 유지되는 최대 기간의 수위로 평균수위보다 약간 높다.

해설 ① 최고수위(H.W.L) 최저수위(L.W.L) : 어떤 기간에 있어서 최고·최저의 수위로 연단위나 월단위의 최고·최저로 구분한다.
② 평균최고수위(N.H.W.L) 및 평균최저수위 (N.L.W.L) : 연과 월에 있어서의 최고·최저의 평균을 나타낸다. 최고는 제방, 교량배수 등의 치수목적 등에 이용되고 최저는 수운, 선항, 수력발전 등 하천의 수리목적에 이용된다.
③ 평균수위(M.W.L) : 어떤 기간의 관측수위를 합계하여 관측횟수로 나누어 평균치를 구한다.
④ 평균고수위(M.H.W.L), 평균저수위(M.L.W.L) : 어떤 기간에 있어서의 평균수위 이상, 평균수위 이하의 수위를 평균한 것
⑤ 평수위(O.W.L) : 어느 기간의 수위 중 이것보다 높은 수위와 낮은 수위의 관측횟수가 똑같은 수위로 일반적으로 평수위보다 약간 낮은 수위(1년을 통하여 185일은 이것보다 내려가지 않는 수위)
⑥ 저수위 : 1년을 통하여 275일은 이것보다 내려가지 않는 수위
⑦ 갈수위 : 1년을 통하여 355일은 이것보다 내려가지 않는 수위
⑧ 고수위 : 2~3회 이상 이보다 적어지지 않는 수위
⑨ 최다수위(Most Frequent Water Level) : 일정 기간 중 제일 많이 증가한 수위
⑩ 지정수위 : 홍수시에 매시 수위를 관측하는 수위
⑪ 경계수위 : 수방(水防)요원의 출동을 요하는 수위
⑫ 통보수위 : 지정된 통보를 개시하는 수위

21. 천측량에서 평면측량의 범위에 대한 설명으로 옳지 않은 것은?

㉮ 유제부에서는 제외지 전부와 제내지의 300m이다.
㉯ 무제부에서는 홍수가 영향을 주는 구역까지만을 범위로 한다.
㉰ 하천공사에서는 하구에서부터 상류의 홍수피해가 미치는 지점까지 한다.
㉱ 사방공사의 경우에는 수원지까지를 범위로 한다.

> **해설** 하천측량에서의 범위
> ① 무제부 : 홍수가 영향을 주는 구역보다 넓게, 즉 홍수 시에 물이 흐르는 맨 옆에서 100m까지 측량한다.
> ② 유제부 : 제외지의 전부와 제내지의 300m 이내를 측량한다.
> ③ 하천공사의 경우 : 하구에서 상류의 홍수피해가 미치는 지점까지 측량한다.
> ④ 사방공사의 경우 : 수원지까지 측량한다.
> ⑤ 해운을 위한 하천개수공사 : 하구까지 측량한다.

22. 하천의 어느 지점에서 유량측정을 위하여 필요한 직접적인 관측사항이 아닌 것은?

㉮ 강우량 측정   ㉯ 유속 측정
㉰ 심천측량   ㉱ 유수단면적 측정

> **해설** ① 심천측량은 하천의 수심 및 유수부분의 하저상황을 조사하여 횡단면도를 제작하는 측량이다. 유수의 실태를 파악하기 위해 하상의 물질을 동시에 채취(採取)하는 것이 보통이다.
> ② $Q = A \cdot V$ 에서
> Q : 유량, A : 단면적, V : 유속

23. 하천측량에서 수면으로부터 수심(h)의 0.2h, 0.6h, 0.8h 되는 곳에서 유속을 측정한 결과 각각 0.684m/sec, 0.607m/sec, 0.522m/sec이었다. 3점법에 의한 평균유속은?

㉮ 0.603m/sec   ㉯ 0.605m/sec
㉰ 0.607m/sec   ㉱ 0.609m/sec

> **해설** $V_m = \dfrac{1}{4}(V_{0.2} + 2V_{0.6} + V_{0.8})$
> $= \dfrac{1}{4}(0.684 + 2 \times 0.607 + 0.522)$
> $= 0.605 \text{m/sec}$

24. 하천의 유량조사는 고수위와 저수위 공사에 대한 하도(河道)를 계획하는 데 필요한 조사로 관측점의 선점에 특히 주위를 요하는데, 선점 시의 주의 사항에 대한 설명으로 옳지 않은 것은?

㉮ 관측에 편리하며 무리가 없는 곳이 좋고 특히 교량의 교각 부근이 좋다.
㉯ 유료(流路)는 편평하고 고른 곳이 좋으며, 수로가 직선이고, 항상 급한 변동이 없는 곳이 좋다.
㉰ 수위의 변화에 따라 단면의 형태가 급변하지 않는 곳이 좋다.
㉱ 초목이나 그 외의 장애물 때문에 유속이 방해되지 않는 곳이 좋다.

해답 21. ㉯ 22. ㉮ 23. ㉯ 24. ㉮

해설 양수표(수위관측소)의 설치장소
① 하상과 하안이 세굴, 퇴적이 안 되는 곳
② 상·하류가 100m 가량 직선인 곳
③ 수위가 교각 등 구조물의 영향을 받지 않는 곳
④ 홍수 때에도 쉽게 양수표를 읽을 수 있는 곳
⑤ 홍수 때 관측소가 유실, 파손될 염려가 없는 곳
⑥ 지천의 합류점과 같이 불규칙한 변화가 없는 곳
⑦ 양수표 : 5~10km마다 배치

25. 하천의 평균유속 측정법 중 2점법에 대한 설명으로 옳은 것은?

㉮ 수면과 수저의 유속을 측정 후 평균한다.
㉯ 수면으로부터 수심의 40%, 60% 지점의 유속을 측정 후 평균한다.
㉰ 수면으로부터 수심의 20%, 80% 지점의 유속을 측정 후 평균한다.
㉱ 수면으로부터 수심의 10%, 90% 지점의 유속을 측정 후 평균한다.

해설 ① 1점법(V_m) : 수면으로부터 수심 0.6H
② 2점법(V_m) : $\dfrac{V_{0.2}+V_{0.8}}{2}$
③ 3점법(V_m) : $\dfrac{V_{0.2}+2V_{0.6}+V_{0.8}}{4}$
④ 4점법(V_m) : $\dfrac{1}{5}\left\{V_{0.2}+V_{0.4}+V_{0.6}+V_{0.8}+\dfrac{1}{2}\left(V_{0.2}+\dfrac{1}{2}V_{0.8}\right)\right\}$

26. 하천측량에서 저수위란 1년을 통하여 몇 일간 이보다 내려가지 않는 수위를 의미하는가?

㉮ 95일 ㉯ 135일 ㉰ 185일 ㉱ 275일

해설 ① 최고수위(H.W.L) 최저수위(L.W.L) : 어떤 기간에 있어서 최고·최저의 수위로, 연단위나 월 단위의 최고·최저로 구분한다.
② 평균최고수위(N.H.W.L) 및 평균최저수위(N.L.W.L) : 연과 월에 있어서의 최고·최저의 평균을 나타낸다. 최고는 제방, 교량 배수 등의 치수목적 등에 이용되고 최저는 수운, 선항, 수력발전 등 하천의 수리목적에 이용된다.
③ 평균수위(M.W.L) : 어떤 기간의 관측수위를 합계하여 관측횟수로 나누어 평균치를 구한다.
④ 평균고수위(M.H.W.L), 평균저수위(M.L.W.L) : 어떤 기간에 있어서의 평균수위 이상, 평균수위 이하의 수위를 평균한 것.
⑤ 평수위(O.W.L)어느 기간의 수위 중 이것보다 높은 수위와 낮은 수위의 관측횟수가 똑같은 수위로 일반적으로 평수위 보다 약간 낮은 수위. (1년을 통하여 185일은 이것보다 내려가지 않는 수위)
⑥ 저수위 : 1년을 통하여 275일은 이것보다 내려가지 않는 수위
⑦ 갈수위 : 1년을 통하여 355일은 이것보다 내려가지 않는 수위
⑧ 고수위 : 2~3회 이상 이보다 적어지지 않는 수위
⑨ 최다수위(Most Frequent Water Level) : 일정기간 중 제일 많이 증가한 수위

⑩ 지정수위 : 홍수시에 매시 수위를 관측하는 수위
⑪ 경계수위 : 수방(水防)요원의 출동을 요하는 수위
⑫ 통보수위 : 지정된 통보를 개시하는 수위

27. 유량조사를 목적으로 하는 수위관측소의 설치장소 선정에 있어서 고려해야 할 조건으로 옳지 않은 것은?

㉮ 홍수 때에 관측소의 유실·이동의 염려가 없을 것
㉯ 하상이 안정하고 세굴이나 퇴적이 생기지 않을 것
㉰ 교각 등의 영향에 의한 불규칙한 수위변화가 없을 것
㉱ 하도의 만곡부로 수면 폭이 좁을 것

해설 수위관측소의 설치장소
① 하상과 하안이 세굴, 퇴적이 안 되는 곳
② 상·하류가 100m 가량 직선인 곳
③ 수위가 교각등 구조물의 영향을 받지 않는 곳
④ 홍수 때에도 쉽게 양수표를 읽을 수 있는 곳
⑤ 홍수 때 관측소가 유실, 파손될 염려가 없는 곳
⑥ 지천의 합류점과 같이 불규칙한 변화가 없는 곳
⑦ 양수표 : 5~10km마다 배치

28. 하천측량에서 평면측량의 범위 및 거리에 대한 설명으로 옳지 않은 것은?

㉮ 유제부에서의 측량범위는 제외지 전부와 제내지 300m 이내로 한다.
㉯ 무제부에서의 측량범위는 홍수가 영향을 주는 구역보다 하천중심방향으로 약간 안쪽으로 측량한다.
㉰ 홍수 방지 공사가 목적인 하천 공사에서는 하구에서부터 상류의 홍수 피해가 미치는 지점까지로 한다.
㉱ 선박 운행을 위한 하천 개수가 목적일 때 하류는 하구까지로 한다.

해설 평면측량 범위
① 무제부 : 홍수가 영향을 주는 곳에서 100m 더한다.
② 유제부 : 제외지 전부와 제내지의 300m 정도를 측량한다.
③ 하천공사의 경우 : 하구에서 상류의 홍수피해가 미치는 지점까지 측량한다.
④ 사방공사의 경우 : 수원지까지 측량한다.
⑤ 해운을 위한 하천개수공사 : 하구까지 측량한다.

29. 음향측심기를 사용하여 수심측량을 실시한 결과, 송신음파와 수신음파의 도달시간 차가 4초이고 수중음속이 1000m/sec라 하면 수심은?

㉮ 1,000m   ㉯ 2,000m   ㉰ 3,000m   ㉱ 4,000m

해설 $H = \dfrac{V \cdot t}{2} = \dfrac{1{,}000 \times 4}{2} = 2{,}000\text{m}$

해답 27. ㉱ 28. ㉯ 29. ㉯

30. 하천이나 항만 등에서 심천측량을 한 결과에 따라 수심을 표시하는 방법으로 가장 적합한 것은?

㉮ 점고법 ㉯ 지모법 ㉰ 등고선법 ㉱ 음영법

해설 점고법

하천이나 항만, 해안 등을 심천측량하여 측점에 숫자를 기입하여 그 높이를 표시하는 방법으로 하천, 해양 등의 수심표시에 주로 이용한다.

31. 그림과 같은 하천 단면에 평균 유속 2.0m/sec로 물이 흐를 때 유량(m³/sec)은?

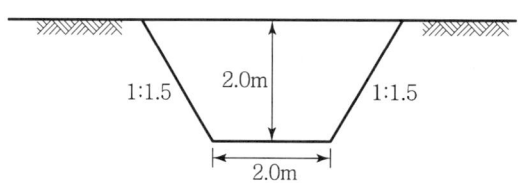

㉮ 10m³/sec ㉯ 20m³/sec ㉰ 30m³/sec ㉱ 40m³/sec

해설 $Q = A \cdot V$
$= \left\{\dfrac{(2 \times 1.5) + 2 + (2 \times 1.5)}{2} \times 2\right\} \times 2.0\text{m/sec}$
$= 20\text{m}^3/\text{sec}$

32. 하천측량에서 심천측량과 가장 관계가 깊은 것은?

㉮ 횡단측량 ㉯ 기준점측량 ㉰ 평면측량 ㉱ 유속측량

해설 심천측량은 하천의 수심 및 유수부분의 하저사항을 조사하고, "횡단면도"를 제작하는 측량을 말한다.

33. 각 구간의 평균유속이 표와 같은 때, 그림과 같은 단면을 갖는 하천의 유량은?

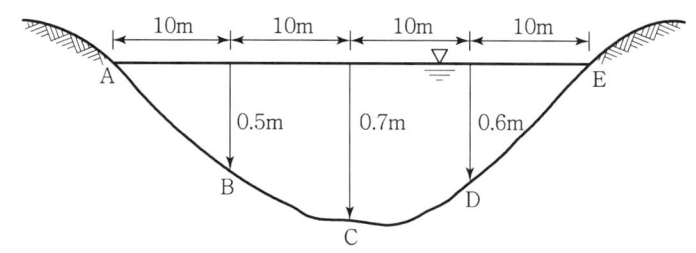

단면	A-B	B-C	C-D	D-E
평균유속(m/s)	0.05	0.3	0.35	0.06

㉮ 4.38m³/sec ㉯ 4.83m³/sec ㉰ 5.38m³/sec ㉱ 5.83m³/sec

해설 $Q = A \cdot V_m$
$\quad = (2.5 \times 0.05) + (6 \times 0.3) + (6.5 \times 0.35) + (3 \times 0.06)$
$\quad = 4.38 \text{m}^3/\text{sec}$

[참고]
$2.5 = 10 \times 0.5 \div 2$
$6 = 0.5 + 0.7 \times 10 \div 2$
$6.5 = 0.7 + 0.6 \times 10 \div 2$
$3 = 10 \times 0.6 \div 2$

34. 하천측량의 일반적인 측량범위 대한 설명으로 옳지 않은 것은?

㉮ 제방이 없는 하천의 경우는 과거 홍수에 영향을 받았던 구역보다 약간 좁게 한다.
㉯ 제방이 있는 경우는 제외지 전부와 제내지 300m 이내로 한다.
㉰ 종방향 범위는 하류의 경우에는 바다와 접하는 하구까지로 한다.
㉱ 종방향 범위의 상류는 홍수피해가 미치는 지점까지 또는 수원지까지 측량한다.

해설 하천측량에서 평면측량 범위
① 유제부 : 제외지 전부와 제내지의 300m 이내
② 무제부 : 홍수가 영향을 주는 구역보다 약간 넓게 측량한다. 즉, 홍수시에 물이 흐르는 맨 옆에서 100m까지
③ 하천공사 : 하구에서 상류의 홍수피해가 미치는 지점까지
④ 사방공사 : 수원지까지

35. 수위관측소의 설치 장소 선정을 위한 고려사항으로 옳지 않은 것은?

㉮ 상·하류 최소 100m 정도 곡선이 유지되는 장소
㉯ 수위가 교각 및 그 밖의 구조물로부터 영향을 받지 않는 곳
㉰ 홍수시 유실 또는 이동의 염려가 없는 곳
㉱ 평상시는 물론 홍수시에도 쉽게 양수표를 읽을 수 있는 장소

해설 양수표(수위관측소)의 설치장소
① 하상과 하안이 세굴, 퇴적이 안 되는 곳
② 상·하류가 100m 가량 직선인 곳
③ 수위가 교각등 구조물의 영향을 받지 않는 곳
④ 홍수 때에도 쉽게 양수표를 읽을 수 있는 곳
⑤ 홍수 때 관측소가 유실, 파손될 염려가 없는 곳
⑥ 지천의 합류점과 같이 불규칙한 변화가 없는 곳
⑦ 양수표 : 5~10km마다 배치

36. 하천측량에서 평면측량의 일반적인 범위는?

㉮ 유제부에서 제내지 및 제외지 300m 이내, 무제부에서는 홍수가 영향을 주는 구역보다 약간 넓게 한다.
㉯ 유제부에서 제내지 및 제외지 200m 이내, 무제부에서는 홍수가 영향을 주는 구역보다 약간 좁게 한다.
㉰ 유제부에서 제내지 및 제외지 200m 이내, 무제부에서는 홍수가 영향을 주는 구역보다 약간 넓게 한다.
㉱ 유제부에서 제내지 및 제외지 300m 이내, 무제부에서는 홍수가 영향을 주는 구역보다 약간 좁게 한다.

해설 평면측량 범위
① 무제부 : 홍수가 영향을 주는 곳에서 100m를 더함
② 유제부 : 제외지 전부와 제내지의 300m 이내
③ 하천공사의 경우 : 하구에서 상류의 홍수피해가 미치는 지점까지
④ 사방공사의 경우 : 수원지까지
⑤ 해운을 위한 하천개수공사 : 하구까지

37. 하천측량을 실시하는 가장 중요한 목적은 무엇인가?

㉮ 하천의 계획, 유지관리, 보존, 개발을 위한 설계 및 시공에 필요한 자료를 얻기 위하여
㉯ 하천공사의 공사 비용을 정확히 산출하기 위하여
㉰ 하천의 평면도, 종단면도를 작성하기 위하여
㉱ 하천의 수위, 기울기, 단면을 알기 위하여

해설 하천측량은 하천의 형상, 수위, 단면, 구배 등을 관측하여 하천의 평면도, 종횡단면도를 작성함과 동시에 유속, 유량, 기타 구조물을 조사하여 각종 수공설계·시공에 필요한 자료를 얻기 위해 실시한다.

38. 하천측량에서 유속관측에 관한 설명으로 옳지 않은 것은?

㉮ 유속관측에 따르면 같은 단면 내에서는 수심이나 위치에 상관없이 유속의 분포는 일정하다.
㉯ 유속계 방법은 주로 평상시에 이용하고 부자 방법은 홍수시에 많이 이용된다.
㉰ 보통 하천이나 수로의 유속은 경사, 유로의 형태, 크기와 수량, 풍향 등에 의해 변한다.
㉱ 유속관측은 유속계와 부자에 의한 관측 및 하천기울기를 이용하는 공식을 사용할 수 있다.

해설 유속관측
① 유속관측 장소는 직선부가 좋다.
② 유속관측에서는 유속계와 부자 등이 가장 많이 이용된다.
③ 유속을 직접 관측할 수 없을 때는 하천구배를 관측하여 평균유속을 구하는 방법을 이용한다.

39. 하천측량에서 유속관측에 관한 설명으로 적당하지 않은 것은?

㉮ 유속관측은 유속계와 같은 기계관측과 부자(浮子)에 의한 관측 등이 있다.
㉯ 같은 단면 내에서는 수심이나 위치에는 상관없이 유속의 분포는 일정하다.
㉰ 유속계의 방법은 주로 평수위 시가 좋고 부자의 방법은 홍수 시에 많이 이용된다.
㉱ 일반적으로 하천이나 수로의 유속은 기울기, 크기, 수량, 유로의 형태, 풍향 등에 따라 변한다.

해설 유속관측에는 유속계(Current Meter)와 부자(Float) 등이 가장 많이 이용된다. 유속을 직접 관측할 수 없을 때는 하천구배를 관측하여 평균유속을 구하는 방법을 이용한다.

40. 다음 중 하천측량을 실시한 후 종단면도를 작성할 때 높이(준), 거리(청)의 축척으로 알맞은 것은?

㉮ 높이는 1/100, 거리는 1/1,000
㉯ 높이는 1/200, 거리는 1/200
㉰ 높이는 1/500, 거리는 1/200
㉱ 높이는 1/500, 거리는 1/500

해설 ① 횡단면도 ─ 종(높이) $\frac{1}{100}$
              └ 횡(거리) $\frac{1}{1,000}$
② 종단면도 ─ 종(높이) $\frac{1}{100}$
              └ 횡(거리) $\frac{1}{1,000}$

41. 하천측량에 대한 설명으로 맞지 않는 것은?

㉮ 하천의 만곡부의 수면경사를 측정할 때 반드시 양안에서 하고 그 평균을 가장 중심의 수면으로 본다.
㉯ 하천 횡단면 직선 내 평균 유속을 구하는 데 2점법을 사용하는 경우 수면으로부터 수심의 2/10, 8/10점의 유속을 측정 평균한다.
㉰ 하천측량에 수준측량을 할 때의 거리표는 하천의 중심에 직각의 방향으로 설치하는 것을 원칙으로 한다.
㉱ 수위관측소의 위치는 지천의 합류점 및 분류점으로 수위의 변화가 일어나기 쉬운 곳이 적당하다.

해설 ① 동일 단면 내에서 위치나 수심에 따라 유속의 분포는 일정하지 않다.
② 수위관측소는 합류점이나 분류점에서 수위의 변화가 생기지 않는 장소가 적당하다.

42. 하천의 횡단면 연직선 내의 평균유속을 1점법으로 구하는 식으로 옳은 것은?(단, V_m=평균유속, V_d=수면으로부터 수심(H)의 dH인 지점의 유속)

㉮ $V_m = V_{0.2}$
㉯ $V_m = V_{0.4}$
㉰ $V_m = V_{0.6}$
㉱ $V_m = V_{0.8}$

해답 39. ㉯ 40. ㉮ 41. ㉱ 42. ㉰

해설 평균유속 구하는 방법
① 1점법(V_m) : 수면으로부터 수심 0.6H
② 2점법(V_m) : $\dfrac{V_{0.2}+V_{0.8}}{2}$
③ 3점법(V_m) : $\dfrac{V_{0.2}+2V_{0.6}+V_{0.8}}{4}$
④ 4점법(V_m) : $\dfrac{1}{5}\left\{V_{0.2}+V_{0.4}+V_{0.6}+V_{0.8}+\dfrac{1}{2}\left(V_{0.2}+\dfrac{1}{2}V_{0.8}\right)\right\}$

43. 부자를 사용하여 유속을 측정하고자 할 때 일반적으로 사용되는 부자가 아닌 것은?
㉮ 표면부자 ㉯ 이중부자
㉰ 봉부자   ㉱ 거리표부자

해설 유속측정 시 일반적으로 사용하는 부자로는 표면부자, 이중부자, 봉부자 등이 있다.

44. 유량측정장소의 선정 조건에 해당되지 않는 것은?
㉮ 교량, 그 밖의 구조물에 의한 영향을 받지 않는 곳
㉯ 와류와 역류가 생기지 않는 곳
㉰ 유수방향이 최다방향으로 나누어지는 곳
㉱ 합류에 의하여 불규칙한 영향을 받지 않는 곳

해설 유량측정 장소선정
① 측수작업(測水作業)이 쉽고 하저(河底)의 변화가 없는 곳
② 잠류(潛流)와 역류(逆流)가 없고, 유수의 상태가 균일한 곳
③ 윤변(潤邊)의 성질이 균일하고 상·하류를 통하여 횡단면의 형상이 차(差)가 없는 곳
④ 유수방향이 최다방향과 일정한 곳
⑤ 비교적 유신(流身)이 직선이고 갈수류(渴水流)가 없는 곳

45. 하천측량 시 유제부에서 평면측량의 범위로 가장 적당한 것은?
㉮ 제외지 이내   ㉯ 제외지 및 제내지에서 100m 이내
㉰ 제외지 및 제내지에서 300m 이내 ㉱ 제내지 400m 이내

해설 평면측량 범위
① 유제부 : 제외지전부와 제내지의 300m 이내
② 무제부 : 홍수가 영향을 주는 구역보다 약간 넓게 측량(홍수시에 물이 흐르는 맨 옆에서 100m까지)

46. 하천의 어느 지점에서 유량측정을 위하여 필요한 직접적인 관측사항이 아닌 것은?
㉮ 강우량 측정 ㉯ 유속 측정
㉰ 심천측량   ㉱ 유수단면적 측정

해답 43. ㉱ 44. ㉰ 45. ㉰ 46. ㉰

해설 ① 심천측량 : 하천의 수심 및 유수부분의 하저 상황을 조사하고 횡단면도를 제작하는 측량
② 유량관측 : 하천이나 수로 내의 어떤 점의 횡단면을 단위시간에 흐르는 수량을 관측하는 것이며, 유량은 평균유속에 단면적을 곱한 것이므로 유량관측은 유속관측과 횡단면측량으로 나눌 수 있다.

47. 하천의 ⊙ 이수목적(利水目的)과 ⓒ 치수목적(治水目的)에 이용되는 각각의 수위는?
㉮ ⊙ 평균 최저 수위, ⓒ 평균 최고 수위
㉯ ⊙ 평균 최저 수위, ⓒ 평균 최저 수위
㉰ ⊙ 평균 최고 수위, ⓒ 평균 최저 수위
㉱ ⊙ 평균 최고 수위, ⓒ 평균 최고 수위

해설 ① 평수위 : 1년을 통하여 185일을 이보다 저하하지 않는 수위
② 저수위 : 1년을 통하여 275일을 이보다 저하하지 않는 수위
③ 갈수위 : 1년을 통하여 355일을 이보다 저하하지 않는 수위
④ 지정수위 : 홍수시에 매시 수위를 관측하는 수위
⑤ 최다수위 : 어떤 기간에 있어서 수위가 가장 많이 증가

48. 다음 중 유량 및 유속측정을 위한 관측장소로서 고려하여야 할 사항으로 적합하지 않은 것은?
㉮ 직류부로서 흐름이 일정하고 하상의 요철이 적으며 하상 경사가 일정한 곳
㉯ 수위의 변화에 의해 하천 횡단면 형상이 급변하고 와류가 일어나는 곳
㉰ 관측장소 상·하류의 유료가 일정한 단면을 갖는 곳
㉱ 관측이 편리한 곳

해설 양수표(수위관측소)의 설치장소
① 하상과 하안이 세굴, 퇴적이 안 되는 곳
② 상·하류가 100m 가량 직선인 곳
③ 수위가 교각 등 구조물의 영향을 받지 않는 곳
④ 홍수 때에도 쉽게 양수표를 읽을 수 있는 곳
⑤ 홍수 때 관측소가 유실, 파손될 염려가 없는 곳
⑥ 지천의 합류점과 같이 불규칙한 변화가 없는 곳
⑦ 양수표 : 5~10km마다 배치

49. 하천측량에서 골조측량은 보통 어떤 형으로 구성하는가?
㉮ 격자망   ㉯ 유심다각형망
㉰ 결합다각망   ㉱ 단열삼각망

해설 ① 단열삼각망 : 폭이 좁고 긴 지역에 적합하다.(도로, 하천, 철도 등)
② 유심삼각망 : 측점수에 비해 포함 면적이 넓어 평야지에 많이 이용된다.
③ 사변형 삼각망 : 조건수식이 많아 높은 정확도를 얻을 수 있다.(기선삼각망에 이용)

해답 47. ㉮ 48. ㉯ 49. ㉱

50. 하천측량에서 거리표 설치 시 유의할 사항 중 틀린 것은?

㉮ 유심선에 직각으로 1km 거리마다 양안에 설치하는 것을 표준으로 한다.
㉯ 양안의 거리표를 시준하는 선은 유심선에 직교되어야 한다.
㉰ 굴착면의 변위발생으로 설치한 기준점의 변형이 일어나기 쉽다.
㉱ 후시의 경우 거리가 짧고 예각 발생의 경우가 많아 오차가 자주 발생한다.

해설 거리측정의 기준이 되는 거리표는 하천 중심에 직각으로 설치하여 하구 또는 하천의 합류점으로부터 100m 또는 200m마다 설치한다.

51. 다음 중에서 하천의 유량관측방법이 아닌 것은?

㉮ 수로 중에 둑을 설치하고 월류량의 공식을 이용하여 유량을 구하는 방법
㉯ 수위유량곡선을 미리 만들어 소요 수위에 대한 유량을 구하는 방법
㉰ 유속계로 직접 유속을 측정하여 평균유속을 구하고 단면적을 측정하여 유량을 구하는 방법
㉱ 유출계수와 강우강도를 구하여 유량을 구하는 방법

해설 유량관측방법
① 수로 중에 둑을 설치하고 월류량의 공식을 이용하여 유량을 구하는 방법
② 수위유량곡선을 미리 만들어 소요 수위에 대한 유량을 구하는 방법
③ 유속계로 직접 유속을 측정하여 평균유속을 구하고 단면적을 측정하여 유량을 구하는 방법

52. 하천측량의 골조측량 중에서 삼각측량과 다각측량에 관한 내용 중 틀린 것은?

㉮ 삼각망은 주로 유심삼각망을 많이 이용한다.
㉯ 다각망의 기준점 간격은 약 200m 정도로 한다.
㉰ 다각망은 삼각점을 기점과 종점으로 하는 결합 다각형으로 한다.
㉱ 하천의 합류점, 분류점 등은 높은 정확도를 위해 사변형 삼각망으로 하는 것이 좋다.

해설 49번 문제 해설 참조

53. 하천의 수심 및 유수부분의 하저 상황을 조사하고 횡단면도를 제작하기 위한 측량은?

㉮ 육분의측량   ㉯ 심천측량   ㉰ 후방교회측량   ㉱ 전방교회측량

해설 하천측량에서의 수심측량은 하천의 수면으로부터 하저까지의 깊이를 구하는 측량으로 횡단측량과 같이 실시하며, 수위의 변동이 적을 때에 수면 말뚝을 기준으로 수면 횡방향 5~10m마다 수심을 측정하고, 하저의 토질, 자갈의 굵기 등도 조사한다.

54. 하천에서 표면부자에 의하여 유속을 측정한 경우 평균유속과 수면유속의 관계에 대한 설명으로 가장 적합한 것은?

㉮ 평균유속은 수면유속의 50~60%이다.   ㉯ 평균유속은 수면유속의 80~90%이다.
㉰ 평균유속은 수면유속의 110~120%이다.   ㉱ 평균유속은 수면유속의 140~150%이다

해설 평균유속은 수면유속의 80~90%이다.

해답 50. ㉮ 51. ㉱ 52. ㉮ 53. ㉯ 54. ㉯

55. 다음의 하천 수위 중 제방의 축조, 교량의 건설 또는 배수공사 등 치수목적으로 주로 이용되는 수위는?

㉮ 최저수위
㉯ 평균최고수위
㉰ 평균수위
㉱ 최다수위

🎤**해설** 제방의 축설, 교량의 가설, 배수 등의 치수 목적에 사용되는 수위는 평균최고수위이며 어떤 기간 중 연 또는 월의 최고수위의 평균값을 말한다.

56. 하천측량의 횡단측량에 대한 설명으로 옳지 않은 것은?

㉮ 200m마다의 거리표를 기준으로 고저측량하는 것으로 좌안(左岸)을 기준으로 한다.
㉯ 고저차의 관측은 지면이 평탄한 경우에도 5~10m 간격으로 측량한다.
㉰ 경사변환점에서는 필히 높이를 관측한다.
㉱ 횡단면도는 좌안을 우측으로 하여 제도한다.

🎤**해설** 하천의 횡단측량 특징
① 200m마다의 거리표를 기준으로 고저측량하는 것으로, 좌안(左岸)을 기준으로 한다.
② 고저차의 관측은 지면이 평탄한 경우에도 5~10m 간격으로 측량한다.
③ 경사변환점에서는 필히 높이를 관측한다.
④ 하천의 횡단면도는 좌안을 기준으로 하여 제도한다.

57. 하천의 유량을 간접적으로 알아내기 위해 평균유속공식을 사용할 경우 반드시 알아야 할 사항은?

㉮ 수면기울기, 하상기울기, 단면적, 최고유속
㉯ 단면적, 하상기울기, 윤변, 최고유속
㉰ 수면기울기, 조도계수, 단면적, 윤변
㉱ 단면적, 조도계수, 경심, 윤변

🎤**해설** $Q = A \cdot V$
$V = C\sqrt{RS}$
$C = \dfrac{1}{n} R^{\frac{1}{6}}$
여기서, C : 유속계수, R : 유로의 경심, S : 단면의 구배

58. 표면부자에 의한 유속관측 방법에 대한 설명으로 옳지 않은 것은?

㉮ 유속은 (거리/시간)으로 구한다.
㉯ 시점과 종점의 거리는 하천 폭의 약 2~3배 이상으로 한다.
㉰ 표면유속이므로 평균 유속으로 환산하면 표면유속의 60% 정도가 된다.
㉱ 하천에 표면부자를 이용하여 시점과 종점 간의 거리와 시간을 측정한다.

해답 55. ㉯ 56. ㉱ 57. ㉰ 58. ㉰

해설 표면부자

하천의 유속을 관측하는 데 사용되는 부자(浮子)의 일종이다. 부자 일부분이 수면 밖으로 나오게 한 것으로 나무, 코르크 등 가벼운 것으로 만들어 유하시켜 표면유속을 관측한다. 이 표면 부자는 바람이나 소용돌이 등의 영향을 받지 않도록 주의해야 하며, 답사나 홍수시 급히 유속을 결정해야 할 때 많이 사용된다.

59. 하천에서 부자를 이용하여 유속을 측정하고자 할 때 유하거리는 보통 얼마 정도로 하는가?
- ㉮ 100~200m
- ㉯ 500~1,000m
- ㉰ 1~2km
- ㉱ 하폭의 5배 이상

해설 부자의 유하거리는 하천폭의 2~3배로 1~2분 흐를 수 있는 거리(큰 하천 : 100~200m, 소 하천 20~50m)

60. 하천이나 항만 등에서 수심측량을 하여 지형을 나타내고자 할 때 가장 알맞은 방법은?
- ㉮ 채색법
- ㉯ 점고법
- ㉰ 영선법
- ㉱ 등고선법

해설 하천이나 항만 등에서 수심측량을 하여 지형을 나타내고자 할 때 가장 알맞은 방법은 점고법이다.

61. 하천공사에서 폭이 좁은(50m 이하) 하천의 평면도 작성에 주로 사용되는 축척은?
- ㉮ 1 : 1,000
- ㉯ 1 : 2,500
- ㉰ 1 : 5,000
- ㉱ 1 : 10,000

해설
1. 평면도
   ① 보통 1/2,500
   ② 하폭 50m 이하 1/10,000
   ③ 하천대장 평면도는 1/2,500. 상황에 따라 1/5,000 이상이 사용된다.
2. 종단면도
   ① 종 1/100~1/200, 횡 1/1,000~1/10,000
   ② 종 1/100, 횡 1/1000을 표준으로 하지만 경사가 급한 경우에는 종축척을 1/200으로 한다.
3. 횡단면도
   축척은 횡 1/1,000, 종 1/100

62. 하천측량을 통해 유속(V)과 유적(A)를 관측하여 유량(Q)을 계산하는 공식은?
- ㉮ $Q = \sqrt{A \cdot V}$
- ㉯ $Q = A \cdot V$
- ㉰ $Q = A^2 \cdot V$
- ㉱ $Q = \dfrac{A^2}{V}$

해설 유량계산
- Chezy 공식 $Q = A \cdot V$, $V = C\sqrt{RS}$, $c = \frac{1}{n}R^{\frac{1}{6}}$
- Kutter 공식 $Q = A \cdot V$
- Manning 공식 $Q = A \cdot V$, $V = \frac{1}{n}R^{\frac{2}{3}}I^{\frac{1}{2}}$
- 여기서, C : 유속계수, R : 유로의 경심, S : 단면의 구배

63. 수심 h인 하천의 유속 측정을 한 결과가 표와 같다. 1점법, 2점법, 3점법으로 구한 평균 유속의 크기를 각각 V_1, V_2, V_3라 할 때 이들을 비교한 것으로 옳은 것은?

수심	유속(m/sec)
0.2h	0.52
0.4h	0.58
0.6h	0.50
0.8h	0.48

㉮ $V_1 = V_2 = V_3$ ㉯ $V_1 > V_2 > V_3$ ㉰ $V_3 > V_2 > V_1$ ㉱ $V_2 > V_1 > V_3$

해설 평균유속 구하는 방법
① 1점법(V_m) : 수면으로부터 수심 0.6H = 0.5
② 2점법(V_m) : $\frac{V_{0.2} + V_{0.8}}{2} = 0.5$
③ 3점법(V_m) : $\frac{V_{0.2} + 2V_{0.6} + V_{0.8}}{4} = 0.5$
④ 4점법(V_m) : $\frac{1}{5}\left\{V_{0.2} + V_{0.4} + V_{0.6} + V_{0.8} + \frac{1}{2}\left(V_{0.2} + \frac{1}{2}V_{0.8}\right)\right\}$

64. 다음 중 수애선의 측량에 관한 설명 중 틀린 것은?
㉮ 수면과 하안과의 경계선으로 하천수위의 변화에 따라 다르며 평균고수위에 의하여 결정한다.
㉯ 심천측량에 의하여 횡단면도를 만들고 그 도면에서 수위의 관계로부터 평수위의 수위를 구한다.
㉰ 감조부의 하천에서는 하구의 기준면인 평균 해수면을 사용하는 경우도 있다.
㉱ 같은 시각에 많은 횡단측량을 하여 횡단면도를 작성하고 수애의 위치를 구한다.

해설 수애선은 수면과 하안과의 경계선을 말하며, 평수위에 의해 정해진다.

제1편 측량학

65. 음향측심기를 사용하여 수심측량을 실시한 결과, 송신음파와 수신음파의 도달시간차가 4초이고 수중음속이 1,000m/sec라 하면 수심은?

㉮ 1,000m   ㉯ 2,000m   ㉰ 3,000m   ㉱ 4,000m

해설 $H = \dfrac{V \cdot t}{2} = \dfrac{1,000 \times 4}{2} = 2,000\text{m}$

66. 부자에 의한 유속관측을 하고 있다. 부자를 띄운 뒤 1분 후에 하류 120m 지점에서 관측되었다면 이 때의 표면유속은?

㉮ 1m/sec   ㉯ 2m/sec   ㉰ 3m/sec   ㉱ 4m/sec

해설 $V_S = \dfrac{l}{t} = \dfrac{120\text{m}}{60\sec} = 2\text{m/sec}$

67. 유속계로 1회 관측 시 회전수(N)가 2.6일 때 유속(V)이 0.9m/sec이었고, 2회 관측 시 회전수(N)가 3.8일 때 유속(V)이 1.2m/sec이었다. 유속계의 상수 a, b는 얼마인가?(단, V=aN+b이다.)

㉮ V=0.25N+0.25   ㉯ V=0.35N+0.35
㉰ V=0.25N+0.45   ㉱ V=0.35N+0.55

해설

측정회수	N	V
1회	2.6	0.9
2회	3.8	1.2

V=aN+b에서
0.9=2.6a+b ················· ①
1.2=3.8a+b ················· ②
1번식에서
0.9−2.6a=b
고로 b값은 0.9−2.6a

2번식에 b값을 대입
1.2=3.8a+(0.9−2.6a)
1.2=3.8a−2.6a+0.9
1.2=1.2a+0.9
1.2−0.9=1.2a
0.3=1.2a
a = $\dfrac{0.3}{1.2}$ = 0.25

본식에 대입하면
0.9=(2.6×0.25)+b
0.9=0.65+b
b=0.9−0.65=0.25

예상 및 기출문제

68. 음향측심기를 이용하여 수심을 측정하였다. 수심 측정값으로 옳은 것은?(단, 수중음속 1,510m/s, 음파송수신시간 0.2초)

㉮ 151m ㉯ 302m ㉰ 604m ㉱ 7,550m

해설 $d = \frac{1}{2}Vt = \frac{1}{2} \times 1,510 \times 0.2 = 151\text{m}$

69. 수심을 관측하기 위하여 음향측심기를 이용한 관측값이 음파송신수신시간 0.3초, 수중음속 1,520m/s이었다면 수심은?

㉮ 151m ㉯ 228m ㉰ 456m ㉱ 755m

해설 수심$(D) = \frac{1}{2}V \cdot t = \frac{1}{2} \times 1,520 \times 0.3 = 228\text{m}$

70. 어떤 하천에서 직선 BC에 따라 그림과 같이 심천측량을 실시할 때 P점에서 관측장비를 이용하여 ∠APB를 관측하여 39° 20′을 얻었다. BP의 거리는?(단, AB=73m)

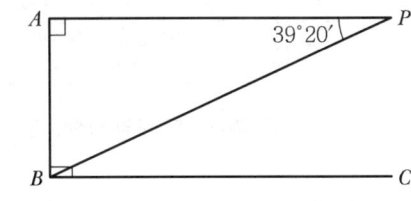

㉮ 96.30m ㉯ 115.17m ㉰ 125.13m ㉱ 155.80m

해설 sin 법칙에 의해

$$\frac{73}{\sin 39°20'} = \frac{BP}{\sin 90°} \quad \frac{73 \times \sin 90°}{\sin 39°20'} = 115.1726\text{m}$$

71. 수심인 H인 하천에서 수면으로부터 0.2H, 0.4H, 0.6H, 0.8H 되는 지점의 관측 유속(m/sec)이 0.57, 0.55, 0.50, 0.49이였다. 4점법의 평균 유속공식에 의한 평균유속은?

㉮ 0.532m/sec ㉯ 0.527m/sec ㉰ 0.504m/sec ㉱ 0.497m/sec

해설
1) 1점법(Vm) : 수면으로부터 수심 $0.6H$
2) 2점법(Vm) : $\dfrac{V_{0.2} + V_{0.8}}{2}$
3) 3점법(Vm) : $\dfrac{V_{0.2} + 2V_{0.6} + V_{0.8}}{4}$
4) 4점법(Vm) : $\dfrac{1}{5}\left\{V_{0.2} + V_{0.4} + V_{0.6} + V_{0.8} + \dfrac{1}{2}\left(V_{0.2} + \dfrac{1}{2}V_{0.8}\right)\right\}$

$\dfrac{1}{5}\left\{0.57 + 0.55 + 0.50 + 0.49 + \dfrac{1}{2}\left(0.57 + \dfrac{1}{2}0.49\right)\right\} = 0.5035$

따라서, 0.504m/sec

해답 68. ㉮ 69. ㉯ 70. ㉯ 71. ㉰

72. 하천측량에서 유제부에 대한 평면측량의 범위는?

㉮ 제외지 전부와 제내지 200m 이내   ㉯ 제내지 전부와 제외지 200m 이내
㉰ 제외지 전부와 제내지 300m 이내   ㉱ 제내지 전부와 제외지 300m 이내

해설 평면측량 범위

유제부	제외지 범위 전부와 제내지의 300m이내.
무제부	홍수가 영향을 주는 구역보다 약간 넓게 측량한다. (홍수 시에 물이 흐르는 맨 옆에서 100m까지)
홍수방지공사가 목적인 하천공사	하구에서부터 상류의 홍수피해가 미치는 지점까지.
사방공사	수원지까지
선박운행을 위한 하천 계수가 목적일 때	하류는 하구까지

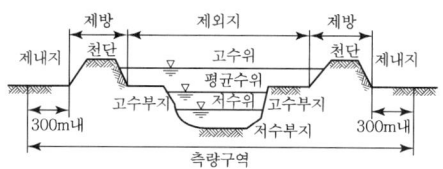

유제부의 측량구역(하천의 단면도)

73. 그림과 같이 200mm 하수관을 묻었을 때 측점 A의 관저계획고는 53.16m이고, AB구간의 설치 기울기는 1/200, BC구간의 설치기울기는 1/250일 때, 측점 C의 관저계획고는?

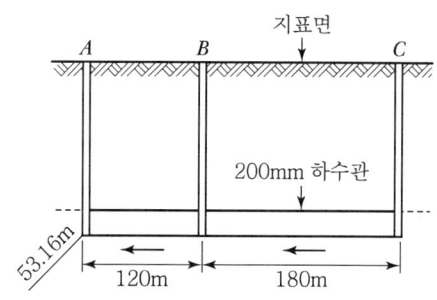

㉮ 54.35m   ㉯ 54.48m   ㉰ 54.51m   ㉱ 54.54m

해설 거리 = 구배×(계획고(B) − 계획고(A))

∴ B(계획고) = $\dfrac{거리}{구배} + A = \dfrac{120}{200} + 53.16 = 53.76$m

∴ C(계획고) = $\dfrac{180}{250} + 53.76 = 54.48$m

74. 하천의 유속측정을 위하여 그림과 같이 표면부자를 수면에 띄우고 A점을 출발하여 B점을 통과하는데 소요되는 시간은 2분 20초이었다. AB 두 점 사이의 거리가 20.5m일 때 유속은?(단, 큰 하천에 대한 보정계수는 0.9임)

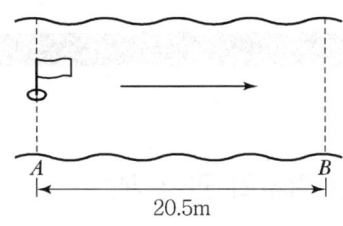

㉮ 0.113m/s ㉯ 0.132m/s ㉰ 0.146m/s ㉱ 0.163m/s

 실제유속(V_S) = m/sec = 20.5/140 = 0.146m/sec
부자고가 0.9이므로
$V_m = 0.9 \times V_s = 0.9 \times 0.146 = 0.1314$m/sec

75. 다음과 같은 500mm 하수관 공사에서 A점의 관저 계획고는 50.15m이고, B점의 관저 계획고는 50.45m, 하수관의 구배가 1/250일 때 AB간의 거리는?

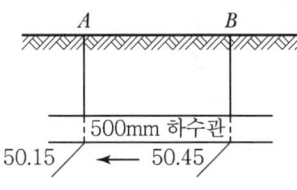

㉮ 60m ㉯ 75m ㉰ 120m ㉱ 150m

 $x = 0.3 \times 250 = 75$m

제11장 면적 및 체적측량

11.1 경계선이 직선으로 된 경우의 면적 계산

삼사법	밑변과 높이를 관측하여 면적을 구하는 방법	$A = \dfrac{1}{2}ah$	
이변법	두 변의 길이와 그 사잇각(협각)을 관측하여 면적을 구하는 방법	$A = \dfrac{1}{2}ab\sin\gamma$ $= \dfrac{1}{2}ac\sin\beta$ $= \dfrac{1}{2}bc\sin\alpha$	
삼변법	삼각변의 3변 a, b, c를 관측하여 면적을 구하는 방법	$A = \sqrt{S(S-a)(S-b)(S-c)}$ $S = \dfrac{1}{2}(a+b+c)$	
좌표법		합위거(X) / 합경거(Y) / $(X_{i+1}-X_{i-1})\times y$ / 배면적 X_1 / Y_1 / $(x_2-x_4)\times y_1 =$ X_2 / Y_2 / $(x_3-x_1)\times y_2 =$ X_3 / Y_3 / $(x_4-x_2)\times y_3 =$ X_4 / Y_4 / $(x_1-x_3)\times y_4 =$ $A = \dfrac{1}{2}\Sigma y_i(x_{i+1}-x_{i-1}) = \dfrac{1}{2}\Sigma x_i(y_{i+1}-y_{i-1})$	[좌표에 의한 방법]

아래 그림과 같은 다각형의 면적을 좌표법에 의하여 구하시오.

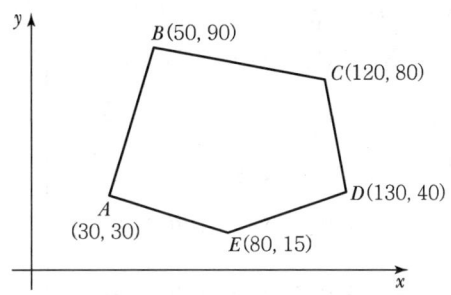

▶ $2A = 30(15-90) + 50(30-80) + 120(90-40) + 130(80-15) + 80(40-30) = 10,500 \text{ m}^2$

∴ $A = \dfrac{10,500}{2} = 5,250 \text{ m}^2$

[별해] 다음과 같은 표를 만들어 계산하면

$$\dfrac{y_1}{x_1} \quad \dfrac{y_2}{x_2} \quad \dfrac{y_3}{x_3} \quad \dfrac{y_4}{x_4} \quad \cdots \quad \dfrac{y_n}{x_n} \quad \dfrac{y_1}{x_1}$$

즉, 실선들을 곱한 것의 합과 점선들을 곱한 것의 합의 차가 면적의 2배가 된다.

$$\dfrac{30}{30} \quad \dfrac{50}{90} \quad \dfrac{120}{80} \quad \dfrac{130}{40} \quad \dfrac{80}{15} \quad \dfrac{30}{30}$$

$2A = (30 \times 90 + 50 \times 80 + 120 \times 40 + 130 \times 15 + 80 \times 30)$
$\qquad - (30 \times 50 + 90 \times 120 + 80 \times 130 + 40 \times 80 + 15 \times 30) = 10,500 \text{ m}^2$

∴ $A = \dfrac{10,500}{2} = 5,250 \text{ m}^2$

11.2 경계선이 곡선으로 된 경우의 면적 계산

심프슨 제1법칙	① 지거간격을 2개씩 1개조로 하여 경계선을 2차 포물선으로 간주 ② A = 사다리꼴(ABCD) + 포물선(BCD) $= \dfrac{d}{3}\{y_0 + y_n + 4(y_1 + y_3 + \cdots + y_{n-1}) + 2(y_2 + y_4 + \cdots + y_{n-2})\}$ $= \dfrac{d}{3}\{y_0 + y_n + 4(\Sigma_y \text{ 홀수}) + 2(\Sigma_y \text{ 짝수})\}$ $= \dfrac{d}{3}\{y_1 + y_n + 4(\Sigma_y \text{ 짝수}) + 2(\Sigma_y \text{ 홀수})\}$ ③ n(지거의 수)은 짝수여야 하며, 홀수인 경우 끝의 것은 사다리꼴 공식으로 계산하여 합산	[심프슨 제1법칙]
심프슨 제2법칙	① 지거간격을 3개씩 1개조로 하여 경계선을 3차 포물선으로 간주 ② $= \dfrac{3}{8}d\{y_0 + y_n + 3(y_1 + y_2 + y_4 + y_5 + \cdots + y_{n-2} + y_{n-1}) + 2(y_3 + y_6 + \cdots + y_{n-3})\}$ $= \dfrac{3}{8}d\{y_0 + y_n + 2\Sigma y_3 \text{의 배수} + 3\Sigma y \text{ 나머지수}\}$ ③ $n-1$이 3배수여야 하며, 3배수를 넘을 때에는 나머지는 사다리꼴 공식으로 계산하여 합산	[심프슨 제2법칙]
지거법	① 경계선을 직선으로 간주 $A = d_1\left(\dfrac{y_1 + y_2}{2}\right) + d_2\left(\dfrac{y_2 + y_3}{2}\right) + \cdots + d_{n-1}\left(\dfrac{y_{n-1} + y_n}{2}\right)$ $\therefore A = d\left[\dfrac{y_0 + y_n}{2} + y_1 + y_2 + y_3 + \cdots + y_{n-1}\right]$	[지거법]

예제

다음 도형의 면적을 사다리꼴 공식, 심프슨 제1, 제2법칙으로 계산하고 비교하시오.

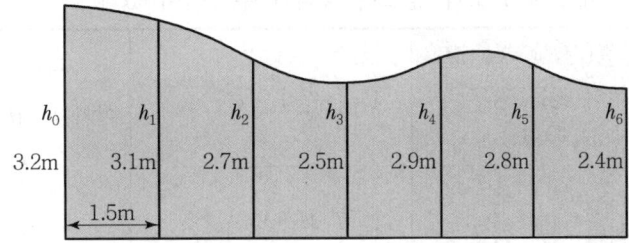

1) 심프슨 제1법칙

$$A = \frac{d}{3}(h_0 + h_n + 4\sum h_{홀수} + 2\sum h_{짝수})$$

$$A = \frac{1.5}{3}(3.2 + 2.4 + 4(3.1 + 2.5 + 2.8) + 2(2.7 + 2.9)) = 25.2\text{m}^2$$

2) 심프슨 제2법칙

$$A = \frac{3d}{8}(h_0 + 2\sum h_{3의배수} + 3\sum h_{나머지수} + h_n)$$

$$A = \frac{3 \times 1.5}{8}\{(3.2 + 2(2.5) + 3(3.1 + 2.7 + 2.9 + 2.8) + 2.4\} = 25.37 \text{ m}^2$$

3) 사다리꼴 공식

$$\therefore A = d\left\{\frac{h_0 + h_n}{2} + h_1 + h_2 + \cdots + h_{n-1}\right\}$$

$$A = 1.5\left(\frac{3.2 + 2.4}{2} + 3.1 + 2.7 + 2.5 + 2.9 + 2.8\right) = 25.2\text{m}^2$$

11.3 구적기(Planimeter)에 의한 면적 계산

등고선과 같이 경계선이 매우 불규칙한 도형의 면적을 신속하고, 간단하게 구할 수 있어 건설공사에 매우 활용도가 높으며 극식과 무극식이 있다.

도면의 종(M_1)·횡(M_2) 축척이 같을 경우 ($M_1 = M_2$)	$A = \left(\dfrac{M}{m}\right)^2 \cdot C \cdot n$	여기서, M : 도면의 축척 분모수 m : 구적기의 축척 분모수 C : 구적기의 계수 n : 회전 눈금수(시계방향 : 제2읽기 - 제1읽기, 반시계방향 : 제1읽기 - 제2읽기) n_0 : 영원(Zero circle)의 면적
도면의 종(M_1)·횡(M_2) 축척이 다른 경우 ($M_1 \neq M_2$)	$A = \left(\dfrac{M_1 \times M_2}{m^2}\right) \cdot C \cdot n$	
도면의 축척과 구적기의 축척이 같은 경우 ($M = m$)	$A = C \cdot n = C(a_1 - a_2)$	

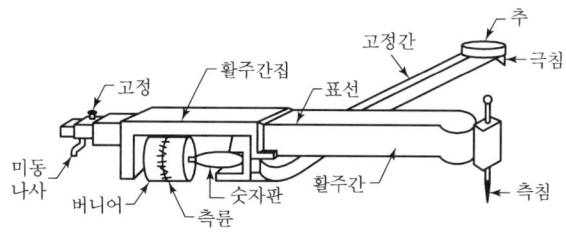

[플래니미터의 구조(극식)]

11.4 축척과 단위면적의 관계

$m_1^2 : a_1 = m_2^2 : a_2 \quad \therefore a_2 = \left(\dfrac{m_2}{m_1}\right)^2 a_1$	$a = \dfrac{m^2}{1,000} d\pi l \quad \therefore l = \dfrac{1,000 \cdot a}{m^2 d\pi}$
여기서, a_1 : 주어진 단위면적 a_2 : 구하는 단위면적 m_1 : 주어진 단위면적의 축척분모 m_2 : 구하려고 하는 면적의 축척분모	여기서, a : 축척 $\dfrac{1}{m}$ 인 경우의 단위면적 d : 측륜의 직경 l : 측간의 길이 $\dfrac{d\pi}{1,000}$: 측륜 한 눈금의 크기
면적이 줄었을 때	면적이 늘었을 때
실제면적 = 측정면적 $\times (1+\varepsilon)^2$ 여기서, ε : 신축된 양	실제면적 = 측정면적 $\times (1-\varepsilon)^2$

11.5 횡단면적 측정법

11.5.1 수평 단면(지반이 수평인 경우)

① 방법 1
$$d_1 = d_2 = \dfrac{w}{2} + sh$$
$$A = c(w + sh)$$

② 방법 2
사다리꼴 공식
$$A = \dfrac{w + (sh + w + sh)}{2} \times c$$
$$= \dfrac{2w + 2sh}{2} \times c = (w + sh)c$$
여기서, $\therefore s$: 경사

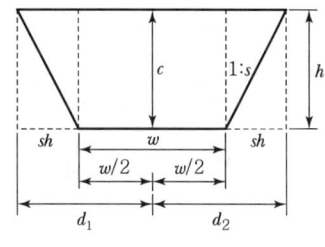

11.5.2 같은 경사 단면(양 측점의 높이가 다르고 그 사이가 일정한 경사로 되어 있는 경우)

$$d_1 = \left(c + \dfrac{w}{2s}\right)\left(\dfrac{ns}{n+s}\right)$$
$$d_2 = \left(c + \dfrac{w}{2s}\right)\left(\dfrac{ns}{n-s}\right)$$
$$A = \dfrac{d_1 d_2}{s} - \dfrac{w^2}{4s}$$
$$= sh_1 h_2 + \dfrac{w}{2}(h_1 + h_2)$$

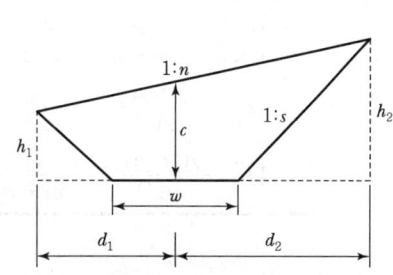

11.5.3 세 점의 높이가 다른 단면(3점의 높이가 주어진 경우)

① 방법 1

$$d_1 = \left(c + \frac{w}{2s}\right)\left(\frac{n_1 s}{n_1 + s}\right), \quad d_2 = \left(c + \frac{w}{2s}\right)\left(\frac{n_2 s}{n_2 - s}\right)$$

$$A = \frac{d_1 + d_2}{2} \cdot \left(c + \frac{w}{2s}\right) - \frac{w^2}{4s}$$

$$= \frac{c(d_1 + d_2)}{2} + \frac{w}{4}(h_1 + h_2)$$

② 방법 2

- 좌측 면적$(A_1) = \left(\dfrac{h_1 + C}{2} \cdot d_1\right) -$ 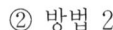 면적

- 우측 면적$(A_2) = \left(\dfrac{h_2 + C}{2} \cdot d_2\right) -$ 면적

$$\therefore A = A_1 + A_2$$

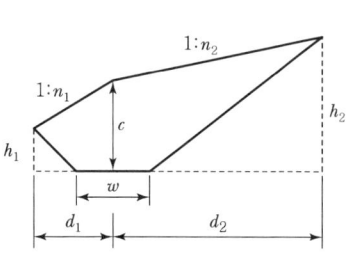

11.6 면적 분할법

11.6.1 한 변에 평행한 직선에 따른 분할

$\triangle ADE : DBCE = m : n$으로 분할

$$\frac{\triangle ADE}{\triangle ABC} = \frac{m}{m+n} = \left(\frac{DE}{BC}\right)^2 = \left(\frac{AD}{AB}\right)^2 = \left(\frac{AE}{AC}\right)^2$$

$$\therefore AD = AB\sqrt{\frac{m}{m+n}}$$

$$\therefore AE = AC\sqrt{\frac{m}{m+n}}$$

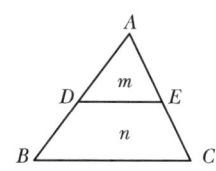

11.6.2 변 상의 정점을 통하는 분할

$\triangle ABC : \triangle ADP = (m+n) : m$으로 분할

$$\frac{\triangle ADP}{\triangle ABC} = \frac{m}{m+n} = \frac{AP \times AD}{AB \times AC}$$

$$\therefore AD = \frac{AB \times AC}{AP} \cdot \frac{m}{m+n}$$

$$\therefore AP = \frac{AB \times AC}{AD} \cdot \frac{m}{m+n}$$

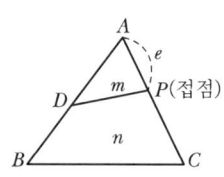

11.6.3 삼각형이 정점(꼭짓점)을 통하는 분할

① $\triangle ABC : \triangle ABP = (m+n) : m$ 으로 분할

$$\frac{\triangle ABP}{\triangle ABC} = \frac{m}{m+n} = \frac{BP}{BC}$$

$$\therefore BP = \frac{m}{m+n} \cdot BC$$

② $\dfrac{\triangle APC}{\triangle ABC} = \dfrac{n}{m+n} = \dfrac{PC}{BC}$

$$\therefore PC = \frac{n}{m+n} \cdot BC$$

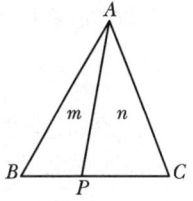

11.6.4 사변형의 분할(밑변의 평행 분할)

$S_1 : S_2 : S_3 = (AD)^2 : (EF)^2 : (BC)^2$

$$\frac{S_1}{(AD)^2} = \frac{S_2}{(EF)^2} = \frac{S_3}{(BC)^2} = K$$

$(S_1 = (AD)^2 K,\ S_2 = (EF)^2 K,\ S_3 = (BC)^2 K)$

$A_1 = S_1 - S_2 = K[(AD)^2 - (EF)^2]$

$A_2 = S_2 - S_3 = K[(EF)^2 - (BC)^2]$

$A_1 : A_2 = n : m = (AD)^2 - (EF)^2 : (EF)^2 - (BC)^2$

$m[(AD)^2 - (EF)^2] = n[(EF)^2 - (BC)^2]$

$m(AD)^2 - m(EF)^2 = n(EF)^2 - n(BC)^2$

$m(AD)^2 + n(BC)^2 = (n+m)(EF)^2$

$$\therefore EF = \sqrt{\frac{mAD^2 + nBC^2}{m+n}}$$

$AE : R = AB : L \rightarrow AE = \dfrac{R}{L} \cdot AB$

$$\therefore AE = AB \cdot \frac{AD - EF}{AD - BC}$$

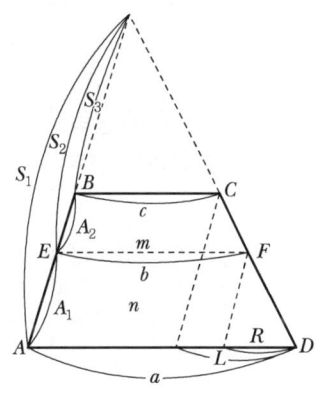

11.7 체적측량

11.7.1 단면법

도로, 철도, 수로 등과 같이 긴 노선의 성토량, 절토량을 계산할 경우에 이용되는 방법으로 양단면평균법, 중앙단면법, 각주공식에 의한 방법 등이 있다.

양단면평균법 (End area formula)	$V = \frac{1}{2}(A_1 + A_2) \cdot l$ 여기서, $A_1 \cdot A_2$: 양끝 단면적 A_m : 중앙단면적 l : A_1에서 A_2까지의 길이	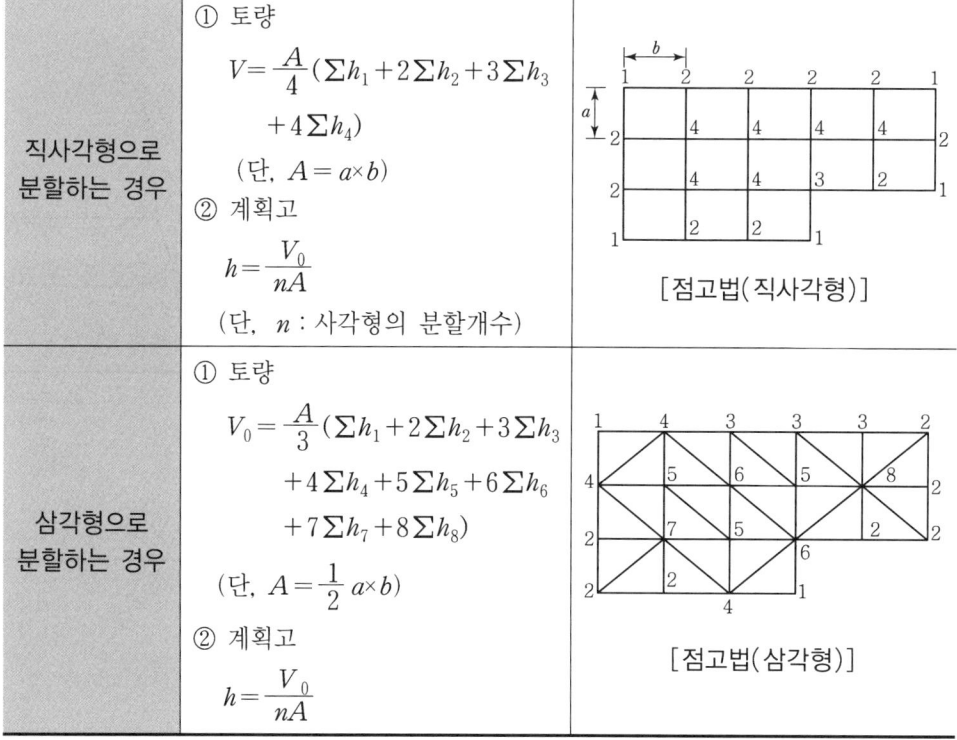[단면법]
중앙단면법 (Middle area formula)	$V = A_m \cdot l$	
각주공식 (Prismoidal formula)	$V = \frac{l}{6}(A_1 + 4A_m + A_2)$	

11.7.2 점고법

넓은 지역이나 택지조성 등의 정지작업을 위한 토공량을 계산하는데 사용되는 방법으로 전 구역을 직사각형이나 삼각형으로 나누어서 토량을 계산하는 방법이다.

직사각형으로 분할하는 경우	① 토량 $V = \frac{A}{4}(\Sigma h_1 + 2\Sigma h_2 + 3\Sigma h_3 + 4\Sigma h_4)$ (단, $A = a \times b$) ② 계획고 $h = \frac{V_0}{nA}$ (단, n : 사각형의 분할개수)	[점고법(직사각형)]
삼각형으로 분할하는 경우	① 토량 $V_0 = \frac{A}{3}(\Sigma h_1 + 2\Sigma h_2 + 3\Sigma h_3 + 4\Sigma h_4 + 5\Sigma h_5 + 6\Sigma h_6 + 7\Sigma h_7 + 8\Sigma h_8)$ (단, $A = \frac{1}{2}a \times b$) ② 계획고 $h = \frac{V_0}{nA}$	[점고법(삼각형)]

기준면으로부터 지반고를 관측한 결과 다음 그림과 같았다. 정지고를 2.5m로 할 경우 필요한 절성토량은 얼마인가?(단, 각각의 직사각형 면적은 400m²이다.)

3.1	2.2	2.0
3.4	1.8	1.5
4.0	3.7	1.0

㉮ 110m³
㉯ 220m³
㉰ 2,000m³
㉱ 3,890m³

① $V = \dfrac{A}{4}(\sum h_1 + 2\sum h_2 + 3\sum h_3 + 4\sum h_4)$

② 정지고 2.5m일 때 절토량
$\sum h_1 = 0.6 + 1.5 = 2.1$
$\sum h_2 = 0.9 + 1.2 = 2.1$
$V = \dfrac{400}{4}(2.1 + 2 \times 2.1) = 630 \text{m}^3$

③ 성토량 $\sum h_1 = 0.5 + 1.5 = 2.0$
$\sum h_2 = 0.3 + 1.0 = 1.3$
$\sum h_4 = 0.7$
$V = \dfrac{400}{4}(2.0 + 2 \times 1.3 + 4 \times 0.7) = 740 \text{m}^3$

④ 성토량 − 절토량 = 740 − 630 = 110m³

그림과 같은 지역을 점고법에 의해 구한 토량은?

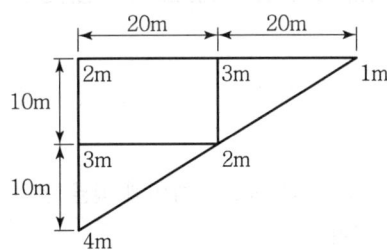

1. 사각형 체적(V_1) = $\dfrac{A}{4}(\sum h_1 + 2\sum h_2) = \dfrac{10 \times 20}{4}(2 + 3 + 2 + 3) = 500 \text{m}^3$

2. 삼각형 체적(V_2) = $\dfrac{A}{3}(\sum h_1 + 2\sum h_2) = \dfrac{\frac{10 \times 20}{2}}{3}(4 + 3 + 2) = 300 \text{m}^3$

3. 삼각형 체적(V_3) = $\dfrac{A}{3}(\sum h_1) = \dfrac{\frac{200 \times 2}{2}}{3}(3 + 2 + 1) = 200 \text{m}^3$

∴ $V = V_1 + V_2 + V_3 = 1,000 \text{m}^3$

예제

각 꼭짓점의 표고가 그림과 같을 때 부피를 구하면 다음 중 어느 것인가?

㉮ $1,520\text{m}^3$　　㉯ $1,620\text{m}^3$
㉰ $1,720\text{m}^3$　　㉱ $1,820\text{m}^3$

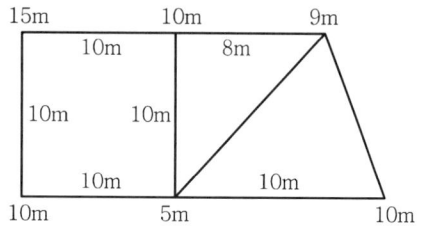

▶ 각각의 면적을 나누어서 체적을 구한다.(점고법으로 구한다.)

 : $\dfrac{10\times10}{4}(15+10+5+10) = 1,000\text{m}^3$

 : $\dfrac{\frac{1}{2}\times10\times8}{3}\times(5+9+10) = 320\text{m}^3$

△ : $\dfrac{\frac{1}{2}\times10\times10}{3}\times(5+10+9) = 400\text{m}^3$

∴ 체적(V) $= 1,000+320+400 = 1,720\text{m}^3$

11.7.3 등고선법

체적을 근사적으로 구하는 경우에 편리하며 부지의 정지토량 산정 또는 Dam과 저수지의 저수량 산정 등을 측정하는데 이용된다.

(각주 공식)

$$V_0 = \dfrac{h}{3}\{A_0 + A_n + 4(A_1+A_3) + 2(A_2+A_4)\}$$

여기서,
$A_0 \cdot A_1 \cdot A_2 \cdots$: 각 등고선 높이에 따른 면적
h : 등고선 간격

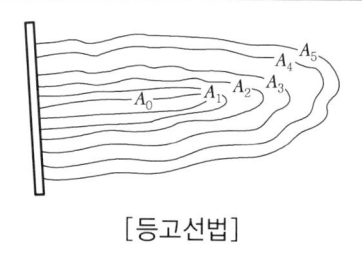

[등고선법]

11.8 관측면적 및 체적의 정확도

11.8.1 관측면적의 정확도

① 거리관측이 동일한 정도가 아닌 경우
- 면적 $(A) = x \cdot y$
- 면적오차 $(dA) = y \cdot dx + x \cdot dy$
- 면적의 정도 $\left(\dfrac{dA}{A}\right) = \dfrac{y \cdot dx + x \cdot dy}{x \cdot y} = \dfrac{dx}{x} + \dfrac{dy}{y}$

(면적의 정도는 거리 정도의 합이다.)

② 거리관측이 동일한 경우(정방형)

$\dfrac{dx}{x} = \dfrac{dy}{y} = \dfrac{dl}{l}$ 일 때

면적의 정도 $\dfrac{dA}{A} = 2 \cdot \dfrac{dl}{l}$

(면적의 정도는 거리관측 정도의 2배이다.)

11.8.2 체적의 정확도

$\dfrac{dv}{V} = \dfrac{dz}{Z} + \dfrac{dy}{Y} + \dfrac{dx}{X}$ ($\dfrac{dz}{Z} = \dfrac{dy}{Y} = \dfrac{dx}{X} = \dfrac{dl}{l}$ 이라고 할 때)

체적의 정도 $\dfrac{dV}{V} = 3 \cdot \dfrac{dl}{l}$

여기서, V : 체적, dV : 체적오차

$\dfrac{dl}{l}$: 거리관측 허용 정확도

(체적의 정도는 거리관측 정도의 3배이다.)

11.9 유토곡선(流土曲線 : Mass Curve)

종·횡단고저측량에 의해 작성된 종횡단면도에서 각 관측점의 단면적을 절토(흙깎기)는 (+), 성토(흙쌓기)는 (-)로 하여 각 관측점마다 토량을 구해 누가토량(累加土量)을 구한다. 이 누가토량을 종단면도의 축척과 동일하게 기준선을 설정하여 작도한 것을 유토곡선 또는 토량곡선이라고도 한다.(절토량-성토량=차인토량인데 차인토량의 합을 누가토량이라 한다.)

대규모 토공사에서 토공계획 수립 시 효율적인 토량배분과 운반장비 및 토취장, 사토장선정을 위해 유토곡선을 작성한다. 토량배분방법은 선형토공과 단지토공으로 분류되고 그 관건은 토량환산계수의 정확한 적용과 토취장, 사토장선정에 달려 있다.

11.9.1 유토곡선 작성 방법

① 각 측점의 횡단도에서 절토, 성토단면 산출
② 단면적법에 의한 토공량 계산
③ 절토량을 토량변화율 C를 적용 절토와 성토를 동일한 밀도상태가 되도록 한다.
④ 횡축을 측점, 종축을 누계토적량으로 Plot하여 유토곡선 작성

11.9.2 유토곡선 작성 목적

① 시공 방법을 결정한다.
② 평균운반거리를 산출한다.
③ 운반거리에 대한 토공기계를 선정
④ 토량을 배분한다.
⑤ 작업배경을 결정한다.

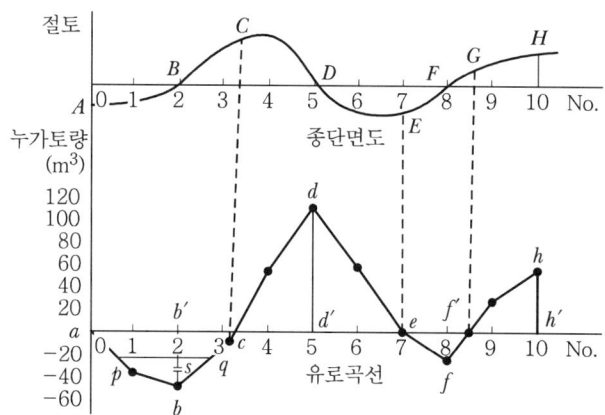

11.9.3 유토곡선의 성질

① 유토곡선의 하향구간은 성토구간, 상향구간은 절토구간이다.
② 유토곡선의 극대치는 절토에서 성토로 옮기는 점이고, 극소치는 성토에서 절토로 옮기는 점을 표시한다.
③ 유토곡선의 극대점토량에서 극소점토량을 빼고 남는 것이 사토량이다.
④ 기선(곡선과 평행선)이 교차하는 점 즉, c, e, g는 절토량과 성토량이 거의 같은 평행상태를 나타낸다.
⑤ 기선에서 임의의 평형선을 그었을 때 인접하는 교차점 사이의 토량은 절토량과 성토량이 균형을 이룬다.(즉, a~c구간, c~e구간, e~g구간)

⑥ 평형선에서 곡선의 극대점이나 극소점까지의 높이는 절토에서 성토로 운반되는 전 토량을 나타낸다.(즉, a~c구간에서는 bb′, c~e구간에서는 dd′, e~g구간에서는 ff′가 전토량을 의미한다.)
⑦ AH구간에서 사토량은 hh′가 된다.
⑧ 절토와 성토의 평균운반거리는 유토곡선토량의 $\frac{1}{2}$ 점간의 거리로 한다.(즉, AC구간의 평균운반거리는 bb′의 $\frac{1}{2}$ 점인 s점을 통과하는 평행선의 길이 pq이다.)
⑨ Mass Curve로 운반장비를 선정함으로써 경제적인 시공이 가능하다.
⑩ 토취장과 사토장의 위치와 거리를 고려하여 평행선을 상하시켜 경제적인 토공배분이 가능하다.

예상 및 기출문제

1. 도면의 축척이 1/600인 지역을 1/1,200으로 잘못 판단하여 면적을 측정한 결과가 900m²이었을 때, 올바른 면적은 얼마인가?

㉮ 225m²
㉯ 450m²
㉰ 1,800m²
㉱ 3,600m²

해설
$$a_1 : m_1^2 = a_2 : m_2^2$$
$$a_1 = \left(\frac{m_1}{m_2}\right)^2 \times a_2$$
$$a_1 = \left(\frac{600}{1,200}\right)^2 \times 900 = 225\,\text{m}^2$$

2. 축척이 1/600인 지역에서 분할 필지의 측정면적이 135.65m²일 경우 면적의 결정은 얼마로 하여야 하는가?

㉮ 135m²
㉯ 135.6m²
㉰ 135.7m²
㉱ 136m²

해설 측량·수로조사 및 지적에 관한 법률 시행령 제60조(면적의 결정 및 측량계산의 끝수처리)
① 면적의 결정은 다음 각 호의 방법에 따른다.
  1. 토지의 면적에 1제곱미터 미만의 끝수가 있는 경우 0.5제곱미터 미만일 때에는 버리고 0.5제곱미터를 초과하는 때에는 올리며, 0.5제곱미터일 때에는 구하려는 끝자리의 숫자가 0 또는 짝수이면 버리고 홀수이면 올린다. 다만, 1필지의 면적이 1제곱미터 미만일 때에는 1제곱미터로 한다.
  2. 지적도의 축척이 600분의 1인 지역과 경계점좌표등록부에 등록하는 지역의 토지 면적은 제1호에도 불구하고 제곱미터 이하 한 자리 단위로 하되, 0.1제곱미터 미만의 끝수가 있는 경우 0.05제곱미터 미만일 때에는 버리고 0.05제곱미터를 초과할 때에는 올리며, 0.05제곱미터일 때에는 구하려는 끝자리의 숫자가 0 또는 짝수이면 버리고 홀수이면 올린다. 다만, 1필지의 면적이 0.1제곱미터 미만일 때에는 0.1제곱미터로 한다.
② 방위각의 각치(角値), 종횡선의 수치 또는 거리를 계산하는 경우 구하려는 끝자리의 다음 숫자가 5 미만일 때에는 버리고 5를 초과할 때에는 올리며, 5일 때에는 구하려는 끝자리의 숫자가 0 또는 짝수이면 버리고 홀수이면 올린다. 다만, 전자계산조직을 이용하여 연산할 때에는 최종수치에만 이를 적용한다.

해답 1. ㉮ 2. ㉯

3. 지적도의 축척이 600분의 1인 지역에서 면적을 측정한 결과 3250.25m²이었다면 결정면적은 얼마인가?

㉮ 3250.00m²　　㉯ 3250.25m²　　㉰ 3250.2m²　　㉱ 3250.3m²

해설 2번 문제 해설 참조

4. 축척이 1/600인 지역에서 원면적이 564m²인 토지를 분할하고자 하는 경우, 분할 후의 면적의 합계와 분할 전 면적과의 오차의 허용범위는 얼마 이내이어야 하는가?

㉮ 9.6m²　　㉯ 10.7m²　　㉰ 16.0m²　　㉱ 19.0m²

해설 $A = 0.026^2 \times 600 \times \sqrt{564} = 9.63 \text{m}^2$
    $= 9.6 \text{m}^2$

제19조(등록전환이나 분할에 따른 면적 오차의 허용범위 및 배분 등) ① 법 제26조제2항에 따른 등록전환이나 분할을 위하여 면적을 정할 때에 발생하는 오차의 허용범위 및 처리방법은 다음 각 호와 같다.
 2. 토지를 분할하는 경우
  가. 분할 후의 각 필지의 면적의 합계와 분할 전 면적과의 오차의 허용범위는 제1호가목의 계산식에 따른다. 이 경우 A는 오차 허용면적, M은 축척분모, F는 원면적으로 하되, 축척이 3천분의 1인 지역의 축척분모는 6천으로 한다.
  나. 분할 전후 면적의 차이가 가목의 계산식에 따른 허용범위 이내인 경우에는 그 오차를 분할 후의 각 필지의 면적에 따라 나누고, 허용범위를 초과하는 경우에는 지적공부(地籍公簿)상의 면적 또는 경계를 정정하여야 한다.
  다. 분할 전후 면적의 차이를 배분한 산출면적은 다음의 계산식에 따라 필요한 자리까지 계산하고, 결정면적은 원면적과 일치하도록 산출면적의 구하려는 끝자리의 다음 숫자가 큰 것부터 순차로 올려서 정하되, 구하려는 끝자리의 다음 숫자가 서로 같을 때에는 산출면적이 큰 것을 올려서 정한다.
   $r = \dfrac{F}{A} \times a$
   (r은 각 필지의 산출면적, F는 원면적, A는 측정면적 합계 또는 보정면적 합계, a는 각 필지의 측정면적 또는 보정면적)

제19조(등록전환이나 분할에 따른 면적 오차의 허용범위 및 배분 등)
 1. 등록전환을 하는 경우
  가. 임야대장의 면적과 등록전환될 면적의 오차 허용범위는 다음의 계산식에 따른다. 이 경우 오차의 허용범위를 계산할 때 축척이 3천분의 1인 지역의 축척분모는 6천으로 한다.
   $A = 0.026^2 M \sqrt{F}$
   (A는 오차 허용면적, M은 임야도 축척분모, F는 등록전환될 면적)

5. 축척 1/1,200 지적도 시행지역에서 전자면적측정기로 도상에서 2회 측정한 값이 270.5m², 275.5m²이었을 때 그 교차는 얼마 이하이어야 하는가?

㉮ 10.4m²　　㉯ 13.4m²　　㉰ 17.3m²　　㉱ 24.3m²

해답　3. ㉰　4. ㉮　5. ㉮

해설 지적측량 시행규칙 제20조(면적측정의 방법 등) ② 전자면적측정기에 따른 면적측정은 다음 각 호의 기준에 따른다.
  1. 도상에서 2회 측정하여 그 교차가 다음 계산식에 따른 허용면적 이하일 때에는 그 평균치를 측정면적으로 할 것
     $A = 0.023^2 M\sqrt{F}$
     (A는 허용면적, M은 축척분모, F는 2회 측정한 면적의 합계를 2로 나눈 수)
  2. 측정면적은 1천분의 1제곱미터까지 계산하여 10분의 1제곱미터 단위로 정할 것

[계산] 2회 측정한 값이 270.5m², 275.5m²이었을 때 그 교차는 5m²이다.
  허용면적은 $0.023^2 \times 1200 \times \sqrt{273} = 10.4 m^2$
  (교차가 허용면적 이하이므로 평균치를 측정면적으로 한다.)

6. 좌표면적계산법에 따른 면적 측정에서 산출면적은 얼마의 단위까지 계산하여야 하는가?
  ㉮ 10,000분의 1제곱미터
  ㉯ 1,000분의 1제곱미터
  ㉰ 100분의 1제곱미터
  ㉱ 10분의 1제곱미터

해설 지적측량시행규칙 제20조(면적측정의 방법 등) ① 좌표면적계산법에 따른 면적 측정은 다음 각 호의 기준에 따른다.
  1. 경위의측량방법으로 세부측량을 한 지역의 필지별 면적측정은 경계점 좌표에 따를 것
  2. 산출면적은 1천분의 1제곱미터까지 계산하여 10분의 1제곱미터 단위로 정할 것

7. 지적도의 축척이 1/600인 지역의 면적결정방법이 옳은 것은?
  ㉮ 산출면적이 123.15m²일 때는 123.2m²로 한다.
  ㉯ 산출면적이 125.55m²일 때는 126m²로 한다.
  ㉰ 산출면적이 135.25m²일 때는 135.3m²로 한다.
  ㉱ 산출면적이 146.55m²일 때는 145.5m²로 한다.

해설 제60조(면적의 결정 및 측량계산의 끝수처리) ① 면적의 결정은 다음 각 호의 방법에 따른다.
  1. 토지의 면적에 1제곱미터 미만의 끝수가 있는 경우 0.5제곱미터 미만일 때에는 버리고 0.5제곱미터를 초과하는 때에는 올리며, 0.5제곱미터일 때에는 구하려는 끝자리의 숫자가 0 또는 짝수이면 버리고 홀수이면 올린다. 다만, 1필지의 면적이 1제곱미터 미만일 때에는 1제곱미터로 한다.
  2. 지적도의 축척이 600분의 1인 지역과 경계점좌표등록부에 등록하는 지역의 토지 면적은 제1호에도 불구하고 제곱미터 이하 한 자리 단위로 하되, 0.1제곱미터 미만의 끝수가 있는 경우 0.05제곱미터 미만일 때에는 버리고 0.05제곱미터를 초과할 때에는 올리며, 0.05제곱미터일 때에는 구하려는 끝자리의 숫자가 0 또는 짝수이면 버리고 홀수이면 올린다. 다만, 1필지의 면적이 0.1제곱미터 미만일 때에는 0.1제곱미터로 한다.
② 방위각의 각치(角値), 종횡선의 수치 또는 거리를 계산하는 경우 구하려는 끝자리의 다음 숫자가 5 미만일 때에는 버리고 5를 초과할 때에는 올리며, 5일 때에는 구하려는 끝자리의 숫자가 0 또는 짝수이면 버리고 홀수이면 올린다. 다만, 전자계산조직을 이용하여 연산할 때에는 최종수치에만 이를 적용한다.

예상 및 기출문제

8. 분할 후의 각 필지의 면적의 합계와 분할 전 면적과의 오차의 허용범위를 구하는 식으로 옳은 것은?(단, A : 오차허용면적, M : 축척분모, F : 원면적)

㉮ $A = 0.023^2 \cdot M\sqrt{F}$ ㉯ $A = 0.026^2 \cdot M\sqrt{F}$
㉰ $A = 0.023 \cdot M\sqrt{F}$ ㉱ $A = 0.026 \cdot M\sqrt{F}$

해설 제19조(등록전환이나 분할에 따른 면적 오차의 허용범위 및 배분 등) ① 법 제26조제2항에 따른 등록전환이나 분할을 위하여 면적을 정할 때에 발생하는 오차의 허용범위 및 처리방법은 다음 각 호와 같다.
  1. 등록전환을 하는 경우
    가. 임야대장의 면적과 등록전환될 면적의 오차 허용범위는 다음의 계산식에 따른다. 이 경우 오차의 허용범위를 계산할 때 축척이 3천분의 1인 지역의 축척분모는 6천으로 한다.
    $A = 0.026^2 M\sqrt{F}$
    (A는 오차 허용면적, M은 임야도 축척분모, F는 등록전환될 면적)
    나. 임야대장의 면적과 등록전환될 면적의 차이가 가목의 계산식에 따른 허용범위 이내인 경우에는 등록전환될 면적을 등록전환 면적으로 결정하고, 허용범위를 초과하는 경우에는 임야대장의 면적 또는 임야도의 경계를 지적소관청이 직권으로 정정하여야 한다.
  2. 토지를 분할하는 경우
    가. 분할 후의 각 필지의 면적의 합계와 분할 전 면적과의 오차의 허용범위는 제1호가목의 계산식에 따른다. 이 경우 A는 오차 허용면적, M은 축척분모, F는 원면적으로 하되, 축척이 3천분의 1인 지역의 축척분모는 6천으로 한다.
    나. 분할 전후 면적의 차이가 가목의 계산식에 따른 허용범위 이내인 경우에는 그 오차를 분할 후의 각 필지의 면적에 따라 나누고, 허용범위를 초과하는 경우에는 지적공부(地籍公簿)상의 면적 또는 경계를 정정하여야 한다.

9. 축척 1/3,000 지역에서 등록전환될 면적이 350m²일 때 임야대장의 면적과의 오차 허용범위는?

㉮ ±18m² ㉯ ±37m² ㉰ ±56m² ㉱ ±75m²

해설 $A = 0.026^2 M\sqrt{F}$
  $= 0.026^2 \times 6,000 \times \sqrt{350}$
  $= \pm 75.88 m^2$

측량·수로조사 및 지적에 관한 법률 시행령 제19조(등록전환이나 분할에 따른 면적 오차의 허용범위 및 배분 등) ① 법 제26조제2항에 따른 등록전환이나 분할을 위하여 면적을 정할 때에 발생하는 오차의 허용범위 및 처리방법은 다음 각 호와 같다.
  1. 등록전환을 하는 경우
    가. 임야대장의 면적과 등록전환될 면적의 오차 허용범위는 다음의 계산식에 따른다. 이 경우 오차의 허용범위를 계산할 때 축척이 3천분의 1인 지역의 축척분모는 6천으로 한다.
    $A = 0.026^2 M\sqrt{F}$
    (A는 오차 허용면적, M은 임야도 축척분모, F는 등록전환될 면적)

10. 삼각형의 각 변이 길이가 각각 30m, 40m, 50m일 때 이 삼각형의 면적으로 옳은 것은?

㉮ 600m²　　㉯ 756m²　　㉰ 1,000m²　　㉱ 1,200m²

해설 삼변법에 의한 계산

$S = \dfrac{1}{2}(30+40+50) = 60$

$S = \sqrt{S(S-a)(S-b)(S-c)}$
$= \sqrt{60(60-30)(60-40)(60-50)}$
$= 600\text{m}^2$

11. 다음 중 축척 1/1200 지역 토지의 면적을 전자면적계로 2회 측정한 결과가 각 138,232m², 138,347m²이었을 때 처리방법으로 옳은 것은?

㉮ 작은 면적을 측정면적으로 사용한다.
㉯ 큰 면적을 측정면적으로 사용한다.
㉰ 평균하여 측정면적으로 사용한다.
㉱ 재측량하여야 한다.

해설 지적법 시행규칙 제20조(면적측정의 방법 등) ② 전자면적측정기에 따른 면적 측정은 다음 각 호의 기준에 따른다.
1. 도상에서 2회 측정하여 그 교차가 다음 계산식에 따른 허용면적 이하일 때에는 그 평균치를 측정면적으로 할 것

$A = 0.023^2 M\sqrt{F}$

(A는 허용면적, M은 축척분모, F는 2회 측정한 면적의 합계를 2로 나눈 수)

$F = (138,232+138,347) \div 2 = 138,289.5$
$A = 0.023^2 \times 1200 \times \sqrt{138289.5} = 236$

교차 138,232−138,347 = −115이므로 평균하여 사용

12. 다음 중 축척 1000분의 1인 지적도에서 도곽선의 신축량이 각각 $\varDelta X = -2\text{mm}$, $\varDelta Y = -2\text{mm}$일 때 도곽선의 보정계수로 옳은 것은?

㉮ 0.0145　　　　　　　㉯ 0.9884
㉰ 1.0045　　　　　　　㉱ 1.0118

해설 $Z = \dfrac{X \cdot Y}{\varDelta X \cdot \varDelta Y} = \dfrac{300 \times 400}{(300-0.2) \times (400-0.2)} = 1.0118$

축척	도곽선 크기(m)	도곽 내 포용면적(m²)	축척	도곽선 크기(m)	도곽 내 포용면적(m²)
1/500	150×200	30,000	1/2,400	800×1,000	800,000
1/600	200×250	50,000	1/3,000	1,200×1,500	1,800,000
1/1000	300×400	120,000	1/6,000	2,400×3,000	7,200,000
1/1200	400×500	200,000			

해답 10. ㉮　11. ㉰　12. ㉱

13. 삼각형의 세 변의 길이가 아래와 같을 때, ∠BAC의 값은?

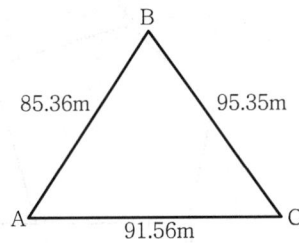

㉮ 96°50′41″ ㉯ 86°50′41″
㉰ 65°06′48″ ㉱ 22°40′21″

해설 $\angle BAC = \cos^{-1}\dfrac{c^2+b^2-a^2}{2cb}$

$\angle BAC = \cos^{-1}\dfrac{85.36^2+91.56^2-95.35^2}{2\times85.36\times91.56}$

$= 65°06′48.33″$

14. 다음 중 지상 500m²를 도면상에 5cm²로 나타낼 수 있는 도면의 축척은 얼마인가?

㉮ 1/500 ㉯ 1/600
㉰ 1/10,000 ㉱ 1/1,200

해설 축척 $= \dfrac{실거리}{도상거리}$

$= \dfrac{500}{0.05} = \dfrac{1}{10,000}$

15. 다음 중 지적 관련법규에 따른 면적측정 방법에 해당하는 것은?

㉮ 지상삼사법 ㉯ 도상삼사법
㉰ 스타디아법 ㉱ 좌표면적계산법

해설 지적측량 시행규칙 제20조(면적측정의 방법 등) ① 좌표면적계산법에 따른 면적측정은 다음 각 호의 기준에 따른다.
　1. 경위의측량방법으로 세부측량을 한 지역의 필지별 면적측정은 경계점 좌표에 따를 것
　2. 산출면적은 1천분의 1제곱미터까지 계산하여 10분의 1제곱미터 단위로 정할 것
② 전자면적측정기에 따른 면적측정은 다음 각 호의 기준에 따른다.
　1. 도상에서 2회 측정하여 그 교차가 다음 계산식에 따른 허용면적 이하일 때에는 그 평균치를 측정면적으로 할 것
　　$A = 0.023^2 M\sqrt{F}$
　　(A는 허용면적, M은 축척분모, F는 2회 측정한 면적의 합계를 2로 나눈 수)
　2. 측정면적은 1천분의 1제곱미터까지 계산하여 10분의 1제곱미터 단위로 정할 것

16. 다음 그림의 경계선 정정에서 CF의 길이는?(단, AC=40m, BC=25m, ∠ACB=30°, ∠BCF=80°)

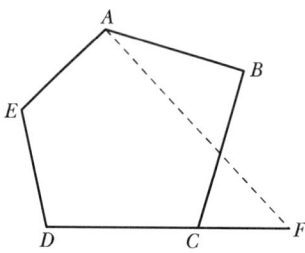

㉮ 13.3m
㉯ 16.5m
㉰ 21.7m
㉱ 31.9m

해설
- △ABC의 면적 = $\frac{1}{2} \times 40 \times 25 \times \sin 30° = 250 \text{m}^2$

    △ACF의 면적 = $\frac{1}{2} \times 40 \times x \times \sin 110° = 250 \text{m}^2$

    △ABC의 면적과 △ACF의 면적이 같아야 하므로 따라서 $x = 13.3\text{m}$

- △ABC의 면적 = $\frac{1}{2} \times AC \times 25 \times \sin 30°$

    $= 6.25 \times AC$ ········ ①

    △ABC의 면적 = $\frac{1}{2} \times AC \times CF \times \sin 110°$ ········ ②

    ① = ②
    $6.25 \times AC = 0.4698 \times AC \times CF$

    따라서 CF = 13.3m

17. 전자면적측정기로 도상에서 2회 측정한 면적의 평균이 250m²일 때, 교차의 허용면적이 최대얼마 이하일 때에 평균치를 측정면적으로 할 수 있는가?(단, 축척은 1200분의 1이다.)

㉮ 8.6m²
㉯ 9.0m²
㉰ 10.0m²
㉱ 12.8m²

해설 지적측량 시행규칙 제20조(면적측정의 방법 등) ② 전자면적측정기에 따른 면적측정은 다음 각호의 기준에 따른다.
1. 도상에서 2회 측정하여 그 교차가 다음 계산식에 따른 허용면적 이하일 때에는 그 평균치를 측정면적으로 할 것

    $A = 0.023^2 M\sqrt{F}$

    $A = 0.023^2 M\sqrt{F}$
    $= 0.023^2 \times 1,200\sqrt{250} = 10.037 \text{m}^2$

예상 및 기출문제

18. 다음 중 전자면적측정기에 따른 면적측정 기준으로 옳지 않은 것은?

㉮ 도상에서 2회 측정한다.
㉯ 측정면적은 100분의 1제곱미터까지 계산한다.
㉰ 측정면적은 10분의 1제곱미터 단위로 정한다.
㉱ 교차가 허용면적 이하일 때에는 그 평균치를 측정면적으로 한다.

> **해설** 지적측량 시행 규칙 제20조(면적측정의 방법 등) ② 전자면적측정기에 따른 면적측정은 다음 각 호의 기준에 따른다.
> 1. 도상에서 2회 측정하여 그 교차가 다음 계산식에 따른 허용면적 이하일 때에는 그 평균치를 측정면적으로 할 것
> $$A = 0.023^2 M\sqrt{F}$$
>   (A는 허용면적, M은 축척분모, F는 2회 측정한 면적의 합계를 2로 나눈 수)
> 2. 측정면적은 1천분의 1제곱미터까지 계산하여 10분의 1제곱미터 단위로 정할 것

19. 축척이 1200분의 1인 지적도 1도곽의 포용면적은 얼마인가?

㉮ 30,000m²　　㉯ 5,000m²　　㉰ 200,000m²　　㉱ 800,000m²

> **해설**
>
> | 축척 | 도곽선 크기(m) | 도곽 내 포용면적(m²) | 축척 | 도곽선 크기(m) | 도곽 내 포용면적(m²) |
> |---|---|---|---|---|---|
> | 1/500 | 150×200 | 30,000 | 1/2,400 | 800×1,000 | 800,000 |
> | 1/600 | 200×250 | 50,000 | 1/3,000 | 1,200×1,500 | 1,800,000 |
> | 1/1000 | 300×400 | 120,000 | 1/6,000 | 2,400×3,000 | 7,200,000 |
> | 1/1200 | 400×500 | 200,000 | | | |

20. 면적측정의 방법과 관련하여 ㉠에 들어갈 알맞은 값은?

> 면적이 (㉠) 이상인 필지를 분할하는 경우 분할 후의 면적이 분할 전 면적의 80% 이상이 되는 필지의 면적을 측정할 때에는 분할 전 면적의 20% 미만이 되는 필지의 면적을 먼저 측정한 후, 분할 전 면적에서 그 측정된 면적을 빼는 방법으로 할 수 있다. 다만, 동일한 측량 결과도에서 측정할 수 있는 경우와 좌표면적계산법에 따라 면적을 측정하는 경우에는 그러하지 아니하다.

㉮ 2,000m²　　㉯ 3,000m²　　㉰ 4,000m²　　㉱ 5,000m²

> **해설** 지적측량 시행규칙 제20조(면적측정의 방법 등) ④ 면적이 5천제곱미터 이상인 필지를 분할하는 경우 분할 후의 면적이 분할 전 면적의 80퍼센트 이상이 되는 필지의 면적을 측정할 때에는 분할 전 면적의 20퍼센트 미만이 되는 필지의 면적을 먼저 측정한 후, 분할 전 면적에서 그 측정된 면적을 빼는 방법으로 할 수 있다. 다만, 동일한 측량결과도에서 측정할 수 있는 경우와 좌표면적계산법에 따라 면적을 측정하는 경우에는 그러하지 아니하다.

해답 18. ㉯　19. ㉰　20. ㉱

21. 실제 지상거리가 24m이고 이를 도상에 나타낸 거리가 2cm인 도면의 축척으로 옳은 것은?

㉮ 1/600　　㉯ 1/1,000　　㉰ 1/1200　　㉱ 1/6,000

해설 $M=\dfrac{1}{m}=\dfrac{l}{L}$ 에서 $\dfrac{1}{m}=\dfrac{0.02}{24}=\dfrac{1}{1,200}$

[참고] • 도상거리 = 실제거리/축척
　　　 • 실제거리 = 축척×도상거리

22. 전자면적측정기에 따라 도상에서 2회 측정한 필지의 면적이 각각 467.6m², 472.4m²일 때 평균치를 측정면적으로 할 수 있는 교차의 허용면적 기준으로 옳은 것은?(단, 축척은 1,200분의 1이다.)

㉮ 11.7m² 이하　　㉯ 12.6m² 이하　　㉰ 13.7m² 이하　　㉱ 17.6m² 이하

해설 $0.023^2 \times 1200\sqrt{470} = 13.7\text{m}^2$

지적측량시행규칙 제20조(면적측정의 방법 등) ① 좌표면적계산법에 따른 면적측정은 다음 각 호의 기준에 따른다.
1. 경위의측량방법으로 세부측량을 한 지역의 필지별 면적측정은 경계점 좌표에 따를 것
2. 산출면적은 1천분의 1제곱미터까지 계산하여 10분의 1제곱미터 단위로 정할 것

② 전자면적측정기에 따른 면적측정은 다음 각 호의 기준에 따른다.
1. 도상에서 2회 측정하여 그 교차가 다음 계산식에 따른 허용면적 이하일 때에는 그 평균치를 측정면적으로 할 것
$$A = 0.023^2 M\sqrt{F}$$
(A는 허용면적, M은 축척분모, F는 2회 측정한 면적의 합계를 2로 나눈 수)

23. 두 변의 길이가 각각 65.26m, 57.45m이고, 끼인각의 크기가 62°36′40″인 삼각형의 면적은 얼마인가?

㉮ 1,445.5m²　　㉯ 1,554.5m²　　㉰ 1,664.5m²　　㉱ 1,775.5m²

해설 두 변의 길이를 알고 끼인각을 알면 공식은 $\dfrac{1}{2} \times a \times b \times \sin\alpha$

따라서, $\dfrac{1}{2} \times 65.26 \times 57.45 \times \sin 62°36′40″ = 1,664.46\text{m}^2$

24. 1 : 5,000 축척의 지적도상에서 16cm²로 나타나 있는 정방형 토지의 실제 면적은?

㉮ 80,000m²　　㉯ 40,000m²　　㉰ 8,000m²　　㉱ 4,000m²

해설 $\left(\dfrac{1}{m}\right)^2 = \dfrac{\text{도상면적}}{\text{실제면적}}$

$\left(\dfrac{1}{5,000}\right)^2 = \dfrac{16}{\text{실제면적}}$

∴ 실제면적 = 40,000m²

해답　21. ㉰　22. ㉰　23. ㉰　24. ㉯

25. 축척 1/10,000의 도면상에서 구적기를 사용하여 면적을 측정하였더니 2,800m²이었다. 그런데 이 도면은 종횡 모두 1%씩 수축이 되어 있었다면 실제 면적은?

㉮ 2,829m² ㉯ 2,856m² ㉰ 2,745m² ㉱ 2,773m²

해설 $\dfrac{dA}{A}=2\dfrac{dl}{l}$ 에서 $\dfrac{dA}{A}=\dfrac{1}{50}$ 이다.

잘못된 면적차이량 = 2,800÷50 = 56m²
실제면적(A) = 2,800 + 56 = 2,856m²

26. 400m²의 정사각형 토지면적을 0.1m²까지 정확히 구하기 위하여서는 각 변장을 측정할 때 테이프의 눈금을 최소 어느 정도까지 정확히 읽어야 하는가?

㉮ 1mm ㉯ 2.5mm ㉰ 5mm ㉱ 10mm

해설 $\dfrac{dA}{A}=2\dfrac{dl}{l}$ 에서

① 한변의 길이(l)의 계산 $l \times l = A$, $l^2 = A = \sqrt{400} = 20$ m
② $dl = \dfrac{dA}{A} \cdot \dfrac{l}{2} = \dfrac{0.1}{400} \times \dfrac{20}{2} = 0.0025$ m = 2.5mm

27. 다음 중 좌표면적계산법에 따른 면적측정을 하는 경우 면적을 정하는 단위 기준으로 옳은 것은?

㉮ 10분의 1제곱미터 단위로 정한다. ㉯ 100분의 1제곱미터 단위로 정한다.
㉰ 1,000분의 1제곱미터 단위로 정한다. ㉱ 10,000분의 1제곱미터 단위로 정한다.

해설 지적측량 시행규칙 제20조(면적측정 방법 등) ① 좌표면적계산법에 의한 면적측정은 다음 각 호의 기준에 의한다.
　　1. 경위의측량방법으로 세부측량을 한 지역의 필지별 면적측정은 경계점좌표에 의할 것
　　2. 산출면적은 1천분의 1제곱미터까지 계산하여 10분의 1제곱미터 단위로 정할 것

28. 다음 중 두 점 간의 실거리 300m를 도상에 6mm로 표시한 도면의 축척은 얼마인가?

㉮ $\dfrac{1}{20,000}$ ㉯ $\dfrac{1}{25,000}$ ㉰ $\dfrac{1}{50,000}$ ㉱ $\dfrac{1}{100,000}$

해설 300m = 300,000mm이므로 $\dfrac{1}{m} = \dfrac{6}{300,000} = \dfrac{1}{50,000}$

29. 축척이 1/3,000인 지역의 토지를 등록전환하는 경우 임야대장의 면적과 등록전환될 면적의 오차 허용범위를 계산하기 위한 축척분모는 얼마로 하여야 하는가?

㉮ 1,000 ㉯ 1,200 ㉰ 3,000 ㉱ 6,000

해설 $A = 0.026^2 M\sqrt{F}$

(A : 오차허용면적, M : 축척분모, F : 원면적으로 하되 축척이 3,000분의 1인 지역의 축척분모는 6,000으로 한다.)

30. 축척이 1/500인 도면 1매의 면적이 1,000m²이라면, 도면의 축척을 1/1,000으로 하였을 때 도면 1매의 면적은 얼마인가?

㉮ 2,000m²   ㉯ 3,000m²   ㉰ 4,000m²   ㉱ 5,000m²

해설 비례식으로 풀면 $500^2 : 1,000^2 = 1,000\text{m}^2 : x$
$x = 1,000^2 \times 1,000/500^2 = 4,000\text{m}^2$

31. 다음 중 분할 후의 각 필지의 면적의 합계와 분할 전 면적과의 오차의 허용범위를 구하는 식으로 옳은 것은?(단, A : 오차허용면적, M : 축척분모, F : 원면적)

㉮ $A = 0.023^2 \cdot M\sqrt{F}$ ㉯ $A = 0.026^2 \cdot M\sqrt{F}$
㉰ $A = 0.023 \cdot M\sqrt{F}$ ㉱ $A = 0.026 \cdot M\sqrt{F}$

해설

면적 측정		
구분		기 준
삼사법 산출 교차		$A = 0.023^2 M\sqrt{F}$ 이내일 때 평균
푸라니미터독수교차		$A = 0.023^2 M\sqrt{F}/C$ 이내일 때 평균 (최대·최소차)
신구면적	교차제한	$A = 0.026^2 M\sqrt{F}$ 이내일 때 안분배분
	필지면적산출식	$r = \dfrac{F}{A} \times a$
차인면적제한		분할 전 5,000m² 이상 토지로 1필지 면적이 8할 이상 분할시(동일 결과도 제외)
면적보정		도곽선의 길이가 0.5mm 이상 신축시

A : 허용면적
M : 축척분모
F : 원면적
C : 측륜 1분획 단위 면적
a : 각 필지의 측정면적, 보정면적

32. 점간거리 200m를 축척 1/500인 도상에 등록한 경우 점간거리의 도상길이는 얼마인가?

㉮ 20cm   ㉯ 40cm   ㉰ 50cm   ㉱ 80cm

해설 축척 = $\dfrac{\text{실거리}}{\text{도상거리}}$

따라서 도상거리는 $\dfrac{\text{실거리}}{\text{축척}}$

$\dfrac{200}{500} = 0.4\text{m}$

∴ 40cm

33. 2,000m³의 체적을 산출할 때 수평 및 수직거리를 동일한 정확도로 관측하여 체적산정 오차를 0.3m³ 이내에 들게 하려면 거리관측의 허용 정확도는?

㉮ 1/15,000   ㉯ 1/20,000   ㉰ 1/25,000   ㉱ 1/30,000

예상 및 기출문제

해설 체적의 정도 $\left(\dfrac{dV}{V}\right) = 3 \cdot \dfrac{dl}{l}$ 에서

$$\dfrac{dl}{l} = \dfrac{1}{3} \cdot \dfrac{dV}{V} = \dfrac{1}{3} \times \dfrac{0.3}{2,000} = \dfrac{1}{20,000}$$

34. 2500m²의 면적을 0.1m²까지 정확하게 구하려면 거리관측의 최소단위를 얼마까지 읽어야 하는가?

㉮ 0.1mm ㉯ 0.5mm ㉰ 1mm ㉱ 5mm

해설 ① 한 변의 길이(l) 계산

$l \times l = A$ $l^2 = A$ $l = \sqrt{A} = \sqrt{2,500} = 50$m

② 면적의 정밀도(면적의 정도는 거리정도의 2배이므로)

$\dfrac{dA}{A} = 2 \cdot \dfrac{dl}{l}$ 에서

$dl = \dfrac{dA}{A} \cdot \dfrac{l}{2} = \dfrac{0.1}{2,500} \times \dfrac{50}{2} = 0.001\text{m} = 1\text{mm}$

35. 그림과 같은 토지의 한변 BC에 평행으로 m : n = 1 : 3의 비율로 분할하려면 AB=50m일 때 AX는 얼마인가?

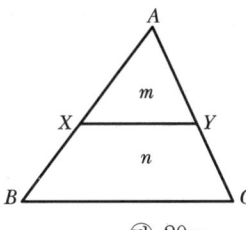

㉮ 10m ㉯ 15m ㉰ 20m ㉱ 25m

해설 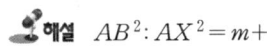 $AB^2 : AX^2 = m+n : m$

$AX = \sqrt{\dfrac{m}{m+n}} \times AB = \sqrt{\dfrac{1}{1+3}} \times 50 = 25$m

36. 축척 1/1000일 때 단위면적이 10m²의 측간의 위치에서 축척 1/100 의 면적을 측정하고자 한다. 단위면적은?

㉮ 0.1m² ㉯ 0.2m² ㉰ 0.3m² ㉱ 0.4m²

해설 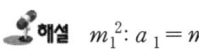 $m_1^2 : a_1 = m_2^2 : a_2$

$a_2 = \left(\dfrac{m_2}{m_1}\right)^2 \cdot a_1 = \left(\dfrac{100}{1,000}\right)^2 \times 10 = 0.1$m²

제1편 측량학

37. 축척 1/1,500 도면상의 면적을 축척 1/1,000으로 잘못 측정하여 24,000m²를 얻었을 때 실제의 면적은?

㉮ 36,000m² ㉯ 10,600m² ㉰ 54,000m² ㉱ 37,500m²

해설 $m_1^2 : a_1 = m_2^2 : a_2$

$$a_2 = \left(\frac{m_1}{m_2}\right)^2 \cdot a_1 = \left(\frac{1,500}{1,000}\right)^2 \times 24,000 = 54,000 \text{m}^2$$

38. 축척 1/5,000 도상에서의 면적이 40.52cm²이었다. 실제 면적은?

㉮ 0.01km² ㉯ 0.1km²
㉰ 1.0km² ㉱ 10.0km²

해설 $(축척)^2 = \left(\frac{1}{m}\right)^2 = \frac{도상면적}{실제면적}$

$$= \left(\frac{1}{5,000}\right)^2 = \frac{40.52}{실제면적}$$

∴ 실제면적 = 0.1km²

39. 직육면체인 저수탱크의 용적을 구하고자 한다. 밑변 a,b와 높이 h에 대한 측정결과가 다음과 같을 때 부피오차는?

| • a = 40.00±0.05m | • b = 20.00±0.03m | • h = 15.00±0.02m |

㉮ ±10m³ ㉯ ±21m³
㉰ ±28m³ ㉱ ±34m³

해설 $V = abh$

오차전파법칙에 의해

$$\Delta V = \pm\sqrt{(bh)^2 \cdot m_1^2 + (ah)^2 \cdot m_2^2 + (ab)^2 \cdot m_3^2}$$
$$= \pm\sqrt{(20 \times 15)^2 \times 0.05^2 + (40 \times 15)^2 \times 0.03^2 + (40 \times 20)^2 \times 0.02^2}$$
$$= 28.37 \text{m}^3$$

40. 30m에 대하여 6mm가 늘어나 있는 줄자로 정방형의 지역을 측량한 결과 62,550m²였다. 실제 면적은?

㉮ 62,525m² ㉯ 62,500m²
㉰ 62,475m² ㉱ 62,550m²

 해설 실제면적 $= \frac{(부정길이)^2 \times 관측면적}{(표준길이)^2} = \frac{(30.006)^2 \times 62,500}{(30)^2}$

$$= 62,525 \text{m}^2$$

예상 및 기출문제

41. 축척 $\dfrac{1}{5,000}$인 지형도(도면)의 면적을 측정하여 4.8cm² 결과를 얻었다. 이때 도면의 모든 점이 1.5%가 수축되어 있었다면 실제면적은 얼마인가?

㉮ 11,643m² ㉯ 11,820m² ㉰ 12,183m² ㉱ 12,360m²

해설 축척$^2 = \left(\dfrac{1}{m}\right)^2 = \dfrac{도상면적}{실제면적}$

$\left(\dfrac{1}{5,000}\right)^2 = \dfrac{4.8}{A'}$

실제면적 $A' = 12,000\text{m}^2$

$\dfrac{dA}{A} = 2 \cdot \dfrac{dl}{l} = 2 \times \dfrac{1.5}{100} = 0.03$

잘못된 면적 차이량

$12,000\text{m}^2 \times 0.03 = 360\text{m}^2$

∴ 실제면적 = 12,000 + 360 = 12,360m²

or) 실제면적 = 측정면적 × (1+0.15)² = 12,000 × (1+0.15)² = 12,362.7m² ≒ 12,360m²

42. 도상에서 세 변의 길이를 관측한 결과 각각 21.5cm, 30.3cm, 29.0cm이었다면 실제면적은?(단, 지형도의 축척 = 1/500)

㉮ 7,325m² ㉯ 7,424m² ㉰ 7,124m² ㉱ 7,240m²

해설 $S = \dfrac{1}{2}(a+b+d) = \dfrac{1}{2}(21.5+30.3+28) = 39.9$

$A = \sqrt{s(s-a)(s-b)(s-c)} = \sqrt{39.9(39.3-21.5)(39.9-30.3)(39.9-28)}$
$= 289.60\text{cm}^2$

축척$^2 = \left(\dfrac{1}{m}\right)^2 = \dfrac{도상면적}{실제면적}$

$\left(\dfrac{1}{500}\right)^2 = \dfrac{289.60}{실제면적}$

∴ 실제면적 $= \dfrac{289.60 \times 500^2}{100 \times 100} = 7,240\text{m}^2$

43. 어느 도면상에서 면적을 측정하였더니 400m²이었다. 이 도면이 가로, 세로 1%씩 축소되었다면 이때 발생된 면적오차는 얼마인가?

㉮ 4m² ㉯ 6m² ㉰ 8m² ㉱ 12m²

해설 $\dfrac{\Delta A}{A} = 2\dfrac{\Delta l}{l}$에서

$\dfrac{\Delta A}{A} = 2 \times \dfrac{1}{100} = \dfrac{1}{50}$

면적오차 = 400 ÷ 50 = 8m²

or) 실제면적 = 측정면적 × (1+0.01)² = 400 × (1+0.01)² = 408

∴ 면적오차 = 실제면적 − 측정면적 = 408 − 400 = 8m²

해답 41. ㉱ 42. ㉱ 43. ㉰

44. 축척 1 : 1,000의 도면에서 면적을 측정한 결과 5cm²였다. 이 도면이 전체적으로 1% 신장되어 있었다면 실제면적은?

㉮ 510m² ㉯ 55m² ㉰ 495m² ㉱ 490m²

해설 실제면적 = 측정면적 $\times (1-\varepsilon)^2 = 500 \times (1-0.01)^2 = 490.05 \text{m}^2$

$\left(\dfrac{1}{m}\right)^2 = \dfrac{\text{도상면적}}{\text{실제면적}}$ 에서

실제면적 = 도상면적 $\times m^2 = 5 \times 1,000^2 = 5,000,000 \text{cm}^2 = 500 \text{m}^2$

45. 그림과 같은 사다리꼴 토지를 AB와 나란한 선 XY로 면적을 $m : n = 3 : 2$로 분할하고자 한다. $AB = 40\text{m}$, $AD = 60\text{m}$, $CD = 50\text{m}$일 때에 AX는?

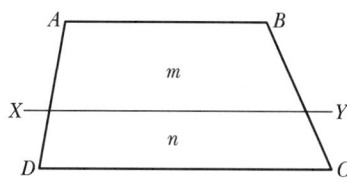

㉮ 46.26m ㉯ 24.00m ㉰ 36.00m ㉱ 37.56m

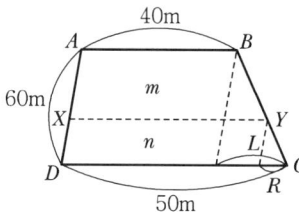

$DX : R = AD : L$

$DX = \dfrac{R}{L} \times AD = \dfrac{DC - XY}{DC - AB} \times AD = \dfrac{50 - 46.26}{50 - 40} \times 60 = 22.44 \text{m}$

$\therefore AX = AD - DX = 60 - 22.44 = 37.56 \text{m}$

여기서, $XY = \sqrt{\dfrac{m \cdot (DC)^2 + n \cdot (AB)^2}{m+n}} = \sqrt{\dfrac{(3 \times 50^2) + (2 \times 40^2)}{3+2}} = 46.26$

46. 그림과 같은 단면의 면적은?

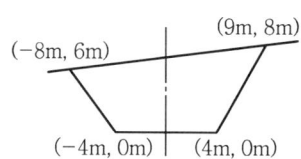

㉮ 78m² ㉯ 80m² ㉰ 87m² ㉱ 90m²

해설

합위거(x)	합경거(y)	$(X_{i+1}-x_{i-1}) \times y$	배면적
$X_1(-8)$	$Y_1(6)$	$(x_2-x_4) \times y_1$	$(9-(-4)) \times 6 = 78$
$X_2(9)$	$Y_2(8)$	$(x_3-x_1) \times y_2$	$(4-(-8)) \times 8 = 96$
$X_3(4)$	$Y_3(0)$	$(x_4-x_2) \times y_3$	$(-4-9) \times 0 = 0$
$X_4(-4)$	$Y_4(0)$	$(x_1-x_3) \times y_4$	$(-8-4) \times 0 = 0$
			배면적 = 174
			면적 = $\frac{174}{2}$ = 87m²

47. 그림과 같은 지역을 점고법에 의해 구한 토량은?

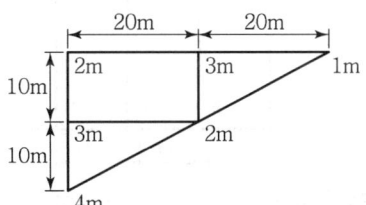

㉮ 1,000m³　　㉯ 1,250m³
㉰ 1,500m³　　㉱ 2,000m³

해설 1. 사각형 체적(V_1) = $\frac{A}{4}(\sum h_1 + 2\sum h_2) = \frac{10 \times 20}{4}(2+3+2+3) = 500\text{m}^3$

2. 삼각형 체적(V_2) = $\frac{A}{3}(\sum h_1 + 2\sum h_2) = \frac{\frac{10 \times 20}{2}}{3}(4+3+2) = 300\text{m}^3$

3. 삼각형 체적(V_3) = $\frac{A}{3}(\sum h_1) = \frac{\frac{200}{2}}{3}(3+2+1) = 200\text{m}^3$

∴ $V = V_1 + V_2 + V_3 = 1,000\text{m}^3$

48. 그림과 같은 댐 상류의 등고선에서 저수면의 높이를 140m로 한다면 저수량은?(단, 등고선간격은 10m, 각주공식을 이용하고 바닥은 편평하다.)

- 60m 등고선 안의 면적 : 100m²
- 80m 등고선 안의 면적 : 200m²
- 100m 등고선 안의 면적 : 600m²
- 120m 등고선 안의 면적 : 1,000m²
- 140m 등고선 안의 면적 : 1,200m²

㉮ 41,467m³　　㉯ 41,334m³
㉰ 24,333m³　　㉱ 20,667m³

해답　47. ㉮　48. ㉰

해설

$$V = \frac{h}{3}\{A_0 + A_4 + 4(A_1 + A_3) + 2(A_2)\}$$
$$= \frac{10}{3}\{100 + 1,200 + 4(200 + 1,000) + 2(600)\}$$
$$= 24,333 \text{m}^3$$

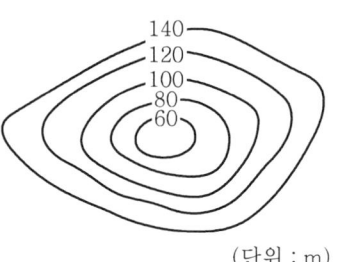

(단위 : m)

49. 그림과 같이 곡선과 직선인 경계선에 쌓여 있는 면적을 심프슨(Simpson)의 제1법칙으로 구한 값은?(단, $h_0 = 3.2$m, $h_1 = 10.4$m, $h_2 = 12.8$m, $h_3 = 11.2$m, $h_4 = 4.4$m이고 지거의 간격은 $d = 5$m이다.)

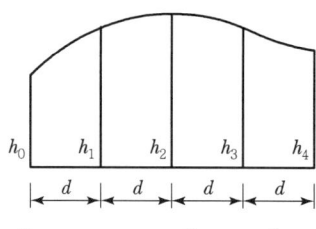

㉮ 190m²　　㉯ 194m²　　㉰ 197m²　　㉱ 199m²

해설 심프슨 제1법칙

$$(A_1) = \frac{5}{3} \times \{3.2 + 4.4 + 4(10.4 + 11.2) + (2 \times 12.8)\} = 199.33 \text{m}^2$$

50. 그림과 같은 구릉지가 있다. 간격 5m의 등고선에 쌓인 부분의 단면적이 $A_1 = 3,800$m², $A_2 = 2,000$m², $A_3 = 1,800$m², $A_4 = 900$m², $A_5 = 200$m²라고 할 때 각주공식에 의한 이 구릉지의 토량은?

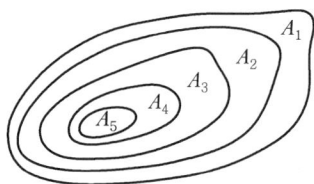

㉮ 56,000m³　　㉯ 48,000m³　　㉰ 38,000m³　　㉱ 32,000m³

해설
$$V = \frac{h}{3}\{A_0 + A_n + 4\sum A_{홀수} + 2\sum A_{나머지짝수}\}$$
$$V = \frac{5}{3}\{3,800 + 200 + 4 \times (2,000 + 900) + 2 \times (1,800)\}$$
$$V = 32,000 \text{m}^2$$

예상 및 기출문제

51. 정방형 토지의 면적을 구하기 위하여 30m 줄자로 변의 길이를 관측하고 면적을 계산한 결과 1,024m²이었다. 그러나 줄자가 기준자와 비교하여 3cm 늘어나 있었다면 이 토지의 실제 면적은?
㉮ 1,025.05m²   ㉯ 1,026.05m²   ㉰ 1,027.05m²   ㉱ 1,028.05m²

해설 실제면적 = $\dfrac{(부정길이)^2 \times 관측면적}{(표준길이)^2} = \dfrac{(30.03)^2 \times 1,024}{(30)^2} = 1,026.049\text{m}^2 ≒ 1,026.05\text{m}^2$

52. 2500m²의 정사각형 면적을 0.2m²까지 정확히 구하기 위한 필요충분한 한 변의 측정거리 단위는?
㉮ 2mm   ㉯ 4mm   ㉰ 5mm   ㉱ 10mm

해설 $\dfrac{dA}{A} = 2\dfrac{dl}{A}$ 에서 $\dfrac{0.2}{2,500} = 2 \times \dfrac{dl}{50}$

$dl = \dfrac{0.2 \times 50}{2 \times 2,500} = 0.002\text{m} = 2\text{mm}$

53. 100m²인 정사각형의 토지를 0.1m²까지 정확히 구하기 위하여 요구되는 1변의 길이는 어느 정도까지 정확하게 관측하여야 하는가?
㉮ 4mm   ㉯ 5mm   ㉰ 10mm   ㉱ 12mm

해설 $A = l^2$에 미분하면 $dA = 2ldl$

$\dfrac{dA}{A} = 2\dfrac{dl}{l}$

$dl = \dfrac{l}{2} \cdot \dfrac{dA}{A} = \dfrac{10 \times 0.1}{2 \times 100} = 0.005\text{m} = 5\text{mm}$

54. 100m²의 정4각형 토지의 면적을 1m²까지 정확하게 구하기 위한 필요충분한 1변의 길이 측정의 단위는?
㉮ 5mm   ㉯ 1cm   ㉰ 5cm   ㉱ 10cm

해설 정사각형의 면적을 A, 한 변의 길이를 l이라 하면
$A = l \times l = l^2$
$\therefore l = \sqrt{A} = \sqrt{100} = 10\text{m}$
$\dfrac{dA}{A} = 2\dfrac{dl}{l}$ 에서
$dl = \dfrac{dA \cdot l}{2A} = \dfrac{1 \times 10}{2 \times 100} = 0.05\text{m} = 5\text{cm}$

해답 51. ㉯ 52. ㉮ 53. ㉯ 54. ㉰

55. 그림과 같은 사각형 ABCD의 면적은?

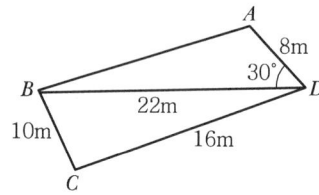

㉮ 95.2m² ㉯ 105.2m² ㉰ 111.2m² ㉱ 117.3m²

해설 $A_1 = \frac{1}{2}(ab\sin\theta)$

$A_1 = \frac{1}{2}(8 \times 22 \times \sin 30°) = 44\text{m}^2$

$A_2 = \sqrt{S(S-a)(S-b)(S-c)}$

여기서, $S = \frac{1}{2}(a+b+c)$

$S = \frac{1}{2}(10+22+16) = 24\text{m}$

$A_2 = \sqrt{24(24-10) \times (24-22) \times (24-16)} = 73.3\text{m}^2$

따라서 사각형 ABCD의 면적은

$A = A_1 + A_2 = 44\text{m}^2 + 73.3\text{m}^2 = 117.3\text{m}^2$

56. 그림과 같이 계곡에 댐을 만들어 저수하고자 한다. 댐의 저수위를 170m로 할 때의 저수량은 약 얼마인가?(단, 등고선 간격은 10m이고 각 등고선으로 둘러싸인 면적은 130m → 460m², 140m → 580m², 150m → 740m², 160m → 920m², 170m → 1,240m² 바닥은 편평한 것으로 가정한다.)

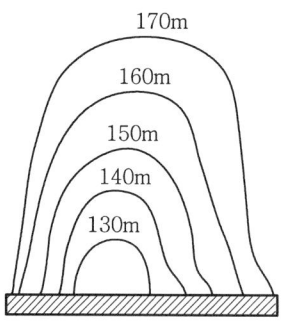

㉮ 20,600m³ ㉯ 25,500m³ ㉰ 30,600m³ ㉱ 35,500m³

해설 $V = \frac{h}{3}\{A_0 + A_4 + 4(A_1 + A_3) + 2(A_2)\}$

$= \frac{10}{3}\{460 + 1,200 + 6,000 + 1,480\} = 30,600\text{m}^3$

예상 및 기출문제

57. 3개의 꼭지점 좌표가 아래와 같은 삼각형의 면적은 얼마인가?

- A(123.56m, 189.40m)
- B(324.32m, 224.74m)
- C(154.70m, 390.42m)

㉮ 19,628.1m² ㉯ 19,638.1m²
㉰ 19,648.1m² ㉱ 19,658.1m²

 해설

$\overline{AB} = \sqrt{(324.32-123.56)^2 + (224.74-189.40)^2} = 203.85\text{m}$
$\overline{BC} = \sqrt{(154.70-324.32)^2 + (390.42-224.74)^2} = 237.12\text{m}$
$\overline{CA} = \sqrt{(154.70-123.56)^2 + (390.42-189.40)^2} = 203.42\text{m}$

△ABC(헤론의 공식)

$S = \dfrac{\overline{AB}+\overline{BC}+\overline{CA}}{2} = \dfrac{203.85+237.12+203.42}{2} = 322.195\text{m}$

$A = \sqrt{S(S-a)(S-b)(S-c)}$
$= \sqrt{322.195(322.195-203.85)(322.195-237.12)(322.195-203.42)}$
$= 19,628.98\text{m}^2$

58. 축척 1 : 1,200 지도상의 면적을 측정할 때, 이 축척을 1 : 600으로 잘못 알고 측정하였더니 10,000m²가 나왔다면 실제면적은?

㉮ 40,000m² ㉯ 20,000m²
㉰ 10,000m² ㉱ 2,500m²

 해설

$\dfrac{A_1}{m_1^2} = \dfrac{A_2}{m_2^2}$

$A_2 = \left(\dfrac{m_2}{m_1}\right)^2 \cdot A_1 = \left(\dfrac{1,200}{600}\right)^2 \times 10,000 = 40,000\text{m}^2$

59. 축척 1/5,000 도상에서의 면적이 40.52cm²이었다면 실제 면적은?

㉮ 0.01Km² ㉯ 0.1Km²
㉰ 1.0Km²   ㉱ 10.0Km²

해설 $\left(\dfrac{1}{m}\right)^2 = \dfrac{\text{도상면적}}{\text{실제면적}}$ 에서

실제면적 = 도상면적 × m² = 40.52 × 5,000² = 1,013,000,000cm² = 101,300m² = 0.1km²

해답 57. ㉮ 58. ㉮ 59. ㉯

60. 그림과 같은 삼각형 ABC 토지의 한 변 AC상의 점 D와 BC상의 점 E를 연결하고 직선 DE에 의해 삼각형 ABC의 면적을 2등분 하고자 할 때 CE의 길이는?(단, AB=40m, AC=75m, BC=70, AD=8m)

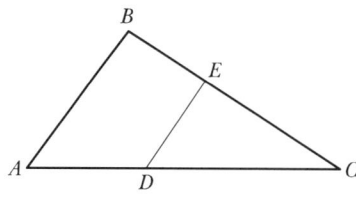

㉮ 36.15m ㉯ 39.18m ㉰ 41.15m ㉱ 45.18m

해설 △ABC : △DCE : $m+n$: n으로 분할

$$\frac{\triangle DCE}{\triangle ABC} = \frac{n}{m+n} = \frac{DC \times EC}{AC \times BC}$$

$$\therefore \overline{CE} = \frac{\overline{BC} \times \overline{AC}}{\overline{CD}} \times \frac{n}{m+n} = \frac{70 \times 75}{67} \times \frac{1}{2} = 39.18m$$

61. 운동장 예정부지를 측량한 결과 5m 격자점의 표고가 그림과 같았다. 계획고를 15.0m로 할 경우의 토량은?

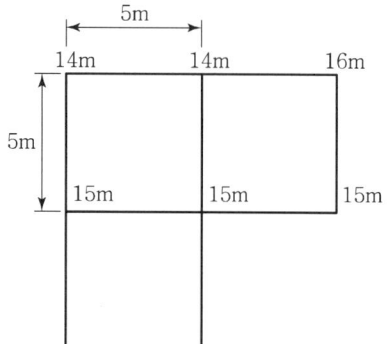

㉮ 절토 6.25m³
㉯ 성토 6.25m³
㉰ 절토 12.5m³
㉱ 성토 12.5m³

해설 $V = \frac{A}{4}(\Sigma h_1 + 2\Sigma h_2 + 3\Sigma h_3 + 4\Sigma h_4)$

$= \frac{5 \times 5}{4}\{(14+16+15+15+16) + [2 \times (14+15)] + (3 \times 15)\}$

$= 1,118.75 \, m^3$

계획고를 15m로 할 경우

$= \frac{5 \times 5}{4}\{(15+15+15+15+15) + [2 \times (15+15)] + (3 \times 15)\}$

$= 1,125 m^3$

따라서, $1,125 - 1,118.75 = 6.25 m^3$

계획고를 15m로 할 경우 6.25m³만큼 성토를 해야 한다.

62. 측량결과 그림과 같은 결과를 얻었다면 이 지역의 계획고를 3m로 하기 위하여 필요한 토량은?

㉮ 1.5m³
㉯ 3.2m³
㉰ 3.8m³
㉱ 4.2m³

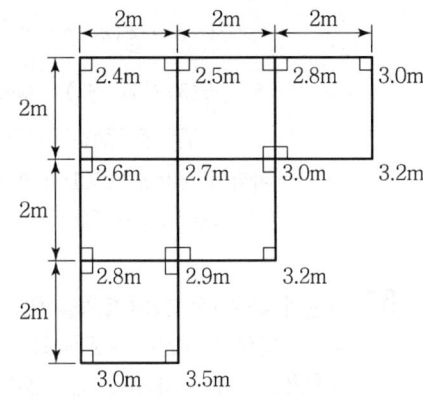

해설 $V = \dfrac{A}{4}(\sum h_1 + 2\sum h_2 + 3\sum h_3 + 4\sum h_4)$

$= \dfrac{2 \times 2}{4}\{(18.3) + (2 \times 10.7) + (3 \times 5.9) + (4 \times 2.7)\} = 68.2\text{m}^3$

$\sum h_1 = 2.4 + 3.0 + 3.2 + 3.2 + 3.5 + 3.0 = 18.3$
$\sum h_2 = 2.5 + 2.8 + 2.8 + 2.6 = 10.7$
$\sum h_3 = 3.0 + 2.9 = 5.9$
$\sum h_4 = 2.7$

계획고를 3m로 할 경우
$= \dfrac{2 \times 2}{4}\{(18) + (2 \times 12) + (3 \times 6) + (4 \times 3)\} = 72\text{m}^3$

따라서, $68.2 - 72 = -3.8\text{m}^3$
계획고를 3m로 할 경우 3.8m³만큼 성토를 해야 한다.

63. 그림과 같은 사각형 ABCD의 면적은?(단, 단위는 m)

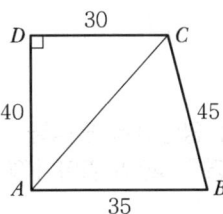

㉮ 1,361.85m² ㉯ 1,362.85m²
㉰ 1,363.85m² ㉱ 1,364.85m²

해설 x의 계산

$x = \sqrt{30^2 + 40^2} = 50\text{m}$

$A_1 = \dfrac{1}{2}(ab\sin\theta) = \dfrac{1}{2}(30 \times 40 \times \sin 90°) = 600\text{m}^2$

$A_2 = \sqrt{S(S-a)(S-b)(S-c)}$

해답 62. ㉰ 63. ㉱

여기서, $S = \frac{1}{2}(a+b+c)$

$S = \frac{1}{2}(50+35+45) = 65\text{m}$

$A_2 = \sqrt{65(65-50) \times (65-35) \times (65-45)} = 764.85\text{m}^2$

따라서 사각형 ABCD의 면적은

$A = A_1 + A_2 = 600\text{m}^2 + 764.85\text{m}^2 = 1,364.85\text{m}^2$

64. 그림과 같은 다각형의 토량을 양단면평균법, 각주공식 및 중앙단면법으로 계산하여 토량의 크기를 비교한 것으로 옳은 것은?(단, $A_1 = 300\text{m}^2$, $A_m = 200\text{m}^2$, $A_2 = 100\text{m}^2$이고 상호간에 평행하며 h=20m, 측면은 평면이다.)

㉮ 양단면평균법<각주공식<중앙단면법
㉯ 양단면평균법>각주공식>중앙단면법
㉰ 양단면평균법=각주공식=중앙단면법
㉱ 양단면평균법<각주공식=중앙단면법

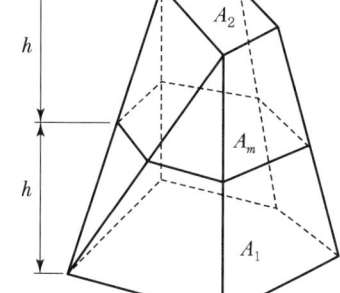

해설 단면법에 의해 구해진 토량은 일반적으로 양단면평균법(과다) > 각주공식(정확) > 중앙단면법(과소)을 갖는다.

1. 중앙단면법 : $V = A_m \cdot h$ (가장 적다.)
2. 양단면평균법 : $V = \frac{A_1 + A_2}{2} \times h$ (가장 크다.)
3. 각주의 공식 : $V = \frac{h}{6}(A_1 + 4A_m + A_2)$ (가장 적합하다.)

$V = 200 \times 400 = 8,000\text{m}^3$

$V = \frac{300+100}{2} \times 40 = 8,000\text{m}^3$

$V = \frac{40}{6}\{300 + (4 \times 200) + 100\} = 8,000\text{m}^3$

65. 그림과 같은 토지의 1변 BC에 평행하게 면적을 m : n = 1 : 3의 비율로 분할하고자 할 경우, AB의 길이가 90m라면 AX는 얼마인가?

㉮ 22.5m
㉯ 30m
㉰ 45m
㉱ 52m

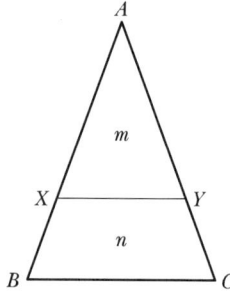

해설 $AB^2 : AX^2 = m+n : m$

$AX = AB\sqrt{\frac{m}{m+n}} = 90\sqrt{\frac{1}{4}} = 45\text{m}$

66. 그림과 같은 단면의 면적은?

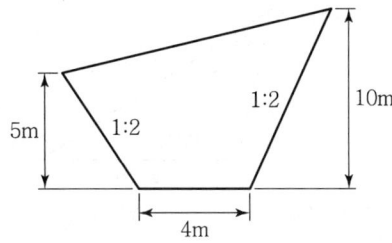

㉮ 55m²   ㉯ 85m²   ㉰ 130m²   ㉱ 160m²

해설 밑변 : (5×2)+4+(10×2)=34

$A = \frac{5+10}{2} \times 34 = 255$

삼각형 $A_1 = \frac{10 \times 5}{2} = 25$ $A_2 = \frac{20 \times 10}{2} = 100$

∴ 단면적 = 255 − (25+100) = 130m²

67. 택지(宅地)를 조성하기 위하여 한 변의 길이가 10m인 정사각형으로 분할한 후, 각 모서리점의 높이를 수준측량하여 각점의 지반고를 그림과 같이 얻었다. 성토 및 절토량이 같도록 하려면 계획고를 몇 m로 해야 하는가?(단, 토량변화는 생각하지 않는다.)

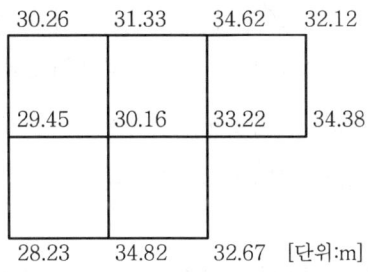

㉮ 30.25m   ㉯ 31.12m   ㉰ 31.92m   ㉱ 32.67m

해설 $V = \frac{A}{4}(\sum h_1 + 2\sum h_2 + 3\sum h_3 + 4\sum h_4)$

$= \frac{10 \times 10}{4}(157.66 + 260.44 + 99.66 + 120.64) = 15,960 \text{m}^3$

$h = \frac{V}{nA} = \frac{15,960}{5 \times 10 \times 10} = 31.92\text{m}$

68. 정사각형의 구역을 30m 테이프를 사용하여 측정한 결과 900m²을 얻었다. 이 때 테이프가 실제보다 5cm가 늘어나 있었다면 실제면적은?

㉮ 897.0m²   ㉯ 898.5m²   ㉰ 901.5m²   ㉱ 903.0m²

해설 실제면적 = $\frac{(부정길이)^2}{(표준길이)^2} \times 총면적 = \frac{30.05^2}{30^2} \times 900 = 903.0\text{m}^2$

69. 그림은 축척 1/400로 측량하여 얻은 결과이다. 실제의 면적은?

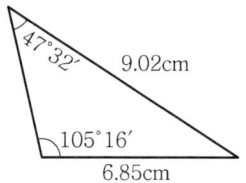

㉮ 225.94m² ㉯ 275.34m² ㉰ 325.62m² ㉱ 402.02m²

해설 삼각형내각 = 180 − (47°32′ + 105°16′) = 27°12′

도상면적 $A = \frac{1}{2}ab \cdot \sin\alpha = \frac{1}{2} \times 9.02 \times 6.85 \times \sin 27°12′ = 14.121\text{cm}^2$

$\left(\frac{1}{m}\right)^2 = \frac{\text{도상면적}}{\text{실제면적}}$

∴ 실제면적 = 도상면적 × m² = 14.12 × 400² = 2,259,360cm² = 225.94m²

70. 그림과 같은 성토단면을 갖는 도로 50m를 건설하기 위한 성토량은?(단, 성토면의 높이(h) = 3m)

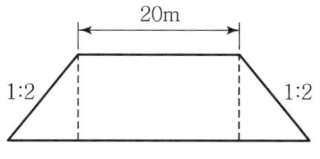

㉮ 1,500m³ ㉯ 2,300m³ ㉰ 2,900m³ ㉱ 3,900m³

해설 밑변 계산 : (2×3) + 20 + (2×3) = 32

성토량(A) = $\left(\frac{20+32}{2} \times 3\right) \times 50 = 3,900\text{m}^3$

71. 그림과 같은 삼각형 ABC의 면적이 80.0m²일 때, 삼각형 ABD의 면적을 50.0m²로 분할하려고 한다. BD의 거리는?(단, BC의 거리는 12.0m임)

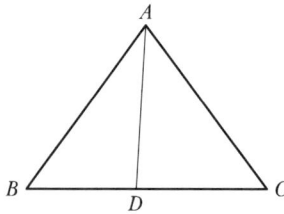

㉮ 4.5m ㉯ 4.8m ㉰ 7.2m ㉱ 7.5m

해설 △ABC : △ABD = 80 : 50 = 12 : BD

$BD = \frac{50 \times 12}{80} = 7.5\text{m}$

예상 및 기출문제

72. 삼각형의 면적을 구하기 위하여 두변의 길이를 측정한 결과, 길이가 30m, 20m이고 그 사이에 낀각이 120°이였다면 삼각형의 면적은?

㉮ 259.9m² ㉯ 300.00m²
㉰ 400.81m² ㉱ 519.62m²

해설 이변법 : 두변의 길이와 그 사잇각(협각)을 관측하여 면적을 구하는 방법
$A = \frac{1}{2} ab \sin \alpha = \frac{1}{2} \times 30 \times 20 \times \sin 120° = 259.807 m^2$

73. 세 꼭지점의 평면좌표가 표와 같은 삼각형의 면적을 3 : 2로 분할하는 점 M의 좌표는?

구분	X(m)	Y(m)
A	493.69	555.27
B	777.54	734.82
C	642.32	876.12

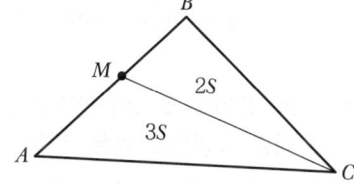

㉮ X=666.0m, Y=665.0m ㉯ X=664.0m, Y=663.0m
㉰ X=662.0m, Y=661.0m ㉱ X=660.0m, Y=659.0m

해설 내분점의 좌표
$x = \frac{mx_2 + nx_1}{m+n} = \frac{(3 \times 777.54) + (2 \times 493.69)}{3+2} = 664.0m$
$y = \frac{my_2 + ny_1}{m+n} = \frac{(3 \times 734.82) + (2 \times 555.27)}{3+2} = 663.0m$

74. 그림과 같은 삼각형의 정점 A, B, C의 좌표는 다음과 같다. A(50, 20), B(20, 50), C(70, 70) 정점 A를 지나며 △ABC의 넓이를 3 : 2로 분할하는 P점의 좌표를 구한 값은?

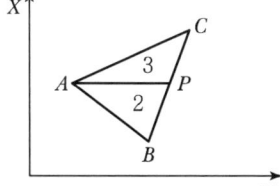

㉮ (40, 58)
㉯ (50, 62)
㉰ (50, 63)
㉱ (50, 65)

해설 ① $X_P = X_B + Y_B \times \frac{n}{m+n} = 20 + 50 \times \frac{2}{3+2} = 40$
$Y_P = Y_B + X_B \times \frac{n}{m+n} = 50 + 20 \times \frac{2}{3+2} = 58$
② $x = \frac{mx_2 + nx_1}{m+n} = \frac{(2 \times 70) + (3 \times 20)}{2+3} = 40$
$y = \frac{my_2 + ny_1}{m+n} = \frac{(2 \times 70) + (3 \times 50)}{2+3} = 58$

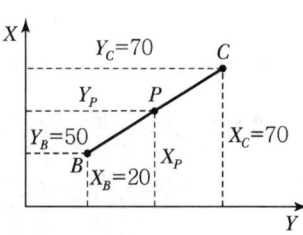

해답 72. ㉮ 73. ㉯ 74. ㉮

75. 그림과 같은 삼각형 모양의 지역의 면적은?

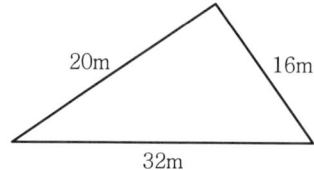

㉮ 130.9m²
㉯ 160.0m²
㉰ 256.3m²
㉱ 320.0m²

해설 $S = \dfrac{20+16+32}{2} = 34$

$A = \sqrt{34(34-20)(34-16)(34-32)} = 130.9\text{m}^2$

76. 100m² 정방형 토지의 면적을 0.1m²까지 정확하게 구하기 위해 요구되는 한 변의 길이의 관측에 대한 설명으로 옳은 것은?

㉮ 한 변의 길이를 1cm까지 정확하게 읽어야 한다.
㉯ 한 변의 길이를 1mm까지 정확하게 읽어야 한다.
㉰ 한 변의 길이를 5cm까지 정확하게 읽어야 한다.
㉱ 한 변의 길이를 5mm까지 정확하게 읽어야 한다.

해설 $\dfrac{dA}{A} = 2\dfrac{dl}{l}$ 에서 $dl = \dfrac{dA \times l}{2A} = \dfrac{0.1 \times 10}{2 \div 100} = 0.005\text{m} = 5\text{mm}$

여기서, $l = \sqrt{100} = 10\text{m}$

77. 그림과 같이 삼각형의 정점 A에서 직선 AP, AQ로 △ABC의 면적을 1 : 2 : 4로 분할하려면 BP, BQ의 길이를 각각 얼마로 하면 되는가?

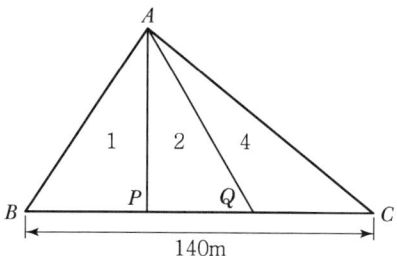

㉮ 10m, 30m ㉯ 10m, 60m ㉰ 20m, 40m ㉱ 20m, 60m

해설 $BP = \dfrac{m}{m+n} \times BC = \dfrac{1}{1+6} \times 140 = 20\text{m}$

$BQ = \dfrac{m}{m+n} \times BC = \dfrac{3}{3+4} \times 140 = 60\text{m}$

78. 그림의 삼각형 토지를 1 : 4의 면적비로 분할하기 위한 BP의 거리는?(단, BC의 거리=15m)

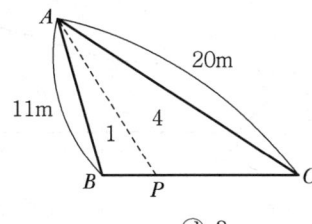

㉮ 1m ㉯ 2m ㉰ 3m ㉱ 5m

해설 $BP = \dfrac{m}{m+n} \cdot BC = \dfrac{1}{1+4} \times 15 = 3\text{m}$

79. 그림과 같은 면적을 심프슨의 제1법칙과 사다리꼴 법칙에 의하여 계산하였다. 이 때 2개의 법칙에 의하여 구한 면적의 차이는?(단, L=5m)

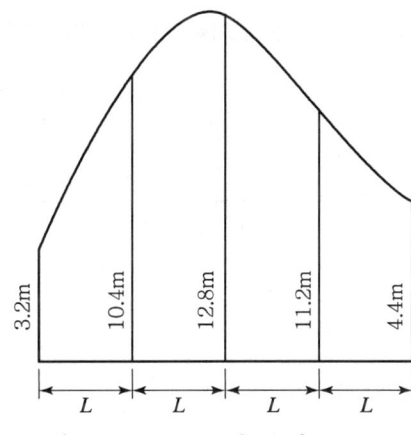

㉮ 12m² ㉯ 10m² ㉰ 8m² ㉱ 6m²

해설 1. 심프슨 제1법칙

$A = \dfrac{d}{3}(y_0 + y_n + 4\sum\text{홀수} + 2\sum\text{짝수})$

$= \dfrac{5}{3}[3.2 + 4.4 + 4(10.4 + 11.2) + 2 \times 12.8] = 199.33\text{m}^2$

2. 사다리꼴 법칙

$A = d(\dfrac{y_0 + y_n}{2} + y_1 + y_2 + \cdots\cdots + y_{n-1})$

$= 5\left(\dfrac{3.2 + 4.4}{2} + 10.4 + 12.8 + 11.2\right) = 191\text{m}^2$

해답 78. ㉰ 79. ㉰

80. 그림과 같은 노선횡단면의 면적은?

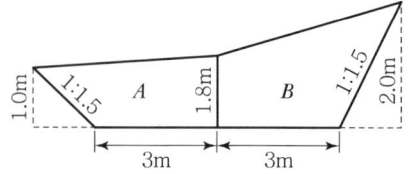

㉮ 15.95m²   ㉯ 14.95m²   ㉰ 13.95m²   ㉱ 12.95m²

해설 $A = \dfrac{1+1.8}{2} \times 4.5 - \dfrac{1}{2} \times 1.5 \times 1 = 5.55$

$B = \dfrac{1.8+2.0}{2} \times 6 - \dfrac{1}{2} \times 3 \times 2 = 8.4$

∴ $A + B = 5.55 + 8.4 = 13.95 m^2$

여기서, (A)밑변은 1.5×1+3=4.5m, (B)밑변은 2×1.5+3=6.0m

81. 그림과 같이 도로건설의 절취단면을 표시한 것이다. 횡단면적을 계산한 값은?

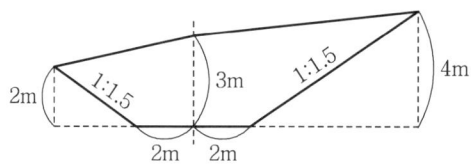

㉮ 25.0m²   ㉯ 25.5m²   ㉰ 30.0m²   ㉱ 30.5m²

해설 $A = \dfrac{2+3}{2} \times 5 - \dfrac{1}{2} \times 2 \times 3 = 9.5$

$B = \dfrac{3+4}{2} \times 8 - \dfrac{1}{2} \times 4 \times 6 = 16$

∴ $A + B = 9.5 + 16 = 25.5 m^2$

여기서, (A)밑변은 1.5×2+2=5m, (B)밑변은 4×1.5+2=8m

82. 지상 1km²의 면적이 도면상에서 4cm²일 때 축척은?

㉮ 1 : 5,000   ㉯ 1 : 25,000   다. 1 : 50,000   ㉱ 1 : 250,000

해설 $\left(\dfrac{1}{m}\right)^2 = \dfrac{도상면적}{지상면적}$ 에서

$\dfrac{1}{m} = \sqrt{\dfrac{도상면적}{지상면적}} = \sqrt{\dfrac{4}{10,000,000,000}} = \dfrac{1}{50,000}$

83. 어떤 횡단면도의 도상면적이 29.8cm²이다. 가로와 세로의 축척이 각각 1/50, 1/10이라면 실제 면적은 얼마인가?

㉮ 1.49m²   ㉯ 2.98m²   ㉰ 7.45m²   ㉱ 3.68m²

해설 $\sqrt{29.8} = 5.46$
    $(0.0546 \times 50) \times (0.0546 \times 10) = 1.49\text{m}^2$

84. 그림과 같이 사각형 격자의 교점에 대한 각각의 절토고를 얻었다. 절토량은 얼마인가?(단, 격자의 크기는 가로 5m, 세로 4m이다.)

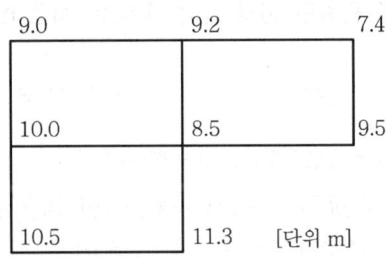

㉮ 1.357m²   ㉯ 2.424m²   ㉰ 5.580m²   ㉱ 6.530m²

해설 $V = \dfrac{A}{4}(\Sigma h_1 + 2\Sigma h_2 + 3\Sigma h_3 + 4\Sigma h_4)$

$= \dfrac{5\times 4}{4}(9.0 + 7.4 + 9.5 + 11.3 + 10.5) + [2\times(9.2 + 10.0)] + (3\times 8.5)$

$= \dfrac{5\times 4}{4}(47.7 + 2\times 19.2 + 3\times 8.5) = 558\text{m}^3$

85. 그림과 같은 지역의 토공량을 구하기 위해 사각형 격자의 교점에 대하여 수준측량을 하여 각각의 절토고(단위 : m)를 얻었다. 토공량은?(단, 모든 격자의 크기는 가로 5m, 세로 4m이다.)

㉮ 675.5m³   ㉯ 666.5m³   ㉰ 333.3m³   ㉱ 298.5m³

해설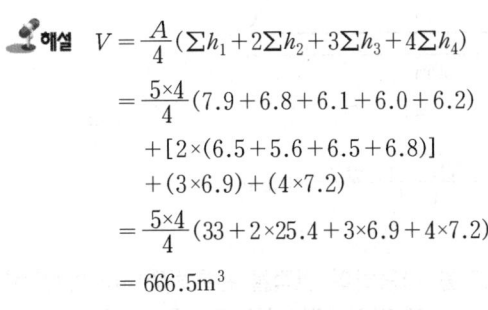

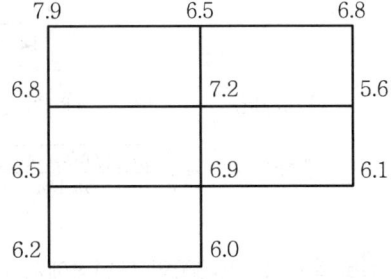

86. 삼각형의 면적을 구하기 위해 밑변(a)=5.0cm, 높이(b)=10cm를 얻었다. 이 도면의 축척이 1/500이었다면 실제 면적은 얼마인가?

㉮ 625m² ㉯ 520m² ㉰ 500m² ㉱ 125m²

해설 삼각형의 면적 $5 \times 10 \div 2 = 25m^2$

축적 $= \left(\dfrac{1}{m}\right)^2 = \dfrac{도상면적}{실제면적} = \left(\dfrac{1}{500}\right)^2 = \dfrac{25}{실제면적}$

따라서, 실제면적 $= \dfrac{25 \times 500^2}{100 \times 100} = 625m^2$

87. 도상에서 세변의 길이를 관측한 결과 각각 21.5cm, 30.3cm, 28.0cm이었다면 실제면적은?(단, 지형도의 축척=1/500)

㉮ 1,448m² ㉯ 2,896m² ㉰ 5,068m² ㉱ 7,240m²

해설 $S = \dfrac{1}{2}(a+b+c) = \dfrac{1}{2}(21.5+30.3+28) = 39.9$

$A = \sqrt{S(S-a)(S-b)(S-c)} = \sqrt{39.9(39.9-21.5)(39.9-30.3)(39.9-28)} = 289.60cm^2$

축적 $= \left(\dfrac{1}{m}\right)^2 = \dfrac{도상면적}{실제면적} = \left(\dfrac{1}{500}\right)^2 = \dfrac{289.60}{실제면적}$

따라서, 실제면적 $= \dfrac{289.60 \times 500^2}{100 \times 100} = 7,240m^2$

88. 사다리꼴 토지의 밑변 AD에 평행한 직선 PP'에 의해 면적을 2등분(m : n = 1 : 1)하고자 할 때 PP'의 거리는?

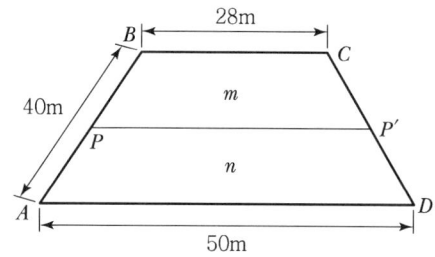

㉮ 37.0m ㉯ 38.7m ㉰ 40.5m ㉱ 42.5m

해설 $PP' = \sqrt{\dfrac{m(AD)^2 + n(BC)^2}{m+n}} = \sqrt{\dfrac{1 \times (50)^2 + 1(28)^2}{1+1}} = 40.5m$

89. 축척 1 : 10,000의 도면상에서 디지털구적기를 사용하여 면적을 관측하였더니 2,800m²이었다. 그런데 이 도면은 종횡 모두 1%씩 수축이 되어 있었다면 실제 면적은 약 얼마인가?

㉮ 2,829m² ㉯ 2,857m² ㉰ 2,745m² ㉱ 2,773m²

해설 실제면적 = 측정면적 $\times (1+\varepsilon)^2 = 2,800 \times (1+0.01)^2 = 2,856.28m^2 ≒ 2,857m^2$

해답 86. ㉮ 87. ㉱ 88. ㉰ 89. ㉯

90. 그림과 같이 도로를 계획하여 시공 중 옹벽설치를 추가하였다. 빗금 친 부분과 같은 옹벽바깥쪽의 단위길이 당 토량은?

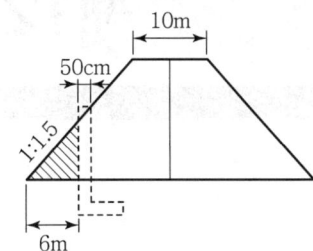

㉮ 10m³
㉯ 12m³
㉰ 24m³
㉱ 27m³

해설 $1 : 1.5 = x : 6$

$$x = \frac{6 \times 1}{1.5} = 4\text{m}$$

$$\therefore \text{토량} = \frac{6 \times 4}{2} = 12\text{m}^3$$

91. 그림과 같은 지역의 토공량은?(단, 분할된 격자의 가로, 세로 길이는 10m로 동일)

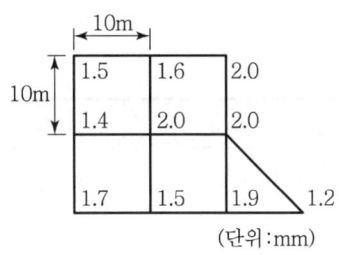

(단위:mm)

㉮ 880.5m³   ㉯ 787.5m³   ㉰ 970.5m³   ㉱ 952.5m³

해설 사각형

$\sum h_1 = 1.5 + 2.0 + 1.9 + 1.7 = 7.1$
$\sum h_2 = 1.4 + 1.6 + 2.0 + 1.5 = 6.5$
$\sum h_4 = 2.0 = 2.0$

$$\square = \frac{A}{4}(\sum h_1 + 2\sum h_2 + 3\sum h_3 + 4\sum h_4) = \frac{10 \times 10}{4}(7.1 + 2 \times 6.5 + 4 \times 2)$$
$$= 702.5$$

삼각형

$\sum h_1 = 2.0 + 1.2 + 1.9 = 5.1$

$$\triangle = \frac{A}{3}(\sum h_1) = \frac{\frac{10 \times 10}{2}}{3}(5.1)$$
$$= 85$$

$\therefore \square + \triangle = 702.5 + 85 = 787.5$

해답 90. ㉯ 91. ㉯

제12장 사진측량

12.1 정의

사진측량(Photogrammetry)은 사진영상을 이용하여 피사체에 대한 정량적(위치, 형상, 크기 등의 결정) 및 정성적(자원과 환경현상의 특성 조사 및 분석) 해석을 하는 학문이다.
① 정량적 해석 : 위치, 형상, 크기 등의 결정
② 정성적 해석 : 자원과 환경현상의 특성 조사 및 분석

12.2 사진측량의 장단점

장점	단점
① 정량적 및 정성적 측정이 가능하다. ② 정확도가 균일하다. 　㉠ 평면(X, Y) 정도 : 　　$(10\sim30)\mu \times$촬영축척의 분모수(m) 　㉡ 높이(H) 정도 : 　　$(\dfrac{1}{10,000} \sim \dfrac{2}{10,000}) \times$촬영고도($H$) 　여기서, $1\mu = \dfrac{1}{1,000}$ (mm) 　　　　m : 촬영축척의 분모수 　　　　H : 촬영고도 ③ 동체측정에 의한 현상보존이 가능하다. ④ 접근하기 어려운 대상물의 측정도 가능하다. ⑤ 축척변경도 가능하다. ⑥ 분업화로 작업을 능률적으로 할 수 있다. ⑦ 경제성이 높다. ⑧ 4차원의 측정이 가능하다. ⑨ 비지형 측량이 가능하다.	① 좁은 지역에서는 비경제적이다. ② 기자재가 고가이다.(시설 비용이 많이 든다.) ③ 피사체에 대한 식별의 난해가 있다.(지명, 행정경제 건물명, 음영에 의하여 분별하기 힘든 곳 등의 측정은 현장의 작업으로 보충측량이 요구된다.) ④ 기상조건에 영향을 받는다. ⑤ 태양고도 등에 영향을 받는다.

12.3 사진측량의 분류

12.3.1 촬영방향에 의한 분류

분류	특징
수직사진	① 광축이 연직선과 거의 일치하도록 카메라의 경사가 3° 이내의 기울기로 촬영된 사진 ② 항공사진 측량에 의한 지형도 제작 시에는 거의 수직사진에 의한 촬영
경사사진	광축이 연직선 또는 수평선에 경사지도록 촬영한 경사각 3° 이상의 사진으로 지평선이 사진에 나타나는 고각도 경사사진과 사진이 나타나지 않는 저각도 경사사진이 있다. ① 고각도 경사사진 : 3° 이상으로 지평선이 나타난다. ② 저각도 경사사진 : 3° 이상으로 지평선이 나타나지 않는다.
수평사진	광축이 수평선에 거의 일치하도록 지상에서 촬영한 사진

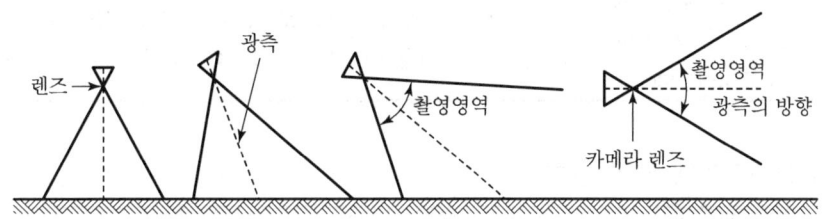

(a) 수직사진 (b) 저각도 경사사진 (c) 고각도 경사사진 (d) 수평사진

[촬영방향에 의한 분류]

12.3.2 사용 카메라의 의한 분류

종류	렌즈의 화각	화면크기(cm)	용도	비고
초광각사진	120°	23×23	소축척도화용	완전평지에 이용
광각사진	90°	23×23	일반도화, 사진판독용	경제적 일반도화
보통각사진	60°	18×18	산림조사용	산악지대 도심지촬영 정면도제작
협각사진	약 60° 이하		특수한 대축척 도화용	특수한 평면도 제작

12.3.3 측량방법에 의한 분류

분류	특징
항공사진측량 (Aerial Photogrammerty)	지형도 작성 및 판독에 주로 이용되며 항공기 및 기구 등에 탑재된 측량용 사진기로 중복하여 연속촬영된 사진을 정성적 분석 및 정량적 분석을 하는 측량방법이다.
지상사진측량 (Terrestrial Photogrammerty)	지상사진측량은 지상에서 촬영한 사진을 이용하여 건조물이나 시설물의 형태 및 변위계측과 고산지대의 지형을 해석한다.(건물의 정면도, 입면도 제작에 주로 이용된다.)
수중사진측량 (Underwater Photogrammerty)	수중사진기에 의해 얻어진 영상을 해석함으로써 수중자원 및 환경을 조사하는 것으로 플랑크톤량, 수질조사, 해저의 기복상태, 해저의 유물조사, 수중식물의 활력도에 주로 이용된다.
원격탐측 (Remote Sensing)	원격탐측은 지상에서 반사 또는 방사하는 각종 파장의 전자기파를 수집처리하여 환경 및 자원문제에 이용하는 사진측량의 새로운 기법 중의 하나이다.
비지형 사진측량 (Non-Topography Photogrammerty)	지도 작성 이외의 목적으로 X선, 모아래사진, 홀로그래픽(레이저 사진) 등을 이용하여 의학, 고고학, 문화재 조사에 주로 이용된다.

12.3.4 촬영축척에 의한 분류

분류	특징
대축척 도화사진	촬영고도 800m(저공촬영) 이내에서 얻어진 사진을 도화 (축척 $\frac{1}{500} \sim \frac{1}{3,000}$)
중축척 도화사진	촬영고도 800~3,000m(중공촬영) 이내에서 얻어진 사진을 도화 (축척 $\frac{1}{5,000} \sim \frac{1}{25,000}$)
소축척 도화사진	촬영고도 3,000m(고공촬영) 이상에서 얻어진 사진을 도화 (축척 $\frac{1}{50,000} \sim \frac{1}{100,000}$)

12.3.5 필름에 의한 분류

분류	특징
팬크로 사진	일반적으로 가장 많이 사용되는 흑백사진이며 가시광선($0.4\mu \sim 0.75\mu$)에 해당하는 전자파로 이루어진 사진
적외선 사진	지도작성·지질·토양·수자원 및 산림조사 등의 판독에 이용
위색 사진	식물의 잎은 적색. 그 외는 청색으로 나타나며 생물 및 식물의 연구조사 등에 이용
팬인플러 사진	팬크로 사진과 적외선 사진 중간에 속하며 적외선용 필름과 황색필터를 사용
천연색 사진	조사, 판독용

12.4 사진의 일반성

12.4.1 측량용 및 디지털 사진기와 촬영용 항공기의 특징

분류	특징
측량용 사진기	① 초점길이가 길다. ② 화각이 크다. ③ 렌즈지름이 크다. ④ 거대하고 중량이 크다. ⑤ 해상력과 선명도가 높다. ⑥ 셔터의 속도는 1/100~1/1,000초이다. ⑦ 파인더로 사진의 중복도를 조정한다. ⑧ 수차가 극히 적으며 왜곡수차가 있더라도 보정판을 이용하여 수차를 제거한다.
디지털 사진기	① 필름을 사용하지 않는다. ② 현상비용이나 시간이 절감된다. ③ 오차발생방지(필름에서 영상 획득하기 위해 스캐닝 과정 생략) ④ 보관과 유지관리가 편리하다. ⑤ 영상의 품질관리가 용이하다. ⑥ 신속한 결과물을 이용할 수 있다. ⑦ 재난재해분야, 사회간접자본시설, RS응용분야, GIS분야 등에 활용성이 높다.

촬영용 항공기	① 안정성이 좋을 것 ② 조작성이 좋을 것 ③ 시계가 좋을 것 ④ 항공거리가 길 것 ⑤ 이륙거리가 짧을 것 ⑥ 상승속도가 클 것 ⑦ 상승한계가 높을 것 ⑧ 요구되는 속도를 얻을 수 있을 것

12.4.2 촬영보조 기계

종류	특징
수평선 사진기 (Horizontal Camera)	주사진기의 광축에 직각방향으로 광축이 향하도록 부착시킨 소형 사진기이다.
고도차계 (Statoscope)	고도차계는 U자관을 이용하여 촬영점 간의 기압차관측에 의하여 촬영점 간의 고차를 환산기록하는 것이다.
A.P.R (Airborne Profile Recorder)	A.P.R.은 비행고도자동기록계라고도 하며 항공기에서 바로 밑으로 전파를 보내고 지상에서 반사되어 돌아오는 전파를 수신하여 촬영비행 중의 대지촬영고도를 연속적으로 기록하는 것이다.
항공망원경 (Navigation Telescope)	접안격자판에 비행방향, 횡중복도가 30%인 경우의 유효폭 및 인접촬영경로, 연직점 위치 등이 새겨져 있어서, 예정촬영경로에서 항공기가 이탈되지 않고 항로를 유지하는 데 이용된다.
FMC (Forward Motion Compensation) : 떨림방지기구	FMC는 Imagemotion Compensator라고도 하며 항공사진기에 부착되어 영상을 취득하는 동안 비행기의 흔들림이나 움직이는 물체의 촬영 등으로 인해 발생되는 Shifting 현상을 제거하는 장치이다.
자이로스코프 (Gyroscope) : 자동평형경	회전체의 역학적인 운동을 관찰하는 실험기구로 회전의라고도 한다. 이를 이용하여 지구가 자전하는 것을 실험적으로 증명할 수 있다. 한편 로켓의 관성유도장치로 사용되는 자이로스코프, 이 원리를 응용한 나침반인 자이로 컴퍼스, 선박의 안전장치로 사용되는 자이로 안정기, 비행기의 동요 등이 카메라에 주는 영향을 막기 위하여 이용되는 등 넓은 의미에서 응용되고 있다.

12.4.3 항공사진의 보조자료

종류	특징
촬영고도	사진측량의 정확한 축척결정에 이용된다.
초점거리	축척결정이나 도화에 중요한 요소로 이용된다.
고도차	앞 고도와의 차를 기록
수준기	촬영시 카메라의 경사상태를 알아보기 위해 부착한다.
지표	여러 형태로 표시되어 있으며 필름 신축 보정시 이용
촬영시간	셔터를 누르는 순간 시각을 표시한다.
사진번호	촬영순서를 구분하는 데 이용

12.4.4 Sensor(탐측기)

감지기는 전자기파(Electromagnetic wave)를 수집하는 장비로서 수동적 감지기와 능동적 감지기로 대별된다. 수동방식(Passive sensor)은 태양광의 반사 또는 대상물에서 복사되는 전자파를 수집하는 방식이고, 능동방식(Active sensor)은 대상물에 전자파를 쏘아 그 대상물에서 반사되어 오는 전자파를 수집하는 방식이다.

수동적 탐측기	비주사 방식	비영상방식	지자기측량		
			중력측량		
			기타		
		영상방식	단일사진기	흑백사진	
				천연색사진	
				적외사진	
				적외칼라사진	
				기타 사진	
			다중파장대 사진기	단일렌즈	단일필름
					다중필름
				다중렌즈	단일필름
					다중필름
	주사 방식	영상면주사방식	TV사진기(Vidicon 사진기)		
			고체주사기		

수동적 탐측기	주사 방식	대상물면주사방식	다중파장대 주사기	Analogue 방식	
				Digital 방식	MSS
					TM
					HRV
			극초단파주사기(Microwave radiometer)		
능동적 탐측기	비주사 방식	Laser spectrometer			
		Laser 거리측량기			
	주사 방식	레이더			
		SLAR	RAR(Rear Aperture Radar)		
			SAR(Synthetic Aperture Radar)		

가. LIDAR(Light Detection and Ranging)

레이저에 의한 대상물 위치 결정방법으로 기상 조건에 좌우되지 않고 산림이나 수목지대에서도 투과율이 높다.

나. SLAR(Side Looking Airborne Radar)

능동적 탐측기는 극초단파를 이용하여 극초단파 중 레이더파를 지표면에 주사하여 반사파로부터 2차원을 얻는 탐측기를 SLAR이라 한다. SLAR에는 RAR과 SAR 등이 있다.

12.5 사진촬영 계획

12.5.1 사진축척

기준면에 대한 축척	$M = \dfrac{1}{m} = \dfrac{f}{H} = \dfrac{l}{L}$ 여기서, M : 축척분모수 H : 촬영고도 f : 초점거리
비고가 있을 경우 축척	$M = \dfrac{1}{m} = \left(\dfrac{f}{H \pm h}\right)$

[기준면에 대한 축척]

12.5.2 중복도

종중복도 (End lap)	촬영진행방향에 따라 중복시키는 것으로 보통 60%, 최소한 50% 이상 중복을 주어야 한다. 종중복도 $(p) = \dfrac{p_1 m_1 + m_1 m_2 + m_2 p_2}{a} \times 100(\%)$ 여기서, $p_1 m_1 = p_1 m_2 - m_1 m_2$ m_1, m_2 : 주점기선 길이(b_0) a : 화면크기(사진크기)	[중복도]
횡중복도 (Side lap)	촬영진행방향에 직각으로 중복시키며 보통 30%, 최소한 5% 이상 중복을 주어 촬영한다. • 산악지역(사진상에 고저차가 촬영고도의 10% 이상인 지역)이나 고층빌딩이 밀접한 시가지는 10~20% 이상 중복도를 높여서 촬영하거나 2단 촬영을 한다.(사각부분을 없애기 위함)	

12.5.3 촬영기선장

하나의 촬영코스 중에 하나의 촬영점(셔터를 누른 점)으로부터 다음 촬영점까지의 거리를 촬영기선장이라 한다.

주점기선장 (b_0)	$b_0 = a\left(1 - \dfrac{p}{100}\right)$	여기서, a : 화면크기
촬영종기선길이	$B = m \cdot b_0 = m \cdot a\left(1 - \dfrac{p}{100}\right)$	p : 종중복도 q : 횡중복도 m : 축척분모수
촬영횡기선길이	$C = m \cdot a\left(1 - \dfrac{q}{100}\right)$	

12.5.4 촬영고도

$$H = C \times \Delta h$$

여기서, H : 촬영고도
C : C계수(도화기의 성능과 정도를 표시하는 상수)
Δh : 최소 등고선의 간격

광각카메라를 사용하여 축적 1 : 20,000 사진을 만들었을 때 등고선 간격이 2m였다면 C – 계수는?(단, 초점거리는 150mm이다.)

▶ $H = C \times \Delta h$에서

$C = \dfrac{H}{\Delta h} = \dfrac{3,000}{2} = 1,500$

$\dfrac{1}{m} = \dfrac{f}{H}$

$\dfrac{1}{20,000} = \dfrac{0.15}{H}$

$H = 20,000 \times 0.15 = 3,000\text{m}$

C : C계수(도화기의 성능과 정도를 표시하는 상수)

12.5.5 촬영코스

① 촬영코스는 촬영지역을 완전히 덮고 코스 사이의 중복도를 고려하여 결정한다.
② 일반적으로 넓은 지역을 촬영할 경우에는 동서방향으로 직선코스를 취하여 계획한다.
③ 도로, 하천과 같은 선형 물체를 촬영할 때는 이것에 따른 직선코스를 조합하여 촬영한다.
④ 지역이 남북으로 긴 경우는 남북방향으로 촬영코스를 계획하며 일반적으로 코스 길이의 연장은 보통 30km를 한도로 한다.

12.5.6 표정점 배치(Distribution of Points)

일반적으로 대지표정(절대표정)에 필요로 하는 최소 표정점은 삼각점(x, y) 2점과 수준점(z) 3점이며, 스트립 항공삼각측량인 경우 표정점은 각 코스 최초의 모델(중복부)에 4점, 최후의 모델이 최소한 2점, 중간에 4~5모델째마다 1점을 둔다.

12.5.7 촬영일시

촬영은 구름이 없는 쾌청일의 오전 10시부터 오후 2시경까지의 태양각이 45° 이상인 경우에 최적이며 계절별로는 늦가을부터 초봄까지가 최적기이다. 우리나라의 연평균 쾌청일수는 80일이다.

12.5.8 촬영카메라 선정

동일촬영고도의 경우 광각 사진기 쪽이 축척은 작지만 촬영면적이 넓고 또한 일정한 구역을 촬영하기 위한 코스 수나 사진매수가 적게 되어 경제적이다.

12.5.9 촬영계획도 작성

기존의 소축척지도(일반적으로 $\frac{1}{50,000}$ 지형도)상에 촬영계획도를 작성하고 축척은 촬영 축척의 $\frac{1}{2}$ 정도 지형도로 택하는 것이 적당하다.

12.5.10 사진 및 모델의 매수

실제면적		$A = (m \times a)(m \times a) = m^2 a^2 = (ma)^2 = \dfrac{a^2 H^2}{f^2}$ 여기서, A : 1매사진의 크기(a×a) 상에 나타나 있는 면적 m : 축척의 분모수 a : 사진의 크기	[사진면적]
유효면적의 계산	단코스의 경우	$A_0 = (ma)^2 \left(1 - \dfrac{p}{100}\right)$	
	복코스의 경우	$A_0 = (ma)^2 \left(1 - \dfrac{p}{100}\right)\left(1 - \dfrac{q}{100}\right)$	
사진의 매수	① 촬영지역의 면적에 의한 사진의 매수	사진의 매수 $N = \dfrac{F}{A_0}$ 여기서, F : 촬영대상지역의 면적 A_0 : 촬영유효면적	
	② 안전율을 고려할 때 사진의 매수	$N = \dfrac{F}{A_0} \times (1 + 안전율)$	
	③ 모델수에 의한 사진의 매수	종모델수 $= \dfrac{코스길이}{종기선길이} = \dfrac{S_1}{B} = \dfrac{S_1}{ma\left(1 - \dfrac{p}{100}\right)}$ 횡모델수 $= \dfrac{코스횡길이}{횡기선길이} = \dfrac{S_2}{C_0} = \dfrac{S_2}{ma\left(1 - \dfrac{q}{100}\right)}$	
	④ 총모델수	종모델수×횡모델수	
	⑤ 사진의 매수	(종모델수+1)×횡모델수	
	⑥ 삼각점수	총모델수×2	
	⑦ 수준측량 총거리	$\left[\begin{array}{l}촬영경로의\ 종방향길이 \times \{2(촬영경로의\ 수)+1\} \\ +촬영경로의\ 횡방향길이 \times 2\end{array}\right]$ km	

예제

초점거리 88mm인 초광각 사진기로 촬영고도 3,000m에서 종중복도 60%, 횡중복도 30%로 가로 50km, 세로 40km인 지역을 촬영하려고 한다. 사진크기가 23×23cm일 때 촬영계획을 수립하라.(단, 안전율 30%)

▶ 사진축척$(M) = \dfrac{1}{m} = \dfrac{f}{H} = \dfrac{88\text{mm}}{3,000\text{m}} = \dfrac{0.088}{3,000} = \dfrac{1}{34,091}$

촬영기선길이$(B) = ma\left(1 - \dfrac{p}{100}\right) = 34,091 \times 0.23 \left(1 - \dfrac{60}{100}\right) = 3,136.37\text{m}$

촬영횡기선길이$(c_0) = ma\left(1 - \dfrac{q}{100}\right) = 34,091 \times 0.23 \left(1 - \dfrac{30}{100}\right) = 5,488.65\text{m}$

1) 안전율을 고려한 경우

   ① 유효면적$(A_o) = (ma)^2 \left(1 - \dfrac{p}{100}\right)\left(1 - \dfrac{q}{100}\right) = 17.21\text{km}^2$

   ② 사진매수$(N) = \dfrac{F}{A_0} \times 1.3 = \dfrac{50 \times 40}{17.21} \times 1.3 = 157.07 ≒ 158$매

2) 안전율을 고려하지 않은 경우

   ① 종모델수$(D) = \dfrac{S_1}{B} = \dfrac{50\text{km}}{3.136\text{km}} = 15.94 ≒ 16$모델

   ② 횡모델수$(D') = \dfrac{S_2}{C_0} = \dfrac{40\text{km}}{5.488\text{km}} = 7.29 ≒ 8$코스

   ③ 총모델수 $= D \times D' = 16 \times 8 = 128$모델

   ④ 사진매수 $= (D+1) \times D' = (16+1) \times 8 = 136$매

   ⑤ 삼각점수 $=$ 모델 수$\times 2 = 128 \times 2 = 256$점

   ⑥ 수준측량거리 $= 50 \times (2 \times 9 + 1) + (40 \times 2) = 930\text{km}$

12.6 사진촬영

1) 사진 촬영시 고려할 사항	① 높은 고도에서 촬영할 경우는 고속기를 이용하는 것이 좋다. ② 낮은 고도에서의 촬영에서는 노출 중의 편류에 의한 촬영에 주의할 필요가 있다. ③ 촬영은 지정된 촬영경로에서 촬영경로 간격의 10% 이상 차이가 없도록 한다. ④ 고도는 지정고도에서 5% 이상 낮게 혹은 10% 이상 높게 진동하지 않도록 직선상에서 일정한 거리를 유지하면서 촬영한다. ⑤ 앞뒤 사진 간의 회전각(편류각)은 5° 이내 촬영 시의 사진기 경사(Tilt)는 3° 이내로 한다.
2) 노출 시간	(1) $T_l = \dfrac{\Delta S \cdot m}{V}$ (2) $T_s = \dfrac{B}{V}$ 여기서, T_l : 최장노출시간(sec), ΔS : 흔들림의 양(mm) V : 항공기의 초속, B : 촬영기선 길이 $(B) = ma\left(1 - \dfrac{p}{100}\right)$ m : 축척분모수, T_s : 최소노출시간

12.6.1 촬영사진의 성과 검사

항공사진이 사진측정학용으로 적당한지 여부를 판정하는 데는 중복도 이외에 사진의 경사, 편류, 축척, 구름의 유무 등에 대하여 검사하고 부적당하다고 판단되면 전부 또는 일부를 재촬영해야 한다.

재촬영하여야 할 경우	양호한 사진이 갖추어야 할 경우
① 촬영 대상 구역의 일부분이라도 촬영범위 외에 있는 경우 ② 종중복도가 50% 이하인 경우 ③ 횡중복도가 5% 이하인 경우 ④ 스모그(Smog), 수증기 등으로 사진상이 선명하지 못한 경우 ⑤ 구름 또는 구름의 그림자, 산의 그림자 등으로 지표면이 밝게 찍혀 있지 않는 부분이 상당히 많은 경우 ⑥ 적설 등으로 지표면의 상태가 명료하지 않은 경우	① 촬영사진기가 조정검사되어 있을 것 ② 사진기 렌즈는 왜곡이 작을 것 ③ 노출시간이 짧을 것 ④ 필름은 신축, 변질의 위험성이 없을 것 ⑤ 도화하는 부분이 공백부가 없고 사진의 입체부분으로 찍혀 있을 것 ⑥ 구름이나 구름의 그림자가 찍혀 있지 않을 것 ⑦ 적설, 홍수 등의 이상상태일 때의 사진이 아닐 것 ⑧ 촬영고도가 거의 일정할 것 ⑨ 중복도가 지정된 값에 가깝고 촬영경로 사이에 공백부가 없을 것 ⑩ 헐레이션이 없을 것

12.7 사진의 특성

12.7.1 중심투영과 정사투영

항공사진과 지도는 지표면이 평탄한 곳에서는 지도와 사진은 같으나 지표면의 높낮이가 있는 경우에는 사진의 형상이 다르다. 항공사진은 중심투영이고 지도는 정사투영이다.

왜곡수차 (Distorion)	이론적인 중심투영에 의하여 만들어진 점과 실제 점의 변위	
	왜곡수차의 보정방법	
	포로-코페(Porro Koppe)의 방법	촬영카메라와 동일 렌즈를 갖춘 투영기를 사용하는 방법
	보정판을 사용하는 방법	양화건판과 투영렌즈 사이에 렌즈(보정판)를 넣는 방법
	화면거리를 변화시키는 방법	연속적으로 화면거리를 움직이는 방법

중심투영 (Central Projection)	사진의 상은 피사체로부터 반사된 광이 렌즈 중심을 직진하여 평면인 필름면에 투영되어 나타나는 것을 말하며 사진을 제작할 때 사용 (사진측량의 원리)
정사투영 (Orthoprojetcion)	항공사진과 지형도를 비교하면 같으나, 지표면의 높낮이가 있는 경우에는 평탄한 곳은 같으나 평탄치 않은 곳은 사진의 형상이 다르다. 정사투영은 지도를 제작할 때 사용

[정사투영과 중심투영의 비교]

12.7.2 항공사진의 특수 3점

특수 3점	특징
주점 (Principal Point)	주점은 사진의 중심점이라고도 한다. 주점은 렌즈 중심으로부터 화면(사진면)에 내린 수선의 발을 말하며 렌즈의 광축과 화면이 교차하는 점이다.
연직점 (Nadir Point)	① 렌즈 중심으로부터 지표면에 내린 수선의 발을 말하고 N을 지상연직점(피사체연직점), 그 선을 연장하여 화면(사진면)과 만나는 점을 화면연직점(n)이라 한다. ② 주점에서 연직점까지의 거리(mn) $= f\tan i$
등각점 (Isocenter)	① 주점과 연직점이 이루는 각을 2등분한 점으로 또한 사진면과 지표면에서 교차되는 점을 말한다. ② 주점에서 등각점까지의 거리(mn) $= f\tan\dfrac{i}{2}$

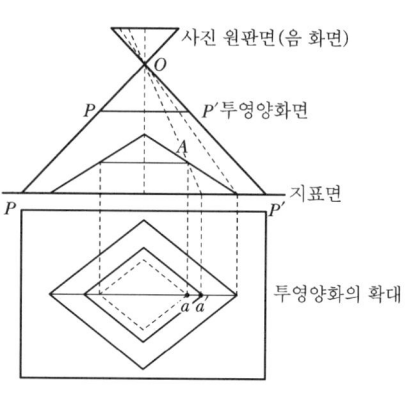

[항공사진의 특수 3점]

12.7.3 기복변위

대상물에 기복이 있는 경우 연직으로 촬영하여도 축척은 동일하지 않되, 사진면에서 연직점을 중심으로 방사상의 변위가 발생하는데 이를 기복변위라 한다.

가. 변위량

$$\Delta r = \frac{h}{H} r$$

나. 최대변위량

$$\Delta r_{max} = \frac{h}{H} \cdot r_{max} \quad 단, r_{max} = \frac{\sqrt{2}}{2} \cdot a$$

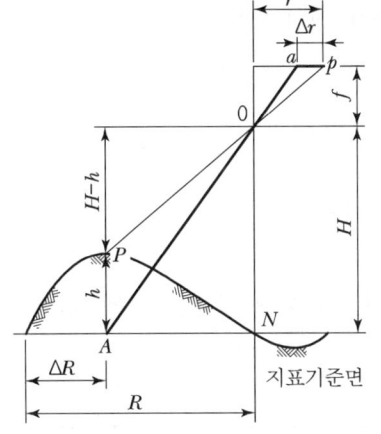

여기서, Δr : 변위량
r : 화면연직점에서의 거리
H : 비행고도
h : 비고
r_{max} : 최대화면 연직점에서의 거리
a : 사진의 크기

[기복변위]

12.8 입체 사진 측량

중복사진을 명시거리에서 왼쪽의 사진을 왼쪽 눈, 오른쪽의 사진을 오른쪽 눈으로 보면 좌우의 상이 하나로 융합되면서 입체감을 얻게 된다. 이것을 입체시 또는 정입체시라 한다.

정입체시	어느 대상물을 택하여 찍은 중복 사진을 명시거리(약 25cm 정도)에서 왼쪽의 사진을 왼쪽눈으로, 오른쪽 사진을 오른쪽 눈으로 보면 좌우의 상이 하나로 융합되면서 입체감을 얻게 되는데 이 현상을 입체시 또는 정입체시라 한다.
역입체시	입체시 과정에서 높은 것이 낮게, 낮은 것이 높게 보이는 현상이다. ① 정입체시 할 수 있는 사진을 오른쪽과 왼쪽위치를 바꿔 놓을 때 ② 여색입체사진을 청색과 적색의 색안경을 좌우로 바꿔서 볼 때 ③ 멀티 플렉스의 모델을 좌우의 색안경을 교환해서 입체시 할 때
여색입체시	여색입체사진이 오른쪽은 적색, 왼쪽은 청색으로 인쇄되었을 때 왼쪽에 적색, 오른쪽에 청색의 안경으로 보아야 바른 입체시가 된다.

12.8.1 입체사진의 조건

① 1쌍의 사진을 촬영한 카메라의 광축은 거의 동일 평면 내에 있어야 한다.
② 2매의 사진축척은 거의 같아야 한다.
③ 기선고도비가 적당해야 한다.

$$기선고도비 = \frac{B}{H} = \frac{m \cdot a \left(1 - \frac{p}{100}\right)}{m \cdot f}$$

12.8.2 육안에 의한 입체시의 방법

손가락에 의한 방법, 스테레오그램에 의한 방법

12.8.3 기구에 의한 입체시

가. 입체경

렌즈식 입체경과 반사식 입체경이 있다.

나. 여색입체시

왼쪽에 적색, 오른쪽에 청색의 안경으로 보면 입체감을 얻는다.

12.8.4 입체상의 변화

렌즈의 초점거리 변화에 의한 변화	렌즈의 초점거리가 긴 사진이 짧은 사진보다 더 낮게 보인다.
촬영기선의 변화에 의한 변화	촬영기선이 긴 경우 짧은 때보다 높게 보인다.
촬영고도의 차에 의한 변화	촬영고도가 낮은 사진이 높은 사진보다 더 높게 보인다.
눈을 옆으로 돌렸을 때의 변화	눈을 좌우로 움직여 옆에서 바라볼 때 항공기의 방향선 상에서 움직이면 눈이 움직이는 쪽으로 기울어져 보인다.
눈의 높이에 따른 변화	눈의 위치가 높아짐에 따라 입체상은 더 높게 보인다.

12.8.5 시차

두 장의 연속된 사진에서 발생하는 동일지점의 사진상의 변위를 시차라 한다.

시차차에 의한 변위량	$h : H = \triangle P : P_a$ $h = \dfrac{H}{P_a} \triangle P = \dfrac{H}{P_r + \triangle P} \triangle P$ 여기서, H : 비행고도 P_r : 기준면의 시차 $\quad = \dfrac{\mathrm{I} + \mathrm{II}}{2}$ h : 시차(굴뚝의 높이) $\triangle P$(시차차) : $P_a - P_r$ P_a : 건물정상의 시차	(a) 시차
$\triangle p$가 p_r보다 무시할 정도로 작을 때 ($p_r = b_0$)	$h = \dfrac{H}{P_r} \cdot \triangle P = \dfrac{H}{bo} \cdot \triangle P$ $\therefore \triangle P = \dfrac{h}{H} \cdot P_r = \dfrac{h}{H} \cdot bo$	(b) 시차공식 [시차]
주점 기선장 대신 기준면의 시차를 적용할 경우	$h = \dfrac{H}{P_r + \triangle P} \triangle P = \dfrac{H}{P_a} \triangle p$	

12.9 표정

사진상 임의의 점과 대응되는 땅의 점과의 상호관계를 정하는 방법으로 지형의 정확한 입체모델을 기하학적으로 재현하는 과정을 말한다.

12.9.1 표정의 순서

내부표정 → 상호표정 → 절대표정 → 접합표정

종류	특징
내부표정 (Inner Orientation)	내부표정이란 도화기의 투영기에 촬영 당시와 똑같은 상태로 양화건판을 정착시키는 작업이다. ① 주점의 위치결정 ② 화면거리(f)의 조정 ③ 건판의 신축측정, 대기굴절, 지구곡률보정, 렌즈수차 보정
상호표정 (Relative Orientation)	지상과의 관계는 고려하지 않고 좌우사진의 양투영기에서 나오는 광속이 촬영 당시 촬영면에 이루어지는 종시차(y-parallax : p_y)를 소거하여 목표 지형물의 상대위치를 맞추는 작업 ① 비행기의 수평회전을 재현해 주는 (k, b_y) ② 비행기의 전후 기울기를 재현해 주는 (ϕ, b_z) ③ 비행기의 좌우 기울기를 재현해 주는 (ω) ④ 과잉수정계수 $(o, c, f) = \dfrac{1}{2}\left(\dfrac{h^2}{d^2}-1\right)$ ⑤ 상호표정인자 : (k, ϕ, w(회전인자), b_y, b_z(평행인자)) k_1의 작용　　k_2의 작용　　b_y의 작용 φ_1의 작용　　φ_2의 작용　　b_z의 작용 [인자의 운동]
절대표정 (Absolute Orientation)	상호표정이 끝난 입체모델을 지상 기준점(피사체 기준점)을 이용하여 지상좌표(피사체좌표계)와 일치하도록 하는 작업 ① 축척의 결정, ② 수준면(표고, 경사)의 결정, ③ 위치(방위)의 결정 ④ 절대표정인자 : $\lambda, \phi, \omega, k, b_x, b_y, b_z$(7개의 인자로 구성)
접합표정	한쌍의 입체사진 내에서 한쪽의 표정인자는 전혀 움직이지 않고 다른 한쪽만을 움직여 그 다른 쪽에 접합시키는 표정법을 말하며, 삼각측정에 사용한다. ① 7개의 표정인자 결정($\lambda, k, \omega, \phi, c_x, c_y, c_z$) ② 모델 간, 스트립 간의 접합요소 결정(축척, 미소변위, 위치 및 방위)

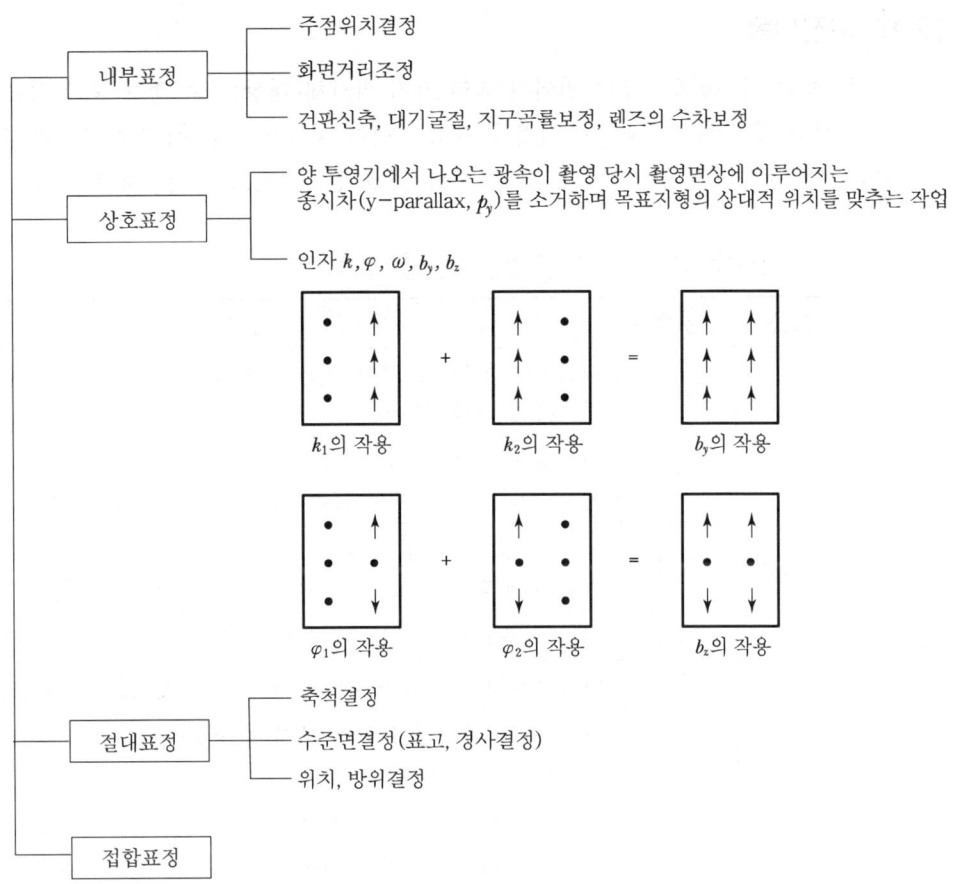

12.10 사진판독

사진판독은 사진면으로부터 얻어진 여러 가지 피사체(대상물)의 정보 중 특성을 목적에 따라 적절히 해석하는 기술로서 이것을 기초로 하여 대상체를 종합분석함으로써 피사체(대상물) 또는 지표면의 형상, 지질, 식생, 토양 등의 연구수단으로 이용하고 있다.

12.10.1 사진판독 요소 〈암기〉 색모질형크음상과

요소	분류	특징
주요소	색조	피사체(대상물)가 갖는 빛의 반사에 의한 것으로 수목의 종류를 판독하는 것을 말한다.
	모양	피사체(대상물)의 배열상황에 의하여 판별하는 것으로 사진상에서 볼 수 있는 식생, 지형 또는 지표상의 색조 등을 말한다.
	질감	색조, 형상, 크기, 음영 등의 여러 요소의 조합으로 구성된 조밀, 거칠음, 세밀함 등으로 표현하며 초목 및 식물의 구분을 나타낸다.
	형상	개체나 목표물의 구성, 배치 및 일반적인 형태를 나타낸다.
	크기	어느 피사체(대상물)가 갖는 입체적, 평면적인 넓이와 길이를 나타낸다.
	음영	판독 시 빛의 방향과 촬영 시 빛의 방향을 일치시키는 것이 입체감을 얻는 데 용이하다.
보조요소	상호위치관계	어떤 사진상이 주위의 사진상과 어떠한 관계가 있는가 파악하는 것으로 주위의 사진상과 연관되어 성립되는 것이 일반적인 경우이다.
	과고감	과고감은 지표면의 기복을 과장하여 나타낸 것으로 낮고 평평한 지역에서의 지형판독에 도움이 되는 반면 경사면의 경사는 실제보다 급하게 보이므로 오판에 주의해야 한다.

12.10.2 사진판독의 장단점

장점	단점
① 단시간에 넓은 지역의 정보를 얻을 수 있다. ② 대상지역의 여러 가지 정보를 종합적으로 획득할 수 있다. ③ 현지에 직접 들어가기 곤란한 경우도 정보 취득이 가능하다. ④ 정보가 사진에 의해 정확히 기록·보존된다.	① 상대적인 판별이 불가능하다. ② 직접적으로 표면 또는 표면 근처에 있는 정보취득이 불가능하다. ③ 색조, 모양, 입체감 등이 나타나지 않는 지역의 판독이 불가능하다. ④ 항공사진의 경우는 항공기를 사용하므로 기후 및 태양고도에 좌우된다.

12.10.3 판독의 응용

① 토지이용 및 도시계획조사
② 지형 및 지질 판독
③ 환경오염 및 재해 판독

12.11 편위수정과 사진지도

12.11.1 편위수정(Rectification)

편위수정은 비행기로 사진을 촬영할 때 항공기의 동요나 경사로 인하여 사진상의 약간의 변위가 생기는 현상과 축척이 일정하지 않은 경사와 축척을 수정하여 변위량이 없는 수직사진으로 작성한 작업을 말한다. 즉 항공사진의 음화를 촬영할 때와 똑같은 상태(경사각과 촬영고도)로 놓고 지면과 평행한 면에 이것을 투영함으로써 수정할 수 있으며 기하학적 조건, 광학적 조건, 샤임플러그조건이 필요하다.

가. 편위수정의 원리

편위수정기는 매우 정확한 대형기계로서 배율(축척)을 변화시킬 수 있을 뿐만 아니라 원판과 투영판의 경사도 자유로이 변화시킬 수 있도록 되어 있으며 보통 4개의 표정점이 필요하다. 편위수정기의 원리는 렌즈, 투영면, 화면(필름면)의 3가지 요소에서 항상 선명한 상을 갖도록 하는 조건을 만족시키는 방법이다.

나. 편위수정을 하기 위한 조건

기하학적 조건 (소실점조건)	필름을 경사지게 하면 필름의 중심과 편위수정기의 렌즈 중심은 달라지므로 이것을 바로잡기 위하여 필름을 움직여 주지 않으면 안 된다. 이것을 소실점조건이라 한다.
광학적 조건 (Newton의 조건)	광학적 경사보정은 경사편위수정기(Rectifier)라는 특수한 장비를 사용하여 확대배율을 변경하여도 향상 예민한 영상을 얻을수 있도록 $1/a + 1/b + 1/f$의 관계를 가지도록 하는 조건을 말하며 Newton의 조건이라고도 한다.
샤임플러그조건 (Scheimpflug)	편위수정기는 사진면과 투영면이 나란하지 않으면 선명한 상을 맺지 못하는 것으로 이것을 수정하여 화면과 렌즈주점과 투영면의 연장이 항상 한선에서 일치하도록 하면 투영면상의 상은 선명하게 상을 맺는다. 이것을 샤임플러그조건이라 한다.

다. 편위수정방법

정밀수치편위수정은 직접법과 간접법으로 구분되는데 인공위성이나 항공사진에서 수집된 영상자료와 수치고도모형자료를 이용하여 정사투영사진을 생성하는 방법이다.

직접법 (Direct Rectification)	인공위성이나 항공사진에서 수집된 영상자료를 관측하여 각각의 출력영상소의 위치를 결정하는 방법이다.
간접법 (Indirect Rectification)	수치고도모형자료에 의해 출력영상소의 위치가 이미 결정되어 있으므로 입력영상에서 밝기값을 찾아 출력영상소 위치에 나타내는 방법으로 항공사진을 이용하여 정사투영 영상을 생성할 때 주로 이용된다.

12.11.2 사진지도

가. 사진지도의 종류

종류	특징
약조정집성사진지도	카메라의 경사에 의한 변위, 지표면의 비고에 의한 변위를 수정하지 않고 사진 그대로 접합한 지도
반조정집성사진지도	일부만 수정한 지도
조정집성사진지도	카메라의 경사에 의한 변위를 수정하고 축척도 조정한 지도
정사투영사진지도	카메라의 경사, 지표면의 비고를 수정하고 등고선도 삽입된 지도

나. 사진지도의 장단점

장점	단점
① 넓은 지역을 한눈에 알 수 있다. ② 조사하는 데 편리하다. ③ 지표면에 있는 단속적인 징후도 경사로 되어 연속으로 보인다. ④ 지형, 지질이 다른 것을 사진상에서 추적할 수 있다.	① 산지와 평지에서는 지형이 일치하지 않는다. ② 운반하는 데 불편하다. ③ 사진의 색조가 다르므로 오판할 경우가 많다. ④ 산의 사면이 실제보다 깊게 찍혀 있다.

12.12 수치사진측량

12.12.1 개요

수치사진측량은 아날로그 형태의 해석사진에서 컴퓨터프로그래밍의 급속한 발달과 함께 발전적으로 변화되어가는 사진측량기술로서 컴퓨터비전, 컴퓨터그래픽, 영상처리 등 다양한 학문과 연계되어 있으며, 수치영상을 이용하므로 기존 사진측량의 많은 작업공정을 자동으로 처리할 수 있는 많은 가능성을 제시하고 있다. 수치사진측량이 새로운 사진측량의 한 분야로 개발된 배경은 다양한 수치영상이 이용가능하며, 컴퓨터 하드웨어 및 소프트웨어의 발전, 실시간 처리 및 비용 절감에 대한 필요성 때문이다.

12.12.2 수치사진측량의 연혁

① 1970년대 중반부터 수치적 편위수정방법에 의해 수치정사투영 영상을 생성하기 위한 연구가 시작
② 1979년 Konecny에 의해 구체적 방법 제시
③ 1980년대 말 수치영상자료의 정량적 위치결정에 활발한 연구(영상처리, 영상정합)
④ 1990년대 들어 입체영상의 동일점을 탐색하기 위한 영상정합 및 수치영상처리기법 등에 많은 연구

12.12.3 수치사진측량의 특징

수치사진측량은 기존 사진측량과 비교하면 다음과 같은 특징이 있다.
① 다양한 수치 영상처리과정(Digital Image Processing)에 이용되므로 자료에 대한 처리 범위가 넓다.
② 기존 아날로그 형태의 자료보다 취급이 용이하다.
③ 기존 해석사진측량에서 처리가 곤란했던 광범위한 형태의 영상을 생성한다.
④ 수치 형태로 자료가 처리되므로 지형공간 정보체계에 쉽게 적용할 수 있다.
⑤ 기존 해석사진측량보다 경제적이며 효율적이다.
⑥ 자료의 교환 및 유지관리가 용이하다.

12.12.4 수치사진측량의 자료취득방법

① 인공위성 센서에 의한 직접 취득 방법
② 기존 사진을 주사(Scanning)하는 간접적 방법

12.12.5 사진의 기하학적 특성

수치사진측량의 기하학적 특성은 기존 사진측량과 동일하며 본문에서는 공선조건, 공명조건, 에피폴라 기하학을 중심으로 기술하고자 한다.

가. 공선조건(Collinearity Condition)

정의	사진상의 한 점(x, y)과 사진기의 투영중심(촬영중심)(X_o, Y_o, Z_o) 및 대응하는 공간상(지상)의 한 점(X_p, Y_p, Z_p)이 동일직선상에 존재하는 조건을 공선조건이라 한다.
특징	① 사진측량의 가장 기본이 되는 원리로서 대상물과 영상 사이의 수학적 관계를 말한다. ② 공선조건에는 사진기의 6개 자유도를 내포 : 세 개의 평행이동과 세 개의 회전 ③ 중심투영에서 벗어나는 상태는 공선조건의 계통적 오차로 모델링된다.

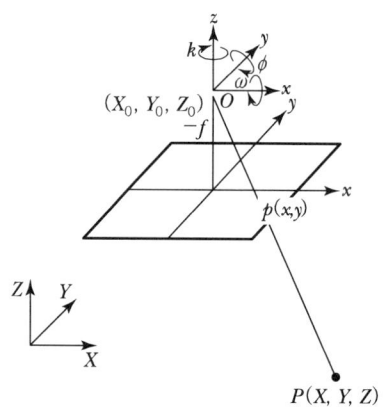

[공선조건]

여기서, y : 객체공간(지상좌표계)에서 대상물까지의 벡터
        c : 객체공간(지상좌표계)에서 사진투영중심까지의 벡터
        l : 축척
        R : 3차원 회전 직교행렬
        x : 영상공간(영상좌표계)에서 영상점까지의 벡터

나. 공면조건(Coplanarity Condition)

정의	한 쌍의 입체사진이 촬영된 시점과 상대적으로 동일한 공간적 관계를 재현하는 것을 공면조건이라고 하며, 대응하는 빛 묶음은 교회하여 입체상(Model)을 형성한다. 3차원 공간상에서 평면의 일반식은 $Ax+By+Cz+D=0$이며 두 개의 투영중심 $O_1(X_{O1}, Y_{O1}, Z_{O1})$ $O_2(X_{O2}, Y_{O2}, Z_{O2})$과 공간상 임의점 p의 두 상점 $P_1(X_{p1}, Y_{p1}, Z_{p1})$ (X_{p1}, Y_{p1}, Z_{p1}) $P_2(X_{p2}, Y_{p2}, Z_{p2})$이 동일평면상에 있기 위한 조건을 공면조건이라 한다.
특징	① 한 쌍의 중복사진에 있어서 그 사진의 투영중심과 대응되는 상점이 동일평면 내에 있기 위한 필요충분조건이다. ② 이때 공유하는 평면을 공역 평면(Epipolar Plane)이라 한다. ③ 공액평면이 사진평면을 절단하여 얻어지는 선을 공역선(Epipolar Line)이라 한다.

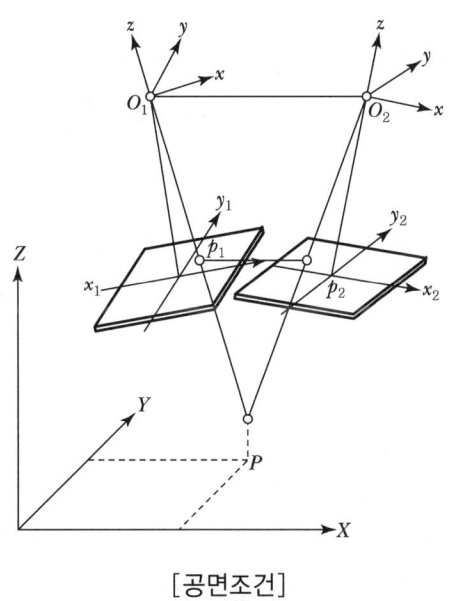

[공면조건]

다. 에피폴라 기하(Epipolar Geometry)

최근 수치사진측량기술이 발달함에 따라 입체사진에서 공액점을 찾는 공정은 점차 자동화되어가고 있으며 공액요소 결정에 에피폴라 기하(Epipolar Geometry)를 이용한다.

Epipolar Line	① 공액요소에 대한 중요한 제약은 에피폴라선이다. ② 에피폴라선(e', e'')은 영상평면과 에피폴라 평면의 교차점이다. ③ 에피폴라선은 탐색공간을 많이 감소시킨다. ④ 공액점은 에피폴라선상에 반드시 있어야 한다. ⑤ 에피폴라선은 주로 사진좌표계의 X축에 평행하지 않다.
Epipolar Plane	① 에피폴라선과 에피폴라 평면은 공액요소 결정에 이용된다. ② 에피폴라 평면은 투영중심 O_1, O_2와 지상점 P에 의해 정의된다. ③ 공액점 결정에 적용하기 위해서는 수치영상의 행(Row)과 에피폴라선이 평행이 되도록 하는데 이러한 입체상(Stereo Pairs)을 정규화영상(Normalized Images)이라고 한다.

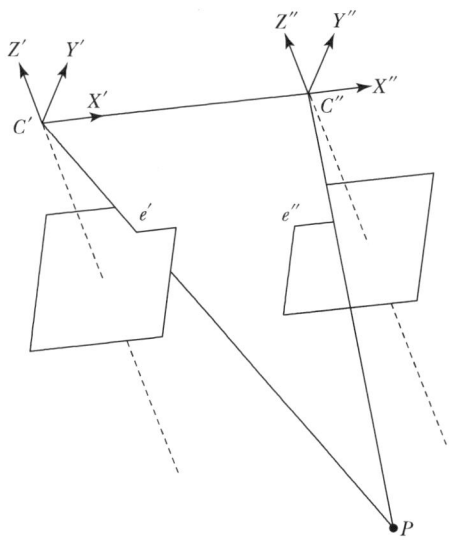

[에피폴라 기하]

12.12.6 영상정합(Image Matching)

영상정합은 입체 영상 중 한 영상의 한 위치에 해당하는 실제의 대상물이 다른 영상의 어느 위치에 형성되었는가를 발견하는 작업으로서 상응하는 위치를 발견하기 위해서 유사성 관측을 이용한다. 이는 사진측정학이나 로봇비전(Robot Vision) 등에서 3차원 정보를 추출하기 위해 필요한 주요 기술이며 수치사진측량학에서는 입체 영상에서 수치표고모형을 생성하거나 항공삼각측량에서 점이사(Point Transfer)를 위해 적용된다.

가. 영상정합방법

영역기준정합 (Area Based Matching)	영역기준정합에서는 오른쪽 사진의 일정한 구역을 기준영역으로 설정한 후 이에 해당하는 왼쪽 사진의 동일 구역을 일정한 범위 내에서 이동시키면서 찾아내는 원리를 이용하는 기법으로 밝기값 상관법과 최소제곱정합법이 있다.
	① 밝기값 상관법(Gray Value Corelation) 　한 영상에서 정의된 대상영역(Target Area)을 다른 영상의 검색(탐색)영역(Search Area)상에서 한 점씩 이동하면서 모든 점들에 대해 통계적 유사성 관측값(상관계수)을 계산하는 방법이다. 　입체정합을 수행하기 전에 두 영상에 대해 에피폴라 정렬을 수행하여 검색(탐색)영역을 크게 줄임으로써 정합의 효율성을 높일 수 있다.
	② 최소제곱정합법(Least Square Matching) 　최소제곱정합법은 탐색영역에서 대응점의 위치(x_s, y_s)를 대상영상 G_t와 탐색영역 G_s의 밝기값들의 함수로 정의하는 것이다. 　$$G_t(x_t\ y_t) = G_s(x_s\ y_s) + n(x\ y)$$ 　여기서, (x_t, y_t) : 대상영역에 주어진 좌표 　　　　　(x_s, y_s) : 찾고자 하는 대응점의 좌표 　　　　　n : 노이즈
형상기준정합 (Feature Matching)	① 형상기준정합에서는 대응점을 발견하기 위한 기본자료로서 특징(점, 선, 영역, 경계)적인 인자를 추출하는 기법이다. ② 두 영상에서 대응하는 특징을 발견함으로써 대응점을 찾아낸다. ③ 형상기준정합을 수행하기 위해서는 먼저 두 영상에서 모두 특징을 추출해야 한다. ④ 이러한 특징 정보는 영상의 형태로 이루어지며 대응특징을 찾기 위한 탐색영역을 줄이기 위하여 에피폴라 정렬을 수행한다.

관계형 정합 (Relation Matching)	① 관계형 정합은 영상에 나타나는 특징들을 선이나 영역 등의 부호적 표현을 이용하여 묘사하고, 이러한 관계대상들뿐만 아니라 관계대상들끼리의 관계까지도 포함하여 정합을 수행한다. ② 점(Point), 희미한 것(Blobs), 선(Lines), 면 또는 영역(Region) 등과 같은 구성요소들은 길이, 면적, 형상, 평균 밝기값 등의 속성을 이용하여 표현된다. ③ 이러한 구성요소들은 공간적 관계에 의해 도형으로 구성되며 두 영상에서 구성되는 그래프의 구성요소들의 속성들을 이용하여 두 영상을 정합한다. ④ 관계형 정합은 아직 연구개발 초기단계에 있으며 앞으로 많은 발전이 있어야만 실제 상황에서의 적용이 가능할 것이다.

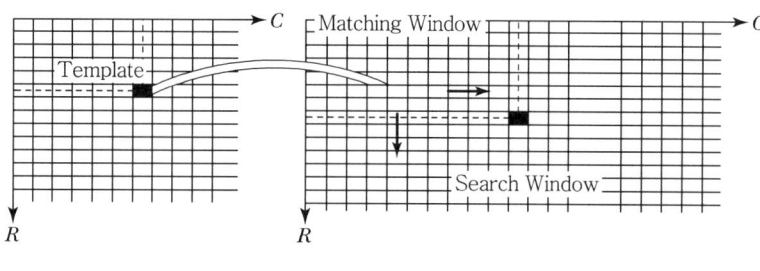

[영상정합]

12.12.7 응용

① 3차원 위치결정
② 자동 항공삼각측량에 응용
③ 자동수치 표고모형에 응용
④ 수치정사투영 영상생성에 응용
⑤ 실시간 3차원 측량에 응용
⑥ 각종 주제도 작성에 응용

12.13 지상사진측량

사진측량은 전자기파를 이용하여 대상물에 대한 위치, 형상(정량적 해석) 및 특성(정성적 해석)을 해석하는 측량방법으로 측량방법에 의한 분류상 항공사진측량, 지상사진측량, 수중사진측량, 원격탐측, 비지형 사진측량으로 분류되며 이 중 지상사진측량은 촬영한 사진을 이용하여 건축모양, 시설물로의 형태 및 변위관측을 위한 측량방법이다.

12.13.1 지상사진 측량의 특징

항공사진측량	지상사진측량
후방교회법	전방교회법
감광도에 중점을 둔다.	렌즈수차만 작으면 된다.
광각사진이 경제적이다.	보통각이 좋다.
대규모 지역이 경제적이다.	소규모 지역이 경제적이다.
지상 전역에 걸쳐 찍을 수 있다.	보충촬영이 필요하다.
축척변경이 용이하다.	축척변경이 용이하지 않다.
평면위치는 정확도가 높다.	평면위치는 정확도가 떨어진다.
높이의 정도는 낮다.	높이의 정도는 좋다.

12.13.2 지상측량방법

구분	특징
직각수평촬영	① 양사진기의 광축이 촬영기선 b에 대해 수평 또는 직각 방향으로 향하게 하여 평면(수평) 촬영하는 방법 ② 기선길이는 대상물까지의 거리에 대하여 $\frac{1}{5} \sim \frac{1}{20}$ 정도로 택함
편각수평촬영	① 양사진기의 촬영축이 촬영기에 대하여 일정한 각도만큼 좌 또는 우로 수평편차하며 촬영하는 방법 ② 즉 사진기축을 특정한 각도만큼 좌·우로 움직여 평행 촬영을 하는 방법 ③ 종래 댐 및 교량지점의 지상 사진 측량에 자주 사용했던 방법 ④ 초광각과 같은 렌즈 효과를 얻을 수 있음
수렴수평촬영	서로 사진기의 광축을 교차시켜 촬영하는 방법

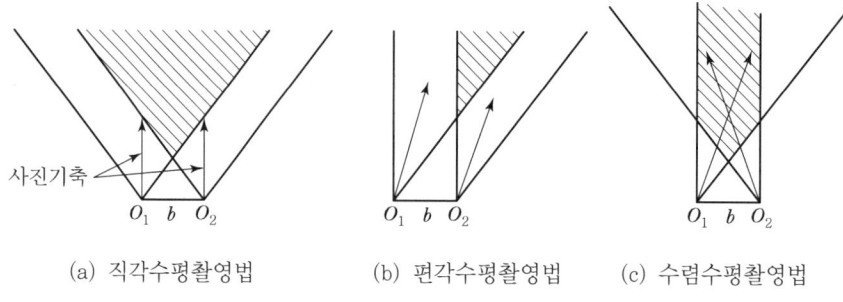

(a) 직각수평촬영법   (b) 편각수평촬영법   (c) 수렴수평촬영법

[지상사진의 촬영방법]

12.14 원격탐측(Remote sensing)

12.14.1 개요

원격탐측(Remote Sensing)이란 원거리에서 직접 접촉하지 않고 대상물에서 반사(Reflection) 또는 방사(Emission)되는 각종 파장의 전자기파를 수집, 처리하여 대상물의 성질이나 환경을 분석하는 기법을 말한다. 이때 전자파를 감지하는 장치를 센서(Sensor)라 하고 센서를 탑재한 이동체를 플랫폼(Platform)이라 한다. 통상 플랫폼에는 항공기나 인공위성이 사용된다.

12.14.2 역사

가. 연도별

① 1960년대 미국에서 원격탐사(RS)라는 명칭 출현
② 1972년대 최초의 지구관측위성인 Randsat-1호가 미국에서 발사됨
③ 1978년대 NOAA Series 시작(미국)
④ 1978년대 최초의 SAR위성 SEASAT발사(미국)
⑤ 1982년대 Randsat-4호에 30m 해상도의 Thematic Mapper(TM)가 탑재
⑥ 1986년대 SPOT-1호 발사(프랑스)
⑦ 1987년대 일본의 해양관측위성(MOS-1)을 발사
⑧ 1988년대 인도가 인디안 리모트센싱위성(IRS-1)을 발사
⑨ 1991년대 유럽우주국(ESA)이 레이더가 탑재된 ERS를 발사
⑩ 1992년대 국내 최초의 실험위성KITSAT(한국),JERS-1(일본)발사
⑪ 1995년대 캐나다가 RADARSAT위성 발사
⑫ 1999년대 최초의 상업용 고해상도 지구관측위성(IKONOS-1)발사(미국)
⑬ 1999년대 KOMPSAT-1 위성발사(한국)
⑭ 2000년대 Quick Bird-1 위성발사(미국)

나. 세대별

세대	연대	특징
제1세대	1972~1985	미국주도·실험 또는 연구적 이용
		Landsat-1(1972), Landsat-2(1975)
		Landsat-3(1978), Landsat-4(1982)
		Landsat-5(1984)
		해상도 : MSS(80m), TM(30m)
제2세대	1986~1997	국제화·실용화 모색
		SPOT-1(86 : 프), MOS-1(87 : 일)
		JERS-1(92 : 일), IRS(88 : 인)
		Radarsat(96 : 캐)
		해상도 : IRS-1C/1D 5.8m PAN
제3세대	1998~	민간기업 참여·상업화 개시
		IKONOS(99 : 미) 등
		해상도 : 1m PAN, 4m MSS

12.14.3 특징 및 활용분야

가. 특징

① 짧은 시간에 넓은 지역을 동시에 측정할 수 있으며 반복측정이 가능하다.
② 다중파장대에 의한 지구표면 정보 획득이 용이하며 측정자료가 기록되어 판독이 자동적이고 정량화가 가능하다.
③ 회전주기가 일정하므로 원하는 지점 및 시기에 관측하기가 어렵다.
④ 관측이 좁은 시야각으로 얻어진 영상은 정사투영에 가깝다.
⑤ 탐사된 자료가 즉시 이용될 수 있으므로 재해, 환경문제 해결에 편리하다.
⑥ 다중파장대 영상으로 지구표면 정조 획득 및 경관분석 등 다양한 분야에 활용
⑦ GIS와의 연계로 다양한 공간분석이 가능
⑧ 972년 미국에서 최초의 지구관측위성(Landsat-1)을 발사한 후 급속히 발전
⑨ 모든 물체는 종류, 환경조건이 달라지면 서로 다른 고유한 전자파를 반사, 방사 한다는 원리에 기초한다.

나. 활용분야

농림, 지질, 수문, 해양, 기상, 환경 등 많은 분야에서 활용되고 있다.

12.14.4 전자파

전자파의 원래 명칭은 전기자기파로서 이것을 줄여서 전자파라고 부른다.
전기 및 자기의 흐름에서 발생하는 일종의 전자기에너지로서 전기장과 자기장이 반복하여 파도처럼 퍼져나가기 때문에 전자파라 부른다.

가. 전자파의 분류

r선		
x선		
자외선		
가시광선		
적외선	근적외선	
	단파장적외선	
	중적외선	
	열적외선	
	원적외선	
전파	Sub millimeter파	
	마이크로파	millimeter파(EHF)
		centimeter파(SHF)
		decimeter파(UHF)
	초단파(VHF)	
	단파(HF)	
	중파(MF)	
	장파(LF)	
	초장파(VLF)	

12.14.5 전자파의 파장에 따른 분류

리모트센싱은 이용하는 전자파의 스펙트럼 밴드에 따라 가시·반사적외 리모트센싱·열적외 리모트센싱, 마이크로파 리모트센싱 등으로 분류할 수 있다.

가. 파장대별 RS의 분류

구분	가시·반사적외 RS	열적외 RS	마이크로파(초단파) RS	
전자파의 복사원	태양	대상물	대상물(수동)	레이다(능동)
자료는 지표대상물	반사율	열복사	마이크로파복사	후방산란계수
분광복사휘도	0.5μm에서 반사	10μm대상물복사		
전자파스펙트럼	가시광선	열적외선	마이크로파	
센스	카메라	검지소자	마이크로파센스	

12.14.6 원격탐측의 순서 〈암기〉 ㉛㉗㉐에 ㉛㉭㉑㉔㉬해라

㉛료수집	인공위성센서(MSS, TM, HRV, SAR······)
	수동적 센서
	능동적 센서
㉗록	필름과 필터
	필름의 AD변환
	필름의 DA변환
영상㉐송	전송
	변조
	변환
영상㉛㉑	영상보정
	영상강조
영상㉭㉑	영상판독
	파장대해석
	영상 강조
㉬㉔	각종 지도제작
	환경조사
	재해조사
	농업·수자원관리

12.14.7 기록 방법

영상의 형을 기록하는 방식으로는 Hard Copy 방식과 Soft Copy 방식으로 분류되며, Hard Copy 방식은 사진과 같이 손으로 들거나 만질 수 있고, 장기간 보관이 가능한 방식이다. 또한, Soft Copy 방식은 영상으로 처리되어 손으로 들거나 만질 수 없고 장기간 보관이 불가능하다.

필름의 AD 변환	① AD변환은 영상과 같은 기계적 정보를 수치정보로 변환하는 것을 말한다. ② 필름에 찍힌 영상을 수치화하여 처리할 경우 Digitizer를 이용하여 필름영상을 AD로 변환한다.
필름의 DA 변환	① DA변환은 수치적 자료를 영상정보로 변환하는 것을 말한다. ② 수치적으로 처리된 자료를 Hard Copy 방식으로 영상화하기 위해서는 Recorder를 이용하는 DA 변환을 하여야 한다.

12.14.8 영상의 전송

영상의 형성, 기록 및 이 과정의 반복을 영상의 전송이라 하며, 전송되는 영상은 항상 최적화되지 않으므로 각 단계에서 발생하는 오차와 노이즈(Noise)를 정확히 파악하는 것이 매우 중요하다. 영상 전송에는 전송, 변조, 변환 등이 있다.

전송(Transfer)	원영상이 그대로 전송되는 것
변조(Modulation)	원영상과 비슷하지만 점 또는 선 등에 의해 분해되어 전송되는 것
변환(Transformation)	원영상이 그대로 전송되지 않고 다른 형태로 전송되는 것

12.14.9 영상처리

원격 탐측에 의한 자료는 대부분 화상자료로 취급할 수 있으며 자료처리에 있어서도 디지털화상처리계에 의해 영상을 해석한다.

가. 영상처리순서

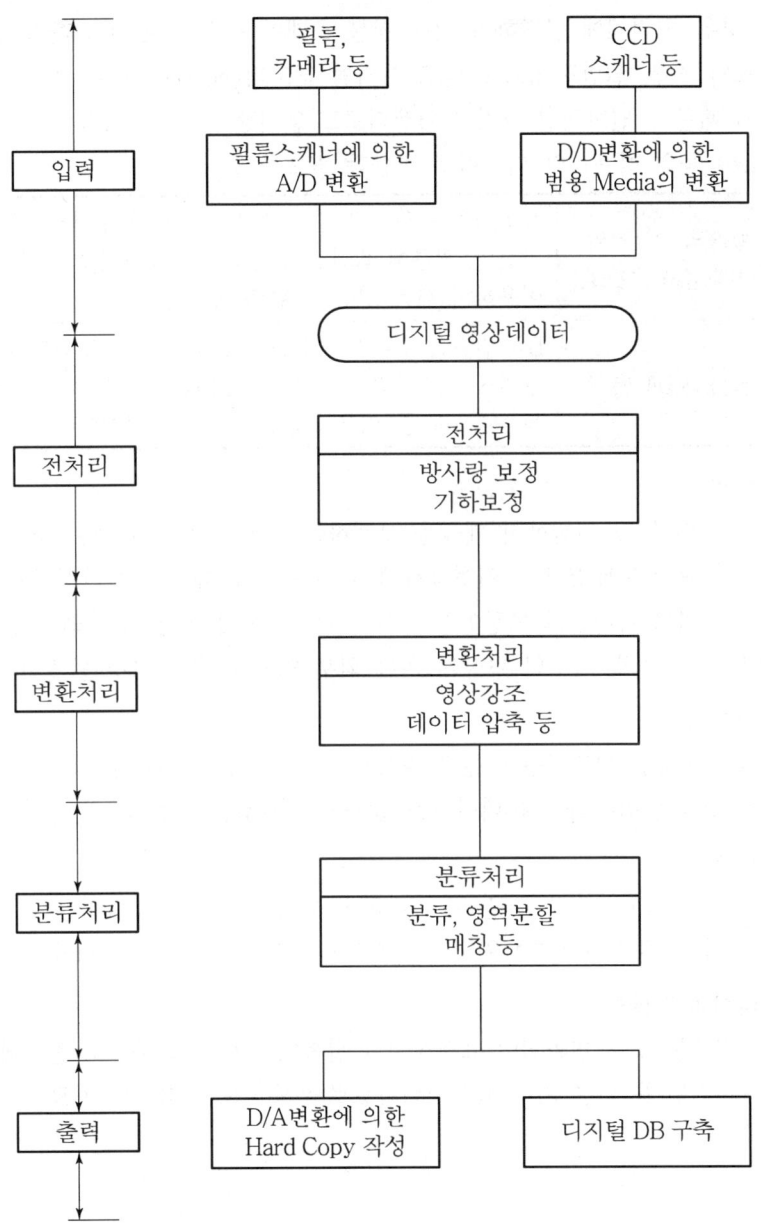

나. 관측자료의 입력

수집자료에는 아날로그 자료와 디지털 자료 2종류가 있다. 사진과 같은 아날로그 자료의 경우, 처리계에 입력하기 위해 필름 스캐너 등으로 A/D 변환이 필요하다. 디지털 자료의 경우, 일반적으로 고밀도 디지털 레코더(HDDT 등)에 기록되어 있는 경우가 많기 때문에, 일반적인 디지털 컴퓨터로도 읽어낼 수 있는 CCT(Computer Compatible Tape) 등의 범용적인 미디어로 변환할 필요가 있다.

필름의 AD 변환 (Analogue/Digital)	AD 변환은 영상과 같은 기계적 정보를 수치정보로 변환하는 것을 말한다. 필름에 찍혀진 영상을 수치화하여 처리할 경우 Digitizer를 이용하여 필름 영상을 AD로 변환한다.
필름의 DA 변환	DA 변환은 수치적 자료를 아날로그 정보로 변환하는 것을 말한다. 수치적으로 처리된 자료를 hard copy 방식으로 영상화하기 위해서는 Recorder를 이용하여 DA 변환을 하여야 한다.

다. 전처리

방사량 왜곡 및 기하학적 왜곡을 보정하는 공정을 전처리(Pre-processing)라고 한다. 방사량 보정은 태양고도, 지형경사에 따른 그림자, 대기의 불안정 등으로 인한 보정을 하는 것이고 기하학적 보정이란 센서의 기하특성에 의한 내부 왜곡의 보정, 플랫폼 자세에 의한 보정, 지구의 형상에 의한 외부 왜곡에 대한 보정을 말한다.

라. 변환처리

농담이나 색을 변환하는 이른바 영상강조(Image Enhancement)를 함으로써 판독하기 쉬운 영상을 작성하거나 데이터를 압축하는 과정을 말한다.

마. 분류처리

분류는 영상의 특징을 추출 및 분류하여 원하는 정보를 추출하는 공정이다. 분류처리의 결과는 주제도(토지이용도, 지질도, 산림도 등)의 형태를 취하는 경우가 많다.

바. 처리결과의 출력

처리결과는 D/A 변환되어 표시장치나 필름에 아날로그 자료로 출력되는 경우와 지리정보시스템 등 다른 처리계의 입력자료로 활용하도록 디지털 자료로 출력되는 경우가 있다.

예상 및 기출문제 12

1. 사진측량의 특성에 대한 설명으로 옳지 않은 것은?

㉮ 정량적 및 정성적 해석이 가능하다.
㉯ 측량의 정확도가 균일하다.
㉰ 동적인 대상물 및 접근하기 어려운 대상물의 측량이 가능하다.
㉱ 축척이 클수록, 면적이 작을수록 경제적이다.

> **해설** ① 사진측량의 장점
> ㉠ 정량적 · 정성적 측량이 가능하다.
> ㉡ 동적인 측량이 가능하다.
> ㉢ 시간을 포함한 4차원 측량이 가능하다.
> ㉣ 측량의 정확도가 균일하다.
> ㉤ 접근하기 어려운 대상물의 측량이 가능하다.
> ㉥ 분업화에 의한 작업능률성이 높다.
> ㉦ 축척변경의 용이성이 있다.
> ② 사진측량의 단점
> ㉠ 고가장비가 필요하므로 많은 경비가 소요된다.
> ㉡ 사진에 나타나지 않는 피사체는 식별이 난해한 경우도 있다.
> ㉢ 항공사진 촬영 시는 기상조건 및 태양고도 등의 영향을 받는다.
> ㉣ 소규모의 대상물에 대해서는 시설비용이 많이 든다.

2. 사진측량의 장점에 대한 설명으로 옳지 않은 것은?

㉮ 정량적 · 정성적 해석이 가능하며 접근하기 어려운 대상물도 측정 가능하다.
㉯ 측량의 정확도가 균일하다.
㉰ 측량변경이 용이하며 4차원 측량도 가능하다.
㉱ 촬영 대상물에 대한 판독 및 식별이 항상 용이하다.

> **해설** 사진측량의 장점
> • 정량적 및 정성적인 측량이 가능하다.
> • 축척변경이 용이하다.
> • 동적인 대성물의 측량이 가능하다.
> • 접근하기 어려운 대상물의 측량이 가능하다.
> • 넓은 지역을 신속하게 측량하므로 외업시간을 단축할 수 있다.
> • 균일한 정밀도를 유지할 수 있다.

해답 1. ㉱ 2. ㉱

3. 사진측량에 있어서 정량적인 관측에 대한 설명으로 옳은 것은?
㉮ 피사체의 특성을 해석하는 것이다.
㉯ 지형, 지물의 위치, 형상 및 크기를 정하는 것이다.
㉰ 지형, 지물의 특성에 대한 해석이다.
㉱ 크기만을 측정하는 것이다.

해설 ① 정량적 해석 : 위치, 형상, 크기 등의 결정
② 정성적 해석 : 자원과 환경현상의 특성 조사 및 분석

4. 사진측량의 특성에 관한 설명으로 옳지 않은 것은?
㉮ 기상의 영향을 받지 않는다.   ㉯ 측정범위가 넓다.
㉰ 넓은 지역에 경제성이 높다.   ㉱ 사진은 정량적·정성적인 측정이 가능하다.

해설 GPS측량이 기상조건에 영향을 받지 않으나 사진측량은 기상이 좋지 않으면 사진측량을 할 수 없다.
① 사진측량의 장점
  ㉠ 정량적·정성적 측량이 가능하다.
  ㉡ 동적인 측량이 가능하다.
  ㉢ 시간을 포함한 4차원 측량이 가능하다.
  ㉣ 측량의 정확도가 균일하다.
  ㉤ 접근하기 어려운 대상물의 측량이 가능하다.
  ㉥ 분업화에 의한 작업능률성이 높다.
  ㉦ 축척변경의 용이성이 있다.
② 사진측량의 단점
  ㉠ 고가장비가 필요하므로 많은 경비가 소요된다.
  ㉡ 사진에 나타나지 않는 피사체는 식별이 난해한 경우도 있다.
  ㉢ 항공사진 촬영 시는 기상조건 및 태양고도 등의 영향을 받는다.
  ㉣ 소규모의 대상물에 대해서는 시설비용이 많이 든다.

5. 항공사진측량의 특징에 대한 설명으로 옳지 않은 것은?
㉮ 정량적 및 정성적 측정이 가능하다.
㉯ 대상물이 움직이더라도 그 상태를 분석할 수 있다.
㉰ 축척이 작을수록, 광역일수록 경제적이다.
㉱ 기상조건에 지장을 받지 않는다.

해설 항공사진측량의 특성
- 정량적 및 정성적인 측량이 가능하다.
- 동적인 대상물의 측량이 가능하다.
- 접근하기 어려운 대상물의 측량이 가능하다.
- 넓은 지역을 신속하게 측량하므로 외업시간이 짧다.
- 축척변경이 자유롭다.

예상 및 기출문제

6. 일반적인 측량방법과 비교할 때 사진측량의 장점에 대한 설명으로 옳지 않은 것은?
㉮ 축척변경이 용이하다.
㉯ 초기의 시설 및 장비 비용이 적게 든다.
㉰ 동체측정에 의한 기록보존이 용이하다.
㉱ 정량적 및 정성적 측량이 가능하다.

해설 측량에 필요한 장비(도화기, 카메라, 항공기 등)가 고가이다.

7. 사진측량의 특성에 대한 설명으로 잘못된 것은?
㉮ 정량적 및 정성적 관측이 가능하다.
㉯ 접근하기 어려운 대상물의 관측이 가능하다.
㉰ 시간적 변화를 포함한 4차원 측량이 가능하다.
㉱ 행정경계, 지명, 건물명 등도 별도의 작업 없이 측량이 가능하다.

해설 사진측량의 특성
- 정량적 및 정성적인 측량이 가능하다.
- 동적인 대상물의 측량이 가능하다.
- 접근하기 어려운 대상물의 측량이 가능하다.
- 넓은 지역을 신속하게 측량하므로 외업시간이 짧다.
- 균일한 정밀도를 유지할 수 있다.
- 축척변경이 자유롭다.

8. 축척 $\dfrac{1}{5,000}$ 의 항공사진을 시속 200km로 촬영할 경우에 허용 흔들림량을 사진상에서 0.01mm로 한다면 최장 노출시간은?
㉮ 0.009초   ㉯ 0.09초   ㉰ 0.9초   ㉱ 9초

해설 최장노출시간 $(T_t) = \dfrac{\Delta S \cdot m}{V} = \dfrac{0.01 \times 5,000}{200 \times 1,000,000 \times \dfrac{1}{3600}} = 0.009$초

9. 사진의 중심점으로 렌즈의 중심에서 화면에 내린 수선의 발을 무엇이라 하는가?
㉮ 연직점   ㉯ 등각점   ㉰ 렌즈의 초점   ㉱ 주점

해설 사진의 중심점으로서 렌즈의 중심에서 화면에 내린 수선의 발을 주점이라 한다. 즉, 렌즈의 광축과 화면이 교차하는 점

10. 화면거리 15.5cm의 사진에서 평지의 사진축척은 $\dfrac{1}{20,000}$ 이었다. 주점에서의 거리가 80.5mm, 평지에서의 비고 250m일 때 비고에 의한 기복변위량(혹은 변위량)은?
㉮ 4.5mm   ㉯ 5.5mm   ㉰ 6.5mm   ㉱ 7.5mm

해답 6. ㉯ 7. ㉱ 8. ㉮ 9. ㉱ 10. ㉰

해설 ① $\dfrac{1}{m} = \dfrac{f}{H}$ 에서 $H = m \times f = 20,000 \times 0.155 = 3,100 \text{m}$

② 기복변위량 $(\Delta r) = \dfrac{h}{H} \cdot r = \dfrac{250}{3,100} \times 80.5 = 6.5 \text{mm}$

11. 항공사진의 초점거리 153mm, 사진 23cm×23cm, 사진축척 1/20,000, 기준면으로부터의 높이 35m일 때, 비고(比高)에 의한 사진의 최대편위(最大編位)는 다음 중 어느 것인가?

㉮ 0.370cm ㉯ 0.186cm ㉰ 0.256cm ㉱ 0.308cm

해설 ① $\dfrac{1}{m} = \dfrac{f}{H}$ 에서 $H = m \times f = 20,000 \times 0.153 = 3,060 \text{m}$

② $r_{max} = \dfrac{\sqrt{2}}{2} \times a = \dfrac{\sqrt{2}}{2} \times 0.23 = 0.163 \text{m}$

③ 최대변위량 $(\Delta r_{max}) = \dfrac{h}{H} \cdot r_{max} = \dfrac{35}{3,060} \times 0.163 = 0.00186 \text{m} = 0.186 \text{cm}$

12. 주점 기선장이 밀착 사진에서 7.2cm일 때 18cm×18cm인 공중 사진의 중복도는?

㉮ 75% ㉯ 70% ㉰ 60% ㉱ 50%

해설 $b_0 = a\left(1 - \dfrac{p}{100}\right)$ 에서 $p = \left(1 - \dfrac{b}{a}\right) \times 100 = \left(1 - \dfrac{7.2}{18}\right) \times 100 = 60\%$

13. 축척 1/10,000로 촬영한 수직사진이 있다. 사진의 크기를 23cm×23cm, 종중복도를 60%로 할 때 촬영기선의 길이는?

㉮ 920m ㉯ 1,360m ㉰ 690m ㉱ 1,610m

해설 $B = m \cdot a\left(1 - \dfrac{p}{100}\right) = 10,000 \times 0.23\left(1 - \dfrac{60}{100}\right) = 920 \text{m}$

14. 표고 300m의 지점을 초점거리 15cm의 카메라로 고도 3,000m에서 촬영한 사진의 축척은 얼마인가?

㉮ 1/10,000 ㉯ 1/22,000 ㉰ 1/18,000 ㉱ 1/14,000

해설 $M = \dfrac{1}{m} = \dfrac{f}{H_A} = \dfrac{f}{H - h_1}$ 에서 $\dfrac{f}{H - h_1} = \dfrac{0.15}{3000 - 300} = \dfrac{1}{18,000}$

15. 초점거리가 210m인 사진기로 비고 640m 지점의 기념탑을 1/50,000의 사진축척으로 촬영한 연직사진이 있다. 이때 촬영고도는 얼마인가?

㉮ 9.140km ㉯ 10.140km ㉰ 11.140km ㉱ 12.140km

해설 $M = \dfrac{1}{m} = \dfrac{f}{H_A} = \dfrac{f}{H - h_1}$ 에서 $\dfrac{1}{m} = \dfrac{f}{H - h_1}$ $H - h_1 = m \cdot f$

∴ $H = m \cdot f + h_1 = 50,000 \times 0.210 + 640 = 11,140 \text{m} = 11.140 \text{km}$

해답 11. ㉯ 12. ㉰ 13. ㉮ 14. ㉰ 15. ㉰

예상 및 기출문제

16. 지상고도 2,000m의 비행기 위에서 초점거리 152.7mm의 사진기로 촬영한 수직항공 사진에서 길이 50m인 교량의 사진상 길이는?

㉮ 0.26mm ㉯ 3.8mm ㉰ 2.6mm ㉱ 0.38mm

해설 ① $\dfrac{1}{m} = \dfrac{f}{H}$ 에서 $m = \dfrac{H}{f} = \dfrac{2,000}{0.1527} = \dfrac{1}{13,098}$

② 실제거리 = 도상거리 × m에서 도상거리 = $\dfrac{실제거리}{m} = \dfrac{50}{13,098} = 0.0038\text{m} = 3.8\text{mm}$

17. 항공사진의 축척이 1/40,000이고 C-factor가 600인 도화기로서 도화작업을 할 때 등고선의 최소 간격은?(단, 사진화면의 거리는 150mm이다.)

㉮ 5m ㉯ 10m ㉰ 15m ㉱ 20m

해설 ① $\dfrac{1}{m} = \dfrac{f}{H}$ 에서 $H = m \times f = 40,000 \times 0.15 = 6,000\text{m}$

② $\Delta h = \dfrac{H}{C} = \dfrac{6000}{600} = 10\text{m}$

18. 대공표지는 일반적으로 사진상에서 어느 정도 크기로 표시되어야 하는가?

㉮ 10μm ㉯ 30μm ㉰ 10mm ㉱ 30mm

해설 대공표지의 형상 및 크기
1. 사진상에 명확하게 보이기 위하여는 주위의 색상과 대조적인 색을 사용하여야 한다. 즉, 주위가 황색이나 흰 경우는 짙은 녹색이나 검은색, 주위가 녹색이거나 검을 경우는 회백색 등으로 무광택색이어야 한다. 대공표지판에 그림자가 생기지 않도록 지면에서 약간 높게 설치하는 것이 가장 적합하다.
2. 상공은 45° 이상의 각도로 열어 두어야 한다.
3. 대공표지는 촬영 후 사진상에서 30μm 정도의 크기로 나타나야 한다.

19. 사진측량에서 사진의 특수 3점에 관한 설명으로 옳지 않은 것은?

㉮ 연직점을 중심으로 방사상의 변위가 발생하는 현상을 기복변위라 한다.
㉯ 등각점은 사진면에 직교되는 광선과 연직선이 이루는 각을 2등분하는 점이다.
㉰ 연직점은 렌즈의 중심으로부터 사진에 내린 수직선이 만나는 점이다.
㉱ 등각점에서는 경사각에 관계없이 수직사진의 축척과 같다.

해설 사진의 특수 3점
1. 주점(Principal Point) : 주점은 사진의 중심점이라고도 한다. 주점은 렌즈 중심으로부터 화면(사진면)에 내린 수선의 발을 말하며 렌즈의 광축과 화면이 교차하는 점이다.
2. 연직점(Nadir Point)
① 렌즈 중심으로부터 지표면에 내린 수선의 발을 말하고 N을 지상연직점(피사체 연직점), 그 선을 연장하여 화면(사진면)과 만나는 점을 화면연직점(n)이라 한다.
② 주점에서 연직점까지의 거리(mm) = $f \tan i$

해답 16. ㉯ 17. ㉯ 18. ㉯ 19. ㉰

3. 등각점(Isocenter)
   ① 주점과 연직점이 이루는 각을 2등분한 점으로 사진면과 지표면에서 교차되는 점을 말한다.
   ② 등각점의 위치는 주점으로부터 최대경사 방향선상으로 $mj = f\tan\dfrac{i}{2}$ 만큼 떨어져 있다.

20. 사진의 크기가 23cm×23cm이고 두 사진의 주점기선의 길이가 10cm였다면 이때의 종중복도는?

㉮ 약 43% ㉯ 약 57% ㉰ 약 64% ㉱ 약 78%

해설 주점기선길이(b_0) $= a\left(1 - \dfrac{p}{100}\right)$

$p = \dfrac{23-10}{23} = 0.565$

따라서 종중복도(p) = 57%

21. 아날로그 사진측량에서 표정의 일반적인 순서로 옳은 것은?

㉮ 내부표정 – 절대표정 – 상호표정
㉯ 내부표정 – 상호표정 – 절대표정
㉰ 절대표정 – 상호표정 – 내부표정
㉱ 절대표정 – 내부표정 – 상호표정

해설 표정은 가상값으로부터 소요로 하는 최확값을 구하는 단계적인 해석 및 작업을 말하며, 아날로그 사진측량에서 표정의 일반적인 순서는 내부표정 – 외부표정(상호표정 – 접합표정 – 절대표정)이다.

22. 카메론효과에 대한 설명으로 옳은 것은?

㉮ 입체사진에서 물체와 인접한 호수나 바다의 반사하는 빛으로 그 물체가 뜨거나 가라앉아 보이는 효과
㉯ 입체사진에서 이동하는 물체를 입체시하면 그 운동에 의해서 물체가 뜨거나 가라앉아 보이는 효과
㉰ 입체사진에서 안개, 연기 등에 의한 태양빛의 퍼짐으로 사진상에 나타난 물체가 높게 보이는 효과
㉱ 입체사진에서 안개, 연기 등에 의한 태양빛의 퍼짐으로 사진상에 나타난 물체가 낮게 보이는 효과

해설 카메론효과란 입체사진 위에서 이동한 사물을 실체시하면 입체시에 의한 과고감으로 입체상의 변화를 나타내는 시차가 발생하고, 그 운동이 기선 방향이면 물체가 뜨거나 가라앉아 보이는 현상

23. 축척 1 : 30,000로 촬영한 카메라의 초점거리가 15cm, 사진의 크기는 23cm×23cm, 종중복도 60%일 때 이 사진의 기선고도비는?

㉮ 0.61 ㉯ 0.45 ㉰ 0.37 ㉱ 0.26

해답 20. ㉯ 21. ㉯ 22. ㉯ 23. ㉮

해설 기선고도비 $\frac{B}{H}$

$$B = m \cdot a\left(1 - \frac{p}{100}\right)$$
$$= 30,000 \times 0.23 \times \left(1 - \frac{60}{100}\right) = 2,760\text{m}$$
$$H = m \cdot f = 30,000 \times 0.15$$
$$= 4,500\text{m}$$

따라서 $\frac{B}{H} = \frac{2,760}{4,500} = 0.61$

24. 사진지도 중 사진의 경사, 지표면의 비고를 수정하였을 뿐만 아니라 등고선이 삽입된 지도는?
㉮ 약조정집성 사진지도
㉯ 반조정집성 사진지도
㉰ 조정집성 사진지도
㉱ 정사투영 사진지도

해설 편위수정과 사진지도의 관계
① 약조정집성 사진지도 : 사진기의 경사에 의한 변위, 지표면의 비고에 의한 변위를 수정하지 않고 사진을 그대로 집성한 사진지도
② 반조정집성 사진지도 : 일부 수정만을 거친 사진지도
③ 조정집성 사진지도 : 사진기의 경사에 의한 변위를 수정하고 축척도 조정된 사진지도
④ 정사투영 사진지도 : 사진기의 경사, 지표면의 비고를 수정하고 등고선이 삽입된 지도

25. 항공삼각측량 시 최근 많이 사용되고 있는 조정기법으로 사진을 기본단위로 하는 방법은?
㉮ 광속 조정법   ㉯ 독립 모형법
㉰ 스트립 조정법   ㉱ 다항식법

해설 항공삼각측량에는 조정의 기본단위로서 블록(Block), 스트립(Strip), 모델(Model), 사진(Photo)이 있으며 이것을 기본단위로 하는 항공삼각측량 조정방법에는 다항식 조정법, 독립모델법, 광속조정법, DLT법 등이 있다.
1. 다항식 조정법(Polynomial method) : 다항식 조정법은 촬영경로, 즉 종접합모형(Strip)을 기본단위로 하여 종횡접합모형 즉 블록을 조정하는 것으로 촬영경로마다 접합표정 또는 개략의 절대표정을 한 후 복수촬영 경로에 포함된 기준점과 접합표정을 이용하여 각 촬영경로의 절대표정을 다항식에 의한 최소제곱법으로 결정하는 방법이다.
2. 독립입체모형법(Independent Model Triangulation : IMT) : 독립입체모형법은 입체모형(Model)을 기본단위로 하여 접합점과 기준점을 이용하여 여러 모델의 좌표를 조정하는 방법에 의하여 절대좌표를 환산하는 방법
3. 광속조정법(Bundle Adjustment)
광속조정법은 상좌표를 사진좌표로 변환시킨 다음 사진좌표(Photo Coordinate)로부터 직접 절대좌표(Absolute Coordinate)를 구하는 것으로 종횡접합모형(Block) 내의 각 사진상에 관측된 기준점, 접합점의 사진좌표를 이용하여 최소제곱법으로 각 사진의 외부표정요소 및 접합점의 최

해답 24. ㉱ 25. ㉮

확값을 결정하는 방법이다.
4. DLT 방법(Direct Linear Transformation : DLT) : 광속조정법의 변형인 DLT 방법은 상좌표로부터 사진좌표를 거치지 않고 11개의 변수를 이용하여 직접 절대좌표를 구할 수 있다.
   (1) 직접선형변환(Direct Linear Transformation)은 공선조건식을 달리 표현한 것이다.
   (2) 정밀좌표관측기에서 지상좌표로 직접변환이 가능하다.
   (3) 선형 방정식이고 초기 추정값이 필요치 않다.
   (4) 광속조정법에 비해 정확도가 다소 떨어진다.

26. 다음 중 주점과 연직점이 일치하는 경우는?

㉮ 엄밀수직사진
㉯ 엄밀수평사진
㉰ 고경사사진
㉱ 저경사사진

해설 항공사진의 종류는 촬영각도, 촬영카메라의 화면각, 렌즈의 종류 등에 의하여 구분할 수 있으나 일반적으로 촬영각도에 의하여 분류한다. 항공사진을 촬영각도에 따라 구분하면 수직사진과 경사사진, 수평사진 등으로 나눌 수 있다.

1. 수직사진(垂直寫眞 : Vertical Photography)
   ① 수직사진 : 카메라의 중심축이 지표면과 직교되는 상태에서 촬영된 사진
   ② 엄밀수직사진 : 카메라의 축이 연직선과 일치하도록 촬영한 사진
   ③ 근사수직사진
      ㉠ 카메라의 축을 연직선과 일치시켜 촬영하는 것은 현실적으로 불가능하다. 따라서 일반적으로 ±5 grade 이내의 사진
      ㉡ 항공사진 측량에 의한 지형도 제작 시에는 보통 근사수직사진에 의한 촬영이다.
2. 경사사진(傾斜寫眞 : Obligue Photography)
   ① 경사사진은 촬영 시 카메라의 중심축이 직교하지 않고 경사된 상태에서 촬영된 사진
   ② 광축이 연직선 또는 수평선에 경사지도록 촬영한 경사각 3° 이상의 사진으로 지평선이 사진에 나타나는 고각도경사사진과 사진이 나타나지 않는 저각도경사사진이 있다.
      ㉠ 저각도경사사진 : 카메라의 중심축이 지면과 이루는 각이 60°보다 큰 상태에서 촬영한 사진
      ㉡ 고각도경사사진 : 60°보다 큰 상태에서 촬영한 사진
3. 수평사진(水平寫眞 : Horizontal Photography) : 수평사진측량은 광축이 수평선에 거의 일치하도록 지상에서 촬영한 사진

27. 항공사진의 판독요소 중 개체의 목표물의 윤곽, 구조, 배열 및 일반적인 형태 판독에 사용되는 요소로 옳은 것은?

㉮ 색조   ㉯ 형태
㉰ 질감   ㉱ 크기

해설 ① 크기 : 어느 피사체가 갖는 입체적, 평면적 넓이의 길이를 나타낸다.
② 형태 : 목표물의 구성 배치 및 일반적인 형태를 나타낸다.
③ 음영 : 판독 및 촬영 시 빛의 방향을 일치시키는 것이 입체감을 갖는 데 용이하다.

④ 색조 : 피사체가 갖는 빛의 반사에 의한 것으로 수목의 종류를 판독하는 것을 말한다.
⑤ 질감 : 색조, 형상, 크기, 음영 등의 여러 요소의 조합으로 구성된 조밀함, 거칠음, 세밀함 등으로 표현하며 초목 및 식물의 구분을 나타낸다.
⑥ 모양 : 피사체의 배열상황에 의하여 판별하는 것으로 사진상에서 볼 수 있는 식생, 지형 또는 지표상의 색조 등을 판독한다.
⑦ 상호 간의 위치 관계 : 주위 물체와의 관계를 파악하는 것이다.
⑧ 과고감 : 지표면의 기복을 과장하여 나타낸 것으로 낮고 평탄한 지역에서의 지형판독에 유리한 반면 경사면의 경사는 실제보다 급하게 보이므로 오판에 주의하여야 한다.

28. 다음 중 수동적 센서에 해당하는 것은?

㉮ 항공사진카메라
㉯ SLAR(Side Looking Airborne Radar)
㉰ 레이더
㉱ 레이저 스캐너

 해설

수동적 센서	햇볕이 있을 때만 사용 가능	
	MSS	
	TM	
	MRV	
능동적 센서	Laser	LiDAR
	Ladar	도플러 데이터 방식
		위성 데이터 방식
	SLAR	RAR 영상
		SAR 영상

29. 항공사진 촬영을 위한 표정점 선점 시 유의사항으로 옳지 않은 것은?

㉮ 표정점은 X, Y, H가 동시에 정확하게 결정될 수 있는 점이어야 한다.
㉯ 경사가 급한 지표면이나 경사변환선상을 택해서는 안 된다.
㉰ 상공에서 잘 보여야 하며 시간에 따라 변화가 생기지 않아야 한다.
㉱ 헐레이션(Halation)이 발생하기 쉬운 점을 선택한다.

해설 표정점
① 자연점 : 자연점(Natural Point)은 자연물로써 명확히 구분되는 것을 선택한다.
② 기준점(지상 기준점) : 대상물의 수평위치(x, y)와 수직위치(z)의 기준이 되는 점을 말하며 사진상에 명확히 나타나도록 표시하여야 한다.

해답 28. ㉮ 29. ㉱

제1편 측량학

30. 비행고도 3,450m에서 촬영한 연직사진의 크기가 23cm×23cm이고 이 사진의 촬영 면적이 48km² 이라면 초점거리는?

㉮ 8.5cm   ㉯ 11.5cm   ㉰ 15.0cm   ㉱ 21.0cm

해설 $A=(ma)^2$ 에서

$$48,000,000 \times \left(\frac{3,450}{f} \times 0.23\right)^2$$

$$f = \frac{(3,450 \times 0.23)^2}{48,000,000} = \sqrt{0.013} = 0.1145\text{m}$$

$f = 11.5\text{cm}$

31. 사진판독의 요소에 해당되지 않는 것은?

㉮ 형태   ㉯ 색조   ㉰ 음영   ㉱ 지질

해설 사진의 판독요소는 색조, 모양, 질감, 형상, 크기, 음영, 과고감이다.

32. 입체영상을 얻을 수 있는 위성은?

㉮ SPOT   ㉯ COSMOS   ㉰ Landsat   ㉱ NOAA

해설 SPOT 위성에는 HRV Sensor가 탑재되었으며 흑백영상과 다중분광영상의 기능을 갖고 있다. SPOT 위성은 두 개의 위성궤도로부터 완전한 입체사진을 제공한다. 관측주기를 4~5일로 단축 할 수 있으며, 입체 시 관측이 가능하여 지형도 제작에 이용할 수 있다.

33. 항공사진의 촬영고도 13,000m, 초점거리 250mm, 사진크기 18cm×18cm에 포함되는 실면적은?

㉮ 87.6km²   ㉯ 88.6km²   ㉰ 89.6km²   ㉱ 90.6km²

해설 사진의 실제면적 계산

사진 1매의 경우 $A = a^2 \cdot m^2$
$= 0.18^2 \times 52,000^2 = 87,609,600\text{m}^2$
$= 87.6\text{km}^2$

여기서, 축척$(M) = \frac{1}{m} = \frac{f}{H} = \frac{0.25}{13,000} = \frac{1}{52,000}$

34. 항공사진의 입체시에서 나타나는 과고감에 대한 설명으로 옳지 않은 것은?

㉮ 인공적인 입체시에서 과장되어 보이는 정도를 말한다.
㉯ 실제모형보다 산이 약간 낮게 보인다.
㉰ 평면축척에 비해 수직축척이 크게 되기 때문이다.
㉱ 기선고도비가 커지면 과고감도 커진다.

예상 및 기출문제

해설 과고감은 인공입체시하는 경우 과장되어 보이는 정도이다. 항공사진을 입체시하여 보면 수평축척에 대하여 수직축척이 크게 되기 때문에 실제 모형보다 산이 더 높게 보인다.

35. 비행고도가 3,400m이고 초점거리가 15cm인 사진기로 촬영한 수직사진에서 50m 교량의 도상 길이는?

㉮ 1.2mm ㉯ 2.2mm ㉰ 2.5mm ㉱ 3.0mm

해설 $M = \dfrac{1}{m} = \dfrac{l}{L} = \dfrac{f}{H} = \dfrac{0.15}{3,400} = \dfrac{l}{50}$

$l = \dfrac{0.15 \times 50}{3,400} = 0.0022\text{m} = 2.2\text{mm}$

36. 촬영고도 750m에서 촬영한 사진상의 철탑의 상단이 주점으로부터 80mm 떨어져 나타나 있으며, 철탑의 기복변위가 7.15mm일 때 철탑의 높이는?

㉮ 57.15m ㉯ 63.12m ㉰ 67.03m ㉱ 71.25m

해설 기복변위를 이용하여 구하는 공식은 $\Delta r = \dfrac{h}{H} \times r$ 이다.

(여기서, Δr는 변위량, h는 비고(실제 높이), H는 비행고도, r은 연직점까지의 거리)

$\therefore \ 0.00715 = \dfrac{h}{750} \times 0.08$

그러므로 $h = \dfrac{0.00715}{0.08} \times 750 = 67.03\text{m}$

37. 20km×10km의 지형을 1/40,000의 항공사진으로 촬영할 때 사진매수는?(단, 종중복도=60%, 횡중복도=30%, 안전율=1.3, 사진크기 23cm×23cm)

㉮ 9장 ㉯ 11장 ㉰ 18장 ㉱ 25장

해설 사진매수 $= \dfrac{F}{A_0}(1+\text{안전율})$

$= \dfrac{20 \times 10}{(40,000 \times 0.23)^2 \times \left(1-\dfrac{60}{100}\right)\left(1-\dfrac{30}{100}\right)} \times (1.3)$

$= \dfrac{260}{23.7} = 10.9 = 11$ 매

(예 : 안전율 30%이면 1+안전율, 여기서는 1.3으로 주어졌기 때문에 1.3 적용)

38. 사진측량에서 높이가 220m인 탑의 변위가 16mm, 이 탑의 윗부분에서 연직점까지의 거리가 48mm로 사진상에 나타났다. 이 사진에서 굴뚝의 변위가 9mm이고, 굴뚝의 윗부분이 연직점으로부터 72mm 떨어져 있었다면 이 굴뚝의 높이는?

㉮ 80m ㉯ 83m ㉰ 85m ㉱ 90m

해답 35. ㉯ 36. ㉰ 37. ㉯ 38. ㉯

해설 $\Delta r = \dfrac{h}{H} r$ 에서

$$H = \dfrac{r}{\Delta r} h = \dfrac{48}{16} \times 220 = 660$$

$$\therefore h = \dfrac{\Delta r}{r} H$$

$$= \dfrac{9}{72} \times 660 = 82.5 = 83\text{mm}$$

39. 사진의 크기가 18cm×18cm인 사진기로 평탄한 지역을 비행고도 2,000m로 촬영하여 연직사진을 얻었을 경우 촬영면적이 21.16km²이면 이 사진기의 초점거리는?

㉮ 78mm ㉯ 103mm ㉰ 150mm ㉱ 210mm

해설 $A_0 = (ma)^2 = \dfrac{a^2 H^2}{f^2}$ 에서

$$f = \sqrt{\dfrac{a^2 H^2}{A_0}} = \sqrt{\dfrac{0.18^2 \times 2000^2}{21,160,000}}$$

$$= 0.078\text{m} = 78\text{mm}$$

40. 번들조정법(광속조정법)에서 절대좌표를 구하기 위하여 이용되는 것은?

㉮ 사진좌표 ㉯ 모델좌표 ㉰ 지상좌표 ㉱ 스트립좌표

해설 항공삼각측량방법에서 대상물의 좌표를 얻기 위한 조정법에는 기계법(입체도화기)과 해석법(정밀 좌표관측기)이 있다. 해석법에는 스트립 및 블록조정(Strip 및 Block Adjustment), 독립모델법(Independent Model), 광속법(Bundle Adjustment)이 있으며 입력좌표로 사진좌표를 해석하는 방법은 광속(번들조정)법이다.

41. 수치사진측량의 수치지형모형자료의 자료기반구축에서 영상소를 재배열할 경우에 주로 이용하는 내삽법과 거리가 먼 것은?

㉮ 공액 보간법   ㉯ 최근린 보간법
㉰ 공일차 보간법 ㉱ 공삼차 보간법

해설 보간이란 구하고자 하는 점의 높이 좌표값을 그 주변의 주어진 자료의 좌표로부터 보간함수를 적용하여 추정 계산하는 것으로 영상소 재배열 방법에는 최근린 보간법, 공일차 보간법, 공이차 보간법, 공삼차 보간법이 있다.

42. 다음 중 해상력이 가장 좋은 관측 위성은?

㉮ IKONOS   ㉯ SPOT
㉰ NOAA   ㉱ LANDSAT

해설 IKONOS 위성의 장점은 고해상도와 높은 위치 정확도에 있으며 흑백영상은 1m이고, 컬러영상의 지상해상도는 4m이다.

① IKONOS : Space Imaging사의 CARTERRA Product 중에서 1m급의 고해상도 영상을 제공하는 IKONOS는 1999년 4월에 처음 1호가 발사되었으나 궤도진입에 실패하였고, 곧바로 IKONOS-2호를 1999년 9월에 발사하여 궤도 진입에 성공하였다. IKONOS-2는 최초의 상업용 고해상도 위성으로 1m 해상도의 Panchromatic 센서와 4m 해상도의 Multispectral 센서를 탑재하였다. IKONOS는 "image"라는 뜻의 그리스어로부터 유래된 말로 센서와 위성체의 회전이 가능하여 원하는 지역을 최고의 해상도로 취득할 수 있다.

또한 Panchromatic과 Multispectral 영상을 사용하여 1m Pan-Sharpened 영상을 만들 수 있다. IKONOS 위성에 탑재된 센서는 초점거리 10m의 Kodak 디지털 카메라로서 전정색 영상을 위한 13,500개의 선형 CCD array와 다중분광영상을 위한 3,375개의 선형 photodiode array로 구성되어 있다.

다중분광영상의 밴드는 LANDSAT 위성의 TM 센서 밴드 1-4와 같다. 정밀한 GCP[RMSE : 20cm(수평), 60cm(수직)]를 사용하여 정확한 위치 정보와 DEM, Map 제작에 가장 적합한 영상으로 농업, 지도제작, 각 지방자치단체의 업무, 기름 및 가스탐사, 시설물 관리, 응급대응, 자원관리, 통신, 관광, 국가방위, 보험, 뉴스 수집 등 많은 분야에서 활용되고 있다.

② LANDSAT : LANDSAT은 지구관측을 위한 최초의 민간목적 원격탐사 위성으로 1972년에 1호 위성이 발사되었다. 그 이후 LANDSAT 2, 3, 4, 5호가 차례로 발사에 성공했으나 LANDSAT 6호는 궤도 진입에 실패하였다. 1999년 4월에 LANDSAT 7호가 발사되었으며, 현재 1, 2, 3, 4호는 임무를 끝내고 운용이 중단되었고, 5, 7호만 운용 중에 있다. LANDSAT 시리즈는 20여 년 동안 Thematic Mapper(TM), Multispectral Scanner (MSS)를 탑재하여 오랜 시간 동안의 지구 환경의 변화된 모습을 볼 수 있다.

LANDSAT 7호는 LANDSAT Series의 일환으로 발사되어 현재 지구 관측을 하고 있으며 TM 센서를 보다 발전시킨 ETM+(Enhanced Thermal Mapper Plus) 센서를 탑재하고 있다. TM과 비교할 때 Thermal Band의 해상도가 120m에서 60m로 향상되어 보다 정밀한 지구 관측이 용이해졌고 15m 해상도의 Panchromatic Band(전파장 영역)가 추가되어 다양한 방법에 의한 지구 관측이 용이하고 더 좋은 영상을 제공할 수 있게 되었다.

③ SPOT : SPOT 위성은 프랑스 CNES(Centre National d'Etudes Spatiales) 주도하에 1, 2, 3, 4, 5호가 발사되었으며, 이 중 1, 2, 4, 5가 운용 중이지만 지상관제센터에서 관제할 수 있는 위성의 수가 3대이기 때문에 영상은 2, 4, 5호의 영상만을 획득하고 있다. SPOT 1, 2, 3에는 HRV(High Resolution Visible) 센서가 2대씩 탑재되어 10m의 해상도로 지구관측을 하기 때문에 주로 지도제작을 주목적으로 하고 있다. 그리고 20m의 Multi-Spectral 센서도 탑재하여 3Band의 다중분광모드로 지구관측을 할 수 있다. SPOT 4호는 이전의 SPOT과 제원은 비슷하나 다중분광모드에 중적외선 밴드를 추가한 HRVIR(High Resolution Visible and InfraRed) 센서 2대가 탑재되었으며, 농작물 및 환경변화를 매일 관측하기 위한 목적으로 Vegetation 센서가 추가되었다.

SPOT 5호는 2002년 5월에 발사되어 운용 중이며, SPOT 5호는 공간해상력을 향상시킨 HRG(High Resolution Geometry) 센서 2대를 탑재하여 5m의 공간해상도와 Resampling을 할 경우 2.5m의 해상도를 가지고, Multi-Spectral에서는 가시광선 및 근적외선의 3밴드에서 10m, 중적외선 밴드는 20m의 공간해상도의 영상을 공급하고 있다.

④ NOAA : NOAA 위성의 해상력은 1km(직하방), 6km(가장자리), IFOV=1.4m rad이며 오늘날 두 개의 위성이 운용되고 있다.

43. 탑재기(Platform)에 실린 감지기(Sensor)를 사용하여 지표의 대상물에서 반사 또는 방사된 전자 스펙트럼을 관측하고, 이들 자료를 이용하여 대상물이나 현상에 대한 정보를 획득하는 기법은?

㉮ 항공사진측량 ㉯ GPS측량 ㉰ GIS ㉱ 원격탐사

해설 원격탐측이란 지상이나 항공기 및 인공위성 등의 탑재기에 설치된 센서를 이용하여 지표, 지상, 지하, 대기권 및 우주공간의 대상물에서 반사 혹은 방사되는 전자기파를 이용하여 대상을 관측하고 탐측함으로써 이들 자료로부터 토지, 환경 및 자원에 대한 정보를 얻어 이를 해석하고 유지관리에 활용하는 기법이다.

44. 절대표정에 대한 설명으로 틀린 것은?

㉮ 사진의 축척을 결정한다.
㉯ 주점의 위치를 결정한다.
㉰ 모델당 7개의 표정인자가 필요하다.
㉱ 최소한 3개의 표정점이 필요하다.

해설
1. 내부표정 : 도화기의 투영기에 촬영 당시와 똑같은 상태로 양화건판을 정착시키는 작업
   ① 주점의 위치결정
   ② 화면거리의 조정
   ③ 건판의 신축측정, 대기굴절, 지구곡률보정, 렌즈수차 보정
2. 외부표정
   ① 지상과의 관계는 고려하지 않고 좌우사진의 양 투영기에서 나오는 광속이 촬영 당시 촬영면에 이루어지는 종시차를 소거하여 목표 지형물의 상대위치를 맞추는 작업
   ② 대지(절대)표정 : 상호표정이 끝난 입체모델을 지상 기준점을 이용하여 지상좌표와 일치하도록 하는 작업
      ㉠ 축척의 결정
      ㉡ 수준면의 결정
      ㉢ 위치의 결정
      ㉣ 절대표정인자
   ③ 접합표정 : 한 쌍의 입체사진 내에서 한쪽의 표정인자는 전혀 움직이지 않고 다른 한쪽만을 움직여 그 다른 쪽에 접합시키는 표정법을 말하며, 삼각측정에 이용된다.
      ㉠ 모델 간, 스트립 간의 접합요소 결정
      ㉡ 7개의 표정인자 결정

45. 초점거리 20cm인 카메라로 경사 40°로 촬영된 사진상에 연직점과 등각점 간의 거리로 옳은 것은?

㉮ 62.8mm ㉯ 72.8mm ㉰ 82.8mm ㉱ 92.8mm

해설 $n_j = f \tan \dfrac{i}{2}$
$= 0.2 \times \tan \dfrac{40}{2}$
$= 0.07279\text{m} = 72.8\text{mm}$

46. 초점거리 15cm인 광각카메라로 촬영고도 6,000m에서 시속 180km의 운항속도로 항공사진을 촬영할 때 사진노출점 간의 최소 소요 시간은?(단, 사진 화면 크기 23cm×23cm, 종중복도 60%이다.)

㉮ 53.6초　　㉯ 63.6초　　㉰ 73.6초　　㉱ 83.6초

해설
$$T_S = \frac{B}{V} = \frac{ma\left(1-\frac{p}{100}\right)}{V}$$
$$= \frac{40,000 \times 0.23 \left(1-\frac{60}{100}\right)}{180 \times 1,000 \times \frac{1}{3,600}}$$
$$= \frac{3,680\,m}{50\,m/\sec} = 73.6초$$
$$m = \frac{H}{f} = 40,000$$

47. 원격탐사의 센서에 대한 설명으로 옳지 않은 것은?

㉮ SLAR은 능동적 센서에 속한다.　　㉯ 비디콘 사진기는 수동적 센서에 속한다.
㉰ ETM+는 능동적 센서에 속한다.　　㉱ HRV 센서는 수동적 센서에 속한다.

해설 탐측기
① 수동적 탐측기 : MSS, TM, HRV
② 능동적 탐측기
　• 레이저 방식 : LIDAR
　• 레이더 방식 : SLAR

48. 지질, 토양, 수자원 및 산림조사 등의 판독작업에 주로 이용되는 사진은?

㉮ 적외선 사진　　㉯ 흑백 사진　　㉰ 반사 사진　　㉱ 위색 사진

해설 ① 팬크로 사진 : 일반적으로 가장 많이 사용되는 흑백사진이며 가시광선(0.4~0.75μ)에 해당하는 전자파로 이루어진 사진
② 적외선 사진 : 지도작성, 지질, 토양, 수자원 및 산림조사 등의 판독에 사용
③ 위색 사진 : 식물의 잎은 적색, 그 외는 청색으로 나타나며 생물 및 식물의 연구조사 등에 이용
④ 팬인플러 사진 : 팬크로 사진과 적외선 사진 중간에 속하며 적외선용 필름과 황색 필터를 사용
⑤ 천연색 사진 : 조사, 판독용

49. 다음 중 원격탐사에 사용되는 전자 스펙트럼에서 파장이 가장 긴 것은?

㉮ 자외선　　㉯ 초록색　　㉰ 빨간색　　㉱ 적외선

해설 전자파는 파장이 짧은 것부터 순서대로 r선, X선, 자외선(紫外線 : Ultraviolet), 가시광선(可視光線 : Visible), 적외선(赤外線 : Infrared), 전파로 분류한다.
전자파는 파장이 짧을수록 입자적 성질이 강해서 직진성과 지향성이 강하다.

50. 카메라의 초점거리가 153mm인 수직사진의 경우, 촬영축척을 1/5000로 하고자 할 때 촬영고도를 얼마로 해야 하는가?

㉮ 153m ㉯ 765m ㉰ 1310m ㉱ 5000m

해설 $\dfrac{1}{m} = \dfrac{f}{H}$

촬영고도(H) = 초점거리(f)×축척분모(m)
= 153×5000 = 765000mm

따라서 765m

51. 중복된 같은 고도의 항공사진이 연직사진일 경우 시차차로 알 수 있는 것은?

㉮ 토지의 이용 상태
㉯ 두 점 간의 높이
㉰ 사진의 축척
㉱ 1매의 사진이 포용하는 면적

해설 시차는 관찰자의 위치 변화에 의해 발생되는 대상물의 위치 변위를 말한다. 비행기의 움직임에 의해 한 사진에서 다른 사진으로 대상물의 위치가 변하는 경우에 이를 입체 시차, X 시차 또는 시차라 한다. 시차는 일련의 종중복 사진에 나타나는 모든 대상물에 대해 발생한다. 즉, 연속된 두 장의 사진에서 발생하는 동일지점의 사진상의 변위를 말한다.

52. 회전주기가 일정한 인공위성에 의한 원격탐측의 특성이 아닌 것은?

㉮ 얻어진 영상이 정사투영에 가깝다.
㉯ 판독이 자동적이고 정량화가 가능하다.
㉰ 넓은 지역을 동시에 측정할 수 있다.
㉱ 어떤 지점이든 원하는 시기에 관측할 수 있다.

해설 원격탐측의 특징
① 짧은 시간 내에 넓은 지역을 동시에 측정할 수 있으며 반복 측정이 가능하다.
② 다중파장대에 의한 지구표면 정보획득이 용이하며 측정 자료가 기록되어 판독이 자동적이고 정량화가 가능하다.
③ 회전주기가 일정하므로 원하는 지점 및 시기에 관측하기가 어렵다.
④ 관측이 좁은 시야각으로 얻어진 영상은 정사투영에 가깝다.
⑤ 탐사된 자료가 즉시 이용될 수 있으며, 재해, 환경문제 등에 편리하다.

53. 수치사진측량에서 영상정합의 분류 중, 영상소의 밝기값을 이용하는 정합은?

㉮ 영역기준정합 ㉯ 관계형 정합 ㉰ 형상기준정합 ㉱ 기호정합

해설 ① 영역기준정합(영상소의 밝기값 이용)
 ㉠ 밝기값 상관법
 ㉡ 최소제곱법
② 형상기준정합 : 경계정보 이용
③ 관계형 정합 : 객체의 점, 선, 면의 밝기값 등을 이용

54. 축척 1/15000로 평지를 촬영한 연직사진의 사진크기가 18cm×18cm이고 사진의 종중복도가 60%라면 촬영기선장은 얼마인가?

㉮ 540m ㉯ 810m
㉰ 1,080m ㉱ 1,620m

해설 $B = ma\left(1 - \dfrac{p}{100}\right)$
$= 15,000 \times 0.18 \times \left(1 - \dfrac{60}{100}\right)$
$= 1,080\text{m}$

55. 다음 중 항공사진 판독의 기본요소가 아닌 것은?

㉮ 색조, 크기 ㉯ 형상, 음영
㉰ 촬영일시, 촬영고도 ㉱ 질감, 모양

해설 ① 크기 : 어느 피사체가 갖는 입체적, 평면적 넓이의 길이를 나타낸다.
② 형태 : 목표물의 구성 배치 및 일반적인 형태를 나타낸다.
③ 음영 : 판독 및 촬영 시 빛의 방향을 일치시키는 것이 입체감을 갖는 데 용이하다.
④ 색조 : 피사체가 갖는 빛의 반사에 의한 것으로 수목의 종류를 판독하는 것을 말한다.
⑤ 질감 : 색조, 형상, 크기, 음영 등의 여러 요소의 조합으로 구성된 조밀함, 거칠음, 세밀함 등으로 표현하며 초목 및 식물의 구분을 나타낸다.
⑥ 모양 : 피사체의 배열상황에 의하여 판별하는 것으로 사진상에서 볼 수 있는 식생, 지형 또는 지표상의 색조 등을 판독한다.
⑦ 상호 간의 위치 관계 : 주위 물체와의 관계를 파악하는 것이다.
⑧ 과고감 : 지표면의 기복을 과장하여 나타낸 것으로 낮고 평탄한 지역에서의 지형판독에 유리한 반면 경사면의 경사는 실제보다 급하게 보이므로 오판에 주의하여야 한다.

56. 사진측량에서 사진의 특수 3점 중 일반적으로 마주보고 있는 사진지표의 대각선이 서로 만나는 점으로 찾을 수 있는 것은?

㉮ 주점 ㉯ 연직점
㉰ 등각점 ㉱ 부점

해설 주점은 사진의 중심점으로서 렌즈의 중심으로부터 화면에 내린 수선의 발, 즉 렌즈의 광축과 화면이 교차하는 점을 말한다. 보통 항공사진에서는 마주보는 지표의 대각선이 서로 만나는 점이 주점의 위치이다.

57. 항공사진 측정용 카메라는 렌즈의 피사각(화각) 크기로 분류되는데, 피사각 90° 전후로 일반 도화나 판독용에 주로 사용되는 것은?

㉮ 초광각 카메라 ㉯ 광각 카메라
㉰ 보통각 카메라 ㉱ 협각 카메라

해답 54. ㉰ 55. ㉰ 56. ㉮ 57. ㉯

해설

종류	렌즈의 피사각	초점거리 (mm)	사진의 크기 (cm)	필름의 길이 (m)	최단 셔터간격(초)	사용목적
보통각 카메라	50° 60°	300 120	23×23 18×18	300 120	2.5 2	도시관측 산림조사용
광각 카메라	90°	152~153	23×23	120	2	일반도화 판독용
초광각 카메라	120°	88	23×23	60	3.5	소축척도화용

58. 수치사진측량에서 둘 또는 그 이상의 사진상에서 공액점을 찾는 영상정합방법이 아닌 것은?

㉮ 영역기준 정합법 ㉯ 형상기준 정합법
㉰ 관계형 정합법 ㉱ 탐색형 정합법

해설 영상정합방법에는 영역기준 정합, 형상기준 정합, 관계형 정합이 있다.

59. 항공사진 판독의 일반적인 순서로 옳은 것은?

㉮ 촬영의 계획 → 판독기준의 작성 → 현지조사 → 촬영과 사진작성 → 판독 → 정리
㉯ 촬영의 계획 → 촬영과 사진작성 → 판독기준의 작성 → 판독 → 현지조사 → 정리
㉰ 판독기준의 작성 → 촬영의 계획 → 현지조사 → 촬영과 사진작성 → 판독 → 정리
㉱ 판독기준의 작성 → 촬영의 계획 → 촬영과 사진작성 → 현지조사 → 판독 → 정리

해설 판독의 일반적인 순서
촬영계획 → 촬영과 사진제작 → 판독기준 작성 → 판독 → 현지조사 → 정리

60. 항공사진측량의 일반적인 작업순서로 맞는 것은?

(a) 촬영계획 (b) 판독 (c) 판독기준의 작성
(d) 촬영과 사진의 작성 (e) 정리 (f) 지리조사

㉮ a-f-d-c-b-e ㉯ a-d-c-b-f-e
㉰ f-a-d-c-b-e ㉱ f-a-c-b-d-e

해설 촬영계획-촬영과 사진의 작성-판독기준의 작성-판독-지리조사-정리

61. 다음 설명에 해당되는 판독의 요소는?

어떤 대상물의 윤곽을 파악하는 역할을 하며, 판독 시 빛의 방향과 촬영 시 빛의 방향을 일치시키면 입체감을 얻기 쉬우므로 이 요소를 활용하면 판독이 용이하다.

㉮ 색조 ㉯ 음영 ㉰ 모양 ㉱ 질감

해설 ① 크기 : 어느 피사체가 갖는 입체적, 평면적 넓이의 길이를 나타낸다.
② 형태 : 목표물의 구성 배치 및 일반적인 형태를 나타낸다.
③ 음영 : 판독 및 촬영 시 빛의 방향을 일치시키는 것이 입체감을 갖는 데 용이하다.
④ 색조 : 피사체가 갖는 빛의 반사에 의한 것으로 수목의 종류를 판독하는 것을 말한다.
⑤ 질감 : 색조, 형상, 크기, 음영 등의 여러 요소의 조합으로 구성된 조밀함, 거칠음, 세밀함 등으로 표현하며 초목 및 식물의 구분을 나타낸다.
⑥ 모양 : 피사체의 배열상황에 의하여 판별하는 것으로 사진상에서 볼 수 있는 식생, 지형 또는 지표상의 색조 등을 판독한다.
⑦ 상호간의 위치 관계 : 주위의 물체와의 관계를 파악하는 것이다.
⑧ 과고감 : 과고감은 지표면의 기복을 과장하여 나타낸 것으로 낮고 평탄한 지역에서의 지형판독에 유리한 반면 경사면의 경사는 실제보다 급하게 보이므로 오판에 주의하여야 한다.

62. 사진측량에 있어서 편위수정에 대한 설명으로 틀린 것은?

㉮ 사진의 경사를 수정한다.
㉯ 축척을 통일시키고 변위를 제거한다.
㉰ 편위수정 조건에는 샤임플러그의 조건이 있다.
㉱ 편위수정에는 2개의 표정점이 필요하다.

해설 편위수정
① 경사와 축척을 바로 수정하여 축척을 통일시키고 변위가 없는 연직 사진으로 수정하는 작업을 편위수정이라 한다.
② 편위수정 조건
 • 기하학적 조건(소실점 조건)
 • 광학적 조건(Newton의 렌즈조건)
 • 샤임플러그 조건

63. 사진 판독에 있어 삼림지역에서 표층토양의 함수율에 의하여 사진의 색조가 변화하는 형상은?

㉮ 소일 마크(Soil mark)   ㉯ 왜곡 마크(Distortion mark)
㉰ 쉐이드 마크(Shade mark)   ㉱ 플로팅 마크(Floating mark)

해설 공중사진으로 판독 시 고고학분야에서도 이용되었다. 미대륙에서 발견된 인디언의 토굴의 흔적, 이란에서는 기원전 200년경에 만들어진 수로의 흔적, 남미의 대초원지대에 산재한 유적 등 세계적으로 실례는 수없이 많다. 지표에 노출되어 있는 것은 별문제라 하더라도 지하에 매몰되어 있는 유적은 인간의 육안으로는 판별하기 곤란할 때가 많다. 이것을 어떻게 공중사진으로 발견하는가는 필름과 필터의 매직(Magic)에 의한 것이라고 한다. 유적이 발견되는 데는 다음의 몇 가지 경우에 의해서이다.
① 섀도 마크(Shadow mark) : 유적이 매몰되어 있는 장소에 극히 적은 기복이라도 남아 있다면 태양각도가 낮은 조석에 촬영하면 낮에는 거의 눈에 보이지 않는 그림자가 지면에 길게 나타나 유적 전체의 윤곽을 파악할 수가 있다. 이것을 섀도 마크라 한다.
② 소일 마크(Soil mark) : 지표면의 형태와는 하등 관계없는 경우라도 유적의 형태 주위는 사진 색조의 농도가 변화되어 나타날 때가 있다. 이것은 유적이 흙에 묻혀 있을 때 그 유적을 덮고

해답 62. ㉱ 63. ㉮

있는 흙의 두께가 각각 틀리기 때문에 건조(乾燥)에 의해 토양에 함유되어 있는 수분의 비율이 틀려 사진상에는 각각의 색조로 나타난다. 이와 같은 현상을 소일 마크(Soil mark)라 한다.

③ 플랜트 마크(Flant mark) : 또 이 위에 식물이 있을 때는 토양에 함유되어 있는 수분의 양에 의해 식물의 생장상태가 다르게 된다. 수호(水濠)나 구(溝)가 있었던 곳에서는 식물의 생장이 눈에 띄게 좋으며, 돌이나 점토 등으로 덮인 데서는 그 성장이 나쁘다. 이것을 공중사진으로 관찰하면 이 성장의 차가 섀도 마크로 나타나는 경우도 있으나, 성장의 차 때문에 색깔의 변화로 색조가 달라지는 경우도 있다. 이와 같은 현상을 플랜트 마크(Flant mark)라 한다.

64. 다음 중 원격센서(Remote Sensor)를 능동적 센서와 수동적 센서로 구분할 때, 능동적 센서에 속하는 것은?

㉮ TM(Thematic Mapper)
㉯ 천연색 사진
㉰ MSS(Multi-spectral Scanner)
㉱ SLAR(Side Looking Airborne Rader)

해설 탐측기
① 수동적 탐측기 : MSS, TM, HRV
② 능동적 탐측기 : 레이저 방식-LIDAR, 레이더 방식-SLAR

65. 표정의 과정 중 축척의 결정, 수준면의 결정, 위치의 결정을 수행하는 작업은?

㉮ 내부표정 ㉯ 상호표정
㉰ 절대표정 ㉱ 접합표정

해설 1. 내부표정 : 내부표정이란 도화기의 투영기에 촬영 당시와 똑같은 상태로 양화건판을 정착시키는 작업
① 주점의 위치결정
② 화면거리의 조정
③ 건판의 신축측정, 대기굴절, 지구곡률보정, 렌즈수차 보정
2. 외부표정
① 지상과의 관계는 고려하지 않고 좌우사진의 양 투영기에서 나오는 광속이 촬영 당시 촬영면에 이루어지는 종시차를 소거하여 목표 지형물의 상대위치를 맞추는 작업
② 대지(절대)표정 : 상호표정이 끝난 입체모델을 지상 기준점을 이용하여 지상좌표와 일치하도록 하는 작업
㉠ 축척의 결정
㉡ 수준면의 결정
㉢ 위치의 결정
㉣ 절대표정인자
③ 접합표정 : 한 쌍의 입체사진 내에서 한쪽의 표정인자는 전혀 움직이지 않고 다른 한쪽만을 움직여 그 다른 쪽에 접합시키는 표정법을 말하며, 삼각측정에 이용된다.
㉠ 모델 간, 스트립 간의 접합요소 결정
㉡ 7개의 표정인자 결정

예상 및 기출문제

66. 초점거리 150mm의 카메라를 이용하여 기준면으로부터 5,000m 높이에서 수직촬영을 하였다. 비고 500m 지점의 사진축척은?

㉮ 1/20,000　　㉯ 1/30,000　　㉰ 1/40,000　　㉱ 1/50,000

해설 사진의 축척$(M) = \dfrac{촬영고도(H)}{초점거리(f)}$
$= \dfrac{5000-500}{0.15} = 30,000$

67. 다음 중 항공사진측량에서 광축이 연직선과 일치하도록 촬영된 사진은?

㉮ 경사사진　　㉯ 수평사진
㉰ 수직사진　　㉱ 저각도 사진

해설 촬영방향에 따른 분류
① 수직사진
　㉠ 광축이 연직선과 거의 일치하도록 카메라의 경사가 3° 이내의 기울기로 촬영된 사진
　㉡ 항공사진 측량에 의한 지형도제작 시에는 거의 수직사진에 의한 촬영
② 경사사진 : 광축이 연직선 또는 수평에 경사지도록 촬영한 경사각 3° 이상의 사진으로 지평선이 사진에 나타나는 고각도 경사사진과 사진에 나타나지 않는 저각도 경사사진이 있다.
③ 수평사진 : 광축이 수평선에 거의 일치하도록 지상에서 촬영

68. 항공사진의 특수 3점에 해당되지 않는 것은?

㉮ 부점　　㉯ 연직점　　㉰ 등각점　　㉱ 주점

해설 ① 주점 : 주점은 사진의 중심점이라고도 한다. 주점은 렌즈 중심으로부터 화면에 내린 수선의 발을 말하며 렌즈의 광축과 화면이 교차하는 점이다.
② 연직점 : 렌즈 중심으로부터 지표면에 내린 수선의 발을 말한다.
③ 등각점 : 주점과 연직점이 이루는 각을 2등분한 점으로 또한 사진면과 지표면에서 교차되는 점을 말한다.

69. 초점거리 150mm, 경사각이 30°일 때 주점과 등각점 사이의 거리는?

㉮ 0.02m　　㉯ 0.04m　　㉰ 0.06m　　㉱ 0.08m

해설 등각점 $= f \times \tan\dfrac{I}{2}$ (여기서, f : 초점거리, I : 경사각)
$0.150 \times \tan\dfrac{30}{2} = 0.040\text{m}$

70. 촬영고도 5000m에서 촬영한 항공사진상에 나타난 건물 정상의 시차를 주점에서 측정하니 19.32mm이고, 건물 밑부분의 시차를 주점에서 측정하니 18.88mm이었다. 한 층의 높이를 3m로 가정할 때 이 건물은 약 몇 층 건물인가?

㉮ 15층　　㉯ 28층　　㉰ 38층　　㉱ 45층

해답 66. ㉯　67. ㉰　68. ㉮　69. ㉯　70. ㉰

437

해설 $h = \dfrac{H}{P_r + \Delta P} \times \Delta P$

(h : 높이, H : 비행고도, P_a : 정상의 시차, P_r : 기준면의 시차)

$\dfrac{5,000,000}{18.88 + (19.32 - 18.88)} \times (19.32 - 18.88) = 113,872\text{mm}$

따라서 114m이며, 1층의 높이가 3m이므로 38층이 된다.

71. 절대표정에 대한 설명으로 옳은 것은?

㉮ 촬영 당시의 종시차를 소거한다.
㉯ 주점거리와 주점의 조정이 이루어진다.
㉰ 축척 조정, 수준면 조정 및 위치 결정이 이루어진다.
㉱ 한 쌍의 입체사진 내에서 대응되는 모형을 접합한다.

해설 대지(절대표정)
상호표정이 끝난 입체모델을 지상 기준점(피사체 기준점)을 이용하여 지상좌표(피사체 좌표계)와 일치하도록 하는 작업
① 축척의 결정
② 수준면(표고, 경사)의 결정
③ 위치(방위)의 결정

72. 항공사진을 실체시할 때 생기는 과고감에 영향을 미치는 인자가 아닌 것은?

㉮ 사진의 크기
㉯ 카메라의 초점거리
㉰ 기선고도비
㉱ 입체시할 경우 눈의 위치

해설 ① 사진의 초점거리와 반비례한다.
② 사진 촬영의 기선고도비에 비례한다.
③ 입체시할 경우 눈의 위치가 높아짐에 따라 커진다.
④ 렌즈의 피사각의 크기와 비례한다.

73. 회전주기가 일정한 위성을 이용한 원격탐사기법이 가지는 특징으로 틀린 것은?

㉮ 짧은 시간에 넓은 지역을 동시에 측정할 수 있으며 반복측정이 주기적으로 가능하여 대상물의 변화를 감지할 수 있다.
㉯ 다중파장대에 의한 지구표면의 다양한 정보의 취득이 용이하며 측정자료가 수치로 기록되어 판독에 있어서 자동적인 작업수행이 가능하고 정량화하기 쉽다.
㉰ 관측이 넓은 시야각으로 행해지므로 얻어진 영상은 중심투영상에 가깝다.
㉱ 탐사된 자료가 즉시 이용될 수 있으며 재해 및 환경문제의 해결에 유용하게 이용될 수 있다.

해설 관측이 좁은 시야각으로 얻어진 영상은 정사투영상에 가깝다.

74. 초점거리 150mm의 카메라로 촬영고도 1,500m의 상공에서 종중복도 60%의 항공사진을 촬영할 때 촬영기선장은?(단, 사진크기 : 23cm×23cm)

㉮ 750m　　㉯ 920m　　㉰ 1,200m　　㉱ 1,500m

해설　$M = \dfrac{f}{H} = \dfrac{0.15}{1,500} = \dfrac{1}{10,000}$

$B = ma\left(1 - \dfrac{p}{100}\right)$
$= 10,000 \times 0.23 \times \left(1 - \dfrac{60}{100}\right)$
$= 920\text{m}$

75. 사진판독의 요소 중 질감에 대한 설명으로 옳은 것은?

㉮ 빛의 반사에 의한 대상물의 판별이다.
㉯ 피사체의 꺼칠함 및 미끈함 등으로 표현된다.
㉰ 사진상의 배열상태를 판별하는 것이다.
㉱ 피사체에 대한 색조를 말한다.

해설 질감
색조, 형상, 크기, 음영 등 여러 요소의 조합으로 구성된 조밀함, 거칠음, 세밀함 등으로 표현하며 초목 및 식물의 구분을 나타낸다.

76. 사진면상의 특수 3점을 찾을 때의 순서와 초점거리와 경사각이 주어졌을 때 구하는 공식으로 옳은 것은?(단, f : 초점거리, i : 경사각)

㉮ 등각점 $\left(f \times \tan \dfrac{1}{2}\right) \to$ 주점 $\to$ 연직점($f \times \tan i$)
㉯ 연직점 $\to$ 주점($f \times \tan 2i$) $\to$ 등각점($f \times \tan i$)
㉰ 연직점($f \times \tan i$) $\to$ 주점 $\to$ 등각점($f \times \tan 2i$)
㉱ 주점 $\to$ 연직점($f \times \tan i$) $\to$ 등각점 $\left(f \times \tan \dfrac{i}{2}\right)$

해설
• 주점에서 연직점까지의 거리(mn) : $f \cdot \tan i$
• 주점에서 등각점까지의 거리(mj) : $f \cdot \tan \dfrac{i}{2}$

77. 초점거리 15cm의 광각카메라를 가지고 촬영고도 3,000m에서 200km/h의 속도로 항공사진을 촬영할 때 사진 노출시간의 최소 소요 시간은?(단, 사진의 크기는 23cm×23cm이고 진행방향 중복도는 60%이다.)

㉮ 33.12초　　㉯ 34.12초
㉰ 35.12초　　㉱ 36.12초

해설 $M = \dfrac{1}{m} = \dfrac{f}{H}$

$m = \dfrac{H}{f} = \dfrac{3,000}{0.15} = 20,000$

$B = ma\left(1 - \dfrac{p}{100}\right) = 20,000 \times 0.23 \times \left(1 - \dfrac{60}{100}\right) = 1,840\,\text{m}$

따라서, $T_s = \dfrac{B}{V} = \dfrac{1,840}{200 \times 1,000 \times \dfrac{1}{3,600}} = 33.117$초

78. 해석항공사진측량의 경우 1촬영경로의 입체모델 수와 표정점의 수와의 일반적인 관계식으로 옳은 것은?(단, n은 모델 수)

㉮ 표정점의 수=n/2+2 ㉯ 표정점의 수=n/3+3
㉰ 표정점의 수=n/4+4 ㉱ 표정점의 수=n/5+5

해설 해석 항공삼각측량
① 1코스는 10모델 기준
② 표정점수는 10모델당 7점
표정점의 수 = $\dfrac{\text{모델수}}{2} + 2$

79. 사진측정 결과 종모델 수가 10모델, 횡방향의 코스는 8코스라면 필요한 수평위치 기준점(삼각점)의 수는?

㉮ 160개 ㉯ 168개 ㉰ 320개 ㉱ 336개

해설 삼각점 수=모델 수×2×코스=10×2×8=160개

80. 원격탐사에 의한 측정에 영향을 미치는 요인과 가장 거리가 먼 것은?

㉮ 물체의 반사 또는 방사 ㉯ 광원의 입사각과 물체 및 센서 위치관계
㉰ C-계수 ㉱ 대기의 반사, 투과, 흡수, 산란

해설 C-계수란 사진측량에서 도화기에 따른 상수를 말한다.

81. 사진의 표정 중 절대표정에 의하여 결정(조정)되는 사항이 아닌 것은?

㉮ 축척 ㉯ 위치 ㉰ 수준면 ㉱ 초점거리

해설 대지표정이라고도 하며 대상물 공간 또는 지상의 기준점을 이용하여 대상물의 공간좌표계와 일치하도록 하는 작업이다.
① 축척결정
② 수준면결정 : 사진이 3도 정도 경사를 갖고 있으며 최소 3점 이상의 표고기준점 필요
③ 위치결정 : 평면상의 2점의 좌표로 위치가 결정

예상 및 기출문제

82. 수치사진측량의 영상정합에서 두 영상의 특징(일반적 경계정보를 의미)을 기본 자료로 이용하며 두 영상에서 대응하는 특징을 발견함으로써 대응점을 찾아내는 정합은?

㉮ 영역기준정합 ㉯ 단순정합
㉰ 형상기준정합 ㉱ 관계형 정합

> **해설** 형상기준정합에서는 상응점을 발견하기 위한 기본자료로서 특징(점, 선, 영역 등이 될 수 있으나 일반적으로 Edge 정보를 의미함)을 이용한다. 두 영상에서 상응하는 특징을 발견함으로써 상응점을 찾아낸다.

83. 높이가 250m인 어떤 굴뚝이 사진축척 1 : 10,000인 수직사진상에서 연직점으로부터 거리가 60mm일 때, 비고에 의한 변위량은?(단, 초점거리=150mm)

㉮ 1mm ㉯ 6mm ㉰ 10mm ㉱ 60mm

> **해설** $\Delta r = \pm \frac{h}{H} \times r$
> $H = 10,000 \times 0.15 = 1,500\text{m}$
> $\frac{250}{1,500} = 0.1666\text{m} \times 0.06 = 9.996\text{mm} = 10\text{mm}$

84. 경사사진을 엄밀수직사진으로 변환시키는 작업은?

㉮ 상호표정 ㉯ 편위수정 ㉰ 기복변위 ㉱ 대지표정

> **해설**
> • 상호표정 : 대상물과의 관계를 고려하지 않고 좌우사진에 양 투영기에서 나오는 광속이 이루는 종시차를 소거하여 입체모형 전체가 완전 입체시가 되도록 하는 작업
> • 대지표정 : 대상물 공간 또는 지상의 기준점을 이용하여 대상물의 공간 좌표계와 일치하도록 하는 작업
> • 편위수정 : 경사와 축척을 바로잡고 변위가 없는 연직 사진으로 수정하는 작업

85. 항공삼각측량방법 중에서 해석적으로 종횡접합모형(Block) 조정을 하는 방법이 아닌 것은?

㉮ 다항식조정법 ㉯ 사선조정법
㉰ 독립모델조정법 ㉱ 광속조정법

> **해설** 종횡접합모형(Block) 조정을 하는 방법에는 다항식조정법, 광속조정법, 독립모델조정법, DLT 법 등이 있다.

86. 항공삼각측량의 표정에 사용되지 않는 것은?

㉮ 공면조건식 ㉯ 부등각사상(Affine) 변환식
㉰ 공선조건식 ㉱ 뉴튼(Newton) 변환식

> **해설** 공선조건식과 공면조건식은 표정 중 상호표정에 사용되며 부등각사상 변환식은 내부표정에 사용

87. 항공사진을 편위수정 시 정밀을 요하거나 해석적 편위수정에 필요한 표정점의 최소 수는 몇 개인가?

㉮ 3개 ㉯ 4개 ㉰ 5개 ㉱ 6개

해설 편위수정에는 3개의 수평위치(x, y) 표정점이 필요하나 정밀을 요하는 해석적 편위수정에는 4점이 필요하다.

88. 경지정리 확정측량을 위한 항공사진측량을 실시할 때 수직사진은 일반적으로 화면의 경사각을 몇 도까지 허용하는가?

㉮ 1° ㉯ 3° ㉰ 5° ㉱ 7°

해설 사진측량을 촬영방향에 따라 분류 시
- 수직사진 : 3° 이내
- 경사사진 : 3° 이상
- 수평사진 : 광축이 수평선과 일치하도록 지상에서 촬영한 사진을 말한다.

89. SPOT 위성에 대한 설명으로 옳은 것은?

㉮ 미국 NASA에서 발사한 자원탐사위성이다.
㉯ HRV는 흑백영상과 다중파장대영상을 탐측한다.
㉰ 입체시는 불가능하지만 특성해석에는 적합하다.
㉱ LANDSAT과는 달리 경사관측이 불가능하다.

해설
1. 1977년 프랑스가 주축이 되어 계획
2. 탐측기는 HRV, 다중파장대영상 탑재
3. 입체시할 수 있는 영상과 지형도 작성이 가능하다.
4. DEM 구축이 용이하다.

90. 공선조건식을 이용하는 해석적 3차원 항공삼각측량 방법은?

㉮ 에어로폴리곤법 ㉯ 스트립 및 블록조정법
㉰ 독립모델법 ㉱ 번들조정법

해설 항공삼각측량방법에서 대상물의 좌표를 얻기 위한 조정법에는 기계법(입체도화기)과 해석법(정밀 좌표광측기)이 있으며 해석법에는 스트립 및 블록조정, 독립모델법, 광속법이 있고 공선조건식을 이용하는 해석법에는 광속조정법이 사용된다. 광속조정법이 번들조정법이다.

91. 다음 중 수동적 센서 방식이 아닌 것은?

㉮ 사진방식 ㉯ 선주사방식
㉰ Laser 방식 ㉱ Vidicon 방식

해답 87. ㉯ 88. ㉯ 89. ㉯ 90. ㉱ 91. ㉰

해설
1. 탐측기는 전자기파를 수집하는 장비로서 수동적 탐측기와 능동적 탐측기로 구분되며 수동적 탐측기는 대상물에서 방사되는 전자기파를 수집하는 방식이다.
2. 능동적 탐측기는 전자기파를 발사하여 대상물에서 반사되는 전자기파를 수집하는 방식. 수동적 센서는 선주사방식과 카메라 방식이 있다.
3. 선주사방식 : 광기계적 주사방식, 전자적 주사방식이 있다.

92. 촬영고도가 760m, 사진주점기선장이 110mm일 때 지상의 비고는?(단, 시차차는 1.02mm이다.)

㉮ 7.01m ㉯ 7.05m ㉰ 7.12m ㉱ 7.60m

해설
$\Delta P = \dfrac{h}{H} \times b_0$

$h = \dfrac{\Delta P H}{b_0}$

$0.00102 \times \dfrac{760}{0.11} = 7.04727$

93. 상호표정의 인자 중 촬영방향(x축)을 회전축으로 한 회전운동 인자는?

㉮ ϕ ㉯ ω ㉰ x ㉱ by

해설 회전인자
- yawing : x(by) : 비행기의 수평(편류)회전을 재현, 항공기 Z축(높이) 주위의 회전
- pitching : φ(bz) : 비행기의 전후 기울기를 재현, 항공기 Y축 주위의 회전
- rolling : ω : 비행기 좌우 기울기 재현, 항공기 X축 주위의 회전
- 수평(편류) : 비행기가 비행 중에 바람에 의하여 수평으로 움직여 항로에서 한쪽으로 벗어나는 일
- 평행인자 : by, bz

94. 항공삼각측량의 방법에 대한 설명으로 틀린 것은?

㉮ 광속(번들)조정법은 사진좌표를 측정하여 조정계산한다.
㉯ 독립모델법은 모델좌표를 측정하여 조정계산한다.
㉰ 광속조정법은 기계식 방법이다.
㉱ 정밀한 사진좌표의 측정에는 기계식보다는 해석도화기나 정밀좌표측정기(Comparator)를 사용한다.

해설 항공삼각측량의 조정법
1. 기계법(입체도화기)
   에어로폴리곤법
   - 독립모델법
   - 스트립 및 블록조정
2. 해석법(정밀좌표관측기)
   - 스트립 및 블록조정
   - 독립모델법
   - 광속법

해답 92. ㉯ 93. ㉯ 94. ㉰

제1편 측량학

95. 카메라의 초점거리가 153mm, 촬영 경사각이 3.6°로 평지를 촬영한 항공사진이 있다. 이 사진의 등각점은 주점으로부터 최대경사선상 몇 mm인 곳에 있는가?

㉮ 10.7mm　　㉯ 5.3mm　　㉰ 4.8mm　　㉱ 3.6mm

해설 등각점 $= f \times \tan I/2$
$0.153 \times \tan 3.6/2 = 4.8$
$153mm \times \tan 3.6/2 = 4.8mm$
등각점의 위치는 항공사진의 최대경사선상에 있으며 주점으로부터 다음 식에서 구한 값만큼 떨어져 있다.
$$\overline{mj} = f \cdot \tan\frac{i}{2} = 153 \tan\frac{3.6}{2} = 4.8mm$$

96. 사진상의 주점이나 표정점 등 제점의 위치를 인접한 사진상에 옮기는 작업은?

㉮ 점이사　　㉯ 표정　　㉰ 투영　　㉱ 정합

해설 사진상의 주점이나 표정점 등 제점의 위치를 인접한 사진상에 옮기는 작업을 점이사라고 한다.

97. 영상정합의 종류에서 객체의 점, 선, 면의 밝기값 등을 이용하는 정합은?

㉮ 단순 정합　　㉯ 관계형 정합　　㉰ 형상 기준 정합　　㉱ 영역 기준 정합

해설 관계형정합
영상에 나타나는 특징들을 선이나 영역 등의 부호적 표현을 이용하여 묘사하고, 이러한 객체들뿐만 아니라 객체들끼리의 관계까지도 포함하여 정합을 수행한다. Point, Blobs, Line, Region 등과 같은 구성요소들은 길이, 면적, 형상, 평균밝기값 등의 속성을 이용하여 표현한다.

〈정합방법과 정합요소의 관계〉

영상정합방법	유사성 관측	영상정합요소
영상기준정합	상관성, 최소제곱	영상소의 밝기값
형상기준정합	비용함수	경계정보
관계형 또는 기호정합	비용함수	기호특성 : 대상물의 점, 선, 면 밝기값

98. 입체시에 의한 과고감에 대한 설명으로 옳은 것은?

㉮ 사진의 초점 거리와 비례한다.
㉯ 사진 촬영의 기선고도비에 비례한다.
㉰ 입체시할 경우 눈의 위치가 높아짐에 따라 작아진다.
㉱ 렌즈의 피사각의 크기와 반비례한다.

해설 ㉮ 사진의 초점 거리와 반비례한다.
㉰ 입체시할 경우 눈의 위치가 높아짐에 따라 커진다.
㉱ 렌즈의 피사각의 크기와 비례한다.

99. 어떤 지역의 표고가 100m이다. 이 지역을 초점거리가 153mm인 카메라로 축척 1 : 37,500 인 항공사진을 촬영하기 위한 비행기의 촬영고도는?

㉮ 200.5m   ㉯ 760.5m   ㉰ 5,837.5m   ㉱ 8,000.5m

해설 $M = \dfrac{1}{m} = \dfrac{f}{H \pm h} = \dfrac{l}{L}$

$H = (m \times f) + h$
$= (37,500 \times 0.153) + 100$
$= 5,837.5\text{m}$

100. 일반 사진기와 비교한 항공사진측량용 사진기의 특징에 대한 설명으로 틀린 것은?

㉮ 초점길이가 짧다.   ㉯ 렌즈지름이 크다.
㉰ 왜곡이 적다.   ㉱ 해상력과 선명도가 높다.

해설 항공사진측량용 사진기의 특징
1. 초점길이가 길다.
2. 렌즈지름이 크다.
3. 왜곡수차가 적다.
4. 해상력과 선명도가 높다.
5. 화각이 크다. : 지상사진이 항공사진보다 높이의 정도는 좋다.

101. 지형에서 비고가 있는 경우, 촬영고도가 5,000m, 비고 120m일 때에 사진 연직점에서 투영점까지의 사진상 거리가 15cm인 지점에서 사진상의 기복 변위는?

㉮ 40cm   ㉯ 15cm   ㉰ 1.5cm   ㉱ 0.4cm

해설 기복변위량은 $\Delta r = \dfrac{h}{H} \times r$

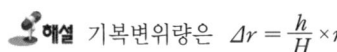

(h : 비고, H : 비행촬영고도, r : 주점에서의 측정점까지의 거리)

102. 항공사진판독에 대한 일반적인 설명으로 옳지 않은 것은?

㉮ 사진판독은 단시간에 넓은 지역을 판독할 수 있다.
㉯ 색조, 모양, 입체감 등이 나타나지 않는 지역의 판독에 어려움이 있다.
㉰ 수목의 종류를 판독하는 주요 요소는 색조(Tone)이다.
㉱ 초목, 식물의 잎을 판독하는 주요 요소는 크기(Size)이다.

해설
• 크기 : 어느 피사체가 갖는 입체적, 평면적 넓이의 길이를 나타낸다.
• 형태 : 목표물의 구성 배치 및 일반적인 형태를 나타낸다.
• 음영 : 판독 및 촬영 시 빛의 방향을 일치시키는 것이 입체감을 갖는 데 용이하다.
• 색조 : 피사체가 갖는 빛의 반사에 의한 것으로 수목의 종류를 판독하는 것을 말한다.

- 질감 : 색조, 형상, 크기, 음영 등 여러 요소의 조합으로 구성된 조밀함, 거칠음, 세밀함 등으로 표현하며 초목 및 식물의 구분을 나타낸다.
- 모양 : 피사체의 배열상황에 의하여 판별하는 것으로 사진상에서 볼 수 있는 식생, 지형 또는 지표상의 색조 등을 판독한다.
- 상호 간의 위치 관계 : 주위의 물체와의 관계를 파악하는 것이다.
- 과고감 : 과고감은 지표면의 기복을 과장하여 나타낸 것으로 낮고 평탄한 지역에서의 지형판독에 유리한 반면 경사면의 경사는 실제보다 급하게 보이므로 오판에 주의하여야 한다.

103. 1/50,000의 지형도에서 A, B점 간의 도상거리가 3cm였다. 어느 수직항공사진상에서 같은 두 A, B점 간을 측정하니 15cm였다면 이 사진의 축척은?

㉮ 1/5,000　　㉯ 1/10,000　　㉰ 1/15,000　　㉱ 1/20,000

해설
$$\frac{1}{50,000} = \frac{0.03}{x}$$
$x = 50,000 \times 0.03 = 1,500m$
$$\frac{1}{m} = \frac{0.15}{1,500m} = \frac{1}{10,000}$$

104. 지상에서 이동하고 있는 물체가 사진에 나타나 그 이동한 물체를 입체시할 때 그 운동이 기선 방향이면 물체가 뜨거나 가라앉아 보인다. 이러한 현상을 무엇이라 하는가?

㉮ 정사현상(Orthoscopic effect)　　㉯ 역현상(Pseudoscopic effect)
㉰ 카메론 현상(Cameron effect)　　㉱ 반사현상(Reflection effect)

해설 카메론 효과란 입체사진 위에서 이동한 사물을 실체시하면 입체시에 의한 과고감으로 입체상의 변화를 나타내는 시차가 발생하고, 그 운동이 기선 방향이면 물체가 뜨거나 가라앉아 보이는 현상

105. 항공사진에서 주점에 대한 설명으로 옳은 것은?

㉮ 축척과 표정의 결정에 사용되는 지표상의 한 점
㉯ 초점과 같은 의미
㉰ 입체 쌍 사진에 의한 한 점
㉱ 마주 보는 지표의 대각선이 교차하는 점

해설 주점이란 사진의 중심점으로서 렌즈의 중심으로부터 사진화면에 수선을 내렸을 때 만나는 점을 말하며, 렌즈의 광축과 화면이 교차하는 점으로 주점 또는 중심점이라 한다. 항공사진에서는 서로 마주 보는 지표의 대각선이 만나는 점이 주점의 위치가 된다.

106. 비행속도 시속 180km/h인 항공기에서 초점거리 150mm인 카메라로 어느 시가지를 촬영한 항공사진이 있다. 허용 흔들림량이 사진상에서 0.01mm, 최장 허용 노출시간이 1/250초, 사진크기 23cm×23cm일 때, 이 사진상에서 연직점으로부터 6cm 떨어진 위치에 있는 건물의 사진상 변위가 0.26cm라면 이 건물의 실제 높이는?

㉮ 60m　　㉯ 90m　　㉰ 115m　　㉱ 130m

해답 103. ㉯　104. ㉰　105. ㉱　106. ㉱

해설 $T_l = \dfrac{\triangle Sm}{V}$ = 최장노출시간 = $\dfrac{흔들리는 양 \times 축척분모수}{항공기속도}$

$$\dfrac{1}{250} = \dfrac{0.01 \times m}{\dfrac{180 \times 10^6}{60 \times 60}}$$

$\therefore m = 20,000$

$\dfrac{1}{m} = \dfrac{f}{H}$

$\dfrac{1}{20,000} = \dfrac{0.15}{H}$ $\therefore H = 3,000$m

$\therefore \triangle r = \dfrac{h}{H} r = \dfrac{h}{3,000} 0.06 = 0.0026$

$\therefore h = 130$m

107. 다음 중 사진을 재촬영해야 할 경우가 아닌 것은?

㉮ 인접한 사진 간의 축척이 현저한 차이가 있을 때
㉯ 구름이 사진상에 나타날 때
㉰ 홍수로 인하여 지형을 구분할 수 없을 때
㉱ 종중복도가 70% 정도일 때

해설 재촬영하여야 할 경우
① 촬영필요구역의 일부분이라도 촬영범위 위에 있는 경우
② 종중복도가 50% 이하이고 연속사진 중 중간의 것을 제외한 그 사진에 중복부가 없는 경우
③ 지역촬영 사진에서 주 인접촬영 경로 사이에 횡중복도가 5% 이하인 경우
④ 촬영 시의 음화필름이 평평하지 않기 때문에 사진상이 흐려지는 경우
⑤ 스모그, 수증기 등으로 인하여 사진상이 선명하지 못한 경우
⑥ 구름 또는 구름의 그림자, 산의 그림자 때문에 지표면이 밝게 찍혀 있지 않은 부분이 상당수 차지하는 경우
⑦ 적설 등으로 지표면의 상태가 명료하지 않은 경우

108. 상호표정에 대한 설명으로 틀린 것은?

㉮ 종시차는 상호표정에서 소거되지 않는다.
㉯ 상호표정 후에도 횡시차는 남는다.
㉰ 상호표정으로 형성된 모델은 지상모델과 상사관계이다.
㉱ 상호표정에서 5개의 표정인자를 결정한다.

해설 상호표정이란
① 5개의 표정인자(x, ϕ, ω, by, bz)
② 종시차 소거
③ 상호표정 후에도 횡시차는 남는다.
④ 상호표정으로 형성된 모델은 지상모델과 상사관계다.

109. 36km×15km의 토지를 1:50,000의 항공사진으로 촬영할 때 모델 수는?(단, 23cm×23cm 광각 사진, 종중복도 60%, 횡중복도 30%)

㉮ 10　　㉯ 12　　㉰ 14　　㉱ 16

해설
- 종모델수(D) = $\dfrac{S_1}{B} = \dfrac{S_1}{ma\left(1-\dfrac{P}{100}\right)}$

  = $\dfrac{36,000}{5,000 \times 0.23\left(1-\dfrac{60}{100}\right)}$

  = 7.8 = 8매

- 횡모델수(D') = $\dfrac{S_2}{C} = \dfrac{15,000}{ma\left(1-\dfrac{P}{100}\right)}$

  = $\dfrac{15,000}{50,000 \times 0.23\left(1-\dfrac{30}{100}\right)}$

  = 1.8 = 2매

- 총모델 수($D \times D'$) = 8×2 = 16매

110. 30km×20km 지역을 축척 1:10,000 항공사진으로 종중복 60%, 횡중복 30%로 활용하고자 한다. 사진의 크기가 23cm×23cm일 경우에 입체모델의 수는?(단, 안전율 30%를 고려하여 계산한다.)

㉮ 405매　　㉯ 452매
㉰ 502매　　㉱ 524매

해설
$A_0 = (ma)^2\left(1-\dfrac{p}{100}\right)\left(1-\dfrac{q}{100}\right)$

= $(10,000 \times 0.23)^2\left(1-\dfrac{60}{100}\right)\left(1-\dfrac{30}{100}\right)$ = 1,481,200 m² = 1.48km²

$N = \dfrac{F}{A_0} \times (1+안전율) = \dfrac{30,000 \times 20,000}{1,481,200} \times (1+0.3) = 526.6$매 = 527매

111. 다음 중 항공사진의 기복변위 계산에 직접적인 영향을 미치는 인자가 아닌 것은?

㉮ 지표면의 고저　　㉯ 사진의 촬영고도
㉰ 연직점에서의 거리　　㉱ 주점 기선 거리

해설 기복변위공식

$\Delta r = \dfrac{h}{H} r$

(여기서, H: 촬영고도, h: 비고, r: 연직점에서의 거리)

예상 및 기출문제

112. 평탄지를 1/30,000로 촬영한 연직사진이 있다. 촬영에 사용한 카메라의 초점거리 210mm, 사진의 크기 23cm×23cm, 종중복도 60%일 때의 기선고도비는 얼마인가?
㉮ 0.62　　㉯ 0.56　　㉰ 0.51　　㉱ 0.44

해설　기선고도비

$$\frac{B}{H} = \frac{ma\left(1 - \frac{P}{100}\right)}{mf}$$
$$= \frac{30,000 \times 0.23\left(1 - \frac{60}{100}\right)}{30,000 \times 0.21} = 0.44$$

113. 높은 정확도를 요하는 경우에 적합한 지상사진측량 방법은?
㉮ 직각수평촬영　　㉯ 편각수평촬영
㉰ 수렴수평촬영　　㉱ 협각수평촬영

해설　지상사진측량방법
1. 직각수평촬영 : 사진기의 광축을 수평 또는 직각방향으로 향하게 하여 평면촬영을 하는 방법
2. 편각수평촬영 : 사진기축을 특정각도만큼 좌우로 움직여 평행촬영을 하는 방법
3. 수렴수평촬영 : 서로 사진기의 광축을 교차시켜 촬영하는 방법으로 높은 정확도를 요하는 경우에 적합하다.

114. 사진측량에서 공선조건을 설명할 때 필요한 요소가 아닌 것은?
㉮ 사진지표　　㉯ 투영중심
㉰ 필름상에 맺힌 점　　㉱ 피사체상의 한 점

해설　공선조건은 대상물의 점과 필름상에 맺힌 점과 투영중심이 동일직선상에 있어야 할 조건을 말한다.

115. 중복된 같은 고도의 항공사진이 연직사진일 경우 시차차로 알 수 있는 것은?
㉮ 토지의 이용 상태　　㉯ 두 점 간의 높이
㉰ 사진의 축척　　㉱ 1매의 사진이 포용하는 면적

해설　시차는 카메라의 광축과 각 사진의 노출지점이 동일 평면 내에 있지 않을 때 두 장의 연속된 사진에서 발생하는 동일 지점의 사진상의 변위로 높이의 차와 시차 차의 크기는 항상 비례하므로 동일 고도일 경우 시차 차에 의해 높이를 알 수 있다.

116. 지표면에 기복이 있을 때 사진면에는 어떤 점을 중심으로 방사상의 기복변위가 생기는가?
㉮ 연직점　　㉯ 지표　　㉰ 등각점　　㉱ 주점

해설　사진측량에서 사진상의 특수 3점으로는 주점, 연직점, 등각점이 있다.
① 주점 : 사진의 중심점으로 렌즈의 중심으로부터 화면상에 내린 수선의 발을 말한다.

해답　112. ㉱　113. ㉰　114. ㉮　115. ㉯　116. ㉮

② 연직점 : 렌즈의 중심으로부터 지표면에 내린 수선의 발로 지표면과 수직으로 지표면에 기복이 있을 때 방사상의 기복변위가 발생한다.
③ 등각점 : 주점과 연직점을 2등분하여 교차하는 점을 말한다.

117. 표고 2,000m의 비행기에서 초점거리 154mm의 사진기로 촬영한 수직항공사진의 축척은?
㉮ 약 1/10,000 ㉯ 약 1/13,000
㉰ 약 1/15,000 ㉱ 약 1/18,000

해설 사진측량에서 초점거리(f)와 촬영고도(H)를 이용해 축척을 구하는 공식
사진의 축척(M) = 촬영고도(H)/초점거리(f) = 2,000m/154mm = 12,987.01299 ≒ 13,000

118. 종중복도 60%, 횡중복도 30%일 때 촬영종기선의 길이와 촬영횡기선의 길이의 비는?
㉮ 6 : 3 ㉯ 1 : 2 ㉰ 3 : 1 ㉱ 4 : 7

해설 촬영종기선 길이 : 촬영횡기선 길이 = $am(1-60/100) : am(1-30/100)$ = $am0.4 : am0.7 = 4 : 7$

119. 카메라의 초점거리 153mm, 촬영경사 5°로 평지를 촬영한 사진이 있다. 이 사진의 등각점은 주점으로부터 최대경사선상의 몇 mm인 곳에 있는가?
㉮ 6.68mm ㉯ 7.68mm
㉰ 8.68mm ㉱ 9.68mm

해설 등각점 = $f \times \tan\frac{I}{2}$ (f : 초점거리, I : 경사각), $0.153 \times \tan 5/2 = 0.00668m$

120. 다음 중 항공사진의 판독만으로 구별하기 가장 어려운 것은?
㉮ 능선과 계곡 ㉯ 밀밭과 보리밭
㉰ 도로와 철도선로 ㉱ 침엽수와 활엽수

해설 항공사진측량에서 사진판독 요소는 크기, 형태, 색조, 모양, 질감, 음영, 과고감, 상호위치관계 등이며 항공사진의 판독은 삼림의 판독, 지형의 판독, 지물의 판독, 환경오염지 조사, 토양의 판독, 군사적인 판독에 쓰인다.

121. 다음 항공사진측량용 사진기 중 피사각이 90° 정도로 일반 도화 및 판독용으로 많이 사용하는 것은?
㉮ 보통각사진기 ㉯ 광각사진기
㉰ 초광각사진기 ㉱ 협각사진기

해설 항공사진촬영용 카메라의 성능 중 초광각 카메라의 피사각(화각)은 120도, 광각 카메라의 피사각은 90도, 보통각 카메라의 피사각은 60도이다.

예상 및 기출문제

122. 다음 중 단일 촬영경로(Strip)의 입체모델 수가 12개일 때 필요한 최소 표정점 수는?

㉮ 3점 ㉯ 8점 ㉰ 13점 ㉱ 18점

해설 스트립 항공 삼각 측정인 경우 표정점은 각 코스의 최초 모델에 4점, 최후의 모델에 2점, 중간의 4~5모델째마다 1점을 두기 때문에 입체모델 수가 12개일 때에는 최초 4점+최후 2점+10개 모델에 2개를 더하면 8점이 된다.

123. 항공사진(수직사진)의 축척을 구하는 식으로 옳은 것은?(단, Mb : 사진의 축척, f : 렌즈의 초점거리, H : 촬영고도)

㉮ $M_b = f - H$ ㉯ $M_b = f + H$
㉰ $M_b = f \div H$ ㉱ $M_b = f \times H$

해설 촬영고도(H) =초점거리(f)×축척분모(m)이므로 사진의 축척은 $\dfrac{초점거리(f)}{촬영고도(H)}$

124. 상호표정인자 중 회전인자에 해당되지 않는 것은?

㉮ by ㉯ x ㉰ ϕ ㉱ ω

해설 상호표정 인자운동
① 회전인자와 평행인자는 최소 5점의 표정점이 필요하다.
② 회전인자
 • x(by) : 비행기의 수평회전 재현
 • ϕ(bx) : 비행기의 전후 기울기 재현
 • ω : 비행기의 좌우 기울기 재현
③ 평행인자 : by, bx

125. 고도 2,000m에서 촬영한 항공사진상의 굴뚝 정상과 최하단의 시차가 각각 17mm, 15mm이었다. 사진 1, 사진 2의 기선 길이가 각각 61mm, 63mm이었다면 이 굴뚝의 높이는 약 얼마인가?

㉮ 35m ㉯ 45m ㉰ 55m ㉱ 65m

해설 시차차에 의한 비고량 계산식

1. $h = \dfrac{H}{P_r + \triangle P} \times \triangle P$

 (여기서 h : 높이, H : 비행고도, P_a : 정상의 시차, P_r : 기준면의 시차)

2. $\triangle P = P_a - P_r$ 이므로 $\dfrac{2,000,000}{15 + (17-15)} \times (17-15) = 235,294.12 \text{mm} = 235.294 \text{m}$

3. $\triangle P = \dfrac{h}{H} \times b_0$ 에서 $h = \dfrac{H}{b_0} \times \triangle P = \dfrac{H}{\frac{\text{I} + \text{II}}{2}} \times \triangle P$

$= \dfrac{2,000,000}{\frac{61+63}{2}} \times 2 = 64,516.13 \text{mm} = 65 \text{m}$

해답 122. ㉯ 123. ㉰ 124. ㉮ 125. ㉱

126. 상호표정이 끝났을 때 사진모델과 실제 지형모델과는 어떤 관계인가?

㉮ 상사
㉯ 대칭
㉰ 합동
㉱ 일치

> **해설** 상호표정은 비행기가 촬영 당시에 가지고 있던 기울기를 도화기상에서 그대로 재현하는 과정으로 촬영 당시 촬영면상에 이루어지는 종시차를 소거하여 목표지형물의 상대적 위치를 맞추는 작업으로 사진과 실제 지형과의 관계는 상사관계이다.

127. 원격탐측(Remote Sensing) 위성과 거리가 먼 것은?

㉮ VLBI
㉯ LANDSAT
㉰ SPOT
㉱ COSMOS

> **해설** 원격탐측에서 LANDSAT, SPOT, COSMOS는 모두 탐재기에 속하며 VLBI는 초장기선간섭계로 천체에서 복사되는 잡음전파를 2개의 안테나에서 독립적으로 동시에 수신하여 전파가 도달하는 시간차(지연시간)를 관측하여 두 지점 사이의 거리를 알아내는 관측방식이다.

128. 종중복도 60%로 항공사진을 촬영하여 밀착사진을 인화했을 때 주점과 주점 간의 거리가 9.2cm이면 이 항공사진의 크기는 얼마인가?

㉮ 23cm×23cm
㉯ 18.4cm×18.4cm
㉰ 18cm×18cm
㉱ 15.3cm×15.3cm

> **해설** 촬영기선길이를 구하는 공식을 이용해 크기를 구하면
> $B = ma\left(1 - \dfrac{p}{100}\right)$ (B: 촬영기선길이, a: 화면크기, m: 축척분모, p: 종중복도)
> $a = \dfrac{B}{m\left(1 - \dfrac{p}{100}\right)} = \dfrac{9.2}{m(0.4)} = 23\text{cm}$

129. 센서에서 얻은 위성영상을 활용하기 위해서 기본적으로 행하여지는 작업과 거리가 먼 것은?

㉮ 기하보정
㉯ 방사보정
㉰ 영상강조
㉱ 망조정

> **해설** 원격탐사에서의 영상처리
> 1. 영상데이터의 입력
> 2. 전처리 : 방사량보정, 기하보정
> 3. 변환처리 : 영상강조, 데이터 압축 등
> 4. 분류처리 : 분류, 영역분할, 매칭 등
> 5. 출력

130. 입체영상의 영상정합(Image Matching)에 대한 설명으로 옳은 것은?

㉮ 경사와 축척을 바로 수정하여 축척을 통일시키고 변위가 없는 수직 사진으로 수정하는 작업
㉯ 한 영상의 위치에 실제의 객체가 다른 영상의 어느 위치에 형성되었는가를 발견하는 작업
㉰ 사진상의 주점이나 표정점 등 제점의 위치를 인접한 사진상에 옮기는 작업
㉱ 지표의 상태를 파악하기 위하여 사진에 찍혀 있는 것이 무엇인지를 판별하는 작업

해설 영상정합(Image Matching)은 입체영상 중 한 영상의 한 위치에 해당하는 실제의 객체가 다른 영상의 어느 위치에 형성되어 있는가를 발견하는 작업으로서 상응하는 위치를 발견하기 위해 유사성 측정을 하는 것이다.

131. 수치사진측량의 수치지형모형자료의 자료기반구축에서 영상소를 재배열할 경우에 주로 이용되는 내삽법과 거리가 먼 것은?

㉮ 최근린 보간법　　　　㉯ 공일차 보간법
㉰ 공액 보간법　　　　　㉱ 공삼차 보간법

해설 보간이란 구하고자 하는 점의 높이 좌표값을 그 주변의 주어진 자료의 좌표로부터 보간함수를 적용하여 추정 계산하는 것으로 영상소 재배열 방법에는 최근린 보간법, 공일차 보간법, 공이차 보간법, 공삼차 보간법이 있다.

132. 다음 중 위성에 탑재된 센서가 아닌 것은?

㉮ HRV(High Resolution Visible)
㉯ MSS(Multispectral Scanner)
㉰ TM(Thematic Mapper)
㉱ IFOV(Instataneous Field Of View)

해설 ① 수동적 센서 : MSS, TM, HRV
② 능동적 센서 : SLR(SLAR), LiDAR, Rader
• 탑측기 종류 및 특징
　수동적 센서 – 햇볕이 있을 때만 사용가능
　　　　　　　MSS
　　　　　　　TM
　　　　　　　MRV
　능동적 센서 – 전천후 사용 가능
　　　　　　　Laser : LiDAR
　　　　　　　Ladae : 도플러 데이터 방식
　　　　　　　위성 데이터 방식
　　　　　　　SLAR – RAR영상
　　　　　　　　　　SAR영상

해답　130. ㉯　131. ㉰　132. ㉱

133. 다음 중 과고감이 가장 크게 나타내는 사진기는?

㉮ 광각 사진기 ㉯ 보통각 사진기
㉰ 초광각 사진기 ㉱ 사진기의 종류와는 무관하다.

해설 초광각 사진기가 기선-고도비(B/H)가 가장 크므로 과고감이 크다.

134. 원격탐측(Remote Sensing)에 대한 설명 중 옳지 않은 것은?

㉮ 원격탐측은 회전주기가 일정하므로 원하는 지점 및 시기에 관측이 용이하다.
㉯ 탐측된 자료가 즉시 이용될 수 있으며, 재해 및 환경 문제 해결에 편리하다.
㉰ 관측이 좁은 시야각으로 실시되므로, 얻어진 영상은 정사투영에 가깝다.
㉱ 짧은 시간 내에 넓은 지역을 동시에 측정할 수 있으며, 반복관측이 가능하다.

해설 회전주기가 일정하므로 원하는 지점 및 시기에 관측하기가 어렵다.
원격탐측은 지상이나 항공기 및 인공위성 등의 탑재기에 설치된 탐측기를 이용하여 지표, 지상, 지하, 대기권 및 우주공간의 대상들에서 반사 혹은 방사되는 전자기파를 탐지하고 이들 자료로부터 토지, 환경 및 자원에 대한 정보를 얻어 해석하는 기법이다. 원격 탐측(Remote Sensing)이란 원거리에서 직접 접촉하지 않고 대상물에서 반사(Reflection) 또는 방사(Emission)되는 각종 파장의 전자기파를 수집, 처리하여 대상물의 성질이나 환경을 분석하는 기법을 말한다.
이때 전자파를 감지하는 장치를 센서(Sensor)라 하고 센서를 탑재한 이동체를 플랫폼(Platform)이라 한다. 통상 플랫폼에는 항공기나 인공위성이 사용된다.

135. 원격탐사의 정보처리흐름으로 옳은 것은?

㉮ 자료수집-자료변환-방사보정-기하보정-자료압축-판독응용-자료보관
㉯ 자료수집-방사보정-기하보정-자료변환-자료압축-판독응용-자료보관
㉰ 자료수집-자료변환-기하보정-방사보정-자료압축-판독응용-자료보관
㉱ 자료수집-방사보정-자료변환-기하보정-자료압축-판독응용-자료보관

해설 원격탐측 좌표변환체계
자료수집-자료변환-라디오메트릭보정-기하학보정-자료압축-판독 및 응용-자료보관 및 재생
원격탐측(Remote Sensing)이란 원거리에서 직접 접촉하지 않고 대상물에서 반사(Reflection) 또는 방사(Emission)되는 각종 파장의 전자기파를 수집, 처리하여 대상물의 성질이나 환경을 분석하는 기법을 말한다. 이때 전자파를 감지하는 장치를 센서(Sensor)라 하고 센서를 탑재한 이동체를 플랫폼(Platform)이라 한다. 통상 플랫폼에는 항공기나 인공위성이 사용된다.

136. 다음 중 표정점의 선점에 관한 내용으로 틀린 것은?

㉮ 굴뚝과 같이 지표면보다 뚜렷하게 높은 곳에 있는 점이어야 한다.
㉯ 상공에서 보이지 않으면 안 된다.
㉰ 가상점, 가상상을 사용하지 않도록 한다.
㉱ 표정점은 X, Y, Z가 동시에 정확하게 결정될 수 있는 점이 이상적이다.

해설 표정점의 종류에는 자연점, 지상기준점, 대표공지, 종접합점, 횡접합점, 자침점 등이 있다. 종접합점은 스트립을 형성하기 위한 점이다.
사진상에 나타난 점과 대응되는 실제의 점과의 상관성을 해석하기 위한 점을 표정점(Orientation Point) 또는 기준점이라 하며 자연점, 지상기준점, 대표표지, 종접합점, 횡접합점 및 자침점 등이 있다.
1. 사진측량에 필요한 점
    (1) 표정점 : 자연점, 지상기준점
    (2) 보조기준점 : 종접합점, 횡접합점
    (3) 대공표지
    (4) 자침점
  • 표정점의 선점
    ① X, Y, Z가 동시에 정확하게 결정되는 점을 선택
    ② 상공에서 잘 보이면서 명료한 점 선택
    ③ 시간적 변화가 없는 점
    ④ 급한 경사와 가상점을 사용하지 않는 점
    ⑤ 헐레이션(Halation)이 발생하지 않는 점
    ⑥ 지표면에서 기준이 되는 높이의 점

137. 항공사진에 나타난 건물 정상의 시차(Parallax)를 측정하니 6.00cm이고 건물의 밑부분의 시차는 5.97cm였다. 이 건물의 높이는?(단, 이 건물의 밑부분을 기준면(Reference Plane)으로 한 촬영고도는 3,000m이다.)

㉮ 5.0m ㉯ 7.5m ㉰ 10.0m ㉱ 15.0m

해설 $h = \dfrac{H}{\dfrac{b_1+b_2}{2}} \Delta p = \dfrac{300,000}{\dfrac{6.0+5.97}{2}} \times 0.03$
$= 1,503 cm = 15m$

138. 카메라의 노출시간이 $\dfrac{1}{100} \sim \dfrac{1}{300}$ 초인 카메라로 축척 1/25,000의 항공사진을 촬영할 때 영상의 허용 흔들림량을 0.02mm로 하려면 비행기의 촬영운항 속도로 가장 알맞은 것은?

㉮ 180km/h~540km/h ㉯ 200km/h~600km/h
㉰ 220km/h~660km/h ㉱ 240km/h~680km/h

해설 $T_l = \dfrac{\Delta Sm}{V}$ 에서

$\dfrac{1}{100} = \dfrac{0.02 \times 25,000}{V}$ ∴ $V = 180 km/h$

$\dfrac{1}{300} = \dfrac{0.02 \times 25,000}{V}$ ∴ $V = 540 km/h$

제13장 Global Positioning System

13.1 GPS의 개요

13.1.1 GPS의 정의

GPS는 인공위성을 이용한 범세계적 위치결정체계로 정확한 위치를 알고 있는 위성에서 발사한 전파를 수신하여 관측점까지의 소요시간을 관측함으로써 관측점의 위치를 구하는 체계이다. 즉, GPS측량은 위치가 알려진 다수의 위성을 기지점으로 하여 수신기를 설치한 미지점의 위치를 결정하는 후방교회법(Resection method)에 의한 측량방법이다.

13.1.2 GPS의 특징

① 기상상태와 관계없이 관측의 수행이 가능하다.
② 지형여건과 관계없으며, 또한 측점간 상호시통이 되지 않아도 된다.
③ 관측작업이 신속하게 이루어진다.
④ 측점에서 모든 데이터 취득이 가능하다.
⑤ 하루 24시간 어느 시간에서나 이용이 가능하다.
⑥ 측량거리에 비하여 상대적으로 높은 정확도를 지니고 있다.
⑦ 4차원 측량이 가능하다.

13.1.3 GPS의 구성

구성요소		특징
우주부문	구성	31개의 GPS위성
	기능	측위용전파 상시 방송, 위성궤도정보, 시각신호 등 측위계산에 필요한 정보 방송 ① 궤도형상 : 원궤도 ② 궤도면수 : 6개면 ③ 위성수 : 1궤도면에 4개 위성(24개 + 보조위성 7개) = 31개 ④ 궤도경사각 : 55°

		⑤ 궤도고도 : 20,183km ⑥ 사용좌표계 : WGS84 ⑦ 회전주기 : 11시간 58분(0.5 항성일) : 1항성일은 23시간 56분 4초 ⑧ 궤도간이격 : 60도 ⑨ 기준발진기 : 10.23MHz : 세슘원자시계 2대 : 류비듐원자시계 2대
제어부문	구성	1개의 주제어국, 5개의 추적국 및 3개의 지상안테나(Up Link 안테나 : 전송국)
	기능	주제어국 : 추적국에서 전송된 정보를 사용하여 궤도요소를 분석한 후 신규궤도요소, 시계보정, 항법메시지 및 컨트롤명령정보, 전리층 및 대류층의 주기적 모형화 등을 지상안테나를 통해 위성으로 전송함
		추적국 : GPS위성의 신호를 수신하고 위성의 추적 및 작동상태를 감독하여 위성에 대한 정보를 주제어국으로 전송함
		전송국 : 주관제소에서 계산된 결과치로서 시각보정값, 궤도보정치를 사용자에게 전달할 메시지 등을 위성에 송신하는 역할

		① 주제어국 : 콜로라도 스프링스(Colorad Springs) – 미국 콜로라도주
		② 추적국 : 어세션(Ascension Is) – 대서양
		         : 디에고 가르시아(Diego Garcia) – 인도양
		         : 쿠에제린(Kwajalein Is) – 태평양
		         : 하와이(Hawaii) – 태평양
		③ 3개의 지상안테나(전송국) : 갱신자료 송신

사용자부문	구성	GPS수신기 및 자료처리 S/W

	기능	위성으로부터 전파를 수신하여 수신점의 좌표나 수신점 간의 상대적인 위치관계를 구한다.
		사용자부문은 위성으로부터 전송되는 신호정보를 수신할 수 있는 GPS수신기와 자료처리를 위한 소프트웨어로서 위성으로부터 전송되는 시간과 위치정보를 처리하여 정확한 위치와 속도를 구한다.
		① GPS 수신기
		   위성으로부터 수신한 항법데이터를 사용하여 사용자 위치/속도를 계산한다.
		② 수신기에 연결되는 GPS안테나
		   GPS위성신호를 추적하며 하나의 위성신호만 추적하고 그 위성으로부터 다른 위성들의 상대적인 위치에 관한 정보를 얻을 수 있다.

- 1태양일 : 지구가 태양을 중심으로 한 번 자전하는 시간 24시간
- 1항성일 : 지구가 항성을 중심으로 한 번 자전하는 시간 23시간 56분 4초

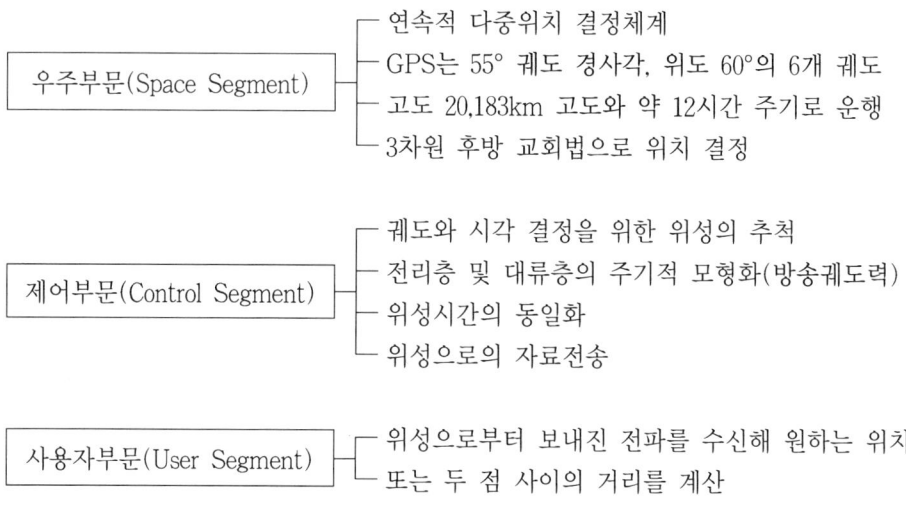

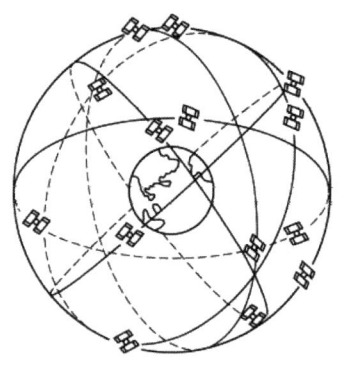

- 궤도 : 대략 원궤도
- 궤도수 : 6개
- 위성수 : 24개
- 궤도경사각 : 55°
- 높이 : 20,000km
- 사용좌표계 : WGS-84

[GPS 위성궤도]

13.1.4 GPS 신호

GPS 신호는 C/A코드, P코드 및 항법메시지 등의 측위 계산용 신호가 각기 다른 주파수를 가진 L_1 및 L_2 파의 2개 전파에 실려 지상으로 방송이 되며 L_1/L_2 파는 코드신호 및 항법메시지를 운반한다고 하여 반송파(Carrier Wave)라 한다.

신호	구분	내용
반송파 (Carrier)	L_1	• 주파수 1,575.42MHz(154×10.23MHz), 파장 19cm • C/A code와 P code 변조 가능
	L_2	• 주파수 1,227.60MHz(120×10.23MHz), 파장 24cm • P code만 변조 가능
코드 (Code)	P code	• 반복주기 7일인 PRN code(Pseudo Random Noise code) • 주파수 10.23MHz, 파장 30m(29.3m)
	C/A code	• 반복주기 : 1ms(milli-second)로 1.023Mbps로 구성된 PPN code • 주파수 1.023MHz, 파장 300m(293m)

Navigation Message		GPS 위성의 궤도, 시간, 기타 System Parameter들을 포함하는 Data bit
		• 측위계산에 필요한 정보
		  - 위성탑재 원자시계 및 전리층보정을 위한 Parameter 값
		  - 위성궤도정보
		  - 타위성의 항법메시지 등을 포함
		• 위성궤도정보에는 평균근점각, 이심률, 궤도장반경, 승교점적경, 궤도경사각, 근지점인수 등 기본적 인량 및 보정항이 포함

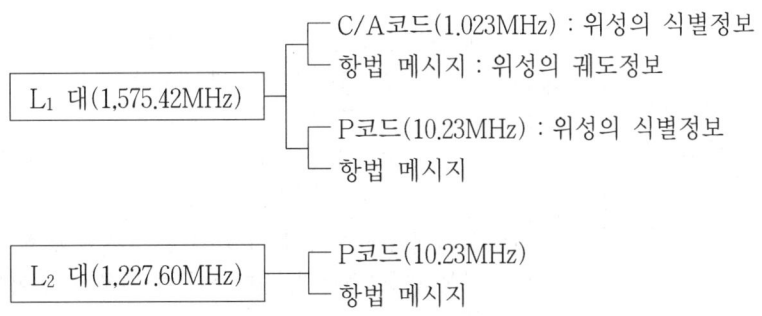

가. GPS 위성의 코드형태와 항법 메시지 정리

구분 \ 코드	C/A	P(Y)	항법데이터
전송률	1.023Mbps	10.23Mbps	50bps
펄스당 길이	293m	29.3m	5,950km
반복	1ms	1주	N/A
코드의 형태	Gold	Pseudo random	N/A
반송파	L_1	L_1, L_2	L_1, L_2
특징	포착하기가 용이함	정확한 위치추적, 고장률이 적음	시간, 위치 추산표

13.1.5 GPS 측위 원리

GPS를 이용한 측위방법에는 코드신호 측정방식과 반송파신호 측정방식이 있다. 코드신호에 의한 방법은 위성과 수신기 간의 전파 도달 시간차를 이용하여 위성과 수신기 간의 거리를 구하며, 반송파 신호에 의한 방법은 위성으로부터 수신기에 도달되는 전파의 위상을 측정하는 간섭법을 이용하여 거리를 구한다.

구분		특징
코드신호 측정방식	의의	위성에서 발사한 코드와 수신기에서 미리 복사된 코드를 비교하여 두코드가 완전히 일치할 때까지 걸리는 시간을 관측하여 여기에 전파속도를 곱하여 거리를 구하는 데 이때 시간에 오차가 포함되어 있으므로 의사거리(Pseudo range)라 한다.
	공식	$R = [(X_R - X_S)^2 + (Y_R - Y_S)^2 + (-Z_S)^2]^{1/2} + \delta t \cdot c$ 여기서, R : 위성과 수신기 사이의 거리 X, Y, Z : 위성의 좌표값 $X_R X_R Z_R$: 수신기의 좌표값 δt : GPS와 수신기 간의 시각 동기오차 C : 전파속도
	특징	① 동시에 4개 이상의 위성신호를 수신해야 함 ② 단독측위(1점측위, 절대측위)에 사용되며, 이때 허용오차는 5~15m ③ 2대 이상의 GPS를 사용하는 상대측위 중 코드 신호만을 해석하여 측정하는 DGPS(Differential GPS) 측위시 사용되며 허용오차는 약 1m 내외임

반송파신호 측정방식	의의	위성에서 보낸 파장과 지상에서 수신된 파장의 위상차를 관측하여 거리를 계산한다.
	공식	$R = \left(N + \dfrac{\phi}{2\pi}\right) \cdot \lambda + C(dT + dt)$ 여기서, R : 위성과 수신기 사이의 거리 λ : 반송파의 파장 N : 위성과 수신기 간의 반송파의 개수 ϕ : 위상각 C : 전파속도 $dT + dt$: 위성과 수신기의 시계오차
	특징	① 반송파신호측정방식은 일명 간섭측위라 하여 전파의 위상차를 관측하는 방식인데 수신기에 마지막으로 수신되는 파장의 위상을 정확히 알 수 없으므로 이를 모호정수(Ambiguity) 또는 정수치편기(Bias)라고 한다. ② 본 방식은 위상차를 정확히 계산하는 방법이 매우 중요한데 그 방법으로 1중차, 2중차, 3중차의 단계를 거친다. ③ 일반적으로 수신기 1대만으로는 정확한 Ambiguity를 결정할 수 없으며 최소 2대 이상의 수신기로부터 정확한 위상차를 관측한다. ④ 후처리용 정밀기준점 측량 및 RTK법과 같은 실시간이동측량에 사용된다.

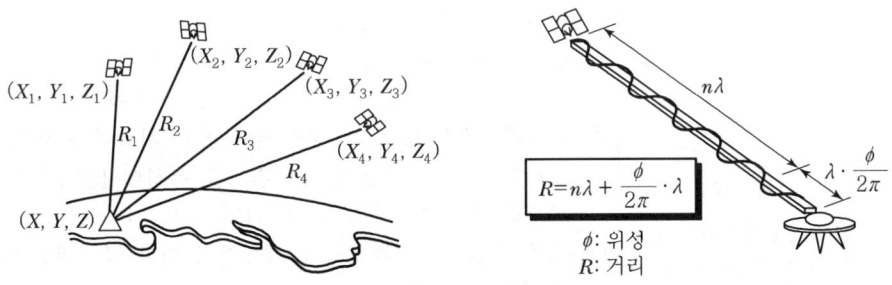

[의사거리를 이용한 위치해석 방법]   [반송파에 의한 위성과 수신기 간 거리측정]

13.1.6 궤도 정보(Ephemeris : 위성력)

궤도정보는 GPS측위정확도를 좌우하는 중요한 사항으로서 크게 방송력과 정밀력으로 구분되며 Almanac(달력, 역서, 연감)과 같은 뜻이다. 위성력은 시간에 따른 천체의 궤적을 기록한 것으로 각각의 GPS위성으로부터 송신되는 항법메시지에는 앞으로의 궤도에 대한 예측치가 들어 있다. 형식은 30초마다 기록되어 있으며 Keplerian Element로 구성되어 있다.

구분	특징
방송력 (Broadcast Ephemeris) : 방송궤도정보	① GPS위성이 타 정보와 마찬가지로 지상으로 송신하는 궤도정보임 ② GPS위성은 주관제국에서 예측한 궤도력, 즉 방송궤도력을 항법메시지의 형태로 사용자에게 전달하는데 이 방송궤도력은 1996년 당시 약 3m의 예측에 의한 오차가 포함되어 있었음 ③ 사전에 계산되어 위성에 입력한 예보궤도로서 실제운행궤도에 비해 정확도가 떨어짐 ④ 향후의 궤도에 대한 예측치가 들어 있으며 형식은 매 30초마다 기록되어 있으며 6개의 Keplerian element로 구성되어 있음 ⑤ 위성전파를 수신하지 않고 획득 가능하며 수신하는 순간부터도 사용이 가능하므로 측위결과를 신속히 알 수 있음 ⑥ 방송궤도력을 적용하면 정밀궤도력을 적용하는 것보다 기선결정의 정밀도가 떨어지지만 위성전파를 수신하지 않고도 획득 가능하며 수신하는 순간부터도 사용이 가능하므로 측위결과를 신속하고 간편하게 알 수 있음
정밀력 (Precise Ephemeris) : 정밀궤도정보	① 실제 위성의 궤적으로서 지상추적국에서 위성전파를 수신하여 계산된 궤도정보임 ② 방송력에 비해 정확도가 높으며 위성관측 후에 정보를 취득하므로 주로 후처리 방식의 정밀기준점측량시 적용됨 ③ 방송궤도력은 GPS수신기에서 곧바로 취득이 되지만, 정밀궤도력은 별도의 컴퓨터 네트워크를 통하여 IGS(GPS관측망)로부터 수집하여야 하고 약 11일 정도 기다려야 함 ④ GPS위성의 정밀궤도력을 산출하기 위한 국제적인 공동연구가 활발히 진행 중임 ⑤ 전 세계 약 110개 관측소가 참여하고 있는 국제 GPS관측망(IGS)이 1994년 1월 발족하여 GPS 위성의 정밀 궤도력을 산출하여 공급하고 있음 ⑥ 대덕연구단지 내 천문대 GPS관측소와 국토지리정보원 내 GPS관측소가 IGS 관측소로 공식 지정되어 우리나라 대표로 활동함

13.1.7 간섭측위에 의한 위상차 측정

정적간섭측위(Static Positioning)를 통하여 기선해석을 하는 데 사용하는 방법으로서 두 개의 기지점에 GPS 수신기를 설치하고 위상차를 측정하여 기선의 길이와 방향을 3차원 백터량으로 결정하는데 다음과 같은 위상차 차분기법을 통하여 기선해석 품질을 높인다.

구분	특징
일중위상차 (Single Phace Difference)	① 한 개의 위성과 두 대의 수신기를 이용한 위성과 수신기 간의 거리측정차(행로차) ② 동일위성에 대한 측정치이므로 위성의 궤도오차와 원자시계에 의한 오차가 소거된 상태 ③ 그러나 수신기의 시계오차는 포함되어 있는 상태임
이중이상차 (Double Phace Difference)	① 두 개의 위성과 두 대의 수신기를 이용하여 각각의 위성에 대한 수신기 간 1중차끼리의 차이값 ② 두 개의 위성에 대하여 두 대의 수신기로 관측함으로서 같은량으로 존재하는 수신기의 시계오차를 소거한 상태 ③ 일반적으로 최소 4개의 위성을 관측하여 3회의 이중차를 측정하여 기선해석을 하는 것이 통례임
삼중위상차 (Triple Phace Difference)	① 한 개의 위성에 대하여 어떤 시각의 위상적산치(측정치)와 다음 시각의 적산치와의 차이값을 적분위상차라고도 함 ② 반송파의 모호정수(불명확상수)를 소거하기 위하여 일정시간 간격으로 이중차의 차이값을 측정하는 것을 말함 ③ 즉, 일정시간 동안의 위성거리 변화를 뜻하며 파장의 정수배의 불명확을 해결하는 방법으로 이용됨

13.2 GPS의 오차

13.2.1 구조적인 오차

종류	특징
위성시계오차	GPS위성에 내장되어 있는 시계의 부정확성으로 인해 발생
위성궤도오차	위성궤도정보의 부정확성으로 인해 발생
대기권전파지연	위성신호의 전리층, 대류권 통과시 전파지연오차(약 2m)
전파적 잡음	수신기 자체에서 발생하며 PRN코드잡음과 수신기 잡음이 합쳐져서 발생
다중경로 (Multipath)	다중경로오차는 GPS위성으로 직접 수신된 전파 이외에 부가적으로 주위의 지형, 지물에 의한 반사된 전파로 인해 발생하는 오차로서 측위에 영향을 미친다. ① 다중경로는 금속제건물·구조물과 같은 커다란 반사적 표면이 있을 때 일어난다. ② 다중경로의 결과로서 수신된 GPS신호는 처리될 때 GPS 위치의 부정확성을 제공 ③ 다중경로가 일어나는 경우를 최소화하기 위하여 미션설정, 수신기, 안테나 설계시에 고려한다면 다중경로의 영향을 최소화할 수 있다. ④ GPS신호시간의 기간을 평균하는 것도 다중경로의 영향을 감소시킨다. ⑤ 가장 이상적인 방법은 다중경로의 원인이 되는 장애물에서 멀리 떨어져서 관측하는 방법이다.

13.2.2 위성의 배치상태에 따른 오차

가. 정밀도저하율(DOP : Dilution of Precision)

GPS관측지역의 상공을 지나는 위성의 기하학적 배치상태에 따라 측위의 정확도가 달라지는데 이를 DOP(Dilution of Precision)라 한다.

종류	특징
① GDOP : 기하학적 정밀도 저하율 ② PDOP : 위치 정밀도 저하율 ③ HDOP : 수평 정밀도 저하율 ④ VDOP : 수직 정밀도 저하율 ⑤ RDOP : 상대 정밀도 저하율 ⑥ TDOP : 시간 정밀도 저하율	① 3차원 위치의 정확도는 PDOP에 따라 달라지는데 PDOP은 4개의 관측위성들이 이루는 사면체의 체적이 최대일 때 가장 정확도가 좋으며 이때는 관측자의 머리 위에 다른 3개의 위성이 각각 120°를 이룰 때이다. ② DOP은 값이 작을수록 정확한데 1이 가장 정확하고 5까지는 실용상 지장이 없다.

13.2.3 선택적 가용성에 따른 오차(SA ; Selective Abailability / AS ; Anti-Spoofing)

미국방성의 정책적 판단에 의해 인위적으로 GPS 측량의 정확도를 저하시키기 위한 조치로 위성의 시각정보 및 궤도정보 등에 임의의 오차를 부여하거나 송신, 신호형태를 임의 변경하는 것을 SA라 하며, 군사적 목적으로 P코드를 암호하는 것을 AS라 한다.

SA의 해제	2000년 5월 1일 해제
AS(Anti Spoofing : 코드의 암호화, 신호차단)	군사목적의 P코드를 적의교란으로부터 방지하기 위하여 암호화 시키는 기법

13.2.4 Cycle Slip

사이클슬립은 GPS반송파위상 추적회로에서 반송파위상치의 값을 순간적으로 놓침으로 인해 발생하는 오차. 사이클슬립은 반송파 위상데이터를 사용하는 정밀위치측정분야에서는 매우 큰 영향을 미칠 수 있으므로 사이클슬립의 검출은 매우 중요하다.

원인	처리
① GPS안테나 주위의 지형지물에 의한 신호단절 ② 높은 신호 잡음 ③ 낮은 신호 강도 ④ 낮은 위성의 고도각 ⑤ 사이클슬립은 이동측량에서 많이 발생	① 수신회로의 특성에 의해 파장의 정수배만큼 점프하는 특성 ② 데이터 전처리 단계에서 사이클슬립을 발견, 편집가능 ③ 기선해석 소프트웨어에서 자동처리

13.3 GPS의 활용

① 측지측량분야
② 해상측량분야
③ 교통분야
④ 지도제작분야(GPS-VAN)
⑤ 항공분야
⑥ 우주분야
⑦ 레저스포츠분야
⑧ 군사용
⑨ GSIS의 DB구축
⑩ 기타 : 구조물 변위 계측, GPS를 시각동기장치로 이용 등

13.4 측량에 이용되는 위성측위시스템

13.4.1 용어 정의

① "GPS측량"이라 함은 복수의 GPS측량기를 이용하여 관측점간의 3차원 상대위치를 구하고 기준점의 측지학적 좌표·표고를 결정하는 작업을 말한다.

② "1등 기준점"이라 함은 국립지리원에서 설치 운영하는 GPS상시관측시설의 GPS수신안테나 참조점을 말한다.

③ "2등 기준점"이라 함은 1등 기준점을 기지점으로 하여 국가좌표변환계수의 산출을 위하여 GPS측량을 실시하는 기존의 정밀 1차 기준점 및 1등 수준점을 말한다.

④ "3등 기준점"이라 함은 1등 기준점 또는 2등 기준점으로부터 실용성과를 산출하는 기준점으로서 2등 기준점을 제외한 기존의 정밀 1, 2차 기준점 및 1, 2등 수준점을 말한다.

⑤ "고정점"이라 함은 실용성과 망평균 계산시 적용하는 평면 및 높이의 기지점을 말한다.

⑥ "표고점"이라 함은 수준점으로부터 직접 또는 간접수준측량에 의하여 표고를 결정하여 GPS측정시 표고의 기지점으로 사용할 수 있는 삼각점, 수준점, 편심점을 말한다.

⑦ "Session"이라 함은 당해 측량을 위하여 일정한 관측간격을 두고 동시에 GPS측량을 실시하는 단위작업을 말한다.

13.4.2 위성항법시스템의 종류

가. **전지구위성항법시스템**(GNSS ; Global Navigation Satellite System)
  지구 전체를 서비스 대상 범위로 하는 위성항법시스템
  중궤도(2만 km 내외)를 선회하는 20~30기의 항법 위성이 필요
  ① 미국의 GPS(Global Positioning System)
  ② EU의 Galileo
  ③ 러시아의 GLONASS(GLObal Navigation Satellite System)

나. **지역위성항법시스템**(RNSS ; Regional Navigation Satellite System)
  특정 지역을 서비스 대상으로 하는 위성항법시스템
  ① 중국의 북두(COMPASS/Beidou)
  ② 일본의 준천정위성(QZSS ; Quasi-Zenith Satellite System)
  ③ 인도의 IRNSS(Indian Regional Navigation Satellite System)

13.4.3 위성항법시스템 구축 현황

소유국	시스템명	목적	운용연도	운용궤도	위성수
미국	GPS	전지구위성항법	1995	중궤도	31기 운용중
러시아	GLONASS	전지구위성항법	2011	중궤도	24
EU	Galileo	전지구위성항법	2012	중궤도	30
중국	COMPASS (Beidou 1) (Beidou 2)	전지구위성항법 (중국 지역위성항법)	2011	중궤도 정지궤도	30 5
일본	QZSS	일본주변 지역위성항법	2010	고타원궤도	3
인도	IRNSS	인도주변 지역위성항법	2010	정지궤도 고타원궤도	3 4

13.4.2 보강시스템 구축 현황

가. 위성기반 보강시스템(SBAS : Satellite-Based Augmentation System)

항공항법용 보정정보 제공을 주된 목적으로 미국, 유럽 등 다수 국가가 구축·운용

〈국가별 위성기반 보강시스템 구축·운용 현황〉

국가	구축 시스템	용도 및 제공정보	구축비용	운용연도
미국	WAAS (Wide Area Augmentation System)	항공항법용 GPS 보정정보 방송	약 2조원	2007
EU	EGNOS (European Geostationary Navigation Overlay Service)	항공항법용 GPS, GLONASS 보정정보 방송	미공개	2008
일본	MSAS (Multi-functional Satellite-based Augmentation System)	항공항법용 GPS 보정정보 방송	약 2조원	2005
인도	GAGAN (GPS and Geo Augmented Navigation system)	항공항법용 GPS 보정정보 방송	미공개	2010
캐나다	CWAAS (Canada Wide Area Augmentation System)	항공항법용 GPS 보정정보 방송	미공개	미정

나. 지상기반 보강시스템(GBAS : Ground-Based Augmentation System)
   1) 해양용 보강시스템 : 국제해사기구(IMO ; International Maritime Organization)의 해상항법 권고에 따라 GPS 보정정보를 제공하는 시스템으로서, 현재 40여개국 이상이 구축·운용
   2) 항공용 보강시스템 : 국제민간항공기구(ICAO ; International Civil Aviation Organization)의 권고로 각국이 항공용 항로비행(GRAS) 및 이착륙(GBAS)을 위한 보강시스템 개발중
      ① GRAS : Ground-based Regional Augmentation System
      ② GBAS : Ground Based Augmentation System

예상 및 기출문제

1. GPS 측량의 특성에 대한 설명으로 옳지 않은 것은?

㉮ 측점 간 시통이 요구된다.
㉯ 야간관측이 가능하다.
㉰ 날씨에 영향을 거의 받지 않는다.
㉱ 전리층 영향에 대한 보정이 필요하다.

> **해설** GPS의 장점
> ① 주·야간 및 기상상태와 관계없이 관측이 가능하다.
> ② 기준점 간 시통이 되지 않는 장거리 측량이 가능하다.
> ③ 측량의 소요시간이 기존 방법보다 효율적이다.
> ④ 관측의 정밀도가 높다.

2. GPS의 특징에 해당되지 않는 것은?

㉮ 야간에도 관측이 가능하다.
㉯ 날씨의 영향을 거의 받지 않는다.
㉰ 고압선 등의 전파에 대한 영향을 받지 않는다.
㉱ 측점 간 시통에 무관하다.

> **해설** 1번 문제 해설 참조

3. GPS의 특징을 설명한 것 중 틀린 것은?

㉮ 고정밀도의 측량이 가능하다.
㉯ 측점 간의 상호 시통이 필요하지 않다.
㉰ 측점에서 모든 데이터 취득이 가능하다.
㉱ 날씨에 영향을 많이 받으며 야간관측이 어렵다.

> **해설** GPS 측량 시스템은 인공위성을 이용한 범지구위치측정시스템으로 정확한 위치를 알고 있는 위성에서 발사한 전파를 수신하고 관측점까지 소요시간을 측정하여 위치를 구한다. GPS의 특징은 다음과 같다.
> ① 기상상태와 시간적 제약에 관계없이 관측의 수행이 가능하다.
> ② 지형여건과 관계 없으며, 또한 측점 간 상호시통이 되지 않아도 관계없다.
> ③ 관측작업이 신속하게 이루어진다.
> ④ 측점에서 모든 데이터 취득이 가능해진다.
> ⑤ 1인 측량이 가능하여 인력이 적게 소요되고, 측정작업이 간단하다.

해답 1. ㉮ 2. ㉰ 3. ㉱

4. GPS에서 위도, 경도, 고도, 시간에 대한 차분해(Differential Solution)를 얻기 위해서는 최소 몇 개의 위성이 필요한가?

㉮ 1 ㉯ 2 ㉰ 4 ㉱ 8

해설 차량용 내비게이션은 단일측위이므로 1개의 위성, 측량용으로 사용하려면 최소 4개 이상 위성이 필요하다.

5. GPS 위성의 궤도 주기로 옳은 것은?

㉮ 약 6시간 ㉯ 약 10시간
㉰ 약 12시간 ㉱ 약 18시간

해설 공전주기를 11시간 58분으로 하여 위성이 하루에 지구를 두 번씩 돌도록 하여 지상의 어느 위치에서나 항상 동시에 5개에서 최대 8개까지 위성을 볼 수 있도록 하기 위해 배치되어 있다.

6. 정확한 위치에 기준국을 두고 GPS 위성 신호를 받아 기준국 주위에서 움직이는 사용자에게 위성신호를 넘겨주어 정확한 위치를 계산하는 방법은?

㉮ DOP ㉯ DGPS ㉰ SPS ㉱ S/A

해설 DGPS는 이미 알고 있는 기지점 좌표를 이용하여 오차를 최대한 줄여서 이용하기 위한 상대측위 방식의 위치결정방식으로 기지점에 기준국용 GPS 수신기를 설치하고 위성을 관측하여 각 위성의 의사거리 보정값을 구한 뒤 이를 이용하여 이동국용 GPS 수신기의 위치결정 오차를 개선하는 위치결정형태이다.

7. GPS 측량에서 의사거리 결정에 영향을 주는 오차의 원인으로 거리가 먼 것은?

㉮ 위성의 궤도 오차 ㉯ 위성의 시계 오차
㉰ 안테나의 구심 오차 ㉱ 지상의 기상 오차

해설 1. GPS 측량의 오차는 위성의 시계 오차, 위성의 궤도 오차, 대기조건에 의한 오차, 수신기 오차 순으로 그 중요성이 요구된다.
2. GPS의 구조적인 오차
① 대기층 지연 오차
② 위성의 궤도 오차
③ 위성의 시계 오차
④ 전파적 잡음, 다중경로 오차

8. 지적삼각점의 신설을 위한 가장 적합한 GPS 측량방법은?

㉮ 정지측량방식(Static) ㉯ DGPS(Differential GPS)
㉰ Stop & Go 방식 ㉱ RTK(Real Time Kinematic)

해답 4. ㉰ 5. ㉰ 6. ㉯ 7. ㉱ 8. ㉮

해설 정지측량(Static Survey)
① 가장 일반적인 방법으로 하나의 GPS 기선을 두 개의 수신기로 측정하는 방법이다.
② 측점 간의 좌표차이는 WGS84 지심좌표계에 기초한 3차원 X, Y, Z를 사용하여 계산되며, 지역 좌표계에 맞추기 위하여 변환하여야 한다.
③ 수신기 중 한 대는 기지점에 설치, 나머지 한 대는 미지점에 설치하여 위성신호를 동시에 수신하여야 하는데 관측시간은 관측조건과 요구 정밀도에 달려 있다.
④ 관측시간이 최저 45분 이상 소요되고 10km±2ppm 정도의 측량정밀도를 가지고 있으며 적어도 4개 이상의 관측위성이 동시에 관측될 수 있어야 한다.
⑤ 장거리 기선장의 정밀측량 및 기준점 측량에 주로 이용된다.
⑥ 정지측량에서는 반송파의 위상을 이용하여 관측점 간의 기선벡터를 계산한다.
⑦ 장시간의 관측을 하여야 하며 장거리 정밀측정에 정확도가 높고 효과적이다.

9. GPS를 이용하여 위치를 결정할 때 보정계산에 필요한 데이터와 거리가 먼 것은?
㉮ 측지좌표변환 파라미터 ㉯ 대류권 데이터
㉰ 전파성 데이터 ㉱ 전리층 데이터

해설 보정계산에 필요한 데이터는 위성시계, 위성궤도, 전리층, 대류권, 측지좌표 파라미터 등이다.

10. GPS 측량에서 구조적 요인에 의한 오차에 해당하지 않는 것은?
㉮ 전리층 오차 ㉯ 대류층 오차
㉰ S/A 오차 ㉱ 위성궤도오차 및 시계오차

해설 GPS 구조적 원인에 의한 오차
① 위성시계오차
  ㉠ 위성에 장착된 정밀한 원자시계의 미세한 오차
  ㉡ 위성시계오차로서 잘못된 시간에 신호를 송신함으로써 오차 발생
② 위성궤도오차
  ㉠ 항법메시지에 의한 예상궤도, 실제궤도의 불일치
  ㉡ 위성의 예상위치를 사용하는 실시간 위치결정에 의한 영향
③ 전리층과 대류권의 전파지연
  ㉠ 전리층 : 지표면에서 70~1000km 사이의 충전된 입자들이 포함된 층
  ㉡ 대류권 : 지표면상 10km까지 이르는 것으로 지구의 기후형태에 의한 층
  ㉢ 전리층, 대류권에서 위성신호의 전파속도지연과 경로의 굴절오차
④ 수신기에서 발생하는 오차
  ㉠ 전파적 잡음이 한정되어 있는 시간 차이를 측정하는 GPS 수신기의 능력과 관련된 다양한 오차를 포함한다.
  ㉡ 다중경로오차 : GPS 위성으로부터 직접 수신된 전파 이외에 부가적으로 주위의 지형, 지물에 의해 반사된 전파로 인해 발생하는 오차
    • 다중경로는 보통 금속제 건물, 구조물과 같은 커다란 반사적 표면이 있을 때 일어난다.
    • 다중경로의 결과로서 수신된 GPS의 신호는 처리될 때 GPS 위치의 부정확성을 제공한다.

해답 9. ㉰ 10. ㉰

11. 위성신호를 연속적으로 받지 못하는 것으로 신호의 점프 또는 신호의 단절이라 하는 것은?
  ㉮ Selective Availability
  ㉯ Dilution of Precision
  ㉰ Anti Spoofing
  ㉱ Cycle Slip

> **해설** ① Cycle Slip의 원인
>   ㉠ GPS 안테나 주위의 지형, 지물에 의한 신호차단으로 발생
>   ㉡ 비행기의 커브 회전 시 동체에 의한 위성시야의 차단
>   ㉢ 높은 신호잡음
>   ㉣ 낮은 신호강도(Signal Strength)
>   ㉤ 낮은 위성의 고도각
>   ㉥ 사이클 슬립은 이동측량에서 많이 발생
> ② Cycle Slip의 처리
>   ㉠ 수신회로의 특성에 의해 파장의 정수배만큼 점프하는 특성
>   ㉡ 데이터의 전 처리 단계에서 사이클 슬립을 발견, 편집기능
>   ㉢ 기선해석 소프트웨어에서 자동처리
>   ㉣ 사이클 슬립을 소거하기 위한 방법은 원자시계 레이저 고도계, 관성항행장치(INS)와 같은 보호 장치의 활용이다.

12. GPS의 자료 교환에 사용되는 표준형식으로 서로 다른 기종 간의 기선해석이 가능하도록 한 것은?
  ㉮ RINEX   ㉯ SDTS   ㉰ DXF   ㉱ IGES

> **해설** GPS로 관측된 자료의 처리 S/W는 장비사마다 다르므로 이를 호환하여 사용이 가능하도록 Rinex라는 명칭의 프로그램이 개발되었다.

13. GPS 스태틱 측량을 실시한 결과 거리오차의 크기가 0.05m이고 PDOP이 4일 경우 측위오차의 크기는?
  ㉮ 0.2m   ㉯ 0.5m   ㉰ 1.0m   ㉱ 1.5m

> **해설** 측위오차=거리오차(Range Error)×PDOP(Position Dilution of Precision)
> 0.2m=0.05m×4
> 측위 시 이용되는 위성들의 배치상황에 따라 오차는 증가하게 된다. 이는 육상에서 독도법으로 위치를 측정할 때와 마찬가지로 적당한 간격의 물표를 선택하여 독도법을 실시하면 오차삼각형이 작아져 위치가 정확해지고, 몰려 있는 물표를 이용하는 경우 오차삼각형이 커져서 위치가 부정확해진다. 마찬가지로 위성 역시 적당히 배치되어 있는 경우에 위치의 오차가 작아진다.

14. GPS의 구성요소 중 위성을 추적하여 위성의 궤도와 정밀시간을 유지하고 관련 정보를 송신하는 역할을 담당하는 부문은?
  ㉮ 우주부문
  ㉯ 제어부문
  ㉰ 수신부문
  ㉱ 사용자부문

> **해설** 제어부문은 궤도와 시각결정을 위한 위성의 추척, 전리층 및 대류층의 주기적 모형화, 위성시간의 동일화 및 위성으로의 자료전송 등을 주 임무로 한다.

15. GPS 관측에 대한 설명으로 옳지 않은 것은?

㉮ C/A코드 및 P코드로 의사거리를 측정하여 관측점의 위치를 계산한다.
㉯ L_1주파의 위상(L_1 Carrier Phase) 측정 자료로 이용, 정수파수의 정수치(Integer Number)를 구함으로써 mm 또는 cm 정도의 정밀한 기선벡터를 계산할 수 있다.
㉰ L_1주파의 위상(L_1 Carrier Phase)측정자료만으로 전리층 오차를 보정할 수 있다.
㉱ L_1, L_2 2주파의 위상측정자료를 이용하면 L_1 1주파만 이용할 때보다 정수파수의 정수치(Integer Number)를 정확히 얻을 수 있다.

> **해설** 2개의 주파수로 방송되는 이유는 위성궤도와 지표면 중간에 있는 전리층의 영향을 보정하기 위함이다.

16. GPS에서 PDOP와 가장 밀접한 관계가 있는 것은?

㉮ 위성의 배치   ㉯ 지상 수신기
㉰ 선택적 이용성   ㉱ 전리층 영향

> **해설** DOP(정밀도 저하율)의 종류
> ① GDOP : 기하학적 정밀도 저하율
> ② PDOP : 위치정밀도 저하율
> ③ HDOP : 수평정밀도 저하율
> ④ VDOP : 수직정밀도 저하율
> ⑤ RDOP : 상대정밀도 저하율
> ⑥ TDOP : 시간정밀도 저하율

17. 다음의 GPS 오차원인 중 L_1 신호와 L_2 신호의 굴절 비율의 상이함을 이용하여 L_1/L_2의 선형 조합을 통해 보정이 가능한 것은?

㉮ 전리층 지연오차   ㉯ 위성시계오차
㉰ GPS 안테나의 구심오차   ㉱ 다중전파경로(멀티패스)

> **해설** 1. 전리층 지연
> ① 전리층은 지상 100km 정도부터 1,000km 정도 사이에 존재하는 층으로서 GPS 전파에 영향을 미치는 곳은 지상 200km 이상에 있는 F2층이라는 부분이다.
> ② 전리층 중 200km에서 250km 부근에서 전리층 전자밀도로 정하는 플라즈마 주파수(Plasma Frequency)의 양을 의미하는 fp가 최대가 된다. 그 지역을 F2층 임계주파수라 하며 모든 전리층은 각각의 임계주파수를 가지고 있다.
> ③ 전리층에서는 태양 자외선에 의해 대기분자가 전자와 이온으로 분리된다.
> ④ GPS 전파는 전리층을 지나면서 Code 신호는 느려지고 반송파는 빨라지는 등 속도가 변화하므로 측량오차를 일으키게 된다.

해답 15. ㉰ 16. ㉮ 17. ㉮

2. 대류권 지연
   ① 대류권은 지표면에서 지상 80km 정도까지의 영역이다.
   ② 대류권의 건조공기는 안정된 분포를 보이기 때문에 보정이 비교적 용이하지만 수증기는 기상조건에 따라 분포가 달라져 보정이 어렵다.
   ③ 대류권 굴절오차는 중성자로 구성된 대기의 영향에 따라 위성신호가 굴절하여 야기되는 오차를 말한다.
   ④ 일반적으로 GPS 측량에서는 표준기상을 가정하여 계산된 대류권 지연량을 이용하여 보정한다.
   ⑤ 대부분의 기선해석 소프트웨어는 관측점에 대한 온도, 기압, 습도를 입력하여 대류권지연을 계산한다.
3. 다중경로(Multi-path) 오차
   ① 일반적으로 GPS 신호가 수신기 주변에 있는 바다 표면이나 고층빌딩 같은 지형지물에 의해 반사되어 들어옴으로써 발생한다.
   ② 수신기에 도달되는 신호가 실제적인 신호와 사선방향신호 그리고 반사파가 동시에 도달하기 때문에 다중경로라 한다.
   ③ 적절한 수신기 위치선정이 중요하며 일정기간 동안 취득한 데이터를 평균하는 것도 다중경로오차를 줄이는 방법이다.

18. GPS 측량에 의한 위치결정 시 최소 4대 이상의 위성에서 동시 관측해야 하는 이유로 옳은 것은?

㉮ 수신기 위치와 궤도오차를 구하기 위하여
㉯ 수신기 위치와 다중경로오차를 구하기 위하여
㉰ 수신기 위치와 시계오차를 구하기 위하여
㉱ 수신기 위치와 전리층오차를 구하기 위하여

해설 GPS 측량은 위성에서 발사한 코드와 수신기에서 미리 복사된 코드를 비교하여 두 코드가 완전히 일치할 때까지 걸리는 시간을 관측하여 여기에 전파속도를 곱하여 거리를 구한다. 여기에는 시간오차가 포함되어 있으므로 4개 이상의 위성을 관측하여 원하는 수신기의 위치와 시각동기오차를 결정하고 항법, 근사적인 위치결정, 실시간 위치결정 등에 이용된다.

19. GPS의 우주부문에 대한 설명으로 옳지 않은 것은?

㉮ 각 궤도에는 4개의 위성과 예비 위성으로 운영되고 있다.
㉯ 위성은 0.5항성일 주기로 지구 주위를 돌고 있다.
㉰ 위성은 모두 6개의 궤도로 구성되어 있다.
㉱ 위성은 고도 약 1,000km의 상공에 있다.

해설 우주부문은 24개의 위성과 3개의 예비위성으로 구성되어 전파신호를 보내는 역할을 담당한다. GPS위성은 적도면과 55°의 궤도경사를 이루는 6개의 궤도면으로 이루어져 있으며 궤도 간 이격은 60°이다. 고도는 약 20,200km(장반경 26,000km)에서 궤도면에 4개의 위성이 배치하고 있다. 공전주기를 11시간 58분으로 하여 위성이 하루에 지구를 두 번씩 돌도록 하여 지상의 어느 위치에서나 항상 동시에 5개에서 최대 8개까지 위성을 볼 수 있도록 하기 위해 배치되어 있다.

예상 및 기출문제

20. GPS 측량에서 사이클 슬립(Cycle Slip)의 주된 원인은?

㉮ 높은 위성의 고도 ㉯ 높은 신호강도
㉰ 낮은 신호잡음 ㉱ 지형·지물에 의한 신호단절

해설 ① Cycle Slip의 원인
　㉠ GPS 안테나 주위의 지형, 지물에 의한 신호차단으로 발생
　㉡ 비행기의 커브 회전 시 동체에 의한 위성시야의 차단
　㉢ 높은 신호잡음
　㉣ 낮은 신호강도(Signal Strength)
　㉤ 낮은 위성의 고도각
　㉥ 사이클 슬립은 이동측량에서 많이 발생
② Cycle Slip의 처리
　㉠ 수신회로의 특성에 의해 파장의 정수배만큼 점프하는 특성
　㉡ 데이터의 전 처리 단계에서 사이클 슬립을 발견, 편집기능
　㉢ 기선해석 소프트웨어에서 자동처리
　㉣ 사이클 슬립을 소거하기 위한 방법은 원자시계 레이저 고도계, 관성항행장치(INS)와 같은 보호 장치의 활용이다.

21. GPS 시스템 오차의 종류가 아닌 것은?

㉮ 위성시계 오차 ㉯ 대류권 굴절 오차
㉰ 위성궤도 오차 ㉱ 영상표정 오차

해설 GPS 시스템 오차의 종류
구조적 원인에 의한 오차로 위성궤도 오차, 전리층 및 대류권 오차, 위성시계 오차, 다중경로 오차, 전파적 잡음 오차가 있다.

22. GPS 측량에서 사용되는 좌표계는 무엇인가?

㉮ UTM 좌표계 ㉯ WGS-84 좌표계
㉰ TM 좌표계 ㉱ WGS-80 좌표계

해설 GPS 측량에서 사용되는 좌표계는 WGS-84좌표계이다.

23. GPS 측량 정확도의 영향을 표시하는 DOP의 설명으로 옳지 않은 것은?

㉮ SDOP : 상대 정밀도 ㉯ GDOP : 기하학적 정밀도
㉰ PDOP : 위치 정밀도 ㉱ VDOP : 수직 정밀도

해설 기하학적(위성의 배치상황) 원인에 의한 오차
후방교회법에 있어서 기준점의 배치가 정확도에 영향을 주는 것과 마찬가지로 GPS의 오차는 수신기, 위성들 간의 기하학적 배치에 따라 영향을 받는데, 이때 측량정확도의 영향을 표시하는 계수로 DOP(Dilution of precision : 정밀도 저하율)가 사용된다.

해답 20. ㉱ 21. ㉱ 22. ㉯ 23. ㉮

① DOP의 종류
  ㉠ Geometric DOP : 기하학적 정밀도 저하율
  ㉡ Positon DOP : 위치정밀도 저하율(위도, 경도, 높이)
  ㉢ Horizontal DOP : 수평정밀도 저하율(위도, 경도)
  ㉣ Vertical DOP : 수직정밀도 저하율(높이)
  ㉤ Relative DOP : 상대정밀도 저하율
  ㉥ Time DOP : 시간정밀도 저하율
② DOP의 특징
  ㉠ 수치가 작을수록 정확하다.
  ㉡ 지표의 가장 좋은 배치상태를 1로 한다.
  ㉢ 5까지는 실용상 지장이 없으나 10 이상인 경우 좋지 않다.
  ㉣ 수신기를 중심으로 4개 이상의 위성이 정사면체를 이룰 때 최적의 체적이 되며 GBOP, PDOP가 최소가 된다.
③ 시통성(Visibility) : 양호한 GDOP라 하더라도 산, 건물 등으로 인해 위성의 전파경로 시계확보가 되지 않는 경우 좋은 측량 결과를 얻을 수 없는데, 이처럼 위성의 시계 확보와 관련된 문제를 시통성이라 한다.

24. GPS에서 DOP에 대한 설명으로 옳은 것은?

㉮ 도플러 이용
㉯ 위성궤도의 결정
㉰ 특정한 순간의 위성배치에 대한 기하학적 강도
㉱ 위성시계와 수신기 시계의 조합으로부터 계산되는 시간오차와 표준편차

해설 GPS에서 DOP
GPS 관측지역의 상공을 지나는 위성의 기하학적 배치상태에 따라 측위의 정확도가 달라지는데 이를 DOP라 한다. 즉, 정밀도 저하율을 뜻한다.

25. GPS에서 사용되는 L_1과 L_2 신호의 주파수로 옳은 것은?

㉮ 150MHz와 400MHz
㉯ 420.9MHz와 585.53MHz
㉰ 1575.42MHz와 1227.60MHz
㉱ 1832.12MHz와 3236.94MHz

해설 반송파 신호
① L_1, L_2 신호는 위성의 위치계산을 위한 Keplerian 요소와 형식화된 자료신호를 포함
② Keplerian 요소(궤도의 6요소)
③ 종류
  L_1 = 주파수 − 1575.42MHz, 파장 − 19cm
  L_2 = 주파수 − 1227.60MHz, 파장 − 24cm

26. 다음 중 GPS측량에서 의사거리(Pseudo-range)에 대한 설명으로 옳지 않은 것은?

㉮ 인공위성과 지상수신기 사이의 거리 측정값이다.
㉯ 대류권과 이온층의 신호지연으로 인한 오차의 영향력이 제거된 관측값이다.
㉰ 기하학적인 실제 거리와 달리 의사거리라 부른다.
㉱ 인공위성에서 송신되어 수신기로 도착된 신호의 송신시간을 PRN 인식코드로 비교하여 측정한다.

해설 단독측위에서는 4개의 위성거리를 관측한다. 거리는 전파가 위성을 출발한 시각과 수신기에 도착한 시각의 차를 구함으로써 알 수 있는데, 1차적으로 수신기 시계에 포함된 오차, 대기의 영향 오차 등을 포함하고 있으며, 이와 같은 오차들이 위성과 수신기 사이의 거리에 포함되므로 이를 의사거리라 한다.

27. 위성측량에서 GPS의 의사거리(Pseudo range)에 대한 설명으로 옳은 것은?

㉮ 시간 오차 등 각종 오차를 포함하고 있는 거리이다.
㉯ 모든 오차가 제거된 최종 확정된 거리이다.
㉰ 수신기와 가상의 기준국 간에 실제 거리이다.
㉱ 측정된 위성과 수신기 간의 거리에서 시간 오차가 보정된 거리이다.

해설 26번 문제 해설 참조

28. 단일 주파수 수신기와 비교할 때, 이중 주파수 수신기의 특징에 대한 설명으로 옳은 것은?

㉮ 전리층 지연에 의한 오차를 제거할 수 있다.
㉯ 단일 주파수 수신기보다 일반적으로 가격이 싸다.
㉰ 이중 주파수 수신기는 C/A코드를 사용하고 단일 주파수 수신기는 P코드를 사용한다.
㉱ 장기선 이상에서는 별로 이점이 없다.

해설 L_1, L_2 두 개의 주파수를 사용하는 것은 전리층의 전파지연이 주파수의 2승에 역비례함을 이용하여 그 전파지연을 교정하기 위함이다.

29. GPS 측량의 정확도에 영향을 미치는 요소와 거리가 먼 것은?

㉮ 기지점의 정확도
㉯ 관측 시의 온도 측정 정확도
㉰ 안테나의 높이 측정 정확도
㉱ 위성 정밀력의 정확도

해설 GPS 측량은 위성을 이용하여 측량을 하므로 날씨와 야간관측에 영향을 받지 않는 것이 특징이다.

해답 26. ㉯ 27. ㉮ 28. ㉮ 29. ㉯

30. GPS 측량에서 지적기준점 측량과 같이 높은 정밀도를 필요로 할 때 사용하는 관측방법은?

㉮ 스태틱(Static) 관측
㉯ 키네마틱(Kinematic) 관측
㉰ 실시간 키네마틱(Realtime kinematic) 관측
㉱ 1점 측위관측

> **해설** 2개 이상의 수신기를 각 측점에 고정하고 양 측점에서 동시에 4개 이상의 위성으로부터 신호를 30분 이상 수신하는 방식으로 주로, 기준점 측량에서 사용하며 정지 측량이라고도 한다.

31. GPS 위성신호에 대한 설명으로 옳지 않은 것은?

㉮ L_1 반송파에 C/A코드와 P코드가 실려 전달된다.
㉯ L_2 반송파에 P코드가 실려 전달된다.
㉰ P코드는 10.23MHz의 주파수를 가진다.
㉱ C/A코드는 P코드의 1/100의 주파수를 가진다.

> **해설** GPS 위선의 코드형태와 항법 메시지 정리
>
> | 구분 \ 코드 | C/A | P(Y) | 항법데이터 |
> |---|---|---|---|
> | 전송률 | 1.023Mbps | 10.23Mbps | 50bps |
> | 펄스당 길이 | 293m | 29.3m | 5,950km |
> | 반복 | 1ms | 1주 | N/A |
> | 코드의 형태 | Gold | Pseudo random | N/A |
> | 반송파 | L_1 | L_1, L_2 | L_1, L_2 |
> | 특징 | 포착하기가 용이함 | 정확한 위치추적, 고장률이 적음 | 시간, 위치 추산표 |

32. 다음 중 삼각점의 신설을 위한 가장 적합한 GPS 측량방법은?

㉮ 정지측량방식(Static)
㉯ DGPS(Differential GPS)
㉰ Stop & Go 방식
㉱ RTK(Real Time Kinematic)

> **해설**
> • 정지측량방식(Static) : 지적삼각측량방법에 많이 이용
> • RTK(Real Time Kinematic) : 일필지 확정측량에 많이 이용

33. GPS 측량에서 의사거리 결정에 영향을 주는 오차의 원인으로 거리가 먼 것은?

㉮ 대기굴절에 의한 오차
㉯ 위성의 시계오차
㉰ 수신 위치의 기온 변화에 의한 오차
㉱ 위성의 기하학적 위치에 따른 오차

> **해설** 위성 측량은 기후와 상관없다.
> 수신기의 기온 변화는 오차의 원인이 아니다.

34. 위성측량에서 GPS에 의하여 위치를 결정하는 기하학적인 원리는?

㉮ 위성에 의한 평균계산법
㉯ 위성기점 무선항법에 의한 후방교회법
㉰ 수신기에 의하여 처리하는 자료해석법
㉱ GPS에 의한 폐합 도선법

해설 GPS 위성에 의한 후방교회법

35. GPS 위성의 신호 구성요소가 아닌 것은?

㉮ P 코드   ㉯ C/A 코드   ㉰ RINEX   ㉱ 항법 메시지

해설 GPS 위성의 코드형태와 항법 메시지 정리

구분 \ 코드	C/A	P(Y)	항법데이터
전송률	1.023Mbps	10.23Mbps	50bps
펄스당 길이	293m	29.3m	5,950km
반복	1ms	1주	N/A
코드의 형태	Gold	Pseudo random	N/A
반송파	L_1	L_1, L_2	L_1, L_2
특징	포착하기가 용이함	정확한 위치추적, 고장률이 적음	시간, 위치 추산표

36. GPS 위성궤도면의 수는?

㉮ 4개   ㉯ 6개   ㉰ 8개   ㉱ 10개

해설 우주부문
① 궤도 : 원궤도
② 궤도면수 : 6궤도
③ 위성수 : 6×4 = 24개, 보조위성 : 3개
④ 고도 : 약 20187km
⑤ 궤도각 : 55°
⑥ 주기 : 약 11시간 58분

37. GPS에서 PDOP와 가장 밀접한 관계가 있는 것은?

㉮ 위성의 배치   ㉯ 지상 수신기   ㉰ 선택적 이용성   ㉱ 전리층 영향

해설 DOP
GPS에서 위성의 배치상태, 즉 정밀도 저하율을 나타내는 것으로서 PDOP는 위치정밀도 저하율을 나타낸다.

해답 34. ㉯ 35. ㉰ 36. ㉯ 37. ㉮

38. 다음 중 라디오 모뎀이 필요한 측량방식은?

㉮ Static 방법에 의한 상대측위 방법 ㉯ 후처리 DGPS 방법
㉰ RTK 방법 ㉱ Pseudo-Kinematic 방법

해설 RTK 방법은 실시간으로 좌표의 결과값을 알 수 있는 방법으로 라디오 모뎀이 필요하다.

39. DGPS(Differential GPS)를 이용한 측위에 대한 설명으로 틀린 것은?

㉮ 기본 GPS에 비해 정밀도가 떨어져 배나 비행기의 항법, 자동차 등에 응용될 수 없는 한계가 있다.
㉯ 제2의 장치가 수신기 근처에 존재하여 지금 현재 수신받는 자료가 얼마만큼 빗나간 양이라는 것을 수신기에게 알려줌으로써 위치결정의 오차를 극소화시킬 수 있는데, 바로 이 방법이 DGPS라고 불리는 기술이다.
㉰ DGPS는 두 개의 GPS 수신기를 필요로 하는데, 하나의 수신기는 정지해 있고(Stationary) 다른 하나는 이동(Roving)하면서 위치측정을 시행한다.
㉱ 정지한 수신기가 DGPS 개념의 핵심이 되는 것으로 정지 수신기는 실제 위성을 이용한 측정값과 이미 정밀하게 결정된 실제 값과의 차이를 계산한다.

해설 DGPS(Differential GPS)는 상대측위 방식의 GPS 측량기법으로 이미 알고 있는 기지점 좌표를 이용하여 오차를 최대한 줄여서 이용하기 위한 위치결정 방식이다. 이 방식은 기점에서 기준국용 GPS 수신기를 설치하여 위성을 관측하여 각 위성의 의사거리 보정값을 구한 뒤 이를 이용하여 이동국용 GPS 수신기의 위치 및 정오차를 개선하는 위치결정 형태이다.

40. DOP의 종류로 옳게 짝지어지지 않은 것은?

㉮ HDOP – 기하학적 정밀도 저하율 ㉯ PDOP – 위치 정밀도 저하율
㉰ RDOP – 상대 정밀도 저하율 ㉱ VDOP – 수직 정밀도 저하율

해설 1. DOP의 종류
① GDOP : 기하학적 정밀도 저하율
② PDOP : 위치 정밀도 저하율(3차원 위치), 3~5 정도 적당
③ HDOP : 수평 정밀도 저하율(수평위치), 2.5 이하 적당
④ VDOP : 수직 정밀도 저하율(높이)
⑤ RDOP : 상대 정밀도 저하율
⑥ TDOP : 시간 정밀도 저하율
2. DOP의 특징
① 수치가 작을수록 정확하다.
② 지표에서 가장 좋은 배치 상태일 때를 1로 한다. (10 이상이면 사용 불가)
③ 수신기를 가운데 두고 4개의 위성이 정사면체를 이룰 때, 즉 최대체적일 때 GDOP, PDOP 등이 최소이다.

예상 및 기출문제

41. GPS의 거리 관측 방법은 무엇인가?
㉮ 전파의 도달시간 이용 ㉯ 전파의 샤임플러그 효과
㉰ 공면 조건의 원리 ㉱ 라이다 측위 원리

해설 GPS 측량 원리
GPS의 관측방법에는 코드신호(의사거리, Pseudo Range) 측정방식과 반송파신호(반송파위상, Carrier Phase) 측정방식이 있다.
1. 코드신호(의사거리) 측정방식
   - 기본원리 : 의사거리(Pseudo Range)는 위성으로부터 전송된 코드신호가 GPS 수신기에 도달하는 동안 대류권과 전리층 등을 지나면서 발생하는 신호지연으로 기하학적 실제거리와 달라 이를 부르는 말이며 Code 측정방식은 의사거리를 이용한 위치결정방식이다.
2. 반송파신호(반송파위상) 측정방식
   - 기본원리 : 위성에서 송신된 코드신호를 운반하는 반송파의 위상변화를 이용하는 방법이다. 즉, 위상차를 관측하여 위성과 수신기 간의 거리를 측정한다.

42. GPS 측량 시 유사거리에 영향을 주는 오차와 거리가 먼 것은?
㉮ 위성시계의 오차 ㉯ 위성궤도의 오차
㉰ 전리층의 굴절 오차 ㉱ 지오이드의 변화 오차

해설 GPS의 측위오차는 거리오차와 DOP(정밀도 저하율)의 곱으로 표시가 되며 크게 구조적 요인에 의한 거리오차, 위성의 배치상황에 따른 오차, SA, Cycle Slip 등으로 구분할 수 있다.
1. 구조적 요인에 의한 거리 오차
   ① 위성에서 발생하는 오차
   - 위성시계오차
   - 위성궤도의 오차(약 5m)
   ② 대기권 전파 지연 오차
   - 위성 신호의 전리층 통과 시 전파 지연 오차(약 2m)
   ③ 수신기에서 발생하는 오차
   - 수신기 자체의 전자파적 잡음에 의한 오차(약 1~10m)
   - 안테나의 구심 오차, 높이 오차 등
   - 전파의 다중경로(Multipath)에 의한 오차
2. 위성의 배치상황에 따른 오차
   ① GPS 관측 지역의 상공을 지나는 위성의 기하학적 배치상태에 따라 측위의 정확도가 달라지는데 이를 DOP(Dilution of Precision)라 한다.
   ② 3차원 위치의 정확도는 PDOP에 따라 달라지는데, PDOP은 4개의 관측위성들이 이루는 사면체의 체적이 최대일 때 가장 정확도가 좋으며, 이때는 관측자의 머리 위에 다른 세 개의 위성이 각각 120°를 이룰 때이다.
   ③ DOP(정밀도저하율) : 후방교회법에 있어서 기준점의 배치가 정확도에 영향을 주는 것과 마찬가지로 GPS의 오차는 수신기와 위성들 간의 기하학적 배치에 따라 영향을 받는데, 이때 측위 정확도의 영향을 표시하는 계수로 DOP(정밀도저하율)가 사용된다.
3. 선택적 가용성(SA : Selective Avaiability)
   ① SA(Selective Availability : 선택적 가용성)은 미 국방성이 정책적 판단에 의하여 고의로 오차를 증가시키는 것을 말한다.

해답 41. ㉮ 42. ㉱

② 주로 전체 위치표에 의한 자료와 위성시계자료를 조작하여 위성과 수신기 간에 거리오차를 유발시킨다.
③ SA 작동 중에 발생하는 단독 측위의 오차는 약 100m 이상이지만 2000년 5월 1일부로 작동 해제되어 지금은 SA에 대한 오차가 발생되지 않는다.
4. 주파 단절(Cycle Slip)/수신기 시계오차
5. 주파수 모호성(Cycle ambiguity)

43. GPS 측량의 Cycle Slip에 대한 설명으로 옳지 않은 것은?
㉮ GPS 반송파 위상추적회로에서 반송파 위상차 값의 순간적인 차단으로 인한 오차이다.
㉯ GPS 안테나 주위의 지형·지물에 의한 신호단절 현상이다.
㉰ 높은 위성 고도각과 낮은 신호 잡음이 원인이 된다.
㉱ Static 측량에서 비교적 작게 나타난다.

해설 1. GPS 안테나 주위의 지형지물에 의한 신호의 차단으로 발생
2. 비행기의 커브 회전 시 동체에 의한 위성시야의 차단으로 발생
3. 관측된 신호의 잡음이 높을 경우에 발생
4. 위성의 위치가 좋지 않거나 낮은 수신 고도각 불량으로 발생
5. 이동 측량에서 많이 발생
6. 신호잡음, 수신각이나 수신기 위상, 중심 신호전파의 성능에 의해 발생

44. 위성과 지상관측점 사이의 거리를 측정할 수 있는 원리로 옳은 것은?
㉮ 세차운동   ㉯ 음향관측법   ㉰ 카메론효과   ㉱ 도플러효과

해설 GPS 위치측정 원리는 2가지 형태로 의사거리와 반송파위상을 이용하는 방법이 있다. 반송파위상은 높은 정밀도의 측위에 이용되며, 관측 데이터에는 반송파위상, 위성의 위치를 나타내는 방송궤도요소, 도플러효과, 데이터 취득시각 등이 기록되고 있다.

45. WGS 84 좌표계는 다음 중 어디에 해당하는가?
㉮ 측지좌표계   ㉯ 극좌표계   ㉰ 적도좌표계   ㉱ 지심좌표계

해설 WGS-84(World Geodetic System 1984)는 미 국방성에서 지구 중심을 기준으로 하여 GPS위성을 활용하여 범세계적으로 통용될 수 있는 기준 좌표계를 만들기 위해 채택된 3차원 지심좌표계를 말한다.

46. GPS측량의 반송파 위상측정에서 일반적으로 고려하지 않는 사항은?
㉮ 측정에서의 시계오차   ㉯ 위상시계의 오차
㉰ 대류권과 이온층에서의 신호전파의 영향   ㉱ 측점에서의 기상조건

해설 GPS측량의 반송파 위상측정 시 측점에서의 시계오차, 위성시계의 오차, 위성궤도의 오차, 대류권과 이온층에서의 신호 전파의 영향, 수신기에서 발생하는 오차 등을 고려해야 한다.

47. GPS위성의 주기는 얼마인가?

㉮ 0.25항성일　　㉯ 1항성일　　㉰ 0.5항성일　　㉱ 18시간

> **해설** GPS위성은 공전주기를 11시간 58분(0.5항성일)으로 하여 위성이 하루에 지구를 두 번씩 돌도록 하며, 고도 5° 이상의 지구상 어디서나 4개 이상의 위성을 관측할 수 있도록 궤도를 구성한다.

48. GPS측량 중 1점 측위의 방법으로 시간 오차가 제거된 3차원 위치를 결정할 때, 동시 관측이 요구되는 최소 위성수는?

㉮ 2대　　㉯ 4대　　㉰ 6대　　㉱ 8대

> **해설** GPS측량 중 1점 측위의 방법으로 시간오차가 제거된 3차원 위치를 결정할 때, 동시 관측이 요구되는 최소 위성수는 4대이다. 4개 이상의 위성을 관측하여 원하는 수신기의 위치와 시각동기오차를 결정하고 항법, 근사적인 위치결정, 실시간 위치결정 등에 이용된다.

49. GPS를 이용한 측지작업에 사용되는 캐리어관측법(Carrier Phase Measurement)과 관계가 먼 것은?

㉮ 연속위상관측(Continuous Phase Observable)
㉯ 신호제곱처리(Signal Squaring) 방법
㉰ 헤테로다인 수신(Heterodyning) 방법
㉱ 교차상관관계(Cross Correlation) 방법

> **해설** GPS위성에서 오는 반송파(Carrier)는 L_1, L_2의 주파수 파장으로 전달하는 정보에는 단독위치결정에 필요한 C/A코드, P코드와 궤도정보 등을 알리는 항법메시지가 있다. 여기에서 L_1반송파는 주로 위치결정용 전파이며 L_2반송파는 지구대기로 인한 신호지연의 계산에 주로 활용한다. 교차상관관계 방법과는 거리가 멀다.

50. 다음 중 인공위성의 궤도요소에 포함되지 않는 것은?

㉮ 승교점의 적경　　㉯ 궤도 경사각
㉰ 관측점의 위도　　㉱ 궤도의 이심률

> **해설** 인공위성의 궤도요소
> 궤도의 경사각, 궤도의 장반경, 승교점의 적경, 궤도의 주기, 궤도의 이심률, 근지점의 독립변수

51. GPS(Global Positioning System)의 구성요소가 아닌 것은?

㉮ 위성에 대한 우주부문
㉯ 지상 관제소에서의 제어부문
㉰ 경영 활동을 위한 영업부문
㉱ 측량자가 사용하는 수신기 등에 대한 사용자부문

해답 47. ㉰　48. ㉯　49. ㉱　50. ㉰　51. ㉰

해설 GPS 구성요소로는 인공위성으로 구성된 우주부문(Space Segment), 제어국으로 구성된 제어부문(Control Segment), 수신기 등의 사용자부문(User Segment)으로 구성된다.

52. GPS에서 발생하는 오차가 아닌 것은?
㉮ 위성시계 오차　　　　　　　㉯ 위성궤도 오차
㉰ 대기권 굴절 오차　　　　　　㉱ 시차(視差)

해설 GPS측량의 오차에는 크게 구조적 요인에 의한 오차, 위성의 배치 상황에 따른 오차(DOP), 선택적 가용성에 의한 오차(SA), 주파단절(Cycle Slip)이 있다. 다시 구조적 요인에 의한 거리오차에는 위성시계 오차, 위성궤도 오차, 전리층과 대류권에 의한 전파지연, 전파적 잡음, 다중경로 오차가 있다. 시차는 사진측량에서 카메라의 광축과 각 사진의 노출지점이 동일 평면 내에 있지 않을 때, 두 장의 연속된 사진에서 발생하는 동일지점의 사진상의 변위를 말한다.

53. GPS 위성의 신호인 L_1과 L_2는 두 개의 PRNs(Pseudo-Random Noise codes)에 의해 변조된다. 이 코드의 명칭은?
㉮ f_0 코드, f_1 코드　　　　　㉯ Ψ 코드, Δ 코드
㉰ P 코드, C/A 코드　　　　　　㉱ IDOT 코드, IODE 코드

해설 GPS 반송파는 P코드와 C/A코드로 구분된다.
1. P코드
① 반복주기가 7일인 PRN code(Pseudo-Random Noise codes)이다.
② 주파수가 10.23MHz이며 파장은 30m이다.
③ AS mode로 동작하기 위해 Y-code로 암호화되어 PPS 사용자에게 제공된다.
④ PPS(Precise Positioning Service : 정밀측위서비스) - 군사용
2. C/A코드
① 1ms(milli-scond)인 PPN code
② 주파수는 1.023MHz이며 파장은 300m이다.
③ L_1 반송파에 변조되어 SPS 사용자에게 제공
④ SPS(Standard Positioning Service : 표준측위서비스) - 민간용

54. GPS 측량의 오차에 관한 설명 중 틀린 것은?
㉮ 전리층 통과 시 전파의 운반지연량은 기온, 기압, 습도 등의 기상 측정에 의해 보정될 수 있다.
㉯ 기선해석에서 고정점의 좌표 정확도는 신점의 위치정확도에 영향을 미친다.
㉰ 일중차의 해석 처리만으로는 GPS 위성과 GPS 수신기 모두의 시계오차가 소거되지 않는다.
㉱ 동 기종의 GPS 안테나는 동일방향을 향하도록 설치함으로써 전파 입사각에 의한 위상의 엇갈림에 대한 영향을 줄일 수 있다.

해설 전리층과 대류권에 의한 전파지연오차는 수신기 2대를 이용한 차분기법으로 보정할 수 있다.

55. 단독측위, DGPS, RTK-GPS 등에 관한 설명으로 옳지 않은 것은?

㉮ 단독측위 시 많은 수의 위성을 동시에 관측할 때 위성의 궤도정보에 대한 오차는 측위결과에 영향이 없다.
㉯ DGPS는 신점과 기지점에서 동시에 관측을 실시하여 양 점에서 관측한 정보를 모두 해석함으로써 신점의 위치를 결정한다.
㉰ RTK-GPS는 위성신호 중 반송파 신호를 해석하기 때문에 코드신호를 해석하여 사용하는 DGPS보다 정확도가 높다.
㉱ RTK-GPS는 공공측량 시 3, 4급 기준점측량에 적용할 수 있다.

해설 구조적인 요인에 의한 거리오차에는 위성 시계오차, 위성 궤도오차, 전리층과 대류권에 의한 전파 지연, 전파적 잡음, 다중경로오차가 있다.
- 실시간 이동측량(RTK : Realtime Kinematic Surveying)
  ① 2대 이상의 GPS수신기를 이용하여 한 대는 고정점에, 다른 한 대는 이동국인 미지점에 동시에 수신기를 설치하여 관측하는 기법이다.
  ② 이동국에서 위성에 의한 관측치와 기준국으로부터의 위치보정량을 실시간으로 계산하여 관측장소에서 바로 위치값을 결정한다.
  ③ 허용오차를 수 cm 정도를 얻을 수 있다.

56. DOP(Dilution of Precision)에 대한 설명으로 적당하지 않은 것은?

㉮ 높은 DOP는 위성의 기하학적인 배치 상태가 나쁘다는 것을 의미한다.
㉯ 수신기를 가운데 두고 4개의 위성이 정사면체를 이룰 때, 즉 최대 체적일 때 GDOP, PDOP 등이 최소가 된다.
㉰ DOP 상태가 좋지 않을 때는 정밀 측량을 피하는 것이 좋다.
㉱ DOP 수치가 클 때는 DGPS 방법을 이용하여 관측하여야 한다.

해설 기하학적(위성의 배치상황) 원인에 의한 오차
후방교회법에 있어서 기준점의 배치가 정확도에 영향을 주는 것과 마찬가지로 GPS의 오차는 수신기, 위성들 간의 기하학적 배치에 따라 영향을 받는다. 이때 측량정확도의 영향을 표시하는 계수로 DOP(Dilution of precision ; 정밀도 저하율)가 사용된다.
1. DOP의 종류
   ① Geometric DOP : 기하학적 정밀도 저하율
   ② Positon DOP : 위치 정밀도 저하율(위도, 경도, 높이)
   ③ Horizontal DOP : 수평정밀도 저하율(위도, 경도)
   ④ Vertical DOP : 수직 정밀도 저하율(높이)
   ⑤ Relative DOP : 상대 정밀도 저하율
   ⑥ Time DOP : 시간
2. DOP의 특징
   ① 수치 작 정확하다
   ② 지표 가장 좋은 배치상태 1로 한다.
   ③ 5까지는 실용상 지장이 없으나 10이상의 경우 좋지 않다

④ 수신기를 중심으로 4개 이상의 위성이 정사면체 이룰 때 최적의 체적이 되며 GBOP, PDOP가 최소가 된다.
3. 시통성(Visibility)
양호한 GDOP라 하더라도 산, 건물 등으로 인해 위성의 전파경로 시계 확보가 되지 않는 경우 좋은 측량 결과를 얻을 수 없다. 이처럼 위성의 시계 확보와 관련된 문제를 시통성이라 한다.

57. 다음의 RTK-GPS에 의한 지형측량 방법의 설명 중 옳지 않은 것은?
㉮ RTK-GPS에 의한 지형측량 시 기준점과 관측점 간의 시통이 양호한 경우에는 상공시계의 확보가 필요 없다.
㉯ RTK-GPS에 의한 지형측량 시 기준점과 관측점 간에는 관측데이터를 전송하기 위한 통신장치가 필요하다.
㉰ RTK-GPS에 의한 지형측량 시 관측점의 위치가 즉시 결정되기 때문에 현장에서 휴대용 PC 상에 측정결과를 표기하여 확인하는 것이 가능하다.
㉱ RTK-GPS에 의한 지형측량 시 RTK-GPS로 구한 타원체고에 대하여는 지오이드고를 정하여 지오이드면으로부터의 높이로 변환하는 것이 필요하다.

해설 RTK-GPS관측
기준이 되는 관측점(이하 고정점이라 한다.)과 구점(求点)이 되는 관측점(이하 이동점이라고 한다.)에 설치한 GPS측량기로 동시에 GPS위성으로부터의 신호를 수신하고, 고정점에서 취득한 신호를 무선장치 등을 이용해 이동점에 전송하여, 이동점에서 즉시 기선해석을 실시함으로써 위치를 결정하는 측량이다.
GPS관측에 있어 상공시계 확보는 필수적 요소이다. 관측점 간의 시통은 위치결정에 영향을 주지 않는다.

58. GPS 관측오차들 중에서 수신기의 시계오차만을 제거하려면 다음 중 무엇을 이용해야 하는가?
㉮ 단일차분　　　　　　　　　　㉯ 이중차분
㉰ 삼중차분　　　　　　　　　　㉱ 차분되지 않은 자료

해설 1. 단일차(일중차)
위성 한 개와 수신기 두 대를 이용한 위성과 수신기 간의 거리 측정차이다.
동일 위성의 측정차이이므로 위성 간의 궤도오차와 원자시계에 의한 오차가 없다.
2. 이중차
두 개의 위성과 두 대의 수신기를 이용한 각각의 위성에 대한 수신기 간 1중차끼리의 차이값이다.
3. 삼중차
한 개의 위성에 대하여 어떤 시각의 위상적산치와 다음 시간의 위상적산치 차이값으로 적분위상차라고도 한다.

59. GPS의 주요구성 중 궤도와 시각 결정을 위한 위성 추적을 담당하는 부문은?

㉮ 우주부문 ㉯ 제어부문
㉰ 사용자부문 ㉱ 위성부문

해설 1. 우주부문(Space Segment)
① GPS의 우주부문은 모두 24개의 위성으로 구성되는데, 이 중 21개가 항법에 사용되며 3개의 위성은 예비용으로 배치되었다.
② 모든 위성은 고도 약 20,200Km 상공에서 12시간을 주기로 지구 주위를 돌고 있으며, 궤도면은 지구의 적도면과 55°의 각도를 이루고 있다.
③ 모두 6개의 궤도는 60°씩 떨어져 있고 한 궤도면에는 4개의 위성이 위치한다.
④ GPS위성을 지구 궤도상에 배치하는 것은 지구상 어느 지점에서나 동시에 4개에서 최대 6개까지 위성을 볼 수 있게 되어 있다.
⑤ 각 위성의 무게는 900Kg 정도로 태양 전지판을 완전히 펼쳤을 경우 폭이 약 5m이다.
⑥ 각각의 GPS위성에서 송신되는 위성데이터는 각 위성 번호에 따라 특수하게 설계된 PRN 코드를 포함한다.
⑦ 코드다중분할방식(CDMA)으로 GPS위성데이터가 사용자에게 전송되므로 GPS수신기에서는 각 위성에 해당하는 항법 데이터를 명확하게 수신할 수 있다.
⑧ 인공위성에서 생성된 시간은 두 개의 리듐과 두 개의 세슘 원자시계를 근거로 한다.
2. 제어부문(Control Segment)
① 전리층 및 대류층의 주기적 모형화
② 궤도와 시각 결정을 위한 위성의 추적
③ 위성으로의 자료전송
④ 위성시간의 동일화
3. 사용자부문(User Segment)
① GPS위성 신호를 수신하여 위치를 계산하는 GPS수신기 및 이를 응용하여 각각의 특정한 목적을 달성하기 위해 개발된 다양한 장치로 구성된다.
② GPS수신기는 위성으로부터 수신한 항법 데이터를 사용하여 사용자의 위치 및 속도를 계산한다.
③ GPS수신기는 두 개의 신호로 전송하며 L_1대는 1,575.42MHz의 주파수, L_2대는 1,227.60MHz의 주파수가 있고 L_2대 신호는 P코드에 의해 변조되며 CA코드는 민간부분의 수신기에 사용되고 P코드는 군사용과 정밀측지측량용에 이용된다.
④ GPS위성 신호를 수신하여 계산한 위치 및 속도 정보는 기본적으로 이동체의 항법 및 추적에 이용되며 정확하게 계산된 수신기의 시계 오차는 이동통신 분야에 있어서 매우 중요한 시각 동기화를 위한 정보로 유용하게 사용된다.

60. GPS에서는 어떻게 위성과 수신기 사이의 거리를 측정하는가?

㉮ 신호의 전달시간을 관측 ㉯ 신호의 형태를 관측
㉰ 신호의 세기를 관측 ㉱ 신호대 잡음비를 관측

해설 GPS(Global Positioning System)에서는 인공위성과 수신기 사이의 거리를 의사거리라고 한다. 의사거리는 인공위성에서 송신되어 수신기로 도착된 송신시간을 PRNC인식코드로 비교하여 측정한다.

해답 59. ㉯ 60. ㉮

61. 범세계위치결정체계(GPS)에 대한 설명으로 틀린 것은?
㉮ 관측점의 위치는 정확한 위치를 알고 있는 위성에서 발사한 전파의 소요시간을 관측함으로써 결정한다.
㉯ GPS위성은 약 20,000km의 고도에서 24시간 주기로 운행한다.
㉰ 구성은 우주부문, 제어부문, 사용자부문으로 이루어진다.
㉱ GPS의 측위용 반송파는 L_1과 L_2 두 개가 있다.

해설 GPS위성에 궤도주기는 약 12시간이다.

62. GPS 위성측량에 관한 다음의 설명 중 잘못된 것은?
㉮ SA 방법의 해제로 절대측위의 정확도가 향상되었다.
㉯ 위성시계의 오차가 없다면 3대의 위성신호를 사용하여도 위치결정이 가능하다.
㉰ GPS 위성은 위성마다 각각 자기의 코드 신호를 전송한다.
㉱ 위성과 수신기 간의 거리측정의 정확도는 C/A 코드를 사용하거나 L_1 반송파를 사용하거나 차이가 없다.

해설 코드관측 방식에 의한 위치결정은 4개 이상의 위성을 관측하여 원하는 수신기의 위치와 시각동기오차를 결정하며 항법으로 근사적인 위치결정, 실시간 위치결정에 이용된다.
반송파 관측방식에 의한 위치결정은 불명확 상수의 정확한 결정이 GPS 정확도를 좌우하는데 정밀 위치결정을 위한 상대위치 결정 등 대부분의 측지위치결정 등에서는 반송파 관측방식을 많이 이용한다.

63. 다음 중 위성의 기하학적 배치 상태에 따른 정밀도 저하율을 뜻하는 것은?
㉮ 멀티패스(Multipath)　　㉯ DOP
㉰ 사이클 슬립(Cycle Slip)　　㉱ S/A

해설 DOP는 GPS 측량시 특정지역에서 관측할 수 있는 위성 배치의 고른 정도를 말하며, 측위 정확도의 영향을 표시하는 계수이다.

64. 다음 중 GPS측량에 있어 기준점 선점시 고려사항과 거리가 먼 것은?
㉮ 전파의 다중 경로 발생 예상 지점 회피
㉯ 주파 단절 예상 지점 회피
㉰ 임계 고도각 유지 가능 지역 선정
㉱ 위성의 배치 상태가 항상 좋은 지점 선정

해설 위성 배치 상태가 항상 변하므로 항상 좋은 지점을 선정하는 것은 불가능하다.

예상 및 기출문제

65. 다음 중 GPS측량의 응용분야로 거리가 먼 것은?
㉮ 측지측량 분야   ㉯ 차량 분야
㉰ 군사 분야   ㉱ 실내인테리어 분야

🎤**해설** 실내인테리어 분야와 GPS 측위체계의 활용과는 무관하다.

66. GPS위성에 대한 다음 내용 중 잘못 설명된 것은?
㉮ 측지기준계로 WGS84를 채택하고 있다.
㉯ 2004년 기준, GPS 위성은 적도면으로부터 위성궤도의 경사각이 30°인 4개의 궤도면에 배치되어 운용되고 있다.
㉰ GPS위성은 0.5항성일(약 11시간 58분)의 주기로 지구 주위를 돌고 있다.
㉱ 시간 기준은 세슘(Cs) 또는 루비듐(Rb)원자 시계에 기본을 둔 GPS 시간 체계를 사용하고 있다.

🎤**해설** GPS위성은 위성 궤도의 경사각이 55°인 6개의 궤도면에 배치되어 운용되고 있다.

67. 다음 위성 중 위치기반서비스(LBS)의 응용과 관계가 먼 것은?
㉮ GPS 위성   ㉯ GLONASS 위성
㉰ GALILEO 위성 프로젝트   ㉱ LANDSAT 위성

🎤**해설** LANDSAT은 원격탐측 위성으로 인공위성에 설치된 센서를 이용하여 토지, 환경 및 자원에 대한 정보를 해석하는 기법이다.

68. 기준국과 이동국 간의 거리가 짧을 경우 상대측위를 수행하면 절대 측위에 비해 정확도가 현격히 향상되게 되는데 그 이유로 부적합한 것은?
㉮ 위성궤도오차가 제거된다.
㉯ 다중경로오차(Multipath)를 제거할 수 있다.
㉰ 전리층에 의한 신호의 전파지연이 보정된다.
㉱ 위성시계오차가 제거된다.

🎤**해설** GPS상대측위로 제거되는 오차
① 전리층 통과시 전파지연오차
② 위성궤도오차
③ 위성시계오차

69. 다음 중에서 위성의 궤도요소로서 적합하지 않은 것은?
㉮ 궤도의 장반경   ㉯ 이심률
㉰ 궤도 경사각   ㉱ 위성의 고도

해답 65. ㉱ 66. ㉯ 67. ㉱ 68. ㉯ 69. ㉱

해설 위성의 궤도요소
① 장반경(a)
② 이심률(e)
③ 위성의 근지점 통과시각(t_0)
④ 승교점의 적경(Ω)
⑤ 근지점 인수(w)
⑥ 궤도 경사각(I)

70. GPS 측위 작업 중 DOP(Dilution of Precision)에 관련한 설명으로 옳지 않은 것은?
㉮ DOP는 위성의 기하학적 배치상태가 정확도에 어떻게 영향을 주는가를 추정할 수 있는 척도이다.
㉯ DOP는 위성의 위치, 높이, 시간에 대한 함수 관계가 있다.
㉰ 계산된 DOP 값이 큰 수치로 나타나면 정확도가 높다는 의미이다.
㉱ DOP에는 세부적으로 GDOP, PDOP, HDOP, VDOP 및 TDOP 등이 있다.

해설 DOP 값이 1일 때 가장 좋은 배치 상태를 말하며 5까지는 실용상 지장이 없으나 10 이상인 경우 좋은 조건이 아니다.

71. 다음 중 다중경로(멀티패스) 오차를 줄일 수 있는 방법으로 적합하지 않은 것은?
㉮ 관측시간을 길게 한다.
㉯ 안테나로 들어오는 위성신호의 입사각을 낮춘다.
㉰ 안테나의 설치환경(위치)을 잘 선택한다.
㉱ Choke Ring 안테나와 같이 Ground Plane이 장착된 안테나를 사용한다.

해설 안테나로 들어오는 위성신호의 입사각을 넓힘으로써 다중경로 오차를 최소화할 수 있다.

72. 상대측위 방법(간접계측위)의 설명 중 옳지 않은 것은?
㉮ 전파의 위상차를 관측하는 방식으로서 정밀 측량에 주로 사용된다.
㉯ 위상차의 계산은 단순차, 2중차, 3중차의 차분기법을 적용할 수 있다.
㉰ 수신기 1대를 사용하여 모호정수를 구한 뒤 측위를 실시한다.
㉱ 위성과 수신기 간 전파의 파장 개수를 측정하여 거리를 계산한다.

해설 두 개의 기지점에 GPS 수신기를 설치하고 위상차를 측정하여 모호정수를 구한 뒤 측위를 실시한다.

73. GPS 관측도중 장애물 등으로 인하여 GPS 신호의 수신이 일시적으로 단절되는 현상을 무엇이라고 하는가?
㉮ 사이클 슬립(Cycle Slip)
㉯ SA(Selective Availability)
㉰ AS(Anti Spoofing)
㉱ 모호 정수(Ambiguity)

> **해설** Cycle Slip은 GPS 안테나 주위의 지형·지물에 의한 신호단절, 높은 신호잡음, 낮은 신호강도, 낮은 위성의 고도각 등에 의하여 발생한다.

74. 다음 중 항공측량 부분의 GPS 응용에서 GPS의 단점을 보완할 수 있는 장치로서 촬영비행기의 위치를 구하는 데 많이 활용되고 있는 것은?
㉮ 관성항법장치(INS)   ㉯ 레이저스캐너(LIDAR)
㉰ HRV 센서   ㉱ MSS 센서

> **해설** 관성항법장치(INS)는 세가속도를 서로 수직이 설치하여 여기에 각각 자이로(Gyro)를 부착한 후 탑재기에 장착하여 물체의 거동으로부터 회전각과 이동거리의 변화를 계산하는 자주적인 위치 결정 장치로서, 항공사진측량 분야의 보조기기로 널리 이용되고 있다.

75. GPS 측량시 고려해야 할 사항에 대한 설명으로 옳지 않은 것은?
㉮ 정지측량시는 4개 이상, RTP 측량시는 5개 이상의 위성이 관측되어야 한다.
㉯ 가능하면 15° 이상의 임계 고도각을 유지하여야 한다.
㉰ DOP 수치가 3 이하인 경우는 관측을 하지 않는 것이 좋다.
㉱ 철탑이나 대형 구조물, 고압선 직하지점은 회피하여야 한다.

> **해설** DOP 수치가 7~10 이상인 경우는 오차가 크므로 관측하지 않는 것이 좋다.

76. 인공위성과 관측점 간의 거리를 결정하는 데 사용되는 주요 원리는?
㉮ 다각법   ㉯ 세차운동의 원리
㉰ 음향관측법   ㉱ 도플러 효과

> **해설** NNSS, GPS의 거리관측법에는 NNSS는 인공위성 전파의 Doppler 효과를 이용하며, GPS는 전파의 도달 소요시간을 이용한다.

77. GPS 위성측량에 관한 다음의 설명 중 잘못된 것은?
㉮ SA 방법의 해제로 절대측위의 정확도가 향상되었다.
㉯ 위성시계의 오차가 없다면 3대의 위성신호를 사용하여도 위치결정이 가능하다.
㉰ GPS 위성은 위성마다 각각 자기의 코드 신호를 전송한다.
㉱ 위성과 수신기 간의 거리측정의 정확도는 C/A 코드를 사용하거나 L_1 반송파를 사용하거나 차이가 없다.

> **해설** ① 코드관측 방식에 의한 위치결정 : 4개 이상의 위성을 관측하여 원하는 수신기의 위치와 시각 동기오차를 결정하며 항법, 근사적인 위치결정, 실시간 위치결정에 이용한다.
> ② 반송파 관측방식에 의한 위치결정 : 불명확 상수의 정확한 결정이 GPS 정확도를 좌우하는데 정밀 위치결정을 위한 상대위치 결정 등 대부분의 측지위치결정 등에서는 반송파 관측방식을 많이 이용한다.

해답 74. ㉮ 75. ㉰ 76. ㉱ 77. ㉱

78. 위성 자체에 전파원이 있는 것이 아니라 반사프리즘이 위성에 탑재되어 펄스광의 왕복시간을 측정함으로써 거리를 측량하게 할 수 있는 관측법은?

㉮ 전파 관측법   ㉯ 음파 관측법
㉰ 레이저 관측법   ㉱ 카메라 관측법

> **해설** SLR(Satellite Laser Ranging)
> 지상에서 레이저광선을 인공위성에 발사하여 펄스광의 왕복시간을 측정하여 인공위성과 관측지점의 거리를 측정하는 방법

79. 다음의 GPS 오차원인 중 L_1 신호와 L_2 신호의 굴절 비율의 상이함을 이용하여 L_1/L_2의 선형 조합을 통해 보정이 가능한 것은?

㉮ 전리층 지연오차   ㉯ 위성시계오차
㉰ GPS 안테나의 구심오차   ㉱ 다중전파경로(멀티패스)

> **해설** GPS 측량에서는 L_1, L_2파의 선형 조합을 통해 전리층 지연오차 등을 산정하여 보정할 수 있다.

80. 다음 중 GPS 시스템 오차 원인과 거리가 먼 것은?

㉮ 위성 시계 오차   ㉯ 위성 궤도 오차
㉰ 코드 오차   ㉱ 전리층과 대류권에 의한 오차

> **해설** GPS 측량의 오차는 위성의 시계오차, 위성의 궤도오차, 대기조건에 의한 오차, 수신기오차 순으로 그 중요성이 요구된다.

81. 다음 중 관성항법장치에서 획득되는 관측치는?

㉮ 거리   ㉯ 속도
㉰ 가속도   ㉱ 절대위치

> **해설** 관성항법장치
> 출발시각부터 임의의 시각까지의 가속도 출력을 항법방정식에 넣고 적분하여 속도를 얻어내고 이것을 다시 적분하여 비행한 거리를 구할 수 있게 되며 최종적으로 현재의 위치를 알 수 있게 된다.

82. 다음 중 전리층 지연(거리)에 대한 설명으로 틀린 것은?

㉮ 반송파의 경우 전리층 지연이 음수(축소)가 된다.
㉯ 코드 신호의 경우 전리층 지연이 양수(연장)가 된다.
㉰ 태양활동, 지역, 계절, 주야에 따라 달라진다.
㉱ 전리층 지연효과는 선형조합으로 소거할 수 있다.

> **해설** 전리층에 의한 지연을 제거하기 위해 L_1과 L_2의 조합을 이용한다.

예상 및 기출문제

83. 다음 중 위성 측위 시스템이 아닌 것은?
- ㉮ GPS
- ㉯ GLONASS
- ㉰ EDM
- ㉱ Galileo

해설 EDM은 전자파거리 측량기로서 크게 전파와 광파로 분류된다.

84. GPS 위성과 수신기 간의 거리를 측정할 수 있는 재원과 관계가 먼 것은?
- ㉮ P code
- ㉯ CA code
- ㉰ L_1 Carrier
- ㉱ E_1

해설 알고 있는 위성에서 발사한 전파를 수신하여 관측점까지의 소요시간을 관측함으로써 관측점에 위치를 구하는 것으로 E_1은 거리 관측과는 무관하다.

85. GPS 신호는 두 개의 주파수를 가진 반송파에 의해 전송된다. 두 개의 주파수를 쓰는 이유는?
- ㉮ 수신기 시계오차 제거
- ㉯ 대류권 오차 제거
- ㉰ 전리층 오차 제거
- ㉱ 다중경로 제거

해설 GPS 측량에서는 L_1, L_2 파의 선형조합을 통해 전리층 지연오차 등을 산정하여 보정할 수 있다.

86. 다음 중 가장 정확하게 위치를 결정할 수 있는 자료처리법은?
- ㉮ 코드를 이용한 단독측위
- ㉯ 코드를 이용한 상대측위
- ㉰ 반송파를 이용한 단독측위
- ㉱ 반송파를 이용한 상대측위

해설 코드측정방식은 신속하나 반송파 방식에 비해 정확도가 낮으며 단독측위보다는 상대측위가 정확도가 높다.

87. 다음 중 GPS를 이용한 측량 중 가장 정밀한 위치결정 방법으로 정밀한 기준점측량이나 학술 목적으로 주로 사용하는 방법은?
- ㉮ 스태틱(Static) 측량
- ㉯ 키네마틱(Kinematic) 측량
- ㉰ DGPS(Differential GPS)
- ㉱ RTK(Real Time Kinematic)

해설 정지측량(Static Survey)
GPS 측량의 현장관측은 크게 정지(적)관측(Static Surcey)과 동적관측(Kinematic Survey)으로 구분된다. 정지관측은 수신기를 장시간 고정한 채로 관측하는 방법으로 높은 정확도의 좌표값을 얻고자 할 때 사용하며 기준점 측량에 있어 가장 일반적인 방법이다.

해답 83. ㉰ 84. ㉱ 85. ㉰ 86. ㉱ 87. ㉮

88. 기준국과 이동국 간의 거리가 짧을 경우 상대측위를 수행하면 절대측위에 비해 정확도가 현격히 향상되게 되는데 그 이유로 부적합한 것은?

㉮ 위성궤도오차가 제거된다.
㉯ 다중경로오차(Multipath)를 제거할 수 있다.
㉰ 전리층에 의한 신호의 전파지연이 보정된다.
㉱ 위성시계오차가 제거된다.

> **해설** 다중경로오차(Multipath)
> ① GPS위성의 신호가 수신기에 수신되기 전 건물 또는 지형 등에 의해 반사되어 수신되므로 발생되는 오차
> ② 다중경로오차는 수신기 주변에 반사물질이 없도록 해야만 줄일 수 있음

89. 위성의 배치에 따른 정확도의 영향을 수치로 나타낼 수 있는데 그중 위치정확도 저하율을 나타내는 것은?

㉮ VDOP
㉯ PDOP
㉰ TDOP
㉱ HDOP

> **해설**
> ① GDOP : 기하학적 정밀도 저하율
> ② PDOP : 위치정밀도 저하율
> ③ HDOP : 수평정밀도 저하율
> ④ VDOP : 수직정밀도 저하율
> ⑤ RDOP : 상대정밀도 저하율
> ⑥ TDOP : 시간정밀도 저하율

90. GPS 위성으로부터 송신되는 코드와 반송파 위상을 관측할 때 발생하는 오차가 아닌 것은?

㉮ 위성의 기하학적 배치상태
㉯ 전리층 및 대류층 오차
㉰ 다중경로 오차
㉱ 접선방향 오차

> **해설** GPS의 측위오차는 크게 구조적 요인에 의한 거리오차, 위성의 배치상황에 따른 오차, SA, Cycle Slip 등으로 구분할 수 있으며, 구조적 요인에 의한 거리오차는 다음과 같다.
> ① 위성시계오차
> ② 위성궤도오차
> ③ 전리층과 대류권에 의한 전파 지연
> ④ 전파적 잡음, 다중경로오차

91. GPS의 주요구성 중 궤도와 시각 결정을 위한 위성 추적을 담당하는 부문은?

㉮ 우주부문
㉯ 제어부문
㉰ 사용자부문
㉱ 위성부문

해설 제어부문(Control Segment)
① 궤도와 시각 결정을 위한 위성의 추적
② 전리층 및 대류층의 주기적 모형화
③ 위성시간의 동일화
④ 위성으로의 자료전송

92. GPS 위성 시스템에 관한 다음 설명 중 옳지 않은 것은?
㉮ 위성의 고도는 지표면상 평균 약 20,200km이다.
㉯ 측지기준계는 GRS80 기준계를 적용한다.
㉰ 각 위성들은 모두 상이한 코드정보를 전송한다.
㉱ 위성의 궤도주기는 약 11시간 58분이다.

해설 GPS 위성은 WGS-84 좌표계를 사용한다.

93. 임의 지점에서 GPS 관측을 수행하여 WGS84 타원체고(h) 57.234m를 획득하였다. 그 지점의 지구중력장 모델로부터 산정한 지오이드고(N)가 25.578m라 한다면 정표고(H)는 얼마인가?
㉮ −31.656m   ㉯ 25.578m
㉰ 31.656m   ㉱ 82.812m

해설 정표고(H) = 타원체고(g) − 지오이드고(N)
= 57.234 − 25.578
= 31.656(m)

94. GPS 관측오차들 중에서 수신기의 시계오차만을 제거하려면 다음 중 무엇을 이용해야 하는가?
㉮ 단일차분   ㉯ 이중차분
㉰ 삼중차분   ㉱ 차분되지 않은 자료

해설 단일차(일중차)
한 개의 위성과 두 대의 수신기를 이용한 위성과 수신기 간의 거리 측정차이다. 동일 위성에 대한 측정차이므로 위성의 궤도오차와 원자시계에 의한 오차가 소거된 상태이다.

해답 92. ㉯ 93. ㉰ 94. ㉮

제2편 과년도 문제해설

少年은 易老하고 學難成하니 一寸光陰이라도 不可輕하라
未覺池塘에 春草夢인대 階前梧葉이 已秋聲이라

젊은 시절은 금방 지나가고 학문은 이루기 어려우니 시간을 아껴라.
연못가 풀들은 봄꿈에 젖어 있는데 섬돌 앞 오동나무 잎은 가을을 알린다.
* 잎이 큰 오동나무는 일찍 단풍이 들고 마른 잎은 바람이 불면 바스락거린다. 마른 오동나무 잎이 바람에 바스락거리는 소리는 가을 소리를 의미한다.

측량학(2012년 1회 토목기사)

01 지구의 물리측정에서 지자기의 방향과 자오선이 이루는 각을 무엇이라 하는가?
㉮ 복각 ㉯ 수평각
㉰ 편각 ㉱ 수직각

해설 지자기 3요소
① 편각 : 수평분력 H가 진북과 이루는 각. 지자기의 방향과 자오선이 이루는 각
② 복각 : 전자장 F와 수평분력 H가 이루는 각. 지자기의 방향과 수평면이 이루는 각
③ 수평분력 : 전자장 F의 수평성분. 수평면 내에서의 지자기장의 크기(지자기의 강도)를 말하며, 지자기의 강도는 전자력의 수평방향 성분을 수평분력, 연직방향의 성분을 연직분력이라 한다.

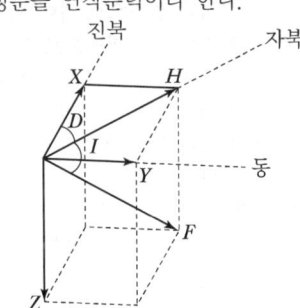

여기서, F : 전자장
H : 수평분력(X : 진북방향 성분, Y : 동서방향 성분)
Z : 연직분력
D : 편각
I : 복각

02 축척 1 : 1,500 도면상의 면적을 축척 1 : 1,000으로 잘못 알고 면적을 측정하여 24,000m²를 얻었을 때 실제 면적은?
㉮ 10,667m² ㉯ 36,000m²
㉰ 37,500m² ㉱ 54,000m²

해설 $a_1 = \left(\dfrac{m_1}{m_2}\right)^2 \cdot a_2 = \left(\dfrac{1,500}{1,000}\right)^2 \times 24,000$
$= 54,000\text{m}^2$

03 종단면도에 표기하여야 하는 사항으로 옳지 않은 것은?
㉮ 흙깎기 토량과 흙쌓기 토량
㉯ 기울기
㉰ 거리 및 누가거리
㉱ 지반고 및 계획고

해설 종단면도에 표기사항
측점, 거리, 누가거리, 지반고, 계획고, 성토고, 절토고, 구배

04 수평각관측법 중 가장 정확한 값을 얻을 수 있는 방법으로 1등 삼각측량에 이용되는 방법은?
㉮ 조합각관측법 ㉯ 방향각법
㉰ 배각법 ㉱ 단각법

해설 각관측법(조합각관측법)
여러 개의 방향선의 각을 차례로 방향각법으로 관측하는 방법으로 수평각관측법 중 가장 정확도가 높아 1등 삼각측량에 이용된다.

05 직사각형 두 변의 길이를 $\dfrac{1}{1,000}$ 정밀도로 관측하여 면적을 산출할 경우 산출된 면적의 정밀도는?
㉮ $\dfrac{1}{500}$ ㉯ $\dfrac{1}{1,000}$
㉰ $\dfrac{1}{2,000}$ ㉱ $\dfrac{1}{3,000}$

해설 $\dfrac{dA}{A} = 2\dfrac{dl}{l} = 2 \times \dfrac{1}{1,000} = \dfrac{1}{500}$

Answer 1. ㉰ 2. ㉱ 3. ㉮ 4. ㉮ 5. ㉮

06 일반적으로 단열삼각망으로 구성하기에 가장 적합한 것은?

㉮ 시가지와 같이 정밀을 요하는 골조측량
㉯ 복잡한 지형의 골조측량
㉰ 광대한 지역의 지형측량
㉱ 하천조사를 위한 골조측량

해설 단열삼각망
① 폭이 좁고 긴 지역에 적합하다.
② 노선, 하천, 터널측량 등에 이용된다.
③ 조건식의 수가 적어 정도가 낮다.
④ 측량이 신속하고 경비가 적게 든다.
⑤ 거리에 비해 관측 수가 적다.

07 그림과 같은 유토곡선(Mass Curve)에서 하향구간이 의미하는 것은?

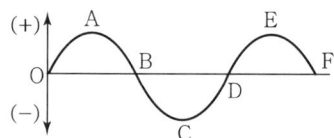

㉮ 성토구간   ㉯ 절토구간
㉰ 운반토량   ㉱ 운반거리

해설 유토곡선에서 하향구간은 성토구간(AC, EF)이고 상향구간은 절토구간(OA, CE)이다. 유토곡선(Mass Curve)을 작성하는 이유는 토량 이동에 따른 공사방법 및 순서결정, 평균운반거리 산출, 운반거리에 의한 토공기계의 선정, 토량의 배분 등이다.

08 초점거리 150mm의 사진기로 촬영고도 5,250m에서 크기 23×23cm의 사진을 얻었다. 이 사진의 입체 시 모델에서 좌측 사진에 의한 기선장은 103mm, 우측 사진에 의한 기선장은 104mm이었다면 사진의 종중복도는?

㉮ 53%   ㉯ 55%
㉰ 57%   ㉱ 59%

해설 $b_o = a\left(1 - \dfrac{p}{100}\right)$

$p = 100\left(1 - \dfrac{b_0}{a}\right) = 100\left(1 - \dfrac{\frac{10.3+10.4}{2}}{23}\right) = 55\%$

09 UTM 좌표(Universal Transverse Mercator Coordinates)에 대한 설명으로 옳은 것은?

㉮ 적도를 횡축, 자오선을 종축으로 한다.
㉯ 좌표계의 세로 간격(Zone)은 경도 3° 간격이다.
㉰ 종 좌표(N)의 원점은 위도 38°이다.
㉱ 축척은 중앙자오선에서 멀어짐에 따라 작아진다.

해설 UTM 좌표계
1. 의의
  ① UTM좌표는 국제횡메르카토르 투영법에 의하여 표현되는 좌표계이다.
  ② 적도를 횡축, 자오선을 종축으로 하였다.
  ③ 투영방식, 좌표변환식은 TM과 동일하나 원점에서 축척계수를 0.9996으로 하여 적용 범위를 넓혔다.
2. 종대
  ① 지구전체를 경도 6°씩 60개 구역으로 나누고, 각 종대의 중앙자오선과 적도의 교점을 원점으로 하여 원통도법인 횡메르카토르 투영법으로 등각 투영한다.
  ② 각 종대는 180°W 자오선에서 동쪽으로 6° 간격으로 1~60까지 번호를 붙인다.
  ③ 중앙자오선에서의 축척계수는 0.9996m이다.
3. 횡대
  ① 횡대에서 위도는 남북 80°까지만 포함시킨다.
  ② 횡대는 8°씩 20개 구역으로 나누어 C(80°S~72°S)~X(72°N~80°N)까지 (단 I, O는 제외) 20개의 알파벳 문자로 표현한다.
  ③ 결국 종대 및 횡대는 경도 6°×위도 8°의 구형구역으로 구분된다.

10 기지점 A에 평판을 세우고 B점에 수직으로 표척을 세워 시준하여 눈금 12.4와 9.3을 얻었다. 표척 실제의 상하 간격이 2m일 때 AB 두 지점의 거리는?

㉮ 32.2m   ㉯ 64.5m
㉰ 96.8m   ㉱ 21.5m

Answer 6.㉱ 7.㉮ 8.㉯ 9.㉮ 10.㉯

해설 $D : H = 100 : (n_1 - n_2)$

$D = \dfrac{100H}{(n_1 - n_2)} = \dfrac{100 \times 2}{(12.4 - 9.3)}$

$= 64.5 \text{m}$

11 어떤 측선의 길이를 3인(A, B, C)이 관측하여 아래와 같은 결과를 얻었을 때 최확값은?

> A : 100.287m(5회 관측)
> B : 100.376m(3회 관측)
> C : 100.432m(2회 관측)

㉮ 100.298m　㉯ 100.312m
㉰ 100.343m　㉱ 100.376m

해설 $L_o = \dfrac{p_1 l_1 + p_2 l_2 + p_3 l_3}{p_1 + p_2 + p_3}$

$= 100 + \dfrac{5 \times 0.287 + 3 \times 0.376 + 2 \times 0.432}{5 + 3 + 2}$

$= 100.343 \text{m}$

12 M의 표고를 구하기 위하여 수준점(A, B, C)으로부터 고저측량을 실시하여 표와 같은 결과를 얻었다면 M의 표고는?

측점	표고(m)	측정방향	고저차(m)	노선길이
A	14.03	A→M	+2.10	2km
B	13.60	B→M	−0.50	4km
C	11.64	C→M	+1.45	5km

㉮ 12.08m　㉯ 12.11m
㉰ 13.08m　㉱ 13.11m

해설 1. M의 표고
　① A점 이용 = $H_M = 11.03 + 2.1 = 13.13$m
　② B점 이용 = $H_M = 13.60 - 0.50 = 13.10$m
　③ C점 이용 = $H_M = 11.64 + 1.45 = 13.09$m
2. 경중률 계산

$P_A : P_B : P_C = \dfrac{1}{S_A} : \dfrac{1}{S_B} : \dfrac{1}{S_C}$

$= \dfrac{1}{2} : \dfrac{1}{4} : \dfrac{1}{5}$

$= 10 : 5 : 4$

3. 최확값 계산

$H_M = 13 + \dfrac{10 \times 0.13 + 5 \times 0.10 + 4 \times 0.09}{10 + 5 + 4}$

$= 13.11 \text{m}$

13 트래버스 측점 A의 좌표가(200,200)이고, AB측선의 길이가 100m일 때 B점의 좌표는? (단, AB의 방위각은 195°이고, 좌표의 단위는 m이다.)

㉮ (−96.6, −25.9)
㉯ (−25.9, −96.6)
㉰ (103.4, 174.1)
㉱ (174.1, 103.4)

해설 1. $X_B = X_A + \overline{AB} \cos a$
　　　 $= 200 + 100 \times \cos 195°$
　　　 $= 103.4$m
2. $Y_B = Y_A + \overline{AB} \sin a$
　　　 $= 200 + 100 \times \sin 195°$
　　　 $= 174.1$m

14 비행고도 2,500m, 초점거리 150mm의 사진기로 촬영한 수직사진에서 비고 60m의 산정이 주점으로부터 5.0cm인 곳에 찍혀 있을 때 비고에 의한 기복변위는?

㉮ 1.8mm　㉯ 1.5mm
㉰ 1.2mm　㉱ 0.9mm

해설 $\Delta r = \dfrac{h}{H} r = \dfrac{60}{2,500} \times 50 = 1.2 \text{mm}$

15 그림과 같이 $\triangle P_1 P_2 C$는 동일 평면상에서 $a_1 = 62°8'$, $a_2 = 56°27'$, $B = 95.00$m이고 연직각 $v_1 = 20°46'$일 때 C로부터 P까지의 높이 H는?

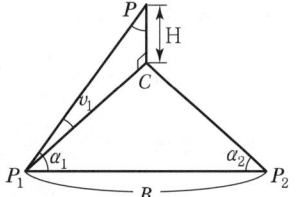

㉮ 30.014m   ㉯ 31.940m
㉰ 33.904m   ㉱ 34.189m

해설 ① $\overline{P_1C}$ 거리 계산

$$\frac{\overline{P_1C}}{\sin 56°27'} = \frac{95}{\sin(180 - (62°8' + 56°27'))}$$

$$\therefore \overline{P_1C} = \frac{\sin 56°27'}{\sin 61°25'} \times 95 = 90.16m$$

② H 계산
$$H = \overline{P_1C} \tan v_1 = 90.16 \times \tan 20°46'$$
$$= 34.189m$$

16 완화곡선의 성질에 대한 설명으로 옳지 않은 것은?

㉮ 곡선반지름은 완화곡선의 시점에서 무한대이다.
㉯ 완화곡선의 접선은 종점에서 원호에 접한다.
㉰ 곡선반지름의 감소율은 캔트의 증가율과 같다.
㉱ 종점에서의 캔트는 원곡선의 캔트와 역수관계이다.

해설 완화곡선의 성질
① 곡선반경은 완화곡선의 시점에서 무한대, 종점에서 원곡선 R이 된다.
② 완화곡선의 접선은 시점에서 직선에, 종점에서 원호에 접한다.
③ 완화곡선에 연한 곡선반경의 감소율은 캔트의 증가율과 같다.
④ 종점에서의 캔트는 원곡선의 캔트와 같다.

17 하천에서 2점법으로 평균유속을 구할 경우 관측하여야 할 두 지점의 위치는?

㉮ 수면으로부터 수심의 $\frac{1}{5} \cdot \frac{3}{5}$ 지점
㉯ 수면으로부터 수심의 $\frac{1}{5} \cdot \frac{4}{5}$ 지점
㉰ 수면으로부터 수심의 $\frac{2}{5} \cdot \frac{3}{5}$ 지점
㉱ 수면으로부터 수심의 $\frac{2}{5} \cdot \frac{4}{5}$ 지점

해설 평균유속을 구하는 방법
① 1점법 : 수면에서 0.6H 되는 곳의 유속
② 2점법 : 수면에서 0.2H 0.8H 되는 곳의 유속을 측정하여 평균유속을 구하는 방법
③ 3점법 : 수면에서 0.2H 0.6H 0.8H 되는 곳의 유속을 측정하여 평균유속을 구하는 방법

18 다각측량의 폐합오차 조정방법 중 트랜싯법칙에 대한 설명으로 옳은 것은?

㉮ 각과 거리의 정밀도가 비슷할 때 실시하는 방법이다.
㉯ 각 측선의 길이에 비례하여 폐합오차를 배분한다.
㉰ 각 측선의 길이에 반비례하여 폐합오차를 배분한다.
㉱ 거리보다는 각의 정밀도가 높을 때 활용하는 방법이다.

해설 다각측량에서 폐합오차 조정방법
① 컴퍼스법칙 : 각관측과 거리관측의 정밀도가 같을 때 조정하는 방법으로 각 측선 길이에 비례하여 폐합오차를 배분한다.
② 트랜싯법칙 : 각관측의 정밀도가 거리관측의 정밀도보다 높을 때 조정하는 방법으로 위거, 경거의 크기에 비례하여 폐합오차를 배분한다.

19 도로시점에서 교점까지의 거리가 325.18m이고 곡선의 반지름이 150m, 교각이 42°인 단곡선을 편각법으로 설치할 때, 시단현의 편각은?(단, 중심말뚝간격은 20m이다.)

㉮ 1°27'06"   ㉯ 1°54'36"
㉰ 2°22'06"   ㉱ 2°49'36"

해설 ① $B.C = I.P - T.L$
$$= IP - R\tan\frac{I}{2}$$
$$= 325.18 - 150 \times \tan 21° = 267.6m$$
② 시단현 길이(l_1) = 280 - 267.6 = 12.4m

③ 시단편각(σ_1) = $\frac{l_1}{R} \times \frac{90°}{\pi}$

  = $\frac{12.4}{150} \times \frac{90°}{\pi}$ = 2°22′06″

20 지성선에 관한 설명으로 옳지 않은 것은?
㉮ 지성선은 지표면이 다수의 평면으로 구성되었다고 할 때 평면 간 접합부, 즉 접선을 말하며 지세선이라고도 한다.
㉯ 철(凸)선을 능선 또는 분수선이라 한다.
㉰ 등고선은 절벽이나 동굴 등 특수한 지형 외에는 합쳐지거나 교차하지 않는다.
㉱ 요(凹)선은 지표의 경사가 최대로 되는 방향을 표시한 선으로 유하선이라고 한다.

해설 지성선
지표는 많은 凸선, 凹선, 경사변환선, 최대경사선으로 이루어졌다고 생각할 때 이 평면의 접합부, 즉 접선을 말하며 지세선이라고도 한다.
1. 능선(凸선), 분수선 : 지표면의 높은 곳을 연결한 선으로 빗물이 이것을 경계로 좌우로 흐르게 되므로 V자형으로 표시
2. 계곡선(凹선), 합수선 : 지표면이 낮거나 움푹 파인 점을 연결한 선으로 Y자형으로 표시
3. 경사변환선 : 동일 방향의 경사면에서 경사의 크기가 다른 두 면의 접합선(등고선 수평간격이 뚜렷하게 달라지는 경계선)
4. 최대경사선
  ① 지표의 임의의 한 점에 있어서 그 경사가 최대로 되는 방향을 표시한 선
  ② 등고선에 직각으로 교차한다.
  ③ 물이 흐르는 방향이라는 의미에서 유하선이라고도 한다.

Answer 20. ㉱

측량학(2012년 1회 토목산업기사)

01 노선측량에서 교점(I.P)이 기점에서 121.40m의 위치에 있고 곡선반지름 $R=200m$, 교각 $I=48°34'50''$, 중심말뚝 거리 20m인 단곡선에서 곡선길이(C.L)는?

㉮ 169.58m ㉯ 134.77m
㉰ 91.50m   ㉱ 70.00m

해설
$$C.L = R \cdot I \frac{\pi}{180}$$
$$= 200 \times 48°34'50'' \times \frac{\pi}{180}$$
$$= 169.58m$$

02 항공사진판독의 기본요소로 옳지 않은 것은?

㉮ 색조, 크기   ㉯ 형상, 음영
㉰ 질감, 모양   ㉱ 날짜, 촬영고도

해설 사진판독요소
- 주요소 : 색조, 모양, 질감, 형상, 크기, 음영
- 보조요소 : 상호위치관계, 과고감

03 표고 45.2m인 해변에서 눈높이 1.7m인 사람이 바라볼 수 있는 수평선까지의 거리는?(단, 지구 반지름 : 6,370km, 빛의 굴절계수 : 0.14)

㉮ 12.4km   ㉯ 26.4km
㉰ 42.8km   ㉱ 62.4km

해설 $h = \frac{S^2}{2R}(1-k)$ 에서
$$S = \sqrt{\frac{2Rh}{1-k}} = \sqrt{\frac{2 \times 6,370 \times 1,000 \times (45.2+1.7)}{1-0.14}}$$
$$= 26,358.5m = 26.4km$$

04 등경사 지형에서 A점의 표고가 225m, B점의 표고가 125m, AB의 수평거리가 260m이다. 축척 1:10,000의 지형도 위에 10m마다 등고선을 기입하려 할 때, A점으로부터 200m 등고선까지의 도상길이는?

㉮ 5.5mm   ㉯ 6.5mm
㉰ 7.5mm   ㉱ 8.5mm

해설

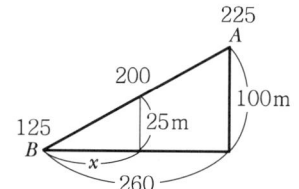

① $260 : 100 = x : 25$
$$x = \frac{260 \times 25}{100} = 65m$$

② x의 도상거리
$$\frac{1}{10,000} = \frac{x}{65}$$
$$\therefore x = \frac{65}{10,000} = 0.0065m = 6.5mm$$

05 결합 트래버스측량에서 그림과 같은 형태의 각관측 시 각관측 오차(E_a) 식은?(단, W_a, W_b는 A, B에서의 방위각, $[a]$는 교각의 합, n은 관측한 교각의 수)

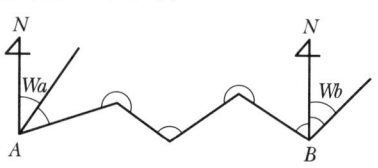

㉮ $E_a = W_a - W_b + [a] - 180(n+3)$
㉯ $E_a = W_a - W_b + [a] - 180(n-3)$
㉰ $E_a = W_a - W_b + [a] - 180(n+1)$
㉱ $E_a = W_a - W_b + [a] - 180(n-1)$

 결합 트래버스

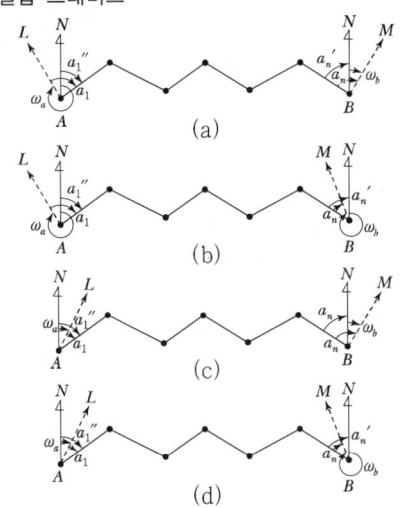

(a)의 경우
$$E_a = \omega_a - \omega_b + [a] - 180°(n+1)$$
(b), (c)의 경우
$$E_a = \omega_a - \omega_b + [a] - 180°(n-1)$$
(d)의 경우
$$E_a = \omega_a - \omega_b + [a] - 180°(n-3)$$

06 1 : 10,000 축척의 지형도를 이용하여 같은 크기의 1 : 50,000 지형도를 제작하고자 한다. 1 : 50,000 지형도 1장을 완성하려면 1 : 10,000 지형도 몇 매가 필요한가?

㉮ 5매 ㉯ 6매
㉰ 25매 ㉱ 36매

해설 축척비 = $\frac{50,000}{10,000}$ = 5배
면적비 = 가로×세로 = 5×5 = 25매

07 축척 1 : 500 도면에서 구적기를 이용하여 면적을 측정하니 2,500m²였다. 도면이 종횡으로 각 1%씩 줄어 있었다면 실제면적은?

㉮ 2,450m² ㉯ 2,480m²
㉰ 2,550m² ㉱ 2,580m²

해설 실제면적 = $A(1+\varepsilon)^2$
= $2,500(1+0.01)^2 = 2,550m^2$

08 그림과 같은 터널 내 수준측량에서 C점의 표고는?(단, A점의 지반고는 20.00m, 단위는 m)

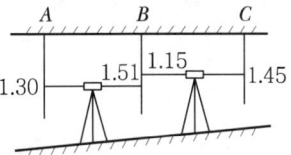
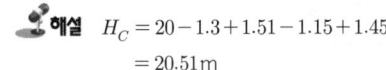

㉮ 19.49m ㉯ 20.49m
㉰ 20.51m ㉱ 20.71m

해설 $H_C = 20 - 1.3 + 1.51 - 1.15 + 1.45$
= 20.51m

09 트래버스측량의 일반적인 순서로 옳은 것은?

㉮ 선점→방위각 관측→조표→수평각 및 거리 관측→답사→계산
㉯ 선점→조표→답사→수평각 및 거리 관측→방위 각관측→계산
㉰ 답사→선점→조표→방위각 관측→수평각 및 거리 관측→계산
㉱ 답사→조표→방위각 관측→선점→수평각 및 거리 관측→계산

해설 트래버스측량의 순서
계획 및 준비→답사→선점 및 조표→방위각관측→수평각 및 거리 관측→계산→정리

10 교호수준측량을 하는 주된 이유로 옳은 것은?

㉮ 작업속도가 빠르다.
㉯ 관측인원을 최소화할 수 있다.
㉰ 전시, 후시의 거리차를 크게 둘 수 있다.
㉱ 굴절오차 및 시준축오차를 제거할 수 있다.

해설 1. 교호수준측량
전시와 후시를 같게 취하는 것이 원칙이나 2점 간에 강·호수·하천 등이 있어 중앙에 기계를 세울 수 없을 때 양 지점에 세운 표척을 읽어 고저차를 2회 산출하여 평균하며 높은 정밀도를 필요로 할 경우에 이용되며 교호수준측량을 하는 목적은 기계오차와 굴절오차 및 곡률오차를 소거하기 위함이다.

2. 교호수준측량을 할 경우 소거되는 오차
   ① 레벨의 기계오차(시준축오차)
   ② 관측자의 읽기오차
   ③ 지구의 곡률에 의한 오차(구차)
   ④ 광선의 굴절에 의한 오차(기차)

11 다음의 GPS 현장관측방법 중에서 일반적으로 정확도가 가장 높은 관측방법은?

㉮ 정적 관측법
㉯ 동적 관측법
㉰ 실시간 동적 관측법
㉱ 의사 동적 관측법

해설 GPS 측량방법 중 가장 정밀도가 높은 것은 정지측량(정적 관측법)이다.

12 삼각망 중 조건식이 가장 많아 가장 높은 정확도를 얻을 수 있는 것은?

㉮ 단열삼각망
㉯ 사변형삼각망
㉰ 유심다각망
㉱ 트래버스망

해설 삼각망의 종류
① 단열삼각망 : 폭이 좁고 먼 거리의 두 점간 위치 결정 또는 하천 측량이나 노선측량에 적당하나, 조건수가 적어 정도가 낮다.
② 유심삼각망 : 넓은 지역(농지측량)에 적당. 동일 측점 수에 비해 표면적이 넓고, 단열삼각망보다는 정도가 높으나 사변형보다는 낮다.
③ 사변형망 : 기선삼각망에 이용, 시가지와 같은 정밀함을 요하는 골격 측량에 사용. 조정이 복잡하고 포함면적이 적으며, 시간과 비용이 많이 든다. 정밀도가 가장 높다.

13 반지름 R=200m인 원곡선을 설치하고자 한다. 도로의 시점으로부터 1,243.27m 거리에 교점(I.P)이 있고 그림과 같이 ∠A와 ∠B를 관측하였을 때 원곡선 시점(B.C)의 위치는? (단, 도로의 중심점 간격은 20m이다.)

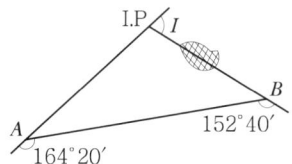

㉮ No.3+1.22m
㉯ No.3+18.78m
㉰ No.58+4.49m
㉱ No.58+15.51m

해설 ① 교각(I) 계산
$I = (180° - 164°20') + (180° - 152°40')$
$= 43°$
② B.C의 거리
$B.C = I.P - T.L$
$= 1,243.27 - 200 \times \tan\dfrac{43°}{2}$
$= 1,164.49\text{m}$
∴ $B.C = No.58 + 4.49\text{m}$

14 항공사진의 축척이 1:40,000이고 C factor가 600인 도화기로 도화작업을 할 때 등고선의 최소간격은?(단, 사진의 초점거리=150mm)

㉮ 5m   ㉯ 10m
㉰ 15m ㉱ 20m

해설 $\Delta h = \dfrac{H}{C} = \dfrac{mf}{C} = \dfrac{40,000 \times 0.15}{600} = 10\text{m}$

15 축척 1:500의 평판측량에서 제도허용오차가 0.2mm일 때 중심맞추기 오차(편심거리)의 허용범위에 대한 설명으로 옳은 것은?

㉮ 오차가 허용되지 않으므로 말뚝중앙에 정확히 맞추어야 한다.
㉯ 말뚝중앙에서 10cm까지 오차가 허용된다.
㉰ 말뚝중앙에서 5cm까지 오차가 허용된다.
㉱ 말뚝이 평판 밑에 있으면 된다.

해설 구심오차(e) = $\dfrac{q \cdot m}{2} = \dfrac{0.2 \times 500}{2} = 5\text{cm}$
∴ 말뚝중앙에서 5cm까지 오차가 허용된다.

16 노선의 종단측량 결과는 종단면도에 표시하고 그 내용을 기록하게 된다. 이때 포함되지 않는 내용은?

㉮ 지반고와 계획고의 차
㉯ 측점의 추가거리
㉰ 계획선의 경사
㉱ 용지 폭

해설 종단면도에 표기사항
측점, 거리, 누가거리, 지반고, 계획고, 구배, 지반고와 계획고의 차(성토고, 절토고)

17 해안지역의 장대교량 공사 중 교각의 정밀 위치 시공에 가장 유리한 측량방법은?

㉮ 레이저 측량
㉯ GPS측량
㉰ 토털스테이션을 이용한 지상측량
㉱ 레벨측량

해설 GPS는 인공위성을 이용하여 정확하게 위치를 알고 있는 위성에서 발사한 전파를 수신하여 관측점까지의 소요시간을 관측하여 정확하게 지상의 대상물의 위치를 결정하는 시스템으로 정밀위치 시공에 GPS측량이 이용된다.

18 클로소이드 매개변수(Parameter) A가 커질 경우에 대한 설명으로 옳은 것은?

㉮ 곡선이 완만해진다.
㉯ 자동차의 고속 주행이 어려워진다.
㉰ 곡선이 급커브가 된다.
㉱ 접선각(τ)이 비례하여 커진다.

해설 클로소이드 매개변수(A)가 커지면 접선각(τ)은 작아지며, 곡선은 완만해진다.

19 하천측량에서 고저측량에 해당하지 않는 것은?

㉮ 거리표 설치   ㉯ 유속관측
㉰ 종·횡단측량   ㉱ 심천측량

해설 유속관측은 유속(V) = $\dfrac{Q}{A}$ 이므로 유량계산에 이용된다.

20 축척 1 : 3,000 도면의 면적을 축척 1 : 1,200으로 잘못 측정했을 때 $3km^2$가 나왔다면 실제면적은?

㉮ $0.48km^2$ ㉯ $1.2km^2$
㉰ $7.5km^2$ ㉱ $18.75km^2$

해설 $a_1 = \left(\dfrac{m_1}{m_2}\right)^2 \cdot a_2 = \left(\dfrac{3,000}{1,200}\right)^2 \times 3$
$= 18.75km^2$

Answer 16. ㉱ 17. ㉯ 18. ㉮ 19. ㉯ 20. ㉱

측량학(2012년 2회 토목기사)

01 클로소이드 곡선(Clothoid Curve)에 대한 설명으로 옳지 않은 것은?

㉮ 고속도로에 널리 이용된다.
㉯ 곡률이 곡선의 길이에 비례한다.
㉰ 완화곡선(緩和曲線)의 일종이다.
㉱ 클로소이드 요소는 모두 단위를 갖지 않는다.

해설 클로소이드 곡선의 성질
곡률이 곡선장에 비례하는 곡선을 클로소이드 곡선이라 한다.
① 클로소이드는 나선의 일종이다.
② 모든 클로소이드는 닮은꼴이다.(상사성이다.)
③ 단위가 있는 것도 있고 없는 것도 있다.
④ τ는 30°가 적당하다

02 완화곡선에 대한 설명으로 옳지 않은 것은?

㉮ 완화곡선은 모든 부분에서 곡률이 같지 않다.
㉯ 완화곡선의 반지름은 무한대에서 시작한 후 점차 감소되어 주어진 원곡선에 연결된다.
㉰ 완화곡선의 접선은 시점에서 원호에 접한다.
㉱ 완화곡선에 연한 곡선 반지름의 감소율은 캔트의 증가율과 같다.

해설 완화곡선의 성질
① 완화곡선의 반지름은 그 시작점에서 ∞이고, 종점에서는 원곡선의 반지름과 같다.
② 완화곡선의 접선은 시점에서는 직선에, 종점에서는 원호에 접한다.
③ 완화곡선의 연한 곡선반경의 감소율은 캔트의 증가율과 같다.
④ 완화곡선의 편경사의 크기는 곡선의 반경에 반비례하고 설계속도에 비례한다.

03 그림과 같이 A, B, C, D에서 각각 1, 2, 3, 4km 떨어진 P점의 표고를 직접 수준 측량에 의해 결정하기 위하여 A, B, C, D 4개의 수준점에서 관측한 결과가 다음과 같을 때 P점의 최확값은?

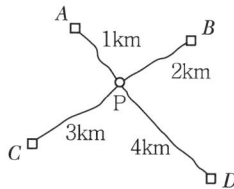

| $A \to P = 45.362$m | $B \to P = 45.370$m |
| $C \to P = 45.351$m | $D \to P = 45.348$m |

㉮ 45.355m   ㉯ 45.358m
㉰ 45.360m   ㉱ 45.365m

해설 직접수준측량에서 경중률은 거리에 반비례한다.
① 경중률 계산
$$P_A : P_B : P_C : P_D = \frac{1}{1} : \frac{1}{2} : \frac{1}{3} : \frac{1}{4}$$
$$= 12 : 6 : 4 : 3$$
② 최확값
$$L_0 = 45 + \frac{0.362 \times 12 + 0.370 \times 6 + 0.651 \times 4 + 0.348 \times 3}{12 + 6 + 4 + 3}$$
$$= 45.360$$

04 대공표지의 설치에 대한 설명으로 옳지 않은 것은?

㉮ 지상에 적당한 장소가 없을 때는 수목 또는 지붕 위에 설치할 수 있다.
㉯ 표석이 없는 지점에 설치할 때는 중심말뚝을 설피하고 그 중심을 표시한다.
㉰ 대공표지 설피를 완료하면 지상사진을 촬영하고 대공 표지점의 조서를 작성하여야 한다.

㉠ 설치장소는 시계의 영향은 거의 없지만 천장으로부터 최소 15° 이상의 시계를 확보하는 것이 좋다.

해설 대공 표지

표지란 사진측량을 실시하는 데 있어 관측할 점이나 대상물을 사진상에서 쉽게 식별하기 위해 사진촬영 전에 설치하는 것을 말한다. 대공표지는 자연점으로는 정확도를 얻을 수 없는 경우 지상의 표정기준점은 그 위치가 사진상에 명료하게 나타나도록 사진을 촬영하기 전에 대공표지(Air Target, Signal-Point)를 설치할 필요가 있다.

① 대공표지의 재질은 주로 내구성이 강한 베니어 합판, 알루미늄판, 합성수지판을 이용한다.
② 대공표지 한 변의 최소크기 $d = \dfrac{M}{T}$ 미터이다.
　여기서, T : 축척에 따른 상수
　　　　 M : 사진축척 분모수
③ 설치장소는 천장으로부터 45° 이내에 장애물이 없어야 하며, 대공표지판에 그림자가 생기지 않게 하기 위하여 지면에서 30cm 높게 수평으로 고정한다.

05 다음 중 전체 측선의 길이가 900m인 다각망의 정밀도를 1/2,600으로 하기 위한 위거 및 경거의 폐합오차로 알맞은 것은?

㉮ 위거오차 : 0.24m, 경거오차 : 0.25m
㉯ 위거오차 : 0.26m, 경거오차 : 0.27m
㉰ 위거오차 : 0.28m, 경거오차 : 0.29m
㉱ 위거오차 : 0.30m, 경거오차 : 0.30m

해설 폐합오차$(E) = \sqrt{(위거오차)^2 + (경거오차)^2}$
　　　　　　　$= \sqrt{(\Delta l)^2 + (\Delta d)^2}$
　　　　　　　$\sqrt{0.24^2 + 0.25^2} = 0.347$

폐합비$(R) = \dfrac{E}{\Sigma L}$

$\dfrac{1}{2,600} = \dfrac{E}{900}$

$E = \dfrac{900}{2,600} = 0.346$m

06 지오이드(Geoid)에 관한 설명으로 틀린 것은?

㉮ 하나의 물리적 가상면이다.
㉯ 지오이드면과 기준 타원체면과는 일치한다.
㉰ 지오이드상의 어느 점에서나 중력 방향에 연직이다.
㉱ 평균 해수면과 일치하는 등포텐셜면이다.

해설 지오이드의 특징

① 지오이드면은 평균해수면과 일치하는 등포텐셜면으로 일종의 수면이다.
② 지오이드면은 대륙에서는 지각의 인력 때문에 지구타원체보다 높고 해양에서는 낮다.
③ 고저측량은 지오이드면을 표고 0으로 하여 관측한다.
④ 타원체의 법선과 지오이드 연직선의 불일치로 연직선 편차가 생긴다.
⑤ 지형의 영향 또는 지각내부밀도의 불균일로 인하여 타원체에 비하여 다소 기복이 있는 불규칙한 면이다.
⑥ 지오이드는 어느 점에서나 표면을 통과하는 연직선은 중력방향에 수직이다.
⑦ 지오이드는 타원체 면에 대하여 다소 기복이 있는 불규칙한 면을 갖는다.
⑧ 높이가 0이므로 위치에너지도 0이다.

07 그림과 같이 수준측량을 실시하였다. A점의 표고는 300m이고 B와 C구간은 교호수준측량을 실시하였다면 D점의 표고는?
(단, A→B=-0.567m, B→C=0.886m,
　　　C→B=+0.866m, C→D=+0.357m)

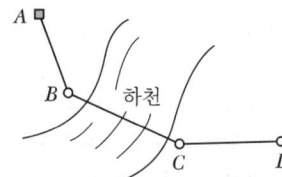

㉮ 298.903m　　㉯ 298.914m
㉰ 298.921m　　㉱ 298.928m

해설 $H_D = H_A + \overline{BC}$ 높이차$\overline{CD}$ 높이차
$= 300 - 0.567 + \dfrac{(-0.886) + (-0.866)}{2}$
$+ 0.357 = 298.914$

08 삼각측량을 위한 삼각망 중에서 유심다각망에 대한 설명으로 틀린 것은?

㉮ 농지측량에 많이 사용된다.
㉯ 삼각망 중에서 정확도가 가장 높다.
㉰ 방대한 지역의 측량에 적합하다.
㉱ 동일측점 수에 비하여 포함면적이 가장 넓다.

해설 삼각망의 종류
① 단열삼각망 : 폭이 좁고 먼 거리의 두 점 간 위치 결정 또는 하천 측량이나 노선측량에 적당하나, 조건수가 적어 정도가 낮다.
② 유심삼각망 : 넓은 지역(농지측량)에 적당. 동일 측정 수에 비해 표면적이 넓고, 단열 삼각망보다는 정도가 높으나 사변형보다는 낮다.
③ 사변형망 : 기선삼각망에 이용. 시가지와 같은 정밀을 요하는 골격 측량에 사용. 조정이 복잡하고 포함면적이 적으며, 시간과 비용이 많이 든다. 정밀도가 가장 높다.

09 두 측점 간의 위거와 경거의 차가 Δ위거= -156.145m, Δ경거=449.152m일 경우 방위각은?

㉮ 9°10′11″   ㉯ 70°49′49″
㉰ 109°10′11″   ㉱ 289°10′11″

해설 방위(θ)
$= \tan^{-1}\dfrac{449.152}{156.145} = 70°49′49.08″ (2상한)$

방위각
$= 180° - 70°49′49.08″ = 109°10′10.9″$

10 90m의 측선을 10m 줄자로 관측하였다. 이때 1회의 관측에 +5mm의 누적오차와 ±5mm의 우연오차가 있다면 실제 거리로 옳은 것은?

㉮ 90.045±0.015m   ㉯ 90.45±0.05m
㉰ 90±0.015m   ㉱ 90±0.5m

해설 정오차 $= n\delta = \dfrac{90}{10} \times 0.005 = 0.045m$
우연오차 $= \pm \delta\sqrt{n} = \pm 0.005\sqrt{9} = 0.015m$
실제거리 $= 90.045 \pm 0.015m$

11 등고선의 성질에 대한 설명으로 옳지 않은 것은?

㉮ 경사가 급할수록 등고선 간격이 좁다.
㉯ 경사가 일정하면 등고선 간격이 일정하다.
㉰ 등고선은 분수선과 직교하고, 합수선과 평행한다.
㉱ 등고선의 최단거리 방향은 최대경사방향을 나타낸다.

해설 등고선의 성질
① 동일 등고선상에 있는 모든 점은 같은 높이이다.
② 등고선은 반드시 도면 안이나 밖에서 서로가 폐합한다.
③ 지도의 도면 내에서 폐합되면 가장 가운데 부분은 산꼭대기(산정) 또는 凹지(요지)가 된다.
④ 등고선은 도중에 없어지거나 엇갈리거나 합쳐지거나 갈라지지 않는다.
⑤ 높이가 다른 두 등고선은 동굴이나 절벽의 지형이 아닌 곳에서는 교차하지 않는다.
⑥ 등고선은 경사가 급한 곳에서는 간격이 좁고 완만한 경사에서는 넓다.
⑦ 최대경사의 방향은 등고선과 직각으로 교차한다.
⑧ 분수선(능선)과 곡선(유하선)은 등고선과 직각으로 만난다.
⑨ 2쌍의 등고선의 볼록부가 상대할 때는 볼록부를 나타낸다.
⑩ 동등한 경사의 지표에서 양 등고선의 수평거리는 같다.
⑪ 같은 경사의 평면일 때는 나란한 직선이 된다.
⑫ 등고선이 능선을 직각방향으로 횡단한 다음 능선 다른 쪽을 따라 거슬러 올라간다.
⑬ 등고선의 수평거리는 산꼭대기 및 산 밑에서는 크고 산 중턱에서는 작다.

12 평판측량에서 중심맞추기 오차가 6cm까지 허용한다면 이때의 도상축척의 한계는?(단, 도상오차는 0.2mm로 한다.)

㉮ $\dfrac{1}{200}$ ㉯ $\dfrac{1}{400}$
㉰ $\dfrac{1}{500}$ ㉱ $\dfrac{1}{600}$

Answer 8. ㉯ 9. ㉰ 10. ㉮ 11. ㉰ 12. ㉱

해설 구심오차(e) = $\dfrac{도상허용오차 \times 축척분모}{2}$

$= \dfrac{qM}{2}$ 에서

$M = \dfrac{2e}{q} = \dfrac{2 \times 60}{0.3} = 600$

13 한 변의 거리가 30km인 정삼각형의 내각을 오차 없이 측량하였을 때 내각의 합은?(단, 지구 곡률반지름=6,370km)

㉮ 180°+2″ ㉯ 180°−2″
㉰ 180°+1″ ㉱ 180°−1″

14 지반고(h_A)가 123.6m인 A점에 토털 스테이션을 설치하여 B점의 프리즘을 관측하여, 기계고 1.0m, 관측사거리(S) 180m, 수평선으로부터의 고저각(α) 30°, 프리즘고(P_h) 1.5m를 얻었다면 B점의 지반고는?

㉮ 212.1m ㉯ 213.1m
㉰ 277.98m ㉱ 280.98m

해설 $H_B = H_A + I + H - h$
$= 123.6 + 1.0 + (180 \times \sin 30°) - 1.5$
$= 213.1\text{m}$

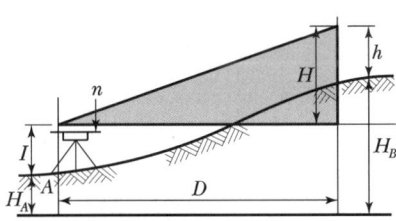

여기서, $H : \dfrac{n}{100} D$
H_A : A점의 표고
I : 기계고
h : 시준고
H_B : B점의 표고

15 그림과 같이 각 격자의 크기가 10m×10m로 동일한 지역의 전체 토량은?

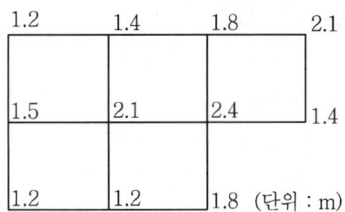

㉮ 877.5m³ ㉯ 893.6m³
㉰ 913.7m³ ㉱ 926.1m³

해설 점고법(U)
$= \dfrac{a \times b}{4} [\Sigma h_1 + 2\Sigma h_2 + 3\Sigma h_3 + 4\Sigma h_4]$
$= \dfrac{10 \times 10}{4} [(1.2+2.1+1.4+1.8+1.2) + 2(1.4+1.8+1.5+1.2) + 3(2.4) + 4(2.1)]$
$= 877.5\text{m}^3$

16 홍수시 유속측정에 가장 알맞은 것은?

㉮ 봉부자 ㉯ 이중부자
㉰ 수중부자 ㉱ 표면부자

해설 부자의 종류
① 표면부자 : 나무, 코르크, 병, 죽통 등을 이용하여 가운데 작은 돌이나 모래를 넣어 추로 하여 부자고 0.8~0.9를 흘수선(吃水線)으로 한다.
② 이중부자 : 표면부자에 실이나 금침 또는 가는 쇠줄을 수중부자와 연결하는 것으로서 수중부자의 중량 및 실의 길이를 가감하여 원하는 수심에 흐르도록 조절한다.
③ 봉부자 : 수심과 같은 길이의 죽통이나 파이프의 하단에 추를 넣고 연직으로 세워 하천에 흘러 보낸다.
• 흘수선(吃水線) : 배가 물 위에 떠 있을 때 배와 수면이 접하여 경계가 되는 선

Answer 13. ㉮ 14. ㉯ 15. ㉮ 16. ㉱

17 항공사진측량에서 산악지역(Accident Terrain 혹은 Mountainous Area)이 포함하는 의미로 옳은 것은?

㉮ 산지의 면적이 평지의 면적보다 그 분포비율이 높은 지역
㉯ 한 장의 사진이나 한 모델 상에서 지형의 고저차가 비행고도의 10% 이상인 지역
㉰ 평탄지역에 비하여 경사조정이 편리한 지역
㉱ 표정 시에 산정(山頂)과 협곡에 시차분포가 균일한 지역

해설 지형의 고저차가 비행고도의 10% 이상인 지역을 산악지형이라 한다.

18 30m에 대하여 3mm 늘어나 있는 줄자로 정사각형의 지역을 측정한 결과 62,500m²였다면 실제의 면적은?

㉮ 62,512.5m² ㉯ 62,524.3m²
㉰ 62,535.5m² ㉱ 62,550.3m²

해설 면적의 정도

$$\frac{dA}{A} = 2\frac{dl}{l}$$ 에서

$$dA = \frac{2dl}{l}A = \frac{2 \times 0.003}{30} \times 62,500 = 12.5$$

∴ 실제면적(A) = 62,500 + 12.5 = 62,512.5m²

19 직접법으로 등고선을 측정하기 위하여 A점에 레벨을 세우고 기계 높이 1.5m를 얻었다. 70m 등고선 상의 P점을 구하기 위한 표척(Staff)의 관측값은?(단, A점의 표고는 71.6m이다.)

㉮ 1.0m ㉯ 2.3m
㉰ 3.1m ㉱ 3.8m

해설 표척의 관측값 = 1.5 + 71.6 − 70 = 3.1

20 교각(I) = 52°50′, 곡선반지름(R) = 300m인 기본형 대칭 클로소이드를 설치할 경우 클로소이드의 시점과 교점(I.P) 간의 거리(D)는?(단, 원곡선의 중심(M)의 X좌표(X_M) = 37.480m, 이정량(ΔR) = 0.781m이다.)

㉮ 148.03m ㉯ 149.42m
㉰ 185.51m ㉱ 186.90m

해설 ① $D = W + X_m$

② $W = (R + \Delta R)\tan\frac{I}{2}$
  $= (300 + 0.781)\tan 26°25′ = 149.419$

∴ $D = 149.419 + 37.480 = 186.90\text{m}$

측량학(2012년 2회 토목산업기사)

01 노선 선정 시 고려해야할 사항에 대한 설명으로 옳지 않은 것은?

㉮ 건설비·유지비가 적게 드는 노선이어야 한다.
㉯ 절토를 성토보다 많게 해야 한다.
㉰ 기존 시설물의 이전비용 등을 고려한다.
㉱ 가급적 급경사 노선은 피하는 것이 좋다.

해설 성토와 절토는 균형을 이루는 것이 좋다.

02 그림과 같은 삼각형의 정점 A, B, C의 좌표가 A(50,20), B(20,50), C(70,70)일 때, 정점 A를 지나며 △ABC의 넓이를 3 : 2로 분할하는 P점의 좌표는?(단, 좌표의 단위는 m이다.)

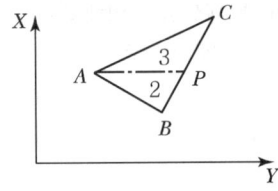

㉮ (40, 58)   ㉯ (50, 62)
㉰ (50, 63)   ㉱ (50, 65)

해설 ① △ABC면적은

	x	y	$(x_{i-1}-x_{i+1})y_i$
A	50	20	$(70-20)20=1,000$
B	20	50	$(50-70)50=-1,000$
C	70	70	$(20-50)40=-2,100$

② 3 : 2 분할 좌표 P는

㉠
	x	y	$(x_{i-1}-x_{i+1})y_i$
A	50	20	$(x-70)20=20x-1,400$
C	70	70	$(50-x)70=3,500-70x$
P	x	y	$(70-50)y=20y$

$-50x+2,100+20y=1,260$
$-50x+20y=-840$ … ①식

㉡
	x	y	$(x_{i-1}-x_{i+1})y_i$
A	50	20	$(20-x)20=400-20x$
P	x	y	$(50-20)y=30y$
B	20	50	$(x-50)=50x-2,500$

$30x+30y-2,100=840$
$30x+30y=2,940$ … ②식

①식과 ②식을 연립방정식으로 풀면
$-50x+20y=-840$ … ①식×3
$30x+30y=2,940$ … ②식×5
$-150x+60y=-2,520$
$150x+150y=14,700$
∴ $x=40$, $y=58$

03 두 점 간의 고저차를 레벨에 의하여 직접 관측할 때 정확도를 향상시키는 방법이 아닌 것은?

㉮ 표척을 수직으로 유지한다.
㉯ 전시와 후시의 거리를 가능한 같게 한다.
㉰ 최소 가시거리가 허용되는 한 시준거리를 짧게 한다.
㉱ 기계가 침하되거나 교통에 방해가 되지 않는 견고한 지반을 택한다.

해설 시준거리는 보통 60m를 표준으로 한다.

04 교호 수준측량을 한 결과 그림과 같을 때 B점의 표고는?(단, A점의 지반고는 100m이다.)

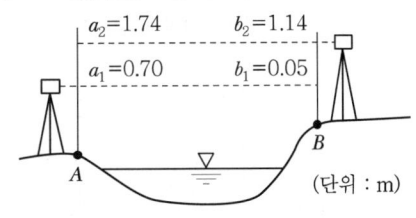

㉮ 100.535m   ㉯ 100.625m
㉰ 100.685m   ㉱ 100.065m

Answer 1. ㉯ 2. ㉮ 3. ㉰ 4. ㉯

해설
$$H_B = H_A + \frac{(a_1 - b_1) + (a_2 - b_2)}{2}$$
$$= 100 + \frac{(0.70 - 0.05) + (1.74 - 1.14)}{2}$$
$$= 100 + 0.625 = 100.625\text{m}$$

05 사진측량의 특징에 대한 설명으로 옳지 않은 것은?

㉮ 기상의 영향을 받지 않고 전천후 측량을 수행할 수 있다.
㉯ 광범위한 지역에 대한 동시 측량이 가능하다.
㉰ 정성적 측량이 가능하다.
㉱ 축척 변경이 용이하다.

해설
1. 사진측량의 장점
   ① 정량적·정성적 측량이 가능하다.
   ② 정확도의 균일성이 있다.
   ③ 동체 관측에 의한 보존 이용이 가능하다.
   ④ 관측대상에 접근하지 않고도 관측이 가능하다.
   ⑤ 광역(廣域)일수록 경제성이 있다.
   ⑥ 분업화에 의한 작업능률성이 높다.
   ⑦ 축척 변경이 용이하다.
   ⑧ 4차원 측량이 가능하다.
2. 사진측량의 단점
   ① 사진기, 센서, 항공기, 정밀도화기, 편위수정기 등 고가장비가 필요하므로 많은 경비가 소요되어 소규모의 대상물에 적용시에는 비경제적이다.
   ② 사진에 나타나지 않는 피사체는 식별이 난해한 경우도 있다.
   ③ 항공사진 촬영 시는 기상조건 및 태양 고도 등에 영향을 받는다.

06 그림과 같이 0점에서 같은 정확도의 각 x_1, x_2, x_3를 관측하여 $x_3 - (x_1 + x_2) = +30''$의 결과를 얻었다면 보정값으로 옳은 것은?

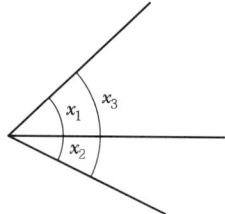

㉮ $x_1 = +10''$, $x_2 = +10''$, $x_3 = +10''$
㉯ $x_1 = +10''$, $x_2 = +10''$, $x_3 = -10''$
㉰ $x_1 = -10''$, $x_2 = -10''$, $x_3 = +10''$
㉱ $x_1 = -10''$, $x_2 = -10''$, $x_3 = -10''$

해설 ① $x_3 - (x_1 + x_2) = +30''$
② $x_1 = +10''$, $x_2 = +10''$, $x_3 = -10''$

07 축척 1:500 지형도(30cm×30cm)를 기초로 하여 축척이 1:2,500인 지형도(30cm×30cm)를 제작하기 위해서는 축척 1:500 지형도가 몇 매 필요한가?

㉮ 5매   ㉯ 10매
㉰ 15매   ㉱ 25매

해설
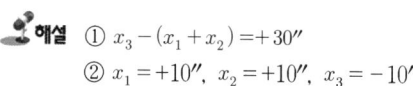

축척비 = $\frac{2,500}{500}$ = 5배

면적비 = 가로×세로 = 5×5 = 25매

08 초점거리 120mm, 비행고도 2,500m로 연직사진을 촬영하였다. 이 사진상의 비고 400m인 작은 산의 축척은?

㉮ 1/17,500   ㉯ 1/25,000
㉰ 1/35,000   ㉱ 1/45,000

해설 $\frac{1}{m} = \frac{f}{H-h} = \frac{0.12}{2,500-400} = \frac{1}{17,500}$

09 평판측량에서 평판 세우기 오차 중 측량 결과에 가장 큰 영향을 주므로 특히 주의해야 할 것은?
㉮ 수평맞추기 오차
㉯ 중심맞추기 오차
㉰ 방향맞추기 오차
㉱ 앨리데이드의 수진기에 따른 오차

 평판측량의 3요소
① 정준(Leveling up) : 평판을 수평으로 맞추는 작업(수평맞추기)
② 구심, 치심(Centering) : 평판상(도상)의 측점과 지상의 측점을 일치시키는 작업(중심맞추기)
③ 표정(Orientation) : 평판을 일정한 방향으로 고정시키는 작업을 말하며, 평판측량의 오차 중 가장 큰 영향을 끼친다.

10 근접할 수 없는 P, Q 두 점 간의 거리를 구하기 위하여 그림과 같이 관측하였을 때 PQ의 거리는?

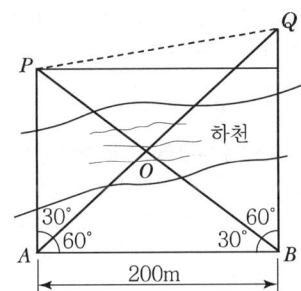

㉮ 150m   ㉯ 200m
㉰ 250m   ㉱ 305m

 ① $\dfrac{AP}{\sin 30°} = \dfrac{200}{\sin 60°}$, $AP = 115.47$
② $\dfrac{AQ}{\sin 90°} = \dfrac{200}{\sin 30°}$, $AQ = 400$
③ $\overline{PQ}$
$a^2 = b^2 + c^2 + 2bc \cdot \cos a$
$= \sqrt{b^2 + c^2 + 2bc \cdot \cos a}$
$= \sqrt{115.47^2 + 400^2 - 2(115.47 \times 400 \times \cos 30°)}$
$= 305\text{m}$

11 노선측량의 단곡선 설치에서 곡선시점과 종점을 연결한 측선을 x축으로 하고 이에 직각방향의 지거를 이용하여 곡선상의 측점의 위치를 결정하는 방법은?
㉮ 편각현장법   ㉯ 중앙종거법
㉰ 접선지거법   ㉱ 장현지거법

12 종단면도를 이용하여 유토곡선(Mass Curve)을 작성하는 목적과 가장 거리가 먼 것은?
㉮ 토량의 배분
㉯ 교통로 확보
㉰ 토공장비의 선정
㉱ 토량의 운반거리 산출

 유토곡선 작성 목적
① 토량의 배분
② 토공장비의 선정
③ 토량의 운반거리 산출

13 연직선 편차에 대한 설명으로 옳은 것은?
㉮ 진북과 자북의 편차
㉯ 기포관축과 시준축의 편차
㉰ 기계의 중심축과 연직축의 편차
㉱ 회전타원체와 지오이드에 대한 수직선의 편차

 연직선편차
지구상 어느 한 점에서 타원체의 법선(수직선)과 지오이드 법선(연직선)과의 차이

14 우리나라에서 일반철도의 노선에 많이 이용되는 완화곡선은?
㉮ 1차 포물선   ㉯ 3차 포물선
㉰ 렘니스케이트   ㉱ 클로소이드

 완화곡선(Transition curve)의 종류
① 클로소이드(Clothoid) : 도로
② 렘니스케이트(Lemniscate) : 시가지 지하철
③ 3차 포물선(Cubic curve) : 철도
④ sin 체감곡선 : 고속철도

Answer 9. ㉰ 10. ㉱ 11. ㉱ 12. ㉯ 13. ㉱ 14. ㉯

15 그림과 같이 B점의 좌표를 구하기 위하여 기지점 A로부터 방향각 T와 거리 S를 측량하였다. B점의 좌표는?(단, A점의 좌표(100, 200), 방향각 T는 58°30′00″, 거리 S는 200m이고 좌표의 단위는 m이다.)

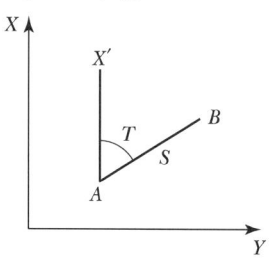

㉮ (104.5, 170.5) ㉯ (170.5, 104.5)
㉰ (370.5, 204.5) ㉱ (204.5, 370.5)

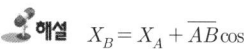 $X_B = X_A + \overline{AB}\cos\alpha$
    $= 100 + 200 \times \cos 58°30′ = 204.5$
$Y_B = Y_A + \overline{AB}\sin\alpha$
    $= 200 + 200 \times \sin 58°30′ = 370.5$

16 편경사(Cant)에 대한 설명으로 틀린 것은?
㉮ 편경사는 완화곡선 설치에 사용된다.
㉯ 편경사는 차량 속도의 제곱에 비례하고 곡선반지름에 반비례한다.
㉰ 편경사는 도로 및 철도의 선형설계에 적용된다.
㉱ 차량이 곡선부 주행시 뒷바퀴가 앞바퀴보다 항상 안쪽으로 지나는 현상을 고려하기 위한 것이다.

해설 1. 캔트(Cant)
곡선부를 통과하는 차량이 원심력이 발생하여 접선 방향으로 탈선하려는 것을 방지하기 위해 바깥쪽 노면을 안쪽에 노면보다 높이는 정도를 말하며 편경사라고 한다.
2. 슬랙(Slack)
차량과 레일이 꼭 끼어서 서로 힘을 입게 되면 때로는 탈선의 위험도 생긴다. 이러한 위험을 막기 위해서 레일 안쪽을 움직여 곡선부에서는 궤간을 넓힐 필요가 있다. 이 넓힌 치수를 말한다. 확폭이라고도 한다.

17 그림을 표적에 대한 탄흔이라고 할 때, 다음 설명 중 옳은 것은?

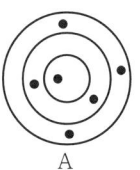 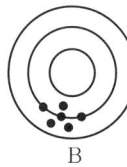 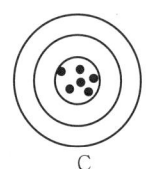
A   B   C

㉮ A가 C보다 더 정확하다고 할 수 있다.
㉯ A가 C보다 더 정밀하다고 할 수 있다.
㉰ B가 C보다 더 정확하다고 할 수 있다.
㉱ B가 A보다 더 정밀하다고 할 수 있다.

해설 ① 정확도 : 관측값의 정합성
② 정밀도 : 관측값의 균일성

18 하천의 수위관측소의 설치장소로 적당하지 않은 것은?
㉮ 하상과 하안이 안전한 곳
㉯ 홍수 시에도 양수량을 쉽게 알아볼 수 있는 곳
㉰ 수위가 구조물의 영향을 받지 않는 곳
㉱ 수위의 변화가 크게 발생하여 그 변화가 명확한 곳

해설 양수표(수위관측소)의 설치장소
① 하상과 하안이 세굴, 퇴적되지 않는 곳
② 상, 하류가 100m가량 직선인 곳
③ 수위가 교각 등 구조물의 영향을 받지 않는 곳
④ 홍수 때에도 쉽게 양수표를 읽을 수 있는 곳
⑤ 홍수 때 관측소가 유실, 파손될 염려가 없는 곳
⑥ 지천의 합류점과 같이 불규칙한 변화가 없는 곳
⑦ 양수표 : 5~10km마다 배치

19 그림의 등고선에서 AB의 수령거리가 50m일 때 AB의 기울기는 얼마인가?

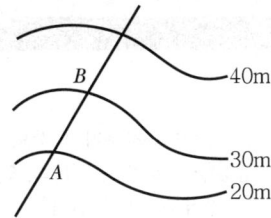

㉮ 10% ㉯ 20%
㉰ 50% ㉱ 60%

해설 기울기$(i) = \dfrac{h}{D} \times 100 = \dfrac{10}{50} \times 100 = 20\%$

20 삼각수준측량 거리가 10km일 때 지구곡률로 인한 오차는?(단, 지구 반지름은 6,370km 이다.)

㉮ 4.5m ㉯ 5.8m
㉰ 6.5m ㉱ 7.8m

해설 구차 $= \dfrac{S^2}{2R} = \dfrac{10^2}{2 \times 6,370}$
$= 7.8 \times 10^{-3} \text{km} = 7.8 \text{m}$

Answer 19. ㉯ 20. ㉱

측량학(2012년 3회 토목기사)

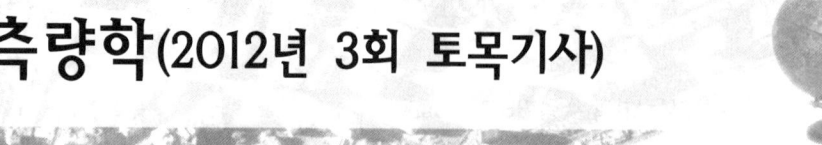

01 삼각측량을 위한 삼각점의 위치선정에 있어서 피해야 할 장소로 가장 거리가 먼 것은?
㉮ 나무의 벌목면적이 큰 곳
㉯ 습지 또는 하상인 곳
㉰ 측표를 높게 설치해야 되는 곳
㉱ 편심관측을 해야 되는 곳

해설 삼각점 선점
① 되도록 측점 수가 적고 세부측량에 이용가치가 커야 한다.
② 삼각형은 정삼각형에 가까울수록 좋으나 1개의 내각은 30°~120° 이내로 한다.
③ 삼각점의 위치는 다른 삼각점과 시준이 잘 되어야 한다.
④ 많은 나무의 벌채를 요하거나 높은 측표를 요하는 기점을 가능한 피한다.
⑤ 미지점은 최소 3개, 최대 5개의 기지점에서 정·반 양방향으로 시통이 되도록 한다.
⑥ 지반이 견고하여 이동이나 침하가 되지 않는 곳 편심관측을 해야 되는 곳은 편심관측을 하면 되므로 삼각점 위치선정에 있어 피해야 할 장소와 가장 거리가 멀다.

02 지자기측량을 위한 관측요소가 아닌 것은?
㉮ 지자기의 방향과 자오선과의 각
㉯ 지자기의 방향과 수평면과의 각
㉰ 자오선으로부터 좌표북 사이의 각
㉱ 수평면 내에서의 자기장의 크기

해설 지자기 3요소
① 편각 : 수평분력 H가 진북과 이루는 각. 지자기의 방향과 자오선이 이루는 각
② 복각 : 전자장 F와 수평분력 H가 이루는 각. 지자기의 방향과 수평면이 이루는 각
③ 수평분력 : 전자장 F의 수평성분. 수평면 내에서의 지자기장의 크기(지자기의 강도)

를 말하며, 지자기의 강도는 전자력의 수평방향 성분을 수평분력, 연직방향의 성분을 연직분력이라 한다.

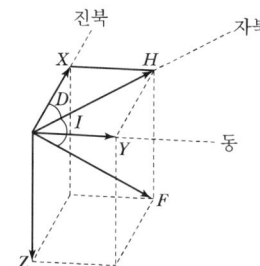

여기서, F : 전자장
H : 수평분력(X : 진북 방향 성분, Y : 동서방향 성분)
Z : 연직분력
D : 편각
I : 복각

03 곡률이 급변하는 평면 곡선부에서의 탈선 및 심한 흔들림 등의 불안정한 주행을 막기 위해 고려하여야 하는 사항과 가장 거리가 먼 것은?
㉮ 완화곡선
㉯ 편경사
㉰ 확폭
㉱ 종단곡선

해설

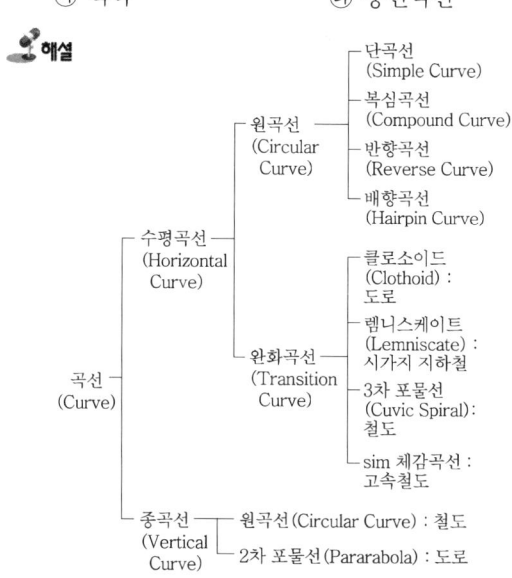

종단곡선은 수직곡선부에 많이 사용한다.

04 항공사진에 나타난 건물 정상의 시차를 관측하니 16mm이고, 건물 밑부분의 시차를 관측하니 15.82mm였다. 이 건물 밑부분을 기준으로 한 촬영고도가 5,000m일 때 건물의 높이는?

㉮ 36.8m   ㉯ 41.2m
㉰ 51.4m   ㉱ 56.3m

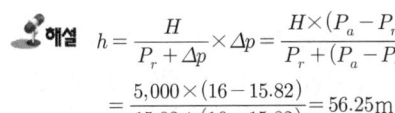 $h = \dfrac{H}{P_r + \Delta p} \times \Delta p = \dfrac{H \times (P_a - P_r)}{P_r + (P_a - P_r)}$

$= \dfrac{5,000 \times (16 - 15.82)}{15.82 + (16 - 15.82)} = 56.25\text{m}$

05 수준망의 관측결과가 표와 같을 때, 정확도가 가장 높은 것은?

구분	총거리(km)	폐합오차(mm)
I	20	20
II	16	18
III	12	15
IV	8	13

㉮ I   ㉯ II
㉰ III   ㉱ IV

해설 1km당 오차를 계산하면
$R = \dfrac{E}{\sqrt{L}} = \dfrac{20}{\sqrt{20}} : \dfrac{18}{\sqrt{16}} : \dfrac{15}{\sqrt{12}} : \dfrac{13}{\sqrt{8}}$
$= 4.47 : 4.5 : 4.33 : 4.60$
가장적은 값인 4.33(III)이 가장 정확하다.

06 삼각망을 조정한 결과 다음과 같은 결과를 얻었다면 B점의 좌표는?

∠A=60°20'20", ∠B=59°40'30"
∠C=59°59'10", AC측선의 거리=120.730m
AB측선의 방위각=30,
A점의 좌표(1000m, 100m)

㉮ (1104.886m, 1060.556m)
㉯ (1060.556m, 1104.886m)
㉰ (1104.225m, 1040.175m)
㉱ (1060.175m, 1104.225m)

해설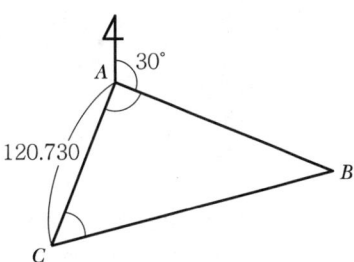

① $Xb = Xa + \overline{AB}\cos 30°$
$= 1,000 + 121.11\cos 30°$
$= 1104.886$
② $Yb = Ya + \overline{AB}\sin 30°$
$= 1,000 + 121.11\sin 30°$
$= 1060.556$

07 4km의 노선에서 결합트래버스 측량을 했을 때 폐합비가 1/6,250이었다면 실제 지형상의 폐합오차는?

㉮ 0.76m   ㉯ 0.64m
㉰ 0.52m   ㉱ 0.48m

해설 폐합비 $= \dfrac{1}{m} = \dfrac{E}{\sum L}$
$= \dfrac{1}{6,250} = \dfrac{E}{4,000}$
$E = \dfrac{4,000}{6,250} = 0.64\text{m}$

08 경사 20%의 지역에 높이 5m의 숲이 우거져 있는 곳을 항공사진측량하여 축척 1:5,000 등고선을 제작하였다면 등고선의 수정량은?

㉮ 3mm   ㉯ 4mm
㉰ 5mm   ㉱ 6mm

해설 ①
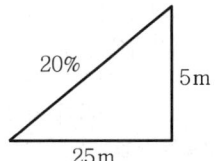

수평거리 $100 : 20 = x : 5$
$x = \dfrac{100 \times 5}{20} = 25\text{m}$

② $\frac{1}{m} = \frac{l}{L}$

$\frac{1}{5,000} = \frac{l}{25}$

$l = \frac{25}{5,000} = 0.005\text{m} = 5\text{mm}$

09 그림과 같은 토지의 한 변 BC에 평행하게 m : n=1 : 2의 비율로 면적을 분할하고자 한다. $\overline{AB}$ =30m일 때 $\overline{AX}$ 는?

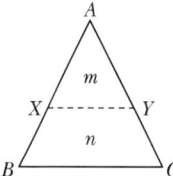

㉮ 8.660m ㉯ 17.321m
㉰ 25.981m ㉱ 34.641m

해설 $AB^2 : AX^2 = m+n : m$

$AX = AB\sqrt{\frac{m}{m+n}} = 30\sqrt{\frac{1}{3}} = 17.321\text{m}$

10 지형의 표시방법 중 하천, 항만, 해안측량 등에서 심천측량을 할 때 측점에 숫자로 기입하여 고저를 표시하는 방법은?

㉮ 점고법 ㉯ 음영법
㉰ 연선법 ㉱ 등고선법

해설 1. 자연적 도법
① 영선법(우모법, Hachuring) : "게바"라 하는 단선상(短線狀)의 선으로 지표의 기본을 나타내는 것으로 게바의 사이, 굵기, 방향 등에 의하여 지표를 표시하는 방법
② 음영법(명암법, Shading) : 태양광선이 서북쪽에서 45°로 비친다고 가정하여 지표의 기복을 도상에서 2~3색 이상으로 채색하여 지형을 표시하는 방법

2. 부호적 도법
① 점고법(Spot Height System) : 지표면상의 표고 또는 수심을 숫자에 의하여 지표를 나타내는 방법으로 하천, 항만, 해양 등에 주로 이용

② 등고선법(Contour System) : 동일표고의 점을 연결한 것으로 등고선에 의하여 지표를 표시하는 방법으로 토목공사용으로 가장 널리 사용
③ 채색법(Layer System) : 같은 등고선의 지대를 같은 색으로 채색하여 높이의 변화를 나타나게 하는 방법으로 지리관계의 지도에 주로 사용

11 평면직교 좌표의 원점에서 동쪽에 있는 P1점에서 P2점 방향의 자북방위각을 관측한 결과 80°9′20″이었다. P1점에서 자오선 수차가 0°1′20″, 자침편차가 5°W일 때 진북방위각은?

㉮ 75°7′40″ ㉯ 75°9′20″
㉰ 85°7′40″ ㉱ 85°9′20″

해설 진북방위각=자북방위각−자침편차
=80°9′20″−5°=75°09′20″

12 확폭량이 S인 노선에서 노선의 곡선 반지름(R)을 두 배로 하면 확폭량(S′)은 얼마가 되는가?

㉮ $S' = \frac{1}{4}S$ ㉯ $S' = \frac{1}{2}S$
㉰ $S' = 2S$ ㉱ $S' = 4S$

해설 확폭(Slack)$= \frac{S^2}{2R}$

따라서 확폭량은 반경(R)에 반비례하므로 반경을 2배로 하면 확폭량은 $\frac{1}{2}$이 된다.

13 토공량을 계산하기 위해 대상구역을 삼각형으로 분할하여 각 교점의 점토고를 측량한 결과 그림과 같이 얻어졌다. 토공량은?(단, 단위 m)

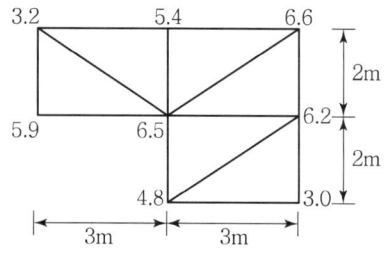

㉮ 85m³ ㉯ 90m³
㉰ 95m³ ㉱ 100m³

해설 점고법의 토공량은

$$V = \frac{A}{3}(\Sigma h_1 + 2\Sigma h_2 + 3\Sigma h_3 + 4\Sigma h_4 + 5\Sigma h_5)$$

$$= \frac{3 \times 2}{6}[(5.9+3)+2(3.2+6.6+5.4+4.8)+3(6.2)+5(6.5)]$$

$$= 100m^3$$

14 측지학의 측지선에 관한 설명으로 옳지 않은 것은?

㉮ 측지선은 두 개의 평면곡선의 교각을 2:1로 분할하는 성질이 있다.
㉯ 지표면상 2점을 잇는 최단거리가 되는 곡선을 측지선이라 한다.
㉰ 평면곡선과 측지선의 길이의 차는 극히 미소하여 실무상 무시할 수 있다.
㉱ 측지선은 미분기하학으로 구할 수 있으나 직접 관측하여 구하는 것이 더욱 정확하다.

해설 측지선은 실측할 수 없으며 미분기하학으로 구분한다.

15 양수표 설치장소 선정을 위한 고려사항에 대한 설명으로 옳지 않은 것은?

㉮ 지천의 합류점으로 지천에 의한 수위 변화가 뚜렷한 곳
㉯ 홍수 시에도 양수표를 쉽게 읽을 수 있는 곳
㉰ 세굴과 퇴적이 생기지 않는 곳
㉱ 과실에 의한 오차를 제거하기 위하여

해설 양수표(수위관측소)의 설치장소
① 하상과 하안이 세굴, 퇴적이 안 되는 곳
② 상·하류가 100m 가량 직선인 곳
③ 수위가 교각 등 구조물의 영향을 받지 않는 곳
④ 홍수 때에도 쉽게 양수표를 읽을 수 있는 곳
⑤ 홍수 때 관측소가 유실, 파손될 염려가 없는 곳
⑥ 지천의 합류점과 같이 불규칙한 변화가 없는 곳
⑦ 양수표 : 5~10km마다 배치

16 하천 양안의 고저차를 측정할 때 교호수준 측량을 많이 이용하는 가장 큰 이유는 무엇인가?

㉮ 개인 오차를 제거하기 위하여
㉯ 스타프(함척)를 세우기 편하게 하기 위하여
㉰ 기계오차를 소거하기 위하여
㉱ 과실에 의한 오차를 제거하기 위하여

해설 교호수준측량
전시와 후시를 같게 취하는 것이 원칙이나 2점 간에 강·호수·하천 등이 있어 중앙에 기계를 세울 수 없을 때 양 지점에 세운 표척을 읽어 고저차를 2회 산출하여 평균하며 높은 정밀도를 필요로 할 경우에 이용되며 교호수준측량을 하는 목적은 기계오차와 굴절오차 및 곡률오차를 소거하기 위함이다.

교호수준측량을 할 경우 소거되는 오차
① 레벨의 기계오차(시준축 오차)
② 관측자의 읽기오차
③ 지구의 곡률에 의한 오차(구차)
④ 광선의 굴절에 의한 오차(기차)

17 사진측량에 대한 설명으로 옳지 않은 것은?

㉮ 사진측량에서는 기선이 없어도 정밀도가 높은 도화기로 도화작업을 행할 수 있는 장점이 있다.
㉯ 촬영용 항공기는 항속거리가 길어야 하며, 이착륙거리가 짧은 것이 좋다.
㉰ 지면에 비고가 있으면 연직사진이라도 각 지점의 축척은 엄밀히 서로 다르다.
㉱ 항공삼각측량이란 항공사진을 이용하여 내부표정, 상호표정, 절대표정을 거쳐 알고자하는 점의 절대좌표를 구하는 방법이다.

Answer 14. ㉱ 15. ㉮ 16. ㉰ 17. ㉮

18 경사가 일정한 두 지점을 앨리데이드와 줄자를 이용하여 관측할 경우, 경사각이 14.2눈금, 경사거리가 50.5m이었다면 수평거리는? (단, 관측값의 오차는 없다고 가정한다.)

㉮ 50m ㉯ 48m
㉰ 46m ㉱ 44m

해설 $100 : n = D : h$ 에서
$$D = \frac{100h}{n} = \frac{100 \times 7.1}{14.2} = 50\text{m}$$
여기서, $100 : 14.2 = 50.5 : h$
$$h = \frac{14.2 \times 50.5}{100} = 7.1\text{m}$$

19 노선측량에서 교각이 32°15′00″, 곡선 반지름이 600m일 때의 곡선장(C.L)은?

㉮ 337.72m ㉯ 355.52m
㉰ 315.35m ㉱ 328.75m

해설 $CL = RI\dfrac{\pi}{180} = 600 \times 32°15′ \times \dfrac{\pi}{180}$
    $= 337.72\text{m}$

20 트래버스측량에서 거리관측의 허용오차를 1/10,000로 할 때, 이와 같은 정확도로 각 관측에 허용되는 오차는?

㉮ 5″ ㉯ 10″
㉰ 20″ ㉱ 30″

해설 $\dfrac{\Delta l}{l} = \dfrac{\theta''}{\rho''}$ 에서
$$\dfrac{1}{10,000} = \dfrac{\theta''}{206265''}$$
$$\theta'' = \dfrac{206,265}{10,000} = 20.6''$$

측량학(2012년 3회 토목산업기사)

01 측선길이가 100m, 방위각이 240°일 때 위거와 경거는?

㉮ 위거 : 80.6m, 경거 : 50.0m
㉯ 위거 : 50.0m, 경거 : 86.6m
㉰ 위거 : -86.6m 경거 : -50.5m
㉱ 위거 : -50.0m 경거 : -86.6m

해설 ① 위거 $= 거리 \times \cos\alpha = 100 \times \cos 240°$
$= -50$m
② 경거 $= 거리 \times \sin\alpha = 100 \times \sin 240°$
$= -86.6$m

02 다음 표는 도로 중심선을 따라 20m 간격으로 종단측량을 실시한 결과이다. NO.1의 계획고를 52m로 하고 -3%의 기울기로 설계한다면 NO.5의 성토 또는 절토고는?

측점	NO.1	NO.2	NO.3	NO.4	NO.5
지반고(m)	54.50	54.75	53.30	53.12	52.18

㉮ 2.82m(성토)   ㉯ 2.22m(성토)
㉰ 3.18m(절토)   ㉱ 2.58m(절토)

해설 지반고 - 계획고 $= 52.18 - [52 - (80 \times 0.03)]$
$= +2.58$(절토)

03 삼각형 3변의 길이가 25.4m, 40.8m, 50.6m일 때 면적은?

㉮ 489.27m²   ㉯ 514.36m²
㉰ 531.87m²   ㉱ 551.27m²

해설 헤론의 공식
① $S = \dfrac{a+b+c}{2} = \dfrac{25.4+40.8+50.6}{2}$
$= 58.4$
② $A = \sqrt{S(S-a)(S-b)(S-c)}$
$= \sqrt{58.4(58.4-25.4)(58.4-40.8)}$
$\overline{(58.4-50.6)}$
$= 514.36$m²

04 하천의 평균유속을 구할 때 횡단면의 연직선 내에서 1점법으로 가장 적합한 것은?

㉮ 수면에서 수심의 8/10 되는 곳
㉯ 수면에서 수심의 6/10 되는 곳
㉰ 수면에서 수심의 4/10 되는 곳
㉱ 수면에서 수심의 2/10 되는 곳

해설 ① 1점법 $= V_m = V_{0.6}$
② 2점법 $= V_m = \dfrac{V_{0.2}+V_{0.8}}{2}$
③ 3점법 $= V_m = \dfrac{V_{0.2}+2V_{0.6}+V_{0.8}}{4}$

05 그림과 같은 단열삼각망의 조정각이 $\alpha_1 = 40°$, $\beta_1 = 60°$, $\gamma_1 = 80°$, $\alpha_2 = 50°$, $\beta_2 = 30°$, $\gamma_2 = 100°$일 때 $\overline{CD}$의 길이는?(단, $\overline{AB}$ 기선 길이는 500m임)

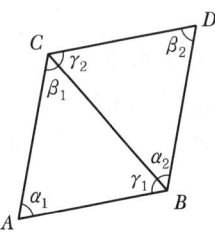

㉮ 212.5m   ㉯ 323.4m
㉰ 400.7m   ㉱ 568.6m

해설 ① $\dfrac{500}{\sin 60°} = \dfrac{CB}{\sin 40°}$ ∴ $CB = 371.11$m
② $\dfrac{371.11}{\sin 30°} = \dfrac{CD}{\sin 50°}$ ∴ $CB = 568.6$m

Answer 1. ㉱ 2. ㉱ 3. ㉯ 4. ㉯ 5. ㉱

06 캔트(C)인 원곡선에서 곡선반지름을 3배로 하면 변화된 캔트(C')는?

㉮ $\dfrac{C}{9}$ ㉯ $\dfrac{C}{3}$
㉰ $3C$ ㉱ $9C$

해설 캔트 $= \dfrac{V^2 S}{gR}$ 에서
$R=3$배 증가하면 캔트는 1/3배가 된다.

07 다음중 삼각망 조정에서 조정 조건에 대한 설명으로 옳지 않은 것은?

㉮ 1점 주위에 있는 각의 합은 180°이다.
㉯ 검기선의 측정한 방위각과 계산된 방위각이 동일하다.
㉰ 임의 한 변의 길이는 계산 경로가 달라도 일치한다.
㉱ 검기선의 측정한 길이와 계산된 길이가 동일하다.

해설 각관측 3조건
① 각 조건 : 삼각망 중 3각형의 내각의 합은 180°가 될 것
② 변 조건 : 삼각망 중 한 변의 길이는 계산 순서에 관계없이 동일해야 한다.
③ 측점 조건 : 한 측점의 둘레에 있는 모든 각을 합한 것은 360°이다.

08 거리관측의 정밀도와 각관측의 정밀도가 같다고 할 때 거리관측의 허용오차를 1/5,000로 하면 각관측의 허용오차는?

㉮ 41.05″ ㉯ 41.25″
㉰ 82.15″ ㉱ 82.50″

해설 $\dfrac{\Delta l}{l} = \dfrac{\theta''}{\rho''}$
$\dfrac{1}{5,000} = \dfrac{\theta}{206,265''}$
$\therefore \theta'' = \dfrac{206,265''}{5,000} = 41.25''$

09 수준측량의 오차 최소화 방법으로 틀린 것은?

㉮ 표척의 영점오차는 기계의 정치 횟수를 짝수로 세워 오차를 최소화한다.
㉯ 시차를 측정할 때는 망원경의 접안경 및 대물경을 명확히 조절한다.
㉰ 눈금오차는 기준자와 비교하여 보정값을 정하고 온도에 대한 온도보정도 실시한다.
㉱ 표척 기울기에 대한 오차는 표척을 앞뒤로 흔들 때의 최대값을 읽음으로 최소화한다.

해설 표척기울기에 따른 오차는 표척을 앞뒤로 흔들 때 최소값을 읽음으로 오차를 최소화한다.

10 항공사진측량에서 사진축척(M)을 결정하기 위한 공식으로 틀린 것은?(단, f : 초점거리, H : 촬영고도, l : 사진상의 길이, s : 실제거리, m : 사진축척의 분모수)

㉮ $M = \dfrac{f}{H}$ ㉯ $M = \dfrac{l}{s}$
㉰ $M = \dfrac{1}{m}$ ㉱ $M = \dfrac{f}{ml}$

해설 $\dfrac{1}{m} = \dfrac{f}{H} = \dfrac{l}{S} = M$

11 심프슨 법칙에 대한 설명으로 옳지 않은 것은?

㉮ 심프슨 법칙을 이용하는 경우 지거 간격은 균등하게 하여야 한다.
㉯ 심프슨의 제1법칙을 1/3법칙이라고도 한다.
㉰ 심프슨의 제2법칙을 3/8법칙이라고도 한다.
㉱ 심프슨의 제2법칙은 사다리꼴 2개를 1조로 하여 3차 포물선으로 생각하여 면적을 계산한다.

해설 1. 심프슨 제1법칙
지거 간격을 2개씩 1개조로 하여 경계선을 2차 포물선으로 간주

2. 심프슨 제2법칙
   ① 지거 간격을 3개씩 1개조로 하여 경계선을 3차 포물선으로 간주하여 면적 산정
   ② $n-1$이 3배수여야 하며, 3배수를 넘을 때에는 나머지는 사다리꼴 공식으로 계산하여 합산

12 20m 줄자로 거리를 관측한 결과가 80m이었다. 이때 1회 관측에 +5mm의 누적오차와 ±5mm의 우연오차가 발생하였다면 실제 거리는?

㉮ 79.98±0.01m   ㉯ 80.02±0.01m
㉰ 79.98±0.02m   ㉱ 80.02±0.02m

해설 정오차 $= n\delta = \frac{80}{20} \times 0.005 = 0.02$

우연오차 $= \pm \delta\sqrt{n} = \pm 0.005\sqrt{4} = 0.01m$

실제거리 = 관측거리 + 정오차 ± 부정오차
= $80 + (0.005 \times 4) \pm 0.005\sqrt{4}$
= $80.02 \pm 0.01m$

13 주점거리가 210mm인 사진기로 평탄지를 촬영한 항공사진의 기선고도비는?(단, 사진면의 크기 23cm×23cm, 축척 1/15,000, 종중복도 60%이다.)

㉮ 0.35   ㉯ 0.40
㉰ 0.44   ㉱ 0.48

해설 기선고도비 $= \frac{B}{H} = \frac{ma\left(1-\frac{P}{100}\right)}{m \cdot f}$

$= \frac{a\left(1-\frac{P}{100}\right)}{f}$

$= \frac{0.23 \times \left(1-\frac{60}{100}\right)}{0.21}$

$= 0.44$

14 축척 1/50,000 지형도에서 A점으로부터 B점까지의 도상거리가 70mm이었다. A점의 표고가 200m, B점의 표고가 10m라고 할 때, 이 사면의 경사는?

㉮ 1/18.4   ㉯ 1/20.5
㉰ 1/22.3   ㉱ 1/25.1

해설 경사$(i) = \frac{H}{D} = \frac{200-10}{3,500} = \frac{1}{18.4}$

$\frac{1}{m} = \frac{l}{L}$ 에서
$L = ml = 50,000 \times 0.07 = 3,500$

15 1/50,000 지형도에서 621.5m의 산정과 417.5m의 산 사이에 주곡선 간격의 등고선 개수는?

㉮ 9   ㉯ 10
㉰ 11   ㉱ 12

해설 주곡선 수 $= \frac{620-420}{20} + 1 = 11$개

등고선 종류	1/5,000	1/10,000	1/25,000	1/50,000
주곡선	5	5	10	20
간곡선	2.5	2.5	5	10
조곡선	1.25	1.25	2.5	5
계곡선	25	25	50	100

16 수준측량에 대한 설명으로 틀린 것은?

㉮ 보통 한 눈금 5mm를 정확하게 읽을 수 있는 시준거리는 1km 정도이다.
㉯ 1등 수준점 간의 평균거리(간격)는 약 4km이다.
㉰ 후시는 높이를 알고 있는 지점에 세운 표척의 눈금을 읽은 값이다.
㉱ 관측거리를 동일하게 하면 수준측량에서 발생될 수 있는 오차를 소거하는 데 매우 유리하다.

17 항공사진측량에서 대공표지의 설치에 대한 설명으로 옳지 않은 것은?

㉮ 지상에 적당한 장소가 없을 때에는 수목 또는 지붕 위에 설치할 수 있다.
㉯ 표석이 없는 지점에 설치할 때는 중심말뚝을 설치하여 그 중심을 표시한다.
㉰ 설치장소는 천정으로부터 15° 이상의 시계를 확보할 수 있어야 한다.

Answer 12. ㉯ 13. ㉰ 14. ㉮ 15. ㉰ 16. ㉮ 17. ㉰

㉣ 설치를 완료하면 지상사진을 촬영하고 점의 조서를 작성하여야 한다.

해설 대공 표지
표지란 사진측량을 실시하는 데 있어 관측할 점이나 대상물을 사진상에서 쉽게 식별하기 위해 사진촬영 전에 설치하는 것을 말한다. 대공표지는 자연점으로는 정확도를 얻을 수 없는 경우 지상의 표정기준점은 그 위치가 사진상에 명료하게 나타나도록 사진을 촬영하기 전에 대공표지(Air Target, Signal-Point)를 설치할 필요가 있다.
① 대공표지의 재질은 주로 내구성이 강한 베니어 합판, 알루미늄판, 합성수지판을 이용한다.
② 대공표지 한 변의 최소크기 $d = \dfrac{M}{T}$ 미터이다.
 여기서, T : 축척에 따른 상수
  M : 사진축척 분모수
③ 설치장소는 천장으로부터 45° 이내에 장애물이 없어야 하며, 대공표지판에 그림자가 생기지 않게 하기 위하여 지면에서 30cm 높게 수평으로 고정한다.

18 표고가 200m인 평탄지에서 2.5km 거리를 평균해수면상의 값으로 고치려고 한다. 표고에 의한 보정량은?(단, 지구의 곡률반지름은 6370km로 한다.)

㉮ −78.5mm ㉯ −7.85mm
㉰ +7.85mm ㉱ +78.5mm

해설 표고보정량 $= -\dfrac{LH}{R}$
$= -\dfrac{200 \times 2500}{6370 \times 10^3} = -0.0785\text{m}$
$= -78.5\text{mm}$

19 노선측량에서 평면곡선으로 공통 접선의 반대방향에 반지름(R)의 중심을 갖는 곡선 형태는?

㉮ 복심곡선 ㉯ 포물선곡선
㉰ 반향곡선 ㉱ 횡단곡선

해설
① 복심곡선 : 반경이 다른 2개의 원곡선이 1개의 공통접선을 갖고 접선의 같은 쪽에서 연결하는 곡선을 말한다. 복심곡선을 사용하면 그 접속점에서 곡률이 급격히 변화하므로 될 수 있는 한 피하는 것이 좋다.
② 반향곡선 : 반경이 같지 않은 2개의 원곡선이 1개의 공통접선의 양쪽에 서로 곡선 중심을 가지고 연결한 곡선이다. 반향곡선을 사용하면 접속점에서 핸들의 급격한 회전이 생기므로 가급적 피하는 것이 좋다. S-curve라고도 한다.
③ 배향곡선 : 반향곡선을 연속시켜 머리핀 같은 형태의 곡선으로 된 것을 말한다. 산지에서 기울기를 낮추기 위해 쓰이므로 철도에서 Switch Back에 적합하여 산허리를 누비듯이 나아가는 노선에 적용한다.

20 도로시점에서 교점까지의 추가거리가 546.42m이고, 교각이 45°일 때 곡선반지름 300m인 단곡선에서 시단현의 편각 δ_1의 값은?(단, 중심말뚝 간격은 20m이다.)

㉮ 0°15′38″ ㉯ 1°41′21″
㉰ 1°42′13″ ㉱ 1°54′35″

해설
① 시단현(l_1)
$BC = IP - TL = 546.42 - \left(300 \times \tan\dfrac{45°}{2}\right)$
$= 422.156$
$\therefore l_1 = 440 - 422.156 = 17.844$
② 시단편각(δ_{l_1})
$= \dfrac{l_1}{R} \times \dfrac{90}{\pi} = \dfrac{17.844}{300} \times \dfrac{90°}{\pi}$
$= 1°42′13″$

측량학(2013년 1회 토목기사)

01 100m의 거리를 20m의 줄자로 관측하였다. 1회의 관측에 +5mm의 누적오차와 ±5mm의 우연오차가 있을 때 정확한 거리는?

㉮ 100.015±0.011m
㉯ 100.025±0.011m
㉰ 100.015±0.022m
㉱ 100.025±0.022m

해설 ① 정오차 $= +\delta \cdot n = +5 \times \dfrac{100\text{m}}{20\text{m}}$
$= +25\text{mm} = 0.025$
② 우연오차 $= \pm \delta \sqrt{n} = \pm 5\sqrt{5} = \pm 11.18\text{mm}$
$= \pm 0.011\text{m}$
③ 정확한 거리(L_o) $= L + $ 정오차 $\pm$ 우연오차
$= 100.025 \pm 0.011\text{m}$

02 그림과 같은 결합 트래버스에서 측점 2의 조정량은?

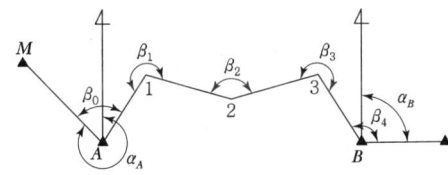

측점	측각(β)	평균방위각
A	68° 26′ 54″	α_A = 325° 14′ 16″
1	239° 58′ 42″	
2	149° 49′ 18″	
3	269° 30′ 15″	
B	118° 36′ 36″	α_B = 91° 35′ 46″
계	846° 21′ 45″	

㉮ −2″
㉯ −3″
㉰ −5″
㉱ −15″

해설 ① 관측오차(E)
$= W_a + [\alpha] - 180°(n+1) - W_b$
$= 325° 14′ 16″ + 846° 21′ 45″$
$\quad - 180°(5+1) - 91° 35′ 46″$
$= 15″$
② 측점 2의 보정량
$= -\dfrac{15″}{n} = -\dfrac{15″}{5} = -3″$

03 그림과 같은 편심측량에서 ∠ABC는?(단, $\overline{AB}$ = 2.0km, $\overline{BC}$ = 1.5km, e = 0.5m, t = 54°30′, ρ = 300° 30′)

㉮ 54° 28′ 45″
㉯ 54° 30′ 19″
㉰ 54° 31′ 58″
㉱ 54° 33′ 14″

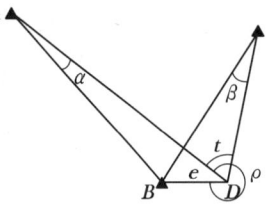

해설 ① $\dfrac{2,000}{\sin(360° - 300° 30′)} = \dfrac{0.5}{\sin\alpha}$
$\alpha = \sin^{-1}\left[\left(\dfrac{0.5}{2,000}\right) \times \sin(360° - 300° 30′)\right]$
$= 0° 0′ 44.43″$
② $\dfrac{1,500}{\sin(360° - 300° 30′ + 54° 30′)} = \dfrac{0.5}{\sin\beta}$
$\sin\beta$
$\beta = \sin^{-1}\left[\left(\dfrac{0.5}{1,500}\right) \times \sin(360° - 300° 30′ + 54° 30′)\right]$
$= 0° 1′ 2.81″$
③ ∠ABC $= t + \beta - \alpha$
$= 54° 31′ + 0° 1′ 2.81″ - 0° 0′ 44.43″$
$= 54° 30′ 19″$

Answer 1. ㉯ 2. ㉯ 3. ㉯

04 표고가 350m인 산 위에서 키가 1.80m인 사람이 볼 수 있는 수평거리의 한계는?(단, 지구곡률 반지름=6,370km)

㉮ 47.34km ㉯ 55.22km
㉰ 66.95km ㉱ 3,778.22km

해설 ① 구차(h) $= \dfrac{D^2}{2R}$

② $h = 350 + 1.8 = 351.8\text{m} = 0.3518\text{km}$

③ $D = \sqrt{h \times 2R} = \sqrt{0.3518 \times 2 \times 6,370}$
$= 66.95\text{km}$

05 촬영고도 800m의 연직사진에서 높이 20m에 대한 시차차의 크기는?(단, 초점거리는 21cm, 사진크기는 23×23cm, 종중복도는 60%이다.)

㉮ 0.8mm ㉯ 1.3mm
㉰ 1.8mm ㉱ 2.3mm

해설 ① 시차차(ΔP) $= \dfrac{h}{H} b_o$
$= \dfrac{20}{800} \times 0.092 = 0.0023$
$= 2.3\text{mm}$

② $b_o = a \left(1 - \dfrac{P}{100}\right)$
$= 0.23 \times \left(1 - \dfrac{60}{100}\right) = 0.092\text{m}$

06 고속도로공사에서 측점 10의 단면적은 318m², 측점 11의 단면적은 512m², 측점 12의 단면적은 682m²일 때 측점 10에서 측점 12까지의 토량은?(단, 양단면평균법에 의하며 측점 간의 거리=20m)

㉮ 15,120m³ ㉯ 20,160m³
㉰ 20,240m³ ㉱ 30,240m³

해설 ① 양단평균법(V) $= \dfrac{A_1 + A_2}{2} L$

② $V = \left(\dfrac{A_{10} + A_{11}}{2}\right) \times L$
$= \dfrac{318 + 512}{2} \times 20 = 8,300\text{m}^3$

③ $V = \left(\dfrac{A_{11} + A_{12}}{2}\right) \times L$
$= \dfrac{512 + 682}{2} \times 20 = 11,940\text{m}^3$

∴ $8,300 + 11,940 = 20,240\text{m}^3$

07 철도의 궤도간격 b=1.067m, 곡선반지름 R=600m인 원곡선 상을 열차가 100km/h로 주행하려고 할 때 캔트는?

㉮ 100mm ㉯ 140mm
㉰ 180mm ㉱ 220mm

해설 ① Cant(C) $= \dfrac{SV^2}{gR}$

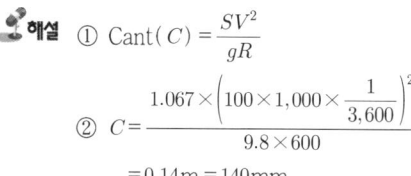

$= 0.14\text{m} = 140\text{mm}$

08 하천이나 항만 등에서 심천측량을 한 결과의 지형을 표시하는 방법으로 적당한 것은?

㉮ 점고법 ㉯ 우모법
㉰ 채색법 ㉱ 음영법

해설
1. 점고법(Spot Height System)
지표면상의 표고 또는 수심을 숫자에 의하여 지표를 나타내는 방법으로 하천, 항만, 해양 등에 주로 이용

2. 등고선법(Contour System)
동일표고의 점을 연결한 것으로 등고선에 의하여 지표를 표시하는 방법으로 토목공사용으로 가장 널리 사용

3. 채색법(Layer System)
같은 등고선의 지대를 같은 색으로 채색하여 높을수록 진하게 낮을수록 연하게 칠하여 높이의 변화를 나타내며 지리관계의 지도에 주로 사용

Answer 4. ㉰ 5. ㉱ 6. ㉰ 7. ㉯ 8. ㉮

09 B.C의 위치가 No.12+16.404m이고, E.C의 위치가 No.19+13.520m일 때 시단현과 종단현에 대한 편각은?(단, 곡선반지름=200m, 중심말뚝의 간격=20m, 시단현에 대한 편각 $=\delta_1$, 종단현에 대한 편각$=\delta_2$)

㉮ $\delta_1 = 1°22'28''$, $\delta_2 = 1°56'12''$
㉯ $\delta_1 = 1°56'12''$, $\delta_2 = 0°30'54''$
㉰ $\delta_1 = 0°30'54''$, $\delta_2 = 1°56'12''$
㉱ $\delta_1 = 1°56'12''$, $\delta_2 = 1°22'28''$

해설 ① 시단현 길이$(l_1) = 20 - 16.404 = 3.596m$
② 시단편각(δ_1)
$= \frac{l_1}{R} \times \frac{90°}{\pi} = \frac{3.596}{200} \times \frac{90°}{\pi}$
$= 0°30'54''$
③ 종단현 길이$(l_2) = 393.52 - 380 = 13.52m$
④ 종탄편각$(\delta_2) = \frac{l_2}{R} \times \frac{90°}{\pi}$
$= \frac{13.52}{200} \times \frac{90°}{\pi}$
$= 1°56'12''$

10 갑, 을, 병 3사람이 동일 조건에서 A, B 두 지점의 거리를 관측하여 다음과 같은 결과를 획득하였다. 최확값을 계산하기 위한 경중률로 옳은 것은?

관측자	관측값	경중률
갑	100.521m±0.030m	P_1
을	100.526m±0.015m	P_2
병	100.523m±0.045m	P_3

㉮ $P_1 : P_2 : P_3 = 2 : 1 : 3$
㉯ $P_1 : P_2 : P_3 = 3 : 1 : 6$
㉰ $P_1 : P_2 : P_3 = 9 : 36 : 4$
㉱ $P_1 : P_2 : P_3 = 4 : 1 : 9$

해설 경중률은 오차의 자승에 반비례한다.
$P_1 : P_2 : P_3 = \frac{1}{m_1^2} : \frac{1}{m_2^2} : \frac{1}{m_3^2}$
$= \frac{1}{0.030^2} : \frac{1}{0.015^2} : \frac{1}{0.045^2}$
$= \frac{1}{2^2} : \frac{1}{1^2} : \frac{1}{3^2}$
$= 9 : 36 : 4$

11 수준측량에서 전·후시 거리를 같게 함으로써 제거되는 오차가 아닌 것은?

㉮ 빛의 굴절오차
㉯ 지구의 곡률오차
㉰ 시준선이 기포관축과 평행하지 않아 생기는 오차
㉱ 표척눈금의 부정확에서 오는 오차

해설 전시와 후시의 거리를 같게 함으로써 제거되는 오차
① 레벨의 조정이 불완전(시준선이 기포관축과 평행하지 않을 때)할 때(시준축오차 : 오차가 가장 크다.)
② 지구의 곡률오차(구차)와 빛의 굴절오차(기차)를 제거한다.
③ 초점나사를 움직이는 오차가 없으므로 그로 인해 생기는 오차를 제거한다.

12 완화곡선 중 클로소이드에 대한 설명으로 옳지 않은 것은?(단, R : 곡선반지름, L : 곡선길이)

㉮ 클로소이드는 곡률이 곡선길이에 비례하여 증가하는 곡선이다.
㉯ 클로소이드는 나선의 일종이며 모든 클로소이드는 닮은꼴이다.
㉰ 클로소이드의 종점 좌표 x, y는 그 점의 접선각의 함수로 표시된다.
㉱ 클로소이드에서 접선각 τ를 라디안으로 표시하면 $\tau = \frac{R}{2L}$ 이 된다.

Answer 9. ㉰ 10. ㉰ 11. ㉱ 12. ㉱

해설 접선각(τ)

$$\tau = \frac{L}{2R} = \frac{L^2}{2A^2} = \frac{A^2}{2R^2}$$

13 삼변측량에서 △ABC의 세 변의 길이가 a = 1,200.00m, b = 1,600.00m, c = 1,442.22m 라면 변 c의 대각인 ∠C는?

㉮ 45° ㉯ 60°
㉰ 75° ㉱ 90°

해설 코사인 제2법칙

$$C = \cos^{-1}\frac{a^2+b^2-c^2}{2ab}$$
$$= \frac{1,200^2+1,600^2-1442.22^2}{2\times 1,200\times 1,600} = 60°$$

14 어떤 횡단면의 도상면적이 40.5cm²이었다. 가로 축척이 1 : 20, 세로 축척이 1 : 60이었다면 실제면적은?

㉮ 48.6m² ㉯ 33.75m²
㉰ 4.86m² ㉱ 3.375m²

해설 ① $\left(\frac{1}{M}\right)^2 = \frac{도상면적}{실제면적}$

② 실제면적 = 도상면적 × M^2
= 40.5 × (20 × 60) = 48,600cm²
= 4.86m²

15 지형측량에서 등고선의 성질에 대한 설명으로 옳지 않은 것은?

㉮ 등고선은 절대 교차하지 않는다.
㉯ 등고선은 지표의 최대 경사선 방향과 직교한다.
㉰ 동일 등고선 상에 있는 모든 점은 같은 높이이다.
㉱ 등고선 간의 최단거리의 방향은 그 지표면의 최대경사의 방향을 가리킨다.

해설 등고선의 성질

① 동일 등고선 상에 있는 모든 점은 같은 높이이다.
② 등고선은 반드시 도면 안이나 밖에서 폐합된다.
③ 지도의 도면 내에서 폐합되면 가장 가운데 부분이 산꼭대기(산정) 또는 凹지(요지)가 된다.
④ 등고선은 도중에 없어지거나, 엇갈리거나 합쳐지거나 갈라지지 않는다.
⑤ 높이가 다른 두 등고선은 동굴이나 절벽의 지형이 아닌 곳에서는 교차하지 않는다.
⑥ 등고선은 경사가 급한 곳에서는 간격이 좁고 완만한 경사에서는 넓다.
⑦ 최대경사의 방향은 등고선과 직각으로 교차한다.
⑧ 분수선(능선)과 곡선(유하선)은 등고선과 직각으로 만난다.

16 허용 정밀도(폐합비)가 1 : 1,000인 평탄지에서 전진법으로 평판측량을 할 때 현장에서의 전체 측선 길이의 합이 400m이었다. 이 경우 폐합오차는 최대 얼마 이내로 하여야 하는가?

㉮ 10cm ㉯ 20cm
㉰ 30cm ㉱ 40cm

해설 폐합비

$$R = \frac{E}{\Sigma L} = \frac{1}{m} \text{에서 } \frac{E}{400} = \frac{1}{1,000}$$

$$\therefore E = \frac{400}{1,000} = 0.4\text{m} = 40\text{cm}$$

Answer 13. ㉯ 14. ㉰ 15. ㉮ 16. ㉱

17 사진의 특수 3점에 대한 그림에서 N, J, M의 명칭으로 옳은 것은?

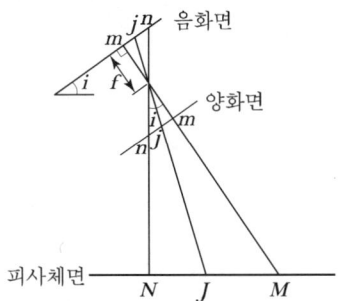

㉮ N : 연직점, J : 등각점, M : 주점
㉯ N : 주점, J : 등각점, M : 연직점
㉰ N : 주점, J : 연직점, M : 등각점
㉱ N : 등각점, J : 연직점, M : 주점

해설
1. 주점(Principal Point)
   주점은 사진의 중심점이라고도 한다. 주점은 렌즈중심으로부터 화면(사진면)에 내린 수선의 발을 말하며 렌즈의 광축과 화면이 교차하는 점이다.
2. 연직점(Nadir Point)
   렌즈 중심으로부터 지표면에 내린 수선의 발을 말하고 N을 지상연직점(피사체연직점), 그 선을 연장하여 화면(사진면)과 만나는 점을 화면연직점(n)이라 한다.
3. 등각점(Isocenter)
   주점과 연직점이 이루는 각을 2등분한 점으로 또한 사진면과 지표면에서 교차되는 점을 말한다.

18 10,000m²의 정사각형 토지의 면적을 측정한 결과, 오차가 ±0.4m²이었다. 두 변의 길이가 동일한 정밀도로 측정되었다면, 거리 측정의 오차는?

㉮ ±0.000008m
㉯ ±0.00008m
㉰ ±0.0028m
㉱ ±0.063m

해설 면적과 거리의 정밀도 관계

$$\frac{dA}{A} = 2\frac{dl}{l} \text{에서}$$

$$dl = \frac{dA}{A} \times \frac{l}{2} = \frac{0.4}{10,000} \times \frac{100}{2} = 0.002\text{m}$$

∴ 두 변 측정 오차(E)
$= \sqrt{0.002^2 + 0.002^2}$
$= 0.0028\text{m}$

19 하천측량에 대한 설명으로 옳지 않은 것은?

㉮ 평균유속 계산식은 $V_m = V_{0.6}$,
$V_m = \frac{1}{2}(V_{0.2} + V_{0.8})V_m$
$= \frac{1}{4}(V_{0.2} + 2V_{0.6} + V_{0.8})$ 등이 있다.

㉯ 하천기울기(I)를 이용한 유량을 구하기 위한 유속은 $V_m = C\sqrt{RI}$, $V_m = \frac{1}{n}R^{\frac{2}{3}}I^{\frac{1}{2}}$
공식을 이용하여 구한다.

㉰ 유량관측에 이용되는 부자는 표면부자, 2중부자, 봉부자 등이 있다.

㉱ 하천측량의 일반적인 작업 순서는 도상조사, 현지조사, 자료조사, 유량측량, 지형측량, 기타의 측량 순으로 한다.

해설 하천측량 순서
도상조사 → 자료조사 → 현지조사 → 평면측량 → 고저측량 → 유량측량 → 기타측량

Answer 17. ㉮ 18. ㉰ 19. ㉱

20 수준점 A, B, C에서 수준측량을 하여 P점의 표고를 얻었다. P점 표고의 최확값은?

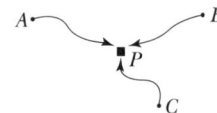

노선	P점 표고값	노선거리
$A \to P$	57.583m	2km
$B \to P$	57.700m	3km
$C \to P$	57.680m	4km

㉮ 57.641m ㉯ 57.649m
㉰ 57.654m ㉱ 57.706m

해설 ① 경중률(P)은 노선거리(L)에 반비례

$$P_1 : P_2 : P_3 = \frac{1}{2} : \frac{1}{3} : \frac{1}{4} = 6 : 4 : 3$$

② 최확값(L_0)

$$= \frac{P_1 h_1 - P_2 h_2 + P_3 h_3}{P_1 + P_2 + P_3}$$

$$= \frac{6 \times 57.583 + 4 \times 57.7 + 3 \times 57.68}{6 + 4 + 3}$$

$$= 57.641 \text{m}$$

측량학(2013년 1회 토목산업기사)

01 100m²의 정사각형 토지면적을 0.1m²까지 정확하게 구하기 위하여 필요하고도 충분한 한 변의 측정거리는 몇 mm까지 측정하여야 하겠는가?

㉮ 1mm ㉯ 3mm
㉰ 5mm ㉱ 7mm

해설 면적과 거리의 정밀도 관계

$\dfrac{dA}{A} = 2\dfrac{dl}{l}$ 에서

$dl = \dfrac{dA}{A} \cdot \dfrac{l}{2} = \dfrac{0.1}{100} \times \dfrac{10}{2}$
$= 0.005m = 5mm$

$A = L^2, \; L = \sqrt{A} = \sqrt{100} = 10$

02 삼각망의 변조건 조정에서 80°의 1″표차는?

㉮ 2.23×10^{-5} ㉯ 2.23×10^{-7}
㉰ 3.71×10^{-5} ㉱ 3.71×10^{-7}

해설 80°의 1″ 표차
관측각의 sin 값에 대수를 취해 계산한다.
$\log(\sin 80°0'01'') - \log(\sin 80°) = 3.71 \times 10^{-7}$
or
$\log(\sin 80°) - \log(\sin 79°59'59'') = 3.71 \times 10^{-7}$

03 수준측량에 관한 설명으로 옳지 않은 것은?

㉮ 우리나라에서는 인천만의 평균해면을 표고의 기준면으로 하고 있다.
㉯ 수준측량에서 고저의 오차는 거리의 제곱근에 비례한다.
㉰ 고차식은 중간점이 많을 때 가장 편리한 야장기입법이다.
㉱ 종단측량은 일반적으로 횡단측량보다 높은 정확도를 요구한다.

해설
1. 고차식
가장 간단한 방법으로 B.S와 F.S만 있으면 된다.
2. 기고식
가장 많이 사용하며, 중간점이 많을 경우 편리하나 완전한 검산을 할 수 없는 것이 결점이다.
3. 승강식
완전한 검사로 정밀 측량에 적당하나, 중간점이 많으면 계산이 복잡하고, 시간과 비용이 많이 소요된다.

04 수심 H인 하천의 유속측정에서 평균유속을 구하기 위한 1점의 관측위치로 가장 적당한 수면으로부터 깊이는?

㉮ 0.2 H ㉯ 0.4 H
㉰ 0.6 H ㉱ 0.8 H

해설
① 1점법 : $V_m = V_{0.6}$
② 2점법 : $V_m = \dfrac{1}{2}(V_{0.2} + V_{0.8})$
③ 3점법 : $V_m = \dfrac{1}{4}(V_{0.2} + 2V_{0.6} + V_{0.8})$
④ 4점법 : $V_m = \dfrac{1}{5}\left[(V_{0.2} + V_{0.4} + V_{0.6} + V_{0.8}) + \dfrac{1}{2}\left(V_{0.2} + \dfrac{V_{0.8}}{2}\right)\right]$

05 삼각형 내각을 관측할 때 1각의 표준오차가 ±15″인 장비를 사용한다면 삼각형 내각 합의 표준오차는?

㉮ ±6.7″   ㉯ ±17.3″
㉰ ±26.0″ ㉱ ±45.0″

해설 총합 허용오차
$M = \pm$오차$\sqrt{N}$, (N : 각의 수)
$= \pm 15''\sqrt{3} = 25.98'' = 26''$ or
$M = \pm\sqrt{15^2 + 15^2 + 15^2} = \pm 26''$

Answer 1. ㉰ 2. ㉱ 3. ㉰ 4. ㉰ 5. ㉰

06 초점거리 210mm, 사진크기 18cm×18cm의 카메라로 비행고도 6,300m에서 촬영한 평탄지역의 항공사진 1매에 찍힌 토지의 면적은? (단, 사진은 엄밀수직사진으로 가정한다.)

㉮ 약 29.16km² ㉯ 약 47.61km²
㉰ 약 52.04km² ㉱ 약 84.64km²

해설 ① $A_0 = (ma)^2 = (30,000 \times 0.00018)^2$
$= 29.16 \text{km}^2$
② $M = \dfrac{1}{m} = \dfrac{f}{H} = \dfrac{0.21}{6,300} = \dfrac{1}{30,000}$

07 도상에 표고를 숫자로 나타내는 방법으로 하천, 항만, 해안측량 등에서 수심측량을 하여 고저를 나타내는 경우에 주로 사용되는 것은?

㉮ 음영법 ㉯ 등고선법
㉰ 영선법 ㉱ 점고법

해설 1. 점고법(Spot Height System)
   지표면 상의 표고 또는 수심을 수치로 나타내는 방법으로 하천, 항만, 해양 등에 주로 이용
2. 등고선법(Contour System)
   동일 표고의 점을 연결한 곡선, 즉 등고선에 의하여 지표를 표시하는 방법으로 토목공사용으로 가장 널리 사용
3. 채색법(Layer System)
   같은 등고선의 지대를 같은 색으로 채색하여 높을수록 진하게, 낮을수록 연하게 칠하여 높이의 변화를 나타내며 지리관계의 지도에 주로 사용

08 단곡선 설치에서 교각 $I=50°$, 반지름 $R=350$m일 때 곡선길이(C.L)는?

㉮ 305.433m ㉯ 268.116m
㉰ 224.976m ㉱ 150.000m

해설 곡선장(C.L) $= RI\dfrac{\pi}{180°} = 350 \times 50° \times \dfrac{\pi}{180°}$
$= 305.433 \text{m}$

09 지형측량에서 등고선에 대한 설명 중 옳은 것은?

㉮ 계곡선은 가는 실선으로 나타낸다.
㉯ 간곡선은 가는 긴 파선으로 나타낸다.
㉰ 축척 $\dfrac{1}{25,000}$ 지도에서 주곡선의 간격은 5m이다.
㉱ 축척 $\dfrac{1}{10,000}$ 지도에서 조곡선의 간격은 2.5m이다.

해설 등고선의 종류

축척 등고선 종류	기호	1/5,000	1/10,000	1/25,000	1/50,000
주곡선	가는 실선	5	5	10	20
간곡선	가는 파선	2.5	2.5	5	10
조곡선 (보조 곡선)	가는 점선	1.25	1.25	2.5	5
계곡선	굵은 실선	25	25	50	100

10 A와 B 두 사람이 같은 측점을 수준 측량한 표고가 67.236m±9mm와 67.249m±14mm를 각각 얻었다면 최확값은?

㉮ 67.236m ㉯ 67.240m
㉰ 67.243m ㉱ 67.249m

해설 ① 경중률(P)은 오차(m)의 자승에 반비례한다.
$P_1 : P_2 = \dfrac{1}{m_1^2} : \dfrac{1}{m_2^2} = \dfrac{1}{9^2} : \dfrac{1}{14^2}$
$= 196 : 81$
② 최확값(L_0) $= \dfrac{P_1 h_1 + P_2 h_2}{P_1 + P_2}$
$= \dfrac{196 \times 67.236 + 81 \times 67.249}{196 + 81}$
$= 67.2398 \text{m}$

11 그림과 같은 표고를 갖는 지형을 평탄하게 정지작업을 한다면 이 지역의 평균표고는?(단, 분할된 구역의 면적은 모두 동일하다.)

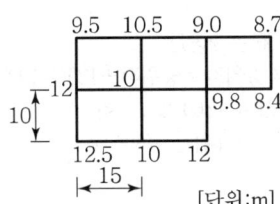

㉮ 10.218m ㉯ 10.916m
㉰ 10.188m ㉱ 10.175m

해설 ① $V = \dfrac{A}{4}(\Sigma h_1 + 2\Sigma h_2 + 3\Sigma h_3 + 4\Sigma h_4)$

$= \dfrac{10 \times 15}{4}(51.1 + 2 \times 41.5 + 3 \times 9.8 + 4 \times 10)$

$= 7631.25 \text{m}^3$

$\Sigma h_1 = 9.5 + 8.7 + 8.4 + 12 + 12.5 = 51.1$
$\Sigma h_2 = 10.5 + 9 + 10 + 12 = 41.5$
$\Sigma h_3 = 9.8$
$\Sigma h_4 = 10$

② 평균표고$(h) = \dfrac{V}{nA} = \dfrac{7631.25}{5 \times 10 \times 15}$

$= 10.175\text{m}$

12 도로 선형계획 시 교각이 25°, 반지름 300m 일 때와 교각이 20°, 반지름 400m일 때의 외선장(E)의 차이는?

㉮ 6.284m ㉯ 7.284m
㉰ 2.113m ㉱ 1.113m

해설 ① $E_1 = R\left(\sec\dfrac{I}{2} - 1\right)$

$= 300\left(\sec\dfrac{25°}{2} - 1\right) = 7.284\text{m}$

② $E_2 = 400\left(\sec\dfrac{20°}{2} - 1\right) = 6.171\text{m}$

∴ 외선장 차이 $= E_1 - E_2$
$= 7.284 - 6.171$
$= 1.113\text{m}$

13 수준측량에서 전시와 후시를 등거리로 취하는 이유와 거리가 먼 것은?

㉮ 표척기울음 오차를 줄이기 위해
㉯ 시준선 오차를 없애기 위해
㉰ 대기굴절 오차를 없애기 위해
㉱ 지구곡률 오차를 없애기 위해

해설 전시와 후시의 거리를 같게 함으로써 제거되는 오차
① 레벨의 조정이 불완전(시준선이 기포관축과 평행하지 않을 때)할 때(시준축오차 : 오차가 가장 크다.)
② 지구의 곡률오차(구차)와 빛의 굴절오차(기차)를 제거한다.
③ 초점나사를 움직이는 오차가 없으므로 그로 인해 생기는 오차를 제거한다.

14 노선측량에서 제1중앙종거(M_0)는 제3중앙종거(M_2)의 약 몇 배인가?

㉮ 2배 ㉯ 4배
㉰ 8배 ㉱ 16배

해설 중앙종거법은 $\dfrac{1}{4}$법

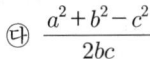

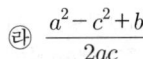

15 삼변측량에서 $\cos A$를 구하는 식으로 옳은 것은?

㉮ $\dfrac{a^2 + c^2 - b^2}{2ac}$

㉯ $\dfrac{b^2 + c^2 - a^2}{2bc}$

㉰ $\dfrac{a^2 + b^2 - c^2}{2bc}$

㉱ $\dfrac{a^2 - c^2 + b^2}{2ac}$

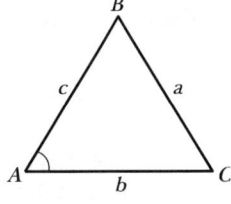

Answer 11. ㉱ 12. ㉱ 13. ㉮ 14. ㉱ 15. ㉯

해설 코사인 제2법칙
$$\cos A = \frac{b^2+c^2-a^2}{2bc}$$
$$\cos B = \frac{c^2+a^2-b^2}{2ca}$$
$$\cos C = \frac{a^2+b^2-c^2}{2ab}$$

16 반지름 500m인 단곡선에서 시단현 15m에 대한 편각은?
㉮ 0° 51′ 34″ ㉯ 1° 4′ 27″
㉰ 1° 13′ 33″ ㉱ 1° 17′ 42″

해설 편각(δ) $= 1718.87' \times \frac{l}{R} = 1718.87' \times \frac{15}{500}$
$= 0° 51′ 34″$

17 사진측량에 대한 설명으로 틀린 것은?
㉮ 과고감은 인공입체 시하는 경우 영상이 과장되어 보이는 정도이다.
㉯ 역입체시란 입체 시 과정에서 본래의 고저가 반대로 나타나는 현상이다.
㉰ 지표면에 기복이 있을 경우, 연직으로 촬영하여도 축척은 동일하지 않으며 사진면에서 연직 점을 중심으로 방사상의 변위가 생기는 것을 기복변위라고 한다.
㉱ 기복이 있는 지형에서는 정사투영인 사진과 중심투영인 지도 사이에 차이가 발생한다.

해설 1. 중심투영(Central Projection)
사진의 상은 피사체로부터 반사된 광이 렌즈중심을 직진하여 평면인 필름면에 투영되어 나타나는 것을 말하며 사진을 제작할 때 사용(사진측량의 원리)
2. 정사투영(Orthoprojetcion)
항공사진과 지형도를 비교하면 같으나, 지표면의 높낮이가 있는 경우에는 평탄한 곳은 같으나 평탄치 않은 곳은 사진의 형상이 다르다. 정사투영은 지도를 제작할 때 사용

18 방위각 100°에 대한 역방위는?
㉮ S80° W ㉯ N60° W
㉰ N80° W ㉱ S60° W

해설 100°는 2상한
역방위각 = 방위각 + 180° = 100° + 180° = 280°
4상환 = 360 - 280 = 80°
∴ 역방위는 N80° W

19 트래버스 측량에서 거리의 총합이 1,250m, 위거오차 −0.12m, 경거오차 +0.23m일 때 폐합비는?
㉮ $\frac{1}{4,970}$ ㉯ $\frac{1}{4,810}$
㉰ $\frac{1}{4,370}$ ㉱ $\frac{1}{3,970}$

해설 폐합비(R) $= \frac{E}{\sum L} = \frac{\sqrt{(\Delta l)^2 + (\Delta d)^2}}{\sum L}$
$= \frac{\sqrt{0.12^2 + 0.23^2}}{1,250}$
$= \frac{1}{4,818} ≒ \frac{1}{4,810}$

20 평판측량을 실시한 결과, 측선 길이가 500m이고 폐합오차가 18cm이었다. 허용오차가 $\frac{1}{1,000}$이라 할 때, 폐합오차의 처리로 옳은 것은?
㉮ 다시 측량한다.
㉯ 거리에 비례하여 배분한다.
㉰ 거리에 반비례하여 배분한다.
㉱ 그대로 사용한다.

해설 ① 폐합비(R) $= \frac{E}{\sum L} = \frac{0.18}{500} = \frac{1}{2,777}$
② 폐합비가 허용오차 $\frac{1}{1,000}$ 이내이므로 거리에 비례하여 배분한다.

Answer 16. ㉮ 17. ㉱ 18. ㉰ 19. ㉯ 20. ㉯

측량학 (2013년 2회 토목기사)

01 지구반지름 r=6,370km이고 거리의 허용오차가 $1/10^5$이면 직경 몇 km까지를 평면측량으로 볼 수 있는가?

㉮ 약 69km ㉯ 약 64km
㉰ 약 36km ㉱ 약 22km

해설 (정도) $\frac{1}{m} = \frac{D^2}{12R^2}$ 에서

$\therefore D = \sqrt{\frac{12 \times 6{,}370^2}{10^5}} = 69.78 km$

02 곡선반지름이 700m인 원곡선을 70km/h의 속도로 주행하려 할 때 캔트(Cant)는?(단, 궤간은 1.073m, 중력가속도는 9.8m/s²로 한다.)

㉮ 57.14mm ㉯ 58.14mm
㉰ 59.14mm ㉱ 60.14mm

해설 캔트$(C) = \frac{SV^2}{gR}$

$= \frac{1.073 \times \left(70 \times 1{,}000 \times \frac{1}{3{,}600}\right)^2}{9.8 \times 700}$

$= 0.05914m = 59.14mm$

03 항공사진의 주점에 대한 설명으로 옳지 않은 것은?

㉮ 주점에서는 경사사진의 경우에도 경사각에 관계없이 수직사진의 축척과 같은 축척이 된다.
㉯ 인접사진과의 주점길이가 과고감에 영향을 미친다.
㉰ 주점은 사진의 중심으로 경사사진에서는 연직점과 일치하지 않는다.
㉱ 주점은 연직점, 등각점과 함께 항공사진의 특수3점이다.

해설 특수 3점(주점, 연직점, 등각점) 사이의 관계
① 주점은 고정된 점이며 등각점과 연직점을 결정짓는 기준이다.
② 경사가 적을 때는 주점을 연직점, 등각점 대용으로 사용한다.
③ 경사가 없을 때 주점, 연직점, 등각점이 동일하다.

04 트래버스측량을 한 전체연장이 1.9km이고 위거오차 +0.21m, 경거오차가 -0.29m이었다면 폐합비는?

㉮ $\frac{1}{5{,}156}$ ㉯ $\frac{1}{5{,}186}$
㉰ $\frac{1}{5{,}307}$ ㉱ $\frac{1}{6{,}168}$

해설 폐합비$(R) = \frac{\text{폐합오차}}{\text{전 측선의 길이}}$

$= \frac{E}{\sum L} = \frac{\sqrt{(\Delta l)^2 + (\Delta d)^2}}{\sum L}$

$= \frac{\sqrt{0.21^2 + (-0.29)^2}}{1{,}900} = \frac{1}{5{,}307.26}$

$= \frac{1}{5{,}307}$

05 평판측량 시 평판을 측점에 세울 때의 세 조건 중 하나인 표정(Orientation)에 대한 설명으로 옳은 것은?

㉮ 평판이 일정한 방향이나 방위를 갖도록 설정하는 것
㉯ 평판면을 수평이 되도록 하는 것
㉰ 평판 상의 측점 위치와 지상의 측점 위치가 동일 수직선 상에 있도록 하는 것
㉱ 앨리데이드의 기포관이 정 중앙에 오도록 맞추는 것

Answer 1. ㉮ 2. ㉰ 3. ㉮ 4. ㉰ 5. ㉮

해설 평판의 정치
1. 정준(Leveling Up)
   평판을 수평으로 맞추는 작업(수평 맞추기)
2. 구심(Centering)
   평판 상의 측점과 지상의 측점을 일치시키는 작업(중심 맞추기)
3. 표정(Orientation)
   평판을 일정한 방향으로 고정시키는 작업으로 평판측량의 오차 중 가장 크다(방향 맞추기).

06 클로소이드의 종류 중 복합형에 대한 설명으로 옳은 것은?

㉮ 직선부, 클로소이드, 원곡선, 클로소이드, 직선부가 연속되는 평면 선형
㉯ 반향곡선 사이에 2개의 클로소이드를 삽입한 평면 선형
㉰ 같은 방향으로 구부러진 2개의 클로소이드 사이에 직선부를 삽입한 평면 선형
㉱ 같은 방향으로 구부러진 2개 이상의 클로소이드로 이어진 평면 선형

해설
1. 기본형
   직선, 클로소이드, 원곡선 순으로 나란히 설치되어 있는 것
2. S형
   반향곡선의 사이에 클로소이드를 삽입한 것
3. 난형
   복심곡선의 사이에 클로소이드를 삽입한 것
4. 凸형
   같은 방향으로 구부러진 2개 이상의 클로소이드를 직선적으로 삽입한 것
5. 복합형
   같은 방향으로 구부러진 2개 이상의 로소이드를 이은 것으로 모든 접합부에서 곡률은 같다.

07 노선측량에서 교각 $I=40°$, 곡선반지름 $R=150m$, 중심말뚝 간의 거리 $l=20m$이며 노선의 시점에서 교점까지의 추가 거리가 240.70m일 때 시단현의 편각은?

㉮ 1° 40′ 27″   ㉯ 2° 39′ 14″
㉰ 3° 28′ 17″   ㉱ 0° 56′ 27″

해설
① 시단현편각(δ_1) $= \dfrac{90°}{\pi} \times \dfrac{l_1}{R}$
$= \dfrac{90°}{\pi} \times \dfrac{13.895}{150}$
$= 2° 39′ 13.5″$

② 시단현길이(l_1) $= 200 - 186.105$
$= 13.895m$

③ 곡선시점(BC) $= IP - TL$
$= 240.70 - 54.595$
$= 186.105m$

④ $TL = R\tan\dfrac{I}{2} = 150 \times \tan\dfrac{40°}{2}$
$= 54.595m$

08 수심이 H인 하천의 유속을 3점법에 의해 관측할 때, 관측 위치로 옳은 것은?

㉮ 수면에서 0.1H, 0.5H, 0.9H가 되는 지점
㉯ 수면에서 0.2H, 0.6H, 0.8H가 되는 지점
㉰ 수면에서 0.3H, 0.5H, 0.7H가 되는 지점
㉱ 수면에서 0.4H, 0.5H, 0.6H가 되는 지점

해설
① 1점법: $V_m = V_{0.6}$
② 2점법: $V_m = \dfrac{1}{2}(V_{0.2} + V_{0.8})$
③ 3점법: $V_m = \dfrac{1}{4}(V_{0.2} + 2V_{0.6} + V_{0.8})$
④ 4점법: $V_m = \dfrac{1}{5}\left[V_{0.2} + V_{0.4} + V_{0.6} + V_{0.8}) + \dfrac{1}{2}\left(V_{0.2} + \dfrac{V_{0.8}}{2}\right)\right]$

09 측지학과 관련된 설명으로 옳은 것은?(단, N: 지구의 횡곡률 반지름, R: 지구의 자오선 곡률반지름, a: 타원지구의 적도반지름, b: 타원지구의 극반지름)

㉮ 측량의 원점에서의 평균 곡률반지름은 $\dfrac{a+2b}{3}$이다.
㉯ 타원에 대한 지구의 곡률반지름은 $\dfrac{a-b}{a}$로 표시된다.
㉰ 지구의 편평률은 $\sqrt{NR}$로 표시된다.
㉱ 지구의 이심률(편심률)은 $\dfrac{\sqrt{a^2-b^2}}{a^2}$로 표시된다.

Answer 6. ㉱ 7. ㉯ 8. ㉯ 9. ㉱

해설 ① 편심률(이심률)$(e) = \sqrt{\dfrac{a^2-b^2}{a^2}}$

② 편평률 $(P) = \dfrac{a-b}{a} = 1-\sqrt{1-e^2}$

③ 자오선 곡률반경 $(M) = \dfrac{a(1-e^2)}{W^3}$,
$W = \sqrt{1-e^2\sin^2\phi}$

④ 횡곡률 반경 $(N) = \dfrac{a}{W}$
$= \dfrac{a}{\sqrt{1-e^2\sin^2\phi}}$

⑤ 중등곡률반경 $(R) = \sqrt{MN}$

⑥ 타원체 곡률반경 $(R) = \dfrac{2a+b}{3}$

10 지형측량에서 지성선(地性線)에 대한 설명으로 옳은 것은?

㉮ 등고선이 수목에 가려져 불명확할 때 이어주는 선을 의미한다.
㉯ 지모(地貌)의 골격이 되는 선을 의미한다.
㉰ 등고선에 직각방향으로 내려 그은 선을 의미한다.
㉱ 곡선(谷線)이 합류되는 점들을 서로 연결한 선을 의미한다.

해설 1. 지성선(Topographical Line)
지표는 많은 凸선, 凹선, 경사변환선, 최대경사선으로 이루어졌다고 생각할 때 이 평면의 접합부, 즉 접선을 말하며 지세선이라고도 한다.
2. 능선(凸선), 분수선
지표면의 높은 곳을 연결한 선으로 빗물이 이것을 경계로 좌우로 흐르게 되므로 분수선 또는 능선이라 한다.
3. 계곡선(凹선), 합수선
지표면이 낮거나 움푹패인 점을 연결한 선
4. 경사변환선
동일 방향의 경사면에서 경사의 크기가 다른 두 면의 접합선(등고선 수평간격이 뚜렷하게 달라지는 경계선)
5. 최대경사선
지표의 임의의 한 점에 있어서 그 경사가 최대로 되는 방향을 표시한 선으로 등고

선에 직각으로 교차하며 물이 흐르는 방향이라는 의미에서 유하선이라고도 한다.

11 수준측량에서 전시와 후시의 거리를 같게 하여 소거할 수 있는 오차가 아닌 것은?

㉮ 지구의 곡률에 의해 생기는 오차
㉯ 기포관축과 시준축이 평행되지 않기 때문에 생기는 오차
㉰ 시준선 상에 생기는 빛의 굴절에 의한 오차
㉱ 표척의 조정 불완전으로 인해 생기는 오차

해설 전시와 후시의 거리를 같게 함으로써 제거되는 오차
① 레벨의 조정이 불완전(시준선이 기포관축과 평행하지 않을 때)할 때(시준축오차 : 오차가 가장 크다.)
② 지구의 곡률오차(구차)와 빛의 굴절오차(기차)를 제거한다.
③ 초점나사를 움직이는 오차가 없으므로 그로 인해 생기는 오차를 제거한다.

12 교호수준측량의 결과가 아래와 같고, A점의 표고가 10m일 때 B점의 표고는?

레벨 P에서 A→B 관측 표고차
$\Delta h = -1.256m$
레벨 Q에서 B→A 관측 표고차
$\Delta h = +1.238m$

㉮ 8.753m ㉯ 9.753m
㉰ 11.238m ㉱ 11.247m

해설 $H_B = H_A \pm \dfrac{H_1 + H_2}{2}$
$= 10 - \dfrac{1.256 + 1.238}{2} = 8.753m$

13 100m의 측선을 20m 줄자로 관측하였다. 만약 1회의 관측에 +4mm의 정오차와 ±3mm의 부정오차가 있었다면 이 측선의 거리는?

㉮ 100.010±0.007m
㉯ 100.020±0.007m
㉰ 100.010±0.015m
㉱ 100.020±0.015m

해설
① 정오차 $= +\delta \cdot n = 4 \times \dfrac{100}{20} = 20\text{mm}$
$= 0.02\text{m}$
② 우연오차 $= \pm\delta\sqrt{n} = \pm 3\sqrt{5} = \pm 6.7\text{mm}$
$= \pm 0.0067\text{m}$
③ 측선의 길이$(L_0) = L + $정오차$\pm$우연오차
$= 100.02 \pm 0.0067\text{m}$

14 삼각망의 종류 중 유심삼각망에 대한 설명으로 옳은 것은?

㉮ 삼각망 가운데 가장 간단한 형태이며 측량의 정확도를 얻기 위한 조건이 부족하므로 특수한 경우 외에는 사용하지 않는다.
㉯ 거리에 비하여 측점 수가 가장 적으므로 측량이 간단하며 조건식의 수가 적어 정도가 낮다. 노선 및 하천측량과 같이 폭이 좁고 거리가 먼 지역의 측량에 사용한다.
㉰ 광대한 지역의 측량에 적합하며 정확도가 비교적 높은 편이다.
㉱ 가장 높은 정확도를 얻을 수 있으나 조정이 복잡하고 포함된 면적이 작으며 특히 기선을 확대할 때 주로 사용한다.

해설
1. 단열삼각쇄(망)(Single Chain of Tringles)
 ① 폭이 좁고 길이가 긴 지역에 적합하다.
 ② 노선·하천·터널 측량 등에 이용한다.
 ③ 거리에 비해 관측 수가 적다.
 ④ 측량이 신속하고 경비가 적게 든다.
 ⑤ 조건식의 수가 적어 정도가 낮다.
2. 유심삼각쇄(망)(Chain of Central Points)
 ① 동일 측점에 비해 포함면적이 가장 넓다.
 ② 넓은 지역에 적합하다.
 ③ 농지측량 및 평탄한 지역에 사용된다.
 ④ 정도는 단열삼각망보다 좋으나 사변형보다 적다.
3. 사변형삼각쇄(망)(Chain of Quadrilaterals)
 ① 조건식의 수가 가장 많아 정밀도가 가장 높다.
 ② 기선삼각망에 이용된다.
 ③ 삼각점 수가 많아 측량시간이 많이 걸리며 계산과 조정이 복잡하다.

15 상차라고도 하며 그 크기와 방향(부호)이 불규칙적으로 발생하고 확률론에 의해 추정할 수 있는 오차는?

㉮ 착오   ㉯ 정오차
㉰ 개인오차   ㉱ 우연오차

해설
1. 정오차 또는 누차(Constant Error : 누적오차, 누차, 고정오차)
 ① 오차 발생 원인이 확실하여 일정한 크기와 일정한 방향으로 생기는 오차이다.
 ② 측량 후 조정이 가능하다.
 ③ 정오차는 측량횟수에 비례한다.
2. 우연오차(Accidental Error : 부정오차, 상차, 우차)
 ① 오차의 발생 원인이 명확하지 않아 소거 방법도 어렵다.
 ② 최소제곱법의 원리로 오차를 배분하며 오차론에서 다루는 오차를 우연오차라 한다.
 ③ 우연오차는 측정 횟수의 제곱근에 비례한다.
3. 착오(Mistake : 과실)
 ① 관측자의 부주의에 의해서 발생하는 오차
 ② 예 : 기록 및 계산의 착오, 눈금 읽기의 잘못, 숙련부족 등

16 사진측량의 특징에 대한 설명으로 옳지 않은 것은?

㉮ 기상의 제약 없이 측량이 가능하다.
㉯ 정량적 관측이 가능하다.
㉰ 측량의 정확도가 균일하다.
㉱ 정성적 관측이 가능하다.

Answer 13. ㉯ 14. ㉰ 15. ㉱ 16. ㉮

해설 1. 장점
① 정량적 및 정성적 측정이 가능하다.
② 정확도가 균일하다.
③ 동체측정에 의한 현상보존이 가능하다.
④ 접근하기 어려운 대상물의 측정도 가능하다.
⑤ 축척변경도 가능하다.
⑥ 분업화로 작업을 능률적으로 할 수 있다.
⑦ 경제성이 높다.
⑧ 4차원의 측정이 가능하다.
⑨ 비지형측량이 가능하다.

2. 단점
① 좁은 지역에서는 비경제적이다.
② 기자재가 고가이다.(시설 비용이 많이 든다.)
③ 피사체에 대한 식별의 난해가 있다.(지명, 행정경제 건물명, 음영에 의하여 분별하기 힘든 곳 등의 측정은 현장의 작업으로 보충측량이 요구된다.
④ 기상조건에 영향을 받는다.
⑤ 태양고도 등에 영향을 받는다.

17 평면직각좌표에서 A점의 좌표 x_A=123.543m, y_A= −26.654m이고 B점의 좌표 x_B=32.271m, y_B=221.268m이라면 측선 AB의 방위각은?

㉮ 20° 12′ 40″
㉯ 69° 47′ 20″
㉰ 110° 12′ 40″
㉱ 249° 47′ 20″

 해설 ① $\theta = \tan^{-1}\left(\dfrac{경거}{위거}\right) = \tan^{-1}\dfrac{Y_B - Y_A}{X_B - X_A}$
$= \tan^{-1}\left(\dfrac{221.268 - (-26.654)}{32.271 - 123.543}\right)$
$= 69° 47′ 20″$
② 2상환이므로
방위각 = 180° − 69° 47′ 20″ = 110° 12′ 40″

18 그림과 같은 부지측량의 결과로부터 성토량과 절토량이 균형을 이루도록 정지작업을 해야 할 표고는?

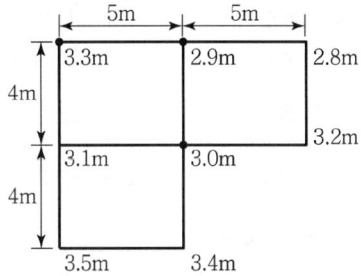

㉮ 3.00m ㉯ 3.05m
㉰ 3.10m ㉱ 3.15m

해설 ① $V = \dfrac{A}{4}(\Sigma h_1 + 2\Sigma h_2 + 3\Sigma h_3 + 4\Sigma h_4)$
$= \dfrac{4 \times 5}{4}(16.2 + 2 \times 6 + 3 \times 3) = 186$

$\Sigma h_1 = 3.3 + 2.8 + 3.2 + 3.4 + 3.5 = 16.2$
$\Sigma h_2 = 2.9 + 3.1 = 6$
$\Sigma h_3 = 3.0$

② 평균표고(h) = $\dfrac{V}{nA} = \dfrac{186}{3 \times 4 \times 5} = 3.10$m

(n : 면적 분할 개수)

19 도면에서 곡선에 둘러싸여 있는 부분의 면적을 구하기에 가장 적합한 방법은?

㉮ 좌표법에 의한 방법
㉯ 배횡거법에 의한 방법
㉰ 삼사법에 의한 방법
㉱ 구적기에 의한 방법

 해설 ① 등고선 내의 면적과 같이 경계선이 복잡할 때(곡선으로 된 경우의 면적 계산방법) : 구적기(플래니미터), 심프슨 제1법칙, 심프슨 제2법칙 등
② 직선으로된 경우 면적계산 : 좌표법, 배횡거법, 삼사법, 이변법, 삼변법 등

Answer 17. ㉰ 18. ㉰ 19. ㉱

20 해도와 같은 지도에 이용되며, 주로 하천이나 항만 등의 심천측량을 한 결과를 표시하는 방법으로 가장 적당한 것은?
㉮ 채색법 ㉯ 영선법
㉰ 점고법 ㉱ 음영법

해설
1. 점고법(Spot Height System)
   지표면 상의 표고 또는 수심을 수치로 나타내는 방법으로 하천, 항만, 해양 등에 주로 이용
2. 등고선법(Contour System)
   동일 표고의 점을 연결한 곡선, 즉 등고선에 의하여 지표를 표시하는 방법으로 토목공사용으로 가장 널리 사용
3. 채색법(Layer System)
   같은 등고선의 지대를 같은 색으로 채색하여 높을수록 진하게, 낮을수록 연하게 칠하여 높이의 변화를 나타내며 지리관계의 지도에 주로 사용

측량학(2013년 2회 토목산업기사)

01 기하학적 측지학의 3차원 위치 결정 요소로 옳은 것은?

㉮ 위도, 경도, 높이
㉯ 위도, 경도, 방향각
㉰ 위도, 경도, 자오선 수차
㉱ 위도, 경도, 진북 방위각

해설 3차원 위치 결정 요소(측지좌표) : 경도, 위도, 높이

02 삼각측량의 목적으로 가장 적합한 것은?

㉮ 각 삼각형의 면적을 도출하기 위함이다.
㉯ 미지점의 좌표 및 위치를 알기 위함이다.
㉰ 세부측량을 실시하기 위한 보조점을 만들기 위함이다.
㉱ sin 법칙을 이용하여 각 점 간의 거리를 산출하기 위함이다.

해설 삼각측량은 각종 측량의 골격이 되는 미지점의 좌표 및 삼각점의 위치를 삼각법으로 정밀하게 결정하기 위한 측량방법으로 높은 정밀도를 기대할 수 있다.

03 그림과 같은 3개의 각 x_1, x_2, x_3를 같은 정밀도로 측정한 결과, $x_1 = 31°38'18''$, $x_2 = 33°04'31''$, $x_3 = 64°42'34''$ 이었다면 ∠AOB의 보정된 값은?

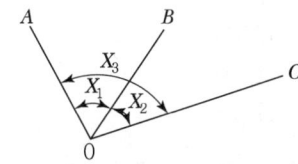

㉮ 31°38'13'' ㉯ 31°38'15''
㉰ 31°38'18'' ㉱ 31°38'23''

해설 ① 각오차 $= x_1 + x_2 - x_3$
$= 31°38'18'' + 33°04'31'' - 64°42'34''$
$= 15''$

② 조정량 $= \dfrac{15''}{3} = 5''$

∴ X_3가 15'' 작으므로,
$X_1, X_2 = -5''$,
$X_3 = +5''$ 보정

③ ∠AOB의 보정값 $= 31°38'18'' - 5''$
$= 31°38'13''$

04 수위관측소의 설치장소 선정 시 고려하여야 할 사항에 대한 설명으로 옳지 않은 것은?

㉮ 수위가 교각이나 기타 구조물에 의한 영향을 받지 않는 장소일 것
㉯ 홍수 때는 관측소가 유실, 이동 및 파손될 염려가 없는 장소일 것
㉰ 잔류, 역류 및 저수가 풍부한 장소일 것
㉱ 하상과 하안이 안전하고 퇴적이 생기지 않는 장소일 것

해설 수위 관측소(水位觀測所) 및 양수표(量水標 : Water Guage) 설치 장소
① 하안(河岸)과 하상(河床)이 안전하고 세굴이나 퇴적이 되지않은 장소
② 상하류의 길이 약 100m 정도의 직선 일 것
③ 유속의 변화가 크지 않아야 한다.
④ 수위가 교각이나 기타 구조물에 영향을 받지 않은 장소
⑤ 홍수 때는 관측소의 유실, 이동 및 파손될 염려가 없는 장소
⑥ 평시는 홍수 때보다 수위표가 쉽게 읽을 수 있는 장소
⑦ 지천의 합류점 및 분류점으로 수위의 변화가 생기지 않은 장소

Answer 1. ㉮ 2. ㉯ 3. ㉮ 4. ㉰

⑧ 양수표의 영점위치는 최저수위 밑에 있고, 양수표 눈금의 최고위는 최고홍수위보다 높아야 한다.
⑨ 양수표는 평균해수면의 표고를 측정해 둔다.
⑩ 어떠한 갈수 시에도 양수표가 노출되지 않는 장소
⑪ 수위가 급변하지 않는 장소
⑫ 양수표는 하천에 연하여 5~10km마다 배치한다.

05 노선측량에서 노선을 선정할 때 유의해야 할 사항으로 옳지 않은 것은?
㉮ 배수가 잘 되는 곳으로 한다.
㉯ 노선 선정 시 가급적 직선이 좋다.
㉰ 절토 및 성토의 운반거리를 가급적 짧게 한다.
㉱ 가급적 성토구간이 길고, 토공량이 많아야 한다.

해설 노선조건
① 가능한 한 직선으로 할 것
② 가능한 한 경사가 완만할 것
③ 토공량이 적고 절토와 성토가 짧은 구간에서 균형을 이룰 것
④ 절토의 운반거리가 짧을 것
⑤ 배수가 완전할 것

06 평판의 설치에 있어서 고려하지 않아도 되는 것은?
㉮ 수평 맞추기
㉯ 외심 맞추기
㉰ 구심 맞추기
㉱ 방향 맞추기

해설 1. 정준(Leveling Up)
평판을 수평으로 맞추는 작업(수평 맞추기)
2. 구심(Centering)
평판상의 측점과 지상의 측점을 일치시키는 작업(중심 맞추기)
3. 표정(Orientation)
평판을 일정한 방향으로 고정시키는 작업으로 평판측량의 오차 중 가장 크다(방향 맞추기).

07 교호수준측량으로 소거할 수 있는 오차가 아닌 것은?
㉮ 시준축 오차
㉯ 관측자의 과실
㉰ 기차에 의한 오차
㉱ 구차에 의한 오차

해설 교호수준측량으로 소거되는 오차
① 레벨의 기계오차(시준축 오차)
② 관측자의 읽기오차
③ 지구의 곡률에 의한 오차(구차)
④ 광선의 굴절에 의한 오차(기차)

08 완화곡선 중 주로 고속도로에 사용되는 것은?
㉮ 3차 포물선
㉯ 클로소이드(Clothoid) 곡선
㉰ 반파장 사인(Sine) 체감곡선
㉱ 렘니스케이트(Lemniscate) 곡선

해설 완화곡선의 종류
㉮ 3차 포물선 : 철도
㉯ 클로소이드 곡선 : 도로
㉰ 반파장 Sine 곡선 : 고속철도
㉱ 렘니스케이트 곡선 : 시가지 지하철

09 초점거리 150mm의 카메라로 해면고도 2,600m의 비행기에서 평균 해발 500m의 평지를 촬영할 때 사진의 축척은?
㉮ 1 : 12,000
㉯ 1 : 13,333
㉰ 1 : 14,000
㉱ 1 : 17,333

해설 $\dfrac{1}{m} = \dfrac{1}{H \pm h} = \dfrac{0.15}{2,600 - 500} = \dfrac{1}{14,000}$

Answer 5. ㉱ 6. ㉯ 7. ㉯ 8. ㉯ 9. ㉰

10 축척 1 : 1,000의 지형도를 이용하여 축척 1 : 5,000 지형도를 제작하려고 한다. 1 : 5,000 지형도 1장의 제작을 위해서는 1 : 1,000 지형도 몇 장이 필요한가?

㉮ 25매   ㉯ 20매
㉰ 10매   ㉱ 5매

해설 면적은 축적 $\left(\dfrac{1}{m}\right)^2$ 에 비례하므로

∴ 매수 = $\left(\dfrac{5,000}{1,000}\right)^2$ = 25매 또는

축척비 = $\dfrac{5,000}{1,000}$ = 5배

면적비 = 가로×세로 = 5×5 = 25매

11 면적이 8,100m²인 정4각형의 토지를 1 : 3,000 축척으로 도면을 작성할 때, 도면에서의 한 변의 길이는?

㉮ 3cm   ㉯ 5cm
㉰ 10cm   ㉱ 15cm

해설 ① $L^2 = A$, $L = \sqrt{8,100} = 90$m

② $\dfrac{1}{m} = \dfrac{도상거리}{실제거리}$ 에서

도상거리 = $\dfrac{L}{m} = \dfrac{90}{3,000} = 0.03$m = 3cm

12 토적곡선을 작성하는 목적으로 거리가 먼 것은?

㉮ 토량의 배분
㉯ 토량의 운반거리 산출
㉰ 토공기계 선정
㉱ 중심선 설치

해설 유토곡선 작성 목적
① 시공 방법을 결정한다.
② 평균운반거리를 산출한다.
③ 운반거리에 대한 토공기계를 선정한다.
④ 토량을 배분한다.
⑤ 작업배경을 결정한다.

13 등고선의 성질에 대한 설명으로 옳은 것은?

㉮ 도면 내에서 등고선이 폐합되는 경우 동굴이나 절벽을 나타낸다.
㉯ 동일 경사에서의 등고선 간의 간격은 높은 곳에서 좁아지고 낮은 곳에서는 넓어진다.
㉰ 등고선은 능선 또는 계곡선과 직각으로 만난다.
㉱ 높이가 다른 두 등고선은 산정이나 분지를 제외하고는 교차하지 않는다.

해설 등고선의 성질
① 동일 등고선 상에 있는 모든 점은 같은 높이이다.
② 등고선은 반드시 도면 안이나 밖에서 폐합된다.
③ 지도의 도면 내에서 폐합되면 가장 가운데 부분이 산꼭대기(산정) 또는 凹지(요지)가 된다.
④ 등고선은 도중에 없어지거나, 엇갈리거나 합쳐지거나 갈라지지 않는다.
⑤ 높이가 다른 두 등고선은 동굴이나 절벽의 지형이 아닌 곳에서는 교차하지 않는다.
⑥ 등고선은 경사가 급한 곳에서는 간격이 좁고 완만한 경사에서는 넓다.
⑦ 최대경사의 방향은 등고선과 직각으로 교차한다.
⑧ 분수선(능선)과 곡선(유하선)은 등고선과 직각으로 만난다.
⑨ 2쌍의 등고선의 볼록부가 상대할 때는 볼록부를 나타낸다.
⑩ 동등한 경사의 지표에서 양 등고선의 수평거리는 같다.

14 지자기측량을 위한 관측의 요소가 아닌 것은?

㉮ 편각   ㉯ 복각
㉰ 자오선수차 ㉱ 수평분력

해설 지자기의 3요소
편각(D), 복각(I), 수평분력(H)

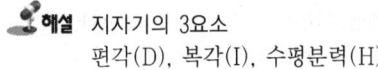

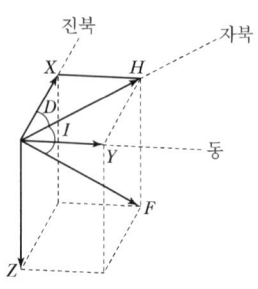

15 그림과 같이 A점에서 편심점 B′점을 시준하여 T_B'를 관측했을 때 B점의 방향각 T_B를 구하기 위한 보정량 X의 크기를 구하는 식으로 옳은 것은?

㉮ $\rho'' \dfrac{e \sin\phi}{S}$

㉯ $\rho'' \dfrac{e \cos\phi}{S}$

㉰ $\rho'' \dfrac{S \sin\phi}{e}$

㉱ $\rho'' \dfrac{S \cos\phi}{e}$

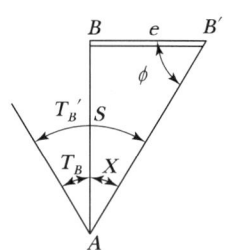

해설 $\dfrac{e}{\sin x} = \dfrac{S}{\sin\phi}$

$x = \sin^{-1}\left(\dfrac{e}{S}\sin\phi\right)$ 또는 $\dfrac{e\sin\phi}{S} \times \rho''$

16 직접수준측량에서 유의하여야 할 사항에 대한 설명으로 옳지 않은 것은?

㉮ 표척은 관측 정도에 미치는 영향이 크기 때문에 반드시 수직으로 세운다.
㉯ 반드시 왕복측량을 하고 관측값의 차가 허용오차 내에 있도록 한다.
㉰ 시준거리는 전·후시가 되도록 같게 한다.
㉱ 상공의 기계가 15° 이상 확보되어야 한다.

해설 직접수준측량 시 유의사항
① 왕복측량을 원칙으로 한다.
② 레벨 세우는 횟수는 짝수로 한다.
③ 전·후시를 같게 한다.
④ 왕복측량이라도 노선거리는 다르게 한다.

⑤ 읽음값은 5mm 단위로 읽는다.
⑥ 표적을 수직으로 세운다.

17 완화곡선 설치에 관한 설명으로 옳지 않은 것은?

㉮ 완화곡선의 반지름은 무한대로부터 시작하여 점차 감소되고 소요의 원곡선에 연결된다.
㉯ 완화곡선의 접선은 시점에서 직선에 접하고 종점에서 원호에 접한다.
㉰ 완화곡선의 시점에서 캔트는 0이고, 소요의 원곡선에 도달하면 어느 높이에 달한다.
㉱ 완화곡선의 곡률은 곡선의 어느 부분에서도 그 값이 같다.

해설 완화곡선의 특징
① 곡선반경은 완화곡선의 시점에서 무한대, 종점에서 원곡선 R로 된다.
② 완화곡선의 접선은 시점에서 직선에, 종점에서 원호에 접한다.
③ 완화곡선에 연한 곡선반경의 감소율은 캔트는 같다.
④ 완화곡선의 종점의 캔트와 원곡선 시점의 캔트는 같다.
⑤ 완화곡선은 이정의 중앙을 통과한다.

18 주점 기선장이 사진에서 6.9cm일 때 사진크기가 23cm×23cm인 항공사진의 중복도는?

㉮ 30% ㉯ 50%
㉰ 60% ㉱ 70%

해설 주점기선길이$(b_0) = a\left(1 - \dfrac{P}{100}\right)$

$P = \left(1 - \dfrac{b_0}{a}\right) \times 100 = \left(1 - \dfrac{6.9}{23}\right) \times 100$
$= 70\%$

19 $\overline{AB}$ 측선의 방위각이 50°30′이고 그림과 같이 트래버스 측량을 한 결과, $\overline{CD}$ 측선의 방위각은?

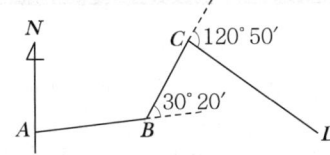

㉮ 131°00′ ㉯ 141°00′
㉰ 151°00′ ㉱ 161°00′

 $\overline{AB}$ 방위각 = 50°30′
$\overline{BC}$ 방위각 = 50°30′ − 30°20′ = 20°10′
$\overline{CD}$ 방위각 = 20°10′ + 120°50′ = 141°00′

20 반지름 150m의 단곡선을 설치하기 위하여 교각을 측정한 값이 57°36′일 때 접선장(T.L)과 곡선장(C.L)은?

㉮ 접선장 = 82.46m, 곡선장 = 150.80m
㉯ 접선장 = 82.46m, 곡선장 = 75.40m
㉰ 접선장 = 236.36m, 곡선장 = 75.40m
㉱ 접선장 = 236.36m, 곡선장 = 150.80m

① 접선장(T.L) $= R\tan\dfrac{I}{2}$

$\qquad = 150 \times \tan\dfrac{57°36′}{2}$

$\qquad = 82.46\text{m}$

② 곡선장(C.L) $= RI\dfrac{\pi}{180°}$

$\qquad = 150 \times 57°36′ \times \dfrac{\pi}{180°}$

$\qquad = 150.80\text{m}$

Answer 19. ㉯ 20. ㉮

측량학(2013년 3회 토목기사)

01 A, B 간의 비고를 구하기 위해 (1), (2), (3) 경로에 대하여 직접고저측량을 실시하여 다음과 같은 결과를 얻었다. A, B 간의 고저차의 최확값은?

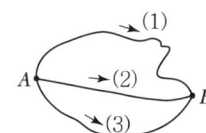

노선	관측값(m)	노선길이(km)
(1)	32.234	2
(2)	32.245	1
(3)	32.240	1

㉮ 32.236m ㉯ 32.238m
㉰ 32.241m ㉱ 32.243m

 ① 경중률(P)은 노선길이(L)에 반비례

$$P_1 : P_2 : P_3 = \frac{1}{S_1} : \frac{1}{S_2} : \frac{1}{S_3}$$
$$= \frac{1}{2} : \frac{1}{1} : \frac{1}{1} : 1 : 2 : 2$$

② 최확값(L_0) $= \dfrac{P_1 h_1 + P_2 h_2 + P_3 h_3}{P_1 + P_2 + P_3}$

$= \dfrac{1 \times 32.234 + 2 \times 32.245 + 2 \times 32.240}{1+2+2}$

$= 32.241\text{m}$

02 건설공사에 필요한 지형도의 제작에 주로 이용하는 방법과 거리가 먼 것은?

㉮ 투시도에 의한 방법
㉯ 일반측량에 의한 방법
㉰ 사진측량에 의한 방법
㉱ 수치지형 모형에 의한 방법

해설 지형도의 제작방법
① 평판측량에 의한 방법
② 일반측량에 의한 방법
③ 항공사진 측량에 의한 방법
④ 수치 지형 모델에 의한 방법
⑤ 인공위성영상을 이용하는 방법 등

03 원곡선에서 교각이 30°이고 곡선 반지름이 500m이며 곡선시점의 추가거리가 150m일 때, 곡선종점의 추가거리는?

㉮ 404.675m ㉯ 411.799m
㉰ 426.743m ㉱ 430.451m

해설 $EC = BC + CL = 150 + 261.799 = 411.799\text{m}$

$CL = \dfrac{\pi}{180} RI = \dfrac{\pi}{180} \times 500 \times 30° = 261.799\text{m}$

04 현재 GPS의 의사거리 결정에 영향을 주는 오차와 거리가 먼 것은?

㉮ 위성의 궤도 오차
㉯ 위성의 시계 오차
㉰ 위성의 기하학적 위치에 따른 오차
㉱ AS 오차

해설 1. GPS 오차 원인
① 위성에 관련된 오차
  ㉠ 궤도 편의
  ㉡ 위성시계의 편의
② 신호전달과 관련된 오차
  ㉠ 전리층 편의
  ㉡ 대류권 지연
  ㉢ 다중경로 영향
③ 수신기에 관련된 오차
  ㉠ 수신 시계의 편의
  ㉡ 주파수 오차
④ 위성 배치 상태와 관련된 오차
2. AS(Anti Spoofing)
군사목적의 P코드를 적의 교란으로부터 방지하기 위한 암호화 기법을 말한다.

Answer 1. ㉰ 2. ㉮ 3. ㉯ 4. ㉱

05 도로의 곡선시점(B.C)의 위치가 중심말뚝 No. 12+14.41m이고 곡선종점(E.C)의 위치가 중심말뚝 No.19+11.52m일 때에 시단현(δ_1)과 종단현(δ_2)에 대한 편각은?(단, 곡선반경=100m, 중심말뚝의 간격=20m)

㉮ $\delta_1 = 1° 36' 05''$, $\delta_2 = 3° 18' 01''$
㉯ $\delta_1 = 4° 07' 41''$, $\delta_2 = 2° 25' 46''$
㉰ $\delta_1 = 1° 36' 05''$, $\delta_2 = 2° 25' 46''$
㉱ $\delta_1 = 4° 07' 41''$, $\delta_2 = 3° 18' 01''$

해설 ① 시단편각(δ_1) $= \dfrac{l_1}{R} \times \dfrac{90°}{\pi}$
$= \dfrac{5.59}{100} \times \dfrac{90°}{\pi}$
$= 1°36' 05''$

시단현 길이(l_1) $= 20 - 14.41 = 5.59m$

② 종단편각(δ_2) $= \dfrac{l_2}{R} \times \dfrac{90°}{\pi}$
$= \dfrac{11.52}{100} \times \dfrac{90°}{\pi} = 3°18'01''$

종단현 길이(l_2) $= 391.52 - 380 = 11.52m$

06 기준면으로부터 지반고(단위 : m)를 관측한 결과가 그림과 같다. 정지고를 2.5m로 하기 위하여 필요한 토량은?(단, 각각의 직사각형 면적은 400m²이고, 토량의 변화는 무시한다.)

3.1	2.2	2.0
3.4	1.8	1.5
4.0	3.7	1.0

㉮ 110m³   ㉯ 220m³
㉰ 2,000m³   ㉱ 3,890m³

해설 ① $V = \dfrac{A}{4}(\Sigma h_1 + 2\Sigma h_2 + 3\Sigma h_3 + 4\Sigma h_4)$
$= \dfrac{400}{4}(2.1 + 2 \times 2.1) = 630m^3$

정지고 2.5m일 때 절토량
$\Sigma h_1 = 0.6 + 1.5 = 2.1$
$\Sigma h_2 = 0.9 + 1.2 = 2.1$

② $V = \dfrac{400}{4}(2.0 + 2 \times 1.3 + 4 \times 0.7) = 740m^3$

성토량
$\Sigma h_1 = 0.5 + 1.5 = 2.0$
$\Sigma h_2 = 0.3 + 1.0 = 1.3$
$\Sigma h_4 = 0.7$

③ 성토량 − 절토량 $= 740 - 630 = 110m^3$

07 평판의 도상에 허용되는 제도 오차를 0.3mm라 할 때, 1/1,000의 축척에 의한 측량에서 도상점과 지상측점과의 중심맞추기 오차(편심거리)의 최대 허용 범위는?

㉮ 10cm   ㉯ 15cm
㉰ 20cm   ㉱ 25cm

해설 구심오차(q) $= \dfrac{2e}{M}$에서
$e = \dfrac{qM}{2} = \dfrac{0.3 \times 1,000}{2} = 150mm = 15cm$

08 수평각 관측을 실시할 때에 망원경을 정위와 반위의 상태로 관측하여 평균값을 취하여 제거할 수 있는 오차는?

㉮ 눈금의 오차   ㉯ 지구 곡률 오차
㉰ 연직축의 오차   ㉱ 수평축의 오차

해설 1. 조정이 완전하지 않기 때문에 생기는 오차

오차의 종류	원인	처리방법
시준축 오차	시준축과 수평축이 직교하지 않기 때문에 생기는 오차	망원경을 정·반위로 관측하여 평균을 취한다.
수평축 오차	수평축이 연직축에 직교하지 않기 때문에 생기는 오차	망원경을 정·반위로 관측하여 평균을 취한다.
연직축 오차	연직축이 연직이 되지 않기 때문에 생기는 오차	소거불능

Answer 5. ㉮ 6. ㉮ 7. ㉯ 8. ㉱

2. 기계의 구조상 결점에 따른 오차

오차의 종류	원인	처리방법
회전축의 편심오차 (내심오차)	기계의 수평회전축과 수평분도원의 중심이 불일치	180° 차이가 있는 2개(A, B)의 버니어의 읽음값을 평균한다.
시준선의 편심오차 (외심오차)	시준선이 기계의 중심을 통과하지 않기 때문에 생기는 오차	망원경을 정·반위로 관측하여 평균을 취한다.
분도원의 눈금오차	눈금 간격이 균일하지 않기 때문에 생기는 오차	버니어의 0의 위치를 $\frac{180°}{n}$ 씩 옮겨가면서 대회관측을 한다.

09 단곡선 측설에서 교각 $I=90°$, 반지름 $R=100m$인 경우에 외할(E)은 몇 m인가?

㉮ 39.22m ㉯ 40.34m
㉰ 41.42m ㉱ 42.54m

해설 $E = R\left(\sec\frac{I}{2} - 1\right)$
$= 100\left(\frac{1}{\cos\frac{90°}{2}} - 1\right) = 41.42m$

10 각관측 방법 중 배각법에 관한 설명으로 옳지 않은 것은?(여기서, α : 시준오차, β : 읽기오차, n : 반복회수)

㉮ 방향각법에 비하여 읽기 오차의 영향을 적게 받는다.
㉯ 수평각 관측법 중 가장 정확한 방법으로 1등 삼각측량에 주로 이용된다.
㉰ 1각에 생기는 오차 $M = \pm\sqrt{\frac{2}{n}\left(\alpha^2 + \frac{\beta^2}{n}\right)}$ 이다.
㉱ 1개의 각을 2회 이상 반복관측하여 관측한 각도를 모두 더하여 평균을 구하는 방법이다.

해설 1. 배각법
하나의 각을 2회 이상 반복 관측하여 누적된 값을 평균하는 방법으로 이중축을 가진 트랜싯의 연직축오차를 소거하는 데 좋고 아들자의 최소눈금 이하로 정밀하게 읽을 수 있다.
2. 방향각법
어떤 시준방향을 기준으로 하여 각 시준방향에 이르는 각을 차례로 관측하는 방법, 배각법에 비해 시간이 절약되고 3등삼각측량에 이용된다.
3. 조합각관측법
수평각 관측방법 중 가장 정확한 방법으로 1등 삼각측량에 이용된다.

11 A의 좌표가 ($x=3,120.26m$, $y=4,216.32m$)이고, B의 좌표가 ($x=1,829.54m$, $y=3,833.82m$)일 때 $\overline{BA}$의 방향각은?

㉮ 16° 30′ 25″ ㉯ 163° 29′ 39″
㉰ 196° 30′ 25″ ㉱ 343° 29′ 39″

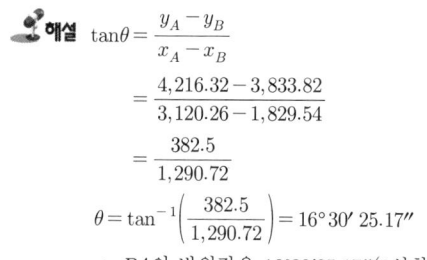

해설 $\tan\theta = \dfrac{y_A - y_B}{x_A - x_B}$
$= \dfrac{4,216.32 - 3,833.82}{3,120.26 - 1,829.54}$
$= \dfrac{382.5}{1,290.72}$
$\theta = \tan^{-1}\left(\dfrac{382.5}{1,290.72}\right) = 16°30′25.17″$
∴ BA의 방향각은 $16°30′25.17″$(1상한)

12 수위관측소를 설치하는 위치조건으로 옳지 않은 것은?

㉮ 잔류, 역류가 적은 장소
㉯ 상·하류가 곡선으로 연결되어 흐름의 진입과 진출이 보이지 않는 장소
㉰ 수위가 교각이나 기타 구조물에 의한 영향을 받지 않는 장소
㉱ 지천의 합류점에서는 불규칙한 수위의 변화가 없는 장소

해설 수위 관측소(水位觀測所) 및 양수표(量水標 : Water Guage) 설치 장소
① 하안(河岸)과 하상(河床)이 안전하고 세굴이나 퇴적이 되지 않은 장소
② 상·하류의 길이 약 100m 정도의 직선일 것
③ 유속의 변화가 크지 않아야 한다.
④ 수위가 교각이나 기타 구조물에 영향을 받지 않은 장소
⑤ 홍수 때는 관측소의 유실, 이동 및 파손될 염려가 없는 장소
⑥ 평시는 홍수 때보다 수위표가 쉽게 읽을 수 있는 장소
⑦ 지천의 합류점 및 분류점으로 수위의 변화가 생기지 않은 장소
⑧ 양수표의 영점위치는 최저수위 밑에 있고, 양수표 눈금의 최고위는 최고홍수위보다 높아야 한다.
⑨ 양수표는 평균해수면의 표고를 측정해 둔다.
⑩ 어떠한 갈수시에도 양수표가 노출되지 않는 장소
⑪ 수위가 급변하지 않는 장소
⑫ 양수표는 하천에 연하여 5~10km마다 배치한다.

13 항공사진의 특수 3점에 해당되지 않는 것은?
㉮ 주점(主点)
㉯ 연직점(鉛直点)
㉰ 등각점(等角点)
㉱ 표정점(標定点)

해설 1. 주점(Principal Point)
주점은 사진의 중심점이라고도 한다. 주점은 렌즈 중심으로부터 화면(사진면)에 내린 수선의 발을 말하며 렌즈의 광축과 화면이 교차하는 점이다.

2. 연직점(Nadir Point)
① 렌즈 중심으로부터 지표면에 내린 수선의 발을 말하고 N을 지상연직점(피사체연직점), 그 선을 연장하여 화면(사진면)과 만나는 점을 화면연직점(n)이라 한다.
② 주점에서 연직점까지의 거리(mn)
$= f \tan i$

3. 등각점(Isocenter)
① 주점과 연직점이 이루는 각을 2등분한 점으로 또한 사진면과 지표면에서 교차되는 점을 말한다.
② 주점에서 등각점까지의 거리(mn)
$= f \tan \dfrac{i}{2}$

14 중력이상의 주된 원인에 대한 설명으로 옳은 것은?
㉮ 지하 물질의 밀도가 고르게 분포되어 있지 않기 때문이다.
㉯ 지하수의 흐름이 불규칙하기 때문이다.
㉰ 태양과 달의 인력 때문이다.
㉱ 잦은 화산 폭발 때문이다.

해설 중력이상은 지하의 물질 밀도가 고르게 분포되어 있지 않기 때문에 발생한다.

중력측량의 특징
① 중력이상=중력실측값－이론실측값
② 중력이상(＋)=질량이 여유있는 지역
③ 중력이상(－)=질량이 부족한 지역
④ 중력=만유인력＋지구자체의 원심력
⑤ 단위 : gel, cm/sec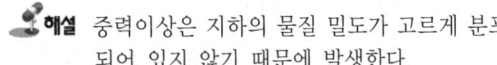^{2}
⑥ 기준점 : 동독포츠담, 981,247gel

15 토적곡선(Mass Curve)을 작성하는 목적으로 가장 거리가 먼 것은?
㉮ 토량의 운반거리 산출
㉯ 토공기계의 선정
㉰ 토량의 배분
㉱ 교통량 산정

해설 유토곡선 작성 목적
① 시공 방법을 결정한다.
② 평균운반거리를 산출한다.
③ 운반거리에 대한 토공기계를 선정한다.
④ 토량을 배분한다.
⑤ 작업배경을 결정한다.

Answer 13. ㉱ 14. ㉮ 15. ㉱

16 사변형삼각망의 어느 관측각에 있어서 각 조건에 의해 조정한 결과 그 조정각이 30°00′00″였다. 변조건에 의한 조정계산을 위해 표차를 구할 경우, 이 조정각에 대한 표차는 약 얼마인가?

㉮ 2.6×10^{-6} ㉯ 3.6×10^{-6}
㉰ 4.5×10^{-6} ㉱ 5.8×10^{-6}

해설 30°의 1″의 표차
관측각의 sin값에 대수를 취해 계산한다.
$\log(\sin 30°0′01″) - \log(\sin 30°) = 3.64 \times 10^{-6}$
또는
$\log(\sin 30°) - \log(\sin 29°59′59″) = 3.64 \times 10^{-6}$

17 다각측량의 각 관측값 오차배분에 대한 설명으로 옳지 않은 것은?

㉮ 각 관측의 경중률이 다를 경우 그 오차는 경중률에 따라 달리 배분한다.
㉯ 각 관측값의 오차가 허용범위보다 클 경우에는 다시 관측하여야 한다.
㉰ 각 관측의 정확도가 같을 때는 오차를 각의 크기에 비례하여 배분한다.
㉱ 관측변 길이의 역수에 비례하여 각각의 각에 배분한다.

해설 각 관측 시 관측 정확도가 같을 때는 관측오차를 각의 크기에 관계없이 등배분한다.

18 레벨의 불완전 조정에 의하여 발생한 오차를 최소화하는 가장 좋은 방법은?

㉮ 왕복 2회 측정하여 그 평균을 취한다.
㉯ 기포를 항상 중앙에 오게 한다.
㉰ 시준선의 거리를 짧게 한다.
㉱ 전·후시의 표척거리를 같게 한다.

해설 전시와 후시의 거리를 같게 함으로써 제거되는 오차
① 레벨의 조정이 불완전(시준선이 기포관축과 평행하지 않을 때)할 때(시준축오차 : 오차가 가장 크다.)
② 지구의 곡률오차(구차)와 빛의 굴절오차(기차)를 제거한다.
③ 초점나사를 움직이는 오차가 없으므로 그로 인해 생기는 오차를 제거한다.

19 도로의 곡선부에서 확폭량(Slack)을 구하는 식으로 옳은 것은?(단, R : 차선 중심선의 반지름, L : 차량 앞면에서 차량의 뒤축까지의 거리)

㉮ $\dfrac{L}{2R^2}$ ㉯ $\dfrac{L^2}{2R^2}$
㉰ $\dfrac{L^2}{2R}$ ㉱ $\dfrac{L}{2R}$

해설 1. 캔트(Cant)
곡선부를 통과하는 차량이 원심력의 발생으로 인해 접선 방향으로 탈선하는 것을 방지하기 위해 바깥쪽 노면을 안쪽노면보다 높이는 정도를 말하며 편경사라고 한다.
$$C = \dfrac{SV^2}{Rg}$$
여기서, C : 캔트
S : 궤간
V : 차량속도
R : 곡선반경
g : 중력가속도

2. 슬랙(Slack)
차량과 레일이 꼭 끼어서 서로 힘을 입게 되면 때로는 탈선의 위험도 생긴다. 이러한 위험을 막기 위해서 레일 안쪽을 움직여 곡선부에서는 궤간을 넓힐 필요가 있는데, 이 넓힌 치수를 말한다. 다른 말로 확폭이라고도 한다.
$$\varepsilon = \dfrac{L^2}{2R}$$
여기서, ε : 확폭량
L : 차량 앞바퀴에서 뒷바퀴까지의 거리
R : 차선중심선의 반경

Answer 16. ㉯ 17. ㉰ 18. ㉱ 19. ㉰

20 항공사진 재촬영 요인의 판정기준에 대한 설명으로 틀린 것은?

㉮ 항공기의 고도가 계획촬영 고도의 5% 정도 벗어날 때
㉯ 인접한 사진축척에 현저한 차이가 있을 때
㉰ 구름이 사진에 나타날 때
㉱ 필름의 신축으로 입체시에 지장이 있을 때

해설

1. 재촬영하여야 할 경우
   ① 촬영 대상 구역의 일부분이라도 촬영범위 외에 있는 경우
   ② 종중복도가 50% 이하인 경우
   ③ 횡중복도가 5% 이하인 경우
   ④ 스모그(Smog), 수증기 등으로 사진상이 선명하지 못한 경우
   ⑤ 구름 또는 구름의 그림자, 산의 그림자 등으로 지표면이 밝게 찍혀 있지 않는 부분이 상당히 많은 경우
   ⑥ 적설 등으로 지표면의 상태가 명료하지 않은 경우

2. 사진촬영 시 고려할 사항
   ① 높은 고도에서 촬영할 경우는 고속기를 이용하는 것이 좋다.
   ② 낮은 고도에서의 촬영에서는 노출 중의 편류에 의한 촬영에 주의할 필요가 있다.
   ③ 촬영은 지정된 촬영경로에서 촬영경로 간격의 10% 이상 차이가 없도록 한다.
   ④ 고도는 지정고도에서 5% 이상 낮게 혹은 10% 이상 높게 진동하지 않도록 직선 상에서 일정한 거리를 유지하면서 촬영한다.
   ⑤ 앞뒤 사진 간의 회전각(편류각)은 5° 이내, 촬영 시의 사진기 경사(Tilt)는 3° 이내로 한다.

Answer 20. ㉮

측량학(2013년 3회 토목산업기사)

01 직사각형의 면적을 구하기 위해 거리를 관측한 결과, 가로=50±0.01m, 세로=100.00±0.02 m이었다면 면적과 발생 오차는?

㉮ 5,000±1.41m²
㉯ 5,000±0.02m²
㉰ 5,000±0.0141m²
㉱ 5,000±0.0002m²

해설 면적관측 시 오차

$$M = \pm\sqrt{(y\cdot m_1)^2+(x\cdot m_2)^2}$$
$$= \pm\sqrt{(100\times0.01)^2+(50\times0.02)^2}$$
$$= \pm 1.41\text{m}^2$$

$\therefore A_0 = A \pm M$
$= 100 \times 50 \pm M$
$= 5,000 \pm 1.41\text{m}^2$

02 절토면의 형상이 그림과 같을 때 절토면적은?

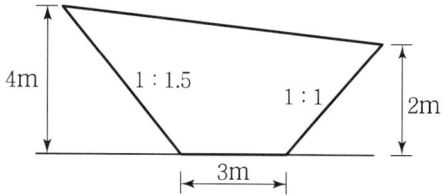

㉮ 12.0m²
㉯ 13.5m²
㉰ 16.5m²
㉱ 19.0m²

해설 절토면적(A)
$= \frac{1}{2}[(4+2)\times(4\times1.5+3+1\times2)]$
$- \left[\left(\frac{4\times6}{2}\right)+\left(\frac{2\times2}{2}\right)\right] = 19\text{m}^2$

03 A점과 B점의 표고가 각각 102m, 123m이고 AB의 거리가 14m일 때 110m 등고선은 A점으로부터 몇 m의 거리에 있는가?

㉮ 16.3m   ㉯ 12.3m
㉰ 8.3m   ㉱ 5.3m

해설

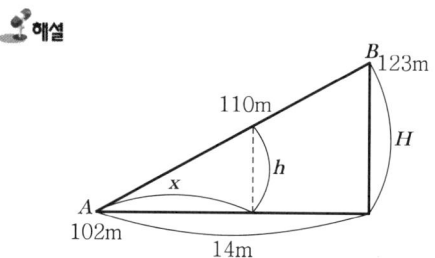

$x : h = D : H$

$\therefore x = \dfrac{h \times D}{H} = \dfrac{8 \times 14}{21} = 5.3\text{m}$

04 수준측량에서 정오차에 해당되는 것은?

㉮ 관측 중의 기상변화
㉯ 야장기록의 오기
㉰ 표척눈금의 불완전
㉱ 기포관의 둔감

해설
1. 정오차
   ① 표척눈금부정에 의한 오차
   ② 지구곡률에 의한 오차(구차)
   ③ 광선굴절에 의한 오차(기차)
   ④ 레벨 및 표척의 침하에 의한 오차
   ⑤ 표척의 영눈금(0점) 오차
   ⑥ 온도 변화에 대한 표척의 신축
   ⑦ 표척의 기울기에 의한 오차
2. 부정오차
   ① 레벨 조정 불완전(표척의 읽음 오차)
   ② 시차에 의한 오차
   ③ 기상 변화에 의한 오차
   ④ 기포관의 둔감
   ⑤ 기포관의 곡률의 부등
   ⑥ 진동, 지진에 의한 오차
   ⑦ 대물경의 출입에 의한 오차

Answer 1. ㉮ 2. ㉱ 3. ㉱ 4. ㉰

05 하폭이 큰 하천의 홍수 시 표면유속 측정에 가장 적합한 방법은?

㉮ 표면부자에 의한 측정
㉯ 수중부자에 의한 측정
㉰ 막대부자에 의한 측정
㉱ 유속계에 의한 측정

해설 1. 표면부자
① 나무, 코르크, 병, 죽통 등을 이용하여 가운데 작은 돌이나 모래를 넣어 추로 하여 부자고 0.8~0.9를 흘수선(吃水線)으로 한다.
② 주로 홍수 시 사용되며 투하지점은 10m 이상, $\frac{B}{3}$ 이상, 20초 이상(약 30초)으로 한다.(여기서, B : 하폭)

2. 이중부자
① 표면부자에 실이나 가는 쇠줄을 수중부자와 연결하여 측정
② 수중부자는 수면에서 수심의 $\frac{3}{5}$ 인 곳에 가라앉혀서 직접평균유속을 구할 때 사용
③ 아주 정확한 값은 얻을 수 없다.

3. 막대(봉)부자
죽통(竹筒)이나 파이프(관)의 하단에 추를 넣고 연직으로 세워 하천에 흘러 보내 평균유속을 직접 구하는 방법으로 종평균유속 측정에 사용한다.

06 매개변수(A)가 90m인 클로소이드 곡선상의 시점에서 곡선길이(L)가 30m일 때 곡선의 반지름(R)은?

㉮ 120m ㉯ 150m
㉰ 270m ㉱ 300m

해설 매개변수(A^2) = $R \cdot L$에서
∴ $R = \dfrac{A^2}{L} = \dfrac{90^2}{30} = 270m$

07 B.M.의 표고가 98.760m일 때, B점의 지반고는?(단, 단위 : m)

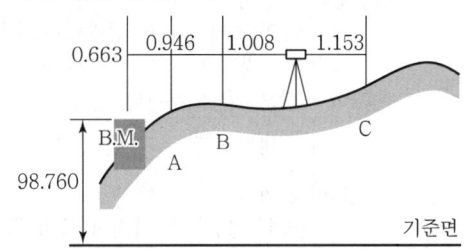

측점	관측값	측점	관측값
B.M.	0.663	B	1.008
A	0.946	C	1.153

㉮ 98.270m ㉯ 98.415m
㉰ 98.477m ㉱ 99.768m

해설 H_B = B.M + 0.663 − 1.008
= 98.760 + 0.663 − 1.008 = 98.415m

08 초점거리가 210mm인 카메라로 표고 570m 지형을 축적 1/25,000으로 촬영한 연직사진의 촬영 고도는?

㉮ 5,050m ㉯ 5,250m
㉰ 5,820m ㉱ 6,020m

해설 $\dfrac{1}{m} = \dfrac{f}{H-h} = \dfrac{0.21}{H-570} = \dfrac{1}{25,000}$
∴ $H = f \cdot m + 570$
$= 0.21 \times 25,000 + 570 = 5,820m$

09 트래버스측량의 오차 조정으로 컴퍼스 법칙을 사용하는 경우로 옳은 것은?

㉮ 각 관측과 거리 관측의 정밀도가 거의 같을 경우
㉯ 각 관측의 정밀도가 거리 관측의 정밀도보다 좋은 경우
㉰ 거리 관측의 정밀도가 각 관측의 정밀도보다 좋은 경우
㉱ 각 관측과 거리 관측의 정밀도가 현저하게 나쁜 경우

Answer 5. ㉮ 6. ㉰ 7. ㉯ 8. ㉰ 9. ㉮

해설 폐합 오차 조정
① 컴퍼스 법칙
　각 관측과 거리 관측의 정밀도가 같을 때 조정하는 방법으로 각 측선길이에 비례하여 폐합오차를 배분한다.
　컴퍼스 법칙 : $\frac{\Delta L}{L} = \frac{\theta''}{\rho''}$ 인 경우
② 트랜싯 법칙
　각 관측의 정밀도가 거리 관측의 정밀도보다 높을 때 조정하는 방법으로 위거, 경거의 크기에 비례하여 폐합오차를 배분한다.
　트랜싯 법칙 : $\frac{\Delta L}{L} < \frac{\theta''}{\rho''}$ 인 경우

10 유심삼각망에 관한 설명으로 옳은 것은?
㉮ 삼각망 중 가장 정밀도가 높다.
㉯ 대규모 농지, 단지 등 방대한 지역의 측량에 적합하다.
㉰ 기선을 확대하기 위한 기선삼각망측량에 주로 사용된다.
㉱ 하천, 철도, 도로와 같이 측량 구역의 폭이 좁고 긴 지형에 적합하다.

해설 1. 단열삼각쇄(망)(Single Chain of Tringles)
① 폭이 좁고 길이가 긴 지역에 적합하다.
② 노선·하천·터널 측량 등에 이용한다.
③ 거리에 비해 관측 수가 적다.
④ 측량이 신속하고 경비가 적게 든다.
⑤ 조건식의 수가 적어 정도가 낮다.
2. 유심삼각쇄(망)(Chain of Central Points)
① 동일 측점에 비해 포함면적이 가장 넓다.
② 넓은 지역에 적합하다.
③ 농지측량 및 평탄한 지역에 사용된다.
④ 정도는 단열삼각망보다 좋으나 사변형보다 적다.
3. 사변형삼각쇄(망)(Chain of Quadrilaterals)
① 조건식의 수가 많아 정밀도가 가장 높다.
② 기선삼각망에 이용된다.
③ 삼각점 수가 많아 측량시간이 많이 소요되며, 계산과 조정이 복잡하다.

11 우리나라의 노선측량에서 고속도로에 주로 이용되는 완화곡선은?
㉮ 클로소이드 곡선
㉯ 렘니스케이트 곡선
㉰ 2차 포물선
㉱ 3차 포물선

해설 완화곡선의 종류
① 클로소이드 곡선 : 고속도로
② 렘니스케이트 곡선 : 시가지 지하철
③ 3차 포물선 : 철도
④ 반파장 Sine 곡선 : 고속철도

12 축척이 1/5,000인 도면상에서 택지개발지구의 면적을 구하였더니 $34.98cm^2$이었다면 실면적은?
㉮ $1,749m^2$　　㉯ $87,450m^2$
㉰ $174,900m^2$　㉱ $8,745,000m^2$

해설 $\left(\frac{1}{m}\right)^2 = \frac{도상면적}{실제면적}$ 에서
실제면적 = 도상면적 × m^2 = $34.98 \times 5,000^2$
　　　　 = $874,500,000cm^2 = 87,450m^2$

13 평판측량 방법 중 기지점에 평판을 세워 미지점에 대한 방향선만을 그어 미지점의 위치를 결정할 수 있는 방법은?
㉮ 전진법　　㉯ 방사법
㉰ 승강법　　㉱ 교회법

해설 교회법은 기지점에 평판을 세워 미지점을 시준하여 교차점으로부터 점의 위치를 구한다.

교회법(Method of intersection)
① 전방교회법 : 전방에 장애물이 있어 직접 거리를 측정할 수 없을 때 편리하며, 알고 있는 기지점에 평판을 세워서 미지점을 구하는 방법
② 측방교회법 : 기지의 두 점을 이용하여 미지의 한 점을 구하는 방법으로 도로 및 하천변의 여러 점의 위치를 측정할 때 편리한 방법

③ 후방교회법 : 도면 상에 기재되어 있지 않는 미지점에 평판을 세워 기지의 2점 또는 3점을 이용하여 현재 평판이 세워져 있는 평판의 위치(미지점)를 도면 상에서 구하는 방법

14 그림과 같이 원곡선을 설치하고자 할 때 교점 (P)에 장애물이 있어 $\angle ACD=150°$, $\angle CDB=90°$ 및 CD의 거리 400m를 관측하였다. C점으로부터 곡선 시점 A까지의 거리는?(단, 곡선의 반지름은 500m로 한다.)

㉮ 404.15m
㉯ 425.88m
㉰ 453.15m
㉱ 461.88m

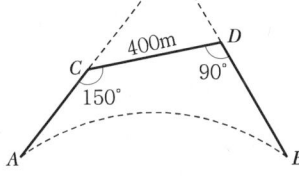

 해설

① 접선장(T.L) = $R\tan\dfrac{I}{2}$

   $= 500 \times \tan\dfrac{120}{2} = 866.03\text{m}$

   교각$(I) = 30° + 90° = 120°$

② $\dfrac{CP}{\sin D} = \dfrac{CD}{\sin P}$ 에서

   $\overline{CP} = \dfrac{400}{\sin 60°} \cdot \sin 90° = 461.88\text{m}$

③ AC거리 = T.L $- \overline{CP}$

   $= 866.03 - 461.88 = 404.15\text{m}$

15 줄자를 사용하여 2점 간의 거리를 실측하였더니 45m이고 이에 대한 보정치가 4.05×10^{-3}m이다. 사용한 줄자의 표준온도가 10℃라 하면 실측 시의 온도는?(단, 선팽창계수 $= 1.8 \times 10^{-5}/℃$)

㉮ 5℃
㉯ 10℃
㉰ 15℃
㉱ 20℃

해설 온도보정

$C_t = \alpha \cdot L \cdot (t - t_o)$에서

$\therefore t = \dfrac{C_t}{a \cdot L} + t_0 = \dfrac{4.05 \times 10^{-3}}{1.8 \times 10^{-5} \times 45} + 10$

$= 15℃$

16 도로설계에 있어서 곡선의 반지름과 설계속도가 모두 2배가 되면 캔트(Cant)의 크기는 몇 배가 되는가?

㉮ 2배
㉯ 4배
㉰ 6배
㉱ 8배

해설 캔트$(C) = \dfrac{SV^2}{gR} = \dfrac{2^2}{2} = \dfrac{4}{2} = 2$배

$\therefore R$이 2배이면 $C = \dfrac{1}{2}$배, V가 2배이면 $C = 4$배이므로 R과 V가 2배이면 캔트$(C) = 2$배이다.

17 측선 AB를 기준으로 하여 C방향의 협각을 관측하였더니 257°36′37″이었다. 그런데 B점에 편위가 있어 그림과 같이 실제 관측한 점이 B′이었다면 정확한 협각은 얼마인가?(단, BB′ = 20cm, ∠B′BA = 150°, AB = 2km)

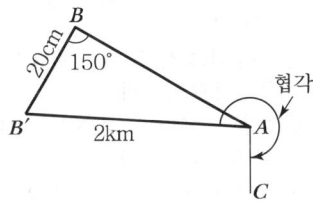

㉮ 257° 36′ 17″
㉯ 257° 36′ 27″
㉰ 257° 36′ 37″
㉱ 257° 36′ 47″

 해설

$\dfrac{2,000}{\sin 150°} = \dfrac{0.2}{\sin x}$ 에서

$x = \sin^{-1}\left(\dfrac{0.2}{2,000} \times \sin 150°\right) = 0°0′10.31″$

$\therefore$ 정확한 협각 = 관측한 협각 $- x$

$= 257° 36′ 37″ - 0° 0′ 10.31″$

$\fallingdotseq 257° 36′ 27″$

Answer 14. ㉮ 15. ㉰ 16. ㉮ 17. ㉯

18 등고선에 대한 설명으로 틀린 것은?

㉮ 등고선은 능선 또는 계곡선과 직교한다.
㉯ 등고선은 최대경사선 방향과 직교한다.
㉰ 등고선은 지표의 경사가 급할수록 간격이 좁다.
㉱ 등고선은 어떤 경우라도 서로 교차하지 않는다.

해설 등고선의 성질
① 동일 등고선 상에 있는 모든 점은 같은 높이이다.
② 등고선은 반드시 도면 안이나 밖에서 폐합된다.
③ 지도의 도면 내에서 폐합되면 가장 가운데 부분이 산꼭대기(산정) 또는 凹지(요지)가 된다.
④ 등고선은 도중에 없어지거나, 엇갈리거나 합쳐지거나 갈라지지 않는다.
⑤ 높이가 다른 두 등고선은 동굴이나 절벽의 지형이 아닌 곳에서는 교차하지 않는다.
⑥ 등고선은 경사가 급한 곳에서는 간격이 좁고 완만한 경사에서는 넓다.
⑦ 최대경사의 방향은 등고선과 직각으로 교차한다.
⑧ 분수선(능선)과 곡선(유하선)은 등고선과 직각으로 만난다.
⑨ 2쌍의 등고선의 볼록부가 상대할 때는 볼록부를 나타낸다.
⑩ 동등한 경사의 지표에서 양 등고선의 수평거리는 같다.

19 트래버스측량에서는 각 관측의 정밀도와 거리 관측의 정밀도가 균형을 이루어야 한다. 거리 100m에 대한 관측오차가 ±2mm일 때 각 관측 오차는?

㉮ ±2″   ㉯ ±4″
㉰ ±6″   ㉱ ±8″

해설 $\dfrac{\Delta l}{l} = \dfrac{\theta''}{\rho''}$ 에서

$\therefore \theta'' = \dfrac{\Delta l}{l} \rho'' = \pm \dfrac{0.002}{100} \times 206265'' = \pm 4''$

20 촬영고도가 3,500m이고 초점거리가 153mm인 사진기에서 촬영된 사진 상에서 주점으로부터 거리가 75.3mm인 곳에 나타난 높이 300m인 굴뚝의 기복변위량은?

㉮ 3.7mm   ㉯ 5.3mm
㉰ 5.9mm   ㉱ 6.5mm

해설 기복변위

$\Delta r = \dfrac{h}{H} \times r$

$= \dfrac{300}{3,500} \times 0.0753 = 0.006454\text{m}$

$= 6.5\text{mm}$

Answer 18. ㉱ 19. ㉯ 20. ㉱

측량학(2014년 1회 토목기사)

01 트래버스 측량의 작업순서로 알맞은 것은?
① 선점 → 계획 → 답사 → 조표 → 관측
② 계획 → 답사 → 선점 → 조표 → 관측
③ 답사 → 계획 → 조표 → 선점 → 관측
④ 조표 → 답사 → 계획 → 선점 → 관측

해설 트래버스 측량 작업순서
계획 → 답사 → 선점 → 조표 → 관측 → 계산

02 도로공사에서 거리 20m인 성토구간에 대하여 시작단면 $A_1 = 72m^2$, 끝단면 $A_2 = 182m^2$, 중앙단면 $A_m = 132m^2$라고 할 때 각주공식에 의한 성토량은?
① 2,540.0m³
② 2,573.3m³
③ 2,600.0m³
④ 2,606.7m³

해설 각주공식
$$V = \frac{h}{6}(A_1 + 4A_m + A_2)$$
$$= \frac{20}{6}(72 + 4 \times 132 + 182)$$
$$= 2,606.67m^3$$

03 사진측량에 대한 설명 중 틀린 것은?
① 항공사진의 축척은 카메라의 초점거리에 비례하고, 비행고도에 반비례한다.
② 촬영고도가 동일한 경우 촬영기선길이가 증가하면 중복도는 낮아진다.
③ 과고감은 지도축척과 사진축척의 불일치에 의해 나타난다.
④ 입체시된 영상의 과고감은 기선고도비가 클수록 커지게 된다.

해설 과고감
과고감은 지표면의 기복을 과장하여 나타낸 것으로 낮고 평평한 지역에서의 지형 판독에 도움이 되는 반면, 경사면의 경사는 실제보다 급하게 보이므로 오판에 주의해야 한다.

04 20m 줄자로 두 지점의 거리를 측정한 결과 320m였다. 1회 측정마다 ±3mm의 우연오차가 발생하였다면 두 지점 간의 우연오차는?
① ±12mm
② ±14mm
③ ±24mm
④ ±48mm

해설 우연오차는 측정횟수의 제곱근에 비례한다.
우연오차$(M) = \pm\delta\sqrt{n} = \pm 3\sqrt{\frac{320}{20}}$
$= \pm 12mm$

05 1,600m²의 정사각형 토지 면적을 0.5m²까지 정확하게 구하기 위해서 필요한 변 길이의 최대 허용오차는?
① 2mm
② 6mm
③ 10mm
④ 12mm

해설 면적과 거리의 정밀도
$\frac{dA}{A} = 2\frac{dl}{l}$에서,
$dl = \frac{dA}{A} \cdot \frac{l}{2} = \frac{0.5}{1,600} \times \frac{40}{2}$
$= 0.0063m = 6.3mm$
한 변의 길이 $l \times l = A$에서
$l = \sqrt{A} = \sqrt{1,600} = 40m$

06 지형측량을 할 때 기본 삼각점만으로는 기준점이 부족하여 추가로 설치하는 기준점은?
① 방향전환점
② 도근점
③ 이기점
④ 중간점

Answer 1. ② 2. ④ 3. ③ 4. ① 5. ② 6. ②

> **해설** 세부측량을 실시하기 위해서는 삼각점만으로 기준점이 부족할 때는 도근점을 추가적으로 설치 측량한다.

07 하천측량에 대한 설명 중 틀린 것은?
① 수위관측소의 설치 장소는 수위의 변화가 생기지 않는 곳이어야 한다.
② 평면측량의 범위는 무제부에서 홍수의 영향을 받는 구역보다 넓게 한다.
③ 하천 폭이 넓고 수심이 깊은 경우 배를 이용하여 심천측량을 행한다.
④ 평수위는 어떤 기간의 관측수위를 합계하여 관측횟수로 나누어 평균값을 구한 것이다.

> **해설** 평수위(OWL)
> 어느 기간의 수위 중 이것보다 높은 수위와 낮은 수위의 관측수가 똑같은 수위로 일반적으로 평균수위보다 약간 낮은 수위. 1년을 통해 185일은 이보다 저하하지 않는 수위

08 각의 정밀도가 ±20″인 각측량기로 각을 관측할 경우, 각오차와 거리오차가 균형을 이루기 위한 줄자의 정밀도는?
① 약 $\dfrac{1}{10,000}$ ② 약 $\dfrac{1}{50,000}$
③ 약 $\dfrac{1}{100,000}$ ④ 약 $\dfrac{1}{500,000}$

> **해설** $\dfrac{1}{m} = \dfrac{\Delta L}{L} = \dfrac{\theta''}{\rho''}$
> $\dfrac{\Delta L}{L} = \dfrac{20}{206,265} \fallingdotseq \dfrac{1}{10,000}$

09 삼각점 A에 기계를 설치하였으나, 삼각점 B가 시준이 되지 않아 점 P를 관측하여 $T'=68°32'15''$를 얻었다. 보정각 T는?(단, $S=2\text{km}$, $e=5\text{m}$, $\phi=302°56'$)

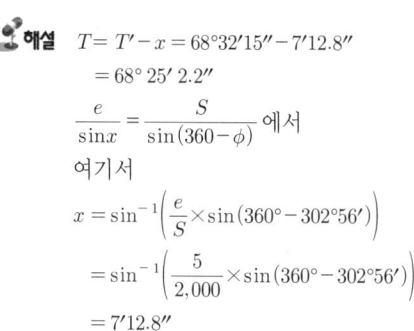

① 68° 25′ 02″ ② 68° 20′ 09″
③ 68° 15′ 02″ ④ 68° 10′ 09″

> **해설** $T = T' - x = 68°32'15'' - 7'12.8''$
> $= 68°25'2.2''$
> $\dfrac{e}{\sin x} = \dfrac{S}{\sin(360-\phi)}$ 에서
> 여기서
> $x = \sin^{-1}\left(\dfrac{e}{S} \times \sin(360°-302°56')\right)$
> $= \sin^{-1}\left(\dfrac{5}{2,000} \times \sin(360°-302°56')\right)$
> $= 7'12.8''$

10 표고가 각각 112m, 142m인 A, B 두 점이 있다. 두 점 $\overline{AB}$ 사이에 130m의 등고선을 삽입할 때 이 등고선의 A점으로부터 수평거리는?(단, AB의 수평거리는 100m이고, AB 구간은 등경사이다.)
① 50m ② 60m
③ 70m ④ 80m

> **해설**
>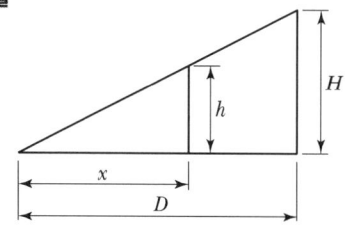
> $D : H = x : h$
> $\therefore x = \dfrac{h}{H}D = \dfrac{130-112}{142-112} \times 100 = \dfrac{18}{30} \times 100$
> $= 60\text{m}$

Answer 7. ④ 8. ① 9. ① 10. ②

11 그림과 같은 유심다각망의 조정에 필요한 조건방정식의 총수는?

① 5개
② 6개
③ 7개
④ 8개

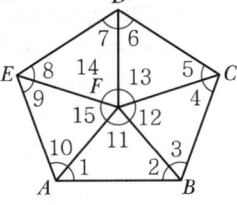

해설 조건식의 총수 = $B+a-2p+3$
$= 1+15-2\times 6+3 = 7$개
※ 각의 총수=15, 삼각점 수=6, 기선=1

12 우리나라는 TM 도법에 따른 평면직교좌표계를 사용하고 있는데 그중 동해원점의 경위도 좌표는?

① 129° 00′ 00″ E, 35° 00′ 00″ N
② 131° 00′ 00″ E, 35° 00′ 00″ N
③ 129° 00′ 00″ E, 38° 00′ 00″ N
④ 131° 00′ 00″ E, 38° 00′ 00″ N

해설

구분	서부원점	중부원점	동부원점	동해원점
경도	125°	127°	129°	131°
위도	북위 38°			

13 D점의 표고를 구하기 위하여 기지점 A, B, C에서 각각 수준측량을 실시하였다면, D점의 표고 최확값은?

코스	거리	고저차	출발점 표고
A → D	5.0km	+2.442m	10.205m
B → D	4.0km	+4.037m	8.603m
C → D	2.5km	−0.862m	13.500m

① 12.641m
② 12.632m
③ 12.647m
④ 12.638m

해설 경중률은 노선길이에 반비례한다.
$P_A : P_B : P_C = \frac{1}{5} : \frac{1}{4} : \frac{1}{2.5} = 4 : 5 : 8$

최확값 $(L_0) = \dfrac{P_A h_A + P_B h_B + P_C h_C}{P_A + P_B + P_C}$
$= \dfrac{4\times 12.647 + 5\times 12.64 + 8\times 12.638}{4+5+8}$
≒ 12.641m

14 캔트가 C인 노선에서 설계속도와 반지름을 모두 2배로 할 경우, 새로운 캔트 C'는?

① $\dfrac{1}{2}C$
② $\dfrac{1}{4}C$
③ $2C$
④ $4C$

해설 속도와 반지름을 2배로 하면
캔트$(C') = \dfrac{SV^2}{gR} = \dfrac{2^2}{2} = \dfrac{4}{2} = 2$배

15 구면 삼각형의 성질에 대한 설명으로 틀린 것은?

① 구면 삼각형의 내각의 합은 180°보다 크다.
② 2점 간 거리가 구면 상에서는 대원의 호 길이가 된다.
③ 구면 삼각형의 한 변은 다른 두 변의 합보다는 작고 차이보다는 크다.
④ 구과량은 구의 반지름 제곱에 비례하고 구면 삼각형의 면적에 반비례한다.

해설 구과량$(\varepsilon'') = \dfrac{A}{r^2}\rho''$
구과량은 구면 삼각형의 면적(A)에 비례하고 구의 반지름(r) 제곱에 반비례한다.

16 축척 1:1,000으로 평판측량을 할 때 도상에서 제도의 허용오차가 0.3mm라면, 중심맞추기 오차는 몇 cm까지 허용할 수 있는가?

① 5cm
② 10cm
③ 15cm
④ 20cm

해설 구심오차
$q = \dfrac{2e}{M}$
$e = \dfrac{qM}{2} = \dfrac{0.3\times 1,000}{2} = 150mm = 15cm$

Answer 11. ③ 12. ④ 13. ① 14. ③ 15. ④ 16. ③

17 단곡선 설치에 있어서 교각 $I=60°$, 반지름 $R=200m$, 곡선의 시점 $BC=No.8+15m$일 때 종단현에 대한 편각은?(단, 중심말뚝의 간격은 20m이다.)

① 38′ 10″ ② 42′ 58″
③ 1° 16′ 20″ ④ 2° 51′ 53″

 • $\delta_2 = \dfrac{l^2}{R} \times \dfrac{90°}{\pi} = \dfrac{4.44}{200} \times \dfrac{90°}{\pi}$
$= 0°38'10''$

• l_2(종단현) $= 384.44 - 380 = 4.44m$

• $CL = R \cdot I \cdot \dfrac{\pi}{180} = 200 \times 60° \times \dfrac{\pi}{180}$
$= 209.44m$

• $EC = BC + CL = (20 \times 8 + 15) + 209.44$
$= 384.44m$

18 도로노선의 곡률반지름 $R=2,000m$, 곡선길이 $L=245m$일 때, 클로소이드의 매개변수 A는?

① 500m ② 600m
③ 700m ④ 800m

 • $A^2 = RL$
• $A = \sqrt{RL} = \sqrt{2,000 \times 245} = 700m$

19 사진의 중심점으로서 렌즈 중심으로부터 사진면에 내린 수직선이 만나는 점은?

① 주점 ② 연직점
③ 등각점 ④ 초점거리

 1. 주점(Principal Point)
주점은 사진의 중심점이라고도 한다. 주점은 렌즈 중심으로부터 화면(사진면)에 내린 수선의 발을 말하며 렌즈의 광축과 화면이 교차하는 점이다.
2. 연직점(Nadir Point)
㉠ 렌즈 중심으로부터 지표면에 내린 수선의 발을 말하고 N을 지상연직점(피사체연직점), 그 선을 연장하여 화면(사진면)과 만나는 점을 화면연직점(n)이라 한다.

㉡ 주점에서 연직점까지의 거리(mn)
$= f \tan i$
3. 등각점(Isocenter)
㉠ 주점과 연직점이 이루는 각을 2등분한 점으로 또한 사진면과 지표면에서 교차되는 점을 말한다.
㉡ 주점에서 등각점까지의 거리(mn)
$= f \tan \dfrac{i}{2}$

20 지구의 반지름이 $6,370km$, 공기의 굴절계수가 0.14일 때, 거리 $4km$에 대한 양차는?

① 0.108m ② 0.216m
③ 1.080m ④ 2.160m

해설 양차(Δh) $= \dfrac{D^2}{2R}(1-K)$
$= \dfrac{4^2}{2 \times 6,370}(1-0.14)$
$= 0.00108km = 1.08m$

측량학(2014년 1회 토목산업기사)

01 곡선 설치에서 교각이 35°, 원곡선 반지름이 500m일 때 도로 기점으로부터 곡선 시점까지의 거리가 315.45m이면 도로 기점으로부터 곡선 종점까지의 거리는?

① 593.38m ② 596.88m
③ 620.88m ④ 625.36m

해설 $CL = \dfrac{\pi}{180} RI$

$= \dfrac{\pi}{180} \times 500 \times 35° = 305.43m$

$EC = BC + CL$
$= 315.45 + 305.43 = 620.88m$

02 사진측량의 특징에 대한 설명으로 옳지 않은 것은?

① 연속 촬영을 통해 움직이는 대상물의 상태 변화 감지가 가능하다.
② 기상에 관계없이 위치 결정이 가능하다.
③ 접근이 곤란한 지역의 대상물 측량이 가능하다.
④ 다양한 목적에 따라 축척 변경이 용이하다.

해설 1. 장점
- 정량적 및 정성적 측정이 가능하다.
- 정확도가 균일하다.
- 동체 측정에 의한 현상보존이 가능하다.
- 접근하기 어려운 대상물의 측정도 가능하다.
- 축척변경도 가능하다.
- 분업화로 작업을 능률적으로 할 수 있다.
- 경제성이 높다.
- 4차원의 측정이 가능하다.
- 비지형측량이 가능하다.

2. 단점
- 좁은 지역에서는 비경제적이다.
- 기자재가 고가이다.(시설 비용이 많이 소요된다.)
- 피사체에 대한 식별의 난해가 있다.(지명, 행정경제 건물명, 음영에 의하여 분별하기 힘든 곳 등의 측정은 현장의 작업으로 보충측량이 요구된다.
- 기상조건에 영향을 받는다.
- 태양고도 등에 영향을 받는다.

03 지형도 제작에 주로 사용되는 측량방법으로 가장 거리가 먼 것은?

① 항공사진측량에 의한 방법
② GPS 측량에 의한 방법
③ 토털스테이션을 이용한 방법
④ 시거측량에 의한 방법

해설 지형도 제작에 사용되는 측량방법
- GPS 측량
- 항공사진측량
- 평판측량
- 수치지형모델
- 토털스테이션 이용 측량

04 거리측량의 오차를 $\dfrac{1}{10^5}$ 까지 허용한다면 지구상에 평면으로 간주할 수 있는 거리는?(단, 지구의 곡률반지름은 6,300km로 가정)

① 약 22km ② 약 44km
③ 약 59km ④ 약 69km

해설 정도 $= \dfrac{1}{m} = \dfrac{D^2}{12R^2}$ 에서

$\therefore D = \sqrt{\dfrac{12R^2}{m}} = \sqrt{\dfrac{12 \times 6,370^2}{10^5}}$

$= 69.78 km$

Answer 1. ③ 2. ② 3. ④ 4. ④

05 하천측량의 고저측량에 해당되지 않는 것은?
① 종단측량 ② 유량관측
③ 횡단측량 ④ 심천측량

해설 고저측량의 종류
- 종단측량
- 횡단측량
- 심천측량

06 그림과 같은 삼각망에서 각방정식의 수는?

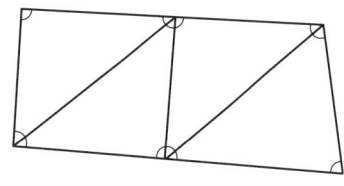

① 2 ② 4
③ 6 ④ 9

해설 각조건식 수 = $S - P + 1 = 9 - 6 + 1 = 4$
(S : 변의 수, P : 감각점 수)

07 2점 간의 거리를 관측한 결과가 아래 표와 같을 때, 최확값은?

구분	관측값	측정횟수
A	150.18m	3
B	150.25m	3
C	150.22m	5
D	150.20m	4

① 150.18m ② 150.21m
③ 150.23m ④ 150.25m

해설
- 거리 관측 시 경중률은 측정횟수에 비례한다.
  $P_A : P_B : P_C : P_D = 3 : 3 : 5 : 4$
- 최확값
  $= 150 + \dfrac{P_A l_A + P_B l_B + P_C l_C + P_D l_D}{P_A + P_B + P_C + P_D}$
  $= 150 + \dfrac{3 \times 0.18 + 3 \times 0.25 + 5 \times 0.22 + 4 \times 0.20}{3 + 3 + 5 + 4}$
  $= 150 + 0.213 = 150.213\text{m}$

08 삼각측량의 선점을 위한 고려사항으로 옳지 않은 것은?
① 삼각점은 측량구역 내에서 한쪽에 편중되지 않도록 고른 밀도로 배치하는 것이 좋다.
② 배치는 정삼각형의 형태로 하는 것이 좋다.
③ 삼각점은 발견이 쉽고 견고한 지점, 항공사진 상에 판별될 수 있는 위치에 선정하는 것이 좋다.
④ 측점의 수는 될 수 있는 대로 많게 하고, 이동이 편리한 구조로 설치하는 것이 좋다.

해설 삼각점의 선점
- 각 점이 서로 잘 보일 것
- 삼각형의 내각은 60°에 가깝게 하는 것이 좋으나 1개의 내각은 30~120° 이내일 것
- 표지와 기계가 움직이지 않을 견고한 지점일 것
- 가능한 측점 수가 적고 세부측량에 이용가치가 클 것
- 벌목을 많이 하거나 높은 시준탑을 세우지 않아도 관측할 수 있는 점일 것

09 각 점의 좌표가 표와 같을 때, △ABC의 면적은?

점명	X(m)	Y(m)
A	7	5
B	8	10
C	3	3

① 9m² ② 12m²
③ 15m² ④ 18m²

해설

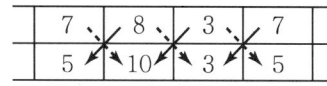

- 배면적(2A)
  $= (\sum \swarrow \otimes) - (\sum \searrow \otimes)$
  $= (40 + 30 + 21) - (70 + 24 + 15) = 18\text{m}^2$
- 면적(A) $= \dfrac{\text{배면적}}{2} = \dfrac{18}{2} = 9\text{m}^2$

Answer 5. ② 6. ② 7. ② 8. ④ 9. ①

10 평면직각좌표에서 삼각점의 좌표가 $X(N) = -4,500.36m$, $Y(E) = -654.25m$일 때 좌표원점을 중심으로 한 삼각점의 방위각은?

① 8° 16′ 30″   ② 81° 44′ 12″
③ 188° 16′ 18″   ④ 261° 44′ 26″

🔍해설
- $\theta = \tan^{-1}\left(\dfrac{-654.25}{-4,500.36}\right) = 8°16′17.6″$
- 방위각(3상한이므로)
  $= 180° + \theta = 180 + 8°16′17.6″$
  $≒ 188°16′18″$

11 지반고 120.50m인 A점에 기계고 1.23m의 토털스테이션을 세워 수평거리 90m 떨어진 B점에 세운 높이 1.95m의 타깃을 시준하면서 부(-)각 30°를 얻었다면 B점의 지반고는?

① 65.36m   ② 67.82m
③ 171.74m   ④ 175.64m

🔍해설 $H_B = H_A + IH - D\tan\alpha - \Delta h$
$= 120.50 + 1.23 - 90 × \tan 30° - 1.95$
$= 67.818m$

12 수준측량에서 도로의 종단측량과 같이 중간시가 많은 경우에 현장에서 주로 사용하는 야장기입법은?

① 기고식   ② 고차식
③ 승강식   ④ 회귀식

🔍해설 1. 고차식
 가장 간단한 방법으로 BS와 FS만 있으면 된다.
 2. 기고식
 가장 많이 사용하며, 중간점이 많을 경우 편리하나 완전한 검산을 할 수 없는 것이 결점이다.
 3. 승강식
 완전한 검사로 정밀 측량에 적당하나, 중간점이 많으면 계산이 복잡하고, 시간과 비용이 많이 소요된다.

13 원곡선에 의한 종단곡선 절치에서 상향 경사 2%, 하향 경사 3% 사이에 곡선반지름 $R = 200m$로 설치할 때, 종단곡선의 길이는?

① 5m   ② 10m
③ 15m   ④ 20m

🔍해설 종단곡선 길이(L)
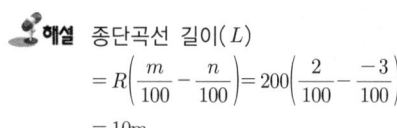
$= 10m$

14 면적 1km²인 지역이 도상면적 16cm²의 도면으로 제작되었을 경우 이 도면의 축척은?

① $\dfrac{1}{2,500}$ ② $\dfrac{1}{6,250}$
③ $\dfrac{1}{25,000}$ ④ $\dfrac{1}{62,500}$

🔍해설
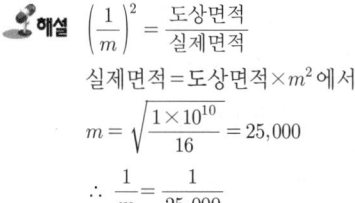
실제면적 = 도상면적 × m^2 에서
$m = \sqrt{\dfrac{1 × 10^{10}}{16}} = 25,000$
$\therefore \dfrac{1}{m} = \dfrac{1}{25,000}$

15 평판측량 방법 중 측량지역 내에 장애물이 없어 시준이 용이한 소지역에 주로 사용하는 방법으로 평판을 한 번 세워서 방향과 거리를 관측하여 여러 점들의 위치를 결정할 수 있는 방법은?

① 편각법   ② 교회법
③ 전진법   ④ 방사법

🔍해설 1. 방사법(Method of Radiation, 사출법)
 측량 구역 안에 장애물이 없고 비교적 좁은 구역에 적합하며 한 측점에 평판을 세워 그 점 주위에 목표점의 방향과 거리를 측정하는 방법(60m 이내)
 2. 전진법(Method of Traversing, 도선법·절측법)
 측량구역에 장애물이 중앙에 있어 시준이 곤란할 때 사용하는 방법으로 측량구역이 길고 좁을 때 측점마다 평판을 세워가며 측량하는 방법

Answer 10. ③ 11. ② 12. ① 13. ② 14. ③ 15. ④

16 도로의 단곡선 계산에서 노선기점으로부터 교점까지의 추가거리와 교각을 알고 있을 때 곡선시점의 위치를 구하기 위해서 계산되어야 하는 요소는?

① 접선장(TL)
② 곡선장(CL)
③ 중앙종거(M)
④ 접선에 대한 지거(Y)

해설 BC 거리 = $IP - TL$(접선장)

17 항공사진에서 건물의 높이를 결정하기 위하여 건물의 최상단과 최하단의 시차차를 측정하니 0.04mm였다면 건물의 높이는?(단, 촬영고도 3,000m, 주점기선장은 15.96mm였다.)

① 6.5m   ② 7.0m
③ 7.5m   ④ 8.0m

해설 $\Delta P = \dfrac{h}{H} \cdot P_r = \dfrac{h}{H} \cdot b_0$ 에서

$h = \dfrac{H}{b_0} \Delta P = \dfrac{3,000,000}{15.96} \times 0.04$
$= 7518.79\text{mm} ≒ 7.5\text{m}$

18 산지에서 동일한 각관측의 정확도로 폐합트래버스를 관측한 결과 관측점 수가 11개이고 측각오차는 1′15″이었다면 어떻게 처리해야 하는가?(단, 산지의 오차한계는 $\pm 90″\sqrt{n}$을 적용한다.)

① 오차가 1′ 이상이므로 재측하여야 한다.
② 관측각의 크기에 반비례하여 배분한다.
③ 관측각의 크기에 비례하여 배분한다.
④ 관측각의 크기에 상관없이 등분하여 배분한다.

해설 산지 오차한계 = $\pm 90″\sqrt{n} = 90″\sqrt{11}$
$= 4′58.5″$
측각오차(1′15″) < 허용오차(4′58.5″)이므로 관측각의 크기에 상관없이 등분배분한다.

19 축척 1 : 25,000 지형도에서 어느 산정으로부터 산 밑까지의 수평거리가 5.6cm이고, 산정의 표고가 335.75m, 산 밑의 표고가 102.50m였다면 경사는?

① $\dfrac{1}{3}$ ② $\dfrac{1}{4}$
③ $\dfrac{1}{6}$ ④ $\dfrac{1}{7}$

해설 경사(i) = $\dfrac{H}{D} = \dfrac{335.75 - 102.50}{0.056 \times 25,000}$
$= \dfrac{223.25}{1,400} ≒ \dfrac{1}{6}$

20 노선측량의 완화곡선에 대한 설명 중 옳지 않은 것은?

① 완화곡선의 접선은 시점에서 원호에, 종점에서 직선에 접한다.
② 완화곡선의 반지름은 시점에서 무한대, 종점에서 원곡선 R로 된다.
③ 클로소이드의 조합형식에는 S형, 복합형, 기본형 등이 있다.
④ 모든 클로소이드는 닮은꼴이며, 클로소이드 요소는 길이의 단위를 가진 것과 단위가 없는 것이 있다.

해설 완화곡선의 특징
- 곡선반경은 완화곡선의 시점에서 무한대, 종점에서 원곡선 R로 된다.
- 완화곡선의 접선은 시점에서 직선에, 종점에서 원호에 접한다.
- 완화곡선에 연한 곡선반경의 감소율은 캔트의 증가율과 같다.
- 완화곡선의 종점의 캔트와 원곡선 시점의 캔트는 같다.
- 완화곡선은 이정의 중앙을 통과한다.

측량학(2014년 2회 토목기사)

01 두 점 간의 고저차를 정밀하게 측정하기 위하여 A, B 두 사람이 각각 다른 레벨과 표척을 사용하여 왕복관측한 결과가 다음과 같다. 두 점 간 고저차의 최확값은?

- A의 결과값 : 25.447m±0.006m
- B의 결과값 : 25.609m±0.003m

① 25.621m　　② 25.577m
③ 25.498m　　④ 25.449m

해설 ㉠ 경중률은 오차의 자승에 반비례한다.

$$P_A : P_B = \frac{1}{m_A^2} : \frac{1}{m_B^2}$$
$$= \frac{1}{0.006^2} : \frac{1}{0.003^2} = 1 : 4$$

㉡ 최확값$(L_0) = \frac{[P \cdot l]}{\Sigma P}$
$$= \frac{1 \times 25.447 + 4 \times 25.609}{1+4}$$
$$= 25.5766\text{m}$$

02 노선측량에 관한 설명 중 옳은 것은?
① 일반적으로 단곡선 설치 시 가장 많이 이용하는 방법은 지거법이다.
② 곡률이 곡선길이에 비례하는 곡선을 클로소이드 곡선이라 한다.
③ 완화곡선의 접선은 시점에서 원호에, 종점에서 직선에 접한다.
④ 완화곡선의 반지름은 종점에서 무한대이고 시점에서는 원곡선의 반지름이 된다.

해설 ① 일반적으로 단곡선 설치 시 가장 많이 이용하는 방법은 편각설치법이다.
③ 완화곡선의 접선은 시점에서 직선에, 종점에서 원호에 접한다.

④ 완화곡선의 반지름은 시점에서 무한대이고 종점에서 원곡선과 같다.

03 그림과 같은 트래버스에서 $\overline{CD}$ 측선의 방위는?(단, $\overline{AB}$의 방위=N 82° 10′ E, ∠ABC =98° 39′, ∠BCD=67° 14′이다.)

① S 6° 17′ W
② S 83° 43′ W
③ N 6° 17′ W
④ N 83° 43′ W

해설
- $\overline{AB}$ 방위각 = 82°10′
- $\overline{BC}$ 방위각
  = 82°30′+180°−98°39′ = 163°31′
- $\overline{CD}$ 방위각
  = 163°31′+180°−67°14′ = 276°17′
- 276°67′은 4상한이므로 N83°43′W

04 교각(I) 60°, 외선 길이(E) 15m인 단곡선을 설치할 때 곡선 길이는?

① 85.2m　　② 91.3m
③ 97.0m　　④ 101.5m

해설 ㉠ 곡선장(CL)
$$= \frac{\pi}{180} \cdot R \cdot I = \frac{\pi}{180} \times 96.96 \times 60°$$
$$= 101.538\text{m}$$

㉡ $E = R\left(\sec\frac{I}{2} - 1\right) = 15$

$$R = \frac{E}{\sec\frac{I}{2} - 1} = \frac{15}{\frac{1}{\cos 30°} - 1}$$
$$= 96.96\text{m}$$

Answer　1. ②　2. ②　3. ④　4. ④

05 축척 1 : 50,000 지형도 상에서 주곡선 간의 도상 길이가 1cm였다면 이 지형의 경사는?

① 4% ② 5%
③ 6% ④ 10%

해설 ㉠ 실제거리=도상거리×m
$= 0.01 \times 50,000 = 500m$

㉡ 경사$(i) = \dfrac{H}{D} \times 100(\%) = \dfrac{20}{500} \times 100 = 4\%$

등고선 종류	기호	축척			
		1/5,000	1/10,000	1/25,000	1/50,000
주곡선	가는 실선	5	5	10	20
간곡선	가는 파선	2.5	2.5	5	10
조곡선 (보조곡선)	가는 점선	1.25	1.25	2.5	5
계곡선	굵은 실선	25	25	50	100

06 평판측량의 전진법으로 측량하여 축척 1 : 300 도면을 작성하였다. 측점 A를 출발하여 B, C, D, E, F를 지나 A점에 폐합시켰을 때 도상오차가 0.6mm였다면 측점 E의 오차 배분량은?(단, 실제거리는 $AB=40m$, $BC=50m$, $CD=55m$, $DE=35m$, $EF=45m$, $FA=55m$)

① 0.1mm ② 0.2mm
③ 0.4mm ④ 0.6mm

해설 ㉠ 조정량$(d) = \dfrac{\text{폐합오차}(E)}{\text{측선길이의 총합}(\sum L)}$
$\times$ 출발점에서 조정할 측점까지의 거리

$= \dfrac{0.6}{40+50+55+35+45+55}$
$\times (40+50+55+35)$

$= \dfrac{0.6}{280} \times 180 = 0.39mm$

또는

㉡ 비례식을 이용
전체 길이$(\sum L) : E = L_E : E_E$
$280 : 0.6 = 180 : E_E$

$E_E = \dfrac{0.6 \times 180}{280} = 0.3857mm$
$= 0.4mm$

07 다음 중 도형이 곡선으로 둘러싸인 지역의 면적 계산방법으로 가장 적합한 것은?

① 좌표에 의한 계산법
② 방안지에 의한 방법
③ 배횡거(DMD)에 의한 방법
④ 두 변과 그 협각에 의한 방법

해설 1. 곡선으로 둘러싸인 면적의 계산
 • 지거법(사다리꼴, 심프슨 제1·2법칙)
 • 구적기에 의한 방법
 • 방안지(모눈종이)법
2. 직선으로 둘러싸인 면적의 계산
 • 삼변법
 • 삼사법
 • 좌표에 의한 계산법
 • 배횡거에 의한 방법
 • 두 변과 그 협각에 의한 방법

08 수준측량에서 발생하는 오차에 대한 설명으로 틀린 것은?

① 기계의 조정에 의해 발생하는 오차는 전시와 후시의 거리를 같게 하여 소거할 수 있다.
② 표척의 영눈금 오차는 출발점의 표척을 도착점에서 사용하여 소거할 수 있다.
③ 측지삼각수준측량에서 곡률오차와 굴절오차는 그 양이 미소하므로 무시할 수 있다.
④ 기포의 수평 조정이나 표척면의 읽기는 육안으로 한계가 있으나 이로 인한 오차는 일반적으로 허용오차 범위 안에 들 수 있다.

Answer 5. ① 6. ③ 7. ② 8. ③

해설 측지(대지)측량에서는 구차와 기차, 즉 양차를 보정해야 한다.

양차$(\Delta h) = \dfrac{D^2}{2R}(1-K)$

09 캔트(Cant)의 크기가 C인 노선을 곡선의 반지름(R)만 2배로 증가시키면 새로운 캔트 C'의 크기는?

① $0.5C$　　　　② C
③ $2C$　　　　　④ $4C$

해설 캔트$(C') = \dfrac{SV^2}{Rg} = \dfrac{1}{2} = 0.5$

R을 2배로 증가시키면 C는 0.5로 줄어든다.

10 터널 내의 천장에 측점 A, B를 정하여 A점에서 B점으로 수준측량을 한 결과, 고저차 $+20.42$m, A점에서의 기계고 -2.5m, B점에서의 표척 관측값 -2.25m를 얻었다. A점에 세운 망원경 중심에서 표척 관측점(B)까지의 사거리 100.25m에 대한 망원경의 연직각은?

① $10°\ 14'\ 12''$　　　② $10°\ 53'\ 56''$
③ $11°\ 53'\ 56''$　　　④ $23°\ 14'\ 12''$

해설 고저차$(\Delta H) = D\sin\alpha - IH + h$

$\alpha = \sin^{-1}\left(\dfrac{\Delta H + IH - h}{D}\right)$

$= \sin^{-1}\left(\dfrac{20.42 + 2.5 - 2.25}{100.25}\right)$

$= 11°53'55.86''$

11 100m²의 정사각형 토지면적을 0.2m²까지 정확하게 구하기 위한 한 변의 최대허용오차는?

① 2mm　　　　② 4mm
③ 5mm　　　　④ 10mm

해설 $\dfrac{dA}{A} = 2\dfrac{dl}{l}$에서

$dl = \dfrac{dA}{A} \cdot \dfrac{l}{2} = \dfrac{0.2}{100} \times \dfrac{10}{2} = 0.01\text{m} = 10\text{mm}$

$(A = l \times l,\ l = \sqrt{A} = \sqrt{100} = 10)$

12 지구 상의 △ABC를 측량한 결과, 두 변의 거리가 $a = 30$km, $b = 20$km였고, 그 사잇각이 80°였다면 이때 발생하는 구과량은?(단, 지구의 곡선반지름은 6,400km로 가정한다.)

① $1.49''$　　　　② $1.62''$
③ $2.04''$　　　　④ $2.24''$

해설 ㉠ 구과량(ε'')

$\varepsilon'' = \dfrac{A\rho''}{\gamma^2} = \dfrac{295.44 \times 206,265''}{6,400^2}$

$= 1.49''$

㉡ 구면 삼각형 면적(A)

$A = \dfrac{1}{2}ab\sin\alpha = \dfrac{1}{2} \times 30 \times 20 \times \sin 80°$

$= 295.44\text{km}^2$

13 부자(Float)에 의해 유속을 측정하고자 한다. 측정지점 제1단면과 제2단면 간의 거리로 가장 적합한 것은?(단, 큰 하천의 경우)

① 1~5m　　　　② 20~50m
③ 100~200m　　④ 500~1,000m

해설 부자(Float)에 의해 유속 측정 시 측정지점 제1단면과 제2단면의 거리
- 큰 하천의 유하거리는 100~200m
- 작은 하천의 유하거리는 20~50m

14 지형도상에 나타나는 해안선의 표시기준은?

① 평균해면　　　② 평균고조면
③ 약최저저조면　④ 약최고고조면

해설 1. 위치(位置)
세계측지계(世界測地系)에 따라 측정한 지리학적 경위도와 높이(평균해면으로부터의 높이를 말한다. 이하 이 항에서 같다)로 표시한다. 다만 지도 제작 등을 위하여 필요한 경우에는 직각좌표와 높이, 극좌표와 높이, 지구중심 직교좌표 및 그 밖의 다른 좌표로 표시할 수 있다.

2. 측량(測量)의 원점(原點)
대한민국 경위도원점(經緯度原點) 및 수준원점(水準原點)으로 한다. 다만 섬 등 대통령령으로 정하는 지역에 대하여는 국

Answer　9. ①　10. ③　11. ④　12. ①　13. ③　14. ④

토교통부장관이 따로 정하여 고시하는 원점을 사용할 수 있다.
3. 간출지(干出地)의 높이와 수심
  수로조사에서 간출지(干出地)의 높이와 수심은 기본수준면(일정 기간 조석을 관측하여 분석한 결과 가장 낮은 해수면)을 기준으로 측량한다.
4. 해안선
  해수면이 약최고고조면(略最高高潮面, 일정 기간 조석을 관측하여 분석한 결과 가장 높은 해수면)에 이르렀을 때의 육지와 해수면과의 경계로 표시한다.

15 사진의 기하학적 성질 중 공간상의 임의의 점 $P(X_p, Y_p, Z_p)$와 그에 대응하는 사진 상의 점 (x, y) 및 사진기의 촬영 중심 $O(X_0, Y_0, Z_0)$이 동일 직선 상에 있어야 하는 조건은?

① 수렴 조건
② 샤임플러그 조건
③ 공선 조건
④ 소실점 조건

해설 공선 조건
사진의 기하학적 성질 중 공간상의 임의의 점 (X_P, Y_P, Z_P)과 그에 대응하는 사진상의 점 (x, y) 및 사진기의 촬영 중심 $O(X_0, Y_0, Z_0)$이 동일 직선 상에 있어야 하는 조건이다.

16 그림과 같은 유심삼각망에서 만족하여야 할 조건이 아닌 것은?

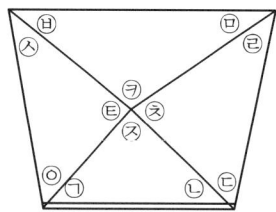

① (㉠+㉡+㉨) −180°=0
② [㉠+㉡] − [㉣+㉥]=0
③ (㉨+㉧+㉪+㉤) −360°=0
④ (㉠+㉡+㉢+㉣+㉤+㉥+㉦+㉧) −360°=0

해설 ① 각조건
② 유심삼각망 조건이 아니고 사변형조건이다.
③ 점조건
④ 각조건

17 다음 중 지구의 형상에 대한 설명으로 틀린 것은?

① 회전타원체는 지구의 형상을 수학적으로 정의한 것이고, 어느 하나의 국가의 기준으로 채택한 타원체를 준거타원체라 한다.
② 지오이드는 물리적인 형상을 고려하여 만든 불규칙한 곡면이며, 높이 측정의 기준이 된다.
③ 임의 지점에서 회전타원체에 내린 법선이 적도면과 만나는 각도를 측지위도라 한다.
④ 지오이드 상에서 중력 포텐셜의 크기는 중력이상에 의하여 달라진다.

해설 지오이드의 특징
• 지오이드면은 평균해수면과 일치하는 등퍼텐셜 면으로 일종의 수면이다.
• 지오이드면은 대륙에서는 지각의 인력 때문에 지구타원체보다 높고 해양에서는 낮다.
• 고저측량은 지오이드면을 표고 0으로 하여 관측한다.
• 타원체의 법선과 지오이드 연직선의 불일치로 연직선 편차가 생긴다.
• 지형의 영향 또는 지각 내부 밀도의 불균일로 인하여 타원체에 비하여 다소의 기복이 있는 불규칙한 면이다.
• 지오이드는 어느 점에서나 표면을 통과하는 연직선은 중력방향에 수직이다.
• 지오이드는 타원체 면에 대하여 다소 기복이 있는 불규칙한 면을 갖는다.
• 높이가 0이므로 위치에너지도 0이다.

측량학(2014년 2회 토목기사)

18 삼각측량에서 삼각점을 선점할 때 주의사항으로 틀린 것은?
① 삼각형은 정삼각형에 가까울수록 좋다.
② 가능한 측점의 수를 많게 하고 거리가 짧을수록 유리하다.
③ 미지점은 최소 3개, 최대 5개의 기지점에서 정·반 양방향으로 시통이 되도록 한다.
④ 삼각점의 위치는 다른 삼각점과 시준이 잘 되어야 한다.

해설 삼각점 선점
- 각 점이 서로 잘 보일 것
- 삼각형의 내각은 60°에 가깝게 하는 것이 좋으나 1개의 내각은 30~120° 이내로 할 것
- 표지와 기계가 움직이지 않을 견고한 지점일 것
- 가능한 측점 수가 적고 세부측량에 이용가치가 클 것
- 벌목을 많이 하거나 높은 시준탑을 세우지 않아도 관측할 수 있는 점일 것

19 폐합트래버스 $ABCD$에서 각 측선의 경거, 위거가 표와 같을 때, $\overline{AD}$ 측선의 방위각은?

측선	위거		경거	
	+	−	+	−
AB	50		50	
BC		30	60	
CD		70		60
DA				

① 133° ② 135°
③ 137° ④ 145°

해설 위거, 경거의 총합은 0이 되어야 한다.
∑위거 = 50 − (30 + 70) = −50
∑경거 = 50 + 60 − 60 = +50

$\overline{DA}$의 방위각$(\tan\theta) = \dfrac{경거}{위거}$

측선	위거		경거	
	+	−	+	−
AB	50		50	
BC		30	60	
CD		70		60
DA	50			50

$\theta = \tan^{-1}\left(\dfrac{+50}{-50}\right) = 45°$ (2상한)

X (−값), Y (+값)이므로 2상한
∴ $\overline{DA}$ 방위각 = 180° − 45° = 135°

20 초점거리가 200mm인 카메라로 촬영고도 1,000m에서 촬영한 연직사진이 있다. 지상 연직점으로부터 200m 떨어진 곳의 비고 400m인 산정에 대한 사진상의 기복변위는?
① 16mm ② 18mm
③ 81mm ④ 82mm

해설 ㉠ 기복변위
$\Delta \gamma = \dfrac{h}{H} \cdot \gamma = \dfrac{400}{1,000} \times 0.04$
$= 0.016\text{m} = 16\text{mm}$

㉡ $\dfrac{1}{m} = \dfrac{f}{H} = \dfrac{0.2}{1,000} = \dfrac{1}{5,000}$
$r = \dfrac{h}{m} = \dfrac{200}{5,000} = 0.04\text{m}$

Answer 18. ② 19. ② 20. ①

측량학(2014년 2회 토목산업기사)

01 거리관측의 정밀도와 각관측의 정밀도가 같다고 할 때 거리관측의 허용오차를 1/3,000로 하면 각관측의 허용오차는?

① 4″ ② 41″
③ 1′ 9″ ④ 1′ 23″

해설 $\dfrac{l}{S} = \dfrac{\theta''}{\rho''}$ 에서

$\theta'' = \dfrac{l}{S}\rho'' = \dfrac{1}{3,000} \times 206,265''$
$= 68.755'' ≒ 1'9''$

02 그림과 같은 단열삼각망의 조정각이 $\alpha_1=40°$, $\beta_1=60°$, $\gamma_1=80°$, $\alpha_2=50°$, $\beta_2=30°$, $\gamma_2=100°$일 때, $\overline{CD}$의 길이는?(단, $\overline{AB}$ 기선 길이는 600m이다.)

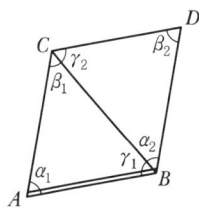

① 323.4m ② 400.7m
③ 568.6m ④ 682.3m

해설 Sine 정리 이용

$\overline{BC} = \dfrac{\sin\alpha_1}{\sin\beta_1} = \dfrac{\sin 40°}{\sin 60°} \times 600 = 445.34$m

$\overline{CD} = \dfrac{\sin\alpha_2}{\sin\beta_2} = \dfrac{\sin 50°}{\sin 30°} \times 445.34 = 682.3$m

03 전진법에 의해 5각형의 토지를 측량하였다. 측점 A를 출발하여 B, C, D, E, A에 돌아왔을 때 폐합오차가 20cm이다. 측점 D의 오차분배량은?(단, $AB=60$m, $BC=50$m, $CD=40$m, $DE=30$m, $EA=40$m이다.)

① 0.036m ② 0.072m
③ 0.108m ④ 0.136m

해설 ㉠ 조정량$(d) = \dfrac{\text{폐합오차}(E)}{\text{측선길이의 총합}(\Sigma L)}$
×출발점에서 조정할 측점까지의 거리

$= \dfrac{0.2}{60+50+40+30+40}$
$\times (60+50+40)$
$= \dfrac{0.2}{220} \times 150 = 0.136$m

또는
㉡ 비례식을 이용
전체 길이$(\Sigma L) : E = L_D : E_D$
$220 : 0.2 = 150 : E_D$
$E_D = \dfrac{150 \times 0.2}{220} = 0.136$m

04 축척 1 : 25,000인 지형도 상에서 면적을 측정한 결과가 84cm²이었을 때 실제면적은?

① 6.25km² ② 5.25km²
③ 4.25km² ④ 3.25km²

해설 실제면적 = 도상면적 $\times m^2$
$= 84 \times 25,000^2 = 5.25 \times 10^{10}$cm²
$= 5.25$km²

05 클로소이드 매개변수(Parameter) A가 커질 경우에 대한 설명으로 옳은 것은?

① 곡선이 완만해진다.
② 자동차의 고속 주행이 어려워진다.
③ 곡선이 급커브가 된다.
④ 접선각(τ)이 비례하여 커진다.

Answer 1. ③ 2. ④ 3. ④ 4. ② 5. ①

측량학(2014년 2회 토목산업기사)

해설 매개변수 $A^2 = R \cdot L (A = \sqrt{R \cdot L})$
A가 커지면 반지름(R)과 곡선길이(L)가 커지므로 곡선이 완만해진다.

06 구면삼각형에 대한 설명으로 옳지 않은 것은?
① 구면삼각형은 좁은 지역을 측량할 때 고려한다.
② 구면삼각형 내각의 합은 180°를 넘는다.
③ 구과량은 구면삼각형의 면적에 비례한다.
④ 구과량은 평면삼각형 내각의 합과 구면삼각형 내각의 합에 대한 차이다.

해설 구면삼각형은 지구의 곡률을 고려한 넓은 지역에서 삼각형의 내각의 합이 180°가 넘는 삼각형을 말한다(대지측량에서는 지구의 곡률을 고려한다).

07 항공사진의 기복변위에 대한 설명으로 틀린 것은?
① 지표면의 기복에 의해 발생한다.
② 기복변위량은 촬영고도에 반비례한다.
③ 기복변위량은 초점거리에 비례한다.
④ 사진면에서 등각점의 상하방향으로 변위가 발생한다.

해설 기복변위는 대상물이 기복이 있어 연직촬영 시에도 축척이 동일하지 않고 사진 면에 연직점을 중심으로 변위가 발생한다.
기복변위(Δr) = $\dfrac{h}{H} \times r$
여기서, r : 연직점으로부터 사진상까지의 거리

08 촬영고도 750m의 밀착사진에서 비고 15m에 대한 시차차의 크기는?(단, 카메라의 초점거리 15cm, 사진의 크기 23×23cm, 사진의 종중복도는 60%로 한다.)
① 4.84mm ② 3.84mm
③ 2.84mm ④ 1.84mm

해설 ㉠ $b_o = a\left(1 - \dfrac{P}{100}\right) = 0.23 \times \left(1 - \dfrac{60}{100}\right)$
$= 0.092$m
㉡ 시차차(ΔP) = $\dfrac{h}{H} b_o = \dfrac{15}{750} \times 0.092$
$= 0.00184 = 1.84$mm

09 교각 $I = 60°$, 반지름 $R = 200$m인 단곡선의 중앙종거는?
① 26.8m ② 30.9m
③ 100.0m ④ 115.5m

해설 $M = R\left(1 - \cos\dfrac{I}{2}\right)$
$= 200\left(1 - \cos\dfrac{60°}{2}\right) = 26.8$m

10 하천측량에 관한 설명으로 옳지 않은 것은?
① 홍수 유속의 측정에 알맞은 것은 막대기 부자이다.
② 심천측량을 하여 지형을 표시하는 방법에는 점고법이 이용된다.
③ 횡단측량은 1km마다의 거리표를 기준으로 하며 우안을 기준으로 한다.
④ 무제부에서의 측량범위는 홍수가 영향을 주는 구역보다 약간 넓게 한다.

해설 횡단측량은 200m마다의 거리표를 기준으로 하며, 간격은 소하천은 5m, 대하천은 10~20m마다 좌안을 기준으로 측량을 실시한다.

11 다각측량에서 A점의 좌표가 (100, 200)이고 측선 AB의 방위각이 240°, 길이가 100m일 때 B점의 좌표는?(단, 좌표의 단위는 m이다.)
① (−50, 113.4) ② (50, 113.4)
③ (−50, 13.4)   ④ (50, −113.4)

Answer 6. ① 7. ④ 8. ④ 9. ① 10. ③ 11. ②

해설 $X_B = X_A + 위거(L_{AB})$
$= 100 + 100 \times \cos 240° = 50$

$Y_B = Y_A + 경거(D_{AB})$
$= 200 + 100 \times \sin 240° = 113.4$

12 GPS 측량으로 측점의 표고를 구하였더니 89.123m였다. 이 지점의 지오이드 높이가 40.150m라면 실제 표고(정표고)는?

① 129.273m ② 48.973m
③ 69.048m   ④ 89.123m

해설 정표고 = GPS의 표고 - 지오이드고
$= 89.123 - 40.150 = 48.973$m

13 토공량을 계산하기 위해 대상구역을 사각형으로 분할하여 각 교점에 대한 성토고를 계산한 결과 그림과 같다면 성토량은?

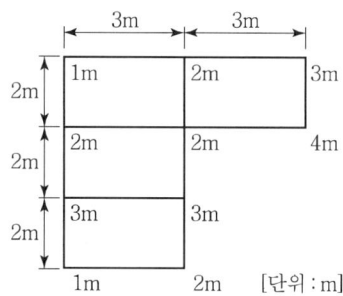

① 54.5m³   ② 55.5m³
③ 58.5m³   ④ 60m³

해설 $V = \dfrac{A}{4}(\Sigma h_1 + 2\Sigma h_2 + 3\Sigma h_3)$
$= \dfrac{2 \times 3}{4}[11 + (2 \times 10) + (3 \times 2)]$
$= 55.5$m³
$\Sigma h_1 = 1 + 3 + 4 + 2 + 1 = 11$
$\Sigma h_2 = 2 + 2 + 3 + 3 = 10$
$\Sigma h_3 = 2$

14 측지학 및 측지측량에 대한 설명 중 옳지 않은 것은?

① 측지학이란 지구 내부의 특성, 지구의 형상, 지구 표면의 상호위치 관계를 정하는 학문이다.
② 기하학적 측지학에는 천문측량, 위성측지, 높이결정 등이 있다.
③ 지오이드는 평균해수면으로 위치에너지가 1인 면이다.
④ 측지측량이란 지구의 곡률을 고려하는 측량으로서 거리 허용오차를 $1/10^6$로 했을 경우 반지름 11km 이내를 평면으로 취급한다.

해설 정지된 해수면을 육지까지 연장하여 지구 전체를 둘러쌌다고 가상한 곡면을 지오이드(Geoid)라 한다. 지구타원체는 기하학적으로 정의하는데 비하여 지오이드는 중력장 이론에 따라 물리학적으로 정의한다. 지오이드는 높이가 0이므로 위치에너지도 0이다.

15 교호수준측량을 실시하여 A점 근처에 레벨을 세우고, A점을 관측하여 1.57m, 강 건너편 B점을 관측하여 2.15m를 얻고, B점 근처에 레벨을 세워 B점의 관측값 1.25m, A점의 관측값 0.69m를 얻었다. A점의 지반고가 100m라면 B점의 지반고는?

① 98.86m   ② 99.43m
③ 100.57m   ④ 101.14m

해설 ㉠ $H_B = H_A - \Delta h = 100 - 0.57 = 99.43$m
㉡ $\Delta h = \dfrac{(a_1 - b_1) + (a_2 - b_2)}{2}$
$= \dfrac{(1.57 - 2.15) + (0.69 - 1.25)}{2}$
$= -0.57$m

16 지형측량에서 등고선 간의 최단거리를 잇는 선이 의미하는 것은?
① 분수선 ② 등경사선
③ 최대경사선 ④ 경사변환선

해설 등고선에서 등고선 간의 높이는 일정하므로 수평거리가 최단거리란 것은 최대경사선을 의미한다. 최대경사선은 등고선에 직각으로 교차한다.

17 노선의 종단측량 결과는 종단면도에 표시하고 그 내용을 기록하게 된다. 이때 포함되지 않는 내용은?
① 지반고와 계획고의 차
② 측점의 추가거리
③ 계획선의 경사
④ 용지 폭

해설
1. 종단면도 기재사항
   - 측점
   - 거리, 누가거리
   - 지반고, 계획고
   - 성토고, 절토고
   - 계획선의 구배
2. 횡단면도에서는 측점번호 및 거리, 횡단구배,용지폭과 성토면적, 절토면적을 구해 토량계산이 가능하다.

18 노선측량, 하천측량, 철도측량 등에 많이 사용하며 동일한 도달거리에 대하여 측점 수가 가장 적으므로 측량이 간단하고 경제적이나 정확도가 낮은 삼각망은?
① 사변형 삼각망 ② 유심 삼각망
③ 기선 삼각망 ④ 단열 삼각망

해설
1. 단열 삼각쇄(망)(Single Chain of Tringles)
   - 폭이 좁고 길이가 긴 지역에 적합하다.
   - 노선·하천·터널 측량 등에 이용한다.
   - 거리에 비해 관측 수가 적다.
   - 측량이 신속하고 경비가 적게 든다.
   - 조건식의 수가 적어 정도가 낮다.

2. 유심 삼각쇄(망)(Chain of Central Points)
   - 동일 측점에 비해 포함면적이 가장 넓다.
   - 넓은 지역에 적합하다.
   - 농지측량 및 평탄한 지역에 사용된다.
   - 정도는 단열삼각망보다 좋으나 사변형보다 적다.
3. 사변형 삼각쇄(망)(Chain of Quadrilaterals)
   - 조건식의 수가 가장 많아 정밀도가 가장 높다.
   - 기선삼각망에 이용된다.
   - 삼각점 수가 많아 측량시간이 많이 소요되며 계산과 조정이 복잡하다.

19 완화곡선의 극각(σ)이 45°일 때 클로소이드 곡선, 렘니스케이트 곡선, 3차 포물선 중 가장 곡률이 큰 곡선은?
① 렘니스케이트 곡선
② 클로소이드 곡선
③ 3차 포물선
④ 완화곡선은 종류에 상관없이 곡률이 모두 같다.

해설 완화곡선의 극각(σ)이 45°일 때 렘니스케이트 곡선의 곡률이 가장 크고(R이 작음), 3차 포물선의 곡률이 가장 작다(R이 커서 완만하게 변함).

완화곡선의 종류

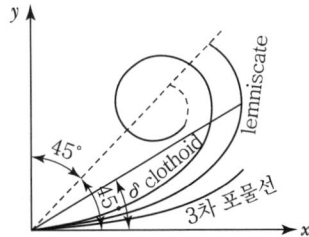

- 클로소이드 : 곡률반경이 곡선길이에 반비례, 도로에 사용
- 렘니스케이트 : 곡률반경이 현의 길이에 반비례, 지하철에 사용
- 3차 포물선 : 곡률반경이 현의 길이에 반비례, 철도에 사용

20 수준측량에서 경사거리 S, 연직각이 α일 때 두 점 간의 수평거리 D는?

① $D = S\sin\alpha$ ② $D = S\cos\alpha$
③ $D = S\tan\alpha$ ④ $D = S\cot\alpha$

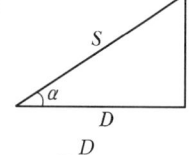

$\cos\alpha = \dfrac{D}{S}$

$D = S\cos\alpha$

측량학(2014년 3회 토목기사)

01 시가지에서 25변형 폐합트래버스측량을 한 결과 측각오차가 1′ 5″이었을 때, 이 오차의 처리는?(단, 시가지에서의 허용오차 : 20″$\sqrt{n} \sim 30''\sqrt{n}$, n : 트래버스의 측점 수, 각 측정의 정확도는 같다.)
① 오차를 각 내각에 균등배분 조정한다.
② 오차가 너무 크므로 재측(再測)을 하여야 한다.
③ 오차를 내각(內角)의 크기에 비례하여 배분 조정한다.
④ 오차를 내각(內角)의 크기에 반비례하여 배분 조정한다.

해설 ㉠ 시가지 허용범위
$= 20''\sqrt{n} \sim 30''\sqrt{n} = 20''\sqrt{25} \sim 30''\sqrt{25}$
$= 1'40'' \sim 2'30''$
㉡ 측각오차(1′5″) < 허용범위(1′40″~2′30″) 관측오차를 균등배분한다.

02 줄자로 거리를 관측할 때 한 구간 20m의 정오차가 +2mm라면 전 구간 200m를 측정했을 때의 정오차는?
① +0.2mm ② +0.63mm
③ +6.3mm ④ +20mm

해설 정오차는 측정횟수에 비례한다.
정오차(m) = $n\delta$ = 10×2 = 20mm
횟수(n) = $\frac{200}{20}$ = 10회

03 삼각형의 토지면적을 구하기 위해 밑변 a와 높이 h를 구하였다. 토지의 면적과 표준오차는?(단, $a = 15 \pm 0.015$m, $h = 25 \pm 0.025$m)
① 187.5±0.04m² ② 187.5±0.27m²
③ 375.0±0.27m² ④ 375.0±0.53m²

해설 ㉠ 면적오차(dA)
$= \pm\frac{1}{2}\sqrt{(a \times m_h)^2 + (h \times m_a)^2}$
$= \frac{1}{2}\sqrt{(15 \times 0.025)^2 + (25 \times 0.015)^2}$
$= \pm 0.265$
㉡ 면적(A_o) = $A \pm dA = \frac{1}{2}ah \pm dA$
$= \frac{1}{2} \times 15 \times 25 \pm 0.265$
$= 187.5 \pm 0.27\text{m}^2$

04 지형공간정보체계의 활용분야 중 토목분야의 시설물을 관리하는 정보체계는?
① TIS ② LIS
③ NDIS ④ FM

해설
1. 교통정보시스템(TIS ; Transportation Information System)
   육상·해상·항공교통의관리, 교통계획 및 교통영향평가 등에 활용
2. 토지정보체계(LIS ; Land Information System)
   다목적 국토정보, 토지이용계획 수립, 지형 분석 및 경관정보 추출, 토지부동산 관리, 지적정보 구축에 활용
3. 국방정보체계(NDIS ; Nation Defence Information System)
   DTM(Digital Terrain Modelling)을 활용한 가시도분석, 국방행정 관련 정보자료 기반, 작전정보 구축 등에 활용
4. 도면자동화 및 시설물관리시스템(AM/FM ; Automated Mapping and Facility Management)
   도면작성 자동화, 상하수도시설 관리, 통신시설 관리 등에 활용

Answer 1. ① 2. ④ 3. ② 4. ④

05 대상구역을 삼각형으로 분할하여 각 교점의 표고를 측량한 결과가 그림과 같을 때 토공량은?

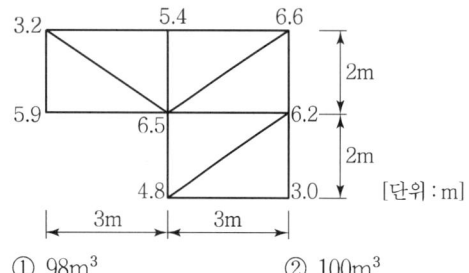

① 98m³ ② 100m³
③ 102m³ ④ 104m³

해설 삼각형 분할

$$V = \frac{A}{3}(\Sigma h_1 + 2\Sigma h_2 + 3\Sigma h_3 \cdots)$$

$$= \frac{\frac{1}{2} \times 2 \times 3}{3}(8.9 + 2 \times 20 + 3 \times 6.2 + 5 \times 6.5)$$

$$= 100\text{m}^3$$

$\Sigma h_1 = 5.9 + 3.0 = 8.9$
$\Sigma h_2 = 3.2 + 5.4 + 6.6 + 4.8 = 20$
$\Sigma h_3 = 6.2$
$\Sigma h_5 = 6.5$

06 트래버스측량의 각 관측방법 중 방위각법에 대한 설명으로 틀린 것은?

① 진북을 기준으로 어느 측선까지 시계 방향으로 측정하는 방법이다.
② 험준하고 복잡한 지역에서는 적합하지 않다.
③ 각각이 독립적으로 관측되므로 오차 발생 시, 각각의 오차는 이후의 측량에 영향이 없다.
④ 각 관측값의 계산과 제도가 편리하고 신속히 관측할 수 있다.

해설 1. 교각법
　• 어떤 측선이 그 앞의 측선과 이루는 각을 관측하는 것을 교각법이라 한다.
　• 각 각이 독립적으로 관측되므로 잘못을 발견하였을 경우에도 다른 각에 관계없이 재측할 수 있다.
　• 요구하는 정확도에 따라 방향각법, 배각법으로 각관측을 할 수 있다.
　• 폐합 및 폐다각형에 적합하며 측점 수는 일반적으로 20점 이내가 효과적이다.
2. 편각법
　각 측선이 그 앞 측선의 연장과 이루는 각을 관측하는 방법으로 도로, 수로, 철도 등 선로의 중심선측량에 유리하다.
3. 방위각법
　• 각 측선이 일정한 기준선인 자오선과 이루는 각을 우회로 관측하는 방법
　• 한 번 오차가 생기면 끝까지 영향을 끼친다.
　• 측선을 따라 진행하면서 관측하므로 각 관측값이 계산과 제도가 편리하고 신속히 관측할 수 있다.

07 노선측량의 단곡선 설치방법 중 간단하고 신속하게 작업할 수 있어 철도, 도로 등의 기설곡선 검사에 주로 사용되는 것은?

① 중앙종거법
② 편각설치법
③ 절선편거와 현편거에 의한 방법
④ 절선에 대한 지거에 의한 방법

해설 중앙종거법은 정확도는 좋지 않으나 간단하고 신속하게 설치할 수 있어 곡선 반경, 길이가 짧은 시가지의 곡선 설치나 철도, 도로 등 기설곡선의 검사 또는 개정에 편리하다. 근사적으로 1/4이 되기 때문에 1/4법이라고도 한다.

08 축척 1:1,500 지도상의 면적을 잘못하여 축척 1:1,000으로 측정하였더니 10,000m²가 나왔다면 실제면적은?

① 4,444m² ② 6,667m²
③ 15,000m² ④ 22,500m²

해설 $a_1 : m_1^2 = a_2 : m_2^2$

$$a_1 = \left(\frac{m_1}{m_2}\right)^2 \times a_2 = \left(\frac{1,500}{1,000}\right)^2 \times 10,000$$

$$= 22,500\text{m}^2$$

09 곡선 반지름이 500m인 단곡선의 종단현이 15.343m라면 이에 대한 편각은?

① 0° 31′ 37″ ② 0° 43′ 19″
③ 0° 52′ 45″ ④ 1° 04′ 26″

해설 종단현 편각(δ_2)
$$= \frac{l_2}{R} \times \frac{90°}{\pi} = \frac{15.343}{500} \times \frac{90°}{\pi}$$
$$= 0°52′44.72″$$

10 그림과 같은 복곡선에서 $t_1 + t_2$의 값은?

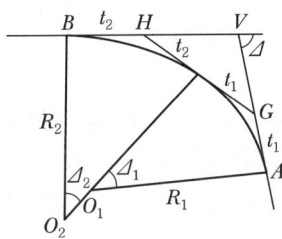

① $R_1(\tan\Delta_1 + \tan\Delta_2)$
② $R_2(\tan\Delta_1 + \tan\Delta_2)$
③ $R_1\tan\Delta_1 + R_2\tan\Delta_2$
④ $R_1\tan\dfrac{\Delta_1}{2} + R_2\tan\dfrac{\Delta_2}{2}$

해설 접선장(TL) = $R\tan\dfrac{I}{2}$

$t_1 = R_1\tan\dfrac{I_1}{2}$, $t_2 = R_2\tan\dfrac{I_2}{2}$

$\therefore t_1 + t_2 = R_1\tan\dfrac{I_1}{2} + R_2\tan\dfrac{I_2}{2}$

11 축척 1 : 5,000 지형도상에서 어떤 산의 상부로부터 하부까지의 거리가 50mm이다. 상부의 표고가 125m, 하부의 표고가 75m이며 등고선의 간격이 일정할 때 이 사면의 경사는?

① 10% ② 15%
③ 20% ④ 25%

해설 경사도(i) = $\dfrac{h}{D} \times 100 = \dfrac{125-75}{250} \times 100 = 20\%$

실제거리(D) = 도상거리 × m
= 0.05×5,000 = 250m

12 초점거리 15.3cm의 카메라로 찍은 축척 1 : 20,000인 연직사진에서 주점으로부터의 거리가 60.3mm인 지점의 비고가 200m라면 이 비고에 의한 기복변위량은?

① 3.7mm ② 3.9mm
③ 4.1mm ④ 4.3mm

해설 $\dfrac{1}{m} = \dfrac{f}{H}$ 에서

$H = mf = 20,000 \times 0.153 = 3,060$m

$\Delta\gamma = \dfrac{h}{H}\gamma = \dfrac{200}{3,060} \times 0.0603$
$= 0.00394$m $= 3.94$mm

13 그림과 같은 삼각망에서 CD의 거리는?

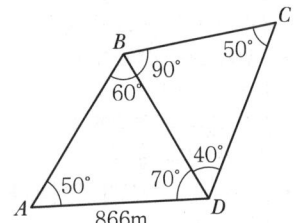

① 1,732m ② 1,000m
③ 866m   ④ 750m

해설 $\dfrac{866}{\sin 60°} = \dfrac{\overline{BD}}{\sin 50°}$

$\therefore \overline{BD} = \dfrac{\sin 50°}{\sin 60°} \times 866 = 766.02$m

$\dfrac{\overline{CD}}{\sin 90°} = \dfrac{\overline{BD}}{\sin 50°}$

$\therefore \overline{CD} = \dfrac{\sin 90°}{\sin 50°} \times 766.02 = 999.968$m
$\fallingdotseq 1,000$m

Answer 9. ③ 10. ④ 11. ③ 12. ② 13. ②

14 양수표의 설치 장소로 적합하지 않은 곳은?

① 상·하류 최소 50m 정도의 곡선인 장소
② 홍수 시 유실 또는 이동의 염려가 없는 장소
③ 수위가 교각 및 그 밖의 구조물에 의해 영향을 받지 않는 장소
④ 평상시는 물론 홍수 때에도 쉽게 양수표를 읽을 수 있는 장소

해설 수위 관측소(水位觀測所) 및 양수표(量水標, Water Guage) 설치 장소
- 하안(河岸)과 하상(河床)이 안전하고 세굴이나 퇴적이 되지 않은 장소
- 상하류의 길이가 약 100m 정도의 직선인 장소
- 유속의 변화가 크지 않은 장소
- 수위가 교각이나 기타 구조물에 영향을 받지 않은 장소
- 홍수 때는 관측소의 유실, 이동 및 파손될 염려가 없는 장소
- 평시는 홍수 때보다 수위표가 쉽게 읽을 수 있는 장소
- 지천의 합류점 및 분류점으로 수위의 변화가 생기지 않는 장소
- 양수표의 영점위치는 최저수위 밑에 있고, 양수표 눈금의 최고위는 최고홍수위보다 높은 장소
- 양수표는 평균해수면의 표고를 측정해 둔다.
- 어떠한 갈수 시에도 양수표가 노출되지 않는 장소
- 수위가 급변하지 않는 장소
- 양수표는 하천에 연하여 5~10km마다 배치

15 A, B, C 각 점에서 P점까지 수준측량을 한 결과가 표와 같다. 거리에 대한 경중률을 고려한 P점의 표고 최확값은?

측량경로	거리	P점의 표고
$A \to P$	1km	135.487m
$B \to P$	2km	135.563m
$C \to P$	3km	135.603m

① 135.529m ② 135.551m
③ 135.563m ④ 135.570m

해설 ㉠ 경중률은 거리에 반비례한다.
$$P_A : P_B : P_C = \frac{1}{S_A} : \frac{1}{S_B} : \frac{1}{S_C}$$
$$= \frac{1}{1} : \frac{1}{2} : \frac{1}{3} = 6 : 3 : 2$$

㉡ 최확값(L_0)
$$= \frac{P_A H_A + P_B H_B + P_C H_C}{P_A + P_B + P_C}$$
$$= \frac{6 \times 135.487 + 3 \times 135.563 + 2 \times 135.603}{6+3+2}$$
$$= 135.529\text{m}$$

16 항공사진의 표정작업 중 수준면의 결정 및 사진 축척을 결정하는 표정은?

① 접합표정 ② 절대표정
③ 상호표정 ④ 내부표정

해설 1. 내부표정
내부표정이란 도화기의 투영기에 촬영 당시와 똑같은 상태로 양화건판을 정착시키는 작업이다.
- 주점의 위치결정
- 화면거리(f)의 조정
- 건판의 신축측정, 대기굴절, 지구곡률보정, 렌즈수차 보정

2. 상호표정
지상과의 관계는 고려하지 않고 좌우 사진의 양 투영기에서 나오는 광속이 촬영 당시 촬영면에 이루어지는 종시차(ϕ)를 소거하여 목표 지형물의 상대위치를 맞추는 작업

3. 절대표정
상호표정이 끝난 입체모델을 지상 기준점(피사체 기준점)을 이용하여 지상좌표(피사체좌표계)와 일치하도록 하는 작업
- 축척의 결정
- 수준면(표고, 경사)의 결정
- 위치(방위)의 결정
- 절대표정인자 : λ, ϕ, ω, k, b_x, b_y, b_z (7개의 인자로 구성)

4. 접합표정
한 쌍의 입체사진 내에서 한쪽의 표정인자는 전혀 움직이지 않고 다른 한쪽만을 움직여 그 다른 쪽에 접합시키는 표정법을 말하며, 삼각측정에 사용한다.
- 7개의 표정인자 결정($\lambda, k, \omega, \phi, c_x, c_y, c_z$)
- 모델 간, 스트립 간의 접합요소 결정(축척, 미소변위, 위치 및 방위)

17 다음 설명 중 틀린 것은?

① 지자기 측량은 지자기가 수평면과 이루는 방향 및 크기를 결정하는 측량이다.
② 지구의 운동이란 극운동 및 자전운동을 의미하며, 이들을 조사함으로써 지구의 운동과 지구 내부의 구조 및 다른 행성과의 관계를 파악할 수 있다.
③ 지도 제작에 관한 지도학은 입체인 구면상에서 측량한 결과를 평면인 도지 위에 정확히 표시하기 위한 투영법을 포함하고 있다.
④ 탄성파 측량은 지진조사, 광물탐사에 이용되는 측량으로 지표면으로부터 낮은 곳은 반사법, 깊은 곳은 굴절법을 이용한다.

해설 탄성파 측량은 지진조사, 광물탐사에 이용되는 측량이다.
- 반사법 : 지표면으로부터 깊은 곳
- 굴절법 : 지표면으로부터 낮은 곳

18 측량에서 일반적으로 지구의 곡률을 고려하지 않아도 되는 최대 범위는?(단, 거리의 정밀도를 10^{-6}까지 허용하며 지구 반지름은 6,370km이다.)

① 약 100km² 이내
② 약 380km² 이내
③ 약 1,000km² 이내
④ 약 1,200km² 이내

해설
㉠ 정도 $= \dfrac{d-D}{D} = \dfrac{D^2}{12R^2} = \dfrac{1}{m} = \dfrac{1}{1,000,000}$ 이내

$D = \sqrt{\dfrac{12 \times 6,370^2}{1,000,000}} = 22.07\text{km}$

㉡ 면적 $= \dfrac{\pi D^2}{4} = \dfrac{\pi \times 22.07^2}{4} = 382.56\text{km}^2$

19 평판측량의 방사법에 관한 설명으로 옳은 것은?

① 기기를 통한 관측으로 구하고자 하는 미지점의 좌표를 지접 얻을 수 있는 방법으로 지형의 모습을 도해적으로 직접 확인할 수 있는 장점이 있다.
② 기준점을 두 점 이상 취하여 기준점으로부터 미지점을 시준하여 방향선을 교차시켜 도면상에서 미지점의 위치를 결정하는 방법이다.
③ 어느 한 점에서 출발하여 측점의 방향과 거리를 측정하고 다음 측점으로 평판을 옮겨 차례로 측정하는 방법으로 측량 지역이 좁고 긴 경우에 적당하다.
④ 한 지점에 평판을 세우고 방향과 거리를 측정하는 방법으로 시준을 방해하는 장애물이 없고 비교적 좁은 지역에 대축척으로 세부측량을 할 경우 효율적이다.

해설
1. 방사법(Method of Radiation, 사출법)
측량 구역 안에 장애물이 없고 비교적 좁은 구역에 적합하며 한 측점에 평판을 세워 그 점 주위에 목표점의 방향과 거리를 측정하는 방법(60m 이내)
2. 전진법(Method of Traversing, 도선법 · 절측법)
측량구역에 장애물이 중앙에 있어 시준이 곤란할 때 사용하는 방법으로 측량구역이 길고 좁을 때 측점마다 평판을 세우가며 측량하는 방법

Answer 17. ④ 18. ② 19. ④

20 수준측량에서 레벨의 조정이 불완전하여 시준선이 기포관축과 평행하지 않을 때 생기는 오차의 소거방법으로 옳은 것은?

① 정위, 반위로 측정하여 평균한다.
② 지반이 견고한 곳에 표척을 세운다.
③ 전시와 후시의 시준거리를 같게 한다.
④ 시작점과 종점에서의 표척은 같은 것을 사용한다.

 전시와 후시의 거리를 같게 함으로써 제거되는 오차
 • 레벨의 조정이 불완전(시준선이 기포관축과 평행하지 않을 때)할 때(시준축오차 : 오차가 가장 크다.)
 • 지구의 곡률오차(구차)와 빛의 굴절오차(기차)를 제거한다.
 • 초점나사를 움직이는 오차가 없으므로 그로 인해 생기는 오차를 제거한다.

Answer 20. ③

측량학(2014년 3회 토목산업기사)

01 항공기 및 기구 등에 탑재된 측량용 사진기로 연속촬영된 중복사진을 정성적 및 정량적으로 해석하는 측량방법은?
① 원격탐측 ② 지상사진측량
③ 수중사진측량 ④ 항공사진측량

해설 항공사진측량은 항공기에 탑재된 사진기로 연속중복 촬영한 사진으로 면적, 체적, 선 등의 정량적 해석이 가능하고 여기에 시간의 변화를 고려하면 기상변화, 오염도, 농업생산량의 예측 등 정성적 분석도 가능한 측량방법이다.

02 그림과 같은 삼각형의 정점 A, B, C의 좌표가 $A(50,20)$, $B(20,50)$, $C(70,70)$일 때, 정점 A를 지나며 △ABC의 넓이를 $m : n = 4 : 3$으로 분할하는 P점의 좌표는?(단, 좌표의 단위는 m이다.)

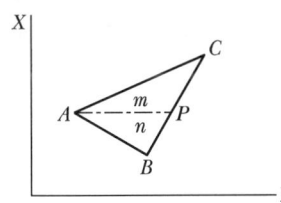

① (58.6, 41.4) ② (41.4, 58.6)
③ (50.6, 63.4) ④ (50.4, 65.6)

해설
$X_P = X_B + Y_B \times \dfrac{n}{m+n}$
$= 20 + 50 \times \dfrac{3}{4+3} = 41.4\text{m}$

$Y_P = Y_B + X_B \times \dfrac{n}{m+n}$
$= 50 + 20 \times \dfrac{3}{4+3} = 58.6\text{m}$

03 삼각측량을 통해 삼각망의 내각을 측정하니 각각 다음과 같은 각도를 얻었다면 각 내각의 최확값은?

- ∠A = 32° 13′ 29″
- ∠B = 55° 32′ 19″
- ∠C = 92° 14′ 30″

① ∠A = 32° 13′ 24″, ∠B = 55° 32′ 12″, ∠C = 92° 14′ 24″
② ∠A = 32° 13′ 23″, ∠B = 55° 32′ 12″, ∠C = 92° 14′ 25″
③ ∠A = 32° 13′ 23″, ∠B = 55° 32′ 13″, ∠C = 92° 14′ 24″
④ ∠A = 32° 13′ 24″, ∠B = 55° 32′ 13″, ∠C = 92° 14′ 23″

해설 ㉠ 각오차 = 180° − 내각의 합
   = 180° − 180° 0′ 18″ = −18″
㉡ 조정량 = $\dfrac{w}{3} = -\dfrac{18''}{3} = -6''$

∴ ∠A, ∠B, ∠C에서 각각 −6″씩 조정

04 축척 1 : 50,000 지형도의 도곽 구성은?
① 경위도 10′ 차의 경위선에 의하여 구획되는 지역으로 한다.
② 경위도 15′ 차의 경위선에 의하여 구획되는 지역으로 한다.
③ 경위도 15′, 위도 10′ 차의 경위선에 의하여 구획되는 지역으로 한다.
④ 경위도 10′, 위도 15′ 차의 경위선에 의하여 구획되는 지역으로 한다.

해설 도곽은 지도의 내용을 둘러싸고 있는 구획선을 말한다.

Answer 1. ④ 2. ② 3. ③ 4. ②

- $\dfrac{1}{5,000}$ 은 위경도 1′30″
- $\dfrac{1}{25,000}$ 은 위경도 7′30″
- $\dfrac{1}{50,000}$ 은 위경도 15′

05 곡선반지름 $R=250\text{m}$, 곡선길이 $L=40\text{m}$인 클로소이드에서 매개변수 A는?

① 20m ② 50m
③ 100m ④ 120m

해설 $A^2 = R \cdot L$ 에서
$A = \sqrt{RL} = \sqrt{250 \times 40} = 100\text{m}$

06 교호수준측량의 결과가 그림과 같을 때, A점의 표고가 55.423m라면 B점의 표고는?

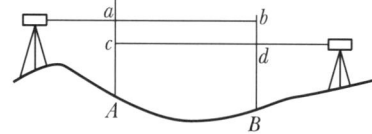

[$a=2.665\text{m}$, $b=3.965\text{m}$,
$c=0.530\text{m}$, $d=1.816\text{m}$]

① 52.930m ② 54.130m
③ 54.132m ④ 54.137m

해설 ㉠ $H_B = H_A - h = 55.423 - 1.293 = 54.13\text{m}$
㉡ $h = \dfrac{(a_1 + a_2) - (b_1 + b_2)}{2}$
$= \dfrac{(2.665 + 0.53) - (3.965 + 1.816)}{2}$
$= -1.293$

07 양수표의 설치장소로 적합하지 않은 곳은?
① 상·하류 최소 300m 정도가 곡선인 장소
② 교각이나 기타 구조물에 의한 수위 변동이 없는 장소
③ 홍수 시 유실 또는 이동이 없는 장소
④ 지천의 합류점에서 상당히 상류에 위치한 장소

해설 수위 관측소(水位觀測所) 및 양수표(量水標, Water Guage) 설치장소
- 하안(河岸)과 하상(河床)이 안전하고 세굴이나 퇴적이 되지 않은 장소
- 상하류의 길이가 약 100m 정도의 직선인 장소
- 유속의 변화가 크지 않은 장소
- 수위가 교각이나 기타 구조물에 영향을 받지 않은 장소
- 홍수 때는 관측소의 유실, 이동 및 파손될 염려가 없는 장소
- 평시는 홍수 때보다 수위표가 쉽게 읽을 수 있는 장소
- 지천의 합류점 및 분류점으로 수위의 변화가 생기지 않는 장소
- 양수표의 영점위치는 최저수위 밑에 있고, 양수표 눈금의 최고위는 최고홍수위보다 높은 장소
- 양수표는 평균해수면의 표고를 측정해 둔다.
- 어떠한 갈수 시에도 양수표가 노출되지 않는 장소
- 수위가 급변하지 않는 장소
- 양수표는 하천에 연하여 5~10km마다 배치

08 수치영상자료는 대개 8비트로 표현된다. Pixel 값의 밝기값(Grey Level) 범위로 옳은 것은?
① 0~63
② 1~64
③ 0~255
④ 1~256

해설 기본적인 영상자료는 정사각형 형태의 격자망을 이루며 이를 Pixel(화소)이라고 한다. 각각에 저장된 태양광선의 밝기는 기본적으로 256단계의 밝기 값을 가지며, 이 값은 0~255 사이의 정수값으로 파일에 저장된다.

09 그림과 같은 지역의 면적은?

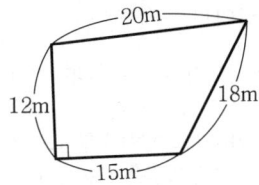

① 246.5m² ② 268.4m²
③ 275.2m² ④ 288.9m²

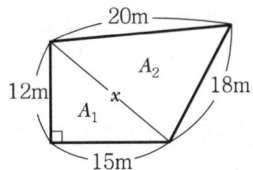

㉠ $A_1 = \dfrac{1}{2} \times 12 \times 15 = 90\text{m}^2$

㉡ A_2는 헤론의 공식 이용
$A_2 = \sqrt{(S(S-a)(S-b)(S-x))}$
  $= \sqrt{28.605 \cdot (28.605-20) \cdot (28.605-18) \cdot (28.605-19.21)}$
  $= 156.603\text{m}^2$

㉢ $A = A_1 + A_2 = 90 + 156.603 = 246.6\text{m}^2$
  $\fallingdotseq 246.5\text{m}^2$

여기서,
$x = \sqrt{12^2 + 15^2} = 19.209\text{m} \fallingdotseq 19.21\text{m}$
$S = \dfrac{a+b+x}{2} = \dfrac{20+18+19.21}{2}$
  $= 28.605\text{m}$

10 캔트가 C인 원곡선에서 곡선반지름을 3배로 하면 변화된 캔트(C')는?

① $\dfrac{C}{9}$ ② $\dfrac{C}{3}$
③ $3C$ ④ $9C$

해설 캔트(C) $= \dfrac{SV^2}{Rg} = \dfrac{1}{3}$
곡선반지름 R을 3배로 하면 캔트(C')는 $\dfrac{1}{3}$배

11 비행고도가 3,000m이고 사진(I)의 주점기선 장이 74mm, 사진(II)의 주점기선장이 76mm 일 때, 시차차가 1.8mm인 구조물의 높이는?

① 20.5m ② 34.7m
③ 50.4m ④ 72.0m

해설 $\Delta P = \dfrac{h}{H} b_o$에서
$h = \dfrac{\Delta P \cdot H}{b_o} = \dfrac{1.8 \times 3,000,000}{\dfrac{74+76}{2}}$
  $= 72,000\text{mm} = 72\text{m}$

12 어떤 측선의 배횡거를 구하는 방법으로 옳은 것은?

① 전 측선의 배횡거 + 전 측선의 경거
   + 그 측선의 경거
② 전 측선의 횡거 + 전 측선의 경거
   + 그 측선의 횡거
③ 전 측선의 횡거 + 전 측선의 경거
   + 그 측선의 경거
④ 전 측선의 배횡거 + 전 측선의 경거
   + 그 측선의 횡거

해설 배횡거란 폐합트래버스에서 면적을 구하는 데 사용하는 요소로 횡거의 2배를 말한다.
임의 측선의 배횡거 = 전 측선의 배횡거 + 전 측선의 경거 + 그 측선의 경거

13 삼각점에서 행해지는 모든 각 관측 및 조정에 대한 설명으로 옳지 않은 것은?

① 한 측점의 둘레에 있는 모든 각을 합한 것은 360°가 되어야 한다.
② 삼각망 중 어느 한 변의 길이는 계산순서에 관계없이 동일해야 한다.
③ 삼각형 내각의 합은 180°가 되어야 한다.
④ 각 관측방법은 단측법을 사용하여 최대한 정확히 한다.

해설 삼각측량의 각 관측방법은 정밀한 각 관측법(조합각 관측법)을 사용한다.

Answer 9. ① 10. ② 11. ④ 12. ① 13. ④

14 클로소이드 곡선에 대한 설명으로 옳은 것은?
① 곡선의 반지름 R, 곡선길이 L, 매개변수 A의 사이에는 $RL=A^2$의 관계가 성립한다.
② 곡선의 반지름에 비례하여 곡선길이가 증가하는 곡선이다.
③ 곡선길이가 일정할 때 곡선의 반지름이 크면 접선각도 커진다.
④ 곡선 반지름과 곡선길이가 같은 점을 동경이라 한다.

해설 곡률$\left(\dfrac{1}{R}\right)$이 곡선장에 비례하여 증가하는 곡선을 클로소이드 곡선이라 한다. 곡선 길이가 일정할 때 곡선의 반지름이 크면 접선각 $\left(\dfrac{L}{2R}\right)$은 작아진다. 클로소이드 곡선에서 곡선반지름(R)과 곡선길이(L), 매개변수(A)가 같은 점을 특성점이라 한다.

15 축척 1:10,000 지형도 상에서 주곡선 1개 간격의 두 점 A점과 B점 사이에 수평거리 2.0cm인 도로를 설계하려 할 때 도로의 경사는?
① 2.5% ② 5%
③ 15%   ④ 20%

해설 경사(i) = $\dfrac{H}{D} \times 100\%$
= $\dfrac{5}{200} \times 100\% = 2.5\%$
실제거리 = 도상거리 $\times m$
= $0.02 \times 10,000 = 200\text{m}$

16 우리나라에서 현재 사용 중인 투영법과 평면직각좌표에 대한 설명으로 옳은 것은?
① 중앙자오선의 축척계수가 0.9996인 UTM 투영이다.
② 중앙자오선의 축척계수가 1.0000인 UTM 투영이다.
③ 중앙자오선의 축척계수가 0.9996인 TM 투영이다.
④ 중앙자오선의 축척계수가 1.0000인 TM 투영이다.

해설 ㉠ 국토기본도는 우리나라와 같이 남북방향으로 길기 때문에 동서방향으로 투영오차가 크고 남북방향으로 투영오차가 적은 TM 투영법을 사용하며, 축척계수는 1.0000이다(원통에 지구를 투영한 것).
㉡ 군용 지도는 UTM 도법을 사용하며 UTM 투영도법은 UTM 투영좌표계를 종횡으로 분할하여 영역 안에 맞는 투영법으로 축척계수는 0.9996이다.

17 수준측량에 대한 설명으로 옳지 않은 것은?
① 측량은 전시로 시작하여 후시로 종료하게 된다.
② 표척을 전후로 기울여 최소 읽음값을 관측한다.
③ 수준측량은 왕복측량을 원칙으로 한다.
④ 이기점(Turning Point)은 중요하므로 1mm 단위까지 읽도록 한다.

해설 수준측량은 후시로 시작하여 전시(이기점)로 종료한다.

18 접선과 현이 이루는 각을 이용하여 곡선을 설치하는 방법으로 정확도가 비교적 높은 단곡선 설치법은?
① 지거설치법 ② 중앙종거법
③ 편각설치법 ④ 현편거법

해설 1. 편각설치법
편각법은 접선과 현이 이루는 각(편각)을 이용하여 곡선을 설치하는 방법으로 철도, 도로 등의 곡선 설치에 가장 일반적인 방법이며, 다른 방법에 비해 정밀도가 높고 가장 널리 이용되는 단곡선 설치법으로 반경이 적을 때 오차가 많이 발생한다.
2. 중앙종거법
곡선반경이 작은 도심지 곡선설치에 유리하며 기설곡선의 검사나 정정에 편리하다. 일반적으로 1/4법이라고도 한다.

3. 접선편거 및 현편거법
   트랜싯을 사용하지 못할 때 폴과 테이프로 설치하는 방법으로 지방도로에 이용되며 정밀도는 다른 방법에 비해 낮다.
4. 접선에서 지거를 이용하는 방법
   양접선에 지거를 내려 곡선을 설치하는 방법으로 터널 내의 곡선 설치와 산림지에서 벌채량을 줄일 경우에 적당한 방법이다.

19 기선측량을 실시하여 150.1234m를 관측하였다. 기선 양단의 평균표고가 350m일 때 표고보정에 의해 계산된 기준면 상의 투영거리는? (단, 지구의 곡률반지름 $R=6,370$ km이다.)

① 150.0000m   ② 150.1152m
③ 150.1234m   ④ 150.1316m

해설 ㉠ 표고보정(평균해면 상 보정)
$$C=-\frac{LH}{R}=-\frac{150.1234\times 350}{6,370,000}$$
$$=-0.00825\text{m}$$
㉡ 투영거리=관측길이(L)-보정값(C)
$$=150.1234-0.00825$$
$$=150.1152\text{m}$$

20 트래버스 측량의 특징에 대한 설명으로 옳지 않은 것은?

① 삼각측량에 비하여 복잡한 시가지나 지형의 기복이 심해 시준이 어려운 지역의 측량에 적합하다.
② 도로, 수로, 철도와 같이 폭이 좁고 긴 지역의 측량에 편리하다.
③ 국가평면기준점 결정에 이용되는 측량방법이다.
④ 거리와 각을 관측하여 모든 점의 위치를 결정하는 측량이다.

해설 ㉠ 트래버스 측량은 기준이 되는 측점을 연결하는 기선의 길이와 방향을 관측하여 측점의 위치를 구하는 측량이다.
㉡ 국가평면기준점 결정에 이용되는 측량방법은 삼각측량이다.

Answer 19. ② 20. ③

측량학(2015년 1회 토목기사)

01 항공 LiDAR 자료의 특성에 대한 설명으로 옳은 것은?
① 시간, 계절 및 기상에 관계없이 언제든지 관측이 가능하다.
② 적외선 파장은 물에 잘 흡수되므로 수면에 반사된 자료는 신뢰성이 매우 높다.
③ 사진촬영을 동시에 진행할 수 없으므로 자료 판독이 어렵다.
④ 산림지역에서 지표면의 관측이 가능하다.

해설 LiDAR 측량의 원리
LiDAR 시스템은 레이저 펄스를 주사하여, 반사된 레이저 펄스의 도달시간을 측정함으로써 반사 지점의 공간 위치 좌표를 계산해내어 3차원의 정보를 추출하는 측량기법으로 LiDAR를 이용할 경우 대상물의 특성에 따라 반사되는 시간이 모두 다르기 때문에 건물 및 지형지물의 정확한 수치표고모델 생성이 가능하고 고해상도 영상과 융합되어 건물 레이어의 자동 구축, 광학영상에서 획득이 어려운 정보의 획득, 취득된 고정밀 수치표고모델을 이용하여 지형 DEM과 건물 및 구조물 DEM으로 구분하여 생성, 융합함으로써 신속하고 효율적으로 3차원 모델을 생성할 수 있다.

LiDAR 측량의 특성
• 광학시스템이 아니므로 기상조건과 일조량의 영향을 덜 받고 밤낮에 상관없이 측량이 가능하다.
• 산림, 수목 및 늪지대 등의 지형도 제작에 유용하다.
• 산림이나 수목지대에도 투과율이 높다.
• 자료의 판독성을 좋게 하기 위하여 사진촬영을 동시에 진행한다.
• 구름이나 대기 중의 부유물에도 반사되는 단점이 있다.
• 수면 아래는 계측할 수 없다.

02 지형도 작성을 위한 방법과 거리가 먼 것은?
① 탄성파 측량을 이용하는 방법
② 토털스테이션 측량을 이용하는 방법
③ 항공사진 측량을 이용하는 방법
④ 인공위성 영상을 이용하는 방법

해설 탄성파 측량
물체에 외력을 가했다가 외력을 제거했을 때 원상태로 돌아올 수 있는 상태에서 변형의 비율은 외력에 비례한다(Hook의 법칙). Hook의 법칙이 적용되는 고체를 탄성체라 하며 탄성체에 충격을 주어 급격한 변형을 일으키면 변형은 파장이 되어 주위로 전파되는데 이 파를 탄성파라한다. 인공적으로 지하에 진동을 일으킨 탄성파(종파, 횡파, 표면파)를 관측하여 지하구조 등을 구하는 작업을 말한다.

03 원곡선의 주요 점에 대한 좌표가 다음과 같을 때 이 원곡선의 교각(I)은?

> 교점(I,P)의 좌표
> : $X=1150.0m$, $Y=2300.0m$
> 곡선시점(B,C)의 좌표
> : $X=1000.0m$, $Y=2100.0m$
> 곡선종점(E,C)의 좌표
> : $X=1000.0m$, $Y=2500.0m$

① 90° 00′ 00″ ② 73° 44′ 24″
③ 53° 07′ 48″ ④ 36° 52′ 12″

해설
$\theta = \tan^{-1}\dfrac{\Delta y}{\Delta x} = \tan^{-1}\dfrac{2,300-2,100}{1,150-1,000}$
$= 53°7'48.37''$
$\therefore V_B^{\,I} = 53°7'48.37''$ (1상한)
$\theta = \tan^{-1}\dfrac{2,500-2,300}{1,000-1,150}$
$= 53°7'48.37''$ (3상한)

Answer 1. ④ 2. ① 3. ②

$$V_I^E = 180 - 53°7'48.37'' = 126°52'11.6''$$
$$\therefore\ I = 126°52'11.6'' - 53°7'48.37''$$
$$= 73°44'23.26''$$

04 30m에 대하여 3mm 늘어나 있는 줄자로써 정사각형의 지역을 측정한 결과 80,000m²이었다면 실제의 면적은?

① 80,016m²　　② 80,008m²
③ 79,984m²　　④ 79,992m²

 실제면적 = $\dfrac{(부정길이)^2}{(표준길이)^2} \times 관측면적$

$= \dfrac{(30.003)^2}{30^2} \times 80,000$

$= 80,016\text{m}^2$

05 수준측량에서 수준 노선의 거리와 무게(경중률)의 관계로 옳은 것은?

① 노선거리에 비례한다.
② 노선거리에 반비례한다.
③ 노선거리의 제곱근에 비례한다.
④ 노선거리의 제곱근에 반비례한다.

해설
- 직접수준측량에서 오차는 노선거리(S)의 제곱근($\sqrt{S}$)에 비례한다.
  $(m_1 : m_2 : m_3 = \sqrt{S_1} : \sqrt{S_2} : \sqrt{S_3})$
- 직접수준측량에서 경중률은 노선거리(S)에 반비례한다.
  $\left(P_1 : P_2 : P_3 = \dfrac{1}{S_1} : \dfrac{1}{S_2} : \dfrac{1}{S_3}\right)$
- 간접수준측량에서 오차는 노선거리(S)에 비례한다.
  $(m_1 : m_2 : m_3 = S_1 : S_2 : S_3)$
- 간접수준측량에서 경중률은 노선거리(S)의 제곱에 반비례한다.
  $\left(P_1 : P_2 : P_3 = \dfrac{1}{S_1^2} : \dfrac{1}{S_2^2} : \dfrac{1}{S_3^2}\right)$

06 수평각관측법 중 가장 정확한 값을 얻을 수 있는 방법으로 1등 삼각측량에 이용되는 방법은?

① 조합각관측법　　② 방향각법
③ 배각법　　　　　④ 단각법

 1. 배각법
하나의 각을 2회 이상 반복 관측하여 누적된 값을 평균하는 방법으로 이중축을 가진 트랜싯의 연직축오차를 소거하는 데 좋고 아들자의 최소눈금 이하로 정밀하게 읽을 수 있다.

2. 방향각법
① 어떤 시준방향을 기준으로 하여 각 시준방향에 이르는 각을 차례로 관측하는 방법으로, 배각법에 비해 시간이 절약되고 3등 삼각측량에 이용된다.
② 1점에서 많은 각을 잴 때 이용한다.

3. 조합각관측법
수평각 관측방법 중 가장 정확한 방법으로 1등 삼각측량에 이용된다.
① 방법
여러 개의 방향선의 각을 차례로 방향각법으로 관측하여 얻어진 여러 개의 각을 최소제곱법에 의해 최확값을 결정한다.
② 측각 총수, 조건식 총수
㉠ 측각 총수 = $\dfrac{1}{2}N(N-1)$
㉡ 조건식 총수 = $\dfrac{1}{2}(N-1)(N-2)$
여기서, N : 방향 수

07 수준측량에서 전시와 후시의 시준거리를 같게 하면 소거가 가능한 오차가 아닌 것은?

① 관측자의 시차에 의한 오차
② 정준이 불안정하여 생기는 오차
③ 기포관 축과 시준축이 평행되지 않았을 때 생기는 오차
④ 지구의 곡률에 의하여 생기는 오차

Answer 4. ① 5. ② 6. ① 7. ①

전시와 후시의 거리를 같게 함으로써 제거되는 오차
① 레벨의 조정이 불완전(시준선이 기포관축과 평행하지 않을 때)할 때
(시준축오차 : 오차가 가장 크다.)
② 지구의 곡률오차(구차)와 빛의 굴절오차(기차)를 제거한다.
③ 초점나사를 움직이는 오차가 없으므로 그로 인해 생기는 오차를 제거한다.

08 트래버스 측점 A의 좌표가 (200, 200)이고, AB 측선의 길이가 50m일 때 B점의 좌표는? (단, AB의 방위각은 195°이고, 좌표의 단위는 m이다.)

① (248.3, 187.1)　　② (248.3, 212.9)
③ (151.7, 187.1)　　④ (151.7, 212.9)

 $B_X = A_X + 거리 \times \cos V_A^B$
$= 200 + 50 \times \cos 195° = 151.7$
$B_Y = A_Y + 거리 \times \sin V_A^B$
$= 200 + 50 \times \sin 195° = 187.1$

09 하천측량에서 수애선의 기준이 되는 수위는?

① 갈수위　　② 평수위
③ 저수위　　④ 고수위

 1. 평수위(OWL)
어느 기간의 수위 중 이것보다 높은 수위와 낮은 수위의 관측수가 똑같은 수위로 일반적으로 평균수위보다 약간 낮은 수위. 1년을 통해 185일은 이보다 저하하지 않는 수위
• 수애선은 수면과 하안과의 경계선
• 수애선은 하천수위의 변화에 따라 변동하는 것으로 평수위에 의해 정해짐

2. 저수위
1년을 통해 275일은 이보다 저하하지 않는 수위

3. 갈수위
1년을 통해 355일은 이보다 저하하지 않는 수위

4. 고수위
2~3회 이상 이보다 적어지지 않는 수위

10 평탄한 지역에서 A측점에 기계를 세우고 15km 떨어져 있는 B측점을 관측하려고 할 때에 B측점 표척의 최소 높이는?(단, 지구의 곡률반지름=6,370km, 빛의 굴절은 무시)

① 7.85m　　② 10.85m
③ 15.66m　　④ 17.66m

해설 구차 $= \dfrac{S^2}{2R} = \dfrac{15^2}{2 \times 6,370}$
$= 0.01766$km $= 17.66$m

11 GPS 위성측량에 대한 설명으로 옳은 것은?

① GPS를 이용하여 취득한 높이는 지반고이다.
② GPS에서 사용하고 있는 기준타원체는 GRS80 타원체이다.
③ 대기 내 수증기는 GPS 위성신호를 지연시킨다.
④ VRS 측량에서는 망조정이 필요하다.

해설 ① GPS를 이용하여 취득한 높이는 타원체고이다.
② GPS에서 사용하고 있는 기준타원체는 WGS 84 타원체이다.
④ VRS 측량에서는 망조정이 필요 없다.

12 촬영고도 3,000m에서 초점거리 15cm인 카메라로 촬영했을 때 유효모델 면적은?(단, 사진크기는 23cm×23cm, 종중복 60%, 횡중복 30%)

① 4.72km²　　② 5.25km²
③ 5.92km²　　④ 6.37km²

 $\dfrac{1}{m} = \dfrac{f}{H} = \dfrac{0.15}{3,000} = \dfrac{1}{20,000}$
$A = (ma)^2 \left(1 - \dfrac{p}{100}\right)\left(1 - \dfrac{q}{100}\right)$
$= (20,000 \times 0.23)^2 \left(1 - \dfrac{60}{100}\right)\left(1 - \dfrac{30}{100}\right)$
$= 5,924,800$m² $= 5.92$km²

13 클로소이드 곡선에 대한 설명으로 틀린 것은?
① 곡률이 곡선의 길이에 반비례하는 곡선이다.
② 단위클로소이드란 매개변수 A가 1인 클로소이드이다.
③ 모든 클로소이드는 닮은꼴이다.
④ 클로소이드에서 매개변수 A가 정해지면 클로소이드의 크기가 정해진다.

해설 ① 곡률이 곡선장에 비례하는 곡선을 클로소이드 곡선이라 한다.

클로소이드의 성질
• 클로소이드는 나선의 일종이다.
• 모든 클로소이드는 닮은꼴이다.(상사성이다.)
• 단위가 있는 것도 있고 없는 것도 있다.
• τ는 30°가 적당하다.
• 확대율을 가지고 있다.
• τ는 라디안으로 구한다.

14 지성선에 관한 설명으로 옳지 않은 것은?
① 지성선은 지표면이 다수의 평면으로 구성되었다고 할 때 평면 간 접합부, 즉 접선을 말하며 지세선이라고도 한다.
② 철(凸)선을 능선 또는 분수선이라 한다.
③ 경사변환선이란 동일 방향의 경사면에서 경사의 크기가 다른 두면의 접합선이다.
④ 요(凹)선은 지표의 경사가 최대로 되는 방향을 표시한 선으로 유하선이라고 한다.

해설 지성선(Topographical Line)
지표는 많은 凸선, 凹선, 경사변환선, 최대경사선으로 이루어졌다고 생각할 때 이 평면의 접합부, 즉 접선을 말하며 지세선이라고도 한다.

1. 능선(凸선), 분수선
   지표면의 높은 곳을 연결한 선으로 빗물이 이것을 경계로 좌우로 흐르게 되므로 분수선 또는 능선이라 한다.

2. 계곡선(凹선), 합수선
   지표면이 낮거나 움푹 패인 점을 연결한 선으로 합수선 또는 합곡선이라 한다.

3. 경사변환선
   동일 방향의 경사면에서 경사의 크기가 다른 두 면의 접합선(등고선 수평간격이 뚜렷하게 달라지는 경계선)

4. 최대경사선
   지표의 임의의 한 점에 있어서 그 경사가 최대로 되는 방향을 표시한 선으로 등고선에 직각으로 교차하며 물이 흐르는 방향이라는 의미에서 유하선이라고도 한다.

15 장애물로 인하여 접근하기 어려운 2점 P, Q를 간접거리 측량한 결과 그림과 같다. AB의 거리가 216.90m일 때 PQ의 거리는?

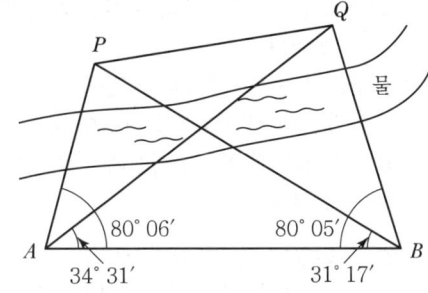

① 120.96m ② 142.29m
③ 173.39m ④ 194.22m

해설 $\angle APB = 180° - (80°06' + 31°17')$
$= 68°37'$

$\therefore \overline{AP} = \dfrac{\sin 31°17'}{\sin 68°37'} \times 216.9 = 120.96\text{m}$

$\angle AQB = 180° - (80°5' + 34°31') = 65°24'$

$\therefore \overline{AQ} = \dfrac{\sin 80°05'}{\sin 65°24'} \times 216.9 = 234.99\text{m}$

$\cos \angle PAQ = \dfrac{AP^2 + AQ^2 - PQ^2}{2AP \times AQ}$

$\therefore PQ^2 = AP^2 + AQ^2 - 2AP \times AQ \times \cos \angle PAQ$
$PQ = \sqrt{AP^2 + AQ^2 - 2AP \times AQ \times \cos \angle PAQ}$
$= \sqrt{\begin{array}{c}120.96^2 + 234.99^2 - 2 \times 120.96 \\ \times 234.99 \times \cos 45°35'\end{array}}$
$= 173.39\text{m}$

16 100m²인 정사각형 토지의 면적을 0.1m²까지 정확하게 구하고자 한다면 이에 필요한 거리 관측의 정확도는?

① 1/2,000　② 1/1,000
③ 1/500　④ 1/300

 해설 $\dfrac{dA}{A} = 2\dfrac{dl}{l}$ 에서

$$\dfrac{dl}{l} = \dfrac{1}{2}\dfrac{dA}{A} = \dfrac{1}{2} \times \dfrac{0.1}{100} = \dfrac{1}{2,000}$$

17 사진상의 연직점에 대한 설명으로 옳은 것은?

① 대물렌즈의 중심을 말한다.
② 렌즈의 중심으로부터 사진면에 내린 수선의 발이다.
③ 렌즈의 중심으로부터 지면에 내린 수선의 연장선과 사진면과의 교점이다.
④ 사진면에 직교되는 광선과 연직선이 만나는 점이다.

해설 1. 주점(Principal Point)
　주점은 사진의 중심점이라고도 한다. 주점은 렌즈 중심으로부터 화면(사진면)에 내린 수선의 발을 말하며 렌즈의 광축과 화면이 교차하는 점이다.

2. 연직점(Nadir Point)
　㉠ 렌즈 중심으로부터 지표면에 내린 수선의 발을 말하고 N을 지상연직점(피사체연직점), 그 선을 연장하여 화면(사진면)과 만나는 점을 화면연직점(n)이라 한다.
　㉡ 주점에서 연직점까지의 거리(mn)
　　$= f \tan i$

3. 등각점(Isocenter)
　㉠ 주점과 연직점이 이루는 각을 2등분한 점으로 또한 사진면과 지표면에서 교차되는 점을 말한다.
　㉡ 주점에서 등각점까지의 거리(mn)
　　$= f \tan \dfrac{i}{2}$

18 교점(IP)까지의 누가거리가 355m인 곡선부에 반지름(R)이 100m인 원곡선을 편각법에 의해 삽입하고자 한다. 이때 20m에 대한 호와 현길이의 차이에서 발생하는 편각(δ)의 차이는?

① 약 20″　② 약 34″
③ 약 46″　④ 약 55″

19 트래버스 ABCD에서 각 측선에 대한 위거와 경거값이 아래 표와 같을 때, 측선 BC의 배횡거는?

측선	위거(m)	경거(m)
AB	+75.39	+81.57
BC	−33.57	+18.78
CD	−61.43	−45.60
DA	+44.61	−52.65

① 81.57m　② 155.10m
③ 163.14m　④ 181.92m

 해설

측선	위거(m)	경거(m)	배횡거
AB	+75.39	+81.57	81.57
BC	−33.57	+18.78	81.57+81.57+18.78=181.92
CD	−61.43	−45.60	
DA	+44.61	−52.65	

20 전자파거리측량기로 거리를 측량할 때 발생되는 관측오차에 대한 설명으로 옳은 것은?

① 모든 관측오차는 거리에 비례한다.
② 모든 관측오차는 거리에 비례하지 않는다.
③ 거리에 비례하는 오차와 비례하지 않는 오차가 있다.
④ 거리가 어떤 길이 이상으로 커지면 관측오차가 상쇄되어 길이에 대한 영향이 없어진다.

 해설 전자파거리 측량기 오차
① 거리에 비례하는 오차 : 광속도의 오차, 광변조 주파수의 오차, 굴절률의 오차
② 거리에 비례하지 않는 오차 : 위상차 관측오차, 기계정수 및 반사경 정수의 오차

측량학(2015년 1회 토목산업기사)

01 노선의 길이가 2.5km인 결합트래버스 측량에서 폐합비를 1/2,500로 제한할 때 허용되는 최대 폐합차는?
① 0.2m ② 0.4m
③ 0.5m ④ 1.0m

해설
- 폐합비 $\left(\dfrac{1}{M}\right) = \dfrac{\text{폐합오차}}{\text{총 길이}}$
- 폐합오차 $= \dfrac{2,500}{2,500} = 1\text{m}$

02 반지름 35km 이내 지역을 평면으로 가정하여 측량했을 경우 거리관측값의 정밀도는?(단, 지구 반지름은 6,370km이다.)
① 약 $\dfrac{1}{10^4}$ ② 약 $\dfrac{1}{10^5}$
③ 약 $\dfrac{1}{10^6}$ ④ 약 $\dfrac{1}{10^7}$

해설 정밀도 $\left(\dfrac{\Delta L}{L}\right) = \dfrac{L^2}{12R^2}$
$= \dfrac{70^2}{12 \times 6,370^2}$
$\fallingdotseq \dfrac{1}{10^5}$

03 노선 중심선에 따른 횡단측량 결과, 1km+340m 지점은 흙쌓기 면적 50m²이고, 1km+360m 지점은 흙깎기 면적 15m²으로 계산되었다. 양단면평균법을 사용한 두 지점 간의 토량은?
① 흙깎기 토량 49.4m³
② 흙깎기 토량 494m³
③ 흙쌓기 토량 350m³
④ 흙쌓기 토량 494m³

해설 양단 평균법$(V) = \dfrac{A_1 + A_2}{2} \cdot L$
$= \dfrac{-50+15}{2} \times 20$
$= -300\text{m}^3(\text{성토})$

04 클로소이드의 기본식은 $A^2 = R \cdot L$을 사용한다. 이때 매개변수(Parameter) A값을 A^2으로 쓰는 이유는?
① 클로소이드의 나선형을 2차 곡선 형태로 구성하기 위하여
② 도로에서의 완화곡선(클로소이드)은 2차원이기 때문에
③ 양 변의 차원(Dimension)을 일치시키기 위하여
④ A값의 단위가 2차원이기 때문에

해설 매개변수 A값을 A^2로 하는 이유는 양변의 차원을 일치시키기 위함이다.

05 하천측량에서 평균유속을 구하기 위한 방법에 대한 설명으로 옳지 않은 것은?(단, 수면에서 수심의 20%, 40%, 60%, 80% 되는 곳의 유속을 각각 $V_{0.2}$, $V_{0.4}$, $V_{0.6}$, $V_{0.8}$이라 한다.)
① 1점법은 $V_{0.6}$을 평균유속으로 취하는 방법이다.
② 2점법은 $V_{0.2}$, $V_{0.6}$을 산술평균하여 평균유속으로 취하는 방법이다.
③ 3점법은 $\dfrac{1}{4}(V_{0.2} + 2V_{0.6} + V_{0.8})$로 계산하여 평균유속을 취하는 방법이다.

Answer 1. ④ 2. ② 3. ③ 4. ③ 5. ②

④ 4점법은 $\frac{1}{5}\left[(V_{0.2}+V_{0.4}+V_{0.6}+V_{0.8})+\frac{1}{2}\left(V_{0.2}+\frac{V_{0.8}}{2}\right)\right]$로 계산하여 평균유속을 취하는 방법이다.

해설

1점법	수면으로부터 수심 $0.6H$되는 곳의 유속 $V_m = V_{0.6}$
2점법	수심 $0.2H$, $0.8H$되는 곳의 유속 $V_m = \frac{1}{2}(V_{0.2}+V_{0.8})$
3점법	수심 $0.2H$, $0.6H$, $0.8H$되는 곳의 유속 $V_m = \frac{1}{4}(V_{0.2}+2V_{0.6}+V_{0.8})$
4점법	이것은 수심 $1.0m$ 내외의 장소에서 적당하다. $V_m = \frac{1}{5}\left\{(V_{0.2}+V_{0.4}+V_{0.6}+V_{0.8}) + \frac{1}{2}\left(V_{0.2}+\frac{V_{0.8}}{2}\right)\right\}$

06 트래버스측량을 한 전체 연장이 2.5km이고 위거오차가 +0.48m, 경거오차가 -0.36m였다면 폐합비는?

① 1/1,167　　② 1/2,167
③ 1/3,167　　④ 1/4,167

해설 폐합비 = $\frac{폐합오차}{전측선의\ 길이} = \frac{E}{\Sigma L}$
$= \frac{\sqrt{0.48^2+(-0.36)^2}}{2,500} = \frac{1}{4,166.66}$
$\fallingdotseq \frac{1}{4,167}$

07 $R=80$m, $L=20$m인 클로소이드의 종점 좌표를 단위클로소이드 표에서 찾아보니 $x=0.499219$, $y=0.020810$이었다면 실제 X, Y좌표는?

① $X=19.969$m, $Y=0.832$m
② $X=9.984$m, $Y=0.416$m
③ $X=39.936$m, $Y=1.665$m
④ $X=798.750$m, $Y=33.296$m

해설
- $\tan\theta = \frac{0.020810}{0.499219}$
  $\theta = \tan^{-1}\left(\frac{0.020810}{0.499219}\right) = 2°23'13.2''$
- $X = 20\times\cos2°23'13.2'' = 19.982$
  $Y = 20\times\sin2°23'13.2'' = 0.8329$

08 방대한 지역의 측량에 적합하며 동일 측점 수에 대하여 포괄면적이 가장 넓은 삼각망은?

① 유심 삼각망　　② 사변형 삼각망
③ 단열 삼각망　　④ 복합 삼각망

해설 유심 삼각망
- 넓은 지역의 측량에 적합하다.
- 동일 측점 수에 비해 포괄면적이 넓다.
- 정밀도는 단열 < 유심 < 사변형 순이다.

09 한 변이 36m인 정삼각형($\triangle ABC$)의 면적을 $\overline{BC}$변에 평행한 선($\overline{de}$)으로 면적비 $m:n = 1:1$로 분할하기 위한 $\overline{Ad}$의 거리는?

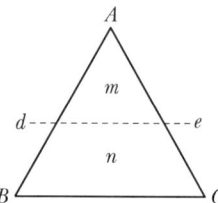

① 18.0m　　② 21.0m
③ 25.5m　　④ 27.5m

해설
- 비례식 이용
  $\triangle Ade : m = \triangle ABC : m+n$
- $\frac{m}{m+n} = \left(\frac{\overline{Ad}}{\overline{AB}}\right)^2$
- $\overline{Ad} = \overline{AB}\sqrt{\frac{m}{m+n}} = 36\times\sqrt{\frac{1}{1+1}}$
  $= 25.45$m

측량학(2015년 1회 토목산업기사)

10 사변형 삼각망은 보통 어느 측량에 사용되는가?
① 하천 조사측량을 하기 위한 골조측량
② 광대한 지역의 지형도를 작성하기 위한 골조측량
③ 복잡한 지형측량을 하기 위한 골조측량
④ 시가지와 같은 정밀을 필요로 하는 골조측량

 사변형망
- 조건식 수가 가장 많아 정밀도가 가장 높다.
- 조정이 복잡하고 시간과 비용이 많이 든다.
- 중요한 기선 삼각망에 사용한다.

11 교점(IP)의 위치가 기점으로부터 추가거리 325.18m이고, 곡선반지름(R) 200m, 교각(I) 41°00′인 단곡선을 편각법으로 설치하고자 할 때, 곡선시점(BC)의 위치는?(단, 중심말뚝 간격은 20m이다.)
① No.3+14.777m
② No.4+5.223m
③ No.12+10.403m
④ No.13+9.596m

해설
- $TL = R\tan\dfrac{I}{2} = 200 \times \tan\dfrac{41°}{2}$
  $= 74.777m$
- $\overline{BC}$ 거리 $= IP$(추가거리) $- TL$
  $= 325.18 - 74.777 = 250.403m$
  $= N_{12} + 10.403m$

12 평판을 설치할 때 오차에 가장 큰 영향을 주는 것은?
① 방향 맞추기(표정)
② 중심 맞추기(구심)
③ 수평 맞추기(정준)
④ 높이 맞추기(표고)

해설 정준, 구심, 표정(방향 맞추기) 중 표정이 오차에 미치는 영향이 가장 크다.

13 입체시에 의한 과고감에 대한 설명으로 옳지 않은 것은?
① 촬영기선이 긴 경우가 짧은 경우보다 커진다.
② 입체시를 할 경우 눈의 높이가 낮은 경우가 높은 경우보다 커진다.
③ 촬영고도가 낮은 경우가 높은 경우보다 커진다.
④ 초점거리가 짧은 경우가 긴 경우보다 커진다.

해설 과고감은 지표면의 기복을 과장하여 나타낸 것으로 평탄한 곳은 사진판독에 도움을 주나 사면의 경사는 실제보다 급하게 보이므로 오판에 주의한다.

14 축척이 1 : 25,000인 지형도 1매를 1 : 5,000 축척으로 재편집할 때 제작되는 지형도의 매수는?
① 25매 ② 20매
③ 15매 ④ 10매

해설
- 면적은 축척 $\left(\dfrac{1}{m}\right)^2$에 비례
- 매수 $= \left(\dfrac{25,000}{5,000}\right)^2 = 25$매

15 지형측량방법 중 기준점 측량에 해당되지 않는 것은?
① 수준측량 ② 삼각측량
③ 트래버스측량 ④ 스타디아측량

해설 스타디아측량은 정밀도가 낮은 간접거리, 고저차 세부측량이다.

기준점 측량
- 삼각측량
- 삼변측량
- 트래버스측량
- 수준측량 등

Answer 10. ④ 11. ③ 12. ① 13. ② 14. ① 15. ④

16 비행고도 4,600m에서 초점거리 184mm 사진기로 촬영한 수직항공사진에서 길이 150m 교량은 얼마의 크기로 표현되는가?

① 6.0mm　② 7.5mm
③ 8.0mm　④ 8.5mm

 해설
- 축척 $(\dfrac{1}{m}) = \dfrac{f}{H} = \dfrac{0.184}{4,600} = \dfrac{1}{25,000}$
- 축척 $(\dfrac{1}{m}) = \dfrac{도상거리}{실제거리}$

도상거리 $= \dfrac{실제거리}{m} = \dfrac{150}{25,000}$
$= 0.0006\text{m} = 6.0\text{mm}$

17 평야지대의 어느 한 측점에서 중간 장애물이 없는 21km 떨어진 어떤 측점을 시준할 때 어떤 측점에 세울 측표의 최소 높이는 얼마 이상이어야 하는가?(단, 기차는 무시하고, 지구곡률반지름은 6,370km이다.)

① 5m　② 15m
③ 25m　④ 35m

해설　$\Delta h = \dfrac{D^2}{2R}(1-K)$
$= \dfrac{21^2}{2 \times 6,370} = 0.035\text{km} = 35\text{m}$

18 캔트(Cant)의 크기가 C인 곡선에서 곡선반지름과 설계속도를 모두 2배로 하면 새로운 캔트의 크기는?

① $\dfrac{1}{2}C$　② $2C$
③ $4C$　④ $8C$

해설
- 캔트$(C) = \dfrac{SV^2}{Rg}$
- 곡선반지름과 속도 모두 2배로 하면 캔트 (C)는 2배가 된다.

19 어떤 노선을 수준측량하여 기고식 야장을 작성하였다. 측점 1, 2, 3, 4의 지반고 값으로 틀린 것은?

[단위 : m]

측점	후시	전시 이기점	전시 중간점	기계고	지반고
0	3.121			126.688	123.567
1			2.586		
2	2.428	4.065			
3			0.664		
4		2.321			

① 측점 1 : 124.102m
② 측점 2 : 122.623m
③ 측점 3 : 124.384m
④ 측점 4 : 122.730m

 해설
- 측점 1 = 126.688 − 2.586 = 124.102m
- 측점 2 = 126.688 − 4.065 = 122.623m
- 측점 3 = 125.051 − 0.664 = 124.387m
- 측점 4 = 125.051 − 2.321 = 122.730m

20 수준측량에서 담장 PQ가 있어, P점에서 표척을 QP방향으로 거꾸로 세워 아래 그림과 같은 결과를 얻었다. A점의 표고 $H_A = 51.25\text{m}$일 때 B점의 표고는?

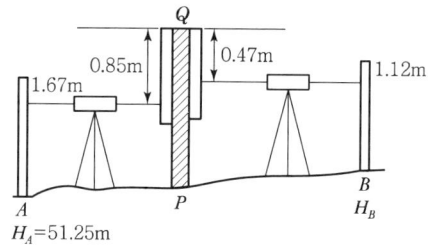

① 50.32m　② 52.18m
③ 53.30m　④ 55.36m

해설　$H_B = H_A + 1.67 + 0.085 - 0.47 - 1.12$
$= 51.25 + 1.67 + 0.85 - 0.47 - 1.12$
$= 52.18\text{m}$

측량학(2015년 2회 토목기사)

01 완화곡선에 대한 설명으로 옳지 않은 것은?
① 모든 클로소이드(Clothoid)는 닮음 꼴이며 클로소이드 요소는 길이의 단위를 가진 것과 단위가 없는 것이 있다.
② 완화곡선의 접선은 시점에서 원호에, 종점에서 직선에 접한다.
③ 완화곡선의 반지름은 그 시점에서 무한대, 종점에서는 원곡선의 반지름과 같다.
④ 완화곡선에 연한 곡선반지름의 감소율은 캔트(Cant)의 증가율과 같다.

해설 완화곡선의 특징
- 곡선반경은 완화곡선의 시점에서 무한대, 종점에서 원곡선 R로 된다.
- 완화곡선의 접선은 시점에서 직선에, 종점에서 원호에 접한다.
- 완화곡선에 연한 곡선반경의 감소율은 캔트의 증가율과 같다.
- 완화곡선의 종점의 캔트와 원곡선 시점의 캔트는 같다.
- 완화곡선은 이정의 중앙을 통과한다.

02 그림과 같은 삼각형을 직선 AP로 분할하여 $m:n=3:7$의 면적비율로 나누기 위한 BP의 거리는?(단, BC의 거리=500m)

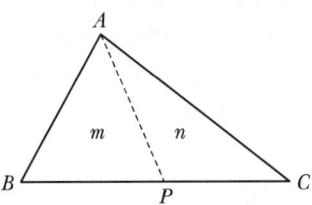

① 100m   ② 150m
③ 200m   ④ 250m

해설 $\dfrac{BP}{BC} = \dfrac{m}{m+n}$

$\therefore BP = \dfrac{m}{m+n} \times BC$

$= \dfrac{3}{3+7} \times 500 = 150\text{m}$

03 토량 계산공식 중 양단면의 면적차가 클 때 산출된 토량의 일반적인 대소 관계로 옳은 것은? (단, 중앙단면법: A, 양단면평균법: B, 각주공식: C)
① A=C<B   ② A<C=B
③ A<C<B   ④ A>C>B

해설 양단면평균법>각주공식>중앙단면법

04 조정계산이 완료된 조정각 및 기선으로부터 처음 신설하는 삼각점의 위치를 구하는 계산 순서로 가장 적합한 것은?
① 편심조정계산 → 삼각형계산(변, 방향각) → 경위도계산 → 좌표조정계산 → 표고계산
② 편심조정계산 → 삼각형계산(변, 방향각) → 좌표조정계산 → 표고계산 → 경위도계산
③ 삼각형계산(변, 방향각) → 편심조정계산 → 표고계산 → 경위도계산 → 좌표조정계산
④ 삼각형계산(변, 방향각) → 편심조정계산 → 표고계산 → 좌표조정계산 → 경위도계산

해설 편심조정계산 → 삼각형계산(변, 방향각) → 좌표조정계산 → 표고계산 → 경위도계산

Answer 1. ② 2. ② 3. ③ 4. ②

05 기선 $D=30\text{m}$, 수평각=80°, $\beta=70$°, 연직각 $V=40$°를 관측하였다면 높이 H는?(단, A, B, C점은 동일 평면임)

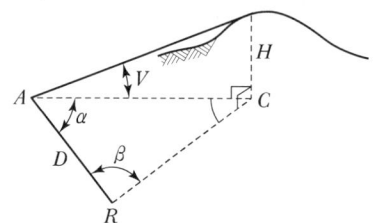

① 31.54m　　② 32.42m
③ 47.31m　　④ 55.32m

해설 $\overline{AC}$ 거리

$$\frac{D}{\sin C}=\frac{\overline{AC}}{\sin \beta}$$

$$\overline{AC}=\frac{\sin\beta}{\sin C}\times D=\frac{\sin 70°}{\sin 30°}\times 30$$
$$=56.38\text{m}$$

$H=\overline{AC}\times\tan 40°=56.38\times\tan 40°$
$=47.31\text{m}$

06 축척 1:1,000의 지형 측량에서 등고선을 그리기 위한 측점에 높이의 오차가 50cm이었다. 그 지점의 경사각이 1°일 때 그 지점을 지나는 등고선의 도상오차는?

① 2.86cm　　② 3.86cm
③ 4.86cm　　④ 5.86cm

해설 $\tan\theta=\dfrac{h}{D}$ 에서

$$D=\frac{h}{\tan\theta}=\frac{0.5}{\tan 1°}=28.6\text{m}$$

$\dfrac{1}{1,000}$ 지형도에 표시하면

$$d=\frac{28.6}{1000}=0.0286\text{m}=2.86\text{cm}$$

07 평균표고 730m인 지형에서 B측선의 수평거리를 측정한 결과 5,000m이었다면 평균해수면에서의 환산거리는?(단, 지구의 반지름은 6,370km)

① 5,000.57m　　② 5,000.66m
③ 4,999.34m　　④ 4,999.43m

해설 보정량$(C_K)=-\dfrac{LH}{R}$

$$=-\frac{5,000\times 730}{6,370,000}=-0.57\text{m}$$

환산거리$(L_0)=L-C_K$
$=5,000-0.57=4,999.43\text{m}$

08 A점에서 관측을 시작하여 A점으로 폐합시킨 폐합트래버스 측량에서 다음과 같은 측량결과를 얻었다. 이때 측선 AB의 배횡거는?

측선	위거(m)	경거(m)
AB	15.5	25.6
BC	-35.8	32.2
CA	20.3	-57.8

① 0m　　② 25.6m
③ 57.8m　　④ 83.4m

해설
- 첫 측선의 배횡거 : 첫 측선의 경거
- 임의 측선의 배횡거 : 전 측선의 배횡거+전 측선의 경거+그 측선의 경거
- 마지막 측선의 배횡거 : 마지막 측선의 경거(단, 부호는 반대)

09 세부도화 시 한 모델을 이루는 좌우사진에서 나오는 광속이 촬영면상에 이루는 종시차를 소거하여 목표 지형지물의 상대위치를 맞추는 작업을 무엇이라 하는가?

① 접합표정　　② 상호표정
③ 절대표정　　④ 내부표정

해설 1. 내부표정

　도화기의 투영기에 촬영 당시와 똑같은 상태로 양화건판을 정착시키는 작업이다.
- 주점의 위치결정

- 화면거리(f)의 조정
- 건판의 신축측정, 대기굴절, 지구곡률보정, 렌즈수차 보정

2. 상호표정

지상과의 관계는 고려하지 않고 좌우사진의 양투영기에서 나오는 광속이 촬영 당시 촬영면에 이루어 지는 종시차(ϕ)를 소거하여 목표 지형물의 상대위치를 맞추는 작업

3. 절대표정

상호표정이 끝난 입체모델을 지상 기준점(피사체 기준점)을 이용하여 지상좌표에 (피사체좌표계)와 일치하도록 하는 작업
- 축척의 결정
- 수준면(표고, 경사)의 결정
- 위치(방위)의 결정
- 절대표정인자(7개의 인자로 구성)
  $\lambda, \phi, \omega, k, b_x, b_y, b_z$

4. 접합표정

한쌍의 입체사진 내에서 한쪽의 표정인자는 전혀 움직이지 않고 다른 한쪽만을 움직여 그 다른 쪽에 접합시키는 표정법을 말하며, 삼각측정에 사용한다.
- 7개의 표정인자 결정
  ($\lambda, k, \omega, \phi, c_x, c_y, c_z$)
- 모델 간, 스트립 간의 접합요소 결정(축척, 미소변위, 위치 및 방위)

10 다각측량에서 어떤 폐합다각망을 측량하여 위거 및 경거의 오차를 구하였다. 거리와 각을 유사한 정밀도로 관측하였다면 위거 및 경거의 폐합오차를 배분하는 방법으로 가장 적당한 것은?

① 각 위거 및 경거에 등분배한다.
② 위거 및 경거의 크기에 비례하여 배분한다.
③ 측선의 길이에 비례하여 분배한다.
④ 위거 및 경거의 절대값의 총합에 대한 위거 및 경거의 크기에 비례하여 배분한다.

해설 1. 컴퍼스 법칙

각 관측과 거리 관측의 정밀도가 같을 때 조정하는 방법으로 각 측선길이에 비례하여 폐합오차를 배분한다.

$$\text{위거조정량} = \frac{\text{그 측선거리}}{\text{전 측선거리}} \times \text{위거오차}$$

$$= \frac{L}{\sum L} \times E_L$$

$$\text{경거조정량} = \frac{\text{그 측선거리}}{\text{전 측선거리}} \times \text{경거오차}$$

$$= \frac{L}{\sum L} \times E_D$$

2. 트랜싯 법칙

각관측의 정밀도가 거리관측의 정밀도 보다 높을 때 조정하는 방법으로 위거, 경거의 크기에 비례하여 폐합오차를 배분한다.

$$\text{위거조정량} = \frac{\text{그 측선의 위거}}{|\text{위거절대치의 합}|} \times \text{위거오차}$$

$$= \frac{L}{\sum |L|} \times E_D$$

$$\text{경거조정량} = \frac{\text{그 측선의 경거}}{|\text{경거절대치의 합}|} \times \text{경거오차}$$

$$= \frac{D}{\sum |D|} \times E_D$$

11 노선측량에서 단곡선의 설치방법에 대한 설명으로 옳지 않은 것은?

① 중앙종거를 이용한 설치방법은 터널 속이나 삼림지대에서 벌목량이 많을 때 사용하면 편리하다.
② 편각설치법은 비교적 높은 정확도로 인해 고속도로나 철도에 사용할 수 있다.
③ 접선편거와 현편거에 의하여 설치하는 방법은 줄자만을 사용하여 원곡선을 설치할 수 있다.
④ 장현에 대한 종거와 횡거에 의하는 방법은 곡률반지름이 짧은 곡선일 때 편리하다.

해설 중앙종거법

곡선반경이 작은 도심지 곡선설치에 유리하며 기설곡선의 검사나 정정에 편리하다. 일반적으로 1/4법이라고도 한다.

Answer 10. ③ 11. ①

12 거리측량의 정확도가 $\frac{1}{10,000}$일 때 같은 정확도를 가지는 각 관측오차는?

① 18.6″ ② 19.6″
③ 20.6″ ④ 21.6″

해설 정도 = $\frac{1}{m} = \frac{l}{S} = \frac{a''}{\rho''}$에서

$$a'' = \frac{\rho''}{m} = \frac{206,265''}{10,000} = 20.6''$$

13 GPS측량에서 이용하지 않는 위성신호는?

① L1 반송파 ② L2 반송파
③ L4 반송파 ④ L3 반송파

 위성신호

각각의 GPS 위성에는 위성의 상태 정보, 위성에 탑재된 시계의 시각 및 오차, 궤도 정보와 이력(Almanc), 천체력(Ephemeris) 등이 포함되어 있다. 궤도 정보 및 이력에는 모든 GPS 위성의 (비교적 장기간 동안 유지되는) 궤도 정보가 들어 있는데 이를 완전히 송신하면서부터 궤도 정보 및 이력의 수신이 완료된 경우, 다른 위성으로부터의 수신이 진행된다. 천체력(Ephemeris)에는 지상의 제어국으로부터 2시간마다 갱신되고 4시간 동안 유효한 개별 위성의 궤도 정보가 담겨져 있다.
이와 같은 항법메시지에는 C/A코드(Coarse/Acquisition Code 또는 Standard Code)와 P코드(Precision Code)와 함께 불규칙 잡음(Random Noise)이 담긴다. C/A 코드는 민간에 개방되어 있으나 P코드는 군사 목적으로 전용하기 위해 공개되지 않는 코드라, 암호화되는 키가 1주일 단위로 갱신되므로 키를 모른다면 해독할 수 없다.
GPS가 사용하는 반송파의 송신 주파수와 각 채널에 위상 변조를 거쳐 담기는 정보는 다음과 같다.

• L1(10.23MHz×154=1575.42MHz) : 항법메시지, C/A코드, P(Y)코드
• L2(10.23MHz×120=1227.60MHz) : P(Y)코드, Block-IIR-M 이후부터는 L2C코드도 포함
• L3(10.23MHz×135=1381.05MHz) : 미사일 발사, 핵 폭발 등의 고에너지 적외선 감지를 위해 방위지원프로그램 포함
• L4(1379.913MHz) : 추가적인 전리층 보정을 위해 연구 중
• L5(10.23MHz×115=1176.45MHz) : GPS 현대화 계획(GPS modernization)을 제안함. Block-IIF 위성 이후로 사용 가능

14 사진의 크기 23cm×18cm, 초점거리 30cm, 촬영고도 6,000m일 때 이사진의 포괄면적은?

① 16.6km² ② 14.4km²
③ 24.4km² ④ 26.6km²

해설 $\frac{1}{m} = \frac{f}{H} = \frac{0.3}{6,000} = \frac{1}{20,000}$

$A = ma \times ma_1$
$= (20,000 \times 0.23) \times (20,000 \times 0.18)$
$= 16,560,000 \text{m}^2 = 16.6 \text{km}^2$

15 등고선에 관한 설명으로 옳지 않은 것은?

① 높이가 다른 등고선은 절대 교차하지 않는다.
② 등고선 간의 최단거리 방향은 최급경사 방향을 나타낸다.
③ 지도의 도면 내에서 폐합되는 경우 등고선의 내부에는 산꼭대기 또는 분지가 있다.
④ 동일한 경사의 지표에서 등고선 간의 수평거리는 같다.

해설 등고선의 성질

• 동일 등고선 상에 있는 모든 점은 같은 높이이다.
• 등고선은 반드시 도면 안이나 밖에서 폐합된다.
• 지도의 도면 내에서 폐합되면 가장 가운데 부분이 산꼭대기(산정) 또는 凹지(요지)가 된다.
• 등고선은 도중에 없어지거나, 엇갈리거나 합쳐지거나 갈라지지 않는다.
• 높이가 다른 두 등고선은 동굴이나 절벽의 지형이 아닌 곳에서는 교차하지 않는다.
• 등고선은 경사가 급한 곳에서는 간격이 좁고 완만한 경사에서는 넓다.

Answer 12. ③ 13. ③ 14. ① 15. ①

- 최대경사의 방향은 등고선과 직각으로 교차한다.
- 분수선(능선)과 곡선(유하선)은 등고선과 직각으로 만난다.
- 2쌍의 등고선의 볼록부가 상대할 때는 볼록부를 나타낸다.
- 동등한 경사의 지표에서 양 등고선의 수평거리는 같다.
- 같은 경사의 평면일 때는 나란한 직선이 된다.
- 등고선이 능선을 직각방향으로 횡단한 다음 능선 다른 쪽을 따라 거슬러 올라간다.
- 등고선의 수평거리는 산꼭대기 및 산 밑에서는 크고 산중턱에서는 작다.

16 삼변측량에 관한 설명 중 틀린 것은?

① 관측요소는 변의 길이뿐이다.
② 관측값에 비하여 조건식이 적은 단점이 있다.
③ 삼각형의 내각을 구하기 위해 Cosine 제2의 법칙을 이용한다.
④ 반각공식을 이용하여 각으로부터 변을 구하여 수직위치를 구한다.

해설 삼변측량(Trilateration)
삼각측량은 삼각형의 세 각을 측정하고 측정된 각을 사용하여 세 변의 길이를 구하지만, 삼변측량은 세 변을 먼저 측정하고 세 각은 코사인 제2법칙 또는 반각법칙에 의해 삼각점의 위치를 결정하는 측량방법이다.

17 GIS 기반의 지능형 교통정보시스템(ITS)에 관한 설명으로 가장 거리가 먼 것은?

① 고도의 정보처리기술을 이용하여 교통운용에 적용한 것으로 운전자, 차량, 신호체계 등 매순간의 교통상황에 따른 대응책을 제시하는 것
② 도심 및 교통수요의 통제와 조정을 통하여 교통량을 노선별로 적절히 분산시키고 지체 시간을 줄여 도로의 효율성을 증대시키는 것
③ 버스, 지하철, 자전거 등 대중교통을 효율적으로 운행관리하며 운행상태를 파악하여 대중교통의 운영과 운영사의 수익을 목적으로 하는 체계
④ 운전자의 운전행위를 도와주는 것으로 주행 중 차량간격, 차선위반 여부 등의 안전 운행에 관한 체계

해설 지능형 교통정보시스템(ITS)
도로, 차량, 신호시스템 등 기존 교통체계의 구성요소에 전자, 제어, 통신 등 첨단기술을 접목시켜 교통시설의 효율을 높이고, 안전을 증진하기 위한 차세대 교통 시스템. 즉, 지능형 교통정보시스템은 사람이 두뇌의 조절과 제어 기능에 의해 신체가 움직이듯이 기존의 교통시스템에 인공지능을 갖추어 정보를 제공하고, 그 정보를 통하여 교통시설이 상황에 따라 자동제어되어 이용자에게 최대한 편의를 제공하는 시스템이다. 운전자는 중앙센터를 통해 자동제어되는 신호기와 교통정보에 따라 편안하게 차량을 운전하며, 교통정보와 관련되는 사업자 및 이용자는 ITS에서 제공하는 각종 서비스와 교통정보를 활용하여 경영 및 생활에 도움을 받을 수 있다. 우리나라에서는 1997년에 과천시가 ITS시범실시지역으로 선정되어 지능형 교통시스템 5개 분야 중 교통량 감응 실시간 신호제어 시스템을 비롯하여 과속차량 자동단속시스템, 자동요금 징수시스템, 교통소통 안내시스템, 주차안내시스템, 주행안내시스템, 버스도착예정시간 안내・노선 및 운행현황 안내시스템 등 8종류의 서비스를 실시하고 있다.
1. 지능형 교통정보시스템은 전자화된 지도를 활용해 화물차운행을 실시간으로 파악하면서 교통정보를 무선통신으로 제공할 수 있다.
2. 특히 기름, 가스, 화학물질, 독극물, 방사선 물질 등 위험물의 수송차량에 대한 안전운행 경로지시와 불법 과속 운행감시 등을 할 수 있어 물류 효율화와 안전사고 방지를 극대화할 수 있을 것으로 본다.

Answer 16. ④ 17. ③

18 캔트(Cant)의 계산에서 속도 및 반지름을 2배로 하면 캔트는 몇 배가 되는가?

① 2배   ② 4배
③ 8배   ④ 16배

해설 $C = \dfrac{SV^2}{Rg} = \dfrac{2^2}{2} = 2$배

19 하천의 수위관측소 설치를 위한 장소로 적합하지 않은 것은?

① 상하류의 길이가 약 100m 정도되는 직선인 곳
② 홍수 시 관측소가 유실 및 파손될 염려가 없는 곳
③ 수위표를 쉽게 읽을 수 있는 곳
④ 합류나 분류에 의해 수위가 민감하게 변화하여 다양한 수위의 관측이 가능한 곳

해설 수위 관측소(水位觀測所) 및 양수표(量水標, Water Guage) 설치 장소
- 하안(河岸)과 하상(河床)이 안전하고 세굴이나 퇴적이 되지 않은 장소
- 상하류의 길이가 약 100m 정도의 직선일 것
- 유속의 변화가 크지 않아야 한다.
- 수위가 교각이나 기타 구조물에 영향을 받지 않은 장소
- 홍수 때는 관측소의 유실, 이동 및 파손될 염려가 없는 장소
- 평시는 홍수 때보다 수위표가 쉽게 읽을 수 있는 장소
- 지천의 합류점 및 분류점으로 수위의 변화가 생기지 않는 장소
- 양수표의 영점위치는 최저수위 밑에 있고, 양수표 눈금의 최고위는 최고홍수위보다 높아야 한다.
- 양수표는 평균해수면의 표고를 측정해 둔다.
- 어떠한 갈수시에도 양수표가 노출되지 않는 장소
- 수위가 급변하지 않는 장소
- 양수표는 하천에 연하여 5~10km마다 배치한다.

20 평야지대의 어느 한 측점에서 중간 장애물이 없는 26km 떨어진 어떤 측점을 시준할 때 어떤 측점에 세울 표척의 최소 높이는?(단, 기차상수는 0.14이고 지구곡률반지름은 6,370km이다.)

① 16m   ② 26m
③ 36m   ④ 46m

해설 양차 $= \dfrac{S^2}{2R}(1-K)$
$= \dfrac{26^2}{2 \times 6370}(1-0.14)$
$= 0.0456\text{km} = 45.6\text{m}$

Answer 18. ① 19. ④ 20. ④

측량학(2015년 2회 토목산업기사)

01 측량에서 관측된 값에 포함되어 있는 오차를 조정하기 위해 최소제곱법을 이용하게 되는데 이를 통하여 처리되는 오차는?
① 과실
② 정오차
③ 우연오차
④ 기계적 오차

 오차의 종류
1. 정오차 또는 누차(Constant Error, 누적오차, 누차, 고정오차)
   - 오차 발생 원인이 확실하여 일정한 크기와 일정한 방향으로 생기는 오차
   - 측량 후 조정이 가능하다.
   - 정오차는 측정횟수에 비례한다.
     $E_1 = n \cdot \delta$
     여기서, E_1 : 정오차
     δ : 1회 측정 시 누적오차
     n : 측정(관측)횟수

2. 우연오차(Accidental Error, 부정오차, 상차, 우차)
   - 오차의 발생 원인이 명확하지 않아 소거 방법도 어렵다.
   - 최소제곱법의 원리로 오차를 배분하며 오차론에서 다루는 오차를 우연오차라 한다.
   - 우연오차는 측정 횟수의 제곱근에 비례한다.
     $E_2 = \pm \delta \sqrt{n}$
     여기서, E_2 : 우연오차
     δ : 우연오차
     n : 측정(관측)횟수

3. 착오(Mistake, 과실)
   - 관측자의 부주의에 의해서 발생하는 오차
   - 예 : 기록 및 계산의 착오, 눈금 읽기의 잘못, 숙련 부족 등

02 초점거리 150mm의 사진기로 해면으로부터 2,000m 상공에서 촬영한 어느 산정의 사진축척이 1 : 10,000일 때 이 산정의 높이는?
① 300m
② 500m
③ 800m
④ 1,200m

03 하천의 연직선 내의 평균유속을 구할 때 3점법을 사용하는 경우, 평균유속(V)을 구하는 식은?(단, V_n : 수면으로부터 수심의 n에 해당되는 지점의 관측유속)

① $V_m = \dfrac{1}{2}(V_{0.2} + V_{0.8})$

② $V_m = \dfrac{1}{3}(V_{0.2} + V_{0.6} + V_{0.8})$

③ $V_m = \dfrac{1}{4}(V_{0.2} + V_{0.6} + 2V_{0.8})$

④ $V_m = \dfrac{1}{4}(V_{0.2} + 2V_{0.6} + V_{0.8})$

 1. 1점법
수면으로부터 수심 0.6H 되는 곳의 유속
$V_m = V_{0.6}$

2. 2점법
수심 0.2H, 0.8H 되는 곳의 유속
$V_m = \dfrac{1}{2}(V_{0.2} + V_{0.8})$

3. 3점법
수심 0.2H, 0.6H, 0.8H 되는 곳의 유속
$V_m = \dfrac{1}{4}(V_{0.2} + 2V_{0.6} + V_{0.8})$

4. 4점법
수심 1.0m 내외의 장소에서 적당하다.
$V_m = \dfrac{1}{5}(V_{0.2} + V_{0.4} + V_{0.6} + V_{0.8}) + \dfrac{1}{2}\left(V_{0.2} + \dfrac{V_{0.8}}{2}\right)$

Answer 1. ③ 2. ② 3. ④

04 토공작업을 수반하는 종단면도에 계획선을 넣을 때 고려하여야 할 사항으로 옳지 않은 것은?

① 계획선은 될 수 있는 한 요구에 맞게 한다.
② 절토는 성토로 이용할 수 있도록 운반거리를 고려하여야 한다.
③ 경사와 곡선을 병설해야 하고 단조로움을 피하기 위하여 가능한 한 많이 설치한다.
④ 절토량과 성토량은 거의 같게 한다.

해설 토공작업을 수반하는 종단면도에 계획선을 넣을 때 경사와 곡선의 병설을 피해야 한다.

05 사진판독의 요소와 거리가 먼 것은?

① 색조, 모양
② 질감, 크기
③ 과고감, 상호위치관계
④ 촬영고도, 화면거리

해설 1. 주요소
- 색조 : 피사체(대상물)가 갖는 빛의 반사에 의한 것으로 수목의 종류를 판독하는 것을 말한다.
- 모양 : 피사체(대상물)의 배열상황에 의하여 판별하는 것으로 사진 상에서 볼 수 있는 식생, 지형 또는 지표상의 색조 등을 말한다.
- 질감 : 색조, 형상, 크기, 음영 등의 여러 요소의 조합으로 구성된 조밀, 거칢, 세밀함 등으로 표현하며 초목 및 식물의 구분을 나타낸다.
- 형상 : 개체나 목표물의 구성, 배치 및 일반적인 형태를 나타낸다.
- 크기 : 어느 피사체(대상물)가 갖는 입체적, 평면적인 넓이와 길이를 나타낸다.
- 음영 : 판독 시 빛의 방향과 촬영 시의 빛의 방향을 일치시키는 것이 입체감을 얻는 데 용이하다.

2. 보조요소
- 상호위치관계 : 어떤 사진상이 주위의 사진상과 어떠한 관계가 있는가 파악하는 것으로 주위의 사진상과 연관되어 성립되는 것이 일반적인 경우이다.
- 과고감 : 과고감은 지표면의 기복을 과장하여 나타낸 것으로 낮고 평평한 지역에서의 지형판독에 도움이 되는 반면 경사면의 경사는 실제보다 급하게 보이므로 오판에 주의해야 한다.

06 축척 1 : 1,000의 도면에서 면적을 측정한 결과 5cm²이었다. 이 도면이 전체적으로 1% 신장되어 있었다면 실제면적은?

① 510m² ② 55m²
③ 495m² ④ 490m²

해설 실제면적 = 측정면적 $\times (1-\varepsilon)^2$
$= 500 \times (1-0.01)^2$
$= 490.05 \text{m}^2$

$\left(\dfrac{1}{m}\right)^2 = \dfrac{\text{도상면적}}{\text{실제면적}}$ 에서

실제면적 = 도상면적 $\times m^2$
$= 5 \times 1,000^2 = 5,000,000 \text{cm}^2$
$= 500 \text{m}^2$

07 타원체에 관한 설명으로 옳은 것은?

① 어느 지역의 측량좌표계의 기준이 되는 지구타원체를 준거타원체(또는 기준타원체)라 한다.
② 실제 지구와 가장 가까운 회전타원체를 지구타원체라 하며, 실제 지구의 모양과 같이 굴곡이 있는 곡면이다.
③ 타원의 주축을 중심으로 회전하여 생긴 지구물리학적 형상을 회전타원체라 한다.
④ 준거타원체는 지오이드와 일치한다.

해설 1. 회전타원체
한 타원의 지축을 중심으로 회전하여 생기는 입체타원체
2. 지구타원체
부피와 모양이 실제의 지구와 가장 가까운 회전타원체를 지구의 형으로 규정한 타원체
3. 준거타원체
어느 지역의 대지측량계의 기준이 되는 지구타원체

Answer 4. ③ 5. ④ 6. ④ 7. ①

4. 국제타원체
전 세계적으로 대지측량계의 통일을 위해 IUGG(International Association of Geodesy, 국제측지 및 지구물리학연합)에서 제정한 지구타원체

08 삼각망 중 조건식이 가장 많아 가장 높은 정확도를 얻을 수 있는 것은?

① 단열삼각망   ② 사변형삼각망
③ 유심다각망   ④ 트래버스망

해설
1. 단열삼각쇄(망)(Single chain of tringles)
   - 폭이 좁고 길이가 긴 지역에 적합하다.
   - 노선·하천·터널 측량 등에 이용한다.
   - 거리에 비해 관측 수가 적다.
   - 측량이 신속하고 경비가 적게 든다.
   - 조건식의 수가 적어 정도가 낮다.

2. 유심삼각쇄(망)(Chain of central points)
   - 동일 측점에 비해 포함면적이 가장 넓다.
   - 넓은 지역에 적합하다.
   - 농지측량 및 평탄한 지역에 사용된다.
   - 정도는 단열삼각망보다 좋으나 사변형보다 적다.

3. 사변형삼각쇄(망)(Chain of quadrilaterals)
   - 조건식의 수가 가장 많아 정밀도가 가장 높다.
   - 기선삼각망에 이용된다.
   - 삼각점 수가 많아 측량시간이 많이 걸리며 계산과 조정이 복잡하다.

09 축척 1 : 2,500의 도면에 등고선 간격을 2m로 할 때 육안으로 식별할 수 있는 등고선과 등고선 사이의 최소거리가 0.4mm라 하면 등고선으로 표시할 수 있는 최대 경사각은?

① 52.1°   ② 63.4°
③ 72.8°   ④ 81.6°

10 체적계산에 있어서 양 단면의 면적이 $A_1 = 80m^2$, $A_2 = 40m^2$, 중간 단면적 $A_m = 70m^2$이다. A_1, A_2 단면 사이의 거리가 30m이면 체적은?(각, 각주공식 사용)

① $2,000m^3$ ② $2,060m^3$
③ $2,460m^3$ ④ $2,640m^3$

해설 $V = \dfrac{l}{6}(A_1 + 4A_m + A_2)$

$= \dfrac{30}{6}(80 + 4 \times 70 + 40) = 2,000m^3$

11 노선측량에서 평면곡선으로 공통 접선의 반대방향에 반지름(R)의 중심을 갖는 곡선 형태는?

① 복심곡선   ② 포물선곡선
③ 반향곡선   ④ 횡단곡선

해설
- 복심곡선(Compound Curve) : 반경이 다른 2개의 원곡선이 1개의 공통접선을 갖고 접선의 같은 쪽에서 연결하는 곡선을 말한다. 복심곡선을 사용하면 그 접속점에서 곡률이 급격히 변화하므로 될 수 있는 한 피하는 것이 좋다.
- 반향곡선(Reverse Curve) : 반경이 같지 않은 2개의 원곡선이 1개의 공통접선의 양쪽에 서로 곡선중심을 가지고 연결한 곡선이다. 반향곡선을 사용하면 접속점에서 핸들의 급격한 회전이 생기므로 가급적 피하는 것이 좋다.
- 배향곡선(Hairpin Curve) : 반향곡선을 연속시켜 머리핀 같은 형태의 곡선으로 된 것을 말한다. 산지에서 기울기를 낮추기 위해 쓰이므로 철도에서 Switch Back에 적합하여 산허리를 누비듯이 나아가는 노선에 적용한다.

Answer 8. ② 9. ② 10. ① 11. ③

12 우리나라의 축척 1 : 50,000 지형도에 있어서 등고선의 주곡선 간격은?

① 5m ② 10m
③ 20m ④ 100m

해설

등고선 종류	기호	축척			
		1/5,000	1/10,000	1/25,000	1/50,000
주곡선	가는 실선	5	5	10	20
간곡선	가는 파선	2.5	2.5	5	10
조곡선 (보조곡선)	가는 점선	1.25	1.25	2.5	5
계곡선	굵은 실선	25	25	50	100

13 교각 $I=90°$, 곡선반지름 $R=200\text{m}$인 단곡선에서 노선기점으로부터 교점까지의 거리가 520m일 때 노선기점으로부터 곡선시점까지의 거리는?

① 280m ② 320m
③ 390m ④ 420m

해설 $TL = R\tan\dfrac{I}{2} = 200 \times \tan\dfrac{90}{2} = 200\text{m}$
$BC = IP - TL = 520 - 200 = 320\text{m}$

14 그림과 같은 터널의 천정에 대한 수준측량 결과에서 C점의 지반고는?(단, $b_1=2.324\text{m}$, $f_1=3.246\text{m}$, $b_2=2.787\text{m}$, $f_2=2.938\text{m}$, A점 지반고 $=32.243\text{m}$)

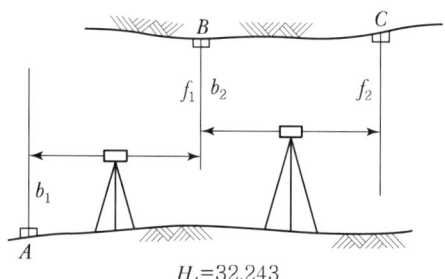

① 31.170m ② 32.088m
③ 33.316m ④ 37.964m

해설 $H_C = H_A + b_1 + f_1 - b_2 + f_2$
$= 32.243 + 2.324 + 3.246 - 2.787 + 2.938$
$= 37.964\text{m}$

15 삼각측량을 위한 삼각점의 위치선정에 있어서 피해야 할 장소로서 중요도가 가장 적은 것은?

① 편심관측을 하여야 하는 곳
② 나무를 벌목하여야 하는 곳
③ 습지와 같은 연약지반인 곳
④ 측표의 높이를 높게 설치하여야 되는 곳

해설 삼각점
- 각 점이 서로 잘 보일 것
- 삼각형의 내각은 60°에 가깝게 하는 것이 좋으나 1개의 내각은 30~120° 이내로 한다.
- 표지와 기계가 움직이지 않을 견고한 지점일 것
- 가능한 한 측점 수가 적고 세부측량에 이용 가치가 커야 한다.
- 벌목을 많이 하거나 높은 시준탑을 세우지 않아도 관측할 수 있는 점일 것

16 그림과 같은 결합 트래버스의 관측 오차를 구하는 공식은?
(단, $[\alpha] = \alpha_1 + \alpha_2 + \ldots\ldots + \alpha_{(n-1)} + \alpha_n$)

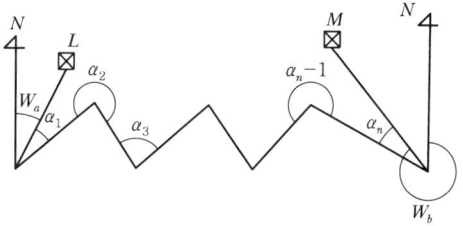

① $(W_a - W_b) + [\alpha] - 180°(n+1)$
② $(W_a - W_b) + [\alpha] - 180°(n-1)$
③ $(W_a - W_b) + [\alpha] - 180°(n-2)$
④ $(W_a - W_b) + [\alpha] - 180°(n-3)$

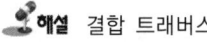

해설 결합 트래버스

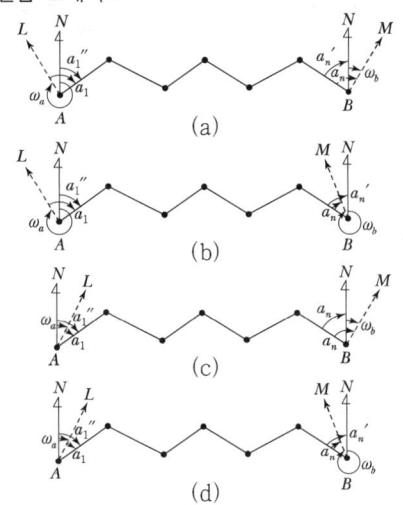

(a)의 경우
$E_a = \omega_a - \omega_b + [a] - 180°(n+1)$
(b), (c)의 경우
$E_a = \omega_a - \omega_b + [a] - 180°(n-1)$
(d)의 경우
$E_a = \omega_a - \omega_b + [a] - 180°(n-3)$

17 캔트(Cant)계산에서 속도 및 반지름을 모두 2배로 증가시키면 캔트는?

① 1/2로 감소한다.
② 2배로 증가한다.
③ 4배로 증가한다.
④ 8배로 증가한다.

해설 $C = \dfrac{SV^2}{Rg} = \dfrac{2^2}{2} = 2$배

18 방위각 260°의 역방위는 얼마인가?

① N80°E   ② N80°W
③ S80°E   ④ S80°W

해설
• 방위각 260°의 방위 : S80°W
• 방위각 260°의 역방위 : N80°E

19 아래와 같은 수준측량 성과에서 측점 4의 지반고는?(단위 : m)

측점	후시	기계고	전시 이기점	전시 중간점	지반고
1	1.500				100
2				2.300	
3	1.200		2.600		
4			1.400		
계					

① 98.7m   ② 98.9m
③ 100.1m   ④ 100.3m

해설

측점	후시	기계고	전시 이기점	전시 중간점	지반고
1	1.500	100+1.5 =101.5			100
2				2.300	101.5-2.3 =99.2
3	1.200	98.9+1.2 =100.1	2.600		101.5-2.6 =98.9
4			1.400		100.1-1.4 =98.7
계	2.700		4.000		

20 트래버스 측량에서 발생된 폐합오차를 조정하는 방법 중의 하나인 컴퍼스 법칙(Compass Rule)의 오차 배분 방법에 대한 설명으로 옳은 것은?

① 트래버스 내각의 크기에 비례하여 배분한다.
② 트래버스 외각의 크기에 비례하여 배분한다.
③ 각 변의 위·경거에 비례하여 배분한다.
④ 각 변의 측선 길이에 비례하여 배분한다.

해설 1. 컴퍼스 법칙
각 관측과 거리 관측의 정밀도가 같을 때 조정하는 방법으로 각 측선길이에 비례하여 폐합오차를 배분한다.

Answer 17. ② 18. ① 19. ① 20. ④

위거조정량 = (그 측선거리)/(전 측선거리) × 위거오차

$= \dfrac{L}{\sum L} \times E_L$

경거조정량 = (그 측선거리)/(전 측선거리) × 경거오차

$= \dfrac{L}{\sum L} \times E_D$

2. 트랜싯 법칙

각 관측의 정밀도가 거리 관측의 정밀도보다 높을 때 조정하는 방법으로 위거, 경거의 크기에 비례하여 폐합오차를 배분한다.

위거조정량 = (그 측선의 위거)/|위거절대치의 합| × 위거오차

$= \dfrac{L}{\sum |L|} \times E_D$

경거조정량 = (그 측선의 경거)/|경거절대치의 합| × 경거오차

$= \dfrac{D}{\sum |D|} \times E_D$

측량학(2015년 3회 토목기사)

01 축척 1:25,000의 수치지형도에서 경사가 10%인 등경사 지형의 주곡선 간 도상거리는?

① 2mm ② 4mm
③ 6mm ④ 8mm

- 경사$(i) = \dfrac{H}{D} = \dfrac{10\%}{100} = \dfrac{1}{10}$ 이므로
수평거리$(D) = 10 \times H$
$= 10 \times 10 = 100\text{m}$

$\dfrac{1}{m} = \dfrac{도상거리}{실제거리}$ 에서

$\dfrac{1}{25,000} = \dfrac{도상거리}{100}$

도상거리 $= \dfrac{실제거리}{m} = \dfrac{100}{25,000}$
$= 0.004\text{m} = 4\text{mm}$

- 도상 수평거리$(D) = \dfrac{D}{m} = \dfrac{100}{25,000}$
$= 0.004\text{m} = 4\text{mm}$

등고선 간격

구분	1:5,000	1:10,000	1:25,000	1:50,000
주곡선	5m	5m	10m	20m
계곡선	25m	25m	50m	100m
간곡선	2.5m	2.5m	5m	10m
조곡선	1.25m	1.25m	2.5m	5m

02 직사각형 두 변의 길이를 $\dfrac{1}{200}$ 정확도로 관측하여 면적을 구할 때 산출된 면적의 정확도는?

① $\dfrac{1}{50}$ ② $\dfrac{1}{100}$
③ $\dfrac{1}{200}$ ④ $\dfrac{1}{400}$

해설 면적의 정도는 거리관측 정도의 2배이다.
정밀도 $= \left(\dfrac{1}{M}\right) = \dfrac{\Delta A}{A} = 2\dfrac{\Delta L}{L}$
$= 2 \times \dfrac{1}{200} = \dfrac{1}{100}$

03 축척 1:5,000 수치지형도의 주곡선 간격으로 옳은 것은?

① 5m ② 10m
③ 15m ④ 20m

해설 등고선 간격

구분	1:5,000	1:10,000	1:25,000	1:50,000
주곡선	5m	5m	10m	20m
계곡선	25m	25m	50m	100m
간곡선	2.5m	2.5m	5m	10m
조곡선	1.25m	1.25m	2.5m	5m

04 초점거리 210mm인 카메라를 사용하여 사진크기 18×18cm로 평탄한 지역을 촬영한 항공사진에서 주점기선장이 70mm였다. 이 항공사진의 축척이 1:20,000이었다면 비고 200m에 대한 시차차는?

① 2.2mm ② 3.3mm
③ 4.4mm ④ 5.5mm

해설
- $\dfrac{1}{M} = \dfrac{f}{H}$ 에서, $H = Mf$
- $\Delta P = \dfrac{h}{H}b_0 = \dfrac{h}{Mf}b_0$
$= \dfrac{200}{20,000 \times 0.21} \times 0.07$
$= 0.0033\text{m} = 3.3\text{mm}$

05 곡선반지름 R, 교각 I인 단곡선을 설치할 때 사용되는 공식으로 틀린 것은?

① $T.L. = R\tan\dfrac{I}{2}$

② $C.L. = \dfrac{\pi}{180°}RI°$

③ $E = R\left(\sec\dfrac{I}{2} - 1\right)$

④ $M = R\left(1 - \sin\dfrac{I}{2}\right)$

해설 중앙종거$(M) = R\left(1 - \cos\dfrac{I}{2}\right)$

06 축척에 대한 설명 중 옳은 것은?
① 축척 1:500 도면에서의 면적은 실제면적의 1/1,000이다.
② 축척 1:600 도면을 축척 1:200으로 확대했을 때 도면의 크기는 3배가 된다.
③ 축척 1:300 도면에서의 면적은 실제면적의 1/9,000이다.
④ 축척 1:500 도면을 축척 1:1,000으로 축소했을 때 도면의 크기는 1/4이 된다.

해설 ① 축척$\left(\dfrac{1}{M}\right)$이면 실제면적의 $\left(\dfrac{1}{M}\right)^2$
$\left(\dfrac{1}{500}\right)^2 = \dfrac{1}{25,000}$

② 축척 1:600 도면을 축척 1:200으로 확대했을 때
도면의 크기 : $\left(\dfrac{600}{200}\right)^2 = 3^2 = 9$배

③ 축척 1:300 도면에서의 면적은 실제면적 $\left(\dfrac{1}{300}\right)^2 = \dfrac{1}{90,000}$

④ $\dfrac{1}{500}$(축척)을 $\dfrac{1}{1,000}$로 축소하면 도면의 면적은 $\left(\dfrac{500}{1,000}\right)^2 = \dfrac{1}{4}$이다.

07 노선측량에서 실시설계측량에 해당하지 않는 것은?
① 중심선 설치 ② 용지측량
③ 지형도 작성 ④ 다각측량

해설 실시설계측량
㉠ 지형도 작성
㉡ 중심선 선정
㉢ 중심선 설치(도상)
㉣ 다각 측량
㉤ 중심선의 설치 현장
㉥ 고저측량
• 고저측량
• 종단면도 작성

08 트래버스측량에서 관측값의 계산은 편리하나 한번 오차가 생기면 그 영향이 끝까지 미치는 각관측방법은?
① 교각법 ② 편각법
③ 협각법 ④ 방위각법

해설

교각법	어떤 측선이 그 앞의 측선과 이루는 각을 관측하는 것을 교각법이라 한다.
편각법	각 측선이 그 앞 측선의 연장과 이루는 각을 관측하는 방법
방위각법	방위각법은 직접 방위각이 관측되어 편리하나 오차 발생 시 이후 측량에도 영향을 끼친다.

09 2,000m의 거리를 50m씩 끊어서 40회 관측하였다. 관측결과 오차가 ±0.14m였고, 40회 관측의 정밀도가 동일하다면, 50m 거리 관측의 오차는?
① ±0.022m ② ±0.019m
③ ±0.016m ④ ±0.013m

해설
• 우연오차는 측량거리의 제곱근에 비례
• 오차 = $= 0.022$m

10 직접고저측량을 실시한 결과가 그림과 같을 때, A점의 표고가 10m라면 C점의 표고는?(단, 그림은 개략도로 실제 치수와 다를 수 있음)

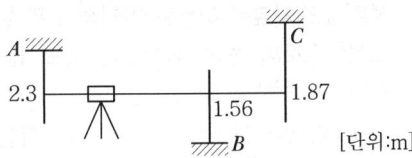

① 9.57m ② 9.66m
③ 10.57m ④ 10.66m

해설 $H_C = H_A - 2.3 + 1.87 = 10 - 2.3 + 1.87$
$= 9.57\text{m}$

11 항공 LIDAR 자료의 활용 분야로 틀린 것은?
① 도로 및 단지 설계
② 골프장 설계
③ 지하수 탐사
④ 연안 수심 DB 구축

해설 LIDAR의 활용범위
• 구조물의 변형량 계산
• 가상공간 및 건물시뮬레이션
• 용적계산
• 지형 및 일반구조물의 측량

12 지구 표면의 거리 35km까지를 평면으로 간주했다면 허용정밀도는 약 얼마인가?(단, 지구의 반지름은 6,370km이다.)
① 1/300,000 ② 1/400,000
③ 1/500,000 ④ 1/600,000

해설 정도 $\left(\dfrac{d-D}{D}\right) = \dfrac{D^2}{12R^2} = \dfrac{1}{m}$
$= \dfrac{35^2}{12 \times 6,370^2} ≒ \dfrac{1}{400,000}$

13 도로의 종단곡선으로 주로 사용되는 곡선은?
① 2차 포물선 ② 3차 포물선
③ 클로소이드 ④ 렘니스케이트

해설

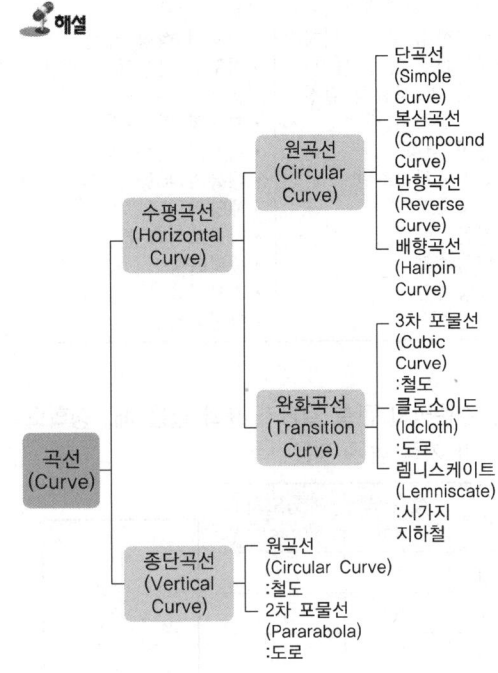

14 다음 중 지상기준점 측량방법으로 틀린 것은?
① 항공사진삼각측량에 의한 방법
② 토털스테이션에 의한 방법
③ 지상레이더에 의한 방법
④ GPS에 의한 방법

해설 지상기준점 측량
• 항공삼각측량
• GPS
• T/S
• 관성측량

15 다음 중 물리학적 측지학에 해당되는 것은?
① 탄성파 관측
② 면적 및 부피 계산
③ 구과량 계산
④ 3차원 위치 결정

Answer 10. ① 11. ③ 12. ② 13. ① 14. ③ 15. ①

해설 측지학의 분류

기하학적 측지학	물리학적 측지학
지구 및 천체에 대한 점들의 상호위치관계를 조사	지구의 형상해석 및 지구의 내부 특성을 조사
• 측지학적 3차원 위치결정(경도, 위도, 높이) • 길이 및 시간의 결정 • 수평위치 결정 • 높이 결정 • 면적 · 체적측량 • 지도제작 • 천문측량 • 위성측량 • 해양측량 • 사진측량	• 지구의 형상 해석 • 지구의 극운동과 자전운동 • 지구의 열 측정 • 지각의 변동 및 균형 • 대륙의 부동 • 해양의 조류 • 지구조석측량 • 중력측량 • 지자기측량 • 탄성파측량

16 수준망의 관측 결과가 표와 같을 때, 정확도가 가장 높은 것은?

구분	총 거리 (km)	폐합오차 (mm)
I	25	±20
II	16	±18
III	12	±15
IV	8	±13

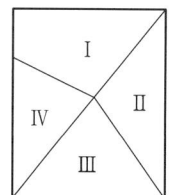

① I ② II
③ III ④ IV

- I 구간 : $\delta = \dfrac{\pm 20}{\sqrt{25}} = \pm 4$
- II 구간 : $\delta = \dfrac{\pm 18}{\sqrt{16}} = \pm 4.5$
- III 구간 : $\delta = \dfrac{\pm 15}{\sqrt{12}} = \pm 4.33$
- IV 구간 : $\delta = \dfrac{\pm 13}{\sqrt{8}} = \pm 4.596$

∴ I 구간의 정확도가 가장 높다.

17 좌표를 알고 있는 기지점에 고정용 수신기를 설치하여 보정자료를 생성하고 동시에 미지점에 또 다른 수신기를 설치하여 고정점에서 생성된 보정자료를 이용해 미지점의 관측자료를 보정함으로써 높은 정확도를 확보하는 GPS 측위 방법은?

① KINEMATIC   ② STATIC
③ SPOT   ④ DGPS

 DGPS(Differential Global Position System)
정밀 GPS는 GPS의 오차 보정 기술이다. DGPS 측량은 상대측량방식의 GPS 측량기법으로 좌표값을 알고 있는 기지점을 이용하여 미지점의 좌표결정 시 위치오차를 최대한 줄이는 측량형태이다.
기지점에 기준국용 GPS 수신기를 설치하며 위성을 관측하여 각 위성의 의사거리 보정값을 구한 뒤 이를 이용하여 이동국용 GPS 수신기의 위치결정오차를 개선하는 위치결정형태이다.

18 그림에서 두 각이 ∠AOB=15°32′18.9″±5″, ∠BOC=67°17′45″±15″로 표시될 때 두 각의 합 ∠AOC는?

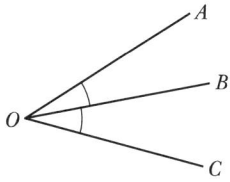

① 82°50′3.9″±5.5″
② 82°50′3.9″±10.1″
③ 82°50′3.9″±15.4″
④ 82°50′3.9″±15.8″

 1. 오차 전파의 법칙
$$E = \pm\sqrt{m_1^2 + m_2^2} = \pm\sqrt{5^2 + 15^2}$$
$$= \pm 15.8″$$
2. $\angle AOC = (15°32′18.9″ + 67°17′45″)$
$\qquad \pm 15.8″$
$\qquad = 82°50′3.9″ \pm 15.8″$

19 수심이 h인 하천의 평균 유속을 구하기 위하여 수면으로부터 $0.2h$, $0.6h$, $0.8h$가 되는 깊이에서 유속을 측량한 결과 초당 0.8m, 1.5m, 1.0m였다. 3점법에 의한 평균 유속은?

① 0.9m/s　　② 1.0m/s
③ 1.1m/s　　④ 1.2m/s

해설 3점법 $(V_n) = \dfrac{1}{4}(V_{0.2} + 2V_{0.6} + V_{0.8})$
$= \dfrac{1}{4}(0.8 + 2 \times 1.5 + 1.0)$
$= 1.2\text{m/s}$

20 190km/h인 항공기에서 초점거리 153mm인 카메라로 시가지를 촬영한 항공사진이 있다. 사진 상에서 허용흔들림량 0.01mm, 최장 노출시간 $\dfrac{1}{250}$초, 사진크기 23×23cm일 때, 연직점으로부터 7cm 떨어진 위치에 있는 건물의 실제 높이가 120m라면 이 건물의 기복변위는?

① 1.4mm　　② 2.0mm
③ 2.6mm　　④ 3.4mm

해설 최장 노출시간 $T_l = \dfrac{\Delta s \, m}{V}$

$m = \dfrac{T_l \cdot V}{\Delta s}$

$= \dfrac{\dfrac{1}{250} \times \left(190{,}000{,}000 \times \dfrac{1}{3{,}600}\right)}{0.01}$

$= 21{,}111$

$\dfrac{1}{m} = \dfrac{f}{H}$ 에서

$H = mf = 21{,}111 \times 0.153 = 3{,}230\text{m}$

$\Delta r = \dfrac{h}{H} r = \dfrac{120}{3{,}230} \times 70 = 2.6\text{mm}$

측량학(2015년 3회 토목산업기사)

01 그림에서 B점의 지반고는?(단, $H_A = 39.695$m)

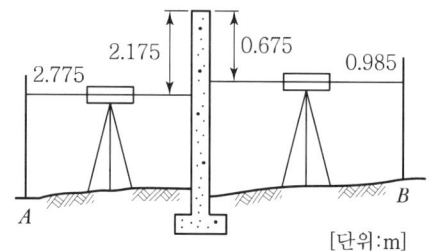

① 39.405m   ② 39.985m
③ 42.985m   ④ 46.305m

해설
$H_B = H_A + 2.775 + 2.175 - 0.675 - 0.985$
$= 39.695 + 2.775 + 2.175 - 0.675 - 0.985$
$= 42.985$m

02 기초 터파기 공사를 하기 위해 가로, 세로, 깊이를 줄자로 관측하여 다음과 같은 결과를 얻었다. 토공량과 여기에 포함된 오차는?

- 가로 40±0.05m
- 세로 20±0.03m
- 깊이 15±0.02m

① 6,000±28.4m³   ② 6,000±48.9m³
③ 12,000±28.4m³   ④ 12,000±48.9m³

해설
- 오차$(M) = \pm \sqrt{(20 \times 15)^2 \times 0.05^2 + (40 \times 15)^2 \times 0.03^2 + (40 \times 20)^2 \times 0.02^2}$
$= \pm 28.4$m³
- 체적$(V) = 40 \times 20 \times 15 = 12,000$m³
∴ 체적＋오차 $= 12,000 \pm 28.4$m³

03 완화곡선 중 주로 고속도로에 사용되는 것은?

① 3차 포물선
② 클로소이드(Clothoid) 곡선
③ 반파장 사인(Sine) 체감곡선
④ 렘니스케이트(Lemniscate) 곡선

해설

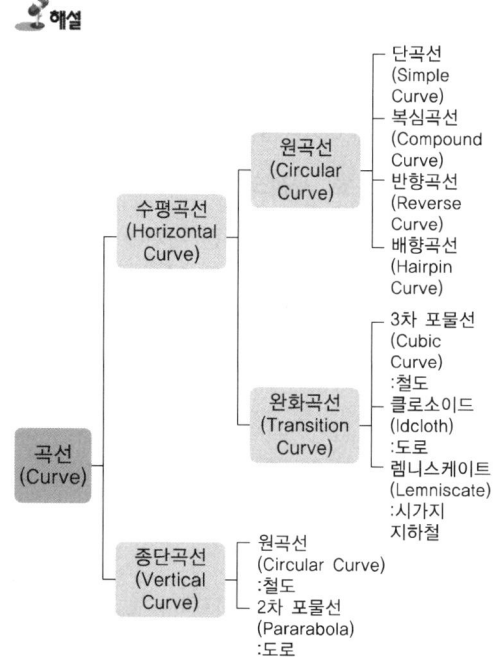

04 수준측량에서 전시와 후시의 거리를 같게 하여도 제거되지 않는 오차는?

① 시준선과 기포관축이 평행하지 않을 때 생기는 오차
② 표척 눈금의 읽음오차
③ 광선의 굴절오차
④ 지구곡률 오차

Answer 1. ③   2. ③   3. ②   4. ②

전시와 후시의 거리를 같게 함으로써 제거되는 오차
- 레벨의 조정이 불완전(시준선이 기포관축과 평행하지 않을 때)할 때(시준축오차 : 오차가 가장 크다.)
- 지구의 곡률오차(구차)와 빛의 굴절오차(기차)를 제거한다.
- 초점나사를 움직이는 오차가 없으므로 그로 인해 생기는 오차를 제거한다.

05 축척 1 : 1,200 지형도 상에서 면적을 측정하는데 축척을 1 : 1,000으로 잘못 알고 면적을 산출한 결과 12,000m²를 얻었다면 정확한 면적은?

① 8,333m² ② 12,368m²
③ 15,806m² ④ 17,280m²

- 면적비 = 축척비의 자승 $\left(\dfrac{1}{M}\right)^2$
- $\left(\dfrac{1,200}{1,000}\right)^2 = \dfrac{A}{12,000}$
- $\therefore A = \left(\dfrac{1,200}{1,000}\right)^2 \times 12,000 = 17,280\text{m}^2$

06 지형도를 작성할 때 지형 표현을 위한 원칙과 거리가 먼 것은?

① 기복을 알기 쉽게 할 것
② 표현을 간결하게 할 것
③ 정량적 계획을 엄밀하게 할 것
④ 기호 및 도식을 많이 넣어 세밀하게 할 것

지형의 표시방법에는 자연적 도법과 부호적 도법이 있다.

자연적 도법	자연적 도법은 태양광선에 의한 명암법을 이용하여 입체감을 느끼게 하는 것	
	영선법 (우모법) (Hachuring)	"게바"라 하는 단선상(短線上)의 선으로 지표의 기본을 나타내는 것으로 게바의 사이, 굵기, 방향 등에 의하여 지표를 표시하는 방법
	음영법 (명암법) (Shading)	태양광선이 서북쪽에서 45°로 비친다고 가정하여 지표의 기복을 도상에서 2~3색 이상으로 채색하여 지형을 표시하는 방법으로 지형의 입체감이 가장 잘 나타나는 방법이다.
부호적 도법	부호적 도법은 일정한 부호를 사용하여 지형을 세부적으로 정확히 나타내는 방법이다.	
	점고법 (Spot Height System)	지표면 상의 표고 또는 수심을 숫자에 의하여 지표를 나타내는 방법으로 하천, 항만, 해양 등에 주로 이용
	등고선법 (Contour System)	동일 표고의 점을 연결한 것으로 등고선을 통해 지표를 표시하며 토목공사용으로 가장 널리 사용
	채색법 (Layer System)	같은 등고선의 지대를 같은 색으로 채색하여 높을수록 진하게 낮을수록 연하게 칠하여 높이의 변화를 나타내며 지리관계의 지도에 주로 사용

07 경중률에 대한 설명으로 틀린 것은?

① 관측횟수에 비례한다.
② 관측거리에 반비례한다.
③ 관측값의 오차에 비례한다.
④ 사용기계의 정밀도에 비례한다.

경중률(무게 : P) : 경중률이란 관측값의 신뢰정도를 표시하는 값으로 관측 방법, 관측 횟수, 관측거리 등에 따른 가중치를 말한다.

㉠ 경중률은 관측횟수(n)에 비례한다.
$(P_1 : P_2 : P_3 = n_1 : n_2 : n_3)$

㉡ 경중률은 평균제곱오차(m)의 제곱에 반비례한다.
$\left(P_1 : P_2 : P_3 = \dfrac{1}{m_1^2} : \dfrac{1}{m_2^2} : \dfrac{1}{m_3^2}\right)$

㉢ 경중률은 정밀도(R)의 제곱에 비례한다.
$(P_1 : P_2 : P_3 = R_1^2 : R_2^2 : R_3^2)$

㉣ 직접수준측량에서 오차는 노선거리(S)의 제곱근 ($\sqrt{S}$)에 비례한다.
$(m_1 : m_2 : m_3 = \sqrt{S_1} : \sqrt{S_2} : \sqrt{S_3})$

㉤ 직접수준측량에서 경중률은 노선거리(S)에 반비례한다.
$\left(P_1 : P_2 : P_3 = \dfrac{1}{S_1} : \dfrac{1}{S_2} : \dfrac{1}{S_3}\right)$

㉥ 간접수준측량에서 오차는 노선거리(S)에 비례한다.
$(m_1 : m_2 : m_3 = S_1 : S_2 : S_3)$

㉦ 간접수준측량에서 경중률은 노선거리(S)의 제곱에 반비례한다.
$\left(P_1 : P_2 : P_3 = \dfrac{1}{S_1^2} : \dfrac{1}{S_2^2} : \dfrac{1}{S_3^2}\right)$

08 폐합다각측량에서 각 관측보다 거리 관측 정밀도가 높을 때 오차를 배분하는 방법으로 옳은 것은?

① 해당 측선 길이에 비례하여 배분한다.
② 해당 측선 길이에 반비례하여 배분한다.
③ 해당 측선의 위, 경거의 크기에 비례하여 배분한다.
④ 해당 측선의 위, 경거의 크기에 반비례하여 배분한다.

해설
1. 컴퍼스법칙
   각관측과 거리관측의 정밀도가 같을 때 조정하는 방법으로 각측선길이에 비례하여 폐합오차를 배분한다.

2. 트랜싯법칙
   각관측의 정밀도가 거리관측의 정밀도보다 높을 때 조정하는 방법으로 위거, 경거의 크기에 비례하여 폐합오차를 배분한다.

09 평균유속 관측방법 중 3점법을 사용하기 위한 관측 유속으로 짝지어진 것은?(단, h는 전체 수심)

① 수면에서 $0.1h$, $0.4h$, $0.9h$ 지점의 유속
② 수면에서 $0.1h$, $0.4h$, $0.8h$ 지점의 유속
③ 수면에서 $0.2h$, $0.4h$, $0.8h$ 지점의 유속
④ 수면에서 $0.2h$, $0.6h$, $0.8h$ 지점의 유속

해설

1점법	수면으로부터 수심 $0.6H$ 되는 곳의 유속 $V_m = V_{0.6}$
2점법	수심 $0.2H$, $0.8H$ 되는 곳의 유속 $V_m = \frac{1}{2}(V_{0.2} + V_{0.8})$
3점법	수심 $0.2H$, $0.6H$, $0.8H$ 되는 곳의 유속 $V_m = \frac{1}{4}(V_{0.2} + 2V_{0.6} + V_{0.8})$
4점법	이것은 수심 1.0m 내외의 장소에서 적당하다. $V_m = \frac{1}{5}\left\{(V_{0.2} + V_{0.4} + V_{0.6} + V_{0.8}) + \frac{1}{2}\left(V_{0.2} + \frac{V_{0.8}}{2}\right)\right\}$

10 촬영고도 3,000m에서 초점거리 15cm의 카메라로 평지를 촬영한 밀착사진의 크기가 23×23cm이고 종중복도가 57%, 횡중복도가 30%일 때 이 연직사진의 유효 모델 면적은?

① 5.4km²
② 6.4km²
③ 7.4km²
④ 8.4km²

해설 유효면적(A_0)
$= (ma)^2\left(1 - \frac{p}{100}\right)\left(1 - \frac{q}{100}\right)$
$= (20,000 \times 0.23)^2\left(1 - \frac{57}{100}\right)\left(1 - \frac{30}{100}\right)$
$= 6,369,160 \text{m}^2$
$= 6.4 \text{km}^2$

축척$\left(\frac{1}{m}\right) = \frac{f}{H} = \frac{0.15}{3,000} = \frac{1}{20,000}$

11 A점에서 출발하여 다시 A점에 되돌아오는 다각측량을 실시하여 위거오차 20cm, 경거오차 30cm가 발생하였다. 전 측선길이가 800m일 때 다각측량의 정밀도는?

① $\frac{1}{1,000}$
② $\frac{1}{1,730}$
③ $\frac{1}{2,220}$
④ $\frac{1}{2,630}$

해설 폐합비$\left(\frac{1}{M}\right) = \frac{\text{폐합오차}(E)}{\text{전 측선의 길이}(\Sigma L)}$

$\frac{1}{M} = \frac{\sqrt{0.2^2 + 0.3^2}}{800} ≒ \frac{1}{2,220}$

12 그림과 같이 A점에서 B점에 대하여 장애물이 있어 시준을 못하고 B′점을 시준하였다. 이때 B점의 방향각 T_B를 구하기 위한 보정각(x)을 구하는 식으로 옳은 것은?(단, $e<1.0$m, $p=206,265''$, $S=4$km)

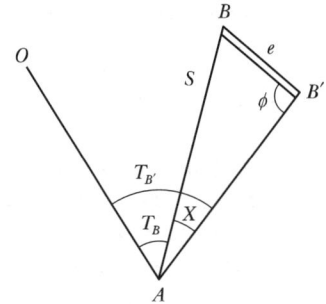

① $x = \rho \dfrac{e}{S} \sin\phi$ ② $x = \rho \dfrac{e}{S} \cos\phi$

③ $x = \rho \dfrac{S}{e} \sin\phi$ ④ $x = \rho \dfrac{S}{e} \cos\phi$

해설 $\dfrac{e}{\sin x} = \dfrac{S}{\sin\phi}$

$\sin x = \dfrac{e}{S} \sin\phi$

$x = \sin^{-1}\left(\dfrac{e \sin\phi}{S}\right) = \dfrac{e}{S} \sin\phi \rho''$

13 원곡선에서 장현 L과 그 중앙 종거 M을 관측하여 반지름 R을 구하는 식으로 옳은 것은?

① $\dfrac{L^2}{8M}$ ② $\dfrac{L^2}{4M}$

③ $\dfrac{L^2}{2M}$ ④ $\dfrac{L^2}{M}$

해설 중앙종거와 곡률반경의 관계

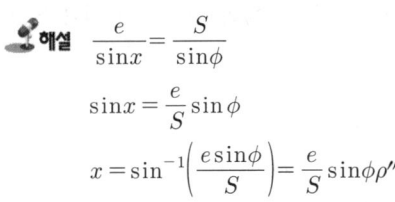

여기서, $\dfrac{M}{2}$은 미세하여 무시해도 됨

$R = \dfrac{L^2}{8M}$

14 교점(IP)의 위치가 기점으로부터 143.25m일 때 곡선반지름 150m, 교각 58°14′24″인 단곡선을 설치하고자 한다면 곡선시점의 위치는? (단, 중심말뚝 간격 20m)

① No.2+3.25   ② No.2+19.69
③ No.3+9.69   ④ No.4+3.56

해설
• 접선장(TL) $= R \tan \dfrac{I}{2}$

$= 150 \times \tan \dfrac{58°14'24''}{2}$

$= 83.56$m

• 곡선시점(BC) = IP − TL = 143.25 − 83.56
  = 59.69m

• BC 측점번호 = No.2+19.69m

15 평판을 설치할 때 고려하여야 할 조건과 거리가 먼 것은?

① 수평 맞추기   ② 교회 맞추기
③ 중심 맞추기   ④ 방향 맞추기

해설 평판측량의 3요소

정준 (Leveling Up)	평판을 수평으로 맞추는 작업(수평 맞추기)
구심 (Centering)	평판상의 측점과 지상의 측점을 일치시키는 작업(중심 맞추기)
표정 (Orientation)	평판을 일정한 방향으로 고정시키는 작업으로 평판측량의 오차 중 가장 크다.(방향 맞추기)

16 등고선에 관한 설명으로 틀린 것은?

① 간곡선은 계곡선보다 가는 실선으로 나타낸다.
② 주곡선 간격이 10m이면 간곡선 간격은 5m이다.
③ 계곡선은 주곡선보다 굵은 실선으로 나타낸다.
④ 계곡선 간격은 주곡선 간격의 5배이다.

해설 등고선의 성질
- 동일 등고선 상에 있는 모든 점은 같은 높이이다.
- 등고선은 반드시 도면 안이나 밖에서 서로 폐합한다.
- 지도의 도면 내에서 폐합되면 가장 가운데 부분을 산꼭대기(산정) 또는 凹지(요지)가 된다.
- 등고선은 도중에 없어지거나, 엇갈리거나 합쳐지거나 갈라지지 않는다.
- 높이가 다른 두 등고선은 동굴이나 절벽의 지형이 아닌 곳에서는 교차하지 않는다.
- 등고선은 경사가 급한 곳에서는 간격이 좁고 완만한 경사에서는 넓다.
- 최대경사의 방향은 등고선과 직각으로 교차한다.
- 분수선(능선)과 곡선(유하선)은 등고선과 직각으로 만난다.
- 2쌍의 등고선의 볼록부가 상대할 때는 볼록부를 나타낸다.
- 동등한 경사의 지표에서 양 등고선의 수평거리는 같다.
- 같은 경사의 평면일 때는 나란한 직선이 된다.
- 등고선이 능선을 직각방향으로 횡단한 다음 능선 다른 쪽을 따라 거슬러 올라간다.
- 등고선의 수평거리는 산꼭대기 및 산 밑에서는 크고 산중턱에서는 작다.

17 사진측량의 특징에 대한 설명으로 옳지 않은 것은?
① 기상의 영향을 받지 않고 전천후 측량을 수행할 수 있다.
② 광범위한 지역에 대한 동시 측량이 가능하다.
③ 정성적 측량이 가능하다.
④ 축척 변경이 용이하다.

해설 사진측량의 장단점
1. 장점
   - 정량적 및 정성적 측정이 가능하다.
   - 정확도가 균일하다.
   - 동체측정에 의한 현상 보존이 가능하다.
   - 접근하기 어려운 대상물의 측정도 가능하다.
   - 축척 변경도 가능하다.
   - 분업화로 작업을 능률적으로 할 수 있다.
   - 경제성이 높다.
   - 4차원의 측정이 가능하다.
   - 비지형측량이 가능하다.
2. 단점
   - 좁은 지역에서는 비경제적이다.
   - 기자재가 고가이다.
     (시설 비용이 많이 든다.)
   - 피사체에 대한 식별의 난해가 있다.
     (지명, 행정경제 건물명, 음영에 의하여 분별하기 힘든 곳 등의 측정은 현장의 작업으로 보충측량이 요구된다.)
   - 기상조건에 영향을 받는다.
   - 태양고도 등에 영향을 받는다.

18 철도에 완화곡선을 설치하고자 할 때 캔트(Cant)의 크기 결정과 직접적인 관계가 없는 것은?
① 레일간격
② 곡선반지름
③ 원곡선의 교각
④ 주행속도

해설 캔트 : $C = \dfrac{SV^2}{Rg}$

여기서, C : 캔트
S : 궤간
V : 차량속도
R : 곡선반경
g : 중력가속도

슬랙 : $\varepsilon = \dfrac{L^2}{2R}$

여기서, ε : 확폭량
L : 차량 앞바퀴에서 뒷바퀴까지의 거리
R : 차선 중심선의 반경

Answer 17. ① 18. ③

19 어떤 측선의 길이를 3군으로 나누어 관측하여 표와 같은 결과를 얻었을 때, 측선 길이의 최확값은?

관측군	관측값(m)	측정횟수
I	100.350	2
II	100.340	5
III	100.353	3

① 100.344m ② 100.346m
③ 100.348m ④ 100.350m

- 경중률은 측정 횟수에 비례한다.
  $P_1 : P_2 : P_3 = 2 : 5 : 3$
- 최확값
  $= \dfrac{P_1 L_1 + P_2 L_2 + P_3 L_3}{P_1 + P_2 + P_3}$
  $= \dfrac{2 \times 0.35 + 5 \times 0.34 + 3 \times 0.353}{2+5+3} + 100$
  $= 100.3459\text{m} ≒ 100.346\text{m}$

20 삼각측량에서 B점의 좌표 $X_B = 50.000$m, $Y_B = 200.000$m, BC의 길이 25.478m, BC의 방위각 77°11′56″일 때 C점의 좌표는?

① $X_C = 55.645$m, $Y_C = 175.155$m
② $X_C = 55.645$m, $Y_C = 224.845$m
③ $X_C = 74.845$m, $Y_C = 194.355$m
④ $X_C = 74.845$m, $Y_C = 205.645$m

- $X_C = X_B + \overline{BC} \cos\alpha$
  $= 50 + 25.478 \times \cos 77°11′56″$
  $= 55.645$m
- $Y_C = Y_B + \overline{BC} \sin\alpha$
  $= 200 + 25.478 \times \sin 77°11′56″$
  $= 224.845$m

Answer 19.② 20.②

측량학(2016년 1회 토목기사)

01 종단면도에 표기하여야 하는 사항으로 거리가 먼 것은?
① 흙깎기 토량과 흙쌓기 토량
② 거리 및 누가거리
③ 지반고 및 계획고
④ 경사고

해설 종단면도 기재사항
- 관측점 위치
- 관측점 간의 수평거리
- 각 관측점의 기지점에서의 누가거리
- 각 관측점의 지반고 및 고저기준점의 높이
- 관측점에서의 계획고
- 지반고와 계획고의 차(성토·절토별)
- 계획선의 경사

02 그림과 같은 복곡선(Compound Curve)에서 관계식으로 틀린 것은?

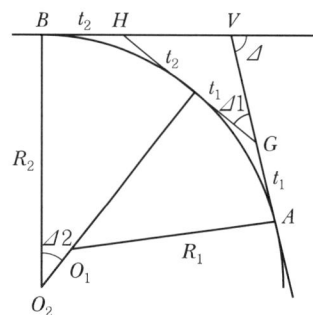

① $\Delta_1 = \Delta - \Delta_2$
② $t_2 = R_2 \tan \dfrac{\Delta_2}{2}$
③ $VG = (\sin\Delta_2)\left(\dfrac{GH}{\sin\Delta}\right)$
④ $VB = (\sin\Delta_2)\left(\dfrac{GH}{\sin\Delta}\right) + t_2$

해설
$$\dfrac{GH}{\sin\Delta} = \dfrac{VH}{\sin\Delta_1}$$
$$VH = \dfrac{\sin\Delta_1}{\sin\Delta}GH$$
$$VB = BH(t_2) + VH$$
$$= BH(t_2) + \dfrac{\sin\Delta_1}{\sin\Delta}GH$$

03 지구의 곡률에 의하여 발생하는 오차를 $1/10^6$ 까지 허용한다면 평면으로 가정할 수 있는 최대 반지름은?(단, 지구곡률반지름 $R = 6{,}370km$)
① 약 5km   ② 약 11km
③ 약 22km   ④ 약 110km

해설 $D = \sqrt{\dfrac{12R^2}{m}} = \sqrt{\dfrac{12 \times 6{,}370^2}{10^6}} = 22.1km$

∴ 반경$\left(\dfrac{D}{2}\right) = \dfrac{22.1}{2} ≒ 11km$

04 3차 중첩 내삽법(Cubic Convolution)에 대한 설명으로 옳은 것은?
① 계산된 좌표를 기준으로 가까운 3개의 화소값의 평균을 취한다.
② 영상분류와 같이 원영상의 화소값과 통계치가 중요한 작업에 많이 사용된다.
③ 계산이 비교적 빠르며 출력영상이 가장 매끄럽게 나온다.
④ 보정 전 자료와 통계치 및 특성의 손상이 많다.

해설 쌍3차보간은 4×4격자의 값들을 윈도우를 이용하여 인접지역의 값을 이용하여 보간점의 표고값을 추정하는 방식으로 다른 보간법에 비하여 상대적으로 정확도는 높으나 계산과정이 복잡하고 시간이 많이 소요된다.

05 그림과 같은 유토곡선(Mass Curve)에서 하향구간이 의미하는 것은?

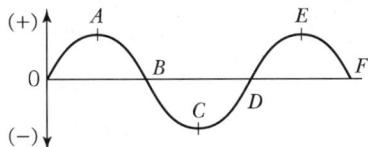

① 성토구간   ② 절토구간
③ 운반토량   ④ 운반거리

🎙**해설** 유토곡선의 성질
- 유토곡선의 하향구간은 성토구간, 상향구간은 절토구간이다.
- 유토곡선의 극대치는 절토에서 성토로 옮기는 점이고, 극소치는 성토에서 절토로 옮기는 점을 표시한다.
- 유토곡선의 극대점토량에서 극소점토량을 빼고 남는 것이 사토량이다.

06 높이 2,774m인 산의 정상에 위치한 저수지의 가장 긴 변의 거리를 관측한 결과 1,950m이었다면 평균해수면으로 환산한 거리는?(단, 지구반지름 $R = 6,377$km)

① 1,949.152m   ② 1,950.849m
③ -0.848m   ④ +0.848m

🎙**해설** $C = -\dfrac{L}{R}H$

$= -\dfrac{1,950}{6,377,000} \times 2,774$

$= -0.848\text{m}$

∴ 환산거리 = 1,950 - 0.848 = 1,949.152m

07 축척 1 : 2,000 도면 상의 면적을 축척 1 : 1,000으로 잘못 알고 면적을 관측하여 24,000m²를 얻었다면 실제 면적은?

① 6,000m²   ② 12,000m²
③ 48,000m²   ④ 96,000m²

🎙**해설** 면적비 = 축척비의 자승 $\left(\dfrac{1}{m}\right)^2$

$\left(\dfrac{2,000}{1,000}\right)^2 = \dfrac{A}{24,000}$

$A = \left(\dfrac{2,000}{1,000}\right)^2 \times 24,000$

$= 96,000\text{m}^2$

08 그림과 같이 수준측량을 실시하였다. A점의 표고는 300m이고, B와 C구간은 교호수준측량을 실시하였다면, D점의 표고는?
(단, 표고차 A→B : +1.233m
B→C : +0.726m
C→B : -0.720m
C→D : -0.926m)

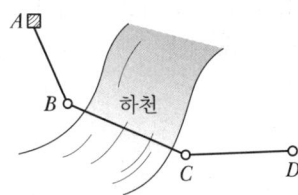

① 300.310m   ② 301.030m
③ 302.153m   ④ 302.882m

🎙**해설** 1. $H_B = H_A + H = 300 + 1.233 = 301.233$
BC 구간 상호 고저차
$H = \dfrac{1}{2}(0.726 - (-0.720)) = +0.723$
$H_C = H_B + H = 301.233 + 0.723$
$= 301.956$
$H_D = H_C \pm H$
$= 301.956 - 0.926$
$= 301.030\text{m}$

2. $H_D = H_A + B + \left(\dfrac{0.726 + 0.720}{2}\right) - D$

$= 300 + 1.233 + \left(\dfrac{0.726 + 0.720}{2}\right)$

$- 0.926$

$= 301.03\text{m}$

Answer 5. ① 6. ① 7. ④ 8. ②

09 촬영고도 1,000m로부터 초점거리 15cm의 카메라로 촬영한 중복도 60%인 2장의 사진이 있다. 각각의 사진에서 주점기선장을 측정한 결과 124mm와 132mm였다면 비고 60m인 굴뚝의 시차차는?

① 8.0mm   ② 7.9mm
③ 7.7mm   ④ 7.4mm

해설 $\Delta p = \dfrac{h}{H}b_0 = \dfrac{60}{1,000} \times \left(\dfrac{124+132}{2}\right)$
$= 7.68\text{mm} ≒ 7.7\text{mm}$

10 지표면 상의 A, B 간의 거리가 7.1km라고 하면 B점에서 A점을 시준할 때 필요한 측표(표척)의 최소 높이로 옳은 것은?(단, 지구의 반지름은 6,370km이고, 대기의 굴절에 의한 요인은 무시한다.)

① 1m   ② 2m
③ 3m   ④ 4m

해설 $\Delta h = \sqrt{6,370^2 + 7.1^2} - 6,370$
$= 0.00395\text{km}$
$≒ 4\text{m}$
혹은
구차$(h) = \dfrac{S^2}{2R} = \dfrac{7.1^2}{2 \times 6,370}$
$= 0.00395\text{km}$
$≒ 4\text{m}$

11 그림과 같이 $\Delta P_1 P_2 C$는 동일 평면상에서 $\alpha_1 = 62°8'$, $\alpha_2 = 56°27'$, $B = 60.00\text{m}$이고 연직각 $v_1 = 20°46'$일 때 C로부터 P까지의 높이 H는?

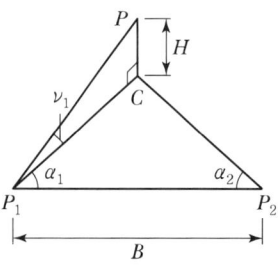

① 24.23m   ② 22.90m
③ 21.59m   ④ 20.58m

해설 $\angle c = (62°8' + 56°27') - 180° = 61°25'$
$\overline{P_1 C} = \dfrac{\sin 56°27'}{\sin 61°25'} \times 60 = 56.94\text{m}$
$H = \dfrac{\sin 20°46'}{\sin 180° - (20°46' + 90°)} \times 56.94$
$= 21.59\text{m}$
혹은
$H = \overline{P_1 C} \cdot \tan v_1 = 56.94 \times \tan 20°46'$
$= 21.59\text{m}$

12 확폭량이 S인 노선에서 노선의 곡선 반지름(R)을 두 배로 하면 확폭량(S')은?

① $S' = \dfrac{1}{4}S$ ② $S' = \dfrac{1}{2}S$
③ $S' = 2S$ ④ $S' = 4S$

해설 $\varepsilon = \dfrac{L^2}{2R}$에서 R이 2배가 되면 확폭량이 $\dfrac{1}{2}$로 줄어든다.
∴ 확폭량 $= \dfrac{1}{2}S$

13 다각측량을 위한 수평각 측정방법 중 어느 측선의 바로 앞 측선의 연장선과 이루는 각을 측정하여 각을 측정하는 방법은?

① 편각법   ② 교각법
③ 방위각법   ④ 전진법

해설

교각법	어떤 측선이 그 앞의 측선과 이루는 각을 관측하는 방법
편각법	각 측선이 그 앞 측선의 연장과 이루는 각을 관측하는 방법
방위각법	각 측선이 일정한 기준선인 자오선과 이루는 각을 우회로 관측하는 방법

Answer 9. ③ 10. ④ 11. ③ 12. ② 13. ①

14 수준측량과 관련된 용어에 대한 설명으로 틀린 것은?

① 수준면(Level Surface)은 각 점들이 중력 방향에 직각으로 이루어진 곡면이다.
② 지구곡률을 고려하지 않는 범위에서는 수준면(Level Surface)을 평면으로 간주한다.
③ 지구의 중심을 포함한 평면과 수준면이 교차하는 선이 수준선(Level Line)이다.
④ 어느 지점의 표고(Elevation)라 함은 그 지역 기준타원체로부터의 수직거리를 말한다.

해설 표고(Elevation)라 함은 국가수준기준면으로부터 그 점까지의 연직거리를 말한다.

15 하천에서 2점법으로 평균유속을 구할 경우 관측하여야 할 두 지점의 위치는?

① 수면으로부터 수심의 $\frac{1}{5}$, $\frac{3}{5}$ 지점
② 수면으로부터 수심의 $\frac{1}{5}$, $\frac{4}{5}$ 지점
③ 수면으로부터 수심의 $\frac{2}{5}$, $\frac{3}{5}$ 지점
④ 수면으로부터 수심의 $\frac{2}{5}$, $\frac{4}{5}$ 지점

해설 평균유속을 구하는 방법

1점법	수면으로부터 수심 $0.6H$ 되는 곳의 유속 $V_m = V_{0.6}$
2점법	수심 $0.2H$, $0.8H$ 되는 곳의 유속 $V_m = \frac{1}{2}(V_{0.2} + V_{0.8})$
3점법	수심 $0.2H$, $0.6H$, $0.8H$ 되는 곳의 유속 $V_m = \frac{1}{4}(V_{0.2} + 2V_{0.6} + V_{0.8})$
4점법	이것은 수심 1.0m 내외의 장소에서 적당하다. $V_m = \frac{1}{5}\left\{(V_{0.2} + V_{0.4} + V_{0.6} + V_{0.8}) + \frac{1}{2}\left(V_{0.2} + \frac{V_{0.8}}{2}\right)\right\}$

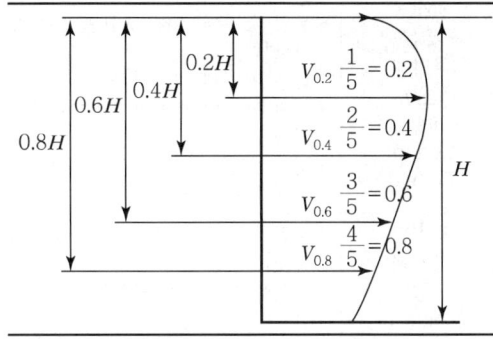

16 직사각형의 두 변의 길이를 $\frac{1}{100}$ 정밀도로 관측하여 면적을 산출할 경우 산출된 면적의 정밀도는?

① $\frac{1}{50}$
② $\frac{1}{100}$
③ $\frac{1}{200}$
④ $\frac{1}{300}$

해설 면적과 거리의 정밀도 관계
$$\frac{dA}{A} = 2\frac{dl}{L}$$
$$\frac{dA}{A} = 2 \times \frac{1}{100} = \frac{1}{50}$$

17 삼각측량을 위한 삼각망 중에서 유심다각망에 대한 설명으로 틀린 것은?

① 농지측량에 많이 사용된다.
② 방대한 지역의 측량에 적합하다.
③ 삼각망 중에서 정확도가 가장 높다.
④ 동일 측점 수에 비하여 포함면적이 가장 넓다.

해설

단열 삼각쇄 (망) (Single Chain of Tringles)	• 폭이 좁고 길이가 긴 지역에 적합하다. • 노선·하천·터널 측량 등에 이용한다. • 거리에 비해 관측 수가 적다. • 측량이 신속하고 경비가 적게 든다. • 조건식의 수가 적어 정도가 낮다.

Answer 14. ④ 15. ② 16. ① 17. ③

유심 삼각쇄 (망) (Chain of Central Points)	• 동일 측점에 비해 포함면적이 가장 넓다. • 넓은 지역에 적합하다. • 농지측량 및 평탄한 지역에 사용된다. • 정도는 단열삼각망보다 좋으나 사변형보다 적다.
사변형 삼각쇄 (망) (Chain of Quadrilaterals)	• 조건식의 수가 가장 많아 정밀도가 가장 높다. • 기선삼각망에 이용된다. • 삼각점 수가 많아 측량시간이 많이 걸리며 계산과 조정이 복잡하다.

18 사진측량의 특수 3점에 대한 설명으로 옳은 것은?

① 사진 상에서 등각점을 구하는 것이 가장 쉽다.
② 사진의 경사각이 0°인 경우에는 특수 3점이 일치한다.
③ 기복변위는 주점에서 0이며 연직점에서 최대이다.
④ 카메라 경사에 의한 사선방향의 변위는 등각점에서 최대이다.

해설 기복변위

대상물에 기복이 있는 경우 연직으로 촬영하여도 축척은 동일하지 않되, 사진면에서 연직점을 중심으로 방사상의 변위가 발생하는데 이를 기복변위라 한다.

변위량 $\Delta r = \dfrac{h}{H} r$

그러므로 주점, 연직점, 등각점이 한 점에 일치하면 경사각도가 0°이다.

19 등경사인 지성선 상에 있는 A, B표고가 각각 43m, 63m이고 AB의 수평거리는 80m이다. 45m, 50m 등고선과 지성선 AB의 교점을 각각 C, D라고 할 때 AC의 도상길이는?(단, 도상축척은 1:100이다.)

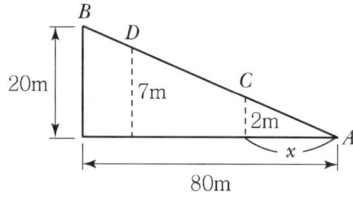

① 2cm ② 4cm
③ 8cm ④ 12cm

해설 $80 : 20 = x : 2$

$x = \dfrac{80}{20} \times 2 = 8\text{m}$

$\dfrac{1}{m} = \dfrac{l}{L}$

$l = \dfrac{L}{m} = \dfrac{8}{100} = 0.08\text{m} = 8\text{cm}$

20 트래버스 측량에 관한 일반적인 사항에 대한 설명으로 옳지 않은 것은?

① 트래버스 종류 중 결합트래버스는 가장 높은 정확도를 얻을 수 있다.
② 각관측 방법 중 방위각법은 한번 오차가 발생하면 그 영향은 끝까지 미친다.
③ 폐합오차 조정방법 중 컴퍼스법칙은 각관측의 정밀도가 거리관측의 정밀도보다 높을 때 실시한다.
④ 폐합트래버스에서 편각의 총합은 반드시 360°가 되어야 한다.

해설

내각 측정시	다각형의 내각의 합은 $180°(n-2)$이므로 ∴ $E = [a] - 180(n-2)$
외각 측정시	다각형에서 외각은 (360° − 내각)이므로 외각의 합은 $(360° \times n - 내각의 합)$ 즉 $360° \times n - 180°(n-2) = 180°(n+2)$이 된다. ∴ $E = [a] - 180(n+2)$
편각 측정시	편각은 (180° − 내각)이므로 편각의 합은 $180° \times n - 180°(n-2) = 360°$ ∴ $E = [a] - 360°$ 여기서, E : 폐합트래버스오차 $[a]$: 각의 총합 n : 각의 수

컴퍼스법칙은 각관측과 거리관측의 정밀도가 동일한 경우 실시한다.

측량학(2016년 1회 토목산업기사)

01 GPS 위성의 기하학적 배치상태에 따른 정밀도 저하율을 뜻하는 것은?
① 다중경로(Multipath)
② DOP
③ A/S
④ 사이클 슬립(Cycle Slip)

해설 정밀도 저하율(DOP ; Dilution of Precision)
GPS 관측지역의 상공을 지나는 위성의 기하학적 배치상태에 따라 측위의 정확도가 달라지는데 이를 DOP(Dilution of Precision)이라 한다.

1. 종류
   - GDOP : 기하학적 정밀도 저하율
   - PDOP : 위치 정밀도 저하율
   - HDOP : 수평 정밀도 저하율
   - VDOP : 수직 정밀도 저하율
   - RDOP : 상대 정밀도 저하율
   - TDOP : 시간 정밀도 저하율

2. 특징
   - 3차원 위치의 정확도는 PDOP에 따라 달라지는데 PDOP은 4개의 관측위성들이 이루는 사면체의 체적이 최대일 때 가장 정확도가 좋으며 이때는 관측자의 머리 위에 다른 3개의 위성이 각각 120°를 이룰 때이다.
   - DOP은 값이 작을수록 정확한데 1이 가장 정확하고 5까지는 실용상 지장이 없다.

02 두 점 간의 고저차를 레벨에 의하여 직접 관측할 때 정확도를 향상시키는 방법이 아닌 것은?
① 표척을 수직으로 유지한다.
② 전시와 후시의 거리를 가능한 한 같게 한다.
③ 최소 가시거리가 허용되는 한 시준거리를 짧게 한다.
④ 기계가 침하되거나 교통에 방해가 되지 않는 견고한 지반을 택한다.

해설 직접수준측량의 주의사항
1. 수준측량은 반드시 왕복측량을 원칙으로 하며, 노선은 다르게 한다.
2. 정확도를 높이기 위하여 전시와 후시의 거리는 같게 한다.
3. 이기점(TP)은 1mm까지 그 밖의 점에서는 5mm 또는 1cm 단위까지 읽는 것이 보통이다.
4. 직접수준측량의 시준거리
   - 적당한 시준거리 : 40~60m(60m가 표준)
   - 최단거리는 3m이며, 최장거리 100~180m 정도이다.
5. 눈금오차(영점오차) 발생 시 소거방법
   - 기계를 세운 표척이 짝수가 되도록 한다.
   - 이기점(TP)이 홀수가 되도록 한다.
   - 출발점에 세운 표척을 도착점에 세운다.

03 측선 AB를 기선으로 삼각측량을 실시한 결과가 다음과 같을 때 측선 AC의 방위각은?

- A의 좌표(200.000m, 224.210m)
- B의 좌표(100.000m, 100.000m)
- ∠A = 37°51′41″
- ∠B = 41°41′38″
- ∠C = 100°26′41″

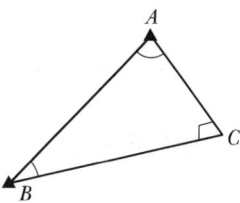

① 0°58′33″
② 76°41′55″
③ 180°58′33″
④ 193°18′05″

Answer 1. ② 2. ③ 3. ④

해설
$$\theta = \tan^{-1}\frac{\Delta y}{\Delta x}$$
$$= \tan^{-1}\frac{(100-224.21)}{(100-200)}$$
$$= 51°09'46.33'' (3상환)$$
$$V_a^b = 180 + 51°09'46.33'' = 231°09'46.33''$$
$$V_a^c = V_a^b - \angle A$$
$$= 231°09'46.33'' - 37°51'41''$$
$$= 193°18'05.33''$$

04 정확도가 가장 높으나 고정이 복잡하고 시간과 비용이 많이 요구되는 삼각망은?

① 단열 삼각망
② 개방형 삼각망
③ 유심 삼각망
④ 사변형 삼각망

해설

단열 삼각쇄 (망) (Single Chain of Tringles)	• 폭이 좁고 길이가 긴 지역에 적합하다. • 노선·하천·터널 측량 등에 이용한다. • 거리에 비해 관측 수가 적다. • 측량이 신속하고 경비가 적게 든다. • 조건식의 수가 적어 정도가 낮다.
유심 삼각쇄 (망) (Chain of Central Points)	• 동일 측점에 비해 포함면적이 가장 넓다. • 넓은 지역에 적합하다. • 농지측량 및 평탄한 지역에 사용된다. • 정도는 단열삼각망보다 좋으나 사변형보다 적다.
사변형 삼각쇄 (망) (Chain of Quadrilaterals)	• 조건식의 수가 가장 많아 정밀도가 가장 높다. • 기선삼각망에 이용된다. • 삼각점 수가 많아 측량시간이 많이 걸리며 계산과 조정이 복잡하다.

05 항공사진측량에서 사진지표로 구할 수 있는 것은?

① 주점
② 표정점
③ 연직점
④ 부점

해설 항공사진측량에서 사진지표는 사진의 네 모서리 또는 네 변의 중앙에 있는 표지로서 대각선 방향의 지표를 연결한 두 개의 선분은 사진의 주점에서 교차한다.

06 축척 1:1,000에서의 면적을 관측하였더니 도상면적이 3cm²였다. 그런데 이 도면 전체가 가로, 세로 모두 1%씩 수축되어 있었다면 실제면적은?

① 29.4m²
② 30.6m²
③ 294m²
④ 306m²

해설 실제면적=측정면적×$(1+\varepsilon)^2$
$$= 300 \times (1+0.01)^2$$
$$= 306m^2$$
$$\left(\frac{1}{m}\right)^2 = \frac{도상면적}{실제면적}$$
실제면적=도상면적×m^2
측정면적=$3 \times (1,000)^2$
$$= 3,000,000cm^2$$
$$= 300m^2$$

07 50m의 줄자를 이용하여 관측한 거리가 165m였다. 관측 후 표준 줄자와 비교하니 2cm 늘어난 줄자였다면, 실제의 거리는?

① 164.934m
② 165.006m
③ 165.066m
④ 165.122m

해설 실제거리=$\frac{부정거리}{표준거리} \times 관측거리$
$$= \frac{50.02}{50} \times 165$$
$$= 165.066m$$

08 그림과 같은 지형도에서 저수지(빗금 친 부분)의 집수면적을 나타내는 경계선으로 가장 적합한 것은?

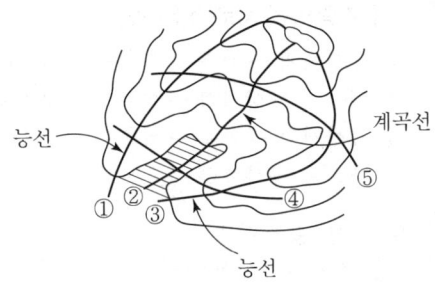

① ①과 ③ 사이
② ①과 ② 사이
③ ②와 ③ 사이
④ ④와 ⑤ 사이

🎤해설 능선과 능선 사이가 저수지의 집수면적을 나타내는 경계선이다.
- 능선(형) : ① 번과 ③번
- 계곡선 : ② 번

09 원곡선 설치에 이용되는 식으로 틀린 것은?
(단, R : 곡선반지름, I : 교각[단위 : 도(°)])

① 접선길이 $TL = R\tan\dfrac{I}{2}$

② 곡선길이 $CL = \dfrac{\pi}{180°}R_I$

③ 중앙종거 $M = R\left(\cos\dfrac{I}{2} - 1\right)$

④ 외할 $E = R\left(\sec\dfrac{I}{2} - 1\right)$

🎤해설 중앙종거$(M) = R\left(1 - \cos\dfrac{I}{2}\right)$

10 1 : 50,000 지형도에서 표고 521.6m인 A점과 표고 317.3m인 B점 사이에 주곡선의 개수는?

① 7개
② 11개
③ 21개
④ 41개

🎤해설 주곡선 개수 $= \dfrac{520 - 320}{20} + 1 = 11$개

등고선 종류 축척	주곡선	간곡선	조곡선 (보조곡선)	계곡선
기호	가는 실선	가는 파선	가는 점선	굵은 실선
1/5,000	5	2.5	1.25	25
1/10,000	5	2.5	1.25	25
1/25,000	10	5	2.5	50
1/50,000	20	10	5	100

11 수준측량에서 사용되는 용어에 대한 설명으로 틀린 것은?

① 전시란 표고를 구하려는 점에 세운 표척의 눈금을 읽는 것을 말한다.
② 후시란 미지점에 세운 표척의 눈금을 읽는 것을 말한다.
③ 이기점이란 전시와 후시의 연결점이다.
④ 중간점이란 전시만을 취하는 점이다.

🎤해설

표고 (Elevation)	국가 수준기준면으로부터 그 점까지의 연직거리
전시 (Fore Sight)	표고를 알고자 하는 점(미지점)에 세운 표척의 읽음값
후시 (Back Sight)	표고를 알고 있는 점(기지점)에 세운 표척의 읽음값
기계고 (Instrument Height)	기준면에서 망원경 시준선까지의 높이
이기점 (Turning Point)	기계를 옮길 때 한 점에서 전시와 후시를 함께 취하는 점
중간점 (Intermediate Point)	표척을 세운 점의 표고만을 구하고자 전시만 취하는 점

Answer 8. ① 9. ③ 10. ② 11. ②

12 종단 및 횡단측량에 대한 설명으로 옳은 것은?

① 종단도의 종축척과 횡축척은 일반적으로 같게 한다.
② 일반적으로 횡단측량은 종단측량보다 높은 정확도가 요구된다.
③ 노선의 경사도 형태를 알려면 종단도를 보면 된다.
④ 노선의 횡단측량을 종단측량보다 먼저 실시하여 횡단도를 작성한다.

해설 노선의 종횡단측량은 종단측량을 실시한 후 종단성과를 이용하여 횡단측량을 실시한다. 종단면도를 보면 노선의 경사형태를 알 수 있고, 계획선을 넣을 때 절토와 성토량을 거의 같게 하여야 하며 그에 따른 운반거리도 고려하여야 한다.

13 트래버스 측량에서 각 관측 결과가 허용오차 이내일 경우 오차처리방법으로 옳은 것은?

① 각 관측 정확도가 같을 때는 각의 크기에 관계없이 등분배한다.
② 각 관측 경중률에 관계없이 등분배한다.
③ 변 길이에 비례하여 배분한다.
④ 각의 크기에 비례하여 분배한다.

해설 ② 각 관측 경중률이 다를 경우에는 경중률에 반비례하여 배분한다.
③ 변 길이의 역수에 비례하여 배분한다.
④ 각의 크기에 관계없이 배분한다.

14 종단면도를 이용하여 유토곡선(Mass Curve)을 작성하는 목적과 가장 거리가 먼 것은?

① 토량의 배분
② 교통의 확보
③ 토공장비의 선정
④ 토량의 운반거리 산출

해설 유토곡선 작성 목적
- 시공 방법을 결정한다.
- 평균운반거리를 산출한다.
- 운반거리에 대한 토공기계를 선정한다.
- 토량을 배분한다.
- 작업배경을 결정한다.

15 노선측량의 순서로 옳은 것은?

① 도상계획 → 예측 → 실측 → 공사측량
② 예측 → 도상계획 → 실측 → 공사측량
③ 도상계획 → 실측 → 예측 → 공사측량
④ 예측 → 공사측량 → 도상계획 → 실측

해설 노선측량의 순서
도상계획 → 답사 → 예측 → 도상선정 → 실측 → 용지측량 및 공사측량

16 A, B 두 사람이 어느 2점 간의 고저측량을 하여 다음과 같은 결과를 얻었다면 2점 간의 고저차에 대한 최확값은?

- A의 관측값 : 38.65±0.03m
- B의 관측값 : 38.58±0.02m

① 38.58m ② 38.60m
③ 38.62m ④ 38.63m

해설 1. 경중률을 계산하면
$$P_A : P_B = \frac{1}{m_a^2} : \frac{1}{m_b^2} = \frac{1}{0.03^2} : \frac{1}{0.02^2}$$
$$= 1,111 : 2,500$$
$$= 1 : 2.25$$

최확값을 계산하면
$$L_0 = \frac{P_A l_A + P_B l_B}{P_A + P_B}$$
$$= \frac{1 \times 38.65 + 2.25 \times 38.58}{1 + 2.25}$$
$$= 38.60\text{m}$$

2. $P_A : P_B = \frac{1}{3^2} : \frac{1}{2^2} = \frac{1}{9} : \frac{1}{4} = 4 : 9$

$$L_0 = \frac{4 \times 38.65 + 9 \times 38.58}{4 + 9}$$
$$= 38.602\text{m}$$

17 초점거리 20cm인 카메라로 비행고도 6,500m에서 표고 500m인 지점을 촬영한 사진의 축척은?

① 1 : 25,000   ② 1 : 30,000
③ 1 : 35,000   ④ 1 : 40,000

해설 $\dfrac{1}{m} = \dfrac{f}{H \pm h} = \dfrac{0.2}{6{,}500-500} = \dfrac{1}{30{,}000}$

18 도로기점으로부터 교점까지의 거리가 850.15m이고, 접선장이 125.15m일 때 시단현의 길이는?(단, 중심말뚝 간격은 20m이다.)

① 5.15m   ② 10.15m
③ 15.00m   ④ 20.00m

해설 곡선시점 $= 850.15 - 125.15 = 725\text{m}$

시단현의 길이 $= \dfrac{725}{20} = N_0 36 + 5$

∴ $20 - 5 = 15\text{m}$

19 다각측량에서 경거·위거를 계산해야 하는 이유로서 거리가 먼 것은?

① 오차 및 정밀도 계산
② 좌표계산
③ 오차배분
④ 표고계산

해설 수준측량에서 표고계산을 한다.

20 하천단면의 유속 측정에서 수면으로부터의 깊이가 0.2h, 0.4h, 0.6h, 0.8h인 지점의 유속이 각각 0.562m/s, 0.512m/s, 0.497m/s, 0.364m/s일 때 평균유속이 0.480m/s이었다. 이 평균 유속을 구한 방법은?(단, h : 하천의 수심)

① 1점법   ② 2점법
③ 3점법   ④ 4점법

해설 $V_m = \dfrac{1}{4}(V_{0.2} + 2V_{0.6} + V_{0.8})$

$= \dfrac{1}{4}(0.562 + 2 \times 0.497 + 0.364)$

$= 0.480 \text{m/s}$

1점법	수면으로부터 수심 $0.6H$ 되는 곳의 유속 $V_m = V_{0.6}$
2점법	수심 $0.2H$, $0.8H$ 되는 곳의 유속 $V_m = \dfrac{1}{2}(V_{0.2} + V_{0.8})$
3점법	수심 $0.2H$, $0.6H$, $0.8H$ 되는 곳의 유속 $V_m = \dfrac{1}{4}(V_{0.2} + 2V_{0.6} + V_{0.8})$
4점법	이것은 수심 1.0m 내외의 장소에서 적당하다. $V_m = \dfrac{1}{5}\left\{(V_{0.2}+V_{0.4}+V_{0.6}+V_{0.8}) + \dfrac{1}{2}\left(V_{0.2}+\dfrac{V_{0.8}}{2}\right)\right\}$

Answer 17. ② 18. ③ 19. ④ 20. ③

측량학(2016년 2회 토목기사)

01 사진측량의 입체시에 대한 설명으로 틀린 것은?
① 2매의 사진이 입체감을 나타내기 위해서는 사진축척이 거의 같고 촬영한 카메라의 광축이 거의 동일 평면 내에 있어야 한다.
② 여색 입체사진이 오른쪽은 적색, 왼쪽은 청색으로 인쇄되었을 때 오른쪽에 청색, 왼쪽에 적색의 안경으로 보아야 바른 입체시가 된다.
③ 렌즈의 초점거리가 길 때가 짧을 때보다 입체상이 더 높게 보인다.
④ 입체시 과정에서 본래의 고지가 반대가 되는 현상을 역입체시라고 한다.

해설
1. 중복사진을 명시거리에서 왼쪽의 사진을 왼쪽 눈, 오른쪽의 사진을 오른쪽 눈으로 보면 좌우의 상이 하나로 융합되면서 입체감을 얻게 된다. 이것을 입체시 또는 정입체시라 한다.
2. 입체상의 변화

렌즈의 초점거리 변화에 의한 변화	렌즈의 초점거리가 긴 사진이 짧은 사진보다 더 낮게 보인다.
촬영기선의 변화에 의한 변화	촬영기선이 긴 경우 짧은 때보다 높게 보인다.
촬영고도의 차에 의한 변화	촬영고도가 낮은 사진이 높은 사진보다 더 높게 보인다.
눈을 옆으로 돌렸을 때의 변화	눈을 좌우로 움직여 옆에서 바라볼 때 항공기의 방향선상에서 움직이면 눈이 움직이는 쪽으로 기울어져 보인다.
눈의 높이에 따른 변화	눈의 위치가 높아짐에 따라 입체상은 더 높게 보인다.

02 다음 설명 중 틀린 것은?
① 측지학이란 지구 내부의 특성, 지구의 형상 및 운동을 결정하는 측량과 지구표면상 모든 점들 간의 상호위치 관계를 산정하는 측량을 위한 학문이다.
② 측지측량은 지구의 곡률을 고려한 정밀 측량이다.
③ 지각변동의 관측, 항로 등의 측량은 평면측량으로 한다.
④ 측지학의 구분은 물리측지학과 기하측지학으로 크게 나눌 수 있다.

해설

측지측량 (Geodetic Surveying)	㉠ 지구의 곡률을 고려한 정밀한 측량으로서 지구의 형상과 크기를 구하는 측량이며, ㉡ 측량정밀도가 1/1,000,000일 경우 ㉢ 지구의 곡률반경이 11km 이상인 지역 ㉣ 면적이 약 400km² 이상인 지역을 측지(대지) 측량이라 한다. • 기하학적 측지학 : 지구표면상에 있는 모든 점들 간의 상호 위치관계를 결정하는 것 • 물리학적 측지학 : 지구 내부의 특성, 지구의 형상 및 크기를 결정하는 것	
	측지학은 지구 내부의 특성, 지구의 형상 및 운동을 결정하는 측량과 지구표면상에 있는 모든 점들 간의 상호위치관계를 산정하는 측량의 가장 기본적인 학문이다.	
	기하학적 측지학	물리학적 측지학
	• 측지학적 3차원 위치결정 • 길이 및 시간의 결정 • 수평위치 결정 • 높이의 결정 • 지도 제작 • 면적 및 체적의 산정 • 천문측량 • 위성측량 • 해양측량 • 사진측량	• 지구의 형상 해석 • 지구의 극운동 및 자전운동 • 지각변동 및 균형 • 지구의 열 측정 • 대륙의 부동 • 해양의 조류 • 지구의 조석 측량 • 중력측량 • 지자기 측량 • 탄성파측량

Answer 1. ③ 2. ③

| 평면측량 (Plane Surveying) | ㉠ 지구의 곡률을 고려하지 않은 측량으로서, 거리측량의 허용정밀도가 1/1,000,000 이내인 범위
㉡ 지구의 곡률반경이 11km 이내인 지역
㉢ 면적이 약 400km² 이내인 지역을 평면으로 취급한다.
• 거리허용오차 $(d-D) = \dfrac{D^3}{12 \cdot R^2}$
• 허용정밀도 $\left(\dfrac{d-D}{D}\right) = \dfrac{D^2}{12 \cdot R^2} = \dfrac{1}{m} = M$
• 평면으로 간주할 수 있는 범위 $(D) = \sqrt{\dfrac{12 \cdot R^2}{m}}$ |

03 GPS 구성 부문 중 위성의 신호 상태를 점검하고, 궤도 위치에 대한 정보를 모니터링하는 임무를 수행하는 부문은?

① 우주부문 ② 제어부문
③ 사용자부문 ④ 개발부문

 해설

우주부문 (Space Segment)	─ 연속적 다중위치 결정체계 ─ GPS는 55° 궤도 경사각, 위도 60°의 6개 궤도 ─ 20,183km 고도와 약 12시간 주기로 운행 ─ 3차원 후방교회법으로 위치 결정
제어부문 (Control Segment)	─ 궤도와 시각 결정을 위한 위성의 추적 ─ 전리층 및 대류층의 주기적 모형화 (방송궤도력) ─ 위성시간의 동일화 ─ 위성으로의 자료전송
사용자 부문 (User Segment)	─ 위성으로부터 보내진 전파를 수신 ─ 원하는 위치 또는 두 점 사이의 거리를 계산

04 표고 $h=326.42$m인 지대에 설치한 기선의 길이가 $L=500$m일 때 평균해면상의 보정량은?(단, 지구 반지름 $R=6,367$km이다.)

① -0.0156m ② -0.0256m
③ -0.0356m ④ -0.0456m

해설 평균해면상 보정

$$C = -\dfrac{L \cdot H}{R} = -\dfrac{500 \times 326.42}{6,367 \times 1,000} = -0.0256\text{m}$$

05 지오이드(Geoid)에 대한 설명으로 옳은 것은?

① 육지와 해양의 지형면을 말한다.
② 육지 및 해저의 요철(凹凸)을 평균한 매끈한 곡면이다.
③ 회전타원체와 같은 것으로 지구의 형상이 되는 곡면이다.
④ 평균해수면을 육지 내부까지 연장했을 때의 가상적인 곡면이다.

해설

| 지오이드 | 정지된 해수면을 육지까지 연장하여 지구 전체를 둘러쌌다고 가상한 곡면을 지오이드(Geoid)라 한다. 지구타원체는 기하학적으로 정의한 데 비하여 지오이드는 중력장 이론에 따라 물리학적으로 정의한다. |
| 특징 | • 지오이드면은 평균해수면과 일치하는 등포텐셜면으로 일종의 수면이다.
• 지오이드면은 대륙에서는 지각의 인력 때문에 지구타원체보다 높고 해양에서는 낮다.
• 고저측량은 지오이드면을 표고 0으로 하여 관측한다.
• 타원체의 법선과 지오이드 연직선의 불일치로 연직선 편차가 생긴다.
• 지형의 영향 또는 지각 내부밀도의 불균일로 인하여 타원체에 비하여 다소 기복이 있는 불규칙한 면이다.
• 지오이드는 어느 점에서나 표면을 통과하는 연직선은 중력방향에 수직이다.
• 지오이드는 타원체 면에 대하여 다소 기복이 있는 불규칙한 면을 갖는다.
• 높이가 0이므로 위치에너지도 0이다. |

06 GNSS 위성측량시스템이 아닌 것은?

① GPS ② GSIS
③ QZSS ④ GALILEO

해설 전 세계 위성항법시스템 현황

소유국	시스템 명	목적	운용연도	운용궤도	위성수
미국	GPS	전지구 위성항법	1995	중궤도	31기 운용 중
러시아	GLONASS	전지구 위성항법	2011	중궤도	24
EU	Galileo	전지구 위성항법	2012	중궤도	30
중국	COMPASS (Beidou)	전지구 위성항법 (중국지역 위성항법)	2011	중궤도 정지궤도	30 5
일본	QZSS	일본 주변 지역위성 항법	2010	고타원 궤도	3
인도	IRNSS	인도 주변 지역위성 항법	2010	정지궤도 고타원 궤도	3 4

GSIS는 지형공간정보시스템이다.

07 삼각측량에서 시간과 경비가 많이 소요되나 가장 정밀한 측량성과를 얻을 수 있는 삼각망은?

① 유심망
② 단삼각형
③ 단열삼각망
④ 사변형망

해설 지적삼각점은 유심다각망(有心多角網)·삽입망(揷入網)·사각망(四角網)·삼각쇄(三角鎖) 또는 삼변(三邊) 이상의 망으로 구성하여야 한다.

삼각쇄 (단열 삼각망)	• 폭이 좁고 긴 지역에 적합하다. • 노선·하천측량에 주로 이용한다. • 측량이 신속하고 경비가 절감되지만 정밀도가 낮다.	
유심 다각망 (유심 삼각망)	• 한 점을 중심으로 여러 개의 삼각형을 결합시킨 삼각망이다. • 넓은 지역에 주로 이용된다. • 농지측량 및 평탄한 지역에 사용된다. • 정밀도는 비교적 높은 편이다.	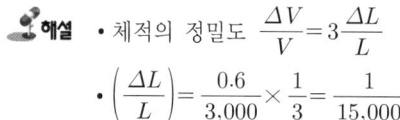
사각망 (사변형 삼각망)	• 사각형의 각 정점을 연결하여 구성한 삼각망이다. • 조건식의 수가 가장 많아 시간과 경비가 많이 소요되나 정밀도가 가장 높다.	
삽입망	삼각쇄와 유심다각망의 장점을 결합하여 구성한 삼각망으로, 지적삼각측량에서 가장 흔하게 사용한다.	
삼각망	두 개 이상의 기선을 이용하는 삼각망으로, 그 형태에 구애됨이 없이 최소제곱법의 원리에 따라 관측값을 정밀하게 조정한다.	

08 수평 및 수직거리를 동일한 정확도로 관측하여 육면체의 체적을 3,000m³로 구하였다. 체적계산의 오차를 0.6m³ 이하로 하기 위한 수평 및 수직거리 관측의 최대허용정확도는?

① $\dfrac{1}{15,000}$ ② $\dfrac{1}{20,000}$

③ $\dfrac{1}{25,000}$ ④ $\dfrac{1}{30,000}$

해설 • 체적의 정밀도 $\dfrac{\Delta V}{V}=3\dfrac{\Delta L}{L}$

• $\left(\dfrac{\Delta L}{L}\right)=\dfrac{0.6}{3,000}\times\dfrac{1}{3}=\dfrac{1}{15,000}$

09 축척 1:5,000의 지형도 제작에서 등고선 위치오차 ±0.3mm, 높이 관측오차 ±0.2mm라면 등고선 간격은 최소한 얼마 이상으로 하여야 하는가?

① 1.5m ② 2.0m
③ 2.5m ④ 3.0m

해설 적당한 등고선 간격
거리(dl) 및 높이(dh) 오차가 클 경우 인접하는 등고선이 서로 겹치게 되므로 이를 방지하기 위하여 도상에서 관측한 표고오차의 최대값은 등고선 간격의 1/2을 초과하지 않도록 규정한다.

측량학(2016년 2회 토목기사)

적당한 등고선 간격	$H \geq 2(dh + dl \cdot \tan\theta)$ 여기서, dh : 높이관측오차 dl : 수평위치오차 (도상위치오차×m) θ : 토지의 경사
등고선의 최소간격	$d = 0.25M$(mm)

등고선의 최소간격 $d = 0.25M$(mm)이므로
= 0.25M = 0.25×5,000 = 1,250mm 이상

10 클로소이드 곡선에 관한 설명으로 옳은 것은?

① 곡선반지름 R, 곡선길이 L, 매개변수 A와의 관계식은 $RL = A$이다.
② 곡선반지름에 비례하여 곡선길이가 증가하는 곡선이다.
③ 곡선길이가 일정할 때 곡선반지름이 커지면 접선각은 작아진다.
④ 곡선반지름과 곡선길이가 매개변수 A의 1/2인 점($R = L = A/2$)을 클로소이드 특성점이라고 한다.

해설

매개변수 (A)	$A = \sqrt{RL} = l \cdot R = L \cdot r = \dfrac{L}{\sqrt{2\tau}}$ $= \sqrt{2\tau} \cdot R$ $A^2 = RL = \dfrac{L^2}{2\tau} = 2\tau R^2$
곡률반경(R)	$R = \dfrac{A^2}{L} = \dfrac{A}{l} = \dfrac{L}{2\tau} = \dfrac{A}{2\tau}$
곡선장(L)	$L = \dfrac{A^2}{R} = \dfrac{A}{r} = 2\tau R = A\sqrt{2\tau}$
접선각(τ)	$\tau = \dfrac{L}{2R} = \dfrac{L^2}{2A^2} = \dfrac{A^2}{2R^2}$
클로소이드 성질	• 클로소이드는 나선의 일종이다. • 모든 클로소이드는 닮은꼴이다.(상사성) • 단위가 있는 것도 있고 없는 것도 있다. • τ는 30°가 적당하다. • 확대율을 가지고 있다. • τ는 라디안으로 구한다. • 클로소이드 곡선의 곡률$\left(\dfrac{1}{R}\right)$은 곡선장에 비례한다. • 곡선길이가 일정할 때 곡선반지름이 크면 접선각은 작아진다.

11 지형도의 이용법에 해당되지 않는 것은?

① 저수량 및 토공량 산정
② 유역면적의 도상 측정
③ 간접적인 지적도 작성
④ 등경사선 관측

해설 지형도의 이용
1. 방향결정
2. 위치결정
3. 경사결정(구배계산)
   • 경사$(i) = \dfrac{H}{D} \times 100(\%)$
   • 경사각$(\theta) = \tan^{-1}\dfrac{H}{D}$
4. 거리결정
5. 단면도 제작
6. 면적계산
7. 체적계산(토공량 산정)
※ 지형도는 지적도와는 무관하다.

12 수면으로부터 수심(H)의 $0.2H$, $0.4H$, $0.6H$, $0.8H$ 지점의 유속($V_{0.2}$, $V_{0.4}$, $V_{0.6}$, $V_{0.8}$)을 관측하여 평균유속을 구하는 공식으로 옳지 않은 것은?

① $V_m = V_{0.6}$
② $V_m = \dfrac{1}{2}(V_{0.2} + V_{0.8})$
③ $V_m = \dfrac{1}{3}(V_{0.2} + V_{0.6} + V_{0.8})$
④ $V_m = \dfrac{1}{4}(V_{0.2} + 2V_{0.6} + V_{0.8})$

해설 평균유속을 구하는 방법

1점법	수면으로부터 수심 0.6H 되는 곳의 유속 $V_m = V_{0.6}$
2점법	수심 0.2H, 0.8H 되는 곳의 유속 $V_m = \dfrac{1}{2}(V_{0.2} + V_{0.8})$
3점법	수심 0.2H, 0.6H, 0.8H 되는 곳의 유속 $V_m = \dfrac{1}{4}(V_{0.2} + 2V_{0.6} + V_{0.8})$

Answer 10. ③ 11. ③ 12. ③

4점법	수심 1.0m 내외의 장소에 적당하다. $V_m = \dfrac{1}{5}\left\{(V_{0.2}+V_{0.4}+V_{0.6}+V_{0.8}) + \dfrac{1}{2}\left(V_{0.2}+\dfrac{V_{0.8}}{2}\right)\right\}$

13 직사각형 토지를 줄자로 측정한 결과가 가로 37.8m, 세로 28.9m였다. 이 줄자는 표준길이 30m당 4.7cm가 늘어 있었다면 이 토지의 면적 최대 오차는?

① 0.03m² ② 0.36m²
③ 3.42m² ④ 3.53m²

해설
- 실제 면적=측정면적×$\left(\dfrac{측정길이}{표준길이}\right)^2$
  $= (37.8 \times 28.9) \times \left(\dfrac{30.047}{30}\right)^2$
  $= 1,095.846\text{m}^2$
- 면적오차=실제 면적−측정면적
  $= 1,095.846 - 1,092.42$
  $= 3.425\text{m}^2$

14 그림과 같이 2회 관측한 ∠AOB의 크기는 21°36′28″, 3회 관측한 ∠BOC는 63°18′45″, 6회 관측한 ∠AOC는 84°54′37″일 때 ∠AOC의 최확값은?

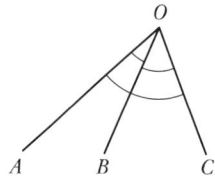

① 84°54′25″ ② 84°54′31″
③ 84°54′43″ ④ 84°54′49″

해설
- 조건부 관측에서 관측횟수가 다른 경우 경중률
  $P_A : P_B : P_C = \dfrac{1}{2} : \dfrac{1}{3} : \dfrac{1}{6} = 3 : 2 : 1$

- 오차(E)
  $= (\alpha_1 + \alpha_2) - \alpha_3$
  $= (21°36′28″ + 63°18′45″) - 84°54′37″$
  $= 36″$
- 조정량(d_3)
  $= \dfrac{오차}{경중률의 합} \times 조정할\ 각의\ 경중률$
  $= \dfrac{36″}{6} \times 1 = 6″$
- $(\alpha_1 + \alpha_2)$와 α_3를 비교하여 큰 쪽(−)조정, 작은 쪽(+)조정
- $\angle AOC = 84°54′37″ + 6″ = 84°54′43″$

15 그림과 같은 반지름=50m인 원곡선을 설치하고자 할 때 접선거리 $\overline{AI}$ 상에 있는 $\overline{HC}$의 거리는?
(단, 교각=60°, $\alpha = 20°$, ∠AHC=90°)

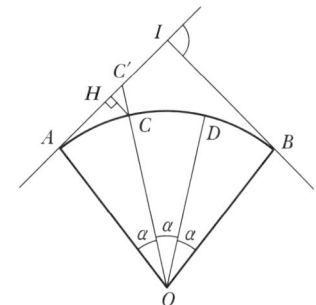

① 0.19m ② 1.98m
③ 3.02m ④ 3.24m

해설
- $\cos\alpha = \dfrac{\overline{AO}}{\overline{CO'}}$
  $\overline{OC'} = \dfrac{\overline{AO}}{\cos\alpha} = \dfrac{50}{\cos 20°} = 53.21\text{m}$
- $\overline{CC'} = \overline{OC'} - R = 53.21 - 50 = 3.21\text{m}$
- $\cos\alpha = \dfrac{\overline{HC}}{\overline{CC'}}$
  $\overline{HC} = \overline{CC'}\cos\theta = 3.21 \times \cos 20°$
  $= 3.02\text{m}$

Answer 13. ③ 14. ③ 15. ③

16 항공사진상에 굴뚝의 윗부분이 주점으로부터 80mm 떨어져 나타났으며 굴뚝의 길이는 10mm였다. 실제 굴뚝의 높이가 70m라면 이 사진의 촬영고도는?

① 490m ② 560m
③ 630m ④ 700m

해설 기복변위 $\Delta r = \dfrac{h}{H} \cdot r$

$\therefore H = \dfrac{h}{\Delta r}r = \dfrac{70}{0.01} \times 0.08 = 560\text{m}$

17 수준측량에서 전·후시의 거리를 같게 취해도 제거되지 않는 오차는?

① 지구곡률오차
② 대기굴절오차
③ 시준선오차
④ 표척눈금오차

해설 전시와 후시의 거리를 같게 함으로써 제거되는 오차
- 레벨의 조정이 불완전(시준선이 기포관축과 평행하지 않을 때)할 때
  (시준축오차 : 오차가 가장 크다.)
- 지구의 곡률오차(구차)와 빛의 굴절오차(기차)를 제거한다.
- 초점나사를 움직이는 오차가 없으므로 그로 인해 생기는 오차를 제거한다.

표척눈금오차는 기계를 짝수로 설치하여 소거한다.

18 노선에 곡선반지름 $R = 600$m인 곡선을 설치할 때, 현의 길이 $L = 20$m에 대한 편각은?

① 54′18″ ② 55′18″
③ 56′18″ ④ 57′18″

해설 편각(δ) $= \dfrac{l}{R} \cdot \dfrac{90°}{\pi} = \dfrac{20}{600} \times \dfrac{90°}{\pi} = 57′18″$

19 거리 2.0km에 대한 양차는?(단, 굴절계수 k는 0.14, 지구의 반지름은 6,370km이다.)

① 0.27m ② 0.29m
③ 0.31m ④ 0.33m

해설 $\Delta h = \dfrac{D^2}{2R}(1-K) = \dfrac{2^2}{2 \times 6,370}(1-0.14)$
$= 0.00027\text{km} = 0.27\text{m}$

20 다각측량에서 토털스테이션의 구심오차에 관한 설명으로 옳은 것은?

① 도상의 측점과 지상의 측점이 동일 연직선 상에 있지 않음으로써 발생한다.
② 시준선이 수평분도원의 중심을 통과하지 않음으로써 발생한다.
③ 편심량의 크기에 반비례한다.
④ 정반관측으로 소거된다.

해설 구심오차는 도상의 측점과 지상의 측점이 동일 연직선 상에 있지 않아 발생한다.

Answer 16.② 17.④ 18.④ 19.① 20.①

측량학 (2016년 2회 토목산업기사)

01 촬영고도 700m에서 촬영한 사진 상에 굴뚝의 윗부분이 주점으로부터 72mm 떨어져 나타나 있으며, 굴뚝의 변위가 6.98mm일 때 굴뚝의 높이는?

① 33.93m   ② 36.10m
③ 67.86m   ④ 72.20m

해설
- 시차(ΔP) = $\dfrac{h}{H}b_0$
- $h = \dfrac{H}{b_0}\Delta P = \dfrac{700}{0.072} \times 0.00698 = 67.86$m

02 A점 좌표($X_A = 212.32$m, $Y_A = 113.33$m), B점 좌표($X_B = 313.38$m, $Y_B = 12.27$m), AP 방위각 $T_{AP} = 80°$ 일 때 $\angle PAB (= \theta)$의 값은?

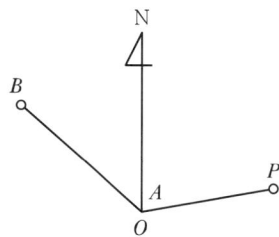

① 235°   ② 325°
③ 135°   ④ 115°

해설
- $\angle PAB = AB$ 방위각 $- T_{AP}$
- AB 방위각
  $= \tan^{-1}\left(\dfrac{Y_B - Y_A}{X_B - X_A}\right)$
  $= \tan^{-1}\left(\dfrac{12.27 - 113.33}{313.38 - 212.32}\right)$
  $= 45°$ (4상한)
- AB의 방위각은 4상한이므로
  $360° - 45° = 315°$
- $\angle PAB = 315° - 80° = 235°$

03 매개변수(A)가 90m인 클로소이드 곡선 상의 시점에서 곡선길이(L)가 30m일 때 곡선의 반지름(R)은?

① 120m   ② 150m
③ 270m   ④ 300m

해설
- $A^2 = RL$
- $R = \dfrac{A^2}{L} = \dfrac{90^2}{30} = 270$m

04 삼각점 표석에서 반석과 주석에 관한 내용 중 틀린 것은?

① 반석과 주석의 재질은 주로 금속을 이용한다.
② 반석과 주석의 십자선 중심은 동일 연직선 상에 있다.
③ 반석과 주석의 설치를 위해 인조점을 설치한다.
④ 반석과 주석의 두부상면은 서로 수평이 되도록 설치한다.

해설 반석과 주석의 재질은 석재이다.

05 국토지리정보원에서 발행하는 1:50,000 지형도 1매에 포함되는 지역의 범위는?

① 위도 10′, 경도 10′   ② 위도 10′, 경도 15′
③ 위도 15′, 경도 10′   ④ 위도 15′, 경도 15′

해설 지형도의 경위도 간격

지형도 축척	경도의 간격	위도의 간격	도엽 수	도엽명
1/250,000	1°45′00″	1°00′00″	16	NI-52-2
1/50,000	15′00″	15′00″	28	NI-52-2-01
1/25,000	7′30″	7′30″	4	NI-52-2-04-1
1/10,000	3′00″	3′00″	25	NI-52-204-16
1/5,000	1′30″	1′30″	100	NI-52-2-04-022

Answer 1. ③ 2. ① 3. ③ 4. ① 5. ④

06 평판측량방법 중 측량지역 내에 장애물이 없어 시준이 용이한 소지역에 주로 사용하는 방법으로 평판을 한 번 세워서 방향과 거리를 관측하여 여러 점들의 위치를 결정할 수 있는 방법은?

① 편각법　　　② 교회법
③ 전진법　　　④ 방사법

 방사법
　　장애물이 적고 넓게 시준할 경우 평판을 한 번 세워 다수의 점을 관측할 수 있다.

07 도로의 단곡선 계산에서 노선기점으로부터 교점까지의 추가거리와 교각을 알고 있을 때 곡선시점의 위치를 구하기 위해서 계산되어야 하는 요소는?

① 접선장(TL)
② 곡선장(CL)
③ 중앙종거(M)
④ 접선에 대한 지거(Y)

해설　곡선시점(BC 거리) = $IP - TL$

08 지상고도 3,000m의 비행기 위에서 초점거리 150mm인 사진기로 촬영한 항공사진에서 길이가 30m인 교량의 길이는?

① 1.3mm　　　② 2.3mm
③ 1.5mm　　　④ 2.5mm

해설
- 축척 $\left(\dfrac{1}{M}\right) = \dfrac{f}{H} = \dfrac{0.15}{3,000} = \dfrac{1}{20,000}$
- 도상거리 = 실제 거리 × 축척
  $= 30 \times \dfrac{1}{20,000} = 0.0015\text{m}$
  $= 1.5\text{mm}$

09 다음 중 물리학적 측지학에 속하지 않는 것은?

① 지구의 극운동 및 자전운동
② 지구의 형상해석
③ 하해측량
④ 지구조석측량

해설　측지학은 지구 내부의 특성, 지구의 형상 및 운동을 결정하는 측량과 지구표면상에 있는 모든 점들 간의 상호위치관계를 산정하는 측량의 가장 기본적인 학문이다.

기하학적 측지학	물리학적 측지학
• 측지학적 3차원 위치결정	• 지구의 형상 해석
• 길이 및 시간의 결정	• 지구의 극운동 및 자전운동
• 수평위치 결정	• 지각변동 및 균형
• 높이의 결정	• 지구의 열 측정
• 지도제작	• 대륙의 부동
• 면적 및 체적의 산정	• 해양의 조류
• 천문측량	• 지구의 조석 측량
• 위성측량	• 중력측량
• 해양측량	• 지자기 측량
• 사진측량	• 탄성파 측량

10 수평각을 관측하는 경우, 조정 불완전으로 인한 오차를 최소로 하기 위한 방법으로 가장 좋은 것은?

① 관측방법을 바꾸어 가면서 관측한다.
② 여러 번 반복 관측하여 평균값을 구한다.
③ 정·반위 관측을 실시하여 평균한다.
④ 관측값을 수학적인 방법을 이용하여 조정한다.

해설　1. 수평각 측정 시 필요한 조정

제1조정 (평반기포관의 조정 : 연직축 오차)	평반기포관축은 연직축에 직교해야한다.	
	원인	연직축이 연직이 되지 않기 때문에 생기는 오차
	처리방법	소거 불능
제2조정 (십자종선의 조정 : 시준축 오차)	십자종선은 수평축에 직교해야 한다.	
	원인	시준축과 수평축이 직교하지 않기 때문에 생기는 오차
	처리방법	망원경을 정·반위로 관측하여 평균을 취한다.
제3조정 (수평축의 조정 : 수평축오차)	수평축은 연직축에 직교해야 한다.	
	원인	수평축이 연직축에 직교하지 않기 때문에 생기는 오차
	처리방법	망원경을 정·반위로 관측하여 평균을 취한다.

2. 오차처리방법
- 정·반위 관측 = 시준축, 수평축, 시준축의 편심오차

Answer　6. ④　7. ①　8. ③　9. ③　10. ③

- A, B버니어의 읽음값의 평균=내심오차
- 분도원의 눈금 부정확 : 대회관측

11 완화곡선 설치에 관한 설명으로 옳지 않은 것은?

① 완화곡선의 반지름은 무한대로부터 시작하여 점차 감소되고 종점에서 원곡선의 반지름과 같게 된다.
② 완화곡선의 접선은 시점에서 직선에 접하고 종점에서 원호에 접한다.
③ 완화곡선의 시점에서 캔트는 0이고 소요의 원곡선에 도달하면 어느 높이에 달한다.
④ 완화곡선의 곡률은 곡선 전체에서 동일한 값으로 유지된다.

해설 완화곡선의 특징
- 곡선반경은 완화곡선의 시점에서 무한대, 종점에서 원곡선 R로 된다.
- 완화곡선의 접선은 시점에서 직선에, 종점에서 원호에 접한다.
- 완화곡선에 연한 곡선반경의 감소율과 캔트는 같다.
- 완화곡선의 종점의 캔트와 원곡선 시점의 캔트는 같다.
- 완화곡선은 이정의 중앙을 통과한다.
- 완화곡선의 곡률은 시점에서 0, 종점에서 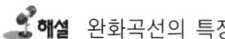 이다.

12 레벨 측량에서 레벨을 세우는 횟수를 짝수로 하여 소거할 수 있는 오차는?

① 망원경의 시준축과 수준기축이 평행하지 않아 생기는 오차
② 표척의 눈금이 부정확하여 생기는 오차
③ 표척의 이음매가 부정확하여 생기는 오차
④ 표척의 0(Zero) 눈금의 오차

해설 직접수준측량의 주의사항
1. 수준측량은 반드시 왕복측량을 원칙으로 하며, 노선은 다르게 한다.
2. 정확도를 높이기 위하여 전시와 후시의 거리는 같게 한다.
3. 이기점(T. P)은 1mm까지 그 밖의 점에서는 5mm 또는 1cm 단위까지 읽는 것이 보통이다.
4. 직접수준측량의 시준거리
   - 적당한 시준거리 : 40~60m(60m가 표준)
   - 최단거리는 3m이며, 최장거리 100~180m 정도이다.
5. 눈금오차(영점오차) 발생 시 소거방법
   - 기계를 세운 표척이 짝수가 되도록 한다.
   - 이기점(T. P)이 홀수가 되도록 한다.
   - 출발점에 세운 표척을 도착점에 세운다.

13 그림과 같은 표고를 갖는 지형을 평탄하게 정지작업을 하였을 때 평균표고는?

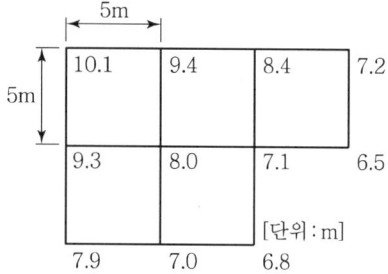

[단위 : m]

① 7.973m ② 8.000m
③ 8.027m ④ 8.104m

해설
- $V = \dfrac{A}{4}(\Sigma h_1 + 2\Sigma h_2 + 3\Sigma h_3 + 4\Sigma h_4)$
- $\Sigma h_1 = 10.1 + 7.2 + 6.5 + 6.8 + 7.9 = 38.5$
  $\Sigma h_2 = 9.4 + 8.4 + 7.0 + 9.3 = 34.1$
  $\Sigma h_3 = 7.1$
  $\Sigma h_4 = 8.0$
- $V = \dfrac{5 \times 5}{4}(38.5 + 2 \times 34.1 + 3 \times 7.1 + 4 \times 8.0)$
  $= 1,000 \text{m}^3$
- 평균표고(H_n) $= \dfrac{V}{nA}$
  $= \dfrac{1,000}{5 \times 5 \times 5}$
  $= 8\text{m}$

Answer 11. ④ 12. ④ 13. ②

14 삼각망 조정의 조건에 대한 설명으로 옳지 않은 것은?

① 1점 주위에 있는 각의 합은 180°이다.
② 검기선의 측정한 방위각과 계산된 방위각이 동일하다.
③ 임의 한 변의 길이는 계산경로가 달라도 일치한다.
④ 검기선은 측정한 길이와 계산된 길이가 동일하다.

해설 관측각의 조정
- 각조건 : 삼각형의 내각의 합은 180°가 되어야 한다. 즉 다각형의 내각의 합은 180°(n-2)이어야 한다.
- 점조건 : 한 측점 주위에 있는 모든 각의 합은 반드시 360°가 되어야 한다
- 변조건 : 삼각망 중에서 임의의 한 변의 길이는 계산 순서에 관계없이 항상 일정하여야 한다.

15 수위 관측소의 위치 선정 시 고려사항으로 옳지 않은 것은?

① 평시에는 홍수 때보다 수위표를 쉽게 읽을 수 있는 곳
② 지천의 합류점 및 분류점으로 수위의 변화가 뚜렷한 곳
③ 하안과 하상이 안전하고 세굴이나 퇴적이 없는 곳
④ 유속의 크기가 크지 않고 흐름이 직선인 곳

해설 수위 관측소(水位觀測所) 및 양수표(量水標 : Water Guage) 설치장소
- 하안(河岸)과 하상(河床)이 안전하고 세굴이나 퇴적이 되지 않는 장소
- 상하류의 길이가 약 100m 정도의 직선일 것
- 유속의 변화가 크지 않아야 한다.
- 수위가 교각이나 기타 구조물에 영향을 받지 않는 장소
- 홍수 때는 관측소의 유실, 이동 및 파손될 염려가 없는 장소
- 평시는 홍수 때보다 수위표가 쉽게 읽을 수 있는 장소
- 지천의 합류점 및 분류점으로 수위의 변화가 생기지 않는 장소
- 양수표의 영점위치는 최저수위 밑에 있고, 양수표 눈금의 최고위는 최고홍수위보다 높아야 한다.
- 양수표는 평균해수면의 표고를 측정해 둔다.
- 어떠한 갈수 시에도 양수표가 노출되지 않는 장소
- 수위가 급변하지 않는 장소
- 양수표는 하천에 연하여 5~10km마다 배치한다.

16 동일 지점 간 거리 관측을 3회, 5회, 7회 실시하여 최확값을 구하고자 할 때 각 관측값에 대한 보정값의 비(3회 : 5회 : 7회)로 옳은 것은?

① $\dfrac{1}{3^2} : \dfrac{1}{5^2} : \dfrac{1}{7^2}$ ② $\dfrac{1}{3} : \dfrac{1}{5} : \dfrac{1}{7}$
③ $3 : 5 : 7$ ④ $3^2 : 5^2 : 7^2$

해설 각 관측의 경중률이 다른 경우 경중률에 반비례하여 배분한다.(관측 횟수에 반비례하여 배분한다.)

17 교호수준측량을 실시하여 다음의 결과를 얻었다. A점의 표고가 25.020m일 때 B점의 표고는?(단, $a_1=2.42$m, $a_2=0.68$m, $b_1=3.88$m, $b_2=2.11$m)

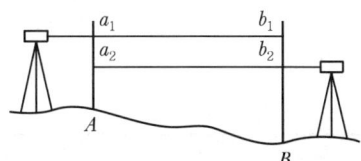

① 23.065m   ② 23.575m
③ 26.465m   ④ 26.975m

해설
- $\Delta H = \dfrac{(a_1+a_2)-(b_1+b_2)}{2}$

  $= \dfrac{(2.42+0.68)-(3.88+2.11)}{2}$

  $= -1.445$m
- $H_B = H_A \pm \Delta H$

  $= 25.02 - 1.445 = 23.575$m

Answer 14. ① 15. ② 16. ② 17. ②

18 그림과 같이 △ABC의 토지를 한 변 BC에 평행한 DE로 분할하여 면적의 비율이 △ADE : □BCED = 2 : 3이 되게 하려고 한다면 AD의 길이는?(단, AB의 길이는 50m)

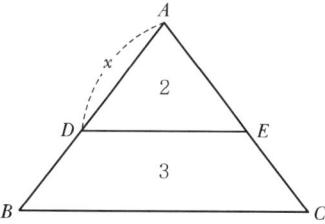

① 32.52m
② 31.62m
③ 30m
④ 20m

 • 비례식 이용
$\triangle ADE : m = \triangle ABC : m+n$
• $\dfrac{m}{m+n} = \left(\dfrac{\overline{AD}}{\overline{AB}}\right)^2$
• $\overline{AD} = \overline{AB}\sqrt{\dfrac{m}{m+n}}$
$= 50 \times \sqrt{\dfrac{2}{2+3}}$
$= 31.62$

19 축척 1 : 25,000 지형도에서 5% 경사의 노선을 선정하려면 등고선(주곡선) 사이에 취해야 할 도상거리는?

① 8mm
② 12mm
③ 16mm
④ 20mm

 등고선의 간격

등고선 종류	기호	1/5,000	1/10,000	1/25,000	1/50,000
주곡선	가는 실선	5	5	10	20
간곡선	가는 파선	2.5	2.5	5	10
조곡선 (보조곡선)	가는 점선	1.25	1.25	2.5	5
계곡선	굵은 실선	25	25	50	100

• 경사$(i) = \dfrac{H}{D} \times 100 = 5\%$이므로
수평거리는 200m
• 도상수평거리
$= \dfrac{D}{M} = \dfrac{200}{25,000} = 0.008\text{m} = 8\text{mm}$

20 곡선 설치에서 교각이 35°, 원곡선 반지름이 500m일 때 도로 기점으로부터 곡선 시점까지의 거리가 315.45m이면 도로 기점으로부터 곡선 종점까지의 거리는?

① 593.38m
② 596.88m
③ 620.88m
④ 625.36m

 • EC 거리 = BC 거리 + CL
• $CL = R \cdot I \cdot \dfrac{\pi}{180°}$
$= 500 \times 35° \times \dfrac{\pi}{180°} = 305.43\text{m}$
• EC 거리 = 315.45 + 305.43 = 620.88m

측량학(2016년 3회 토목기사)

01 삼각측량을 위한 기준점 성과표에 기록되는 내용이 아닌 것은?
① 점번호 ② 천문경위도
③ 평면직각좌표 및 표고 ④ 도엽 명칭

 기준점 성과표 기재사항
- 점번호
- 도엽 명칭 및 번호
- 수준원점
- 소재지
- 토지소유자 주소 및 성명
- 경로
- 관측 연월일
- 경위도
- 평면직각좌표
- 표고
- 진북방향각 등

02 어느 각을 관측한 결과가 다음과 같을 때, 최확값은?(단, 괄호 안의 숫자는 경중률)

73°40′12″(2),	73°40′10″(1)
73°40′15″(3),	73°40′18″(1)
73°40′09″(1),	73°40′16″(2)
73°40′14″(4),	73°40′13″(3)

① 73°40′10.2″ ② 73°40′11.6″
③ 73°40′13.7″ ④ 73°40′15.1″

 최확값(L_0)

$$= \frac{P_1\theta_1 + P_2\theta_2 + P_3\theta_3}{P_1 + P_2 + P_3 \cdots}$$

$$= \frac{\begin{array}{l}2\times 73°40′12″+3\times 73°40′15″+1\\ \times 73°40′9″+4\times 73°40′14″+1\\ \times 73°40′10″+1\times 73°40′18″+2\\ \times 73°40′16″+3\times 73°40′13″\end{array}}{2+3+1+4+1+1+2+3}$$

$= 73°40′13.7″$

03 표준길이보다 5mm가 늘어나 있는 50m 강철 줄자로 250×250m인 정사각형 토지를 측량하였다면 이 토지의 실제면적은?
① 62,487.50m² ② 62,493.75m²
③ 62,506.25m² ④ 62,512.50m²

- 축척과 거리, 면적의 관계
$$\frac{1}{m} = \frac{도상거리}{실제\ 거리},\ \left(\frac{1}{m}\right)^2 = \frac{도상면적}{실제\ 면적}$$
- 실제 면적(A_0) $= \left(\frac{L+\Delta L}{L}\right)^2 \times A$
$= \left(\frac{50.005}{50}\right)^2 \times 250^2$
$= 62,512.50\text{m}^2$

04 지형을 표시하는 방법 중에서 짧은 선으로 지표의 기복을 나타내는 방법은?
① 점고법 ② 영선법
③ 단채법 ④ 등고선법

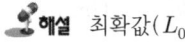

자연적 도법	영선법 (Hachuring, 우모법)	"게바"라 하는 단선상(短線上)의 선으로 지표의 기본을 나타내는 것으로 게바의 사이, 굵기, 방향 등에 의하여 지표를 표시하는 방법
	음영법 (Shading, 명암법)	태양광선이 서북 쪽에서 45°로 비친다고 가정하여 지표의 기복을 도상에서 2~3색 이상으로 채색하여 지형을 표시하는 방법으로 지형의 입체감이 가장 잘 나타나고 고저차가 크고 경사가 급한 곳에 주로 사용한다.
부호적 도법	점고법 (Spot height system)	지표면 상의 표고 또는 수심을 숫자에 의하여 지표를 나타내는 방법으로 하천, 항만, 해양 등에 주로 이용
	등고선법 (Contour System)	동일 표고의 점을 연결한 것으로 등고선에 의하여 지표를 표시하는 방법으로 토목공사용으로 가장 널리 사용
	채색법 (Layer System)	같은 등고선의 지대를 같은 색으로 채색하여 높을수록 진하게, 낮을수록 연하게 칠하여 높이의 변화를 나타내며 지리관계의 지도에 주로 사용

Answer 1. ② 2. ③ 3. ④ 4. ②

05 완화곡선에 대한 설명으로 틀린 것은?

① 단위 클로소이드란 매개 변수 A가 1인, 즉 $R \times L = 1$의 관계에 있는 클로소이드다.
② 완화곡선의 접선은 시점에서 직선에, 종점에서 원호에 접한다.
③ 클로소이드의 형식 중 S형은 복심곡선 사이에 클로소이드를 삽입한 것이다.
④ 캔트(Cant)는 원심력 때문에 발생하는 불리한 점을 제거하기 위해 두는 편경사이다.

해설 클로소이드 형식

기본형	S형
직선, 클로소이드, 원곡선 순으로 나란히 설치되어 있는 것	반향곡선의 사이에 클로소이드를 삽입한 것
난형	凸형
복심곡선의 사이에 클로소이드를 삽입한 것	같은 방향으로 구부러진 2개 이상의 클로소이드를 직선적으로 삽입한 것
복합형	
같은 방향으로 구부러진 2개 이상의 클로소이드를 이은 것으로 모든 접합부에서 곡률은 같다.	

06 초점거리 20cm인 카메라로 경사 30°로 촬영된 사진 상에서 연직점 m과 등각점 j와의 거리는?

① 33.6mm
② 43.6mm
③ 53.6mm
④ 63.6mm

해설 nj(연직~등각) $= f \tan \dfrac{I}{2} = 200 \times \tan \dfrac{30°}{2}$
$= 53.58\text{mm} \fallingdotseq 53.6\text{mm}$

07 A와 B의 좌표가 다음과 같을 때 측선 AB의 방위각은?

- A점의 좌표 $=(179,847.1\text{m}, 76,614.3\text{m})$
- B점의 좌표 $=(179,964.5\text{m}, 76,625.1\text{m})$

① 5°23′15″
② 185°15′23″
③ 185°23′15″
④ 5°15′22″

해설
- 위거(L_{AB}) $= X_B - X_A$
$= 179,964.5 - 179,847.1$
$= 117.4$
- 경거(D_{AB}) $= Y_B - Y_A$
$= 76,625.1 - 76,614.3$
$= 10.8$
- $\theta = \tan^{-1}\left(\dfrac{D_{AB}}{L_{AB}}\right) = 5°15'22''$ (1상한)
- AB의 방위각 : $5°15'22''$

08 단곡선 설치에 있어서 교각 $I = 60°$, 반지름 $R = 200\text{m}$, 곡선의 시점 $BC = \text{No.}8 + 15\text{m}$일 때 종단현에 대한 편각은?(단, 중심말뚝의 간격은 20m이다.)

① 0°38′10″
② 0°42′58″
③ 1°16′20″
④ 2°51′53″

해설
- $CL = R \cdot I \cdot \dfrac{\pi}{180}$
$= 200 \times 60° \times \dfrac{\pi}{180}$
$= 209.44\text{m}$
- $EC = BC + CL$
$= (20 \times 8 + 15) + 209.44$
$= 384.44\text{m}$
- l_2(종단현) $= 384.44 - 380 = 4.44\text{m}$
- $\delta_2 = \dfrac{l_2}{R} \times \dfrac{90°}{\pi} = \dfrac{4.44}{200} \times \dfrac{90°}{\pi}$
$= 0°38'10''$

09 수준측량에서 발생할 수 있는 정오차에 해당하는 것은?

① 표척을 잘못 뽑아 발생되는 읽음오차
② 광선의 굴절에 의한 오차
③ 관측자의 시력 불완전에 의한 오차
④ 태양의 광선, 바람, 습도 및 온도의 순간 변화에 의해 발생되는 오차

해설

정오차	부정오차

• 표척눈금부정에 의한 오차
• 지구곡률에 의한 오차(구차)
• 광선굴절에 의한 오차(기차)
  (양차(Δh) = 기차 + 구차
  $= \frac{D^2}{2R}(1-k)$)
• 레벨 및 표척의 침하에 의한 오차
• 표척의 영눈금(0점) 오차
• 온도 변화에 대한 표척의 신축
• 표척의 기울기에 의한 오차
	• 레벨 조정 불완전(표척의 읽음 오차)
	• 시차에 의한 오차
	• 기상 변화에 의한 오차
	• 기포관의 둔감
	• 기포관의 곡률의 부등
	• 진동, 지진에 의한 오차
	• 대물경의 출입에 의한 오차

11 수심이 H인 하천의 유속을 3점법에 의해 관측할 때, 관측 위치로 옳은 것은?

① 수면에서 0.1H, 0.5H, 0.9H가 되는 지점
② 수면에서 0.2H, 0.6H, 0.8H가 되는 지점
③ 수면에서 0.3H, 0.5H, 0.7H가 되는 지점
④ 수면에서 0.4H, 0.5H, 0.6H가 되는 지점

해설

1점법	수면으로부터 수심 0.6H 되는 곳의 유속 $V_m = V_{0.6}$
2점법	수심 0.2H, 0.8H 되는 곳의 유속 $V_m = \frac{1}{2}(V_{0.2} + V_{0.8})$
3점법	수심 0.2H, 0.6H, 0.8H 되는 곳의 유속 $V_m = \frac{1}{4}(V_{0.2} + 2V_{0.6} + V_{0.8})$
4점법	이것은 수심 1.0m 내외의 장소에서 적당하다. $V_m = \frac{1}{5}\left\{(V_{0.2} + V_{0.4} + V_{0.6} + V_{0.8}) + \frac{1}{2}\left(V_{0.2} + \frac{V_{0.8}}{2}\right)\right\}$

10 그림과 같은 도로 횡단면도의 단면적은?(단, O을 원점으로 하는 좌표(x, y)의 단위 : [m])

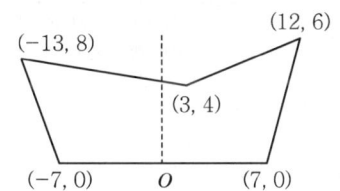

① 94m²
② 98m²
③ 102m²
④ 106m²

해설

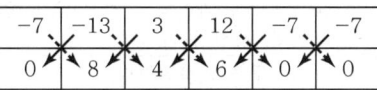

• 배면적 = $(\sum \searrow) - (\sum \nearrow)$
  $= (0+24+48+42+0)$
  $\quad - (-56-52+18+0+0)$
  $= 114+90 = 204$
• 면적 = $\frac{배면적}{2} = \frac{204}{2} = 102\text{m}^2$

12 하천측량에 대한 설명 중 옳지 않은 것은?

① 하천측량 시 처음에 할 일은 도상조사로서 유로상황, 지역면적, 지형지물, 토지이용상황 등을 조사하여야 한다.
② 심천측량은 하천의 수심 및 유수부분의 하저사항을 조사하고 횡단면도를 제작하는 측량을 말한다.
③ 하천측량에서 수준측량을 할 때의 거리표는 하천의 중심에 직각방향으로 설치한다.
④ 수위관측소의 위치는 지천의 합류점 및 분류점으로서 수위의 변화가 뚜렷한 곳이 적당하다.

해설 수위 관측소(水位觀測所) 및 양수표(量水標 : Water Guage) 설치장소
• 하안(河岸)과 하상(河床)이 안전하고 세굴이나 퇴적이 되지 않은 장소
• 상하류의 길이가 약 100m 정도의 직선일 것
• 유속의 변화가 크지 않아야 한다.

Answer 9. ② 10. ③ 11. ② 12. ④

- 수위가 교각이나 기타 구조물에 영향을 받지 않는 장소
- 홍수 때는 관측소의 유실, 이동 및 파손될 염려가 없는 장소
- 평시는 홍수때보다 수위표가 쉽게 읽을 수 있는 장소
- 지천의 합류점 및 분류점으로 수위의 변화가 생기지 않는 장소
- 양수표의 영점위치는 최저수위 밑에 있고, 양수표 눈금의 최고위는 최고홍수위보다 높아야 한다.
- 양수표는 평균해수면의 표고를 측정해 둔다.
- 어떠한 갈수 시에도 양수표가 노출되지 않는 장소
- 수위가 급변하지 않는 장소
- 양수표는 하천에 연하여 5~10km마다 배치한다.

13 수준측량에 관한 설명으로 옳은 것은?

① 수준측량에서는 빛의 굴절에 의하여 물체가 실제로 위치하고 있는 곳보다 더욱 낮게 보인다.
② 삼각수준측량은 토털스테이션을 사용하여 연직각과 거리를 동시에 관측하므로 레벨측량보다 정확도가 높다.
③ 수평한 시준선을 얻기 위해서는 시준선과 기포관 축은 서로 나란하여야 한다.
④ 수준측량의 시준 오차를 줄이기 위하여 기준점과의 구심 작업에 신중을 기해야 한다.

해설 1. 전시와 후시의 거리를 같게 함으로써 제거되는 오차
- 레벨의 조정이 불완전(시준선이 기포관축과 평행하지 않을 때)할 때(시준축오차 : 오차가 가장 크다.)
- 지구의 곡률오차(구차)와 빛의 굴절오차(기차)를 제거한다.
- 초점나사를 움직이는 오차가 없으므로 그로 인해 생기는 오차를 제거한다.

2. 삼각측량의 오차

구차 (h_1)	지구의 곡률에 의한 오차이며 이 오차만큼 높게 조정을 한다.	$h_1 = +\dfrac{S^2}{2R}$
기차 (h_2)	지표면에 가까울수록 대기의 밀도가 커지므로 생기는 오차(굴절오차)를 말하며, 이 오차만큼 낮게 조정한다.	$h_2 = -\dfrac{KS^2}{2R}$
양차	구차와 기차의 합을 말하며 연직각 관측값에서 이 양차를 보정하여 연직각을 구한다.	$=\dfrac{S^2}{2R}+\left(-\dfrac{KS^2}{2R}\right)$ $=\dfrac{S^2}{2R}(1-K)$

여기서, R : 지구의 곡률반경
S : 수평거리
K : 굴절계수(0.12~0.14)

14 지리정보시스템(GIS) 데이터의 형식 중에서 벡터형식의 객체자료 유형이 아닌 것은?

① 격자(Call)   ② 점(Point)
③ 선(Line)   ④ 면(Polygon)

해설 벡터 자료구조

정의	벡터 자료구조는 기호, 도형, 문자 등으로 인식할 수 있는 형태를 말하며 객체들의 지리적 위치를 크기와 방향으로 나타낸다. 즉, 벡터는 점, 선, 면의 3대 구성요소를 통하여 좌표로 표현 가능하다.
장점	• 보다 압축된 자료구조를 제공하며 따라서 데이터 용량의 축소가 용이하다. • 복잡한 현실세계의 묘사가 가능하다. • 위상에 관한 정보가 제공되므로 관망분석과 같은 다양한 공간분석이 가능하다. • 그래픽의 정확도가 높다. • 그래픽과 관련된 속성 정보의 추출 및 일반화, 갱신 등이 용이하다.
단점	• 자료구조가 복잡하다. • 여러 레이어의 중첩이나 분석에 기술적으로 어려움이 수반된다. • 각각의 그래픽 구성요소는 각기 다른 위상구조를 가지므로 분석에 어려움이 크다. • 그래픽의 정확도가 높은 관계로 도식과 출력에 비싼 장비가 요구된다. • 일반적으로 값비싼 하드웨어와 소프트웨어가 요구되므로 초기비용이 많이 든다.

15 정확도 1/5,000을 요구하는 50m 거리 측량에서 경사거리를 측정하여도 허용되는 두 점 간의 최대 높이차는?

① 1.0m ② 1.5m
③ 2.0m ④ 2.5m

해설
- 보정량 $= 50 \times \dfrac{1}{5,000} = 0.01$m

  경사보정 $(C) = -\dfrac{h^2}{2L}$

- $h = \sqrt{C \times 2L} = \sqrt{0.01 \times 2 \times 50} = 1$m

16 GNSS 측량에 대한 설명으로 옳지 않은 것은?

① 3차원 공간 계측이 가능하다.
② 기상의 영향을 거의 받지 않으며 야간에도 측량이 가능하다.
③ Bessel 타원체를 기준으로 경위도 좌표를 수집하기 때문에 좌표정밀도가 높다.
④ 기선 결정의 경우 두 측점 간의 시통에 관계가 없다.

해설 전 세계 위성항법시스템 현황(GNSS : 범지구 위성항법 시스템)

소유국	시스템명	목적	운용 연도	운용 궤도	위성 수
미국	GPS	전지구 위성항법	1995	중궤도	31기 운용중
러시아	GLONASS	전지구 위성항법	2011	중궤도	24
EU	Galileo	전지구 위성항법	2012	중궤도	30
중국	COMPASS (Beidou)	전지구 위성항법 (중국 지역 위성항법)	2011	중궤도 정지궤도	30 5
일본	QZSS	일본 주변 지역 위성항법	2010	고타원 궤도	3
인도	IRNSS	인도 주변 지역 위성항법	2010	정지궤도 고타원 궤도	3 4

사용좌표계는 세계 다수의 국가가 사용하는 ITRF계 미국의 GPS 운영측지계인 WGS계 러시아의 GNONASS 운영측지계인 PZ계로 나눌 수 있다.

17 대단위 신도시를 건설하기 위한 넓은 지형의 정지공사에서 토량을 계산하고자 할 때 가장 적당한 방법은?

① 점고법
② 비례중앙법
③ 양단면 평균법
④ 각주공식에 의한 방법

해설 지형도에 의한 지형표시법

자연적 도법	영선법 (Hachuring, 우모법)	"게바"라 하는 단선상(短線上)의 선으로 지표의 기본을 나타내는 것으로 게바의 사이, 굵기, 방향 등에 의하여 지표를 표시하는 방법
	음영법 (Shading, 명암법)	태양광선이 서북 쪽에서 45°로 비친다고 가정하여 지표의 기복을 도상에서 2~3색 이상으로 채색하여 지형을 표시하는 방법으로 지형의 입체감이 가장 잘 나타나고 고저차가 크고 경사가 급한 곳에 주로 사용
부호적 도법	점고법 (Spot Height System)	지표면 상의 표고 또는 수심을 숫자에 의하여 지표를 나타내는 방법으로 하천, 항만, 해양 등에 주로 이용
	등고선법 (Contour System)	동일 표고의 점을 연결한 것으로 등고선에 의하여 지표를 표시하는 방법으로 토목공사용으로 가장 널리 사용
	채색법 (Layer System)	같은 등고선의 지대를 같은 색으로 채색하여 높을수록 진하게 낮을수록 연하게 칠하여 높이의 변화를 나타내며 지리관계의 지도에 주로 사용

18 평탄지를 1 : 25,000으로 촬영한 수직사진이 있다. 이때의 초점거리 10cm, 사진의 크기 23×23cm, 종중복도 60%, 횡중복도 30%일 때 기선고도비는?

① 0.92 ② 1.09
③ 1.21 ④ 1.43

해설
- 기선고도비 $\left(\dfrac{B}{H}\right)$

- $\dfrac{B}{H} = \dfrac{m \cdot a \cdot \left(1 - \dfrac{P}{100}\right)}{mf}$

  $= \dfrac{25,000 \times 23 \times \left(1 - \dfrac{60}{100}\right)}{25,000 \times 10}$

  $= 0.92$

19 완화곡선 중 클로소이드에 대한 설명으로 틀린 것은?

① 클로소이드는 나선의 일종이다.
② 매개변수를 바꾸면 다른 무수한 클로소이드를 만들 수 있다.
③ 모든 클로소이드는 닮은꼴이다.
④ 클로소이드 요소는 모두 길이의 단위를 갖는다.

해설 클로소이드 성질
- 클로소이드는 나선의 일종이다.
- 모든 클로소이드는 닮은꼴이다.(상사성이다.)
- 단위가 있는 것도 있고 없는 것도 있다.
- τ는 30°가 적당하다.
- 확대율을 가지고 있다.
- τ는 라디안으로 구한다.

20 등고선의 성질에 대한 설명으로 옳지 않은 것은?

① 동일 등고선 상의 모든 점은 기준면으로부터 같은 높이에 있다.
② 지표면의 경사가 같을 때는 등고선의 간격은 같고 평행하다.
③ 등고선은 도면 내 또는 밖에서 반드시 폐합한다.
④ 높이가 다른 두 등고선은 절대로 교차하지 않는다.

해설 등고선의 성질
- 동일 등고선상에 있는 모든 점은 같은 높이이다.
- 등고선은 반드시 도면 안이나 밖에서 서로가 폐합한다.
- 지도의 도면 내에서 폐합되면 가장 가운데 부분을 산꼭대기(산정) 또는 凹지(요지)가 된다.
- 등고선은 도중에 없어지거나, 엇갈리거나 합쳐지거나 갈라지지 않는다.
- 높이가 다른 두 등고선은 동굴이나 절벽의 지형이 아닌 곳에서는 교차하지 않는다.
- 등고선은 경사가 급한 곳에서는 간격이 좁고 완만한 경사에서는 넓다.
- 최대경사의 방향은 등고선과 직각으로 교차한다.
- 분수선(능선)과 곡선(유하선)은 등고선과 직각으로 만난다.
- 2쌍의 등고선의 볼록부가 상대할 때는 볼록부를 나타낸다.
- 동등한 경사의 지표에서 양 등고선의 수평거리는 같다.
- 같은 경사의 평면일 때는 나란한 직선이 된다.
- 등고선이 능선을 직각방향으로 횡단한 다음 능선 다른 쪽을 따라 거슬러 올라간다.
- 등고선의 수평거리는 산꼭대기와 산밑에서는 크고 산 중턱에서는 작다.

측량학 (2016년 3회 토목산업기사)

01 곡선부에서 차량의 뒷바퀴가 앞바퀴보다 안쪽으로 주행하는 현상을 보완하기 위해 설치하는 것은?

① 길어깨(Shoulder)
② 확폭(Slack)
③ 편경사(Cant)
④ 차폭(Width)

해설 캔트(Cant)와 확폭(Slack)
- 캔트 : 곡선부를 통과하는 차량에 원심력이 발생하여 접선방향으로 탈선하려는 것을 방지하기 위해 바깥쪽 노면을 안쪽 노면보다 높이는 정도를 말하며 편경사라고 한다.

  캔트 : $C = \dfrac{SV^2}{Rg}$

  여기서, C : 캔트
  S : 궤간
  V : 차량속도
  R : 곡선반경
  g : 중력가속도

- 슬랙(Slack, 확폭) : 차량과 레일이 꼭 끼어서 서로 힘을 입게 되면 때로는 탈선의 위험도 생긴다. 이러한 위험을 막기 위해 레일 안쪽을 움직여 곡선부에서는 궤간을 넓힐 필요가 있는데, 이 넓힌 치수를 말한다.

  슬랙 : $\varepsilon = \dfrac{L^2}{2R}$

  여기서, ε : 확폭량
  L : 차량 앞바퀴에서 뒷바퀴까지의 거리
  R : 차선 중심선의 반경

02 깊이가 10m인 하천의 평균유속을 구하기 위해 유속측량을 하여 다음의 결과를 얻었다. 3점법에 의한 평균유속은?(단, V_m : 수면에서부터 수심 m인 곳의 유속)

- $V_{0.0} = 5$m/s
- $V_{0.2} = 6$m/s
- $V_{0.4} = 5$m/s
- $V_{0.6} = 4$m/s
- $V_{0.8} = 3$m/s

① 4.17m/s
② 4.25m/s
③ 4.75m/s
④ 4.83m/s

해설 3점법 (V_m) $= \dfrac{V_{0.2} + 2V_{0.6} + V_{0.8}}{4}$

$= \dfrac{6 + 2 \times 4 + 3}{4} = 4.25$m/s

03 클로소이드 매개변수(Parameter) A가 커질 경우에 대한 설명으로 옳은 것은?

① 자동차의 고속주행에 유리하다.
② 집선각(τ)이 비례하여 커진다.
③ 곡선반지름이 작아진다.
④ 곡선이 급커브가 된다.

해설 매개변수 $A^2 = R \cdot L (A = \sqrt{R \cdot L})$
A가 커지면 반지름 R이 커지므로 곡선이 완만해진다.

04 어느 지역의 측량 결과가 그림과 같다면 이 지역의 전체 토량은?(단, 각 구역의 크기는 같다.)

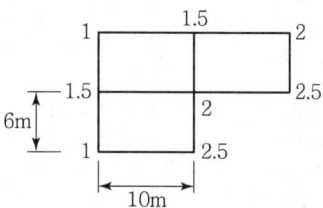

(표고의 단위 : m)

① 200m³
② 253m³
③ 315m³
④ 353m³

Answer 1. ② 2. ② 3. ① 4. ③

해설
- $V = \dfrac{A}{4}(\sum h_1 + 2\sum h_2 + 3\sum h_3 + 4\sum h_4)$
- $h_1 = 1+2+2.5+2.5+1 = 9$
  $h_2 = 1.5+1.5 = 3$
  $h_3 = 2$
- $V = \dfrac{6 \times 10}{4}(9 + 2\times 3 + 3\times 2) = 315\text{m}^3$

05 건설공사 및 도시계획 등의 일반측량에서는 변장 2.5km 이상의 삼각측량을 별도로 실시하지 않고 국가기본삼각점의 성과를 이용하는 것이 좋은 이유로 가장 거리가 먼 것은?
① 정확도의 확보
② 측량 경비의 절감
③ 측량 성과의 기준 통일
④ 측량시간의 예측 가능

해설 국가기본삼각점은 측량의 정확도 확보 및 효율성 제고를 위하여 전 국토를 대상으로 주요 지점마다 정한 측량의 기본이 되는 측량 기준점이다.

06 평판측량방법 중 기지점에 평판을 세워 미지점에 대한 방향선만을 그어 미지점의 위치를 결정할 수 있는 방법은?
① 전진법
② 방사법
③ 승강법
④ 교회법

방사법 (Method of Radiation : 사출법)	측량구역 안에 장애물이 없고 비교적 좁은 구역에 적합하며 한 측점에 평판을 세워 그 점 주위에 목표점의 방향과 거리를 측정하는 방법 (60m 이내)
전진법 (Method of Traversing: 도선법, 절측법)	측량구역에 장애물이 중앙에 있어 시준이 곤란할 때 사용하는 방법으로 측량구역이 길고 좁을 때 측점마다 평판을 세워가며 측량하는 방법
교회법 (Method of intersection)	전방 교회법	전방에 장애물이 있어 직접 거리를 측정할 수 없을 때 편리하며, 알고 있는 기지점에 평판을 세워서 미지점을 구하는 방법
	측방 교회법	기지의 두 점을 이용하여 미지의 한 점을 구하는 방법으로 도로 및 하천변의 여러 점의 위치를 측정할 때 편리한 방법이다.
	후방 교회법	도면상에 기재되어 있지 않는 미지점에 평판을 세워 기지의 2점 또는 3점을 이용하여 현재 평판이 세워져 있는 평판의 위치(미지점)를 도면상에서 구하는 방법

07 지구 전체를 경도 6°씩 60개의 횡대로 나누고, 위도 8°씩 20개(남위 80°~북위 84°)의 횡대로 나타내는 좌표계는?
① UPS 좌표계
② 평면직각 좌표계
③ UTM 좌표계
④ WGS 84 좌표계

해설 UTM 좌표
국제횡메르카토르 투영법에 의하여 표현되는 좌표계이다. 적도를 횡축, 자오선을 종축으로 한다. 투영방식, 좌표변환식은 TM과 동일하나 원점에서 축척계수를 0.9996으로 하여 적용범위를 넓혔다.
1. 종대
- 지구 전체를 경도 6°씩 60개 구역으로 나누고, 각 종대의 중앙자오선과 적도의 교점을 원점으로 하여 원통도법인 횡메르카토르 투영법으로 등각투영한다.
- 각 종대는 180°W 자오선에서 동쪽으로 6° 간격으로 1~60까지 번호를 붙인다.
- 중앙자오선에서의 축척계수는 0.9996m이다.
  (축척계수 : $\dfrac{\text{평면거리}}{\text{구면거리}} = \dfrac{s}{S} = 0.9996$)
2. 횡대
- 종대에서 위도는 남북 80°까지만 포함시킨다.
- 횡대는 8°씩 20개 구역으로 나누어 C(80°S~72°S)~X(72°N~80°N)까지(단, I, O는 제외) 20개의 알파벳 문자로 표현한다.

- 결국 종대 및 횡대는 경도 6°×위도 8°의 구형구역으로 구분된다.
- 경도의 원점은 중앙자오선, 위도의 원점은 적도상에 있다.
3. 길이의 단위는 m이다.
4. 우리나라는 51~52종대, S~T횡대에 속한다.

08 종중복도가 60%인 단 촬영경로로 촬영한 사진의 지상 유효면적은?(단, 촬영고도 3,000m, 초점거리 150mm, 사진 크기 210mm×210 mm)

① 15.089km² ② 10.584km²
③ 7.056km² ④ 5.889km²

해설
- 축척$\left(\dfrac{1}{m}\right) = \dfrac{f}{H} = \dfrac{0.15}{3,000} = \dfrac{1}{20,000}$
- 유효면적(A_0)
$A\left(1 - \dfrac{p}{100}\right)$
$= (ma)^2\left(1 - \dfrac{p}{100}\right)$
$= (20,000 \times 0.21)^2 \times \left(1 - \dfrac{60}{100}\right)$
$= 7,056,000 \text{m}^2 = 7.056 \text{km}^2$

09 촬영고도 6,000m에서 촬영한 항공사진에서 주점기선 길이가 10cm이고, 굴뚝의 시차차가 1.5mm였다면 이 굴뚝의 높이는?

① 80m ② 90m
③ 100m ④ 110m

해설
- 시차(ΔP) = $\dfrac{h}{H}b_0$
- $h = \dfrac{H}{b_0}\Delta P = \dfrac{6,000}{0.1} \times 0.0015 = 90\text{m}$

10 직각좌표 상에서 각 점의 (x, y)좌표가 $A(-4, 0)$, $B(-8, 6)$, $C(9, 8)$, $D(4, 0)$인 4점으로 둘러싸인 다각형의 면적은?(단, 좌표의 단위는 m이다.)

① 87m² ② 100m²
③ 174m² ④ 192m²

해설 간편법

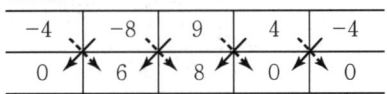

- 배면적 = $(\sum \searrow) - (\sum \nearrow)$
  $= (0+54+32+0) - (-24-64-0-0)$
  $= 86 + 88 = 174\text{m}^2$
- 면적 = $\dfrac{배면적}{2} = \dfrac{174}{2} = 87\text{m}^2$

11 완화곡선에 대한 설명 중 옳지 않은 것은?

① 완화곡선의 접선은 시점에서 원호에, 종점에서 직선에 접한다.
② 곡선의 반지름은 완화곡선의 시점에서 무한대, 종점에서 원곡선의 반지름으로 된다.
③ 완화곡선에 연한 곡선반경의 감소율은 캔트의 증가율과 같다.
④ 종점의 캔트는 원곡선의 캔트와 같다.

해설 완화곡선의 특징
- 곡선반경은 완화곡선의 시점에서 무한대, 종점에서 원곡선 R로 된다.
- 완화곡선의 접선은 시점에서 직선에, 종점에서 원호에 접한다.
- 완화곡선에 연한 곡선반경의 감소율과 캔트는 같다.
- 완화곡선 종점의 캔트와 원곡선 시점의 캔트는 같다.
- 완화곡선은 이정의 중앙을 통과한다.
- 완화곡선의 곡률은 시점에서 0, 종점에서 $\dfrac{1}{R}$이다.

12 1:25,000 지형도 상에서 산정에서 산자락의 어느 지점까지의 수평거리를 측정하니 48mm이었다. 산정의 표고는 492m, 측정 지점의 표고는 12m일 때 두 지점 간의 경사는?

① $\dfrac{1}{2.5}$ ② $\dfrac{1}{4}$
③ $\dfrac{1}{9.2}$ ④ $\dfrac{1}{10}$

Answer 8. ③ 9. ② 10. ① 11. ① 12. ①

해설 경사$(i) = \dfrac{H}{D} = \dfrac{492-12}{0.048 \times 25,000}$
$= \dfrac{480}{1,200} = \dfrac{1}{2.5}$

13 그림과 같이 0점에서 같은 정확도로 각을 관측하여 오차를 계산한 결과 $x_3 - (x_1 + x_2) = -36''$의 식을 얻었을 때 관측값 x_1, x_2, x_3에 대한 보정값 V_1, V_2, V_3는?

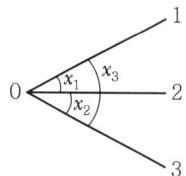

① $V_1 = -9''$, $V_2 = -9''$, $V_3 = +18''$
② $V_1 = -12''$, $V_2 = -12''$, $V_3 = +12''$
③ $V_1 = +9''$, $V_2 = +9''$, $V_3 = -18''$
④ $V_1 = +12''$, $V_2 = +12''$, $V_3 = -12''$

해설 • 조건식 $x_3 - (x_1 + x_2) = -36''$
• $(x_1 + x_2)$가 $36''$ 크므로, x_1, x_2는 $(-)$보정 x_3는 $(+)$보정
• 보정량 $= \dfrac{36''}{3} = 12''$
• x_1, $x_2 = -12''$, $x_3 = +12''$

14 갑, 을 두 사람이 A, B 두 점 간의 고저차를 구하기 위하여 서로 다른 표척으로 왕복측량한 결과가 갑은 $38.994\text{m} \pm 0.008\text{m}$, 을은 $39.003\text{m} \pm 0.004\text{m}$일 때, 두 점 간 고저차의 최확값은?

① 38.995m ② 38.999m
③ 39.001m ④ 39.003m

해설 • 경중률은 오차 제곱에 반비례
$P_A : P_B = \dfrac{1}{8^2} : \dfrac{1}{4^2} = \dfrac{1}{64} : \dfrac{1}{16} = 1 : 4$
• $h_6 = \dfrac{P_A H_A + P_B H_B}{P_A + P_B}$
$= \dfrac{1 \times 38.994 + 4 \times 39.003}{1+4}$
$= 39.001\text{m}$

15 그림과 같이 원곡선을 설치하고자 할 때 교점(P)에 장애물이 있어 $\angle ACD = 150°$, $\angle CDB = 90°$ 및 CD의 거리 400m를 관측하였다. C점으로부터 곡선시점 A까지의 거리는?(단, 곡선의 반지름은 500m로 한다.)

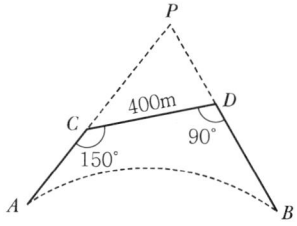

① 404.15m ② 425.88m
③ 453.15m ④ 461.88m

해설 • 교각$(I) = \angle PCD + \angle PDC$
$= 30° + 90° = 120°$
• $\dfrac{\overline{CP}}{\sin 90°} = \dfrac{400}{\sin 60°}$ $\overline{CP} = 461.88\text{m}$
• 접선장(TL)
$= R \tan \dfrac{I}{2} = 500 \times \tan \dfrac{120°}{2} = 866.03\text{m}$
• $\overline{AC}$ 거리
$= TL - \overline{CP} = 866.03 - 461.88 = 404.15\text{m}$

16 수준측량에서 전시와 후시의 시준거리를 같게 함으로써 소거할 수 있는 오차는?

① 시준축이 기포관축과 평행하지 않기 때문에 발생하는 오차
② 표척을 연직방향으로 세우지 않아 발생하는 오차
③ 표척 눈금의 오독으로 발생하는 오차
④ 시차에 의해 발생하는 오차

해설 전시와 후시의 거리를 같게 함으로써 제거되는 오차
• 레벨의 조정이 불완전(시준선이 기포관축과 평행하지 않을 때)할 때
(시준축오차 : 오차가 가장 크다.)
• 지구의 곡률오차(구차)와 빛의 굴절오차(기차)를 제거한다.
• 초점나사를 움직이는 오차가 없으므로 그로 인해 생기는 오차를 제거한다.

Answer 13. ② 14. ③ 15. ① 16. ①

17 등고선의 성질에 대한 설명으로 옳은 것은?

① 도면 내에서 등고선이 폐합되는 경우 동굴이나 절벽을 나타낸다.
② 동일 경사에서의 등고선 간의 간격은 높은 곳에서 좁아지고 낮은 곳에서는 넓어진다.
③ 등고선은 능선 또는 계곡선과 직각으로 만난다.
④ 높이가 다른 두 등고선은 산정이나 분지를 제외하고는 교차하지 않는다.

해설 등고선의 성질
- 동일 등고선상에 있는 모든 점은 같은 높이이다.
- 등고선은 반드시 도면 안이나 밖에서 서로가 폐합한다.
- 지도의 도면 내에서 폐합되면 가장 가운데 부분은 산꼭대기(산정) 또는 凹지(요지)가 된다.
- 등고선은 도중에 없어지거나 엇갈리거나 합쳐지거나 갈라지지 않는다.
- 높이가 다른 두 등고선은 동굴이나 절벽의 지형이 아닌 곳에서는 교차하지 않는다.
- 등고선은 경사가 급한 곳에서는 간격이 좁고 완만한 경사에서는 넓다.
- 최대경사의 방향은 등고선과 직각으로 교차한다.
- 분수선(능선)과 곡선(유하선)은 등고선과 직각으로 만난다.
- 2쌍의 등고선의 볼록부가 상대할 때는 볼록부를 나타낸다.
- 동등한 경사의 지표에서 양 등고선의 수평거리는 같다.
- 같은 경사의 평면일 때는 나란한 직선이 된다.
- 등고선이 능선을 직각방향으로 횡단한 다음 능선 다른 쪽을 따라 거슬러 올라간다.
- 등고선의 수평거리는 산꼭대기와 산밑에서는 크고, 산 중턱에서는 작다.

18 A점으로부터 폐합 다각측량을 실시하여 A점으로 되돌아 왔을 때 위거와 경거의 오차는 각각 20cm, 25cm였다. 모든 측선 길이의 합이 832.12m이라 할 때 다각측량의 폐합비는?

① 약 1/2,200   ② 약 1/2,600
③ 약 1/3,300   ④ 약 1/4,200

 해설 폐합비 = $\dfrac{\text{폐합오차}}{\text{총 길이}} = \dfrac{\sqrt{0.2^2+0.25^2}}{832.12}$

$= \dfrac{0.32}{833.12} ≒ \dfrac{1}{2,600}$

19 3km의 거리를 30m의 줄자로 측정하였을 때 1회 측정의 부정오차가 ±4mm였다면 전체 거리에 대한 부정오차는?

① ±13mm   ② ±40mm
③ ±130mm   ④ ±400mm

해설
- 총부정오차$(M) = ±δ\sqrt{n}$,
  여기서, $δ$: 1회 측정 시 오차
  n : 횟수
- $M = ±4\sqrt{100} = 40\text{mm}$

20 그림과 같은 단열삼각망의 조정각이 $α_1 = 40°$, $β_1 = 60°$, $γ_1 = 80°$, $α_2 = 50°$, $β_2 = 30°$, $γ_2 = 100°$일 때, $\overline{CD}$의 길이는?(단, $\overline{AB}$기선 길이 600m이다.)

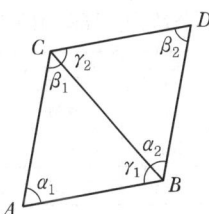

① 323.4m   ② 400.7m
③ 568.6m   ④ 682.3m

 해설
- $\dfrac{600}{\sin β_1} = \dfrac{\overline{BC}}{\sin α_1}$

  $\overline{BC} = \dfrac{\sin 40°}{\sin 60°} × 600 = 445.34\text{m}$

- $\dfrac{\overline{BC}}{\sin β_2} = \dfrac{\overline{CD}}{\sin α_2}$

  $\overline{CD} = \dfrac{\sin 50°}{\sin 30°} × 445.34 = 682.3\text{m}$

측량학(2017년 1회 토목기사)

01 삼각수준측량에서 정밀도 10^{-5}의 수준차를 허용할 경우 지구곡률을 고려하지 않아도 되는 최대 시준거리는?(단, 지구곡률반지름 $R = 6,370$ km이고, 빛의 굴절계수는 무시)

① 35m ② 64m
③ 70m ④ 127m

 해설
- $\dfrac{1}{100,000} = \dfrac{\dfrac{(1-k)D^2}{2R}}{D}$
- $D = \dfrac{2 \times 6,370}{1 \times 100,000} = 0.1274\text{km} = 127\text{m}$

02 측점 M의 표고를 구하기 위하여 수준점 A, B, C로부터 수준측량을 실시하여 표와 같은 결과를 얻었다면 M의 표고는?

측점	표고(m)	관측방향	고저차(m)	노선길이
A	11.03	A→M	+2.10	2km
B	13.60	B→M	−0.30	4km
C	11.64	C→M	+1.45	1km

① 13.09m ② 13.13m
③ 13.17m ④ 13.22m

해설
- 경중률은 노선길이에 반비례
  $P_A : P_B : P_C = \dfrac{1}{2} : \dfrac{1}{4} : \dfrac{1}{1} = 2 : 1 : 4$
- 최확치(h_0)
  $= \dfrac{P_A \times h_A + P_B \times h_B + P_C \times h_C}{P_A + P_B + P_C}$
  $= \dfrac{2 \times 13.13 + 1 \times 13.3 + 4 \times 13.09}{2 + 1 + 4}$
  $= 13.13\text{m}$

03 답사나 홍수 등 급하게 유속관측을 필요로 하는 경우에 편리하여 주로 이용하는 방법은?

① 이중부자
② 표면부자
③ 스크루(Screw)형 유속계
④ 프라이스(Price)식 유속계

해설

표면부자	• 나무, 코르크, 병, 죽통 등을 이용하여 가운데 작은 돌이나 모래를 넣어 추로 하여 부자고 0.8~0.9를 흘수선(吃水線)으로 한다. • 주로 홍수 시 사용되며 투하지점은 10m 이상, $\dfrac{B}{3}$ 이상, 20초 이상(약 30 초)로 한다.(여기서, B : 하폭) • $V_m = (0.8 \sim 0.9)v$ 　여기서, V_m : 평균유속 　v : 유속 　0.8 : 작은 하천에서 부자고 　0.9 : 큰 하천에서 부자고
이중부자	• 표면부자에 실이나 가는 쇠줄을 수중부자와 연결하여 측정 • 수중부자는 수면에서 수심의 $\dfrac{3}{5}$인 곳에 가라앉혀서 직접평균유속을 구할 때 사용 • 아주 정확한 값은 얻을 수 없다.
막대(봉)부자	죽통(竹筒)이나 파이프(관)의 하단에 추를 넣고 연직으로 세워 하천에 흘러 보내 평균유속을 직접 구하는 방법으로 종평균유속 측정에 사용한다.

04 토적곡선(Mass Curve)을 작성하는 목적으로 가장 거리가 먼 것은?

① 토량의 운반거리 산출
② 토공기계의 선정
③ 토량의 배분
④ 교통량 산정

Answer 1. ④ 2. ② 3. ② 4. ④

해설

1. **유토곡선 작성방법**
   - 각 측점의 횡단도에서 절토, 성토 단면 산출
   - 단면적법에 의한 토공량 계산
   - 절토량을 토량변화율 C를 적용 절토와 성토를 동일한 밀도상태가 되도록 한다.
   - 횡축을 측점, 종축을 누계토적량으로 Plot하여 유토곡선 작성

2. **유토곡선 작성목적**
   - 시공방법을 결정한다.
   - 평균운반거리를 산출한다.
   - 운반거리에 대한 토공기계를 선정한다.
   - 토량을 배분한다.
   - 작업배경을 결정한다.

05 다음 중 다각측량의 순서로 가장 적합한 것은?

① 계획 → 답사 → 선점 → 조표 → 관측
② 계획 → 선점 → 답사 → 조표 → 관측
③ 계획 → 선점 → 답사 → 관측 → 조표
④ 계획 → 답사 → 선점 → 관측 → 조표

해설
트래버스 측량순서
계획 → 답사 → 선점 → 조표 → 거리 관측 → 각 관측 → 거리와 각 관측 정도의 평균 → 계산

06 국토지리정보원에서 발급하는 기준점 성과표의 내용으로 틀린 것은?

① 삼각점이 위치한 평면좌표계의 원점을 알 수 있다.
② 삼각점 위치를 결정한 관측방법을 알 수 있다.
③ 삼각점의 경도, 위도, 직각좌표를 알 수 있다.
④ 삼각점의 표고를 알 수 있다.

해설
기준점 성과표 기재사항
- 점번호
- 수준원점
- 토지소유자 주소 및 성명
- 경로
- 경위도
- 표고
- 도엽 명칭 및 번호
- 소재지
- 관측 연월일
- 평면직각좌표
- 진북방향각 등

07 노선측량에서 교각이 32°15′00″, 곡선 반지름이 600m일 때의 곡선장(C.L.)은?

① 355.52m ② 337.72m
③ 328.75m ④ 315.35m

해설
$$곡선장(CL) = RI\frac{\pi}{180°}$$
$$= 600 \times 32°15' \times \frac{\pi}{180°}$$
$$= 337.72m$$

08 한 변의 길이가 10m인 정사각형 토지를 축척 1:600 도상에서 관측한 결과, 도상의 변 관측오차가 0.2mm씩 발생하였다면 실제 면적에 대한 오차 비율(%)은?

① 1.2%   ② 2.4%
③ 4.8%   ④ 6.0%

해설
- $\frac{\Delta A}{A} = 2\frac{\Delta L}{L}$
- $\Delta L = 0.2 \times 600 = 120mm = 0.12m$
- $\frac{\Delta A}{A} = 2 \times \frac{0.12}{10} = 0.024 = 2.4\%$

09 그림과 같은 수준망에 대해 각각의 환(I~IV)에 따라 폐합오차를 구한 결과가 표와 같다. 폐합오차의 한계가 $\pm 1.0\sqrt{S}$ cm일 때 우선적으로 재관측할 필요가 있는 노선은?(단, S : 거리[km])

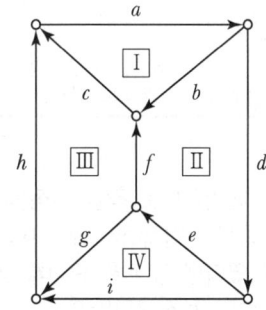

노선	a	b	c	d	e	f	g	h	i
거리(m)	4.1	2.2	2.4	6.0	3.6	4.0	2.2	2.3	3.5

Answer 5. ① 6. ② 7. ② 8. ② 9. ①

환	Ⅰ	Ⅱ	Ⅲ	Ⅳ	외주
폐합오차(m)	−0.017	0.048	−0.026	−0.083	−0.031

① e노선   ② f노선
③ g노선   ④ h노선

 해설 오차가 많이 발생한 노선은 Ⅱ, Ⅳ이므로 이 중 중복되는 e노선에서 오차가 가장 많이 발생하였으므로 우선적으로 재측한다.

10 지성선에 해당하지 않는 것은?

① 구조선   ② 능선
③ 계곡선   ④ 경사변환선

해설 지성선(Topographical Line)
지표는 많은 凸선, 凹선, 경사변환선, 최대경사선으로 이루어졌다고 할 때 이 평면의 접합부, 즉 접선을 말하며 지세선이라고도 한다.

철선, 능선(凸선), 분수선	지표면의 높은 곳을 연결한 선으로 빗물이 이것을 경계로 좌우로 흐르게 되므로 분수선 또는 능선이라 한다.
요선, 계곡선(凹선), 합수선	지표면이 낮거나 움푹 패인 점을 연결한 선으로 합수선 또는 합곡선이라 한다.
경사변환선	동일 방향의 경사면에서 경사의 크기가 다른 두 면의 접합선(평면교선)을 말한다.(등고선 수평간격이 뚜렷하게 달라지는 경계선)
최대경사선 (유하선)	지표의 임의의 한 점에 있어서 그 경사가 최대로 되는 방향을 표시한 선으로 등고선에 직각으로 교차하며 물이 흐르는 방향이라는 의미에서 유하선이라고도 한다.

11 토털스테이션으로 각을 측정할 때 기계의 중심과 측점이 일치하지 않아 0.5mm의 오차가 발생하였다면 각 관측 오차를 2″ 이하로 하기 위한 변의 최소 길이는?

① 82.501m   ② 51.566m
③ 8.250m   ④ 5.157m

해설
- $\dfrac{\Delta L}{L} = \dfrac{\theta''}{\rho''}$
- $L = \dfrac{\rho''}{\theta''} \Delta L$
  $= \dfrac{206265}{2} \times 0.5$
  $= 51566.25 \text{mm} = 51.566 \text{m}$

12 삼각형 A, B, C의 내각을 측정하여 다음과 같은 결과를 얻었다. 오차를 보정한 각 B의 최확값은?

- ∠A = 59°59′27″(1회 관측)
- ∠B = 60°00′11″(2회 관측)
- ∠C = 59°59′49″(3회 관측)

① 60°00′20″   ② 60°00′22″
③ 60°00′33″   ④ 60°00′44″

 해설
- 경중률이 다른 경우 오차를 경중률에 반비례하여 배분한다.
  $P_1 : P_2 : P_3 = \dfrac{1}{1} : \dfrac{1}{2} : \dfrac{1}{3} = 6 : 3 : 2$
- 폐합오차(E) = (∠A + ∠B + ∠C) − 180° = −33″
- 조정량
  ∠A = $\dfrac{33}{6+3+2} \times 6 = +18″$
  ∠B = $\dfrac{33}{6+3+2} \times 3 = +9″$
  ∠C = $\dfrac{33}{6+3+2} \times 2 = +6″$
- 최확값
  ∠A = 59°59′27″ + 18″ = 59°59′45″
  ∠B = 60°00′11″ + 9″ = 60°00′20″
  ∠C = 59°59′49″ + 6″ = 59°59′55″
  ∴ ∠A + ∠B + ∠C = 180°

13 지구의 형상에 대한 설명으로 틀린 것은?

① 회전타원체는 지구의 형상을 수학적으로 정의한 것이고, 어느 하나의 국가에서 기준으로 채택한 타원체를 기준타원체라 한다.

② 지오이드는 물리적 형상을 고려하여 만든 불규칙한 곡면이며, 높이 측정의 기준이 된다.
③ 지오이드 상에서 중력 포텐셜의 크기는 중력 이상에 의하여 달라진다.
④ 임의 지점에서 회전타원체에 내린 법선이 적도면과 만나는 각도를 측지위도라 한다.

해설

지오이드	정지된 해수면을 육지까지 연장하여 지구 전체를 둘러쌌다고 가상한 곡면을 지오이드(Geoid)라 한다. 지구타원체는 기하학적으로 정의한 데 비하여 지오이드는 중력장 이론에 따라 물리학적으로 정의한다.
특징	• 지오이드면은 평균해수면과 일치하는 등포텐셜면으로 일종의 수면이다. • 지오이드면은 대륙에서는 지각의 인력 때문에 지구타원체보다 높고 해양에서는 낮다. • 고저측량은 지오이드면을 표고 0으로 하여 관측한다. • 타원체의 법선과 지오이드 연직선의 불일치로 연직선 편차가 생긴다. • 지형의 영향 또는 지각 내부밀도의 불균일로 인하여 타원체에 비하여 다소의 기복이 있는 불규칙한 면이다. • 지오이드는 어느 점에서나 표면을 통과하는 연직선은 중력방향에 수직이다. • 지오이드는 타원체 면에 대하여 다소 기복이 있는 불규칙한 면을 갖는다. • 높이가 0이므로 위치에너지도 0이다.

14 완화곡선에 대한 설명으로 옳지 않은 것은?

① 완화곡선의 곡선 반지름은 시점에서 무한대, 종점에서 원곡선의 반지름 R로 된다.
② 클로소이드의 형식에는 S형, 복합형, 기본형 등이 있다.
③ 완화곡선의 접선은 시점에서 원호에, 종점에서 직선에 접한다.
④ 모든 클로소이드는 닮은꼴이며 클로소이드 요소에는 길이의 단위를 가진 것과 단위가 없는 것이 있다.

해설 완화곡선의 특징
• 곡선반경은 완화곡선의 시점에서 무한대, 종점에서 원곡선 R로 된다.

• 완화곡선의 접선은 시점에서 직선에, 종점에서 원호에 접한다.
• 완화곡선에 연한 곡선반경의 감소율과 캔트는 같다.
• 완화곡선의 종점의 캔트와 원곡선 시점의 캔트는 같다.
• 완화곡선은 이정의 중앙을 통과한다.
• 완화곡선의 곡률은 시점에서 0, 종점에서 $\dfrac{1}{R}$이다.

15 25cm×25cm인 항공사진에서 주점기선의 길이가 10cm일 때 이 항공사진의 중복도는?

① 40% ② 50%
③ 60% ④ 70%

해설 $b_0 = a\left(1 - \dfrac{P}{100}\right)$

$P = \left(1 - \dfrac{b_0}{a}\right) \times 100 = \left(1 - \dfrac{10}{25}\right) \times 100$
$\quad = 60\%$

16 노선 설치방법 중 좌표법에 의한 설치방법에 대한 설명으로 틀린 것은?

① 토털스테이션, GPS 등과 같은 장비를 이용하여 측점을 위치시킬 수 있다.
② 좌표법에 의한 노선의 설치는 다른 방법보다 지형의 굴곡이나 시통 등의 문제가 적다.
③ 좌표법은 평면곡선 및 종단곡선의 설치 요소를 동시에 위치시킬 수 있다.
④ 평면적인 위치의 측설을 수행하고 지형표고를 관측하여 종단면도를 작성할 수 있다.

해설 좌표법은 노선의 시점이나 종점 및 교점 등과 같은 곡선의 요소를 입력하여야 한다.

Answer 14. ③ 15. ③ 16. ③

17 촬영고도 800m의 연직사진에서 높이 20m에 대한 시차차의 크기는?(단, 초점거리는 21cm, 사진크기는 23×23cm, 종중복도는 60%이다.)

① 0.8mm
② 1.3mm
③ 1.8mm
④ 2.3mm

해설
- 시차차(ΔP) = $\frac{h}{H} \cdot P_r = \frac{h}{H} b_0$
  = $\frac{20}{800} \times 0.092$
  = $0.0023m = 2.3mm$
- $b_0 = a\left(1 - \frac{p}{100}\right) = 0.23 \times \left(1 - \frac{60}{100}\right)$
  = $0.092m$

18 다음 설명 중 옳지 않은 것은?

① 측지학적 3차원 위치결정이란 경도, 위도 및 높이를 산정하는 것이다.
② 측지학에서 면적이란 일반적으로 지표면의 경계선을 어떤 기준면에 투영하였을 때의 면적을 말한다.
③ 해양측지는 해양상의 위치 및 수심의 결정, 해저지질조사 등을 목적으로 한다.
④ 원격탐사는 피사체와의 직접 접촉에 의해 획득한 정보를 이용하여 정량적 해석을 하는 기법이다.

해설 원격탐사는 센서를 이용하여 지표대상물에서 방사, 반사하는 전자파를 측정하여 정량적·정성적 해석을 하는 탐사다.

19 등고선의 성질에 대한 설명으로 옳지 않은 것은?

① 등고선은 분수선(능선)과 평행하다.
② 등고선은 도면 내·외에서 폐합하는 폐곡선이다.
③ 지도의 도면 내에서 폐합하는 경우 등고선의 내부에는 산꼭대기 또는 분지가 있다.
④ 절벽에서 등고선이 서로 만날 수 있다.

해설 등고선의 성질
- 동일 등고선상에 있는 모든 점은 같은 높이이다.
- 등고선은 반드시 도면 안이나 밖에서 서로가 폐합한다.
- 지도의 도면 내에서 폐합되면 가장 가운데 부분은 산꼭대기(산정) 또는 凹지(요지)가 된다.
- 등고선은 도중에 없어지거나 엇갈리거나 합쳐지거나 갈라지지 않는다.
- 높이가 다른 두 등고선은 동굴이나 절벽의 지형이 아닌 곳에서는 교차하지 않는다.
- 등고선은 경사가 급한 곳에서는 간격이 좁고 완만한 경사에서는 넓다.
- 최대경사의 방향은 등고선과 직각으로 교차한다.
- 분수선(능선)과 곡선(유하선)은 등고선과 직각으로 만난다.
- 2쌍의 등고선의 볼록부가 상대할 때는 볼록부를 나타낸다.
- 동등한 경사의 지표에서 양 등고선의 수평거리는 같다.
- 같은 경사의 평면일 때는 나란한 직선이 된다.
- 등고선이 능선의 직각방향으로 횡단한 다음 능선 다른 쪽을 따라 거슬러 올라간다.
- 등고선의 수평거리는 산꼭대기와 산밑에서는 크고, 산 중턱에서는 작다.

20 하천의 유속측정 결과, 수면으로부터 깊이 2/10, 4/10, 6/10, 8/10 되는 곳의 유속(m/s)이 각각 0.662, 0.552, 0.442, 0.332였다면 3점법에 의한 평균유속은?

① 0.4603m/s
② 0.4695m/s
③ 0.5245m/s
④ 0.5337m/s

해설 3점법(V_n) = $\frac{V_{0.2} + 2V_{0.6} + V_{0.8}}{4}$
= $\frac{0.662 + 2 \times 0.442 + 0.332}{4}$
= $0.4695m/s$

측량학(2017년 1회 토목산업기사)

01 초점거리 120mm, 비행고도 2,500m로 촬영한 연직사진에서 비고 300m인 작은 산의 축척은?

① 약 1/17,500
② 약 1/18,400
③ 약 1/35,000
④ 약 1/45,000

해설 축척$(\frac{1}{M}) = \frac{f}{H \pm \Delta h}$

$= \frac{0.12}{2,500 - 300} = \frac{0.12}{2,200}$

$\fallingdotseq \frac{1}{18,400}$

02 도로설계에 있어서 캔트(Cant)의 크기가 C인 곡선의 반지름과 설계속도를 모두 2배로 증가시키면 새로운 캔트의 크기는?

① $2C$
② $4C$
③ $C/2$
④ $C/4$

해설 캔트$(C) = \frac{SV^2}{Rg}$ 에서

R과 V를 2배로 하면 C는 2배가 된다.

03 축척 1 : 1,000의 지형도를 이용하여 축척 1 : 5,000 지형도를 제작하려고 한다. 1 : 5,000 지형도 1장의 제작을 위해서는 1 : 1,000 지형도 몇 장이 필요한가?

① 5매
② 10매
③ 20매
④ 25매

해설 • 면적은 축척$\left(\frac{1}{m}\right)^2$ 에 비례

• 매수 $= \left(\frac{5,000}{1,000}\right)^2 = 25$ 매

04 다음 표는 폐합트래버스 위거, 경거의 계산 결과이다. 면적을 구하기 위한 CD 측선의 배횡거는?

측선	위거(m)	경거(m)	측선	위거(m)	경거(m)
AB	+67.21	+89.35	CD	−69.11	−45.22
BC	−42.12	+23.45	DA	+44.02	−67.58

① 360.15m
② 311.23m
③ 202.15m
④ 180.38m

해설 1. 첫 측선의 배횡거는 첫 측선의 경거와 같다.
2. 임의 측선의 배횡거는 전 측선의 배횡거 + 전 측선의 경거 + 그 측선의 경거이다.
3. 마지막 측선의 배횡거는 마지막 측선의 경거와 같다.(부호 반대)
• AB 측선의 배횡거 = 89.35m
• BC 측선의 배횡거 = 89.35 + 89.35 + 23.45 = 202.15m
• CD 측선의 배횡거 = 202.15 + 23.45 − 45.22 = 180.38m

05 매개변수 $A = 60$m인 클로소이드의 곡선길이가 30m일 때 종점에서의 곡선반지름은?

① 60m
② 90m
③ 120m
④ 150m

해설 • $A^2 = R \cdot L$

• $R = \frac{A^2}{L} = \frac{60^2}{30} = 120$m

06 하천측량 중 유속의 관측을 위하여 2점법을 사용할 때 필요한 유속은?

① 수면에서 수심의 20%와 60%인 곳의 유속
② 수면에서 수심의 20%와 80%인 곳의 유속
③ 수면에서 수심의 40%와 60%인 곳의 유속
④ 수면에서 수심의 40%와 80%인 곳의 유속

Answer 1. ② 2. ① 3. ④ 4. ④ 5. ③ 6. ②

해설

1점법	수면으로부터 수심 0.6H 되는 곳의 유속 $V_m = V_{0.6}$
2점법	수심 0.2H, 0.8H 되는 곳의 유속 $V_m = \frac{1}{2}(V_{0.2} + V_{0.8})$
3점법	수심 0.2H, 0.6H, 0.8H 되는 곳의 유속 $V_m = \frac{1}{4}(V_{0.2} + 2V_{0.6} + V_{0.8})$
4점법	이것은 수심 1.0m 내외의 장소에서 적당하다. $V_m = \frac{1}{5}\left\{(V_{0.2} + V_{0.4} + V_{0.6} + V_{0.8}) + \frac{1}{2}\left(V_{0.2} + \frac{V_{0.8}}{2}\right)\right\}$

07 그림과 같은 지역의 토공량은?(단, 각 구역의 크기는 동일하다.)

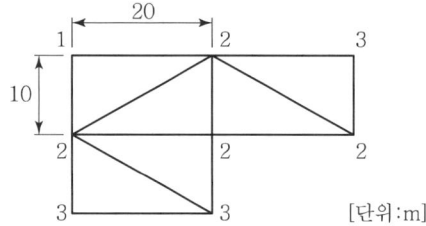

① 600m³ ② 1,200m³
③ 1,300m³ ④ 2,600m³

해설 삼각형 분할

$V = \frac{A}{3}(\sum h_1 + 2\sum h_2 + 3\sum h_3 \cdots)$

- $\sum h_1 = 1 + 3 + 3 = 7$
- $\sum h_2 = 3 + 2 = 5$
- $\sum h_3 = 2$
- $\sum h_4 = 2 + 2 = 4$
- $V = \frac{\frac{10 \times 20}{2}}{3}(7 + 2 \times 5 + 3 \times 2 + 4 \times 4)$
  $= 1,300 \text{m}^3$

08 거리측량에서 발생하는 오차 중에서 착오(과오)에 해당되는 것은?

① 줄자의 눈금이 표준자와 다를 때
② 줄자의 눈금을 잘못 읽었을 때
③ 관측 시 줄자의 온도가 표준온도와 다를 때
④ 관측 시 장력이 표준장력과 다를 때

해설 오차의 종류

1. 정오차 또는 누차(Constant Error : 누적오차, 누차, 고정오차)
   - 오차 발생 원인이 확실하여 일정한 크기와 일정한 방향으로 생기는 오차
   - 측량 후 조정이 가능하다.
   - 정오차는 측정횟수에 비례한다.
     $E_1 = n \cdot \delta$
     (E_1 = 정오차, δ = 1회 측정 시 누적오차, n = 측정(관측)횟수)

2. 우연오차(Accidental Error : 부정오차, 상차, 우차)
   - 오차의 발생 원인이 명확하지 않아 소거 방법도 어렵다.
   - 최소제곱법의 원리로 오차를 배분하며 오차론에서 다루는 오차를 우연오차라 한다.
   - 우연오차는 측정 횟수의 제곱근에 비례한다.
     $E_2 = \pm \delta \sqrt{n}$
     (E_2 = 우연오차, δ : 우연오차, n : 측정(관측)횟수)

3. 착오(Mistake : 과실)
   - 관측자의 부주의에 의해서 발생하는 오차
   - 예 : 기록 및 계산의 착오, 눈금 읽기의 잘못, 숙련 부족 등

09 디지털카메라로 촬영한 항공사진측량의 일반적인 특징에 대한 설명으로 옳은 것은?

① 기상 상태에 관계없이 측량이 가능하다.
② 넓은 지역을 촬영한 사진은 정사투영이다.
③ 다양한 목적에 따라 축척 변경이 용이하다.
④ 기계조작이 간단하고 현장에서 측량이 잘못된 곳을 발견하기 쉽다.

해설 장점
1. 정량적, 정성적인 측량이 가능하다.
2. 동적인 대상물의 측량이 가능하다.
3. 정밀도가 균일하다.
   - 표고의 경우 : $\left(\dfrac{1}{10,000} \sim \dfrac{2}{10,000}\right) \times H$
   (촬영고도)
   - 평면의 경우 : $10 \sim 30\mu \times$ m (축척분모수),
   $\left(단, \mu = \dfrac{1}{1,000} \text{mm}\right)$
4. 접근하기 어려운 대상물의 측량이 가능하다.
5. 분업화에 의한 작업능률성이 좋다.
6. 축척의 변경이 용이하다.
7. 경제성이 좋다.
8. 4차원 측정이 가능하다.

10 어떤 경사진 터널 내에서 수준측량을 실시하여 그림과 같은 결과를 얻었다. $a = 1.15$m, $b = 1.56$m, 경사거리(S) = 31.69m, 연직각 $\alpha = +17°47'$일 때 두 측점 간의 고저차는?

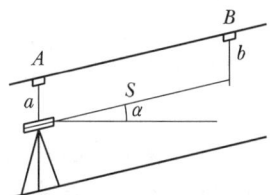

① 5.3m
② 8.04m
③ 10.09m
④ 12.43m

해설 $\Delta h = (b + S\sin\alpha) - a$
$= (1.56 + 31.69 \times \sin 17°47') - 1.15$
$= 10.088\text{m} \fallingdotseq 10.09\text{m}$

11 축척 1 : 600으로 평판측량을 할 때 앨리데이드의 외심거리 24mm에 의하여 생기는 외심오차는?

① 0.04mm
② 0.08mm
③ 0.4mm
④ 0.8mm

해설
- 외심오차 $= \dfrac{e}{M}$
- 도상 허용오차 $= \dfrac{24}{600} = 0.04$mm

12 표고 236.42m의 평탄지에서 거리 500m를 평균해면상의 값으로 보정하려고 할 때, 보정량은?(단, 지구 반지름은 6,370km로 한다.)

① −1.656cm
② −1.756cm
③ −1.856cm
④ −1.956cm

해설 평균해면상 보정
$C = -\dfrac{LH}{R} = -\dfrac{500 \times 236.42}{6370 \times 1000}$
$= -0.018557\text{m} = -1.856\text{cm}$

13 트래버스 측량의 일반적인 순서로 옳은 것은?

① 선점 → 조표 → 수평각 및 거리 관측 → 답사 → 계산
② 선점 → 조표 → 답사 → 수평각 및 거리 관측 → 계산
③ 답사 → 선점 → 조표 → 수평각 및 거리 관측 → 계산
④ 답사 → 조표 → 선점 → 수평각 및 거리 관측 → 계산

해설 트래버스 측량순서
계획 → 답사 → 선점 → 조표 → 거리관측 → 각관측 → 거리와 각관측 정도의 평균 → 계산

14 삼각점 C에 기계를 세울 수 없어 B에 기계를 설치하여 $T' = 31°15'40''$를 얻었다면 T는?(단, $e = 2.5$m, $\psi = 295°20'$, $S_1 = 1.5$km, $S_2 = 2.0$km)

① 31°14′45″
② 31°13′54″
③ 30°14′45″
④ 30°07′42″

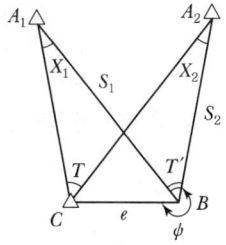

해설 $T+X_1 = T'+X_2$, $T = T'+X_2-X_1$ 이므로

- $\dfrac{e}{\sin X_1} = \dfrac{S_1}{\sin(360°-\phi)}$

  $\dfrac{2.5}{\sin X_1} = \dfrac{1,500}{\sin(360°-295°20')}$

  $\therefore X_1 = 0°05'11''$

- $\dfrac{e}{\sin X_2} = \dfrac{S_2}{\sin(360°-\phi+T')}$

  $\dfrac{2.5}{\sin X_2} = \dfrac{2,000}{\sin(360°-295°20'+31°15'40'')}$

  $\therefore X_2 = 0°04'16''$

- $T = 31°15'40'' + 0°4'16'' - 0°5'11''$
  $= 31°14'45''$

15 지형도의 등고선 간격을 결정하는 데 고려하여야 할 사항과 거리가 먼 것은?

① 지형 ② 축척
③ 측량목적 ④ 측량거리

 해설 적당한 등고선 간격

거리(dl) 및 높이(dh) 오차가 클 경우 인접하는 등고선이 서로 겹치게 되므로 이를 방지하기 위하여 도상에서 관측한 표고오차의 최대값은 등고선 간격의 1/2을 초과하지 않도록 규정한다. 등고선의 간격 결정 시 측량의 목적, 지형, 축척에 맞게 결정한다.

적당한 등고선의 간격	$H \geq 2(dh + dl \cdot \tan\theta)$ 여기서, dh : 높이관측오차 dl : 수평위치오차 (도상위치오차 × m) θ : 토지의 경사
등고선의 최소간격	$d = 0.25M(mm)$

16 토지의 면적계산에 사용되는 심프슨의 제1법칙은 그림과 같은 포물선 AMB 의 면적(빗금친 부분)을 사각형 $ABCD$ 면적의 얼마로 보고 유도한 공식인가?

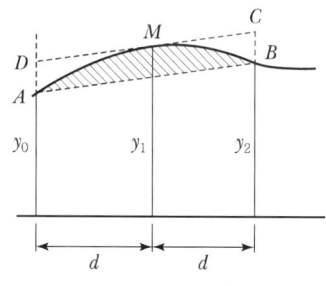

① 1/2 ② 2/3
③ 3/4 ④ 3/8

해설 경계선을 2차 포물선으로 보아 전체면적의 $\dfrac{2}{3}$ 로 본다.

17 500m의 거리를 50m의 줄자로 관측하였다. 줄자의 1회 관측에 의한 오차가 ±0.01m라면 전체 거리 관측값의 오차는?

① ±0.03m ② ±0.05m
③ ±0.08m ④ ±0.10m

해설 $E = \pm \delta\sqrt{n} = \pm 0.01\sqrt{\dfrac{500}{50}} = \pm 0.03m$

18 수준측량 용어 중 지반고를 구하려고 할 때 기지점에 세운 표척의 읽음을 의미하는 것은?

① 전시 ② 후시
③ 표고 ④ 기계고

해설

수준점 (BM : Bench Mark)	수준원점을 기점으로 하여 전국 주요지점에 수준표석을 설치한 점 • 1등 수준점 : 4km마다 설치 • 2등 수준점 : 2km마다 설치
표고 (Elevation)	국가 수준기준면으로부터 그 점까지의 연직거리
전시 (Fore sight)	표고를 알고자 하는 점(미지점)에 세운 표척의 읽음 값
후시 (Back sight)	표고를 알고 있는 점(기지점)에 세운 표척의 읽음 값

Answer 15. ④ 16. ② 17. ① 18. ②

기계고 (Instrument height)	기준면에서 망원경 시준선까지의 높이
지반고 (Ground Level)	기준면으로부터 측점까지의 연직거리
이기점 (Turning point)	기계를 옮길 때 한 점에서 전시와 후시를 함께 취하는 점
중간점 (Intermediate point)	표척을 세운 점의 표고만을 구하고자 전시만 취하는 점

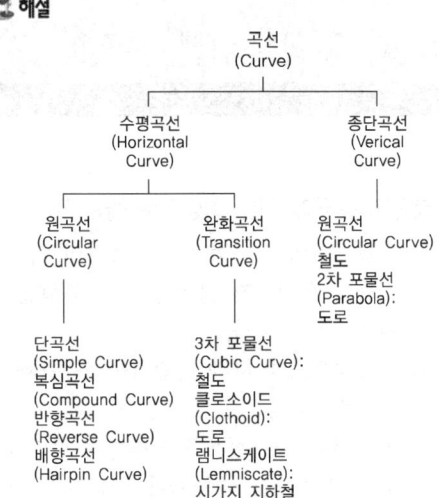

19 노선측량에서 노선을 선정할 때 유의해야 할 사항으로 옳지 않은 것은?

① 배수가 잘 되는 곳으로 한다.
② 노선 선정 시 가급적 직선이 좋다.
③ 절토 및 성토의 운반거리를 가급적 짧게 한다.
④ 가급적 성토 구간이 길고, 토공량이 많아야 한다.

해설 노선 선정 시 고려사항
• 건설비 유지비가 적게 드는 노선일 것
• 토공량이 적도록 하고 절토와 성토가 균형을 이룰 것
• 가급적 급경사 노선은 피할 것
• 배수가 완전할 것
• 절토의 운반거리가 짧을 것
• 가능한 한 직선으로 하고 경사는 완만하게 한다.

20 우리나라의 노선측량에서 고속도로에 주로 이용되는 완화곡선은?

① 클로소이드 곡선
② 렘니스케이트 곡선
③ 2차 포물선
④ 3차 포물선

Answer 19. ④ 20. ①

측량학(2017년 2회 토목기사)

01 측량의 분류에 대한 설명으로 옳은 것은?
① 측량구역이 상대적으로 협소하여 지구의 곡률을 고려하지 않아도 되는 측량을 측지측량이라 한다.
② 측량정확도에 따라 평면기준점측량과 고저기준점측량으로 구분한다.
③ 구면 삼각법을 적용하는 측량과 평면삼각법을 적용하는 측량과의 근본적인 차이는 삼각형 내각의 합이다.
④ 측량법에는 기본측량과 공공측량의 두 가지로만 측량을 분류한다.

해설

측지측량 (Geodetic Surveying)	⊙ 지구의 곡률을 고려한 정밀한 측량으로서 지구의 형상과 크기를 구하는 측량이며, ⓒ 측량정밀도가 1/1,000,000일 경우 ⓒ 지구의 곡률반경이 11km 이상인 지역 ② 면적이 약 400km² 이상인 지역을 측지(대지)측량이라 한다. • 기하학적 측지학 : 지구표면상에 있는 모든 점들 간의 상호 위치관계를 결정하는 것 • 물리학적 측지학 : 지구 내부의 특성, 지구의 형상 및 크기를 결정하는 것
평면측량 (Plane Surveying)	⊙ 지구의 곡률을 고려하지 않은 측량으로서, ⓒ 거리측량의 허용정밀도가 1/1,000,000 이내인 범위 ⓒ 지구의 곡률반경이 11km 이내인 지역 ② 면적이 약 400km² 이내인 지역을 평면으로 취급한다. • 거리허용오차 $(d-D) = \dfrac{D^3}{12 \cdot R^2}$ • 허용정밀도 $\left(\dfrac{d-D}{D}\right) = \dfrac{D^2}{12 \cdot R^2} = \dfrac{1}{m} = M$ • 평면으로 간주할 수 있는 범위 $(D) = \sqrt{\dfrac{12 \cdot R^2}{m}}$

공간정보의 구축 및 관리 등에 관한 법률 제2조(정의) 이 법에서 사용하는 용어의 뜻은 다음과 같다.
6. "일반측량"이란 기본측량, 공공측량, 지적측량 및 수로측량 외의 측량을 말한다.

02 수준측량에서 시준거리를 같게 함으로써 소거할 수 있는 오차에 대한 설명으로 틀린 것은?
① 기포관축과 시준선이 평행하지 않을 때 생기는 시준선 오차를 소거할 수 있다.
② 시준거리를 같게 함으로써 지구곡률오차를 소거할 수 있다.
③ 표척 시준 시 초점나사를 조정할 필요가 없으므로 이로 인한 오차인 시준오차를 줄일 수 있다.
④ 표척의 눈금 부정확으로 인한 오차를 소거할 수 있다.

해설
1. 전시와 후시의 거리를 같게 함으로써 제거되는 오차
    • 레벨의 조정이 불완전(시준선이 기포관축과 평행하지 않을 때)할 때
      (시준축오차 : 오차가 가장 크다.)
    • 지구의 곡률오차(구차)와 빛의 굴절오차(기차)를 제거한다.
    • 초점나사를 움직이는 오차가 없으므로 그로 인해 생기는 오차를 제거한다.
2. 직접수준측량의 주의사항
    ⊙ 수준측량은 반드시 왕복측량을 원칙으로 하며, 노선은 다르게 한다.
    ⓒ 정확도를 높이기 위하여 전시와 후시의 거리는 같게 한다.
    ⓒ 이기점(T. P)은 1mm까지 그 밖의 점에서는 5mm 또는 1cm 단위까지 읽는 것이 보통이다.

㉣ 직접수준측량의 시준거리
- 적당한 시준거리 : 40~60m(60m가 표준)
- 최단거리는 3m이며, 최장거리 100~180m 정도이다.

㉤ 눈금오차(영점오차) 발생 시 소거방법.
- 기계를 세운 표척이 짝수가 되도록 한다.
- 이기점(T. P)이 홀수가 되도록 한다.
- 출발점에 세운 표척을 도착점에 세운다.

03 UTM 좌표에 대한 설명으로 옳지 않은 것은?

① 중앙 자오선의 축척계수는 0.9996이다.
② 좌표계는 경도 6°, 위도 8° 간격으로 나눈다.
③ 우리나라는 40구역(ZONE)과 43구역(ZONE)에 위치하고 있다.
④ 경도의 원점은 중앙자오선에 있으며 위도의 원점은 적도 상에 있다.

해설 UTM좌표
국제횡메르카토르 투영법에 의하여 표현되는 좌표계이다. 적도를 횡축, 자오선을 종축으로 한다. 투영방식, 좌표변환식은 TM과 동일하나 원점에서 축척계수를 0.9996으로 하여 적용범위를 넓혔다.

1. 종대
- 지구 전체를 경도 6°씩 60개 구역으로 나누고, 각 종대의 중앙자오선과 적도의 교점을 원점으로 하여 원통도법인 횡메르카토르 투영법으로 등각투영한다.
- 각 종대는 180°W 자오선에서 동쪽으로 6° 간격으로 1~60까지 번호를 붙인다.
- 중앙자오선에서의 축척계수는 0.9996m이다.
  (축척계수 : $\dfrac{평면거리}{구면거리} = \dfrac{s}{S} = 0.9996$)

2. 횡대
- 종대에서 위도는 남북 80°까지만 포함시킨다.
- 횡대는 8°씩 20개 구역으로 나누어 C(80°S~72°S)~X(72°N~80°N)까지(단 I, O는 제외) 20개의 알파벳 문자로 표현한다.
- 결국 종대 및 횡대는 경도 6°×위도 8°의 구형구역으로 구분된다.
- 경도의 원점은 중앙자오선, 위도의 원점은 적도 상에 있다.

- 길이의 단위는 m이다.
- 우리나라는 51~52종대, S~T횡대에 속한다.

04 $1,600m^2$의 정사각형 토지면적을 $0.5m^2$까지 정확하게 구하기 위해서 필요한 변 길이의 최대 허용오차는?

① 2.25mm ② 6.25mm
③ 10.25mm ④ 12.25mm

해설
- 면적과 거리 정밀도의 관계
  $$\dfrac{\Delta A}{A} = 2 \dfrac{\Delta L}{L}$$
- $L = \sqrt{A} = \sqrt{1,600} = 40m$
- $\Delta L = \dfrac{\Delta A \cdot L}{2 \cdot A} = \dfrac{0.5 \times 40}{2 \times 1,600} = 0.00625m$
  $= 6.25mm$

05 도로공사에서 거리 20m인 성토구간에 대하여 시작 단면 $A_1 = 72m^2$, 끝 단면 $A_2 = 182m^2$, 중앙단면 $A_m = 132m^2$라고 할 때 각주공식에 의한 성토량은?

① $2,540.0m^3$ ② $2,573.3m^3$
③ $2,600.0m^3$ ④ $2,606.7m^3$

해설 $V = \dfrac{L}{6}(A_1 + 4A_m + A_2)$
$= \dfrac{20}{6}(72 + 4 \times 132 + 182) = 2,606.7m^3$

06 도로 기점으로부터 교점(I.P)까지의 추가거리가 400m, 곡선 반지름 $R = 200m$, 교각 $I = 90°$인 원곡선을 설치할 경우, 곡선시점(B.C)은?(단, 중심 말뚝거리=20m)

① No.9 ② No.9+10m
③ No.10 ④ No.10+10m

해설
- $TL = R\tan\dfrac{I}{2}$
  $= 200 \times \left(\tan\dfrac{90°}{2}\right) = 200m$
- BC 거리 = IP − TL = 400 − 200 = 200m
- 200m = No.10

Answer 3. ③ 4. ② 5. ④ 6. ③

07 곡선 설치에서 교각 $I=60°$, 반지름 $R=150m$ 일 때 접선장(T.L)은?

① 100.0m ② 86.6m
③ 76.8m ④ 38.6m

해설 $TL(접선장) = R\tan\frac{I}{2} = 150 \times \tan\frac{60°}{2}$
$= 86.6m$

08 수평각 관측방법에서 그림과 같이 각을 관측하는 방법은?

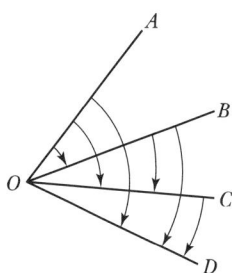

① 방향각 관측법 ② 반복 관측법
③ 배각 관측법 ④ 조합각 관측법

해설

배각법	하나의 각을 2회 이상 반복 관측하여 누적된 값을 평균하는 방법으로 이중축을 가진 트랜싯의 연직축오차를 소거하는 데 좋고 아들자의 최소눈금 이하로 정밀하게 읽을 수 있다.
방향각법	어떤 시준방향을 기준으로 하여 각 시준방향에 이르는 각을 차례로 관측하는 방법, 배각법에 비해 시간이 절약되고 3등삼각측량에 이용된다. • 1점에서 많은 각을 잴 때 이용한다.
조합각 관측법	수평각 관측방법 중 가장 정확한 방법으로 1등삼각측량에 이용된다. ㉠ 방법 : 여러 개의 방향선의 각을 차례로 방향각법으로 관측하여 얻어진 여러 개의 각을 최소제곱법에 의해 최확값을 결정한다. ㉡ 측각 총수, 조건식 총수 • 측각 총수 $= \frac{1}{2}N(N-1)$ • 조건식 총수 $= \frac{1}{2}(N-1)(N-2)$ 여기서, N : 방향수

09 수치지형도(Digital Map)에 대한 설명으로 틀린 것은?

① 우리나라는 축척 1 : 5,000 수치지형도를 국토기본도로 한다.
② 주로 필지정보와 표고자료, 수계정보 등을 얻을 수 있다.
③ 일반적으로 항공사진측량에 의해 구축된다.
④ 축척별 포함사항이 다르다.

해설 수치지형도는 측량결과에 따라 지표면 상에 위치와 지형 및 지명 등 여러 공간 정보를 일정한 축척에 따라 기호나 문자, 속성 등으로 표시하여 정보시스템에서 분석, 편집 및 입력, 출력할 수 있도록 제작된 것이다.
1 : 5,000 지형도를 기본으로 1 : 10,000 지형도, 1 : 25,000 및 1 : 50,000 지형도가 있으며 각각에 지형도에 따라 포함된 내용이 다르다.

10 수준측량의 야장 기입방법 중 가장 간단한 방법으로 전시(B.S.)와 후시(F.S.)만 있으면 되는 방법은?

① 고차식 ② 교호식
③ 기고식 ④ 승강식

해설 야장기입방법

고차식	가장 간단한 방법으로 B.S와 F.S만 있으면 된다.
기고식	가장 많이 사용하며, 중간점이 많을 경우 편리하나 완전한 검산을 할 수 없는 것이 결점이다.
승강식	완전한 검사로 정밀측량에 적당하나, 중간점이 많으면 계산이 복잡하고, 시간과 비용이 많이 소요된다.

11 수면으로부터 수심의 $\frac{2}{10}, \frac{4}{10}, \frac{6}{10}, \frac{8}{10}$인 곳에서 유속을 측정한 결과가 각각 1.2m/s, 1.0m/s, 0.7m/s, 0.3m/s이었다면 평균 유속은?(단, 4점법 이용)

① 1.095m/s ② 1.005m/s
③ 0.895m/s ④ 0.775m/s

Answer 7. ② 8. ④ 9. ② 10. ① 11. ④

해설 4점법(V_m)

$$= \frac{1}{5}\left\{V_{0.2} + V_{0.4} + V_{0.6} + V_{0.8} \right.$$
$$\left. + \frac{1}{2}\left(V_{0.2} + \frac{V_{0.8}}{2}\right)\right\}$$
$$= \frac{1}{5}\left\{1.2 + 1.0 + 0.7 + 0.3 + \frac{1}{2}\left(1.2 + \frac{0.3}{2}\right)\right\}$$
$$= 0.775 \text{m/s}$$

12 삼각망 조정에 관한 설명으로 옳지 않은 것은?

① 임의의 한 변의 길이는 계산경로에 따라 달라질 수 있다.
② 검기선은 측정한 길이와 계산된 길이가 동일하다.
③ 1점 주위에 있는 각의 합은 360°이다.
④ 삼각형의 내각의 합은 180°이다.

해설 관측각의 조정

각조건	삼각형의 내각의 합은 180°가 되어야 한다. 즉, 다각형의 내각의 합은 180°(n-2)이어야 한다.
점조건	한 측점 주위에 있는 모든 각의 합은 반드시 360°가 되어야 한다.
변조건	삼각망 중에서 임의의 한 변의 길이는 계산순서에 관계없이 항상 일정하여야 한다.

13 비고 65m의 구릉지에 의한 최대 기복변위는?
(단, 사진기의 초점거리 15cm, 사진의 크기 23cm×23cm, 축척 1:20,000이다.)

① 0.14cm ② 0.35cm
③ 0.64cm ④ 0.82cm

해설 기복변위

- $\frac{\Delta\gamma}{\gamma} = \frac{h}{H}, \ \Delta\gamma = \frac{h}{H}\gamma$
- $H = f \cdot M = 0.15 \times 20,000 = 3,000\text{m}$
- $\Delta\gamma_{max} = \frac{h}{H}\gamma_{max} = \frac{65}{3000} \times 0.23 \times \frac{\sqrt{2}}{2}$
  $= 0.00352\text{m} = 0.35\text{cm}$

14 클로소이드 곡선(Clothoid curve)에 대한 설명으로 옳지 않은 것은?

① 고속도로에 널리 이용된다.
② 곡률이 곡선의 길이에 비례한다.
③ 완화곡선(緩和曲線)의 일종이다.
④ 클로소이드 요소는 모두 단위를 갖지 않는다.

해설 클로소이드 성질
- 클로소이드는 나선의 일종이다.
- 모든 클로소이드는 닮은꼴이다.(상사성)
- 단위가 있는 것도 있고 없는 것도 있다.
- τ는 30°가 적당하다.
- 확대율을 가지고 있다.
- τ는 라디안으로 구한다.

15 항공사진측량의 입체시에 대한 설명으로 옳은 것은?

① 다른 조건이 동일할 때 초점거리가 긴 사진기에 의한 입체상이 짧은 사진기의 입체상보다 높게 보인다.
② 한 쌍의 입체사진은 촬영코스 방향과 중복도만 유지하면 두 사진의 축척이 30% 정도 달라도 무관하다.
③ 다른 조건이 동일할 때 기선의 길이를 길게 하는 것이 짧은 경우보다 과고감이 크게 된다.
④ 입체상의 변화는 기선고도비에 영향을 받지 않는다.

해설 입체상의 변화

렌즈의 초점거리 변화에 의한 변화	렌즈의 초점거리가 긴 사진이 짧은 사진보다 더 낮게 보인다.
촬영기선의 변화에 의한 변화	촬영기선이 긴 경우 짧은 때보다 높게 보인다.
촬영고도의 차에 의한 변화	촬영고도가 낮은 사진이 높은 사진보다 더 높게 보인다.
눈을 옆으로 돌렸을 때의 변화	눈을 좌우로 움직여 옆에서 바라볼 때 항공기의 방향선상에서 움직이면 눈이 움직이는 쪽으로 기울어져 보인다.
눈의 높이에 따른 변화	눈의 위치가 높아짐에 따라 입체상은 더 높게 보인다.

Answer 12. ① 13. ② 14. ④ 15. ③

16 측점 A에 각관측 장비를 세우고 50m 떨어져 있는 측점 B를 시준하여 각을 관측할 때, 측선 AB에 직각방향으로 3cm의 오차가 있었다면 이로 인한 각관측 오차는?

① 0°1′13″　　② 0°1′22″
③ 0°2′04″　　④ 0°2′45″

- $\dfrac{\Delta L}{L} = \dfrac{\theta''}{\rho''}$
- $\theta'' = \dfrac{\Delta L}{L}\rho'' = \dfrac{0.03}{50} \times 206265'' = 2'04''$

17 직접법으로 등고선을 측정하기 위하여 A점에 레벨을 세우고 기계고 1.5m를 얻었다. 70m 등고선 상의 P점을 구하기 위한 표척(Staff)의 관측값은?(단, A점 표고는 71.6m이다.)

① 1.0m　　② 2.3m
③ 3.1m　　④ 3.8m

- $H_P = H_A + I - h$
- $h = H_A + I - H_P = 71.6 + 1.5 - 70$
   $= 3.1\text{m}$

18 하천에서 수애선 결정에 관계되는 수위는?

① 갈수위(DWL)
② 최저수위(HWL)
③ 평균최저수위(NLWL)
④ 평수위(OWL)

평수위(OWL)	어느 기간의 수위 중 이것보다 높은 수위와 낮은 수위의 관측수가 똑같은 수위로 일반적으로 평균수위보다 약간 낮은 수위. 1년을 통해 185일은 이보다 저하하지 않는 수위 • 수애선은 수면과 하안과의 경계선 • 수애선은 하천수위의 변화에 따라 변동하는 것으로 평수위에 의해 정해짐
저수위	1년을 통해 275일은 이보다 저하하지 않는 수위
갈수위	1년을 통해 355일은 이보다 저하하지 않는 수위
고수위	2~3회 이상 이보다 적어지지 않는 수위

지정수위	홍수시에 매시 수위를 관측하는 수위
통보수위	지정된 통보를 개시하는 수위
경계수위	수방(水防) 요원의 출동을 필요로 하는 수위

19 20m 줄자로 두 지점의 거리를 측정한 결과가 320m이었다. 1회 측정마다 ±3mm의 우연오차가 발생한다면 두 지점 간의 우연오차는?

① ±12mm　　② ±14mm
③ ±24mm　　④ ±48mm

- 우연오차(M)
  $= \pm \delta\sqrt{n} = \pm 3\sqrt{\dfrac{320}{20}} = \pm 12\text{mm}$
  $= \pm 0.012\text{m}$
- $L_0 = 320 \pm 0.012\text{m}$

20 시가지에서 5개의 측점으로 폐합 트래버스를 구성하여 내각을 측정한 결과, 각관측 오차가 30″이었다. 각관측의 경중률이 동일할 때 각오차의 처리방법은?(단, 시가지의 허용오차 범위 $= 20''\sqrt{n} \sim 30''\sqrt{n}$)

① 재측량한다.
② 각의 크기에 관계없이 등배분한다.
③ 각의 크기에 비례하여 배분한다.
④ 각의 크기에 반비례하여 배분한다.

- 시가지의 허용범위
   $= 20''\sqrt{5} \sim 30''\sqrt{5} = 44.72'' \sim 1'7''$
- 측각오차(30″) < 허용범위(44.72″~1′7″)이므로 관측 정도가 같다고 보고 관측오차를 등배분한다.

Answer 16. ③　17. ③　18. ④　19. ①　20. ②

측량학(2017년 2회 토목산업기사)

01 항공사진의 특수 3점이 하나로 일치되는 사진은?
① 경사사진
② 파노라마사진
③ 근사수직사진
④ 엄밀수직사진

해설 엄밀수직사진은 주점, 연직점, 등각점이 한 점에 일치되는 사진이며 경사각도가 0°이다.

02 교호수준측량의 결과가 그림과 같을 때, A점의 표고가 55.423m라면 B점의 표고는?

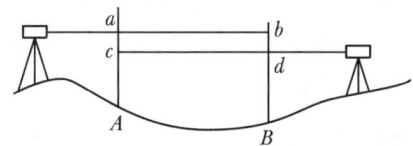

$a=2.665m$, $b=3.965m$, $c=0.530m$, $d=1.816m$

① 52.930m
② 53.281m
③ 54.130m
④ 54.137m

해설
- $\Delta H = \dfrac{(a_1+a_2)-(b_1+b_2)}{2}$

  $= \dfrac{(2.665+0.530)-(3.965+1.816)}{2}$

  $= -1.293m$
- $H_B = H_A \pm \Delta H = 55.423 - 1.293$

  $= 54.13m$

03 축척 1:5,000 지형도(30cm×30cm)를 기초로 하여 축척이 1:50,000인 지형도(30cm×30cm)를 제작하기 위해 필요한 축척 1:5,000 지형도의 매수는?
① 50매
② 100매
③ 150매
④ 200매

해설
- 면적은 축척$\left(\dfrac{1}{m}\right)^2$에 비례한다.
- 면적비 $=\left(\dfrac{50,000}{5,000}\right)^2 = 100$매

04 수준측량에서 전시와 후시의 시준거리를 같게 하여 소거할 수 있는 기계오차로 가장 적합한 것은?
① 거리의 부등에서 생기는 시준선의 대기 중 굴절에서 생긴 오차
② 기포관 축과 시준선이 평행하지 않기 때문에 생긴 오차
③ 온도 변화에 따른 기포관의 수축팽창에 의한 오차
④ 지구의 곡률에 의해서 생긴 오차

해설 1. 전시와 후시의 거리를 같게 함으로써 제거되는 오차
  - 레벨의 조정이 불완전(시준선이 기포관 축과 평행하지 않을 때)할 때
    (시준축오차 : 오차가 가장 크다.)
  - 지구의 곡률오차(구차)와 빛의 굴절오차(기차)를 제거한다.
  - 초점나사를 움직이는 오차가 없으므로 그로 인해 생기는 오차를 제거한다.
2. 직접수준측량의 주의사항
  ㉠ 수준측량은 반드시 왕복측량을 원칙으로 하며, 노선은 다르게 한다.
  ㉡ 정확도를 높이기 위하여 전시와 후시의 거리는 같게 한다.
  ㉢ 이기점(T. P)은 1mm까지 그 밖의 점에서는 5mm 또는 1cm 단위까지 읽는 것이 보통이다.
  ㉣ 직접수준측량의 시준거리
    - 적당한 시준거리 : 40~60m(60m가 표준)
    - 최단거리는 3m이며, 최장거리 100~180m 정도이다.
  ㉤ 눈금오차(영점오차) 발생 시 소거방법

Answer 1. ④ 2. ③ 3. ② 4. ②

- 기계를 세운 표척이 짝수가 되도록 한다.
- 이기점(T. P)이 홀수가 되도록 한다.
- 출발점에 세운 표척을 도착점에 세운다.

05 기준면으로부터 촬영고도 4,000m에서 종중복도 60%로 촬영한 사진 2장의 기선장이 99mm, 철탑의 최상단과 최하단의 시차가 2mm이었다면 철탑의 높이는?(단, 카메라 초점거리 = 150mm)

① 80.8m ② 82.5m
③ 89.2m ④ 92.4m

해설
- $\dfrac{h_1}{H} = \dfrac{\Delta P}{b_0}$
- $h_1 = \dfrac{\Delta P}{b_0} H = \dfrac{2}{99} \times 4,000 = 80.8\text{m}$

06 다음 중 삼각점의 기준점 성과표가 제공하지 않는 성과는?

① 직각좌표 ② 경위도
③ 중력 ④ 표고

해설 기준점 성과표 기재사항
- 점번호 · 도엽 명칭 및 번호
- 수준원점 · 소재지
- 경로 · 관측 연월일
- 경위도 · 평면직각좌표
- 표고 · 진북방향각 등
- 토지소유자 주소 및 성명

07 클로소이드에 대한 설명으로 옳은 것은?

① 설계속도에 대한 교통량 산정곡선이다.
② 주로 고속도로에 사용되는 완화곡선이다.
③ 도로 단면에 대한 캔트의 크기를 결정하기 위한 곡선이다.
④ 곡선길이에 대한 확폭량 결정을 위한 곡선이다.

해설 완화곡선의 종류
- 클로소이드 곡선 : 도로
- 렘니스케이트 곡선 : 시가지 지하철
- 3차 포물선 : 철도
- 반파장 sine 곡선 : 고속철도

08 삼각형 세 변의 길이가 25.0m, 40.8m, 50.6m일 때 면적은?

① 431.87m² ② 495.25m²
③ 505.49m² ④ 551.27m²

해설 삼변법
- $S = \dfrac{1}{2}(a+b+c) = \dfrac{1}{2}(25+40.8+50.6)$
  $= 58.2\text{m}$
- $A = \sqrt{S(S-a)(S-b)(S-c)}$
  $= \sqrt{58.2(58.2-25)(58.2-40.8)(58.2-50.6)}$
  $= 505.49\text{m}^2$

09 50m의 줄자를 사용하여 길이 1,250m를 관측할 경우, 줄자에 의한 거리측량 오차를 50m에 대하여 ±5mm라고 가정한다면 전체 길이의 거리 측정에서 생기는 오차는?

① ±20mm ② ±25mm
③ ±30mm ④ ±35mm

해설 $E = \pm \delta \sqrt{n} = \pm 5 \sqrt{\dfrac{1,250}{50}} = \pm 25\text{mm}$

10 측지학에 대한 설명으로 틀린 것은?

① 평면위치의 결정이란 기준타원체의 법선이 타원체 표면과 만나는 점의 좌표, 즉 경도 및 위도를 정하는 것이다.
② 높이의 결정은 평균해수면을 기준으로 하는 것으로 직접 수준측량 또는 간접 수준측량에 의해 결정한다.
③ 천체의 고도, 방위각 및 시각을 관측하여 관측지점의 지리학적 경위도 및 방위를 구하는 것을 천문측량이라 한다.
④ 지상으로부터 발사 또는 방사된 전자파를 인공위성으로 흡수하여 해석함으로써 지구 자원 및 환경을 해결할 수 있는 것을 위성측량이라 한다.

해설 원격탐측이란 대상물에서 반사 또는 방사되는 전자파를 탐지하고 이들 자료를 이용하여 지구 자원, 환경에 대한 정보를 얻어 이를 해석하는 기법이다.

Answer 5. ① 6. ③ 7. ② 8. ③ 9. ② 10. ④

11 노선의 횡단측량에서 No.1+15m 측점의 절토 단면적이 100m², No.2 측점의 절토 단면적이 40m²일 때 두 측점 사이의 절토량은? (단, 중심말뚝 간격=20m)

① 350m³ ② 700m³
③ 1,200m³ ④ 1,400m³

해설 양단평균법(V) = $\dfrac{A_1+A_2}{2} \times L$
$= \dfrac{100+40}{2} \times 5$
$= 350\text{m}^3$

12 원곡선을 설치하기 위한 노선측량에서 그림과 같이 장애물로 인하여 임의의 점 C, D에서 관측한 결과가 ∠ACD=140°, ∠BDC=120°, $\overline{CD}$=350m이었다면 $\overline{AC}$의 거리는?(단, 곡선반지름 R=500m, A=곡선시점)

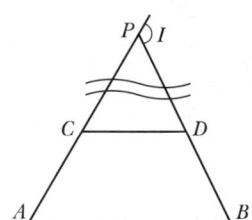

① 288.1m ② 288.8m
③ 296.2m ④ 297.8m

해설
- 교각(I) = ∠PCD + ∠PDC
 = 40° + 60°
 = 100°
- $\dfrac{\overline{PC}}{\sin 60°} = \dfrac{350}{\sin 80°}$, $\overline{PC}$ = 307.78m
- 접선장(TL) = $R\tan\dfrac{I}{2}$
 = $500 \times \tan\dfrac{100°}{2}$
 = 595.88m
- $\overline{AC}$ 거리 = $TL - \overline{CP}$
 = 595.88 − 307.78
 = 288.1m

13 클로소이드 매개변수 A=60m이고 곡선길이 L=50m인 클로소이드의 곡률반지름 R은?

① 41.7m ② 54.8m
③ 72.0m ④ 100.0m

해설
- $A^2 = R \cdot L$
- $R = \dfrac{A^2}{L} = \dfrac{60^2}{50} = 72\text{m}$

14 그림은 편각법에 의한 트래버스 측량 결과이다. DE 측선의 방위각은?(단, ∠A=48°50′40″, ∠B=43°30′30″, ∠C=46°50′00″, ∠D=60°12′45″)

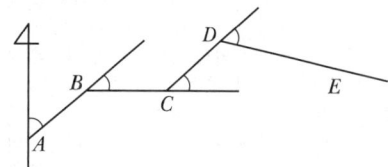

① 139°11′10″ ② 96°31′10″
③ 92°21′10″ ④ 105°43′55″

해설 편각법에 의한 방위각 계산
임의의 측선의 방위각 = 전측선의 방위각 ± 편각(우회⊕, 좌회⊖)
- AB 측선 방위각 = 48°50′40″
- BC 측선 방위각 = 48°50′40″ + 43°30′30″
 = 92°21′10″
- CD 측선 방위각 = 92°21′10″ − 46°50′00″
 = 45°43′10″
- DE 측선 방위각 = 45°43′10″ + 60°12′45″
 = 105°43′55″

15 수애선을 나타내는 수위로서 어느 기간 동안의 수위 중 이것보다 높은 수위와 낮은 수위의 관측 수가 같은 수위는?

① 평수위 ② 평균수위
③ 지정수위 ④ 평균최고수위

해설

최고수위(HWL), 최저수위(LWL)	어떤 기간에 있어서 최고, 최저수위로 연단위 혹은 월단위의 최고, 최저로 구한다.

Answer 11. ① 12. ① 13. ③ 14. ④ 15. ①

평균최고수위 (NHWL), 평균최저수위 (NLWL)	연과 월에 있어서의 최고, 최저의 평균수위. 평균최고수위는 제방, 교량, 배수 등의 치수 목적에 사용하며 평균최저수위는 수운, 선항, 수력발전의 수리 목적에 사용한다.	
평균수위(MWL)	어떤 기간의 관측수위의 총합을 관측 횟수로 나누어 평균치를 구한 수위	
평균고수위 (MHWL), 평균저수위 (MLWL)	어떤 기간에 있어서의 평균수위 이상 수위들의 평균수위 및 어떤 기간에 있어서의 평균수위 이하 수위들의 평균수위	
최다수위 (Most Frequent Water Level)	일정기간 중 제일 많이 발생한 수위	
평수위(OWL)	어느 기간의 수위 중 이것보다 높은 수위와 낮은 수위의 관측수가 똑같은 수위로 일반적으로 평균수위보다 약간 낮은 수위. 1년을 통해 185일은 이보다 저하하지 않는 수위 • 수애선은 수면과 하안과의 경계선 • 수애선은 하천수위의 변화에 따라 변동하는 것으로 평수위에 의해 정해짐	
저수위	1년을 통해 275일은 이보다 저하하지 않는 수위	
갈수위	1년을 통해 355일은 이보다 저하하지 않는 수위	

16 축척 1 : 200으로 평판측량을 할 때, 앨리데이드의 외심거리 30mm에 의해 생기는 도상 외심오차는?

① 0.06mm ② 0.15mm
③ 0.18mm ④ 0.30mm

해설
• 외심오차 $q = \dfrac{e}{M}$
• $q = \dfrac{30}{200} = 0.15\text{mm}$

17 폐합 트래버스에서 전 측선의 길이가 900m이고 폐합비가 1/9,000일 때, 도상 폐합오차는? (단, 도면의 축척은 1 : 500)

① 0.2mm ② 0.3mm
③ 0.4mm ④ 0.5mm

해설
• 폐합비 = $\dfrac{\text{폐합오차}}{\text{측선의 전길이}}$
• 폐합오차 = $\dfrac{900}{9,000} = 0.1\text{m}$
• $\dfrac{1}{m} = \dfrac{\text{도상거리}}{\text{실제거리}}$, $\dfrac{1}{500} = \dfrac{\text{도상거리}}{0.1}$
• 도상거리 = 0.2mm

18 도상에 표고를 숫자로 나타내는 방법으로 하천, 항만, 해안측량 등에서 수심측량을 하여 고저를 나타내는 경우에 주로 사용되는 것은?

① 음영법 ② 등고선법
③ 영선법 ④ 점고법

해설

자연적 도법	영선법 (우모법) (Hachuring)	"게바"라 하는 단선상(短線上)의 선으로 지표의 기본을 나타내는 것으로 게바의 사이, 굵기, 방향 등에 의하여 지표를 표시하는 방법
자연적 도법	음영법 (명암법) (Shading)	태양광선이 서북쪽에서 45°로 비친다고 가정하여 지표의 기복을 도상에서 2~3색 이상으로 채색하여 지형을 표시하는 방법으로 지형의 입체감이 가장 잘 나타나는 방법이다.
부호적 도법	점고법 (Spot Height System)	지표면상의 표고 또는 수심을 숫자에 의하여 지표를 나타내는 방법으로 하천, 항만, 해양 등에 주로 이용
	등고선법 (Contour System)	동일 표고의 점을 연결한 것으로 등고선에 의하여 지표를 표시하는 방법으로 토목공사용으로 가장 널리 사용
	채색법 (Layer System)	같은 등고선의 지대를 같은 색으로 채색하여 높을수록 진하게 낮을수록 연하게 칠하여 높이의 변화를 나타내며 지리관계의 지도에 주로 사용

19 트래버스 측량의 종류 중 가장 정확도가 높은 방법은?

① 폐합트래버스 ② 개방트래버스
③ 결합트래버스 ④ 종합트래버스

결합트래버스	기지점에서 출발하여 다른 기지점으로 결합시키는 방법으로 대규모 지역의 정확성을 요하는 측량에 이용한다. 결합트래버스 측량이 정밀도가 가장 높다.
폐합트래버스	기지점에서 출발하여 원래의 기지점으로 폐합시키는 트래버스로 측량결과가 검토는 되나 결합다각형보다 정확도가 낮아 소규모 지역의 측량에 좋다.
개방트래버스	임의의 점에서 임의의 점으로 끝나는 트래버스로 측량결과의 점검이 안 되어 노선측량의 답사에는 편리한 방법이다. 시작되는 점과 끝나는 점 간의 아무런 조건이 없다.

20 표는 도로 중심선을 따라 20m 간격으로 종단측량을 실시한 결과이다. No.1의 계획고를 52m로 하고 −2%의 기울기로 설계한다면 No.5에서의 성토고 또는 절토고는?

측점	No.1	No.2	No.3	No.4	No.5
지반고(m)	54.50	54.75	53.30	53.12	52.18

① 성토고 1.78m ② 성토고 2.18m
③ 절토고 1.78m ④ 절토고 2.18m

- No.5 계획고
  = No.1 계획고 + 구배 × No.5까지의 거리
  = 52 − 0.02 × 80 = 50.4m
- No.5 절토고 = No.5 지반고 − 계획고
  = 52.18 − 50.4 = 1.78m

Answer 20. ③

측량학(2017년 3회 토목기사)

01 측점 A에 토털스테이션을 정치하고 B점에 설치한 프리즘을 관측하였다. 이때 기계고 1.7m, 고저각 +15°, 시준고 3.5m, 경사거리가 2,000m이었다면, 두 측점의 고저차는?

① 495.838m　　② 515.838m
③ 535.838m　　④ 555.838m

해설 $\Delta h = I + S\sin\alpha - P_h$
$= 1.7 + 2,000 \times \sin 15° - 3.5$
$= 515.838\text{m}$

02 100m²의 정사각형 토지면적을 0.2m²까지 정확하게 계산하기 위한 한 변의 최대허용오차는?

① 2mm　　② 4mm
③ 5mm　　④ 10mm

해설 • 면적과 거리 정밀도 관계
$$\frac{\Delta A}{A} = 2\frac{\Delta L}{L}$$
• $A = L^2$, $L = \sqrt{A} = \sqrt{100} = 10$
• $\Delta L = \frac{\Delta A}{A} \cdot \frac{L}{2} = \frac{0.2}{100} \times \frac{10}{2} = 0.01\text{m}$
$= 10\text{mm}$

03 트래버스 측량의 각 관측방법 중 방위각법에 대한 설명으로 틀린 것은?

① 진북을 기준으로 어느 측선까지 시계방향으로 측정하는 방법이다.
② 험준하고 복잡한 지역에서는 적합하지 않다.
③ 각이 독립적으로 관측되므로 오차 발생 시, 개별 각의 오차는 이후의 측량에 영향이 없다.
④ 각 관측값의 계산과 제도가 편리하고 신속히 관측할 수 있다.

해설

교각법	어떤 측선이 그 앞의 측선과 이루는 각을 관측하는 것을 교각법이라 한다.
편각법	각 측선이 그 앞 측선의 연장과 이루는 각을 관측하는 방법
방위각법	각 측선이 일정한 기준선인 자오선과 이루는 각을 우회로 관측하는 방법

04 측량에 있어 미지값을 관측할 경우에 나타나는 오차와 관련된 설명으로 틀린 것은?

① 경중률은 분산에 반비례한다.
② 경중률은 반복 관측일 경우 각 관측값 간의 편차를 의미한다.
③ 일반적으로 큰 오차가 생길 확률은 작은 오차가 생길 확률보다 매우 적다.
④ 표준편차는 각과 거리 같은 1차원의 경우에 대한 정밀도의 척도이다.

해설 1. 경중률(무게, 중량값, 비중)
경중률이란 일반적으로 측정할 경우 동일한 정밀도로 측정하는 경우와 서로 상이한 정밀도로 측정하는 경우가 있다. 정밀도를 서로 상이하게 측정하는 경우에 최확값을 구할 때 정밀도를 고려하는 적용계수를 경중률(Weight)이라고 하는데, 관측값의 신뢰도를 나타내며 다음과 같은 성질을 가진다. 즉 경중률은 특정 측정값과 이와 연관된 다른 측정값에 대한 상대적인 신뢰성을 표현하는 척도이다.

2. 오차법칙
측량에 있어서 미지량을 관측할 경우 부정오차가 일어날지 또는 일어나지 않을지가 확실하지 않을 경우. 이 오차가 일어날 가능성의 정도를 확률이라 한다. 이런 오차는 어떤 법칙을 갖고 분포하게 되며 분포 특성을 다음과 같이 정의할 수 있다.

Answer 1. ② 2. ④ 3. ② 4. ②

- 큰 오차가 생길 확률은 작은 오차가 생길 확률보다 매우 작다.
- 같은 크기의 정(+) 오차와 부(-) 오차가 생길 확률은 같다.
- 매우 큰 오차는 거의 생기지 않는다.

이와 같은 법칙을 오차의 법칙이라 한다.

05 도면에서 곡선에 둘러싸여 있는 부분의 면적을 구하기에 가장 적합한 방법은?

① 좌표법에 의한 방법
② 배횡거법에 의한 방법
③ 삼사법에 의한 방법
④ 구적기에 의한 방법

해설 곡선으로 둘러싸인 면적계산
- 심프슨 제1법칙
- 구적기 이용
- 방안지 이용

06 하천측량에 대한 설명으로 옳지 않은 것은?

① 수위관측소의 위치는 지천의 합류점 및 분류점으로서 수위의 변화가 일어나기 쉬운 곳이 적당하다.
② 하천측량에서 수준측량을 할 때의 거리표는 하천의 중심에 직각방향으로 설치한다.
③ 심천측량은 하천의 수심 및 유수 부분의 하저상황을 조사하고 횡단면도를 제작하는 측량을 말한다.
④ 하천측량 시 처음에 할 일은 도상 조사로서 유로상황, 지역면적, 지형, 토지 이용 상황 등을 조사하여야 한다.

해설 수위 관측소(水位觀測所) 및 양수표(量水標: Water Guage) 설치 장소
- 하안(河岸)과 하상(河床)이 안전하고 세굴이나 퇴적이 되지 않은 장소
- 상하류의 길이 약 100m 정도의 직선일 것
- 유속의 변화가 크지 않아야 한다.
- 수위가 교각이나 기타 구조물에 영향을 받지 않은 장소
- 홍수 때는 관측소의 유실, 이동 및 파손될 염려가 없는 장소
- 평시는 홍수때보다 수위표가 쉽게 읽을 수 있는 장소
- 지천의 합류점 및 분류점으로 수위의 변화가 생기지 않은 장소
- 양수표의 영점위치는 최저수위 밑에 있고, 양수표 눈금의 최고위는 최고홍수위보다 높아야 한다.
- 양수표는 평균해수면의 표고를 측정해 둔다.
- 어떠한 갈수 시에도 양수표가 노출되지 않는 장소
- 수위가 급변하지 않는 장소
- 양수표는 하천에 연하여 5~10km마다 배치한다.

07 캔트가 C인 노선에서 설계속도와 반지름을 모두 2배로 할 경우, 새로운 캔트 C'는?

① $\dfrac{C}{2}$ ② $\dfrac{C}{4}$
③ $2C$ ④ $4C$

해설
- 캔트$(C) = \dfrac{SV^2}{Rg}$
- 속도와 반경을 2배로 하면 C는 2배로 늘어난다.

08 그림과 같은 수준환에서 직접수준측량에 의하여 표와 같은 결과를 얻었다. D점의 표고는?(단, A점의 표고는 20m, 경중률은 동일)

구분	거리(km)	표고(m)
$A \to B$	3	$B = 12.401$
$B \to C$	2	$C = 11.275$
$C \to D$	1	$D = 9.780$
$D \to A$	2.5	$A = 20.044$

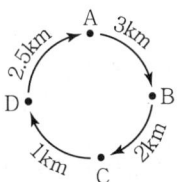

① 6.877m ② 8.327m
③ 9.749m ④ 10.586m

Answer 5. ④ 6. ① 7. ③ 8. ③

해설
- 폐합오차(E) = +0.044
- 조정량 = $\dfrac{\text{조정할 측점까지의 거리}}{\text{총거리}} \times \text{폐합오차}$
- D점의 조정량 = $\dfrac{6}{8.5} \times 0.044 = 0.031\,\text{m}$
- D점의 표고 = $9.780 - 0.031 = 9.749\,\text{m}$

09 지형측량에서 등고선의 성질에 대한 설명으로 옳지 않은 것은?
① 등고선은 절대 교차하지 않는다.
② 등고선은 지표의 최대 경사선 방향과 직교한다.
③ 동일 등고선 상에 있는 모든 점은 같은 높이이다.
④ 등고선 간의 최단거리의 방향은 그 지표면의 최대경사의 방향을 가리킨다.

해설 등고선의 성질
- 동일 등고선 상에 있는 모든 점은 같은 높이이다.
- 등고선은 반드시 도면 안이나 밖에서 서로가 폐합한다.
- 지도의 도면 내에서 폐합되면 가장 가운데 부분을 산꼭대기(산정) 또는 凹지(요지)가 된다.
- 등고선은 도중에 없어지거나 엇갈리거나 합쳐지거나 갈라지지 않는다.
- 높이가 다른 두 등고선은 동굴이나 절벽의 지형이 아닌 곳에서는 교차하지 않는다.
- 등고선은 경사가 급한 곳에서는 간격이 좁고 완만한 경사에서는 넓다.
- 최대경사의 방향은 등고선과 직각으로 교차한다.
- 분수선(능선)과 곡선(유하선)은 등고선과 직각으로 만난다.
- 2쌍의 등고선의 볼록부가 상대할 때는 볼록부를 나타낸다.
- 동등한 경사의 지표에서 양 등고선의 수평거리는 같다.
- 같은 경사의 평면일 때는 나란한 직선이 된다.
- 등고선이 능선을 직각방향으로 횡단한 다음 능선 다른 쪽을 따라 거슬러 올라간다.
- 등고선의 수평거리는 산꼭대기 및 산밑에서는 크고 산 중턱에서는 작다.

10 지오이드(Geoid)에 대한 설명 중 옳지 않은 것은?
① 평균해수면을 육지까지 연장한 가상적인 곡면을 지오이드라 하며 이것은 지구타원체와 일치한다.
② 지오이드는 중력장의 등퍼텐셜면으로 볼 수 있다.
③ 실제로 지오이드면은 굴곡이 심하므로 측지측량의 기준으로 채택하기 어렵다.
④ 지구타원체의 법선과 지오이드의 법선 간의 차이를 연직선 편차라 한다.

해설

지오이드 정의	정지된 해수면을 육지까지 연장하여 지구 전체를 둘러쌌다고 가상한 곡면을 지오이드(geoid)라 한다. 지구타원체는 기하학적으로 정의한 데 비하여 지오이드는 중력장 이론에 따라 물리학적으로 정의한다.
특징	• 지오이드면은 평균해수면과 일치하는 등포텐셜면으로 일종의 수면이다. • 지오이드면은 대륙에서는 지각의 인력 때문에 지구타원체보다 높고 해양에서는 낮다. • 고저측량은 지오이드면을 표고 0으로 하여 관측한다. • 타원체의 법선과 지오이드 연직선의 불일치로 연직선 편차가 생긴다. • 지형의 영향 또는 지각내부밀도의 불균일로 인하여 타원체에 비하여 다소의 기복이 있는 불규칙한 면이다. • 지오이드는 어느 점에서나 표면을 통과하는 연직선은 중력방향에 수직이다. • 지오이드는 타원체면에 대하여 다소 기복이 있는 불규칙한 면을 갖는다. • 높이가 0이므로 위치에너지도 0이다. • 지오이드면은 불규칙한 곡면으로 준거타원체와 거의 일치한다.

11 노선측량으로 곡선을 설치할 때에 교각(I) 60°, 외선 길이(E) 30m로 단곡선을 설치할 경우 곡선반지름(R)은?

① 103.7m   ② 120.7m
③ 150.9m   ④ 193.9m

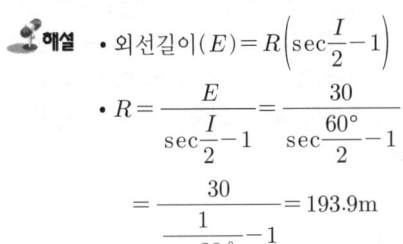

- 외선길이(E) = $R\left(\sec\dfrac{I}{2} - 1\right)$
- $R = \dfrac{E}{\sec\dfrac{I}{2} - 1} = \dfrac{30}{\sec\dfrac{60°}{2} - 1}$
  $= \dfrac{30}{\dfrac{1}{\cos 30°} - 1} = 193.9\text{m}$

12 홍수 때 급히 유속을 측정하기에 가장 알맞은 것은?

① 봉부자   ② 이중부자
③ 수중부자   ④ 표면부자

표면부자	• 나무, 코르크, 병, 죽통 등을 이용하여 가운데 작은돌이나 모래를 넣어 추로 하여 부자고 0.8~0.9를 흘수선(吃水線)으로 한다.
	• 주로 홍수 시 사용되며 투하지점은 10m 이상, $\dfrac{B}{3}$ 이상, 20초 이상(약 30 초)로 한다.(여기서, B : 하폭)
	• $V_m = (0.8 \sim 0.9)v$
	  여기서, V_m : 평균유속
	          v : 유속
	          0.8 : 작은 하천에서 부자고
	          0.9 : 큰 하천에서 부자고

이중부자	• 표면부자에 실이나 가는 쇠줄을 수중부자와 연결하여 측정 • 수중부자는 수면에서 수심의 $\dfrac{3}{5}$인 곳에 가라앉혀서 직접평균유속을 구할 때 사용 • 아주 정확한 값은 얻을 수 없다.
막대(봉) 부자	죽통(竹筒)이나 파이프(관)의 하단에 추를 넣고 연직으로 세워 하천에 흘러 보내 평균유속을 직접 구하는 방법으로 종평균유속 측정에 사용한다.

13 트래버스 측량의 각 관측방법 중 방위각법에 대한 설명으로 틀린 것은?

① 진북을 기준으로 어느 측선까지 시계방향으로 측정하는 방법이다.
② 험준하고 복잡한 지역에서는 적합하지 않다.
③ 각이 독립적으로 관측되므로 오차 발생 시, 개별 각의 오차는 이후의 측량에 영향이 없다.
④ 각 관측값의 계산과 제도가 편리하고 신속히 관측할 수 있다.

교각법	어떤 측선이 그 앞의 측선과 이루는 각을 관측하는 것을 교각법이라 한다.
편각법	각 측선이 그 앞 측선의 연장과 이루는 각을 관측하는 방법
방위각법	각 측선이 일정한 기준선인 자오선과 이루는 각을 우회로 관측하는 방법 방위각법은 직접방위각이 관측되어 편리하나 오차 발생 시 이후 측량에도 영향을 끼친다.

14 삼각측량과 삼변측량에 대한 설명으로 틀린 것은?

① 삼변측량은 변 길이를 관측하여 삼각점의 위치를 구하는 측량이다.
② 삼각측량의 삼각망 중 가장 정확도가 높은 망은 사변형삼각망이다.
③ 삼각점의 선점 시 기계나 측표가 동요할 수 있는 습지나 하상은 피한다.
④ 삼각점의 등급을 정하는 주된 목적은 표석 설치를 편리하게 하기 위함이다.

- 삼각측량 : 삼각측량은 측량지역을 삼각형으로 된 망의 형태로 만들고 삼각형의 꼭짓점에서 내각과 한 변의 길이를 정밀하게 측정하여 나머지 변의 길이는 삼각함수(Sin법칙)에 의하여 계산하고 각 점의 위치를 정하게 된다. 이때 삼각형의 꼭짓점을 삼각점(Triangulation Station), 삼각형들로 만들어진 형태를 삼각망(Triangulation Net), 직접

측정한 변을 기선(Base Line), 삼각형의 길이를 계산해 나가다가 그 계산값이 실제의 길이와 일치하는 가를 검사하기 위하여 보통 15~20개의 삼각형 마다 그 중 한 변을 실측하는데, 이 변을 검기선(Check Base)이라 한다 삼각점은 각종 측량의 골격이 되는 기준점이다.
- 삼변측량(Trilateration) : 삼각측량은 삼각형의 세 각을 측정하고 측정된 각을 사용하여 세 변의 길이를 구하지만 삼변측량은 세 변을 먼저 측정하고 세 각은 코사인 제2법칙 또는 반각법칙에 의해 삼각점의 위치를 결정하는 측량방법이다.

15 수준측량의 부정오차에 해당되는 것은?
① 기포의 순간 이동에 의한 오차
② 기계의 불완전 조정에 의한 오차
③ 지구곡률에 의한 오차
④ 빛의 굴절에 의한 오차

해설

정오차	부정오차
• 표척눈금부정에 의한 오차 • 지구곡률에 의한 오차 (구차) • 광선굴절에 의한 오차 (기차) • 레벨 및 표척의 침하에 의한 오차 • 표척의 영눈금(0점) 오차 • 온도 변화에 대한 표척의 신축 • 표척의 기울기에 의한 오차	• 레벨 조정 불완전(표척의 읽음 오차) • 시차에 의한 오차(시차로 인해 정확한 표척값을 읽지 못할 때 발생) • 기상 변화에 의한 오차 (바람이나 온도가 불규칙하게 변화하여 발생) • 기포관의 둔감 • 기포관의 곡률의 부등 • 진동, 지진에 의한 오차 • 대물경의 출입에 의한 오차

16 촬영고도 3,000m에서 초점거리 153mm의 카메라를 사용하여 고도 600m의 평지를 촬영할 경우의 사진축척은?
① $\frac{1}{14,865}$
② $\frac{1}{15,686}$
③ $\frac{1}{16,766}$
④ $\frac{1}{17,568}$

해설 축척 $\left(\frac{1}{m}\right) = \frac{f}{H \pm \Delta h} = \frac{0.153}{3,000 - 600}$
$\fallingdotseq \frac{1}{15,686}$

17 표고 300m의 지역(800km²)을 촬영고도 3,300m에서 초점거리 152mm의 카메라로 촬영했을 때 필요한 사진매수는?(단, 사진크기 23cm×23cm, 종중복도 60%, 횡중복도 30%, 안전율 30%임)
① 139매
② 140매
③ 181매
④ 281매

해설
- $\frac{1}{m} = \frac{f}{H}$, $\frac{1}{m} = \frac{0.152}{3,000} \fallingdotseq \frac{1}{19,737}$
- $A_0 = (ma)^2 \left(1 - \frac{P}{100}\right)\left(1 - \frac{q}{100}\right)$
$= (19,737 \times 0.23)^2 \left(1 - \frac{60}{100}\right)\left(1 - \frac{30}{100}\right)$
$= 5,770,002 \text{m}^2$
- $N = \frac{F}{A_0}(1 + 안전율)$
$= \frac{800,000,000}{5,770,002}(1 + 0.3)$
$= 180.24 \fallingdotseq 181$ 매

18 GNSS 측량에 대한 설명으로 틀린 것은?
① 다양한 항법위성을 이용한 3차원 측위방법으로 GPS, GLONASS, Galileo 등이 있다.
② VRS 측위는 수신기 1대를 이용한 절대측위방법이다.
③ 지구질량 중심을 원점으로 하는 3차원 직교좌표체계를 사용한다.
④ 정지측량, 신속정지측량, 이동측량 등으로 측위방법을 구분할 수 있다.

해설 VRS(Virtual Reference Station, 가상기준점 방식) 네트워크 RTK(Network Real Time Kinematic)의 한 방법으로, GPS 상시관측소들로 이루어진 기준국망 이용해 계통적 오차를 분리하고 모델링하여, 네트워크 내부 임의의 위치

에서 관측된 것과 같은 가상기준점을 생성하고, 이 가상기준점(VRS)과 이동국과의 RTK를 통하여 정밀한 이동국의 위치를 결정하는 측량방법이다. 즉 VRS 측위는 가상기준점 방식의 새로운 실시간 GPS 측량법으로 기지국 GPS를 설치하지 않고 이동국 GPS만을 이용하여 VRS 센터에서 제공하는 위치보정 데이터를 수신함으로써 RTK 또는 DGPS 측량을 수행하는 첨단기법이다.

19 노선측량에 관한 설명으로 옳은 것은?
① 일반적으로 단곡선 설치 시 가장 많이 이용하는 방법은 지거법이다.
② 곡률이 곡선길이에 비례하는 곡선을 클로소이드곡선이라 한다.
③ 완화곡선의 접선은 시점에서 원호에, 종점에서 직선에 접한다.
④ 완화곡선의 반지름은 종점에서 무한대이고 시점에서는 원곡선의 반지름이 된다.

해설
- 클로소이드 곡선의 곡률 $\left(\dfrac{1}{R}\right)$은 곡선장에 비례
- 매개변수 $A^2 = RL$
- 곡선길이가 일정할 때 곡선 반지름이 크면 접선각은 작아진다.

20 지형측량의 순서로 옳은 것은?
① 측량계획 → 골조측량 → 측량원도 작성 → 세부측량
② 측량계획 → 세부측량 → 측량원도 작성 → 골조측량
③ 측량계획 → 측량원도 작성 → 골조측량 → 세부측량
④ 측량계획 → 골조측량 → 세부측량 → 측량원도 작성

해설 지형측량의 작업순서
측량계획 → 답사 및 선점 → 기준점(골조)측량 → 세부측량 → 측량원도 작성 → 지도편집

Answer 19. ② 20. ④

측량학(2017년 3회 토목산업기사)

01 등고선의 특성에 대한 설명으로 틀린 것은?
① 등고선은 분수선과 직교하고 계곡선과는 평행하다.
② 동굴이나 절벽에서는 교차할 수 있다.
③ 동일 등고선 상의 모든 점은 표고가 같다.
④ 등고선은 도면 내외에서 폐합하는 폐곡선이다.

해설 등고선의 성질
- 동일 등고선상에 있는 모든 점은 같은 높이이다.
- 등고선은 반드시 도면 안이나 밖에서 서로가 폐합한다.
- 지도의 도면 내에서 폐합되면 가장 가운데 부분을 산꼭대기(산정) 또는 凹지(요지)가 된다.
- 등고선은 도중에 없어지거나, 엇갈리거나 합쳐지거나 갈라지지 않는다.
- 높이가 다른 두 등고선은 동굴이나 절벽의 지형이 아닌 곳에서는 교차하지 않는다.
- 등고선은 경사가 급한 곳에서는 간격이 좁고 완만한 경사에서는 넓다.
- 최대경사의 방향은 등고선과 직각으로 교차한다.
- 분수선(능선)과 곡선(유하선)은 등고선과 직각으로 만난다.
- 2쌍의 등고선의 볼록부가 상대할 때는 볼록부를 나타낸다.
- 동등한 경사의 지표에서 양 등고선의 수평거리는 같다.
- 같은 경사의 평면일 때는 나란한 직선이 된다.
- 등고선이 능선을 직각방향으로 횡단한 다음 능선 다른 쪽을 따라 거슬러 올라간다.
- 등고선의 수평거리는 산꼭대기 및 산밑에서는 크고 산 중턱에서는 작다.
- 등고선은 능선(분수선), 계곡선(합수선)과 직교한다.

02 수준측량에 관한 설명으로 옳지 않은 것은?
① 전·후시의 표척 간 거리는 등거리로 하는 것이 좋다.
② 왕복관측을 대신하여 2대의 기계로 동일 표척을 관측하는 것이 좋다.
③ 왕복관측 도중에 관측자를 바꾸지 않는 것이 좋다.
④ 표척을 앞뒤로 서서히 움직여 최소 눈금을 읽는 것이 좋다.

해설 직접수준측량의 주의사항
1. 수준측량은 반드시 왕복측량을 원칙으로 하며, 노선은 다르게 한다.
2. 정확도를 높이기 위하여 전시와 후시의 거리는 같게 한다.
3. 이기점(T. P)은 1mm까지 그 밖의 점에서는 5mm 또는 1cm 단위까지 읽는 것이 보통이다.
4. 직접수준측량의 시준거리
   - 적당한 시준거리 : 40~60m(60m가 표준)
   - 최단거리는 3m이며, 최장거리 100~180m 정도이다.
5. 눈금오차(영점오차) 발생 시 소거방법.
   - 기계를 세운 표척이 짝수가 되도록 한다.
   - 이기점(T. P)이 홀수가 되도록 한다.
   - 출발점에 세운 표척을 도착점에 세운다.

03 토적곡선(Mass Curve)을 작성하는 목적으로 옳지 않은 것은?
① 토량의 운반거리 산출
② 토공기계 선정
③ 토량의 배분
④ 중심선 설치

해설 1. 유토곡선 작성방법
- 각 측점의 횡단도에서 절토, 성토단면 산출

- 단면적법에 의한 토공량 계산
- 절토량을 토량변화율 C를 적용 절토와 성토를 동일한 밀도상태가 되도록 한다.
- 횡축을 측점, 종축을 누계토적량으로 Plot 하여 유토곡선 작성

2. 유토곡선 작성목적
- 시공방법을 결정한다.
- 평균운반거리를 산출한다.
- 운반거리에 대한 토공기계를 선정한다.
- 토량을 배분한다.
- 작업배경을 결정한다.

04 삼각측량을 통해 단일삼각망의 내각을 측정하여 다음과 같은 각을 얻었다. 각 내각의 최확값은?

$\angle A = 32°13'29''$, $\angle B = 55°32'19''$,
$\angle C = 92°14'30''$

① $\angle A = 32°13'24''$, $\angle B = 55°32'12''$, $\angle C = 92°14'24''$
② $\angle A = 32°13'23''$, $\angle B = 55°32'12''$, $\angle C = 92°14'25''$
③ $\angle A = 32°13'23''$, $\angle B = 55°32'13''$, $\angle C = 92°14'24''$
④ $\angle A = 32°13'24''$, $\angle B = 55°32'13''$, $\angle C = 92°14'23''$

해설
- 폐합오차(E) = $18''$
- 경중률이 같으므로 등배분한다.

$-\dfrac{18''}{3} = -6''$

- $\angle A = 32°13'23''$
  $\angle B = 55°32'13''$
  $\angle C = 92°14'24''$

05 축척 1:50,000 지형도에서 A점에서 B점까지의 도상거리가 50mm이고, A점의 표고가 200m, B점의 표고가 10m라고 할 때 이 사면의 경사는?

① 1/18.4 ② 1/20.5
③ 1/22.3 ④ 1/13.2

해설 경사(i) = $\dfrac{H}{D} = \dfrac{200-10}{0.05 \times 50,000} = \dfrac{190}{2,500}$

$≒ \dfrac{1}{13.2}$

06 교점(I.P)은 도로의 기점에서 187.94m의 위치에 있고 곡선반지름 250m, 교각 43°57′20″인 단곡선의 접선길이는?

① 87.046m ② 100.894m
③ 288.834m ④ 350.447m

해설 접선장(TL)
$= R\tan\dfrac{I}{2} = 250 \times \tan\left(\dfrac{43°57'20''}{2}\right)$
$= 100.894$m

07 노선의 완화곡선으로서 3차 포물선이 주로 사용되는 곳은?

① 고속도로 ② 일반철도
③ 시가지전철 ④ 일반도로

해설
- 클로소이드 곡선 : 도로
- 3차 포물선 : 철도
- 렘니스케이트 곡선 : 시가지 지하철
- 반파장 sine 곡선 : 고속철도

08 터널 양 끝단의 기준점 A, B를 포함해서 트래버스측량 및 수준측량을 실시한 결과가 아래와 같을 때, AB 간의 경사거리는?

- 기준점 A의 (X, Y, H)
  (330,123.45m, 250,243.89m, 100.12m)
- 기준점 B의 (X, Y, H)
  (330,342.12m, 250,567.34m, 120.08m)

① 290.94m ② 390.94m
③ 490.94m ④ 590.94m

해설
- $\overline{AB} = \sqrt{(X_B - X_A)^2 + (Y_B - Y_A)^2}$
  $= \sqrt{(330,342.12 - 330,123.45)^2 + (250,567.34 - 250,243.89)^2}$
  $= 390.431$m
- 경사거리 = $\sqrt{390.431^2 + 19.96^2}$
  $= 390.941$m

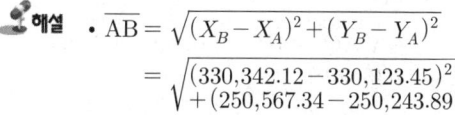

09 장애물로 인하여 P, Q점에서 관측이 불가능하여 간접측량한 결과 $AB = 225.85\text{m}$였다면 이때 PQ의 거리는?(단, $\angle PAB = 79°36'$, $\angle QAB = 35°31'$, $\angle PBA = 34°17'$, $\angle QBA = 82°05'$)

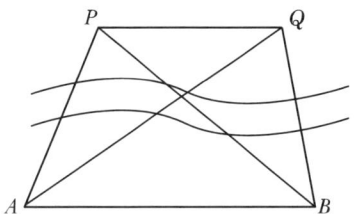

① 179.46m ② 177.98m
③ 178.65m ④ 180.61m

 sin 정리 이용

- $\dfrac{\overline{AQ}}{\sin 82°05'}$
  $= \dfrac{225.85}{\sin(180° - 35°31' - 82°05')}$
  $\overline{AQ} = 252.42\text{m}$

- $\dfrac{\overline{AP}}{\sin 34°17'}$
  $= \dfrac{225.85}{\sin(180° - 79°36' - 35°17')}$
  $\overline{AP} = 139.13\text{m}$

- $\overline{PC} = \overline{AP}\sin(79°36' - 35°31')$
  $= 96.795\text{m}$
  $\overline{CQ} = \overline{AQ} - \overline{AP}\cos(79°36' - 35°31')$
  $= 152.479\text{m}$
  $\overline{PQ} = \sqrt{\overline{PC}^2 + \overline{CQ}^2} = 180.608\text{m}$

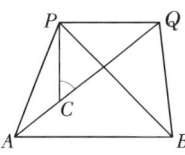

■ 별해 $\overline{PQ}$
$= \sqrt{\overline{AQ}^2 + \overline{AP}^2 - 2 \cdot \overline{AQ} \cdot \overline{AP} \cdot \cos\alpha}$
$= 180.61\text{m}$

10 B.M.에서 P점까지의 고저를 관측하는 데 10km인 A코스, 12km인 B코스로 각각 수준측량하여 A코스의 결과 표고는 62.324m, B코스의 결과 표고는 62.341m이었다. P점 표고의 최확값은?

① 62.341m ② 62.338m
③ 62.332m ④ 62.324m

해설 • 경중률은 노선거리에 반비례한다.
$P_A : P_B = \dfrac{1}{10} : \dfrac{1}{12} = 6 : 5$

• $H_P = \dfrac{P_A H_A + P_B H_B}{P_A + P_B}$
$= \dfrac{6 \times 62.324 + 5 \times 62.341}{6 + 5}$
$= 62.332\text{m}$

11 동일한 구역을 같은 카메라로 촬영할 때 비행고도를 1,000m에서 2,000m로 높인다고 가정하면 1,000m 촬영에서 100장의 사진이 필요하다고 할 때, 2,000m 촬영에서 필요한 사진은 약 몇 장인가?

① 400장 ② 200장
③ 50장   ④ 25장

해설 • $\left(\dfrac{1}{m}\right) = \left(\dfrac{f}{H}\right)$

• $100 : x = \left(\dfrac{1}{1,000}\right)^2 : \left(\dfrac{1}{2,000}\right)^2$,
$\dfrac{x}{1,000^2} = \dfrac{100}{2,000^2}$
$x = \left(\dfrac{1,000}{2,000}\right)^2 \times 100 = 25\text{매}$

12 지오이드에 대한 설명으로 옳은 것은?

① 육지 및 해저의 굴곡을 평균값으로 정한 면이다.
② 평균해수면을 육지 내부까지 연장했을 때의 가상적인 곡면이다.
③ 육지와 해양의 지평면을 말한다.
④ 회전타원체와 같은 것으로 지구형상이 되는 곡면이다.

Answer 9. ④ 10. ③ 11. ④ 12. ②

측량학(2017년 3회 토목산업기사)

해설

지오이드	정지된 해수면을 육지까지 연장하여 지구 전체를 둘러쌌다고 가상한 곡면을 지오이드(Geoid)라한다. 지구타원체는 기하학적으로 정의한 데 비하여 지오이드는 중력장 이론에 따라 물리학적으로 정의한다.
특징	• 지오이드면은 평균해수면과 일치하는 등포텐셜면으로 일종의 수면이다. • 지오이드면은 대륙에서는 지각의 인력 때문에 지구타원체보다 높고 해양에서는 낮다. • 고저측량은 지오이드면을 표고 0으로 하여 관측한다. • 타원체의 법선과 지오이드 연직선의 불일치로 연직선 편차가 생긴다. • 지형의 영향 또는 지각내부밀도의 불균일로 인하여 타원체에 비하여 다소의 기복이 있는 불규칙한 면이다. • 지오이드는 어느 점에서나 표면을 통과하는 연직선은 중력방향에 수직이다. • 지오이드는 타원체 면에 대하여 다소 기복이 있는 불규칙한 면을 갖는다. • 높이가 0이므로 위치에너지도 0이다.

13 도로의 노선측량에서 종단면도에 나타나지 않는 항목은?

① 각 관측점에서의 계획고
② 각 관측점의 기점으로부터의 누적거리
③ 지반고와 계획고에 대한 성토, 절토량
④ 각 관측점의 지반고

해설 종단면도 기재사항
- 측점
- 거리, 누가 거리
- 지반고, 계획고
- 성토고, 절토고
- 구매

14 하천측량을 실시할 경우 수애선의 기준이 되는 것은?

① 고수위   ② 평수위
③ 갈수위   ④ 홍수위

해설

평수위 (OWL)	어느 기간의 수위 중 이것보다 높은 수위와 낮은 수위의 관측수가 똑같은 수위로 일반적으로 평균수위보다 약간 낮은 수위. 1년을 통해 185일은 이보다 저하하지 않는 수위 • 수애선은 수면과 하안과의 경계선 • 수애선은 하천수위의 변화에 따라 변동하는 것으로 평수위에 의해 정해짐
저수위	1년을 통해 275일은 이보다 저하하지 않는 수위
갈수위	1년을 통해 355일은 이보다 저하하지 않는 수위
고수위	2~3회 이상 이보다 적어지지 않는 수위
지정수위	홍수 시에 매시 수위를 관측하는 수위
통보수위	지정된 통보를 개시하는 수위
경계수위	수방(水防)요원의 출동을 필요로 하는 수위

15 시간과 경비가 많이 들고 조건식 수가 많아 조정이 복잡하지만 정확도가 높은 삼각망은?

① 단열삼각망   ② 유심삼각망
③ 사변형 삼각망   ④ 단삼각망

해설

삼각쇄 (단열 삼각망)	• 폭이 좁고 긴 지역에 적합하다. • 노선·하천측량에 주로 이용한다. • 측량이 신속하고 경비가 절감되지만 정밀도가 낮다.	
유심 다각망 (유심 삼각망)	• 한 점을 중심으로 여러 개의 삼각형을 결합시킨 삼각망이다. • 넓은 지역에 주로 이용한다. • 농지측량 및 평탄한 지역에 사용된다. • 정밀도는 비교적 높은 편이다.	
사각망 (사변형 삼각망)	• 사각형의 각 정점을 연결하여 구성한 삼각망이다. • 조건식의 수가 가장 많아 시간과 경비가 많이 소요되나 정밀도가 가장 높다.	

삽입망	삼각쇄와 유심다각망의 장점을 결합하여 구성한 삼각망으로, 지적삼각측량에서 가장 흔하게 사용한다.	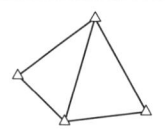
삼각망	두 개 이상의 기선을 이용하는 삼각망으로, 그 형태에 구애됨이 없이 최소제곱법의 원리에 따라 관측값을 정밀하게 조정한다.	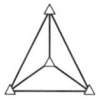

16 유속측량 장소의 선정 시 고려하여야 할 사항으로 옳지 않은 것은?

① 가급적 수위의 변화가 뚜렷한 곳이어야 한다.
② 직류부로서 흐름과 하상경사가 일정하여야 한다.
③ 수위 변화에 횡단 형상이 급변하지 않아야 한다.
④ 관측 장소의 상·하류의 유로가 일정한 단면을 갖고 있으며 관측이 편리하여야 한다.

해설 유량·유속의 관측장소
- 관측장소의 상·하류의 유로는 일정한 단면을 갖는 곳
- 관측이 편리해야 한다.
- 직류부로서 흐름이 일정해야 한다.
- 하상의 요철이 적고 하상경사가 일정해야 한다.
- 수위의 변화에 의해 하천 횡단면 형상이 급변하지 않아야 한다.
- 지질이 양호하고 하상이 안정하여 세굴·퇴적이 일어나지 않아야 한다.

17 도로와 철도의 노선 선정 시 고려해야 할 사항에 대한 설명으로 옳지 않은 것은?

① 성토를 절토보다 많게 해야 한다.
② 가급적 급경사 노선은 피하는 것이 좋다.
③ 기존 시설물의 이전비용 등을 고려한다.
④ 건설비·유지비가 적게 드는 노선이어야 한다.

해설 노선 선정 시 고려사항
- 건설비 유지비가 적게 드는 노선이어야 할 것
- 토공량이 적도록 하고 절토와 성토가 균형을 이룰 것
- 가급적 급경사 노선은 피할 것
- 배수가 완전할 것
- 절토의 운반거리가 짧을 것
- 노선 선정 시 가능한 한 직선으로 하며 경사는 완만하게 한다.

18 초점길이 150mm인 카메라로 촬영고도 3,000m에서 촬영하였다. 이때의 촬영기선길이가 1,920m이라면 종중복도는?(단, 사진의 크기 23cm×23cm)

① 50%   ② 58%
③ 60%   ④ 65%

해설
- $b_0 = \dfrac{B}{m} = a\left(1 - \dfrac{P}{100}\right)$, $\dfrac{1}{m} = \dfrac{f}{H}$
- $m = 20,000$, $b_0 = \dfrac{1,920}{20,000} = 0.096\text{m}$
- $P = \left(1 - \dfrac{b_0}{a}\right) \times 100$
  $= \left(1 - \dfrac{9.6}{23}\right) \times 100 = 58.2\%$

19 그림과 같은 지역의 면적은?

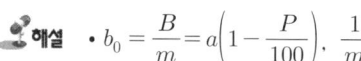

① 246.5m²   ② 268.4m²
③ 275.2m²   ④ 288.9m²

해설

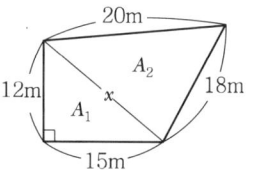

- $A_1 = \dfrac{1}{2}ab\sin\alpha = \dfrac{12\times 15}{2}\sin 90°$
  $= 90\text{m}^2$

  또는 $A_1 = \dfrac{1}{2}\times 12\times 15 = 90\text{m}^2$

- $x = \sqrt{12^2+15^2} = 19.209\text{m} \fallingdotseq 19.21\text{m}$

- A_2는 헤론의 공식 이용

  $S = \dfrac{a+b+x}{2} = \dfrac{20+18+19.21}{2}$
  $= 28.605\text{m}$

  $A_2 = \sqrt{(S(S-a)(S-b)(S-x))}$
  $= \sqrt{\begin{array}{l}(28.605)\cdot(28.605-20)\cdot\\(28.605-18)\cdot(28.605-19.21)\end{array}}$
  $= 156.603\text{m}^2$

- $A = A_1 + A_2 = 90 + 156.603 = 246.6\text{m}^2$
  $\fallingdotseq 246.5\text{m}^2$

20 1회 관측에서 ±3mm의 우연오차가 발생하였다. 10회 관측하였을 때의 우연오차는?

① ±3.3mm ② ±0.3mm
③ ±9.5mm ④ ±30.2mm

해설 $E = \pm\delta\sqrt{n} = \pm 3\sqrt{10} = \pm 9.5\text{mm}$

- 폐합오차$(E) = \sqrt{E_L^2 + E_D^2}$
  $= \sqrt{0.4^2 + 0.3^2} = 0.5$

- 폐합비 $= \dfrac{E}{\text{전거리}} = \dfrac{0.5}{1,500} = \dfrac{1}{3,000}$

Answer 20. ③

측량학(2018년 1회 토목기사)

01 직사각형의 가로, 세로의 거리가 그림과 같다. 면적 A의 표현으로 가장 적절한 것은?

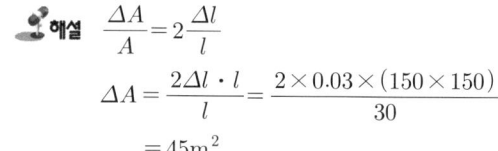

① $7,500m^2 \pm 0.67m^2$
② $7,500m^2 \pm 0.41m^2$
③ $7,500.9m^2 \pm 0.67m^2$
④ $7,500.9m^2 \pm 0.41m^2$

해설 $A \pm \Delta A$
$= (75 \times 100) \pm \sqrt{(75 \times 0.008)^2 + (100 \times 0.003)^2}$
$= 7,500m^2 \pm 0.67m^2$

02 하천측량을 실시하는 주목적에 대한 설명으로 가장 적합한 것은?

① 하천 개수공사나 공작물의 설계, 시공에 필요한 자료를 얻기 위하여
② 유속 등을 관측하여 하천의 성질을 알기 위하여
③ 하천의 수위, 기울기, 단면을 알기 위하여
④ 평면도, 종단면도를 작성하기 위하여

해설 하천측량은 하천의 형상, 수위, 단면 구배 등을 관측하여 하천의 평면도, 종횡단면도를 작성함과 동시에 유속, 유량, 기타 구조물을 조사하여 각종 수공설계, 시공에 필요한 자료를 얻기 위한 것이다.

03 30m당 0.03m가 짧은 줄자를 사용하여 정사각형 토지의 한 변을 측정한 결과 150m이었다면 면적에 대한 오차는?

① $41m^2$ ② $43m^2$
③ $45m^2$ ④ $47m^2$

해설 $\dfrac{\Delta A}{A} = 2\dfrac{\Delta l}{l}$

$\Delta A = \dfrac{2\Delta l \cdot l}{l} = \dfrac{2 \times 0.03 \times (150 \times 150)}{30}$
$= 45m^2$

04 지반의 높이를 비교할 때 사용하는 기준면은?

① 표고(elevation)
② 수준면(level surface)
③ 수평면(horizontal plane)
④ 평균해수면(mean sea level)

해설 표고의 기준
- 육지표고기준 : 평균해수면(중등조위면, Mean Sea Level : MSL)
- 해저수심, 간출암의 높이, 저조선 : 평균최저간조면(Mean Lowest Low Water Level : MLLW)
- 해안선 : 해면이 평균 최고고조면(Mean Highest High Water Level : MHHW)에 달하였을 때 육지와 해면의 경계로 표시한다.

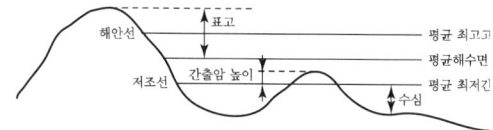

Answer 1.① 2.① 3.③ 4.④

05 클로소이드 곡선에서 곡선 반지름(R)=450m, 매개변수(A)=300m일 때 곡선길이(L)는?

① 100m ② 150m
③ 200m ④ 250m

해설 매개변수(A^2) = RL

$$L = \frac{A^2}{R} = \frac{300^2}{450} = 200\text{m}$$

06 등고선의 성질에 대한 설명으로 옳지 않은 것은?

① 등고선은 도면 내외에서 폐합하는 폐곡선이다.
② 등고선은 분수선과 직각으로 만난다.
③ 동굴 지형에서 등고선은 서로 만날 수 있다.
④ 등고선의 간격은 경사가 급할수록 넓어진다.

해설 등고선의 성질
- 동일 등고선상에 있는 모든 점은 같은 높이이다.
- 등고선은 반드시 도면 안이나 밖에서 서로가 폐합한다.
- 지도의 도면 내에서 폐합되면 가장 가운데 부분은 산꼭대기(산정) 또는 凹지(요지)가 된다.
- 등고선은 도중에 없어지거나 엇갈리거나 합쳐지거나 갈라지지 않는다.
- 높이가 다른 두 등고선은 동굴이나 절벽의 지형이 아닌 곳에서는 교차하지 않는다.
- 등고선은 경사가 급한 곳에서는 간격이 좁고 완만한 경사에서는 넓다.
- 최대경사의 방향은 등고선과 직각으로 교차한다.
- 분수선(능선)과 곡선(유하선)은 등고선과 직각으로 만난다.
- 2쌍의 등고선의 볼록부가 상대할 때는 볼록부를 나타낸다.
- 동등한 경사의 지표에서 양 등고선의 수평거리는 같다.
- 같은 경사의 평면일 때는 나란한 직선이 된다.
- 등고선이 능선을 직각방향으로 횡단한 다음 능선의 다른 쪽을 따라 거슬러 올라간다.
- 등고선의 수평거리는 산꼭대기 및 산밑에서는 크고 산 중턱에서는 작다.

07 축척 1 : 25,000 지형도에서 거리가 6.73cm인 두 점 사이의 거리를 다른 축척의 지형도에서 측정한 결과 11.21cm이었다면 이 지형도의 축척은 약 얼마인가?

① 1 : 20,000 ② 1 : 18,000
③ 1 : 15,000 ④ 1 : 13,000

해설 $\frac{1}{m} = \frac{l}{L}$

$L = ml = 25,000 \times 0.0673 = 1,682.5$m

$\frac{1}{m} = \frac{l}{L} = \frac{0.1121}{1,682.5} = \frac{1}{15,008} ≒ \frac{1}{15,000}$

08 트래버스 측량(다각측량)에 관한 설명으로 옳지 않은 것은?

① 트래버스 중 가장 정밀도가 높은 것은 결합 트래버스로서 오차점검이 가능하다.
② 폐합오차 조정에서 각과 거리측량의 정확도가 비슷한 경우 트랜싯 법칙으로 조정하는 것이 좋다.
③ 오차의 배분은 각관측의 정확도가 같을 경우 각의 대소에 관계없이 등분하여 배분한다.
④ 폐합 트래버스에서 편각을 관측하면 편각의 총합은 언제나 360°가 되어야 한다.

해설 폐합오차의 조정

컴퍼스 법칙	각관측과 거리관측의 정밀도가 같을 때 조정하는 방법으로 각 측선길이에 비례하여 폐합오차를 배분한다. 위거조정량 = $\frac{\text{그 측선거리}}{\text{전 측선거리}} \times$ 위거오차 = $\frac{L}{\Sigma L} \times E_L$

Answer 5. ③ 6. ④ 7. ③ 8. ②

트랜싯 법칙	경거조정량 = $\dfrac{\text{그 측선거리}}{\text{전 측선거리}} \times$ 경거오차 $= \dfrac{L}{\sum L} \times E_D$
	각관측의 정밀도가 거리관측의 정밀도보다 높을 때 조정하는 방법으로 위거, 경거의 크기에 비례하여 폐합오차를 배분한다.
	위거조정량 = $\dfrac{\text{그 측선의 위거}}{|\text{위거절대치의 합}|}$ $\times$ 위거오차 $= \dfrac{L}{\sum |L|} \times E_L$
	경거조정량 = $\dfrac{\text{그 측선의 경거}}{|\text{경거절대치의 합}|}$ $\times$ 경거오차 $= \dfrac{D}{\sum |D|} \times E_D$

09 수심 H인 하천의 유속측정에서 수면으로부터 깊이 $0.2H$, $0.6H$, $0.8H$인 점의 유속이 각각 0.663m/s, 0.532m/s, 0.467m/s이었다면 3점법에 의한 평균유속은?

① 0.565m/s ② 0.554m/s
③ 0.549m/s ④ 0.543m/s

해설 $V_m = \dfrac{V_{0.2} + 2V_{0.6} + V_{0.8}}{4}$
$= \dfrac{0.663 + (2 \times 0.532) + 0.467}{4}$
$= 0.549$m/s

1점법	수면으로부터 수심 $0.6H$ 되는 곳의 유속 $V_m = V_{0.6}$
2점법	수심 $0.2H$, $0.8H$ 되는 곳의 유속 $V_m = \dfrac{1}{2}(V_{0.2} + V_{0.8})$
3점법	수심 $0.2H$, $0.6H$, $0.8H$ 되는 곳의 유속 $V_m = \dfrac{1}{4}(V_{0.2} + 2V_{0.6} + V_{0.8})$
4점법	수심 1.0m 내외의 장소에서 적당하다. $V_m = \dfrac{1}{5}\left\{(V_{0.2} + V_{0.4} + V_{0.6} + V_{0.8}) + \dfrac{1}{2}\left(V_{0.2} + \dfrac{V_{0.8}}{2}\right)\right\}$

10 교점($I.P$)은 도로 기점에서 500m의 위치에 있고 교각 $I = 36°$일 때 외선길이(외할) = 5.00m라면 시단현의 길이는?(단, 중심말뚝 거리는 20m이다.)

① 10.43m ② 11.57m
③ 12.36m ④ 13.25m

해설 $E = R\left(\sec\dfrac{I}{2} - 1\right)$
$R = \dfrac{E}{\sec\dfrac{I}{2} - 1} = \dfrac{5}{\sec\dfrac{36°}{2} - 1} = 97.159$m
$BC = IP - TL$
$= 500 - \left(R\tan\dfrac{I}{2}\right)$
$= 500 - \left(97.159 \tan\dfrac{36°}{2}\right)$
$= 468.43$m
∴ 시단현은 $480 - 468.43 = 11.57$m

11 사진측량의 특징에 대한 설명으로 옳지 않은 것은?

① 기상조건에 상관없이 측량이 가능하다.
② 정량적 관측이 가능하다.
③ 측량의 정확도가 균일하다.
④ 정성적 관측이 가능하다.

해설 사진측량의 장단점

장점	• 정량적 및 정성적 측정이 가능하다.
	• 정확도가 균일하다.
	  평면(X, Y) 정도 = $(10\sim30)\mu \times$ 촬영축척의 분모수(m)
	  높이(H) 정도 = $\left(\dfrac{1}{10,000} \sim \dfrac{1}{15,000}\right)$
	  $\times$ 촬영고도(H)
	  여기서,
	  $1\mu = \dfrac{1}{1,000}$(mm)
	  m : 촬영축척의 분모수
	  H : 촬영고도
	• 동체측정에 의한 현상보존이 가능하다.
	• 접근하기 어려운 대상물의 측정이 가능하다.
	• 축척변경이 가능하다.
	• 분업화로 작업을 능률적으로 할 수 있다.

- 경제성이 높다.
- 4차원의 측정이 가능하다.
- 비지형측량이 가능하다.

단점
- 좁은 지역에서는 비경제적이다.
- 기자재가 고가이다.(시설 비용이 많이 든다.)
- 피사체에 대한 식별의 난해가 있다.(지명, 행정경제 건물명, 음영에 의하여 분별하기 힘든 곳 등의 측정은 현장의 작업으로 보충측량이 요구된다.
- 기상조건에 영향을 받는다.
- 태양고도 등에 영향을 받는다.

12 단일삼각형에 대해 삼각측량을 수행한 결과 내각이 $\alpha = 54°25'32''$, $\beta = 68°43'23''$, $\gamma = 56°51'14''$이었다면 β의 각 조건에 의한 조정량은?

① $-4''$
② $-3''$
③ $+4''$
④ $+3''$

해설 $(\alpha + \beta + \gamma) - 180° = (54°25'32'' + 68°43'23'' + 56°51'14'') - 180°$
$= 9''$

$\dfrac{9}{3} = 3''$

∴ β의 조정량은 $-3''$

13 그림과 같이 4개의 수준점 A, B, C, D에서 각각 1km, 2km, 3km, 4km 떨어진 P점의 표고를 직접 수준 측량한 결과가 다음과 같을 때 P점의 최확값은?

- $A \rightarrow P = 125.762$m
- $B \rightarrow P = 125.750$m
- $C \rightarrow P = 125.755$m
- $D \rightarrow P = 125.771$m

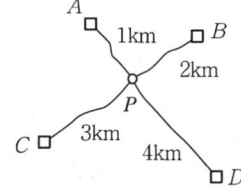

① 125.755m
② 125.759m
③ 125.762m
④ 125.765m

해설 수준측량은 거리에 반비례하므로
$P_1 : P_2 : P_3 : P_4 = \dfrac{1}{1} : \dfrac{1}{2} : \dfrac{1}{3} : \dfrac{1}{4} = 12 : 6 : 4 : 3$

최확값 $= \dfrac{(125.762 \times 12) + (125.750 \times 6) + (125.755 \times 4) + (125.771 \times 3)}{12 + 6 + 4 + 3}$
$= 125.759$m

14 GNSS 관측성과로 틀린 것은?

① 지오이드 모델
② 경도와 위도
③ 지구중심좌표
④ 타원체고

해설 지오이드 모델은 중력측량을 통해 얻어진다.

15 삼각망의 종류 중 유심삼각망에 대한 설명으로 옳은 것은?

① 삼각망 가운데 가장 간단한 형태이며 측량의 정확도를 얻기 위한 조건이 부족하므로 특수한 경우 외에는 사용하지 않는다.
② 가장 높은 정확도를 얻을 수 있으나 조정이 복잡하고, 포함된 면적이 작으며 특히 기선을 확대할 때 주로 사용한다.
③ 거리에 비하여 측점수가 가장 적으므로 측량이 간단하며 조건식의 수가 적어 정확도가 낮다.
④ 광대한 지역의 측량에 적합하며 정확도가 비교적 높은 편이다.

해설 삼각망

단열삼각쇄(망) (single chain of triangles)	• 폭이 좁고 길이가 긴 지역에 적합하다. • 노선·하천·터널 측량 등에 이용한다. • 거리에 비해 관측수가 적다. • 측량이 신속하고 경비가 적게 든다. • 조건식의 수가 적어 정도가 낮다.
유심삼각쇄(망) (chain of central points)	• 동일 측점에 비해 포함면적이 가장 넓다. • 넓은 지역에 적합하다. • 농지측량 및 평탄한 지역에 사용된다. • 정도는 단열삼각망보다 좋으나 사변형보다 적다.

Answer 12. ② 13. ② 14. ① 15. ④

사변형삼각쇄(망) (chain of quadrilaterals)	• 조건식의 수가 가장 많아 정밀도가 가장 높다. • 기선삼각망에 이용된다. • 삼각점 수가 많아 측량시간이 많이 걸리며 계산과 조정이 복잡하다.
정밀도	삼각망의 정밀도는 사변형 > 유심 > 단열 순이다.

16 다음은 폐합 트래버스 측량성과이다. 측선 CD의 배횡거는?

측선	위거(m)	경거(m)
AB	65.39	83.57
BC	-34.57	19.68
CD	-65.43	-40.60
DA	34.61	-62.65

① 60.25m ② 115.90m
③ 135.45m ④ 165.90m

해설

측선	위거(m)	경거(m)	배횡거
AB	65.39	83.57	83.57
BC	-34.57	19.68	83.57+83.57+19.68=186.82
CD	-65.43	-40.60	186.82+19.68-40.60=165.90
DA	34.61	-62.65	62.65

제1측선의 배횡거	그 측선의 경거
임의 측선의 배횡거	앞 측선의 배횡거+앞 측선의 경거+그 측선의 경거
마지막 측선의 배횡거	그 측선의 경거(부호는 반대)

17 어떤 횡단면의 도상면적이 40.5cm²이었다. 가로 축척이 1:20, 세로 축척이 1:600이었다면 실제면적은?

① 48.6m² ② 33.75m²
③ 4.86m² ④ 3.375m²

해설 $\dfrac{1}{m_1} \times \dfrac{1}{m_2} = \dfrac{도상면적}{실제면적}$

$\dfrac{1}{20} \times \dfrac{1}{60} = \dfrac{40.5\text{cm}^2}{실제면적}$

실제면적 $= 20 \times 60 \times 40.5 = 48,600\text{cm}^2$
$= 4.86\text{m}^2$

18 동일한 지역을 같은 조건에서 촬영할 때, 비행고도만을 2배로 높게 하여 촬영할 경우 전체 사진 매수는?

① 사진 매수는 1/2만큼 늘어난다.
② 사진 매수는 1/2만큼 줄어든다.
③ 사진 매수는 1/4만큼 늘어난다.
④ 사진 매수는 1/4만큼 줄어든다.

해설 사진매수 $\propto \dfrac{1}{m^2}\left(H=mf,\ m=\dfrac{H}{f}\right)$

사진매수 $\propto \dfrac{1}{\left(\dfrac{H}{f}\right)^2} \propto \dfrac{1}{H^2}$

∴ 사진매수 $\propto \dfrac{1}{4}$

19 중심말뚝의 간격이 20m인 도로구간에서 각 지점에 대한 횡단면적을 표시한 결과가 그림과 같을 때, 각주공식에 의한 전체 토공량은?

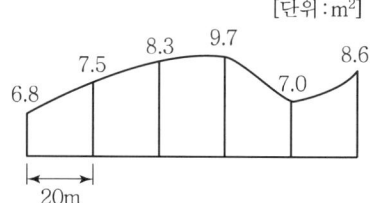

[단위 : m²]

① 56m³ ② 672m³
③ 17m³ ④ 920m³

해설 심프슨 제1법칙+양단면 평균법

$V = \dfrac{1}{3} \times 20[6.8+7.5+4(7.5+9.7)+2(8.3)]$
$\quad +\left(\dfrac{7+8.6}{2} \times 20\right)$
$= 820\text{m}^3$

20 노선측량에 대한 용어 설명 중 옳지 않은 것은?
① 교점 – 방향이 변하는 두 직선이 교차하는 점
② 중심말뚝 – 노선의 시점, 종점 및 교점에 설치하는 말뚝
③ 복심곡선 – 반지름이 서로 다른 두 개 또는 그 이상의 원호가 연결된 곡선으로 공통접선의 같은 쪽에 원호의 중심이 있는 곡선
④ 완화곡선 – 고속으로 이동하는 차량이 직선부에서 곡선부로 진입할 때 차량의 원심력을 완화하기 위해 설치하는 곡선

해설 중심말뚝은 노선상 20m마다 설치한다.

Answer 20. ②

측량학(2018년 1회 토목산업기사)

01 1 : 5,000 축척 지형도를 이용하여 1 : 25,000 축척 지형도 1매를 편집하고자 한다면, 필요한 1 : 5,000 축척 지형도의 총매수는?

① 25매　　② 20매
③ 15매　　④ 10매

해설 $\left(\dfrac{25,000}{5,000}\right)^2 = 25$ 매
가로(5배)×세로(5배)=25매

02 그림과 같이 표면 부자를 하천 수면에 띄워 A 점을 출발하여 B점을 통과할 때 소요시간이 1분 40초였다면 하천의 평균 유속은?(단, 평균 유속을 구하기 위한 계수는 0.8로 한다.)

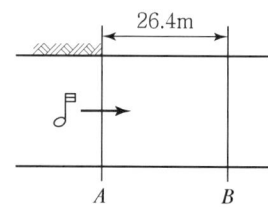

① 0.09m/sec　　② 0.19m/sec
③ 0.21m/sec　　④ 0.36m/sec

해설 실제유속
$V_s = \dfrac{26.4}{100} = 0.264 \text{m/sec}$
$V_m = V_s \times 0.8 = 0.264 \times 0.8 = 0.21 \text{m/sec}$
소요시간=1분 40초=100초

03 지상 100m×100m의 면적을 4cm²로 나타내기 위한 도면의 축척은?

① 1 : 250　　② 1 : 500
③ 1 : 2,500　　④ 1 : 5,000

해설 $\left(\dfrac{1}{m}\right)^2 = \dfrac{도상면적}{실제면적}$
$\dfrac{1}{m} = \sqrt{\dfrac{4}{10,000 \times 10,000}} = \dfrac{1}{5,000}$

04 클로소이드 곡선에 대한 설명으로 옳은 것은?

① 곡선의 반지름 R, 곡선길이 L, 매개변수 A의 사이에는 $RL = A^2$의 관계가 성립한다.
② 곡선의 반지름에 비례하여 곡선길이가 증가하는 곡선이다.
③ 곡선길이가 일정할 때 곡선의 반지름이 크면 접선각도 커진다.
④ 곡선 반지름과 곡선길이가 같은 점을 동경이라 한다.

해설 클로소이드 성질
• 클로소이드는 나선의 일종이다.
• 모든 클로소이드는 닮은꼴이다.(상사성이다.)
• 단위가 있는 것도 있고 없는 것도 있다.
• τ는 30°가 적당하다.
• 확대율을 가지고 있다.
• τ는 라디안으로 구한다.

클로소이드 곡선
• 곡선의 반지름에 반비례하여 곡선길이가 감소하는 곡선
• 곡선길이가 일정할 때 곡선의 반지름이 크면 접선각이 작아진다.
• 곡선 반지름과 곡선길이가 같은 점을 특성점이라 한다.

05 폐합다각형의 관측결과 위거오차 -0.005m, 경거오차 -0.042m, 관측길이 327m의 성과를 얻었다면 폐합비는?

① $\dfrac{1}{20}$ ② $\dfrac{1}{330}$
③ $\dfrac{1}{770}$ ④ $\dfrac{1}{7,730}$

해설
$$\frac{1}{m}=\frac{\text{폐합오차}}{\text{전 측선길이의 합}}$$
$$=\frac{\sqrt{(0.005^2+0.0042^2)}}{327}=\frac{1}{7,730}$$

06 토공작업을 수반하는 종단면도에 계획선을 넣을 때 고려하여야 할 사항으로 옳지 않은 것은?

① 계획선은 필요와 요구에 맞게 한다.
② 절토는 성토로 이용할 수 있도록 운반거리를 고려해야 한다.
③ 단조로움을 피하기 위하여 경사와 곡선을 병설하여 가능한 한 많이 설치한다.
④ 절토량과 성토량은 거의 같게 한다.

해설 종단곡선
노선의 종단구배가 변하는 곳에 충격을 완화하고 충분한 시거를 확보해 줄 목적으로 적당한 곡선을 설치하여 차량이 원활하게 주행할 수 있도록 설치한 곡선을 말한다. 종단면도에 계획선을 넣을 때 경사와 곡선은 가능한 한 피한다.

07 등고선의 성질에 대한 설명으로 옳지 않은 것은?

① 어느 지점의 최대경사 방향은 등고선과 평행한 방향이다.
② 경사가 급한 지역은 등고선 간격이 좁다.
③ 동일 등고선 위의 지점들은 높이가 같다.
④ 계곡선(합수선)은 등고선과 직교한다.

해설 등고선의 성질
• 동일 등고선상에 있는 모든 점은 같은 높이이다.
• 등고선은 반드시 도면 안이나 밖에서 서로 가 폐합한다.
• 지도의 도면 내에서 폐합되면 가장 가운데 부분은 산꼭대기(산정) 또는 凹지(요지)가 된다.
• 등고선은 도중에 없어지거나 엇갈리거나 합쳐지거나 갈라지지 않는다.
• 높이가 다른 두 등고선은 동굴이나 절벽의 지형이 아닌 곳에서는 교차하지 않는다.
• 등고선은 경사가 급한 곳에서는 간격이 좁고 완만한 경사에서는 넓다.
• 최대경사의 방향은 등고선과 직각으로 교차한다.
• 분수선(능선)과 곡선(유하선)은 등고선과 직각으로 만난다.
• 2쌍의 등고선의 볼록부가 상대할 때는 볼록부를 나타낸다.
• 동등한 경사의 지표에서 양 등고선의 수평거리는 같다.
• 같은 경사의 평면일 때는 나란한 직선이 된다.
• 등고선이 능선을 직각방향으로 횡단한 다음 능선의 다른 쪽을 따라 거슬러 올라간다.
• 등고선의 수평거리는 산꼭대기 및 산밑에서는 크고 산 중턱에서는 작다.

08 그림과 같은 개방 트래버스에서 CD측선의 방위는?

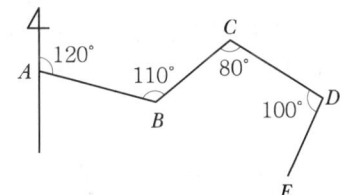

① N50°W   ② S30°E
③ S50°W   ④ N30°E

해설
$V_b{}^c = 120° - 180° + 110° = 50°$
$V_c{}^d = 50° + 180° - 80° = 150°$
∴ CD 측선방위는 S 30°E

09 비행고도 3km에서 초점거리 15cm인 사진기로 항공사진을 촬영하였다면, 길이 40m 교량의 사진상 길이는?

① 0.2cm   ② 0.4cm
③ 0.6cm   ④ 0.8cm

해설
$$\frac{1}{m} = \frac{f}{H} = \frac{0.15}{3,000} = \frac{1}{20,000}$$
$$\frac{1}{m} = \frac{l}{L} \rightarrow \frac{1}{20,000} = \frac{x}{40}$$
$$\therefore x = \frac{40}{20,000} = 0.002\text{m} = 0.2\text{cm}$$

10 GNSS 위성을 이용한 측위에 측점의 3차원적 위치를 구하기 위하여 수신이 필요한 최소 위성의 수는?

① 2   ② 4
③ 6   ④ 8

해설 위성측량에서 3차원 위치를 구하기 위한 위성수는 4개이다.

11 하천 양안의 고저차를 관측할 때 교호수준측량을 하는 가장 주된 이유는?

① 개인오차를 제거하기 위하여
② 기계오차(시준축 오차)를 제거하기 위하여
③ 과실에 의한 오차를 제거하기 위하여
④ 우연오차를 제거하기 위하여

해설 교호수준측량을 할 경우 소거되는 오차
- 레벨의 기계오차(시준축 오차)
- 관측자의 읽기오차
- 지구의 곡률에 의한 오차(구차)
- 광선의 굴절에 의한 오차(기차)

12 그림과 같은 삼각형의 꼭짓점 A, B, C의 좌표가 $A(50, 20)$, $B(20, 50)$, $C(70, 70)$일 때, A를 지나며 $\triangle ABC$의 넓이를 $m:n = 4:3$으로 분할하는 P점의 좌표는?(단, 좌표의 단위는 m이다.)

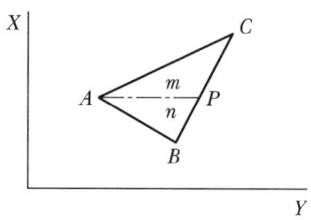

① (58.6, 41.4)   ② (41.4, 58.6)
③ (50.6, 63.4)   ④ (50.4, 65.6)

해설 내분점
$$X_P = \frac{mx_2 + nx_1}{m+n} = \frac{4 \times 20 + 3 \times 70}{4+3} = 41.4$$
$$Y_P = \frac{my_2 + ny_1}{m+n} = \frac{4 \times 50 + 3 \times 70}{4+3} = 58.6$$

■ 별해

측점	X	Y	$(x_{i-1} - x_{i+1})y_i$
A	50	20	$(70-20)20 = 1,000$
B	20	50	$(50-70)50 = -1,000$
C	70	70	$(20-50)70 = -2,100$
			$2A = 2,100$, $A = 1,050$

측점	X	Y	$(x_{i-1} - x_{i+1})y_i$
A	50	20	$(x_P - 70)20 = 20x_P - 1,400$
C	70	70	$(50 - x_P)70 = 3,500 - 70x_P$
P	x_P	y_P	$(70-50)y_P = 20y_P$
			$-50x_P + 20y_P = -900$

측점	X	Y	$(x_{i-1} - x_{i+1})y_i$
A	50	20	$(20 - x_P)20 = 400 - 20x_P$
P	x_P	y_P	$(50-20)y_P = 30y_P$
B	20	50	$(x_P - 50)50 = 50x_P - 2,500$
			$30x_P + 30y_P = 3,000$

$-50x_P + 20y_P = -900$
$30x_P + 30y_P = 3,000$
두 식을 연립방정식으로 풀면
$x_P = 41.4$, $y_P = 58.6$

13 그림에서 A, B 사이에 단곡선을 설치하기 위하여 $\angle ADB$의 2등분선상의 C점을 곡선의 중점으로 선택하였다면 곡선의 접선 길이는?(단, $DC=20\mathrm{m}$, $I=80°20'$이다.)

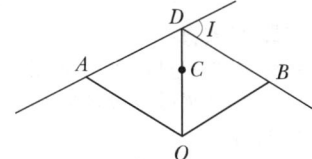

① 64.80m ② 54.70m
③ 32.40m ④ 27.34m

해설 $E = R\left(\sec\dfrac{I}{2} - 1\right)$

$R = \dfrac{E}{\sec\dfrac{I}{2} - 1} = \dfrac{20}{\sec\dfrac{80°20'}{2} - 1} = 64.137\mathrm{m}$

$TL = R\tan\dfrac{I}{2} = 64.137\tan\dfrac{80°20'}{2} = 54.70\mathrm{m}$

14 30m당 ±1.0mm의 오차가 발생하는 줄자를 사용하여 480m의 기선을 측정하였다면 총오차는?

① ±3.0mm ② ±3.5mm
③ ±4.0mm ④ ±4.5mm

해설 부정오차
$= \pm a\sqrt{n} = \pm 1\sqrt{\dfrac{480}{30}} = \pm 1\sqrt{16} = \pm 4\mathrm{mm}$

15 직접수준측량을 하여 그림과 같은 결과를 얻었을 때 B점의 표고는?(단, A점의 표고는 100m이고 단위는 m이다.)

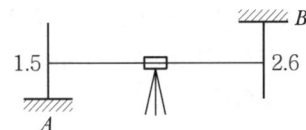

① 101.1m ② 101.5m
③ 104.1m ④ 105.2m

해설 $H_B = 100 + 1.5 + 2.6 = 104.1\mathrm{m}$

16 그림과 같이 2개의 직선구간과 1개의 원곡선 부분으로 이루어진 노선을 계획할 때, 직선구간 AB의 거리 및 방위각이 700m, 80°이고, CD의 거리 및 방위각은 1,000m, 110°이었다. 원곡선의 반지름이 500m라면, A점으로부터 D점까지의 노선거리는?

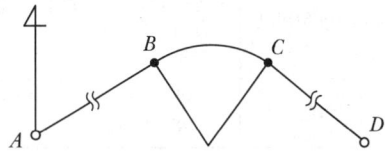

① 1,830.8m ② 1,874.4m
③ 1,961.8m ④ 2,048.9m

해설 A점에서 D점까지의 노선거리는
$700 + CL + 1,000$
$= 700 + 0.0174533RI + 1,000$
$= 700 + 0.0174533 \times 500 \times 30° + 1,000$
$= 1,961.8\mathrm{m}$
$(I = 110° - 80° = 30°)$

17 유심삼각망에 관한 설명으로 옳은 것은?
① 삼각망 중 가장 정밀도가 높다.
② 대규모 농지, 단지 등 방대한 지역의 측량에 적합하다.
③ 기선을 확대하기 위한 기선삼각망 측량에 주로 사용된다.
④ 하천, 철도, 도로와 같이 측량 구역의 폭이 좁고 긴 지형에 적합하다.

해설 삼각망의 종류

단열삼각쇄(망) (single chain of triangles)	• 폭이 좁고 길이가 긴 지역에 적합하다. • 노선·하천·터널 측량 등에 이용한다. • 거리에 비해 관측수가 적다. • 측량이 신속하고 경비가 적게 든다. • 조건식의 수가 적어 정도가 낮다.
유심삼각쇄(망) (chain of central points)	• 동일 측점에 비해 포함면적이 가장 넓다. • 넓은 지역에 적합하다.

	• 농지측량 및 평탄한 지역에 사용된다. • 정도는 단열삼각망보다 좋으나 사변형보다 적다.
사변형삼각쇄(망) (chain of quadrilaterals)	• 조건식의 수가 가장 많아 정밀도가 가장 높다. • 기선삼각망에 이용된다. • 삼각점 수가 많아 측량시간이 많이 걸리며 계산과 조정이 복잡하다.
정밀도	삼각망의 정밀도는 사변형 > 유심 > 단열 순이다.

18 수심 h인 하천의 유속측정에서 수면으로부터 $0.2h$, $0.6h$, $0.8h$의 유속이 각각 0.625m/sec, 0.564m/sec, 0.382m/sec일 때 3점법에 의한 평균유속은?

① 0.498m/sec ② 0.505m/sec
③ 0.511m/sec ④ 0.533m/sec

해설
$$V_m = \frac{1}{4}(V_{0.2} + 2V_{0.6} + V_{0.8})$$
$$= \frac{1}{4}(0.625 + 2 \times 0.564 + 0.382)$$
$$= 0.533\text{m/sec}$$

1점법	수면으로부터 수심 $0.6H$ 되는 곳의 유속 $V_m = V_{0.6}$
2점법	수심 $0.2H$, $0.8H$ 되는 곳의 유속 $V_m = \frac{1}{2}(V_{0.2} + V_{0.8})$
3점법	수심 $0.2H$, $0.6H$, $0.8H$ 되는 곳의 유속 $V_m = \frac{1}{4}(V_{0.2} + 2V_{0.6} + V_{0.8})$
4점법	수심 1.0m 내외의 장소에서 적당하다. $V_m = \frac{1}{5}\left\{(V_{0.2} + V_{0.4} + V_{0.6} + V_{0.8}) + \frac{1}{2}\left(V_{0.2} + \frac{V_{0.8}}{2}\right)\right\}$

19 삼각측량을 실시하려고 할 때, 가장 정밀한 방법으로 각을 측정할 수 있는 방법은?
① 단각법 ② 배각법
③ 방향각법 ④ 각관측법

해설 조합각관측법
수평각 관측방법 중 가장 정확한 방법으로 1등 삼각측량에 이용된다.
㉠ 방법
여러 개의 방향선의 각을 차례로 방향각법으로 관측하여 얻어진 여러 개의 각을 최소제곱법에 의해 최확값을 결정한다.
㉡ 측각 총수, 조건식 총수
• 측각 총수 = $\frac{1}{2}N(N-1)$
• 조건식 총수 = $\frac{1}{2}(N-1)(N-2)$
여기서, N : 방향수

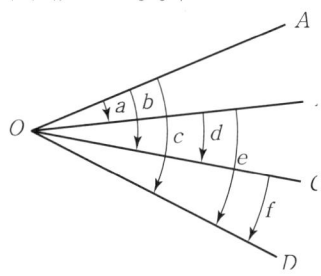

20 항공삼각측량에 대한 설명으로 옳은 것은?
① 항공연직사진으로 세부 측량이 기준이 될 사진망을 짜는 것을 말한다.
② 항공사진측량 중 정밀도가 높은 사진측량을 말한다.
③ 정밀도화기로 사진모델을 연결시켜 도화 작업을 하는 것을 말한다.
④ 지상기준점을 기준으로 사진좌표나 모델좌표를 측정하여 측지좌표로 환산하는 측량이다.

해설 항공삼각측량

정의	• 정밀좌표 관측기에 의해 사진상 무수한 점의 좌표를 관측 • 소수의 지상기준점 성과를 이용하여 절대좌표로 환산하는 기법
장점	• 시간과 경비 절약 • 소요되는 표정점 감소 • 좌표관측의 높은 정확도 • 경제적인 측량 수행

측량학(2018년 2회 토목기사)

01 지형의 토공량 산정 방법이 아닌 것은?
① 각주공식 ② 양단면 평균법
③ 중앙단면법 ④ 삼변법

해설 삼변법은 삼각형의 면적을 구하는 방법이다.

02 다음 그림에서 $\overline{AB}=500m$, $\angle a=71°33'54''$, $\angle b_1=36°52'12''$, $\angle b_2=39°05'38''$, $\angle c=85°36'05''$를 관측하였을 때 $\overline{BC}$의 거리는?

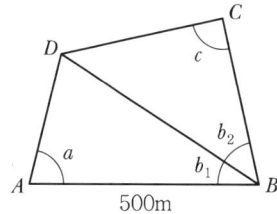

① 391mm ② 412mm
③ 422mm ④ 427mm

해설
$DB = \dfrac{\sin a}{\sin r} \times 500$
$= \dfrac{\sin 71°33'54''}{\sin(71°33'54'' + 36°52'12'' - 180°)} \times 500 = 500m$

$BC = \dfrac{\sin r_2}{\sin c} \times 316.2$
$= \dfrac{\sin(39°05'38'' + 85°36'05'' - 180°)}{\sin 85°36'05''} \times 500 = 412m$

03 비행고도 6,000m에서 초점거리 15cm인 사진기로 수직항공사진을 획득하였다. 길이가 50m인 교량의 사진상의 길이는?
① 0.55mm ② 1.25mm
③ 3.60mm ④ 4.20mm

해설 $\dfrac{1}{m} = \dfrac{f}{H} = \dfrac{도상거리}{실제거리}$

$\dfrac{0.15}{6,000} = \dfrac{l}{50}$ 에서

$l = \dfrac{0.15 \times 50}{6,000} = 0.0125m = 1.25mm$

04 구하고자 하는 미지점에 평판을 세우고 3개의 기지점을 이용하여 도상에서 그 위치를 결정하는 방법은?
① 방사법 ② 계선법
③ 전방교회법 ④ 후방교회법

해설

전방 교회법	전방에 장애물이 있어 직접 거리를 측정할 수 없을 때 편리하며, 알고 있는 기지점에 평판을 세워서 미지점을 구하는 방법
측방 교회법	기지의 두 점을 이용하여 미지의 한 점을 구하는 방법으로 도로 및 하천변의 여러 점의 위치를 측정할 때 편리한 방법
후방 교회법	도면상에 기재되어 있지 않은 미지점에 평판을 세워 기지의 2점 또는 3점을 이용하여 현재 평판이 세워져 있는 평판의 위치(미지점)를 도면상에서 구하는 방법

05 클로소이드(clothoid)의 매개변수(A)가 60m, 곡선길이(L)가 30m일 때 반지름(R)은?
① 60m ② 90m
③ 120m ④ 150m

해설 매개변수$(A^2) = RL$
$L = \dfrac{A^2}{R} = \dfrac{60^2}{30} = 120m$

696 Answer 1. ④ 2. ② 3. ② 4. ④ 5. ③

06 하천측량에 대한 설명으로 틀린 것은?

① 제방중심선 및 종단측량은 레벨을 사용하여 직접수준측량 방식으로 실시한다.
② 심천측량은 하천의 수심 및 유수부분의 하저상황을 조사하고 횡단면도를 제작하는 측량이다.
③ 하천의 수위경계선인 수애선은 평균수위를 기준으로 한다.
④ 수위 관측은 지천의 합류점이나 분류점 등 수위 변화가 생기지 않는 곳을 선택한다.

해설 평수위(OWL)
어느 기간의 수위 중 이것보다 높은 수위와 낮은 수위의 관측수가 똑같은 수위로 일반적으로 평균수위보다 약간 낮은 수위. 1년을 통해 185일은 이보다 저하하지 않는 수위
① 수애선은 수면과 하안과의 경계선
② 수애선은 하천수위의 변화에 따라 변동하는 것으로 평수위에 의해 정해짐

07 지형의 표시법에서 자연적 도법에 해당하는 것은?

① 점고법　　　② 등고선법
③ 영선법　　　④ 채색법

해설 지형의 표시법

자연적 도법	영선법(우모법) (Hachuring)	"게바"라 하는 단선상(短線上)의 선으로 지표의 기본을 나타내는 것으로 게바의 사이, 굵기, 방향 등에 의하여 지표를 표시하는 방법
	음영법(명암법) (Shading)	태양광선이 서북쪽에서 45°로 비친다고 가정하여 지표의 기복을 도상에서 2~3색 이상으로 채색하여 지형을 표시하는 방법으로 지형의 입체감이 가장 잘 나타나는 방법
부호적 도법	점고법 (Spot Height System)	지표면상의 표고 또는 수심을 숫자에 의하여 지표를 나타내는 방법으로 하천, 항만, 해양 등에 주로 이용
	등고선법 (Contour System)	동일표고의 점을 연결한 것으로 등고선에 의하여 지표를 표시하는 방법으로 토목공사용으로 가장 널리 사용
	채색법 (Layer System)	같은 등고선의 지대를 같은 색으로 채색하여 높을수록 진하게 낮을수록 연하게 칠하여 높이의 변화를 나타내며 지리관계의 지도에 주로 사용

08 도로 설계 시에 단곡선의 외할(E)은 10m, 교각은 60°일 때, 접선장($T.L$)은?

① 42.4m　　　② 37.3m
③ 32.4m　　　④ 27.3m

해설 $E = R\left(\sec\dfrac{I}{2} - 1\right)$

$R = \dfrac{E}{\sec\dfrac{I}{2} - 1} = \dfrac{10}{\sec 30° - 1} = 65\text{m}$

$TL = R\tan\dfrac{I}{2} = 65 \times \tan\dfrac{60°}{2} ≒ 37.3\text{m}$

09 레벨을 이용하여 표고가 53.85m인 A점에 세운 표척을 시준하여 1.34m를 얻었다. 표고 50m의 등고선을 측정하려면 시준하여야 할 표척의 높이는?

① 3.51m　　　② 4.11m
③ 5.19m　　　④ 6.25m

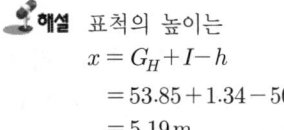
표척의 높이는
$x = G_H + I - h$
$= 53.85 + 1.34 - 50$
$= 5.19\text{m}$

10 다각측량에 관한 설명 중 옳지 않은 것은?
① 각과 거리를 측정하여 점의 위치를 결정한다.
② 근거리이고 조건식이 많아 삼각측량에서 구한 위치보다 정확도가 높다.
③ 선로와 같이 좁고 긴 지역의 측량에 편리하다.
④ 삼각측량에 비해 시가지 또는 복잡한 장애물이 있는 곳의 측량에 적합하다.

해설 다각측량
여러 개의 측점을 연결하여 생긴 다각형의 각 변의 길이와 방위각을 순차로 측정하고, 그 결과에서 각 변의 위거, 경거를 계산하여 이 점들의 좌표를 결정하여 도상 기준점의 위치를 결정하는 측량을 말한다.

트래버스 측량의 특징
- 삼각점이 멀리 배치되어 있어 좁은 지역에 세부측량의 기준이 되는 점을 추가 설치할 경우에 편리하다.
- 복잡한 시가지나 지형의 기복이 심하여 시준이 어려운 지역의 측량에 적합하다.
- 선로(도로, 하천, 철도)와 같이 좁고 긴 곳의 측량에 적합하다.
- 거리와 각을 관측하여 도식해법에 의하여 모든 점의 위치를 결정할 경우 편리하다.
- 삼각측량과 같이 높은 정도를 요구하지 않는 골조측량에 이용한다.

11 기지의 삼각점을 이용하여 새로운 도근점들을 매설하고자 할 때 결합 트래버스 측량(다각측량)의 순서는?
① 도상계획 → 답사 및 선점 → 조표 → 거리 관측 → 각관측 → 거리 및 각의 오차 분배 → 좌표계산 및 측점전개
② 도상계획 → 조표 → 답사 및 선점 → 각관측 → 거리관측 → 거리 및 각의 오차 분배 → 좌표계산 및 측점전개
③ 답사 및 선점 → 도상계획 → 조표 → 각관측 → 거리관측 → 거리 및 각의 오차 분배 → 좌표계산 및 측점전개
④ 답사 및 선점 → 조표 → 도상계획 → 거리관측 → 각관측 → 좌표계산 및 측점전개 → 거리 및 각의 오차 분배

해설 다각측량 순서
계획 → 답사 → 선점 → 조표 → 관측 → 계산

12 완화곡선에 대한 설명으로 옳지 않은 것은?
① 완화곡선은 모든 부분에서 곡률이 동일하지 않다.
② 완화곡선의 반지름은 무한대에서 시작한 후 점차 감소되어 원곡선의 반지름과 같게 된다.
③ 완화곡선의 접선은 시점에서 원호에 접한다.
④ 완화곡선에 연한 곡선 반지름의 감소율은 캔트의 증가율과 같다.

해설 완화곡선의 특징
- 곡선반경은 완화곡선의 시점에서 무한대, 종점에서 원곡선 R로 된다.
- 완화곡선의 접선은 시점에서 직선에, 종점에서 원호에 접한다.
- 완화곡선에 연한 곡선반경의 감소율은 캔트의 증가율과 같다.
- 완화곡선의 종점의 캔트와 원곡선 시점의 캔트는 같다.
- 완화곡선은 이정의 중앙을 통과한다.
- 완화곡선의 곡률은 시점에서 0, 종점에서 $\frac{1}{R}$이다.

13 축척 1:600인 지도상의 면적을 축척 1:500으로 계산하여 38.675m^2을 얻었다면 실제면적은?
① 26.858m^2
② 32.229m^2
③ 46.410m^2
④ 55.692m^2

해설 $(m_1)^2 : a_1 = (m_2)^2 : a_2$

$a_1 = \left(\dfrac{m_1}{m_2}\right)^2 \times a_2 = \left(\dfrac{600}{500}\right)^2 \times 38.675$

$= 55.692\text{m}^2$

14 A, B 두 점 간의 거리를 관측하기 위하여 그림과 같이 세 구간으로 나누어 측량하였다. 측선 $\overline{AB}$의 거리는?(단, Ⅰ : 10m±0.01m, Ⅱ : 20m±0.03m, Ⅲ : 30m±0.05m이다.)

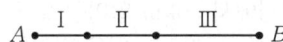

① 60m±0.09m ② 30m±0.06m
③ 60m±0.06m ④ 30m±0.09m

해설 $\Sigma L = L_1 + L_2 + L_3$
$= 10 + 20 + 30 = 60\text{m}$

$\Delta l = \sqrt{(\Delta L_1^2 + \Delta L_2^2 + \Delta L_3^2)}$
$= \sqrt{0.01^2 + 0.03^2 + 0.05^2} = 0.06\text{m}$

AB거리 $= \Sigma L \pm \Delta l = 60\text{m} \pm 0.06\text{m}$

15 그림과 같은 터널 내 수준측량의 관측결과에서 A점의 지반고가 20.32m일 때 C점의 지반고는?(단, 관측값의 단위는 m이다.)

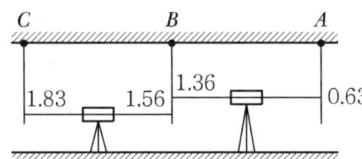

① 21.32m ② 21.49m
③ 16.32m ④ 16.49m

해설 $H_C = 20.32 - 0.63 + 1.36 - 1.56 + 1.83$
$= 21.32\text{m}$

16 그림의 다각측량 성과를 이용한 C점의 좌표는?(단, $\overline{AB} = \overline{BC} = 100$m이고, 좌표 단위는 m이다.)

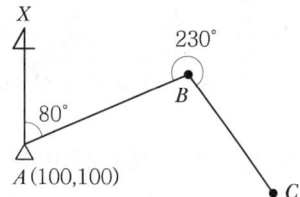

① $X = 48.27$m, $Y = 256.28$m
② $X = 53.08$m, $Y = 275.08$m
③ $X = 62.31$m, $Y = 281.31$m
④ $X = 69.49$m, $Y = 287.49$m

해설
- C점의 좌표를 구하기 위해 먼저 B점의 좌표를 구하면
  $X_B = X_A + AB \times \cos AB$
  $= 100 + 100 \times \cos 80° = 117.365\text{m}$
  $Y_B = Y_A + AB \times \sin AB$
  $= 100 + 100 \times \sin 80° = 198.481\text{m}$

- 따라서 C점의 좌표는
  $X_C = X_B + BC \times \cos BC$
  $= 117.365 + 100 \times \cos 130°$
  $= 53.08\text{m}$
  $Y_C = Y_B + BC \times \sin BC$
  $= 198.481 + 100 \times \sin 130°$
  $= 275.08\text{m}$

17 A, B, C, D 네 사람이 각각 거리 8km, 12.5km, 18km, 24.5km의 구간을 왕복 수준측량하여 폐합차를 7mm, 8mm, 10mm, 12mm 얻었다면 4명 중에서 가장 정밀한 측량을 실시한 사람은?

① A ② B
③ C ④ D

해설 $E = a\sqrt{n}$ 에서 1회 관측오차는 $a = \dfrac{E}{\sqrt{n}}$

$A : \left(a = \dfrac{E}{\sqrt{8 \times 2}} = \dfrac{7}{\sqrt{16}} = 1.75\right)$

$B : \left(a = \dfrac{E}{\sqrt{n}} = \dfrac{8}{\sqrt{12.5 \times 2}} = 1.6\right)$

$C : \left(a = \dfrac{E}{\sqrt{n}} = \dfrac{10}{\sqrt{18 \times 2}} = 1.67\right)$

$$D : \left(a = \frac{E}{\sqrt{n}} = \frac{12}{\sqrt{24.5 \times 2}} = 1.71\right)$$

∴ 1회 관측오차(a)가 제일 작은 사람은 B

18 항공사진의 특수3점에 해당되지 않는 것은?

① 주점　　② 연직점
③ 등각점　　④ 표정점

해설 항공사진의 특수3점

주점 (Principal Point)	렌즈중심으로부터 화면(사진면)에 내린 수선의 발을 말하며 렌즈의 광축과 화면이 교차하는 점이다. 사진의 중심점이라고도 한다.
연직점 (Nadir Point)	• 렌즈중심으로부터 지표면에 내린 수선의 발을 말하고 N을 지상연직점(피사체연직점), 그 선을 연장하여 화면(사진면)과 만나는 점을 화면연직점(n)이라 한다. • 주점에서 연직점까지의 거리 $mn = f \tan i$
등각점 (Isocenter)	• 주점과 연직점이 이루는 각을 2등분한 점으로서 사진면과 지표면에서 교차되는 점을 말한다. • 주점에서 등각점까지의 거리 $mj = f \tan \dfrac{i}{2}$

19 수준점 A, B, C에서 수준측량을 하여 P점의 표고를 얻었다. 관측거리를 경중률로 사용한 P점 표고의 최확값은?

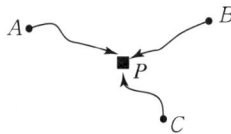

노선	P점 표고값	노선거리
$A \to P$	57.583m	2km
$B \to P$	57.700m	3km
$C \to P$	57.680m	4km

① 57.641m　　② 57.649m
③ 57.654m　　④ 57.706m

해설 수준측량에서 경중률은 거리에 반비례한다.

• 경중률은 $\dfrac{1}{2} : \dfrac{1}{3} : \dfrac{1}{4} = 6 : 4 : 3$

• P점의 최확값은
$$\dfrac{P_1 l_1 + P_2 l_2 + P_3 l_3}{P_1 + P_2 + P_3}$$
$$= \dfrac{6 \times 57.583 + 4 \times 57.700 + 3 \times 57.680}{6 + 4 + 3}$$
$$= 57.641 \text{m}$$

20 지구상에서 50km 떨어진 두 점의 거리를 지구곡률을 고려하지 않은 평면측량으로 수행한 경우의 거리오차는?(단, 지구의 반지름은 6,370km이다.)

① 0.257m　　② 0.138m
③ 0.069m　　④ 0.005m

해설 거리오차$(d-D) = \dfrac{1}{12}\left(\dfrac{D^3}{R^2}\right)$
$$= \dfrac{1}{12}\left(\dfrac{50^3}{6,370^2}\right)$$
$$= 0.257 \text{m}$$

측량학(2018년 2회 토목산업기사)

01 곡선부를 주행하는 차의 뒷바퀴가 앞바퀴보다 항상 안쪽을 지나게 되므로 직선부보다 도로 폭을 크게 해주는 것은?
① 편경사 ② 길 어깨
③ 확폭 ④ 측구

해설
- 곡선부를 통과하는 차량이 원심력이 발생하여 접선 방향으로 탈선하려는 것을 방지하기 위해 바깥쪽 노면을 안쪽 노면보다 높이는 정도를 편경사라고 한다.

  캔트 $C = \dfrac{SV^2}{Rg}$

  여기서, C : 캔트 S : 궤간
  V : 차량속도 R : 곡선반경
  g : 중력가속도

- 차량과 레일이 꼭 끼어서 서로 힘을 입게 되면 때로는 탈선의 위험이 생긴다. 이러한 위험을 막기 위하여 레일 안쪽을 움직여 곡선부에서는 궤간을 넓힐 필요가 있다. 이 넓힌 치수를 확폭이라고 한다.

  슬랙 $\varepsilon = \dfrac{L^2}{2R}$

  여기서, ε : 확폭량
  L : 차량 앞바퀴에서 뒷바퀴까지의 거리
  R : 차선 중심선의 반경

02 하천의 수위관측소의 설치장소로 적당하지 않은 것은?
① 하상과 하안이 안전한 곳
② 수위가 구조물의 영향을 받지 않는 곳
③ 홍수 시에도 수위를 쉽게 알아볼 수 있는 곳
④ 수위의 변화가 크게 발생하여 그 변화가 뚜렷한 곳

해설 수위관측소 및 양수표(water guage) 설치 장소
- 하안(河岸)과 하상(河床)이 안전하고 세굴이나 퇴적이 되지 않은 장소
- 상하류의 길이가 약 100m 정도의 직선일 것
- 유속의 변화가 크지 않는 장소
- 수위가 교각이나 기타 구조물에 영향을 받지 않는 장소
- 홍수 때는 관측소의 유실, 이동 및 파손 염려가 없는 장소
- 평시는 홍수 때보다 수위표를 쉽게 읽을 수 있는 장소
- 지천의 합류점 및 분류점으로 수위의 변화가 생기지 않는 장소
- 양수표의 영점 위치는 최저수위 밑에 있고, 양수표 눈금의 최고위는 최고홍수위보다 높을 것
- 양수표는 평균해수면의 표고를 측정해 둘 것
- 어떠한 갈수 시에도 양수표가 노출되지 않는 장소
- 수위가 급변하지 않는 장소
- 양수표는 하천에 연하여 5~10km마다 배치할 것

03 원곡선에 의한 종곡선 설치에서 상향기울기 4.5/1,000와 하향기울기 35/1,000의 종단선형에 반지름 3,000m의 원곡선을 설치할 때, 종단곡선의 길이(L)는?
① 240.5m ② 150.2m
③ 118.5m ④ 60.2m

해설 종단곡선 길이(L)
$= R(m+n)$
$= 3,000\left(\dfrac{4.5}{1,000} + \dfrac{35}{1,000}\right) = 118.5\text{m}$

Answer 1. ③ 2. ④ 3. ③

04 캔트(C)인 원곡선에서 곡선반지름을 3배로 하면 변화된 캔트(C')는?

① $\dfrac{C}{9}$ ② $\dfrac{C}{3}$
③ $3C$ ④ $9C$

해설 캔트(C') = $\dfrac{SV^2}{g \cdot 3R} = \dfrac{1}{3} \times \dfrac{SV^2}{gR} = \dfrac{1}{3}C$

05 수준측량에서 사용되는 기고식 야장 기입 방법에 대한 설명으로 틀린 것은?

① 종·횡단 수준측량과 같이 후시보다 전시가 많을 때 편리하다.
② 승강식보다 기입사항이 많고 상세하여 중간점이 많을 때에는 시간이 많이 걸린다.
③ 중간시가 많은 경우 편리한 방법이나 그 점에 대한 검산을 할 수가 없다.
④ 지반고에 후시를 더하여 기계고를 얻고, 다른 점의 전시를 빼면 그 지점의 지반고를 얻는다.

해설 야장기입방법

고차식	가장 간단한 방법으로 B.S와 F.S만 있으면 된다.
기고식	가장 많이 사용하며, 중간점이 많을 경우 편리하나 완전한 검산을 할 수 없는 것이 결점이다.
승강식	완전한 검사로 정밀 측량에 적당하나, 중간점이 많으면 계산이 복잡하고, 시간과 비용이 많이 소요된다. • 후시값과 전시값의 차가 [+]이면 승란에 기입 • 후시값과 전시값의 차가 [−]이면 강란에 기입

06 교각이 60°, 교점까지의 추가거리가 356.21m, 곡선시점까지의 추가거리가 183.00m이면 단곡선의 곡선 반지름은?

① 616.97m ② 300.01m
③ 205.66m ④ 100.00m

해설 곡선시점부터 추가거리(BC)
$= IP - TL\left(R\tan\dfrac{60°}{2}\right)$
$183 = 356.21 - TL\left(R\tan\dfrac{I}{2}\right)$
$R = \dfrac{IP - BC}{TL \times \tan\dfrac{I}{2}} = \dfrac{356.21 - 183}{TL \times \tan 30°}$
$= 300.01\text{m}$

07 측지측량 용어에 대한 설명 중 옳지 않은 것은?

① 지오이드란 평균해수면을 육지부분까지 연장한 가상곡면으로 요철이 없는 미끈한 타원체이다.
② 연직선 편차는 연직선과 기준타원체 법선 사이의 각을 의미한다.
③ 구과량은 구면삼각형의 면적에 비례한다.
④ 기준타원체는 수평위치를 나타내는 기준면이다.

해설 지오이드

정의	정지된 해수면을 육지까지 연장하여 지구 전체를 둘러쌌다고 가상한 곡면을 지오이드(geoid)라 한다. 지구타원체는 기하학적으로 정의하는 데 비하여 지오이드는 중력장 이론에 따라 물리학적으로 정의한다.
특징	• 지오이드면은 평균해수면과 일치하는 등포텐셜면으로 일종의 수면이다. • 지오이드면은 대륙에서는 지각의 인력 때문에 지구타원체보다 높고 해양에서는 낮다. • 고지측량은 지오이드면을 표고 0으로 하여 관측한다. • 타원체의 법선과 지오이드 연직선의 불일치로 연직선 편차가 생긴다. • 지형의 영향 또는 지각내부밀도의 불균일로 인하여 타원체에 비하여 다소의 기복이 있는 불규칙한 면이다. • 지오이드는 어느 점에서나 표면을 통과하는 연직선이 중력방향에 수직이다. • 지오이드는 타원체면에 대하여 다소 기복이 있는 불규칙한 면을 갖는다. • 높이가 0이므로 위치에너지도 0이다.

Answer 4. ② 5. ② 6. ② 7. ①

측량학(2018년 2회 토목산업기사)

08 삼각망 중 정확도가 가장 높은 삼각망은?

① 단열삼각망   ② 단삼각망
③ 유심삼각망   ④ 사변형삼각망

해설 삼각망

단열삼각쇄(망) (single chain of triangles)	• 폭이 좁고 길이가 긴 지역에 적합하다. • 노선·하천·터널 측량 등에 이용한다. • 거리에 비해 관측수가 적다. • 측량이 신속하고 경비가 적게 든다. • 조건식의 수가 적어 정도가 낮다.
유심삼각쇄(망) (chain of central points)	• 동일 측점에 비해 포함면적이 가장 넓다. • 넓은 지역에 적합하다. • 농지측량 및 평탄한 지역에 사용된다. • 정도는 단열삼각망보다 좋으나 사변형보다 적다.
사변형삼각쇄(망) (chain of quadrilaterals)	• 조건식의 수가 가장 많아 정밀도가 가장 높다. • 기선삼각망에 이용된다. • 삼각점 수가 많아 측량시간이 많이 걸리며 계산과 조정이 복잡하다.
정밀도	삼각망의 정밀도는 사변형 > 유심 > 단열 순이다.

09 P점의 좌표가 $X_P = -1,000$m, $Y_P = 2,000$m 이고 PQ의 거리가 1,500m, PQ의 방위각이 120°일 때 Q점의 좌표는?

① $X_Q = -1,750$m, $Y_Q = +3,299$m
② $X_Q = +1,750$m, $Y_Q = +3,299$m
③ $X_Q = +1,750$m, $Y_Q = -3,299$m
④ $X_Q = -1,750$m, $Y_Q = -3,299$m

해설
• $X_{미지점} = X_{기지점} +$ 위거
$$X_Q = X_P + 위거 = X_P + (PQ\cos V_P^Q)$$
$$= -1,000 + (1,500\cos 120°)$$
$$= -1,750\text{m}$$

• $Y_{미지점} = Y_{기지점} +$ 경거
$$Y_Q = Y_P + 경거 = Y_P + (PQ\sin V_P^Q)$$
$$= 2,000 + (1,500\sin 120°)$$
$$= 3,299\text{m}$$

10 그림과 같은 지역을 표고 190m 높이로 성토하여 정지하려 한다. 양단면평균법에 의한 토공량은?(단, 160m 이하의 부피는 생략한다.)

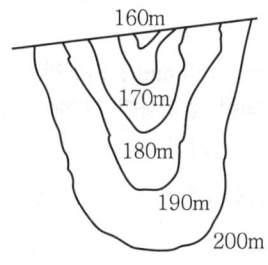

• 160m : 300m²	• 170m : 900m²
• 180m : 1,800m²	• 190m : 3,500m²
• 200m : 8,000m²	

① 103,500m³   ② 74,000m³
③ 46,000m³   ④ 29,000m³

해설 양단면 평균법 $(V) = \left(\dfrac{A_1 + A_2}{2}\right) \times l$

$$\therefore V = \left(\dfrac{300+900}{2} + \dfrac{900+1,800}{2} + \dfrac{1,800+3,500}{2}\right) \times 10$$
$$= 46,000\text{m}^3$$

11 삼각점 A에 기계를 세웠을 때, 삼각점 B가 보이지 않아 P를 관측하여 $T' = 65°42'39''$의 결과를 얻었다면 $T = \angle DAB$는?(단, $S = $ 2km, $e = 40$ cm, $\phi = 256°40'$)

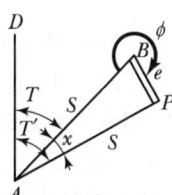

Answer 8. ④ 9. ① 10. ③ 11. ③

① 65°39′58″ ② 65°40′20″
③ 65°41′59″ ④ 65°42′20″

해설
- $\dfrac{e}{\sin x} = \dfrac{s}{\sin(360-\phi)}$

  $x = \sin^{-1}\left(\dfrac{0.4}{2,000} \times \sin(360° - 256°40')\right)$
  $= 40.1''$

- $T = T' - x = 65°42'39'' - 0°0'40.1''$
  $= 65°41'59''$

12 초점거리 153mm의 카메라로 고도 800m에서 촬영한 수직사진 1장에 찍히는 실제면적은?(단, 사진의 크기는 23cm×23cm이다.)

① 1.446km² ② 1.840km²
③ 5.228km² ④ 5.290km²

해설
- $\dfrac{1}{m} = \dfrac{f}{H} = \dfrac{0.153}{800} = \dfrac{1}{5,229}$
- $A = (ma)^2 = (5,229 \times 0.23)^2$
  $= 1,446,281\text{m}^2 = 1.446\text{km}^2$

13 1km²의 면적이 도면상에서 4cm²일 때의 축척은?

① 1 : 2,500 ② 1 : 5,000
③ 1 : 25,000 ④ 1 : 50,000

해설
$\left(\dfrac{1}{m}\right)^2 = \dfrac{\text{도상면적}}{\text{실제면적}}$

$\dfrac{1}{m} = \sqrt{\left(\dfrac{4}{100,000\text{cm} \times 100,000\text{cm}}\right)}$
$= \dfrac{1}{50,000}$

14 항공사진의 중복도에 대한 설명으로 옳지 않은 것은?

① 종중복도는 동일 촬영경로에서 30% 이하로 동일할 경우 허용될 수 있다.
② 중복도는 입체시를 위하여 촬영 진행방향으로 60%를 표준으로 한다.
③ 촬영 경로 사이의 인접코스 간 중복도는 30%를 표준으로 한다.
④ 필요에 따라 촬영 진행 방향으로 80%, 인접코스 중복을 50%까지 중복하여 촬영할 수 있다.

해설 항공사진측량에서 종중복도는 최소한 60% 이상을 허용해야 한다.

종중복도 (end lap)	• 촬영진행방향에 따라 중복시키는 것으로 보통 60%, 최소한 50% 이상 중복을 주어야 한다. • 종중복도$(p) = \dfrac{p_1m_1 + m_1m_2 + m_2p_2}{a} \times 100(\%)$ 여기서, $p_1m_1 = p_1m_2 - m_1m_2$ m_1, m_2 : 주점기선 길이(b_0) a : 화면크기(사진크기)
횡중복도 (side lap)	• 촬영진행방향에 직각으로 중복시키며 보통 30%, 최소한 5% 이상 중복을 주어 촬영한다. • 산악지역(사진상의 고저차가 촬영고도의 10% 이상인 지역)이나 고층빌딩이 밀집한 시가지는 0~20% 이상 중복도를 높여서 촬영하거나 2단 촬영을 한다.(사각부분을 없애기 위함)

15 1 : 25,000 지형도에서 표고 621.5m와 417.5m 사이에 주곡선 간격의 등고선 수는?

① 5 ② 11
③ 15 ④ 21

해설 주곡선 간격의 수 = $\dfrac{620-420}{10} + 1 = 21$개

등고선 종류	기호	축척 $\dfrac{1}{5,000}$	$\dfrac{1}{10,000}$	$\dfrac{1}{25,000}$	$\dfrac{1}{50,000}$
주곡선	가는 실선	5	5	10	20
간곡선	가는 파선	2.5	2.5	5	10
조곡선 (보조곡선)	가는 점선	1.25	1.25	2.5	5
계곡선	굵은 실선	25	25	50	100

16 거리관측의 정밀도와 각관측의 정밀도가 같다고 할 때 거리관측의 허용오차를 1/3,000로 하면 각관측의 허용오차는?

① 4″   ② 41″
③ 1′9″   ④ 1′23″

해설 정도 $= \dfrac{1}{m} = \dfrac{\theta''}{\rho''}$

$\theta = \dfrac{\rho''}{m} = \dfrac{206,265''}{3,000} = 0°01'09''$

17 A점은 30m 등고선상에 있고 B점은 40m 등고선상에 있다. AB의 경사가 25%일 때 AB 경사면의 수평거리는?

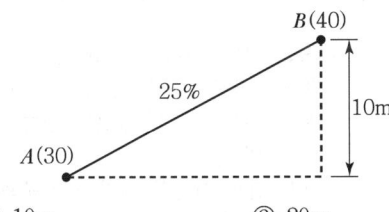

① 10m   ② 20m
③ 30m   ④ 40m

해설 $\dfrac{25}{100} = \dfrac{10}{D}$

$D = \dfrac{100 \times 10}{25} = 40\text{m}$

18 교호수준측량을 하는 주된 이유로 옳은 것은?

① 작업속도가 빠르다.
② 관측인원을 최소화할 수 있다.
③ 전시, 후시의 거리차를 크게 둘 수 있다.
④ 굴절오차 및 시준축 오차를 제거할 수 있다.

해설 교호수준측량을 할 경우 소거되는 오차
 • 레벨의 기계오차(시준축 오차)
 • 관측자의 읽기오차
 • 지구의 곡률에 의한 오차(구차)
 • 광선의 굴절에 의한 오차(기차)

19 하천의 연직선 내의 평균유속을 구하기 위한 2점법의 관측 위치로 옳은 것은?

① 수면으로부터 수심의 10%, 90% 지점
② 수면으로부터 수심의 20%, 80% 지점
③ 수면으로부터 수심이 30%, 70% 지점
④ 수면으로부터 수심의 40%, 60% 지점

해설

1점법	수면으로부터 수심 $0.6H$되는 곳의 유속 $V_m = V_{0.6}$
2점법	수심 $0.2H$, $0.8H$ 되는 곳의 유속 $V_m = \dfrac{1}{2}(V_{0.2} + V_{0.8})$
3점법	수심 $0.2H$, $0.6H$, $0.8H$ 되는 곳의 유속 $V_m = \dfrac{1}{4}(V_{0.2} + 2V_{0.6} + V_{0.8})$
4점법	수심 1.0m 내외의 장소에서 적당하다. $V_m = \dfrac{1}{5}\left\{(V_{0.2} + V_{0.4} + V_{0.6} + V_{0.8}) + \dfrac{1}{2}\left(V_{0.2} + \dfrac{V_{0.8}}{2}\right)\right\}$

20 두 지점의 거리($\overline{AB}$)를 관측하는데, 갑은 4회 관측하고, 을은 5회 관측한 후 경중률을 고려하여 최확값을 계산할 때, 갑과 을의 경중률(갑 : 을)은?

① 4 : 5   ② 5 : 4
③ 16 : 25   ④ 25 : 16

해설 경중률은 관측횟수(N)에 비례하므로
$P_1 : P_2 = N_1 : N_2 = 4 : 5$

측량학(2018년 3회 토목기사)

01 트래버스 $ABCD$에서 각 측선에 대한 위거와 경거 값이 아래 표와 같을 때, 측선 BC의 배횡거는?

측선	위거(m)	경거(m)
AB	+75.39	+81.57
BC	-33.57	+18.78
CD	-61.43	-45.60
DA	+44.61	-52.65

① 81.57m ② 155.10m
③ 163.14m ④ 181.92m

해설

측선	위거(m)	경거(m)	배횡거(m)
AB	+75.39	+81.57	81.57
BC	-33.57	+18.78	81.57+81.57+18.78=181.92
CD	-61.43	-45.60	181.92+18.78-45.60=155.1
DA	+44.61	-52.65	155.1-45.6-52.65=56.85

제1측선의 배횡거	그 측선의 경거
임의 측선의 배횡거	앞 측선의 배횡거+앞 측선의 경거 +그 측선의 경거
마지막 측선의 배횡거	그 측선의 경거(부호는 반대)

02 DGPS를 적용할 경우 기지점과 미지점에서 측정한 결과로부터 공통오차를 상쇄시킬 수 있기 때문에 측량의 정확도를 높일 수 있다. 이때 상쇄되는 오차요인이 아닌 것은?

① 위성의 궤도정보오차
② 다중경로오차
③ 전리층 신호지연
④ 대류권 신호지연

해설 다중경로(Multipath)오차

다중경로오차는 GPS 위성으로 직접 수신된 전파 이외에 부가적으로 주위의 지형, 지물에 의한 반사된 전파로 인해 발생하는 오차로서 측위에 영향을 미친다.

- 다중경로는 금속제 건물, 구조물과 같은 커다란 반사적 표면이 있을 때 일어난다.
- 다중경로의 결과로서 수신된 GPS 신호는 처리될 때 GPS 위치의 부정확성을 제공한다.
- 다중경로가 일어나는 경우를 최소화하기 위하여 미션 설정, 수신기, 안테나 설계 시에 고려한다면 다중경로의 영향을 최소화할 수 있다.
- GPS 신호 시간의 기간을 평균하는 것도 다중경로의 영향을 감소시킨다.
- 가장 이상적인 방법은 다중경로의 원인이 되는 장애물에서 멀리 떨어져서 관측하는 것이다.

03 사진축척이 1:5,000이고 종중복도가 60%일 때 촬영기선 길이는?(단, 사진크기는 23cm×23cm이다.)

① 360m ② 375m
③ 435m ④ 460m

해설
$$B = ma\left(1 - \frac{P}{100}\right)$$
$$= 5,000 \times 0.23\left(1 - \frac{60}{100}\right)$$
$$= 460m$$

04 완화곡선에 대한 설명으로 옳지 않은 것은?

① 모든 클로소이드(clothoid)는 닮은꼴이며 클로소이드 요소는 길이의 단위를 가진 것과 단위가 없는 것이 있다.
② 완화곡선의 접선은 시점에서 원호에, 종점에서 직선에 접한다.
③ 완화곡선의 반지름은 그 시점에서 무한대, 종점에서는 원곡선의 반지름과 같다.
④ 완화곡선에 연한 곡선반지름의 감소율은 캔트(cant)의 증가율과 같다.

해설 완화곡선의 특징
- 곡선반경은 완화곡선의 시점에서 무한대, 종점에서 원곡선 R로 된다.
- 완화곡선의 접선은 시점에서 직선에, 종점에서 원호에 접한다.
- 완화곡선에 연한 곡선반경의 감소율은 캔트의 증가율과 같다.
- 완화곡선의 종점의 캔트와 원곡선 시점의 캔트는 같다.
- 완화곡선은 이정의 중앙을 통과한다.
- 완화곡선의 곡률은 시점에서 0, 종점에서 $\frac{1}{R}$이다.

05 삼변측량에 관한 설명 중 틀린 것은?

① 관측요소는 변의 길이뿐이다.
② 관측값에 비하여 조건식이 적은 단점이 있다.
③ 삼각형의 내각을 구하기 위해 cosine 제2법칙을 이용한다.
④ 반각공식을 이용하여 각으로부터 변을 구하여 수직위치를 구한다.

해설 삼변측량(trilateration)
삼각측량은 삼각형의 세 각을 측정하고 측정된 각을 사용하여 세 변의 길이를 구하지만, 삼변측량은 세 변을 먼저 측정하고 세 각은 코사인 제2법칙 또는 반각법칙에 의해 삼각점의 위치를 결정하는 측량방법이다.

06 교호수준측량에서 A점의 표고가 55.00m이고 $a_1=1.34$m, $b_1=1.14$m, $a_2=0.84$m, $b_2=0.56$m일 때 B점의 표고는?

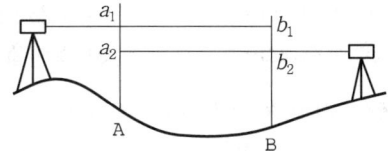

① 55.24m
② 56.48m
③ 55.22m
④ 56.42m

해설 $H_B = H_A + \Delta h = H_A + \dfrac{(a_1-b_1)+(a_2-b_2)}{2}$

$= 55 + \dfrac{(1.34-1.14)+(0.84-0.56)}{2}$

$= 55.24\text{m}$

07 하천측량 시 무제부에서의 평면측량 범위는?

① 홍수가 영향을 주는 구역보다 약간 넓게
② 계획하고자 하는 지역의 전체
③ 홍수가 영향을 주는 구역까지
④ 홍수영향 구역보다 약간 좁게

해설 평면측량 범위

유제부	제외지 범위 전부와 제내지의 300m 이내
무제부	홍수가 영향을 주는 구역보다 약간 넓게 측량한다.(홍수 시에 물이 흐르는 맨 옆에서 100m까지)
홍수방지공사가 목적인 하천공사	하구에서부터 상류의 홍수피해가 미치는 지점까지
사방공사	수원지까지
선박운행을 위한 하천 계수가 목적일 때	하류는 하구까지

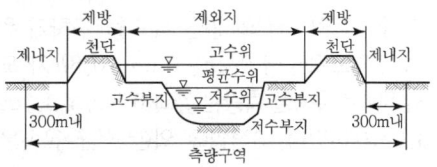

Answer 4. ② 5. ④ 6. ① 7. ①

08 어떤 거리를 10회 관측하여 평균 2,403.557m의 값을 얻고 잔차의 제곱의 합 8,208mm² 을 얻었다면 1회 관측의 평균 제곱근 오차는?

① ±23.7mm ② ±25.5mm
③ ±28.3mm ④ ±30.2mm

해설 1회 관측 평균 제곱근 오차(σ)
$$=\pm\sqrt{\frac{\sum V^2}{n-1}}=\pm\sqrt{\frac{8,208}{10-1}}=\pm 30.2\text{mm}$$

09 지반고(h_A)가 123.6m인 A점에 토털스테이션을 설치하여 B점의 프리즘을 관측하여, 기계고 1.5m, 관측사거리(S) 150m, 수평선으로부터의 고저각(α) 30°, 프리즘고(P_h) 1.5m를 얻었다면 B점의 지반고는?

① 198.0m ② 198.3m
③ 198.6m ④ 198.9m

해설 $H_B = H_A + i + (거리 \times \sin 30°) - h$
= 123.6 + 1.5 + (150 sin 30°) - 1.5
= 198.6m

10 측량성과표에 측점 A의 진북방향각은 0°06′17″이고, 측점 A에서 측점 B에 대한 평균방향각은 263°38′26″로 되어 있을 때에 측점 A에서 측점 B에 대한 역방위각은?

① 83°32′09″ ② 83°44′43″
③ 263°32′09″ ④ 263°44′43″

해설
• AB 방위각
  263°38′26″ − 6′17″ = 263°32′09″
• AB 역방위각
  263°32′09″ + 180° − 360° = 83°32′09″

11 수심이 h인 하천의 평균 유속을 구하기 위하여 수면으로부터 $0.2h$, $0.6h$, $0.8h$가 되는 깊이에서 유속을 측량한 결과 0.8m/s, 1.5m/s, 1.0m/s이었다. 3점법에 의한 평균 유속은?

① 0.9m/s ② 1.0m/s
③ 1.1m/s ④ 1.2m/s

해설 3점법 평균 유속
$$=\frac{V_{0.2}+(2\times V_{0.6})+V_{0.8}}{4}$$
$$=\frac{0.8+(2\times 1.5)+1.0}{4}=1.2\text{m/s}$$

1점법	수면으로부터 수심 $0.6H$ 되는 곳의 유속 $V_m = V_{0.6}$
2점법	수심 $0.2H$, $0.8H$ 되는 곳의 유속 $V_m = \frac{1}{2}(V_{0.2}+V_{0.8})$
3점법	수심 $0.2H$, $0.6H$, $0.8H$ 되는 곳의 유속 $V_m = \frac{1}{4}(V_{0.2}+2V_{0.6}+V_{0.8})$
4점법	수심 1.0m 내외의 장소에서 적당하다. $V_m = \frac{1}{5}\left\{(V_{0.2}+V_{0.4}+V_{0.6}+V_{0.8})+\frac{1}{2}\left(V_{0.2}+\frac{V_{0.8}}{2}\right)\right\}$

12 위성에 의한 원격탐사(Remote Sensing)의 특징으로 옳지 않은 것은?

① 항공사진측량이나 지상측량에 비해 넓은 지역의 동시측량이 가능하다.
② 동일 대상물에 대해 반복측량이 가능하다.
③ 항공사진측량을 통해 지도를 제작하는 경우보다 대축척 지도의 제작에 적합하다.
④ 여러 가지 분광 파장대에 대한 측량자료 수집이 가능하므로 다양한 주제도 작성이 용이하다.

해설 원격탐측(Remote Sensing)
• 지상이나 항공기 및 인공위성 등의 탑재기(Platform)에 설치된 탐측기(Sensor)를 이용하여 지표, 지상, 지하, 대기권 및 우주공간의 대상들에서 반사 혹은 방사되는 전자기파를 탐지하고 이들 자료로부터 토지, 환경 및 자원에 대한 정보를 얻어 이를 해석하는 기법이다.
• 항공사진측량을 통해 지도를 제작하는 경우보다 소축척 지도의 제작에 적합하다.

13 교각이 60°이고 반지름이 300m인 원곡선을 설치할 때 접선의 길이(T.L.)는?

① 81.603m ② 173.205m
③ 346.412m ④ 519.615m

해설 $TL = R\tan\dfrac{I}{2} = 300 \times \tan\dfrac{60°}{2}$
$= 173.205\text{m}$

14 지상 1km²의 면적을 지도상에서 4cm²으로 표시하기 위한 축척으로 옳은 것은?

① 1 : 5,000 ② 1 : 50,000
③ 1 : 25,000 ④ 1 : 250,000

해설 $\left(\dfrac{1}{m}\right)^2 = \dfrac{\text{도상면적}}{\text{실제면적}}$
$\dfrac{1}{m} = \sqrt{\dfrac{4}{100,000\text{cm} \times 100,000\text{cm}}}$
$= \dfrac{1}{50,000}$

15 수준측량에서 레벨의 조정이 불완전하여 시준선이 기포관축과 평행하지 않을 때 생기는 오차의 소거 방법으로 옳은 것은?

① 정위, 반위로 측정하여 평균한다.
② 지반이 견고한 곳에 표척을 세운다.
③ 전시와 후시의 시준거리를 같게 한다.
④ 시작점과 종점에서의 표척을 같은 것을 사용한다.

해설 전시와 후시의 거리를 같게 함으로써 제거되는 오차
- 레벨의 조정이 불완전할 때(시준선이 기포관축과 평행하지 않을 때) 생기는 시준축오차(오차가 가장 크다.)를 제거한다.
- 지구의 곡률오차(구차)와 빛의 굴절오차(기차)를 제거한다.
- 초점나사를 움직이는 오차가 없으므로 그로 인해 생기는 오차를 제거한다.

16 △ABC의 꼭짓점에 대한 좌푯값이 (30, 50), (20, 90), (60, 100)일 때 삼각형 토지의 면적은?(단, 좌표의 단위 : m)

① 500m² ② 750m²
③ 850m² ④ 960m²

해설

x	y	$(x_{i-1} - x_{i+1})y_i$
30	50	$(60-20)50 = 2,000$
20	90	$(30-60)90 = -2,700$
60	100	$(20-30)100 = -1,000$

$2A = -1,700$
$\therefore A = \dfrac{-1,700}{2} = 850\text{m}^2$

17 GNSS 상대측위 방법에 대한 설명으로 옳은 것은?

① 수신기 1대만을 사용하여 측위를 실시한다.
② 위성과 수신기 간의 거리는 전파의 파장 개수를 이용하여 계산할 수 있다.
③ 위상차의 계산은 단순차, 2중차, 3중차와 같은 차분기법으로는 해결하기 어렵다.
④ 전파의 위상차를 관측하는 방식이 절대측위 방법보다 정확도가 낮다.

해설 ① GNSS 상대측위는 수신기 2대를 사용하여 측위를 실시한다.
③ 위상차의 계산은 단순차, 2중차, 3중차와 같은 차분기법으로 해결할 수 있다.
④ 전파의 위상차를 관측하는 방식이 절대측위 방법보다 정확도가 높다.

18 노선 측량의 일반적인 작업 순서로 옳은 것은?

| A : 종·횡단 측량 | B : 중심선 측량 |
| C : 공사 측량 | D : 답사 |

① $A \to B \to D \to C$
② $D \to B \to A \to C$
③ $D \to C \to A \to B$
④ $A \to C \to D \to B$

해설 노선 측량의 일반적인 작업 순서
답사(선점) → 중심선 측량 → 종·횡단 측량 → 공사 측량

19 삼각형의 토지면적을 구하기 위해 밑변 a와 높이 h를 구하였다. 토지의 면적과 표준오차는?(단, $a = 15 \pm 0.015$, $h = 25 \pm 0.025$m)

① $187.5 \pm 0.04 \text{m}^2$
② $187.5 \pm 0.27 \text{m}^2$
③ $375.0 \pm 0.27 \text{m}^2$
④ $375.0 \pm 0.53 \text{m}^2$

해설
$A = \dfrac{15 \times 25}{2} = 187.5 \text{m}^2$

$\triangle A^2 = \left(\dfrac{\partial A}{\partial a}\right)^2 \times \triangle a^2 + \left(\dfrac{\partial A}{\partial h}\right)^2 \times \triangle h^2$

$= \left(\dfrac{25}{2}\right)^2 \times 0.015^2 + \left(\dfrac{15}{2}\right)^2 \times 0.025^2$

$\therefore \triangle A = 0.27 \text{m}^2$

20 축척 1 : 5,000 수치지형도의 주곡선 간격으로 옳은 것은?

① 5m
② 10m
③ 15m
④ 20m

해설

등고선 종류	기호	축척 $\dfrac{1}{5,000}$	$\dfrac{1}{10,000}$	$\dfrac{1}{25,000}$	$\dfrac{1}{50,000}$
주곡선	가는 실선	5	5	10	20
간곡선	가는 파선	2.5	2.5	5	10
조곡선 (보조곡선)	가는 점선	1.25	1.25	2.5	5
계곡선	굵은 실선	25	25	50	100

Answer 18. ② 19. ② 20. ①

측량학(2018년 3회 토목산업기사)

01 거리의 정확도 1/10,000을 요구하는 100m 거리측량에 사거리를 측정해도 수평거리로 허용되는 두 점 간의 고저차 한계는?

① 0.707m ② 1.414m
③ 2.121m ④ 2.828m

해설 정도 = $\dfrac{1}{10,000} = \dfrac{오차}{거리} = \dfrac{\frac{h^2}{2L}}{L} = \dfrac{h^2}{2L^2}$

$h^2 = \dfrac{2L^2}{10,000} = \dfrac{2 \times 100^2}{10,000} = 2$

∴ $h = \sqrt{2} = 1.414$m

02 삼각측량에서 사용되는 대표적인 삼각망의 종류가 아닌 것은?

① 단열삼각망
② 귀심삼각망
③ 사변형망
④ 유심다각망

해설 삼각망

단열삼각쇄(망) (single chain of triangles)	• 폭이 좁고 길이가 긴 지역에 적합하다. • 노선·하천·터널 측량 등에 이용한다. • 거리에 비해 관측수가 적다. • 측량이 신속하고 경비가 적게 든다. • 조건식의 수가 적어 정도가 낮다.
유심삼각쇄(망) (chain of central points)	• 동일 측점에 비해 포함면적이 가장 넓다. • 넓은 지역에 적합하다. • 농지측량 및 평탄한 지역에 사용된다. • 정도는 단열삼각망보다 좋으나 사변형보다 적다.
사변형삼각쇄(망) (chain of quadrilaterals)	• 조건식의 수가 가장 많아 정밀도가 가장 높다. • 기선삼각망에 이용된다. • 삼각점 수가 많아 측량시간이 많이 걸리며 계산과 조정이 복잡하다.
정밀도	삼각망의 정밀도는 사변형 > 유심 > 단열 순이다.

03 완화곡선에 대한 설명으로 틀린 것은?

① 곡률반지름이 큰 곡선에서 작은 곡선으로의 완화구간 확보를 위하여 설치한다.
② 완화곡선에 연한 곡선 반지름의 감소율은 캔트의 증가율과 동일하다.
③ 캔트를 완화곡선의 횡거에 비례하여 증가시킨 완화곡선은 클로소이드이다.
④ 완화곡선의 반지름은 시점에서 무한대이고 종점에서 원곡선의 반지름과 같아진다.

해설 완화곡선의 특징
• 곡선반경은 완화곡선의 시점에서 무한대, 종점에서 원곡선 R로 된다.
• 완화곡선의 접선은 시점에서 직선에, 종점에서 원호에 접한다.
• 완화곡선에 연한 곡선반경의 감소율은 캔트의 증가율과 같다.
• 완화곡선의 종점의 캔트와 원곡선 시점의 캔트는 같다.
• 완화곡선은 이정의 중앙을 통과한다.
• 완화곡선의 곡률은 시점에서 0, 종점에서 $\dfrac{1}{R}$이다.

클로소이드 성질
클로소이드 곡선이란, 곡률($1/R$)이 곡선장(L)에 비례하는 곡선이다.
• 클로소이드는 나선의 일종이다.

Answer 1. ② 2. ② 3. ③

- 모든 클로소이드는 닮은꼴이다.(상사성이다.)
- 단위가 있는 것도 있고 없는 것도 있다.
- τ는 30°가 적당하다.
- 확대율을 가지고 있다.
- τ는 라디안으로 구한다.

04 측선 AB의 방위가 N50°E일 때 측선 BC의 방위는?(단, 내각 ABC=120°이다.)

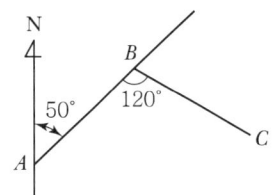

① S70°E ② N110°E
③ S60°W ④ E20°S

- $\overline{AB}$ 방위각=50°
- $\overline{BC}$ 방위각=50°+180°-120°=110°
∴ $\overline{BC}$ 방위=S70°E

05 수위표의 설치장소로 적합하지 않은 곳은?
① 상·하류 최소 300m 정도가 곡선인 장소
② 교각이나 기타 구조물에 의한 수위변동이 없는 장소
③ 홍수 시 유실 또는 이동이 없는 장소
④ 지천의 합류점에서 상당히 상류에 위치한 장소

해설 수위관측소 및 양수표(water guage) 설치 장소
- 하안(河岸)과 하상(河床)이 안전하고 세굴이나 퇴적이 되지 않는 장소
- 상하류의 길이가 약 100m 정도의 직선일 것
- 유속의 변화가 크지 않은 장소
- 수위가 교각이나 기타 구조물에 영향을 받지 않는 장소
- 홍수 때는 관측소의 유실, 이동 및 파손 염려가 없는 장소
- 평시는 홍수 때보다 수위표를 쉽게 읽을 수 있는 장소
- 지천의 합류점 및 분류점으로 수위의 변화가 생기지 않는 장소
- 양수표의 영점 위치는 최저수위 밑에 있고, 양수표 눈금의 최고위는 최고홍수위보다 높을 것
- 양수표는 평균해수면의 표고를 측정해 둘 것
- 어떠한 갈수 시에도 양수표가 노출되지 않는 장소
- 수위가 급변하지 않는 장소
- 양수표는 하천에 연하여 5~10km마다 배치할 것

06 수심 H인 하천의 유속측정에서 평균유속을 구하기 위한 1점의 관측위치로 가장 적당한 수면으로부터 깊이는?
① $0.2H$ ② $0.4H$
③ $0.6H$ ④ $0.8H$

해설

1점법	수면으로부터 수심 $0.6H$ 되는 곳의 유속 $V_m = V_{0.6}$
2점법	수심 $0.2H$, $0.8H$ 되는 곳의 유속 $V_m = \frac{1}{2}(V_{0.2} + V_{0.8})$
3점법	수심 $0.2H$, $0.6H$, $0.8H$ 되는 곳의 유속 $V_m = \frac{1}{4}(V_{0.2} + 2V_{0.6} + V_{0.8})$
4점법	수심 1.0m 내외의 장소에서 적당하다. $V_m = \frac{1}{5}\left\{(V_{0.2} + V_{0.4} + V_{0.6} + V_{0.8}) + \frac{1}{2}\left(V_{0.2} + \frac{V_{0.8}}{2}\right)\right\}$

07 그림과 같이 O점에서 같은 정확도로 각 x_1, x_2, x_3를 관측하여 $x_3 - (x_1 + x_2) = +45''$의 결과를 얻었다면 보정값으로 옳은 것은?

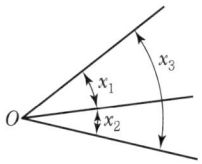

① $x_1 = +15''$, $x_2 = +15''$, $x_3 = +15''$
② $x_1 = -15''$, $x_2 = -15''$, $x_3 = +15''$
③ $x_1 = +15''$, $x_2 = +15''$, $x_3 = -15''$
④ $x_1 = -10''$, $x_2 = -10''$, $x_3 = -10''$

해설 $x_3 - (x_1 + x_2) = +45''$
- 보정량 = $\dfrac{45''}{3} = 15''$
- $x_3 = -15''$ 보정
- x_1, x_2는 $+15''$씩 보정

08 표와 같은 횡단수준측량 성과에서 우측 12m 지점의 지반고는?(단, 측점 No.10의 지반고는 100.00m이다.)

좌(m)		No	우(m)	
2.50	3.40	No.10	2.40	1.50
12.00	6.00		6.00	12.00

① 101.50m ② 102.40m
③ 102.50m ④ 103.40m

해설 $H_{우측12m} = H_{No.10} + 1.50$
$= 100 + 1.50$
$= 101.50m$

※ 횡단측량에서 야장기입 표현방법은 $\left(\dfrac{높이}{거리}\right)$

09 노선측량에서 원곡선에 의한 종단곡선을 상향기울기 5%, 하향기울기 2%인 구간에 설치하고자 할 때, 원곡선의 반지름은?(단, 곡선시점에서 곡선종점까지의 거리 = 30m)

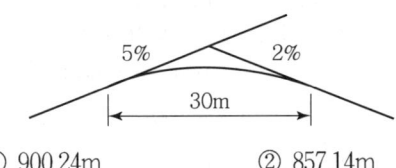

① 900.24m ② 857.14m
③ 775.20m ④ 428.57m

해설 종곡선 길이$(L) = R(m-n)$
$R = \dfrac{L}{m-(-n)} = \dfrac{30}{0.05+0.02} = 428.57m$

10 축척 1:5,000의 등경사지에 위치한 A, B점의 수평거리가 270m이고, A점의 표고가 39m, B점의 표고가 27m이었다. 35m 표고의 등고선과 A점 간의 도상 거리는?

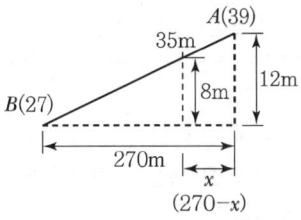

① 18mm ② 20mm
③ 22mm ④ 24mm

해설 $270 : 12 = (270-x) : 8$
$x = 270 - \dfrac{270 \times 8}{12} = 90m$

$\dfrac{1}{m} = \dfrac{l}{L}$에서
등고선과 A점 간의 도상거리
$l = \dfrac{L}{m} = \dfrac{90}{5,000} = 0.018m = 18mm$

11 종단면도를 이용하여 유토곡선(mass curve)을 작성하는 목적과 가장 거리가 먼 것은?
① 토량의 운반거리 산출
② 토공장비의 선정
③ 토량의 배분
④ 교통로 확보

해설 유토곡선 작성 목적
- 시공 방법을 결정한다.
- 평균 운반거리를 산출한다.
- 운반거리에 대한 토공기계를 선정한다.
- 토량을 배분한다.
- 작업배경을 결정한다.

12 완화곡선 중 곡률이 곡선길이에 비례하는 곡선은?

① 3차 포물선
② 클로소이드(clothoid) 곡선
③ 반파장 사인(sine) 체감곡선
④ 렘니스케이트(lemniscate) 곡선

해설 클로소이드(clothoid) 곡선
곡률($1/R$)이 곡선장(L)에 비례하는 곡선을 클로소이드 곡선이라 한다. 곡선길이가 일정할 때 곡선반지름이 크면 접선각은 작아진다.

13 각측량 시 방향각에 6″의 오차가 발생한다면 3km 떨어진 측점의 거리오차는?

① 5.6cm ② 8.7cm
③ 10.8cm ④ 12.6cm

해설 $\dfrac{\Delta l}{l} = \dfrac{\theta''}{\rho''}$

$\Delta l = \dfrac{\theta''}{\rho''} l = \dfrac{6''}{206,265''} \times 3,000$
$\quad\quad = 0.0087\text{m} = 8.7\text{cm}$

14 항공사진의 특수3점이 아닌 것은?

① 표정점 ② 주점
③ 연직점 ④ 등각점

해설 항공사진의 특수3점

주점 (Principal Point)	렌즈중심으로부터 화면(사진면)에 내린 수선의 발을 말하며 렌즈의 광축과 화면이 교차하는 점이다. 사진의 중심점이라고도 한다.
연직점 (Nadir Point)	• 렌즈중심으로부터 지표면에 내린 수선의 발을 말하고 N을 지상연직점(피사체연직점), 그 선을 연장하여 화면(사진면)과 만나는 점을 화면연직점(n)이라 한다. • 주점에서 연직점까지의 거리 $mn = f\tan i$
등각점 (Isocenter)	• 주점과 연직점이 이루는 각을 2등분한 점으로서 사진면과 지표면에서 교차되는 점을 말한다. • 주점에서 등각점까지의 거리 $mj = f\tan\dfrac{i}{2}$

15 접선과 현이 이루는 각을 이용하여 곡선을 설치하는 방법으로 정확도가 비교적 높은 단곡선 설치법은?

① 현편거법
② 지거설치법
③ 중앙종거법
④ 편각설치법

해설 편각설치법
철도, 도로 등의 곡선 설치에 가장 일반적인 방법이며, 다른 방법에 비해 정확하나 반경이 작을 때 오차가 많이 발생한다.
• 철도, 도로 등의 곡선 설치에 가장 일반적
• 다른 방법에 비해 정확함
• 반지름이 작을 때 오차가 발생
• 중심 말뚝은 20m마다 설치

16 축척 1:5,000인 도면상에서 택지개발지구의 면적을 구하였더니 34.98cm²이었다면 실제면적은?

① 1,749m² ② 87,450m²
③ 174,900m² ④ 8,745,000m²

해설 $\left(\dfrac{1}{\text{m}}\right)^2 = \dfrac{\text{도상면적}}{\text{실제면적}}$

실제면적 $= \text{m}^2 \times \text{도상면적}$
$\quad\quad\quad = 5,000^2 \times 0.003498$
$\quad\quad\quad = 87,450\text{m}^2$

Answer 12. ② 13. ② 14. ① 15. ④ 16. ②

17 다음 중 위성에 탑재된 센서의 종류가 아닌 것은?

① 초분광센서(Hyper Spectral Sensor)
② 다중분광센서(Multispectral Sensor)
③ SAR(Synthetic Aperture Rader)
④ IFOV(Instantaneous Field Of View)

해설 IFOV는 순간 시야각으로 탐측기가 일순간에 커버하는 영역이다.

18 삼각측량에서 내각을 60°에 가깝도록 정하는 것을 원칙으로 하는 이유로 가장 타당한 것은?

① 시각적으로 보기 좋게 배열하기 위하여
② 각 점이 잘 보이도록 하기 위하여
③ 측각의 오차가 변의 길이에 미치는 영향을 최소화하기 위하여
④ 선점 작업의 효율성을 위하여

해설 표차는 각이 90°에 가까울수록 작으므로 삼각망은 정삼각형에 가깝게 구성한다. 그러면 측각의 오차가 변의 길이에 미치는 영향을 최소화시킬 수 있다.

19 우리나라의 축척 1 : 50,000 지형도에서 주곡선의 간격은?

① 5m   ② 10m
③ 20m   ④ 25m

해설 등고선의 간격(단위 m)

등고선 종류	기호	$\frac{1}{5,000}$	$\frac{1}{10,000}$	$\frac{1}{25,000}$	$\frac{1}{50,000}$
주곡선	가는 실선	5	5	10	20
간곡선	가는 파선	2.5	2.5	5	10
조곡선 (보조곡선)	가는 점선	1.25	1.25	2.5	5
계곡선	굵은 실선	25	25	50	100

20 기포관의 기포를 중앙에 있게 하여 100m 떨어져 있는 곳의 표척 높이를 읽고 기포를 중앙에서 5눈금 이동하여 표척의 눈금을 읽은 결과 그 차가 0.05m이었다면 감도는?

① 19.6″   ② 20.6″
③ 21.6″   ④ 22.6″

해설 $감도(\theta'') = \frac{l}{nD}\rho''$
$= \frac{0.05}{5 \times 100} \times 206,265''$
$= 20.6''$

Answer 17. ④ 18. ③ 19. ③ 20. ②

측량학(2019년 1회 토목기사)

01 항공사진의 주점에 대한 설명으로 옳지 않은 것은?

① 주점에서는 경사사진의 경우에도 경사각에 관계없이 수직사진의 축척과 같은 축척이 된다.
② 인접사진과의 주점길이가 과고감에 영향을 미친다.
③ 주점은 사진의 중심으로 경사사진에서는 연직점과 일치하지 않는다.
④ 주점은 연직점, 등각점과 함께 항공사진의 특수3점이다.

해설 경사사진은 주점길이와 연직점 길이가 다르기 때문에 수직사진의 축척과는 다르다.

주점 (Principal Point)	렌즈중심으로부터 화면(사진면)에 내린 수선의 발을 말하며 렌즈의 광축과 화면이 교차하는 점이다. 사진의 중심점이라고도 한다.
연직점 (Nadir Point)	• 렌즈중심으로부터 지표면에 내린 수선의 발을 말하고 N을 지상연직점(피사체연직점), 그 선을 연장하여 화면(사진면)과 만나는 점을 화면연직점(n)이라 한다. • 주점에서 연직점까지의 거리 $mn = f\tan i$
등각점 (Isocenter)	• 주점과 연직점이 이루는 각을 2등분한 점으로서 사진면과 지표면에서 교차되는 점을 말한다. • 주점에서 등각점까지의 거리 $mj = f\tan\dfrac{i}{2}$

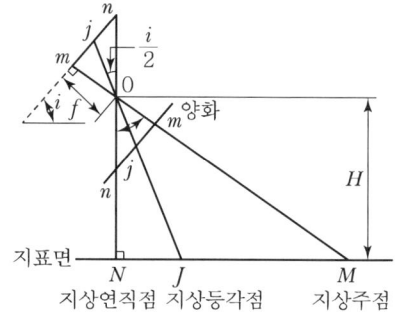

02 철도의 궤도간격 $b = 1.067\text{m}$, 곡선반지름 $R = 600\text{m}$인 원곡선상을 열차가 100km/h로 주행하려고 할 때 캔트는?

① 100mm   ② 140mm
③ 180mm   ④ 220mm

해설 캔트(Cant)

$$\dfrac{SV^2}{gR} = \dfrac{1.067 \times \left(100 \times 1,000 \times \dfrac{1}{3,600}\right)^2}{9.8 \times 600}$$
$$= 0.140\text{m} = 140\text{mm}$$

03 교각(I) 60°, 외선 길이(E) 15m인 단곡선을 설치할 때 곡선길이는?

① 85.2m   ② 91.3m
③ 97.0m   ④ 101.5m

해설 $E = R\left(\sec\dfrac{I}{2} - 1\right)$에서

$$R = \dfrac{E}{\sec\dfrac{I}{2} - 1} = \dfrac{15}{\sec\dfrac{60°}{2} - 1} = 96.96$$

$$CL = 0.0174533RI$$
$$= 0.0174533 \times 96.96 \times 60 = 101.5\text{m}$$

04 수준측량에서 발생하는 오차에 대한 설명으로 틀린 것은?

① 기계의 조정에 의해 발생하는 오차는 전시와 후시의 거리를 같게 하여 소거할 수 있다.
② 표척의 영눈금 오차는 출발점의 표척을 도착점에서 사용하여 소거할 수 있다.
③ 측지삼각수준측량에서 곡률오차와 굴절오차는 그 양이 미소하므로 무시할 수 있다.
④ 기포의 수평조정이나 표척면의 읽기는 육안으로 한계가 있으나 이로 인한 오차는 일반적으로 허용오차 범위 안에 들 수 있다.

해설 1. 전시와 후시의 거리를 같게 함으로써 제거되는 오차
　㉠ 레벨의 조정이 불완전할 때(시준선이 기포관축과 평행하지 않을 때) 생기는 시준축 오차(오차가 가장 크다.)를 제거한다.
　㉡ 지구의 곡률오차(구차)와 빛의 굴절오차(기차)를 제거한다.
　㉢ 초점나사를 움직이는 오차가 없으므로 그로 인해 생기는 오차를 제거한다.
2. 직접수준측량의 주의사항
　㉠ 수준측량은 반드시 왕복측량을 원칙으로 하며, 노선은 다르게 한다.
　㉡ 정확도를 높이기 위하여 전시와 후시의 거리는 같게 한다.
　㉢ 이기점(T. P)은 1mm까지, 그 밖의 점에서는 5mm 또는 1cm 단위까지 읽는 것이 보통이다.
　㉣ 직접수준측량의 시준거리
　　• 적당한 시준거리 : 40~60m(60m가 표준)
　　• 최단거리는 3m이며, 최장거리는 100~180m 정도이다.
　㉤ 눈금오차(영점오차) 발생 시 소거방법
　　• 기계를 세운 표척이 짝수가 되도록 한다.
　　• 이기점(T. P)이 홀수가 되도록 한다.
　　• 출발점에 세운 표척을 도착점에 세운다.

※ 정확도를 요구하는 측지삼각수준 측량에서는 곡률오차와 굴절오차까지 고려해야 한다.

05 일반적으로 단열삼각망으로 구성하기에 가장 적합한 것은?

① 시가지와 같이 정밀을 요하는 골조측량
② 복잡한 지형의 골조측량
③ 광대한 지역의 지형측량
④ 하천조사를 위한 골조측량

해설 삼각망

단열삼각쇄(망) (single chain of triangles)	• 폭이 좁고 길이가 긴 지역에 적합하다. • 노선·하천·터널 측량 등에 이용한다. • 거리에 비해 관측수가 적다. • 측량이 신속하고 경비가 적게 든다. • 조건식의 수가 적어 정도가 낮다. 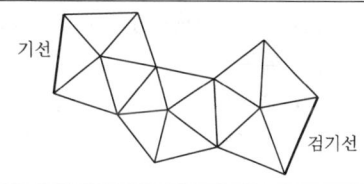
유심삼각쇄(망) (chain of central points)	• 동일 측점에 비해 포함면적이 가장 넓다. • 넓은 지역에 적합하다. • 농지측량 및 평탄한 지역에 사용된다. • 정도는 단열삼각망보다 좋으나 사변형보다 적다. 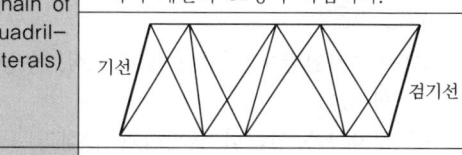
사변형삼각쇄(망) (chain of quadrilaterals)	• 조건식의 수가 가장 많아 정밀도가 가장 높다. • 기선삼각망에 이용된다. • 삼각점 수가 많아 측량시간이 많이 걸리며 계산과 조정이 복잡하다.
정밀도	삼각망의 정밀도는 사변형 > 유심 > 단열 순이다.

06 삼각측량의 각 삼각점에 있어 모든 각의 관측 시 만족되어야 하는 조건이 아닌 것은?
  ① 하나의 측점을 둘러싸고 있는 각의 합은 360°가 되어야 한다.
  ② 삼각망 중에서 임의의 한 변의 길이는 계산의 순서에 관계없이 같아야 한다.
  ③ 삼각망 중 각각 삼각형 내각의 합은 180°가 되어야 한다.
  ④ 모든 삼각점의 포함면적은 각각 일정하여야 한다.

해설 삼각측량의 관측각 조건

각조건	삼각형의 내각의 합은 180°가 되어야 한다. 즉 다각형의 내각의 합은 $180°(n-2)$이어야 한다.
점조건	한 측점 주위에 있는 모든 각의 합은 반드시 360°가 되어야 한다.
변조건	삼각망 중에서 임의의 한 변의 길이는 계산 순서에 관계없이 항상 일정하여야 한다.

07 초점거리 20cm의 카메라로 평지로부터 6,000m의 촬영고도로 찍은 연직 사진이 있다. 이 사진에 찍혀 있는 평균 표고 500m인 지형의 사진 축척은?
  ① 1 : 5,000   ② 1 : 27,500
  ③ 1 : 29,750   ④ 1 : 30,000

해설 $\dfrac{1}{m} = \dfrac{f}{H \pm h} = \dfrac{0.2}{6,000 - 500} = \dfrac{1}{27,500}$

08 수준측량의 야장기입법에 관한 설명으로 옳지 않은 것은?
  ① 야장기입법에는 고차식, 기고식, 승강식이 있다.
  ② 고차식은 단순히 출발점과 끝점의 표고차만 알고자 할 때 사용하는 방법이다.
  ③ 기고식은 계산과정에서 완전한 검산이 가능하여 정밀한 측량에 적합한 방법이다.
  ④ 승강식은 앞 측점의 지반고에 해당 측점의 승강을 합하여 지반고를 계산하는 방법이다.

해설 야장기입방법

고차식	가장 간단한 방법으로 B.S와 F.S만 있으면 된다.
기고식	가장 많이 사용하며, 중간점이 많을 경우 편리하나 완전한 검산을 할 수 없는 것이 결점이다.
승강식	완전한 검사로 정밀 측량에 적당하나, 중간점이 많으면 계산이 복잡하고, 시간과 비용이 많이 소요된다. • 후시값과 전시값의 차가 [＋]이면 승란에 기입 • 후시값과 전시값의 차가 [－]이면 강란에 기입

09 위성측량의 DOP(Dilution of Precision)에 관한 설명 중 옳지 않은 것은?
  ① 기하학적 DOP(GDOP), 3차원위치 DOP(PDOP), 수직위치 DOP(VDOP), 평면위치 DOP(HDOP), 시간 DOP(TDOP) 등이 있다.
  ② DOP는 측량할 때 수신 가능한 위성의 궤도정보를 항법메시지에서 받아 계산할 수 있다.
  ③ 위성측량에서 DOP가 작으면 클 때보다 위성의 배치상태가 좋은 것이다.
  ④ 3차치 DOP(DOP)는 평면 DOP(HDOP)와 수직위치 DOP(VDOP)의 합으로 나타난다.

해설 정밀도저하율(DOP : Dilution of Precision)
GPS 관측지역의 상공을 지나는 위성의 기하학적 배치상태에 따라 측위의 정확도가 달라지는데 이를 DOP(Dilution of Precision)라고 한다.

종류	· GDOP : 기하학적 정밀도 저하율 · PDOP : 위치 정밀도 저하율 · HDOP : 수평 정밀도 저하율 · VDOP : 수직 정밀도 저하율 · RDOP : 상대 정밀도 저하율 · TDOP : 시간 정밀도 저하율
특징	· 3차원위치의 정확도는 PDOP에 따라 달라지는데, PDOP는 4개의 관측위성들이 이루는 사면체의 체적이 최대일 때 가장 정확도가 좋으며 이때는 관측자의 머리 위에 다른 3개의 위성이 각각 120°를 이룰 때이다. · DOP는 값이 작을수록 정확한데 1이 가장 정확하고 5까지는 실용상 지장이 없다.

10 완화곡선에 대한 설명으로 옳지 않은 것은?

① 선반지름은 완화곡선의 시점에서 무한대, 종점에서 원곡선의 반지름으로 된다.
② 완화곡선의 접선은 시점에서 직선에, 종점에서 원호에 접한다.
③ 완화곡선에 연한 곡선반지름의 감소율은 캔트의 증가율의 2배가 된다.
④ 완화곡선 종점의 캔트는 원곡선의 캔트와 같다.

해설 완화곡선의 특징
· 곡선반경은 완화곡선의 시점에서 무한대, 종점에서 원곡선 R로 된다.
· 완화곡선의 접선은 시점에서 직선에, 종점에서 원호에 접한다.
· 완화곡선에 연한 곡선반경의 감소율은 캔트의 증가율과 같다.
· 완화곡선의 종점의 캔트와 원곡선 시점의 캔트는 같다.
· 완화곡선은 이정의 중앙을 통과한다.
· 완화곡선의 곡률은 시점에서 0, 종점에서 $\frac{1}{R}$ 이다.

11 축척 1 : 500 지형도를 기초로 하여 축척 1 : 5,000의 지형도를 같은 크기로 편찬하려 한다. 축척 1 : 5,000 지형도 1장을 만들기 위한 축척 1 : 500 지형도의 매수는?

① 50매   ② 100매
③ 150매   ④ 250매

해설 $\left(\frac{1}{500}\right)^2 : \left(\frac{1}{5,000}\right)^2$

$= \frac{\left(\frac{1}{500}\right)^2}{\left(\frac{1}{5,000}\right)^2} = \frac{5,000^2}{500^2} = 100$매

12 거리와 각을 동일한 정밀도로 관측하여 다각측량을 하려고 한다. 이때 각 측량기의 정밀도가 10″라면 거리측량기의 정밀도는 약 얼마 정도이어야 하는가?

① 1/15,000   ② 1/18,000
③ 1/21,000   ④ 1/25,000

해설 $\frac{1}{m} = \frac{\Delta l}{l} = \frac{\theta''}{\rho''}$

$= \frac{10}{206,265} = \frac{1}{20,626} \fallingdotseq \frac{1}{21,000}$

13 지오이드(Geoid)에 대한 설명으로 옳은 것은?

① 육지와 해양의 지형면을 말한다.
② 육지 및 해저의 요철(凹凸)을 평균한 매끈한 곡면이다.
③ 회전타원체와 같은 것으로서 지구의 형상이 되는 곡면이다.
④ 평균해수면을 육지내부까지 연장했을 때의 가상적인 곡면이다.

해설 지오이드
정지된 해수면을 육지까지 연장하여 지구 전체를 둘러쌌다고 가상한 곡면을 지오이드(geoid)라 한다. 지구타원체는 기하학적으로 정의하는 데 비하여 지오이드는 중력장 이론에 따라 물리학적으로 정의한다.

Answer 10. ③ 11. ② 12. ③ 13. ④

- 지오이드면은 평균해수면과 일치하는 등포텐셜면으로 일종의 수면이다.
- 지오이드면은 대륙에서는 지각의 인력 때문에 지구타원체보다 높고 해양에서는 낮다.
- 고저측량은 지오이드면을 표고 0으로 하여 관측한다.
- 타원체의 법선과 지오이드 연직선의 불일치로 연직선 편차가 생긴다.
- 지형의 영향 또는 지각내부밀도의 불균일로 인하여 타원체에 비하여 다소의 기복이 있는 불규칙한 면이다.
- 지오이드는 어느 점에서나 표면을 통과하는 연직선이 중력방향에 수직이다.
- 지오이드는 타원체면에 대하여 다소 기복이 있는 불규칙한 면을 갖는다.
- 높이가 0이므로 위치에너지도 0이다.

14 평야지대에서 어느 한 측점에서 중간 장애물이 없는 26km 떨어진 측점을 시준할 때 측점에 세울 표척의 최소 높이는?(단, 굴절계수는 0.14이고 지구곡률반지름은 6,370km이다.)

① 16m ② 26m
③ 36m ④ 46m

해설 양차 $= \dfrac{S^2}{2R}(1-K)$
$= \dfrac{26^2}{2 \times 6{,}370}(1-0.14)$
$= 0.0456\text{km} = 45.6 ≒ 46\text{m}$

15 다각측량 결과 측점 A, B, C의 합위거, 합경거가 표와 같다면 삼각형 A, B, C의 면적은?

측점	합위거(m)	합경거(m)
A	100.0	100.0
B	400.0	100.0
C	100.0	500.0

① 40,000m² ② 60,000m²
③ 80,000m² ④ 120,000m²

해설

	합위거 (X)	합경거 (Y)	$(X_{i-1}-X_{i+1})Y_i$
A	100	100	$(100-400)100 = -30{,}000$
B	400	100	$(100-100)100 = 0$
C	100	500	$(400-100)500 = 150{,}000$
			$\Sigma\, 120{,}000$
			$A = \dfrac{120{,}000}{2} = 60{,}000\text{m}^2$

16 A, B, C 세 점에서 P점의 높이를 구하기 위해 직접수준측량을 실시하였다. A, B, C점에서 구한 P점의 높이는 각각 325.13m, 325.19m, 325.02m이고 $AP = BP = 1$km, $CP = 3$km일 때 P점의 표고는?

① 325.08m ② 325.11m
③ 325.14m ④ 325.21m

해설 P점의 표고(최확값)
- $A : B : C = \dfrac{1}{1} : \dfrac{1}{1} : \dfrac{1}{3} = 3 : 3 : 1$
- $H_P = \dfrac{P_1 l_1 + P_2 l_2 + P_3 l_3}{P_1 + P_2 + P_3}$
$= \dfrac{3 \times 325.13 + 3 \times 325.19 + 1 \times 325.02}{3+3+1}$
$= 325.14$

17 비행장이나 운동장과 같이 넓은 지형의 정지공사 시에 토량을 계산하고자 할 때 적당한 방법은?

① 점고법 ② 등고선법
③ 중앙단면법 ④ 양단면 평균법

해설 체적 결정
- 단면법 : 도로, 철도, 수로의 절·성토량
- 점고법 : 정지작업의 토공량 산정(넓은 지역의 택지공사)
- 등고선법 : 토량 산정, Dam, 저수지의 저수량 산정

Answer 14. ④ 15. ② 16. ③ 17. ①

18 방위각 265°에 대한 측선의 방위는?

① S85°W ② E85°W
③ N85°E ④ E85°N

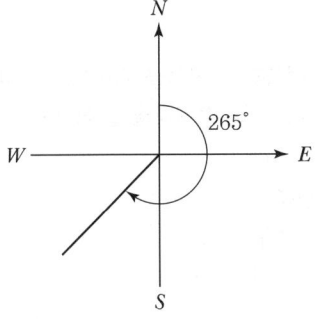

방위 = 265° − 180° = 80°
∴ S85°W

19 100m²인 정사각형 토지의 면적을 0.1m²까지 정확하게 구현하고자 한다면 이에 필요한 거리관측의 정확도는?

① 1/2,000 ② 1/1,000
③ 1/500   ④ 1/300

$$\frac{\Delta A}{A} = 2\frac{\Delta l}{l}$$

$$\frac{\Delta l}{l} = \frac{\Delta A}{A} \times \frac{1}{2} = \frac{0.1}{100} \times \frac{1}{2} = \frac{1}{2,000}$$

20 지형측량에서 지성선(地性線)에 대한 설명으로 옳은 것은?

① 등고선이 수목에 가려져 불명확할 때 이어주는 선을 의미한다.
② 지모(地貌)의 골격이 되는 선을 의미한다.
③ 등고선에 직각방향으로 내려 그은 선을 의미한다.
④ 곡선(谷線)이 합류되는 점들을 서로 연결한 선을 의미한다.

해설 지성선(Topographical Line)

지모의 골격이 되는 선으로 지표는 많은 凸선, 凹선, 경사변환선, 최대경사선으로 이루어졌다고 생각할 때 이 평면의 접합부, 즉 접선을 말하며 지세선이라고도 한다.

능선(凸선), 분수선	지표면의 높은 곳을 연결한 선으로 빗물이 이것을 경계로 좌우로 흐르게 되므로 분수선 또는 능선이라 한다.
계곡선(凹선), 합수선	지표면이 낮거나 움푹 파인 점을 연결한 선으로 합수선 또는 합곡선이라 한다.
경사변환선	동일 방향의 경사면에서 경사의 크기가 다른 두 면의 접합선(등고선 수평 간격이 뚜렷하게 달라지는 경계선)
최대경사선	지표의 임의의 한 점에 있어서 그 경사가 최대로 되는 방향을 표시한 선으로 등고선에 직각으로 교차하며 물이 흐르는 방향이라는 의미에서 유하선이라고도 한다.

Answer 18. ① 19. ① 20. ②

측량학(2019년 1회 토목산업기사)

01 반지름 500m인 단곡선에서 시단현 15m에 대한 편각은?

① 0°51′34″   ② 1°4′27″
③ 1°13′33″   ④ 1°17′42″

해설 시단편각(δ_1) = $1,718.87' \times \dfrac{l_1}{R}$
$= 1,718.87' \times \dfrac{15}{500}$
$= 0°51'33.97''$

02 다음 중 기지의 삼각점을 이용한 삼각측량의 순서로 옳은 것은?

㉠ 도상계획   ㉡ 답사 및 선점
㉢ 계산 및 성과표 작성   ㉣ 각관측
㉤ 조표

① ㉠ → ㉡ → ㉤ → ㉣ → ㉢
② ㉠ → ㉤ → ㉡ → ㉣ → ㉢
③ ㉡ → ㉠ → ㉤ → ㉣ → ㉢
④ ㉡ → ㉤ → ㉠ → ㉣ → ㉢

해설

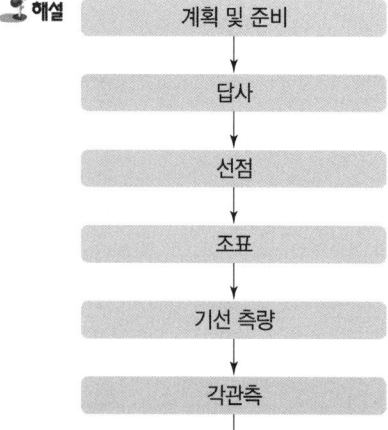

03 지구자전축과 연직선을 기준으로 천체를 관측하여 경위도와 방위각을 결정하는 측량은?

① 지형측량
② 평판측량
③ 천문측량
④ 스타디아 측량

해설 지구자전축과 연직선을 기준으로 천체, 즉 태양, 별 등을 관측함으로써 시 및 경위도와 방위각을 결정하는 것을 천문측량이라 한다.

04 A점의 표고가 179.45m이고 B점의 표고가 223.57m이면, 축척 1 : 5,000의 국가기본도에서 두 점 사이에 표시되는 주곡선 간격의 등고선 수는?

① 7개   ② 8개
③ 9개   ④ 10개

해설

등고선 종류	기호	축척 1/5,000	1/10,000	1/25,000	1/50,000
주곡선	가는 실선	5	5	10	20
간곡선	가는 파선	2.5	2.5	5	10
조곡선 (보조곡선)	가는 점선	1.25	1.25	2.5	5
계곡선	굵은 실선	25	25	50	100

주곡선 수 = $\left(\dfrac{220-180}{5}\right)+1=9$개

Answer 1. ① 2. ① 3. ③ 4. ③

05 평면직교좌표계에서 P점의 좌표가 $x=500$m, $y=1,000$m이다. P점에서 Q점까지의 거리가 $1,500$m이고 $\overline{PQ}$측선의 방위각이 $240°$라면 Q점의 좌표는?

① $x=-750$m, $y=-1,299$m
② $x=-750$m, $y=-299$m
③ $x=-250$m, $y=-1,299$m
④ $x=-250$m, $y=-299$m

해설 $X_Q = X_P + \overline{PQ}\cos V$
$= 500 + 1,500 \times \cos 240°$
$= -250$m

$Y_Q = Y_P + \overline{PQ}\sin V$
$= 1,000 + 1,500 \times \sin 240°$
$= -299$m

06 고속도로의 노선설계에 많이 이용되는 완화곡선은?

① 클로소이드 곡선
② 3차 포물선
③ 렘니스케이트 곡선
④ 반파장 sin 곡선

해설

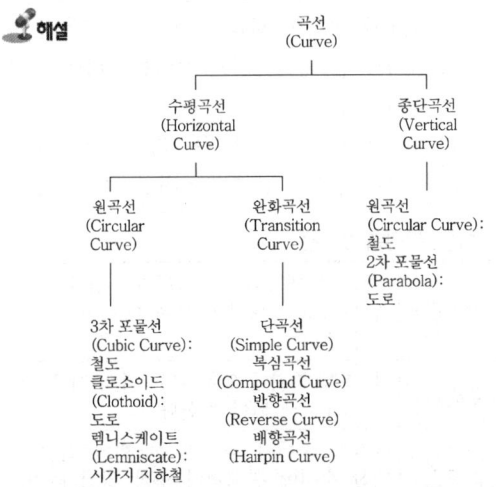

07 하천의 수위표 설치 장소로 적당하지 않은 곳은?

① 수위가 교각 등의 영향을 받지 않는 곳
② 홍수 시 쉽게 양수표가 유실되지 않는 곳
③ 상·하류가 곡선으로 연결되어 유속이 크지 않은 곳
④ 하상과 하안이 세굴이나 퇴적이 되지 않는 곳

해설 수위관측소 및 양수표(water guage) 설치 장소
• 하안(河岸)과 하상(河床)이 안전하고 세굴이나 퇴적이 되지 않은 장소
• 상하류의 길이가 약 100m 정도의 직선일 것
• 유속의 변화가 크지 않는 장소
• 수위가 교각이나 기타 구조물에 영향을 받지 않는 장소
• 홍수 때는 관측소의 유실, 이동 및 파손 염려가 없는 장소
• 평시는 홍수 때보다 수위표를 쉽게 읽을 수 있는 장소
• 지천의 합류점 및 분류점으로 수위의 변화가 생기지 않는 장소
• 양수표의 영점 위치는 최저수위 밑에 있고, 양수표 눈금의 최고위는 최고홍수위보다 높을 것
• 양수표는 평균해수면의 표고를 측정해 둘 것
• 어떠한 갈수 시에도 양수표가 노출되지 않는 장소
• 수위가 급변하지 않는 장소
• 양수표는 하천에 연하여 5~10km마다 배치할 것

Answer 5.④ 6.① 7.③

08 그림과 같은 교호수준측량의 결과에서 B점의 표고는?(단, A점의 표고는 60m이고 관측결과의 단위는 m이다.)

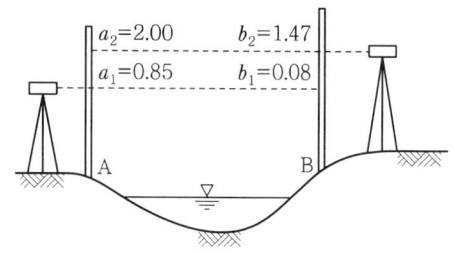

① 59.35m ② 60.65m
③ 61.82m ④ 61.27m

해설 1. $H_B = H_A + \dfrac{(a_1+a_2)-(b_1+b_2)}{2}$
$= 60 + \dfrac{(0.85+2)-(0.08+1.47)}{2}$
$= 60.65\text{m}$

2. $H_B = H_A + \dfrac{(a_1-b_1)+(a_2-b_2)}{2}$
$= 60 + \dfrac{(0.85-0.08)+(2-1.47)}{2}$
$= 60.65\text{m}$

09 수준측량의 야장기입법 중 중간점(IP)이 많을 경우 가장 편리한 방법은?

① 승강식 ② 기고식
③ 횡단식 ④ 고차식

해설 야장기입방법

고차식	전시의 합과 후시의 합의 차로서 고저차를 구하는 방법이다. 가장 간단한 방법으로 B.S와 F.S만 있으면 된다.
기고식	가장 많이 사용하며, 중간점이 많을 경우 편리하나 완전한 검사를 할 수 없는 것이 결점이다.
승강식	완전한 검사로 정밀 측량에 적당하나, 중간점이 많으면 계산이 복잡하고, 시간과 비용이 많이 소요된다. • 후시값과 전시값의 차가 [+]이면 승란에 기입 • 후시값과 전시값의 차가 [−]이면 강란에 기입

10 다각측량(traverse survey)의 특징에 대한 설명으로 옳지 않은 것은?

① 좁고 긴 선로측량에 편리하다.
② 다각측량을 통해 3차원(x, y, z) 정밀 위치를 결정한다.
③ 세부측량의 기준이 되는 기준점을 추가 설치할 경우에 편리하다.
④ 삼각측량에 비하여 복잡한 시가지 및 지형기복이 심해 시준이 어려운 지역의 측량에 적합하다.

해설 다각측량의 특징
• 좁고 긴 선로측량에 편리하다.
• 다각측량을 통해 2차원(x, y) 정밀 위치를 결정하는 수평측량이다.
• 세부측량의 기준이 되는 기준점을 추가 설치할 경우에 편리하다.
• 삼각측량에 비하여 복잡한 시가지 및 지형기복이 심해 시준이 어려운 지역의 측량에 적합하다.

11 삼각측량의 삼각점에서 행해지는 각관측 및 조정에 대한 설명으로 옳지 않은 것은?

① 한 측점의 둘레에 있는 모든 각의 합은 360°가 되어야 한다.
② 삼각망 중 어느 1변의 길이는 계산순서에 관계없이 동일해야 한다.
③ 삼각형 내각의 합은 180°가 되어야 한다.
④ 각관측 방법은 단측법을 사용하여야 한다.

해설 각관측 3조건

각조건	삼각형의 내각의 합은 180°가 되어야 한다. 즉 다각형의 내각의 합은 180°($n-2$)이어야 한다.
점조건	한 측점 주위에 있는 모든 각의 합은 반드시 360°가 되어야 한다.
변조건	삼각망 중에서 임의의 한 변의 길이는 계산 순서에 관계없이 항상 일정하여야 한다.

12 축척 1 : 1,200 지형도상의 지역을 축척 1 : 1,000로 잘못 보고 면적을 계산하여 10.0m²를 얻었다면 실제면적은?

① 12.5m²　　② 13.3m²
③ 13.8m²　　④ 14.4m²

해설 $m_1^2 : a_1 = m_2^2 : a_2$

$$a_1 = \left(\frac{m_1}{m_2}\right)^2 \times a_2$$

$$= \left(\frac{1,200}{1,000}\right)^2 \times 10 = 14.4 \text{m}^2$$

13 노선의 종단측량 결과는 종단면도에 표시하고 그 내용을 기록해야 한다. 이때 종단면도에 포함되지 않는 내용은?

① 지반고와 계획고의 차
② 측점의 추가거리
③ 계획선의 경사
④ 용지 폭

해설 종단면도 기재사항
- 관측점 위치
- 관측점 간의 수평거리
- 각 관측점의 기점에서의 누가거리
- 각 관측점의 지반고 및 고저기준점(BM)의 높이
- 관측점에서의 계획고
- 지반고와 계획고의 차 (성토·절토별)
- 계획선의 경사

14 레벨의 조정이 불완전할 경우 오차를 소거하기 위한 가장 좋은 방법은?

① 시준 거리를 길게 한다.
② 왕복측량하여 평균을 취한다.
③ 가능한 한 거리를 짧게 측량한다.
④ 전시와 후시의 거리를 같도록 측량한다.

해설 전시와 후시의 거리를 같게 함으로써 소거되는 오차
- 레벨의 조정이 불완전할 때(시준선이 기포관축과 평행하지 않을 때) 생기는 시준축오차(오차가 가장 크다.)를 제거한다.
- 지구의 곡률오차(구차)와 빛의 굴절오차(기차)를 제거한다.
- 초점나사를 움직이는 오차가 없으므로 그로 인해 생기는 오차를 제거한다.

15 원격탐사(Remote Sensing)의 정의로 가장 적합한 것은?

① 지상에서 대상물체의 전파를 발생시켜 그 반사파를 이용하여 관측하는 것
② 센서를 이용하여 지표의 대상물에서 반사 또는 방사된 전자스펙트럼을 관측하고 이들의 자료를 이용하여 대상물이나 현상에 관한 정보를 얻는 기법
③ 물체의 고유스펙트럼을 이용하여 각각의 구성성분을 지상의 레이더망으로 수집하여 처리하는 방법
④ 지상에서 찍은 중복사진을 이용하여 항공사진 측량의 처리와 같은 방법으로 판독하는 작업

해설 원격탐사(Remote Sensing)의 특징
원격탐사는 센서(탐측기, Sensor)를 이용하여 지표 대상물에서 반사·방사된 전자스펙트럼을 측정하여 이들의 자료를 이용하여 대상물이나 현상에 관한 정보를 얻는 기법이다.
- 짧은 시간에 넓은 지역을 동시에 측정할 수 있으며 반복측정이 가능하다.
- 다중파장대에 의한 지구표면 정보획득이 용이하며 측정자료가 기록되어 판독이 자동적이고 정량화가 가능하다.
- 회전주기가 일정하므로 원하는 지점 및 시기에 관측하기가 어렵다.
- 관측이 좁은 시야각으로 얻어진 영상은 정사투영에 가깝다.
- 탐사된 자료가 즉시 이용될 수 있으므로 재해, 환경문제 해결에 편리하다.

Answer　12. ④　13. ④　14. ④　15. ②

16 양 단면의 면적이 $A_1 = 80\text{m}^2$, $A_2 = 40\text{m}^2$, 중간 단면적이 $A_m = 70\text{m}^2$이다. A_1, A_2 단면 사이의 거리가 30m이면 체적은?(단, 각주공식 사용)

① 2,000m³ ② 2,060m³
③ 2,460m³ ④ 2,640m³

해설
$$V = \frac{h}{3}[A_1 + 4A_m + A_2]$$
$$= \frac{15}{3}[80 + (4 \times 70) + 40]$$
$$= 2,000\text{m}^3$$

17 클로소이드의 기본식은 $A^2 = R \cdot L$이다. 이때 매개변수(parameter) A값을 A^2으로 쓰는 이유는?

① 클로소이드의 나선형을 2차 곡선 형태로 구성하기 위하여
② 도로에서의 완화곡선(클로소이드)은 2차원이기 때문에
③ 양변의 차원(dimension)을 일치시키기 위하여
④ A값의 단위가 2차원이기 때문에

해설 클로소이드 곡선의 기본식

매개변수 (A)	$A = \sqrt{RL} = l \cdot R = L \cdot r$ $= \frac{L}{\sqrt{2\tau}} = \sqrt{2\tau} \cdot R$ $A^2 = RL = \frac{L^2}{2\tau} = 2\tau R^2$
곡률반경 (R)	$R = \frac{A^2}{L} = \frac{A}{l} = \frac{L}{2\tau} = \frac{A}{2\tau}$
곡선장 (L)	$L = \frac{A^2}{R} = \frac{A}{r} = 2\tau R = A\sqrt{2\tau}$
접선각 (τ)	$\tau = \frac{L}{2R} = \frac{L^2}{2A^2} = \frac{A^2}{2R^2}$

• $\frac{1}{R} = C \cdot L$
• $\frac{1}{C} = A^2$ (양변의 차원을 일치)
∴ $A^2 = RL$ (A : 클로소이드 매개변수, m)

18 어떤 거리를 같은 조건으로 5회 관측한 결과가 아래와 같다면 최확값은?

• 121.573m   • 121.575m
• 121.572m   • 121.574m
• 121.571m

① 121.572m ② 121.573m
③ 121.574m ④ 121.575m

해설 최확값(경중률이 동일)
$$\frac{121.573 + 121.575 + 121.572 + 121.574 + 121.571}{5}$$
$$= 121.573\text{m}$$

19 그림은 레벨을 이용한 등고선 측량도이다. a에 알맞은 등고선의 높이는?

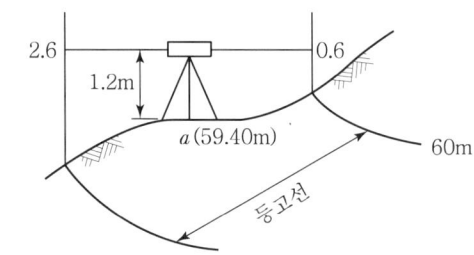

① 55m ② 57m
③ 58m ④ 59m

해설 $H_a = 59.40 + 1.2 - 2.6 = 58\text{m}$

20 트래버스 측량에서는 각관측의 정도와 거리관측의 정도가 서로 같은 정밀도로 되어야 이상적이다. 이때 각이 30″의 정밀도로 관측되었다면 각관측과 같은 정도의 거리관측 정밀도는?

① 약 1/12,500 ② 약 1/10,000
③ 약 1/8,200   ④ 약 1/6,800

해설 $\frac{1}{m} = \frac{\theta''}{\rho''} = \frac{30''}{206,265''} = \frac{1}{6,875.5} \fallingdotseq \frac{1}{6,800}$

Answer 16. ① 17. ③ 18. ② 19. ③ 20. ④

측량학(2019년 2회 토목기사)

01 사진측량에 대한 설명 중 틀린 것은?
① 항공사진의 축척은 카메라의 초점거리에 비례하고, 비행고도에 반비례한다.
② 촬영고도가 동일한 경우 촬영기선길이가 증가하면 중복도는 낮아진다.
③ 입체시된 영상의 과고감은 기선고도비가 클수록 커지게 된다.
④ 과고감은 지도축척과 사진축척의 불일치에 의해 나타난다.

해설 카메론 효과(Cameron Effect)와 과고감(Vertical Exaggeration)

카메론 효과 (Cameron Effect)	항공사진으로 도로변 상공 위의 항공기에서 주행 중인 차량을 연속하여 촬영하여 이것을 입체화시켜 볼 때 차량이 비행방향과 동일방향으로 주행하고 있다면 가라앉아 보이고, 반대방향으로 주행하고 있다면 부상(浮上 : 뜨는 것)하여 보인다. 이와 같이 이동하는 피사체가 뜨거나 가라앉아 보이는 현상을 카메론 효과라고 한다. 또한 뜨거나 가라앉는 높이는 차량의 속도에 비례한다.
과고감 (Vertical Exaggeration)	항공사진을 입체시하는 경우 산의 높이 등이 실제보다 과장되어 보이는 현상을 말한다. 평면축척에 대하여 수직 축척이 크게 되기 때문에 실제 도형보다 산이 더 높게 보인다. • 항공사진은 평면축척에 비해 수직축척이 크므로 다소 과장되어 나타난다. • 대상물의 고도, 경사율 등을 반드시 고려해야 한다. • 과고감은 필요에 따라 사진판독요소로 사용될 수 있다. • 과고감은 사진의 기선고도비 이에 상응하는 입체시의 기선고도비의 불일치에 의해서 발생한다. • 과고감은 촬영고도 H에 대한 촬영기선길이 B와의 비인 기선고도비 B/H에 비례한다.

02 캔트(cant)의 크기가 C인 노선의 곡선반지름을 2배로 증가시키면 새로운 캔트 C'의 크기는?
① $0.5C$ ② C
③ $2C$ ④ $4C$

해설 캔트 $C' = \dfrac{SV^2}{g \cdot R} = \dfrac{1}{2} \cdot \dfrac{SV^2}{gR} = \dfrac{1}{2} = 0.5C$

03 대상구역을 삼각형으로 분할하여 각 교점의 표고를 측량한 결과가 그림과 같을 때 토공량은?(단위 : m)

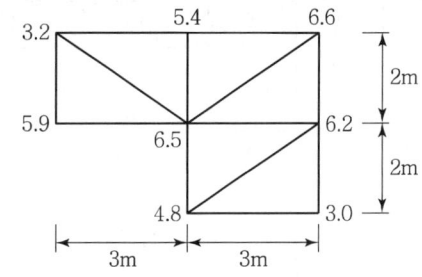

① 98m^3 ② 100m^3
③ 102m^3 ④ 104m^3

해설 $V = \dfrac{A}{3}[\Sigma h_1 + 2\Sigma h_2 + 3\Sigma h_3 + 4\Sigma h_4 + \cdots]$
$= \dfrac{(3 \times 2)/2}{3}[(5.9 \times 3) + 2(3.2 + 5.4 + 6.6 + 4.8) + 3(6.2) + 5(6.5)] = 100$

04 수심 h인 하천의 수면으로부터 $0.2h$, $0.6h$, $0.8h$인 곳에서 각각의 유속을 측정한 결과, 0.562m/s, 0.497m/s, 0.364m/s 이었다. 3점법을 이용한 평균유속은?
① 0.45m/s ② 0.48m/s
③ 0.51m/s ④ 0.54m/s

Answer 1. ④ 2. ① 3. ② 4. ②

해설
$$V_m = \frac{V_{0.2} + 2V_{0.6} + V_{0.8}}{4}$$
$$= \frac{0.562 + 2(0.497) + 0.364}{4}$$
$$= 0.48 \text{m/s}$$

05 그림과 같은 단면의 면적은?(단, 좌표의 단위는 m이다.)

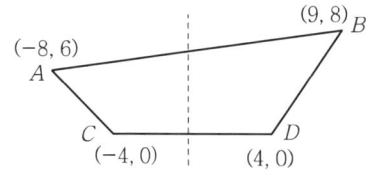

① 174m² ② 148m²
③ 104m² ④ 87m²

해설

	X	Y	$(X_{i-1} - X_{i+1})Y_i$
A	-8	6	$(-4-9) \cdot 6 = -78$
B	9	8	$(-8-4) \cdot 8 = -96$
C	-4	0	$(9+4) \cdot 0 = 0$
D	4	0	$(4+8) \cdot 0 = 0$
			∑174
			$A = \frac{174}{2} = 87\text{m}^2$

06 각의 정밀도가 ±20″인 각측량기로 각을 관측할 경우, 각오차와 거리오차가 균형을 이루기 위한 줄자의 정밀도는?

① 약 1/10,000 ② 약 1/50,000
③ 약 1/100,000 ④ 약 1/500,000

해설 $\frac{1}{m} = \frac{\Delta l}{l} = \frac{\theta''}{\rho''} = \frac{20}{206,265}$
$= \frac{1}{10,313} \fallingdotseq \frac{1}{10,000}$

07 노선의 곡선반지름이 100m, 곡선길이가 20m일 경우 클로소이드(clothoid)의 매개변수 (A)는?

① 22m ② 40m
③ 45m ④ 60m

해설 $A^2 = R \cdot L$
$\therefore A = \sqrt{R \cdot L} = \sqrt{100 \cdot 20} = 44.7$

08 수준점 A, B, C에서 P점까지 수준측량을 한 결과가 표와 같다. 관측거리에 대한 경중률을 고려한 P점의 표고는?

측량경로	거리	P점의 표고
$A \to P$	1km	135.487m
$B \to P$	2km	135.563m
$C \to P$	3km	135.603m

① 135.529m ② 135.551m
③ 135.563m ④ 135.570m

해설 경중률 비는
$P_1 : P_2 : P_3 = \frac{1}{1} : \frac{1}{2} : \frac{1}{3} = 6 : 3 : 2$

P점의 표고 = $\frac{6 \times 135.487 + 3 \times 135.563 + 2 \times 135.603}{6 + 3 + 2}$
$= 135.529\text{m}$

09 그림과 같이 교호수준측량을 실시한 결과, $a_1 = 3.835\text{m}$, $b_1 = 4.264\text{m}$, $a_2 = 2.375\text{m}$, $b_2 = 2.812\text{m}$이었다. 이때 양안의 두 점 A와 B의 높이 차는?(단, 양안에서 시준점과 표척까지의 거리 $CA = DB$)

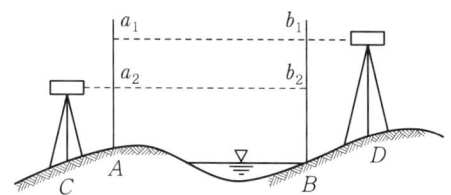

① 0.429m ② 0.433m
③ 0.437m ④ 0.441m

Answer 5. ④ 6. ① 7. ③ 8. ① 9. ②

해설

1. $\Delta h = \dfrac{(a_1+a_2)-(b_1+b_2)}{2}$

   $= \dfrac{(3.835+2.375)-(4.264+2.812)}{2}$

   $= -0.433\text{m}$

2. $\Delta h = \dfrac{(a_1-b_1)+(a_2-b_2)}{2}$

   $= \dfrac{(3.835-4.264)+(2.375-2.812)}{2}$

   $= -0.433\text{m}$

10 GNSS가 다중주파수(multi frequency)를 채택하고 있는 가장 큰 이유는?

① 데이터 취득 속도의 향상을 위해
② 대류권 지연 효과를 제거하기 위해
③ 다중경로오차를 제거하기 위해
④ 전리층 지연 효과의 제거를 위해

해설 L_1, L_2 두 개의 주파수를 사용하는 것은 전리층의 전파지연이 주파수의 2승에 역비례함을 이용하여 그 전파지연을 교정하기 위함이다.

11 트래버스 측량(다각측량)의 폐합오차 조정방법 중 컴퍼스 법칙에 대한 설명으로 옳은 것은?

① 각과 거리의 정밀도가 비슷할 때 실시하는 방법이다.
② 위거와 경거의 크기에 비례하여 폐합오차를 배분한다.
③ 각 측선의 길이에 반비례하여 폐합오차를 배분한다.
④ 거리보다는 각의 정밀도가 높을 때 활용하는 방법이다.

해설 폐합오차의 조정

폐합오차를 합리적으로 배분하여 트래버스가 폐합하도록 하는데 오차의 배분방법은 다음 두 가지가 있다.

- 컴퍼스 법칙
  각관측과 거리관측의 정밀도가 같을 때 조정하는 방법으로 각 측선길이에 비례하여 폐합오차를 배분한다.

- 트랜싯 법칙
  각관측의 정밀도가 거리관측의 정밀도 보다 높을 때 조정하는 방법으로 위거, 경거의 크기에 비례하여 폐합오차를 배분한다.

12 트래버스 측량(다각측량)의 종류와 그 특징으로 옳지 않은 것은?

① 결합 트래버스는 삼각점과 삼각점을 연결시킨 것으로 조정계산 정확도가 가장 높다.
② 폐합 트래버스는 한 측점에서 시작하여 다시 그 측점에 돌아오는 관측 형태이다.
③ 폐합 트래버스는 오차의 계산 및 조정이 가능하나, 정확도는 개방 트래버스보다 낮다.
④ 개방 트래버스는 임의의 한 측점에서 시작하여 다른 임의의 한 점에서 끝나는 관측 형태이다.

해설 트래버스의 종류

결합 트래버스	기지점에서 출발하여 다른 기지점으로 결합시키는 방법으로 대규모 지역의 정확성을 요하는 측량에 이용한다.
폐합 트래버스	기지점에서 출발하여 원래의 기지점으로 폐합시키는 트래버스로 측량결과가 검토는 되나 결합다각형보다 정확도가 낮아 소규모 지역의 측량에 좋다.
개방 트래버스	임의의 점에서 임의의 점으로 끝나는 트래버스로 측량결과의 점검이 안 되어 노선측량의 답사에는 편리한 방법이다. 시작되는 점과 끝나는 점 간에 아무런 조건이 없다.

13 삼각망 조정계산의 경우에 하나의 삼각형에 발생한 각오차의 처리 방법은?(단, 각관측 정밀도는 동일하다.)

① 각의 크기에 관계없이 동일하게 배분한다.
② 대변의 크기에 비례하여 배분한다.
③ 각의 크기에 반비례하여 배분한다.
④ 각의 크기에 비례하여 배분한다.

해설 같은 정밀도로 관측한 각에서 발생하는 오차는 각의 크기에 관계없이 등배분한다.

Answer 10. ④ 11. ① 12. ③ 13. ①

14 종단수준측량에서 중간점을 많이 사용하는 이유로 옳은 것은?

① 중심말뚝의 간격이 20m 내외로 좁기 때문에 중심말뚝을 모두 전환점으로 사용할 경우
② 중간점을 많이 사용하고 기고식 야장을 작성할 경우 완전한 검산이 가능하여 종단수준측량의 정확도를 높일 수 있기 때문이다.
③ B.M.점 좌우의 많은 점을 동시에 측량하여 세밀한 종단면도를 작성하기 위해서이다.
④ 핸드레벨을 이용한 작업에 적합한 측량방법이기 때문이다.

해설 중간점이 많을 때는 기고식을 이용하며 중심말뚝을 중간점으로 사용한다. 만약 전환점(T.P)으로 사용할 경우 오차가 더욱 커질 수 있다.

야장기입방법

고차식	가장 간단한 방법으로 B.S와 F.S만 있으면 된다.
기고식	가장 많이 사용하며, 중간점이 많을 경우 편리하나 완전한 검산을 할 수 없는 것이 결점이다.
승강식	완전한 검사로 정밀 측량에 적당하나, 중간점이 많으면 계산이 복잡하고, 시간과 비용이 많이 소요된다.

15 표고 또는 수심을 숫자로 기입하는 방법으로 하천이나 항만 등에서 수심을 표시하는 데 주로 사용되는 방법은?

① 영선법　　② 채색법
③ 음영법　　④ 점고법

해설 지형의 표시법

자연적 도법	영선법 (우모법) (Hachuring)	"게바"라 하는 단선상(短線上)의 선으로 지표의 기본을 나타내는 것으로 게바의 사이, 굵기, 방향 등에 의하여 지표를 표시하는 방법
	음영법 (명암법) (Shading)	태양광선이 서북쪽에서 45°로 비친다고 가정하여 지표의 기복을 도상에서 2~3색 이상으로 채색하여 지형을 표시하는 방법으로 지형의 입체감이 가장 잘 나타나는 방법
부호적 도법	점고법 (Spot Height System)	지표면상의 표고 또는 수심을 숫자에 의하여 지표를 나타내는 방법으로 하천, 항만, 해양 등에 주로 이용
	등고선법 (Contour System)	동일표고의 점을 연결한 것으로 등고선에 의하여 지표를 표시하는 방법으로 토목공사용으로 가장 널리 사용
	채색법 (Layer System)	같은 등고선의 지대를 같은 색으로 채색하여 높을수록 진하게 낮을수록 연하게 칠하여 높이의 변화를 나타내며 지리관계의 지도에 주로 사용

16 그림과 같은 유심 삼각망에서 점조건 조정식에 해당하는 것은?

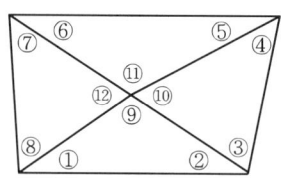

① (①+②+⑨)=180°
② (①+②)=(⑤+⑥)
③ (⑨+⑩+⑪+⑫)=360°
④ (①+②+③+④+⑤+⑥+⑦+⑧)=360°

해설
• 각조건 : ①+⑨+②=180°
• 점조건 : ⑨+⑩+⑪+⑫=360°

Answer　14. ①　15. ④　16. ③

17 120m의 측선을 30m 줄자로 관측하였다. 1회 관측에 따른 우연오차가 ±3mm이었다면, 전체 거리에 대한 오차는?

① ±3mm   ② ±6mm
③ ±9mm   ④ ±12mm

해설 부정오차 $=\pm\delta\sqrt{n}=\pm 3\sqrt{\dfrac{120}{30}}=\pm 6mm$

18 완화곡선에 대한 설명으로 틀린 것은?

① 곡선반지름은 완화곡선의 시점에서 무한대, 종점에서 원곡선의 반지름이 된다.
② 완화곡선에 연한 곡선반지름의 감소율은 캔트의 증가율과 같다.
③ 완화곡선의 접선은 시점에서 원호에, 종점에서 직선에 접한다.
④ 종점에 있는 캔트는 원곡선의 캔트와 같게 된다.

해설 완화곡선의 특징
- 곡선반경은 완화곡선의 시점에서 무한대, 종점에서 원곡선 R로 된다.
- 완화곡선의 접선은 시점에서 직선에, 종점에서 원호에 접한다.
- 완화곡선에 연한 곡선반경의 감소율은 캔트의 증가율과 같다.
- 완화곡선의 종점의 캔트와 원곡선 시점의 캔트는 같다.
- 완화곡선은 이정의 중앙을 통과한다.
- 완화곡선의 곡률은 시점에서 0, 종점에서 $\dfrac{1}{R}$이다.

19 축척 1:500 지형도를 기초로 하여 축척 1:3,000 지형도를 제작하고자 한다. 축척 1:3,000 도면 한 장에 포함되는 축척 1:500 도면의 매수는?(단, 1:500 지형도와 1:3,000 지형도의 크기는 동일하다.)

① 16매   ② 25매
③ 36매   ④ 49매

해설 $\left(\dfrac{1}{500}\right)^2 : \left(\dfrac{1}{3,000}\right)^2$

$=\dfrac{\left(\dfrac{1}{500}\right)^2}{\left(\dfrac{1}{3,000}\right)^2}=\dfrac{3,000^2}{500^2}=36$매

20 지오이드(Geoid)에 관한 설명으로 틀린 것은?

① 중력장 이론에 의한 물리적 가상면이다.
② 지오이드면과 기준타원체면은 일치한다.
③ 지오이드는 어느 곳에서나 중력 방향과 수직을 이룬다.
④ 평균 해수면과 일치하는 등포텐셜면이다.

해설 지오이드

정의	정지된 해수면을 육지까지 연장하여 지구 전체를 둘러쌌다고 가상한 곡면을 지오이드(geoid)라 한다. 지구타원체는 기하학적으로 정의하는 데 비하여 지오이드는 중력장 이론에 따라 물리학적으로 정의한다.
특징	• 지오이드면은 평균해수면과 일치하는 등포텐셜면으로 일종의 수면이다. • 지오이드면은 대륙에서는 지각의 인력 때문에 지구타원체보다 높고 해양에서는 낮다. • 고저측량은 지오이드면을 표고 0으로 하여 관측한다. • 타원체의 법선과 지오이드 연직선의 불일치로 연직선 편차가 생긴다. • 지형의 영향 또는 지각내부밀도의 불균일로 인하여 타원체에 비하여 다소의 기복이 있는 불규칙한 면이다. • 지오이드는 어느 점에서나 표면을 통과하는 연직선이 중력방향에 수직이다. • 지오이드는 타원체면에 대하여 다소 기복이 있는 불규칙한 면을 갖는다. • 높이가 0이므로 위치에너지도 0이다.

Answer 17. ② 18. ③ 19. ③ 20. ②

측량학(2019년 2회 토목산업기사)

01 캔트(cant) 계산에서 속도 및 반지름을 모두 2배로 하면 캔트는?

① 1/2로 감소한다.
② 2배로 증가한다.
③ 4배로 증가한다.
④ 8배로 증가한다.

해설 $C = \dfrac{V^2 S}{gR} \rightarrow C' = \dfrac{2^2}{2} \cdot \dfrac{V^2 S}{gR} = 2 \cdot C$

02 도로 선형계획 시 교각 25°, 반지름 300m인 원곡선과 교각 20°, 반지름 400m인 원곡선의 외선 길이(E)의 차이는?

① 6.284m
② 7.284m
③ 2.113m
④ 1.113m

해설 $E = R\left(\sec\dfrac{I}{2} - 1\right)$

$E_1 - E_2 = 300\left(\sec\dfrac{25°}{2} - 1\right) - 400\left(\sec\dfrac{20°}{2} - 1\right)$
$= 7.2839 - 6.1706 = 1.113\text{m}$

03 두 점 간의 고저차를 레벨에 의하여 직접 관측할 때 정확도를 향상시키는 방법이 아닌 것은?

① 표척을 수직으로 유지한다.
② 전시와 후시의 거리를 같게 한다.
③ 시준거리를 짧게 하여 레벨의 설치 횟수를 늘린다.
④ 기계가 침하되거나 교통에 방해가 되지 않는 견고한 지반을 택한다.

해설 직접수준측량의 주의사항
㉠ 수준측량은 반드시 왕복측량을 원칙으로 하며, 노선은 다르게 한다.
㉡ 정확도를 높이기 위하여 전시와 후시의 거리는 같게 한다.
㉢ 이기점(T. P)은 1mm까지, 그 밖의 점에서는 5mm 또는 1cm 단위까지 읽는 것이 보통이다.
㉣ 직접수준측량의 시준거리
• 적당한 시준거리 : 40~60m(60m가 표준)
• 최단거리는 3m이며, 최장거리는 100~180m 정도이다.
㉤ 눈금오차(영점오차) 발생 시 소거방법
• 기계를 세운 표척이 짝수가 되도록 한다.
• 이기점(T. P)이 홀수가 되도록 한다.
• 출발점에 세운 표척을 도착점에 세운다.

04 두 변이 각각 82m와 73m이며, 그 사이에 낀 각이 67°인 삼각형의 면적은?

① 1,169m²
② 2,339m²
③ 2,755m²
④ 5,510m²

해설 $A = \dfrac{1}{2} \times ab \sin\alpha$
$= \dfrac{1}{2} \times 82 \times 73 \times \sin 67° = 2,755\text{m}^2$

05 반지름 150m의 단곡선을 설치하기 위하여 교각을 측정한 값이 57°36′일 때 접선장과 곡선장은?

① 접선장=82.46m, 곡선장=150.80m
② 접선장=82.46m, 곡선장=75.40m
③ 접선장=236.36m, 곡선장=75.40m
④ 접선장=236.36m, 곡선장=150.80m

해설 $TL = R \cdot \tan\dfrac{I}{2}$
$= 150 \times \tan\dfrac{57°36′}{2} = 82.46\text{m}$
$CL = 0.0174533 \times R \cdot I$
$= 0.0174533 \times 150 \times 57°36′ = 150.80\text{m}$

06 다각측량에서는 측각의 정도와 거리의 정도가 균형을 이루어야 한다. 거리 100m에 대한 오차가 ±2mm일 때 이에 균형을 이루기 위한 측각의 최대 오차는?

① ±1″ ② ±4″
③ ±8″ ④ ±10″

해설 $\dfrac{\Delta l}{l} = \dfrac{\theta''}{\rho''}$ 에서

$$\theta = \dfrac{\Delta l}{l}\rho'' = \dfrac{0.002}{100} \times 206,265'' = \pm 4''$$

07 GNSS 관측오차 중 주변의 구조물에 위성 신호가 반사되어 수신되는 오차를 무엇이라고 하는가?

① 다중경로오차
② 사이클슬립오차
③ 수신기시계오차
④ 대류권오차

해설 GNSS 관측오차

위성시계오차	GPS 위성에 내장되어 있는 시계의 부정확성으로 인해 발생
위성궤도오차	위성궤도정보의 부정확성으로 인해 발생
대기권 전파지연오차	위성신호의 전리층, 대류권 통과 시 전파지연오차(약 2m)
전파적 잡음오차	수신기 자체에서 발생하며 PRN코드잡음과 수신기 잡음이 합쳐져서 발생
다중경로 (Multipath) 오차	GPS 위성으로 직접 수신된 전파 이외에 부가적으로 주위의 지형, 지물에 의해 반사된 전파로 인해 발생하는 오차로서 측위에 영향을 미친다. • 다중경로는 금속제 건물, 구조물과 같은 커다란 반사적 표면이 있을 때 일어난다. • 다중경로의 결과로서 수신된 GPS 신호는 처리될 때 GPS 위치의 부정확성을 제공한다. • 다중경로가 일어나는 경우를 최소화하기 위하여 미션 설정, 수신기, 안테나 설계 시에 고려한다면 다중경로의 영향을 최소화할 수 있다. • GPS 신호시간의 기간을 평균하는 것도 다중경로의 영향을 감소시킨다. • 가장 이상적인 방법은 다중경로의 원인이 되는 장애물에서 멀리 떨어져서 관측하는 방법이다.

08 축척 1 : 5,000의 지형도에서 두 점 A, B 간의 도상거리가 24mm이었다. A점의 표고가 115m, B점의 표고가 145m이며, 두 점 간은 등경사라 할 때 120m 등고선이 통과하는 지점과 A점 간의 지상 수평거리는?

① 5m ② 20m
③ 60m ④ 100m

해설 $120 : 30 = x : 5$

$$x = \dfrac{120 \times 5}{30} = 20\text{m}$$

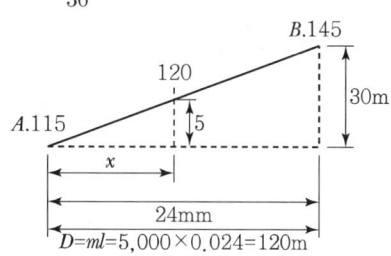

$D = ml = 5,000 \times 0.024 = 120$m

09 측지학을 물리학적 측지학과 기하학적 측지학으로 구분할 때, 물리학적 측지학에 속하는 것은?

① 면적의 산정
② 체적의 산정
③ 수평위치의 산정
④ 지자기 측정

해설 측지학은 지구 내부의 특성, 지구의 형상 및 운동을 결정하는 측량과 지구표면상에 있는 모든 점들 간의 상호위치관계를 산정하는 측량의 가장 기본적인 학문이다.

기하학적 측지학	물리학적 측지학
• 측지학적 3차원 위치결정 • 길이 및 시간의 결정 • 수평위치 결정 • 높이의 결정 • 지도제작 • 면적 및 체적의 산정 • 천문측량 • 위성측량 • 해양측량 • 사진측량	• 지구의 형상 해석 • 지구의 극운동 및 자전운동 • 지각변동 및 균형 • 지구의 열 측정 • 대륙의 부동 • 해양의 조류 • 지구의 조석 측량 • 중력측량 • 지자기 측량 • 탄성파측량

10 지구의 반지름이 6,370km이며 삼각형의 구과량이 20″일 때 구면삼각형의 면적은?

① 1,934km² ② 2,934km²
③ 3,934km² ④ 4,934km²

해설 $\varepsilon'' = \dfrac{A}{R^2}\rho''$

$\therefore A = \dfrac{\varepsilon'' R^2}{\rho''} = \dfrac{20'' \times 6,370^2}{206,265''} = 3,934 \text{km}^2$

11 노선측량의 완화곡선에 대한 설명 중 옳지 않은 것은?

① 완화곡선의 접선은 시점에서 원호에, 종점에서 직선에 접한다.
② 완화곡선의 반지름은 시점에서 무한대, 종점에서 원곡선의 반지름(R)으로 된다.
③ 클로소이드의 조합형식에는 S형, 복합형, 기본형 등이 있다.
④ 모든 클로소이드는 닮은꼴이며, 클로소이드 요소는 길이의 단위를 가진 것과 단위가 없는 것이 있다.

해설 완화곡선의 접선은 시점에서 직선에, 종점에서는 원호에 접한다.

12 하천측량의 고저측량에 해당되지 않는 것은?

① 종단측량 ② 유량관측
③ 횡단측량 ④ 심천측량

해설 고저측량

종단측량	좌우양단의 거리표고와 지반고를 관측하는 것
횡단측량	200m마다의 거리표를 기준으로 하며, 간격은 소하천은 5m, 대하천은 10~20m마다 좌안을 기준으로 측량을 실시한다.
심천측량	하천의 수심 및 유수부분의 하저 상황을 조사하고 횡단면도를 제작하는 측량

13 지형도상의 등고선에 대한 설명으로 틀린 것은?

① 등고선의 간격이 일정하면 경사가 일정한 지면을 의미한다.
② 높이가 다른 두 등고선은 절벽이나 동굴의 지형에서 교차하거나 만날 수 있다.
③ 지표면의 최대경사의 방향은 등고선에 수직인 방향이다.
④ 등고선은 어느 경우라도 도면 내에서 항상 폐합된다.

해설 등고선의 성질
• 동일 등고선상에 있는 모든 점은 같은 높이이다.
• 등고선은 반드시 도면 안이나 밖에서 서로가 폐합한다.
• 지도의 도면 내에서 폐합되면 가장 가운데 부분은 산꼭대기(산정) 또는 凹지(요지)가 된다.
• 등고선은 도중에 없어지거나 엇갈리거나 합쳐지거나 갈라지지 않는다.
• 높이가 다른 두 등고선은 동굴이나 절벽의 지형이 아닌 곳에서는 교차하지 않는다.
• 등고선은 경사가 급한 곳에서는 간격이 좁고 완만한 경사에서는 넓다.
• 최대경사의 방향은 등고선과 직각으로 교차한다.
• 분수선(능선)과 곡선(유하선)은 등고선과 직각으로 만난다.
• 2쌍의 등고선의 볼록부가 상대할 때는 볼록부를 나타낸다.
• 동등한 경사의 지표에서 양 등고선의 수평거리는 같다.

- 같은 경사의 평면일 때는 나란한 직선이 된다.
- 등고선이 능선을 직각방향으로 횡단한 다음 능선의 다른 쪽을 따라 거슬러 올라간다.
- 등고선의 수평거리는 산꼭대기 및 산밑에서는 크고 산 중턱에서는 작다.

14 삼각측량 시 삼각망 조정의 세 가지 조건이 아닌 것은?

① 각조건 ② 변조건
③ 측점조건 ④ 구과량조건

해설 각관측 3조건

각조건	삼각형의 내각의 합은 180°가 되어야 한다. 즉 다각형의 내각의 합은 $180°(n-2)$이어야 한다.
점조건	한 측점 주위에 있는 모든 각의 합은 반드시 360°가 되어야 한다.
변조건	삼각망 중에서 임의의 한 변의 길이는 계산 순서에 관계없이 항상 일정하여야 한다.

15 삼각형 면적을 계산하기 위해 변 길이를 관측한 결과가 그림과 같을 때, 이 삼각형의 면적은?

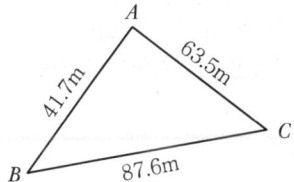

① 1,072.7m² ② 1,235.6m²
③ 1,357.9m² ④ 1,435.6m²

해설
$S = \dfrac{a+b+c}{2} = \dfrac{41.7+63.5+87.6}{2} = 96.4$
$A = \sqrt{s(s-a)(s-b)(s-c)}$
$= \sqrt{96.4(96.4-41.7)(96.4-63.5)(96.4-87.6)}$
$= 1,235.6\text{m}^2$

16 다각측량의 특징에 대한 설명으로 옳지 않은 것은?

① 삼각측량에 비하여 복잡한 시가지나 지형의 기복이 심해 시준이 어려운 지역의 측량에 적합하다.
② 도로, 수로, 철도와 같이 폭이 좁고 긴 지역의 측량에 편리하다.
③ 국가평면기준점 결정에 이용되는 측량방법이다.
④ 거리와 각을 관측하여 측점의 위치를 결정하는 측량이다.

해설 삼각측량은 측량지역을 삼각형으로 된 망의 형태로 만들고 삼각형의 꼭짓점에서 내각과 한 변의 길이를 정밀하게 측정하여 나머지 변의 길이는 삼각함수(sin법칙)에 의하여 계산하고 각 점의 위치를 정하게 된다. 국가평면기준점 결정에 이용되는 측량은 삼각측량이다.

17 항공사진측량에서 관측되는 지형지물의 투영원리로 옳은 것은?

① 정사투영 ② 평행투영
③ 등적투영 ④ 중심투영

해설 투영원리

중심투영 (Central Projection)	• 사진의 상은 피사체로부터 반사된 광이 렌즈 중심을 직진하여 평면인 필름면에 투영되어 나타나는 것을 말한다. • 사진을 제작할 때 사용(사진측량의 원리)
정사투영 (Orthoprojetcion)	• 항공사진과 지형도를 비교하면 같으나, 지표면의 높낮이가 있는 경우에는 평탄한 곳은 같으나 평탄치 않은 곳은 사진의 형상이 다르다. • 지도를 제작할 때 사용

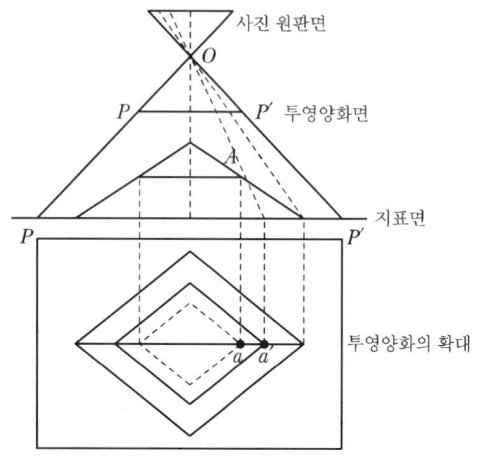

18 어떤 노선을 수준측량한 결과가 표와 같을 때, 측점 1, 2, 3, 4의 지반고 값으로 틀린 것은? (단위 : m)

측점	후시	전시 이기점	전시 중간점	기계고	지반고
0	3.121			126.688	123.567
1			2.586		
2	2.428	4.065			
3			0.664		
4		2.321			

① 측점 1 : 124.102m
② 측점 2 : 122.623m
③ 측점 3 : 124.374m
④ 측점 4 : 122.730m

해설
- 측점 $1 = 126.688 - 2.586 = 124.102$m
- 측점 $2 = 126.688 - 4.065 = 122.623$m
- 기계고 $= 122.623 + 2.428 = 125.051$m
- 측점 $3 = 125.051 - 0.664 = 124.387$m
- 측점 $4 = 125.051 - 2.321 = 122.730$m

19 C점의 표고를 구하기 위해 A코스에서 관측한 표고가 83.324m, B코스에서 관측한 표고가 83.341m였다면 C점의 표고는?

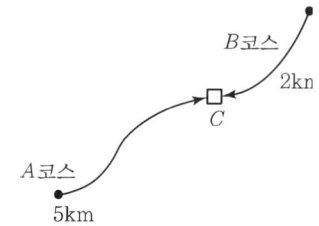

① 83.341m
② 83.336m
③ 83.333m
④ 83.324m

해설
$$P_A : P_B = \frac{1}{5} : \frac{1}{2} = 2 : 5$$
$$H_C = \frac{P_A l_A + P_B l_B}{P_A + P_B}$$
$$= \frac{2 \times 83.324 + 5 \times 83.341}{2 + 5}$$
$$= 83.336\text{m}$$

20 A점에서 출발하여 다시 A점으로 되돌아오는 다각측량을 실시하여 위거오차 20cm, 경거오차 30cm가 발생하였고, 전 측선 길이가 800m라면 다각측량의 정밀도는?

① 1/1,000
② 1/1,730
③ 1/2,220
④ 1/2,630

해설 정밀도 $= \frac{1}{m} = \frac{\varepsilon}{\Sigma l}$

$\varepsilon = \sqrt{\text{위거오차}^2 + \text{경거오차}^2}$
$= \sqrt{0.2^2 + 0.3^2} = 0.361$
$\Sigma l = 800$m

$\therefore \frac{1}{m} = \frac{\varepsilon}{\Sigma l} = \frac{0.361}{800} ≒ \frac{1}{2,220}$

측량학(2019년 3회 토목기사)

01 1 : 50,000 지형도의 주곡선 간격은 20m이다. 지형도에서 4% 경사의 노선을 선정하고자 할 때 주곡선 사이의 도상 수평거리는?

① 5mm ② 10mm
③ 15mm ④ 20mm

해설 경사$(i) = \dfrac{h}{D}$에서

실제거리 $D = \dfrac{h}{i} = \dfrac{20}{0.04} = 500$

$\dfrac{1}{m} = \dfrac{l}{L}$에서

도상수평거리 $l = \dfrac{L}{m} = \dfrac{500}{50,000}$
$= 0.01\text{m}$
$= 10\text{mm}$

02 고속도로 공사에서 각 측점의 단면적이 표와 같을 때, 측점 10에서 측점 12까지의 토량은? (단, 양단면평균법에 의해 계산한다.)

측점	단면적(m²)	비고
No. 10	318	측점 간의 거리=20m
No. 11	512	
No. 12	682	

① 15,120m³ ② 20,160m³
③ 20,240m³ ④ 30,240m³

해설 $V = \left(\dfrac{A_1 + A_2}{2}\right) \cdot l$
$= \left(\dfrac{318 + 512}{2}\right) \times 20 + \left(\dfrac{512 + 682}{2}\right) \times 20$
$= 20,240\text{m}^3$

03 삼각점 C에 기계를 세울 수 없어서 2.5m를 편심하여 B에 기계를 설치하고 $T' = 31°15'40''$를 얻었다면 T는?(단, $\phi = 300°20'$, $S_1 = 2\text{km}$, $S_2 = 3\text{km}$)

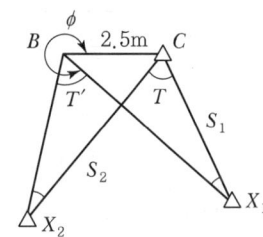

① 31°14'49'' ② 31°15'18''
③ 31°15'29'' ④ 31°15'41''

해설 $\dfrac{2.5}{\sin x_1} = \dfrac{2,000}{\sin(360° - 300°20')}$

∴ $x_1 = 3'42.53''$

$\dfrac{2.5}{\sin x_2} = \dfrac{3,000}{\sin(360° - 300°20' + 31°15'40'')}$

∴ $x_2 = 2'51.86''$

∴ $T = T' + x_2 - x_1$
$= 31°15'40'' + 2'51.86'' - 3'42.53''$
$= 31°14'49''$

04 다각측량에서 어떤 폐합다각망을 측량하여 위거 및 경거의 오차를 구하였다. 거리와 각을 유사한 정밀도로 관측하였다면 위거 및 경거의 폐합오차를 배분하는 방법으로 가장 적합한 것은?

① 측선의 길이에 비례하여 분배한다.
② 각각의 위거 및 경거에 등분배한다.
③ 위거 및 경거의 크기에 비례하여 배분한다.
④ 위거 및 경거 절댓값의 총합에 대한 위거 및 경거 크기에 비례하여 배분한다.

Answer 1. ② 2. ③ 3. ① 4. ①

해설 폐합오차의 조정
폐합오차를 합리적으로 배분하여 트래버스가 폐합하도록 하는데 오차의 배분방법은 다음 두 가지가 있다.

컴퍼스 법칙	각관측과 거리관측의 정밀도가 같을 때 조정하는 방법으로 각 측선길이에 비례하여 폐합오차를 배분한다.	
	위거조정량 = $\dfrac{\text{그 측선거리}}{\text{전 측선거리}} \times$ 위거오차 $= \dfrac{L}{\Sigma L} \times E_L$	
	경거조정량 = $\dfrac{\text{그 측선거리}}{\text{전 측선거리}} \times$ 경거오차 $= \dfrac{L}{\Sigma L} \times E_D$	
트랜싯 법칙	각관측의 정밀도가 거리관측의 정밀도보다 높을 때 조정하는 방법으로 위거, 경거의 크기에 비례하여 폐합오차를 배분한다.	
	위거조정량 = $\dfrac{\text{그 측선의 위거}}{|\text{위거절대치의 합}|} \times$ 위거오차 $= \dfrac{L}{\Sigma|L|} \times E_L$	
	경거조정량 = $\dfrac{\text{그 측선의 경거}}{|\text{경거절대치의 합}|} \times$ 경거오차 $= \dfrac{D}{\Sigma|D|} \times E_D$	

05 승강식 야장이 표와 같이 작성되었다고 가정할 때, 성과를 검산하는 방법으로 옳은 것은? (여기서, ⓐ-ⓑ는 두 값의 차를 의미한다.)

측점	후시	전시		승(+)	강(-)	지반고
		T.P.	I.P.			
BM	0.175					ㅂ
No.1			0.154	…		…
No.2	1.098	1.237			…	…
No.3			0.948	…		…
No.4		1.175			…	ㅅ
합계	ㄱ	ㄴ	ㄷ	ㄹ	ㅁ	

① ㅅ-ㅂ=ㄱ-ㄴ=ㄹ-ㅁ
② ㅅ-ㅂ=ㄱ-ㄷ=ㄹ-ㅁ
③ ㅅ-ㅂ=ㄱ-ㄹ=ㄴ-ㅁ
④ ㅅ-ㅂ=ㄴ-ㄹ=ㄷ-ㅁ

해설 지반고차 = $\Sigma(\text{후시}) - \Sigma(\text{전시, T.P.})$
$= \Sigma(\text{승}) - \Sigma(\text{강})$

06 100m의 측선을 20m 줄자로 관측하였다. 1회의 관측에 +4mm의 정오차와 ±3mm의 부정오차가 있었다면 측선의 거리는?
① 100.010±0.007m
② 100.010±0.015m
③ 100.020±0.007m
④ 100.020±0.015m

 정오차 = $\delta n = 0.004 \times 5 = 0.02$
부정오차 = $\delta\sqrt{n} = 0.003\sqrt{5} = 0.007$
∴ 실제거리 = 100.02 ± 0.007m

07 삼각수준측량에 의해 높이를 측정할 때 기지점과 미지점의 쌍방에서 연직각을 측정하여 평균하는 이유는?
① 연직축 오차를 최소화하기 위하여
② 수평분도원의 편심오차를 제거하기 위하여
③ 연직분도원의 눈금오차를 제거하기 위하여
④ 공기의 밀도변화에 의한 굴절오차의 영향을 소거하기 위하여

해설
• 직시(기지점 → 미지점)
• 반시(미지점 → 기지점)
• $\dfrac{\text{직시} + \text{반시}}{2}$ (구차, 기차 제거)

Answer 5. ① 6. ③ 7. ④

08 시가지에서 25변형 트래버스 측량을 실시하여 2'50"의 간관측 오차가 발생하였다면 오차의 처리 방법으로 옳은 것은?(단, 시가지의 측각 허용범위=±20"$\sqrt{n}$ ~ 30"$\sqrt{n}$, 여기서 n은 트래버스의 측점 수)

① 오차가 허용오차 이상이므로 다시 관측하여야 한다.
② 변의 길이의 역수에 비례하여 배분한다.
③ 변의 길이에 비례하여 배분한다.
④ 각의 크기에 따라 배분한다.

해설 허용오차 한계 20"$\sqrt{25}$ ~ 30"$\sqrt{25}$ = 100" ~ 150" = 1'40" ~ 2'30"
오차 2'50"이므로 재관측을 해야 한다.

09 수애선의 기준이 되는 수위는?

① 평수위 ② 평균수위
③ 최고수위 ④ 최저수위

해설 수애선(水涯線) 측량
- 수애선은 수면과 하안과의 경계선이다.
- 수애선은 하천수위의 변화에 따라 변동하는 것으로 평수위에 의해 정해진다.
- 수애선 측량은 동시관측에 의한 방법과 심천측량에 의한 방법이 있다.
- 수애선은 평수위에 따른 경계선이다.

하천의 수위

최고수위(HWL), 최저수위(LWL)	어떤 기간에 있어서 최고, 최저수위로 연단위 혹은 월단위의 최고, 최저로 구한다.
평균최고수위 (NHWL), 평균최저수위 (NLWL)	연과 월에 있어서의 최고, 최저의 평균수위로, 평균최고수위는 제방, 교량, 배수 등의 치수 목적에 사용하며 평균최저수위는 수운, 선항, 수력발전의 수리 목적에 사용한다.
평균수위(MWL)	어떤 기간의 관측수위의 총합을 관측횟수로 나누어 평균치를 구한 수위
평균고수위 (MHWL), 평균저수위 (MLWL)	어떤 기간에 있어서의 평균수위 이상 수위들의 평균수위 및 어떤 기간에 있어서의 평균수위 이하 수위들의 평균수위

최다수위 (Most Frequent Water Level)	일정기간 중 제일 많이 발생한 수위
평수위 (OWL)	어느 기간의 수위 중 이것보다 높은 수위와 낮은 수위의 관측수가 똑같은 수위로 일반적으로 평균수위보다 약간 낮은 수위. 1년을 통해 185일은 이보다 저하하지 않는 수위

10 측점 M의 표고를 구하기 위하여 수준점 A, B, C로부터 수준측량을 실시하여 표와 같은 결과를 얻었다면 M의 표고는?

구분	표고 (m)	관측 방향	고저차 (m)	노선 길이
A	13.03	$A \to M$	+1.10	2km
B	15.60	$B \to M$	-1.30	4km
C	13.64	$C \to M$	+0.45	1km

① 14.13m ② 14.17m
③ 14.22m ④ 14.30m

해설
- 수준측량에서 경중률은 노선거리에 반비례한다.

$$P_1 : P_2 : P_3 = \frac{1}{2} : \frac{1}{4} : \frac{1}{1} = 2 : 1 : 4$$

- $l_1 = 13.03 + 1.10 = 14.13$
  $l_2 = 15.06 - 1.30 = 14.3$
  $l_3 = 13.64 + 0.45 = 14.09$

∴ $H_M = \dfrac{P_1 l_1 + P_2 l_2 + P_3 l_3}{P_1 + P_2 + P_3}$

$= \dfrac{2 \times 14.13 + 1 \times 14.3 + 4 \times 14.09}{2 + 1 + 4}$

$= 14.13$

11 지성선에 관한 설명으로 옳지 않은 것은?

① 철(凸)선을 능선 또는 분수선이라 한다.
② 경사변환선이란 동일 방향의 경사면에서 경사의 크기가 다른 두 면의 접합선이다.
③ 요(凹)선은 지표의 경사가 최대로 되는 방향을 표시한 선으로 유하선이라고 한다.
④ 지성선은 지표면이 다수의 평면으로 구성되었다고 할 때 평면 간 접합부, 즉 접

Answer 8. ① 9. ① 10. ① 11. ③

선을 말하며 지세선이라고도 한다.

해설 지성선(Topographical Line)
지표는 많은 凸선, 凹선, 경사변환선, 최대경사선으로 이루어졌다고 생각할 때 이 평면의 접합부, 즉 접선을 말하며 지세선이라고도 한다.

능선(凸선), 분수선	지표면의 높은 곳을 연결한 선으로 빗물이 이것을 경계로 좌우로 흐르게 되므로 분수선 또는 능선이라 한다.
계곡선(凹선), 합수선	지표면이 낮거나 움푹 파인 점을 연결한 선으로 합수선 또는 합곡선이라 한다. 요(凹)선은 지표의 경사가 최소로 되는 방향을 표시한 선이다.
경사변환선	동일 방향의 경사면에서 경사의 크기가 다른 두 면의 접합선(등고선 수평 간격이 뚜렷하게 달라지는 경계선)
최대경사선	지표의 임의의 한 점에 있어서 그 경사가 최대로 되는 방향을 표시한 선으로 등고선에 직각으로 교차하며 물이 흐르는 방향이라는 의미에서 유하선이라고도 한다.

12 삼각측량을 위한 기준점 성과표에 기록되는 내용이 아닌 것은?

① 점번호 ② 도엽명칭
③ 천문경위도 ④ 평면직각좌표

해설 성과표 내용
• 삼각점의 등급과 내용
• 방위각
• 평균거리의 대수
• 측점 및 시준점의 명칭
• 진북 방향각
• 평면 직각좌표
• 위도, 경도
• 삼각점의 표고
• 도엽명칭 및 번호

13 곡선반지름이 400m인 원곡선을 설계속도 70km/h로 하려고 할 때 캔트(cant)는?(단, 궤간 $b=1.065$m)

① 73mm ② 83mm
③ 93mm ④ 103mm

해설 $\text{Cant} = \dfrac{SV^2}{gR}$

$= \dfrac{1.065 \times \left(70 \times 1,000 \times \dfrac{1}{60 \times 60}\right)^2}{9.8 \times 400}$

$= 0.103\text{m} = 103\text{mm}$

14 축척 1:2,000의 도면에서 관측한 면적이 2,500m²이었다. 이때, 도면의 가로와 세로가 각각 1% 줄었다면 실제면적은?

① 2,451m² ② 2,475m²
③ 2,525m² ④ 2,551m²

 실제면적 = 측정면적 × $(1+\varepsilon)^2$
$= 2,500 \times (1+0.01)^2$
$= 2,550.25\text{m}^2$

15 곡률이 급변하는 평면 곡선부에서의 탈선 및 심한 흔들림 등의 불안정한 주행을 막기 위해 고려하여야 하는 사항과 가장 거리가 먼 것은?

① 완화곡선 ② 종단곡선
③ 캔트 ④ 슬랙

해설 완화곡선의 요소
• 곡선부를 통과하는 차량이 원심력이 발생하여 접선 방향으로 탈선하려는 것을 방지하기 위해 바깥쪽 노면을 안쪽 노면보다 높이는 정도를 편경사라고 한다.

캔트 $C = \dfrac{SV^2}{Rg}$

여기서, C : 캔트
S : 궤간
V : 차량속도
R : 곡선반경
g : 중력가속도

• 차량과 레일이 꼭 끼어서 서로 힘을 입게 되면 때로는 탈선의 위험이 생긴다. 이러한 위험을 막기 위하여 레일 안쪽을 움직여 곡선부에서는 궤간을 넓힐 필요가 있다. 이 넓힌 치수를 확폭이라고 한다.

슬랙 $\varepsilon = \dfrac{L^2}{2R}$

여기서, ε : 확폭량
L : 차량 앞바퀴에서 뒷바퀴까지의 거리
R : 차선 중심선의 반경

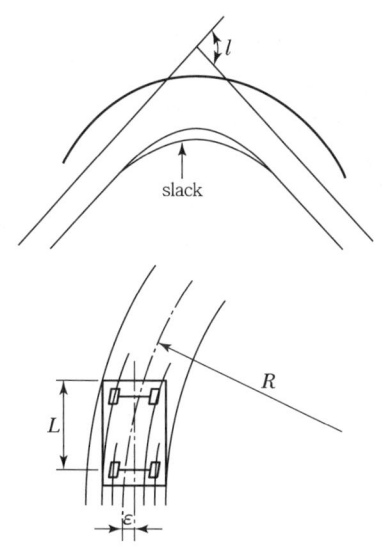

16 기준면으로부터 어느 측점까지의 연직 거리를 의미하는 용어는?

① 수준선(level line)
② 표고(elevation)
③ 연직선(plumb line)
④ 수평면(horizontal plane)

해설

표고 (elevation)	국가수준기준면으로부터 그 점까지의 연직거리
전시 (fore sight)	표고를 알고자 하는 점(미지점)에 세운 표척의 읽음 값
후시 (back sight)	표고를 알고 있는 점(기지점)에 세운 표척의 읽음 값
기계고 (instrument height)	기준면에서 망원경 시준선까지의 높이
지반고 (GH)	• 기준면부터 구하는 지점의 표고 (H_A, H_B) • $H_B = H_A + a(후시) - b(전시)$
이기점 (turning point)	기계를 옮길 때 한 점에서 전시와 후시를 함께 취하는 점
중간점 (intermediate point)	표척을 세운 점의 표고만을 구하고자 전시만 취하는 점

17 하천의 평균유속(V_m)을 구하는 방법 중 3점법으로 옳은 것은?(단, V_2, V_4, V_6, V_8은 각각 수면으로부터 수심(h)의 $0.2h$, $0.4h$, $0.6h$, $0.8h$인 곳의 유속이다.)

① $V_m = \dfrac{V_2 + V_4 + V_8}{3}$

② $V_m = \dfrac{V_2 + V_6 + V_8}{3}$

③ $V_m = \dfrac{V_2 + 2V_4 + V_8}{4}$

④ $V_m = \dfrac{V_2 + 2V_6 + V_8}{4}$

해설

1점법	수면으로부터 수심 $0.6H$ 되는 곳의 유속 $V_m = V_{0.6}$
2점법	수심 $0.2H$, $0.8H$ 되는 곳의 유속 $V_m = \dfrac{1}{2}(V_{0.2} + V_{0.8})$
3점법	수심 $0.2H$, $0.6H$, $0.8H$ 되는 곳의 유속 $V_m = \dfrac{1}{4}(V_{0.2} + 2V_{0.6} + V_{0.8})$
4점법	수심 1.0m 내외의 장소에서 적당하다. $V_m = \dfrac{1}{5}\left\{(V_{0.2} + V_{0.4} + V_{0.6} + V_{0.8}) + \dfrac{1}{2}\left(V_{0.2} + \dfrac{V_{0.8}}{2}\right)\right\}$

Answer 16. ② 17. ④

18 어느 각을 10번 관측하여 52°12′을 2번, 52°13′을 4번, 52°14′을 4번 얻었다면 관측한 각의 최확값은?

① 52°12′45″ ② 52°13′00″
③ 52°13′12″ ④ 52°13′45″

해설 최확값 = $\dfrac{2 \times 52°12' + 4 \times 52°13' + 4 \times 52°14'}{2+4+4}$
= 52°13′12″

19 방위각 153°20′25″에 대한 방위는?

① E63°20′25″S ② E26°39′35″S
③ S26°39′35″E ④ S63°20′25″E

해설
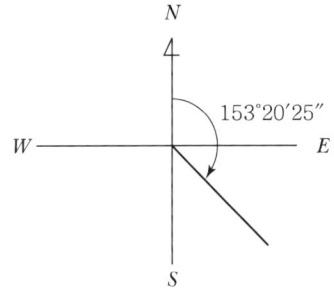

∴ 방위는 S(180° − 153°20′25″)E
S26°39′35″E

20 완화곡선 중 클로소이드에 대한 설명으로 옳지 않은 것은?(단, R : 곡선반지름, L : 곡선길이)

① 클로소이드는 곡률이 곡선길이에 비례하여 증가하는 곡선이다.
② 클로소이드는 나선의 일종이며 모든 클로소이드는 닮은꼴이다.
③ 클로소이드의 종점 좌표 x, y는 그 점의 접선각의 함수로 표시된다.
④ 클로소이드에서 접선각 τ을 라디안으로 표시하면 $\tau = \dfrac{R}{2L}$이 된다.

해설

매개변수(A)	$A = \sqrt{RL} = l \cdot R = L \cdot r = \dfrac{L}{\sqrt{2\tau}}$ $= \sqrt{2\tau} \cdot R$ $A^2 = RL = \dfrac{L^2}{2\tau} = 2\tau R^2$
곡률반경(R)	$R = \dfrac{A^2}{L} = \dfrac{A}{l} = \dfrac{L}{2\tau} = \dfrac{A}{\sqrt{2\tau}}$
곡선장(L)	$L = \dfrac{A^2}{R} = \dfrac{A}{r} = 2\tau R = A\sqrt{2\tau}$
접선각(τ)	$\tau = \dfrac{L}{2R} = \dfrac{L^2}{2A^2} = \dfrac{A^2}{2R^2}$

Answer 18. ③ 19. ③ 20. ④

측량학(2019년 3회 토목산업기사)

01 측량지역의 대소에 의한 측량의 분류에 있어서 지구의 곡률로부터 거리오차에 따른 정확도를 $1/10^7$까지 허용한다면 반지름 몇 km 이내를 평면으로 간주하여 측량할 수 있는가? (단, 지구의 곡률반지름은 6,372km이다.)

① 3.49km ② 6.98km
③ 11.03km ④ 22.07km

해설 정도 $= \dfrac{1}{12}\left(\dfrac{l}{R}\right)^2$

$\dfrac{1}{10^7} = \dfrac{1}{12}\left(\dfrac{l}{6,372}\right)^2$

l(직경)=7km
∴ 반경은 약 3.5km

02 지형도를 작성할 때 지형표현을 위한 원칙과 거리가 먼 것은?

① 기복을 알기 쉽게 할 것
② 표현을 간결하게 할 것
③ 정량적 계획을 엄밀하게 할 것
④ 기호 및 도식은 많이 넣어 세밀하게 할 것

해설 지형도 작성 3대 원칙
  • 기복을 알기 쉽게 할 것
  • 표현을 간결하게 할 것
  • 정량적 계획을 엄밀하게 할 것

03 수준측량에서 도로의 종단측량과 같이 중간시가 많은 경우에 현장에서 주로 사용하는 야장기입법은?

① 기고식 ② 고차식
③ 승강식 ④ 회귀식

해설
  • 고차식 : 가장 간단한 방법
  • 기고식 : 가장 많이 사용하는 방법으로 중간점이 많을 때 편리
  • 승강식 : 정밀측량에 적당하며, 시간이 많이 소요

04 $\overline{AB}$ 측선의 방위각이 50°30′이고 그림과 같이 각관측을 실시하였다. $\overline{CD}$ 측선의 방위각은?

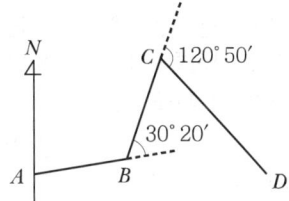

① 139°00′ ② 141°00′
③ 151°40′ ④ 201°40′

해설 • AB 측선 방위각 : 50°30′
  • BC 측선 방위각 : 50°30′ − 30°20′ = 20°10′
  • CD 측선 방위각 : 20°10′ + 120°50′ = 141°0′0″

05 삼각점 표석에서 반석과 주석에 관한 내용 중 틀린 것은?

① 반석과 주석의 재질은 주로 금속을 이용한다.
② 반석과 주석의 십자선 중심은 동일 연직 선상에 있다.
③ 반석과 주석의 설치를 위해 인조점을 설치한다.
④ 반석과 주석의 두부상면은 서로 수평이 되도록 설치한다.

해설 반석과 주석의 재질은 주로 화강암을 이용한다.

Answer 1. ① 2. ④ 3. ① 4. ② 5. ①

06 그림과 같은 도로의 횡단면도에서 AB의 수평거리는?

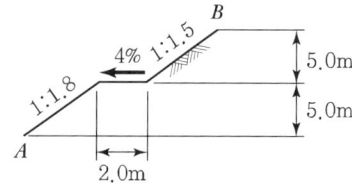

① 8.1m ② 12.3m
③ 14.3m ④ 18.5m

해설 $(1.8 \times 5) + 2 + (1.5 \times 5) = 18.5m$

07 표고 100m인 촬영기준면을 초점거리 150mm 카메라로 사진축척 1:20,000의 사진을 얻기 위한 촬영비행고도는?

① 1,333m ② 2,900m
③ 3,000m ④ 3,100m

해설 축척 $= \dfrac{f}{H-h}$

$\dfrac{1}{20,000} = \dfrac{0.15}{H-100}$ ∴ $H = 3,100m$

08 다음 조건에 따른 C점의 높이 최확값은?

- A점에서 관측한 C점의 높이 : 243.43m
- B점에서 관측한 C점의 높이 : 243.31m
- $A \sim C$의 거리 : 5km
- $B \sim C$의 거리 : 10km

① 243.35m ② 243.37m
③ 243.39m ④ 243.41m

해설 $P_1 : P_2 = \dfrac{1}{5} : \dfrac{1}{10} = 2 : 1$

C 최확값 $= \dfrac{(243.43 \times 2) + (243.31 \times 1)}{2+1}$

$= 243.39m$

09 수준측량에서 전시와 후시의 시준거리를 같게 하여 소거할 수 있는 오차는?

① 표척의 눈금읽기 오차
② 표척의 침하에 의한 오차
③ 표척의 눈금 조정 부정확에 의한 오차
④ 시준선과 기포관축이 평행하지 않기 때문에 발생되는 오차

해설 전후시 거리를 같게 취함으로써 제거되는 오차
- 시준축 오차(기포관축과 시준선이 평행하지 않은 오차)
- 구차
- 기차

10 종단 및 횡단측량에 대한 설명으로 옳은 것은?

① 종단도의 종축척과 횡축척은 일반적으로 같게 한다.
② 노선의 경사도 형태를 알려면 종단도를 보면 된다.
③ 횡단측량은 종단측량보다 높은 정확도가 요구된다.
④ 노선의 횡단측량을 종단측량보다 먼저 실시하여 횡단도를 작성한다.

해설
- 보통 종축척은 1/1,000, 횡축척은 1/250 이상
- 종단측량은 횡단측량보다 높은 정밀도를 요구한다.
- 종단측량은 횡단측량보다 먼저 실시한다.

11 그림의 등고선에서 AB의 수평거리가 40m일 때 AB의 기울기는?

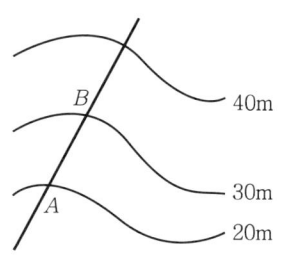

① 10% ② 20%
③ 25% ④ 30%

해설 AB기울기 $= \dfrac{H}{D} = \dfrac{30-20}{40} \times 100 = 25\%$

12 편각법에 의하여 원곡선을 설치하고자 한다. 곡선반지름이 500m, 시단현이 12.3m일 때 시단현의 편각은?

① 36′27″ ② 39′42″
③ 42′17″ ④ 43′43″

해설 $\delta_{l_1} = \dfrac{l_1}{2R} \times \dfrac{180}{\pi} = \dfrac{12.3}{2 \times 500} \times \dfrac{180}{\pi}$
$= 42′17″$

13 축척 1:1,000에서의 면적을 측정하였더니 도상면적이 3cm²이었다. 그런데 이 도면 전체가 가로, 세로 모두 1%씩 수축되어 있었다면 실제면적은?

① 29.4m² ② 30.6m²
③ 294m²   ④ 306m²

해설 실제면적 = 관측면적 ± ΔA
- 관측면적
  $\left(\dfrac{1}{1,000}\right)^2 = \dfrac{3\text{cm}^2}{x}$
  ∴ 관측면적(x) = 300m²
- ΔA
  $2\dfrac{\Delta l}{l} = \dfrac{\Delta A}{A}$
  $\Delta A = 2 \cdot \dfrac{\Delta l}{l} \cdot A$
  $= 2 \times \dfrac{1}{100} \times 300 = 6\text{m}^2$
∴ 실제면적 = 관측면적 + ΔA
  $= 300 + 6 = 306\text{m}^2$

14 어느 지역의 측량 결과가 그림과 같다면 이 지역의 전체 토량은?(단, 각 구역의 크기는 같다.)

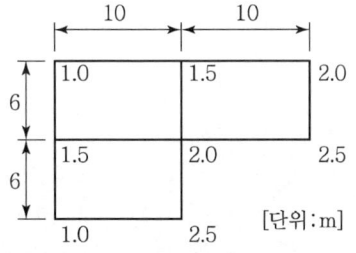
[단위:m]

① 200m³ ② 253m³
③ 315m³ ④ 353m³

해설 $V = \dfrac{a \cdot b}{4}[\Sigma h_1 + 2\Sigma h_2 + 3\Sigma h_3]$
$= \dfrac{10 \times 6}{4}[(1 + 2 + 2.5 + 2.5 + 1)$
$\quad + 2(1.5 + 1.5) + 3(2)]$
$= 315\text{m}^2$

15 하천의 평균유속을 구할 때 횡단면의 연직선 내에서 일점법으로 가장 적합한 관측 위치는?

① 수면에서 수심의 2/10 되는 곳
② 수면에서 수심의 4/10 되는 곳
③ 수면에서 수심의 6/10 되는 곳
④ 수면에서 수심의 8/10 되는 곳

해설
- 1점법 : $V_m = V_{0.6}$
- 2점법 : $V_m = \dfrac{1}{2}(V_{0.6} + V_{0.8})$
- 3점법 : $V_m = \dfrac{1}{4}(V_{0.2} + 2V_{0.6} + V_{0.8})$

16 산지에서 동일한 각관측의 정확도로 폐합 트래버스를 관측한 결과, 관측점수(n)가 11개, 각관측 오차가 1′15″이었다면 오차의 배분 방법으로 옳은 것은?(단, 산지의 오차한계는 $\pm 90″\sqrt{n}$을 적용한다.)

① 오차가 오차한계보다 크므로 재관측하여야 한다.
② 각의 크기에 상관없이 등분하여 배분한다.
③ 각의 크기에 반비례하여 배분한다.
④ 각의 크기에 비례하여 배분한다.

해설
- 오차의 허용범위
  $90″\sqrt{n} = 90″\sqrt{11} = 298″$
- 오차 : 1′15″(75″)
∴ 허용범위 이내이므로 등배분한다.

17 매개변수 $A=100$m인 클로소이드 곡선길이 $L=50$m에 대한 반지름은?

① 20m ② 150m
③ 200m ④ 500m

해설 $A^2 = RL$

$$R = \frac{A^2}{L} = \frac{100^2}{50} = 200\text{m}$$

18 위성의 배치상태에 따른 GNSS의 오차 중 단독측위(독립측위)와 관련이 없는 것은?

① GDOP ② RDOP
③ PDOP ④ TDOP

해설 RDOP는 상대정밀도 저하율이다.

19 지구전체를 경도는 6°씩 60개로 나누고, 위도는 8°씩 20개(남위 80°~북위 84°)로 나누어 나타내는 좌표계는?

① UPS 좌표계
② UTM 좌표계
③ 평면직각 좌표계
④ WGS 84 좌표계

해설 UTM 좌표계 특징
- 경도의 원점은 중앙자오선
- 위도의 원점은 적도
- 중앙자오선의 축척계수는 0.9996(중앙자오선에 대해서 횡메카토르투영)
- 좌표계 간격은 경도 6°, 위도 8°
- 종대(자오선)는 6°간격 60등분(경도 180°에서 동쪽으로)
- 횡대(적도)는 8°간격 20등분

20 그림과 같은 관측값을 보정한 $\angle AOC$는?

- $\angle AOB = 23°45'30''$(1회 관측)
- $\angle BOC = 46°33'20''$(2회 관측)
- $\angle AOC = 70°19'11''$(4회 관측)

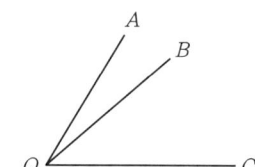

① 70°19′08″ ② 70°19′10″
③ 70°19′11″ ④ 70°19′18″

해설
- 오차 $= (23°45'30'' + 46°33'20'') - 70°19'11''$

$= -21''$
- 경중률 $= \dfrac{1}{1} : \dfrac{1}{2} : \dfrac{1}{4} = 4 : 2 : 1$
- 조정량 $= \dfrac{1}{7} \times -21'' = -3''$

∴ $\angle AOC = 70°19'11'' - 3'' = 70°19'08''$

측량학(2020년 통합 1·2회 토목기사)

01 한 측선의 자오선(종축)과 이루는 각이 60°00′이고 계산된 측선의 위거가 -60m, 경거가 -103.92m일 때 이 측선의 방위와 거리는?

① 방위=S60°00′E, 거리=130m
② 방위=N60°00′E, 거리=130m
③ 방위=N60°00′W, 거리=120m
④ 방위=S60°00′W, 거리=120m

해설 위거(-), 경거(-)이므로 3상한 S60°00′W
(방위각 240°)
측선길이 = $\sqrt{(-60)^2+(-103.92)^2}$
= 120m

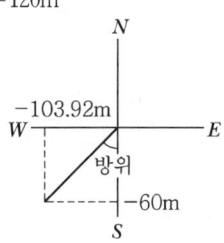

02 트래버스 측량에서 선점 시 주의하여야 할 사항이 아닌 것은?

① 트래버스의 노선은 가능한 한 폐합 또는 결합이 되게 한다.
② 결합 트래버스의 출발점과 결합점 간의 거리는 가능한 한 단거리로 한다.
③ 거리측량과 각측량의 정확도가 균형을 이루게 한다.
④ 측점 간 거리는 다양하게 선점하여 부정오차를 소거한다.

해설 트래버스 측량의 특징
- 삼각점이 멀리 배치되어 있어 좁은 지역에 세부측량의 기준이 되는 점을 추가 설치할 경우에 편리하다.
- 복잡한 시가지나 지형의 기복이 심하여 시준이 어려운 지역의 측량에 적합하다.
- 선로(도로, 하천, 철도)와 같이 좁고 긴 곳의 측량에 적합하다.
- 거리와 각을 관측하여 도식해법에 의하여 모든 점의 위치를 결정할 경우 편리하다.
- 삼각측량과 같이 높은 정도를 요구하지 않는 골조측량에 이용한다.
- 측선의 거리는 될 수 있는 대로 같게 하고, 측점수는 적게 하는 것이 좋다.
- 세부기준점의 결정과 세부측량의 기준이 되는 골조측량이다.

03 아래 종단수준측량의 야장에서 ㉠, ㉡, ㉢에 들어갈 값으로 옳은 것은?

(단위 : m)

| 측점 | 후시 | 기계고 | 전시 | | 지반고 |
			전환점	이기점	
BM	0.175	㉠			37.133
No.1				0.154	
No.2				1.569	
No.3				1.143	
No.4	1.098	㉡	1.237		㉢
No.5				0.948	
No.6				1.175	

① ㉠ : 37.308, ㉡ : 37.169, ㉢ : 36.071
② ㉠ : 37.308, ㉡ : 36.071, ㉢ : 37.169
③ ㉠ : 36.958, ㉡ : 35.860, ㉢ : 37.097
④ ㉠ : 36.958, ㉡ : 37.097, ㉢ : 35.860

해설 ㉠ : 37.133+0.175=37.308
㉡ : 36.071+1.098=37.169
㉢ : 37.308-1.237=36.071

Answer 1. ④ 2. ④ 3. ①

04 초점거리 210mm의 카메라로 지면의 비고가 15m인 구릉지에서 촬영한 연직사진의 축척이 1:5,000이었다. 이 사진에서 비고에 의한 최대 변위량은?(단, 사진의 크기는 24cm×24cm이다.)

① ±1.2mm ② ±2.4mm
③ ±3.8mm ④ ±4.6mm

해설 $\Delta r = \dfrac{h}{H}r$

$H = f \cdot M = 0.21 \times 5{,}000 = 1{,}050\text{m}$

∴ $\Delta r_{max} = \dfrac{h}{H} r_{max}$
$= \dfrac{15}{1{,}050} \times 0.24 \times \dfrac{\sqrt{2}}{2}$
$= 0.0024\text{m} = 2.4\text{mm}$

05 종단곡선에 대한 설명으로 옳지 않은 것은?

① 철도에서는 원곡선을, 도로에서는 2차 포물선을 주로 사용한다.
② 종단경사는 환경적, 경제적 측면에서 허용할 수 있는 범위 내에서 최대한 완만하게 한다.
③ 설계속도와 지형 조건에 따라 종단경사의 기준값이 제시되어 있다.
④ 지형의 상황, 주변 지장물 등의 한계가 있는 경우 10% 정도 증감이 가능하다.

해설 종단곡선
- 종단구배가 변하는 곳에 충격을 완화하고 시야를 확보하는 목적으로 설치하는 곡선이다.
- 2차 포물선은 도로에, 원곡선은 철도에 사용한다.
- 종단경사도의 최댓값은 설계속도에 대해 도로 2~9%, 철도 10~35‰로 한다.

06 종단측량과 횡단측량에 관한 설명으로 틀린 것은?

① 종단도를 보면 노선의 형태를 알 수 있으나 횡단도를 보면 알 수 없다.
② 종단측량은 횡단측량보다 높은 정확도가 요구된다.
③ 종단도의 횡축척과 종축척은 서로 다르게 잡는 것이 일반적이다.
④ 횡단측량은 노선의 종단측량에 앞서 실시한다.

해설
- 종단측량: 중심선에 설치된 관측점 및 변화점에 박은 중심말뚝, 추가말뚝 및 보조말뚝을 기준으로 하여 중심선의 지반고를 측량하고 연직으로 토지를 절단하여 종단면도를 만드는 측량이다.
- 횡단측량: 중심말뚝이 설치되어 있는 지점에서 중심선의 접선에 대하여 직각방향(법선방향)으로 지표면을 절단한 면을 얻어야 하는데, 이때 중심말뚝을 기준으로 하여 좌우의 지반고가 변화하고 있는 점의 고저 및 중심말뚝에서의 거리를 관측하는 측량이다.

※ 종단측량 후에 횡단측량을 실시한다.

07 중력이상에 대한 설명으로 옳지 않은 것은?

① 중력이상에 의해 지표면 밑의 상태를 추정할 수 있다.
② 중력이상에 대한 취급은 물리학적 측지학에 속한다.
③ 중력이상이 양(+)이면 그 지점 부근에 무거운 물질이 있는 것으로 추정할 수 있다.
④ 중력식에 의한 계산값에서 실측값을 뺀 것이 중력이상이다.

해설 중력이상

중력이상 (Gravity Anomaly)	• 중력보정을 통하여 기준면에서의 중력값으로 보정된 중력값에서 표준중력값을 뺀 값이다. 즉, 실제 관측중력값에서 표준중력식에 의해 계산한 중력값을 뺀 것이다. • 중력이상의 주원인은 지하의 지질밀도가 고르게 분포되어 있지 않기 때문이다.

중력이상
= 실측 중력값 − 표준중력식에 의한 값

Answer 4. ② 5. ④ 6. ④ 7. ④

프리에어 이상 (Freeair Anomaly)	• 관측된 중력값으로부터 위도보정과 프리에어보정을 실시한 중력값에서 기준점에서의 표준중력값을 뺀 값이다. • 프리에어 이상은 관측점과 지오이드 사이의 물질에 대한 영향을 고려하지 않았기 때문에 고도가 높은 점일수록 (+)로 증가한다.	
	(프리에어보정+위도보정) − 표준중력값 = Freeair Anomaly	
부게 이상 (Bouguer Anomaly)	• 중력관측점과 지오이드면 사이의 질량을 고려한 중력 이상이다. • 부게 이상은 지하의 물질 및 질량분포를 구하는 데 목적이 있다. • 프리에어 이상에 부게보정 및 지형보정을 더하여 얻는 이상이다. • 고도가 높을수록 (−)로 감소한다.	

	• 프리에어이상+부게보정
	  = Simple Bouguer Anomaly
	• 프리에어이상+부게보정+지형보정
	  = Bouguer Anomaly	

지각균형 이상 (Isostatic Anomaly)	• 지질광물의 분포상태에 따른 밀도차의 영향을 고려한 이상이다. • 부게 이상에 지각균형보정을 더하여 얻는 이상이다.	
	부게이상+지각균형보정 = Isostatic Anomaly	

08 그림과 같은 토지의 $\overline{BC}$에 평행한 $\overline{XY}$로 $m:n = 1:2.5$의 비율로 면적을 분할하고자 한다. $\overline{AB} = 35\text{m}$일 때 $\overline{AX}$는?

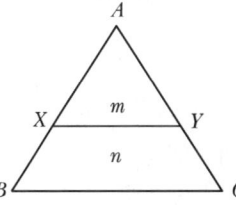

① 17.7m ② 18.1m
③ 18.7m ④ 19.1m

해설 $\triangle AXY : m = \triangle ABC : m+n$

$$\frac{m}{m+n} = \left(\frac{\overline{AX}}{\overline{AB}}\right)^2$$

$$\therefore \overline{AX} = \overline{AB}\sqrt{\frac{m}{m+n}} = 35\sqrt{\frac{1}{1+2.5}}$$

$$= 18.7\text{m}$$

09 지표상 P점에서 9km 떨어진 Q점을 관측할 때 Q점에 세워야 할 측표의 최소 높이는? (단, 지구 반지름 $R = 6,370$km이고, P, Q점은 수평면상에 존재한다.)

① 10.2m ② 6.4m
③ 2.5m ④ 0.6m

해설 $\Delta h = \dfrac{D^2}{2R}(1-k)$

$= \dfrac{9^2}{2 \times 6,370}$

$= 0.00635\text{km} ≒ 6.4\text{m}$

10 트래버스 측량에서 거리관측의 오차가 관측거리 100m에 대하여 ±1.0mm인 경우 이에 상응하는 각관측 오차는?

① ±1.1″ ② ±2.1″
③ ±3.1″ ④ ±4.1″

해설 $\dfrac{\Delta l}{l} = \dfrac{\theta''}{\rho''}$

$\theta'' = \dfrac{\Delta l}{l}\rho''$

$= \pm\dfrac{0.001}{100} \times 206,265'' ≒ 2.1''$

11 노선측량에서 단곡선의 설치방법에 대한 설명으로 옳지 않은 것은?

① 중앙종거를 이용한 설치방법은 터널 속이나 삼림지대에서 벌목량이 많을 때 사용하면 편리하다.
② 편각설치법은 비교적 높은 정확도로 인해 고속도로나 철도에 사용할 수 있다.
③ 접선편거와 현편거에 의하여 설치하는 방법은 줄자만을 사용하여 원곡선을 설치할 수 있다.
④ 장현에 대한 종거와 횡거에 의하는 방법은 곡률반지름이 짧은 곡선일 때 편리하다.

Answer 8. ③ 9. ② 10. ② 11. ①

해설 중앙종거법

곡선반경 길이가 작은 도심지 곡선 설치에 유리하며 철도·도로 등 기설곡선의 검사나 정정에 편리하다. 근사적으로 1/4이 되기 때문에 1/4법이라고도 한다.

$$M_1 = R\left(1 - \cos\frac{I}{2}\right)$$

$$M_2 = R\left(1 - \cos\frac{I}{4}\right)$$

$$M_3 = R\left(1 - \cos\frac{I}{8}\right)$$

$$M_4 = R\left(1 - \cos\frac{I}{16}\right)$$

$$\therefore M_1 = 4M_2$$

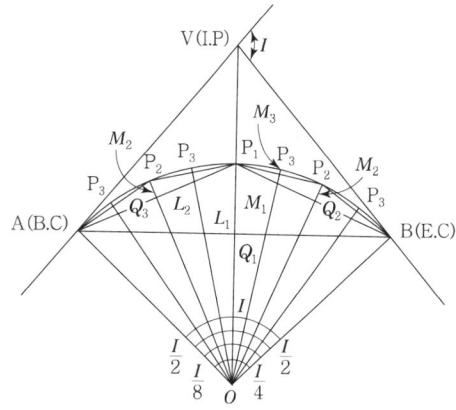

12 위성측량의 DOP(Dilution of Precision)에 관한 설명으로 옳지 않은 것은?

① DOP는 위성의 기하학적 분포에 따른 오차이다.
② 일반적으로 위성들 간의 공간이 더 크면 위치정밀도가 낮아진다.
③ DOP를 이용하여 실제 측량 전에 위성측량의 정확도를 예측할 수 있다.
④ DOP 값이 클수록 정확도가 좋지 않은 상태이다.

해설 정밀도 저하율(DOP : Dilution of Precision)

GPS 관측지역의 상공을 지나는 위성의 기하학적 배치상태에 따라 측위의 정확도가 달라지는데 이를 DOP(Dilution of Precision)라 한다.

종류	• GDOP : 기하학적 정밀도 저하율 • PDOP : 위치 정밀도 저하율 • HDOP : 수평 정밀도 저하율 • VDOP : 수직 정밀도 저하율 • RDOP : 상대 정밀도 저하율 • TDOP : 시간 정밀도 저하율
특징	• 3차원 위치의 정확도는 PDOP에 따라 달라지는데 PDOP는 4개의 관측위성들이 이루는 사면체의 체적이 최대일 때 가장 정확도가 좋으며 이때는 관측자의 머리 위에 다른 3개의 위성이 각각 120°를 이룰 때이다. • DOP는 값이 작을수록 정확한데, 1이 가장 정확하고 5까지는 실용상 지장이 없다.

13 지형도의 이용법에 해당되지 않는 것은?

① 저수량 및 토공량 산정
② 유역면적의 도상 측정
③ 직접적인 지적도 작성
④ 등경사선 관측

해설 지형도의 이용
• 방향 결정
• 위치 결정
• 경사 결정(구배 계산)

$$경사(i) = \frac{H}{D} \times 100(\%)$$

$$경사각(\theta) = \tan^{-1}\frac{H}{D}$$

• 거리 결정
• 단면도 제작
• 면적 계산
• 체적 계산(토공량 산정)

※ 지형도는 지적도와 무관하다.

14 종단점법에 의한 등고선 관측방법을 사용하는 가장 적당한 경우는?
① 정확한 토량을 산출할 때
② 지형이 복잡할 때
③ 비교적 소축척으로 산지 등의 지형측량을 행할 때
④ 정밀한 등고선을 구하려 할 때

해설 기지점의 표고를 이용한 계산법

방안법 (좌표점고법)	각 교점의 표고를 측정하고 그 결과로부터 등고선을 그리는 방법으로 지형이 복잡한 곳에 이용한다.
종단점법	지형상 중요한 지성선 위의 여러 개의 측선에 대하여 거리와 표고를 측정하여 등고선을 그리는 방법으로 비교적 정밀을 요하지 않는 소축척의 산지 등의 측량에 이용한다.
횡단점법	노선측량의 평면도에 등고선을 삽입할 경우에 이용되며 횡단측량의 결과를 이용하여 등고선을 그리는 방법이다.

15 삼각측량을 위한 삼각망 중에서 유심다각망에 대한 설명으로 틀린 것은?
① 농지측량에 많이 사용된다.
② 방대한 지역의 측량에 적합하다.
③ 삼각망 중에서 정확도가 가장 높다.
④ 동일 측점 수에 비하여 포함면적이 가장 넓다.

해설 삼각망의 정밀도 크기는 사변형>유심>단열 순이다.

16 캔트(Cant)의 계산에서 속도 및 반지름을 2배로 하면 캔트는 몇 배가 되는가?
① 2배　　② 4배
③ 8배　　④ 16배

해설 캔트(C) = $\dfrac{SV^2}{Rg}$ 이므로 속도 2배, 반지름 2배이면 C는 2배가 된다.

17 그림과 같이 수준측량을 실시하였다. A점의 표고는 300m이고, B와 C구간은 교호수준측량을 실시하였다면, D점의 표고는?(단, 표고차: $A \to B = +1.233$m, $B \to C = +0.726$m, $C \to B = -0.720$m, $C \to D = -0.926$m)

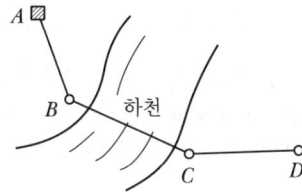

① 300.310m　　② 301.030m
③ 302.153m　　④ 302.882m

해설 $H_D = H_A + 1.233 + \left(\dfrac{0.726 + 0.720}{2}\right) - 0.926$
= 301.03m

18 종중복도 60%, 횡중복도 20%일 때 촬영종기선의 길이와 촬영횡기선 길이의 비는?
① 1 : 2　　② 1 : 3
③ 2 : 3　　④ 3 : 1

해설 $B = ma\left(1 - \dfrac{60}{100}\right) = 0.4ma$
$C = ma\left(1 - \dfrac{20}{100}\right) = 0.8ma$
∴ $B : C = 0.4 : 0.8 = 1 : 2$

19 삼변측량에서 △ABC에서 세 변의 길이가 $a = 1,200.00$m, $b = 1,600.00$m, $c = 1,442.22$m 라면 변 c의 대각인 ∠C는?
① 45°　　② 60°
③ 75°　　④ 90°

해설 $\cos C = \dfrac{a^2 + b^2 - c^2}{2ab}$
$= \dfrac{1,200^2 + 1,600^2 - 1,442.22^2}{2 \times 1,200 \times 1,600}$
$= 0.5$
∴ $C = \cos^{-1} 0.5 = 60°$

Answer 14. ③　15. ③　16. ①　17. ②　18. ①　19. ②

20 토량 계산공식 중 양단면의 면적차가 클 때 산출된 토량의 일반적인 대소 관계로 옳은 것은?(단, 중앙단면법 : A, 양단면평균법 : B, 각주공식 : C)

① $A = C < B$
② $A < C = B$
③ $A < C < B$
④ $A > C > B$

해설 토량 계산공식 중 양단면의 면적차가 클 때 산출된 토량의 일반적인 계산값의 크기는 양단평균법 > 각주공식 > 중앙단면법 순이다.

측량학(2020년 통합 1·2회 토목산업기사)

01 측선 AB를 기준으로 하여 C 방향의 협각을 관측하였더니 $257°36'37''$이었다. 그런데 B점에 편위가 있어 그림과 같이 실제 관측한 점이 B'이었다면 정확한 협각은?(단, $\overline{BB'}$ = 20cm, $\angle B'BA$ =150°, $\overline{AB'}$ =2km)

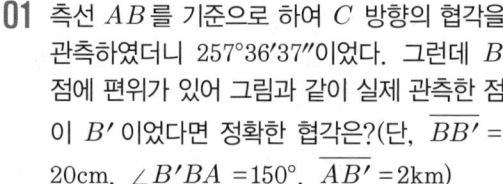

① $257°36'17''$　② $257°36'27''$
③ $257°36'37''$　④ $257°36'47''$

해설　$\angle BAB'$을 x라고 하면
$$\frac{2,000}{\sin 150°} = \frac{0.2}{\sin x}$$
$$\sin x = \frac{0.2}{2,000} \times \sin 150°$$
$$x = \sin^{-1}\left(\frac{0.2}{2,000} \times \sin 150°\right)$$
$$= 0°0'10.31''$$
∴ 정확한 협각 = 관측한 협각 − x
　　　　　　 = $257°36'37''-0°0'10.31''$
　　　　　　 ≒ $257°36'27''$

02 어느 측선의 방위가 S60°W이고, 측선길이가 200m일 때 경거는?

① 173.2m　② 100m
③ −100m　④ −173.20m

해설　위거와 경거의 부호는 '−'이다.
경거 = $L \times \sin\theta$
　　 = $200 \times \sin(-60°)$
　　 = -173.2m

03 30m 줄자의 길이를 표준자와 비교하여 검증하였더니 30.03m이었다면 이 줄자를 사용하여 관측 후 계산한 면적의 정밀도는?

① $\dfrac{1}{50}$　② $\dfrac{1}{100}$
③ $\dfrac{1}{500}$　④ $\dfrac{1}{1,000}$

해설　면적의 정밀도는 거리의 정밀도 크기의 2배이므로
$$\frac{\Delta A}{A} = 2\frac{\Delta L}{L} = 2 \times \frac{0.03}{30} = \frac{1}{500}$$

04 폐합 트래버스 측량을 실시하여 각 측선의 경거, 위거를 계산한 결과, 측선 34의 자료가 없었다. 측선 34의 방위각은?(단, 폐합오차는 없는 것으로 가정한다.)

측선	위거(m) N	위거(m) S	경거(m) E	경거(m) W
12		2.33		8.55
23	17.87			7.03
34				
41		30.19	5.97	

① $64°10'44''$　② $33°15'50''$
③ $244°10'44''$　④ $115°49'14''$

해설　위거, 경거의 총합은 0이 되어야 한다.

측선	위거(m) N	위거(m) S	경거(m) E	경거(m) W
12		2.33		8.55
23	17.87			7.03
34	14.65		9.61	
41		30.19	5.97	

Answer　1. ②　2. ④　3. ③　4. ②

측선 34의 방위각(θ)을 구하면,
$$\tan\theta = \frac{경거(D)}{위거(L)}$$
$$\theta = \tan^{-1}\left(\frac{D}{L}\right) = \tan^{-1}\left(\frac{9.61}{14.65}\right)$$
$$= 33°15'50''$$

05 그림과 같이 원곡선을 설치할 때 교점(P)에 장애물이 있어 $\angle ACD = 150°$, $\angle CDB = 90°$ 및 CD의 거리 400m를 관측하였다. C 점으로부터 곡선시점(A)까지의 거리는?(단, 곡선의 반지름은 500m이다.)

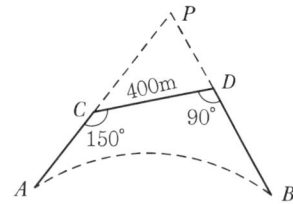

① 404.15m   ② 425.88m
③ 453.15m   ④ 461.88m

- 교각(I) = $\angle PCD + \angle PDC$
  = 30° + 90° = 120°
- $\dfrac{\overline{CP}}{\sin 90°} = \dfrac{400}{\sin 60°}$
  ∴ $\overline{CP} = 461.88$m
- 접선장(TL) = $R\tan\dfrac{I}{2}$
  = $500 \times \tan\dfrac{120°}{2}$
  = 866.03m
- $\overline{AC}$ 거리 = $TL - \overline{CP}$
  = 866.03 − 461.88
  = 404.15m

06 노선측량에서 노선 선정을 할 때 가장 중요한 요소는?
① 곡선의 대소(大小)
② 수송량 및 경제성
③ 곡선 설치의 난이도
④ 공사기일

해설 노선조건
- 가능한 한 직선으로 할 것
- 가능한 한 경사가 완만할 것
- 토공량이 적고 절토와 성토가 짧은 구간에서 균형을 이룰 것
- 절토의 운반거리가 짧을 것
- 배수가 완전할 것
- 수송량, 경제성을 고려하여 방향, 기울기, 노선 폭을 정한다.

07 갑, 을 두 사람이 A, B 두 점 간의 고저차를 구하기 위하여 왕복 수준 측량한 결과가 갑은 38.994m±0.008m, 을은 39.003m±0.004m 일 때, 두 점 간 고저차의 최확값은?
① 38.995m   ② 38.999m
③ 39.001m   ④ 39.003m

해설 경중률은 오차의 제곱에 반비례하므로
$$P_A : P_B = \frac{1}{8^2} : \frac{1}{4^2} = 1 : 4$$
$$\therefore h_0 = \frac{1 \times 38.994 + 4 \times 39.003}{1+4}$$
$$= 39.001\text{m}$$

08 하천의 종단측량에서 4km 왕복측량에 대한 허용오차가 C라고 하면 8km 왕복측량의 허용오차는?
① $\dfrac{C}{2}$ ② $\sqrt{2}\,C$
③ $2C$ ④ $4C$

해설 $m_1 : m_2 = \sqrt{L_1} : \sqrt{L_2}$
$$m_2 = \frac{\sqrt{L_2}}{\sqrt{L_1}}m_1 = \frac{\sqrt{8}}{\sqrt{4}}C = \sqrt{2}\,C$$

09 50m에 대해 20mm 늘어나 있는 줄자로 정사각형의 토지를 측량한 결과, 면적이 62,500m² 이었다면 실제면적은?
① 62,450m²   ② 62,475m²
③ 62,525m²   ④ 62,550m²

Answer 5. ① 6. ② 7. ③ 8. ② 9. ④

해설 실제면적 = $\left(\dfrac{L+\Delta L}{L}\right)^2 \times A$
= $\left(\dfrac{50+0.02}{50}\right)^2 \times 62,500$
= $62,550\text{m}^2$

10 지형을 보다 자세하게 표현하기 위해 다양한 크기의 삼각망을 이용하여 수치지형을 표현하는 모델은?

① TIN ② DEM
③ DSM ④ DTM

해설 DTM과 TIN

DTM (Digital Terrain Model)	• 지형의 표고뿐만 아니라 벡터데이터 모델로 지표상의 다른 속성도 포함하며 측량 및 원격탐사와 연관이 깊다. • 지형의 다른 속성까지 포함하므로 자료가 복잡하고 대용량의 정보를 가지고 있으며, 여러 가지 속성을 레이어를 이용하여 다양한 정보 제공이 가능하다. • DTM은 표현방법에 따라 DEM과 DSM으로 구별된다. 즉, DTM=DEM+DSM 이다.
불규칙 삼각망 (TIN : Triangulated Irregular Network)	• DTM의 구성 방법 중 하나이며 표고점들을 선택적으로 연결하여 형성된 불규칙 삼각망을 말하며, 삼각망 형성 방법에 따라 같은 표본점에서도 다양한 삼각망이 구축될 수 있다. • 불규칙하게 배치되어 있는 지형점으로부터 삼각망을 생성하여 삼각형 내의 표고를 삼각평면으로부터 보간하는 DEM의 일종이다. • 벡터데이터 모델로 위상구조를 가지며 표본 지점들은 X, Y, Z 값을 가지고 있으며 다각형 Network를 이루고 있는 순수한 위상구조와 개념적으로 유사하다. • 격자방식과 비교하여 비교적 적은 지점에서 추출된 표고 데이터를 이용하여 개략적으로 전반적인 지형의 형태를 나타낼 수 있다. • 기존의 점 데이터로 분포된 수치표고 자료를 이용하여 삼각형의 면 데이터로 변환한 다음 보간식을 도출하여 DEM을 만들 수 있다. • 위상구조를 가질 수 있어 공간분석에도 활용할 수 있다는 장점이 있다.

11 매개변수(A)가 90m인 클로소이드 곡선에서 곡선길이(L)가 30m일 때 곡선의 반지름(R)은?

① 120m ② 150m
③ 270m ④ 300m

해설 $A^2 = R \cdot L$
$R = \dfrac{A^2}{L} = \dfrac{90^2}{30} = 270\text{m}$

12 삼각점으로부터 출발하여 다른 삼각점에 결합시키는 형태로서 측량결과의 검사가 가능하며 높은 정확도의 다각측량이 가능한 트래버스의 형태는?

① 결합 트래버스 ② 개방 트래버스
③ 폐합 트래버스 ④ 기지 트래버스

해설 트래버스의 종류

결합 트래버스	기지점에서 출발하여 다른 기지점으로 결합시키는 방법으로 대규모 지역의 정확성을 요하는 측량에 이용한다.
폐합 트래버스	기지점에서 출발하여 원래의 기지점으로 폐합시키는 트래버스로 측량결과가 검토는 되나 결합다각형보다 정확도가 낮아 소규모 지역의 측량에 좋다.
개방 트래버스	임의의 점에서 임의의 점으로 끝나는 트래버스로 측량결과의 점검이 안 되지만 노선측량의 답사에는 편리한 방법이다. 시작되는 점과 끝나는 점 간의 아무런 조건이 없다.

13 경사가 일정한 경사지에서 두 점 간의 경사거리를 관측하여 150m를 얻었다. 두 점 간의 고저차가 20m이었다면 수평거리는?

① 148.3m ② 148.5m
③ 148.7m ④ 148.9m

해설 • 경사보정(C_g) = $-\dfrac{h^2}{2L} = \dfrac{20^2}{2 \times 150} = 1.33$
• $L_0 = L - C_g = 150 - 1.33 ≒ 148.7\text{m}$

Answer 10. ① 11. ③ 12. ① 13. ③

14 삼각점을 선점할 때의 유의사항에 대한 설명으로 틀린 것은?

① 정삼각형에 가깝도록 할 것
② 영구 보존할 수 있는 지점을 택할 것
③ 지반은 가급적 연약한 곳으로 선정할 것
④ 후속작업에 편리한 지점일 것

해설 기선 및 삼각점 선점 시 유의사항

기선	• 되도록 평탄할 것 • 기선의 양 끝이 서로 잘 보이고 기선 위의 모든 점이 잘 보일 것 • 부근의 삼각점에 연결하는 데 편리할 것 • 기선의 길이는 삼각망의 변장과 거의 같아야 하므로 만일 이러한 길이를 쉽게 얻을 수 없는 경우는 기선을 증대시키는 데 적당할 것
삼각점	• 각 점이 서로 잘 보일 것 • 표지와 기계가 움직이지 않을 견고한 지점일 것 • 벌목을 많이 하거나 높은 시준탑을 세우지 않아도 관측할 수 있는 점일 것 • 삼각형의 내각은 60°에 가깝게 하는 것이 좋으나 1개의 내각은 30~120° 이내로 한다. • 가능한 한 측점수가 적고 세부측량에 이용가치가 커야 한다.

15 수준측량의 오차 최소화 방법으로 틀린 것은?

① 표척의 영점오차는 기계의 설치 횟수를 짝수로 세워 오차를 최소화한다.
② 시차는 망원경의 접안경 및 대물경을 명확히 조절한다.
③ 눈금오차는 기준자와 비교하여 보정값을 정하고 온도에 대한 온도보정도 실시한다.
④ 표척 기울기에 대한 오차는 표척을 앞뒤로 흔들 때의 최댓값을 읽음으로 최소화한다.

해설 수준척을 사용할 때 주의해야 할 사항
• 수준척은 연직으로 세워야 한다.
• 관측자가 수준척의 눈금을 읽을 때에는 표척수로 하여금 수준척이 기계를 향하여 앞뒤로 조금씩 움직이게 하여 제일 작은 눈금을 읽어야 한다.
• 표척수는 수준척의 밑바닥에 흙이 묻지 않도록 하여야 하며 수준척이 이음으로 되어 있을 경우에는 측량 도중 이음매에서 오차가 발생하지 않도록 주의하여야 한다.
• 정밀한 수준측량에서나 또는 다른 측량에 중대한 영향을 줄 수 있는 중요한 점에 수준척을 세울 때는 지반의 침하 여부에 주의하여야 하며 침하하기 쉬운 곳에는 표척대를 놓고 그 위에 수준척을 세워야 한다.
• 표척 기울기에 대한 오차는 표척을 앞뒤로 흔들 때의 최솟값을 읽음으로 최소화한다.

16 초점길이가 210mm인 카메라를 사용하여 비고 600m인 지점을 사진축척 1 : 20,000으로 촬영한 수직사진의 촬영고도는?

① 1,200m   ② 2,400m
③ 3,600m   ④ 4,800m

해설 $\dfrac{1}{m} = \dfrac{f}{H \pm h}$

$\dfrac{1}{20,000} = \dfrac{0.21}{H - 600}$

∴ $H = 0.21 \times 20,000 + 600 = 4,800\text{m}$

17 측량 결과 그림과 같은 지역의 면적은?

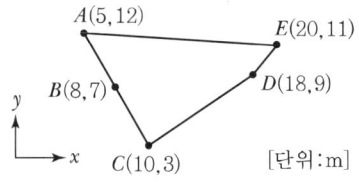

① 66m²   ② 80m²
③ 132m²   ④ 160m²

해설
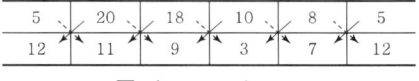

• 배면적 = $(\Sigma \swarrow \otimes) - (\Sigma \searrow \otimes)$
  = $(240 + 198 + 90 + 24 + 35)$
    $- (55 + 180 + 54670 + 96)$
  = 132m^2

• 면적 = $\dfrac{\text{배면적}}{2} = \dfrac{132}{2} = 66\text{m}^2$

18 최소제곱법의 원리를 이용하여 처리할 수 있는 오차는?
① 정오차
② 우연오차
③ 착오
④ 물리적 오차

해설 성질에 의한 오차의 분류

과실 (착오, 과대오차 : Blunders, Mistakes)	관측자의 미숙과 부주의에 의해 일어나는 오차로서 눈금 읽기나 야장 기입을 잘못한 경우를 포함하며 주의를 하면 방지할 수 있다.
정오차 (계통오차, 누차 : Constant, Systematic Error)	일정한 관측값이 일정한 조건하에서 같은 크기와 같은 방향으로 발생되는 오차를 말하며 관측횟수에 따라 오차가 누적되므로 누차라고도 한다. 이는 원인과 상태를 알면 제거할 수 있다. 정오차는 측정횟수에 비례한다. $E_1 = n \cdot \delta$ (E_1 : 정오차, δ : 1회 측정 시 누적오차, n : 측정(관측) 횟수) • 기계적 오차 : 관측에 사용되는 기계의 불안전성 때문에 생기는 오차 • 물리적 오차 : 관측 중 온도변화, 광선굴절 등 자연현상에 의해 생기는 오차 • 개인적 오차 : 관측자 개인의 시각, 청각, 습관 등에 생기는 오차
부정오차 (우연오차, 상차 : Random Error)	일어나는 원인이 확실치 않고 관측할 때 조건이 순간적으로 변화하기 때문에 원인을 찾기 힘들거나 알 수 없는 오차를 말한다. 때때로 부정오차는 서로 상쇄되므로 상차라고도 하며, 부정오차는 대체로 확률법칙에 의해 처리되는데 최소제곱법이 널리 이용된다. 우연오차는 측정 횟수의 제곱근에 비례한다. $E_2 = \pm \delta \sqrt{n}$ (E_2 : 우연오차, δ : 우연오차, n : 측정(관측)횟수)

19 수심 H인 하천에서 수면으로부터 수심이 $0.2H$, $0.4H$, $0.6H$, $0.8H$인 지점의 유속이 각각 0.562m/s, 0.497m/s, 0.429m/s, 0.364m/s일 때 평균유속을 구한 것이 0.463 m/s이었다면 평균유속을 구한 방법으로 옳은 것은?
① 1점법
② 2점법
③ 3점법
④ 4점법

해설 2점법으로 구한 평균유속

$$V_m = \frac{V_{0.2} + V_{0.8}}{2}$$
$$= \frac{0.562 + 0.364}{2} = 0.463 \text{m/s}$$

20 원곡선의 설치에서 교각이 35°, 원곡선 반지름이 500m일 때 도로 기점으로부터 곡선시점까지의 거리가 315.45m이면 도로 기점으로부터 곡선종점까지의 거리는?
① 593.38m
② 596.88m
③ 620.88m
④ 625.36m

해설
• CL(곡선장) $= \frac{\pi}{180} RI$
$= \frac{\pi}{180} \times 500 \times 35$
$= 305.43$m
• EC 거리 $= BC$ 거리 $+ CL$(곡선장)
$= 315.45 + 305.43$
$= 620.88$m

측량학(2020년 3회 토목기사)

01 그림의 다각망에서 C점의 좌표는?(단, $\overline{AB} = \overline{BC} = 100m$이다.)

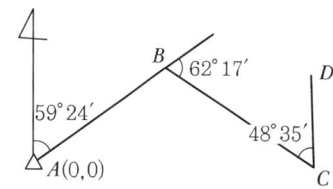

① $X_C = -5.31m$, $Y_C = 160.45m$
② $X_C = -1.62m$, $Y_C = 171.17m$
③ $X_C = -10.27m$, $Y_C = 89.25m$
④ $X_C = 50.90m$, $Y_C = 86.07m$

해설
㉠ 방위각 = 전측선의 방위각 ± 편각
  • $\overline{AB}$ 방위각 = $59°24'$
  • $\overline{BC}$ 방위각 = $59°24' + 62°17' = 121°41'$
㉡ B점의 좌표
  • 위거(X_B) = $100 \times \cos 59°24'$
       = $\overline{AB} \cos \alpha$
       = $50.90m$
  • 경거(Y_B) = $\overline{AB} \sin \alpha$
       = $100 \times \sin 59°24'$
       = $86.07m$
㉢ C점의 좌표
  • 위거(X_C) = $X_B + \overline{BC} \cos \alpha$
       = $50.90 + 100\cos 121°41'$
       = $-1.62m$
  • 경거(Y_C) = $Y_B + \overline{BC} \sin \alpha$
       = $86.07 + 100\sin 121°41'$
       = $171.17m$

02 축척 1 : 50,000 지형도상에서 주곡선 간의 도상길이가 1cm이었다면 이 지형의 경사는?
① 4% ② 5%
③ 6% ④ 10%

해설
$\dfrac{1}{M} = \dfrac{도상거리}{실제거리}$
실제거리 = 도상거리 × 50,000
     = 0.01 × 50,000 = 500m
1/50,000 지도의 주곡선 간격은 20m이므로
∴ 경사도(i) = $\dfrac{주곡선\ 간격}{실제거리} \times 100$
       = $\dfrac{20}{500} \times 100 = 4\%$

03 하천측량에 대한 설명으로 옳지 않은 것은?
① 수위관측소 위치는 지천의 합류점 및 분류점으로서 수위의 변화가 일어나기 쉬운 곳이 적당하다.
② 하천측량에서 수준측량을 할 때의 거리표는 하천의 중심에 직각 방향으로 설치한다.
③ 심천측량은 하천의 수심 및 유수부분의 하저 상황을 조사하고 횡단면도를 제작하는 측량을 말한다.
④ 하천측량 시 처음에 할 일은 도상 조사로서 유로 상황, 지역면적, 지형, 토지이용 상황 등을 조사하여야 한다.

해설 수위 관측소(水位觀測所) 및 양수표(量水標 : Water Guage) 설치 장소
  • 하안(河岸)과 하상(河床)이 안전하고 세굴이나 퇴적이 되지 않은 장소
  • 상하류의 길이가 약 100m 정도의 직선일 것
  • 유속의 변화가 크지 않을 것
  • 수위가 교각이나 기타 구조물에 영향을 받지 않은 장소

- 홍수 때는 관측소의 유실, 이동 및 파손될 염려가 없는 장소
- 평상시는 홍수 때보다 수위표를 쉽게 읽을 수 있는 장소
- 지천의 합류점 및 분류점으로 수위의 변화가 생기지 않은 장소
- 어떠한 갈수 시에도 양수표가 노출되지 않는 장소
- 수위가 급변하지 않는 장소
- 양수표의 영점 위치는 최저수위 밑에 있고, 양수표 눈금의 최고위는 최고홍수위보다 높아야 한다.
- 양수표는 평균해수면의 표고를 측정해 둔다.
- 양수표는 하천에 연하여 5~10km마다 배치한다.

04 삼각측량을 위한 삼각점의 위치선정에 있어서 피해야 할 장소와 가장 거리가 먼 것은?

① 측표를 높게 설치해야 되는 곳
② 나무의 벌목면적이 큰 곳
③ 편심관측을 해야 되는 곳
④ 습지 또는 하상인 곳

해설 기선 및 삼각점 선점 시 유의사항

기선	• 되도록 평탄할 것 • 기선의 양 끝이 서로 잘 보이고 기선 위의 모든 점이 잘 보일 것 • 부근의 삼각점에 연결하는 데 편리할 것 • 기선의 길이는 삼각망의 변장과 거의 같아야 하므로 만일 이러한 길이를 쉽게 얻을 수 없는 경우는 기선을 증대시키는 데 적당할 것
삼각점	• 각 점이 서로 잘 보일 것 • 삼각형의 내각은 60°에 가깝게 하는 것이 좋으나 1개의 내각은 30~120° 이내로 한다. • 표지와 기계가 움직이지 않을 견고한 지점일 것 • 가능한 한 측점수가 적고 세부측량에 이용가치가 커야 한다. • 벌목을 많이 하거나 높은 시준탑을 세우지 않아도 관측할 수 있는 점일 것 • 평야·산림지대는 시통을 위해 벌목이나 높은 측표작업이 필요하므로 작업이 곤란하다.

05 다음 우리나라에서 사용되고 있는 좌표계에 대한 설명 중 옳지 않은 것은?

우리나라의 평면직각좌표는 ㉠ 4개의 평면직각좌표계(서부, 중부, 동부, 동해)를 사용하고 있다. 각 좌표계의 ㉡ 원점은 위도 38° 선과 경도 125°, 127°, 129°, 131° 선의 교점에 위치하며, ㉢ 투영법은 TM(Transverse Mercator)을 사용한다. 좌표의 음수 표기를 방지하기 위해 ㉣ 횡좌표에 200,000m, 종좌표에 500,000m를 가산한 가좌표를 사용한다.

① ㉠　　② ㉡
③ ㉢　　④ ㉣

해설 직각좌표계 원점

명칭	원점의 경위도	투영원점의 가산(加算) 수치	원점 축척 계수	적용 구역
서부 좌표계	경도:동경 125°00′ 위도:북위 38°00′	X(N) 600,000m Y(E) 200,000m	1.0000	동경 124° ~126°
중부 좌표계	경도:동경 127°00′ 위도:북위 38°00′	X(N) 600,000m Y(E) 200,000m	1.0000	동경 126° ~128°
동부 좌표계	경도:동경 129°00′ 위도:북위 38°00′	X(N) 600,000m Y(E) 200,000m	1.0000	동경 128° ~130°
동해 좌표계	경도:동경 131°00′ 위도:북위 38°00′	X(N) 600,000m Y(E) 200,000m	1.0000	동경 130° ~132°

06 폐합다각측량을 실시하여 위거오차 30cm, 경거오차 40cm를 얻었다. 다각측량의 전체 길이가 500m라면 다각형의 폐합비는?

① $\dfrac{1}{100}$　　② $\dfrac{1}{125}$

③ $\dfrac{1}{1,000}$　　④ $\dfrac{1}{1,250}$

Answer 4. ③　5. ④　6. ③

해설 폐합비 = 폐합오차 / 전 측선의 길이

$$= \frac{E}{\sum L} = \frac{\sqrt{0.3^2 + 0.4^2}}{500} = \frac{1}{1,000}$$

07 지형의 표시방법 중 하천, 항만, 해안 측량 등에서 심천측량을 할 때 측점에 숫자로 기입하여 고저를 표시하는 방법은?

① 점고법　　② 음영법
③ 연선법　　④ 등고선법

해설 지형도에 의한 지형표시법

자연적 도법	영선법 (우모법) (Hachuring)	"게바"라 하는 단선상(短線上)의 선으로 지표의 기본을 나타내는 것으로 게바의 사이, 굵기, 방향 등에 의하여 지표를 표시하는 방법
	음영법 (명암법) (Shading)	태양광선이 서북쪽에서 45°로 비친다고 가정하여 지표의 기복을 도상에서 2~3색 이상으로 채색하여 지형을 표시하는 방법으로 지형의 입체감이 가장 잘 나타나는 방법이다.
부호적 도법	점고법 (Spot Height System)	지표면상의 표고 또는 수심을 숫자에 의하여 지표를 나타내는 방법으로 하천, 항만, 해양 등에 주로 이용
	등고선법 (Contour System)	동일표고의 점을 연결한 것으로 등고선에 의하여 지표를 표시하는 방법으로 토목공사용으로 가장 널리 사용
	채색법 (Layer System)	같은 등고선의 지대를 같은 색으로 채색하여 높을수록 진하게 낮을수록 연하게 칠하여 높이의 변화를 나타내며 지리관계의 지도에 주로 사용

08 토적곡선(Mass Curve)을 작성하는 목적으로 가장 거리가 먼 것은?

① 토량의 배분
② 교통량 산정
③ 토공기계의 선정
④ 토량의 운반거리 산출

해설 유토곡선 작성 목적
- 시공 방법을 결정한다.
- 평균운반거리를 산출한다.
- 운반거리에 대한 토공기계를 선정한다.
- 토량을 배분한다.
- 작업배경을 결정한다.

09 노선설치에서 곡선반지름 R, 교각 I인 단곡선을 설치할 때 곡선의 중앙종거(M)를 구하는 식으로 옳은 것은?

① $M = R\left(\sec\frac{I}{2} - 1\right)$

② $M = R\tan\frac{I}{2}$

③ $M = 2R\sin\frac{I}{2}$

④ $M = R\left(1 - \cos\frac{I}{2}\right)$

해설 중앙종거 $M = R\left(1 - \cos\frac{I}{2}\right)$

10 각관측 방법 중 배각법에 관한 설명으로 옳지 않은 것은?

① 방향각법에 비하여 읽기 오차의 영향을 적게 받는다.
② 수평각관측법 중 가장 정확한 방법으로 정밀한 삼각측량에 주로 이용된다.
③ 시준할 때의 오차를 줄일 수 있고 최소 눈금 미만의 정밀한 관측값을 얻을 수 있다.
④ 1개의 각을 2회 이상 반복 관측하여 관측한 각도의 평균을 구하는 방법이다.

해설 조합각관측법
수평각 관측방법 중 가장 정확한 방법으로 1등삼각측량에 이용된다.
㉠ 방법
여러 개의 방향선의 각을 차례로 방향각법으로 관측하여 얻어진 여러 개의 각을 최소제곱법에 의해 최확값을 결정한다.

Answer 7. ① 8. ② 9. ④ 10. ②

○ 측각 총수, 조건식 총수
- 측각 총수 = $\frac{1}{2}N(N-1)$
- 조건식 총수 = $\frac{1}{2}(N-1)(N-2)$

여기서, N : 방향수

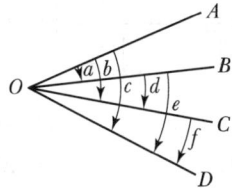

11 하천측량에서 유속관측에 대한 설명으로 옳지 않은 것은?

① 유속계에 의한 평균유속 계산식은 1점법, 2점법, 3점법 등이 있다.
② 하천기울기(I)를 이용하여 유속을 구하는 식에는 Chezy식과 Manning식 등이 있다.
③ 유속관측을 위해 이용되는 부자는 표면부자, 2중부자, 봉부자 등이 있다.
④ 위어(Weir)는 유량관측을 위해 직접적으로 유속을 관측하는 장비이다.

🎤해설 위어에 의한 유량측정은 직접 유량측정법이다.

12 전자파 거리측량기로 거리를 측량할 때 발생되는 관측오차에 대한 설명으로 옳은 것은?

① 모든 관측오차는 거리에 비례한다.
② 모든 관측오차는 거리에 비례하지 않는다.
③ 거리에 비례하는 오차와 비례하지 않는 오차가 있다.
④ 거리가 어떤 길이 이상으로 커지면 관측오차가 상쇄되어 길이에 대한 영향이 없어진다.

🎤해설 EDM에 의한 거리관측오차

거리에 비례하는 오차	• 광속도의 오차 • 광변조 주파수의 오차 • 굴절률의 오차
거리에 비례하지 않는 오차	• 위상차 관측 오차 • 기계정수 및 반사경 정수의 오차 • 편심으로 인한 오차

13 지반의 높이를 비교할 때 사용하는 기준면은?

① 표고(Elevation)
② 수준면(Level Surface)
③ 수평면(Horizontal Plane)
④ 평균해수면(Mean Sea Level)

🎤해설 공간정보의 구축 및 관리 등에 관한 법률 제6조(측량기준)
- 위치는 세계측지계에 따라 측정한 지리학적 경위도와 높이(평균해면으로부터의 높이를 말한다.)로 표시한다. 다만, 지도제작 등을 위하여 필요한 경우에는 직각좌표와 높이, 극좌표와 높이, 지구중심 직교좌표 및 그 밖의 다른 좌표로 표시할 수 있다.
- 측량의 원점은 대한민국 경위도원점 및 수준원점으로 한다. 다만, 섬 등 대통령령으로 정하는 지역에 대하여는 국토교통부장관이 따로 정하여 고시하는 원점을 사용할 수 있다.

14 수준측량에서 시준거리를 같게 함으로써 소거할 수 있는 오차에 대한 설명으로 틀린 것은?

① 기포관축과 시준선이 평행하지 않을 때 생기는 시준선 오차를 소거할 수 있다.
② 지구곡률오차를 소거할 수 있다.
③ 표척 시준 시 초점나사를 조정할 필요가 없으므로 이로 인한 오차인 시준오차를 줄일 수 있다.
④ 표척의 눈금 부정확으로 인한 오차를 소거할 수 있다.

해설 전시와 후시의 거리를 같게 함으로써 제거되는 오차
- 레벨의 조정이 불완전할 때(시준선이 기포관축과 평행하지 않을 때) 생기는 시준축오차(오차가 가장 크다.)
- 지구의 곡률오차(구차)와 빛의 굴절오차(기차)
- 초점나사를 조정할 필요가 없으므로 그로 인해 생기는 오차

15 그림과 같이 $\widehat{A_O B_O}$의 노선을 $e=10\mathrm{m}$만큼 이동하여 내측으로 노선을 설치하고자 한다. 새로운 반지름 R_N은?(단, $R_O=200\mathrm{m}$, $I=60°$)

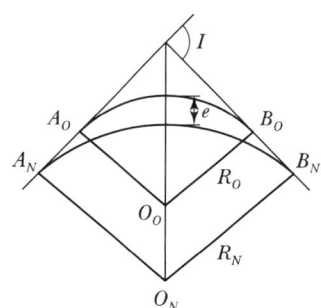

① 217.64m   ② 238.26m
③ 250.50m   ④ 264.64m

해설
- 외할 $(E_0) = R_0\left(\sec\dfrac{I}{2}-1\right)$
  $= 200\left(\sec\dfrac{60°}{2}-1\right)$
  $= 30.94\mathrm{m}$
- $E_N = E_0 + 10\mathrm{m}$
  $= 30.94 + 10 = 40.94\mathrm{m}$
- $E_N = R_N\left(\sec\dfrac{I}{2}-1\right)$
  $R_N = \dfrac{E_N}{\sec\dfrac{I}{2}-1}$
  $= \dfrac{40.94}{\sec\dfrac{60°}{2}-1} = 264.64\mathrm{m}$

16 직접고저측량을 실시한 결과가 그림과 같을 때, A점의 표고가 10m라면 C점의 표고는? (단, 그림은 개략도로 실제 치수와 다를 수 있다.)

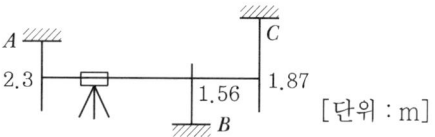

[단위 : m]

① 9.57m   ② 9.66m
③ 10.57m   ④ 10.66m

해설 $H_C = H_A - 2.3 + 1.87$
$= 10 - 2.3 + 1.87 = 9.57\mathrm{m}$

17 직사각형의 두 변의 길이를 $\dfrac{1}{100}$ 정밀도로 관측하여 면적을 산출할 경우 산출된 면적의 정밀도는?

① $\dfrac{1}{50}$ ② $\dfrac{1}{100}$
③ $\dfrac{1}{200}$ ④ $\dfrac{1}{300}$

해설 $\dfrac{\Delta A}{A} = 2\dfrac{\Delta L}{L} = 2 \times \dfrac{1}{100} = \dfrac{1}{50}$

18 다각측량에서 거리관측 및 각관측의 정밀도는 균형을 고려해야 한다. 거리관측의 허용오차가 ±1/10,000이라고 할 때, 각관측의 허용오차는?

① ±20″   ② ±10″
③ ±5″   ④ ±1′

해설 $\dfrac{\Delta l}{l} = \dfrac{\theta''}{\rho''}$
$\theta'' = \dfrac{\Delta l}{l}\rho''$
$= \pm\dfrac{1}{10,000}206,265'' = \pm 20''$

Answer 15. ④ 16. ① 17. ① 18. ①

19 그림과 같은 편심측량에서 $\angle ABC$는?(단, $\overline{AB}=2.0\text{km}$, $\overline{BC}=1.5\text{km}$, $e=0.5\text{m}$, $t=54°30'$, $\rho=300°30'$)

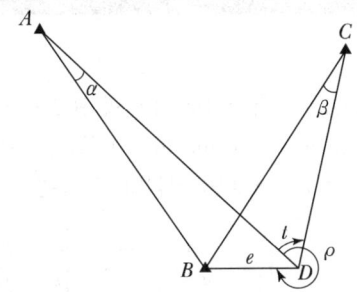

① $54°28'45''$
② $54°30'19''$
③ $54°31'58''$
④ $54°33'14''$

해설
- $\dfrac{2,000}{\sin(360°-300°30')}=\dfrac{0.5}{\sin\alpha}$

  $\sin\alpha=\dfrac{0.5}{2,000}\times\sin(360°-300°30')$

  $\alpha=\sin^{-1}\left[\left(\dfrac{0.5}{2,000}\right)\times\sin(360°-300°30')\right]$

  $=0°0'44.43''$

- $\dfrac{1,500}{\sin(360°-300°30'+54°30')}=\dfrac{0.5}{\sin\beta}$

  $\sin\beta=\dfrac{0.5}{1,500}\times\sin(360°-300°30'+54°30')$

  $\beta=\sin^{-1}\left[\left(\dfrac{0.5}{1,500}\right)\times\sin(360°-300°30'+54°30')\right]$

  $=0°1'2.81''$

$\therefore \angle ABC=t+\beta-\alpha$
$=54°31'+0°1'2.81''-0°0'44.43''$
$=54°30'19''$

20 그림과 같이 곡선반지름 $R=500\text{m}$인 단곡선을 설치할 때 교점에 장애물이 있어 $\angle ACD=150°$, $\angle CDB=90°$, $CD=100\text{m}$를 관측하였다. 이때 C점으로부터 곡선의 시점까지의 거리는?

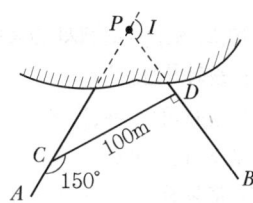
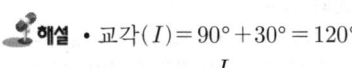

① 530.27m
② 657.04m
③ 750.56m
④ 796.09m

해설
- 교각$(I)=90°+30°=120°$

  $TL=R\tan\dfrac{I}{2}$

  $=500\times\tan\dfrac{120°}{2}=866.03\text{m}$

- $\sin$ 법칙으로부터

  $\dfrac{100}{\sin 60°}=\dfrac{\overline{CP}}{\sin 90°}$

  $\overline{CP}=115.47\text{m}$

$\therefore C$점으로부터 곡선시점까지 거리
$=TL-\overline{CP}=866.03-115.47$
$=750.56\text{m}$

측량학(2020년 3회 토목산업기사)

01 우리나라의 노선측량에서 고속도로에 주로 이용되는 완화곡선은?

① 렘니스케이트 곡선
② 클로소이드 곡선
③ 2차 포물선
④ 3차 포물선

해설 완화곡선의 종류
- 클로소이드 : 고속도로에 많이 사용된다.
- 렘니스케이트 : 시가지 철도에 많이 사용된다.
- 3차 포물선 : 철도에 많이 사용된다.
- sine 체감곡선 : 고속철도에 많이 사용된다.

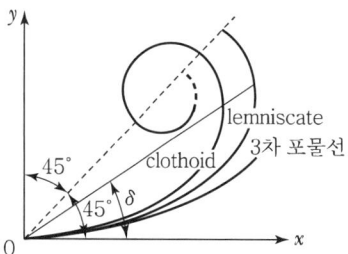

02 축척 1:5,000 지형도(30cm×30cm)를 기초로 하여 축척이 1:50,000인 지형도(30cm×30cm)를 제작하기 위해 필요한 1:5,000 지형도의 수는?

① 50장 ② 100장
③ 150장 ④ 200장

해설
- 면적은 축척 $\left(\dfrac{1}{M}\right)^2$에 비례한다.
- 지형도 매수 $=\left(\dfrac{50,000}{5,000}\right)^2=100$장

03 교호수준측량에서 A점의 표고가 60.00m일 때, $a_1=0.75\text{m}$, $b_1=0.55\text{m}$, $a_2=1.45\text{m}$, $b_2=1.24\text{m}$이면 B점의 표고는?

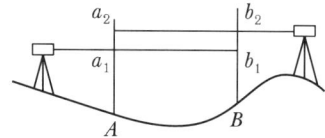

① 60.205m ② 60.210m
③ 60.215m ④ 60.200m

해설
- $\Delta H = \dfrac{(a_1+a_2)-(b_1+b_2)}{2}$
  $= \dfrac{(0.75+1.45)-(0.55+1.24)}{2}$
  $= 0.205\text{m}$
- $H_P = H_A \pm \Delta H = 60+0.205 = 60.205\text{m}$

04 수준측량 장비인 레벨의 기포관이 구비해야 할 조건으로 가장 거리가 먼 것은?

① 유리관의 질은 오랜 시간이 흘러도 내부 액체의 영향을 받지 않을 것
② 유리관의 곡률반지름이 중앙 부위로 갈수록 작아질 것
③ 동일 경사에 대해서는 기포의 이동이 동일할 것
④ 기포의 이동이 민감할 것

해설 기포관

기포관의 구조	알코올이나 에테르와 같은 액체를 넣어서 기포를 남기고 양단을 막은 것
기포관의 감도	감도란 기포 한 눈금(2mm)이 움직이는 데 대한 중심각을 말하며, 중심각이 작을수록 감도는 좋다.

Answer 1. ② 2. ② 3. ① 4. ②

05 노선의 횡단측량에서 No.1+15m 측점의 절토 단면적이 100m², No.2 측점의 절토 단면적이 40m²일 때 두 측점 사이의 절토량은? (단, 중심말뚝 간격=20m)

① 350m³ ② 700m³
③ 1,200m³ ④ 1,400m³

해설 양단평균법 이용

$$V = \frac{A_1 + A_2}{2} \cdot L = \frac{100 + 40}{2} \times 5 = 350\text{m}^3$$

06 거리측량의 허용정밀도를 $\frac{1}{10^5}$이라 할 때, 반지름 몇 km까지를 평면으로 볼 수 있는가?(단, 지구반지름 $r=6,400$km이다.)

① 11km ② 22km
③ 35km ④ 70km

해설
$$\frac{\Delta L}{L} = \frac{L^2}{12R^2}$$
$$\frac{1}{10^5} = \frac{L^2}{12 \times 6,400^2}$$
$$L = \sqrt{\frac{12 \times 6,400^2}{10^5}} = 70.1\text{km}$$
$$\therefore 반경 = \frac{L}{2} = \frac{70.1}{2} = 35\text{km}$$

07 기하학적 측지학에 속하지 않는 것은?
① 측지학적 3차원 위치의 결정
② 면적 및 체적의 산정
③ 길이 및 시(時)의 결정
④ 지구의 극운동과 자전운동

해설 측지학은 지구 내부의 특성, 지구의 형상 및 운동을 결정하는 측량과 지구표면상에 있는 모든 점들 간의 상호위치관계를 산정하는 측량의 가장 기본적인 학문이다.

기하학적 측지학	• 측지학적 3차원 위치 결정 • 길이 및 시간의 결정 • 수평위치 결정 • 높이의 결정 • 지도 제작 • 면적 및 체적의 산정 • 천문측량 • 위성측량 • 해양측량 • 사진측량
물리학적 측지학	• 지구의 형상 해석 • 지구의 극운동 및 자전운동 • 지각변동 및 균형 • 지구의 열 측정 • 대륙의 부동 • 해양의 조류 • 지구의 조석 측량 • 중력측량 • 지자기측량 • 탄성파측량

08 지상고도 2,000m의 비행기 위에서 초점거리 152.7mm의 사진기로 촬영한 수직항공사진에서 길이 50m인 교량의 사진상의 길이는?

① 2.6mm ② 3.8mm
③ 26mm ④ 38mm

해설 축척 $\left(\frac{1}{M}\right) = \frac{f}{H} = \frac{0.1527}{2,000} \fallingdotseq \frac{1}{13,000}$

$$\frac{1}{M} = \frac{도상길이}{실제길이}$$

$$\therefore 도상길이 = \frac{50}{13,000} = 0.0038\text{m}$$
$$= 3.8\text{mm}$$

09 완화곡선에 대한 설명으로 옳지 않은 것은?
① 완화곡선의 곡선반지름(R)은 시점에서 무한대이다.
② 완화곡선의 접선은 시점에서 직선에 접한다.
③ 완화곡선의 종점에 있는 캔트(Cant)는 원곡선의 캔트(Cant)와 같다.
④ 완화곡선의 길이(L)는 도로폭에 따라 결정된다.

Answer 5. ① 6. ③ 7. ④ 8. ② 9. ④

해설 완화곡선의 특징
- 곡선반경은 완화곡선의 시점에서 무한대, 종점에서 원곡선 R로 된다.
- 완화곡선의 접선은 시점에서 직선에, 종점에서 원호에 접한다.
- 완화곡선에 연한 곡선반경의 감소율은 캔트의 증가율과 같다.
- 완화곡선의 종점의 캔트와 원곡선 시점의 캔트는 같다.
- 완화곡선은 이정의 중앙을 통과한다.
- 완화곡선의 곡률은 시점에서 0, 종점에서 $\frac{1}{R}$이다.
- 완화곡선의 길이는 캔트(C)에 N배 비례한다.

10 등고선의 성질에 대한 설명으로 틀린 것은?
① 등고선은 도면 내·외에서 반드시 폐합한다.
② 최대 경사방향은 등고선과 직각방향으로 교차한다.
③ 등고선은 급경사지에서는 간격이 넓어지며, 완경사지에서는 간격이 좁아진다.
④ 등고선은 경사가 같은 곳에서는 간격이 같다.

해설 등고선의 성질
- 동일 등고선상에 있는 모든 점은 같은 높이이다.
- 등고선은 반드시 도면 안이나 밖에서 서로 폐합한다.
- 지도의 도면 내에서 폐합되면 가장 가운데 부분이 산꼭대기(산정) 또는 凹지(요지)가 된다.
- 등고선은 도중에 없어지거나 엇갈리거나 합쳐지거나 갈라지지 않는다.
- 높이가 다른 두 등고선은 동굴이나 절벽의 지형이 아닌 곳에서는 교차하지 않는다.
- 등고선은 경사가 급한 곳에서는 간격이 좁고 완만한 경사에서는 넓다.
- 최대경사의 방향은 등고선과 직각으로 교차한다.
- 분수선(능선)과 곡선(유하선)은 등고선과 직각으로 만난다.
- 2쌍의 등고선의 볼록부가 상대할 때는 볼록부를 나타낸다.
- 동등한 경사의 지표에서 양 등고선의 수평거리는 같다.
- 같은 경사의 평면일 때는 나란한 직선이 된다.
- 등고선이 능선을 직각방향으로 횡단한 다음 능선 다른 쪽을 따라 거슬러 올라간다.
- 등고선의 수평거리는 산꼭대기 및 산 밑에서는 크고 산 중턱에서는 작다.

11 수준측량에서 전시와 후시의 시준거리를 같게 하여 소거할 수 있는 오차는?
① 표척 눈금의 오독으로 발생하는 오차
② 표척을 연직방향으로 세우지 않아 발생하는 오차
③ 시준축이 기포관축과 평행하지 않기 때문에 발생하는 오차
④ 시차(조준의 불완전)에 의해 발생하는 오차

해설 전시와 후시의 거리를 같게 함으로써 제거되는 오차
- 레벨의 조정이 불완전할 때(시준선이 기포관축과 평행하지 않을 때) 생기는 시준축 오차(오차가 가장 크다.)
- 지구의 곡률오차(구차)와 빛의 굴절오차(기차)
- 초점나사를 조정할 필요가 없으므로 그로 인해 생기는 오차

12 폐합 트래버스 측량에서 각관측의 정밀도가 거리관측의 정밀도보다 높을 때 오차를 배분하는 방법으로 옳은 것은?
① 해당 측선길이에 비례하여 배분한다.
② 해당 측선길이에 반비례하여 배분한다.
③ 해당 측선의 위거와 경거의 크기에 비례하여 배분한다.
④ 해당 측선의 위거와 경거의 크기에 반비례하여 배분한다.

Answer 10. ③ 11. ③ 12. ③

해설 폐합오차의 조정

폐합오차를 합리적으로 배분하여 트래버스가 폐합하도록 하는데 오차의 배분방법은 다음 두 가지가 있다.
- **컴퍼스 법칙** : 각관측과 거리관측의 정밀도가 같을 때 조정하는 방법으로 각 측선길이에 비례하여 폐합오차를 배분한다.
- **트랜싯 법칙** : 각관측의 정밀도가 거리관측의 정밀도보다 높을 때 조정하는 방법으로 위거, 경거의 크기에 비례하여 폐합오차를 배분한다.

13 수평각 측정법 중에서 가장 정확한 값을 얻을 수 있는 방법은?

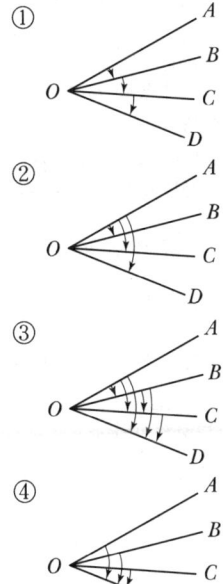

해설 조합각관측법

수평각 관측방법 중 가장 정확한 방법으로 1등삼각측량에 이용된다.
  ㉠ 방법
    여러 개의 방향선의 각을 차례로 방향각법으로 관측하여 얻어진 여러 개의 각을 최소제곱법에 의해 최확값을 결정한다.
  ㉡ 측각 총수, 조건식 총수

- 측각 총수 $= \dfrac{1}{2}N(N-1)$
- 조건식 총수 $= \dfrac{1}{2}(N-1)(N-2)$

여기서, N : 방향수

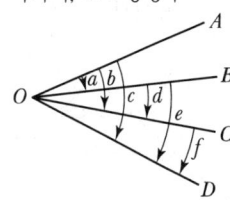

14 측선 $\overline{AB}$의 관측거리가 100m일 때, 다음 중 B점의 $X(N)$ 좌푯값이 가장 큰 경우는?(단, A의 좌표 $X_A = 0\mathrm{m}$, $Y_A = 0\mathrm{m}$)

① $\overline{AB}$의 방위각$(\alpha)=30°$
② $\overline{AB}$의 방위각$(\alpha)=60°$
③ $\overline{AB}$의 방위각$(\alpha)=90°$
④ $\overline{AB}$의 방위각$(\alpha)=120°$

해설
$X_n = X_A + l\cos\theta$
$X_{30} = 0 + 100 \times \cos 30° = 86.6$
$X_{60} = 0 + 100 \times \cos 60° = 50$
$X_{90} = 0 + 100 \times \cos 90° = 0$
$X_{120} = 0 + 100 \times \cos 120° = -50$
∴ $\overline{AB}$의 방위각이 30°일 때 가장 크다.

15 교점(IP)의 위치가 기점으로부터 200.12m, 곡선반지름 200m, 교각 45°00′인 단곡선의 시단현의 길이는?(단, 측점 간 거리는 20m로 한다.)

① 2.72m ② 2.84m
③ 17.16m ④ 17.28m

해설
$TL = R\tan\dfrac{I}{2} = 200 \times \dfrac{\tan 45°}{2}$
$ = 82.84\mathrm{m}$
BC 거리 $= IP$ 거리 $- TL$
$ = 200.12 - 82.84 = 117.28\mathrm{m}$
∴ 시단현 길이(l_1) $= 20 - 17.28\mathrm{m} = 2.72\mathrm{m}$

16 곡선반지름이 200m인 단곡선을 설치하기 위하여 그림과 같이 교각 I를 관측할 수 없어 $\angle AA'B'$, $\angle BB'A'$의 두 각을 관측하여 각각 141°40′과 90°20′의 값을 얻었다. 교각 I는?(단, A : 곡선시점, B : 곡선종점)

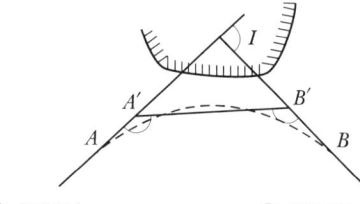

① 38°20′ ② 38°40′
③ 89°40′ ④ 128°00′

해설 $I = (180° - 141°40′) + (180 - 90°20′)$
$= 128°$

17 그림과 같이 A점에서 편심점 B'점을 시준하여 T_B'를 관측했을 때 B점의 방향각 T_B를 구하기 위한 보정량 x의 크기를 구하는 식으로 옳은 것은?

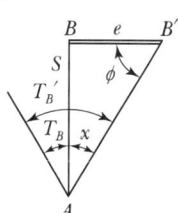

① $\rho'' \dfrac{e\sin\phi}{S}$ ② $\rho'' \dfrac{e\cos\phi}{S}$

③ $\rho'' \dfrac{S\sin\phi}{e}$ ④ $\rho'' \dfrac{S\cos\phi}{e}$

해설 sin 법칙으로부터
$$\dfrac{e}{\sin x} = \dfrac{S}{\sin \phi}$$
$$\sin x = \dfrac{e}{S} \sin \phi$$
$$\therefore x = \sin^{-1}\left(\dfrac{e\sin\phi}{S}\right) = \rho''\left(\dfrac{e\sin\phi}{S}\right)$$

18 항공사진측량의 특징에 대한 설명으로 틀린 것은?
① 분업에 의해 작업하므로 능률적이다.
② 정밀도가 대체로 균일하며 상대오차가 양호하다.
③ 축척 변경이 용이하다.
④ 대축척 측량일수록 경제적이다.

해설 사진측량의 장단점

장점	• 정량적 및 정성적 측정이 가능하다.
	• 정확도가 균일하다.
	 - 평면(X, Y) 정도
	   $(10\sim30)\mu \times$촬영축척의 분모수(m)
	 - 높이(H) 정도
	   $\left(\dfrac{1}{10,000} \sim \dfrac{1}{15,000}\right) \times$촬영고도$(H)$
	   여기서, $1\mu = \dfrac{1}{1,000}$(mm)
	   m : 촬영축척의 분모수
	   H : 촬영고도
	• 동체측정에 의한 현상보존이 가능하다.
	• 접근하기 어려운 대상물의 측정도 가능하다.
	• 축척변경도 가능하다.
	• 분업화로 작업을 능률적으로 할 수 있다.
	• 경제성이 높다.
	• 4차원의 측정이 가능하다.
	• 비지형측량이 가능하다.
	• 대축척일 때 사진 매수가 증가하므로 비경제적이다.

단점	• 좁은 지역에서는 비경제적이다. • 기자재가 고가이다.(시설 비용이 많이 든다.) • 피사체에 대한 식별의 난해가 있다.(지명, 행정경제 건물명, 음영에 의하여 분별하기 힘든 곳 등의 측정은 현장의 작업으로 보충측량이 요구된다.) • 기상조건에 영향을 받는다. • 태양고도 등에 영향을 받는다.

19 축척 1 : 50,000 지도상에서 4cm²인 영역의 지상에서 실제면적은?

① 1km²   ② 2km²
③ 100km²   ④ 200km²

해설 실제면적 = 도상면적 × M^2
= $4 \times 50,000^2$
= $1 \times 10^{10} \text{cm}^2 = 1 \text{km}^2$

20 기지점 A로부터 기지점 B에 결합하는 트래버스 측량을 실시하여 X좌표의 결합오차 +0.15m, Y좌표의 결합오차 +0.20m를 얻었다면 이 측량의 결합비는?(단, 전체 노선거리는 2,750m이다.)

① $\dfrac{1}{18,330}$ ② $\dfrac{1}{13,750}$
③ $\dfrac{1}{12,000}$ ④ $\dfrac{1}{11,000}$

해설 폐합비 = $\dfrac{\text{폐합오차}}{\text{전 측선의 길이}}$
= $\dfrac{E}{\Sigma L} = \dfrac{\sqrt{0.15^2 + 0.2^2}}{2,750}$
= $\dfrac{0.25}{2,750} = \dfrac{1}{11,000}$

Answer 19. ① 20. ④

측량학(2020년 4회 토목기사)

01 노선측량의 일반적인 작업 순서로 옳은 것은?

A : 종·횡단측량	B : 중심선측량
C : 공사측량	D : 답사

① A→B→D→C
② A→C→D→B
③ D→B→A→C
④ D→C→A→B

해설 노선측량의 작업 순서
답사 → 중심측량 → 종·횡단측량 → 공사측량

02 구면 삼각형의 성질에 대한 설명으로 틀린 것은?

① 구면 삼각형의 내각의 합은 180°보다 크다.
② 2점 간 거리가 구면상에서는 대원의 호 길이가 된다.
③ 구면 삼각형의 한 변은 다른 두 변의 합보다는 작고 차보다는 크다.
④ 구과량은 구 반지름의 제곱에 비례하고 구면 삼각형의 면적에 반비례한다.

해설

구면 삼각형	· 지표상 세 점을 지나는 세 개의 대원을 세 변으로 하는 삼각형 · 구면삼각형의 내각의 합은 180°보다 크다. · 측량대상 지역이 넓은 경우 곡면각 성질이 필요하다. · 구면삼각형의 세 변의 길이는 대원호의 중심각과 같은 각거리이다. 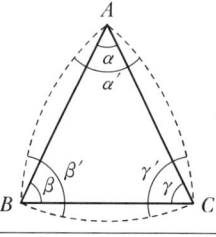

구과량	· 구면삼각형의 내각의 합과 180°의 차이를 구과량이라 한다. · 구과량(ε) = $\dfrac{A}{R^2} \cdot \rho''$ 여기서, A : 구면(평면) 삼각형의 면적 R : 지구의 평균곡률반경(6,370km) $\rho'' : \dfrac{180°}{\pi} = 206,265''$ · 한 변의 길이가 20km 이상일 때 n 다각형의 내각의 합은 $180°(n-2)$보다 반드시 크게 나타난다. · 구면삼각형의 구과량은 그 삼각형의 면적에 비례하고 지구 평균반경의 제곱에 반비례한다.

03 트래버스 측량의 일반적인 사항에 대한 설명으로 옳지 않은 것은?

① 트래버스 종류 중 결합 트래버스는 가장 높은 정확도를 얻을 수 있다.
② 각관측 방법 중 방위각법은 한번 오차가 발생하면 그 영향은 끝까지 미친다.
③ 폐합오차 조정방법 중 컴퍼스 법칙은 각 관측의 정밀도가 거리관측의 정밀도보다 높을 때 실시한다.
④ 폐합트래버스에서 편각의 총합은 반드시 360°가 되어야 한다.

해설 폐합오차의 조정
폐합오차를 합리적으로 배분하여 트래버스가 폐합하도록 하는데 오차의 배분방법은 다음 두 가지가 있다.
· 컴퍼스 법칙 : 각관측과 거리관측의 정밀도가 같을 때 조정하는 방법으로 각 측선길이에 비례하여 폐합오차를 배분한다.
· 트랜싯 법칙 : 각관측의 정밀도가 거리관측의 정밀도보다 높을 때 조정하는 방법으로 위거, 경거의 크기에 비례하여 폐합오차를 배분한다.

Answer 1. ③ 2. ④ 3. ③

04 30m에 대하여 3mm 늘어나 있는 줄자로써 정사각형의 지역을 측정한 결과 80,000m²이었다면 실제의 면적은?

① 80,016m²　② 80,008m²
③ 79,984m²　④ 79,992m²

해설
$\left(\dfrac{1}{m}\right)^2 = \dfrac{도상면적}{실제면적}$

실제면적 $= \left(\dfrac{L+\Delta L}{L}\right)^2 \times A$
$= \left(\dfrac{30+0.003}{30}\right)^2 \times 80,000$
$= 80,016\text{m}^2$

05 항공사진의 특수 3점이 아닌 것은?

① 주점　② 보조점
③ 연직점　④ 등각점

해설 항공사진의 특수 3점

특수 3점	특징
주점 (Principal Point)	렌즈 중심으로부터 화면(사진면)에 내린 수선의 발을 말하며, 렌즈의 광축과 화면이 교차하는 점으로 사진의 중심점이라고도 한다.
연직점 (Nadir Point)	• 렌즈 중심으로부터 지표면에 내린 수선의 발을 말하며, N을 지상연직점(피사체연직점), 그 선을 연장하여 화면(사진면)과 만나는 점을 화면연직점(n)이라 한다. • 주점에서 연직점까지의 거리 　$mn = f\tan i$
등각점 (Isocenter)	• 주점과 연직점이 이루는 각을 2등분한 점으로 사진면과 지표면에서 교차되는 점을 말한다. • 주점에서 등각점까지의 거리 　$mj = f\tan\dfrac{i}{2}$

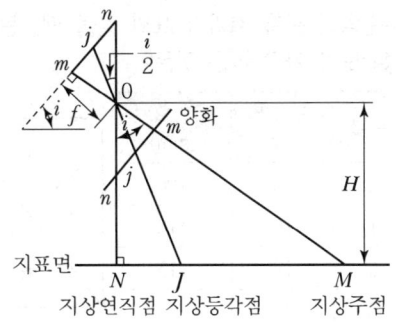

06 GPS 위성측량에 대한 설명으로 옳은 것은?

① GPS를 이용하여 취득한 높이는 지반고이다.
② GPS에서 사용하고 있는 기준타원체는 GRS80 타원체이다.
③ 대기 내 수증기는 GPS 위성신호를 지연시킨다.
④ GPS 측량은 별도의 후처리 없이 관측값을 직접 사용할 수 있다.

해설 ① GPS를 이용하여 취득한 높이는 타원체고이다.
② GPS에서 사용하고 있는 기준타원체는 WGS84 타원체이다.
④ GPS 측량은 후처리가 필요하다.

07 그림과 같은 횡단면의 면적은?

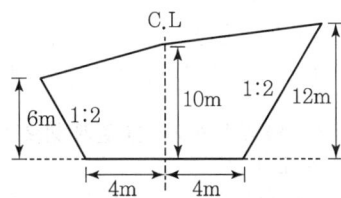

① 196m²　② 204m²
③ 216m²　④ 256m²

해설 $A = \left[\dfrac{6+10}{2} \times (4+12) + \dfrac{10+12}{2}\right.$
$\left.\times (4+24)\right] - \left(\dfrac{6\times 12}{2} + \dfrac{12\times 24}{2}\right)$
$= 256\text{m}^2$

Answer 4. ① 5. ② 6. ③ 7. ④

08 수준망의 관측 결과가 표와 같을 때, 관측의 정확도가 가장 높은 것은?

구분	총거리 (km)	폐합오차 (mm)
I	25	±20
II	16	±18
III	12	±15
IV	8	±13

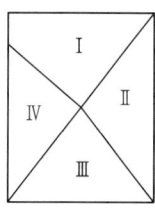

① I ② II
③ III ④ IV

- I 구간 : $\delta = \dfrac{\pm 20}{\sqrt{25}} = \pm 4$
- II 구간 : $\delta = \dfrac{\pm 18}{\sqrt{16}} = \pm 4.5$
- III 구간 : $\delta = \dfrac{\pm 15}{\sqrt{12}} = \pm 4.33$
- IV 구간 : $\delta = \dfrac{\pm 13}{\sqrt{8}} = \pm 4.596$

∴ I 구간의 정확도가 가장 높다.

09 수준측량에서 전시와 후시의 거리를 같게 하여 소거할 수 있는 오차가 아닌 것은?

① 지구의 곡률에 의해 생기는 오차
② 기포관축과 시준축이 평행하지 않기 때문에 생기는 오차
③ 시준선상에 생기는 빛의 굴절에 의한 오차
④ 표척의 조정 불완전으로 인해 생기는 오차

전시와 후시의 거리를 같게 함으로써 제거되는 오차
- 레벨의 조정이 불완전할 때(시준선이 기포관축과 평행하지 않을 때) 생기는 시준축 오차(오차가 가장 크다.)
- 지구의 곡률오차(구차)와 빛의 굴절오차 (기차)
- 초점나사를 조정할 필요가 없으므로 그로 인해 생기는 오차

10 폐합트래버스 $ABCD$에서 각 측선의 경거, 위거가 표와 같을 때, $\overline{AD}$ 측선의 방위각은?

측선	위거 +	위거 −	경거 +	경거 −
AB	50		50	
BC		30	60	
CD		70		60
DA				

① 133° ② 135°
③ 137° ④ 145°

위거, 경거의 총합은 0이 되어야 한다.

측선	위거 +	위거 −	경거 +	경거 −
AB	50		50	
BC		30	60	
CD		70		60
DA	50			50

- $\overline{DA}$의 방위각

$\tan\theta = \dfrac{경거}{위거} = \dfrac{-50}{50}$

$\theta = \tan^{-1}\left(\dfrac{-50}{50}\right) = 45°$

$X(+값)$, $Y(-값)$이므로 4상한이다.
$\overline{DA}$ 방위각 $= 360° - 45° = 315°$

- $\overline{AD}$ 방위각 $= \overline{DA}$ 방위각 $+ 180°$
$= 315° + 180° = 495°$
360°보다 작아야 하므로
$\overline{AD}$ 방위각 $= 495° - 360° = 135°$

11 초점거리가 210mm인 사진기로 촬영한 항공사진의 기선고도비는?(단, 사진 크기는 23cm ×23cm, 축척은 1:10,000, 종중복도 60%이다.)

① 0.32 ② 0.44
③ 0.52 ④ 0.61

Answer 8. ① 9. ④ 10. ② 11. ②

해설 기선고도비 $\left(\dfrac{B}{H}\right)$

$$= \dfrac{m \cdot a \cdot \left(1 - \dfrac{P}{100}\right)}{mf}$$

$$= \dfrac{10,000 \times 0.23 \times \left(1 - \dfrac{60}{100}\right)}{10,000 \times 0.21}$$

$$= 0.438 \fallingdotseq 0.44$$

12 완화곡선에 대한 설명으로 옳지 않은 것은?

① 완화곡선의 접선은 시점에서 원호에, 종점에서 직선에 접한다.
② 완화곡선에 연한 곡선반지름의 감소율은 캔트(Cant)의 증가율과 같다.
③ 완화곡선의 반지름은 그 시점에서 무한대, 종점에서는 원곡선의 반지름과 같다.
④ 모든 클로소이드(Clothoid)는 닮은꼴이며 클로소이드 요소는 길이의 단위를 가진 것과 단위가 없는 것이 있다.

해설 완화곡선의 특징
- 곡선반경은 완화곡선의 시점에서 무한대, 종점에서 원곡선 R로 된다.
- 완화곡선의 접선은 시점에서 직선에, 종점에서 원호에 접한다.
- 완화곡선에 연한 곡선반경의 감소율은 캔트의 증가율과 같다.
- 완화곡선의 종점의 캔트와 원곡선 시점의 캔트는 같다.
- 완화곡선은 이정의 중앙을 통과한다.
- 완화곡선의 곡률은 시점에서 0, 종점에서 $\dfrac{1}{R}$이다.

13 지형측량의 순서로 옳은 것은?

① 측량계획-골조측량-측량원도 작성-세부측량
② 측량계획-세부측량-측량원도 작성-골조측량
③ 측량계획-측량원도 작성-골조측량-세부측량
④ 측량계획-골조측량-세부측량-측량원도 작성

해설 지형측량의 작업순서
측량계획 → 답사 및 선점 → 기준점(골조)측량 → 세부측량 → 측량원도 작성 → 지도 편집

14 GNSS 데이터의 교환 등에 필요한 공통적인 형식으로 원시 데이터에서 측량에 필요한 데이터를 추출하여 보기 쉽게 표현한 것은?

① Bernese
② RINEX
③ Ambiguity
④ Binary

해설 RINEX(Receiver Independent Exchange Format)
GPS 측량에서 수신기의 기종이 다르고 기록형식, 데이터의 내용이 다르기 때문에 기선해석이 되지 않으므로 이를 통일시켜 다른 기종 간에 기선 해석이 가능하도록 한 것

15 축척 1:1,500 지도상의 면적을 축척 1:1,000으로 잘못 관측한 결과가 10,000m²이었다면 실제면적은?

① 4,444m²
② 6,667m²
③ 15,000m²
④ 22,500m²

해설 실제면적 $= \left(\dfrac{m_2}{m_1}\right)^2 \times A$

$$= \left(\dfrac{1,500}{1,000}\right)^2 \times 10,000$$

$$= 22,500 \text{m}^2$$

Answer 12. ① 13. ④ 14. ② 15. ④

16 삼변측량을 실시하여 길이가 각각 $a=1,200$m, $b=1,300$m, $c=1,500$m이었다면 ∠ACB는?

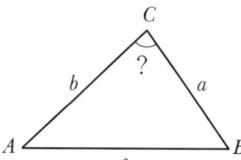

① 73°31′02″ ② 73°33′02″
③ 73°35′02″ ④ 73°37′02″

해설 코사인 제2법칙으로부터

$$\cos C = \frac{a^2+b^2-c^2}{2ab}$$
$$= \frac{1,200^2+1,300^2-1,500^2}{2\times 1,200 \times 1,300}$$
$$= 0.282$$

∴ $C = \cos^{-1} 0.282 = 73°37′02″$

17 수평각 관측을 할 때 망원경의 정위, 반위로 관측하여 평균하여도 소거되지 않는 오차는?

① 수평축 오차
② 시준축 오차
③ 연직축 오차
④ 편심오차

해설 기계(정)오차의 원인과 처리방법

1. 조정이 완전하지 않기 때문에 생기는 오차

오차의 종류	원인	처리방법
시준축 오차	시준축과 수평축이 직교하지 않기 때문에 생기는 오차	망원경을 정·반위로 관측하여 평균을 취한다.
수평축 오차	수평축이 연직축에 직교하지 않기 때문에 생기는 오차	망원경을 정·반위로 관측하여 평균을 취한다.
연직축 오차	연직축이 연직이 되지 않기 때문에 생기는 오차	소거 불능(연직축과 수평 기포관축의 직교를 조정)

2. 기계의 구조상 결점에 따른 오차

오차의 종류	원인	처리방법
회전축의 편심오차 (내심오차)	기계의 수평회전축과 수평분도원의 중심이 불일치	180° 차이가 있는 2개(A, B)의 버니어의 읽음값을 평균한다.
시준선의 편심오차 (외심오차)	시준선이 기계의 중심을 통과하지 않기 때문에 생기는 오차	망원경을 정·반위로 관측하여 평균을 취한다.
분도원의 눈금오차	눈금 간격이 균일하지 않기 때문에 생기는 오차	버니어의 0의 위치를 $\frac{180°}{n}$씩 옮겨가면서 대회관측을 한다.

18 2,000m의 거리를 50m씩 끊어서 40회 관측하였다. 관측 결과 총오차가 ±0.14m이었고, 40회 관측의 정밀도가 동일하다면, 50m 거리 관측의 오차는?

① ±0.022m ② ±0.019m
③ ±0.016m ④ ±0.013m

해설 $M = \pm \delta_1 \sqrt{n}$

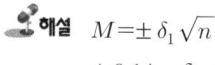

∴ 1회 측정 시 오차(δ_1) = 0.022

19 교호수준측량을 한 결과로 $a_1=0.472$m, $a_2=2.656$m, $b_1=2.106$m, $b_2=3.895$m를 얻었다. A점의 표고가 66.204m일 때 B점의 표고는?

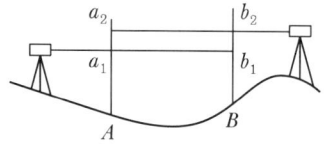

① 64.130m ② 64.768m
③ 65.238m ④ 67.641m

해설

$$\Delta H = \frac{(a_1+a_2)-(b_1+b_2)}{2}$$

$$= \frac{(0.472+2.656)-(2.106+3.895)}{2}$$

$$= -1.4365\text{m}$$

$$\therefore H_B = H_A \pm \Delta h = 66.204 - 1.4365$$

$$= 64.768\text{m}$$

20 도로의 노선측량에서 반지름(R) 200m인 원곡선을 설치할 때, 도로의 기점으로부터 교점(IP)까지의 추가거리가 423.26m, 교각(I)이 42°20′일 때 시단현의 편각은?(단, 중심말뚝간격은 20m이다.)

① 0°50′00″ ② 2°01′52″
③ 2°03′11″ ④ 2°51′47″

해설

- 접선장(TL) = $R\tan\frac{I}{2}$

$$= 200 \times \tan\frac{42°20'}{2}$$

$$= 77.44\text{m}$$

- BC 거리 = $IP - TL$

$$= 423.26 - 77.44$$

$$= 345.82\text{m}$$

- 시단현 길이(l_1) = 360 − 345.82

$$= 14.18\text{m}$$

- 시단현 편각(δ_1) = $\frac{l_1}{R} \times \frac{90°}{\pi}$

$$= \frac{14.18}{200} \times \frac{90°}{\pi}$$

$$= 2°01'55''$$

Answer 20. ②

측량학(2021년 1회 토목기사)

01 삼각망 조정에 관한 설명으로 옳지 않은 것은?

① 임의의 한 변의 길이는 계산경로에 따라 달라질 수 있다.
② 검기선은 측정한 길이와 계산된 길이가 동일하다.
③ 1점 주위에 있는 각의 합은 360°이다.
④ 삼각형의 내각의 합은 180°이다.

해설 관측각의 조정

각조건	삼각형의 내각의 합은 180°가 되어야 한다. 즉, 다각형의 내각의 합은 180°(n-2)이어야 한다.
점조건	한 측점 주위에 있는 모든 각의 합은 반드시 360°가 되어야 한다.
변조건	삼각망 중에서 임의의 한 변의 길이는 계산 순서에 관계없이 항상 일정하여야 한다.

02 삼각측량과 삼변측량에 대한 설명으로 틀린 것은?

① 삼변측량은 변 길이를 관측하여 삼각점의 위치를 구하는 측량이다.
② 삼각측량의 삼각망 중 가장 정확도가 높은 망은 사변형삼각망이다.
③ 삼각점의 선점 시 기계나 측표가 동요할 수 있는 습지나 하상은 피한다.
④ 삼각점의 등급을 정하는 주된 목적은 표석설치를 편리하게 하기 위함이다.

해설 삼각점은 각종 측량의 골격이 되는 기준점이다.

03 그림과 같은 유토곡선(Mass Curve)에서 하향구간이 의미하는 것은?

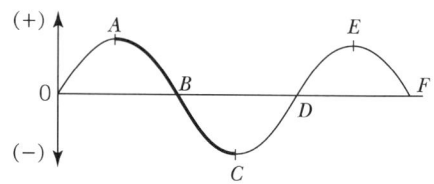

① 성토구간　② 절토구간
③ 운반토량　④ 운반거리

해설 유토곡선의 성질
- 유토곡선의 하향구간은 성토구간, 상향구간은 절토구간이다.
- 유토곡선의 극대치는 절토에서 성토로 옮기는 점이고, 극소치는 성토에서 절토로 옮기는 점을 표시한다.
- 유토곡선의 극대점토량에서 극소점토량을 빼고 남는 것이 사토량이다.

04 조정계산이 완료된 조정각 및 기선으로부터 처음 신설하는 삼각점의 위치를 구하는 계산 순서로 가장 적합한 것은?

① 편심조정 계산 → 삼각형 계산(변, 방향각) → 경위도 결정 → 좌표조정 계산 → 표고 계산
② 편심조정 계산 → 삼각형 계산(변, 방향각) → 좌표조정 계산 → 표고 계산 → 경위도 결정
③ 삼각형 계산(변, 방향각) → 편심조정 계산 → 표고 계산 → 경위도 결정 → 좌표조정 계산
④ 삼각형 계산(변, 방향각) → 편심조정 계산 → 표고 계산 → 좌표조정 계산 → 경위도 결정

Answer 01. ① 02. ④ 03. ① 04. ②

해설 계산순서
편심조정 계산 → 삼각형 계산(변, 방향각) → 좌표조정 계산 → 표고 계산 → 경위도 계산

05 기지점의 지반고가 100m이고, 기지점에 대한 후시는 2.75m, 미지점에 대한 전시가 1.40m일 때 미지점의 지반고는?
① 98.65m ② 101.35m
③ 102.75m ④ 104.15m

해설 $H_B = H_A + 2.75 - 1.40 = 100 + 2.75 - 1.40$
$= 101.35m$

06 어느 두 지점 사이의 거리를 A, B, C, D 4명의 사람이 각각 10회 관측한 결과가 다음과 같다면 가장 신뢰성이 낮은 관측자는?

- A : 165.864±0.002m
- B : 165.867±0.006m
- C : 165.862±0.007m
- D : 165.864±0.004m

① A ② B
③ C ④ D

해설 경중률(P)은 오차 $\left(\dfrac{1}{m}\right)$의 제곱의 반비례한다.
$P_A : P_B : P_C : P_D$
$= \dfrac{1}{m_A^2} : \dfrac{1}{m_B^2} : \dfrac{1}{m_C^2} : \dfrac{1}{m_D^2}$
$= \dfrac{1}{2^2} : \dfrac{1}{6^2} : \dfrac{1}{7^2} : \dfrac{1}{4^2}$
$= 12.25 : 1.36 : 1 : 3.06$
∴ 경중률이 낮은 C작업이 신뢰성이 가장 낮다.

07 레벨의 불완전 조정에 의하여 발생한 오차를 최소화하는 가장 좋은 방법은?
① 왕복 2회 측정하여 그 평균을 취한다.
② 기포를 항상 중앙에 오게 한다.
③ 시준선의 거리를 짧게 한다.
④ 전시, 후시의 표척거리를 같게 한다.

해설 전시와 후시의 거리를 같게 함으로써 제거되는 오차
- 레벨의 조정이 불완전(시준선이 기포관축과 평행하지 않을 때)할 때(시준축오차 : 오차가 가장 크다.)
- 지구의 곡률오차(구차)와 빛의 굴절오차(기차)를 제거한다.
- 초점나사를 움직이는 오차가 없으므로 그로 인해 생기는 오차를 제거한다.

08 원곡선에 대한 설명으로 틀린 것은?
① 원곡선을 설치하기 위한 기본요소는 반지름(R)과 교각(I)이다.
② 접선길이는 곡선반지름에 비례한다.
③ 원곡선은 평면곡선과 수직곡선으로 모두 사용할 수 있다.
④ 고속도로와 같이 고속의 원활한 주행을 위해서는 복심곡선 또는 반향곡선을 주로 사용한다.

해설 완화곡선의 종류
- 클로소이드 : 고속도로
- 렘니스케이트 : 시가지 철도
- 3차 포물선 : 철도
- sine 체감곡선 : 곡선철도

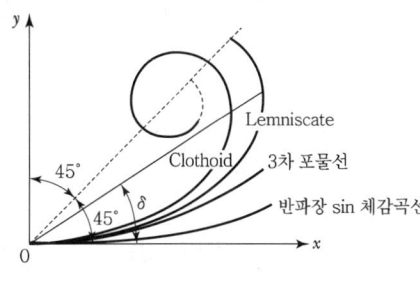

[완화곡선의 종류]

※ 고속도로는 완화곡선 중 클로소이드 곡선을 이용한다.

09 트래버스측량에서 1회 각관측의 오차가 ±10″라면 30개의 측점에서 1회씩 각관측하였을 때의 총 각관측 오차는?

① ±15″ ② ±17″
③ ±55″ ④ ±70″

해설 $M = \pm \delta \sqrt{n}$
$= \pm 10'' \sqrt{30} = \pm 55''$

10 노선측량에서 단곡선 설치 시 필요한 교각이 95°30′, 곡선반지름이 200m일 때 장현(L)의 길이는?

① 296.087m ② 302.619m
③ 417.131m ④ 597.238m

해설 $L = 2R \sin \dfrac{I}{2}$
$= 2 \times 200 \times \sin \dfrac{95°30'}{2} = 296.087\text{m}$

11 등고선에 관한 설명으로 옳지 않은 것은?

① 높이가 다른 등고선은 절대 교차하지 않는다.
② 등고선 간의 최단거리 방향은 최대경사 방향을 나타낸다.
③ 지도의 도면 내에서 폐합되는 경우에 등고선의 내부에는 산꼭대기 또는 분지가 있다.
④ 동일한 경사의 지표에서 등고선 간의 간격은 같다.

해설 등고선의 성질
- 동일 등고선상에 있는 모든 점은 같은 높이이다.
- 등고선은 반드시 도면 안이나 밖에서 서로가 폐합한다.
- 지도의 도면 내에서 폐합되면 가장 가운데 부분을 산꼭대기(산정) 또는 凹지(요지)가 된다.
- 등고선은 도중에 없어지거나 엇갈리거나 합쳐지거나 갈라지지 않는다.
- 높이가 다른 두 등고선은 동굴이나 절벽의 지형이 아닌 곳에서는 교차하지 않는다.
- 등고선은 경사가 급한 곳에서는 간격이 좁고 완만한 경사에서는 넓다.
- 최대경사의 방향은 등고선과 직각으로 교차한다.
- 분수선(능선)과 곡선(유하선)은 등고선과 직각으로 만난다.
- 2쌍의 등고선의 볼록부가 상대할 때는 볼록부를 나타낸다.
- 동등한 경사의 지표에서 양 등고선의 수평거리는 같다.
- 같은 경사의 평면일 때는 나란한 직선이 된다.
- 등고선이 능선을 직각방향으로 횡단한 다음 능선 다른 쪽을 따라 거슬러 올라간다.
- 등고선의 수평거리는 산꼭대기 및 산 밑에서는 크고 산중턱에서는 작다.

12 설계속도 80km/h의 고속도로에서 클로소이드 곡선의 곡선반지름이 360m, 완화곡선길이가 40m일 때 클로소이드 매개변수 A는?

① 100m ② 120m
③ 140m ④ 150m

해설 $A^2 = RL$
$A = \sqrt{R \cdot L} = \sqrt{360 \times 40} = 120\text{m}$

13 교호수준측량의 결과가 아래와 같고, A점의 표고가 10m일 때 B점의 표고는?

- 레벨 P에서 $A \to B$ 관측 표고차 : -1.256m
- 레벨 Q에서 $B \to A$ 관측 표고차 : $+1.238$m

① 8.753m ② 9.753m
③ 11.238m ④ 11.247m

해설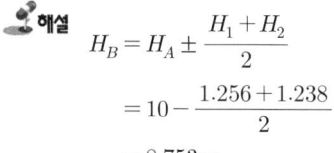
$H_B = H_A \pm \dfrac{H_1 + H_2}{2}$
$= 10 - \dfrac{1.256 + 1.238}{2}$
$= 8.753\text{m}$

14 직사각형 토지의 면적을 산출하기 위해 두 변 a, b의 거리를 관측한 결과가 $a = 48.25 \pm 0.04\text{m}$, $b = 23.42 \pm 0.02\text{m}$이었다면 면적의 정밀도($\triangle A/A$)는?

① $\dfrac{1}{420}$ ② $\dfrac{1}{630}$

③ $\dfrac{1}{840}$ ④ $\dfrac{1}{1,080}$

해설
- $\triangle A = \sqrt{(a \cdot m_b)^2 + (b \cdot m_a)^2}$
  $= \sqrt{(48.25 \times 0.02)^2 + (23.42 \times 0.04)^2}$
  $= 1.3449\text{m}^2$
- $A = 48.25 \times 23.42 = 1,130\text{m}^2$
- $\dfrac{\triangle A}{A} = \dfrac{1}{840}$

15 각관측 장비의 수평축이 연직축과 직교하지 않기 때문에 발생하는 측각오차를 최소화하는 방법으로 옳은 것은?

① 직교에 대한 편차를 구하여 더한다.
② 배각법을 사용한다.
③ 방향각법을 사용한다.
④ 망원경의 정·반위로 측정하여 평균한다.

해설 트랜싯의 6조정

1. 수평각 측정 시 필요한 조정

제1조정	평반기포관의 조정 : 연직축오차	평반기포관축은 연직축에 직교해야 한다.
제2조정	십자종선의 조정 : 시준축오차	십자종선은 수평축에 직교해야 한다.
제3조정	수평축의 조정 : 수평축오차	수평축은 연직축에 직교해야 한다.

2. 연직각 측정 시 필요한 조정

제4조정	십자횡선의 조정	십자선의 교점은 정확하게 망원경의 중심(광축)과 일치하고 십자횡선은 수평축과 평행해야 한다.
제5조정	망원경기포관의 조정	망원경에 장치된 기포관축과 시준선은 평행해야 한다.
제6조정	연직분도원 버니어조정	시준선은 수평(기포관의 기포가 중앙)일 때 연직분도원의 0°가 버니어의 0과 일치해야 한다.

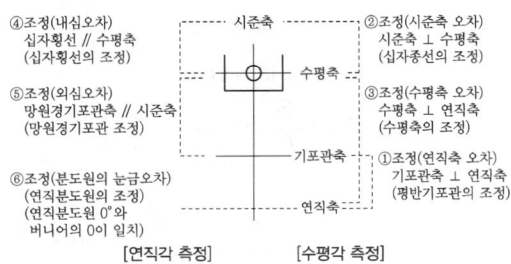

[연직각 측정]   [수평각 측정]

16 원격탐사(Remote Sensing)의 정의로 옳은 것은?

① 지상에서 대상 물체에 전파를 발생시켜 그 반사파를 이용하여 측정하는 방법
② 센서를 이용하여 지표의 대상물에서 반사 또는 방사된 전자 스펙트럼을 측정하고 이들의 자료를 이용하여 대상물이나 현상에 관한 정보를 얻는 기법
③ 우주에 산재해 있는 물체의 고유스펙트럼을 이용하여 각각의 구성 성분을 지상의 레이더망으로 수집하여 처리하는 방법
④ 우주선에서 찍은 중복된 사진을 이용하여 지상에서 항공사진의 처리와 같은 방법으로 판독하는 작업

해설 원격탐사는 센서를 이용하여 지표대상물에서 방사·반사하는 전자파를 측정하여 정량적·정성적 해석을 하는 탐사다.

17 초점거리 153mm, 사진크기 23cm×23cm인 카메라를 사용하여 동서 14km, 남북 7km, 평균표고 250m인 거의 평탄한 지역을 축척 1 : 5,000으로 촬영하고자 할 때, 필요한 모델 수는?(단, 종중복도=60%, 횡중복도=30%)

① 81   ② 240
③ 279   ④ 961

Answer 14. ③   15. ④   16. ②   17. ③

해설
- 종모델수 $= \dfrac{S_1}{B_0} = \dfrac{S_1}{ma\left(1-\dfrac{P}{100}\right)}$

  $= \dfrac{14,000}{5,000 \times 0.23 \times \left(1-\dfrac{60}{100}\right)}$

  $= 30.43 ≒ 31$매

- 횡모델수 $= \dfrac{S_2}{C_0} = \dfrac{S_2}{ma\left(1-\dfrac{q}{100}\right)}$

  $= \dfrac{7,000}{5,000 \times 0.23 \times \left(1-\dfrac{30}{100}\right)}$

  $= 8.69 ≒ 9$매

∴ 총모델수=종모델수×횡모델수=279

18 그림과 같이 한 점 O 에서 A, B, C 방향의 각관측을 실시한 결과가 다음과 같을 때 $\angle BOC$의 최확값은?

- $\angle AOB$ 2회 관측 결과 $40°30'25''$
- 　　　　3회 관측 결과 $40°30'20''$
- $\angle AOC$ 6회 관측 결과 $85°30'20''$
- 　　　　4회 관측 결과 $85°30'25''$

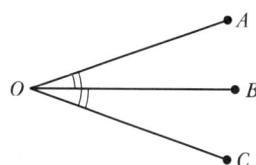

① $45°00'05''$　　② $45°00'02''$
③ $45°00'03''$　　④ $45°00'00''$

해설
- 최확값($\angle AOB$)

  $= 40°30' + \dfrac{2\times 25'' + 3\times 20''}{2+3} = 40°30'22''$

- 최확값($\angle AOC$)

  $= 85°30' + \dfrac{6\times 20'' + 4\times 25''}{6+4} = 85°30'22''$

- $\angle AOC = \angle AOB + \angle BOC$

  ∴ $\angle BOC = 85°30'22'' - 40°30'22''$
  $= 45°00'00''$

19 측지학에 관한 설명 중 옳지 않은 것은?

① 측지학이란 지구 내부의 특성, 지구의 형상, 지구 표면의 상호 위치관계를 결정하는 학문이다.
② 물리학적 측지학은 중력측정, 지자기측정 등을 포함한다.
③ 기하학적 측지학에는 천문측량, 위성측량, 높이의 결정 등이 있다.
④ 측지측량이란 지구의 곡률을 고려하지 않는 측량으로 11km 이내를 평면으로 취급한다.

해설

측지측량 (測地測量, Geodetic Surveying)	① 지구의 곡률을 고려한 정밀한 측량으로서 지구의 형상과 크기를 구하는 측량 ② 측량정밀도가 1/1,000,000일 경우 ③ 지구의 곡률반경이 11km 이상인 지역 ④ 면적이 약 400km² 이상인 지역을 측지(대지) 측량이라 한다. • 기하학적 측지학 　지구표면상에 있는 모든 점들 간의 상호 위치관계를 결정하는 것 • 물리학적 측지학 　지구 내부의 특성, 지구의 형상 및 크기를 결정하는 것
평면측량 (平面測量, Plane Surveying)	① 지구의 곡률을 고려하지 않은 측량 ② 거리측량의 허용정밀도가 1/1,000,000 이내인 범위 ③ 지구의 곡률반경이 11km 이내인 지역 ④ 면적이 약 400km² 이내인 지역을 평면으로 취급 • 거리허용오차 　$(d-D) = \dfrac{D^3}{12 \cdot R^2}$ • 허용정밀도 　$\left(\dfrac{d-D}{D}\right) = \dfrac{D^2}{12 \cdot R^2} = \dfrac{1}{m} = M$ • 평면으로 간주할 수 있는 범위 　$(D) = \sqrt{\dfrac{12 \cdot R^2}{m}}$

Answer 18. ④　19. ④

20 해도와 같은 지도에 이용되며, 주로 하천이나 항만 등의 심천측량을 한 결과를 표시하는 방법으로 가장 적당한 것은?

① 채색법 ② 영선법
③ 점고법 ④ 음영법

해설 지형도에 의한 지형표시법

자연적 도법	영선법 (우모법) (Hachuring)	"게바"라 하는 단선상(短線上)의 선으로 지표의 기복을 나타내는 것으로 게바의 사이, 굵기, 방향 등에 의하여 지표를 표시하는 방법
	음영법 (명암법) (Shading)	태양광선이 서북쪽에서 45°로 비친다고 가정하여 지표의 기복을 도상에서 2~3색 이상으로 채색하여 지형을 표시하는 방법으로 지형의 입체감이 가장 잘 나타나는 방법
부호적 도법	점고법 (Spot Height System)	지표면상의 표고 또는 수심을 숫자에 의하여 지표를 나타내는 방법으로 하천, 항만, 해양 등에 주로 이용
	등고선법 (Contour System)	동일표고의 점을 연결한 것으로 등고선에 의하여 지표를 표시하는 방법으로 토목공사용으로 가장 널리 사용
	채색법 (Layer System)	같은 등고선의 지대를 같은 색으로 채색하여 높을수록 진하게, 낮을수록 연하게 칠하여 높이의 변화를 나타내며 지리관계의 지도에 주로 사용

Answer 20. ③

측량학(2021년 2회 토목기사)

01 수로조사에서 간출지의 높이와 수심의 기준이 되는 것은?
① 약최고고저면
② 평균중등수위면
③ 수애면
④ 약최저저조면

> 해설
> • 평균최고수위 : 치수목적, 제방, 교량, 배수 등
> • 평균최저수위 : 이수목적, 주운, 수력발전, 관개 등

02 그림과 같이 각 격자의 크기가 10m×10m로 동일한 지역의 전체 토량은?

```
  1.2    1.4    1.8   2.1
  ┌──────┬──────┐
  │      │      │
1.5│   2.1│   2.4│1.4
  ├──────┼──────┤
  │      │      │
1.2│   1.2│   1.8│
  └──────┴──────┘          [단위:m]
```

① 877.5m³ ② 893.6m³
③ 913.7m³ ④ 926.1m³

> 해설
> $V = \dfrac{A}{4}(\sum h_1 + 2\sum h_2 + 3\sum h_3 + 4\sum h_4)$
> $\sum h_1 = 1.2 + 2.1 + 1.4 + 1.8 + 1.2 = 7.7$
> $\sum h_2 = 1.4 + 1.8 + 1.2 + 1.5 = 5.9$
> $\sum h_3 = 2.4$
> $\sum h_4 = 2.1$
> $\therefore V = \dfrac{10 \times 10}{4}(7.7 + 2 \times 5.9 + 3 \times 2.4 + 4 \times 2.1)$
> $= 877.5 \text{m}^3$

03 동일 구간에 대해 3개의 관측군으로 나누어 거리관측을 실시한 결과가 표와 같을 때, 이 구간의 최확값은?

관측군	관측값(m)	관측횟수
1	50.362	5
2	50.348	2
3	50.359	3

① 50.354m ② 50.356m
③ 50.358m ④ 50.362m

> 해설 경중률(P)은 횟수(n)에 비례
> $P_1 : P_2 : P_3 = 5 : 2 : 3$
> ∴ 최확값(L_0)
> $= \dfrac{P_1 L_1 + P_2 L_2 + P_3 L_3}{P_1 + P_2 + P_3}$
> $= 50 + \dfrac{5 \times 0.362 + 2 \times 0.348 + 3 \times 0.359}{5 + 2 + 3}$
> $= 50.358 \text{m}$

04 클로소이드 곡선(Clothoid Curve)에 대한 설명으로 옳지 않은 것은?
① 고속도로에 널리 이용된다.
② 곡률이 곡선의 길이에 비례한다.
③ 완화곡선의 일종이다.
④ 클로소이드 요소는 모두 단위를 갖지 않는다.

Answer 01. ④ 02. ① 03. ③ 04. ④

> **해설** 클로소이드 성질
> - 클로소이드는 나선의 일종이다.
> - 모든 클로소이드는 닮은꼴이다(상사성이다).
> - 단위가 있는 것도 있고 없는 것도 있다.
> - τ는 30°가 적당하며, τ는 라디안으로 구한다.
> - 확대율을 가지고 있다.

05 표척이 앞으로 3° 기울어져 있는 표척의 읽음 값이 3.645m이었다면 높이의 보정량은?
① 5mm
② −5mm
③ 10mm
④ −10mm

> **해설** 실제표척값 $= 3.645 \times \cos 3° = 3.640\text{m}$
> ∴ 보정량 $= -5\text{mm}$

06 최근 GNSS 측량의 의사거리 결정에 영향을 주는 오차와 거리가 먼 것은?
① 위성의 궤도오차
② 위성의 시계오차
③ 위성의 기하학적 위치에 따른 오차
④ SA(Selective Availability) 오차

> **해설** 오차의 요인
> - 위성 관련 오차 : 궤도 편의, 위성시계의 편의
> - 신호전달 관련 오차 : 전리층 편의, 대류권 지연, 주파수오차
> - 수신기 관련 오차 : 수신기시계의 편의, 주파수 오차
> - 위성 배치상태 관련 편의

07 평탄한 지역에서 9개 측선으로 구성된 다각측량에서 2′의 각관측 오차가 발생하였다면 오차의 처리 방법으로 옳은 것은?(단, 허용오차는 $60″\sqrt{N}$로 가정한다.)
① 오차가 크므로 다시 관측한다.
② 측선의 거리에 비례하여 배분한다.
③ 관측각의 크기에 역비례하여 배분한다.
④ 관측각에 같은 크기로 배분한다.

> **해설** 허용오차
> $60″\sqrt{N} = 60″\sqrt{9} = 180″ = 3′$
> ∴ 측각오차(2′) < 허용오차(3′)이므로 등배분한다.

08 도로의 단곡선 설치에서 교각이 60°, 반지름이 150m이며, 곡선시점이 No.8+17m(20m×8+17m)일 때 종단현에 대한 편각은?
① 0°02′45″
② 2°41′21″
③ 2°57′54″
④ 3°15′23″

> **해설**
> - $CL = RI\dfrac{\pi}{180} = 150 \times 60° \times \dfrac{\pi}{180°}$
> $= 157.08\text{m}$
> - $EC = BC + CL$
> $= (20 \times 8 + 17) + 157.08$
> $= 334.08\text{m}$
> - 종단현(l_2) $= 334.08 - 320 = 14.08\text{m}$
> ∴ $\delta_2 = \dfrac{l_2}{R} \times \dfrac{90°}{\pi} = \dfrac{14.08}{150} \times \dfrac{90°}{\pi}$
> $= 2°41′21″$

09 표고가 300m인 평지에서 삼각망의 기선을 측정한 결과 600m이었다. 이 기선에 대하여 평균해수면상의 거리로 보정할 때 보정량은? (단, 지구반지름 $R = 6,370\text{km}$)
① +2.83cm
② +2.42cm
③ −2.42cm
④ −2.83cm

> **해설** 평균해면상 보정
> $C = -\dfrac{LH}{R}$
> $= -\dfrac{600 \times 300}{6,370 \times 1,000}$
> $= -0.02825\text{m}$
> $= -2.83\text{cm}$

10 수치지형도(Digital Map)에 대한 설명으로 틀린 것은?

① 우리나라는 축척 1:5,000 수치지형도를 국토기본도로 한다.
② 주로 필지정보와 표고자료, 수계정보 등을 얻을 수 있다.
③ 일반적으로 항공사진측량에 의해 구축된다.
④ 축척별 포함 사항이 다르다.

해설 수치지형도는 측량결과에 따라 지표면상의 위치와 지형 및 지명 등의 공간정보를 일정한 축척에 따라 기호나 문자, 속성 등으로 표시하여, 정보시스템에서 분석, 편집, 입·출력할 수 있도록 제작된 것을 말한다.

11 등고선의 성질에 대한 설명으로 옳지 않은 것은?

① 등고선은 분수선(능선)과 평행하다.
② 등고선은 도면 내·외에서 폐합하는 폐곡선이다.
③ 지도의 도면 내에서 등고선이 폐합하는 경우에 등고선의 내부에는 산꼭대기 또는 분지가 있다.
④ 절벽에서 등고선은 서로 만날 수 있다.

해설 등고선의 성질
- 동일 등고선상에 있는 모든 점은 같은 높이이다.
- 등고선은 반드시 도면 안이나 밖에서 서로가 폐합한다.
- 지도의 도면 내에서 폐합되면 가장 가운데 부분을 산꼭대기(산정) 또는 凹지(요지)가 된다.
- 등고선은 도중에 없어지거나 엇갈리거나 합쳐지거나 갈라지지 않는다.
- 높이가 다른 두 등고선은 동굴이나 절벽의 지형이 아닌 곳에서는 교차하지 않는다.
- 등고선은 경사가 급한 곳에서는 간격이 좁고 완만한 경사에서는 넓다.
- 최대경사의 방향은 등고선과 직각으로 교차한다.
- 분수선(능선)과 곡선(유하선)은 등고선과 직각으로 만난다.
- 2쌍의 등고선의 볼록부가 상대할 때는 볼록부를 나타낸다.
- 동등한 경사의 지표에서 양 등고선의 수평거리는 같다.
- 같은 경사의 평면일 때는 나란한 직선이 된다.
- 등고선이 능선을 직각방향으로 횡단한 다음 능선 다른 쪽을 따라 거슬러 올라간다.
- 등고선의 수평거리는 산꼭대기 및 산 밑에서는 크고 산중턱에서는 작다.

12 트래버스 측량의 작업순서로 알맞은 것은?

① 선점 – 계획 – 답사 – 조표 – 관측
② 계획 – 답사 – 선점 – 조표 – 관측
③ 답사 – 계획 – 조표 – 선점 – 관측
④ 조표 – 답사 – 계획 – 선점 – 관측

해설 트래버스 측량순서
계획 → 답사 → 선점 → 조표 → 거리관측 → 각관측 → 거리와 각관측 정도의 평균 → 계산

13 지오이드(Geoid)에 대한 설명으로 옳지 않은 것은?

① 평균해수면을 육지까지 연장시켜 지구 전체를 둘러싼 곡면이다.
② 지오이드면은 등포텐셜면으로 중력방향은 이 면에 수직이다.
③ 지표 위 모든 점의 위치를 결정하기 위해 수학적으로 정의된 타원체이다.
④ 실제로 지오이드면은 굴곡이 심하므로 측지측량의 기준으로 채택하기 어렵다.

해설 지오이드(Geoid)
정지된 해수면을 육지까지 연장하여 지구 전체를 둘러쌌다고 가상한 곡면을 말한다. 지구타원체는 기하학적으로 정의한 데 비하여 지오이드는 중력장 이론에 따라 물리학적으로 정의한다. 지오이드면은 불규칙한 곡면으로 준거타원체와 거의 일치한다.

Answer 10. ② 11. ① 12. ② 13. ③

- 지오이드면은 평균해수면과 일치하는 등포텐셜면으로 일종의 수면이다.
- 지오이드면은 대륙에서는 지각의 인력 때문에 지구타원체보다 높고 해양에서는 낮다.
- 고저측량은 지오이드면을 표고 0으로 하여 관측한다.
- 타원체의 법선과 지오이드 연직선의 불일치로 연직선 편차가 생긴다.
- 지형의 영향 또는 지각내부밀도의 불균일로 인하여 타원체에 비하여 다소의 기복이 있는 불규칙한 면이다.
- 지오이드는 어느 점에서나 표면을 통과하는 연직선은 중력방향에 수직이다.
- 지오이든 타원체 면에 대하여 다소 기복이 있는 불규칙한 면을 갖는다.
- 높이가 0이므로 위치에너지도 0이다.

14 장애물로 인하여 접근하기 어려운 2점 P, Q를 간접거리 측량한 결과가 그림과 같다. $\overline{AB}$의 거리가 216.90m일 때 $\overline{PQ}$의 거리는?

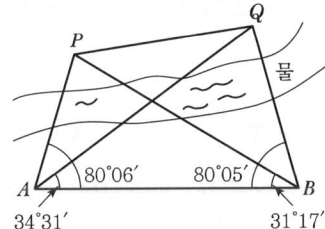

① 120.96m ② 142.29m
③ 173.39m ④ 194.22m

- $\angle APB = 68°37'$
  $\dfrac{\overline{AP}}{\sin 31°17'} = \dfrac{216.90}{\sin 68°37'}$
- $\overline{AP} = \dfrac{\sin 31°17'}{\sin 68°37'} \times 216.9 = 120.96\text{m}$
- $\angle AQB = 65°24'$
  $\dfrac{\overline{AQ}}{\sin 80°05'} = \dfrac{216.90}{\sin 65°24'}$
- $\overline{AQ} = \dfrac{\sin 80°05'}{\sin 65°24'} \times 216.9 = 234.99\text{m}$

∴ $\overline{PQ}$
$= \sqrt{(\overline{AP})^2 + (\overline{AQ})^2 - 2 \cdot \overline{AP} \cdot \overline{AQ} \cdot \cos\angle PAQ}$
$= \sqrt{120.96^2 + 234.99^2 - 2 \times 120.96 \times 234.99 \times \cos 45°35'}$
$= 173.39\text{m}$

15 수준측량야장에서 측점 3의 지반고는?

[단위 : m]

측점	후시	전시 T.P	전시 I.P	지반고
1	0.95			10.00
2			1.03	
3	0.90	0.36		
4			0.96	
5		1.05		

① 10.59m ② 10.46m
③ 9.92m   ④ 9.56m

- 측점 1 지반고 = 10m
- 측점 2 지반고 = 10.95 − 1.03 = 9.92m
- 측점 3 지반고 = 10.95 − 0.36 = 10.59m

16 다각측량의 특징에 대한 설명으로 옳지 않은 것은?

① 삼각점으로부터 좁은 지역의 세부측량 기준점을 측설하는 경우에 편리하다.
② 삼각측량에 비해 복잡한 시가지나 지형의 기복이 심한 지역에는 알맞지 않다.
③ 하천이나 도로 또는 수로 등의 좁고 긴 지역의 측량에 편리하다.
④ 다각측량의 종류에는 개방, 폐합, 결합형 등이 있다.

해설 다각측량
산림지대·시가지 등 삼각측량이 불리한 지점의 기준점 설치 시 사용한다.

Answer 14. ③ 15. ① 16. ②

17 항공사진측량에서 사진상에 나타난 두 점 A, B의 거리를 측정하였더니 208mm이었으며, 지상좌표는 아래와 같았다면 사진축척(S)은?
(단, $X_A = 205,346.39$m,
$Y_A = 10,793.16$m,
$X_B = 205,100.11$m,
$Y_B = 11,587.87$m)

① $S = 1 : 3,000$ ② $S = 1 : 4,000$
③ $S = 1 : 5,000$ ④ $S = 1 : 6,000$

해설 $\overline{AB}$거리 $= \sqrt{(X_B - X_A)^2 + (Y_B - Y_A)^2}$
$= \sqrt{(205,110.11 - 205,346.39)^2 + (11,587.87 - 10,793.16)^2}$
$= 831.996$m
∴ 축척과 거리의 관계
$\dfrac{1}{m} = \dfrac{도상거리}{실제거리} = \dfrac{0.208}{831.996} = \dfrac{1}{4,000}$

18 그림과 같은 수준망에서 높이차의 정확도가 가장 낮은 것으로 추정되는 노선은?(단, 수준환의 거리 Ⅰ = 4km, Ⅱ = 3km, Ⅲ = 2.4km, Ⅳ(㈏㈐㈑) = 6km)

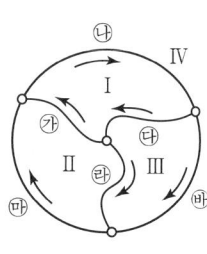

노선	높이차(m)
㉮	+3.600
㉯	+1.385
㉰	-5.023
㉱	+1.105
㉲	+2.523
㉳	-3.912

① ㉮   ② ㉯
③ ㉰   ④ ㉱

해설
• Ⅰ노선 = 3.6 + 1.385 - 5.023 = -0.037m
 Ⅱ노선 = 1.105 + 2.523 - 3.6 = +0.028m
 Ⅲ노선 = -5.023 + 1.105 - (-3.912)
    = -0.006m

• 1km당 오차 $= \dfrac{0.037}{\sqrt{4}} : \dfrac{0.028}{\sqrt{3}} : \dfrac{0.006}{\sqrt{2.4}}$
$= 0.0185 : 1.016 : 0.004$

※ 결과를 볼 때 Ⅰ노선과 Ⅱ노선의 성과가 나쁘므로 두 노선에 포함된 ㉮를 재측한다.

19 도로의 곡선부에서 확폭량(Slack)을 구하는 식으로 옳은 것은?(단, L : 차량 앞면에서 차량의 뒤축까지의 거리, R : 차선 중심선의 반지름)

① $\dfrac{L}{2R^2}$ ② $\dfrac{L^2}{2R^2}$
③ $\dfrac{L^2}{2R}$ ④ $\dfrac{L}{2R}$

해설 확폭(ε) $= \dfrac{L^2}{2R}$

20 표준길이에 비하여 2cm 늘어난 50m 줄자로 사각형 토지의 길이를 측정하여 면적을 구하였을 때, 그 면적이 88m²이었다면 토지의 실제면적은?

① 87.30m²   ② 87.93m²
③ 88.07m²   ④ 88.71m²

해설 축척과 거리, 면적의 관계
$\dfrac{1}{m} = \dfrac{도상거리}{실제거리}$, $\left(\dfrac{1}{m}\right)^2 = \dfrac{도상 면적}{실제 면적}$
∴ 실제면적(A_0) $= \left(\dfrac{L + \Delta L}{L}\right)^2 \times A$
$= \left(\dfrac{50.02}{50}\right)^2 \times 88$
$= 88.07$m²

Answer 17. ② 18. ① 19. ③ 20. ③

측량학(2021년 3회 토목기사)

01 하천의 심천(측심)측량에 관한 설명으로 틀린 것은?

① 심천측량은 하천의 수면으로부터 하저까지 깊이를 구하는 측량으로 횡단측량과 같이 행한다.
② 측심간(Rod)에 의한 심천측량은 보통 수심 5m 정도의 얕은 곳에 사용한다.
③ 측심추(Lead)로 관측이 불가능한 깊은 곳은 음향측심기를 사용한다.
④ 심천측량은 수위가 높은 장마철에 하는 것이 효과적이다.

해설
- 심천측량 : 하천의 수심 및 유수부분의 하저 상황을 조사하고 횡단면도를 제작하는 측량이다.
- 수심측량 : 원칙적으로 횡단측량의 실시와 동시에 시행하는 것이나 때에 따라서는 수심측량만 단독으로 실시하는 경우도 있다.

※ 심천측량에 사용되는 기계, 기구
① 로드(측간) : 수심이 얕은(5m 이내인) 곳에서 사용하며, 1~2m의 경우에 효과적이다.
② 리드(측추) : 유속이 그리 크지 않은 곳에서 사용하며 로프 끝부분에 3~5kg(최대 13kg)의 은 등의 추를 붙여서 사용하고, 5m 이상 시 사용한다.
③ 음향측심기(수압측심기) : 수심이 깊고, 유속이 빠른 장소(보통 30m 되는 곳)에서 사용하며, 오차는 0.5% 정도 생긴다. 리드(측추)로 관측이 불가능한 경우에 사용하며 최근 전자기술의 발달에 의하여 아주 높은 정확도를 얻을 수 있다.
④ 배(측량선) : 하천 폭이 넓고 수심이 깊은 경우에 사용한다.

02 트래버스측량의 각 관측방법 중 방위각법에 대한 설명으로 틀린 것은?

① 진북을 기준으로 어느 측선까지 시계방향으로 측정하는 방법이다.
② 방위각법에는 반전법과 부전법이 있다.
③ 각이 독립적으로 관측되므로 오차 발생 시, 개별 각의 오차는 이후의 측량에 영향이 없다.
④ 각 관측값의 계산과 제도가 편리하고 신속히 관측할 수 있다.

해설 트래버스측량의 측각법

교각법	• 어떤 측선이 그 앞의 측선과 이루는 각을 관측하는 방법이다. • 각이 독립적으로 관측되므로 오차 발생 시, 개별 각의 오차는 이후의 측량에 영향이 없다.
편각법	각 측선이 그 앞 측선의 연장과 이루는 각을 관측하는 방법이다.
방위각법	• 각 측선이 일정한 기준선인 자오선과 이루는 각을 우회로 관측하는 방법이다. • 직접 방위각이 관측되어 편리하나 오차 발생 시 이후 측량에도 영향을 끼친다.

03 종단 및 횡단수준측량에서 중간점이 많은 경우에 가장 편리한 야장기입법은?

① 고차식 ② 승강식
③ 기고식 ④ 간접식

해설 야장기입방법

고차식	가장 간단한 방법으로 B.S와 F.S만 있으면 된다(두 점 간의 고저차를 구할 때).
기고식	가장 많이 사용하며, 중간점이 많을 경우 편리하나 완전한 검산을 할 수 없는 것이 결점이다.

Answer 01. ④ 02. ③ 03. ③

승강식	완전한 검사로 정밀측량에 적당하나, 중간점이 많으면 계산이 복잡하고, 시간과 비용이 많이 소요된다. • 후시값과 전시값의 차가 [+]이면 승란에 기입한다. • 후시값과 전시값의 차가 [-]이면 강란에 기입한다.

04 일반적으로 단열삼각망으로 구성하기에 가장 적합한 것은?

① 시가지와 같이 정밀을 요하는 골조측량
② 복잡한 지형의 골조측량
③ 광대한 지역의 지형측량
④ 하천조사를 위한 골조측량

해설 삼각망의 종류

단열 삼각쇄(망) (Single Chain of Triangles)	• 폭이 좁고 길이가 긴 지역에 적합하다. • 노선·하천·터널 측량 등에 이용한다. • 거리에 비해 관측수가 적다. • 측량이 신속하고 경비가 적게 든다. • 조건식의 수가 적어 정도가 낮다.
유심 삼각쇄(망) (Chain of Central Points)	• 동일 측점에 비해 포함면적이 가장 넓다. • 넓은 지역에 적합하다. • 농지측량 및 평탄한 지역에 사용된다. • 정도는 단열삼각망보다 좋으나 사변형보다 적다.
사변형 삼각쇄(망) (Chain of Quadrila- terals)	• 조건식의 수가 가장 많아 정밀도가 가장 높다. • 기선삼각망에 이용된다. • 삼각점 수가 많아 측량시간이 많이 걸리며 계산과 조정이 복잡하다.
정밀도	삼각망의 정밀도는 사변형 > 유심 > 단열 순이다.

05 GNSS 측량에 대한 설명으로 옳지 않은 것은?

① 상대측위기법을 이용하면 절대측위보다 높은 측위정확도의 확보가 가능하다.
② GNSS 측량을 위해서는 최소 4개의 가시위성(Visible Satellite)이 필요하다.
③ GNSS 측량을 통해 수신기의 좌표뿐만 아니라 시계오차도 계산할 수 있다.
④ 위성의 고도각(Elevation Angle)이 낮은 경우 상대적으로 높은 측위정확도의 확보가 가능하다.

해설 고도각이 높을수록 높은 측위 정확도의 확보가 가능하다.

06 축척 1 : 5,000인 지형도에서 AB 사이의 수평거리가 2cm이면 AB의 경사는?

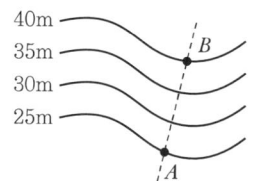

① 10% ② 15%
③ 20% ④ 25%

해설 경사$(i) = \dfrac{H}{D} \times 100 = \dfrac{15}{0.02 \times 5,000} \times 100$
$= 15\%$

07 A, B 두 점에서 교호수준측량을 실시하여 다음의 결과를 얻었다. A점의 표고가 67.104 m일 때 B점의 표고는?(단, $a_1 = 3.756$m, $a_2 = 1.572$m, $b_1 = 4.995$m, $b_2 = 3.209$m)

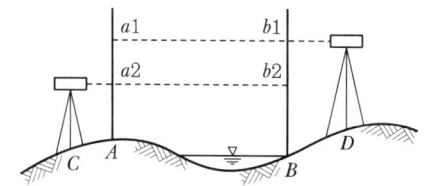

① 64.668m ② 65.666m
③ 68.542m ④ 69.089m

해설 $\triangle H = \dfrac{(a_1 - b_1) + (a_2 - b_2)}{2}$

$= \dfrac{(3.756 - 4.995) + (1.572 - 3.209)}{2}$

$= -1.438m$

∴ $H_B = H_A - \triangle H = 67.104 - 1.438$

$= 65.666m$

08 폐합 트래버스에서 위거의 합이 −0.17m, 경거의 합이 0.22m이고, 전 측선의 거리의 합이 252m일 때 폐합비는?

① 1/900 ② 1/1,000
③ 1/1,100 ④ 1/1,200

해설 폐합비 = $\dfrac{\text{폐합오차}}{\text{전측선의 길이}} = \dfrac{E}{\Sigma L}$

$= \dfrac{\sqrt{(-0.17)^2 + 0.22^2}}{252} ≒ \dfrac{1}{900}$

09 토털스테이션으로 각을 측정할 때 기계의 중심과 측점이 일치하지 않아 0.5mm의 오차가 발생하였다면 각 관측오차를 2″ 이하로 하기 위한 관측변의 최소 길이는?

① 82.51m ② 51.57m
③ 8.25m ④ 5.16m

해설 $\dfrac{\triangle l}{l} = \dfrac{\theta''}{\rho''}$

∴ $l = \triangle l \cdot \dfrac{\rho''}{\theta''} = 0.5 \times \dfrac{206,265''}{2''}$

$= 51,566mm$

$= 51.57m$

10 상차라고도 하며 그 크기와 방향(부호)이 불규칙적으로 발생하고 확률론에 의해 추정할 수 있는 오차는?

① 착오 ② 정오차
③ 개인오차 ④ 우연오차

해설 성질에 의한 오차의 분류

과실 (착오, 과대오차 : Blunders, Mistakes)	관측자의 미숙과 부주의에 의해 일어나는 오차로서 눈금읽기나 야장기입을 잘못한 경우를 포함하며 주의를 하면 방지할 수 있다.
정오차 (계통오차, 누차 : Constant, Systematic Error)	일정한 관측값이 일정한 조건하에서 같은 크기와 같은 방향으로 발생되는 오차를 말하며 관측횟수에 따라 오차가 누적되므로 누차라고도 한다. 이는 원인과 상태를 알면 제거할 수 있다. 정오차는 측정횟수에 비례한다. $E_1 = n \cdot \delta$ [E_1 : 정오차, δ : 1회 측정 시 누적오차, n : 측정(관측) 횟수] • 기계적 오차 관측에 사용되는 기계의 불안전성 때문에 생기는 오차 • 물리적 오차 관측 중 온도변화, 광선굴절 등 자연현상에 의해 생기는 오차 • 개인적 오차 관측자 개인의 시각, 청각, 습관 등에 생기는 오차
부정오차 (우연오차, 상차 : Random Error)	일어나는 원인이 확실치 않고 관측할 때 조건이 순간적으로 변화하기 때문에 원인을 찾기 힘들거나 알 수 없는 오차를 말한다. 때때로 부정오차는 서로 상쇄되므로 상차라고도 하며, 대체로 확률법칙에 의해 처리되는데, 최소제곱법이 널리 이용된다. 우연오차는 측정횟수의 제곱근에 비례한다. $E_2 = \pm\delta\sqrt{n}$ [E_2 : 우연오차, δ : 우연오차, n : 측정(관측)횟수]

11 평면측량에서 거리의 허용오차를 1/500,000까지 허용한다면 지구를 평면으로 볼 수 있는 한계는 몇 km인가?(단, 지구의 곡률반지름은 6,370km이다.)

① 22.07km ② 31.2km
③ 2,207km ④ 3,121km

Answer 08. ① 09. ② 10. ④ 11. ②

해설
- 정도 $\left(\dfrac{\triangle L}{L}\right) = \dfrac{L^2}{12R^2}$
- $\dfrac{1}{500,000} = \dfrac{L^2}{12 \times 6,370^2}$

$\therefore L = \sqrt{\dfrac{12 \times 6,370^2}{500,000}} = 31.2\text{km}$

12 수준측량과 관련된 용어에 대한 설명으로 틀린 것은?

① 수준면(Level Surface)은 각 점들이 중력방향에 직각으로 이루어진 곡면이다.
② 어느 지점의 표고(Elevation)라 함은 그 지역 기준타원체로부터의 수직거리를 말한다.
③ 지구곡률을 고려하지 않는 범위에서는 수준면(Level Surface)을 평면으로 간주한다.
④ 지구의 중심을 포함한 평면과 수준면이 교차하는 선이 수준선(Level Line)이다.

해설 표고
기준면에서 어떤 점까지의 연직높이를 말한다.

13 축척 1:20,000인 항공사진에서 굴뚝의 변위가 2.0mm이고, 연직점에서 10cm 떨어져 나타났다면 굴뚝의 높이는?(단, 촬영 카메라의 초점거리=15cm)

① 15m ② 30m
③ 60m ④ 80m

해설
- $\dfrac{1}{m} = \dfrac{f}{H}$
- $H = mf = 20,000 \times 0.15 = 3,000\text{m}$

$\therefore h = \dfrac{H}{b_0}\Delta P = \dfrac{3,000}{0.1} \times 0.002 = 60\text{m}$

14 대단위 신도시를 건설하기 위한 넓은 지형의 정지공사에서 토량을 계산하고자 할 때 가장 적합한 방법은?

① 점고법
② 비례 중앙법
③ 양단면 평균법
④ 각주공식에 의한 방법

해설 점고법
넓고 비교적 평탄한 지형의 체적계산에 사용하고 지표상에 있는 점의 표고를 숫자로 표시해 높이를 나타내는 방법이다.

15 곡선반지름이 500m인 단곡선의 종단현이 15.343m라면 종단현에 대한 편각은?

① 0°31′37″ ② 0°43′19″
③ 0°52′45″ ④ 1°04′26″

해설 $\delta_2 = \dfrac{l_2}{R} \times \dfrac{90°}{\pi} = \dfrac{15.343}{500} \times \dfrac{90°}{\pi}$
$= 0°52′45″$

16 축척 1:500 도상에서 3변의 길이가 각각 20.5cm, 32.4cm, 28.5cm인 삼각형 지형의 실제면적은?

① 40.70m² ② 288.53m²
③ 6,924.15m² ④ 7,213.26m²

해설 $S = \dfrac{1}{2}(a+b+c)$
$= \dfrac{1}{2}(20.5 + 32.4 + 28.5) = 40.7\text{m}$

$\therefore$ 면적(A)
$= \sqrt{S(S-a)(S-b)(S-c)} \times \text{m}^2$
$= \sqrt{40.7 \times (40.7 - 20.5) \times (40.7 - 32.4)}$
$\overline{\quad \times (40.7 - 28.5)} \times 500^2$
$= 7,213.26\text{m}^2$

Answer 12. ② 13. ③ 14. ① 15. ③ 16. ④

17 지형의 표시법에서 자연적 도법에 해당하는 것은?

① 점고법 ② 등고선법
③ 영선법 ④ 채색법

해설 지형도에 의한 지형표시법

자연적 도법	영선법 (우모법, Hachuring)	"게바"라 하는 단선상(短線上)의 선으로 지표의 기본을 나타내는 것으로 게바의 사이, 굵기, 방향 등에 의하여 지표를 표시하는 방법
	음영법 (명암법, Shading)	태양광선이 서북쪽에서 45°로 비친다고 가정하여 지표의 기복을 도상에서 2~3색 이상으로 채색하여 지형을 표시하는 방법으로 지형의 입체감이 가장 잘 나타나는 방법
부호적 도법	점고법 (Spot Height System)	지표면상의 표고 또는 수심을 숫자에 의하여 지표를 나타내는 방법으로 하천, 항만, 해양 등에 주로 이용
	등고선법 (Contour System)	동일표고의 점을 연결한 것으로 등고선에 의하여 지표를 표시하는 방법으로 토목공사용으로 가장 널리 사용
	채색법 (Layer System)	같은 등고선의 지대를 같은 색으로 채색하여 높을수록 진하게, 낮을수록 연하게 칠하여 높이의 변화를 나타내며 지리관계의 지도에 주로 사용

18 완화곡선에 대한 설명으로 옳지 않은 것은?

① 완화곡선의 곡선반지름은 시점에서 무한대, 종점에서 원곡선의 반지름 R로 된다.
② 클로소이드의 형식에는 S형, 복합형, 기본형 등이 있다.
③ 완화곡선의 접선은 시점에서 원호에, 종점에서 직선에 접한다.
④ 모든 클로소이드는 닮은꼴이며 클로소이드 요소에는 길이의 단위를 가진 것과 단위가 없는 것이 있다.

해설 완화곡선의 특징
- 곡선반경은 완화곡선의 시점에서 무한대, 종점에서 원곡선 R로 된다.
- 완화곡선의 접선은 시점에서 직선에, 종점에서 원호에 접한다.
- 완화곡선에 연한 곡선반경의 감소율은 캔트의 증가율과 같다.
- 완화곡선의 종점의 캔트와 원곡선 시점의 캔트는 같다.
- 완화곡선은 이정의 중앙을 통과한다.

19 측점 A에 토털스테이션을 정치하고 B점에 설치한 프리즘을 관측하였다. 이때 기계고 1.7m, 고저각 +15°, 시준고 3.5m, 경사거리가 2,000m이었다면, 두 측점의 고저차는?

① 512.438m ② 515.838m
③ 522.838m ④ 534.098m

해설 $\triangle H = IH + D\sin\alpha - h$
$= 1.7 + 2,000\sin15° - 3.5\text{m}$
$= 515.838\text{m}$

20 곡선반지름 R, 교각 I인 단곡선을 설치할 때 각 요소의 계산공식으로 틀린 것은?

① $M = R\left(1 - \sin\dfrac{I}{2}\right)$
② $TL = R\tan\dfrac{I}{2}$
③ $CL = \dfrac{\pi}{180°}RI°$
④ $E = R\left(\sec\dfrac{I}{2} - 1\right)$

해설 중앙종거$(M) = R\left(1 - \cos\dfrac{I}{2}\right)$

Answer 17. ③ 18. ③ 19. ② 20. ①

측량학(2022년 1회 토목기사)

01 노선측량에서 실시설계측량에 해당하지 않는 것은?
① 중심선 설치 ② 지형도 작성
③ 다각측량 ④ 용지측량

해설 실시설계측량(實施設計測量)
- 지형도 작성
- 중심선의 선정
- 중심선 설치(도상)
- 다각측량
- 중심선 설치(현지)
- 고저측량

02 트래버스 측량에서 측점 A의 좌표가 (100m, 100m)이고 측선 AB의 길이가 50m일 때 B점의 좌표는?(단, AB측선의 방위각은 195°이다.)
① (51.7m, 87.1m)
② (51.7m, 112.9m)
③ (148.3m, 87.1m)
④ (148.3m, 112.9m)

해설
- $X_B = X_A + AB \cos AB$방위각
  $= 100 + 50 \cos/95° = 51.7\text{m}$
- $Y_B = Y_A + AB \sin AB$방위각
  $= 100 + 50 \sin/95° = 87.1\text{m}$

03 지형측량에서 등고선의 성질에 대한 설명으로 옳지 않은 것은?
① 등고선의 간격은 경사가 급한 곳에서는 넓어지고, 완만한 곳에서는 좁아진다.
② 등고선은 지표의 최대 경사선 방향과 직교한다.
③ 동일 등고선상에 있는 모든 점은 같은 높이이다.
④ 등고선 간의 최단거리 방향은 그 지표면의 최대경사 방향을 가리킨다.

해설 등고선의 성질
- 동일 등고선상에 있는 모든 점은 같은 높이이다.
- 등고선은 반드시 도면 안이나 밖에서 서로가 폐합한다.
- 지도의 도면 내에서 폐합되면 가장 가운데 부분을 산꼭대기(산정) 또는 凹지(요지)가 된다.
- 등고선은 도중에 없어지거나, 엇갈리거나 합쳐지거나 갈라지지 않는다.
- 높이가 다른 두 등고선은 동굴이나 절벽의 지형이 아닌 곳에서는 교차하지 않는다.
- 등고선은 경사가 급한 곳에서는 간격이 좁고 완만한 경사에서는 넓다.
- 최대경사의 방향은 등고선과 직각으로 교차한다.
- 분수선(능선)과 곡선(유하선)은 등고선과 직각으로 만난다.
- 2쌍의 등고선의 볼록부가 상대할 때는 볼록부를 나타낸다.

04 줄자로 거리를 관측할 때 한 구간 20m의 거리에 비례하는 정오차가 +2mm라면 전 구간 200m를 관측하였을 때 정오차는?
① +0.2mm
② +0.63mm
③ +6.3mm
④ +20mm

해설 정오차 $= a + n = 2 \times \left(\dfrac{200}{20}\right) = +20\text{mm}$

Answer 01. ④ 02. ① 03. ① 04. ④

05 $\triangle ABC$의 꼭짓점에 대한 좌푯값이 (30, 50), (20, 90), (60, 100)일 때 삼각형 토지의 면적은?(단, 좌표의 단위 : m)

① 500m² ② 750m²
③ 850m² ④ 960m²

해설 좌표법

	X	Y	$(X_{i-1} - X_{i+1})Y_i$
A	30	50	$(60-20)50 = 2,000$
B	20	90	$(30-60)90 = -2,700$
C	60	100	$(20-30)100 = -1,000$
계			$-1,700$
면적			$A = \dfrac{1,700}{2} = 850\text{m}^2$

06 노선거리 2km의 결합트래버스 측량에서 폐합비를 1/5,000로 제한한다면 허용폐합오차는?

① 0.1m ② 0.4m
③ 0.8m ④ 1.2m

해설
- 폐합비 = $\dfrac{1}{m} = \dfrac{E}{\Sigma l}$
- E(폐합비) = $\dfrac{1}{m} = \Sigma l$
  $= \dfrac{1}{5,000} \times 2,000 = 0.4\text{m}$

07 동일한 정확도로 3변을 관측한 직육면체의 체적을 계산한 결과가 1,200m³이었다. 거리의 정확도를 1/10,000까지 허용한다면 체적의 허용오차는?

① 0.08m³ ② 0.12m³
③ 0.24m³ ④ 0.36m³

해설
- $\dfrac{\Delta V}{V} = 3\dfrac{\Delta l}{l}$
- $\Delta V = 3 \cdot \dfrac{\Delta l}{l} \cdot V$
  $= 3 \times \dfrac{1}{10,000} \times 1,200$
  $= 0.36\text{m}^3$

08 교각 $I=90°$, 곡선반지름 $R=150$m인 단곡선에서 교점(I.P)의 추가거리가 1,139.250m일 때 곡선종점(E.C)까지의 추가거리는?

① 875.375m
② 989.250m
③ 1224.869m
④ 1374.825m

해설
- $TL = R \cdot \tan\dfrac{I}{2}$
- $CL = R \cdot I \cdot \dfrac{\pi}{180°}$

$EC = BC + CL = (IP - TL) + CL$
$= 1,139.250 - \left(150 \times \tan\dfrac{90°}{2}\right)$
$\quad + \left(150 \times 90° \times \dfrac{\pi}{180°}\right)$
$= 1,224.869\text{m}$

09 다음 설명 중 옳지 않은 것은?

① 측지선은 지표상 두 점 간의 최단거리선이다.
② 라플라스점은 중력측정을 실시하기 위한 점이다.
③ 항정선은 자오선과 항상 일정한 각도를 유지하는 지표의 선이다.
④ 지표면의 요철을 무시하고 적도반지름과 극반지름으로 지구의 형상을 나타내는 가상의 타원체를 지구타원체라고 한다.

해설 라플라스점(Laplace station)

측지 측지망이 광범위하게 설치된 경우에 측량오차가 누적되는 것을 피해야 한다. 따라서 200~300km마다 1점의 비율로 삼각점을 설정하여 천문경위도와 측지경위도를 비교하여 라플라스조건이 만족되도록 삼각측량과 천문측량이 함께 실시되는 기준점을 라플라스 점이라 한다.

라플라스점의 기능
- 삼각점의 규정
- 수평각 관측의 점검
- 삼각망 평균 계산의 조건식

Answer 05. ③ 06. ② 07. ④ 08. ③ 09. ②

10 삼변측량에 대한 설명으로 틀린 것은?

① 전자파거리측량기(EDM)의 출현으로 그 이용이 활성화되었다.
② 관측값의 수에 비해 조건식이 많은 것이 장점이다.
③ 코사인 제2법칙과 반각공식을 이용하여 각을 구한다.
④ 조정방법에는 조건방정식에 의한 조정과 관측방정식에 의한 조정방법이 있다.

해설

삼각측량	삼변측량
삼각측량은 삼각형의 세 각을 측정하고 측정된 각을 사용하여 세 변의 길이를 구하는 측량방법	삼변측량은 세 변을 먼저 측정하고 세 각은 코사인 제2법칙 또는 반각법칙에 의해 삼각점의 위치를 결정하는 측량방법
• 원리는 sine 법칙 • 조건식이 많은 장점	• 원리는 반각공식 • 조건식이 적은 단점

11 지형의 표시법에 대한 설명으로 틀린 것은?

① 영선법은 짧고 거의 평행한 선을 이용하여 경사가 급하면 가늘고 길게, 경사가 완만하면 굵고 짧게 표시하는 방법이다.
② 음영법은 태양광선이 서북쪽에서 45도 각도로 비친다고 가정하고, 지표의 기복에 대하여 그 명암을 2~3색 이상으로 채색하여 기복의 모양을 표시하는 방법이다.
③ 채색법은 등고선의 사이를 색으로 채색, 색채의 농도를 변화시켜 표고를 구분하는 방법이다.
④ 점고법은 하천, 항만, 해양측량 등에서 수심을 나타낼 때 측점에 숫자를 기입하여 수심 등을 나타내는 방법이다.

해설 지형도에 의한 지형표시법

자연적 도법	영선법 (우모법) (Hachuring)	"게바"라 하는 단선상(短線上)의 선으로 지표의 기본을 나타내는 것으로 게바의 사이, 굵기, 방향 등에 의하여 지표를 표시하는 방법
	음영법 (명암법) (Shading)	태양광선이 서북쪽에서 45°로 비친다고 가정하여 지표의 기복을 도상에서 2~3색 이상으로 채색하여 지형을 표시하는 방법으로 지형의 입체감이 가장 잘 나타나는 방법
부호적 도법	점고법 (Spot Height System)	지표면상의 표고 또는 수심을 숫자에 의하여 지표를 나타내는 방법으로 하천, 항만, 해양 등에 주로 이용
	등고선법 (Contour System)	동일표고의 점을 연결한 것으로 등고선에 의하여 지표를 표시하는 방법으로 토목공사용으로 가장 널리 사용
	채색법 (Layer System)	같은 등고선의 지대를 같은 색으로 채색하여 높을수록 진하게, 낮을수록 연하게 칠하여 높이의 변화를 나타내며 지리관계의 지도에 주로 사용

12 트래버스 측량의 종류와 그 특징으로 옳지 않은 것은?

① 결합트래버스는 삼각점과 삼각점을 연결시킨 것으로 조정계산 정확도가 가장 좋다.
② 폐합트래버스는 한 측점에서 시작하여 다시 그 측점에 돌아오는 관측 형태이다.
③ 폐합트래버스는 오차의 계산 및 조정이 가능하나, 정확도는 개방트래버스보다 좋지 못하다.
④ 개방트래버스는 임의의 한 측점에서 시작하여 다른 임의의 한 점에서 끝나는 관측 형태이다.

해설 트래버스 결합도 순서
결합트래버스 > 폐합트래버스 > 개방트래버스

결합트래버스	기지점에서 출발하여 다른 기지점으로 결합시키는 방법으로 대규모 지역의 정확성을 요하는 측량에 이용한다.
폐합트래버스	기지점에서 출발하여 원래의 기지점으로 폐합시키는 트래버스로 측량결과가 검토는 되나 결합다각형보다 정확도가 낮아 소규모 지역의 측량에 좋다.
개방트래버스	임의의 점에서 임의의 점으로 끝나는 트래버스로 측량결과의 점검이 안 되어 노선측량의 답사에는 편리한 방법이다. 시작되는 점과 끝나는 점 간의 아무런 조건이 없다.

13 수준측량의 부정오차에 해당되는 것은?

① 기포의 순간 이동에 의한 오차
② 기계의 불완전 조정에 의한 오차
③ 지구곡률에 의한 오차
④ 표척의 눈금 오차

해설 오차의 분류

정오차	• 온도 변화에 대한 표척의 신축 • 지구 곡률에 의한 오차(구차) • 광선 굴절에 의한 오차(기차) • 표척 눈금에 의한 오차 • 표척을 연직으로 세우지 않을 때 경사 오차 • 기계의 불완전 조정에 의한 오차
부정오차	• 대물경의 출입에 의한 오차 • 일광 직사로 인한 오차(기상변화) • 기포관의 둔감 • 진동, 지진에 의한 오차 • 십자선의 굵기 및 시차(시준 불완전, 야장기록 오기)

14 수심 H인 하천의 유속측정에서 수면으로부터 깊이 0.2H, 0.4H, 0.6H, 0.8H인 지점의 유속이 각각 0.663m/s, 0.556m/s, 0.532m/s, 0.466m/s이었다면 3점법에 의한 평균유속은?

① 0.543m/s
② 0.548m/s
③ 0.559m/s
④ 0.560m/s

해설 3점법(V_m) = $\dfrac{V_{0.2} + 2V_{0.6} + V_{0.8}}{4}$

= $\dfrac{0.663 + (2 \times 0.532) + 0.466}{4}$

= 0.548m/s

1점법	수면으로부터 수심 0.6H 되는 곳의 유속 $V_m = V_{0.6}$
2점법	수심 0.2H, 0.8H 되는 곳의 유속 $V_m = \dfrac{1}{2}(V_{0.2} + V_{0.8})$
3점법	수심 0.2H, 0.6H, 0.8H 되는 곳의 유속 $V_m = \dfrac{1}{4}(V_{0.2} + 2V_{0.6} + V_{0.8})$
4점법	수심 1.0m 내외의 장소에서 적당 $V_m = \dfrac{1}{5}\left\{(V_{0.2} + V_{0.4} + V_{0.6} + V_{0.8}) + \dfrac{1}{2}\left(V_{0.2} + \dfrac{V_{0.8}}{2}\right)\right\}$

15 그림과 같은 반지름=50m인 원곡선에서 $\overline{HC}$의 거리는?(단, 교각=60°, α=20°, $\angle AHC$=90°)

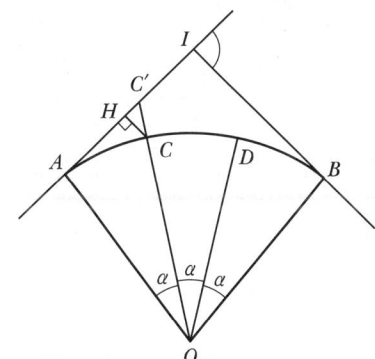

① 0.19m ② 1.98m
③ 3.02m ④ 3.24m

해설
• $\cos\alpha = \dfrac{OA}{C'O}$

∴ $C'O = \dfrac{OA}{\cos\alpha} = \dfrac{50}{\cos 20°} = 53.21$m

• $CC' = C'O - R = 53.21 - 50 = 3.21$m
• $\cos\alpha = \dfrac{HC}{C'C}$
• $HC = C'C\cos\alpha = 3.21 \times \cos 20° = 3.02$m

Answer 13. ① 14. ② 15. ③

16 L_1과 L_2의 두 개 주파수 수신이 가능한 2주파 GNSS수신기에 의하여 제거가 가능한 오차는?

① 위성의 기하학적 위치에 따른 오차
② 다중경로오차
③ 수신기 오차
④ 전리층오차

해설 GNSS측량에서는 L_1, L_2파의 선형 조합을 통해 전리층 지연오차 등을 산정하여 보정할 수 있다.

17 어떤 노선을 수준측량하여 작성된 기고식 야장의 일부 중 지반고 값이 틀린 측점은?

[단위 : m]

측점	B.S	F.S T.P	F.S I.P	기계고	지반고
0	3.121				123.567
1			2.586		124.102
2	2.428	4.065			122.623
3			−0.664		124.387
4		2.321			122.730

① 측점 1   ② 측점 2
③ 측점 3   ④ 측점 4

 해설
- 측점 1의 지반고 = 126.688 − 2.586 = 124.102m
- 측점 2의 지반고 = 126.688 − 4.065 = 122.623m
- 측점 3의 지반고 = 125.051 − 0.664 = 125.715m
- 측점 4의 지반고 = 125.051 − 2.321 = 122.730m

18 수준점 A, B, C에서 P점까지 수준측량을 한 결과가 표와 같다. 관측거리에 대한 경중률을 고려한 P점의 표고는?

측량경로	거리	P점의 표고
$A \to P$	1km	135.487m
$B \to P$	2km	135.563m
$C \to P$	3km	135.603m

① 135.529m   ② 135.551m
③ 135.563m   ④ 135.570m

해설 P점 표고
$= \dfrac{P_1 l_1 + P_2 l_2 + P_3 l_3}{P_1 + P_2 + P_3}$
$= \dfrac{(6 \times 135.487) + (3 \times 135.563) + (2 \times 135.603)}{6 + 3 + 2}$
$= 135.529\text{m}$

19 도로노선의 곡률반지름 $R = 2,000$m, 곡선길이 $L = 245$m일 때, 클로소이드의 매개변수 A는?

① 500m   ② 600m
③ 700m   ④ 800m

해설 $A^2 = R \cdot L$
$A = \sqrt{R \cdot L} = \sqrt{2,000 \times 245} = 700$m

20 GNSS 상대측위 방법에 대한 설명으로 옳은 것은?

① 수신기 1대만을 사용하여 측위를 실시한다.
② 위성의 수신기 간의 거리는 전파의 파장 개수를 이용하여 계산할 수 있다.
③ 위상차의 계산은 단순차, 2중차, 3중차와 같은 차분기법으로는 해결하기 어렵다.
④ 전파의 위상차를 관측하는 방식이나 절대측위 방법보다 정확도가 떨어진다.

해설 ① 수신기 1대만을 사용하는 방법은 절대관측(단독측위) 방법이다.
③ 위상차의 계산은 단순차, 2중차, 3중차와 같은 차분기법으로 해결할 수 있다.
④ 상대측위 방법은 절대측위 방법보다 정확도가 높다.

측량학(2022년 2회 토목기사)

01 지형측량을 할 때 기본 삼각점만으로는 기준점이 부족하여 추가로 설치하는 기준점은?

① 방향전환점
② 도근점
③ 이기점
④ 중간점

해설 도근점
지형측량 시 기본 삼각점만으로는 기준점이 부족하여 추가로 설치하는 기준점이다.

02 다각측량에서 각 측량의 기계적 오차 중 시준축과 수평축이 직교하지 않아 발생하는 오차를 처리하는 방법으로 옳은 것은?

① 망원경을 정위와 반위로 측정하여 평균값을 취한다.
② 배각법으로 관측을 한다.
③ 방향각법으로 관측을 한다.
④ 편심관측을 하여 귀심계산을 한다.

해설 기계(정)오차의 원인과 처리방법

1. 조정이 완전하지 않기 때문에 생기는 오차

오차의 종류	원인	처리방법
시준축 오차	시준축과 수평축이 직교하지 않기 때문에 생기는 오차	망원경을 정·반위로 관측하여 평균을 취한다.
수평축 오차	수평축이 연직축에 직교하지 않기 때문에 생기는 오차	망원경을 정·반위로 관측하여 평균을 취한다.
연직축 오차	연직축이 연직이 되지 않기 때문에 생기는 오차	소거불능(연직축과 수평 기포관 축의 직교를 조정)

2. 기계의 구조상 결점에 따른 오차

오차의 종류	원인	처리방법
회전축의 편심오차 (내심오차)	기계의 수평회전축과 수평분도원의 중심이 불일치	180° 차이가 있는 2개(A, B)의 버니어의 읽음값을 평균한다.
시준선의 편심오차 (외심오차)	시준선이 기계의 중심을 통과하지 않기 때문에 생기는 오차	망원경을 정·반위로 관측하여 평균을 취한다.
분도원의 눈금오차	눈금 간격이 균일하지 않기 때문에 생기는 오차	버니어의 0의 위치를 $\frac{180°}{n}$씩 옮겨가면서 대회관측을 한다.

03 수준측량에서 발생하는 오차에 대한 설명으로 틀린 것은?

① 기계의 조정에 의해 발생하는 오차는 전시와 후시의 거리를 같게 하여 소거할 수 있다.
② 삼각수준측량은 대지역을 대상으로 하기 때문에 곡률오차와 굴절오차는 그 양이 상쇄되어 고려하지 않는다.
③ 표척의 영눈금 오차는 출발점의 표척을 도착점에서 사용하여 소거할 수 있다.
④ 기포의 수평조정이나 표척면의 읽기는 육안으로 한계가 있으나 이로 인한 오차는 일반적으로 허용오차 범위 안에 들 수 있다.

해설 삼각수준측량은 곡률오차(구차)와 굴절오차(기차)를 고려하여야 한다.

Answer 01. ② 02. ① 03. ②

04 30m당 0.03m가 짧은 줄자를 사용하여 정사각형 토지와 한 변을 측정한 결과 150m이었다면 면적에 대한 오차는?

① 41m²
② 43m²
③ 45m²
④ 47m²

해설
$$\frac{\Delta A}{A} = 2\frac{\Delta l}{l}$$
$$\Delta A = 2 \cdot \frac{\Delta l}{l} \cdot A$$
$$= 2 \times \frac{0.03}{30} \times 150^2 = 45\text{m}^2$$

05 단곡선을 설치할 때 곡선반지름이 250m, 교각이 116°23′, 곡선시점까지의 추가거리가 1,146m일 때 시단현의 편각은?(단, 중심말뚝 간격 = 20m)

① 0°41′15″
② 1°15′36″
③ 1°36′15″
④ 2°54′51″

해설
$$\delta_{l_1} = \frac{l_1}{2R} \times \frac{180}{\pi} = \frac{14}{(2 \times 250)} \times \frac{180}{\pi} = 1°36'15''$$
$$(l_1 = 1,160 - 1,146 = 14)$$

06 측점 간의 시통이 불필요하고 24시간 상시 높은 정밀도로 3차원 위치측정이 가능하며, 실시간 측정이 가능하여 항법용으로도 활용되는 측량방법은?

① NNSS 측량
② GNSS 측량
③ VLBI 측량
④ 토털스테이션 측량

해설 GPS(GNSS)의 특징
- 지구상 어느 곳에서나 이용할 수 있다.
- 기상에 관계없이 위치결정이 가능하다.
- 측량기법에 따라 수 mm~수십 m까지 다양한 정확도를 가지고 있다.
- 측량거리에 비하여 상대적으로 높은 정확도를 지니고 있다.
- 하루 24시간 어느 시간에서나 이용이 가능하다.
- 사용자가 무제한 사용할 수 있으며 신호 사용에 따른 부담이 없다.
- 다양한 측량기법이 제공되어 목적에 따라 적당한 기법을 선택할 수 있으므로 경제적이다.
- 3차원 측량을 동시에 할 수 있다.
- 기선 결정의 경우 두 측점 간의 시통에 관계가 없다.
- 세계측지기준계(WGS84)좌표계를 사용하므로 지역기준계를 사용할 시에는 다소 번거로움이 있다.

07 노선 설치 방법 중 좌표법에 의한 설치방법에 대한 설명으로 틀린 것은?

① 토털스테이션, GPS 등과 같은 장비를 이용하여 측점을 위치시킬 수 있다.
② 좌표법에 의한 노선의 설치는 다른 방법보다 지형의 굴곡이나 시통 등의 문제가 적다.
③ 좌표법은 평면곡선 및 종단곡선의 설치요소를 동시에 위치시킬 수 있다.
④ 평면적인 위치의 측설을 수행하고 지형표고를 관측하여 종단면도를 작성할 수 있다.

해설 좌표법은 평면곡선 및 종단곡선의 설치요소를 동시에 위치시킬 수 없다.

Answer 04. ③ 05. ③ 06. ② 07. ③

08 지구반지름이 6,370km이고 거리의 허용오차가 $1/10^5$이면 평면측량으로 볼 수 있는 범위의 지름은?

① 약 69km
② 약 64km
③ 약 36km
④ 약 22km

해설 측량구역의 면적에 따른 분류

측지측량 (Geodetic Surveying)	지구의 곡률을 고려하여 지표면을 곡면으로 보고 행하는 측량이며 범위는 100만 분의 1의 허용 정밀도를 측량한 경우 반경 11km 이상 또는 면적 약 400km² 이상의 넓은 지역에 해당하는 정밀측량으로서 대지측량(Large Area Surveying)이라고도 한다.
평면측량 (Plane Surveying)	지구의 곡률을 고려하지 않는 측량으로 거리측량의 허용 정밀도가 100만분의 1 이하일 경우 반경 11km 이내의 지역을 평면으로 취급하여 소지측량(Small Area Surveying)이라고도 한다.
정도	• 정도 $\dfrac{1}{10^6}$ 일 때 반경 11km(직경 22km) 이내 측량 • 정도 $\dfrac{1}{10^5}$ 일 때 반경 35km(직경 70km) 이내 측량

09 수심 h인 하천의 수면으로부터 $0.2h$, $0.4h$, $0.6h$, $0.8h$ 인 곳에서 각각의 유속을 측정하여 0.562m/s, 0.521m/s, 0.497m/s, 0.364m/s의 결과를 얻었다면 3점법을 이용한 평균유속은?

① 0.474m/s
② 0.480m/s
③ 0.486m/s
④ 0.492m/s

해설 3점법(V_m) $= \dfrac{V_{0.2} + 2V_{0.6} + V_{0.8}}{4}$

$= \dfrac{0.562 + (2 \times 0.497) + 0.364}{4}$

$= 0.480$m/s

1점법	수면으로부터 수심 0.6H 되는 곳의 유속 $V_m = V_{0.6}$
2점법	수심 0.2H, 0.8H 되는 곳의 유속 $V_m = \dfrac{1}{2}(V_{0.2} + V_{0.8})$
3점법	수심 0.2H, 0.6H, 0.8H 되는 곳의 유속 $V_m = \dfrac{1}{4}(V_{0.2} + 2V_{0.6} + V_{0.8})$
4점법	수심 1.0m 내외의 장소에서 적당 $V_m = \dfrac{1}{5}\left\{(V_{0.2} + V_{0.4} + V_{0.6} + V_{0.8}) + \dfrac{1}{2}\left(V_{0.2} + \dfrac{V_{0.8}}{2}\right)\right\}$

10 그림과 같은 관측결과 $\theta = 30°11'00''$, $S = 1,000$m 일 때 C점의 X좌표는?(단, AB의 방위각 = $89°49'00''$, A점의 X좌표 = 1,200m)

① 700.00m
② 1,203.20m
③ 2,064.42m
④ 2,066.03m

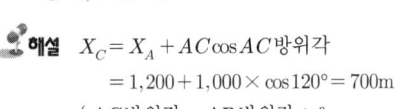

해설 $X_C = X_A + \overline{AC}\cos \overline{AC}$ 방위각
$= 1,200 + 1,000 \times \cos 120° = 700$m
($\overline{AC}$ 방위각 $= \overline{AB}$ 방위각 $+ \theta$
$= 89°49' + 30°11' = 120°$)

11 그림과 같은 트래버스에서 AL의 방위각이 29°40'15", BM의 방위각이 320°27'12", 교각의 총합이 1,190°47'32"일 때 각관측 오차는?

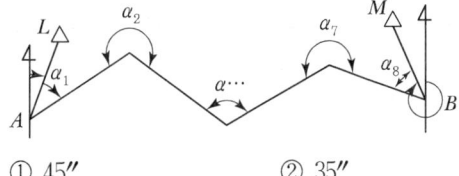

① 45"
② 35"
③ 25"
④ 15"

해설 $E_a = W_a + [a] - 180(n-3) - W_b$
$= 29°40'15'' + 1,190°47'32'' - 180(8-3) - 320°27'12''$
$= 35''$

12 어떤 측선의 길이를 관측하여 다음 표와 같은 결과를 얻었다면 최확값은?

관측군	관측값(m)	관측횟수
1	40.532	5
2	40.537	4
3	40.529	6

① 40.530m
② 40.531m
③ 40.532m
④ 40.533m

해설 최확값
$$= \frac{P_1 l_1 + P_2 l_2 + P_3 l_3}{P_1 + P_2 + P_3}$$
$$= \frac{(5 \times 40.532) + (4 \times 40.537) + (6 \times 40.529)}{5 + 4 + 6}$$
$$= 40.532\text{m}$$

13 지성선에 관한 설명으로 옳지 않은 것은?

① 철(凸)선은 능선 또는 분수선이라고 한다.
② 경사변환선이란 동일 방향의 경사면에서 경사의 크기가 다른 두 면의 접합선이다.
③ 요(凹)선은 지표의 경사가 최대로 되는 방향을 표시한 선으로 유하선이라고 한다.
④ 지성선은 지표면이 다수의 평면으로 구성되었다고 할 때 평면 간 접합부, 즉 접선을 말하며 지세선이라고도 한다.

해설 지성선(Topographical Line)
지표가 많은 凸선, 凹선, 경사변환선, 최대경사선으로 이루어졌다고 생각할 때 이 평면의 접합부, 즉 접선을 말하며 지세선이라고도 한다.

능선(凸선), 분수선	지표면의 높은 곳을 연결한 선으로 빗물이 이것을 경계로 좌우로 흐르게 되므로 분수선 또는 능선이라 한다.
계곡선(凹선), 합수선	지표면이 낮거나 움푹 파인 점을 연결한 선으로 합수선 또는 합곡선이라 한다. 凹선은 지표의 경사가 최소로 되는 방향을 표시한 선이다.
경사변환선	동일 방향의 경사면에서 경사의 크기가 다른 두 면의 접합선(등고선 수평 간격이 뚜렷하게 달라지는 경계선)

최대경사선	지표의 임의의 한 점에 있어서 그 경사가 최대로 되는 방향을 표시한 선으로 등고선에 직각으로 교차하며 물이 흐르는 방향이라는 의미에서 유하선이라고도 한다.

14 그림과 같은 수준망을 각각의 환에 따라 폐합오차를 구한 결과가 표와 같고 폐합오차의 한계가 $\pm 1.0 \sqrt{S}$ cm일 때 우선적으로 재관측할 필요가 있는 노선은?(단, S : 거리[km])

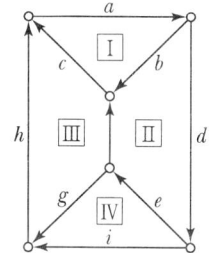

환	노선	거리(km)	폐합오차(m)
I	abc	8.7	-0.017
II	bdef	15.8	0.048
III	cfgh	10.9	-0.026
IV	eig	9.3	-0.083
외주	adih	15.9	-0.031

① e노선
② f노선
③ g노선
④ h노선

해설 각 노선의 오차 한계
- I = $\pm 1.0 \sqrt{8.7}$ = ± 2.95cm
- II = $\pm 1.0 \sqrt{15.8}$ = ± 3.98cm
- III = $\pm 1.0 \sqrt{10.9}$ = ± 3.30cm
- IV = $\pm 1.0 \sqrt{9.3}$ = ± 3.05cm
- 외주 = $\pm 1.0 \sqrt{15.9}$ = ± 3.99cm

※ 여기서, II와 IV 노선의 폐합오차가 오차 한계보다 크므로 공통으로 속한 'e' 노선을 우선적으로 재측한다.

Answer 12. ③ 13. ③ 14. ①

15 그림과 같은 복곡선에서 t_1+t_2의 값은?

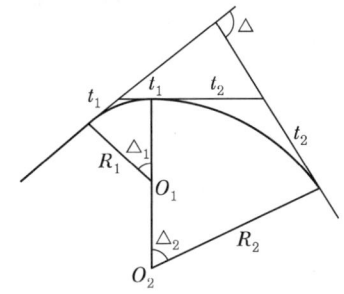

① $R_1(\tan\Delta_1+\tan\Delta_2)$
② $R_2(\tan\Delta_1+\tan\Delta_2)$
③ $R_1\tan\Delta_1+R_2\tan\Delta_2$
④ $R_1\tan\dfrac{\Delta_1}{2}+R_2\tan\dfrac{\Delta_2}{2}$

해설
- 접선장($T.L$) = $R\tan\dfrac{I}{2}$
- $t_1 = R_1\tan\dfrac{\Delta_1}{2}$, $t_2 = R_2\tan\dfrac{\Delta_2}{2}$
- $t_1+t_2 = R_1\tan\dfrac{\Delta_1}{2}+R_2\tan\dfrac{\Delta_2}{2}$

16 그림과 같은 지형에서 각 등고선에 쌓인 부분의 면적이 표와 같을 때 각주공식에 의한 토량은?(단, 윗면은 평평한 것으로 가정한다.)

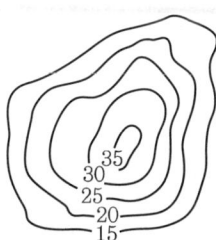

등고선	면적(m²)
15	3,800
20	2,900
25	1,800
30	900
35	200

① 11,400m³
② 22,800m³
③ 33,800m³
④ 38,000m³

해설 각주공식
$$V = \left(\dfrac{A_1+A_2}{2}+\dfrac{A_2+A_3}{2}+\dfrac{A_3+A_4}{2}+\dfrac{A_4+A_5}{2}\right)h$$
$$= \left(\dfrac{3,800+2,900}{2}+\dfrac{2,900+1,800}{2}+\dfrac{1,800+900}{2}+\dfrac{900+200}{2}\right)\times 5$$
$$= 38,000\text{m}^3$$

17 다음 중 완화곡선의 종류가 아닌 것은?
① 렘니스케이트 곡선
② 클로소이드 곡선
③ 3차 포물선
④ 배향 곡선

해설

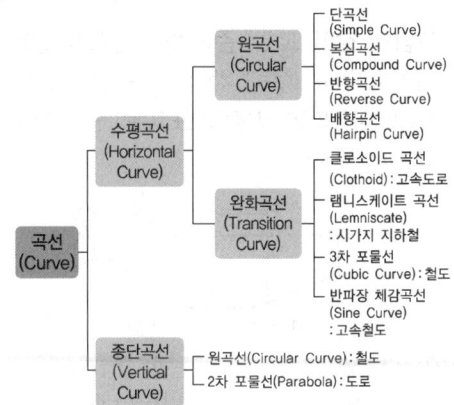

18 그림과 같은 구역을 심슨 제1법칙으로 구한 면적은?(단, 각 구간의 지거는 1m로 동일하다.)

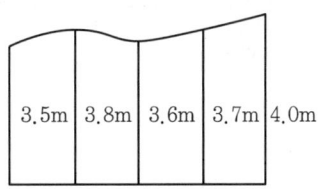

① 14.20m²
② 14.90m²
③ 15.50m²
④ 16.00m²

Answer 15. ④ 16. ④ 17. ④ 18. ②

해설 $A = \dfrac{d}{3}[y_1 + y_n + 4짝 + 2홀]$

$= \dfrac{1}{3}[3.5 + 4 + 4(3.8 + 3.7) + 2(3.6)]$

$= 14.90 \text{m}^2$

19 GNSS가 다중주파수(Multi-frequency)를 채택하고 있는 가장 큰 이유는?

① 데이터 취득속도의 향상을 위해
② 대류권 지연효과를 제거하기 위해
③ 다중경로오차를 제거하기 위해
④ 전리층 지연효과의 제거를 위해

해설 전리층 지연오차를 제거하기 위해서 다중 주파수(L_1, L_2)를 채택하고 있다.

20 그림과 같이 교호수준측량을 실시한 결과가 $a_1 = 0.63\text{m}$, $a_2 = 1.25\text{m}$, $b_1 = 1.15\text{m}$, $b_2 = 1.73\text{m}$이었다면, B점의 표고는?(단, A의 표고 = 50.00m)

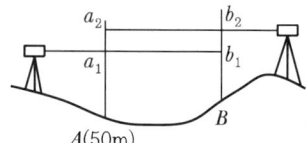

① 49.50m ② 50.00m
③ 50.50m ④ 51.00m

해설 $H_B = H_A + \Delta h = H_A + \dfrac{(a_1 - b_1) + (a_2 - b_2)}{2}$

$= 50 + \dfrac{(0.63 - 1.15) + (1.25 - 1.73)}{2}$

$= 49.50\text{m}$

측량학(2022년 3회 토목기사)

01 직접고저측량을 실시한 결과가 그림과 같을 때, A점의 표고가 10m라면 C점의 표고는?(단, 그림은 개략도로 실제 치수와 다를 수 있음)

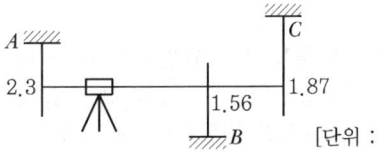

① 9.57m ② 9.66m
③ 10.57m ④ 10.66m

해설 $H_C = H_A - 2.3 + 1.87 = 10 - 2.3 + 1.87 = 9.57m$

02 100m²인 정사각형 토지의 면적을 0.1m²까지 정확하게 구하고자 한다면 이에 필요한 거리 관측의 정확도는?

① 1/2,000 ② 1/1,000
③ 1/500 ④ 1/300

해설 면적과 거리의 정도관계

- $\dfrac{\Delta A}{A} = 2\dfrac{\Delta L}{L}, \ \dfrac{0.1}{100} = 2 \times \dfrac{\Delta L}{L}$
- $\dfrac{\Delta L}{L} = \dfrac{1}{2} \times \dfrac{0.1}{100} = \dfrac{1}{2,000}$

03 D점의 표고를 구하기 위하여 기지점 A, B, C에서 각각 수준측량을 실시하였다면, D점의 표고 최확값은?

코스	거리	고저차	출발점 표고
$A \to D$	5.0km	+2.442m	10.205m
$B \to D$	4.0km	+4.037m	8.603m
$C \to D$	2.5km	-0.862m	13.500m

① 12.641m ② 12.632m
③ 12.647m ④ 12.638m

해설
- 경중률은 노선길이에 반비례한다.
$P_A : P_B : P_C = \dfrac{1}{5} : \dfrac{1}{4} : \dfrac{1}{2.5} = 4 : 5 : 8$
- $h_o = \dfrac{P_A h_A + P_B h_B + P_C h_C}{P_A + P_B + P_C}$
$= \dfrac{4 \times 12.647 + 5 \times 12.64 + 8 \times 12.638}{4 + 5 + 8}$
$\doteqdot 12.641m$

04 거리측량의 정확도가 $\dfrac{1}{10,000}$일 때 같은 정확도를 가지는 각 관측오차는?

① 18.6″ ② 19.6″
③ 20.6″ ④ 21.6″

해설
- $\dfrac{\Delta L}{L} = \dfrac{\theta''}{\rho''}$
- $\theta'' = \dfrac{1}{10,000} \times 206,265'' = 20.63''$

05 GNSS 측량에 대한 설명으로 옳지 않은 것은?

① 상대측위법을 이용하면 절대측위보다 높은 측위정확도의 확보가 가능하다.
② GNSS 측량을 위해서는 최소 4개의 가시위성(Visible Satellite)이 필요하다.
③ GNSS 측량을 통해 수신기의 좌표뿐만 아니라 시계오차도 계산할 수 있다.
④ 위성의 고도각(Elevation Angle)이 낮은 경우 상대적으로 높은 측위정확도의 확보가 가능하다.

해설 GPS의 특징
- 지구상 어느 곳에서나 이용할 수 있다.
- 기상에 관계없이 위치결정이 가능하다.
- 측량기법에 따라 수 mm~수십 m까지 다양한 정확도를 가지고 있다.

Answer 01. ① 02. ① 03. ① 04. ③ 05. ④

- 측량거리에 비하여 상대적으로 높은 정확도를 지니고 있다.
- 하루 24시간 어느 시간에서나 이용이 가능하다.
- 사용자가 무제한 사용할 수 있으며 신호 사용에 따른 부담이 없다.
- 다양한 측량기법이 제공되어 목적에 따라 적당한 기법을 선택할 수 있으므로 경제적이다.
- 3차원 측량을 동시에 할 수 있다.
- 기선 결정의 경우 두 측점 간의 시통에 관계가 없다.

06 지구 표면의 거리 35km까지를 평면으로 간주했다면 허용정밀도는 약 얼마인가?(단, 지구의 반지름은 6,370km이다.)

① 1/300,000
② 1/400,000
③ 1/500,000
④ 1/600,000

해설 정도 $\left(\dfrac{\Delta L}{L}\right) = \dfrac{L^2}{12R^2}$
$= \dfrac{35^2}{12 \times 6,370^2} ≒ \dfrac{1}{400,000}$

07 트래버스 $ABCD$에서 각 측선에 대한 위거와 경거값이 아래 표와 같을 때, 측선 BC의 배횡거는?

측선	위거(m)	경거(m)
AB	+75.39	+81.57
BC	-33.57	+18.78
CD	-61.43	-45.60
CA	+44.61	-52.65

① 81.57m
② 155.10m
③ 163.14m
④ 181.92m

해설

제1측선의 배횡거	그 측선의 경거
임의 측선의 배횡거	앞 측선의 배횡거 + 앞 측선의 경거 + 그 측선의 경거
마지막 측선의 배횡거	그 측선의 경거(부호는 반대)

- AB 측선의 배횡거 = 81.57
- BC 측선의 배횡거 = 81.57 + 81.57 + 18.78 = 181.92m

08 트래버스 측점 A의 좌표가 (200, 200)이고, AB 측선의 길이가 50m일 때 B점의 좌표는?(단, AB의 방위각은 195°이고, 좌표의 단위는 m이다.)

① (248.3, 187.1)
② (248.3, 212.9)
③ (151.7, 187.1)
④ (151.7, 212.9)

해설
- $X_B = X_A + 위거(L_{AB})$
  $Y_B = Y_A + 경거(D_{AB})$
- $X_B = X_A + l\cos\theta = 200 + 50 \cdot \cos 195°$
  $= 151.70m$
- $Y_B = Y_A + l\sin\theta = 200 + 50 \cdot \sin 195°$
  $= 187.06m$
- $(X_B, Y_B) = (151.7, 187.1)$

09 지구반지름 $r = 6,370km$이고 거리의 허용오차가 $1/10^5$이면 직경 몇 km까지를 평면측량으로 볼 수 있는가?

① 약 69km
② 약 64km
③ 약 36km
④ 약 22km

해설
- 정밀도 $\left(\dfrac{1}{m}\right) = \dfrac{d-l}{l} = \dfrac{1}{12}\left(\dfrac{l}{R}\right)^2$
- $\dfrac{1}{m} = \dfrac{1}{12}\left(\dfrac{l}{R}\right)^2$, $\dfrac{1}{10^5} = \dfrac{l^2}{12 \times 6,370^2}$
  $\therefore l = \sqrt{\dfrac{12 \times 6,370^2}{10^5}} = 69.78km$

Answer 06. ② 07. ③ 08. ③ 09. ①

측량학(2022년 3회 토목기사)

10 표고가 각각 112m, 142m인 A, B 두 점이 있다. 두 점 $\overline{AB}$ 사이에 130m의 등고선을 삽입할 때 이 등고선의 A점으로부터 수평거리는?(단, AB의 수평거리는 100m이고, AB 구간은 등경사이다.)

① 50m
② 60m
③ 70m
④ 80m

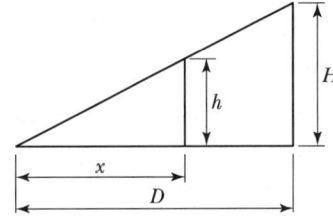

$D : H = x : h$
$100 : (142-112) = x : (130-112)$
$\therefore x = \dfrac{100 \times 18}{30} = 60\text{m}$

11 단곡선 설치에 있어서 교각 $I=60°$, 반지름 $R=200$m, 곡선의 시점 $B.C=\text{No.}8+15$m일 때 종단현에 대한 편각은?(단, 중심말뚝의 간격은 20m이다.)

① 38′10″
② 42′58″
③ 1°16′20″
④ 2°51′53″

- $CL = R \cdot I \cdot \dfrac{\pi}{180} = 200 \times 60° \times \dfrac{\pi}{180}$
  $= 209.44\text{m}$
- $EC = BC + CL = (20 \times 8 + 15) + 209.44$
  $= 384.44\text{m}$
- l_2(종단현) $= 384.44 - 380 = 4.44$m
- $\delta_2 = \dfrac{l_2}{R} \times \dfrac{90°}{\pi} = \dfrac{4.44}{200} \times \dfrac{90°}{\pi} = 0°38′10″$

12 하천측량에서 수애선이 기준이 되는 수위는?

① 갈수위
② 평수위
③ 저수위
④ 고수위

수애선(水涯線) 측량
- 수애선은 수면과 하안과의 경계선이다.
- 수애선은 하천수위의 변화에 따라 변동하는 것으로 평수위에 의해 정해진다.
- 수애선은 동시관측에 의한 방법과 심천측량에 의한 방법이 있다.
- 수애선은 평수위에 따른 경계선이다.

13 평탄한 지역에서 A 측점에 기계를 세우고 15km 떨어져 있는 B측점을 관측하려고 할 때에 B 측점에 표척의 최소높이는?(단, 지구의 곡률반지름=6,370km, 빛의 굴절은 무시)

① 7.85m
② 10.85m
③ 15.66m
④ 17.66m

- 양차(Δh) $= \dfrac{D^2}{2R}(1-k)$
- $\Delta h = \dfrac{15^2}{2 \times 6,370} = 0.01766\text{km} = 17.66\text{m}$

14 도로공사에서 거리 20m인 성토구간에 대하여 시작단면 $A_1=72\text{m}^2$, 끝단면 $A_2=182\text{m}^2$, 중앙단면 $A_m=132\text{m}^2$라고 할 때 각주공식에 의한 성토량은?

① 2,540.0m³
② 2,573.3m³
③ 2,600.0m³
④ 2,606.7m³

각주공식

$V = \dfrac{L}{6}(A_1 + 4A_m + A_2)$
$= \dfrac{20}{6}(72 + 4 \times 132 + 182) = 2,606.67\text{m}^3$

15 비행장이나 운동장과 같이 넓은 지형의 정지공사 시에 토량을 계산하고자 할 때 적당한 방법은?

① 점고법
② 등고선법
③ 중앙단면법
④ 양단면평균법

Answer 10. ② 11. ① 12. ② 13. ④ 14. ④ 15. ①

해설 점고법은 넓은 지역 정지작업의 토공량 산정에 이용한다.

부호적 도법

점고법 (Spot Height System)	• 지표면상의 표고 또는 수심을 숫자에 의하여 지표를 나타내는 방법으로 하천, 항만, 해양 등에 주로 이용 • 점고법은 넓은 지역 정지작업의 토공량 산정에 이용
등고선법 (Contour System)	동일표고의 점을 연결한 것으로 등고선에 의하여 지표를 표시하는 방법으로 토목공사용으로 가장 널리 사용
채색법 (Layer System)	같은 등고선의 지대를 같은 색으로 채색하여 높을수록 진하게, 낮을수록 연하게 칠하여 높이의 변화를 나타내며 지리관계의 지도에 주로 사용

16 수준망의 관측 결과가 표와 같을 때, 정확도가 가장 높은 것은?

구분	총거리 (km)	폐합오차 (mm)
I	25	±20
II	16	±18
III	12	±15
IV	8	±13

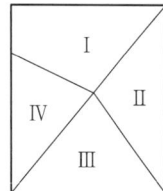

① I ② II
③ III ④ IV

• I 구간 : $\delta = \dfrac{\pm 20}{\sqrt{25}} = \pm 4$

• II 구간 : $\delta = \dfrac{\pm 18}{\sqrt{16}} = \pm 4.5$

• III 구간 : $\delta = \dfrac{\pm 15}{\sqrt{12}} = \pm 4.33$

• IV 구간 : $\delta = \dfrac{\pm 13}{\sqrt{8}} = \pm 4.596$

∴ I 구간의 정확도가 가장 높다.

17 그림과 같은 트래버스에서 $\overline{CD}$ 측선의 방위는?(단, $\overline{AB}$의 방위=N 82°10′ E, ∠ABC =98°39′, ∠BCD=67°14′이다.)

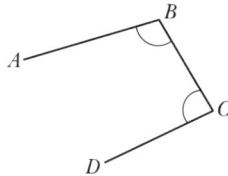

① S 6°17′W ② S 83°43′W
③ N 6°17′W ④ N 83°43′W

해설 임의 측선의 방위각=전 측선의 방위각
+180°±교각(우측 ⊖, 좌측 ⊕)

• $\overline{AB}$ 방위각=82°10′
• $\overline{BC}$ 방위각=82°30′+180°−98°39′
  =163°31′
• $\overline{CD}$ 방위각=163°31′+180°−67°14′
  =276°17′
• 276°67′은 4상한이므로 N 83°43′W

18 수심이 h인 하천의 평균유속을 구하기 위하여 수면으로부터 $0.2h$, $0.6h$, $0.8h$가 되는 깊이에서 유속을 측량한 결과 초당 0.8m, 1.5m, 1.0m였다. 3점법에 의한 평균유속은?

① 0.9m/s ② 1.0m/s
③ 1.1m/s ④ 1.2m/s

해설 평균유속을 구하는 방법

1점법	수면으로부터 수심 0.6H 되는 곳의 유속 $V_m = V_{0.6}$
2점법	수심 0.2H, 0.8H 되는 곳의 유속 $V_m = \dfrac{1}{2}(V_{0.2}+V_{0.8})$
3점법	수심 0.2H, 0.6H, 0.8H 되는 곳의 유속 $V_m = \dfrac{1}{4}(V_{0.2}+2V_{0.6}+V_{0.8})$
4점법	수심 1.0m 내외의 장소에서 적당 $V_m = \dfrac{1}{5}\left\{(V_{0.2}+V_{0.4}+V_{0.6}+V_{0.8}) + \dfrac{1}{2}\left(V_{0.2}+\dfrac{V_{0.8}}{2}\right)\right\}$

$$3점법(V_m) = \frac{V_{0.2} + 2V_{0.6} + V_{0.8}}{4}$$
$$= \frac{0.8 + 2 \times 1.5 + 1.0}{4} = 1.2 \text{m/s}$$

19 도로노선의 곡률반지름 $R = 2,000$m, 곡선길이 $L = 245$m일 때, 클로소이드의 매개변수 A는?

① 500m　　② 600m
③ 700m　　④ 800m

- $A^2 = RL$
- $A = \sqrt{RL} = \sqrt{2,000 \times 245} = 700$m

20 축척 1 : 50,000 지형도상에서 주곡선 간의 도상 길이가 1cm였다면 이 지형의 경사는?

① 4%　　② 5%
③ 6%　　④ 10%

해설 등고선의 간격

축척 등고선 종류	기호	$\frac{1}{5,000}$	$\frac{1}{10,000}$	$\frac{1}{25,000}$	$\frac{1}{50,000}$
주곡선	가는 실선	5	5	10	20
간곡선	가는 파선	2.5	2.5	5	10
조곡선 (보조곡선)	가는 점선	1.25	1.25	2.5	5
계곡선	굵은 실선	25	25	50	100

- 수평거리 = $50,000 \times 0.01 = 500$m
- 경사$(i) = \frac{H}{D} \times 100(\%) = \frac{20}{500} \times 100 = 4\%$

측량학(2023년 1회 토목기사)

01 곡선반경이 400m인 원곡선상을 70km/hr로 주행하려고 할 때 캔트(Cant)는?(단, 궤간 b =1.065m임)

① 73mm   ② 83mm
③ 93mm   ④ 103mm

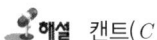 캔트(C)

$$\frac{SV^2}{Rg} = \frac{1.065 \times \left(70 \times 1{,}000 \times \frac{1}{3{,}600}\right)^2}{400 \times 9.8}$$
$$= 0.103\text{m} = 103\text{mm}$$

02 교호수준측량을 하여 다음과 같은 결과를 얻었다. A점의 표고가 120.564m이면 B점의 표고는?

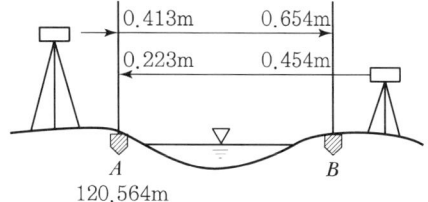

① 120.759m   ② 120.672m
③ 120.524m   ④ 120.328m

 $\Delta H = \frac{(a_1 - b_1) + (a_2 - b_2)}{2}$

$= \frac{(0.413 - 0.654) + (0.223 - 0.454)}{2}$

$= \frac{(-0.241) + (-0.231)}{2} = -0.236\text{m}$

∴ $H_B = H_A + \Delta H = 120.564 - 0.236$
$= 120.328\text{m}$

03 100m²인 정방형 토지의 면적을 0.1m²까지 정확하게 구하고자 할 때 관측 조건으로 옳은 것은?

① 한 변의 길이를 5mm까지 정확하게 읽어야 한다.
② 한 변의 길이를 5cm까지 정확하게 읽어야 한다.
③ 한 변의 길이를 10mm까지 정확하게 읽어야 한다.
④ 한 변의 길이를 10cm까지 정확하게 읽어야 한다.

해설 • 면적과 정밀도의 관계
$$\frac{\Delta A}{A} = 2\frac{\Delta L}{L}$$
• $A = L^2$, $L = \sqrt{A} = \sqrt{100} = 10$
∴ $\Delta L = \frac{\Delta A}{A} \cdot \frac{L}{2} = \frac{0.1}{100} \times \frac{10}{2}$
$= 0.005\text{m} = 5\text{mm}$

04 등고선의 성질에 대한 설명으로 옳지 않은 것은?

① 볼록한 등경사면의 등고선 간격은 산정으로 갈수록 좁아진다.
② 등고선은 도면 내·외에서 폐합하는 폐곡선이다.
③ 지도의 도면 내에서 폐합하는 경우 등고선의 내부에는 산꼭대기 또는 분지가 있다.
④ 절벽은 등고선이 서로 만나는 곳에 존재한다.

해설 등고선의 성질
- 동일 등고선상에 있는 모든 점은 같은 높이이다.
- 등고선은 반드시 도면 안이나 밖에서 서로가 폐합한다.
- 지도의 도면 내에서 폐합되면 가장 가운데 부분을 산꼭대기(산정) 또는 凹지(요지)가 된다.
- 등고선은 도중에 없어지거나, 엇갈리거나 합쳐지거나 갈라지지 않는다.
- 높이가 다른 두 등고선은 동굴이나 절벽의 지형이 아닌 곳에서는 교차하지 않는다.
- 등고선은 경사가 급한 곳에서는 간격이 좁고 완만한 경사에서는 넓다.
- 최대경사의 방향은 등고선과 직각으로 교차한다.
- 분수선(능선)과 곡선(유하선)은 등고선과 직각으로 만난다.

05 폐합트래버스의 경·위거 계산에서 CD 측선의 배횡거는?

[단위 : m]

측선	위거(m)	경거(m)	배횡거
AB	+65.39	+83.57	
BC	-34.57	+19.68	
CD	-65.43	-40.60	
DA	+34.61	-62.65	

① 62.65m ② 103.25m
③ 125.30m ④ 165.90m

해설

제1측선의 배횡거	그 측선의 경거
임의 측선의 배횡거	앞 측선의 배횡거+앞 측선의 경거 +그 측선의 경거
마지막 측선의 배횡거	그 측선의 경거(부호는 반대)

- AB 측선의 배횡거=83.57
- BC 측선의 배횡거=83.57+83.57+19.68=186.82
- CD 측선의 배횡거=186.82+19.68-40.60=165.9
- DA 측선의 배횡거=62.65

06 도로의 단곡선 설치에서 교각 $I=60°$, 곡선반지름 $R=150$m이며, 곡선시점 BC는 NO.8 +17m(20m×8+17m)일 때 종단현에 대한 편각은?

① 0°12′45″
② 2°41′21″
③ 2°57′54″
④ 3°15′23″

해설
- $CL = R \cdot I \cdot \dfrac{\pi}{180} = 150 \times 60 \times \dfrac{\pi}{180}$
  $= 157.08$m
- $EC = BC + CL$
  $= (20 \times 8 + 17) + 157.08$
  $= 334.08$m
- 종단현(l_2) = 334.08 - 320 = 14.08m
∴ $\delta_2 = \dfrac{l_2}{R} \times \dfrac{90°}{\pi} = \dfrac{14.08}{150} \times \dfrac{90°}{\pi}$
  $= 2°41′20.69″ ≒ 2°41′21″$

07 측량성과표에 측점A의 진북방향각은 0°06′17″이고, 측점A에서 측점B에 대한 평균방향각은 263°38′26″로 되어 있을 때에 측점A에서 측점B에 대한 역방위각은?

① 83°32′09″
② 263°32′09″
③ 83°44′43″
④ 263°44′43″

해설

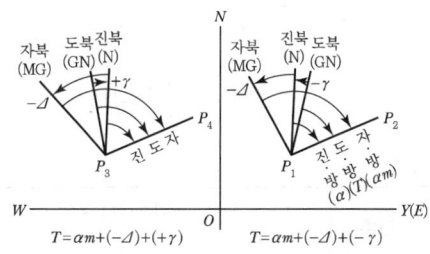

역방위각 = 방위각 + 180°
  = (263°38′26″ - 0°06′17″) + 180° - 360°
  = 83°32′09″

Answer 05. ④ 06. ② 07. ①

08 그림과 같이 표고가 각각 112m, 142m인 A, B 두 점이 있다. 두 점 사이에 130m의 등고선을 삽입할 때 이 등고선의 위치는 A점으로부터 AB선상 몇 m에 위치하는가?(단, AB의 직선거리는 200m이고, AB 구간은 등경사이다.)

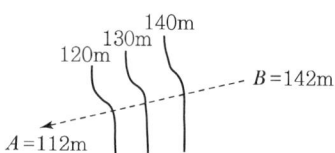

① 120m ② 125m
③ 130m ④ 135m

해설 비례식을 이용하여 계산한다.
$200 : (142-112) = D_{BO} : (130-112)$
$D_{BO} = \dfrac{200 \times 18}{30} = 120\text{m}$

09 수면으로부터 수심(H)의 $0.2H$, $0.4H$, $0.6H$, $0.8H$ 지점의 유속($V_{0.2}$, $V_{0.4}$, $V_{0.6}$, $V_{0.8}$)을 관측하여 평균유속을 구하는 공식으로 옳지 않은 것은?

① $V_m = V_{0.6}$
② $V_m = \dfrac{1}{2}(V_{0.2} + V_{0.8})$
③ $V_m = \dfrac{1}{4}(V_{0.2} + 2V_{0.6} + V_{0.8})$
④ $V_m = \dfrac{1}{5}\left[(V_{0.2} + V_{0.4} + V_{0.6} + V_{0.8}) + \dfrac{1}{2}\left(V_{0.2} + \dfrac{1}{2}V_{0.8}\right)\right]$

해설

1점법	수면으로부터 수심 0.6H 되는 곳의 유속 $V_m = V_{0.6}$
2점법	수심 0.2H, 0.8H 되는 곳의 유속 $V_m = \dfrac{1}{2}(V_{0.2} + V_{0.8})$
3점법	수심 0.2H, 0.6H, 0.8H 되는 곳의 유속 $V_m = \dfrac{1}{4}(V_{0.2} + 2V_{0.6} + V_{0.8})$
4점법	수심 1.0m 내외의 장소에서 적당 $V_m = \dfrac{1}{5}\Big\{(V_{0.2} + V_{0.4} + V_{0.6} + V_{0.8})$ $+ \dfrac{1}{2}\left(V_{0.2} + \dfrac{V_{0.8}}{2}\right)\Big\}$

10 다음과 같은 삼각형 ABC의 면적은?

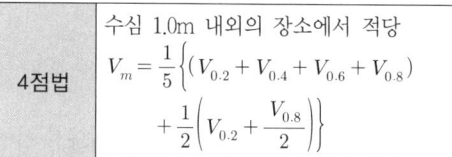

① 153.04m² ② 235.09m²
③ 1,495.57m² ④ 2,227.50m²

해설 삼변법
$S = \dfrac{1}{2}(a+b+c) = \dfrac{1}{2}(60+50+81)$
$= 95.5\text{m}$
$\therefore A = \sqrt{s(s-a)(s-b)(s-c)}$
$= \sqrt{95.5(95.5-60)(95.5-50)(95.5-81)}$
$= 1,495.57\text{m}^2$

11 노선연장이 2km인 결합트래버스 측량을 실시할 때에 폐합비를 1/4,000로 제한한다면 허용되는 최대 폐합오차는?

① 0.2m ② 0.5m
③ 0.8m ④ 1.0m

해설
- 폐합비(R) = $\dfrac{1}{m} = \dfrac{E}{\Sigma L}$
- $\dfrac{1}{4,000} = \dfrac{E}{2,000}$
$\therefore E = \dfrac{2,000}{4,000} = 0.5\text{m}$

12 축척 1 : 50,000인 우리나라 지형도에서 990m의 산정과 510m의 산중턱 간에 들어가는 계곡선의 수는?

① 4개 ② 5개
③ 20개 ④ 24개

Answer 08. ① 09. ② 10. ③ 11. ② 12. ①

해설 등고선 수 = $\frac{900-600}{100}+1=4$개

축척 등고선 종류	기호	$\frac{1}{5,000}$	$\frac{1}{10,000}$	$\frac{1}{25,000}$	$\frac{1}{50,000}$
주곡선	가는 실선	5	5	10	20
간곡선	가는 파선	2.5	2.5	5	10
조곡선 (보조곡선)	가는 점선	1.25	1.25	2.5	5
계곡선	굵은 실선	25	25	50	100

13 기차 및 구차에 대한 설명 중 옳지 않은 것은?
① 삼각점 상호 간의 고저차를 구하고자 할 때와 같이 거리가 상당히 떨어져 있을 때 지구의 표면이 구상이므로 일어나는 오차를 구차라 한다.
② 구차는 시준거리의 제곱에 비례한다.
③ 공기의 온도, 기압 등에 의하여 시준선에서 생기는 오차를 기차라 하며 대략 구차의 1/7 정도이다.
④ 기차 $=\frac{L^2}{2R}$, 구차 $=K\frac{L^2}{2R}$ 의 식으로 구할 수 있다.[여기서, L : 2점 간의 거리, R : 지구의 반경(6,370km), K : 굴절계수]

해설 • 구차(h_1) : 지구의 곡률에 의한 오차이며 이 오차만큼 높게 조정을 한다.

$h_1 = +\frac{S^2}{2R}$
• 기차(h_2) : 지표면에 가까울수록 대기의 밀도가 커지므로 생기는 오차(굴절오차)를 말하며, 이 오차만큼 낮게 조정한다.
$h_2 = -\frac{KS^2}{2R}$
• 양차 : 구차와 기차의 합을 말하며 연직각 관측값에서 이 양차를 보정하여 연직각을 구한다.
양차 $=\frac{S^2}{2R}+\left(-\frac{KS^2}{2R}\right)=\frac{S^2}{2R}(1-K)$

여기서, R : 지구의 곡률반경
S : 수평거리
K : 굴절계수(0.12~0.14)

14 삼각측량에 있어서 삼각점의 수평위치를 결정하는 요소는 무엇인가?
① 거리와 방향각
② 고저차와 방향각
③ 밀도와 폐합비
④ 폐합오차와 밀도

해설 삼각측량의 수평위치를 결정하기 위해서는 방향각과 거리를 알면 된다(Sine 법칙).

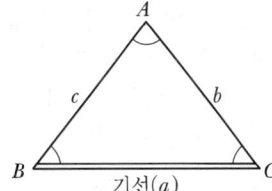

$\frac{a}{\sin\alpha}=\frac{b}{\sin\beta}=\frac{c}{\sin\gamma}$
$b=\frac{\sin\beta}{\sin\alpha}\cdot a$
$c=\frac{\sin\gamma}{\sin\alpha}\cdot a$

15 거리의 정확도를 10^{-6}에서 10^{-5}으로 변화를 주었다면 평면으로 고려할 수 있는 면적 기준의 측량범위의 변화는?
① $\frac{1}{\sqrt{10}}$ 로 감소한다.
② $\sqrt{10}$ 배 증가한다.
③ 10배 증가한다.
④ 100배 증가한다.

해설 • 허용 정도 $\frac{d-D}{D}=\frac{1}{12}\left(\frac{D}{R}\right)^2$
• $\frac{1}{10^6}$ 일 때
$D=\sqrt{\frac{12\times 6,370^2}{10^6}}=22.066$km
$A = 22.066^2 = 486.908$km^2

Answer 13. ④ 14. ① 15. ③

- $\dfrac{1}{10^5}$ 일 때

$$D = \sqrt{\dfrac{12 \times 6{,}370^2}{10^5}} = 69.779\text{km}$$

$$A = 69.779^2 = 4{,}869.108\text{km}^2$$

∴ $\dfrac{1}{10^5}$ 인 경우가 $\dfrac{1}{10^6}$ 인 경우보다 10배 크다.

16 GPS측량 시 고려해야 할 사항이 아닌 것은?

① 정지측량 시 4개 이상, RTK측량 시는 5개 이상의 위성이 관측되어야 한다.
② 가능하면 15° 이상의 임계고도각을 유지하여야 한다.
③ DOP 수치가 3 이하인 경우는 관측을 하지 않는 것이 좋다.
④ 철탑이나 대형 구조물, 고압선 직하 지점은 회피하여야 한다.

해설 정밀도저하율[DOP(Dilution of Precision)]
- 3차원위치의 정확도는 PDOP에 따라 달라지는데 PDOP는 4개의 관측위성들이 이루는 사면체의 체적이 최대일 때 가장 정확도가 좋으며 이때는 관측자의 머리 위에 다른 3개의 위성이 각각 120°를 이룰 때이다.
- DOP는 값이 작을수록 정확한데 1이 가장 정확하고 5까지는 실용상 지장이 없다.
- DOP 수치가 7~10 이상인 경우는 오차가 크므로 관측을 하지 않는 것이 좋다.

17 캔트(Cant)의 계산에 있어서 속도를 4배, 반지름을 2배로 할 경우 캔트(Cant)는 몇 배가 되는가?

① 2배   ② 4배
③ 6배   ④ 8배

해설 캔트$(C) = \dfrac{SV^2}{Rg}$

∴ 속도가 4배, 반지름이 2배인 경우 캔트는 8배이다 ($\dfrac{4^2}{2} = \dfrac{16}{2} = 8$배).

18 수준측량에서 발생할 수 있는 정오차에 해당하는 것은?

① 표척을 잘못 뽑아 발생되는 읽음오차
② 광선의 굴절에 의한 오차
③ 관측자의 시력 불완전에 의한 오차
④ 태양의 광선, 바람, 습도 및 온도의 순간 변화에 의해 발생되는 오차

해설 정오차는 기차, 구차, 양차이다.
- 구차(h_1) : 지구의 곡률에 의한 오차이며 이 오차만큼 높게 조정을 한다.

$$h_1 = +\dfrac{S^2}{2R}$$

- 기차(h_2) : 지표면에 가까울수록 대기의 밀도가 커지므로 생기는 오차(굴절오차)를 말하며, 이 오차만큼 낮게 조정한다.

$$h_2 = -\dfrac{KS^2}{2R}$$

- 양차 : 구차와 기차의 합을 말하며 연직각 관측값에서 이 양차를 보정하여 연직각을 구한다.

$$\text{양차} = \dfrac{S^2}{2R} + \left(-\dfrac{KS^2}{2R}\right) = \dfrac{S^2}{2R}(1-K)$$

여기서, R : 지구의 곡률반경
S : 수평거리
K : 굴절계수(0.12~0.14)

19 대단위 신도시를 건설하기 위한 넓은 지형의 정지공사에서 토량을 계산하고자 할 때 가장 적당한 방법은?

① 점고법
② 양단면 평균법
③ 비례 중앙법
④ 각주공식에 의한 방법

해설 부호적 도법

점고법 (Spot Height System)	넓고 비교적 평탄한 지형의 체적 계산에 사용하고 지표면상의 표고 또는 수심을 숫자에 의하여 지표를 나타내는 방법으로 하천, 항만, 해양 등에 주로 이용

Answer 16. ③ 17. ④ 18. ② 19. ①

등고선법 (Contour System)	동일표고의 점을 연결한 것으로 등고선에 의하여 지표를 표시하는 방법으로 토목공사용으로 가장 널리 사용
채색법 (Layer System)	같은 등고선의 지대를 같은 색으로 채색하여 높을수록 진하게, 낮을수록 연하게 칠하여 높이의 변화를 나타내며 지리관계의 지도에 주로 사용

20 삼각측량에서 삼각점을 선점할 때 주의사항으로 잘못된 것은?

① 삼각형은 정삼각형에 가까울수록 좋다.
② 가능한 한 측점의 수를 많게 하고 거리가 짧을수록 유리하다.
③ 미지점은 최소 3개, 최대 5개의 기지점에서 정·반 양방향으로 시통이 되도록 한다.
④ 삼각점의 위치는 다른 삼각점과 시준이 잘되어야 한다.

- 각 점이 서로 잘 보일 것
- 삼각형의 내각은 60°에 가깝게 하는 것이 좋으나 1개의 내각은 30~120° 이내로 할 것
- 표지와 기계가 움직이지 않을 견고한 지점일 것
- 선점 시 가능한 측점수가 적고 세부측량에 이용가치가 커야 할 것
- 벌목을 많이 하거나 높은 시준탑을 세우지 않아도 관측할 수 있는 점일 것

Answer 20. ②

측량학(2023년 2회 토목기사)

01 축척이 1:25,000인 지형도 1매를 1:5,000 축척으로 재편집할 때 제작되는 지형도의 매수는?

① 25매
② 20매
③ 15매
④ 10매

해설 면적은 축척 $\left(\dfrac{1}{m}\right)^2$에 비례

∴ 매수 $=\left(\dfrac{25,000}{5,000}\right)^2 = 25$매

02 캔트(Cant)의 계산에서 속도 및 반지름을 2배로 하면 캔트는 몇 배가 되는가?

① 2배
② 4배
③ 8배
④ 16배

해설 캔트(C) $= \dfrac{SV^2}{Rg}$

∴ 속도와 반지름이 2배이면 캔트(C)는 2배가 된다.

03 축척 1:25,000의 수치지형도에서 경사가 10%인 등경사 지형의 주곡선 간 도상거리는?

① 2mm
② 4mm
③ 6mm
④ 8mm

해설
- 1/25,000 지도의 주곡선 간격은 10m
- 경사(i) $= \dfrac{H}{D} = 10\%$이므로 수평거리는 100m

∴ 도상 수평거리(D) $= \dfrac{D}{m} = \dfrac{100}{25,000}$
$= 0.004\text{m} = 4\text{mm}$

축척 등고선 종류	기호	$\dfrac{1}{5,000}$	$\dfrac{1}{10,000}$	$\dfrac{1}{25,000}$	$\dfrac{1}{50,000}$
주곡선	가는 실선	5	5	10	20
간곡선	가는 파선	2.5	2.5	5	10
조곡선 (보조곡선)	가는 점선	1.25	1.25	2.5	5
계곡선	굵은 실선	25	25	50	100

04 완화곡선에 대한 설명으로 옳지 않은 것은?

① 모든 클로소이드(Clothoid)는 닮은꼴이며 클로소이드 요소는 길이의 단위를 가진 것과 단위가 없는 것이 있다.
② 완화곡선의 접선은 시점에서 원호에, 종점에서 직선에 접한다.
③ 완화곡선의 반지름은 그 시점에서 무한대, 종점에서는 원곡선의 반지름과 같다.
④ 완화곡선에 연한 곡선반지름의 감소율은 캔트(Cant)의 증가율과 같다.

해설 완화곡선의 특징
- 곡선반경은 완화곡선의 시점에서 무한대, 종점에서 원곡선 R로 된다.
- 완화곡선의 접선은 시점에서 직선에, 종점에서 원호에 접한다.
- 완화곡선에 연한 곡선반경의 감소율은 캔트의 증가율과 같다.
- 완화곡선의 종점의 캔트와 원곡선 시점의 캔트는 같다.
- 완화곡선은 이정의 중앙을 통과한다.
- 완화곡선의 곡률은 시점에서 0, 종점에서 $\dfrac{1}{R}$이다.

05 등고선에 관한 설명으로 옳지 않은 것은?
① 높이가 다른 등고선은 절대 교차하지 않는다.
② 등고선 간의 최단거리 방향은 최급경사 방향을 나타낸다.
③ 지도의 도면 내에서 폐합되는 경우 등고선의 내부에는 산꼭대기 또는 분지가 있다.
④ 동일한 경사의 지표에서 등고선 간의 수평거리는 같다.

해설 등고선의 성질
- 동일 등고선상에 있는 모든 점은 같은 높이이다.
- 등고선은 반드시 도면 안이나 밖에서 서로가 폐합한다.
- 지도의 도면 내에서 폐합되면 가장 가운데 부분을 산꼭대기(산정) 또는 凹지(요지)가 된다.
- 등고선은 도중에 없어지거나, 엇갈리거나 합쳐지거나 갈라지지 않는다.
- 높이가 다른 두 등고선은 동굴이나 절벽의 지형이 아닌 곳에서는 교차하지 않는다.
- 등고선은 경사가 급한 곳에서는 간격이 좁고 완만한 경사에서는 넓다.
- 최대경사의 방향은 등고선과 직각으로 교차한다.
- 분수선(능선)과 곡선(유하선)은 등고선과 직각으로 만난다.

06 A점에서 관측을 시작하여 A점으로 폐합시킨 폐합트래버스 측량에서 다음과 같은 측량결과를 얻었다. 이때 측선 AB의 배횡거는?

측선	위거(m)	경거(m)
AB	15.5	25.6
BC	-35.8	32.2
CA	20.3	-57.8

① 0m
② 25.6m
③ 57.8m
④ 83.4m

해설

제1측선의 배횡거	그 측선의 경거
임의 측선의 배횡거	앞 측선의 배횡거+앞 측선의 경거 +그 측선의 경거
마지막 측선의 배횡거	그 측선의 경거(부호는 반대)

∴ AB 측선의 배횡거=25.6m

07 수심이 h인 하천의 평균유속을 구하기 위하여 수면으로부터 $0.2h$, $0.6h$, $0.8h$가 되는 깊이에서 유속을 측량한 결과 초당 0.8m, 1.5m, 1.0m였다. 3점법에 의한 평균유속은?
① 0.9m/s
② 1.0m/s
③ 1.1m/s
④ 1.2m/s

해설 3점법(V_m)

$$\frac{V_{0.2}+2V_{0.6}+V_{0.8}}{4}=\frac{0.8+2\times1.5+1.0}{4}=1.2\text{m/s}$$

1점법	수면으로부터 수심 0.6H 되는 곳의 유속 $V_m=V_{0.6}$
2점법	수심 0.2H, 0.8H 되는 곳의 유속 $V_m=\frac{1}{2}(V_{0.2}+V_{0.8})$
3점법	수심 0.2H, 0.6H, 0.8H 되는 곳의 유속 $V_m=\frac{1}{4}(V_{0.2}+2V_{0.6}+V_{0.8})$
4점법	수심 1.0m 내외의 장소에서 적당 $V_m=\frac{1}{5}\left\{(V_{0.2}+V_{0.4}+V_{0.6}+V_{0.8})+\frac{1}{2}\left(V_{0.2}+\frac{V_{0.8}}{2}\right)\right\}$

Answer 05. ① 06. ② 07. ④

08 어떤 측선의 길이를 3군으로 나누어 관측하여 표와 같은 결과를 얻었을 때, 측선 길이의 최확값은?

관측군	관측값(m)	측정횟수
I	100.350	2
II	100.340	5
III	100.353	3

① 100.344m   ② 100.346m
③ 100.348m   ④ 100.350m

해설 경중률(횟수에 비례)
$P_1 : P_2 : P_3 = 2 : 5 : 3$
∴ 최확값
$= \dfrac{P_1 l_1 + P_2 l_2 + P_3 l_3}{P_1 + P_2 + P_3}$
$= 100 + \dfrac{(2 \times 0.35) + (5 \times 0.34) + (3 \times 0.353)}{2 + 5 + 3}$
$= 100.346 \text{m}$

09 직사각형 두 변의 길이를 $\dfrac{1}{200}$ 정확도로 관측하여 면적을 구할 때 산출된 면적의 정확도는?

① $\dfrac{1}{50}$ ② $\dfrac{1}{100}$
③ $\dfrac{1}{200}$ ④ $\dfrac{1}{400}$

해설 면적의 정도는 거리 정도의 2배다.
정밀도 $= \left(\dfrac{1}{M}\right) = \dfrac{\Delta A}{A} = 2 \dfrac{\Delta L}{L}$
$= 2 \times \dfrac{1}{200} = \dfrac{1}{100}$

10 클로소이드 곡선에 대한 설명으로 틀린 것은?
① 곡률이 곡선의 길이에 반비례하는 곡선이다.
② 단위클로소이드란 매개변수 A가 1인 클로소이드이다.
③ 모든 클로소이드는 닮은꼴이다.
④ 클로소이드에서 매개변수 A가 정해지면 클로소이드의 크기가 정해진다.

해설 클로소이드(Clothoid) 곡선
곡률이 곡선장에 비례하는 곡선을 클로소이드 곡선이라 한다. 곡선길이가 일정할 때 곡선 반지름이 크면 접선각은 작아진다.

클로소이드 성질
• 클로소이드는 나선의 일종이다.
• 모든 클로소이드는 닮은꼴이다(상사성이다).
• 단위가 있는 것도 있고 없는 것도 있다.
• τ는 30°가 적당하다.
• 확대율을 가지고 있다.
• τ는 라디안으로 구한다.

11 교점(IP)의 위치가 기점으로부터 추가거리 325.18m이고, 곡선반지름(R) 200m, 교각(I) 41°00′인 단곡선을 편각법으로 설치하고자 할 때, 곡선시점(BC)의 위치는?(단, 중심말뚝 간격은 20m이다.)
① No.3 + 14.777m
② No.4 + 5.223m
③ No.12 + 10.403m
④ No.13 + 9.596m

해설 $BC = IP - TL = IP - \left(R \cdot \tan \dfrac{I}{2}\right)$
$= 325.18 - \left(200 \times \tan \dfrac{41°}{2}\right)$
$= 250.403 \text{m} = \text{No.12} + 10.403 \text{m}$

12 GPS 위성측량에 대한 설명으로 옳은 것은?
① GPS를 이용하여 취득한 높이는 지반고이다.
② GPS에서 사용하고 있는 기준타원체는 GRS80 타원체이다.
③ 대기 내 수증기는 GPS 위성신호를 지연시킨다.
④ VRS 측량에서는 망조정이 필요하다.

해설 이 층에는 지구기후에 의해 구름과 같은 수증기가 있어 굴절오차의 원인이 되어 지연된다.

Answer 08. ② 09. ② 10. ① 11. ③ 12. ③

13 하천의 수위관측소 설치를 위한 장소로 적합하지 않은 것은?

① 상하류의 길이가 약 100m 정도는 직선인 곳
② 홍수 시 관측소가 유실 및 파손될 염려가 없는 곳
③ 수위표를 쉽게 읽을 수 있는 곳
④ 합류나 분류에 의해 수위가 민감하게 변화하여 다양한 수위의 관측이 가능한 곳

해설 수위관측소
- 하안(河岸)과 하상(河床)이 안전하고 세굴이나 퇴적이 되지 않은 장소
- 상하류의 길이 약 100m 정도의 직선일 것
- 유속의 변화가 크지 않을 것
- 수위가 교각이나 기타 구조물에 영향을 받지 않은 장소
- 홍수 때는 관측소의 유실, 이동 및 파손될 염려가 없는 장소
- 평시는 홍수 때보다 수위표가 쉽게 읽을 수 있는 장소
- 지천의 합류점 및 분류점으로 수위의 변화가 생기지 않은 장소

14 다음 중 3차원 위치성과를 획득할 수 없는 측량장비는?

① 토털스테이션
② 레벨
③ LiDAR
④ GPS

해설 레벨측량은 수직위치(z), 즉 높이를 구하는 측량이다.

15 평야지대의 어느 한 측점에서 중간 장애물이 없는 26km 떨어진 어떤 측점을 시준할 때 어떤 측점에 세울 표척의 최소 높이는?(단, 기차상수는 0.14이고 지구곡률반지름은 6,370km이다.)

① 16m   ② 26m
③ 36m   ④ 46m

해설 양차(Δh) = $\dfrac{D^2}{2R}(1-K)$

∴ $\Delta h = \dfrac{26^2}{2 \times 6,370}(1-0.14) = 0.0456 \text{km} ≒ 46\text{m}$

16 수준측량에서 전시와 후시의 시준거리를 같게 하면 소거가 가능한 오차가 아닌 것은?

① 관측자의 시차에 의한 오차
② 정준이 불안정하여 생기는 오차
③ 기포관축과 시준축이 평행되지 않았을 때 생기는 오차
④ 지구의 곡류에 의하여 생기는 오차

해설 전시와 후시의 거리를 같게 함으로써 제거되는 오차
- 레벨의 조정이 불완전(시준선이 기포관축과 평행하지 않을 때)할 때(시준축오차 : 오차가 가장 크다.)
- 지구의 곡률오차(구차)와 빛의 굴절오차(기차)를 제거한다.
- 초점나사를 움직이는 오차가 없으므로 그로 인해 생기는 오차를 제거한다.

17 트래버스 측점 A의 좌표가 (200, 200)이고, AB 측선의 길이가 50m일 때 B점의 좌표는?(단, AB의 방위각은 195°이고, 좌표의 단위는 m이다.)

① (248.3, 187.1)
② (248.3, 212.9)
③ (151.7, 187.1)
④ (151.7, 212.9)

해설
- $X_B = X_A + 위거(L_{AB})$, $Y_B = Y_A + 경거(D_{AB})$
- $X_B = X_A + l\cos\theta = 200 + 50 \cdot \cos 195°$
  $= 151.70\text{m}$
- $Y_B = Y_A + l\sin\theta = 200 + 50 \cdot \sin 195°$
  $= 187.06\text{m}$

∴ $(X_B, Y_B) = (151.7, 187.1)$

Answer 13. ④ 14. ② 15. ④ 16. ① 17. ②

18 거리측량의 정확도가 $\dfrac{1}{10,000}$일 때 같은 정확도를 가지는 각 관측오차는?

① 18.6″
② 19.6″
③ 20.6″
④ 21.6″

해설
$$\dfrac{\Delta L}{L} = \dfrac{\theta''}{\rho''}$$
$$\therefore \theta'' = \dfrac{1}{10,000} \times 206,265'' = 20.63''$$

19 수평각관측법 중 가장 정확한 값을 얻을 수 있는 방법으로 1등 삼각측량에 이용되는 방법은?

① 조합각관측법
② 방향각법
③ 배각법
④ 단각법

해설 조합각관측법
- 수평각 관측방법 중 가장 정확한 방법으로 1등 삼각측량에 이용된다.
- 여러 개의 방향선의 각을 차례로 방향각법으로 관측하여 얻은 여러 개의 각을 최소제곱법에 의해 최확값을 결정한다.

20 지구반지름이 6,370km이고 거리의 허용오차가 $1/10^5$이면 평면측량으로 볼 수 있는 범위의 지름은?

① 약 69km
② 약 64km
③ 약 36km
④ 약 22km

해설 평면측량
- 정도 $\dfrac{1}{10^6}$일 때 반경 11km(직경 22km) 이내 측량
- 정도 $\dfrac{1}{10^5}$일 때 반경 35km(직경 70km) 이내 측량

Answer 18. ③ 19. ① 20. ①

측량학(2023년 3회 토목기사)

01 트래버스 $ABCD$에서 각 측선에 대한 위거와 경거값이 아래 표와 같을 때, 측선 BC의 배횡거는?

측선	위거(m)	경거(m)
AB	+75.39	+81.57
BC	−33.57	+18.78
CD	−61.43	−45.60
CA	+44.61	−52.65

① 81.57m ② 155.10m
③ 163.14m ④ 181.92m

해설

제1측선의 배횡거	그 측선의 경거
임의 측선의 배횡거	앞 측선의 배횡거 + 앞 측선의 경거 + 그 측선의 경거
마지막 측선의 배횡거	그 측선의 경거(부호는 반대)

• AB 측선의 배횡거 = 81.57
• BC 측선의 배횡거 = 81.57 + 81.57 + 18.78 = 181.92m

02 답사나 홍수 등 급하게 유속관측을 필요로 하는 경우에 편리하여 주로 이용하는 방법은?

① 이중부자
② 표면부자
③ 스크루(Screw)형 유속계
④ 프라이스(Price)식 유속계

해설 유속관측(부자에 의한 방법)

표면부자	• 나무, 코르크, 병, 죽통 등을 이용하여 가운데 작은 돌이나 모래를 넣어 추로 하여 부자고 0.8~0.9를 흘수선(吃水線)으로 한다. • 주로 홍수 시 사용되며 투하지점은 10m 이상, $\dfrac{B}{3}$ 이상, 20초 이상(약 30초)로 한다 (여기서, B : 하폭). • 답사, 홍수 시 급한 유속을 관측할 때 편리하다.
이중부자	• 표면부자에 실이나 가는 쇠줄을 수중부자와 연결하여 측정 • 수중부자는 수면에서 수심의 $\dfrac{3}{5}$인 곳에 가라앉혀서 직접평균유속을 구할 때 사용 • 아주 정확한 값은 얻을 수 없다.

03 위성측량의 DOP(Dilution of Precision)에 관한 설명으로 옳지 않은 것은?

① DOP는 위성의 기하학적 분포에 따른 오차이다.
② 일반적으로 위성들 간의 공간이 더 크면 위치정밀도가 낮아진다.
③ DOP를 이용하여 실제 측량 전에 위성측량의 정확도를 예측할 수 있다.
④ DOP 값이 클수록 정확도가 좋지 않은 상태이다.

해설 정밀도 저하율[DOP(Dilution of Precision)]
• 3차원위치의 정확도는 PDOP에 따라 달라지는데 PDOP는 4개의 관측위성들이 이루는 사면체의 체적이 최대일 때 가장 정확도가 좋으며 이때는 관측자의 머리 위에 다른 3개의 위성이 각각 120°를 이룰 때이다.
• DOP는 값이 작을수록 정확한데 1이 가장 정확하고 5까지는 실용상 지장이 없다.
• DOP 수치가 7~10 이상인 경우는 오차가 크므로 관측을 하지 않는 것이 좋다.
• 위성들 간의 공간이 더 크면 위치정밀도가 높아진다.

04 단곡선 설치에 있어서 교각 $I=60°$, 반지름 $R=200m$, 곡선의 시점 $B.C=No.8+15m$일 때 종단현에 대한 편각은?(단, 중심말뚝의 간격은 20m이다.)

Answer 01. ④ 02. ② 03. ② 04. ①

① 38′10″
② 42′58″
③ 1°16′20″
④ 2°51′53″

해설
- $CL = R \cdot I \cdot \dfrac{\pi}{180} = 200 \times 60° \times \dfrac{\pi}{180}$
  $= 209.44\text{m}$
- $EC = BC + CL = (20 \times 8 + 15) + 209.44$
  $= 384.44\text{m}$
- l_2(종단현) $= 384.44 - 380 = 4.44\text{m}$
- $\therefore \delta_2 = \dfrac{l^2}{R} \times \dfrac{90°}{\pi} = \dfrac{4.44^2}{200} \times \dfrac{90°}{\pi} = 0°38′10″$

05 곡선반지름이 400m인 원곡선을 설계속도 70km/h로 하려고 할 때 캔트(Cant)는?(단, 궤간 $b = 1.065$m)

① 73mm ② 83mm
③ 93mm ④ 103mm

해설 $\text{Cant} = \dfrac{V^2 S}{gR} = \dfrac{\left(70 \times 1,000 \times \dfrac{1}{60 \times 60}\right)^2 \times 1.065}{9.8 \times 400}$
$= 0.103\text{m} = 103\text{mm}$

06 도로노선의 곡률반지름 $R = 2,000$m, 곡선길이 $L = 245$m일 때, 클로소이드의 매개변수 A는?

① 500m ② 600m
③ 700m ④ 800m

해설 $A^2 = RL$
$\therefore A = \sqrt{RL} = \sqrt{2,000 \times 245} = 700\text{m}$

07 평탄한 지역에서 A측점에 기계를 세우고 15km 떨어져 있는 B측점을 관측하려고 할 때에 B측점에 표척의 최소높이는?(단, 지구의 곡률반지름 = 6,370km, 빛의 굴절은 무시)

① 7.85m ② 10.85m
③ 15.66m ④ 17.66m

해설 양차(Δh) $= \dfrac{D^2}{2R}(1-k)$
$\therefore \Delta h = \dfrac{15^2}{2 \times 6,370} = 0.01766\text{km} = 17.66\text{m}$

08 직접고저측량을 실시한 결과가 그림과 같을 때, A점의 표고가 10m라면 C점의 표고는?(단, 그림은 개략도로 실제 치수와 다를 수 있음)

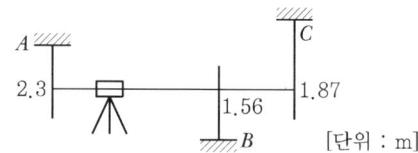

① 9.57m ② 9.66m
③ 10.57m ④ 10.66m

해설 $H_C = 10 - 2.3 + 1.87 = 9.57\text{m}$

09 수심이 h인 하천의 평균유속을 구하기 위하여 수면으로부터 $0.2h$, $0.6h$, $0.8h$가 되는 깊이에서 유속을 측량한 결과 초당 0.8m, 1.5m, 1.0m였다. 3점법에 의한 평균유속은?

① 0.9m/s ② 1.0m/s
③ 1.1m/s ④ 1.2m/s

해설 3점법(V_m)
$\dfrac{V_{0.2} + 2V_{0.6} + V_{0.8}}{4} = \dfrac{0.8 + 2 \times 1.5 + 1.0}{4}$
$= 1.2\text{m/s}$

1점법	수면으로부터 수심 0.6H 되는 곳의 유속 $V_m = V_{0.6}$
2점법	수심 0.2H, 0.8H 되는 곳의 유속 $V_m = \dfrac{1}{2}(V_{0.2} + V_{0.8})$
3점법	수심 0.2H, 0.6H, 0.8H 되는 곳의 유속 $V_m = \dfrac{1}{4}(V_{0.2} + 2V_{0.6} + V_{0.8})$
4점법	수심 1.0m 내외의 장소에서 적당 $V_m = \dfrac{1}{5}\left\{(V_{0.2} + V_{0.4} + V_{0.6} + V_{0.8}) + \dfrac{1}{2}\left(V_{0.2} + \dfrac{V_{0.8}}{2}\right)\right\}$

10 축척 1:50,000 지형도상에서 주곡선 간의 도상 길이가 1cm였다면 이 지형의 경사는?

① 4% ② 5%
③ 6% ④ 10%

해설
- 수평거리 = $50,000 \times 0.01 = 500$m

$$\therefore 경사(i) = \frac{H}{D} \times 100(\%) = \frac{20}{500} \times 100 = 4\%$$

등고선 종류	기호	$\frac{1}{5,000}$	$\frac{1}{10,000}$	$\frac{1}{25,000}$	$\frac{1}{50,000}$
주곡선	가는 실선	5	5	10	20
간곡선	가는 파선	2.5	2.5	5	10
조곡선 (보조곡선)	가는 점선	1.25	1.25	2.5	5
계곡선	굵은 실선	25	25	50	100

11 폐합트래버스에서 위거의 합이 -0.17m, 경거의 합이 0.22m이고, 전 측선의 거리의 합이 252m일 때 폐합비는?

① 1/900 ② 1/1,000
③ 1/1,100 ④ 1/1,200

해설 폐합비 = $\dfrac{E}{\Sigma l} = \dfrac{\sqrt{-0.17^2 + 0.22^2}}{252} = \dfrac{1}{906}$

12 그림과 같은 트래버스에서 $\overline{CD}$ 측선의 방위는?(단, $\overline{AB}$의 방위 = N 82°10′ E, $\angle ABC = 98°39′$, $\angle BCD = 67°14′$이다.)

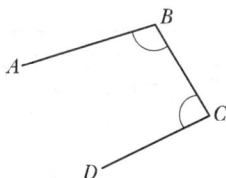

① S 6°17′W ② S 83°43′W
③ N 6°17′W ④ N 83°43′W

해설 임의 측선의 방위각 = 전 측선의 방위각 $+180° \pm$ 교각(우측 ⊖, 좌측 ⊕)
- $\overline{AB}$ 방위각 = $82°10′$
- $\overline{BC}$ 방위각 = $82°30′ + 180° - 98°39′$
  $= 163°31′$
- $\overline{CD}$ 방위각 = $163°31′ + 180° - 67°14′$
  $= 276°17′$

∴ $276°67′$은 4상한이므로 N 83°43′W

13 축척 1:5,000 지형도(30cm×30cm)를 기초로 하여 축척이 1:50,000인 지형도(30cm×30cm)를 제작하기 위해 필요한 1:5,000 지형도의 수는?

① 50장 ② 100장
③ 150장 ④ 200장

해설 면적은 축척 $\left(\dfrac{1}{m}\right)^2$에 비례

$$\therefore 매수 = \left(\frac{50,000}{5,000}\right)^2 = 100장$$

또는 $10 \times 10 = 100$장

14 $\triangle ABC$의 꼭짓점에 대한 좌푯값이 (30, 50), (20, 90), (60, 100)일 때 삼각형 토지의 면적은?(단, 좌표의 단위 : m)

① 500m² ② 750m²
③ 850m² ④ 960m²

해설 좌표법

	X	Y	$(X_{i-1} - X_{i+1})Y_i$
A	30	50	$(60-20)50 = 2,000$
B	20	90	$(30-60)90 = -2,700$
C	60	100	$(20-30)100 = -1,000$

$2A = 2,000 - 2,700 - 1,000 = -1,700$

$$\therefore A = \frac{|-1,700|}{2} = 850\text{m}^2$$

15 그림과 같이 각 격자의 크기가 10m×10m로 동일한 지역의 전체 토량은?

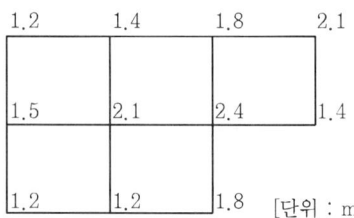

[단위 : m]

① 877.5m³ ② 893.6m³
③ 913.7m³ ④ 926.1m³

해설
$V = \dfrac{10\times 10}{4}[(1.2+2.1+1.4+1.2+1.8)$
$+2(1.4+1.8+1.5+1.2)+3\times 2.4+4\times 2.1]$
$= 877.5\text{m}^3$

16 그림과 같은 유토곡선(Mass Curve)에서 하향구간이 의미하는 것은?

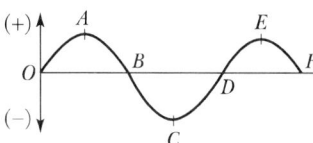

① 성토구간 ② 절토구간
③ 운반토량 ④ 운반거리

해설 유토곡선의 성질
- 유토곡선의 하향구간은 성토구간, 상향구간은 절토구간이다.
- 유토곡선의 극대치는 절토에서 성토로 옮기는 점이고, 극소치는 성토에서 절토로 옮기는 점을 표시한다.
- 유토곡선의 극대점토량에서 극소점토량을 빼고 남는 것이 사토량이다.
- 기선(곡선과 평행선)이 교차하는 점, 즉 c, e, g는 절토량과 성토량이 거의 같은 평행상태를 나타낸다.
- 기선에서 임의의 평형선을 그었을 때 인접하는 교차점 사이의 토량은 절토량과 성토량이 균형을 이룬다.

17 측량지역의 대소에 의한 측량의 분류에 있어서 지구의 곡률로부터 거리오차에 따른 정확도를 $1/10^7$까지 허용한다면 반지름 몇 km 이내를 평면으로 간주하여 측량할 수 있는가? (단, 지구의 곡률반지름은 6,372km이다.)

① 3.49km ② 6.98km
③ 11.03km ④ 22.07km

해설 정도 $= \dfrac{1}{12}\left(\dfrac{l}{R}\right)^2$

$\dfrac{1}{10^7} = \dfrac{1}{12}\left(\dfrac{l}{6,372}\right)^2$

$l(직경) = 7\text{km}$

∴ 반경은 약 3.5km

18 트래버스 측량에서 측점 A의 좌표가 (100m, 100m)이고 측선 AB의 길이가 50m일 때 B점의 좌표는?(단, AB측선의 방위각은 195°이다.)

① (51.7m, 87.1m)
② (51.7m, 112.9m)
③ (148.3m, 87.1m)
④ (148.3m, 112.9m)

해설
- $X_B = X_A + AB\cos AB$방위각
  $= 100 + 50\cos/95° = 51.7\text{m}$
- $Y_B = Y_A + AB\sin AB$방위각
  $= 100 + 50\sin/95° = 87.1\text{m}$

19 어떤 노선을 수준측량하여 작성된 기고식 야장의 일부 중 지반고 값이 틀린 측점은?

[단위 : m]

측점	B.S	F.S T.P	F.S I.P	기계고	지반고
0	3.121				123.567
1			2.586		124.102
2	2.428	4.065			122.623
3			-0.664		124.387
4		2.321			122.730

Answer 15. ① 16. ① 17. ① 18. ① 19. ③

① 측점 1 ② 측점 2
③ 측점 3 ④ 측점 4

 해설
- 측점 1의 지반고 = 126.688 − 2.586
  = 124.102m
- 측점 2의 지반고 = 126.688 − 4.065
  = 122.623m
- 측점 3의 지반고 = 125.051 − (−0.664)
  = 125.715m
- 측점 4의 지반고 = 125.051 − 2.321
  = 122.730m

20 L_1과 L_2의 두 개 주파수 수신이 가능한 2주파 GNSS수신기에 의하여 제거가 가능한 오차는?

① 위성의 기하학적 위치에 따른 오차
② 다중경로오차
③ 수신기 오차
④ 전리층 오차

 해설 GNSS측량에서는 L_1, L_2파의 선형조합을 통해 전리층 지연오차 등을 산정하여 보정할 수 있다.

Answer 20. ④

측량학(2024년 1회 토목기사)

01 토적곡선(Mass Curve)을 작성하는 목적 중 그 중요도가 적은 것은?
① 토량의 운반거리 산출
② 토공기계의 선정
③ 교통량 산정
④ 토량의 배분

 해설
- 토량의 운반거리 산출
- 토공기계의 선정
- 토량 이동에 따른 공사방법 및 순서결정
- 토량의 배분

02 편각법에 의한 곡선 설치에서 시단현의 길이가 6m일 때 시단현 편각은?(단, 곡률반경은 100m임)
① 1°43′08″   ② 1°43′13″
③ 5°43′07″   ④ 5°43′46″

해설 시단편각(δ_1)

$$\delta_1 = 1718.87' \times \frac{l_1}{R}$$

$$\delta_1 = 1718.87' \times \frac{6}{100} = 1°43'08''$$

03 100m² 정방형 토지의 면적을 0.1m²까지 정확하게 구하기 위해 요구되는 한 변의 길이는?
① 한 변의 길이를 1cm까지 정확하게 읽어야 한다.
② 한 변의 길이를 1mm까지 정확하게 읽어야 한다.
③ 한 변의 길이를 5cm까지 정확하게 읽어야 한다.
④ 한 변의 길이를 5mm까지 정확하게 읽어야 한다.

해설 면적의 정도는 거리의 정도의 2배

$$\frac{\Delta A}{A} = 2\frac{\Delta l}{l}$$

$$\therefore \Delta l = \frac{\Delta A \times l}{2A} = \frac{0.1 \times 10}{2 \times 100}$$

$$= 0.005\text{m} = 5\text{mm}$$

04 A점의 장애물로 인하여 ∠PAQ를 측정할 수 없어, A'에 트랜싯을 세워 편심관측을 하였다. ∠PA′Q=44°15′26″일 때 ∠PAQ는?(단, S_1=1.5km, e=0.45m, ϕ=360°−PA′A=320°10′, θ_2=20″)

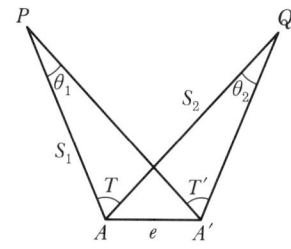

① 44°14′51″   ② 44°15′48″
③ 44°16′01″   ④ 44°17′31″

해설 삼각측량의 편심관측 계산문제로 sin 법칙을 적용

- θ_1 계산(sin 법칙 적용)

$$\frac{e}{\sin\theta_1} = \frac{s_1}{\sin\phi}$$

$$\theta_1 = \sin^{-1}\left(\frac{0.45 \times \sin 39°50'}{1,500}\right) = 39.64''$$

- θ_2 계산(sin 법칙 적용)

$$\frac{e}{\sin\theta_2} = \frac{s_2}{\sin(\phi + T')}$$

$$\theta_2 = \sin^{-1}\left(\frac{0.45 \times \sin 84°5'26''}{1,500}\right)$$

$$= 0°1'1.55''$$

Answer 01. ③ 02. ① 03. ④ 04. ②

- $T+\theta_1 = T'+\theta_2$ 에서 $T = T'+\theta_2 - \theta_1$ 이다.
- $T = T'+\theta_2 - \theta_1 = 44°15'48''$

05 지상 4km²의 면적을 도상 25cm²으로 표시하기 위한 축척은 얼마인가?
① 1/15,000 ② 1/25,000
③ 1/40,000 ④ 1/50,000

해설 $\left(\dfrac{1}{m}\right)^2 = \dfrac{도상면적}{실제면적}$ 이므로

$$\dfrac{1}{m} = \sqrt{\dfrac{0.05^2}{2,000^2}} = \dfrac{1}{40,000}$$

06 지거를 5m 등간격으로 하고 각 지거가 $y_1 = 3.8$m, $y_2 = 9.4$m, $y_3 = 11.6$m, $y_4 = 13.8$m, $y_5 = 7.4$m였다. 심프슨 제1법칙의 공식으로 면적을 구한 값은?
① 173.33m² ② 256.67m²
③ 156.53m² ④ 212.00m²

해설 심프슨의 제1법칙
$$A = \dfrac{d}{3}[y_1 + y_5 + 4(y_2 + y_4) + 2(y_3)]$$ 이므로
$$= \dfrac{5}{3}[3.8 + 7.4 + 4(9.4 + 13.8) + 2(11.6)]$$
$$= 212.00\text{m}^2$$

07 다음 부자(Float)에 의한 유속측정방법 중 적절치 못한 것은?
① 부자에는 표면부자, 이중부자, 봉부자 등이 있다.
② 표면부자를 사용할 때 낮고 작은 하천에서의 평균유속은 표면유속의 약 80% 정도이다.
③ 표면유속과 평균유속의 비는 일정하다.
④ 이중부자 사용 시 수중부자는 대략 수면으로부터 수심의 약 40%인 지점에 설치한다.

해설 부자에 의한 유속관측방법

표면부자	• 홍수 시 유속관측에 적합하다. • 작은 하천에서의 평균유속은 표면유속의 약 80% 정도이다. • 큰 하천에서의 평균유속은 표면유속의 약 90% 정도이다.
막대부자	대나무판 하단에 추를 넣고 연직으로 흘러 보내어 평균유속을 직접 구하는 방법으로, 종평균 유속측정 시 사용한다.
이중부자	표면부자에 수중부자를 끈으로 연결한 것으로 수중부표를 수면으로부터 6할쯤 되는 곳에 매달아 놓아 직접 평균유속을 구하는 방법이다.

08 A, B, C점으로부터 수준 측량을 하여 P점의 표고를 결정한 경우 P점의 표고는?(단, A→P 표고=367.786m, B→P 표고=367.732m, C→P 표고=367.758m)

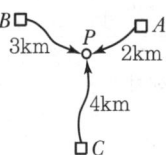

① 367.738m ② 367.743m
③ 367.756m ④ 367.763m

해설
- 직접수준측량 시 경중률은 노선거리에 반비례한다.
  $$\therefore P_A : P_B : P_C = \dfrac{1}{2} : \dfrac{1}{3} : \dfrac{1}{4} = 6 : 4 : 3$$
- P점의 표고
$$H_P = \dfrac{P_A H_A + P_B H_b + P_C H_C}{P_A + P_B + P_C}$$
$$= 367 + \dfrac{6 \times 0.786 + 4 \times 0.732 + 3 \times 0.758}{6 + 4 + 3}$$
$$= 367.763\text{m}$$

09 하천이나 항만 등에서 심천측량을 한 결과의 지형을 표시하는 방법으로 적당한 것은?
① 점고법 ② 지모법
③ 등고산법 ④ 음영법

자연적 도법	영선법 (우모법, Hachuring)	"게바"라 하는 단선상(短線上)의 선으로 지표의 기본을 나타내는 것으로 게바의 사이, 굵기, 방향 등에 의하여 지표를 표시하는 방법
	음영법 (명암법, Shading)	태양광선이 서북쪽에서 45°로 비친다고 가정하여 지표의 기복을 도상에서 2~3색 이상으로 채색하여 지형을 표시하는 방법으로 지형의 입체감이 가장 잘 나타나는 방법
부호적 도법	점고법 (Spot Height System)	지표면상의 표고 또는 수심을 숫자에 의하여 지표를 나타내는 방법으로 해도와 같은 지도에 이용되며, 주로 하천, 항만, 해양 등에 주로 이용
	등고선법 (Contour System)	동일표고의 점을 연결한 것으로 등고선에 의하여 지표를 표시하는 방법으로 토목공사용으로 가장 널리 사용
	채색법 (Layer System)	같은 등고선의 지대를 같은색으로 채색하여 높을수록 진하게 낮을수록 연하게 칠하여 높이의 변화를 나타내며 지리관계의 지도에 주로 사용

10 L_1과 L_2의 두 개 주파수 수신이 가능한 2주파 GNSS수신기에 의하여 제거가 가능한 오차는?

① 위성의 기하학적 위치에 따른 오차
② 다중경로오차
③ 수신기 오차
④ 전리층오차

해설 GNSS측량에서는 L_1, L_2파의 선형 조합을 통해 전리층 지연오차 등을 산정하여 보정할 수 있다.

11 지구상의 한 점에서 중력 방향에 90°를 이루고 있는 평면을 무엇이라 하는가?
① 수평면　　　② 지평면
③ 수준면　　　④ 정수면

수평면(수준면) (Level Surface)	• 모든 점에서 연직방향과 수직인 면으로 수평면은 곡면이며 회전타원체와 유사하다. • 정지하고 있는 해수면 또는 지오이드면은 수평면의 좋은 예이다.
수평선 (Level Line)	수평면 안에 있는 하나의 선으로 곡선을 이룬다.
지평면 (Horizontal Plane)	어느 점에서 수평면에 접하는 평면 또는 연직선에 직교하는 평면이다.
지평선 (Horizontal Line)	지평면위에 있는 한 선을 말하며 지평선은 어느 한 점에서 수평선과 접하는 직선이며 연직선과 직교한다.

12 A, B 두 점 간의 비고를 구하기 위해 (1), (2), (3) 경로에 대하여 직접 고저 측량을 실시하여 다음과 같은 결과를 얻었다. A, B 두 점 간의 고저차의 최확값은?

노선	관측값(m)	노선길이(km)
(1)	32.234	2
(2)	32.245	1
(3)	32.240	1

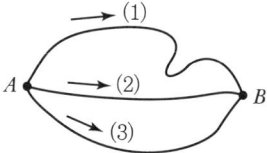

① 32.236m　　② 32.238m
③ 32.241m　　④ 32.243m

해설 • 직접수준측량 시 경중률은 노선거리에 반비례한다.

$$P_1 : P_2 : P_3 = \frac{1}{2} : \frac{1}{1} : \frac{1}{1} = 1 : 2 : 2$$

• 최확값 산정

$$H = \frac{P_1 H_1 + P_2 H_2 + P_3 H_3}{P_1 + P_2 + P_3}$$
$$= 32 + \frac{1 \times 0.234 + 2 \times 0.245 + 2 \times 0.240}{1 + 2 + 2}$$
$$= 32.241 \text{mm}$$

13 다음 트래버스에서 AB 측선의 방위각이 19° 48′26″, CD 측선의 방위각이 310°36′43″, 교각의 총합이 650°48′5″일 때 각 관측오차는?

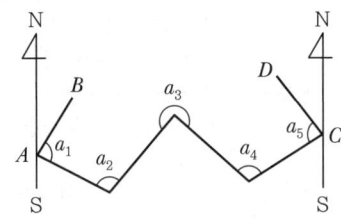

① +10″   ② −12″
③ +12″   ④ −23″

해설 결합트래버스에서 측각오차(E)
$E = W_a + [a] - 180(n-3) - W_b$
$= 19°\,48′\,26″ + [650°\,48′\,05″]$
$\quad - 180(5-3) - 310°\,36′\,43″ = -12″$

14 위성측량의 DOP(Dilution of Precision)에 관한 설명으로 옳지 않은 것은?

① DOP는 위성의 기하학적 분포에 따른 오차이다.
② 일반적으로 위성들 간의 공간이 더 크면 위치정밀도가 낮아진다.
③ DOP를 이용하여 실제 측량 전에 위성측량의 정확도를 예측할 수 있다.
④ DOP 값이 클수록 정확도가 좋지 않은 상태이다.

해설 위성들 간의 공간이 더 크면 위치정밀도가 높아진다.

15 등고선의 성질을 설명한 것 중 옳지 않은 것은?

① 동일 등고선상의 모든 점은 기준면으로부터 같은 높이에 있다.
② 지표면의 경사가 같을 때에는 등고선의 간격은 같고 평행하다.
③ 등고선은 도면 내 또는 밖에서 폐합한다.
④ 높이가 다른 두 등고선은 절대로 교차하지 않는다.

해설 등고선의 성질
- 동일 등고선상의 모든 점은 기준면으로부터 같은 높이에 있다.
- 지표면의 경사가 같을 때에는 등고선의 간격은 같고 평행하다.
- 등고선은 도면 내 또는 밖에서 폐합한다.
- 높이가 다른 두 등고선은 동굴이나 절벽의 지형이 아닌 곳에서는 교차하지 않는다. 즉, 동굴이나 절벽은 반드시 두 점에서 교차한다.
- 등고선은 경사가 급한 곳에서는 간격이 좁고, 완만한 경사에서는 간격이 넓다.
- 최대 경사의 방향은 등고선과 직각으로 교차한다.

16 다각형의 전측선 길이가 900m일 때 폐합비를 1/6,000로 하기 위해서는 축척 1/500의 도면에서 폐합오차는 어느 정도까지 허용할 수 있는가?

① 1mm   ② 0.7mm
③ 0.5mm   ④ 0.3mm

해설
- $\dfrac{1}{m} = \dfrac{\Delta l}{l}$ 에서 $\dfrac{1}{6,000} = \dfrac{\Delta l}{900}$
  $\therefore \Delta l = \dfrac{900}{6,000} = 0.15\,m$
- $\dfrac{1}{m} = \dfrac{도상거리}{실제거리}$ 에서 $\dfrac{1}{500} = \dfrac{x}{0.15}$
  $\therefore 도상거리(x) = \dfrac{0.15}{500} = 0.0003\,m = 0.3\,mm$

17 1/5,000 지형도상에서 20m와 60m 등고선 사이에 위치한 점 P의 높이는?(단, 20m 등고선에서 점 P까지의 도상거리는 15mm이고 60m 등고선에서는 5mm임)

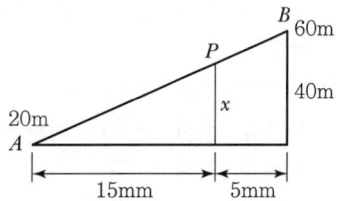

① 46m ② 50m
③ 52m ④ 54m

해설 $20 : 40 = 15 : x$

$\therefore x = \dfrac{40 \times 15}{20} = 30\text{m}$

- H_P 계산

  $H_P = H_A + x = 20 + 30 = 50\text{m}$

18 서로 다른 세 사람이 같은 조건에서 한 각을 측정하였다. 한 사람은 1회 측정에 45°20′37″, 두 번째 사람은 4회 측정에 그 평균인 45°20′32″, 마지막 사람은 8회 측정에 평균으로 45°20′33″를 얻었을 때 이 각의 최확치는?

① 45°20′38″ ② 45°20′37″
③ 45°20′33″ ④ 45°20′30″

해설
- 경중률은 관측 횟수에 비례한다.

  $P_1 : P_2 : P_3 = 1 : 4 : 8$

- 최확치 산정

  $L_0 = \dfrac{P_1 l_1 + P_2 l_2 + P_3 l_3}{P_1 + P_2 + P_3}$ 이므로

  $= 45°20′ + \dfrac{1 \times 37″ + 4 \times 32″ + 8 \times 33″}{1 + 4 + 8}$

  $= 45°20′33″$

19 하천측량에 대한 설명 중 옳지 않은 것은?

① 하천측량 시 처음에 할 일은 도상조사로서 유로상황, 지역면적, 지형지물, 토지이용 상황 등을 조사해야 한다.
② 심천측량은 하천의 수심 및 유수 부분의 하저사항을 조사하고 종단면도를 제작하는 측량을 말한다.
③ 하천측량에서 수준측량을 할 때의 거리표는 하천의 중심에 직각 방향으로 설치한다.
④ 수위관측소의 위치는 지천의 합류점 및 분류점으로서 수위의 변화가 일어나기 쉬운 곳이 적당하다.

해설 수위 관측소(水位觀測所) 및 양수표(量水標 : Water Guage) 설치 장소

- 하안(河岸)과 하상(河床)이 안전하고 세굴이나 퇴적이 되지 않은 장소
- 상하류의 길이 약 100m 정도의 직선일 것
- 유속의 변화가 크지 않아야 함
- 수위가 교각이나 기타 구조물에 영향을 받지 않은 장소
- 홍수 때는 관측소의 유실, 이동 및 파손될 염려가 없는 장소
- 평시는 홍수 때보다 수위표가 쉽게 읽을 수 있는 장소
- 지천의 합류점 및 분류점으로 수위의 변화가 생기지 않은 장소
- 양수표의 영점위치는 최저수위 밑에 있고, 양수표 눈금의 최고위는 최고홍수위보다 높아야 함
- 양수표는 평균해수면의 표고를 측정해 둠
- 어떠한 갈수 시에도 양수표가 노출되지 않는 장소
- 수위가 급변하지 않는 장소
- 양수표는 하천에 연하여 5~10km마다 배치

20 그림과 같이 교호수준측량을 실시한 결과가 $a_1 = 0.63\text{m}$, $a_2 = 1.25\text{m}$, $b_1 = 1.15\text{m}$, $b_2 = 1.73\text{m}$ 이었다면, B점의 표고는?(단, A의 표고=50.00m)

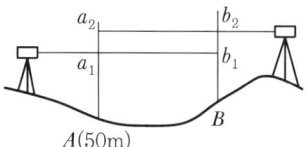

① 49.50m ② 50.00m
③ 50.50m ④ 51.00m

해설 $\Delta H = \dfrac{(a_1 + a_2) - (b_1 + b_2)}{2}$

$= \dfrac{(0.63 + 1.25) - (1.15 + 1.73)}{2} = -0.5$

$H_B = H_A + \Delta H$

$= 50 + (-0.5) = 49.5\text{m}$

측량학(2024년 2회 토목기사)

01 사거리 50m에 대하여 1cm가 경사보정이 될 때 비고는?
① 0.5m   ② 1.0m
③ 1.5m   ④ 2.0m

해설 경사보정량 $(C_g) = -\dfrac{H^2}{2L}$ 에서
$H = \sqrt{2 \cdot L \cdot C_g}$
$= \sqrt{2 \times 50 \times 0.01} = 1.0\text{m}$

02 하천의 유속측정에서 수면으로부터 0.2h, 0.6h, 0.8h 깊이의 유속이 각각 0.625, 0.564, 0.382m/sec일 때 3점법에 의한 평균유속은?
① 0.49m/sec   ② 0.50m/sec
③ 0.51m/sec   ④ 0.53m/sec

해설

1점법	수면으로부터 수심 0.6H되는 곳의 유속 $V_m = V_{0.6}$
2점법	수심 0.2H, 0.8H 되는 곳의 유속 $V_m = \dfrac{1}{2}(V_{0.2} + V_{0.38})$
3점법	수심 0.2H, 0.6H, 0.8H되는 곳의 유속 $V_m = \dfrac{1}{4}(V_{0.2} + 2V_{0.6} + V_{0.8})$
4점법	이것은 수심 1.0m 내외의 장소에서 적당하다. $V_m = \dfrac{1}{5}\left\{(V_{0.2} + V_{0.4} + V_{0.6} + V_{0.8}) + \dfrac{1}{2}\left(V_{0.2} + \dfrac{V_{0.8}}{2}\right)\right\}$

그러므로 3점법에 의한 평균유속(V_m)은
$V_m = \dfrac{0.625 + 2 \times 0.564 + 0.382}{4} = 0.53\text{m/sec}$

03 위성측량의 DOP(Dilution of Precision)에 관한 설명으로 옳지 않은 것은?
① DOP는 위성의 기하학적 분포에 따른 오차이다.
② 일반적으로 위성들 간의 공간이 더 크면 위치정밀도가 낮아진다.
③ DOP를 이용하여 실제 측량 전에 위성측량의 정확도를 예측할 수 있다.
④ DOP 값이 클수록 정확도가 좋지 않은 상태이다.

해설 위성들 간의 공간이 더 크면 위치정밀도가 높아진다.

04 GNSS 관측성과로 틀린 것은?
① 지오이드 모델
② 경도와 위도
③ 지구중심좌표
④ 타원체고

해설 지오이드 모델은 중력측량을 통해 얻어진다.

05 축척 1 : 1,500 지도상의 면적을 축척 1 : 1,000으로 잘못 관측한 결과가 10,000m²이었다면 실제면적은?
① 4,444m²   ② 6,667m²
③ 15,000m²   ④ 22,500m²

해설
- $\left(\dfrac{1}{1,000}\right)^2 = \dfrac{도상면적}{10,000}$
- 도상면적 $= \dfrac{10,000}{1,000^2} = 0.01\text{m}$
- $\left(\dfrac{1}{1,500}\right)^2 = \dfrac{0.01}{실제면적}$
- 실제면적 $= 1,500^2 \times 0.01 = 22,500\text{m}^2$

Answer 01. ② 02. ④ 03. ② 04. ① 05. ④

06 수로조사에서 간출지의 높이와 수심의 기준이 되는 것은?

① 약최고고저면
② 평균중등수위면
③ 수애면
④ 약최저저조면

해설

간출지(干出地)의 높이와 수심	수로조사에서 간출지(干出地)의 높이와 수심은 기본수준면(일정 기간 조석을 관측하여 분석한 결과 가장 낮은 해수면)을 기준으로 측량한다.
해안선	해수면이 약최고고조면(略最高高潮面 : 일정 기간 조석을 관측하여 분석한 결과 가장 높은 해수면)에 이르렀을 때의 육지와 해수면과의 경계로 표시한다.

07 총 측점수가 18개인 폐합트래버스의 외각을 측정할 경우 총합은?

① 2,700°   ② 2,880°
③ 3,420°   ④ 3,600°

해설 폐합트래버스에서 외각의 총합은 $180(n+2)$
∴ 외각의 총합 = $180(18+2) = 3,600°$

08 노선측량의 원곡선에서 교각 $I=45°$, 반경 $R=200m$일 때 곡선길이는 얼마인가?

① 174.32m   ② 157.08m
③ 91.15m   ④ 87.94m

해설 곡선장$(C.L) = 0.01745 \cdot R \cdot I$
$= 0.01745 \times 200 \times 45°$
$= 157.05m$

09 삼각수준측량에 의해 높이를 측정할 때 기지점과 미지점의 쌍방에서 연직각을 측정하여 평균하는 이유는?

① 연직축오차를 최소화하기 위하여
② 수평분도원의 편심오차를 제거하기 위하여
③ 연직분도원의 눈금오차를 제거하기 위하여
④ 공기의 밀도변화에 의한 굴절오차의 영향을 소거하기 위하여

해설
- 직시(기지점 → 미지점)
- 반시(미지점 → 기지점)
- $\frac{직시 + 반시}{2}$ (구차, 기차 제거)

10 지표상 P점에서 9km 떨어진 Q점을 관측할 때 Q점에 세워야 할 측표의 최소 높이는? (단, 지구 반지름 $R = 6,370km$이고, P, Q점은 수평면상에 존재한다.)

① 10.2m   ② 6.4m
③ 2.5m   ④ 0.6m

해설 최소 높이(구차) $= \frac{S^2}{2R} = \frac{9^2}{2 \times 6,370}$
$= 6.4 \times 10^{-3}km = 6.4m$

11 축척 1/1,000 지형도에서 3변의 길이가 10cm, 20cm, 25cm인 삼각형 토지의 실제 면적은?

① 9,016m²   ② 9,237m²
③ 9,499m²   ④ 9,587m²

해설
- $A = \sqrt{s(s-a)(s-b)(s-c)}$
$= \sqrt{27.5(27.5-10)(27.5-20)(27.5-25)}$
$= 94.99cm^2$

- $\left(\frac{1}{m}\right)^2 = \frac{도상면적}{실제면적}$

$x = 1,000^2 \times 94.99 = 94,990,000cm^2 = 9,499m^2$

$$S = \frac{1}{2}(a+b+c)$$
$$= \frac{1}{2}(a+b+c) = \frac{1}{2}(10+20+25) = 27.5$$

12 교각 60°, 곡선반경 300m인 단곡선에서 교점 I.P까지의 추가 거리가 329.21m일 때 시단현의 편각은?(단, 말뚝 간의 중심거리는 20m임)

① 3°49′12″   ② 45′50″
③ 22′55″   ④ 11′28″

Answer 06.④ 07.④ 08.② 09.④ 10.② 11.③ 12.③

해설
$T.L = R\tan\dfrac{I}{2} = 300 \times \tan\dfrac{60°}{2} = 173.21m$

$B.C = I.P - T.L = 329.21 - 173.21 = 156m$

$l_1 = 160 - 156 = 4m$

$\delta_1 = \dfrac{l_1}{R} \times \dfrac{90°}{\pi} = \dfrac{4}{300} \times \dfrac{90°}{\pi} = 0°\ 22'\ 55''$

13 방대한 지역의 측량에 적합하며 동일 측점수에 대하여 포함 면적이 가장 넓은 삼각망은 어느 것인가?
① 유심 삼각망
② 사변형 삼각망
③ 단열 삼각망
④ 복합 삼각망

해설

단열삼각쇄(망) (Single Chain of Tringles)	• 폭이 좁고 길이가 긴 지역에 적합하다. • 노선·하천·터널 측량 등에 이용한다. • 거리에 비해 관측수가 적다. • 측량이 신속하고 경비가 적게 든다. • 조건식의 수가 적어 정도가 낮다.
유심삼각쇄(망) (Chain of Central Points)	• 동일 측점에 비해 포함면적이 가장 넓다. • 넓은 지역에 적합하다. • 농지측량 및 평탄한 지역에 사용된다. • 정도는 단열삼각망보다 좋으나 사변형보다 적다.
사변형삼각쇄(망) (Chain of Quadrilaterals)	• 조건식의 수가 가장 많아 정밀도가 가장 높다. • 기선삼각망에 이용된다. • 삼각점 수가 많아 측량시간이 많이 걸리며 계산과 조정이 복잡하다.

14 수준측량에서 전시와 후시의 거리를 같게 하여도 제거되지 않는 오차는?
① 시준선과 기포관축이 평행하지 않을 때 생기는 오차
② 지구 곡률 오차
③ 광선의 굴절 오차
④ 표척 눈금의 읽음 오차

해설 전시와 후시의 거리를 같게 함으로서 제거되는 오차
• 레벨의 조정이 불완전(시준선이 기포관축과 평행하지 않을 때)할 때(시준축오차 : 오차가 가장 크다.)
• 지구의 곡률오차(구차)와 빛의 굴절오차(기차)를 제거한다.
• 초점나사를 움직이는 오차가 없으므로 그로 인해 생기는 오차를 제거한다.
※ 표척의 눈금의 읽음 오차는 우연 오차로 전시와 후시의 거리를 같게 하여도 제거되지 않는다.

15 구면 삼각형의 성질에 대한 설명으로 틀린 것은?
① 구면 삼각형의 내각의 합은 180°보다 크다.
② 2점 간 거리가 구면상에서는 대원의 호길이가 된다.
③ 구면 삼각형의 한 변은 다른 두 변위 합보다는 작고 차보다는 크다.
④ 구과량은 구 반지름의 제곱에 비례하고 구면 삼각형의 면적에 반비례한다.

해설 즉, $\varepsilon = (A + B + C) - 180°$

$\varepsilon'' = \dfrac{F}{R^2}\rho''$

여기서, ε : 구과량
F : 삼각형의 면적
R : 지구반경

구면삼각형 특징
• 구과량은 구면삼각형의 면적 F에 비례하고 구의 반경 R의 제곱에 반비례한다.
• 구면삼각형 한 정점을 지나는 변은 대원이다.
• 일반측량에서 구과량은 미소하여 평면 삼각형 면적을 사용해도 지장이 없다.
• 소규모 지역에서는 르장드르의 정리를, 대규모 지역에서는 슈라이버 정리를 이용한다.
• 구과량 $\varepsilon = A + B + C - 180°$

16 다각측량에 대한 사항으로 적당하지 않은 것은?

① 면적을 정확히 파악하고자 할 때와 경계측량 등에 이용된다.
② 지형의 기복이 심해 시준이 어려운 지역의 측량에 적합하다.
③ 좁은 지역에 세부 측량의 기준이 되는 점을 추가 설치할 경우에 편리하다.
④ 정확도가 우수하여 국가 기본 삼각점 설치 시 널리 이용되고 있다.

해설 다각측량의 필요성
- 면적을 정확히 파악하고자 할 때와 경계측량 등에 이용된다.
- 지형의 기복이 심해 시준이 어려운 지역의 측량에 적합하다.
- 좁은 지역에 세부 측량의 기준이 되는 점을 추가 설치할 경우에 편리하다.
- 삼각점만으로는 소정의 세부측량에서 기준점의 수가 부족할 때 충분한 밀도로 전개시키기 위해서 필요하다.
- 시가지나 산림 등 시준이 좋지 않아 단거리마다 기준점이 필요할 때 사용한다.
- 삼각측량에 비해서 경비가 저렴하고 정확도가 낮다.

17 측량의 허용 정밀도를 1/300,000로 할 때 측지학적 측량으로 지구의 곡률을 무시할 수 있는 측량범위는 측량지점으로부터 반경 몇 km 이내인가?(단, 지구의 곡률반경은 6,370km이다.)

① 약 10km ② 약 20km
③ 약 30km ④ 약 40km

해설 $\dfrac{d-D}{D} = \dfrac{1}{12}\left(\dfrac{D}{R}\right)^2 = \dfrac{1}{m}$

$\dfrac{1}{300,000} = \dfrac{D^2}{12 \times 6,370^2}$

$D = \sqrt{\dfrac{12R^2}{m}} = \sqrt{\dfrac{12 \times 6370^2}{300,000}} = 40\text{km}$

∴ 반경$\left(\dfrac{D}{2}\right) = \dfrac{40}{2} \fallingdotseq 20\text{km}$ 이다.

18 터널의 시점 A와 종점 B 사이를 다각측량하여 다음과 같은 좌표를 얻었다. 터널의 시점과 종점 사이의 직선거리는?

- A점의 좌표(X=400m, Y=600m)
- B점의 좌표(X=100m, Y=200m)

① 300m ② 400m
③ 500m ④ 600m

해설 $AB = \sqrt{(X_A - X_B)^2 + (Y_A - Y_B)^2}$
$= \sqrt{(400-100)^2 + (600-200)^2} = 500\text{m}$

19 그림과 같은 수준망에서 높이차의 정확도가 가장 낮은 것으로 추정되는 노선은?[단, 수준환의 거리 I=4km, II=3km, III=2.4km, IV(㉯㉱㉲)=6km]

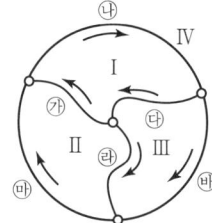

노선	높이차(m)
㉮	+3.600
㉯	+1.385
㉰	−5.023
㉱	+1.105
㉲	+2.523
㉳	−3.912

① ㉮ ② ㉯
③ ㉰ ④ ㉱

해설
- I 노선 = ㉮+㉯+㉰
  = 3.6 + 1.385 − 5.023 = −0.037m
- II 노선 = ㉱+㉲−㉮
  = 1.105 + 2.523 − 3.6 = +0.028m
- III 노선 = ㉰+㉱−㉳
  = −5.023 + 1.105 − (−3.912)
  = −0.006m

1km당 오차를 계산하면
$\dfrac{0.037}{\sqrt{4}} : \dfrac{0.028}{\sqrt{3}} : \dfrac{0.006}{\sqrt{2.4}}$
= 0.0185 : 0.016 : 0.004

∴ 폐합오차 결과를 볼 때 I노선과 II노선의 성과가 나쁘게 나타나므로 I, II노선에 공통으로 포함된 ㉮가 정확도가 가장 낮다고 추정

20 그림과 같은 횡단면의 면적은?

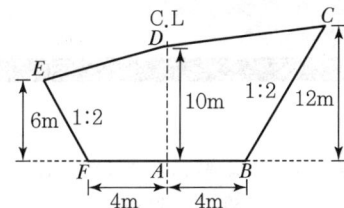

① 196m²
② 204m²
③ 216m²
④ 256m²

 이 문제는 x, y가 반대
A점의 좌표를 0, 0
제1측선의 배횡거=제1측선의 경거
임의 측선의 경우=하나 앞 측선의 배횡거+
하나 앞 측선의 경거+그 측선의 경거

측선	Δy (위거)	Δx (경거)	배횡거	배면적
$A \to B$	0	+4	4	$4 \times 0 = 0$
$B \to C$	+12	+24	$4+4+24$ $=32$	32×12 $=384$
$C \to D$	−2	−28	$32+24-28$ $=28$	$28 \times (-2)$ $=-56$
$D \to E$	−4	−16	$28-28-16$ $=-16$	$(-16) \times (-4)$ $=64$
$E \to F$	−6	+12	$-16-16+12$ $=-20$	$(-20) \times (-6)$ $=120$
$F \to A$	0	+4	$-20+20+4$ $=-4$	$(-4) \times 0$ $=0$

$2A = 512$

$\therefore A = \dfrac{512}{2} = 256\text{m}^2$

Answer 20. ④

측량학(2024년 3회 토목기사)

01 A, B, C 세 사람이 동일한 트랜싯으로 하나의 각을 측정하였다. 단측법으로 측각하여 다음 표와 같은 결과를 얻었을 때 이 각의 최확치는?

관측자	관측 횟수	관측 결과
A	2	156°13′22″
B	6	156°13′30″
C	4	156°13′39″

① 156°13′10″   ② 156°13′18″
③ 156°13′28.8″   ④ 156°13′36.9″

해설 각 측량에서 경중률은 측정횟수에 비례한다.
- 경중률 계산
  $P_A : P_B : P_C = 4 : 6 : 2$
- 최확값
  $L_o = \dfrac{P_A \cdot \alpha_A + P_B \cdot \alpha_B + P_C \cdot \alpha_C}{P_A + P_B + P_C}$
  $= 156°13′28.8″$

02 L_1과 L_2의 두 개 주파수 수신이 가능한 2주파 GNSS수신기에 의하여 제거가 가능한 오차는?

① 위성의 기하학적 위치에 따른 오차
② 다중경로오차
③ 수신기 오차
④ 전리층오차

해설 GNSS측량에서는 L_1, L_2파의 선형 조합을 통해 전리층 지연오차 등을 산정하여 보정할 수 있다.

03 GPS 측량으로 측점의 표고를 구하였더니 89.123m였다. 이 지점의 지오이드 높이가 40.150m라면 실제 표고(정표고)는?

① 129.273m   ② 48.973m
③ 69.048m   ④ 89.123m

해설 정표고=타원체고−지오이드고
= 89.123−40.150
= 48.973m

04 하천이나 항만 등의 심천측량을 한 결과를 표시하는 방법으로 적당한 것은?

① 등고선법
② 지모법
③ 점고법
④ 음영법

해설 지형의 표시법

자연적 도법	영선법 (우모법, Hachuring)	"게바"라 하는 단선상(短線上)의 선으로 지표의 기본을 나타내는 것으로 게바의 사이, 굵기, 방향 등에 의하여 지표를 표시하는 방법
	음영법 (명암법, Shading)	태양광선이 서북쪽에서 45°로 비친다고 가정하여 지표의 기복을 도상에서 2~3색 이상으로 채색하여 지형을 표시하는 방법으로 지형의 입체감이 가장 잘 나타나는 방법
부호적 도법	점고법 (Spot Height System)	지표면상의 표고 또는 수심을 숫자에 의하여 지표를 나타내는 방법으로 해도와 같은 지도에 이용되며, 주로 하천, 항만, 해양 등에 주로 이용
	등고선법 (Contour System)	동일표고의 점을 연결한 것으로 등고선에 의하여 지표를 표시하는 방법으로 토목공사용으로 가장 널리 사용
	채색법 (Layer System)	같은 등고선의 지대를 같은색으로 채색하여 높을수록 진하게 낮을수록 연하게 칠하여 높이의 변화를 나타내며 지리관계의 지도에 주로 사용

Answer 01. ③ 02. ④ 03. ② 04. ③

05 설계속도 80km/hr의 고속도로에서 클로소이드 완화곡선의 종점반경 $R=360m$, 완화곡선길이 $L=40m$일 때 클로소이드 매개변수 A는?

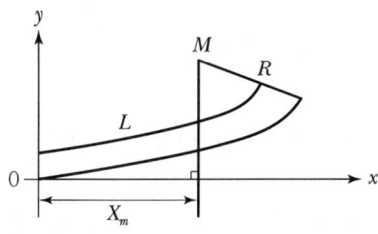

① 100m ② 120m
③ 140m ④ 150m

해설 클로소이드 곡선이란 곡률이 곡선장에 비례하는 곡선을 말한다.
매개변수$(A) = \sqrt{R \cdot L}$
$= \sqrt{360 \times 40} = 120m$

06 곡선부를 통과하는 차량에 원심력이 발생하여 접선방향으로 탈선하는 것을 방지하기 위해 바깥쪽의 노면을 안쪽보다 높이는 정도를 무엇이라 하는가?

① 클로소이드 ② 슬랙
③ 캔트 ④ 편각

해설 캔트(Cant)와 확폭(Slack)
• 캔트 : 곡선부를 통과하는 차량이 원심력이 발생하여 접선 방향으로 탈선하려는 것을 방지하기 위해 바깥쪽 노면을 안쪽노면보다 높이는 정도를 말하며 편경사라고 한다.
• 슬랙 : 차량과 레일이 꼭 끼어서 서로 힘을 입게 되면 때로는 탈선의 위험도 생긴다. 이러한 위험을 막기 위해서 레일 안쪽을 움직여 곡선부에서는 궤간을 넓힐 필요가 있다. 이 넓인 치수를 말한다. 확폭이라고도 한다.

07 유량 측정 장소를 선정하는 데 필요한 사항에 대한 설명 중 적당하지 않은 것은?

① 수위의 측정이 쉽고 하저의 변화가 적은 곳
② 비교적 유로가 직선이고 갈수류가 없는 곳
③ 잔류, 역류가 없고 유수의 상태가 균일한 곳
④ 윤변의 성질이 균일하고, 상·하류를 통하여 횡단면형상의 차(差)가 있는 곳

해설
• 수위의 측정이 쉽고 하저의 변화가 적은 곳
• 비교적 유로가 직선이고 갈수류가 없는 곳
• 잔류, 역류가 없고 유수의 상태가 균일한 곳
• 윤변의 성질이 균일하고, 상·하류를 통하여 횡단면의 형상이 급변하지 않는 곳
• 부근에 급류가 없고 유수의 상태가 균일하며 장애물이 없는 곳

08 B.M에서 C점까지의 고저차를 관측하는데 노선 길이가 7km인 A노선의 관측값은 82.364m, 4km인 B노선의 관측값은 82.304m였다. C점의 표고는?

① 82.310m ② 82.326m
③ 82.317m ④ 82.342m

해설 • 직접수준측량 시 경중률은 노선거리에 반비례한다.
$P_A : P_B = \dfrac{1}{7} : \dfrac{1}{4} = 4 : 7$

• 최확값
$L_o = \dfrac{P_A \cdot H_A + P_B \cdot H_B}{P_A + P_B}$
$= \dfrac{4 \times 82.364 + 7 \times 82.304}{4+7} = 82.326m$

09 교점 I.P는 기점에서 634.820m의 위치에 있고 곡선반경 $R=500m$, 교각 $I=22°38'$일 때 곡선 길이 C.L은?

① 196.5m ② 197.0m
③ 197.5m ④ 198.0m

해설 노선측량에서 곡선장($C.L$)
$C.L = 0.01745 R \cdot I$
$= 500 \times 22°38' \times 0.01745 = 197.5m$

Answer 05. ② 06. ③ 07. ④ 08. ② 09. ③

10 수평 및 수직거리를 동일한 정확도로 관측하여 육면체의 체적을 2,000m³로 구하였다. 체적계산의 오차를 0.5m³ 이내로 하기 위해서는 수평 및 수직거리 관측의 허용정확도는 얼마로 해야 하는가?

① $\dfrac{1}{12,000}$ ② $\dfrac{1}{8,000}$

③ $\dfrac{1}{35}$ ④ $\dfrac{1}{110}$

해설 체적의 정확도

$$\dfrac{\Delta V}{V} = 3\dfrac{\Delta l}{l}$$

$$\therefore \dfrac{\Delta l}{l} = \dfrac{\Delta V}{3V} = \dfrac{0.5}{3 \times 2,000} = \dfrac{1}{12,000}$$

11 중력이상의 주된 원인은?

① 지하물질의 밀도가 고르게 분포되어 있지 않다.
② 지하물질의 밀도가 고르게 분포되어 있다.
③ 태양과 달의 인력 때문이다.
④ 화산 폭발이 원인이다.

해설 중력이상(重力異常, Gravity Anomary)
중력이상이란 중력보정을 통하여 기준면에서의 중력값으로 보정된 중력값에서 표준중력값을 뺀 값이다. 즉, 실제 관측중력값에서 표준중력식에 의해 계산한 중력값을 뺀 것이다. 중력이상의 주원인은 지하의 지질밀도가 고르게 분포되어 있지 않기 때문이다.
• 중력이상=중력실측값-이론실측값
• 중력이상(+)=질량이 여유 있는 지역
• 중력이상(-)=질량이 부족한 지역
밀도가 큰 물질이 지표 가까이 있을 때는 (+)값, 반대인 경우는 (-)값을 갖는다.
중력이상에 의해 지표 밑의 상태를 측정할 수 있다.

12 다각측량의 A점에서 출발하여 다시 A점으로 돌아왔을 때 위거차가 15cm, 경거차가 20cm이었다. 이때 다각 측량의 전체 길이가 932.34m이면 이 다각형의 정확도는?

① 1/2,500 ② 1/3,135
③ 1/3,400 ④ 1/3,729

해설
• 폐합오차$(E) = \sqrt{(위거오차)^2 + (경거오차)^2}$
$= \sqrt{0.15^2 + 0.20^2} = 0.25m$
• 폐합비$(R) = \dfrac{E}{\Sigma l} = \dfrac{0.25}{932.34} = \dfrac{1}{3,729}$

13 수준측량에 대한 다음 사항 중 옳지 않은 것은?

① 중간점은 전시만을 관측하는 점으로 그 점의 오차는 다른 측량 지역에 큰 영향을 준다.
② 후시는 기지점에 세운 표척의 읽음값이다.
③ 수평면은 각 점들의 중력 방향에 직각을 이루고 있는 면이다.
④ 수준점은 기준면에서 표고를 정확하게 측정하여 표시한 점이다.

해설 수준측량의 용어

전시 (Fore Sight)	표고를 알고자 하는 점(미지점)에 세운 표척의 읽음 값
후시 (Back Sight)	표고를 알고 있는 점(기지점)에 세운 표척의 읽음 값
기계고 (Instrument Height)	기준면에서 망원경 시준선까지의 높이
이기점 (Turning Point)	기계를 옮길때 한 점에서 전시와 후시를 함께 취하는 점
중간점 (Intermediate Point)	• 표척을 세운점의 표고만을 구하고자 전시만 취하는 점 • 그 점의 오차는 다른 측량 지역에 영향을 주지 않음

14 31°46′09″인 각을 1″까지 읽을 수 있는 트랜싯으로 6회 관측하였을 때 그 관측값은?(단, 배각법으로 관측하였으며, 기계오차 및 관측오차는 없는 것으로 함)

① 31°46′08″ ② 31°46′09″
③ 31°46′10″ ④ 31°46′11″

해설 관측값

- $\alpha = (31°46'0.9'' \times 6) = 190°36'54''$
- $1'$까지 읽을 수 있는 트랜싯이므로 $190°37'$이어야 한다.
- $\therefore$ 관측값$(\alpha) = \dfrac{190°37'}{6} = 31°46'10''$

15 노선시점에서 교점까지의 거리는 425m이고, 곡선시점까지의 거리는 280m이다. 곡선반경이 100m이면 교각은?

① 90°35′26″
② 100°48′58″
③ 110°48′55″
④ 125°54′48″

해설
- 접선장($T.L$)
  $T.L = I.P - TL = 425 - 280 = 145$
- 교각(I)
  $T.L = R \times \tan\dfrac{I}{2}$
  $I = 2 \times \tan^{-1}\dfrac{145}{100} = 110°48'55''$

16 캔트의 계산에서 곡선반지름을 2배로 하면 캔트는 몇 배가 되는가?

① 1/2배   ② 1/4배
③ 2배   ④ 4배

해설 캔트
곡선부를 통과하는 차량이 원심력이 발생하여 접선 방향으로 탈선하려는 것을 방지하기 위해 바깥쪽 노면을 안쪽노면보다 높이는 정도를 말하며 편경사라고 한다.
캔트$(C) = \dfrac{SV^2}{Rg}$에서
캔트는 반지름(R)에 반비례하므로, 반지름(R)을 두 배로 하면 캔트(C)는 $\dfrac{1}{2}$배가 된다.

17 다음 중 GNSSS를 응용할 수 있는 분야가 아닌 것은?

① 측지 측량 분야
② 레저스포츠 분야
③ 차량 분야
④ 잠수함의 위치결정 분야

해설 GPS의 활용
- 측지측량 분야
- 해상측량 분야
- 교통분야
- 지도제작분야(GPS-VAN)
- 항공 분야
- 우주 분야
- 레저 스포츠 분야
- 군사용
- GSIS의 DB국축
- 기타 : 구조물 변위 계측, GPS를 시각동기 장치로 이용 등

18 그림과 같은 트래버스에서 $\overline{CD}$ 측선의 방위는?(단, $\overline{AB}$의 방위=N82°10′E, $\angle ABC$=98° 39′, $\angle BCD$=67°14′이다.)

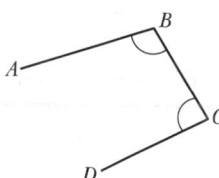

① S6°17′W   ② S83°43′W
③ N6°17′W   ④ N83°43′W

해설
$V_a^b = 82°10'$
$V_b^c = 82°10' + 108° - 98°39' = 163°31'$
$V_c^d = 163°31' + 180° - 67°14' = 276°17'$
$\therefore \overline{CD}$ 방위는 276°17′이 4상한이므로 N83°43′W

19 일반적으로 단열삼각망을 사용할 수 있는 측량은?

① 시가지와 같이 정밀을 요하는 골조측량
② 복잡한 지형의 골조측량
③ 광대한 지역의 지형측량
④ 하천조사를 위한 골조측량

해설 단열삼각쇄(망)(Single Chain of Tringles)
- 폭이 좁고 길이가 긴 지역에 적합하다.
- 노선·하천·터널 측량 등에 이용한다.
- 거리에 비해 관측수가 적다.
- 측량이 신속하고 경비가 적게 든다.
- 조건식의 수가 적어 정도가 낮다.

20 곡선반지름 R, 교각 I일 때 다음 공식 중 틀린 것은?(단, 접선길이 : $T.L$, 외선길이 : $S.L$, 중앙종거 : M, 곡선길이 : $C.L$)

① $T.L = R\tan\dfrac{I}{2}$

② $C.L = 0.0174533RI$

③ $S.L = R\left(\sec\dfrac{I}{2} - 1\right)$

④ $M = R\left(1 - \sin\dfrac{I}{2}\right)$

해설 노선측량에 이용되는 공식
- $T.L$(접선장) $= R\tan\dfrac{I}{2}$
- $C.L$(곡선장) $= \dfrac{\pi}{180}RI = 0.0174533RI$
- C(현장) $= 2R\sin\dfrac{I}{2}$
- M(중앙종거) $= R\left(1 - \cos\dfrac{I}{2}\right)$
- $E.SL$(외할, 외선장) $= R\left(\sec\dfrac{I}{2} - 1\right)$

Answer 19. ④ 20. ④

저자약력

寅山 이 영 수

■ 약력
- 공학 박사
- 지적 기술사
- 측량 및 지형공간정보 기술사
- (전) 대구과학대학교 측지정보과 교수
- (전) 신한대학 겸임교수
- (전) 한국국토정보공사 근무
- (현) 공단기 지적직공무원 지적측량, 지적전산학, 지적법, 지적학 강의
- (현) 주경야독 인터넷 동영상 강사
- (현) 지적기술사 동영상 강의
- (현) 측량 및 지형공간정보기술사 동영상 강의
- (현) 지적기사(산업)기사 이론 및 실기 동영상 강의
- (현) 측량 및 지형공간정보기사·산업기사 이론 및 실기 동영상 강의
- (현) 지적직공무원 지적전산학, 지적측량 동영상 강의
- (현) 한국국토정보공사 지적법 해설, 지적학 해설, 지적측량 동영상 강의
- (현) 특성화고 토목직공무원 측량학 동영상 강의
- (현) 측량학, 응용측량, 측량기능사, 지적기능사 동영상 강의
- (현) 군무원 지도직 측지학, 지리정보학 강의

■ 주요 저서

[공무원, 한국국토정보공사 분야]
- 지적직공무원 지적측량 기초입문
- 지적직공무원 지적측량 기본서
- 지적직공무원 지적측량 단원별 기출
- 지적직공무원 지적측량 합격모의고사
- 지적직공무원 지적측량 1200제
- 지적직공무원 지적전산학 기초입문
- 지적직공무원 지적전산학 기본서
- 지적직공무원 지적전산학 단원별기출
- 지적직공무원 지적전산학 합격모의고사
- 지적직공무원 지적전산학 1200제
- 지적직공무원 지적법 해설
- 지적직공무원 지적법 합격모의고사
- 지적직공무원 지적법 800제
- 지적직공무원 지적학 해설
- 지적직공무원 지적학 합격모의고사
- 지적직공무원 지적학 800제
- 지적직공무원 지적측량 필다나
- 지적직공무원 지적전산학 필다나
- 군무원 지도직 측지학
- 군무원 지도직 지리정보학

[지적/측량 및 지형공간정보 분야]
- 지적기술사 해설
- 지적기술사 과년도 기출문제해설 1
- 지적기술사 과년도 기출문제해설 2
- 지적기사 필기 이론 및 문제해설
- 지적산업기사 필기 이론 및 문제해설
- 지적기사 과년도 문제해설
- 지적산업기사 과년도 문제해설
- 지적기사/산업기사 실기 문제해설
- 지적측량실무
- 지적기능사 해설
- 측량 및 지형공간정보기술사
- 측량 및 지형공간정보기술사 기출문제 해설
- 측량 및 지형공간정보기사 이론 및 문제해설
- 측량 및 지형공간정보산업기사 이론 및 문제해설
- 측량 및 지형공간정보기사 과년도 문제해설
- 측량 및 지형공간정보산업기사 과년도 문제해설
- 측량 및 지형공간정보 실무
- 공간정보 및 지적관련 법령집
- 측량학
- 응용측량
- 사진측량 해설
- 측량기능사

저자약력

이 영 욱

■ 약력
- 공학박사
- 대구과학대학교 마이스터대 학장
- 대구과학대학교 측지정보과 교수
- 경상북도 공무원 연수원 외래교수
- 한국산업인력공단 측지기사 국가자격출제위원
- 대구광역시 남구 건축위원
- 대구광역시, 경상북도 지적심의위원
- 부산광역시 지적심의위원
- 대한측량협회 기술자 대의원

■ 저서
- 측량학
- GPS측량
- 위성측량
- 측량실무
- 측량 및 지형공간정보기사 실기

김 도 균

■ 약력
- 영남대학교 일반대학원 토목공학과 공학석사
- 영남대학교 일반대학원 토목공학과 공학박사
- (현) 대구과학대학교 측지정보과 교수
- 측량 및 지형공간정보 기사
- 토목기사

■ 저서
- 지적기사/지적산업기사 필기 이론 및 문제해설(예문사)
- 실용GPS(일일사)
- 기본측량학(일일사)
- 응용측량(일일사)
- 측량 및 지형공간정보기사/산업기사 이론 및 문제해설(구민사)
- 측량 및 지형공간정보기사/산업기사 과년도 문제해설(구민사)
- 측량학(예문사)
- 측지학(예문사)
- 지리정보학(예문사)

[최신판] 측량학

발행일 | 2013. 8. 10 초판발행
　　　　　 2015. 8. 20 개정 1판 1쇄
　　　　　 2016. 7. 30 개정 2판 1쇄
　　　　　 2018. 4. 10 개정 3판 1쇄
　　　　　 2020. 1. 10 개정 4판 1쇄
　　　　　 2021. 3. 31 개정 5판 1쇄
　　　　　 2022. 2. 20 개정 6판 1쇄
　　　　　 2024. 8. 20 개정 7판 1쇄
　　　　　 2025. 8. 20 개정 8판 1쇄

저　자 | 이영욱 · 이영수 · 김도균
발행인 | 정용수
발행처 | 예문사

주　소 | 경기도 파주시 직지길 460(출판도시) 도서출판 예문사
T E L | 031) 955-0550
F A X | 031) 955-0660
등록번호 | 11-76호

- 이 책의 어느 부분도 저작권자나 발행인의 승인 없이 무단복제하여 이용할 수 없습니다.
- 파본 및 낙장은 구입하신 서점에서 교환하여 드립니다.
- 예문사 홈페이지 http : //www.yeamoonsa.com

정가 : 35,000원

ISBN 978-89-274-5929-3 13530